01 전기기사, 전기산업기사

이론부터 기출문제까지 한 권으로 끝내는

전기자기학

알기 쉬운 기본이론 ➕ 상세한 기출문제 해설

오우진 지음

■ 도서 A/S 안내

성안당에서 발행하는 모든 도서는 저자와 출판사, 그리고 독자가 함께 만들어 나갑니다.

좋은 책을 펴내기 위해 많은 노력을 기울이고 있습니다. 혹시라도 내용상의 오류나 오탈자 등이 발견되면 "좋은 책은 나라의 보배"로서 우리 모두가 함께 만들어 간다는 마음으로 연락주시기 바랍니다. 수정 보완하여 더 나은 책이 되도록 최선을 다하겠습니다.

성안당은 늘 독자 여러분들의 소중한 의견을 기다리고 있습니다. 좋은 의견을 보내 주시는 분께는 성안당 쇼핑몰의 포인트(3,000포인트)를 적립해 드립니다.

잘못 만들어진 책이나 부록 등이 파손된 경우에는 교환해 드립니다.

저자 문의 : woojin4001@naver.com(오우진)

본서 기획자 e-mail : coh@cyber.co.kr(최옥현)

홈페이지 : http://www.cyber.co.kr   전화 : 031) 950-6300

더 이상 쉬울 수 없다! 전기자기학

우리나라는 현대사회에 들어오면서 빠르게 산업화가 진행되고 눈부신 발전을 이룩하였는데 그러한 원동력이 되어준 어떠한 힘, 에너지가 있다면 그것이 바로 전기라 생각합니다. 이러한 전기는 우리의 생활을 좀 더 편리하고 윤택하게 만들어주지만 관리를 잘못하면 무서운 재앙으로 변할 수 있기 때문에 전기를 안전하게 사용하기 위해서는 이에 관련된 지식을 습득해야 합니다. 그 지식을 습득할 수 있는 방법이 바로 전기기사 및 전기산업기사 자격시험(이하 자격증)이라고 볼 수 있습니다. 또한, 전기에 관련된 산업체에 입사하기 위해서는 자격증은 필수가 되고 전기설비를 관리하는 업무를 수행하기 위해서는 한국전기기술인협회에 회원등록을 해야 하는데 이때에도 반드시 자격증이 있어야 가능하며 전기사업법 시행규칙 제45조에서도 전기안전관리자 선임자격에 자격증을 소지한 자라고 되어 있습니다. 이처럼 자격증은 전기인들에게는 필수이지만 아직까지 자격증 취득에 애를 먹어 전기인의 길을 포기하시는 분들을 많이 봤습니다.

이에 최단기간 내에 효과적으로 자격증을 취득할 수 있도록 본서를 발간하게 되었고, 이 책이 전기를 입문하는 분들에게 조금이나마 도움이 되었으면 합니다.

이 책의 특징

01 본서를 완독하면 충분히 합격할 수 있도록 이론과 기출문제를 효과적으로 구성하였습니다.

02 이론과 기출문제에 '쌤!코멘트'를 삽입하여 저자의 학습 노하우를 습득할 수 있도록 하였습니다.

03 문제마다 출제이력과 중요도를 표시하여 출제경향 및 각 문제의 출제빈도를 쉽게 파악할 수 있도록 하였습니다.

04 단원별로 유사한 기출문제들끼리 묶어 문제응용력을 높였습니다.

05 기출문제를 가급적 원문대로 기재하여 실전력을 높였습니다.

이 책을 통해 합격의 영광이 함께하길 바라며, 또한 여러분의 앞날을 밝힐 수 있는 밑거름이 되기를 바랍니다. 본서를 만들기 위해 많은 시간을 함께 수고해주신 여러 선생님들과 성안당 이종춘 회장님, 편집부 직원 여러분들의 노고에 감사드립니다.

앞으로도 더 좋은 도서를 만들기 위해 항상 연구하고 노력하겠습니다.

저자 씀

합격시켜 주는 「참!쉬움 전기자기학」의 강점

1 10년간 기출문제 분석에 따른 장별 출제분석 및 학습방향 제시

☑ 10년간 기출문제 분석에 따라 각 장별 출제경향분석 및 출제포인트를 실어 학습방향을 제시했다.

또한, 출제항목별로 기사, 산업기사를 구분하여 출제율을 제시함으로써 효율적인 학습이 될 수 있도록 구성했다.

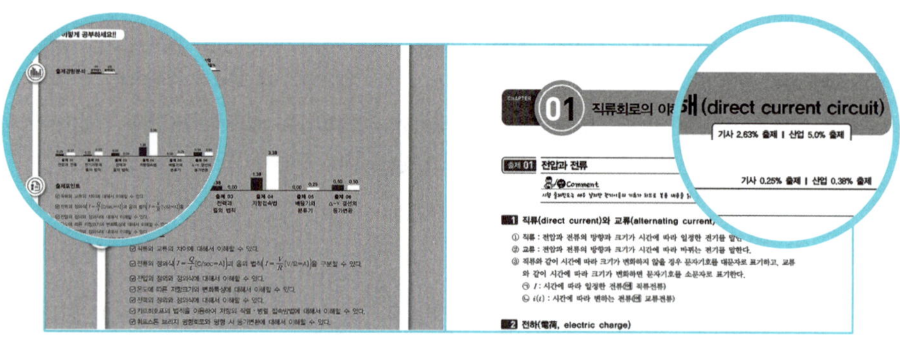

2 자주 출제되는 이론을 그림과 표로 알기 쉽게 정리

☑ 자주 출제되는 이론을 체계적으로 그림과 표로 알기 쉽게 정리해 초보자도 쉽게 공부할 수 있도록 했다.

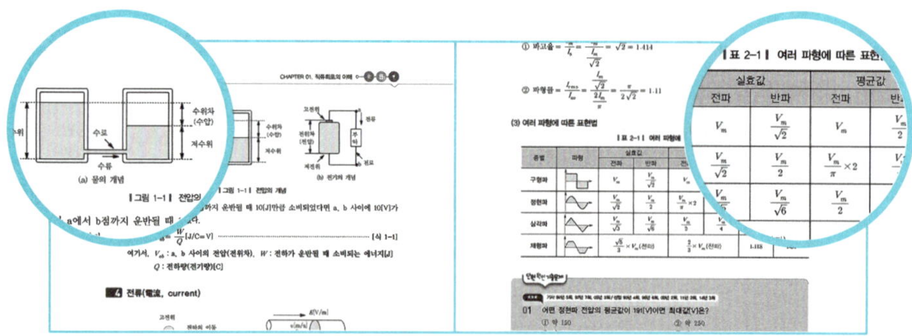

☑ 이론 중 자주 출제되는 내용이나 중요한 부분은 '굵은 글씨'로 처리하여 확실하게 이해하고 암기할 수 있도록 표시했다.

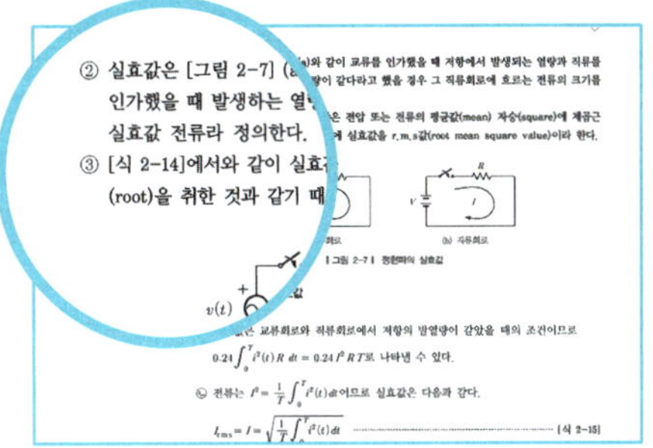

☑ 이론 중 단락별로 기출문제를 삽입하여 해당되는 단락이론을 확실하게 이해할 수 있도록 삽입했다.

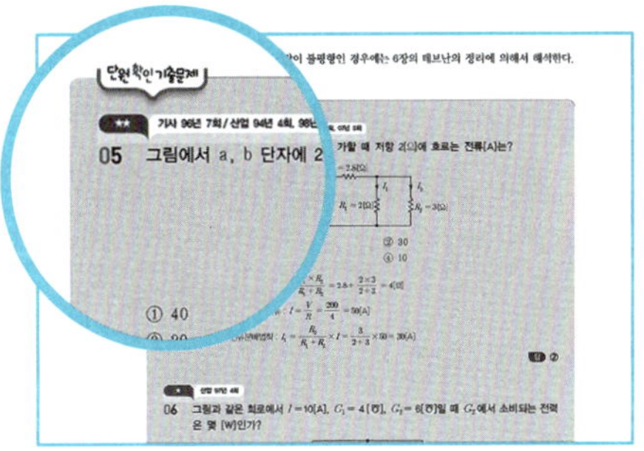

☑ 이론 내용을 상세하게 이해하는 데 도움을 주고자 부가적인 설명을 참고로 실었다.

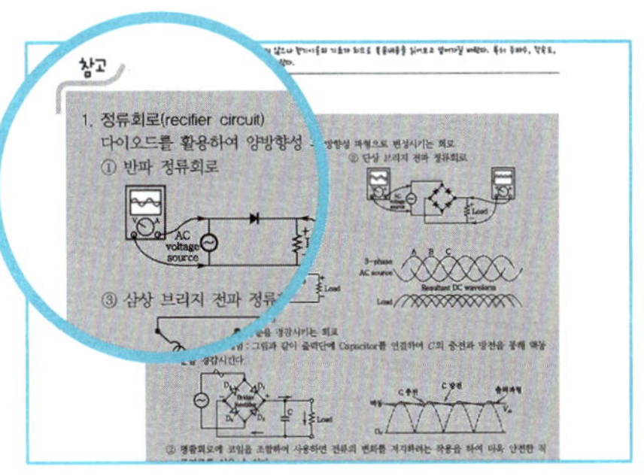

6 장별 '단원 핵심정리 한눈에 보기' 수록

☑ 한 장의 이론이 끝나면 간략하게 정리한 핵심 이론을 실어 꼭 암기해야 할 이론을 다시 한번 숙지할 수 있도록 정리했다.

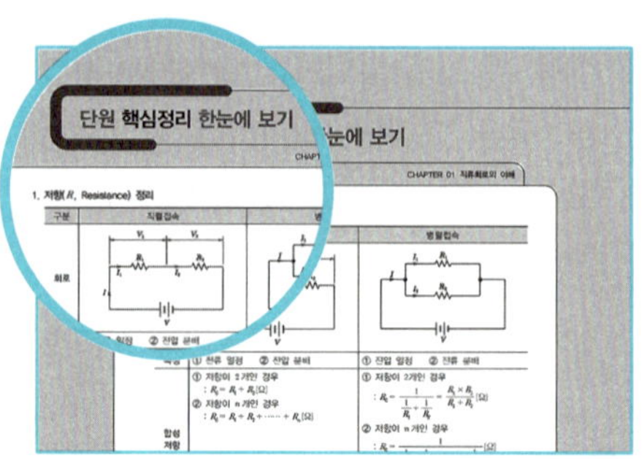

7 문제에 중요도 '별표 및 출제이력' 구성

☑ 문제에 별표(★)를 구성하여 각 문제의 중요도를 알 수 있게 하였으며 출제이력을 표시하여 자주 출제되는 문제임을 알 수 있게 하였다.

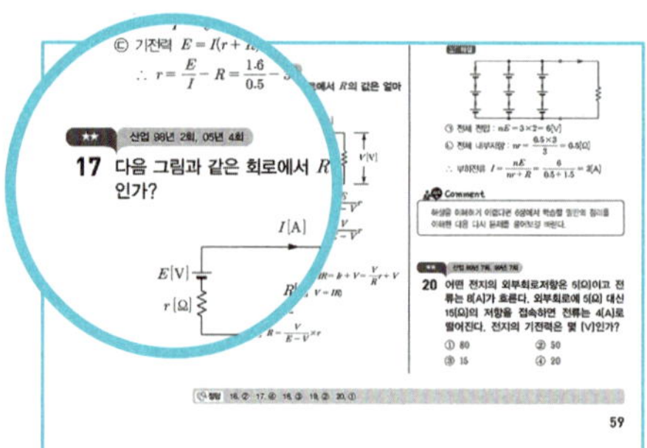

8 '집중공략' 문제 표시

☑ 자주 출제되는 문제에 '집중공략'이라고 표시하여 중요한 문제임을 표시해 집중해서 학습할 수 있도록 했다.

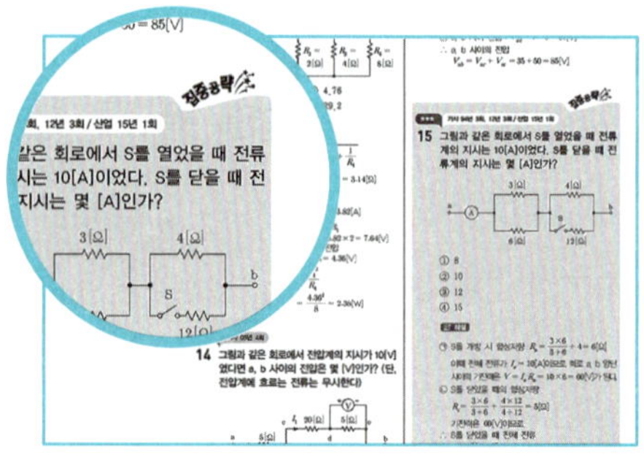

9 '쌤!코멘트' 구성

☑ 이론과 기출문제에 '쌤!코멘트'를 구성하여
문제에 대한 저자분의 노하우를 제시해 문제
를 풀 수 있도록 도움을 주었다.

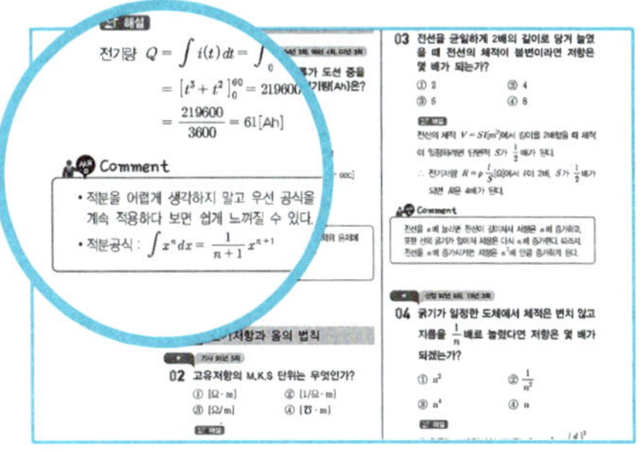

10 상세한 해설 수록

☑ 문제에 상세한 해설로 그 문제를 완전히 이해
할 수 있도록 했을 뿐만 아니라 유사문제에도
대비할 수 있도록 했다.

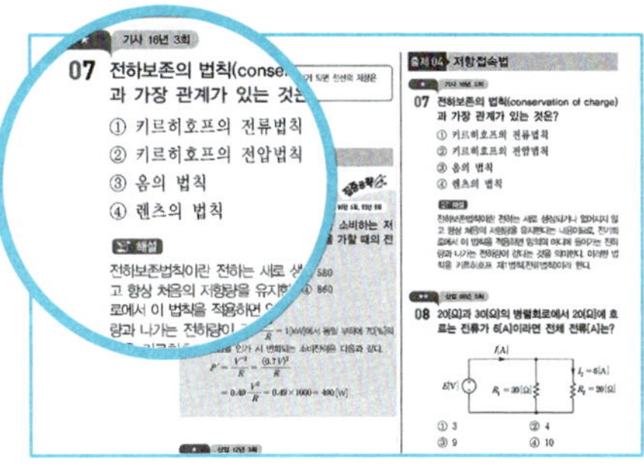

「참!쉬움」 전기자기학을 효과적으로 활용하기 위한
제대로 학습법

01　매일 3시간 학습시간을 정해 놓고 하루 분량의 학습량을 꼭 지킬 수 있도록 학습계획을 세운다.

02　학습 시작 전 출제항목마다 출제경향분석 및 출제포인트를 파악하고 학습방향을 정한다.

03　한 장의 이론을 읽어가면서 굵은 글씨 부분은 중요한 내용이므로 확실하게 암기한다. 또한, 이론 중간중간에 '단원확인 기출문제'를 풀어보면서 앞의 이론을 확실하게 이해한다.

04　한 장의 이론 학습이 끝나면 '단원 핵심정리 한눈에 보기'를 보며 꼭 암기해야 할 부분을 숙지한다.

05　기출문제에서 헷갈렸던 문제나 틀린 문제는 문제번호에 체크표시(☑)를 해 둔 다음 나중에 다시 챙겨 풀어본다.

06　기출문제에 '별표'나 '출제이력', '집중공략' 표시를 보고 중요한 문제는 확실하게 풀고 '쌤!코멘트'를 이용해 저자의 노하우를 배운다.

07　하루 공부가 끝나면 오답노트를 작성한다.

08　그 다음날 공부 시작 전에 어제 공부한 내용을 복습해본다. 복습은 30분 정도로 오답노트를 가지고 어제 틀렸던 문제나 헷갈렸던 부분 위주로 체크해본다.

09　부록에 있는 과년도 출제문제를 시험 직전에 모의고사를 보듯이 풀어본다.

10　책을 다 끝낸 다음 오답노트를 활용해 나의 취약부분을 한 번 더 체크하고 실전시험에 대비한다.

단원별 **최신 출제비중**을 파악하자!

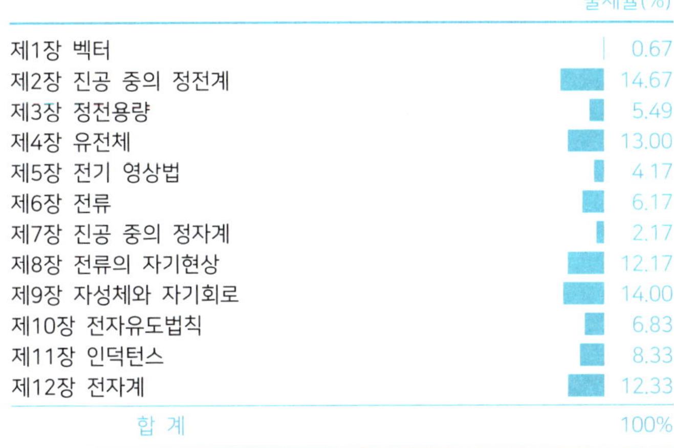

전기기사

	출제율(%)
제1장 벡터	0.67
제2장 진공 중의 정전계	14.67
제3장 정전용량	5.49
제4장 유전체	13.00
제5장 전기 영상법	4.17
제6장 전류	6.17
제7장 진공 중의 정자계	2.17
제8장 전류의 자기현상	12.17
제9장 자성체와 자기회로	14.00
제10장 전자유도법칙	6.83
제11장 인덕턴스	8.33
제12장 전자계	12.33
합 계	100%

전기산업기사

	출제율(%)
제1장 벡터	1.83
제2장 진공 중의 정전계	15.00
제3장 정전용량	9.83
제4장 유전체	10.83
제5장 전기 영상법	4.83
제6장 전류	7.83
제7장 진공 중의 정자계	3.00
제8장 전류의 자기현상	9.83
제9장 자성체와 자기회로	11.50
제10장 전자유도법칙	5.67
제11장 인덕턴스	7.83
제12장 전자계	12.02
합 계	100%

전기자격 **시험안내**

01 시행처

한국산업인력공단

02 시험과목

구분	전기기사	전기산업기사	전기공사기사	전기공사산업기사
필기	1. 전기자기학 2. 전력공학 3. 전기기기 4. 회로이론 및 제어공학 5. 전기설비기술기준	1. 전기자기학 2. 전력공학 3. 전기기기 4. 회로이론 5. 전기설비기술기준	1. 전기응용 및 공사재료 2. 전력공학 3. 전기기기 4. 회로이론 및 제어공학 5. 전기설비기술기준	1. 전기응용 2. 전력공학 3. 전기기기 4. 회로이론 5. 전기설비기술기준
실기	전기설비 설계 및 관리	전기설비 설계 및 관리	전기설비 견적 및 시공	전기설비 견적 및 시공

03 검정방법

[기사]
- **필기** : 객관식 4지 택일형, 과목당 20문항(과목당 30분)
- **실기** : 필답형(2시간 30분)

[산업기사]
- **필기** : 객관식 4지 택일형, 과목당 20문항(과목당 30분)
- **실기** : 필답형(2시간)

04 합격기준

- **필기** : 100점을 만점으로 하여 과목당 40점 이상, 전과목 평균 60점 이상
- **실기** : 100점을 만점으로 하여 60점 이상

■ 전기기사, 전기산업기사

주요 항목	세부항목
1. 진공 중의 정전계	(1) 정전기 및 정전유도 (2) 전계 (3) 전기력선 (4) 전하 (5) 전위 (6) 가우스의 정리 (7) 전기쌍극자
2. 진공 중의 도체계	(1) 도체계의 전하 및 전위분포 (2) 전위계수, 용량계수 및 유도계수 (3) 도체계의 정전에너지 (4) 정전용량 (5) 도체 간에 작용하는 정전력 (6) 정전차폐
3. 유전체	(1) 분극도와 전계 (2) 전속밀도 (3) 유전체 내의 전계 (4) 경계조건 (5) 정전용량 (6) 전계의 에너지 (7) 유전체 사이의 힘 (8) 유전체의 특수현상
4. 전계의 특수해법 및 전류	(1) 전기영상법 (2) 정전계의 2차원 문제 (3) 전류에 관련된 제현상 (4) 저항률 및 도전율
5. 자계	(1) 자석 및 자기유도 (2) 자계 및 자위 (3) 자기쌍극자 (4) 자계와 전류 사이의 힘 (5) 분포전류에 의한 자계
6. 자성체와 자기회로	(1) 자화의 세기 (2) 자속밀도 및 자속 (3) 투자율과 자화율 (4) 경계면의 조건 (5) 감자력과 자기차폐 (6) 자계의 에너지 (7) 강자성체의 자화 (8) 자기회로 (9) 영구자석

주요 항목	세부항목
7. 전자유도 및 인덕턴스	(1) 전자유도 현상 (2) 자기 및 상호유도작용 (3) 자계에너지와 전자유도 (4) 도체의 운동에 의한 기전력 (5) 전류에 작용하는 힘 (6) 전자유도에 의한 전계 (7) 도체 내의 전류 분포 (8) 전류에 의한 자계에너지 (9) 인덕턴스
8. 전자계	(1) 변위전류 (2) 맥스웰의 방정식 (3) 전자파 및 평면파 (4) 경계조건 (5) 전자계에서의 전압 (6) 전자와 하전입자의 운동 (7) 방전현상

CHAPTER 01 벡 터

CHAPTER **02** **진공 중의 정전계**

출제 01 **정전계의 기초사항**

출제 02 **쿨롱의 법칙**

출제 03 **전계의 세기**

출제 04 **전속과 전속밀도**

CHAPTER 03 정전용량

CHAPTER **04** 유전체

CHAPTER 05 전기 영상법

출제 01 개 요

CHAPTER 07　진공 중의 정자계

CHAPTER 09 자성체와 자기회로

출제 01 히스테리시스 곡선

출제 02 자화의 세기

출제 03 경계조건

출제 04 자화에 필요한 에너지

출제 05 자기회로

CHAPTER 10 전자유도법칙

출제 01 패러데이의 전자유도법칙

출제 02 전자유도에 의한 기전력

출제 03 전자계 특수현상

출제 01 자기 인덕턴스

출제 02 상호 인덕턴스와 결합계수

출제 03 각 도체에 따른 인덕턴스

출제 04 인덕턴스 접속법

CHAPTER 12 전자계

출제 01 변위전류

출제 02 맥스웰 전자방정식

출제 03 평면파와 전자계의 성질

출제 04 포인팅 정리

출제 05 벡터 퍼텐셜

 **과년도 출제문제**

■ 2022년 제1회 전기기사 기출문제 / 전기산업기사 CBT 기출복원문제
■ 2022년 제2회 전기기사 기출문제 / 전기산업기사 CBT 기출복원문제
■ 2022년 제3회 전기기사 CBT 기출복원문제 / 전기산업기사 CBT 기출복원문제

■ 2023년 제1회 전기기사 CBT 기출복원문제 / 전기산업기사 CBT 기출복원문제
■ 2023년 제2회 전기기사 CBT 기출복원문제 / 전기산업기사 CBT 기출복원문제
■ 2023년 제3회 전기기사 CBT 기출복원문제 / 전기산업기사 CBT 기출복원문제

■ 2024년 제1회 전기기사 CBT 기출복원문제 / 전기산업기사 CBT 기출복원문제
■ 2024년 제2회 전기기사 CBT 기출복원문제 / 전기산업기사 CBT 기출복원문제
■ 2024년 제3회 전기기사 CBT 기출복원문제 / 전기산업기사 CBT 기출복원문제

■ 2025년 제1회 전기기사 CBT 기출복원문제 / 전기산업기사 CBT 기출복원문제
■ 2025년 제2회 전기기사 CBT 기출복원문제 / 전기산업기사 CBT 기출복원문제
■ 2025년 제3회 전기기사 CBT 기출복원문제 / 전기산업기사 CBT 기출복원문제

기초이론 및 용어해설

01

벡 터

기사 0.67% 출제
산업 1.83% 출제

이렇게 공부하세요!!

출제경향분석

기사 출제비율 %　　산업 출제비율 %

출제 없음	출제 없음	출제 없음	0.17 / 1.00	출제 없음	0.17 / 0.50	0.17 / 0.33	0.16 / 출제 없음
출제 01 개 요	**출제 02** 스칼라량과 벡터량	**출제 03** 벡터의 가감법	**출제 04** 벡터의 곱	**출제 05** 미분 연산자	**출제 06** 벡터의 발산	**출제 07** 벡터의 회전	**출제 08** 스토크스의 정리와 발산의 정리

출제포인트

☑ 직각좌표계의 기본벡터 $\vec{a_x}$, $\vec{a_y}$, $\vec{a_z}$ 또는 i, j, k를 알고 있다.

☑ 단위벡터 $\vec{r_0}$ 를 이해하고, $\vec{r_0}$ 의 크기를 구할 수 있다.

☑ 내적과 외적의 특징에 대해서 알고 있다.

☑ 두 벡터의 내적과 외적을 구할 수 있다.

☑ 스칼라의 기울기, 벡터의 발산과 회전을 구할 수 있다.

☑ 스토크스의 정리와 발산의 정리를 알고 있다.

기사 0.67% 출제 | 산업 1.83% 출제

기사 출제 없음 | 산업 출제 없음

출제 01 개 요

① 전자계 모델에서 전하, 전류, 에너지 같은 물리량은 스칼라(scalar)이며, 전계의 세기, 자계의 세기 등은 벡터(vector)이다. 스칼라와 벡터 모두 시간과 위치의 함수이고, 시간과 위치가 주어졌을 때 스칼라는 크기에 의해 표시가 되나, 벡터의 경우에는 크기와 방향을 필요로 하므로 3차원 공간에서 특정 좌표계를 이용하여 벡터의 값을 나타내야 한다.

② 좌표계에는 일반적으로 직각좌표계, 원통좌표계, 구좌표계로 구분되며 주어진 벡터를 이러한 좌표계에 어떻게 해석하는지, 그리고 한 좌표계에서 다른 좌표계로 어떻게 변환시키는지를 알아야 한다.

하지만 본문에서는 좌표 해석이 복잡한 원통좌표계나 구좌표계에 대한 내용을 다루지 않고 대부분 직각좌표계를 중심으로 해석하고, 벡터함수의 가감승법에 대해서 다룰 것이다.

③ 또한 전기자기학의 공식들을 간결하고 일반적인 방법으로 표시할 수 있도록 벡터와 스칼라의 미분 연산자 ∇(나블라, nabla)에 대해서 알아본다.

기사 출제 없음 | 산업 출제 없음

출제 02 스칼라량과 벡터량

쌤 Comment
- 물리학에서 나타내는 양(量)에는 크게 스칼라와 벡터가 있다.
- 복소수와 극형식의 변환을 이해한 후 벡터를 학습한다.

1 스칼라량(scalar quantity)

① 정의 : 길이나 온도 등과 같이 하나의 크기만으로 표시되는 물리량
② 종류 : 일 또는 에너지(W), 전위(V), 전력(P), 밀도(σ), 전하(Q), 시간(t), 온도(T), 질량(m) 등
③ 표기법 : A, $|\vec{A}|$, $|\dot{A}|$, $|A|$

2 벡터량(vector quantity)

① 정의 : 힘과 속도와 같이 크기와 방향 등으로 2개 이상의 양으로 표시되는 물리량을 말하며, 벡터에 부(−)의 값이 있다면 그것은 방향이 반대를 의미한다.

② 종류 : 힘(F), 속도(v), 가속도(a), 전계의 세기(E), 자계의 세기(H), 전류(I) 등

③ 표기법 : $\vec{A}$, $\dot{A}$, $\boldsymbol{A}$(볼드체 문자)

3 벡터의 종류

(1) 기본벡터(fundamental vector)

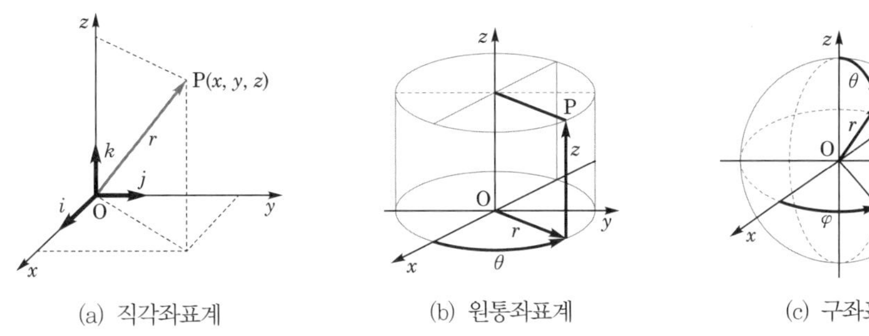

▌그림 1-1 ▌ 좌표계의 종류

① 직각좌표계(rectangular coordinate system) : 3개의 직각으로 교차하는 축을 사용하며 흔히 x, y, z의 세 개의 방향을 순서대로 적용하는데 이들 간에는 오른나사계의 원칙이 성립된다. 즉, x축에서 y축으로 오른손으로 감았을 때 엄지손가락의 방향이 z축이 된다.

㉠ **벡터 성분(component)**

ⓐ **각 방향 성분을 $\vec{a_x}$, $\vec{a_y}$, $\vec{a_z}$로 표시하고, 간단히 i, j, k로도 나타낸다.**

ⓑ x, y, z**방향의 각 벡터의 크기를 의미한다.**

㉡ 벡터의 크기(벡터와 스칼라 관계)

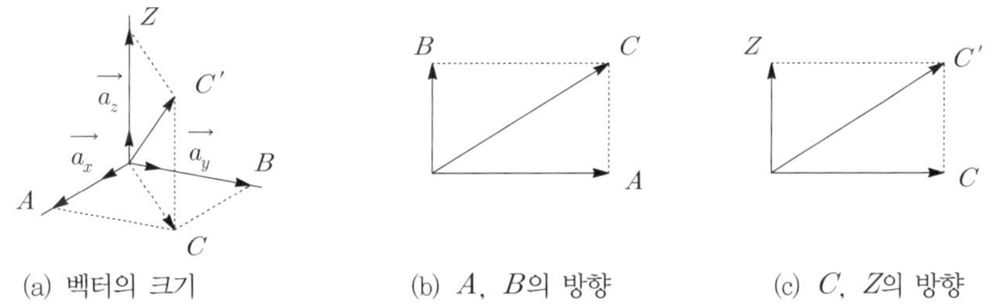

▌그림 1-2 ▌ 직각좌표계의 크기 표현

ⓐ 각 성분(i, j, k) 크기의 제곱의 합에 제곱근(root)을 취한 값

ⓑ $|\vec{C}| = C = \sqrt{A^2 + B^2}$ 또한 $C^2 = A^2 + B^2$

ⓒ $|\vec{C'}| = C' = \sqrt{C^2 + Z^2} = \sqrt{A^2 + B^2 + Z^2}$

ⓓ 즉, 벡터 성분 $\vec{C} = A\vec{a_x} + B\vec{a_y} + C\vec{a_z}$의 스칼라 성분은

$$|\vec{C'}| = \sqrt{A^2 + B^2 + Z^2}$$ ·········· [식 1-1]

② 원통좌표계 : 각 방향 성분을 $\vec{a_r}$, $\vec{a_\theta}$, $\vec{a_z}$로 표시

③ 구좌표계 : 각 방향 성분을 $\vec{a_r}$, $\vec{a_\theta}$, $\vec{a_\phi}$로 표시

(2) 단위벡터(unit vector)

① 정의

   ㉠ 기본벡터를 포함하고 있으며 크기가 1이고 방향만을 제시하는 벡터이다.

   ㉡ 단위벡터는 $\vec{a}$ 또는 $\vec{r_0}$ 로 표현한다.

② 단위벡터의 크기

   ㉠ '벡터=스칼라×방향'에서 방향이 단위벡터가 되므로 단위벡터의 크기는 다음 식과 같다.

   ㉡ 단위벡터 : $\vec{r_0} = \dfrac{\vec{r}\,(벡터)}{r\,(스칼라)}$ ·· [식 1-2]

(3) 법선벡터와 접선벡터

① 법선벡터(normal vector)

   ㉠ **폐곡면에 대하여 수직방향인 성분**

   ㉡ $\vec{n} = \cos\theta$

② 접선벡터(tangent vector)

   ㉠ 폐곡면과 접하는 방향

   ㉡ $\vec{t} = \sin\theta$

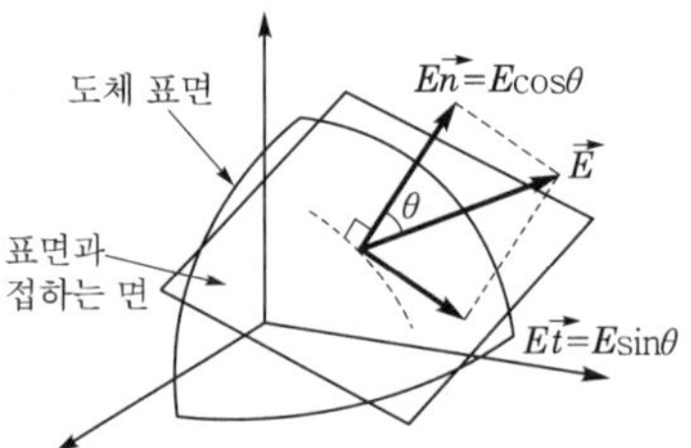

❚그림 1-3❚ 법선벡터와 접선벡터

Comment

법선벡터 $\vec{n}$

2장에서 학습할 전계의 세기 E 의 방향은 도체 표면에서 수직으로 발산하기 때문에 $E\vec{n}$ 로 표현을 한다.

단원 필수 예제

01 벡터 $\vec{r} = 3a_x + 4a_y + 5a_z$의 단위벡터를 구하여라.

   해답 ㉠ 벡터 : $\vec{r} = 3a_x + 4a_y + 5a_z$

       ㉡ 스칼라 : $r = \sqrt{3^2 + 4^2 + 5^2}$

       ㉢ 단위벡터 : $\vec{r_0} = \dfrac{\vec{r}}{r} = \dfrac{3a_x + 4a_y + 5a_z}{\sqrt{3^2 + 4^2 + 5^2}}$

기사 출제 없음 I 산업 출제 없음

출제 03 벡터의 가감법(加減法)

쌤 Comment

- 벡터의 가감법은 전기공학을 공부하는 데 가장 중요한 부분이다.
- 단원 필수 예제를 반드시 풀어보자.

벡터의 합성방법에는 [그림 1-4] 평행사변형법과 삼각형법이 있다.

평행사변형법은 두 벡터 $\vec{A}$와 $\vec{B}$의 시점을 일치시킨 다음 두 벡터를 양변으로 하는 평행사변형법을 그리고 두 벡터의 시점에서 나머지 꼭짓점으로 향하는 벡터를 그리면 이것이 두 벡터 $\vec{A}$와 $\vec{B}$의 합성치가 된다.

벡터 $\vec{A}$의 종점에서 벡터 $\vec{B}$를 평행이동시켜서 $\vec{A}$의 종점에 연결시킨 다음 삼각형을 그리면 나머지 한 변이 두 벡터의 합성벡터가 되는 삼각형법이 있다.

■1 두 벡터의 합

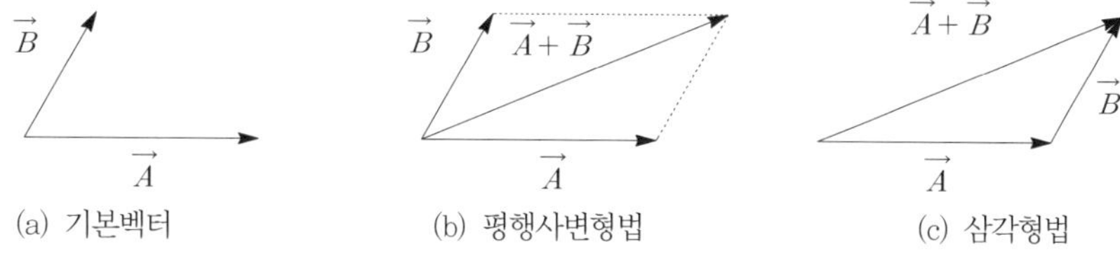

(a) 기본벡터   (b) 평행사변형법   (c) 삼각형법

┃그림 1-4 ┃ 두 벡터의 합

(1) 대수학적 방법

① 좌표상에서 벡터 합과 차의 동일한 벡터성분의 크기만을 더하고 빼주면 된다.

② 벡터의 합과 차

㉠ $\vec{A} = A_x\,i + A_y\,j + A_z\,k,\quad \vec{B} = B_x\,i + B_y\,j + B_z\,k$

㉡ $\vec{A} \pm \vec{B} = (A_x \pm B_x)\,i + (A_y \pm B_y)\,j + (A_z \pm B_z)\,k$ ·········· [식 1-3]

③ 벡터의 가감법은 교환법칙 및 결합법칙이 성립된다.

㉠ 교환법칙 : $\vec{A} + \vec{B} = \vec{B} + \vec{A}$ ·············· [식 1-4]

㉡ 결합법칙 : $(\vec{A} + \vec{B}) + \vec{C} = \vec{A} + (\vec{B} + \vec{C})$ ·············· [식 1-5]

(2) 합성벡터의 크기

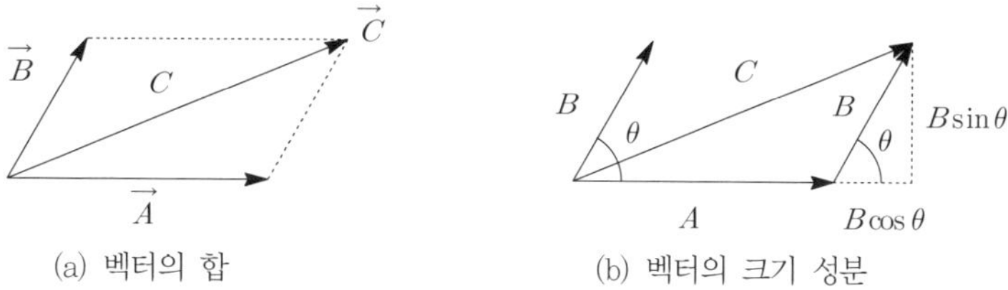

(a) 벡터의 합   (b) 벡터의 크기 성분

┃그림 1-5 ┃ 합성벡터의 크기

① 피타고라스의 정리 : $|\vec{C}|^2 = C^2 = (A + B\cos\theta)^2 + (B\sin\theta)^2$

② $C^2 = A^2 + B^2\cos^2\theta + 2AB\cos\theta + B^2\sin^2\theta$

$\qquad = A^2 + B^2(\cos^2\theta + \sin^2\theta) + 2AB\cos\theta$ (여기서, $\cos^2\theta + \sin^2\theta = 1$)

$\qquad = A^2 + B^2 + 2AB\cos\theta$

③ $C = |\vec{A} + \vec{B}| = \sqrt{A^2 + B^2 + 2AB\cos\theta}$ $\qquad\qquad$ [식 1-6]

2 두 벡터의 차

(1) 두 벡터 차의 합성

① 두 벡터의 차라는 것은 한 개의 벡터성분을 반대로 돌려 새롭게 만들어진 벡터성분을 다른 벡터성분과 더하면서 구할 수 있다.

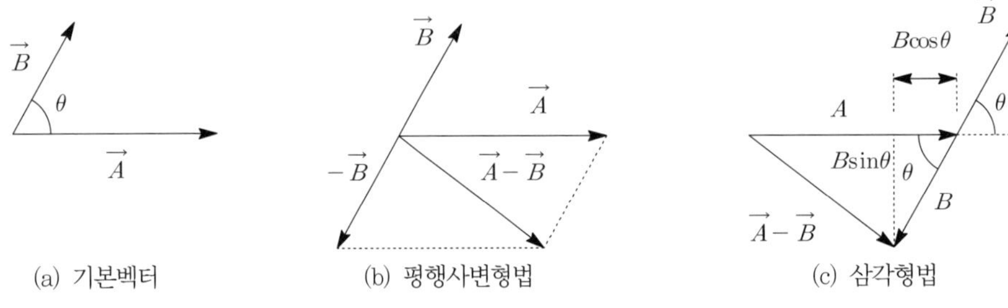

┃그림 1-6┃ 두 벡터의 차

② 즉, $\vec{C} = \vec{A} - \vec{B} = \vec{A} + (-\vec{B})$와 같이 연산한다.

③ $|\vec{C}|^2 = C^2 = (A - B\cos\theta)^2 + (B\sin\theta)^2$

$\qquad = A^2 + B^2\cos^2\theta - 2AB\cos\theta + B^2\sin^2\theta$

$\qquad = A^2 + B^2(\cos^2\theta + \sin^2\theta) - 2AB\cos\theta$

$\qquad = A^2 + B^2 - 2AB\cos\theta$

④ $C = |\vec{A} - \vec{B}| = \sqrt{A^2 + B^2 - 2AB\cos\theta}$ $\qquad\qquad$ [식 1-7]

단원 필수 예제

02 $\vec{A} = 2a_x + 3a_y - 5a_z$, $\vec{B} = 3a_x + 2a_y + 2a_z$일 때 물음에 답해보자.

(1) $\vec{A} + \vec{B}$

(2) $\vec{A} - \vec{B}$

해답 (1) $\vec{A} + \vec{B} = (2a_x + 3a_y - 5a_z) + (3a_x + 2a_y + 2a_z) = 5a_x + 5a_y - 3a_z$

$\qquad$ (2) $\vec{A} - \vec{B} = (2a_x + 3a_y - 5a_z) - (3a_x + 2a_y + 2a_z) = -a_x + a_y - 7a_z$

03 $\vec{A} = 220 \angle 0°$, $\vec{B} = 220 \angle -120°$, $\vec{C} = 220 \angle -240°$**일 때 물음에 답해보자.**

(1) $\vec{A}$, $\vec{B}$, $\vec{C}$를 복소수로 표현해보자.

(2) $\vec{A} + \vec{B} + \vec{C}$를 구해보자.

(3) $\vec{A} - \vec{B}$를 구해보자.

(4) $\vec{A} + \vec{B} - \vec{C}$를 구해보자.

해답 (1) 복소수 변환 [그림 1-7] 참조

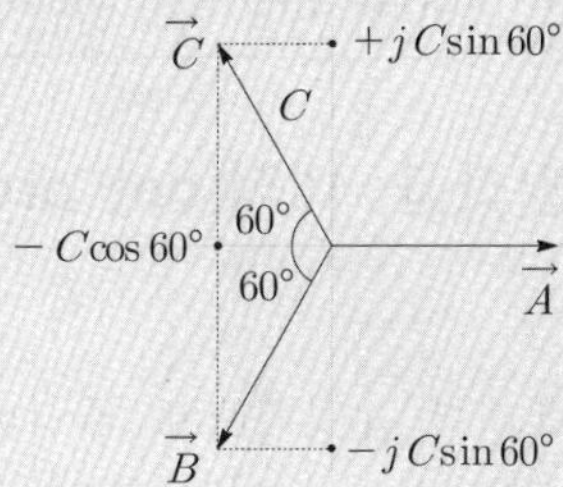

┃ 그림 1-7 ┃ 정지 벡터도

    ㉠ $A = 220 \angle 0° = 220$

    ㉡ $\vec{B} = 220 \angle -120° = 220 \angle 240°$

        $= -220\cos 60° - j220\sin 60°$

        $= -110 - j100\sqrt{3}$

    ㉢ $\vec{C} = 220 \angle -240° = 220 \angle 120°$

        $= -220\cos 60° + j220\sin 60°$

        $= -110 + j100\sqrt{3}$

(2) $\vec{A} + \vec{B} + \vec{C}$를 구해보자.

    ㉠ $\vec{A} + \vec{B} + \vec{C} = 220 + (-110 - j110\sqrt{3}) + (-110 + j110\sqrt{3}) = 0$

    ㉡ 또는 [그림 1-9]와 같이 $\vec{A}$와 $\vec{B}$를 더하면 $\vec{C}$와 크기는 같고, 방향이 반대방향이므로 $\vec{A} + \vec{B} + \vec{C}$의 값은 0이 된다.

(3) $\vec{A} - \vec{B}$를 구해보자.

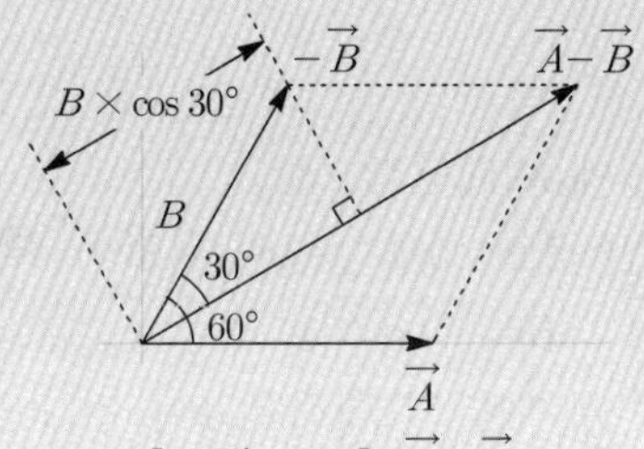

┃ 그림 1-8 ┃ $\vec{A} - \vec{B}$ ┃ 그림 1-9 ┃ $\vec{A} + \vec{B}$

    ㉠ 삼각함수에 의한 방법([그림 1-8] 이용)

$$\vec{A} - \vec{B} = \vec{A} + (-\vec{B}) = B \times \cos 30° \times 2 \angle 30° = 220 \times \frac{\sqrt{3}}{2} \times 2 \angle 30°$$

$$= 220\sqrt{3} \angle 30° = 381 \angle 30°$$

    ㉡ 복소수 연산에 의한 방법

$$\vec{A} - \vec{B} = 220 - (-110 - j110\sqrt{3}) = 330 + j110\sqrt{3}$$

$$= \sqrt{330^2 + (110\sqrt{3})^2} \angle \tan^{-1}\frac{110\sqrt{3}}{330} = 381 \angle 30°$$

(4) $\vec{A} + \vec{B} - \vec{C}$를 구해보자.

    ㉠ 삼각함수에 의한 방법([그림 1-9] 이용)

$$\vec{A} + \vec{B} = A \times \cos 60° \times 2 \angle -60° = 220 \times \frac{1}{2} \times 2 \angle -60°$$

$$= 220 \angle -60° = -\vec{C}$$

    따라서 $\vec{A} + \vec{B} - \vec{C} = (\vec{A} + \vec{B}) - \vec{C} = -\vec{C} - \vec{C} = -2\vec{C}$

    ㉡ 복소수 연산에 의한 방법

$$\vec{A} + \vec{B} - \vec{C} = 220 + (-110 - j110\sqrt{3}) - (-110 + j110\sqrt{3})$$

$$= 220 - j220\sqrt{3} = 440 \angle -60° = -2\vec{C}$$

기사 0.17% 출제 | 산업 1.00% 출제

출제 04 벡터의 곱

Comment

- 1장의 대부분은 이번 단원(벡터의 곱)에서 출제되고 있다.
- 내적은 전기학(2~4장), 외적은 자기학(7~11장)에서 활용된다.
- 내적과 외적의 특징을 이해하고 내적의 연산방법을 반드시 기억하자.

1 스칼라곱, 내적(dot product, scalar product)

(1) 개요

① $\vec{B}$벡터를 $\vec{A}$방향으로 투영하여 두 벡터의 크기를 곱한 것을
두 벡터의 내적이라 한다.

② 내적은 $\vec{A} \cdot \vec{B}$ ($\vec{A}$ dot $\vec{B}$)로 표시되며, 그 결과 값은 스칼라가
되므로 내적을 스칼라곱이라고도 한다.

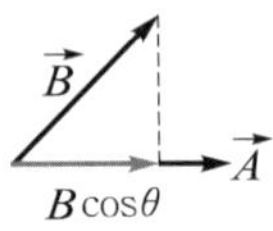

┃그림 1-10┃ 스칼라곱

$$\vec{A} \cdot \vec{B} = |\vec{A}||\vec{B}|\cos\theta \quad\text{[식 1-8]}$$

$$\theta = \cos^{-1}\frac{\vec{A} \cdot \vec{B}}{|A||B|} \quad\text{[식 1-9]}$$

(2) 내적의 특징

① 내적은 [식 1-8]에서와 같이 $\cos\theta$에 비례한다.
따라서 두 벡터가 이루는 각이 $0°$일 경우 $\cos 0° = 1$이 되어 두 벡터의 내적은 두 벡터의
크기를 그대로 곱해주면 된다. ($\vec{A} \cdot \vec{B} = |\vec{A}||\vec{B}|$)
만약, $\vec{A}$와 $\vec{B}$의 크기가 1일 경우 두 벡터의 내적은 1이 된다.

② 두 벡터가 이루는 각이 $90°$일 경우 $\cos 90° = 0$이 되므로 두 벡터의 내적은 항상 0이 된다.
즉, 두 벡터가 수직($\vec{A} \perp \vec{B}$)일 경우 내적은 0이 된다.

$$i \cdot i = j \cdot j = k \cdot k = 1 \quad\text{[식 1-10]}$$

$$i \cdot j = j \cdot k = k \cdot i = 0 \quad\text{[식 1-11]}$$

단원 필수 예제

04 $\vec{A} = a_1 i + a_2 j + a_3 k$, $\vec{B} = b_1 i + b_2 j + b_3 k$일 때 두 벡터의 내적을 구하여라.

해답 $\vec{A} \cdot \vec{B} = (a_1 i + a_2 j + a_3 k) \cdot (b_1 i + b_2 j + b_3 k) = a_1 b_1 + a_2 b_2 + a_3 b_3$

2 벡터곱, 외적(cross product, vector product, outer product)

(1) 개요

① 두 벡터 $\vec{A}$와 $\vec{B}$를 벡터곱(외적)하면 새로운 벡터 $\vec{C}$가 생긴다. 두 벡터의 벡터곱을 외적이라 하며, A cross B로 읽으며 $\vec{A} \times \vec{B}$로 표기한다.

② $\vec{A} \times \vec{B}$에 의해서 발생한 새로운 벡터 $\vec{C}$의 크기는 [그림 1-11]과 같이 두 벡터가 이루는 평행사변형의 면적과 같은 크기를 갖는다.

③ 방향은 벡터 $\vec{A}$쪽에서 벡터 $\vec{B}$의 방향으로 오른나사를 회전시킬 때 오른나사의 진행방향이 새로운 벡터의 방향이 된다. [식 1-12]에 두 벡터곱의 크기를 표현했고, $\vec{a_n}$는 새로운 벡터의 방향으로 전진한다는 의미이며 이를 단위면 벡터라 한다.

④ $\vec{B} \times \vec{A}$에 의해서 발생한 새로운 벡터의 크기는 $\vec{A} \times \vec{B}$와 같으나, 방향은 벡터 $\vec{B}$쪽에서 벡터 $\vec{A}$의 방향으로 오른나사를 회전시킬 때 오른나사의 진행방향이 되므로 $\vec{A} \times \vec{B}$와는 반대방향이 된다. 즉, 외적은 교환법칙이 성립되지 않는다.

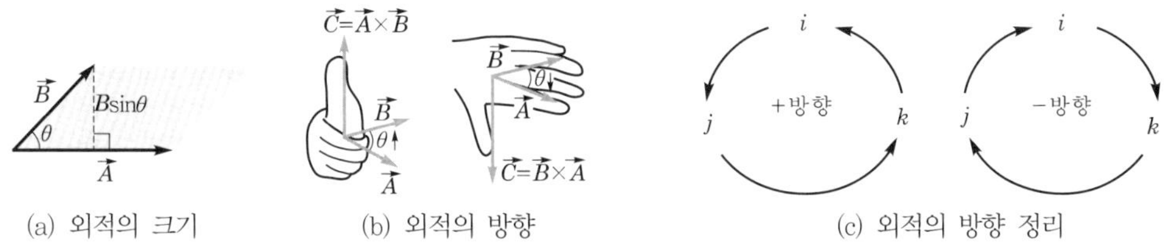

(a) 외적의 크기 (b) 외적의 방향 (c) 외적의 방향 정리

┃그림 1-11┃ 두 벡터의 외적

$$\vec{A} \times \vec{B} = \vec{n}\, |\vec{A}||\vec{B}| \sin\theta \quad\cdots\cdots\quad \text{[식 1-12]}$$
$$\vec{A} \times \vec{B} \neq \vec{B} \times \vec{A} \quad\cdots\cdots\quad \text{[식 1-13]}$$
$$\vec{A} \times \vec{B} = -\,\vec{B} \times \vec{A} \quad\cdots\cdots\quad \text{[식 1-14]}$$

(2) 외적의 특징

① 외적은 [식 1-12]에서와 같이 $\sin\theta$에 비례한다.

② 따라서 같은 방향의 두 벡터곱은 $\theta = 0°$이므로 두 벡터의 외적은 0이 된다.

③ 수직한 두 벡터곱은 $\vec{A} \times \vec{B} = i \times j = \vec{a_n} \sin 90° = \vec{a_n} = k$이 되는데, 이는 크기가 1인 두 벡터곱은 크기가 1이고 k방향으로 진행한다는 의미이다.

이를 정리하면 [식 1-15]와 같고 [그림 1-11] (c)와 같은 규칙이 생긴다.

$$
\begin{aligned}
&i \times i = 0 &\quad &i \times j = k &\quad &i \times k = -j \\
&j \times i = -k &\quad &j \times j = 0 &\quad &j \times k = i \quad\cdots\cdots\quad \text{[식 1-15]} \\
&k \times i = j &\quad &k \times j = -i &\quad &k \times k = 0
\end{aligned}
$$

(3) 벡터곱의 예

① 플레밍의 왼손법칙 : $F = (\vec{I} \times \vec{B})l = IBl\sin\theta\,[\text{N}]$ $\quad\cdots\cdots\quad$ [식 1-16]

② 플레밍의 오른손법칙 : $e = (\vec{v} \times \vec{B})l = vBl\sin\theta\,[\text{V}]$ $\quad\cdots\cdots\quad$ [식 1-17]

05 $\vec{A} = a_1 i + a_2 j + a_3 k$, $\vec{B} = b_1 i + b_2 j + b_3 k$일 때 두 벡터의 외적을 구하여라.

해답 ㉠ $\vec{A} \times \vec{B} = (a_1 i + a_2 j + a_3 k) \times (b_1 i + b_2 j + b_3 k)$

$\qquad = (a_1 i \times b_1 i) + (a_1 i \times b_2 j) + (a_1 i \times b_3 k) + (a_2 j \times b_1 i) + (a_2 j \times b_2 j)$

$\qquad\quad + (a_2 j \times b_3 k) + (a_3 k \times b_1 i) + (a_3 k \times b_2 j) + (a_3 k \times b_3 k)$

$\qquad = 0 + a_1 b_2 k - a_1 b_3 j - a_2 b_1 k + 0 + a_2 b_3 i + a_3 b_1 j - a_3 b_2 i + 0$

$\qquad = (a_2 b_3 - a_3 b_2) i - (a_1 b_3 - a_3 b_1) j + (a_1 b_2 - a_2 b_1) k$

㉡ $\vec{A} \times \vec{B} = \det \begin{vmatrix} i & j & k \\ a_1 & a_2 & a_3 \\ b_1 & b_2 & b_3 \end{vmatrix} = i \begin{vmatrix} a_2 & a_3 \\ b_2 & b_3 \end{vmatrix} - j \begin{vmatrix} a_1 & a_3 \\ b_1 & b_3 \end{vmatrix} + k \begin{vmatrix} a_1 & a_2 \\ b_1 & b_2 \end{vmatrix}$

$\qquad = i(a_2 b_3 - a_3 b_2) - j(a_1 b_3 - a_3 b_1) + k(a_1 b_2 - a_2 b_1)$

기사 출제 없음 ｜ 산업 출제 없음

출제 05 미분 연산자

Comment

- 편미분 연산자와 연산법에 대해서 이해한다.
- 편미분 연산자 ▽ (nabla)는 전기자기학이 끝날 때까지 사용된다.

1 미분

$$\frac{d}{dt}(\vec{A} \pm \vec{B}) = \frac{d}{dt}\vec{A} \pm \frac{d}{dt}\vec{B} \qquad \cdots\cdots [\text{식 } 1\text{-}18]$$

$$\frac{d}{dt}(\vec{A} \cdot \vec{B}) = \frac{d\vec{A}}{dt} \cdot \vec{B} + \vec{A} \cdot \frac{d\vec{B}}{dt} \qquad \cdots\cdots [\text{식 } 1\text{-}19]$$

$$\frac{d}{dt}(\vec{A} \times \vec{B}) = \frac{d\vec{A}}{dt} \times \vec{B} + \vec{A} \times \frac{d\vec{B}}{dt} \qquad \cdots\cdots [\text{식 } 1\text{-}20]$$

2 편미분

벡터 $\vec{A}(x, y, z)$를 세 변수 x, y, z의 함수라 하면 y, z는 상수(변하지 않는 값)이고 x만 변수로 취급하여 x에 대해서 미분하는 일을 '이 함수를 x로 편미분한다'고 한다. x에 대해서 편미분하는 것을 $\dfrac{\partial \vec{A}}{\partial t}$로 표현한다.

3 미분 연산자

∇를 미분 연산자 또는 해밀톤(Hamilton)의 연산자라고 하며, 나블라(nabla) 또는 델(del)이라 부른다.

$$\nabla = \frac{\partial}{\partial x}\,i + \frac{\partial}{\partial y}\,j + \frac{\partial}{\partial z}\,k \quad\text{[식 1-21]}$$

4 스칼라의 기울기(gradient)

스칼라 함수를 벡터의 미분 연산자로 미분한 결과는 각 벡터성분 x, y, z방향의 거리에 대한 변화율을 나타내므로, 이를 기울기(gradient, 경도)라 한다.

$$\mathrm{grad}\,\phi = \nabla\phi = \left(\frac{\partial}{\partial x}i + \frac{\partial}{\partial y}j + \frac{\partial}{\partial z}k\right)\phi = \frac{\partial\phi}{\partial x}i + \frac{\partial\phi}{\partial y}j + \frac{\partial\phi}{\partial z}k \quad\text{[식 1-22]}$$

기사 0.17% 출제 ㅣ 산업 0.50% 출제

출제 06 벡터의 발산(divergence)

Comment

수학적인 개념보다는 $\nabla\cdot A$와 $\nabla^2 V$의 연산방법을 익혀 문제에 적용하는 방법을 연습한다.

벡터 미분학에서 발산(發散) 또는 다이버전스(divergence)는 벡터장이 정의된 공간의 한 점에서의 장이 퍼져 나오는지, 아니면 모여서 없어지는지의 정도를 측정하는 연산자이며 아래와 같이 계산된다.

$$\mathrm{div}\,\vec{A} = \nabla\cdot\vec{A} = \left(\frac{\partial}{\partial x}i + \frac{\partial}{\partial y}j + \frac{\partial}{\partial z}k\right)\cdot(A_x i + A_y j + A_z k)$$

$$= \frac{\partial A_x}{\partial x} + \frac{\partial A_y}{\partial y} + \frac{\partial A_z}{\partial z} \quad\text{[식 1-23]}$$

∇^2는 라플라스 연산자 또는 라플라시안(laplacian)이라 하며, 공간 전하 분포에 의한 전위를 계산하는 데 사용되며 아래와 같이 계산된다.

$$\nabla^2 = \nabla\cdot\nabla = \left(\frac{\partial}{\partial x}i + \frac{\partial}{\partial y}j + \frac{\partial}{\partial z}k\right)\cdot\left(\frac{\partial}{\partial x}i + \frac{\partial}{\partial y}j + \frac{\partial}{\partial z}k\right)$$

$$= \frac{\partial^2}{\partial x^2} + \frac{\partial^2}{\partial y^2} + \frac{\partial^2}{\partial z^2} \quad\text{[식 1-24]}$$

$$\mathrm{div}\,\mathrm{grad}\,\phi = \nabla\cdot\nabla\phi = \nabla^2\phi = \frac{\partial^2\phi}{\partial x^2} + \frac{\partial^2\phi}{\partial y^2} + \frac{\partial^2\phi}{\partial z^2} \quad\text{[식 1-25]}$$

단원 필수 예제

06 전위함수 $V = x^2 + y^2$일 때 $\nabla^2 V$를 구하여라.

해답

㉠ $\dfrac{\partial^2}{\partial x^2}(x^2 + y^2) = \dfrac{\partial}{\partial x} 2x = 2$ (여기서, $\dfrac{\partial}{\partial x}x^2 = 2x$, $\dfrac{\partial}{\partial x}y^2 = 0$)

㉡ $\dfrac{\partial^2}{\partial y^2}(x^2 + y^2) = \dfrac{\partial}{\partial y} 2y = 2$ (여기서, $\dfrac{\partial}{\partial y}x^2 = 0$, $\dfrac{\partial}{\partial x}y^2 = 2y$)

㉢ $\nabla^2 V = \left(\dfrac{\partial^2}{\partial x^2} + \dfrac{\partial^2}{\partial y^2} + \dfrac{\partial^2}{\partial z^2}\right)(x^2 + y^2) = 2 + 2 = 4$

기사 0.17% 출제 | 산업 0.33% 출제

출제 07 벡터의 회전(rotation, curl)

쌤 Comment

벡터의 회전을 이용한 계산문제의 출제빈도가 매우 낮다. 따라서 $\vec{A}$의 회전력을 rot $\vec{A}$ 또는 $\nabla \times \vec{A}$로 표현된다는 것만을 이해하고 넘어가자.

벡터 $\vec{A}$가 회전의 의미를 갖는 벡터량이고, 벡터의 회전은 회전하는 자기력선에 대한 전류를 계산할 때 사용되며 아래와 같이 계산된다.

$$\text{rot } \vec{A} = \nabla \times \vec{A} = \left(\frac{\partial}{\partial x}i + \frac{\partial}{\partial y}j + \frac{\partial}{\partial z}k\right) \times (A_x i + A_y j + A_z k) = \begin{vmatrix} i & j & k \\ \dfrac{\partial}{\partial x} & \dfrac{\partial}{\partial y} & \dfrac{\partial}{\partial z} \\ A_x & A_y & A_z \end{vmatrix}$$

$$= i\left(\frac{\partial A_z}{\partial y} - \frac{\partial A_y}{\partial z}\right) - j\left(\frac{\partial A_z}{\partial x} - \frac{\partial A_x}{\partial z}\right) + k\left(\frac{\partial A_y}{\partial x} - \frac{\partial A_x}{\partial y}\right) \quad\cdots\cdots\cdots\cdots [\text{식 } 1\text{-}26]$$

기사 0.16% 출제 | 산업 출제 없음

출제 08 스토크스의 정리와 발산의 정리

쌤 Comment

발산의 정리는 2장의 가우스 법칙 미분형을 유도할 때 이용되며, 스토크스의 정리는 8장의 앙페르 법칙 미분형과 10장의 패러데이 법칙 미분형을 유도할 때 각각 사용된다. 이렇게 유도된 미분형 공식들은 12장 맥스웰 방정식에서 그대로 활용된다.

선적분과 면적적분, 체적적분의 관계를 정리한 식으로 스토크스(Stokes)의 정리는 선적분과 면적적분의 변환에 사용되며, 가우스(Gauss) 발산의 정리 또는 선속정리는 면적적분과 체적적분의 변환에 사용된다.

① 발산의 정리 : $\oint_{s} A\,\vec{n}ds = \int_{v} \operatorname{div}\vec{A}\,dv$ ················· [식 1-27]

② 스토크스의 정리 : $\oint_{c} \vec{A}\,dl = \int_{s} \operatorname{rot}\vec{A}\,ds$ ················· [식 1-28]

참고

1. 벡터 공식(Some Useful Vector Identities)

$$A \cdot B \times C = B \cdot C \times A = C \cdot A \times B$$

$$A \times (B \times C) = B(A \cdot C) - C(A \cdot B)$$

$$\nabla(\Psi V) = \Psi \nabla V + V \nabla \Psi$$

$$\nabla \cdot (\Psi A) = \Psi \nabla \cdot A + A \cdot \nabla \Psi$$

$$\nabla \cdot (A \times B) = B \cdot (\nabla \times A) - A \cdot (\nabla \times B)$$

$$\nabla \cdot \nabla V = \nabla^2 V$$

$$\nabla \times \nabla \times A = \nabla(\nabla \cdot A) - \nabla^2 A$$

$$\nabla \times \nabla V = 0$$

$$\nabla \cdot (\nabla \times A) = 0$$

$$\int_{V} \nabla \cdot A\,dv = \oint_{S} A \cdot ds \quad \text{(divergence theorem)}$$

$$\int_{S} \nabla \times A \cdot ds = \oint_{C} A \cdot dl \quad \text{(Stokes's theorem)}$$

2. 기울기, 발산, 회전 공식(Gradient, Divergence, Curl and Laplacian Operations)

(1) 직교좌표계$(x,\ y,\ z)$

　① x축의 단위벡터 : $a_x = i$

　② y축의 단위벡터 : $a_y = j$

　③ z축의 단위벡터 : $a_z = k$

$$\operatorname{grad} V = \nabla V = \left(\frac{\partial}{\partial x}i + \frac{\partial}{\partial y}j + \frac{\partial}{\partial z}k\right)V = \frac{\partial V}{\partial x}i + \frac{\partial V}{\partial y}j + \frac{\partial V}{\partial z}k$$

$$\operatorname{div}\vec{E} = \nabla \cdot \vec{E} = \left(\frac{\partial}{\partial x}i + \frac{\partial}{\partial y}j + \frac{\partial}{\partial z}k\right) \cdot (E_x i + E_y j + E_z k) = \frac{\partial E_x}{\partial x} + \frac{\partial E_y}{\partial y} + \frac{\partial E_z}{\partial z}$$

$$\operatorname{rot}\vec{H} = \begin{vmatrix} i & j & k \\ \frac{\partial}{\partial x} & \frac{\partial}{\partial y} & \frac{\partial}{\partial z} \\ E_x & E_y & E_z \end{vmatrix} = i\left(\frac{\partial E_z}{\partial y} - \frac{\partial E_y}{\partial z}\right) + j\left(\frac{\partial E_x}{\partial z} - \frac{\partial E_z}{\partial x}\right) + k\left(\frac{\partial E_y}{\partial x} - \frac{\partial E_x}{\partial y}\right)$$

$$\nabla^2 V = \frac{\partial^2 V}{\partial x^2} + \frac{\partial^2 V}{\partial y^2} = \frac{\partial^2 V}{\partial z^2}$$

(2) 원통좌표계$(r,\ \phi,\ z)$

　① r축의 단위벡터 : a_r

　② ϕ축의 단위벡터 : a_ϕ

　③ z축의 단위벡터 : a_z

$$\operatorname{grad} V = \nabla V = \left(\frac{\partial}{\partial r}a_r + \frac{1}{r}\frac{\partial}{\partial \phi}a_\phi + \frac{\partial}{\partial z}a_z\right)V = \frac{\partial V}{\partial r}a_r + \frac{\partial V}{r\partial \phi}a_\phi + \frac{\partial V}{\partial z}a_z$$

$$\operatorname{div} \vec{E} = \nabla \cdot \vec{E} = \frac{1}{r}\frac{\partial}{\partial r}(rE_r) + \frac{\partial E_\phi}{r\partial \phi} + \frac{\partial E_z}{\partial z}$$

$$\operatorname{rot} \vec{H} = \begin{vmatrix} a_r & a_\phi r & a_z \\ \dfrac{\partial}{\partial r} & \dfrac{\partial}{\partial \phi} & \dfrac{\partial}{\partial z} \\ H_r & rH_\phi & H_z \end{vmatrix} = a_r\left(\frac{\partial H_z}{r\partial \phi} - \frac{\partial H_\phi}{\partial z}\right) + a_\phi\left(\frac{\partial H_r}{\partial z} - \frac{\partial H_z}{\partial r}\right) + a_z\frac{1}{r}\left[\frac{\partial}{\partial r}(rH_\phi) - \frac{\partial H_r}{\partial \phi}\right]$$

$$\nabla^2 \cdot V = \frac{1}{r}\frac{\partial}{\partial r}\left(r\frac{\partial V}{\partial r}\right) + \frac{1}{r^2}\frac{\partial^2 V}{\partial \phi^2} + \frac{\partial^2 V}{\partial z^2}$$

(3) 구좌표계($R,\ \theta,\ \phi$)

① R축의 단위벡터 : a_R

② θ축의 단위벡터 : a_θ

③ ϕ축의 단위벡터 : a_ϕ

$$\nabla V = \frac{\partial V}{\partial x}a_R + \frac{\partial V}{R\partial \theta}a_\theta + \frac{1}{R\sin\theta}\frac{\partial V}{\partial \phi}a_\phi$$

$$\nabla \cdot \vec{E} = \frac{1}{R^2}\frac{\partial}{\partial R}(R^2 H_R) + \frac{1}{R\sin\theta}\frac{\partial}{\partial \theta}(H_\theta \sin\theta) + \frac{1}{R\sin\theta}\frac{\partial H_\phi}{\partial \phi}$$

$$\nabla \times \vec{H} = \frac{1}{R^2\sin\theta}\begin{vmatrix} a_R & Ra_\theta & R\sin\theta\, a_\phi \\ \dfrac{\partial}{\partial R} & \dfrac{\partial}{\partial \theta} & \dfrac{\partial}{\partial \phi} \\ H_R & RH_\theta & (R\sin\theta)H_\theta \end{vmatrix}$$

$$= a_R\frac{1}{R\sin\theta}\left[\frac{\partial}{\partial \theta}(H_\phi \sin\theta) - \frac{\partial H_\theta}{\partial \phi}\right] + \frac{1}{R}a_\theta\left[\frac{1}{\sin\theta}\frac{\partial H_R}{\partial \phi} - \frac{\partial}{\partial R}(RH_\phi)\right]$$

$$+ \frac{1}{R}a_\phi\left[\frac{\partial}{\partial R}(RH_\theta) - \frac{\partial H_R}{\partial \theta}\right]$$

$$\nabla^2 V = \frac{1}{R^2}\frac{\partial}{\partial R}\left(R^2\frac{\partial V}{\partial R}\right) + \frac{1}{R^2\sin\theta}\frac{\partial}{\partial \theta}\left(\sin\theta\frac{\partial V}{\partial \theta}\right) + \frac{1}{R^2\sin^2\theta}\frac{\partial^2 V}{\partial \phi^2}$$

단원 핵심정리 한눈에 보기

1. 벡터의 내적과 외적

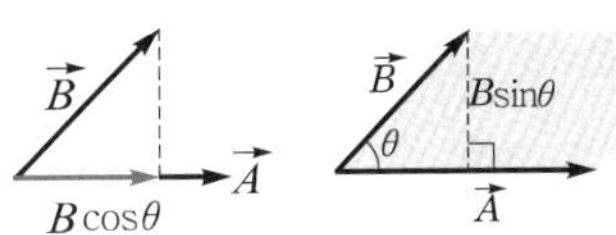

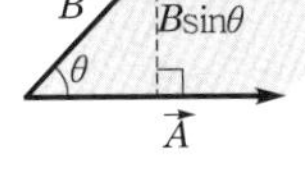
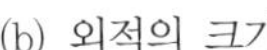

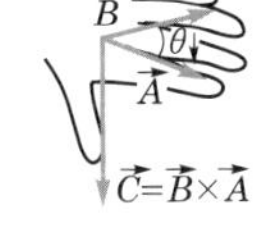

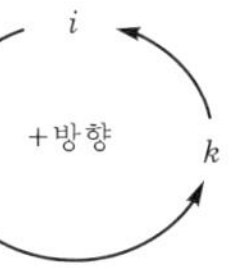
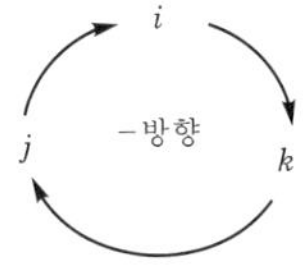

(a) 스칼라곱   (b) 외적의 크기   (c) 외적의 방향   (d) 외적의 특징

내적(스칼라곱, dot product)	외적(벡터곱, cross product)
① 내적 : $\vec{A} \cdot \vec{B} = \|\vec{A}\|\|\vec{B}\| \cos\theta$ (같은 방향의 스칼라곱)	① 외적 : $\vec{A} \times \vec{B} = \vec{n}\,\|\vec{A}\|\|\vec{B}\| \sin\theta$ 여기서, $\vec{n}$: 두 벡터가 이루는 면적의 수직 방향(단위벡터)을 의미
② 사잇각 : $\theta = \cos^{-1} \dfrac{\vec{A} \cdot \vec{B}}{\|A\|\|B\|}$	② 방향 : 오른나사법칙에 따른다.
③ 내적의 특징 ㉠ $i \cdot i = j \cdot j = k \cdot k = 1$ ㉡ $i \cdot j = j \cdot k = k \cdot i = 0$ ㉢ 즉, 수직인 두 벡터의 내적은 0	③ 외적의 특징 ㉠ $i \times i = 0,\quad i \times j = k,\quad i \times k = -j$ ㉡ $j \times i = -k,\quad j \times j = 0,\quad j \times k = i$ ㉢ $k \times i = j,\quad k \times j = -i,\quad k \times k = 0$

2. 미분 연산자

① 편미분 연산자(nabla) : $\nabla = \dfrac{\partial}{\partial x} i + \dfrac{\partial}{\partial y} j + \dfrac{\partial}{\partial z} k$ (여기서, ∂ : '라운드'라고 읽음)

② $\operatorname{grad} A = \nabla A = \left(\dfrac{\partial}{\partial x} i + \dfrac{\partial}{\partial y} j + \dfrac{\partial}{\partial z} k \right) A = \dfrac{\partial A}{\partial x} i + \dfrac{\partial A}{\partial y} j + \dfrac{\partial A}{\partial z} k$

3. 벡터의 발산(divergence)과 회전(rotation, curl)

① 벡터의 발산 : $\operatorname{div} \vec{A} = \nabla \cdot \vec{A} = \left(\dfrac{\partial}{\partial x} i + \dfrac{\partial}{\partial y} j + \dfrac{\partial}{\partial z} k \right) \cdot (A_x i + A_y j + A_z k)$

$$= \dfrac{\partial A_x}{\partial x} + \dfrac{\partial A_y}{\partial y} + \dfrac{\partial A_z}{\partial z}$$

② $\operatorname{rot} \vec{A} = \nabla \times \vec{A} = \left(\dfrac{\partial}{\partial x} i + \dfrac{\partial}{\partial y} j + \dfrac{\partial}{\partial z} k \right) \times (A_x i + A_y j + A_z k) = \begin{vmatrix} i & j & k \\ \dfrac{\partial}{\partial x} & \dfrac{\partial}{\partial y} & \dfrac{\partial}{\partial z} \\ A_x & A_y & A_z \end{vmatrix}$

$$= i \left(\dfrac{\partial A_z}{\partial y} - \dfrac{\partial A_y}{\partial z} \right) - j \left(\dfrac{\partial A_z}{\partial x} - \dfrac{\partial A_x}{\partial z} \right) + k \left(\dfrac{\partial A_y}{\partial x} - \dfrac{\partial A_x}{\partial y} \right)$$

단원 자주 출제되는 기출문제

출제 01~03 개요 ~ 벡터의 가감법

Comment

출제빈도가 낮으므로 이론을 숙지하길 바란다.

Comment

두 벡터가 이루는 사잇각 문제는 내적에 의해 풀이되지만 40년 동안 기출문제를 분석해보면 45° 근방의 답을 찍으면 정답이 된다.

출제 04 벡터의 곱

★★★★ 산업 04년 1회

01 벡터에 대한 계산식이 옳지 않은 것은?

① $i \cdot i = j \cdot j = k \cdot k = 0$

② $i \cdot j = j \cdot k = k \cdot i = 0$

③ $\vec{A} \cdot \vec{B} = |\vec{A}||\vec{B}|\cos\theta$

④ $i \times i = j \times j = k \times k = 0$

해설

동일 방향의 두 벡터의 내적은 1이고, 수직방향의 내적은 0이 된다.

① $i \cdot i = j \cdot j = k \cdot k = 1$

② $i \cdot j = j \cdot k = k \cdot i = 0$

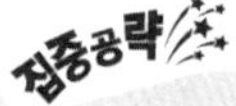

★★ 산업 94년 6회, 01년 3회, 05년 2회, 09년 1회, 17년 3회

02 $A = -i7 - j$, $B = -i3 - j4$의 두 벡터가 이루는 각은 몇 도인가?

① 30°   ② 45°

③ 60°   ④ 90°

해설

두 벡터가 이루는 사잇각은 내적에 의해서 구할 수 있다.

㉠ 내적 $\vec{A} \cdot \vec{B} = AB\cos\theta$에서 사잇각은

$\theta = \cos^{-1}\dfrac{\vec{A} \cdot \vec{B}}{AB}$이다.

㉡ $\vec{A} \cdot \vec{B} = (-i7-j) \cdot (-i3-j4) = 21+4 = 25$

㉢ $A = \sqrt{7^2+1^2} = \sqrt{50} = 5\sqrt{2}$

$B = \sqrt{3^2+4^2} = 5$

$\therefore \theta = \cos^{-1}\dfrac{25}{25\sqrt{2}} = 45°$

★★ 산업 07년 2회, 15년 2회

03 두 벡터 $A = 2i + 4j$, $B = 6j - 4k$가 이루는 각은 약 몇 도인가?

① 36°   ② 42°

③ 50°   ④ 61°

해설

㉠ $\vec{A} \cdot \vec{B} = (2i+4j) \cdot (6j-4k)$
$= (2i+4j+0k) \cdot (0i+6j-4k) = 24$

㉡ $A = \sqrt{2^2+4^2} = \sqrt{20}$, $B = \sqrt{6^2+4^2} = \sqrt{52}$

$\therefore \theta = \cos^{-1}\dfrac{\vec{A} \cdot \vec{B}}{AB} = \cos^{-1}\dfrac{24}{\sqrt{20} \times \sqrt{52}} = 41.9°$

Comment

내적($\vec{A} \cdot \vec{B}$)은 같은 방향의 스칼라곱으로 i방향은 $2 \times 0 = 0$이 되고, j방향은 $4 \times 6 = 24$가 되고, k방향은 $0 \times -4 = 0$이 되어 $\vec{A} \cdot \vec{B}$의 결과값은 24가 된다.

★ 산업 14년 2회

04 두 벡터 $\vec{A} = A_x i + 2j$, $\vec{B} = 3i - 3j - k$가 서로 직교하려면 A_x의 값은?

① 0

② 2

③ $\dfrac{1}{2}$

④ -2

해설

수직인 두 벡터($\vec{A} \perp \vec{B}$)에 내적을 취하면 0이 되므로

$\vec{A} \cdot \vec{B} = (A_x i + 2j) \cdot (3i - 3j - k) = 3A_x - 6 = 0$에서

$3A_x = 6$이므로

$\therefore A_x = 2$

정답 01. ① 02. ② 03. ② 04. ②

05 벡터 $\vec{A}=i-j+3k$, $\vec{B}=i+ak$일 때 벡터 $\vec{A}$와 벡터 $\vec{B}$가 수직이 되기 위한 a의 값은? (단, i, j, k는 x, y, z방향의 기본벡터이다.)

① -2 ② $-\dfrac{1}{3}$

③ 0 ④ $\dfrac{1}{2}$

해설

수직인 두 벡터($\vec{A} \perp \vec{B}$)에 내적을 취하면 0이 되므로
$$\vec{A}\cdot\vec{B}=(i-j+3k)\cdot(i+ak)=1+3a=0$$에서
$3a=-1$이므로
$$\therefore\ a=-\dfrac{1}{3}$$

06 벡터 $\vec{A}=i+4j+3k$와 벡터 $\vec{B}=4i+2j-4k$는 서로 어떤 관계에 있는가?

① 평행 ② 면적

③ 접근 ④ 수직

해설

두 벡터의 내적을 취해보면
$$\vec{A}\cdot\vec{B}=(1\times4)+(4\times2)+(3\times-4)=4+8-12=0$$
이 된다.

∴ 두 벡터의 내적이 0이 되기 위해서는 두 벡터가 수직 상태여야만 된다($\vec{A}\perp\vec{B}$).

Comment

전기자기학에서 '평행. 면적. 접근'에 관련된 정답은 거의 없다. 따라서 두 벡터가 수직이라고 판단해서 내적을 대입해 내적값이 0인 것을 확인하고 정답을 찍는다.

07 $A=10a_x-10a_y+5a_z$, $B=4a_x-2a_y+5a_z$는 어떤 평행사변형의 두 변을 표시하는 벡터일 때 이 평행사변형의 면적의 크기는? (단, 좌표는 직각좌표이다.)

① $5\sqrt{3}$ ② $7\sqrt{19}$

③ $10\sqrt{29}$ ④ $4\sqrt{7}$

해설

두 벡터가 이루는 평행사변형의 면적은 외적의 크기를 말하므로
$$\vec{A}\times\vec{B}=\begin{vmatrix} a_x & a_y & a_z \\ 10 & -10 & 5 \\ 4 & -2 & 5 \end{vmatrix}$$
$$=a_x\begin{vmatrix} -10 & 5 \\ -2 & 5 \end{vmatrix}-a_y\begin{vmatrix} 10 & 5 \\ 4 & 5 \end{vmatrix}+a_z\begin{vmatrix} 10 & -10 \\ 4 & -2 \end{vmatrix}$$
$$=(-50+10)a_x-(50-20)a_y+(-20+40)a_z$$
$$=-40a_x-30a_y+20a_z$$
$$\therefore\ |\vec{A}\times\vec{B}|=\sqrt{(-40)^2+(-30)^2+20^2}$$
$$=\sqrt{2900}=\sqrt{29\times10^2}=10\sqrt{29}$$

Comment

- 외적의 결과값은 벡터이지만 문제에서 외적의 크기를 물어봤으므로 스칼라값으로 변환시켰다.
- 2014년부터 기사 쪽에서 외적을 계산하는 문제가 나오므로 기사를 응시하는 수험생들은 한번쯤 계산해보길 바란다.

출제 05 미분 연산자

08 점(1, 0, 3)에서 $F=xyz^2$의 기울기를 구하면 다음의 어느 것이 되는가?

① $3k$ ② $j\times3k$

③ $9j$ ④ $6k$

해설

$$\operatorname{grad}F=\nabla F=\left(\frac{\partial}{\partial x}i+\frac{\partial}{\partial y}j+\frac{\partial}{\partial z}k\right)xyz^2$$
$$=\frac{\partial}{\partial x}xyz^2i+\frac{\partial}{\partial y}xyz^2j+\frac{\partial}{\partial z}xyz^2k$$
$$=yz^2\,i+xz^2\,j+2xyz\,k\begin{vmatrix} x=1 \\ y=0 \\ z=3 \end{vmatrix}=9\,j$$

09 $V(x,\ y,\ z)=3x^2y-y^3z^2$에 대하여 $\operatorname{grad}V$의 점(1, -2, -1)에서의 값을 구하면?

① $12i+9j+16k$ ② $12i-9j+16k$

③ $-12i-9j-16k$ ④ $-12i+9j-16k$

해설

스칼라 함수의 기울기

$$\operatorname{grad}V = \nabla V = \left(\frac{\partial V}{\partial x}i + \frac{\partial V}{\partial y}j + \frac{\partial V}{\partial z}k\right)$$

$$\operatorname{grad}V = \frac{\partial}{\partial x}(3x^2y - y^3z^2)i + \frac{\partial}{\partial y}(3x^2y - y^3z^2)j$$
$$+ \frac{\partial}{\partial z}(3x^2y - y^3z^2)k$$

$$= 6xy\,i + 3x^2\,j - 3y^2z^2\,j - 2y^3z\,k \ \Bigg|\ \begin{matrix} x=1 \\ y=-2 \\ z=-1 \end{matrix}$$

$$= -12i - 9j - 16k$$

Comment

복잡한 계산문제는 20문제 중 3문제도 안 나온다. 기사 및 산업기사의 합격기준은 기본을 요하는 것이므로 이러한 계산문제를 많이 풀기보다는 개념과 공식 위주로 공부하는 것이 빨리 합격하는 비결이다.

출제 06 ▶ 벡터의 발산(divergence)

★★★ 산업 01년 1회, 15년 3회, 16년 3회

10 위치함수로 주어지는 벡터량이 $\vec{E}(xyz) = iE_x + jE_y + kE_z$이다. 나블라($\nabla$)와의 내적 $\nabla \cdot \vec{E}$와 같은 의미를 갖는 것은?

① $\dfrac{\partial E_x}{\partial x} + \dfrac{\partial E_y}{\partial y} + \dfrac{\partial E_z}{\partial z}$

② $i\dfrac{\partial}{\partial x} + j\dfrac{\partial}{\partial y} + k\dfrac{\partial}{\partial z}$

③ $i\dfrac{\partial E_x}{\partial x} + j\dfrac{\partial E_y}{\partial y} + k\dfrac{\partial E_z}{\partial z}$

④ $\dfrac{\partial E}{\partial x} + \dfrac{\partial E}{\partial y} + \dfrac{\partial E}{\partial z}$

해설

벡터의 내적은 같은 방향의 크기 성분의 곱으로 계산할 수 있다.

$$\nabla \cdot \vec{E} = \left(i\frac{\partial}{\partial x} + j\frac{\partial}{\partial y} + k\frac{\partial}{\partial z}\right) \cdot (iE_x + jE_y + kE_z)$$
$$= \frac{\partial E_x}{\partial x} + \frac{\partial E_y}{\partial y} + \frac{\partial E_z}{\partial z}$$

★ 기사 02년 2회

11 $\vec{r} = xi + yj + zk$에서 $\operatorname{div}\vec{r}$의 값은?

① 0
② 1
③ 2
④ 3

해설

$$\operatorname{div}\vec{r} = \nabla \cdot \vec{r}$$
$$= \left(\frac{\partial}{\partial x}i + \frac{\partial}{\partial y}j + \frac{\partial}{\partial z}k\right) \cdot (xi + yj + zk)$$
$$= \frac{\partial x}{\partial x} + \frac{\partial y}{\partial y} + \frac{\partial z}{\partial z}$$
$$= 1 + 1 + 1 = 3$$

★★★ 산업 01년 2회, 01년 3회, 02년 3회, 05년 3회

12 전계 $\vec{E} = i3x^2 + j2xy^2 + kx^2yz$일 때 $\operatorname{div}\vec{E}$는 얼마인가?

① $-i6x + jxy + kx^2y$

② $i6x + j6xy + kx^2y$

③ $-6x - 6xy - x^2y$

④ $6x + 4xy + x^2y$

해설

$$\operatorname{div}\vec{E} = \nabla \cdot \vec{E}$$
$$= \left(\frac{\partial}{\partial x}i + \frac{\partial}{\partial y}j + \frac{\partial}{\partial z}k\right)$$
$$\cdot (3x^2\,i + 2xy^2\,j + x^2yz\,k)$$
$$= \frac{\partial}{\partial x}3x^2 + \frac{\partial}{\partial y}2xy^2 + \frac{\partial}{\partial z}x^2yz$$
$$= 6x + 4xy + x^2y$$

Comment

벡터의 발산은 미분 연산자를 내적으로 취하는 것이므로 결과값이 스칼라가 된다. 그리고 $\sin x$ 또는 $\cos x$를 미분하지 않는 이상 부호가 바뀌지 않으므로 문제를 안 풀어도 정답이 ④인 것을 알 수 있다.

정답 10. ① 11. ④ 12. ④

★ 기사 97년 6회

13 $f = xyz$, $\overrightarrow{A} = xi + yj + zk$일 때 점(1, 1, 1)에서의 $\mathrm{div}(fA)$는?

① 3 ② 4

③ 5 ④ 6

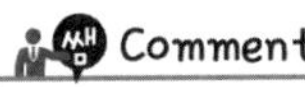 해설

$$\mathrm{div}(f\overrightarrow{A}) = \frac{\partial}{\partial x}\, x^2 yz + \frac{\partial}{\partial y}\, xy^2 z + \frac{\partial}{\partial z}\, xyz^2$$

$$= 2xyz + 2xyz + 2xyz \ \begin{vmatrix} x = 1 \\ y = 1 \\ z = 1 \end{vmatrix}$$

$$= 6$$

출제 07, 08 | 벡터의 회전, 스토크스의 정리와 발산의 정리

Comment

출제빈도가 낮으므로 이론을 숙지하길 바란다.

CHAPTER 02

진공 중의 정전계

기사 14.67% 출제
산업 15.00% 출제

이렇게 공부하세요!!

출제경향분석

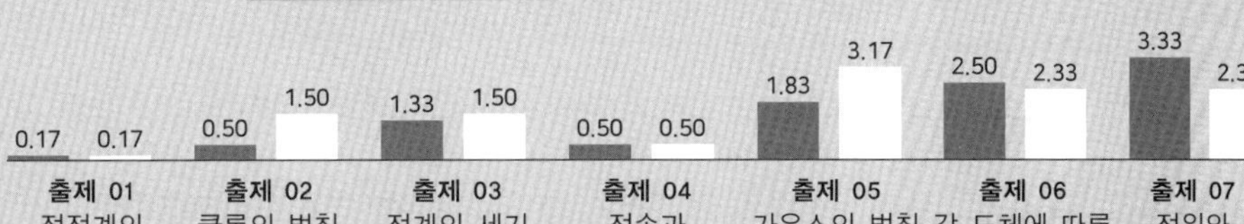

출제포인트

☑ 전자의 이동속도를 구할 수 있다.
☑ 점전하에 따라 쿨롱의 힘과 전계의 세기를 구할 수 있다.
☑ 전속과 전속밀도에 대해서 알고 있다.
☑ 전기력선의 특징에 대해서 알고 있다.
☑ 가우스 법칙을 이해하여 전기력선과 전속선의 총수를 구할 수 있다.
☑ 가우스 법칙의 미분형과 적분형을 알고 있다.
☑ 각 도체에 따른 전계의 세기 공식을 알고 있다.
☑ 전위의 정의를 이해하여 도체에 따른 전위 및 전위차를 구할 수 있다.
☑ 전하가 도체 표면에만 분포된 경우 도체 내·외부에서 전계 및 전위를 구할 수 있다.
☑ 전하가 도체 내부에 균일하게 분포된 경우 도체 내·외부에서 전계 및 전위를 구할 수 있다.
☑ 전기 쌍극자에서 쌍극자 모멘트, 전위, 전계의 세기 공식을 알고 있다.
☑ 푸아송과 라플라스 방정식 공식을 알고 있다.

기사 0.17% 출제 | 산업 0.17% 출제

출제 01 정전계의 기초사항

 Comment
- 유전율과 투자율의 정의와 진공 중의 유전율(ε_0)과 진공 중의 투자율(μ_0)의 크기를 암기한다.
- 전자와 양자의 질량은 암기하지 말고, 전자 1개가 가지는 전하량을 기억하자.

1 물질과 전기

화학적 방법으로는 더 이상 나눌 수 없는 물질의 기본단위 입자로 양(+)전기를 가진 원자핵 (atomic nucleus)과 그 주위를 일정한 궤도를 따라 돌고 있는 음(−)전기를 가진 전자(electron)로 구성된다.

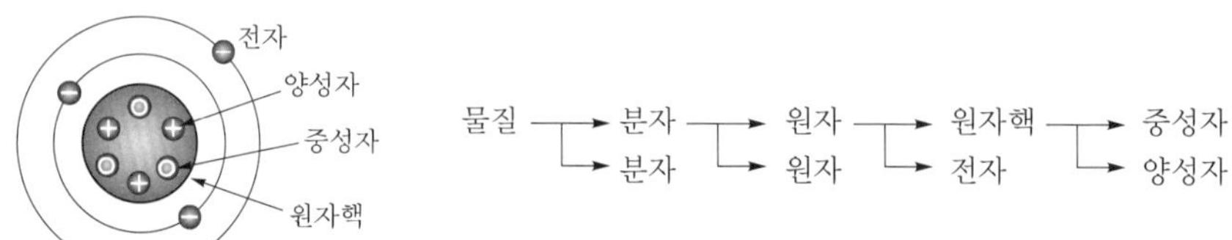

▮그림 2-1▮ 물질과 전기

① 전자 1개가 가지는 전하량 : $e = -1.602 \times 10^{-19}$[C]
② 전자 1개의 질량 : $m = 9.10955 \times 10^{-31}$[kg]
③ 양자 1개의 질량 : $m = 1.67261 \times 10^{-27}$[kg] (전자의 약 1840배)

2 전자의 속도

① 전자가 이동해서 한 일 : $W = eV$[J] $\cdots\cdots$ [식 2-1]

② 전자의 운동에너지 : $W = \dfrac{1}{2}mv^2$[J] $\cdots\cdots$ [식 2-2]

여기서, m[kg] : 전자의 질량
$\quad\quad v$[m/s] : 전자의 이동속도
$\quad\quad V$[V] : 전위차
$\quad\quad e$[C] : 전자의 전하량

③ 에너지 보존법칙상 [식 2-1]과 [식 2-2]는 같으므로 전자의 이동속도는 다음과 같다.

$v = \sqrt{\dfrac{2eV}{m}} \propto \sqrt{V}$ [m/s] $\cdots\cdots$ [식 2-3]

■3 대전과 대전체(electrified body, 帶電體)

① 물질은 보통의 경우 전기적으로 중성상태, 즉 (+)전하량과 (−)전하량이 같은 상태에 있다.
② 여기에 외부 힘에 의해 전하량의 평형이 깨지면 물체는 (−) 혹은 (+)전기를 띠게 되는데, 이렇게 전기를 띠게 되는 현상을 대전이라 하고 대전된 물체를 대전체라 한다.

■4 유전율(permittivity, 誘電率)

① 두 고립 전하 사이에 존재하는 물리적인 힘(쿨롱 힘)과 전기장 속으로 유전체를 삽입시키는 데 따른 전기장의 특성 변화(전기변위)에 관한 수식에 나타나는 보편적인 전기상수로서 유전율을 사용한다.
② 즉, 부도체의 전기적인 특성을 나타내는 특성값이다. 쉽게 말해서 전계 내에 물체를 놓았을 때 얼마나 잘 전하가 유기되는가 즉, 양측으로 (+)와 (−)전하가 어느 정도 분리되어(분극현상) 잘 반응되느냐의 정도이다.
  ㉠ 유전율 : $\varepsilon = \varepsilon_0 \times \varepsilon_s$ [F/m] (여기서, ε_0 : 진공 중의 유전율, ε_s 또는 ε_r : 비유전율)
  ㉡ $\varepsilon_0 = 8.855 \times 10^{-12}$ [F/m]
  ㉢ 진공의 비유전율은 1이며, 유전체의 종류에 따라 비유전율 값은 다르다.

‖ 표 2-1 ‖ 비유전율 표

물 질	비유전율	물 질	비유전율	물 질	비유전율
진공	1	물	80.7	베클라이트	4.5~5.5
수소	1.000264	파라핀	2.1~2.5	운모	5.5~6.6
산소	1.000547	고무	2.0~3.5	유리	5.4~9.9
공기	1.000587	유황	3.6~4.2	금강석	16.5
변압기유	2.2~2.4	지류	2.0~2.6	장석자기	6~7
에틸알코올	25.8	에보나이트	2.8	염화티탄	15~5000

■5 투자율(magnetic permeability, 透磁率)

① 자성체가 자기장의 영향을 받아 자화할 때에 생기는 자속밀도 B와 진공 중에서 나타나는 자계의 세기 H의 비($B = \mu H$)를 말한다.
② 즉, 자성체가 자계에 의해 자화되는 정도를 나타내는 전기상수이다.
  ㉠ $\mu = \mu_0 \times \mu_s$ [H/m] (여기서, μ_0 : 진공 중의 투자율, μ_s : 비투자율)
  ㉡ $\mu_0 = 4\pi \times 10^{-7}$ [H/m]
  ㉢ 진공의 비투자율은 1이며, 자성체의 종류에 따라 비투자율 값은 다르다.

쿽! Tip

공학용 계산기(fx-570ES PULS) 활용법

진공 중의 유전율이나 투자율을 입력할 때에는 그림과 같이 상수(constant) 기능을 이용하면 편리하다.
[사용법]
① shift를 누른 다음 ⑦키를 누른다.
② LCD 화면창에 constant라고 표시되면 32를 눌러 ε_0을 선택한다.
③ ε_0이 입력된 상태에서 ⊟키를 누르면 8.854×10^{-12}이 입력된 것을 알 수 있다.

기사 0.50% 출제 | 산업 1.50% 출제

출제 02 쿨롱의 법칙(Coulomb's law)

Comment
- 식 2-5와 같이 전기력의 벡터를 구하는 문제의 비중은 매우 낮으므로 식 2-4의 전기력의 스칼라 공식을 기억한다.
- 쿨롱 상수 $k = \dfrac{1}{4\pi\varepsilon_0} = 9 \times 10^9$이므로 진공 중의 유전율 $\varepsilon_0 = \dfrac{1}{36\pi \times 10^9}$ [F/m]이 된다.

1 정 의

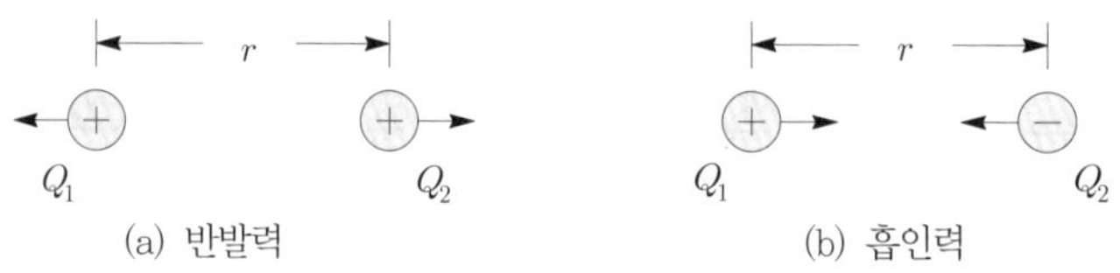

┃그림 2-2┃ 쿨롱의 법칙

대전된 두 도체 사이에 작용하는 힘은 두 점전하 곱에 비례하고, 거리 2승에 반비례하며, 그 힘의 방향은 두 점전하를 연결하는 직선의 방향이다. 이것을 쿨롱의 법칙이라 하며, 전기력(電氣力)이라고도 한다.

2 쿨롱의 힘(전기력, electric force)

(1) 전기력의 크기(스칼라)

$$① \quad F = k \cdot \frac{Q_1 Q_2}{r^2} = \frac{1}{4\pi\varepsilon_0} \cdot \frac{Q_1 Q_2}{r^2} = 9 \times 10^9 \cdot \frac{Q_1 Q_2}{r^2} \text{ [N]} \quad \cdots\cdots\cdots\cdots \text{[식 2-4]}$$

② $F > 0$: 반발력(척력), $F < 0$: 흡인력(인력)

(2) 전기력(벡터)

① 전기력(힘)은 벡터이므로 힘의 크기와 방향을 가지고 있다.

② $\vec{F} = F \cdot \vec{r_0} = \dfrac{Q_1 Q_2}{4\pi\varepsilon_0 r^2} \cdot \dfrac{\vec{r}}{r} = \dfrac{(Q_1 Q_2)\vec{r}}{4\pi\varepsilon_0 r^3}\,[\text{N}]$ ·· [식 2-5]

여기서, $\vec{r_0}$: 단위벡터

$\vec{r}$: 변위(거리)벡터

r : 변위(거리)의 크기(스칼라)

단원확인기출문제

★ 기사 98년 6회

01 1[C]의 전하량을 갖는 두 점전하가 공기 중에 1[m] 떨어져 놓여 있을 때 두 점전하 사이에 작용하는 힘은 몇 [N]인가?

① 1
③ 9×10^9

② 3×10^9
④ 10^{-4}

해설 쿨롱의 법칙

$$F = \frac{Q^2}{4\pi\varepsilon_0 r^2} = 9 \times 10^9 \times \frac{1 \times 1}{1^2} = 9 \times 10^9\,[\text{N}]$$

답 ③

★ 산업 94년 2회

02 크기가 같은 두 개의 점전하가 진공 중에서 1[m] 떨어져 있다. 이 두 전하 사이에 작용하는 힘이 1[kg]일 때의 전하는 몇 [C]인가?

① 3.3×10^{-5}
③ 3.3×10^{-9}

② 3.3×10^{-6}
④ 3.3×10^9

해설 쿨롱의 힘 $F = \dfrac{Q^2}{4\pi\varepsilon_0 r^2}\,[\text{N}]$에서

전하량은 $Q = \sqrt{F \times 4\pi\varepsilon_0 r^2} = \sqrt{\dfrac{F r^2}{9 \times 10^9}}$ 이다.

이때, 1[kg]=9.8[N]이므로

$$\therefore \ Q = \sqrt{\frac{9.8 \times 1^2}{9 \times 10^9}} = 0.33 \times 10^{-4} = 3.3 \times 10^{-5}\,[\text{C}]$$

답 ①

기사 1.33% 출제 ┃ 산업 1.50% 출제

출제 03 전계의 세기(intensity of electric field)

Comment
- 앞 단원과 같이 전계의 세기의 벡터는 출제빈도가 매우 낮다.
- 식 2-6, 식 2-8을 기억한다.

1 정 의

① 전계의 세기 E는 전계가 있는 곳에서 매우 작은 정지되어 있는 단위 시험 전하(+1[C])에 작용하는 전기력으로 정의한다.

② [그림 2-3]과 같이 정전하는 발산, 부전하는 흡입하는 힘이 발생한다.

2 전계의 세기

① 정의식 : $E = \lim_{\Delta Q \to 0} \dfrac{\Delta F}{\Delta Q} = \dfrac{Q}{4\pi\varepsilon_0 r^2}$ [N/C] $\cdots\cdots$ [식 2-6]

② 단위 : $[\text{N/C}] = \dfrac{[\text{N} \times \text{m}]}{[\text{C} \times \text{m}]} = \dfrac{[\text{J}]}{[\text{C}]} \cdot \dfrac{1}{[\text{m}]} = [\text{V/m}]$로 표시한다.

③ 벡터로 표시 : $\vec{E} = \dfrac{Q}{4\pi\varepsilon_0 r^2} \cdot \vec{r_0} = \dfrac{Q}{4\pi\varepsilon_0 r^2} \cdot \dfrac{\vec{r}}{r}$ [V/m] $\cdots\cdots$ [식 2-7]

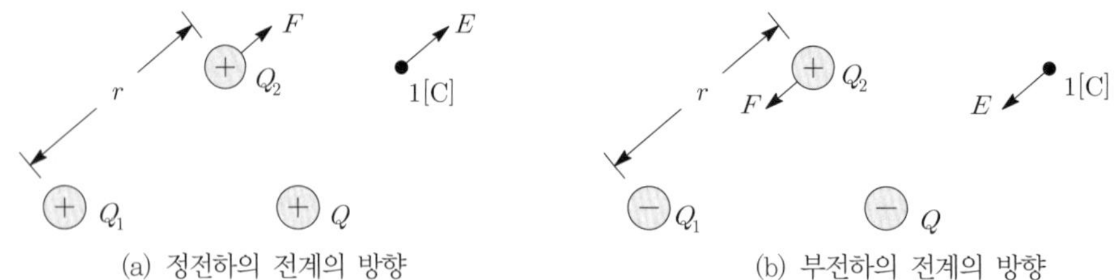

(a) 정전하의 전계의 방향   (b) 부전하의 전계의 방향

┃그림 2-3┃ 전계의 세기

3 평등 전계 E[V/m] 내에 전하(q) 또는 전자(e)가 놓여 있을 때 작용하는 전기력

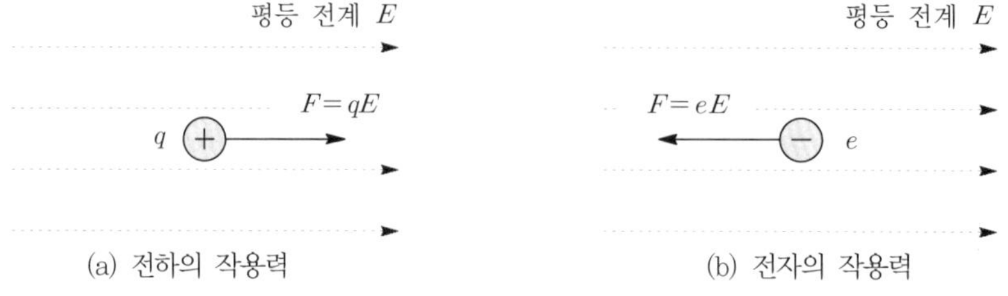

(a) 전하의 작용력   (b) 전자의 작용력

┃그림 2-4┃ 전계 내 전기력

① 전하가 받아지는 전기력 : $F = qE[\text{N}]$ ·· [식 2-8]
② 전자가 받아지는 전기력 : $F = eE = -qE[\text{N}]$ ·························· [식 2-9]
여기서, $-$는 전계와 반대방향을 의미한다.

단원확인기출문제

★ 기사 17년 2회(유사) / 산업 93년 2회, 12년 1회, 16년 1 · 3회

03 진공 중에 놓인 1[μC]의 점전하에서 3[m]되는 점의 전계는 몇 [V/m]인가?

① 10
② 100
③ 1000
④ 10000

해설 전계의 세기 $E = \dfrac{Q}{4\pi\varepsilon_0 r^2} = 9 \times 10^9 \times \dfrac{1 \times 10^{-6}}{(3)^2} = 1 \times 10^3 [\text{V/m}]$

답 ③

★★★ 산업 93년 2회, 17년 2회

04 전계 E[V/m] 내에 한 점에 q[C]의 점전하를 놓았을 때 이 전하에 작용하는 힘은 몇 [N]인가?

① $-\dfrac{E}{q}$
② $\dfrac{q}{4\pi\varepsilon_0 E}$
③ qE
④ qE^2

해설 전계의 세기는 단위 전하 1[C]이 받는 전기력으로 $E = \dfrac{Q}{4\pi\varepsilon_0 r^2} = \dfrac{F}{Q}$ 이므로 $F = QE$ 가 된다.

따라서 전계 내에서 q[C]에 작용하는 힘은 $F = qE$ [N]이 된다.

답 ③

기사 0.50% 출제 ǀ 산업 0.50% 출제

출제 04 전속과 전속밀도

Comment

• ρ(로), σ(시그마), λ(람다)와 같은 전하밀도에 대해서 이해한다.
• 전속과 전하는 크기는 같고, 전속은 벡터, 전하는 스칼라라는 내용을 반드시 기억한다.

1 전속(電屬)의 정의

① 전하 Q[C]으로부터 발산되어 나가는 전기력선의 총 수는 $\dfrac{Q}{\varepsilon}$ [개]로 1[C]의 전하에서 무수히 많은 전기력선이 발생하고 주위 매질(유전율)에 영향을 받는 불편함이 있다.

② 따라서 주변 매질(유전율)에 관계없이 1[C]의 전하에서는 1개의 전속(dielectric flux, ϕ)이 발생하는 것으로 편리하게 사용한다.
③ 전속은 유전속이라고도 한다.

2 전속과 전하의 관계

① 전속(ϕ)과 전하(Q)의 크기는 같다. 단, 전속은 벡터, 전하는 스칼라가 된다.
② 전속밀도와 전하밀도의 관계
   ㉠ 전속밀도 : $\vec{D} = 3i + 4j + 5k[\text{C/m}^2]$
   ㉡ 전하밀도 : $\rho_s = \sigma = |\vec{D}| = \sqrt{3^2 + 4^2 + 5^2}\,[\text{C/m}^2]$

3 전속밀도(dielectric flux density, D)

① 단위면적($1[\text{m}^2]$)을 지나는 전속을 전속밀도(dielectric flux density)라 하고, 기호로 D $[\text{C/m}^2]$로 사용한다.
② 도체 구(점전하)에서의 전속밀도는 다음과 같다.

$$㉠ \quad D = \frac{\phi}{S_구} = \frac{Q}{4\pi r^2}\,[\text{C/m}^2] \quad \text{··· [식 2-10]}$$

$$㉡ \quad D = \varepsilon_0 E[\text{C/m}^2] \quad \text{··· [식 2-11]}$$

4 전하밀도(charge density)

(1) 전하밀도의 종류

┃표 2-2┃ 전하밀도

구 분	전하밀도	총 전하량
체적 전하밀도	$\rho_v = \rho = \dfrac{Q}{v}[\text{C/m}^3]$	$Q = \rho v = \displaystyle\int_v \rho dv$
면 전하밀도	$\rho_s = \sigma = \dfrac{Q}{s}[\text{C/m}^2]$	$Q = \sigma s = \displaystyle\int_s \sigma ds$
선 전하밀도	$\rho_l = \lambda = \dfrac{Q}{l}[\text{C/m}]$	$Q = \lambda l = \displaystyle\int_l \lambda dl$

(2) 전하의 특징

① 전하는 도체 표면에만 분포한다.
② 전하는 곡률이 큰 곳(뾰족한 곳 또는 곡률반경이 작은 곳)으로 모이려는 특성을 지니고 있다.

구 분		
곡 률	작다	크다

곡률반경 r	크다	작다
전하밀도 ρ	작다	크다
전계의 세기	작다	크다

단원확인기출문제

★★★　산업 96년 4회, 01년 2 · 3회(유사), 03년 2회, 05년 1회(유사)

05 중공도체의 중공부에 전하를 놓지 않으면 외부에서 준 전하는 외부 표면에만 분포한다. 이때 도체 내의 전계는 몇 [V/m]가 되는가?

① 0

② 4π

③ $\dfrac{1}{4\pi\varepsilon_0}$

④ ∞

해설　전하는 도체 표면에만 분포하므로 도체 내부에는 전하가 존재하지 않는다. 따라서 도체 내부 전계도 0이 된다.

답 ①

기사 1.83% 출제 ｜ 산업 3.17% 출제

출제 05 가우스의 법칙

쌤 Comment
- 평면각과 입체각은 시험과 무관하므로 참고만 하자.
- 가우스 법칙의 정의와 전기력선수, 가우스 법칙의 미분형, 전기력선의 특징은 시험 출제빈도가 매우 높으므로 반드시 암기하자.

가우스의 법칙을 설명하기 전에 평면각과 입체각에 대해서 먼저 설명을 하기로 한다.

1 평면각(plane angle)

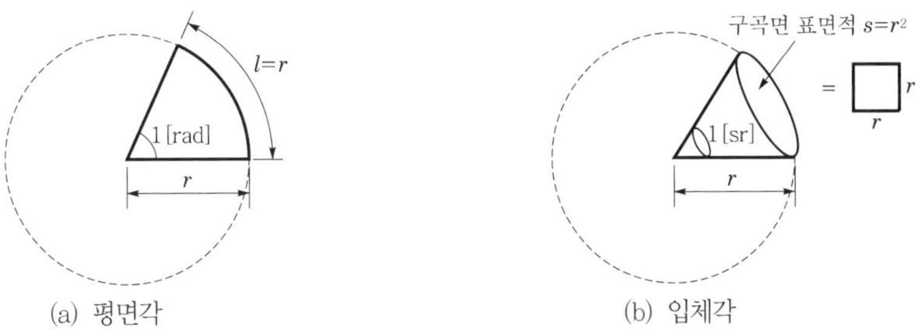

❙ 그림 2-5 ❙ 평면각과 입체각

① 평면각의 단위는 radian(라디안)을 사용하고, [rad]로 표기한다.
② 1[rad]은 원주상에서 그 반경과 같은 길이의 호를 끊어서 얻은 2개의 반경 사이에 낀(평면)각을 말한다.
③ 일반 각도[deg]와 [rad]의 관계

 ㉠ 평면각 정의식 : $\theta = \dfrac{l}{r}$ [rad] $\cdots\cdots$ [식 2-12]

 ㉡ 원의 원주길이가 $l = 2\pi r$이므로, $360° = \dfrac{2\pi r}{r} = 2\pi$[rad]이 된다.

  따라서 π[rad]$=180°$, 2π[rad]$=360°$, $\dfrac{\pi}{2}$[rad]$=90°$가 된다.

2 입체각(solid angle)

① 입체각의 단위는 steradian(스테라디안)을 사용하고, [sr]로 표기한다.
② 1[sr, steradian]은 구의 중심을 정점으로 한 구 표면에서 그 구의 반경을 한 변으로 하는 정사각형 면적(r^2)과 같은 표면적을 갖는 공간적인 각을 말한다.
③ 입체각의 크기

 ㉠ 입체각 정의식 : $\omega = \dfrac{s}{r^2}$ [sr] $\cdots\cdots$ [식 2-13]

 ㉡ 구의 미소면적 : $ds = r^2 \sin\theta\, d\theta\, d\phi\,[\mathrm{m}^2]$ $\cdots\cdots$ [식 2-14]

 ㉢ 구의 미소 입체각 : $d\omega = \dfrac{ds}{r^2} = \sin\theta\, d\theta\, d\phi\,[\mathrm{sr}]$ $\cdots\cdots$ [식 2-15]

④ 구와 원뿔의 입체각

 ㉠ 구 : $\omega = \displaystyle\int d\omega = \int \dfrac{ds}{r^2} = \int_0^{2\pi} \int_0^{\pi} \dfrac{r^2 \sin\theta\, d\theta\, d\phi}{r^2}$

  $= \dfrac{s}{r^2} = \dfrac{4\pi r^2}{r^2} = 4\pi\,[\mathrm{sr}]$ $\cdots\cdots$ [식 2-16]

 ㉡ 원뿔 : $\omega = \displaystyle\int d\omega = \int \dfrac{ds}{r^2} = \int_0^{2\pi} \int_0^{\theta} \sin\theta\, d\theta\, d\phi = \int_0^{2\pi} [-\cos\theta]_0^{\theta}\, d\phi$

  $= \displaystyle\int_0^{2\pi} 1 - \cos\theta\, d\phi = 2\pi(1 - \cos\theta)$ $\cdots\cdots$ [식 2-17]

3 가우스의 법칙(Gauss's law)

(1) 정의

① 임의의 폐곡면을 관통하여 밖으로 나가는 전력선의 총수는 폐곡면 내부에 있는 전하의 $\dfrac{1}{\varepsilon_0}$ 배와 같다. 이를 가우스의 정리라고 한다.
② 전계의 밀도성분은 전계의 세기를 말하며, 이를 전기력선으로 가정했다.

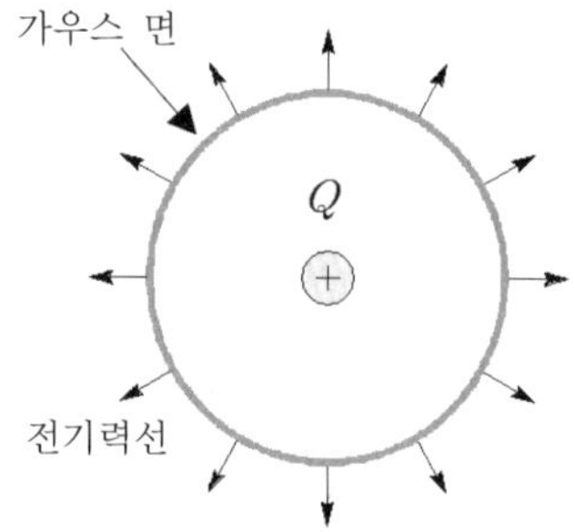

▌그림 2-6▐ 가우스의 법칙

(2) 가우스의 법칙

① 정의식 : $N = \int_s E\vec{n}ds = \dfrac{\sum Q}{\varepsilon_0}$ ──────────── [식 2-18]

② 전기력선의 총수 : $N = \dfrac{Q}{\varepsilon_0}$ [개] ──────────── [식 2-19]

③ 전속선의 총수 : $N = Q$ [개] ──────────── [식 2-20]

(3) 가우스의 법칙 미분형

$\displaystyle\int_s E\vec{n}ds = \dfrac{Q}{\varepsilon_0} = \int_v \dfrac{\rho}{\varepsilon_0}dv$ 좌항에 발산의 정리를 사용하여 정리하면

$\displaystyle\int \mathrm{div}\,\vec{E}dv = \int_v \dfrac{\rho}{\varepsilon_0}dv$ 양변의 체적끼리 지워주면 다음과 같다.

$\mathrm{div}\,\vec{E} = \dfrac{\rho}{\varepsilon_0}$ 또는 $\mathrm{div}\,\vec{D} = \rho$ ──────────── [식 2-21]

4 전기력선(electric field lines)의 특징

(1) 개 요

① 전하에 의해 발생되는 전계는 힘이 존재하지만 눈으로는 확인할 수 없다.
② 따라서 공간상에 존재하는 전계의 세기와 방향을 가상적으로 나타낸 선을 전기력선이라 하며, 전기력선의 크기는 전계의 세기와 같다고 정의한다.

(2) 전기력선의 특징

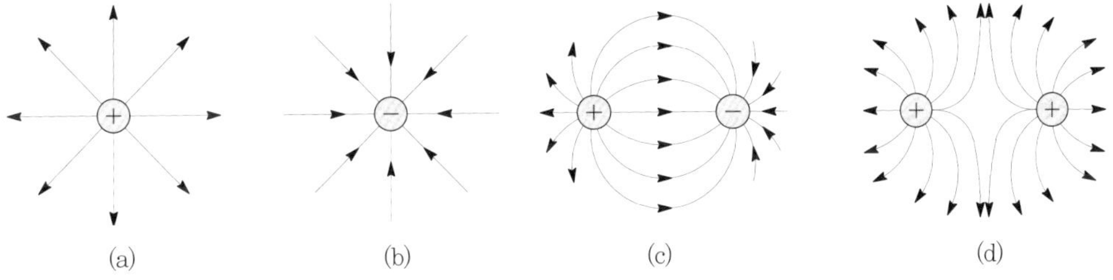

┃그림 2-7┃ 전기력선의 특징

① 전기력선의 방향은 그 점의 전계의 방향과 같으며, 전기력선의 밀도는 그 점에서 전계의 세기와 같다.
② 전기력선은 정전하(+)에서 시작하여 부전하(−)에서 끝난다.
③ 전하가 없는 곳에서는 전기력선의 발생, 소멸이 없다. 즉, 연속적이다.
④ 단위 전하(1[C])에서는 $\dfrac{1}{\varepsilon_0}$ [개]의 전기력선이 출입한다.
⑤ 전기력선은 전위가 낮아지는 방향으로 향한다.
⑥ 전기력선은 그 자신만으로 폐곡선을 만들지 않는다.
⑦ 전계가 0이 아닌 곳에서는 2개의 전기력선은 교차하지 않는다.

⑧ 전기력선은 등전위면과 직교한다.
⑨ 도체 내부에는 전기력선이 존재하지 않는다.

단원확인기출문제

★★★★★ 기사 14년 2회 / 산업 01년 3회, 02년 1회, 08년 3회, 11년 2 · 3회, 15년 2회, 17년 2회

06 전기력선의 성질에 관한 설명으로 틀린 것은?

① 전기력선의 방향은 그 점의 전계의 방향과 같다.
② 전기력선은 도체 내부에 존재하지 않는다.
③ 전기력선은 그 자신만으로 폐곡선이 된다.
④ 전계가 0이 아닌 곳에서는 전력선은 도체 표면에 수직으로 만난다.

답 ③

기사 2.50% 출제 ㅣ 산업 2.33% 출제

출제 06 각 도체에 따른 전계의 세기

쌤Comment

- 각 도체에 따른 전계의 세기를 증명할 필요가 없다. 결과식만 기억하자.
- 구형도체(점전하)와 무한장 원주형 대전체(직선도체)만 계산문제가 출제되고 나머지 평판도체, 평행판 도체, 도체구 표면, 환원 코일 도체는 공식찾기 문제만 출제된다.

1 무한장 원주형 대전체의 전계의 세기

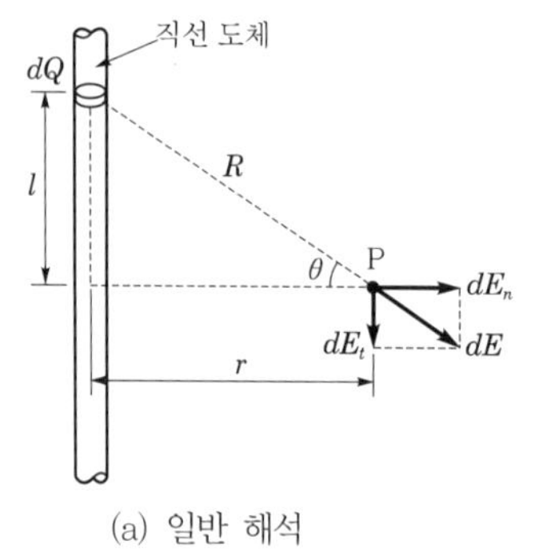

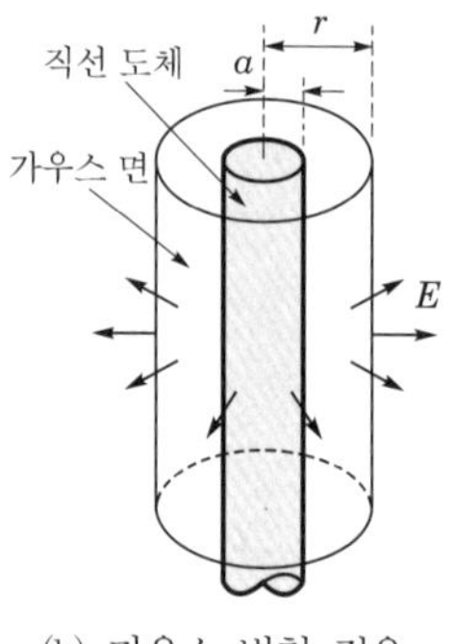

┃그림 2-8┃ 무한장 원주형 대전체

(1) [그림 2-8] (a)와 같이 P점에서의 전계의 세기

① 미소 전하 dQ에 의한 미소 전계의 세기

$$dE_n = dE\cos\theta = \frac{dQ}{4\pi\varepsilon_0 R^2}\cos\theta = \frac{\lambda\,dl}{4\pi\varepsilon_0 R^2}\cos\theta$$

② 미소길이 dl을 $d\theta$로 치환

$$\tan\theta = \frac{l}{r} \Rightarrow r\tan\theta = l \;:\; 양변을\; \theta에\; 대해서\; 미분하면$$

$$r\sec^2\theta = \frac{dl}{d\theta} \;:\; \sec\theta = \frac{1}{\cos\theta} = \frac{R}{r} \Rightarrow \sec^2\theta = \frac{R^2}{r^2}\left(여기서,\; \cos\theta = \frac{r}{R}\right)$$

$$r\frac{R^2}{r^2} = \frac{dl}{d\theta} \Rightarrow \frac{R^2}{r}d\theta = dl \;:\; 여기서\; 구해진\; dl을\; ①식에\; 대입하자.$$

③ $$dE_n = \frac{\lambda\, dl}{4\pi\varepsilon_0 R^2}\cos\theta = \frac{\lambda\, \dfrac{R^2}{r}\, d\theta}{4\pi\varepsilon_0 R^2}\cos\theta = \frac{\lambda}{4\pi\varepsilon_0 r}\cos\theta\, d\theta$$

④ 전체 전계의 세기를 구하기 위해 적분 실시(적분 구간 : $-90°\sim 90°$)

$$E_n = \int_{-90°}^{90°} \frac{\lambda}{4\pi\varepsilon_0 r}\cos\theta\, d\theta = \frac{\lambda}{4\pi\varepsilon_0 r}\int_{-90°}^{90°}\cos\theta\, d\theta$$

$$= \frac{\lambda}{4\pi\varepsilon_0 r}[\sin\theta]_{-90°}^{90°} = \frac{\lambda}{4\pi\varepsilon_0 r}(\sin90° - \sin(-90°)) = \frac{\lambda}{2\pi\varepsilon_0 r}\,[\text{V/m}]$$

$$\therefore\; E_n = \frac{\lambda}{2\pi\varepsilon_0 r}\,[\text{V/m}] \quad\text{...}\quad [식\ 2\text{-}22]$$

(2) [그림 2-8] (b)와 같이 가우스 법칙에 의한 전계의 세기

$$\int_s \vec{E}\vec{n}\,ds = E\times 2\pi rl = \frac{Q}{\varepsilon_0} \;:\; \lambda = \frac{Q}{l} 이므로\; Q = \lambda l로\; 대입하면$$

$$\therefore\; E_n = \frac{\lambda}{2\pi\varepsilon_0 r}\,[\text{V/m}] \quad\text{...}\quad [식\ 2\text{-}23]$$

2 평판 전하분포에서의 전계의 세기

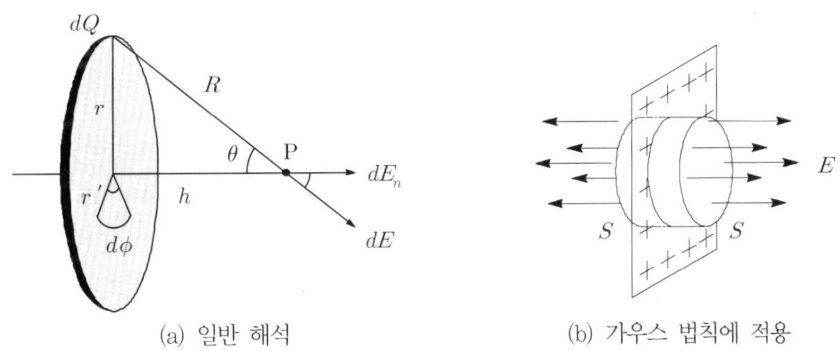

(a) 일반 해석　　　　(b) 가우스 법칙에 적용

┃그림 2-9┃ 평판 전하분포

(1) [그림 2-9] (a)와 같이 유한 면도체에 대한 전계의 세기

① 미소 전하 dQ에 의한 미소 전계의 세기

$$dE_n = dE\cos\theta = \frac{dQ}{4\pi\varepsilon_0 R^2}\cos\theta = \frac{\sigma ds}{4\pi\varepsilon_0 R^2}\cos\theta = \frac{\sigma d\omega}{4\pi\varepsilon_0}$$

② 전체 전계를 구하면 다음과 같다.

$$E_n = \int dE_n = \frac{\sigma\omega}{4\pi\varepsilon_0} = \frac{\sigma}{4\pi\varepsilon_0}\times 2\pi(1-\cos\theta) = \frac{\sigma}{2\varepsilon_0}(1-\cos\theta)\,[\text{V/m}]$$

$$\therefore\ E_n = \frac{\sigma}{2\varepsilon_0}\left(1 - \frac{h}{\sqrt{r^2+h^2}}\right) \quad\cdots\cdots\quad [\text{식 2-24}]$$

(2) 무한 면도체일 때의 전계의 세기

① 무한 면도체 조건 : [식 2-24]에서 $r = \infty$ 가 되어야 한다.

② 따라서 무한 면도체의 전계의 세기는 다음과 같다.

$$\therefore\ E_n = \frac{\sigma}{2\varepsilon_0}\left(1 - \frac{h}{\infty}\right) = \frac{\sigma}{2\varepsilon_0}\,[\text{V/m}] \quad\cdots\cdots\quad [\text{식 2-25}]$$

(3) [그림 2-9] (b)와 같이 가우스의 법칙에 의한 전계의 세기

① 전기력선은 면에서 수직으로 나와 평행하게 발산한다.

② 지금 면에 수직한 원통을 가우스의 폐곡면으로 취하고 가우스의 법칙을 적용하면 전기력선은 원통의 상하면을 통하여 나가므로 가우스의 폐곡면은 2개가 만들어진다($ds = 2S$).

③ $\displaystyle\int_s E\vec{n}ds = E\,2S = \frac{Q}{\varepsilon_0}$ 에서 $Q = \sigma S$ 이므로

$$\therefore\ E = \frac{\sigma}{2\varepsilon_0}\,[\text{V/m}] \quad\cdots\cdots\quad [\text{식 2-26}]$$

3 평행판 도체의 전계의 세기

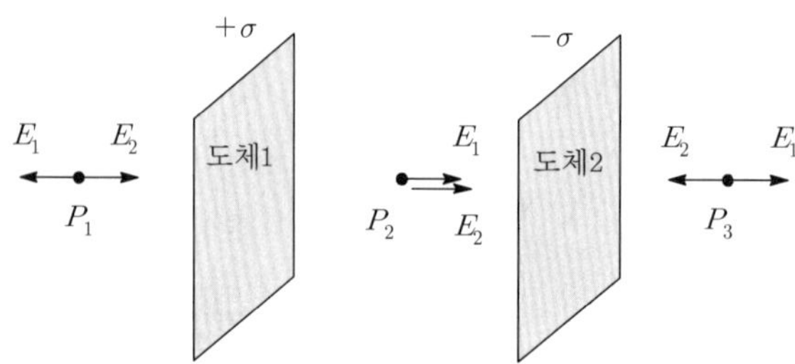

┃그림 2-10┃ 평행판 도체

(1) 개요

① 전계의 세기의 방향은 $+\sigma$에 의한 전계(E_1)는 발산, $-\sigma$에 의한 전계(E_2)는 도체로 흡인하는 방향이 된다.

② 무한 면도체로 전계의 세기$\left(E = \dfrac{\sigma}{2\varepsilon_0}\right)$는 거리에 관계없이 크기가 일정하다.

③ 따라서 [그림 2-10]에서 P_1, P_2, P_3에서의 전계의 크기는 모두 같다.

(2) 평행판 내·외부에서의 전계의 세기

① 외부(P_1, P_3) : $E = 0$ $\quad\cdots\cdots\quad$ [식 2-27]

② 내부(P_2) : $E = \dfrac{\sigma}{2\varepsilon_0} \times 2 = \dfrac{\sigma}{\varepsilon_0}$ [V/m] ···················· [식 2-28]

4 도체구 표면에서의 전계의 세기

① 반지름 a[m]의 도체구 표면에서의 전계의 세기 : $E = \dfrac{Q}{4\pi\varepsilon_0 a^2} = \dfrac{Q}{s\varepsilon_0}$

② 가우스의 법칙을 적용하면 $N = \displaystyle\int_s \vec{E}\,\vec{n}\,ds = \dfrac{Q}{\varepsilon_0} = \dfrac{\sigma s}{\varepsilon_0}$ 이므로

$\therefore\ E = \dfrac{\sigma}{\varepsilon_0}$ [V/m] ····················· [식 2-29]

5 환원 코일 도체에서의 전계의 세기

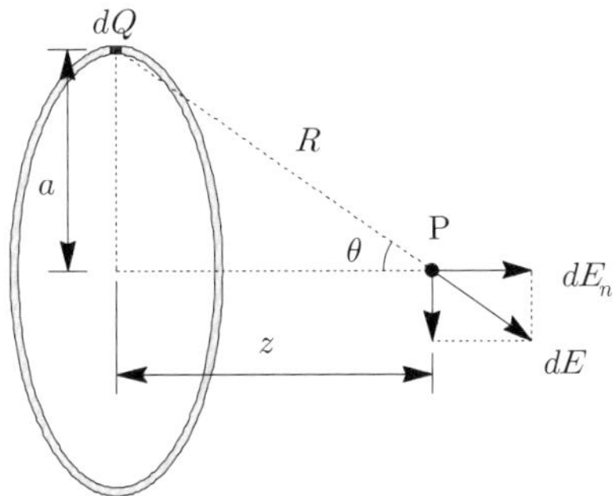

‖그림 2-11‖ 환원도체

(1) 미소 전하 dQ에 의한 미소 전계의 세기

$$dE_n = dE\cos\theta = \dfrac{dQ}{4\pi\varepsilon_0 R^2}\cos\theta$$

(2) 전체 전계의 세기

$$E_n = \int dE_n = \dfrac{Q}{4\pi\varepsilon_0 R^2}\cos\theta = \dfrac{Q}{4\pi\varepsilon_0 R^2} \times \dfrac{z}{R}$$

$$= \dfrac{Qz}{4\pi\varepsilon_0 R^3} = \dfrac{Qz}{4\pi\varepsilon_0 (a^2 + z^2)^{\frac{3}{2}}}$$

$$= \dfrac{\lambda l\, z}{4\pi\varepsilon_0 (a^2 + z^2)^{\frac{3}{2}}} = \dfrac{\lambda\, 2\pi z\, a}{4\pi\varepsilon_0 (a^2 + z^2)^{\frac{3}{2}}}$$

$$= \dfrac{\lambda z a}{2\varepsilon_0 (a^2 + z^2)^{\frac{3}{2}}}\ \text{[V/m]} \quad\cdots\cdots\cdots\cdots\ [식\ 2\text{-}30]$$

단원확인기출문제

★★ 산업 94년 4회, 08년 1회

07 Z축상에 있는 무한히 긴 균일 선전하로부터 2[m] 거리에 있는 점의 전계의 세기가 1.8 ×10⁴[V/m]일 때의 선전하 밀도는 몇 [μC/m]인가?

① 2

② 2×10^{-6}

③ 20

④ 2×10^4

해설 선전하에 의한 전계 $E = \dfrac{\lambda}{2\pi\varepsilon_0 r}$ 에서 선전하 밀도 $\lambda = 2\pi\varepsilon_0 r E \,[\text{C/m}]$

$$\therefore \ \lambda = \frac{rE}{18 \times 10^9} = \frac{2 \times 1.8 \times 10^4}{18 \times 10^9} = 2 \times 10^{-6} = 2[\mu\text{C/m}]$$

답 ①

★★★ 기사 04년 2회, 12년 2회 / 산업 08년 3회

08 면전하 밀도가 ρ_s[C/m²]인 무한히 넓은 도체판에서 R[m]만큼 떨어져 있는 점의 전계의 세기는 몇 [V/m]인가?

① $\dfrac{\rho_s}{\varepsilon_0}$

② $\dfrac{\rho_s}{2\varepsilon_0}$

③ $\dfrac{\rho_s}{4\pi R^2}$

④ $\dfrac{\rho_s}{2R}$

답 ②

기사 3.33% 출제 ㅣ 산업 2.33% 출제

출제 07 전위와 전위경도

Comment

- 2장에서 출제빈도가 가장 높은 단원이므로 내용 정리와 관련 문제를 모두 풀어보길 바란다.
- 식 2-34, 2-36, 2-38의 증명은 생략하고 결과식만 외워서 문제에 적용하는 연습을 한다.

1 개 요

(1) 전위(전기적인 위치에너지)

① 위치에너지 개념에서 정의된다.

② 전위 : 정전계에서 단위 전하(1[C])를 전계와 반대방향으로 무한 원점에서 P점까지 운반하는 데 필요한 일 또는 소비되는 에너지를 말한다.

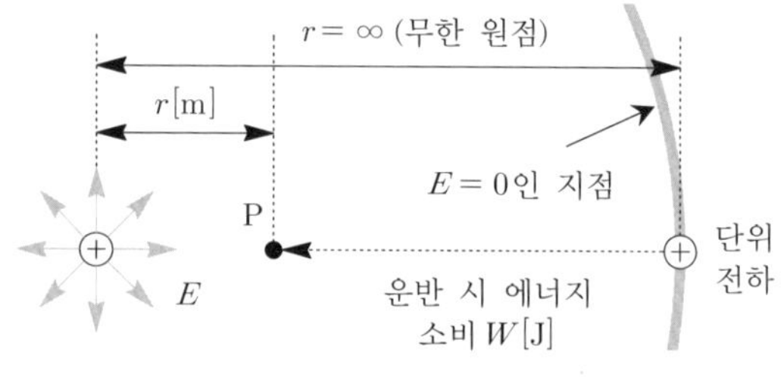

▮ 그림 2-12 ▮ 전위의 정의

③ 정의식 : $V = -\int_{\infty}^{P} E dr\,[\text{V}]$ ··· [식 2-31]

(2) 전위차(전압)

① 단위 전하가 a에서 b점까지 운반될 때 소비되는 에너지

② 정의식 : $V_{ab} = V_a - V_b = -\int_{b}^{a} E dr = \dfrac{W}{Q}\,[\text{J/C} = \text{V}]$ ················ [식 2-32]

(3) 전위경도(gradient)

① 전위경도 : 전위와 전계의 세기 관계를 미분형으로 나타낸 것을 말한다.

$$V = -\int E dr \text{에서 } E = -\frac{dV}{dr} = -\nabla V = -\text{grad}\,V\,[\text{V/m}]$$

② 정의식 : $E = -\text{grad}\,V = -\nabla V\,[\text{V/m}]$ ································ [식 2-33]

■2 각 도체에 따른 전위와 전위차

(1) 도체구의 전위와 전위차

① 전계의 세기 : $E = \dfrac{Q}{4\pi\varepsilon_0 r^2}\,[\text{V/m}]$

② [그림 2-12]의 P점에서의 전위는 다음과 같다.

$$V = -\int_{\infty}^{P} E dr = -\int_{\infty}^{r} \frac{Q}{4\pi\varepsilon_0 r^2}\,dr$$

$$= -\frac{Q}{4\pi\varepsilon_0}\int_{\infty}^{r} r^{-2}\,dr = -\frac{Q}{4\pi\varepsilon_0}\left[-r^{-1}\right]_{\infty}^{r}$$

$$= \frac{Q}{4\pi\varepsilon_0}\left(\frac{1}{r} - \frac{1}{\infty}\right) = \frac{Q}{4\pi\varepsilon_0 r}\,[\text{V}] \cdots\cdots\cdots\cdots\cdots\cdots\cdots\text{[식 2-34]}$$

③ 전위차

$$V_{ab} = -\int_{b}^{a} E dr = -\int_{b}^{a} \frac{Q}{4\pi\varepsilon_0 r^2}\,dr$$

$$= \frac{Q}{4\pi\varepsilon_0}\left[\frac{1}{r}\right]_{b}^{a} = \frac{Q}{4\pi\varepsilon_0}\left(\frac{1}{a} - \frac{1}{b}\right)[\text{V}] \cdots\cdots\cdots\cdots\text{[식 2-35]}$$

(2) 동심 도체구의 전위

① 진공 중에 반경 $a\,[\text{m}]$인 도체구 A와 내 · 외 반경이 b, $c\,[\text{m}]$인 도체구 B를 동심으로 놓고 도체구 A에 $Q\,[\text{C}]$의 전하를 대전시키고, 도체구 B에는 $0\,[\text{C}]$으로 했을 때 도체구 A의 전위는 다음과 같다.

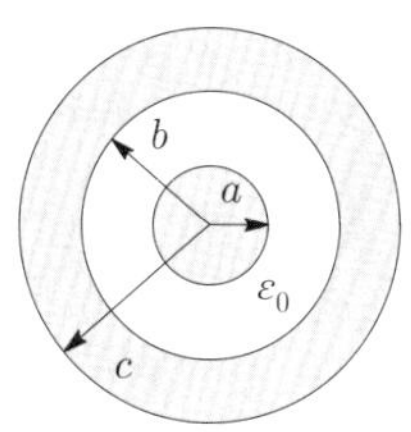

┃그림 2-13┃ 동심 도체구

② 동심 도체구의 전위

$$V = -\int_{\infty}^{c} \frac{Q}{4\pi\varepsilon_0 r^2}\,dr - \int_{b}^{a} \frac{Q}{4\pi\varepsilon_0 r^2}\,dr$$

$$= \frac{Q}{4\pi\varepsilon_0}\left[\frac{1}{r}\right]_{\infty}^{c} + \frac{Q}{4\pi\varepsilon_0}\left[\frac{1}{r}\right]_{b}^{a}$$

$$= \frac{Q}{4\pi\varepsilon_0}\left(\frac{1}{c} - \frac{1}{\infty}\right) + \frac{Q}{4\pi\varepsilon_0}\left(\frac{1}{a} - \frac{1}{b}\right)$$

$$= \frac{Q}{4\pi\varepsilon_0}\left(\frac{1}{a} - \frac{1}{b} + \frac{1}{c}\right)[\mathrm{V}] \quad\text{……………………………} [\text{식 } 2\text{-}36]$$

(3) 무한장 원주형 대전체의 전위와 전위차

① 전계의 세기 : $E = \dfrac{\lambda}{2\pi\varepsilon_0 r}\,[\mathrm{V/m}]$

② 전위

$$V = -\int_{\infty}^{r} E\,dr = -\int_{\infty}^{r} \frac{\lambda}{2\pi\varepsilon_0 r}\,dr$$

$$= \frac{\lambda}{2\pi\varepsilon_0}\int_{r}^{\infty} \frac{1}{r}\,dr = \frac{\lambda}{2\pi\varepsilon_0}\left[\ln r\right]_{r}^{\infty}$$

$$= \frac{\lambda}{2\pi\varepsilon_0}(\ln\infty - \ln r) = \infty \quad\text{……………………} [\text{식 } 2\text{-}37]$$

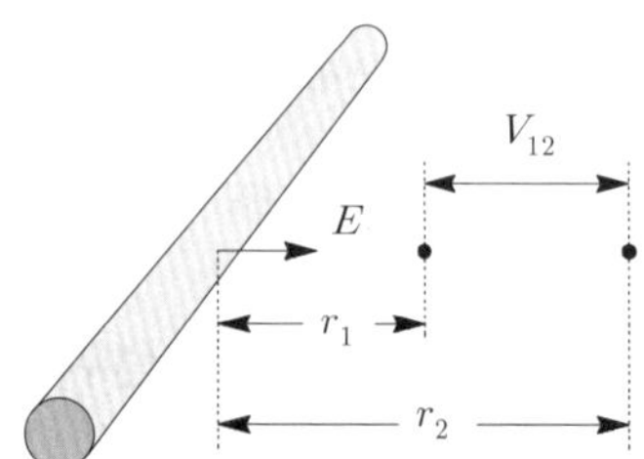

▎그림 2-14▎ 무한 직선도체

③ 전위차($r_1 < r_2$인 경우)

$$V_{12} = -\int_{r_2}^{r_1} \frac{\lambda}{2\pi\varepsilon_0 r}\,dr = -\frac{\lambda}{2\pi\varepsilon_0}\left[\ln r\right]_{r_2}^{r_1} = -\frac{\lambda}{2\pi\varepsilon_0}(\ln r_1 - \ln r_2)$$

$$= \frac{\lambda}{2\pi\varepsilon_0}\ln\frac{r_2}{r_1}\,[\mathrm{V}] \quad\text{………………………………} [\text{식 } 2\text{-}38]$$

단원확인기출문제

★★ 산업 92년 6회

09 기전력 1[V]의 정의는?

① 1[C]의 전기량이 이동할 때 1[J]의 일을 하는 두 점 간의 전위차
② 1[A]의 전류가 이동할 때 1[J]의 일을 하는 두 점 간의 전위차
③ 2[C]의 전기량이 이동할 때 1[J]의 일을 하는 두 점 간의 전위차
④ 2[A]의 전류가 이동할 때 1[J]의 일을 하는 두 점 간의 전위차

해설 전위

정전계에서 단위전하(1[C])를 전계와 반대방향으로 무한 원점에서 P점까지 운반하는 데 필요한 일 또는 단위전하가 운반될 때 소비되는 에너지

$\therefore\ V = \dfrac{W}{Q}[\mathrm{J/C=V}]$ (여기서, V : 전위차, W : 전하가 운반될 때 소비되는 에너지, Q : 전하량)

답 ①

기사 98년 2회

10 무한장 선전하와 무한평면 전하에서 r[m] 떨어진 점의 전위는 각각 얼마인가? (단, ρ_L 은 선전하밀도, ρ_s 는 평면 전하밀도이다.)

① 무한 직선 : $\dfrac{\rho_L}{2\pi\varepsilon_0}$, 무한 평면도체 : $\dfrac{\rho_s}{\varepsilon}$

② 무한 직선 : $\dfrac{\rho_L}{4\pi\varepsilon_0 r}$, 무한 평면도체 : $\dfrac{\rho_s}{2\pi\varepsilon_0}$

③ 무한 직선 : $\dfrac{\rho_L}{\varepsilon}$, 무한 평면도체 : ∞

④ 무한 직선 : ∞, 무한 평면도체 : ∞

해설 무한장 선전하, 무한평면 전하의 전하량은 무한대이므로 이들의 전위도 ∞가 된다.

답 ④

기사 1.00% 출제 | 산업 1.66% 출제

출제 08 도체 내·외부 전계 및 전위

쌤 Comment

- 이번 단원의 내용은 8장 앙페르 법칙에서 다시 활용된다.
- 전하가 도체 표면에만 분포된 경우와 균일하게 분포된 경우 도체 내부 전계의 세기 공식 결과만 기억하자.

1 구(球) 대전체

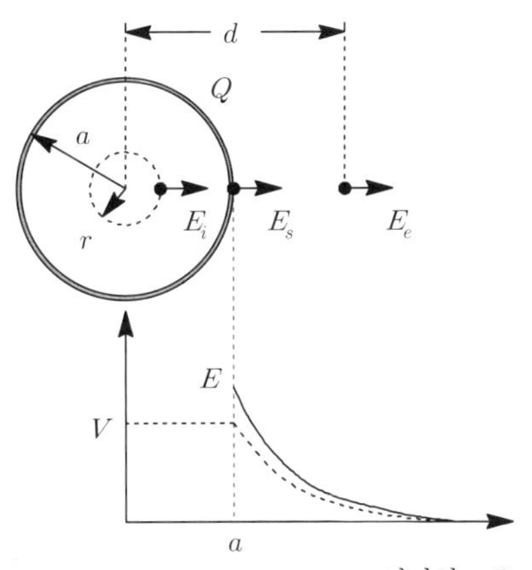

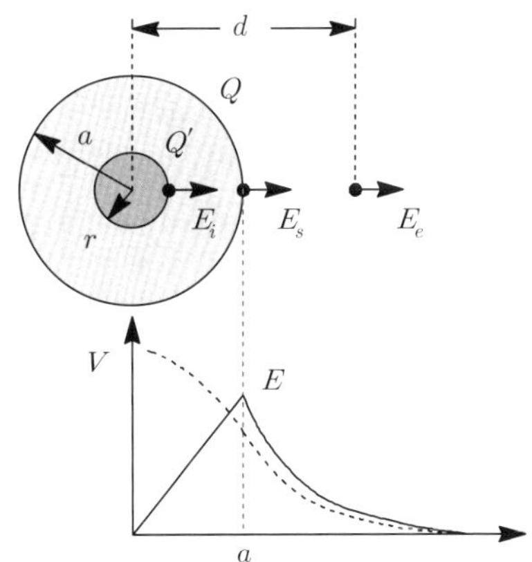

여기서, Q : 도체의 총 전하량

Q' : 반지름 r을 갖는 구 체적의 전하량

(a) 전하가 도체 표면에만 분포된 경우　　(b) 전하가 도체 내부에 균일하게 분포된 경우

┃ 그림 2-15 ┃ 도체 내·외부 전계 및 전위

(1) 전하가 도체 표면에만 분포된 경우

① 전계의 세기

┃ 표 2-3 ┃ 내·외부 전계의 세기

외 부	표 면	내 부
$E_e = \dfrac{Q}{4\pi\varepsilon_0 d^2}$	$E_s = \dfrac{Q}{4\pi\varepsilon_0 a^2}$	$E_i = 0$

② 전위

㉠ 전위는 $V = -\displaystyle\int_\infty^P E dr$ 이고, 도체 내부 전계는 0이므로 도체 내부에서 전위의 변화는 없다.

㉡ 따라서 [그림 2-15] (b)와 같이 도체 내부 전위는 표면전위와 같다.

(2) 전하가 도체 내부에 균일하게 분포된 경우

① 전계의 세기

┃ 표 2-4 ┃ 내·외부 전계의 세기

외 부	표 면	내 부
$E_e = \dfrac{Q}{4\pi\varepsilon_0 d^2}$	$E_s = \dfrac{Q}{4\pi\varepsilon_0 a^2}$	$E_i = \dfrac{r\,Q}{4\pi\varepsilon_0 a^3}$

② 내부 전계의 세기 증명 과정

㉠ 도체 내부에 전하가 균일하게 분포되었다면 도체 내부에도 전계가 존재할 것이고 이는 전하량 크기에 비례하게 된다.

㉡ 또한 도체 내 임의의 구체적이 갖는 전하량은 전하밀도가 일정하므로 구체적의 크기에 따라 결정된다($Q = \rho v \propto v = \dfrac{4\pi r^3}{3}\,[\mathrm{m}^3]$).

㉢ [그림 2-15] (b)와 같이 총 전하량 Q와 내부 임의의 거리 r을 갖는 구체적의 전하량 Q'의 관계는 다음과 같다.

$Q : Q' = \dfrac{4\pi a^3}{3} : \dfrac{4\pi r^3}{3}$ 이므로 이를 정리하면

$$Q' = \frac{r^3}{a^3}Q \quad\text{────────────────────── [식 2-39]}$$

㉣ 도체 내부 전계의 세기

$$E = \frac{Q'}{4\pi\varepsilon_0 r^2} = \frac{r Q}{4\pi\varepsilon_0 a^3}\,[\mathrm{V/m}] \quad\text{──────────── [식 2-40]}$$

③ 전위 : 도체 내부에도 전계가 존재하므로 [그림 2-15] (b)와 같이 도체 중심으로 들어갈수록 전위는 증가한다.

2 무한장 원주형 직선 대전체

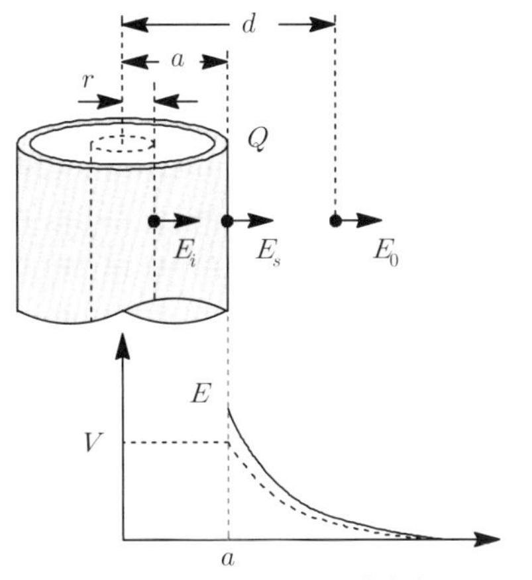

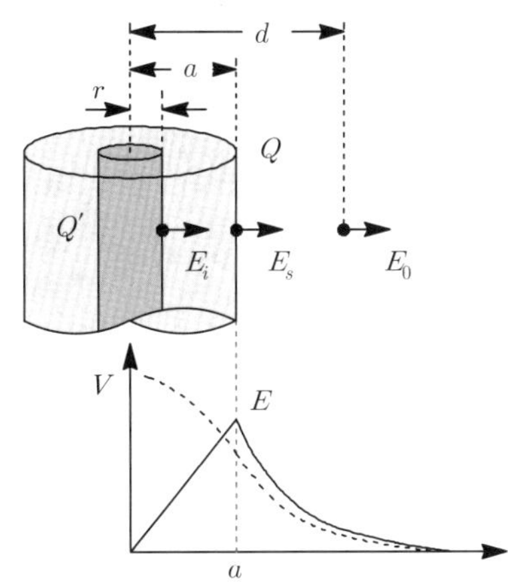

▌그림 2-16▌ 도체 내·외부 전계 및 전위

(1) 전하가 도체 표면에만 분포된 경우

① 전계의 세기

▌표 2-5▌ 내·외부 전계의 세기

외 부	표 면	내 부
$E_e = \dfrac{\lambda}{2\pi\varepsilon_0 d}$	$E_s = \dfrac{\lambda}{2\pi\varepsilon_0 a}$	$E_i = 0$

② 전위

㉠ 전위는 $V = -\displaystyle\int_{\infty}^{P} E dr$ 이고, 도체 내부 전계는 0이므로 도체 내부에서 전위의 변화는 없다.

㉡ 따라서 [그림 2-15] (b)와 같이 도체 내부 전위는 표면전위와 같다.

(2) 전하가 도체 내부에 균일하게 분포된 경우

① 전계의 세기

▌표 2-6▌ 내·외부 전계의 세기

외 부	표 면	내 부
$E_e = \dfrac{\lambda}{2\pi\varepsilon_0 d}$	$E_s = \dfrac{\lambda}{2\pi\varepsilon_0 a}$	$E_i = \dfrac{r\lambda}{2\pi\varepsilon_0 a^2}$

② 내부 전계의 세기 증명 과정

  ㉠ [그림 2-15] (b)와 같이 총 전하량 Q와 내부 임의의 거리 r을 갖는 원통 체적의 전하량 Q'의 관계는 다음과 같다.

  $Q : Q' = \rho\pi a^2 l : \rho\pi r^2 l$ 에서 이를 정리하면

  $$Q' = \frac{r^2}{a^2}Q \ \text{또는} \ \lambda' = \frac{r^2}{a^2}\lambda \ \cdots\cdots\cdots\cdots\cdots\cdots\cdots\cdots [식 \ 2\text{-}41]$$

  ㉡ 도체 내부 전계의 세기

  $$E = \frac{\lambda'}{2\pi\varepsilon_0 r} = \frac{r\lambda}{2\pi\varepsilon_0 a^2} \ [\text{V/m}] \ \cdots\cdots\cdots\cdots\cdots\cdots\cdots\cdots [식 \ 2\text{-}42]$$

③ 전위 : 도체 내부에도 전계가 존재하므로 [그림 2-16] (b)와 같이 도체 중심으로 들어갈수록 전위는 증가한다.

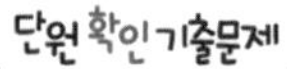

★★★ 기사 97년 4회

11 그림과 같은 중공도체 중심에 점전하가 있을 때 도체 내외의 전하밀도를 나타내는 것은?

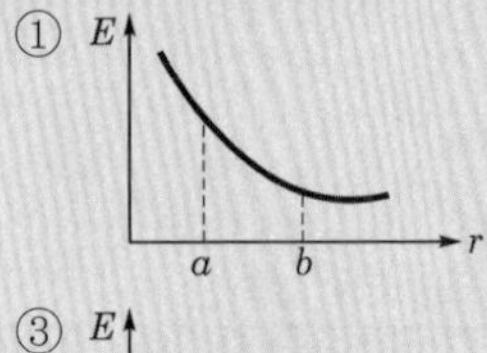
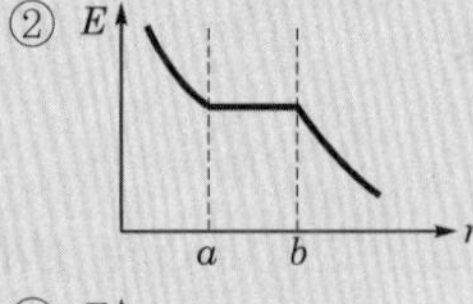
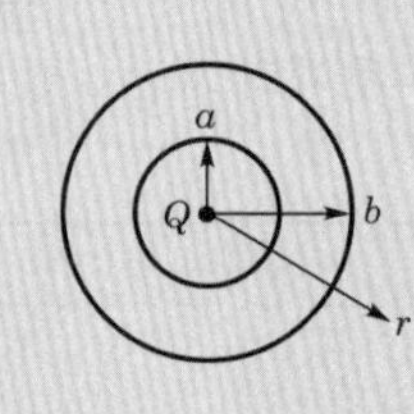

해설 도체 내측에 $-Q[\text{C}]$, 도체 표면에 $+Q[\text{C}]$이 유도된다.

Comment

문제 보기 ②는 중공도체의 전위분포를 나타낸 것으로 도체 내부 전위가 도체 표면 전위와 같음을 알 수 있고, 문제 보기 ④는 전계분포를 나타낸 것으로 도체 내부에 전계가 존재하지 않는 것을 나타내고 있다.

답 ③

기사 0.17% 출제 | 산업 0.17% 출제

출제 09 전기력선 방정식

Comment
- 출제빈도가 매우 낮으므로 그냥 넘어가도 좋다.
- 이번 단원은 복잡한 수학적 개념이 필요하므로 내용 정리는 생략하고 결과식만 작성하고 넘어가도록 한다.

1 개 요

일반적으로 전기력선을 수식적으로 구하는 것은 복잡하나, 전기력선의 미분방정식을 이용하면 쉽게 구할 수 있다.

2 전기력선 방정식

① 공간상의 전계 $\vec{E}$는 x, y, z 성분$(\vec{E} = iE_x + jE_y + kE_z)$으로 각각 분해할 수 있다.

② 전기력선상의 미소면적 ds에 대한 좌표의 각 성분을 dx, dy, dz라 하면 ds의 방향 성분비는 $E_x : E_y : E_z$이므로 이 식을 정리하면

$E_x : E_y : E_z = dx : dy : dz$이므로

$$\frac{dx}{E_x} = \frac{dy}{E_y} = \frac{dz}{E_z} \quad \text{[식 2-43]}$$

▎그림 2-17 ▎전기력선 방정식

단원 필수 예제

12 $\vec{E} = xi + yj$의 전기력선 방정식을 구해라.

해답 $\dfrac{dx}{E_x} = \dfrac{dy}{E_y}$ 이므로 $\dfrac{dx}{x} = \dfrac{dy}{y}$ (양변에 적분을 취하면)

$$\int \frac{1}{x} \cdot dx = \int \frac{1}{y} \cdot dy \Rightarrow \ln x + C_1 = \ln y + C_2$$

$$\ln x - \ln y = C_2 - C_1 \Rightarrow \ln \frac{x}{y} = C \,(C = \ln k \text{로 취하면})$$

$$\ln \frac{x}{y} = \ln k \quad \therefore \frac{x}{y} = k \Rightarrow y = \frac{1}{k}x = Ax \text{ 또는 } x = ky = By$$

13 $\vec{E} = xi - yj$의 전기력선 방정식을 구해라.

$$\text{해답} \quad \frac{dx}{E_x} = \frac{dy}{E_y} \text{이므로} \quad \frac{dx}{x} = \frac{dy}{-y} \Rightarrow \ln x + C_1 = -\ln y + C_2$$

$$\ln x + \ln y = C_2 - C_1 \Rightarrow \ln xy = \ln k$$

$$\therefore xy = k \Rightarrow y = \frac{k}{x} \text{ 또는 } x = \frac{k}{y}$$

기사 2.17% 출제 | 산업 0.50% 출제

출제 10 전기 쌍극자(electric dipole)

쌤 Comment

전위와 전위경도와 더불어 시험 출제빈도가 매우 높으므로 전기 쌍극자의 모멘트, 전위, 전계의 세기의 공식을 반드시 암기한다.

1 개 요

① 물질은 (−)전하를 띤 전자와 (+)를 띤 핵이 평형을 이루고 전기적으로 중성을 이루고 있다. 그러나 총 (−)전하와 총 (+)전하의 위치가 일치하지 않을 경우나, (−)전하를 띤 물질과 (+)전하를 띤 물질이 일정한 거리를 두고 떨어져 있는 상태를 전기 쌍극자라고 한다.

② 한 쌍의 점전하가 미소거리 δ[m]만큼 떨어져 있을 때 $M = Q\delta$[C·m]를 전기 쌍극자 모멘트(electric dipole moment)라 한다.

2 전기 쌍극자 전위

① 전기 쌍극자의 전계의 세기를 구하려면 [그림 2-18]과 같이 E_1과 E_2의 합 벡터를 구해야만 되지만 $+Q$와 $-Q$가 아주 미소한 거리가 되므로 합 벡터를 하기 어려움이 따른다.

② P점에서의 전위를 구한 다음 전위경도($E = -\operatorname{grad} V$)로 전계의 세기를 구할 수 있다.

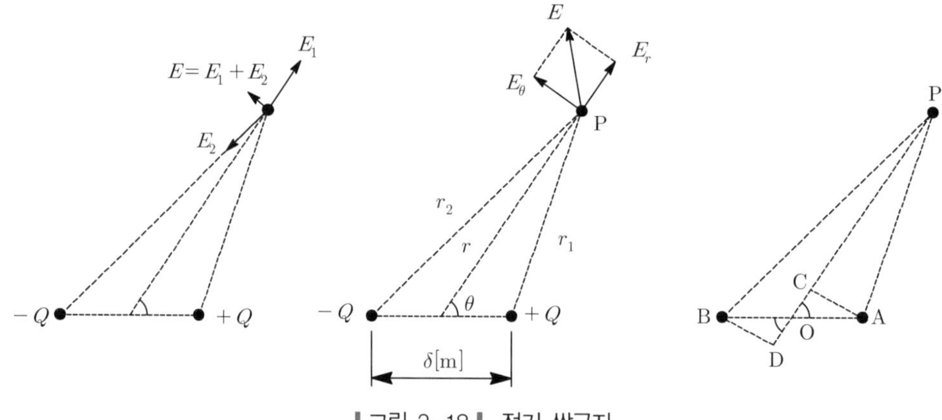

▌그림 2-18 ▌ 전기 쌍극자

㉠ $\overline{OA} = \overline{OB} = \dfrac{\delta}{2}$ 이고, $\overline{OC} = \overline{OD} = \dfrac{\delta}{2}\cos\theta$ 가 된다.

㉡ $r_1 = \overline{AP} = \overline{CP} = \overline{OP - OC} = r - \dfrac{\delta}{2}\cos\theta$

㉢ $r_2 = \overline{BP} = \overline{DP} = \overline{OP + OC} = r + \dfrac{\delta}{2}\cos\theta$

㉣ $V_{12} = V_1 - V_2 = \dfrac{Q}{4\pi\varepsilon_0}\left(\dfrac{1}{r_1} - \dfrac{1}{r_2}\right) = \dfrac{Q}{4\pi\varepsilon_0}\left(\dfrac{r_2 - r_1}{r_1 r_2}\right)$

$$= \dfrac{Q}{4\pi\varepsilon_0}\left(\dfrac{\delta\cos\theta}{r^2 - \left(\dfrac{\delta}{2}\cos\theta\right)^2}\right) \text{에서} \left(\dfrac{\delta}{2}\cos\theta\right)^2 \fallingdotseq 0 \text{이므로}$$

$$V_{12} = \dfrac{Q \cdot \delta\cos\theta}{4\pi\varepsilon_0 r^2} = \dfrac{M\cos\theta}{4\pi\varepsilon_0 r^2}\,[\text{V}] \quad \text{--------------------------------- [식 2-44]}$$

3 전계의 세기

P점의 극좌표가 $(r,\ \theta)$로 주어졌기 때문에 구좌표계의 편미분을 이용한다.

① $\vec{E} = -\operatorname{grad} V = -\nabla V$

$$= -\left[\left(a_r \dfrac{\partial}{\partial r} + a_\theta \dfrac{1}{r}\dfrac{\partial}{\partial\theta} + a_\phi \dfrac{1}{r\sin\theta}\dfrac{\partial}{\partial\phi}\right)\left(\dfrac{M\cos\theta}{4\pi\varepsilon_0 r^2}\right)\right]$$

$$= -\left(a_r \dfrac{M\cos\theta}{4\pi\varepsilon_0}\dfrac{\partial}{\partial r}\dfrac{1}{r^2} + a_\theta \dfrac{M}{4\pi\varepsilon_0 r^3}\dfrac{\partial}{\partial\theta}\cos\theta\right)$$

$$= a_r \dfrac{2M\cos\theta}{4\pi\varepsilon_0 r^3} + a_\theta \dfrac{M\sin\theta}{4\pi\varepsilon_0 r^3}$$

$$= \dfrac{M}{4\pi\varepsilon_0 r^3}\left(a_r\,2\cos\theta + a_\theta\sin\theta\right) \quad \text{-------------------------- [식 2-45]}$$

② $|\vec{E}| = \dfrac{M}{4\pi\varepsilon_0 r^3}\sqrt{(2\cos\theta)^2 + (\sin\theta)^2} = \dfrac{M}{4\pi\varepsilon_0 r^3}\sqrt{4\cos^2\theta + \sin^2\theta}$

$$= \dfrac{M}{4\pi\varepsilon_0 r^3}\sqrt{4\cos^2\theta + (1 - \cos^2\theta)}$$

$$= \dfrac{M}{4\pi\varepsilon_0 r^3}\sqrt{1 + 3\cos^2\theta} \quad \text{----------------------------- [식 2-46]}$$

③ 전계의 방향 : $\tan\phi = \dfrac{E_\theta}{E_r} = \dfrac{1}{2}\tan\theta$ $\quad$ -------------------------- [식 2-47]

★★★ 기사 16년 3회

14 진공 중에서 $+q$[C]과 $-q$[C]의 점전하가 미소거리 a[m]만큼 떨어져 있을 때 이 쌍극자가 P점에 만드는 전계[V/m]와 전위[V]의 크기는?

① $E = \dfrac{qa}{4\pi\varepsilon_0 r^2}$, $V = 0$

② $E = \dfrac{qa}{4\pi\varepsilon_0 r^3}$, $V = 0$

③ $E = \dfrac{qa}{4\pi\varepsilon_0 r^2}$, $V = \dfrac{qa}{4\pi\varepsilon_0 r}$

④ $E = \dfrac{qa}{4\pi\varepsilon_0 r^3}$, $V = \dfrac{qa}{4\pi\varepsilon_0 r^2}$

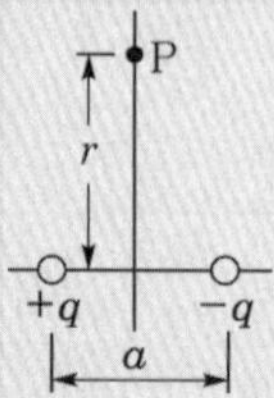

해설 ㉠ 전기 쌍극자에 의한 전계 $E = \dfrac{M}{4\pi\varepsilon_0 r^3}\sqrt{1+3\cos^2\theta}$ 에서 쌍극자 모멘트 $M = qa$[C·m]이고,

$\theta = 90°$이므로 $(\cos 90° = 0)$ $\therefore E = \dfrac{qa}{4\pi\varepsilon_0 r^3}$ [V/m]

㉡ 전기 쌍극자에 의한 전위 $V = \dfrac{M\cos\theta}{4\pi\varepsilon_0 r^2} = \dfrac{q \times a \times \cos 90°}{4\pi\varepsilon_0 r^2} = 0$[V]

답 ②

기사 0.17% 출제 | 산업 출제 없음

출제 11 전기 이중층(electric double layer)

Comment

이중층은 시험 출제빈도가 매우 낮고, [식 2-48]의 공식을 찾는 문제를 제외하고는 출제된 적이 없다. 따라서 개요와 공식만 기억하고 넘어가도 충분하다.

---

1 개 요

① [그림 2-19]와 같이 극이 얇은 판의 양 면에 정(+), 부(−)의 전하가 분포되어 있는 것을 전기 이중층이라 한다.

② 한 극판의 전하밀도를 σ[C/m²], 극판 사이를 δ[m]라면 $M = P = \sigma\delta$[C/m]를 전기 이중층 모멘트라 한다.

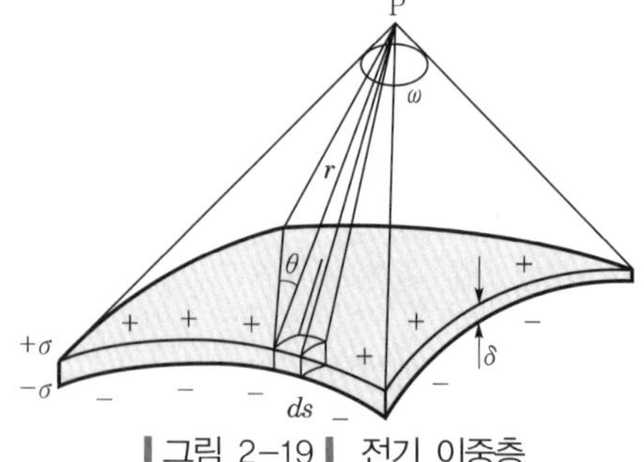

▎그림 2-19▎ 전기 이중층

2 이중층 전위

① 전기 이중층의 표면 전하밀도를 $\pm\sigma\,[\mathrm{C/m^2}]$, 미소면적 $ds\,[\mathrm{m^2}]$에 의한 점 P의 전위를 dV라 하면 ds 부분의 전하는 $\sigma\,ds\,[\mathrm{C}]$이다.

② 미소거리 $\delta\,[\mathrm{m}]$의 두께로 되어 전기 쌍극자로 볼 수 있으므로 점 P의 전위 dV는 다음과 같다.

$$dV = \frac{\sigma\,\delta\,ds\cos\theta}{4\pi\varepsilon_0 r^2} = \frac{\sigma\,\delta}{4\pi\varepsilon_0}\times\frac{ds}{r^2}\cos\theta = \frac{P}{4\pi\varepsilon_0}\,d\omega$$

$$V = \int dV = \frac{P\omega}{4\pi\varepsilon_0} = \frac{P}{2\pi}(1-\cos\theta)\,[\mathrm{V}] \quad\text{··}\quad [\text{식 } 2\text{-}48]$$

기사 0.83% 출제 ∣ 산업 0.67% 출제

출제 12 푸아송과 라플라스 방정식

Comment

- 푸아송과 라플라스 방정식을 유도 시 필요한 공식($E=-\mathrm{grad}\,V$, $\mathrm{div}\,D=\rho$, $D=\varepsilon_0 E$ 등)을 찾기와 푸아송과 라플라스 방정식을 찾는 문제가 대부분이다.
- 최근 식 2-49를 이용하여 체적 전하밀도 ρ를 구하는 문제가 종종 출제되고 있다.

1 개 요

가우스의 법칙을 발산의 정리와 전위경도를 대입하여 정리한 식을 푸아송의 방정식이라 한다.

2 푸아송의 방정식과 라플라스 방정식

(1) 관련 공식

① 전위경도 : $E = -\,\mathrm{grad}\,V = -\nabla V$

② 가우스 법칙의 미분형 : $\mathrm{div}\,D = \rho$ 에서 $\mathrm{div}\,E = \dfrac{\rho}{\varepsilon_0}$

③ 위 두 식을 정리하면 푸아송의 방정식을 만들 수 있다.

$$\mathrm{div}\,E = -\,\mathrm{div}\,\mathrm{grad}\,V = -\nabla\cdot(\nabla V) = \frac{\rho}{\varepsilon_0}$$

(2) 푸아송의 방정식

① 푸아송의 방정식 : $\nabla^2 V = -\dfrac{\rho}{\varepsilon_0}$ $\quad\text{···}\quad [\text{식 } 2\text{-}49]$

② 라플라시안 : $\nabla^2 = \nabla\cdot\nabla = \left(\dfrac{\partial^2}{\partial x^2} + \dfrac{\partial^2}{\partial y^2} + \dfrac{\partial^2}{\partial z^2}\right)$ $\quad\text{·······················}\quad [\text{식 } 2\text{-}50]$

(3) 라플라스 방정식

① 전하가 존재하지 않으면 공간 전하밀도 $\rho = 0$이 된다.

② 라플라스 방정식 : $\nabla^2 V = 0$ ··· [식 2-51]

③ 라플라스 방정식을 만족하기 위해서는 전위함수 V가 1차 방정식이어야만 한다.

★★★ 기사 00년 2회, 17년 3회

15 Poisson이나 Laplace의 방정식을 유도하는 데 관련이 없는 식은?

① $E = -\mathrm{grad}\, V$

② $\mathrm{rot}\, E = -\dfrac{\partial B}{\partial t}$

③ $\mathrm{div}\, D = \rho$

④ $D = \varepsilon E$

해설 푸아송의 방정식은 가우스 법칙에서 유도한 것이고, 이 식은 전하밀도가 0이 아닌 곳에서 전위를 구하고자 할 때 사용한다(전하밀도가 0일 때는 라플라스 방정식을 이용하여 전위를 구한다).

㉠ 가우스 법칙 $\mathrm{div}\, D = \rho$에서 전속밀도 $D = \varepsilon_0 E$를 대입하면

㉡ $\mathrm{div}\, E = \dfrac{\rho}{\varepsilon_0}$이 되며, $\mathrm{div}\, E = \mathrm{div}(-\mathrm{grad}\, V) = -\nabla \cdot (\nabla V) = -\nabla^2 V$이므로

∴ 푸아송의 방정식 : $\nabla^2 V = -\dfrac{\rho}{\varepsilon_0}$

답 ②

기사 0.17% 출제 | 산업 0.50% 출제

출제 13 대전 도체면에 작용하는 정전응력(靜電應力)

쌤 Comment

식 2-54는 전기자기학 끝날 때까지 계속 사용되므로 숙지하길 바란다.

---

1 개 요

[그림 2-20]과 같은 양 극판에 $\pm \sigma [\mathrm{C/m}^2]$의 전하를 대전시키면 $+\sigma$의 정전하로부터 [식 2-26]과 같은 전계가 작용하고, 이 전계 내에 $-\sigma$를 위치시키면 두 전하 사이에는 흡인력이 작용하게 되는데, 이를 정전응력이라 한다.

2 정전응력

① $+\sigma$로부터 발생된 전계의 세기

$$E = \frac{\sigma}{2\varepsilon_0} [\mathrm{V/m}]$$ ·························· [식 2-52]

② $-\sigma$에서 작용하는 힘

$$dF = QE = (\sigma ds)E = \frac{\sigma^2}{2\varepsilon_0}ds\,[\text{N}] \quad\text{━━━━━━━━━━━━━━━━━ [식 2-53]}$$

③ 대전 도체 표면의 단위면적당 받아지는 정전응력은 다음과 같다.

$$f = \frac{\sigma^2}{2\varepsilon_0} = \frac{D^2}{2\varepsilon_0} = \frac{1}{2}ED = \frac{1}{2}\varepsilon_0 E^2\,[\text{N/m}^2] \quad\text{━━━━━━━━ [식 2-54]}$$

여기서, 전하밀도 $\sigma = |D| = \varepsilon_0|E|$, D : 전속밀도$[\text{C/m}^2]$

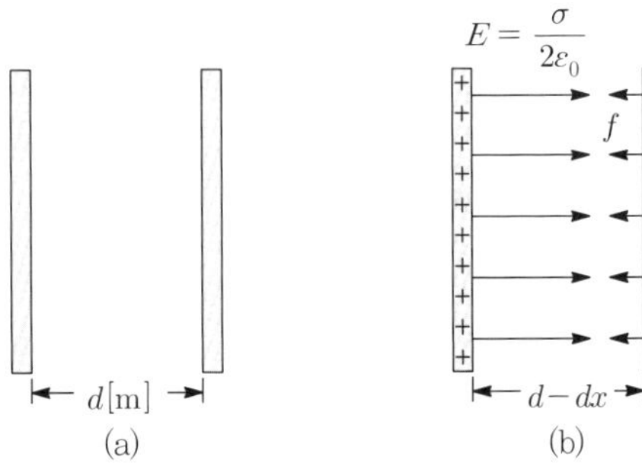

┃ 그림 2-20 ┃ 전기 이중층

★★★★ 기사 93년 1회, 12년 2회 / 산업 16년 3회

16 무한히 넓은 두 장의 도체판을 $d\,[\text{m}]$의 간격으로 평행하게 놓은 후, 두 판 사이에 $V\,[\text{V}]$의 전압을 가한 경우 도체판의 단위면적당 작용하는 힘은 몇 $[\text{N/m}^2]$인가?

① $f = \varepsilon_0 \dfrac{V^2}{d}\,[\text{N/m}^2]$ ② $f = \dfrac{1}{2}\varepsilon_0 d V^2\,[\text{N/m}^2]$

③ $f = \dfrac{1}{2}\varepsilon_0\left(\dfrac{V}{d}\right)^2\,[\text{N/m}^2]$ ④ $f = \dfrac{1}{2}\dfrac{1}{\varepsilon_0}\left(\dfrac{V}{d}\right)^2\,[\text{N/m}^2]$

해설 단위면적당 작용하는 힘(정전응력) $f = \dfrac{1}{2}\varepsilon_0 E^2 = \dfrac{1}{2}ED = \dfrac{D^2}{2\varepsilon_0} = \dfrac{\sigma^2}{2\varepsilon_0}\,[\text{N/m}^2]$에서

전위 $V = dE$이므로 ∴ 정전응력 $f = \dfrac{1}{2}\varepsilon_0 E^2 = \dfrac{1}{2}\varepsilon_0\left(\dfrac{V}{d}\right)^2\,[\text{N/m}^2]$

 답 ③

단원 핵심정리 한눈에 보기

1. 점전하 관련 공식(쿨롱의 법칙)

① 두 전하 사이에 작용하는 힘 : $F = \dfrac{Q_1 Q_2}{4\pi\varepsilon_0 r^2} = 9 \times 10^9 \cdot \dfrac{Q_1 Q_2}{r^2} = QE\,[\text{N}]$

② 전계의 세기 : $E = \lim\limits_{\Delta Q \to 0} \dfrac{\Delta F}{\Delta Q} = \dfrac{Q}{4\pi\varepsilon_0 r^2}\,[\text{V/m}]$

③ 전위 : $V = \dfrac{Q}{4\pi\varepsilon_0 r} = rE\,[\text{V}]$

④ 전속밀도 : $D = \dfrac{\phi}{S_구} = \dfrac{Q}{4\pi r^2} = \varepsilon_0 E\,[\text{C/m}^2]$

2. 가우스의 법칙

① 정의 : 임의의 폐곡면을 관통하여 밖으로 나가는 전력선의 총수는 폐곡면 내부에 있는 전하의 $\dfrac{1}{\varepsilon_0}$ 배와 같다. 이를 가우스의 정리라고 한다.

② 정의식 : $N = Es = \dfrac{Q}{\varepsilon_0}$

③ 전력선의 총수 : $N = \dfrac{Q}{\varepsilon_0}\,[\text{개}]$

④ 전속선의 총수 : $N = Q\,[\text{개}]$

⑤ 가우스 법칙의 적분형 : $\oint_s E\,\vec{n}\,ds = \dfrac{Q}{\varepsilon_0}$

⑥ 가우스 법칙의 미분형 : $\operatorname{div}\vec{D} = \rho$

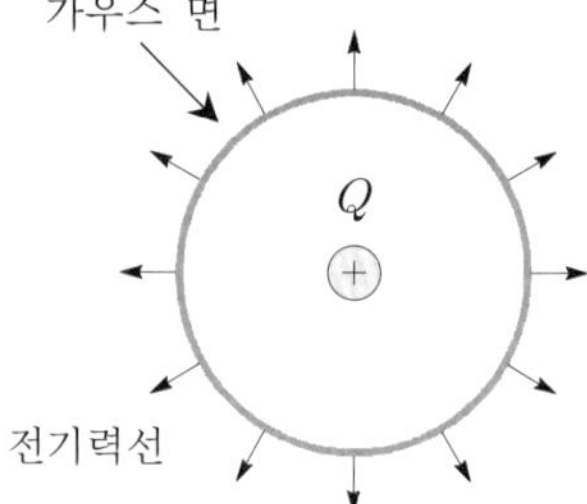

3. 전기력선(electric field lines)의 특징

① 전기력선의 방향은 그 점의 전계의 방향과 같으며, 전기력선의 밀도는 그 점에서 전계의 세기와 같다.

② 전기력선은 정전하(+)에서 시작하여 부전하(-)에서 끝난다.

③ 전하가 없는 곳에서는 전기력선의 발생, 소멸이 없다. 즉, 연속적이다.

④ 단위전하(1[C])에서는 $\dfrac{1}{\varepsilon_0}\,[\text{개}]$의 전기력선이 출입한다.

⑤ 전기력선은 전위가 낮아지는 방향으로 향한다.

⑥ 전기력선은 그 자신만으로 폐곡선을 만들지 않는다.

⑦ 전계가 0이 아닌 곳에서는 2개의 전기력선은 교차하지 않는다.

⑧ 전기력선은 등전위면과 직교한다.

⑨ 도체 내부에는 전기력선이 존재하지 않는다.

4. 각 도체에 따른 전계의 세기

구 분	전계의 세기
구도체	① 전계의 세기 : $E = \dfrac{Q}{4\pi\varepsilon_0 r^2}\,[\text{V/m}]$ ② 도체 표면에서의 전계의 세기 $\quad : E = \dfrac{Q}{4\pi\varepsilon_0 r^2} = \dfrac{\sigma s}{s\,\varepsilon_0} = \dfrac{\sigma}{\varepsilon_0}\,[\text{V/m}]$
무한장 원주형 직선도체	전계의 세기 : $E = \dfrac{\lambda}{2\pi\varepsilon_0 r} \propto \dfrac{1}{r}\,[\text{V/m}]$ **Comment** 구도체와 직선도체는 공식과 계산문제가 출제되고 나머지는 공식 찾기만 출제됨
평행 왕복도체	① $+\lambda$에 의한 E_1은 발산하고, $-\lambda$에 의한 E_2는 도체 측으로 들어가게 된다. ② $E = E_1 + E_2 = \dfrac{\lambda}{2\pi\varepsilon_0 r} + \dfrac{\lambda}{2\pi\varepsilon_0 (d-r)}$ $\quad = \dfrac{\lambda}{2\pi\varepsilon_0}\left(\dfrac{1}{r} + \dfrac{1}{d-r}\right)[\text{V/m}]$
면도체	① 유한 면도체 $\quad : E = \dfrac{\sigma}{2\varepsilon_0}(1-\cos\theta) = \dfrac{\sigma}{2\varepsilon_0}\left(1 - \dfrac{a}{\sqrt{r^2+a^2}}\right)$ ② 무한 면도체 : $\displaystyle\lim_{a \to \infty} E = \dfrac{\sigma}{2\varepsilon_0}\,[\text{V/m}]$ $\quad$㉠ 거리에 관계없이 일정한 전계를 갖는다. $\quad$㉡ 이러한 전계를 평등전계라 한다.
평행판 도체	① 무한 면도체 2개를 대치한 것으로 해석한다. ② 무한 면도체의 전계는 거리에 관계없이 항상 일정한 크기$\left(E_1 = E_2 = \dfrac{\sigma}{2\varepsilon_0}\right)$를 갖는다. ③ 외부 전계 : $E = E_1 - E_2 = 0$ ④ 내부 전계 : $E = E_1 + E_2 = \dfrac{\sigma}{\varepsilon_0}\,[\text{V/m}]$
환원 도체	$E = \dfrac{Qz}{4\pi\varepsilon_0\,(a^2+z^2)^{\frac{3}{2}}} = \dfrac{\lambda z a}{2\varepsilon_0\,(a^2+z^2)^{\frac{3}{2}}}\,[\text{V/m}]$ 여기서, $Q = \lambda l = \lambda \times 2\pi a\,[\text{C}]$

5. 전위와 전위경도

① 전위와 전위차 정의식(여기서, $-$는 전계의 세기와 반대방향을 의미한다)

구 분	전 위	전위차
일반식	$V = -\displaystyle\int_{\infty}^{P} E\,dr\,[\text{V}]$	$V = -\displaystyle\int_{a}^{b} E\,dr\,[\text{V}]$
평등 전계의 경우	$-$	$V = Ed\,[\text{V}]$

② 전하가 운반될 때 소비되는 에너지 : $W = QV\,[\text{J}]$

③ 전위경도 : $E = -\operatorname{grad} V = -\nabla V = -\left(i\dfrac{\partial}{\partial x} + j\dfrac{\partial}{\partial y} + k\dfrac{\partial}{\partial z} \right) V\,[\text{V/m}]$

6. 각 도체에 따른 전위와 전위차

① 구도체와 동심 구도체

 ㉠ 구도체의 전위 : $V = -\displaystyle\int_{\infty}^{P} E\,dr = -\int_{\infty}^{r} \dfrac{Q}{4\pi\varepsilon_0 r^2}\,dr = \dfrac{Q}{4\pi\varepsilon_0 r}\,[\text{V}]$

 ㉡ 구도체의 전위차 : $V_{ab} = -\displaystyle\int_{b}^{a} E\,dr = -\int_{b}^{a} \dfrac{Q}{4\pi\varepsilon_0 r^2}\,dr = \dfrac{Q}{4\pi\varepsilon_0}\left(\dfrac{1}{a} - \dfrac{1}{b} \right)[\text{V}]$

 ㉢ 동심 구도체의 전위차 : $V = \dfrac{Q}{4\pi\varepsilon_0}\left(\dfrac{1}{a} - \dfrac{1}{b} + \dfrac{1}{c} \right)[\text{V}]$

② 무한장 직선도체

 ㉠ 전계의 세기 : $E = \dfrac{\lambda}{2\pi\varepsilon_0 r} = 18 \times 10^9 \times \dfrac{\lambda}{r}\,[\text{V/m}]$

 ㉡ 전위 : $V = -\displaystyle\int_{\infty}^{r} E\,dr = -\int_{\infty}^{r} \dfrac{\lambda}{2\pi\varepsilon_0 r}\,dr = \infty$

 ㉢ 전위차 : $V_{12} = -\displaystyle\int_{r_1}^{r_2} \dfrac{\lambda}{2\pi\varepsilon_0 r}\,dr = \dfrac{\lambda}{2\pi\varepsilon_0}\ln\dfrac{r_2}{r_1}\,[\text{V}]$ (단, $r_1 < r_2$인 경우)

7. 전기 쌍극자

① 전기 쌍극자 모멘트 : $M = Q\delta\,[\text{C}\cdot\text{m}]$

② 전기 쌍극자의 전위 : $V = \dfrac{M\cos\theta}{4\pi\varepsilon_0 r^2}\,[\text{V}]$

③ 전계의 세기

 ㉠ $\vec{E} = \dfrac{M}{4\pi\varepsilon_0 r^3}\left(a_r\,2\cos\theta + a_\theta\sin\theta \right)[\text{V/m}]$

 ㉡ $|\vec{E}| = \dfrac{M}{4\pi\varepsilon_0 r^3}\sqrt{1 + 3\cos^2\theta}\,[\text{V/m}]$

 ㉢ $\theta = 0$일 때 최대, $\theta = 90°$일 때 최소

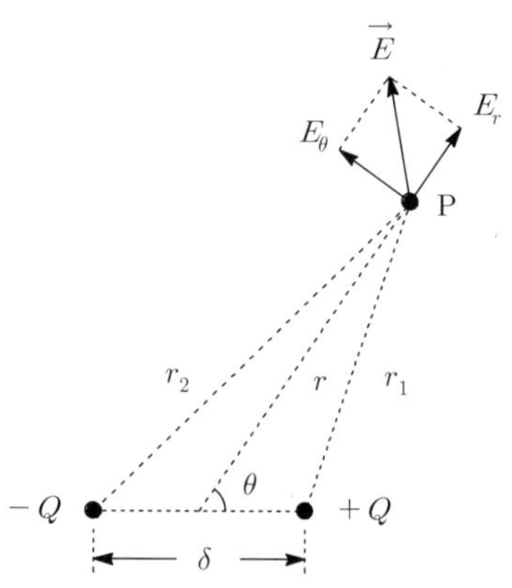

단원 자주 출제되는 기출문제

출제 01 ▶ 정전계의 기초사항

★ 산업 95년 2회, 98년 2회, 00년 2회, 06년 1회(유사)

01 10^4[eV]의 전자속도는 10^2[eV]의 전자속도의 몇 배인가?

① 10　　　　② 100
③ 1000　　　④ 10000

해설

전자의 운동속도 $v = \sqrt{\dfrac{2eV}{m}}$ [m/s]이므로 $\sqrt{eV}$에 비례한다. 따라서 eV가 100배 차이가 나면 전자속도는 10배가 된다.
여기서, e : 전자의 전하량[C], V : 전위차[V]
　　　　m : 전자질량[kg]

★ 기사 11년 3회

02 간격 d[m]의 평행판 도체에 V[kV]의 전위차를 주었을 때 음극 도체판을 초속도 0으로 출발한 전자 e[C]이 양극 도체판에 도달할 때의 속도는 몇 [m/s]인가? (단, m[kg]은 전자의 질량이다.)

① $\sqrt{\dfrac{eV}{m}}$　　　　② $\sqrt{\dfrac{2eV}{m}}$

③ $\sqrt{\dfrac{eV}{2m}}$　　　　④ $\dfrac{2eV}{m}$

해설

1번 문제 해설 참조

출제 02 ▶ 쿨롱의 법칙

★ 기사 15년 1회 / 산업 97년 6회(유사), 13년 2회(유사)

03 진공 중에 +20[μC]과 −3.2[μC]인 2개의 점전하가 1.2[m] 간격으로 놓여 있을 때 두 전하 사이에 작용하는 힘[N]과 작용력은 어떻게 되는가?

① 0.2[N], 반발력　　② 0.2[N], 흡인력
③ 0.4[N], 반발력　　④ 0.4[N], 흡인력

해설

동일 부호의 전하 간에는 반발력(척력), 다른 부호의 전하 간에는 흡인력(인력)이 작용한다.
∴ 쿨롱의 법칙(전기력)

$$F = \frac{Q_1 Q_2}{4\pi\varepsilon_0 r^2} = 9\times10^9 \times \frac{20\times10^{-6}\times3.2\times10^{-6}}{1.2^2}$$
$$= 0.4[\text{N}]$$

★ 기사 96년 6회, 00년 2회

04 +10[nC]의 점전하로부터 100[mm] 떨어진 거리에 +100[pC]의 점전하가 놓인 경우, 이 전하에 작용하는 힘의 크기는 몇 [nN]인가?

① 100　　　　② 200
③ 300　　　　④ 900

해설 쿨롱의 법칙(전기력)

$$F = \frac{Q_1 Q_2}{4\pi\varepsilon_0 r^2} = 9\times10^9 \times \frac{10\times10^{-9}\times100\times10^{-12}}{(0.1)^2}$$
$$= 900\times10^{-9} = 900[\text{nN}]$$

(여기서, 1[nN, 나노뉴턴]$=10^{-9}$[N]이므로 1[N]$=10^9$ [nN]이 된다.)

★ 산업 16년 1회

05 진공 중 1[C]의 전하에 대한 정의로 옳은 것은? (단, Q_1, Q_2는 전하이며, F는 작용력이다.)

① $Q_1 = Q_2$, 거리 1[m], 작용력 $F=9\times10^9$[N]일 때이다.
② $Q_1 < Q_2$, 거리 1[m], 작용력 $F=6\times10^9$[N]일 때이다.
③ $Q_1 = Q_2$, 거리 1[m], 작용력 $F=1$[N]일 때이다.
④ $Q_1 > Q_2$, 거리 1[m], 작용력 $F=1$[N]일 때이다.

해설

전기력(작용력)

$$F = \frac{Q_1 Q_2}{4\pi\varepsilon_0 r^2} = 9\times10^9 \times \frac{Q^2}{r^2} = 9\times10^9 \times \frac{1^2}{1^2}$$
$$= 9\times10^9[\text{N}]$$

정답　01. ①　02. ②　03. ④　04. ④　05. ①

06 ★★★★ 기사 92년 6회, 98년 4회, 07년 1회 / 산업 98년 6회, 11년 1회, 15년 2회

전하 Q_1, Q_2 간의 작용력이 F_1이고, 이 근처에 전하 Q_3를 놓았을 경우의 Q_1과 Q_2 간의 전기력을 F_2라 하면 F_1과 F_2의 관계는 어떻게 되는가?

① $F_1 > F_2$

② $F_1 = F_2$

③ $F_1 < F_2$

④ Q_2의 크기에 따라 다르다.

해설

쿨롱의 법칙은 두 전하 사이의 작용하는 힘(전기력)이다. 따라서 F_1과 F_2 모두 Q_1과 Q_2 사이의 작용하는 힘을 물어보았으므로 두 힘은 같다.

07 ★★★ 산업 92년 2회, 93년 3회, 12년 3회

그림과 같이 $Q_A = 4 \times 10^{-6}$[C], $Q_B = 2 \times 10^{-6}$[C], $Q_C = 5 \times 10^{-6}$[C]의 전하를 가진 작은 도체구 A, B, C가 진공 중에서 일직선상에 놓여질 때 B구에 작용하는 힘은 몇 [N]인가?

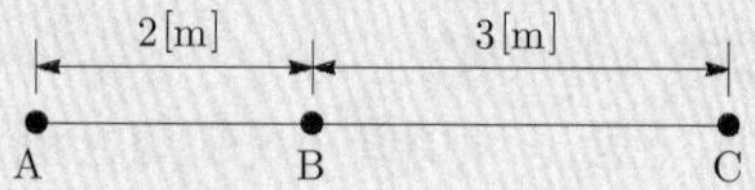

① 1.8×10^{-2}

② 1.0×10^{-2}

③ 0.8×10^{-2}

④ 2.8×10^{-2}

해설

B점에 작용한 힘은 A, B 사이에 작용하는 힘 F_{AB}와 B, C 사이에 작용하는 힘 F_{CB} 중 큰 힘에서 작은 힘을 빼면 된다.

㉠ $F_{AB} = \dfrac{Q_A Q_B}{4\pi\varepsilon_0 r^2} = 9 \times 10^9 \times \dfrac{4 \times 10^{-6} \times 2 \times 10^{-6}}{2^2}$

$= 18 \times 10^{-3}$[N]

㉡ $F_{CB} = \dfrac{Q_B Q_C}{4\pi\varepsilon_0 r^2} = 9 \times 10^9 \times \dfrac{2 \times 10^{-6} \times 5 \times 10^{-6}}{3^2}$

$= 10 \times 10^{-3}$[N]

∴ $F = F_{AB} - F_{CB} = 8 \times 10^{-3} = 0.8 \times 10^{-2}$[N]

Comment

- A와 B 사이의 작용하는 힘은 반발력이므로 B점에 작용하는 힘은 그림과 같이 C방향이 된다.
- B와 C 사이의 작용하는 힘도 반발력이므로 B점에 작용하는 힘은 그림과 같이 A방향이 된다.

08 ★ 기사 05년 3회

진공 중에 그림과 같이 한 변이 a[m]인 정삼각형의 꼭짓점에 각각 서로 같은 점전하 $+Q$[C]이 있을 때 그 각 전하에 작용하는 힘 F는 몇 [N]인가?

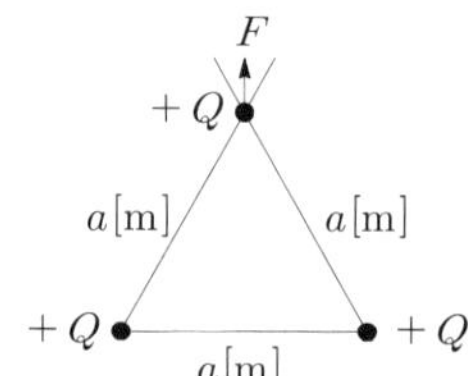

① $F = \dfrac{Q^2}{4\pi\varepsilon_0 a^2}$

② $F = \dfrac{Q^2}{2\pi\varepsilon_0 a^2}$

③ $F = \dfrac{\sqrt{2}\, Q^2}{4\pi\varepsilon_0 a^2}$

④ $F = \dfrac{\sqrt{3}\, Q^2}{4\pi\varepsilon_0 a^2}$

해설

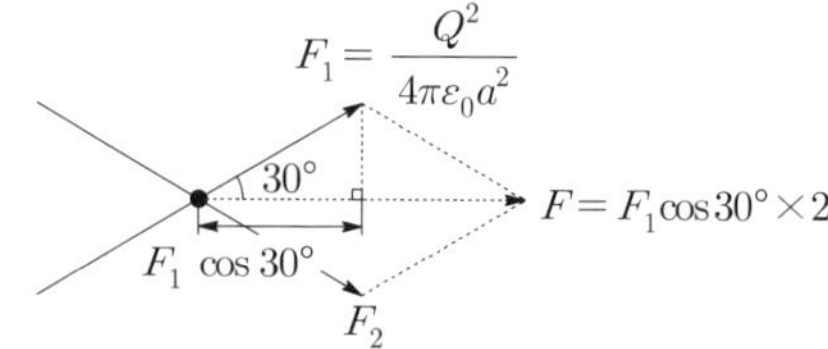

$F = \overrightarrow{F_1} + \overrightarrow{F_2} = F_1 \times \cos 30° \times 2$

$= \dfrac{Q^2}{4\pi\varepsilon_0 a^2} \times \dfrac{\sqrt{3}}{2} \times 2 = \dfrac{\sqrt{3}\, Q^2}{4\pi\varepsilon_0 a^2}$[N]

산업 96년 2회

09 점 P(1, 2, 3)[m]와 Q(2, 0, 5)[m]에 각각 4×10^{-5}[C]과 -2×10^{-4}[C]의 점전하가 있을 때 점 P에 작용하는 힘은 몇 [N]인가?

① $\dfrac{8}{3}(i - 2j + 2k)$

② $\dfrac{8}{3}(-i - 2j + 2k)$

③ $\dfrac{3}{8}(i + 2j + 2k)$

④ $\dfrac{3}{8}(2i + j - 2k)$

해설

$$\text{P(1, 2, 3)} \xrightarrow{\quad} \text{Q(2, 0, 5)}$$
$$+Q \quad \vec{F} \qquad -Q$$

+전하와 −전하 사이에서는 흡인력이 작용하므로 P점에서 작용하는 힘 Q방향으로 작용한다.

㉠ 변위벡터
$$\vec{r} = (2-1)i + (0-2)j + (5-3)k = i - 2j + 2k$$

㉡ 단위벡터
$$\vec{r_0} = \frac{\vec{r}}{r} = \frac{i - 2j + 2k}{\sqrt{1^2 + 2^2 + 2^2}} = \frac{i - 2j + 2k}{3}$$

㉢ 쿨롱의 힘
$$F = \frac{Q_1 Q_2}{4\pi\varepsilon_0 r^2} = 9 \times 10^9 \times \frac{4 \times 10^{-5} \times 2 \times 10^{-4}}{3^2}$$
$$= 8[\text{N}]$$
$$\therefore \ \vec{F} = F\vec{r_0} = \frac{8}{3}(i - 2j + 2k)$$

Comment

- 거리(변위)를 구할 때에는 종착점에서 시작점을 빼면 된다. 즉, x방향 성분은 2−1이 된다.
- 전기력은 벡터값이므로 힘의 스칼라에서 단위벡터를 곱해서 구할 수 있다.
- 쿨롱의 법칙과 전계의 세기 벡터 문제는 출제빈도가 낮으므로 참고만 하길 바란다.

기사 94년 2회, 14년 3회 / 산업 13년 2회

10 점(0, 1)[m] 되는 곳에 -2×10^{-9}[C]의 점전하가 있다. 점(2, 0)[m]에 있는 10^{-8}[C]에 작용하는 힘은 몇 [N]인가?

① $\left(-\dfrac{36}{5\sqrt{5}}\vec{a_x} + \dfrac{18}{5\sqrt{5}}\vec{a_y}\right)10^{-8}$

② $\left(-\dfrac{18}{5\sqrt{5}}\vec{a_x} + \dfrac{36}{5\sqrt{5}}\vec{a_y}\right)10^{-8}$

③ $\left(-\dfrac{36}{3\sqrt{5}}\vec{a_x} + \dfrac{18}{3\sqrt{5}}\vec{a_y}\right)10^{-8}$

④ $\left(\dfrac{36}{5\sqrt{5}}\vec{a_x} - \dfrac{18}{5\sqrt{5}}\vec{a_y}\right)10^{-8}$

해설

$$\text{P(0, 1)} \quad \overleftarrow{\vec{F}} \quad \text{Q(2, 0)}$$
$$-2 \times 10^{-9}[\text{C}] \qquad 10^{-8}[\text{C}]$$

+전하와 −전하 사이에서는 흡인력이 작용하므로 Q점에서 작용하는 힘 P방향으로 작용한다.

㉠ 변위벡터
$$\vec{r} = (0-2)a_x + (1-0)a_y = -2a_x + a_y[\text{m}]$$

㉡ 단위벡터
$$\vec{r_0} = \frac{\vec{r}}{r} = \frac{-2a_x + a_y}{\sqrt{2^2 + 1^2}} = \frac{-2a_x + a_y}{\sqrt{5}}$$

㉢ 쿨롱의 힘
$$F = \frac{Q_1 Q_2}{4\pi\varepsilon_0 r^2} = 9 \times 10^9 \times \frac{2 \times 10^{-9} \times 10^{-8}}{(\sqrt{5})^2}$$
$$= \frac{18}{5} \times 10^{-8}[\text{N}]$$
$$\therefore \ \vec{F} = F\vec{r_0} = \left(-\frac{36}{5\sqrt{5}}\vec{a_x} + \frac{18}{5\sqrt{5}}\vec{a_y}\right)10^{-8}$$

출제 03 ▸ 전계의 세기

산업 93년 5회, 06년 2회

11 전계의 세기가 E인 균일한 전계 내에 있는 전자가 받는 힘은? (단, 전자의 전하량은 그 크기가 e이다.)

① 크기는 eE^2, 전계와 같은 방향
② 크기는 $e^2 E$, 전계와 반대방향
③ 크기는 eE, 전계와 같은 방향
④ 크기는 eE, 전계와 반대방향

해설

전계 내에서 전하가 받는 힘 $F = qE$[N]에서 전자의 전기량 $q = e = -1.602 \times 10^{-19}$[C]이므로 $F = eE$[N]이고, 전자는 (−)전하량을 가지므로 전계와 반대방향으로 힘을 받는다.

정답 09. ① 10. ① 11. ④

★★★★ 기사 98년 6회, 14년 2회 / 산업 94년 4회, 97년 2회, 06년 2회, 11년 2회

12 한 변의 길이가 a[m]인 정육각형의 각 정점에 각각 Q[C] 전하를 놓았을 때 정육각형 중심 O의 전계의 세기는 몇 [V/m]인가?

① 0

② $\dfrac{Q}{2\pi\varepsilon_0 a}$

③ $\dfrac{Q}{4\pi\varepsilon_0 a}$

④ $\dfrac{Q}{8\pi\varepsilon_0 a}$

해설

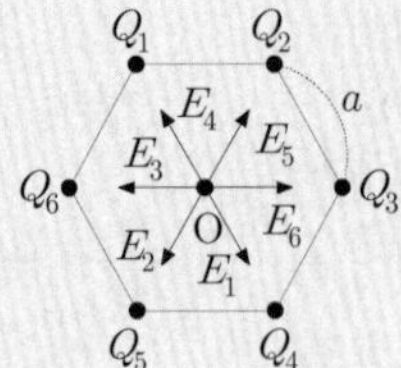

그림에서와 같이 Q_1에 의한 전계의 세기 E_1과 Q_4에 의한 전계의 세기 E_4는 전하량의 크기와 거리가 모두 동일하므로 두 전계의 세기의 크기는 같고, 방향은 반대이므로 서로 상쇄되어 중심점에서의 전계의 세기는 0이 된다. 이와 같이 모든 전계의 세기가 대칭이므로 정육각형 중심의 전계의 세기는 0이 된다.

Comment

전기자기학에서 보기에 '0'이 있으면 정답이 될 확률이 80[%] 이상이 된다.

★★★ 기사 96년 4회

13 점(2, 2, 0)에 Q_1[C], 점(2, −2, 0)에 Q_2[C]이 있을 때 점(2, 0, 0)에서 전계의 세기가 y성분이 0이 되는 조건은?

① $Q_1 = Q_2$

② $Q_1 = -Q_2$

③ $Q_1 = 2Q_2$

④ $Q_1 = -2Q_2$

해설

점(2, 0, 0)의 전계의 세기가 0이 되기 위해서는 대칭 전계가 작용해야 하므로 두 전하량의 크기와 거리가 모두 같아야 한다. 따라서 $Q_1 = Q_2$의 조건이 되어야 한다.

★★★ 기사 16년 3회 / 산업 93년 2회, 06년 3회, 08년 1회

14 점전하 $+2Q$[C]이 $X=0$, $Y=1$의 점에 놓여 있고, $-Q$[C]의 전하가 $X=0$, $Y=-1$의 점에 위치할 때 전계의 세기가 0이 되는 점은?

① $-Q$ 쪽으로 5.83[$X=0$, $Y=-5.83$]

② $+2Q$ 쪽으로 5.83[$X=0$, $Y=-5.83$]

③ $-Q$ 쪽으로 0.17[$X=0$, $Y=-0.17$]

④ $+2Q$ 쪽으로 0.17[$X=0$, $Y=0.17$]

해설

㉠ 전계의 세기가 0이 되는 점은 각각의 전하로부터 작용하는 전계의 세기는 같고, 작용 방향이 서로 반대인 곳에서 전계의 세기가 0이 된다.

㉡ 전계의 세기가 0인 점
- 같은 종류의 전하 사이 : 작은 전하 안쪽에 존재
- 반대 종류의 전하 사이 : 작은 전하 바깥쪽에 존재
따라서 그림과 같이 $-Q$ 바깥쪽에 전계의 세기가 0이 되는 곳에 발생한다.

㉢ 전계의 세기가 0이 되려면 $E_1 = E_2$가 되어야 하므로

$$\frac{2Q}{4\pi\varepsilon_0(y+1)^2} = \frac{Q}{4\pi\varepsilon_0(y-1)^2}$$

$$2Q(y-1)^2 = Q(y+1)^2$$

$$\sqrt{2}\,(y-1) = (y+1)$$

$$y\sqrt{2} - \sqrt{2} = y+1$$

$$y(\sqrt{2}-1) = \sqrt{2}+1$$

$$\therefore\ y = \frac{\sqrt{2}+1}{\sqrt{2}-1} = 5.83$$

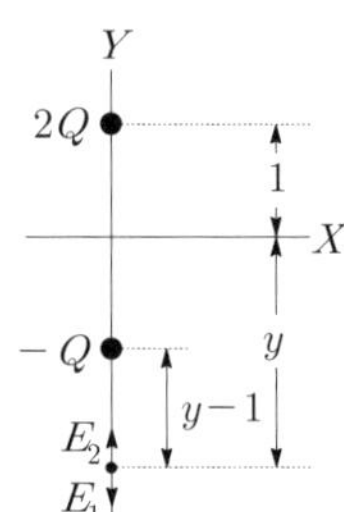

Comment

전계의 세기가 0이 되는 점은 작은 전하 근방에서 발생하게 된다. 만약 두 전하의 부하가 다르면 작은 전하 밖에 전계의 세기 0점이 존재하므로 이를 만족하는 것은 문제 보기 ①밖에 없다.

15 그림과 같이 $q_1 = 6 \times 10^{-8}$[C], $q_2 = -12 \times 10^{-8}$[C]의 두 전하가 서로 100[cm] 떨어져 있을 때 전계 세기가 0이 되는 점은?

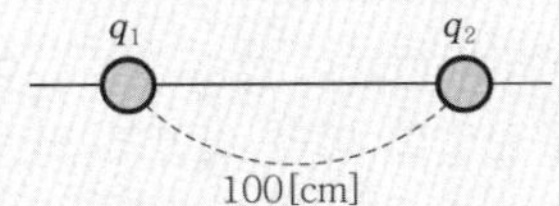

① q_1과 q_2의 연장선상 q_1으로부터 왼쪽으로 약 24.1[m] 지점이다.

② q_1과 q_2의 연장선상 q_1으로부터 오른쪽으로 약 14.1[m] 지점이다.

③ q_1과 q_2의 연장선상 q_1으로부터 왼쪽으로 약 2.41[m] 지점이다.

④ q_1과 q_2의 연장선상 q_1으로부터 오른쪽으로 약 1.41[m] 지점이다.

해설

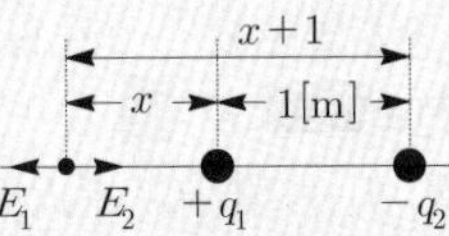

㉠ 전계의 세기 0인 점은 그림과 같이 작은 전하(q_1) 바깥쪽에 존재한다.

㉡ q_1으로 x[m] 떨어진 점에서 전계의 세기가 0이 되려면 $E_1 = E_2$이므로

$$\frac{6 \times 10^{-8}}{4\pi\varepsilon_0 x^2} = \frac{12 \times 10^{-8}}{4\pi\varepsilon_0 (x+1)^2}, \ (x+1)^2 = 2x^2$$

$$x+1 = x\sqrt{2}, \ x(\sqrt{2}-1) = 1$$

$$\therefore \ x = \frac{1}{\sqrt{2}-1} = 2.41[\text{m}]$$

(q_1의 왼쪽으로 2.41[m] 지점)

16 절연내력 3000[kV/m]인 공기 중에 놓여진 직경 1[m]의 구도체에 줄 수 있는 최대 전하는 몇 [C]인가?

① 6.75×10^4 ② 6.75×10^{-6}

③ 8.33×10^{-5} ④ 8.33×10^{-6}

해설

절연내력이란 절연체가 견딜 수 있는 최대 전계의 세기를 말하므로

$$E = \frac{Q}{4\pi\varepsilon_0 r^2} = 9 \times 10^9 \times \frac{Q}{r^2} [\text{V/m}]$$에서 최대 전하는

(직경이 1[m]이므로 반지름 $r = 0.5$[m])

$$\therefore \ Q = 4\pi\varepsilon_0 r^2 E = \frac{0.5^2 \times 3000 \times 10^3}{9 \times 10^9}$$

$$= 8.33 \times 10^{-5}[\text{C}]$$

Comment

도체에 전하가 충전되면 전기력선(전계의 세기)을 발산하며, 이러한 전기력선을 차폐하기 위해 절연을 시킨다. 따라서 절연내력이란 전기력선을 견딜 수 있는 힘을 말한다. 또한 절연내력 이상의 전기력선을 가하게 되면 절연은 파괴가 된다.

17 자유공간 중에서 점 P(2, −4, 5)가 도체면 상에 있으며 이 점에서 전계 $E = 3a_x - 6a_y + 2a_z$[V/m]이다. 도체면에 법선성분 E_n 및 접선성분 E_t의 크기는 몇 [V/m]인가?

① $E_n = 3, \ E_t = -6$

② $E_n = 7, \ E_t = 0$

③ $E_n = 2, \ E_t = 3$

④ $E_n = -6, \ E_t = 0$

해설

전계는 도체면으로부터 수직(법선)방향으로 발산하므로 법선방향으로 전계의 크기(스칼라)는

$$\therefore \ E_n = \sqrt{3^2 + (-6)^2 + 2^2} = \sqrt{49} = 7[\text{V/m}]$$

(수평(접선)성분 $E_t = 0$)

18 진공 중에서 원점의 점전하 0.3[μC]에 의한 점(1, −2, 2)[m]의 x성분 전계는 몇 [V/m]인가?

① 300

② −200

③ 200

④ 100

해설

㉠ 변위벡터
$$\vec{r} = (1-0)a_x + (-2-0)a_y + (2-0)a_z$$
$$= a_x - 2a_y + 2a_z[\text{m}]$$

㉡ 단위벡터
$$\vec{r_0} = \frac{\vec{r}}{r} = \frac{a_x - 2a_y + 2a_z}{\sqrt{1^2 + 2^2 + 2^2}} = \frac{a_x - 2a_y + 2a_z}{3}$$

㉢ 전계의 세기
$$E = \frac{Q}{4\pi\varepsilon_0 r^2} = 9 \times 10^9 \times \frac{0.3 \times 10^{-6}}{3^2} = 300[\text{V/m}]$$

㉣ $$\vec{E} = E\vec{r_0} = 100(a_x - 2a_y + 2a_z)$$
$$= 100a_x - 200a_y + 200a_z[\text{V/m}]$$

$\therefore$ x성분의 전계 $\vec{E_x} = 100[\text{V/m}]$

출제 04 전속과 전속밀도

★★ 산업 99년 4회, 11년 2회(유사)

19 진공 중에 놓인 반지름 1[m]의 도체구에 전하 Q[C]이 있다면 그 표면에 있어서의 전속밀도 D는 몇 [C/m²]인가?

① Q ② $\dfrac{Q}{\pi}$

③ $\dfrac{Q}{2\pi}$ ④ $\dfrac{Q}{4\pi}$

해설

$$\text{전속밀도}(D) = \frac{\text{전속수}(Q)}{\text{면적}(S)} = \frac{Q}{4\pi r^2} = \frac{Q}{4\pi}[\text{C/m}^2]$$

여기서, S : 구의 표면적

★★★★ 기사 12년 2회

20 대전된 도체의 특징이 아닌 것은?

① 도체에 인가된 전하는 도체 표면에만 분포한다.
② 가우스 법칙에 의해 내부에는 전하가 존재한다.
③ 전계는 도체 표면에 수직인 방향으로 진행된다.
④ 도체 표면에서의 전하밀도는 곡률이 클수록 높다.

해설

도체 내부에 전하는 존재하지 않고, 도체 표면에만 분포한다.

★★★★ 기사 03년 2회, 05년 3회, 08년 3회, 10년 2회, 14년 3회

21 대전된 도체의 표면 전하밀도는 도체 표면의 모양에 따라 어떻게 되는가?

① 곡률 반지름이 크면 커진다.
② 곡률 반지름이 크면 작아진다.
③ 표면 모양에 관계없다.
④ 평면일 때 가장 크다.

해설

전하는 도체 표면에만 분포하고, 전하밀도는 곡률이 큰 곳(곡률반경이 작은 곳)이 높다.

★★★ 산업 99년 3회, 03년 2회, 09년 2회

22 표면 전하밀도 $\rho_s > 0$인 도체 표면상의 한 점의 전속밀도 $D = 4a_x - 5a_y + 2a_z[\text{C/m}^2]$일 때 ρ_s는 몇 [C/m²]인가?

① $2\sqrt{3}$ ② $2\sqrt{5}$

③ $3\sqrt{3}$ ④ $3\sqrt{5}$

해설

전속밀도와 전하밀도의 크기는 같으므로(단, 전속은 벡터, 전하는 스칼라)

$$\therefore \rho_s = |D| = \sqrt{4^2 + (-5)^2 + 2^2} = 3\sqrt{5}[\text{C/m}^2]$$

★★★ 기사 90년 6회, 05년 1회, 12년 1회, 12년 1회

23 자유공간 중에서 점 P(5, -2, 4)가 도체면상에 있으며, 이 점에서 전계 $\vec{E} = 6a_x - 2a_y + 3a_z[\text{V/m}]$이다. 점 P에서 면전하밀도 $\rho_s[\text{C/m}^2]$는?

① $-2\varepsilon_0$ ② $3\varepsilon_0$

③ $6\varepsilon_0$ ④ $7\varepsilon_0$

정답   19. ④   20. ②   21. ②   22. ④   23. ④

해설

전속밀도와 전하밀도의 크기는 같으므로(단, 전속은 벡터, 전하는 스칼라)

$$\therefore \ \rho_s = |D| = \varepsilon_0 |\vec{E}| = \varepsilon_0 \times \sqrt{6^2 + 2^2 + 3^2}$$
$$= 7\varepsilon_0 [C/m^2]$$

★ 　기사 10년 3회 / 산업 90년 6회, 13년 3회

24 지구의 표면에 있어서 대지로 향하여 $E = 300[V/m]$의 전계가 있다고 가정하면 지표면의 전하밀도는 몇 $[C/m^2]$인가?

① 1.65×10^{-12}

② -1.65×10^{-9}

③ 2.65×10^{-12}

④ -2.65×10^{-9}

해설

전속밀도와 전하밀도의 크기는 같으므로(단, 전속은 벡터, 전하는 스칼라)

$$\rho_s = |D| = \varepsilon_0 |\vec{E}| = 8.855 \times 10^{-12} \times 300$$
$$= 2.65 \times 10^{-9} [C/m^2]$$

∴ 지표면 전하가 (−)이면 전계방향은 들어오는 방향이므로 $\rho_s = -2.65 \times 10^{-9} [C/m^2]$

출제 05 ▶ 가우스 법칙

★★★★ 　산업 04년 3회, 08년 2회, 12년 2회

25 전기력선 밀도를 이용하여 주로 대칭 정전계의 세기를 구하기 위하여 이용되는 법칙은?

① 패러데이의 법칙

② 가우스의 법칙

③ 쿨롱의 법칙

④ 톰슨의 법칙

★★★ 　기사 90년 2회, 99년 3회, 05년 1회

26 폐곡면을 통하는 전속과 폐곡면 내부의 전하와의 상관관계를 나타내는 법칙은?

① 가우스(Gauss)의 법칙

② 쿨롱(Coulomb)의 법칙

③ 푸아송(Poisson)의 법칙

④ 라플라스(Laplace)의 법칙

해설 가우스의 법칙

임의의 폐곡면을 관통하여 밖으로 나가는 전력선의 총수는 폐곡면 내부에 있는 총 전하량(Q)의 $\dfrac{1}{\varepsilon_0}$ 배와 같다. 즉, 전기력선의 총수는 $\dfrac{Q}{\varepsilon_0}$이다.

Comment

폐곡면, 대칭 정전계의 세기라는 말이 나오면 가우스 법칙이 답이 된다.

★★★ 　산업 96년 2회, 00년 2회, 03년 2회, 09년 2회, 10년 2회

27 폐곡면을 통하여 나가는 전력선의 총수는 그 내부에 있는 점전하의 대수 합의 몇 배와 같은가?

① $\dfrac{1}{4\pi\varepsilon_0}$

② $\dfrac{1}{2\pi\varepsilon_0}$

③ $\dfrac{1}{\pi\varepsilon_0}\delta$

④ $\dfrac{1}{\varepsilon_0}$

해설 26번 문제 해설 참조

★★★★★ 　기사 97년 2회, 10년 1회 / 산업 91년 6회, 97년 6회, 99년 6회, 17년 1회

28 그림과 같이 도체구 내부 공동의 중심에 점전하 $Q[C]$이 있을 때 도체구의 외부로 발산되어 나오는 전기력선의 수는 몇 개인가? (단, 도체 내외의 공간은 진공이라 함.)

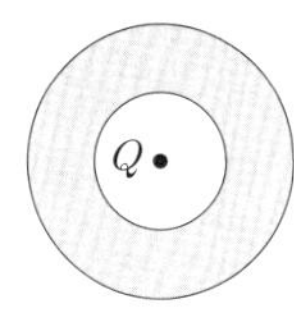

① 4π 　　　　 ② Q

③ $\dfrac{Q}{\varepsilon_0}$ 　　　 ④ $\dfrac{Q}{\varepsilon_0\varepsilon_s}$

해설 26번 문제 해설 참조

정답　24. ④　25. ②　26. ①　27. ④　28. ③

29 점(0, 0), (3, 0), (0, 4)[m]에 각각 5×10^{-8} [C], 4×10^{-8}[C], -6×10^{-8}[C]의 점전하가 있을 때 점(0, 0)을 중심으로 한 반지름 5[m]의 구면을 통과하는 전기력선 수는?

① 540π ② 1080π

③ 2160π ④ 5400π

해설

㉠ 가우스 정리 : 전하를 둘러싼 폐곡면을 관통해 나가는 전기력선의 총수 $N = \dfrac{Q}{\varepsilon_0}$[개]이다.

㉡ 폐곡면 내부에 있는 총 전하량
$Q = (5+4-6) \times 10^{-8} = 3 \times 10^{-8}$[C]

㉢ 진공 중의 유전율
$\varepsilon_0 = 8.855 \times 10^{-12} = \dfrac{1}{36\pi \times 10^9}$[F/m]

∴ 전기력선의 총수
$$N = \frac{Q}{\varepsilon_0} = \frac{3 \times 10^{-8}}{\dfrac{1}{36\pi \times 10^9}} = 1080\pi$$

기사 03년 3회

30 $\operatorname{div} E = \dfrac{\rho}{\varepsilon_0}$와 의미가 같은 식은?

① $\oint_s E ds = \dfrac{Q}{\varepsilon_0}$

② $E = -\operatorname{grad} V$

③ $\operatorname{div} \cdot \operatorname{grad} V = -\dfrac{\rho}{\varepsilon_0}$

④ $\operatorname{div} \cdot \operatorname{grad} V = 0$

해설

㉠ 가우스의 정리 미분형 : $\operatorname{div} D = \rho$
(여기서, 전속밀도 $D = \varepsilon_0 E$)

㉡ 가우스의 정리 적분형 : $\oint_s E ds = \dfrac{Q}{\varepsilon_0}$

산업 03년 3회, 12년 2회

31 원점에 점전하 Q[C]이 있을 때 원점을 제외한 모든 점에서 $\nabla \cdot D$의 값은?

① ∞ ② 0

③ 1 ④ ε_0

해설

전하가 없는 곳에서는 전력선의 발산($\nabla \cdot D = \operatorname{div} D$) 또한 없다.

기사 02년 1회

32 모든 장소에서 $\nabla \cdot D = 0$, $\nabla \times \dfrac{D}{\varepsilon} = 0$ 과 같은 관계가 성립하면 D는 어떤 성질을 가져야 하는가?

① x의 함수

② y의 함수

③ z의 함수

④ 상수

해설

$$\nabla \cdot D = \rho = \frac{\partial D_x}{\partial x} + \frac{\partial D_y}{\partial y} + \frac{\partial D_z}{\partial z} = 0$$

$\nabla \times \dfrac{D}{\varepsilon} = \nabla \times E = -\dfrac{\partial B}{\partial t} = 0$이 성립하기 위해서는 D는 상수이어야 한다.

기사 94년 4회, 96년 2회

33 전속밀도 $D = 3xi + 2yj + zk$[C/m²]를 발생하는 전하분포에서 1[mm³] 내의 전하는 몇 [nC]인가?

① 2 ② 4

③ 6 ④ 8

해설

가우스 정리 $\operatorname{div} D = \rho$에 의해 전하량을 구할 수 있다.

$$\operatorname{div} D = \nabla \cdot D$$
$$= \left(\frac{\partial}{\partial x} i + \frac{\partial}{\partial y} j + \frac{\partial}{\partial z} k \right) \cdot (3xi + 2yj + zk)$$
$$= \frac{\partial}{\partial x} 3x + \frac{\partial}{\partial y} 2y + \frac{\partial}{\partial z} z$$
$$= (3+2+1) = 6 \text{[C/m}^3\text{]}$$
$$= 6 \times 10^{-9} \text{[C/mm}^3\text{]} = 6 \text{[nC/mm}^3\text{]}$$

Comment

문제 31, 32, 33은 합격하는 데 큰 영향력이 있는 문제가 아니므로 미분에 약한 분이라면 과감하게 포기하는 것도 하나의 전략이다. 단, 미분에 자신이 있으면 알아두면 좋다.

정답   29. ②   30. ①   31. ②   32. ④   33. ③

★ 기사 01년 2회

34 전속밀도 $D = e^{-t}\sin x a_x - e^{-t}y\cos x a_y + 5za_z$ 이고 미소 체적 $\Delta v = 10^{-12}$[m³]일 때 Δv 내에 존재하는 전하량의 근사값은 약 몇 [C] 정도 되는가?

① $(2\cos x) \times 10^{-12}$

② $(2\sin x) \times 10^{-12}$

③ 5×10^{-12}

④ $(2e^{-t}\sin x) \times 10^{-12}$

해설

가우스 정리 $\operatorname{div} D = \rho$에 의해 전하량을 구할 수 있다.

$$\operatorname{div} D = \nabla \cdot D = \frac{\partial}{\partial x}e^{-t}\sin x - \frac{\partial}{\partial y}e^{-t}y\cos x + \frac{\partial}{\partial z}5z$$
$$= e^{-t}\cos x - e^{-t}\cos x + 5 = 5[\text{C/m}^3]$$

∴ 미소 체적 내의 전하량은 $Q = \rho\Delta v$
$$= 5 \times 10^{-12}[\text{C}]$$

★ 기사 93년 2회, 14년 1회 / 산업 15년 1회

35 자유공간 내에서 전장이 $E = (\sin x a_x + \cos x a_y)e^{-y}$로 주어졌을 때 전하밀도 ρ [C/m³]는?

① 0

② e^{-y}

③ $\cos x\, e^{-y}$

④ $\sin x\, e^{-y}$

해설

가우스 정리 $\operatorname{div} E = \dfrac{\rho}{\varepsilon_0}$를 이용하여 전계의 세기가 주어지면 전하밀도를 구할 수 있다.

$$\operatorname{div} E = \nabla \cdot E = \left(\frac{\partial}{\partial x}e^{-y}\sin x + \frac{\partial}{\partial y}e^{-y}\cos x\right)$$
$$= e^{-y}\cos x + (-1)\cdot e^{-y}\cos x = 0$$

∴ $\operatorname{div} E = 0$이므로 전하밀도 $\rho = 0$이 된다.

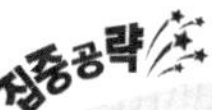

★★★★★ 기사 11년 3회 / 산업 95년 4회, 01년 1회, 04년 1회

36 전력선의 일반적인 성질로서 틀린 것은?

① 전기력선의 접선방향은 그 점의 전계의 방향과 일치한다.

② 전력선은 전위가 높은 점에서 낮은 점으로 향한다.

③ 전기력선 밀도는 전계의 세기와 무관하다.

④ 두 개의 전기력선은 교차하지 않으며, 그 자신만으로 폐곡선이 되는 일은 없다.

해설 전기력선의 성질

㉠ 전기력선의 정전하(+)에서 시작하여 부전하(−)에서 소멸된다.

㉡ 전기력선의 접선방향=전계방향

㉢ 전기력선의 밀도=전계 세기

㉣ 전기력선끼리는 서로 교차하지 않는다.

㉤ 전기력선은 도체 표면에 수직으로 발생한다.

㉥ Q[C]에서 $\dfrac{Q}{\varepsilon_0}$[개]의 전기력선이 발생한다.

㉦ 전기력선은 등전위면과 수직으로 만난다.

㉧ 전기력선은 그 자신만으로 폐곡선을 이룰 수 없다(전기력선은 발산의 성질을 지님).

㉨ 전기력선은 전위가 높은 점에서 낮은 점으로 향한다.

㉩ 전하는 도체 표면에만 분포하므로 도체 내부에는 전하도, 전계도 없다.

★★★★★ 기사 96년 6회, 04년 1회

37 정전계 내에 있는 도체 표면에서 전계의 방향은 어떻게 되는가?

① 임의 방향

② 표면과 접선방향

③ 표면과 45° 방향

④ 표면과 수직방향

해설

전기력선은 도체 표면에서 수직으로 발생한다.

★★★★★ 기사 11년 3회 / 산업 95년 4회, 04년 1회, 07년 1회, 07년 2회, 10년 1회

38 전기력선의 설명 중 틀린 것은?

① 전기력선의 방향은 그 점의 전계의 방향과 일치하며, 밀도는 그 점에서의 전계의 크기와 같다.

② 전기력선은 부전하에서 시작하여 정전하에서 그친다.

③ 단위전하($Q = 1$[C])에서는 $\dfrac{1}{\varepsilon_0}$[개]의 전기력선이 출입한다.

④ 전기력선은 전위가 높은 점에서 낮은 점으로 향한다.

해설

36번 문제 해설 참조

정답 34. ③ 35. ① 36. ③ 37. ④ 38. ②

★★★★ 기사 14년 3회 / 산업 04년 2회, 07년 1회, 08년 2회, 11년 2회, 16년 1회

39 정전계의 설명으로 가장 적합한 것은?

① 전계에너지가 항상 ∞인 전기장을 의미한다.
② 전계에너지가 항상 0인 전기장을 의미한다.
③ 전계에너지가 최소로 되는 전하분포의 전계를 의미한다.
④ 전계에너지가 최대로 되는 전하분포의 전계를 의미한다.

해설

전계 내의 전하는 그 자신의 에너지가 최소가 되는 가장 안정된 전하분포를 가지는 정전계를 형성하려고 한다. 이것을 톰슨의 정리라고 한다.

★ 기사 93년 5회, 01년 2회

40 $\sum_{i=1}^{n} Q_i \cos\theta_i = C$ (일정)이란 전기력선 방정식이 성립할 수 있는 조건 중 틀린 것은?

① 점전하 Q_i가 일직선상에 있어야 한다.
② 점전하 Q_i가 시간적으로 불변이어야 한다.
③ 상수 C는 주위 매질에 관계없이 일정하다.
④ 점전하의 주위 공간은 유전율이 같아야 한다.

해설

주위 매질(유전율)이 변하면 전계의 세기도 변하게 된다$\left(E \propto \dfrac{1}{\varepsilon}\right)$.

★★★ 기사 08년 2회 / 산업 98년 6회, 08년 2회, 11년 2회

41 시간적으로 변화하지 않는 보존적(conservative)인 전계가 비회전성(非回轉性)이라는 의미를 나타낸 식은 다음 중 어느 것인가?

① $\nabla E = 0$ ② $\nabla \cdot E = 0$
③ $\nabla \times E = 0$ ④ $\nabla 2E = 0$

해설

전계의 보존성 $\oint_c E dl = 0$이므로,

$\therefore \operatorname{rot} E = \nabla \times E = 0$(전계의 비회전성)

★ 기사 15년 3회

42 높은 전압이나 낙뢰를 맞는 자동차 안에 있는 승객이 안전한 이유가 아닌 것은?

① 도전성 용기 내부의 장은 외부 전하나 자장이 정지상태에서 영(zero)이다.
② 도전성 내부 벽에는 음(−)전하가 이동하여 외부에 같은 크기의 양(+)전하를 준다.
③ 도전성인 용기라도 속빈 경우에 그 내부에는 전기장이 존재하지 않는다.
④ 표면의 도전성 코팅이나 프레임 사이에 도체의 연결이 필요 없기 때문이다.

해설

㉠ 차량의 타이어가 비전도체이므로 낙뢰를 맞아도 차량에 전류가 흐르지 않는다. 따라서 자장에 대한 영향은 없다.
㉡ 낙뢰에 의해 충전된 전하로 인한 정전유도는 도체 외부 표면에만 존재하게 되므로 내부에는 전계가 존재하지 않는다.

출제 06 ▶ 각 도체에 따른 전계의 세기

★★★★★ 기사 03년 2회, 11년 1회, 13년 3회, 15년 1회 / 산업 11년 1·3회, 12년 2회, 15년 2회

43 무한장 직선도체에 선밀도 λ[C/m]의 전하가 분포되어 있는 경우 이 직선도체를 축으로 하는 반경 r[m]의 원통면상의 전계는 몇 [V/m]인가?

① $\dfrac{1}{2\pi\varepsilon_0} \dfrac{\lambda}{r^2}$

② $\dfrac{1}{2\pi\varepsilon_0} \dfrac{\lambda}{r}$

③ $\dfrac{1}{4\pi\varepsilon_0} \dfrac{\lambda}{r}$

④ $\dfrac{1}{\pi\varepsilon_0} \dfrac{\lambda}{r}$

해설

무한장 직선도체(선전하, 원통전하)에 의한 전계의 세기

$$E = \frac{\lambda}{2\pi\varepsilon_0 r} \text{[V/m]}$$

정답 39. ③ 40. ③ 41. ③ 42. ④ 43. ②

★★★★★ 기사 00년 6회, 08년 2회 / 산업 03년 3회, 07년 1회, 10년 1 · 3회, 15년 1회

44 거리 r[m]에 반비례하는 전계의 세기를 나타내는 대전체는?

① 점전하
② 구전하
③ 전기 쌍극자
④ 선전하

해설 거리와 관련된 문제

㉠ 무한장 직선도체(선전하)의 전계의 세기

$$E = \frac{\lambda}{2\pi\varepsilon_0 r} \propto \frac{1}{r}$$

㉡ 무한 평면도체에서의 전계의 세기

$$E = \frac{\sigma}{2\varepsilon_0} \propto 거리와 관계없다.$$

㉢ 전기 쌍극자의 전위 $V = \dfrac{M\cos\theta}{4\pi\varepsilon_0 r^2} \propto \dfrac{1}{r^2}$

㉣ 전기 쌍극자의 전계의 세기

$$E = \frac{M}{4\pi\varepsilon_0 r^3}\sqrt{1+3\cos^2\theta} \propto \frac{1}{r^3}$$

★★ 기사 16년 2회

45 자유공간 중에 $x=2$, $z=4$인 무한장 직선상에 ρ_L[C/m]인 균일한 선전하가 있다. 점$(0, 0, 4)$의 전계 E[V/m]는?

① $E = \dfrac{-\rho_L}{4\pi\varepsilon_0} a_x$

② $E = \dfrac{\rho_L}{4\pi\varepsilon_0} a_x$

③ $E = \dfrac{-\rho_L}{2\pi\varepsilon_0} a_x$

④ $E = \dfrac{\rho_L}{2\pi\varepsilon_0} a_x$

해설

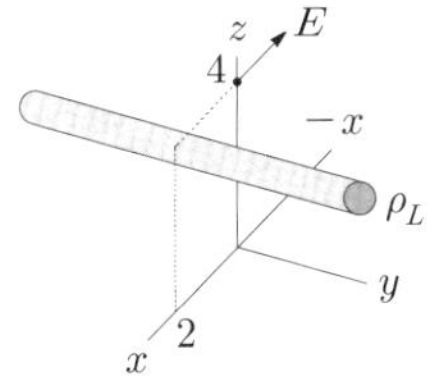

무한장 직선도체의 전계의 세기 $E = \dfrac{\rho_L}{2\pi\varepsilon_0 r}$에서 점$(0, 0, 4)$ 지점까지의 거리는 그림과 같이 $r = 2$[m]이고, 방향은 $-a_x$가 된다.

$$\therefore E = \frac{-\rho_L}{4\pi\varepsilon_0} a_x [\text{V/m}]$$

★★★★ 산업 04년 3회, 09년 1회

46 진공 중에 서로 평행인 무한 길이 두 직선 도선 A, B가 d[m] 떨어져 있다. A, B의 선전하 밀도를 각각 λ_1[C/m], λ_2[C/m]라 할 때, A로부터 $\dfrac{d}{3}$[m]인 점의 전계의 세기가 0이었다면 λ_1과 λ_2의 관계는?

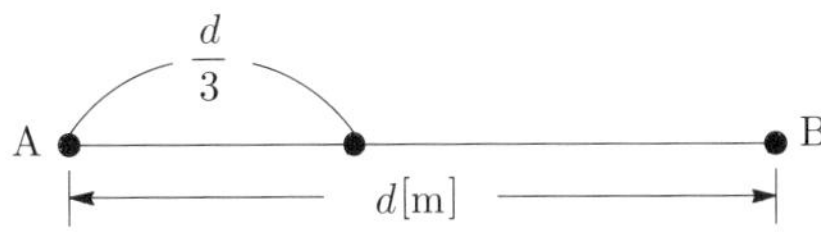

① $\lambda_2 = \dfrac{1}{2}\lambda_1$

② $\lambda_2 = 2\lambda_1$

③ $\lambda_2 = 3\lambda_1$

④ $\lambda_2 = 9\lambda_1$

해설

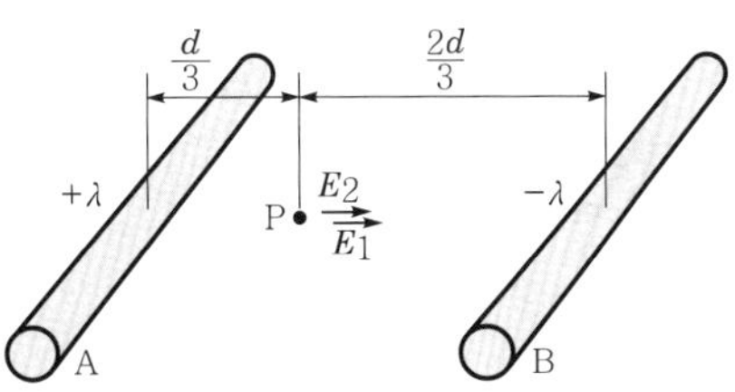

전계의 세기가 0이 되려면 $E_1 = E_2$가 되어야 하므로

$$\frac{\lambda_1}{2\pi\varepsilon_0 r_1} = \frac{\lambda_2}{2\pi\varepsilon_0 r_2}$$에서 $r_2\lambda_1 = r_1\lambda_2$가 된다.

이때 $r_1 = \dfrac{d}{3}$, $r_2 = \dfrac{2d}{3}$이므로

$$\therefore 2\lambda_1 = \lambda_2$$

★★★★ 기사 01년 1회, 13년 1회

47 진공 중에 선전하 밀도 $+\lambda$[C/m]의 무한장 직선전하 A와 $-\lambda$[C/m]의 무한장 직선전하 B가 d[m]의 거리에 평행으로 놓여 있을 때 A에서 거리 $\dfrac{d}{3}$[m]되는 점의 전계의 크기는 몇 [V/m]인가?

① $\dfrac{3\lambda}{4\pi\varepsilon_0 d}$

② $\dfrac{9\lambda}{4\pi\varepsilon_0 d}$

③ $\dfrac{3\lambda}{8\pi\varepsilon_0 d}$

④ $\dfrac{9\lambda}{8\pi\varepsilon_0 d}$

정답 44. ④ 45. ① 46. ② 47. ②

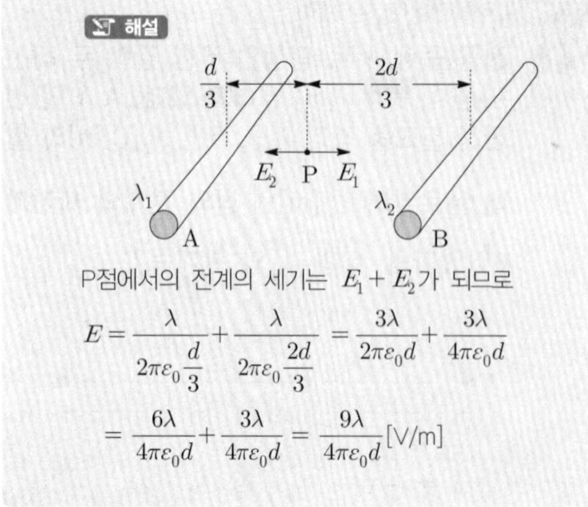

P점에서의 전계의 세기는 $E_1 + E_2$가 되므로

$$E = \frac{\lambda}{2\pi\varepsilon_0 \frac{d}{3}} + \frac{\lambda}{2\pi\varepsilon_0 \frac{2d}{3}} = \frac{3\lambda}{2\pi\varepsilon_0 d} + \frac{3\lambda}{4\pi\varepsilon_0 d}$$

$$= \frac{6\lambda}{4\pi\varepsilon_0 d} + \frac{3\lambda}{4\pi\varepsilon_0 d} = \frac{9\lambda}{4\pi\varepsilon_0 d}[\text{V/m}]$$

★★ 기사 98년 2회, 00년 4회, 16년 3회

48 그림과 같이 반지름 a[m]의 반원에 선전하가 주어졌을 때 중심 O에서의 전계의 세기 E는 몇 [V/m]인가? (단, 선전하 밀도는 λ[C/m]이다.)

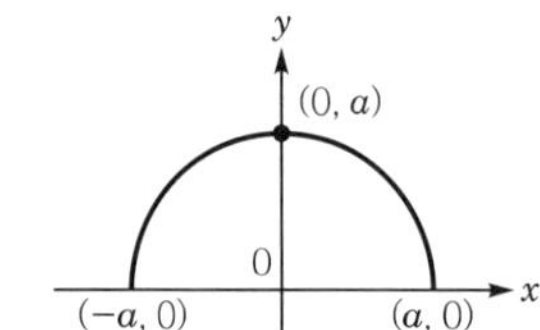

① $-i\dfrac{\lambda}{2\pi\varepsilon_0 a}$　　② $-j\dfrac{\lambda}{2\pi\varepsilon_0 a}$

③ $-i\dfrac{\lambda}{4\pi\varepsilon_0 a^2}$　　④ $-j\dfrac{\lambda}{4\pi\varepsilon_0 a^2}$

해설

$$E = \int dE = \int_0^\pi \frac{\lambda}{4\pi\varepsilon_0 a^2}[-\cos\theta i - \sin\theta j]\, a d\theta$$

$$= \frac{\lambda}{4\pi\varepsilon_0 a}(-\sin\theta i + \cos\theta j)\Big|_0^\pi$$

$$= \frac{-\lambda}{2\pi\varepsilon_0 a} j$$

★ 산업 96년 2회

49 진공 중에 밀도가 25×10^{-9}[C/m]인 무한히 긴 선전하가 Z축상에 있을 때 (3, 4, 0)[m]의 전계의 세기는?

① $24i + 36j$[V/m]　　② $32i + 26j$[V/m]

③ $42i + 86j$[V/m]　　④ $54i + 72j$[V/m]

해설

㉠ 거리벡터

$$\vec{r} = (3-0)i + (4-0)j + (0-0)k = 3i + 4j\,[\text{m}]$$

㉡ 단위벡터 : $\vec{r_0} = \dfrac{\vec{r}}{r} = \dfrac{3i+4j}{\sqrt{3^2+4^2}} = \dfrac{3i+4j}{5}$

㉢ 전계의 세기

$$E = \frac{\lambda}{2\pi\varepsilon_0 r} = 18\times10^9 \times \frac{25\times10^{-9}}{5} = 90[\text{V/m}]$$

$$\therefore \vec{E} = E\vec{r_0} = 90 \times \left(\frac{3i+4j}{5}\right) = 54i + 72j[\text{V/m}]$$

★★ 기사 93년 1회, 02년 3회, 17년 1회

50 중심이 원점에 있고, $Z=0$인 평면에서 반점 r[m]인 원판에 ρ_s[C/m²]의 면전하 밀도가 진공 내에 있을 때 원판의 중심축상 $Z=h$점에서의 전계는?

① $\dfrac{\rho_s}{2\varepsilon_0}\left(1 - \dfrac{h}{\sqrt{r^2+h^2}}\right)a_z$

② $\dfrac{\rho_s}{2\varepsilon_0}\left(1 - \dfrac{r}{\sqrt{r^2+h^2}}\right)a_z$

③ $\dfrac{\rho_s}{4\varepsilon_0}\left(1 - \dfrac{h}{\sqrt{r^2+h^2}}\right)a_z$

④ $\dfrac{\rho_s}{4\varepsilon_0}\left(1 - \dfrac{r}{\sqrt{r^2+h^2}}\right)a_z$

해설 면도체의 전계의 세기

㉠ 유한 면도체

$$E = \frac{\rho_s}{2\varepsilon_0}(1-\cos\theta) = \frac{\rho_s}{2\varepsilon_0}\left(1 - \frac{h}{\sqrt{r^2+h^2}}\right)$$

㉡ 무한 면도체 : $E = \dfrac{\rho_s}{2\varepsilon_0}$

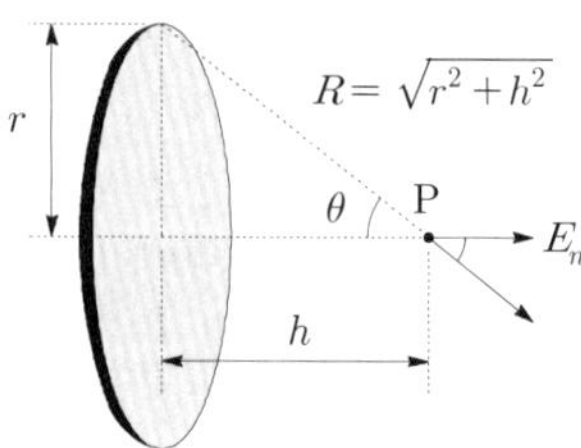

정답　48. ②　49. ④　50. ①

★★★ 기사 03년 3회, 13년 2회, 17년 1회 / 산업 95년 4회, 03년 2회

51 무한히 넓은 도체 평행판에 면밀도 σ [C/m^2]의 전하가 분포되어 있는 경우 전력선은 면(面)에 수직으로 나와 평행하게 발산된다. 이 평면의 전계의 세기는 몇 [V/m]인가?

① $\dfrac{\sigma}{\varepsilon_0}$

② $\dfrac{\sigma}{2\varepsilon_0}$

③ $\dfrac{\sigma}{2\pi\varepsilon_0}$

④ $\dfrac{\sigma}{4\pi\varepsilon_0}$

해설

무한 평판의 전계의 세기 $E = \dfrac{\sigma}{2\varepsilon_0}$ [V/m]

Comment

평행판에서의 전계의 세기는 $E = \dfrac{\sigma}{\varepsilon_0}$ 이 된다. 따라서 정답이 ①이 아니냐라는 말이 나온다. 하지만 이번 문제를 자세히 읽어보면 평행판 중 한쪽 면에서 발산하게 되는 전계의 세기를 물어보고 있다. 따라서 무한 면도체의 전계의 세기가 정답이 된다.

★★★ 기사 16년 2회

52 무한히 넓은 두 장의 평면판 도체를 간격 d[m]로 평행하게 배치하고, 각각의 평면판에 면전하 밀도 $\pm\sigma$[C/m^2]로 분포되어 있는 경우 전기력선은 수직으로 나와 평행하게 발산한다. 이 평면판 내부의 전계 세기는 몇 [V/m]인가?

① $\dfrac{\sigma}{\varepsilon_0}$

② $\dfrac{\sigma}{2\varepsilon_0}$

③ $\dfrac{\sigma}{2\pi\varepsilon_0}$

④ $\dfrac{\sigma}{4\pi\varepsilon_0}$

해설

㉠ 평행판 외부 전계 : $E_0 = 0$

㉡ 평행판 내부 전계 : $E_i = \dfrac{\sigma}{\varepsilon_0}$ [V/m]

★★★★ 기사 95년 4회, 02년 2회, 05년 2회 / 산업 05년 3회

53 전하밀도 ρ_s [C/m^2]인 무한 판상 전하분포에 의한 임의 점의 전장에 대하여 틀린 것은?

① 전장은 판에 수직방향으로만 존재한다.

② 전장의 세기는 전하밀도 ρ_s에 비례한다.

③ 전장의 세기는 거리 r에 반비례한다.

④ 전장의 세기는 매질에 따라 변한다.

해설

무한 평판의 전계의 세기는 $E = \dfrac{\rho_s}{\varepsilon_0}$ [V/m]이므로 거리와 무관하다.

★★★★ 산업 05년 1회

54 진공 중에서 전하밀도 $\pm\sigma$[C/m^2]의 무한 평면이 간격 d[m]로 떨어져 있다. $+\sigma$의 평면으로부터 r[m] 떨어진 점 P의 전계의 세기는 몇 [N/C]인가?

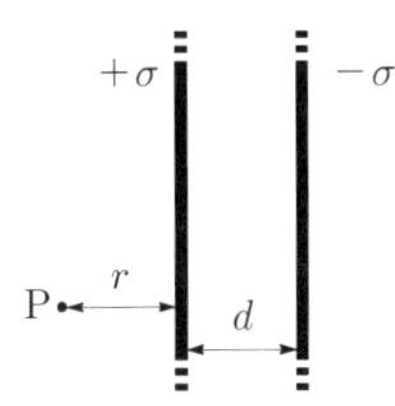

① 0

② $\dfrac{\sigma}{\varepsilon_0}$

③ $\dfrac{\sigma}{2\varepsilon_0}$

④ $\dfrac{\sigma}{2\varepsilon_0}\left(\dfrac{1}{r} - \dfrac{1}{r+d}\right)$

해설

평행판 도체의 외부 전계는 0이고, 평행판 사이 전계는 $E = \dfrac{\sigma}{\varepsilon_0}$ [V/m]이다.

★★ 산업 93년 1 · 2회, 08년 3회, 12년 2회, 14년 1회

55 진공 중에서 대전 도체의 표면 전하밀도가 σ[C/m^2]라면 표면 전계는?

① $E = \dfrac{\sigma}{\varepsilon_0}$

② $E = \dfrac{\sigma}{2\varepsilon_0}$

③ $E = \dfrac{\sigma}{2\pi\varepsilon_0}$

④ $E = \dfrac{\sigma}{4\pi r^2}$

정답 51. ② 52. ① 53. ③ 54. ① 55. ①

도체 표면의 전계의 세기

$$E = \frac{\sigma}{\varepsilon_0}\,[\text{V/m}]$$

★★ 기사 92년 2회, 95년 6회, 05년 2회, 18년 1회

56 그림과 같이 반지름 a[m]인 원형 도선에 전하가 선밀도 λ[C/m]로 균일하게 분포되어 있다. 그 중심에 수직한 Z축상의 한 점 P의 전계의 세기는?

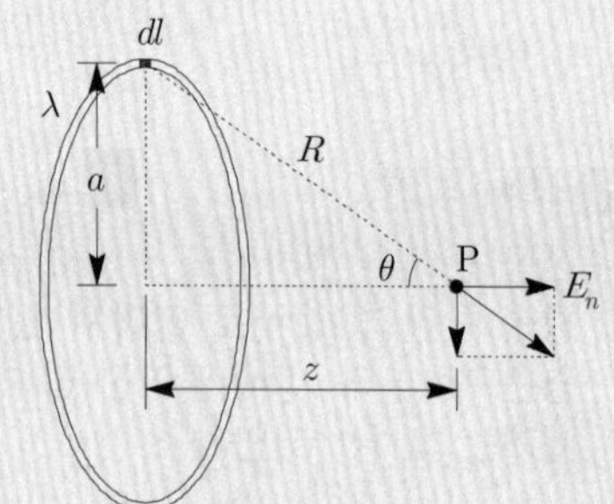

① $\dfrac{\lambda z a}{2\varepsilon_0 \left(a^2 + z^2\right)^{\frac{3}{2}}}\,[\text{V/m}]$

② $\dfrac{\lambda z a}{2\pi\varepsilon_0 \left(a^2 + z^2\right)^{\frac{3}{2}}}\,[\text{V/m}]$

③ $\dfrac{\lambda z a}{4\pi\varepsilon_0 \left(a^2 + z^2\right)^{\frac{3}{2}}}\,[\text{V/m}]$

④ $\dfrac{\lambda z a}{4\varepsilon_0 \left(a^2 + z^2\right)^{\frac{3}{2}}}\,[\text{V/m}]$

환원 전하의 전계의 세기

$$E = \frac{\lambda z a}{2\varepsilon_0 \left(a^2 + z^2\right)^{\frac{3}{2}}} = \frac{Qz}{4\pi\varepsilon_0 \left(a^2 + z^2\right)^{\frac{3}{2}}}\,[\text{V/m}]$$

★★ 기사 92년 2회, 95년 6회, 05년 2회, 09년 3회, 11년 1회, 17년 3회

57 공기 중에 가느다란 전선으로 반경 a인 원형 코일을 만들고, 이것에 전하 Q가 균일하게 분포하고 있을 때 원형 코일의 중심축상에서 중심으로부터 거리 x만큼 떨어진 P점의 전계의 세기는 몇 [V/m]인가?

① $\dfrac{Q \cdot x}{2\pi\varepsilon_0 \left(a^2 + x^2\right)^{\frac{3}{2}}}$

② $\dfrac{Q \cdot x}{4\pi\varepsilon_0 \left(a^2 + x^2\right)^{\frac{3}{2}}}$

③ $\dfrac{Q \cdot x}{2\pi\varepsilon_0 \left(a^2 + x^2\right)}$

④ $\dfrac{Q \cdot x}{4\pi\varepsilon_0 \left(a^2 + x^2\right)^{\frac{1}{2}}}$

57번 문제 해설 참조

출제 07 전위와 전위경도

★★★ 기사 90년 6회, 95년 6회

58 전계의 단위가 아닌 것은?

① [N/C]

② [V/m]

③ $\left[\text{C/J} \cdot \dfrac{1}{\text{m}}\right]$

④ [A · Ω/m]

㉠ 쿨롱의 힘과 전계 : $F = QE$에서 $E = \dfrac{F}{Q}[\text{N/C}]$

㉡ 전위와 전계

$V = rE$에서 $E = \dfrac{V}{r}[\text{V/m}{=}\text{A} \cdot \text{Ω/m}]$

여기서, 전위 $V = \dfrac{W}{Q}[\text{J/C}]$이므로

$E = \dfrac{V}{r}[\text{V/m}{=}\text{J/C} \cdot \text{m}]$

㉢ 전속밀도와 전계

$D = \varepsilon_0 E$에서 $E = \dfrac{D}{\varepsilon_0}\left[\dfrac{\text{C/m}^2}{\text{F/m}}{=}\text{C/F} \cdot \text{m}\right]$

★ 기사 09년 2회

59 정전계와 반대방향으로 전하를 2[m] 이동시키는 데 240[J]의 에너지가 소모되었다. 이 두 점 사이의 전위차가 60[V]이면 전하의 전기량은?

① 1[C]

② 2[C]

③ 4[C]

④ 8[C]

전하가 운반될 때 소비되는 에너지는 $W = QV$[J]이므로

$\therefore$ 전기량 $Q = \dfrac{W}{V} = \dfrac{240}{60} = 4$[C]

정답 56. ① 57. ② 58. ③ 59. ③

★ 기사 01년 2회

60 평등 전계 내에서 5[C]의 전하를 30[cm] 이동시키는 120[J]의 일이 소요되었다. 전계의 세기는 몇 [V/m]인가?

① 24 ② 36
③ 80 ④ 160

해설

전하가 운반될 때 소비되는 에너지는 $W = QV$[J]이므로

전위차 : $V = \dfrac{W}{Q} = \dfrac{120}{5} = 24[\text{V}]$

$\therefore$ 전계의 세기 $E = \dfrac{V}{r} = \dfrac{24}{0.3} = 80[\text{V/m}]$

★★★★ 산업 95년 4회, 00년 2회, 13년 3회

61 등전위면을 따라 전하 Q[C]을 운반하는 데 필요한 일은?

① 전하의 크기에 따라 변한다.
② 전위의 크기에 따라 변한다.
③ 등전위면과 전기력선에 의하여 결정된다.
④ 항상 0이다.

해설

등전위면은 전위차가 없으므로($V = 0$) 전하는 이동하지 않는다. 즉, 일의 양은 0이다.

$\therefore$ 전하가 운반될 때 소비되는 에너지
$\quad W = QV = 0[\text{J}]$

★★★ 산업 94년 4회, 01년 1회, 08년 3회

62 진공 중에 전하량 Q[C]인 점전하가 있다. 그림과 같이 Q를 둘러싸는 경로 C_1과 둘러싸지 않은 폐곡선 C_2가 있다. 지금 +1[C]의 전하를 화살표 방향으로 경로 C_1을 따라 일주시킬 때 요하는 일을 W_1, 경로 C_2를 일주시키는 데 요하는 일을 W_2라고 할 때 옳은 것은?

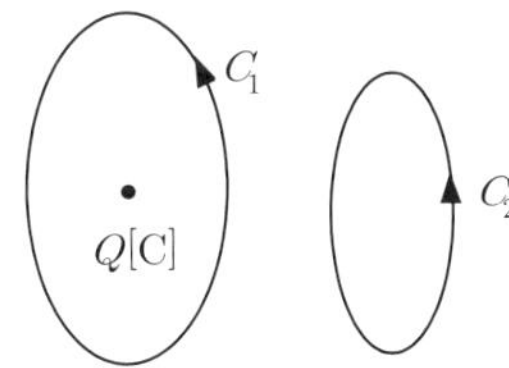

① $W_1 < W_2$ ② $W_2 < W_1$
③ $W_1 \neq 0, \ W_2 = 0$ ④ $W_1 = W_2 = 0$

해설

$\oint E dl = 0$이므로, 폐회로를 따라 일주하면 위치가 원위치이므로 에너지 증감이 없다.

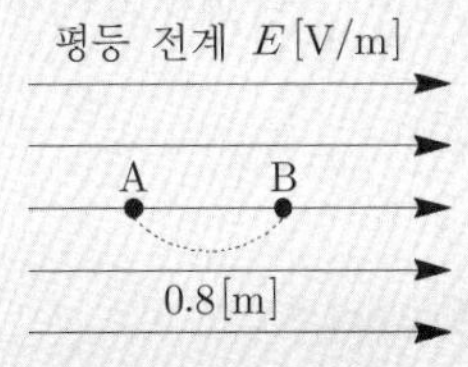

★★★★ 기사 01년 2회, 12년 1회, 18년 1회 / 산업 89년 2회, 99년 6회, 04년 1회, 08년 3회

63 50[V/m]의 평등 전계 중의 80[V]되는 A점에서 전계 방향으로 80[cm] 떨어진 B점의 전위는 몇 [V]인가?

① 20 ② 40
③ 60 ④ 80

해설

㉠ A, B 사이의 전위차
$\quad V_{AB} = E \cdot d = 50 \times 0.8 = 40[\text{V}]$
㉡ 전계는 전위가 높은 점에서 낮은 점으로 향하므로 V_A에서 A, B 사이의 전위차를 뺀 전위가 V_B가 된다.
$\therefore V_B = V_A - V_{AB} = 80 - 40 = 40[\text{V}]$

★★★★ 기사 13년 1회

64 전위가 V_A인 A점에서 Q[C]의 전하를 전계와 반대방향으로 l[m] 이동시킨 점 P의 전위[V]는? (단, 전계 E는 일정하다고 가정한다.)

① $V_P = V_A - El$
② $V_P = V_A + El$
③ $V_P = V_A - EQ$
④ $V_P = V_A + EQ$

해설

전계는 전위가 높은 점에서 낮은 점으로 향하므로 P점의 전위는 A점의 전위 V_A에 l만큼 이동한 지점의 전위차($V = El$)만큼 증가하게 된다.
$\therefore V_P = V_A + El$

정답 60. ③ 61. ④ 62. ④ 63. ② 64. ②

★ 산업 05년 3회, 15년 2회

65 반지름이 a[m]되는 구도체에 Q[C]의 전하가 주어졌을 때, 이 구의 중심에서 $5a$[m]되는 점의 전위는 몇 [V]인가?

① $\dfrac{Q}{4\pi\varepsilon_0 a}$ 　　② $\dfrac{Q}{4\pi\varepsilon_0 a^2}$

③ $\dfrac{Q}{20\pi\varepsilon_0 a}$ 　　④ $\dfrac{Q}{20\pi\varepsilon_0 a^2}$

해설

전위 $V = \dfrac{Q}{4\pi\varepsilon_0 r}$ 에서 거리 $r = 5a$이므로

$\therefore\ V = \dfrac{Q}{4\pi\varepsilon_0 \times 5a} = \dfrac{Q}{20\pi\varepsilon_0 a}$[V]

★★ 산업 14년 3회

66 그림과 같이 AB＝BC＝1[m]일 때 A와 B에 동일한 +1[μC]이 있는 경우 C점의 전위는 몇 [V]인가?

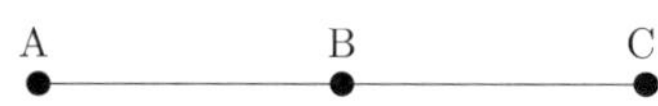

① 6.25×10^3

② 8.75×10^3

③ 12.5×10^3

④ 13.5×10^3

해설

C점의 전위 $V_C = V_{AC} + V_{BC}$이므로

$V_C = \dfrac{Q}{4\pi\varepsilon_0 r_1} + \dfrac{Q}{4\pi\varepsilon_0 r_2} = \dfrac{Q}{4\pi\varepsilon_0}\left(\dfrac{1}{r_1} + \dfrac{1}{r_2}\right)$

$= 9 \times 10^9 \times 10^{-6} \times \left(\dfrac{1}{2} + \dfrac{1}{1}\right) = 13.5$[V]

★★★ 산업 97년 4회, 98년 4회, 01년 3회, 05년 3회

67 원점에 전하 0.4[μC]이 있을 때 두 점 (4, 0, 0)[m]와 (0, 3, 0)[m] 간의 전위차는 몇 [V]인가?

① 300 　　② 150

③ 100 　　④ 30

해설

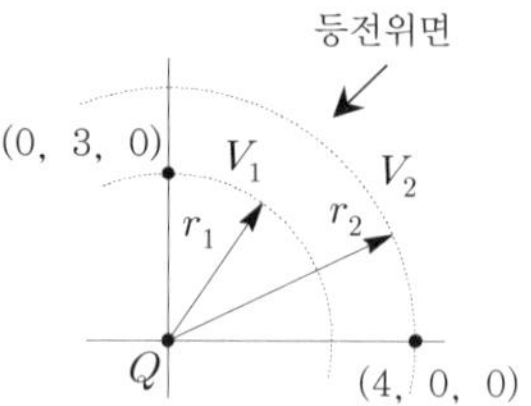

㉠ (4, 0, 0)지점의 전위 : $V_1 = \dfrac{Q}{4\pi\varepsilon_0 r_1}$

㉡ (0, 3, 0)지점의 전위 : $V_2 = \dfrac{Q}{4\pi\varepsilon_0 r_2}$

∴ 전위차

$V_{12} = V_1 - V_2 = \dfrac{Q}{4\pi\varepsilon_0}\left(\dfrac{1}{r_1} - \dfrac{1}{r_2}\right)$

$= 9 \times 10^9 \times 0.4 \times 10^{-6} \times \left(\dfrac{1}{3} - \dfrac{1}{4}\right) = 300$[V]

★ 산업 08년 3회, 17년 2회

68 반지름 $r = 1$[m]인 도체구의 표면 전하밀도가 $\dfrac{10^{-8}}{9\pi}$[C/m^2]가 되도록 하는 도체구의 전위는 몇 [V]인가?

① 10 　　② 20

③ 40 　　④ 80

해설

구도체의 표면 전계는 $E = \dfrac{\sigma}{\varepsilon_0}$[V/m]이므로

$\therefore\ V = rE = 1 \times \dfrac{\sigma}{\varepsilon_0} = \dfrac{\dfrac{10^{-8}}{9\pi}}{\dfrac{1}{36\pi \times 10^9}} = 40$[V]

★★★ 산업 94년 2회, 08년 1회, 16년 3회, 18년 1회

69 공기의 절연내력은 30[kV/cm]이다. 공기 중에 고립되어 있는 직경 40[cm]인 도체구에 걸어줄 수 있는 전위의 최대치는 몇 [kV]인가?

① 6

② 15

③ 600

④ 1200

정답　65. ③　66. ④　67. ①　68. ③　69. ③

공기의 절연내력이란 공기가 견딜 수 있는 최대 전계강도를 말한다. 따라서 전위의 최대치는 다음과 같다.

$$V = rE = 20[\text{cm}] \times 30[\text{kV/cm}] = 600[\text{V}]$$

(여기서, 거리 r은 반경을 말한다)

★★ 산업 15년 3회

70 코로나 방전이 $3 \times 10^6 [\text{V/m}]$에서 일어난다고 하면 반지름 10[cm]인 도체구에 저축할 수 있는 최대 전하량은 몇 [C]인가?

① 0.33×10^{-5}

② 0.72×10^{-6}

③ 0.33×10^{-7}

④ 0.98×10^{-8}

코로나 방전이란 공기의 절연이 파괴되어 발생하는 현상이므로, 코로나 방전이 시작되는 점을 절연내력이라고 볼 수 있다. 즉 코로나 방전이 곧 전계강도가 된다. 따라서 최대 전하량은 다음과 같다.

$$E = \frac{Q}{4\pi\varepsilon_0 r^2} \text{에서}$$

$$Q = 4\pi\varepsilon_0 r^2 E = \frac{r^2 E}{9 \times 10^9} = \frac{0.1^2 \times 3 \times 10^6}{9 \times 10^9}$$

$$= 0.33 \times 10^{-5}[\text{C}]$$

★★★ 산업 90년 6회, 96년 4회

71 점전하에 의한 전계 내의 한 점 P에서 전위의 기울기가 180[V/m], 전위가 900[V]일 때 이 점전하의 크기는 몇 [μC]인가?

① 0.1   ② 0.5

③ 0.8   ④ 1.0

㉠ 전위와 전계의 세기 관계 $V = Er[\text{V}]$에서

거리 $r = \dfrac{V}{E} = \dfrac{900}{180} = 5[\text{m}]$

㉡ 전위 $V = \dfrac{Q}{4\pi\varepsilon_0 r}[\text{V}]$에서

∴

$$Q = 4\pi\varepsilon_0 r V = \frac{rV}{9 \times 10^9} = \frac{5 \times 900}{9 \times 10^9} = 0.5 \times 10^{-6}$$

$$= 0.5[\mu\text{C}]$$

★★ 기사 02년 3회

72 면전하 밀도가 $\rho_s [\text{C/m}^2]$인 평면으로부터 $r[\text{m}]$ 떨어진 점에서의 전위 V는 몇 [V]인가?

① $V = \dfrac{1}{2\pi\varepsilon_0} \displaystyle\iint \frac{\rho_s}{r} ds$

② $V = \dfrac{1}{2\pi\varepsilon_0 r^2} \displaystyle\iint \rho_s ds$

③ $V = \dfrac{1}{4\pi\varepsilon_0 r^2} \displaystyle\iint \rho_s ds$

④ $V = \dfrac{1}{4\pi\varepsilon_0} \displaystyle\iint \frac{\rho_s}{r} ds$

면전하 밀도 $\rho_s = \dfrac{Q}{s}[\text{C/m}^2]$에서

총 전하량 $Q = \rho_s s = \displaystyle\int_s \rho_s ds$이므로

∴ 구도체의 전위

$$V = \frac{Q}{4\pi\varepsilon_0 r} = \int_s \frac{\rho_s}{4\pi\varepsilon_0 r} ds = \frac{1}{4\pi\varepsilon_0} \iint \frac{\rho_s}{r} ds$$

★★ 기사 02년 3회, 14년 3회

73 체적 전하밀도를 $\rho [\text{C/m}^3]$로 $v[\text{m}^3]$의 체적에 걸쳐서 분포되어 있는 전하분포에 의한 전위를 구하는 식은?

① $\dfrac{1}{4\pi\varepsilon_0} \displaystyle\iiint \frac{\rho}{r^2} dv$

② $\dfrac{1}{4\pi\varepsilon_0} \displaystyle\iiint \frac{\rho}{r} dv$

③ $\dfrac{1}{2\pi\varepsilon_0} \displaystyle\iiint \frac{\rho}{r^2} dv$

④ $\dfrac{1}{2\pi\varepsilon_0} \displaystyle\iiint \frac{\rho}{r} dv$

체적 전하밀도 $\rho = \dfrac{Q}{v}[\text{C/m}^3]$에서

총 전하량 $Q = \rho v = \displaystyle\int_v \rho dv$이므로

∴ 구도체의 전위

$$V = \frac{Q}{4\pi\varepsilon_0 r} = \int_v \frac{\rho_v}{4\pi\varepsilon_0 r} dv$$

$$= \frac{1}{4\pi\varepsilon_0} \iiint \frac{\rho}{r} dv$$

기사 17년 1회 / 산업 00년 2회, 06년 3회

74 한 변의 길이가 a[m]인 정사각형 A, B, C, D의 각 정점에 각각 Q[C]의 전하를 놓을 때 정사각형의 중심 O의 전위는 몇 [V]인가?

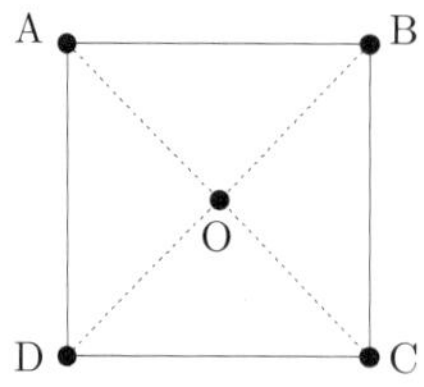

① $\dfrac{3Q}{4\pi\varepsilon_0 a}$

② $\dfrac{3Q}{\pi\varepsilon_0 a}$

③ $\dfrac{\sqrt{2}\,Q}{\pi\varepsilon_0 a}$

④ $\dfrac{2Q}{\pi\varepsilon_0 a^2}$

해설

전위는 스칼라이므로 방향을 고려할 필요 없이 각각의 전위합으로 나타낸다.
점전하로부터 P점까지의 거리는

$$\overline{\mathrm{DO}} = \frac{\overline{\mathrm{DB}}}{2} = \frac{\sqrt{a^2+a^2}}{2} = \frac{a\sqrt{2}}{2}\,[\mathrm{m}]$$이므로

점전하 1개에 의한 전위는

$$V = \frac{Q}{4\pi\varepsilon_0 r} = \frac{Q}{4\pi\varepsilon_0 \dfrac{\sqrt{2}\,a}{2}} = \frac{Q}{2\sqrt{2}\pi\varepsilon_0 a}$$

$$= \frac{\sqrt{2}\,Q}{4\pi\varepsilon_0 a}\,[\mathrm{V}]$$가 된다.

∴ 정사각형이므로 전위가 4개가 형성되므로 4배하면

$$V = \frac{\sqrt{2}\,Q}{4\pi\varepsilon_0 a}\times 4 = \frac{\sqrt{2}\,Q}{\pi\varepsilon_0 a}\,[\mathrm{V}]$$

기사 13년 3회 / 산업 97년 4회, 03년 1회

75 동심구에서 도체 A에 Q[C]을 줄 때 도체 A의 전위는 몇 [V]인가?

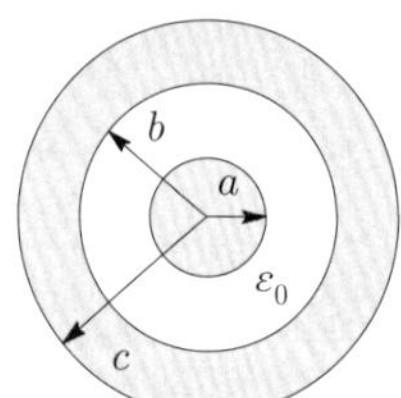

① $\dfrac{Q}{4\pi\varepsilon_0 c}$

② $\dfrac{Q}{4\pi\varepsilon_0}\left(\dfrac{1}{a}-\dfrac{1}{b}\right)$

③ $\dfrac{Q}{4\pi\varepsilon_0}\left(\dfrac{1}{a}+\dfrac{1}{b}\right)$

④ $\dfrac{Q}{4\pi\varepsilon_0}\left(\dfrac{1}{a}-\dfrac{1}{b}+\dfrac{1}{c}\right)$

해설

동심구 도체 A의 전위

$$V = \frac{Q}{4\pi\varepsilon_0}\left(\frac{1}{a}-\frac{1}{b}+\frac{1}{c}\right)[\mathrm{V}]$$

기사 97년 2회 / 산업 09년 1회

76 진공 중에 반경 2[cm]인 도체구 A와 내외반경이 4[cm] 및 5[cm]인 도체구 B를 동심으로 놓고 도체구 A에 $Q_A = 2\times10^{-10}$[C]의 전하를 대전시키고, 도체구 B의 전하는 0[C]으로 했을 때 도체구 A의 전위는 몇 [V]인가?

① 26

② 45

③ 81

④ 90

해설

동심구 도체 A의 전위

$$V = \frac{Q}{4\pi\varepsilon_0}\left(\frac{1}{a}-\frac{1}{b}+\frac{1}{c}\right)$$

$$= 9\times10^9\times2\times10^{-10}\left(\frac{1}{0.02}-\frac{1}{0.04}+\frac{1}{0.05}\right)$$

$$= 81\,[\mathrm{V}]$$

기사 91년 6회, 97년 2회, 09년 3회

77 그림과 같은 동심구 도체에서 도체 1의 전하가 $Q_1 = 4\pi\varepsilon_0$[C], 도체 2의 전하가 $Q_2 = 0$[C]일 때 도체 1의 전위는 몇 [V]인가? (단, $a=10$[cm], $b=15$[cm], $c=20$[cm]라 한다.)

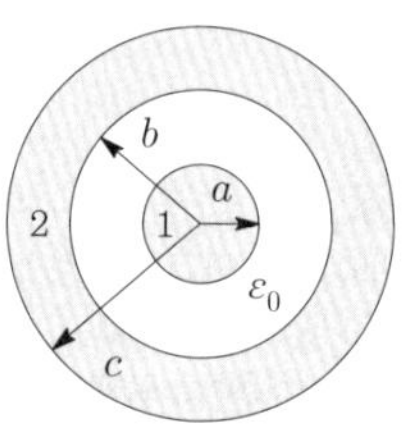

① $\dfrac{1}{12}$

② $\dfrac{13}{60}$

③ $\dfrac{25}{3}$

④ $\dfrac{65}{3}$

해설

동심구 도체 A의 전위

$$V = \frac{Q}{4\pi\varepsilon_0}\left(\frac{1}{a} - \frac{1}{b} + \frac{1}{c}\right) = \frac{4\pi\varepsilon_0}{4\pi\varepsilon_0}\left(\frac{1}{0.1} - \frac{1}{0.15} + \frac{1}{0.2}\right)$$

$$= \left(\frac{3}{0.3} - \frac{2}{0.3} + \frac{1.5}{0.3}\right) = \frac{2.5}{0.3} = \frac{25}{3}[\text{V}]$$

★★★ 기사 92년 2회 / 산업 91년 6회, 05년 1회

78 무한히 긴 직선 도체에 선전하 밀도 $+\lambda$ [C/m]로 전하가 충전되어 있을 때 이 직선 도체에서 r[m]만큼 떨어진 점의 전위는?

① $\dfrac{\lambda}{2\pi r^2}$ ② $\dfrac{\lambda}{2\pi r}$

③ ∞ ④ 0

해설

무한장 직선도체에서의 전위와 전위차($r_1 < r_2$)

㉠ 전계 : $E = \dfrac{\lambda}{2\pi\varepsilon_0 r}[\text{V/m}]$

㉡ 전위 : $V = \infty[\text{V}]$

㉢ 전위차 : $V_{12} = \dfrac{\lambda}{2\pi\varepsilon_0}\ln\dfrac{r_1}{r_2}[\text{V}]$

★★★ 기사 04년 3회

79 진공 중에서 무한장 직선도체에 선전하 밀도 $\rho_L = 2\pi \times 10^{-3}[\text{C/m}]$가 균일하게 분포된 경우 직선도체에서 2[m]와 4[m] 떨어진 두 점 사이의 전위차는?

① $\dfrac{10^{-3}}{\pi\varepsilon_0}\ln 2$ ② $\dfrac{10^{-3}}{\varepsilon_0}\ln 2$

③ $\dfrac{1}{\pi\varepsilon_0}\ln 2$ ④ $\dfrac{1}{\varepsilon_0}\ln 2$

해설

무한 직선 전하의 전위차

$$V_{12} = \frac{\rho_L}{2\pi\varepsilon}\ln\frac{r_2}{r_1} = \frac{2\pi\times 10^{-3}}{2\pi\varepsilon_0}\ln\frac{4}{2} = \frac{10^{-3}}{\varepsilon_0}\ln 2[\text{V}]$$

★★ 기사 17년 1회 / 산업 14년 3회

80 반지름 a[m]인 무한히 긴 원통형 도선 A, B가 중심 사이의 거리 d[m]로 평행하게 배치되어 있다. 도선 A, B에 각각 단위길이마다 $+Q$[C/m], $-Q$[C/m]의 전하를 줄 때 두 도선 사이의 전위차는 몇 [V]인가?

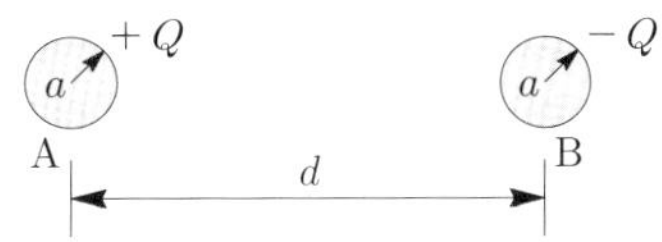

① $\dfrac{Q}{2\pi\varepsilon_0}\ln\dfrac{d-a}{a}$ ② $\dfrac{Q}{2\pi\varepsilon_0}\ln\dfrac{a}{d-a}$

③ $\dfrac{Q}{\pi\varepsilon_0}\ln\dfrac{d-a}{a}$ ④ $\dfrac{Q}{\pi\varepsilon_0}\ln\dfrac{a}{d-a}$

해설

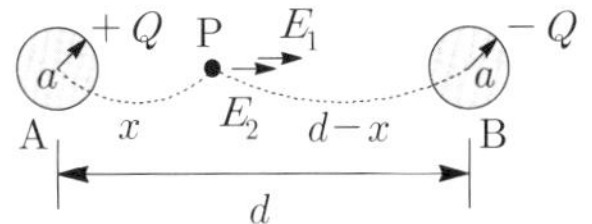

㉠ 도체 A로부터 a[m] 떨어진 곳에서의 전계를 보면 그림과 같이 E_1과 E_2가 동일 방향이므로 합력이 된다.

㉡ P점에서의 전계

$$E = E_1 + E_2 = \frac{Q}{2\pi\varepsilon_0}\left(\frac{1}{x} + \frac{1}{d-x}\right)$$

㉢ 도선 사이의 전위

$$V = -\int_{d-a}^{a}\frac{Q}{2\pi\varepsilon_0}\left(\frac{1}{x} + \frac{1}{d-x}\right)dx$$

$$= \frac{Q}{\pi\varepsilon_0}\ln\frac{d-a}{a}[\text{V}]$$

★★★ 산업 10년 1회

81 등전위면(equipotential surface)에 대한 설명으로 옳은 것은?

① 전기력선은 등전위면과 평행하게 지나간다.

② 전하를 갖고 등전위면에 따라 이동하면 일이 생긴다.

③ 다른 전위의 등전위면은 서로 교차한다.

④ 점전하가 만드는 전계의 등전위면은 동심구면이다.

해설

① 전기력선은 등전위면과 수직으로 발생하고, 높은 등전위에서 낮은 등전위로 향한다.

② 등전위면에는 전위차가 없으므로 전하는 이동하지 않는다. 즉, 일은 0이다.

③ 서로 다른 등전위면은 교차하지 않는다.

④ 점전하는 구의 형태로 등전위를 형성하고, 선전하는 원통의 형태로 등전위를 만든다.

정답 78. ③   79. ②   80. ③   81. ④

★★★ 기사 94년 2회 / 산업 89년 6회, 99년 6회, 01년 2회, 06년 1회

82 그림과 같은 등전위면에서 전계의 방향은?

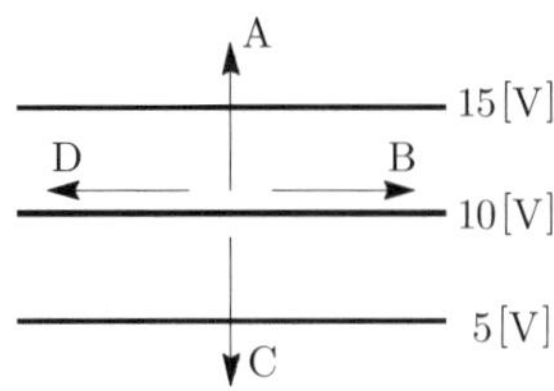

① A ② B
③ C ④ D

▣ 해설

전계는 높은 전위에서 낮은 전위 방향으로 향하고, 등전위면에 수직으로 발생한다.

★ 산업 97년 2회, 98년 4회

83 P점에서 같은 거리에 있는 4개의 점의 전위를 측정하였더니 그림과 같이 나타났다고 하면 P점의 전위는 약 몇 [V] 정도 되는가?

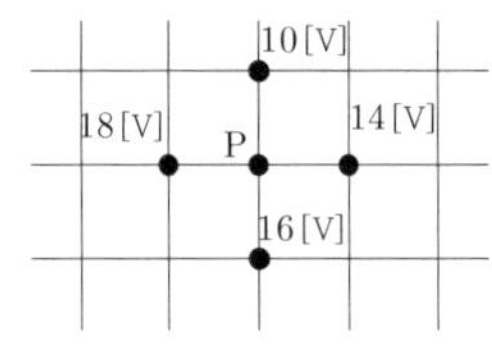

① 12.3 ② 14.5
③ 16.9 ④ 18.2

▣ 해설

라플라스 근사법에 의한 전위

$$V_P = \frac{1}{4}(10+18+16+14) = 14.5[V]$$

★ 기사 12년 3회, 17년 2회

84 그림과 같은 정방향관 단면의 격자점 ⑥의 전위를 반복법으로 구하면 약 몇 [V]가 되는가?

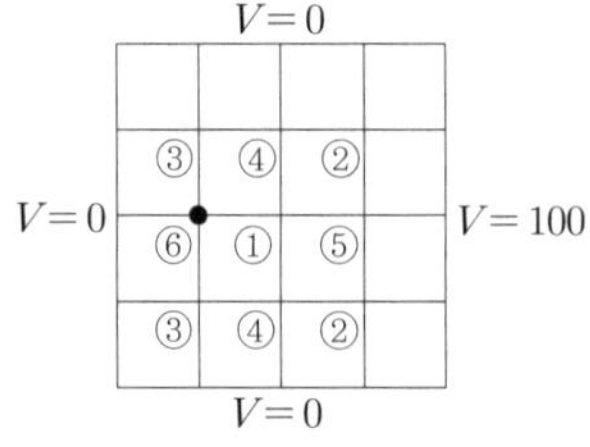

① 6.3
② 9.4
③ 18.8
④ 53.2

▣ 해설

라플라스 근사법에 의한 전위를 구하면

①점의 전위 : $V_1 = \dfrac{100+0+0+0}{4} = 25$

③점의 전위 : $V_3 = \dfrac{25+0+0+0}{4} = 6.25$

∴ ⑥점의 전위 : $V_6 = \dfrac{25+6.25+6.25+0}{4}$
$$= 9.375[V]$$

★★★ 산업 90년 2회, 99년 4 · 6회

85 전계 E와 전위 V와의 관계, 즉 $E = -\text{grad}\,V$에 관한 설명으로 옳지 않은 것은?

① 전계의 전기력선은 연속적이다.
② 전계의 방향은 전위가 감소하는 방향으로 향한다.
③ 전계는 전위가 일정한 면에 수직이다.
④ 전계의 전기력선은 폐곡면이 이루어지지 않는다.

▣ 해설 $E = -\text{grad}\,V$의 의미

㉠ 전계의 세기는 전위의 기울기와 같고, 방향은 전위의 감소 방향이다.
㉡ 전계의 방향은 등전위면에서 수직으로 발산한다.
㉢ 양변에 curl을 취하면 $\text{curl} \cdot E = \text{curl}(-\text{grad}\,V) = 0$ 으로 전계의 비회전성을 나타낸다. 즉, 전계의 전기력선은 폐곡면을 이룰 수 없다.
∴ 전계의 전기력선은 '연속적이다'라는 것은 윗 식으로부터 알 수 없다.

★★★ 산업 93년 3회, 07년 3회, 12년 1회

86 다음 설명 중 영전위로 볼 수 없는 것은?

① 가상 음전하가 존재하는 무한 원점
② 전지의 음극
③ 지구의 대지
④ 전계 내의 대전도체

▣ 정답 82. ③ 83. ② 84. ② 85. ① 86. ④

★★★ 기사 12년 3회

87 정전계에 주어진 전하분포에 의하여 발생되는 전계의 세기를 구하려고 할 때 적당하지 않은 방법은?

① 쿨롱의 법칙을 이용하여 구한다.
② 전위를 이용하여 구한다.
③ 가우스 법칙을 이용하여 구한다.
④ 비오-사바르의 법칙에 의하여 구한다.

해설

비오-사바르의 법칙은 자계의 세기를 구할 때 사용된다.

★★★ 산업 95년 2회, 98년 2회, 08년 3회

88 전위분포가 $V = 6x + 3$[V]로 주어졌을 때 점(12, 0)[m]에서의 전계의 크기는 몇 [V/m]이며, 그 방향은 어떻게 되는가?

① $6a_x$
② $-6a_x$
③ $3a_x$
④ $-3a_x$

해설 전계의 세기

$$E = -\operatorname{grad}V = -\nabla V$$
$$= -\left(\frac{\partial V}{\partial x}a_x + \frac{\partial V}{\partial y}a_y + \frac{\partial V}{\partial z}a_z\right) = -6a_x$$

★★ 기사 99년 3회, 04년 3회, 13년 1회, 16년 2회(유사)

89 전위함수가 $V = 2x + 5yz + 3$일 때 점(2, 1, 0)에서의 전계의 세기는?

① $-i2 - j5 - k3$
② $i + j2 + k3$
③ $-i2 - k5$
④ $i4 + k3$

해설 전계의 세기

$$E = -\operatorname{grad}V = -\nabla V$$
$$= -\left(\frac{\partial V}{\partial x}i + \frac{\partial V}{\partial y}j + \frac{\partial V}{\partial z}k\right)$$
$$= -(2i + 5zj + 5yk)\begin{vmatrix} x=2 \\ y=1 \\ z=0 \end{vmatrix}$$
$$= -2i - 5k[\text{V/m}]$$

★★ 기사 10년 1회, 17년 3회

90 $V = x^2$[V]로 주어지는 전위분포일 때 $x = 20$[cm]인 점의 전계는?

① $+x$방향으로 40[V/m]
② $-x$방향으로 40[V/m]
③ $+x$방향으로 0.4[V/m]
④ $-x$방향으로 0.4[V/m]

해설 전계의 세기

$$E = -\operatorname{grad}V = -\nabla V$$
$$= -\left(\frac{\partial V}{\partial x}a_x + \frac{\partial V}{\partial y}a_y + \frac{\partial V}{\partial z}a_z\right)$$
$$= -2x\,a_x = -0.4\,a_x[\text{V/m}]$$

★ 산업 11년 3회

91 반지름 10[cm]인 도체구 A에 9[C]의 전하가 분포되어 있다. 이 도체구에 반지름 5[cm]인 도체구 B를 접촉시켰을 때, 도체구 B로 이동한 전하는 몇 [C]인가?

① 3
② 9
③ 18
④ 24

해설

㉠ 두 도체를 접촉하기 전의 전하량은 $Q_1 = 9$[C], $Q_2 = 0$[C]에서

㉡ 두 도체를 접촉하면 전위가 같아질 때까지 전하가 이동한다. 하지만 전체 전하량은 일정하므로 $Q = Q_{1x} + Q_{2x} = 9$[C]이 된다.
　여기서, Q_{1x} : 등전위 후 도체 A의 전하량
　　　　　Q_{2x} : 등전위 후 도체 B의 전하량

㉢ 두 도체를 접촉시켜 등전위가 되었다면 $V_1 = V_2$에서

$$\frac{Q_{1x}}{4\pi\varepsilon_0 r} = \frac{Q_{2x}}{4\pi\varepsilon_0 \frac{r}{2}}$$

이므로 $Q_{1x} = 2Q_{2x}$가 된다.

㉣ 위 ㉡식에서 ㉢식에 대입하면 $2Q_{2x} + Q_{2x} = 9$, $3Q_{2x} = 9$이므로

∴ $Q_{2x} = 3$[C]이 된다.

Comment

크기가 반인 도체구를 접촉시키면 두 도체는 등전위가 되고, 도체 2측으로 $\frac{Q}{3}$가 이동하게 된다.

★ 기사 12년 3회 / 산업 06년 1회

92 $Q=0.15[C]$으로 대전하고 있는 큰 구에 그의 반경이 $\frac{1}{2}$이 되는 작은 구를 접촉했다가 떼면 큰 구와 작은 구 간에 작용하는 반발력은 몇 [N]인가? (단, 양 구를 접촉시켰을 때 전위는 동일 전위이며, 양 구는 서로 1[m] 떨어져 놓여 있다.)

① 4.5×10^5
② 4.5×10^6
③ 4.5×10^7
④ 4.5×10^8

해설

㉠ 91번 문제와 동일한 조건이므로 등전위가 되면서 도체 2측으로 $\frac{Q}{3}$가 이동하게 된다.

㉡ 즉, $Q_{2x} = \frac{0.15}{3} = 0.05[C]$이 되고, $Q_{1x} = 0.1[C]$이 된다.

∴ 두 도체 간에 작용하는 힘은

$$F = \frac{Q_{1x} Q_{2x}}{4\pi\varepsilon_0 r^2}$$
$$= 9 \times 10^9 \times \frac{0.05 \times 0.1}{(1)^2}$$
$$= 4.5 \times 10^7 [N]$$

출제 08 ▶ 도체 내·외부 전계 및 전위

★★★ 기사 11년 2회 / 산업 01년 2회, 11년 1회, 12년 3회

93 대전 도체 내부의 전위에 대한 설명으로 옳은 것은?

① 내부에는 전기력선이 없으므로 전위는 무한대의 값을 갖는다.
② 내부의 전위와 표면전위는 같다. 즉 도체는 등전위이다.
③ 내부의 전위는 항상 대지전위와 같다.
④ 내부에는 전계가 없으므로 0전위이다.

해설

도체 표면은 등전위면이고, 도체 내부 전위는 표면전위와 같다.

★★ 기사 90년 6회, 16년 1회

94 반경 a이고, Q의 전하를 갖는 절연된 도체구가 있다. 구의 중심에서 거리 r에 따라 변하는 전위 V와 전계의 세기 E를 그림으로 표시하면?

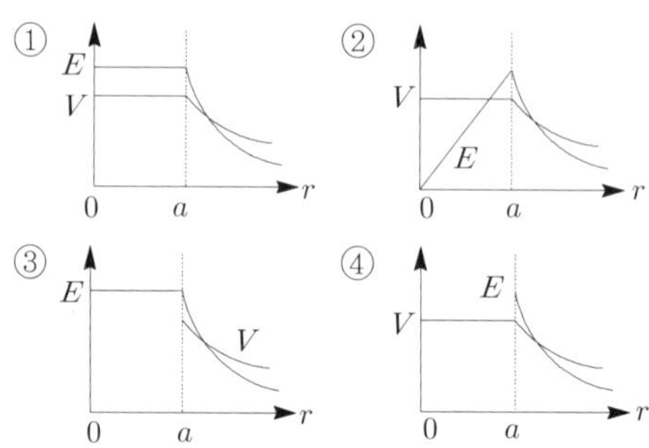

해설

도체 내부의 전계는 0이고, 도체 내부의 전위는 표면전위와 등전위이다.

★★★ 산업 15년 1회

95 반경이 r_1인 가상구 표면에 $+Q[C]$의 전하가 균일하게 분포되어 있는 경우, 가상구 내의 전위분포에 대한 설명으로 옳은 것은?

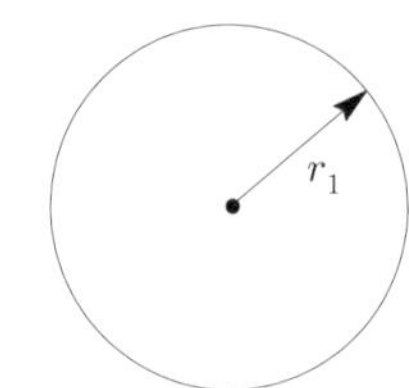

① $V = \dfrac{Q}{4\pi\varepsilon_0 r_1}$로 반지름에 반비례하여 감소한다.
② $V = \dfrac{Q}{4\pi\varepsilon_0 r_1}$로 일정하다.
③ $V = \dfrac{Q}{4\pi\varepsilon_0 r_1^2}$로 반지름에 반비례하여 감소한다.
④ $V = \dfrac{Q}{4\pi\varepsilon_0 r_1^2}$로 일정하다.

해설

도체 표면은 등전위면이고, 도체 내부 전위는 표면전위와 같다. 즉, 도체 내부 전위는 $V = \dfrac{Q}{4\pi\varepsilon_0 r_1}$로 일정하다.

정답   92. ③   93. ②   94. ④   95. ②

★★★ 기사 16년 1회

96 반지름 a[m]인 구대칭 전하에 의한 구 내외의 전계의 세기에 해당되는 것은? (단, 전하가 도체 내부에 균일하게 분포되어 있다.)

① 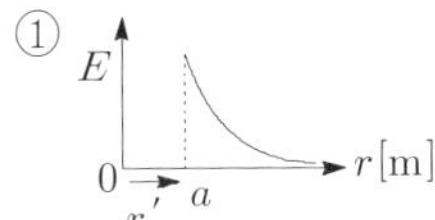

② 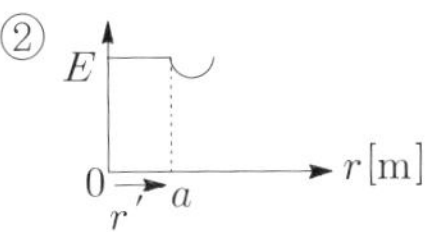

③ 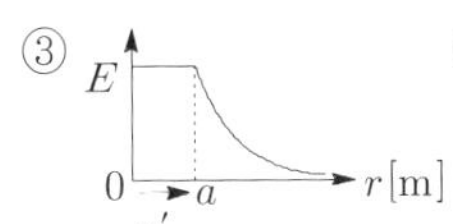

④ 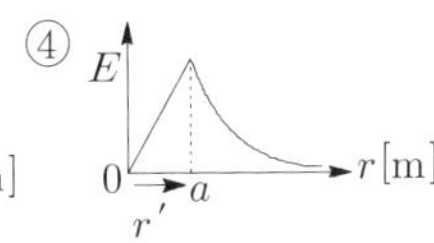

해설

㉠ 도체 내부 전계는 $E = \dfrac{Qr'}{4\pi\varepsilon_0 a^3}$[V/m]이므로, 내부 전계는 내부 거리에 비례하여 증가한다.

여기서, a : 구도체 반경

r' : 구도체 내부 거리

r : 구도체 외부 거리

㉡ 도체 외부 전계는 $E = \dfrac{Q}{4\pi\varepsilon_0 r^2}$[V/m]이므로, 도체 외부 거리에 따라 감소하게 된다.

★★ 기사 15년 2회

97 반경 r_1, r_2인 동심구가 있다. 반경 r_1, r_2인 구 껍질에 각각 $+Q_1$, $+Q_2$의 전하가 분포되어 있는 경우 $r_1 \leq r \leq r_2$에서의 전위는?

① $\dfrac{1}{4\pi\varepsilon_0}\left(\dfrac{Q_1 + Q_2}{r}\right)$

② $\dfrac{1}{4\pi\varepsilon_0}\left(\dfrac{Q_1}{r_1} + \dfrac{Q_2}{r_2}\right)$

③ $\dfrac{1}{4\pi\varepsilon_0}\left(\dfrac{Q_2}{r} + \dfrac{Q_1}{r_2}\right)$

④ $\dfrac{1}{4\pi\varepsilon_0}\left(\dfrac{Q_1}{r} + \dfrac{Q_2}{r_2}\right)$

해설

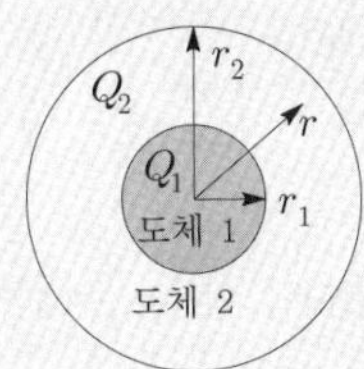

㉠ Q_1에 의한 전위는 도체 1 외부 전위가 되므로

$\therefore V_1 = \dfrac{Q_1}{4\pi\varepsilon_0 r}$[V]가 된다.

㉡ Q_2에 의한 전위는 도체 2 내부 전위가 되고, 도체 내부 전위는 표면전위와 같다.

$\therefore V_2 = \dfrac{Q_2}{4\pi\varepsilon_0 r_2}$[V]가 된다.

㉢ r지점의 전위는 V_1과 V_2의 합이므로

$\therefore V = V_1 + V_2 = \dfrac{1}{4\pi\varepsilon_0}\left(\dfrac{Q_1}{r} + \dfrac{Q_2}{r_2}\right)$[V]

★★ 기사 16년 1회

98 반지름이 3[m]인 구에 공간 전하밀도가 1[C/m³]가 분포되어 있을 경우 구의 중심으로부터 1[m]인 곳의 전위는 몇 [V]인가?

① $\dfrac{1}{2\varepsilon_0}$

② $\dfrac{1}{3\varepsilon_0}$

③ $\dfrac{1}{4\varepsilon_0}$

④ $\dfrac{1}{5\varepsilon_0}$

해설

㉠ 도체 내부에 전하가 균일하게 분포되었다고 가정하고 문제를 해석한다.

㉡ 구의 중심으로부터 1[m] 지점까지의 총 전하량은

$Q = \rho v = \rho \times \dfrac{4\pi r^3}{3} = 1 \times \dfrac{4\pi \times 1^3}{3} = \dfrac{4\pi}{3}$[C]이

되므로, 이 지점에서의 전위는 다음과 같다.

$\therefore V = \dfrac{Q}{4\pi\varepsilon_0 r} = \dfrac{1}{3\varepsilon_0}$[V]

★★★ 기사 94년 4회

99 진공 중에 선전하 밀도(線電荷密渡) ρ[C/m], 반경이 a[m]인 아주 긴 직선 원통 전하가 있다. 원통 중심축으로부터 $\dfrac{a}{2}$[m]인 거리에 있는 점의 전계의 세기는?

① $\dfrac{\rho}{4\pi\varepsilon_0 a}$

② $\dfrac{\rho}{2\pi\varepsilon_0 a}$

③ $\dfrac{\rho}{\pi\varepsilon_0 a^2}$

④ $\dfrac{\rho}{8\pi\varepsilon_0 a}$

해설

전하가 도체 내부에 균일하게 분포되어 있는 경우 내부 전계는 $E = \dfrac{r\lambda}{2\pi\varepsilon_0 a^2}$[V/m]이다. 이때 도체 내부 거리

$r = \dfrac{a}{2}$이다.

$\therefore E = \dfrac{\lambda}{4\pi\varepsilon_0 a} = \dfrac{\rho}{4\pi\varepsilon_0 a}$[V/m]

정답　96. ④　97. ④　98. ②　99. ①

출제 09 ▶ 전기력선 방정식

★ 기사 96년 4회, 98년 4회, 11년 2회

100 도체 표면에서 전계 $E = E_x a_x + E_y a_y + E_z a_z$[V/m]이고, 도체면과 법선 방향인 미소길이 $d_l = dx a_x + dy a_y + dz a_z$[m]일 때 성립되는 식은?

① $E_x dx = E_y dy$ ② $E_y dz = E_z dy$

③ $E_x dy = E_y dz$ ④ $E_y dy = E_z dz$

해설

전력선 방정식 $\dfrac{dx}{E_x} = \dfrac{dy}{E_y} = \dfrac{dz}{E_z}$ 에서 $E_y dz = E_z dy$ 관계가 성립된다.

★ 산업 99년 3회

101 전계의 세기가 $E = E_x i + E_y j$인 경우 x, y 평면 내의 전력선을 표시하는 미분방정식은?

① $\dfrac{dy}{dx} = \dfrac{E_x}{E_y}$

② $\dfrac{dy}{dx} = \dfrac{E_y}{E_x}$

③ $E_x dx + E_y dy = 0$

④ $E_x dy + E_y dx = 0$

해설

전력선의 방정식 $\dfrac{dx}{E_x} = \dfrac{dy}{E_y}$ 이므로 정리하면 $\dfrac{dy}{dx} = \dfrac{E_y}{E_x}$ 와 같다.

★ 산업 96년 4회, 00년 4회, 17년 1회

102 $E = \dfrac{3x}{x^2 + y^2} i + \dfrac{3y}{x^2 + y^2} j$[V/m]일 때 점 (4, 3, 0)를 지나는 전기력선의 방정식을 나타낸 것은 어느 것인가?

① $xy = \dfrac{4}{3}$ ② $xy = \dfrac{3}{4}$

③ $x = \dfrac{4}{3} y$ ④ $x = \dfrac{3}{4} y$

해설

전력선의 방정식 $\dfrac{dx}{E_x} = \dfrac{dy}{E_y}$ 에서 $E_x = \dfrac{3x}{x^2 + y^2}$,

$E_y = \dfrac{3y}{x^2 + y^2}$ 를 대입하면 $\dfrac{dx}{\dfrac{3x}{x^2+y^2}} = \dfrac{dy}{\dfrac{3y}{x^2+y^2}}$ 이다.

양변 적분하여 정리하면 $\displaystyle\int \dfrac{dx}{x} = \int \dfrac{dy}{y}$ 이다.

$\ln x + C_1 = \ln y + C_2$ 에서 양변에 e를 곱해주어 정리하면 $\dfrac{y}{x} = C$이므로 (4, 3, 0)을 대입하면 $\dfrac{y}{x} = \dfrac{3}{4}$이 된다.

$\therefore \ x = \dfrac{4}{3} y$이다.

Comment

- 전기력선 방정식 문제는 출제빈도가 매우 낮으므로 복잡한 연산을 할 필요가 없다.
- 지금까지 기출문제를 분석하면 함수가 +하는 꼴($E = ai + bj$) 또는 $-$는 꼴($E = ai - bj$)로만 출제된다.
- +꼴의 정답 : 상수 $K = \dfrac{x}{y}$의 형태. 따라서 본 문제는 $K = \dfrac{x}{y} = \dfrac{4}{3}$가 되므로 답은 ③이 된다.
- $-$꼴의 정답 : 상수 $K = xy$의 형태이다.

★ 기사 94년 4회, 03년 2회, 08년 2회

103 $V = x^2 + y^2$[V]의 전위분포를 갖는 전계의 전기력선의 방정식은?

① $y = \dfrac{A}{x}$

② $y = A x$

③ $y = A x^2$

④ $\dfrac{1}{x} - \dfrac{1}{y}$

해설

전계의 세기

$$E = -\nabla V = -\left(\dfrac{\partial V}{\partial x} i + \dfrac{\partial V}{\partial y} j + \dfrac{\partial V}{\partial z} k \right)$$
$$= -2xi - 2yj \ [\text{V/m}]$$

전력선 방정식 $\dfrac{dx}{E_x} = \dfrac{dy}{E_y}$ 에 의해 $\dfrac{dx}{-2x} = \dfrac{dy}{-2y}$,

$\displaystyle\int \dfrac{dx}{x} = \int \dfrac{dy}{y}$, $\ln x + c_1 = \ln y + c_2$

$\therefore \ \dfrac{x}{y} = A, \ x = Ay, \ y = Ax$

정답   100. ②   101. ②   102. ③   103. ②

출제 10 ▶ 전기 쌍극자

★★★ 기사 00년 6회

104 크기가 같고 부호가 반대인 두 점전하 $+Q$[C]과 $-Q$[C]이 극히 미소한 거리 d[m] 만큼 떨어졌을 때 전기 쌍극자 모멘트는 몇 [C·m]인가?

① $\dfrac{1}{2}dQ$

② dQ

③ $2dQ$

④ $4dQ$

해설

㉠ 전기 쌍극자 모멘트 : $M = Q\delta$[C·m]

㉡ 전기 쌍극자의 전위 : $V = \dfrac{M\cos\theta}{4\pi\varepsilon_0 r^2}$[V]

㉢ 전기 쌍극자의 전계

$$\vec{E} = \dfrac{M}{4\pi\varepsilon_0 r^3}(a_r 2\cos\theta + a_\theta \sin\theta),$$

$$|\vec{E}| = \dfrac{M}{4\pi\varepsilon_0 r^3}\sqrt{1+3\cos^2\theta}\,[\text{V/m}]$$

㉣ 전계는 $\cos\theta$에 비례하므로 $\theta = 0$일 때 최대가 되고, $\theta = 90°$일 때 최소가 된다.

★★★ 기사 15년 1회 / 산업 03년 1회

105 $Ql = \pm 200\pi\varepsilon_0 \times 10^3$[C·m]인 전기 쌍극자에서 l과 r의 사잇각이 $\dfrac{\pi}{3}$이고, $r=1$인 점의 전위[V]는?

① $50\pi \times 10^4$

② 50×10^3

③ 25×10^3

④ $5\pi \times 10^4$

해설

전기 쌍극자에 의한 전위

$$V = \dfrac{M\cos\theta}{4\pi\varepsilon_0 r^2} = \dfrac{Ql\cos\theta}{4\pi\varepsilon_0 r^2} = \dfrac{200\pi\varepsilon_0 \times 10^3 \times \cos 60°}{4\pi\varepsilon_0 \times 1^2}$$

$$= 50 \times 10^3 \times 0.5 = 25 \times 10^3 [\text{V}]$$

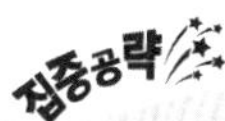

★ 기사 92년 2회, 93년 3·5회, 02년 2회, 05년 1회, 13년 1회

106 진공 중에서 전기 쌍극자 M, M으로부터 임의의 P점까지의 거리 r, M과 r이 이루는 각을 θ라 하면 P점에서 전계의 r방향성분 E_r과 θ방향성분 E_θ는?

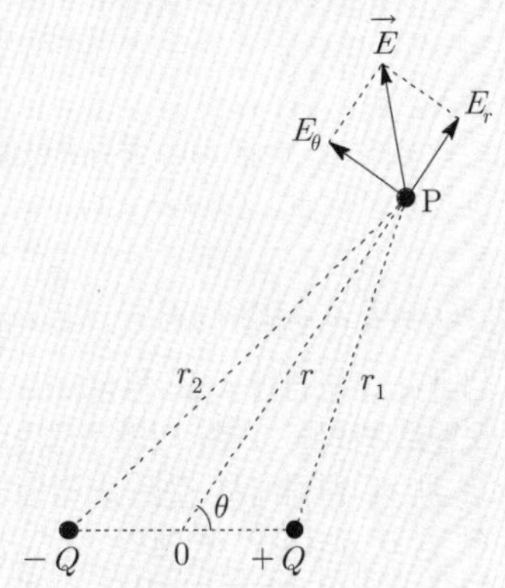

① $E_r = \dfrac{M}{2\pi\varepsilon_0 r^3}\cos\theta,\ E_\theta = \dfrac{M}{4\pi\varepsilon_0 r^3}\sin\theta$

② $E_r = \dfrac{M}{2\pi\varepsilon_0 r^3}\sin\theta,\ E_\theta = \dfrac{M}{4\pi\varepsilon_0 r^3}\cos\theta$

③ $E_r = \dfrac{M}{4\pi\varepsilon_0 r^3}\sin\theta,\ E_\theta = \dfrac{M}{2\pi\varepsilon_0 r^3}\cos\theta$

④ $E_r = \dfrac{M}{4\pi\varepsilon_0 r^3}\sin\theta,\ E_\theta = \dfrac{M}{4\pi\varepsilon_0 r^3}\cos\theta$

해설

전기 쌍극자에 의한 전계

$$\vec{E} = \dfrac{M}{4\pi\varepsilon_0 r^3}(a_r 2\cos\theta + a_\theta \sin\theta)$$

$$= a_r \dfrac{M}{2\pi\varepsilon_0 r^3}\cos\theta + a_\theta \dfrac{M}{4\pi\varepsilon_0 r^3}\sin\theta$$

(전계의 스칼라 : $|\vec{E}| = \dfrac{M}{4\pi\varepsilon_0 r^3}\sqrt{1+3\cos^2\theta}$ [V/m])

정답 104. ② 105. ③ 106. ①

★ 기사 16년 2회 / 산업 96년 6회

107 쌍극자 모멘트가 $M\,[\mathrm{C\cdot m}]$인 전기 쌍극자에서 점 P의 전계는 $\theta=\dfrac{\pi}{2}$일 때 어떻게 되는가? (단, θ는 전기 쌍극자의 중심에서 축방향과 점 P를 잇는 선분의 사잇각이다.)

① 0
② 최소
③ 최대
④ $-\infty$

해설

쌍극자에 의한 전계는 $\cos\theta$에 비례하므로 $\theta=0$일 때 최대, $\theta=90°$일 때 최소가 된다.

★ 기사 99년 6회, 01년 2회, 03년 1회, 04년 2회, 11년 3회

108 쌍극자의 중심을 좌표 원점으로 하여 쌍극자 모멘트 방향을 x축, 이와 직각방향을 y축으로 할 때 원점에서 같은 거리의 r만큼 떨어진 점의 y방향의 전계의 세기가 가장 작은 점은 x축과 몇 도의 각을 이룰 때인가?

① 0°
② 30°
③ 60°
④ 90°

해설

$\theta=0$일 때 전계는 모두 x축으로만 작용되므로 y축으로 작용되는 전계는 0으로 최소가 된다.

출제 11 ▶ 전기 이중층

★ 기사 93년 5회, 03년 1회, 12년 1회 / 산업 89년 2회

109 반지름 $a\,[\mathrm{m}]$인 원판형 전기 2중층의 중심 축상 $x\,[\mathrm{m}]$의 거리에 있는 점 P(+전하측)의 전위는? (단, 2중층의 세기는 $M\,[\mathrm{C/m}]$이다.)

① $\dfrac{M}{\varepsilon_0}\left(1-\dfrac{x}{\sqrt{x^2+a^2}}\right)$

② $\dfrac{M}{2\varepsilon_0}\left(1-\dfrac{x}{\sqrt{x^2+a^2}}\right)$

③ $\dfrac{M}{\varepsilon_0}\left(1-\dfrac{a}{\sqrt{x^2+a^2}}\right)$

④ $\dfrac{M}{2\varepsilon_0}\left(1-\dfrac{a}{\sqrt{x^2+a^2}}\right)$

해설

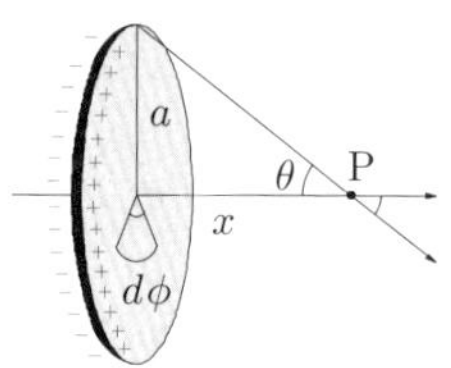

P점에서 미소 전위(전기 2중층 $P=M=\sigma\delta$)

$$dV=\frac{dM\cos\theta}{4\pi\varepsilon_0 r^2}=\frac{dQ\,\delta\cos\theta}{4\pi\varepsilon_0 r^2}$$

$$=\frac{\sigma ds\delta\cos\theta}{4\pi\varepsilon_0 r^2}=\frac{\sigma\delta}{4\pi\varepsilon_0}\frac{ds}{r^2}\cos\theta$$

$$=\frac{P}{4\pi\varepsilon_0}\sin\theta d\theta d\phi=\frac{P}{4\pi\varepsilon_0}d\omega$$

이므로 전체 전기 2중층에 의한 전위는

$$V=\int_0^{2\pi}\int_0^{\theta}\frac{P}{4\pi\varepsilon_0}\sin\theta d\theta d\phi$$

$$=\frac{P}{4\pi\varepsilon_0}\times 2\pi(1-\cos\theta)=\frac{P}{2\varepsilon_0}(1-\cos\theta)[\mathrm{V}]$$

∴ 전기 2중층의 전위

$$V=\frac{P}{2\varepsilon_0}(1-\cos\theta)=\frac{P}{2\varepsilon_0}\left(1-\frac{x}{\sqrt{a^2+x^2}}\right)[\mathrm{V}]$$

출제 12 ▶ 푸아송과 라플라스 방정식

★★★★ 기사 94년 2회, 97년 6회, 00년 4회, 01년 2회, 11년 3회

110 다음 중 옳지 않은 것은?

① $V_P=\displaystyle\int_p^{\infty}E\,dl$

② $E=-\operatorname{grad}V$

③ $\operatorname{grad}V=\dfrac{\partial V}{\partial x}i+\dfrac{\partial V}{\partial y}j+\dfrac{\partial V}{\partial z}k$

④ $\displaystyle\int E\,ds=Q$

해설

① 전위의 정의식 : $V_P=-\displaystyle\int_{\infty}^{P}E\,dl=\int_P^{\infty}E\,dl$

② 전위경도 : $E=-\operatorname{grad}V=-\nabla V$

$$=-\left(\frac{\partial}{\partial x}i+\frac{\partial}{\partial y}j+\frac{\partial}{\partial z}k\right)V$$

④ 가우스 정리 : $\operatorname{div}D=\rho$(미분형),

$$\oint_s E\,\vec{n}\,ds=\frac{Q}{\varepsilon_0}\text{(적분형)}$$

정답 107. ② 108. ① 109. ② 110. ④

★★★ 기사 08년 2회

111 다음 중 전계 E가 보존적인 것과 관계되지 않는 것은?

① $\oint_c E\,dl = 0$ 　　② $E = -\operatorname{grad} V$

③ $\operatorname{rot} E = 0$ 　　④ $\operatorname{div} E = 0$

해설

가우스 정리의 미분형 $\operatorname{div} E = \dfrac{\rho}{\varepsilon_0}$

★★★ 기사 94년 4·6회, 13년 1회

112 다음 중 Stokes 정리를 표시하는 일반식은 어느 것인가?

① $\displaystyle\int_c E\,dl = \int_s \operatorname{rot} E\,\vec{n}\,ds$

② $\displaystyle\int_c E\,dl = \int_v \operatorname{div} E\,\vec{n}\,dv$

③ $\displaystyle\int_v \operatorname{rot} E\,\vec{n}\,dv = \int_s \operatorname{div} E\,ds$

④ $\displaystyle\int_s E\,ds = \int_v \operatorname{div} E\,dv$

해설

㉠ 스토크스의 정리 : 선적분과 면적적분의 등가관계
$$\int_c E\,dl = \int_s \operatorname{rot} E\,\vec{n}\,ds$$

㉡ 가우스 발산(선속) 정리 : 면적적분과 체적적분의 등가관계
$$\int_s E\,ds = \int_v \operatorname{div} E\,dv$$

★★★★ 기사 95년 6회, 15년 2회, 16년 2회 / 산업 13년 2회

113 다음 식 중에서 틀린 것은?

① 가우스의 정리 : $\operatorname{div} D = \rho$

② 푸아송의 방정식 : $\nabla^2 V = \rho$

③ 라플라스의 방정식 : $\nabla^2 V = 0$

④ 발산 정리 : $\displaystyle\int_s A\,ds = \int_v \operatorname{div} A\,dv$

해설

① 가우스의 정리 : $\operatorname{div} D = \rho$ → 전속밀도를 보고 전하밀도를 구할 수 있다.

② 푸아송의 방정식 : $\nabla^2 V = -\dfrac{\rho}{\varepsilon_0}$ → 전위가 주어질 경우 체적 전하밀도를 구할 수 있다.

③ 라플라스 방정식 : $\nabla^2 V = 0$ → 전하가 분포하지 않는 경우에 전위를 구할 수 있다.

④ 발산(선속) 정리 : $\displaystyle\int_s A\,ds = \int_v \operatorname{div} A\,dv$ → 면적적분과 체적적분의 등가관계를 나타낸다.

★★★ 산업 04년 1회

114 푸아송의 방정식 $\nabla^2 V = -\dfrac{\rho}{\varepsilon_0}$은 어떤 식에서 유도한 것인가?

① $\operatorname{div} D = \dfrac{\rho}{\varepsilon_0}$ 　　② $\operatorname{div} D = -\rho$

③ $\operatorname{div} E = \dfrac{\rho}{\varepsilon_0}$ 　　④ $\operatorname{div} E = -\dfrac{\rho}{\varepsilon_0}$

★★★ 기사 89년 2회, 95년 2회, 05년 2회, 08년 1회 / 산업 16년 1회, 16년 2회

115 진공 내에서 전위함수가 $V = x^2 + y^2$과 같이 주어질 때 점$(2, 2, 0)$[m]에서 체적 전하밀도 ρ[C/m³]를 구하면?

① $-4\varepsilon_0$ 　　② $-\dfrac{4}{\varepsilon_0}$

③ $-2\varepsilon_0$ 　　④ $-\dfrac{2}{\varepsilon_0}$

해설

㉠ 체적 전하밀도는 푸아송의 방정식 $\left(\nabla^2 V = -\dfrac{\rho}{\varepsilon_0}\right)$ 을 이용하여 구할 수 있다.

㉡ 좌항을 정리하면
$$\nabla^2 V = \left(\frac{\partial^2}{\partial x^2} + \frac{\partial^2}{\partial y^2} + \frac{\partial^2}{\partial z^2}\right) V$$
$$= \frac{\partial^2}{\partial x^2}(x^2 + y^2) + \frac{\partial^2}{\partial y^2}(x^2 + y^2)$$
$$+ \frac{\partial^2}{\partial z^2}(x^2 + y^2) = 2 + 2 + 0 = 4$$

따라서 $\nabla^2 V = 4 = -\dfrac{\rho}{\varepsilon_0}$ 이므로

$\therefore \rho = -4\varepsilon_0$[C/m³]

Comment

최근 기사 및 산업기사에서 체적 전하밀도를 계산하는 문제의 출제빈도가 높아졌으니 반드시 이해하자.

정답 111. ④ 112. ① 113. ② 114. ③ 115. ①

★★★ 산업 93년 5회, 03년 3회

116 전위함수 $V = 2xy^2 + x^2yz^2$[V]일 때 점 (1, 0, 0)[m]의 공간 전하밀도[C/m³]는?

① $4\varepsilon_0$ ② $-4\varepsilon_0$

③ $6\varepsilon_0$ ④ $-6\varepsilon_0$

해설

㉠ 체적 전하밀도는 푸아송의 방정식 $\left(\nabla^2 V = -\dfrac{\rho}{\varepsilon_0}\right)$ 을 이용하여 구할 수 있다.

㉡ 좌항을 정리하면

$$\nabla^2 V = \left(\frac{\partial^2}{\partial x^2} + \frac{\partial^2}{\partial y^2} + \frac{\partial^2}{\partial z^2}\right) V$$

$$= \left(\frac{\partial^2}{\partial x^2} + \frac{\partial^2}{\partial y^2} + \frac{\partial^2}{\partial z^2}\right)(2xy^2 + x^2yz^2)$$

$$= 2yz^2 + 4x + 2x^2y \ \begin{vmatrix} x=1 \\ y=0 \\ z=0 \end{vmatrix}$$

$$= 4$$

따라서 $\nabla^2 V = 4 = -\dfrac{\rho}{\varepsilon_0}$ 이므로

$$\therefore \ \rho = -4\varepsilon_0[\text{C/m}^3]$$

★★★ 산업 14년 2회

117 자유공간 중의 전위계에서 $V = 5(x^2 + 2y^2 - 3z^2)$일 때 점 P(2, 0, -3)에서의 전하밀도 ρ의 값은?

① 0   ② 2

③ 7   ④ 9

해설

㉠ 체적 전하밀도는 푸아송의 방정식 $\left(\nabla^2 V = -\dfrac{\rho}{\varepsilon_0}\right)$ 을 이용하여 구할 수 있다.

㉡ 좌항을 정리하면

$$\nabla^2 V = \left(\frac{\partial^2}{\partial x^2} + \frac{\partial^2}{\partial y^2} + \frac{\partial^2}{\partial z^2}\right) V$$

$$= \left(\frac{\partial^2}{\partial x^2} + \frac{\partial^2}{\partial y^2} + \frac{\partial^2}{\partial z^2}\right) 5(x^2 + 2y^2 - 3z^2)$$

$$= 10 + 20 - 30 = 0$$

따라서 $\nabla^2 V = 0 = -\dfrac{\rho}{\varepsilon_0}$ 이므로

$$\therefore \ \rho = 0[\text{C/m}^3]$$

★★★ 기사 04년 2회, 08년 2회

118 전위함수가 $v = 5x^2y + z$[V]일 때 점(2, -2, 2)에서 체적 전하밀도 ρ[C/m³]를 구하면?

① $5\varepsilon_0$

② $10\varepsilon_0$

③ $20\varepsilon_0$

④ $25\varepsilon_0$

해설

㉠ 체적 전하밀도는 푸아송의 방정식 $\left(\nabla^2 V = -\dfrac{\rho}{\varepsilon_0}\right)$ 을 이용하여 구할 수 있다.

㉡ 좌항을 정리하면

$$\nabla^2 V = \left(\frac{\partial^2}{\partial x^2} + \frac{\partial^2}{\partial y^2} + \frac{\partial^2}{\partial z^2}\right) V$$

$$= \left(\frac{\partial^2}{\partial x^2} + \frac{\partial^2}{\partial y^2} + \frac{\partial^2}{\partial z^2}\right)(5x^2y + z)$$

$$= 10y \ \begin{vmatrix} x=2 \\ y=-2 \\ z=2 \end{vmatrix}$$

$$= -20$$

따라서 $\nabla^2 V = -20 = -\dfrac{\rho}{\varepsilon_0}$ 이므로

$$\therefore \ \rho = 20\varepsilon_0[\text{C/m}^3]$$

★ 산업 92년 2회, 97년 4회

119 공간적 전하분포를 갖는 유전체 중의 전계 E에 있어서, 전하밀도 ρ와 전하분포 중의 한 점에 대한 전위 V와의 관계 중 전위를 생각하는 고찰점에 ρ의 전하분포가 없다면 $\nabla^2 V = 0$이 된다는 것은?

① Laplace의 방정식

② Poisson의 방정식

③ Stokes의 정리

④ Thomson의 정리

해설

㉠ 라플라스 방정식 : $\nabla^2 V = 0$

㉡ 푸아송의 방정식 : $\nabla^2 V = -\dfrac{\rho}{\varepsilon_0}$

★ 기사 01년 3회, 03년 3회

120 전위함수에서 라플라스 방정식을 만족하지 않는 것은?

① $V = r\cos\theta + \phi$ ② $V = x^2 - y^2 + z^2$

③ $V = \rho\cos\phi + z$ ④ $V = \dfrac{v_0}{d}X$

해설

라플라스 방정식을 만족하려면 전위함수 V가 1차 방정식 또는 상수여야 한다.

★ 기사 00년 6회

121 전위 V가 단지 x만의 함수이며 $x = 0$에서 $V = 0$이고, $x = d$일 때 $V = v_0$인 경계조건을 갖는다고 한다. 라플라스 방정식에 의한 V의 해는?

① $\nabla^2 V$ ② $v_0 d$

③ $\dfrac{v_0}{d}x$ ④ $\dfrac{Q}{4\pi\varepsilon_0 d}$

해설

㉠ 라플라스 방정식$(\nabla^2 V = 0)$을 만족하려면 전위함수는 1차 방정식 이하이어야 하므로 $V = ax + b$가 된다(여기서, a, b는 상수).

㉡ $x = 0$에서 $V = 0$이므로 $b = 0$임을 알 수 있다. 즉, $V = ax$가 된다.

또한, $x = d$인 경우 $V = v_0$라고 했으므로 $v_0 = ad$

가 되어 $a = \dfrac{v_0}{d}$가 된다.

따라서 $a = \dfrac{v_0}{d}$이고, $b = 0$이므로

$\therefore \ V = ax + b = \dfrac{v_0}{d}x$

출제 13 ▶ 대전 도체면에 작용하는 정전응력

Comment

출제빈도가 낮으므로 이론을 숙지하길 바란다.

정전용량

기사 5.49% 출제
산업 9.83% 출제

출제경향분석

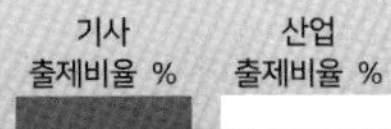

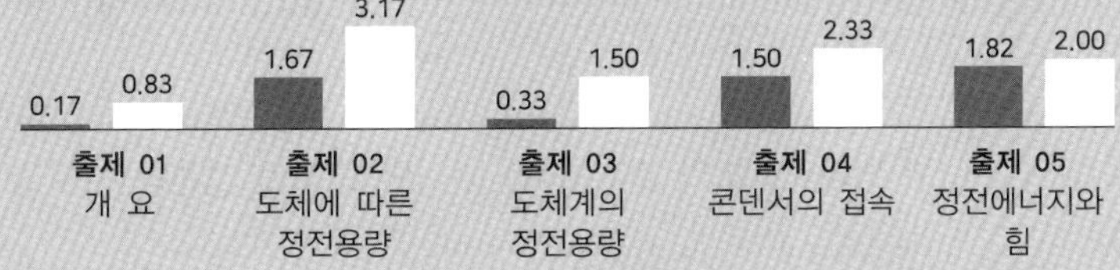

출제포인트

☑ 정전용량의 정의와 도체에 축적되는 전하량을 구할 수 있다.

☑ 도체에 따른 정전용량 공식을 알고 있다.

☑ 전위계수와 용량계수 및 유도계수의 특징에 대해서 알고 있다.

☑ 콘덴서의 직·병렬접속에 관련된 공식을 알고 있다.

☑ 콘덴서에 축적되는 전기에너지와 전계에너지, 정전응력 공식을 알고 있다.

기사 5.49% 출제 | 산업 9.83% 출제

기사 0.17% 출제 | 산업 0.83% 출제

출제 01 개 요

쌤 Comment

전하를 축적할 수 있는 장치를 콘덴서(Condenser)라 하며, 콘덴서가 전하를 축적할 수 있는 능력을 정전용량이라 한다.

1 정 의

① 정전용량(electrostatic capacity)이란 도체에 전위차 V를 주었을 때 축적되는 전하량 Q의 관계를 표시한 것으로, 전위차와 전하량의 비례상수이다.

② 이 비례상수(정전용량)를 C [F, 패럿]라 하고, 정전용량의 역수를 엘라스턴스(elastance)라 하며, 단위는 다래프(daraf)를 사용한다.

2 정전용량 정의식

① 도체에 축적되는 총 전기량(전하량) : $Q = CV$ [C] ················· [식 3-1]

② 정전용량 : $C = \dfrac{Q}{V} = \dfrac{전기량}{전위차}$ [F, 패럿] ················· [식 3-2]

단원확인기출문제

★★★ 기사 14년 2회 / 산업 12년 2회

01 구도체에 50[μC]의 전하가 있다. 이때의 전위가 10[V]이면 도체의 정전용량은 몇 [μF]인가?

① 3 ② 4

③ 5 ④ 6

해설 정전용량 $C = \dfrac{Q}{V}$

$$= \dfrac{50 \times 10^{-6}}{10}$$

$$= 5 \times 10^{-6} [\text{F}] = 5 [\mu\text{F}]$$

답 ③

기사 1.67% 출제 | 산업 3.17% 출제

출제 02 도체에 따른 정전용량

Comment

- 도체에 따른 정전용량 공식을 찾는 것은 전기자기학의 대표문제라 할 수 있다. 정전용량의 결과식을 반드시 기억하자.
- 도체 중에서 평행판 도체의 출제비율은 매우 높다.

1 도체구의 정전용량

(1) 도체 표면까지의 전위차

$$V = -\int_{\infty}^{a} E\,dr = \frac{Q}{4\pi\varepsilon_0 a}\,[\mathrm{V}]$$

(2) 정전용량

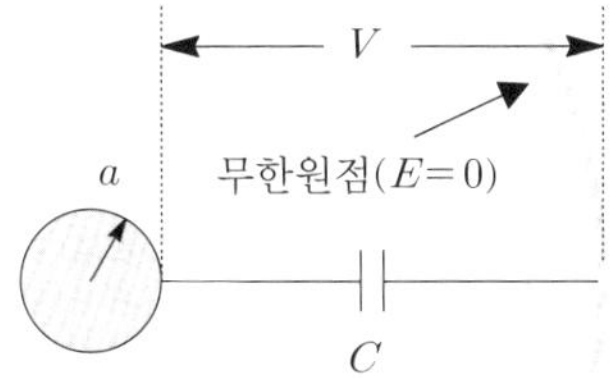

❚ 그림 3-1 ❚ 도체구

$$C = \frac{Q}{V} = \frac{Q}{\dfrac{Q}{4\pi\varepsilon_0 a}} = 4\pi\varepsilon_0 a = \frac{a}{9\times10^9}\,[\mathrm{F}] \quad\cdots\cdots\cdots\cdots\cdots\cdots\ [식\ 3\text{-}3]$$

2 동심 도체구의 정전용량

[그림 3-2]와 같이 A도체에 전하를 주고 B도체를 접지시켰을 때 동심 도체구의 정전용량은 다음과 같다.

(1) 두 도체 사이의 전위차

$$V = -\int_{b}^{a} E\,dr = \frac{Q}{4\pi\varepsilon_0}\left(\frac{1}{a} - \frac{1}{b}\right) = \frac{Q(b-a)}{4\pi\varepsilon_0 ab}\,[\mathrm{V}]$$

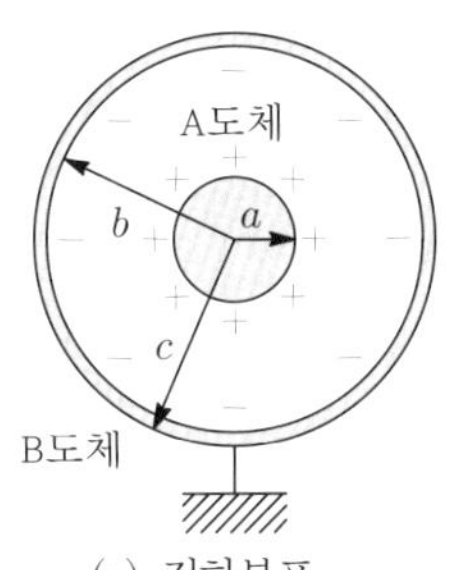

(a) 전하분포

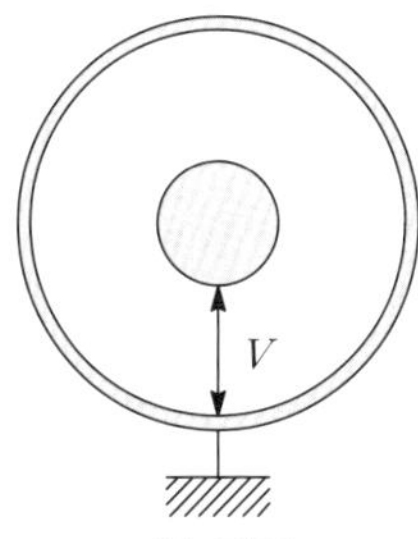

(b) 전위

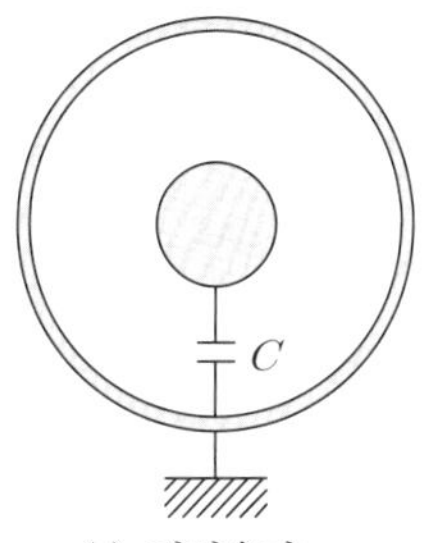

(c) 정전용량

❚ 그림 3-2 ❚ 동심 도체구

(2) 정전용량

① $$C = \frac{Q}{V} = \frac{4\pi\varepsilon_0 ab}{b-a} = \frac{ab}{9\times10^9(b-a)}\,[\mathrm{F}] \quad\cdots\cdots\cdots\cdots\cdots\cdots\ [식\ 3\text{-}4]$$

② a와 b의 크기를 n배 증가시키면 정전용량도 n배 증가한다.

3 동축 원통(케이블)의 정전용량

[그림 3-3]과 같이 원통 도체 A에 전하를 주고 B도체 표면을 접지시켰을 경우 도체 A와 도체 B의 정전용량은 다음과 같다.

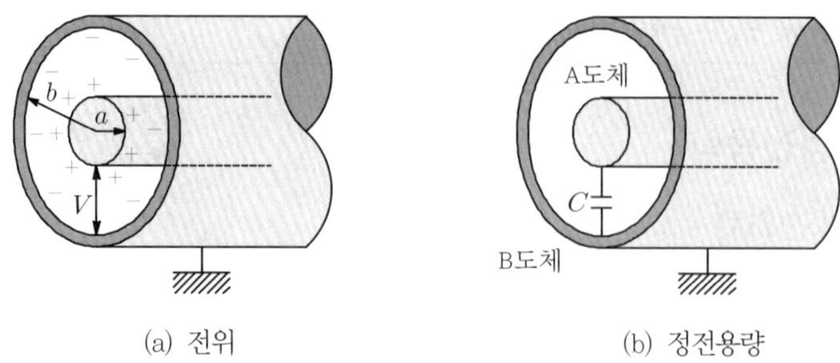

(a) 전위　　　　　(b) 정전용량

┃그림 3-3┃ 동축 원통 도체

(1) 두 도체 사이의 전위차

$$V = - \int_b^a E\,dr = - \int_b^a \frac{\lambda}{2\pi\varepsilon_0 r}\,dr = \frac{\lambda}{2\pi\varepsilon_0}\ln\frac{b}{a}\,[\text{V}]$$

(2) 단위길이당 정전용량

$$C = \frac{Q}{V} = \frac{\lambda l}{\dfrac{\lambda}{2\pi\varepsilon_0}\ln\dfrac{b}{a}} = \frac{2\pi\varepsilon_0 l}{\ln\dfrac{b}{a}}\,[\text{F}] = \frac{2\pi\varepsilon_0}{\ln\dfrac{b}{a}}\,[\text{F/m}] \quad\cdots\quad [\text{식 3-5}]$$

4 평행 왕복 도선 사이의 정전용량

[그림 3-4]와 같이 무한장 원주형 도체가 $d[\text{m}]$ 간격으로 떨어져 있고 도체 A에는 λ를, 도체 B에는 $-\lambda$를 주었을 때의 정전용량은 다음과 같다.

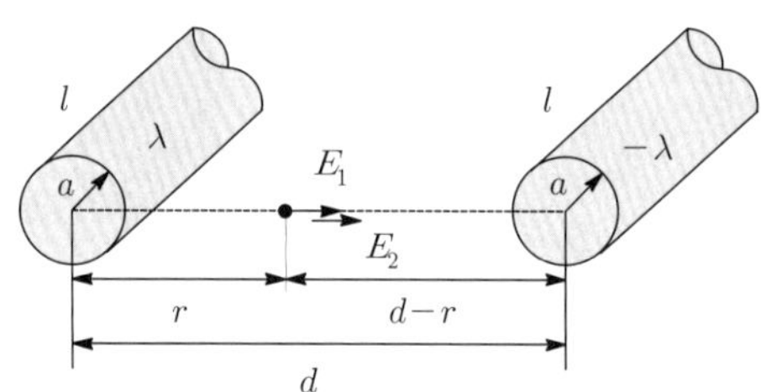

┃그림 3-4┃ 평행 왕복 도선 사이의 정전용량

(1) 도체 간에 작용하는 전계의 세기

$$E = E_1 + E_2 = \frac{\lambda}{2\pi\varepsilon_0 r} + \frac{\lambda}{2\pi\varepsilon_0 (d-r)}$$

(2) 도체 사이의 전위차(치환적분을 활용)

$$V = -\int_{d-a}^{a} E\,dr = \int_{a}^{d-a} \frac{\lambda}{2\pi\varepsilon_0}\left(\frac{1}{r} + \frac{1}{d-r}\right)dr$$

$$= \frac{\lambda}{2\pi\varepsilon_0}\left\{\left[\ln r\right]_{a}^{d-a} - \left[\ln d-r\right]_{a}^{d-a}\right\} = \frac{\lambda}{2\pi\varepsilon_0}\left(\ln\frac{d-a}{a} - \ln\frac{a}{d-a}\right)$$

$$= \frac{\lambda}{2\pi\varepsilon_0}\ln\left(\frac{d-a}{a}\right)^2 = \frac{\lambda}{\pi\varepsilon_0}\ln\frac{d-a}{a} \fallingdotseq \frac{\lambda}{\pi\varepsilon_0}\ln\frac{d}{a}\,[\text{V}]$$

(3) 단위길이당 정전용량

$$C = \frac{Q}{V} = \frac{\lambda l}{\dfrac{\lambda}{\pi\varepsilon_0}\ln\dfrac{d}{a}} = \frac{\pi\varepsilon_0 l}{\ln\dfrac{d}{a}}\,[\text{F}] = \frac{\pi\varepsilon_0}{\ln\dfrac{d}{a}}\,[\text{F/m}] \quad \cdots\cdots\cdots\cdots\cdots\cdots\cdots\cdots [\text{식 } 3\text{-}6]$$

5 평행판 도체의 정전용량

(1) 도체 사이의 전위차

$$V = dE = \frac{\sigma d}{\varepsilon_0}\,[\text{V}]$$

(2) 정전용량

$$C = \frac{Q}{V} = \frac{\sigma S}{\dfrac{d\sigma}{\varepsilon_0}} = \frac{\varepsilon_0 S}{d}\,[\text{F}] \quad \cdots\cdots\cdots\cdots\cdots\cdots\cdots\cdots\cdots\cdots\cdots [\text{식 } 3\text{-}7]$$

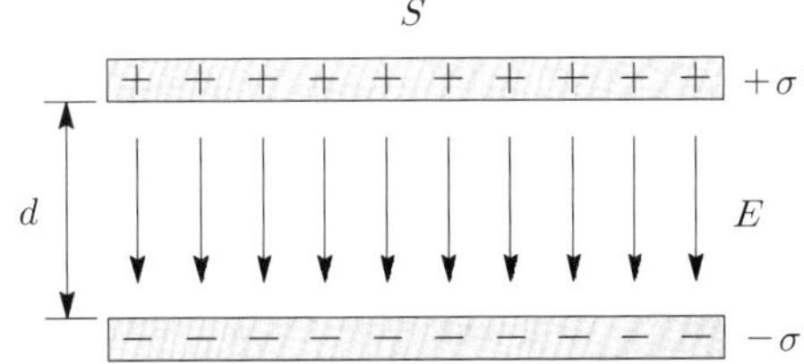

❙ 그림 3-5 ❙ 평행판 도체의 정전용량

★★★ 산업 00년 2회, 09년 1회

02 내구의 반지름 $a = 10[\text{cm}]$, 외구의 반지름 $b = 20[\text{cm}]$인 동심 도체구의 정전용량은 약 몇 [pF]인가?

① 16   ② 18

③ 20   ④ 22

해설 동심 도체구의 정전용량 $C = \dfrac{4\pi\varepsilon_0 ab}{b-a} = \dfrac{0.1 \times 0.2}{9 \times 10^9\,(0.2-0.1)} = 22 \times 10^{-12}\,[\text{F}] = 22\,[\text{pF}]$

 답 ④

★★ 기사 91년 2회, 09년 1회

03 반지름이 10[cm]와 20[cm]인 동심 원통의 길이가 50[cm]일 때 이것의 정전용량은 약 몇 [pF]인가? (단, 내원통에 $+\lambda$[C/m], 외원통에 $-\lambda$[C/m]인 전하를 준다고 한다.)

① 0.56[pF] ② 34[pF]
③ 40[pF] ④ 141[pF]

해설 동심 원통의 정전용량 $C = \dfrac{2\pi\varepsilon_0 l}{\ln\dfrac{b}{a}} = 18 \times 10^9 \times \dfrac{l}{\ln\dfrac{b}{a}}$ [F]

$$\therefore\ C = \frac{1}{18 \times 10^9} \times \frac{0.5}{\ln\dfrac{0.2}{0.1}} = 40 \times 10^{-12} = 40[\text{pF}]$$

답 ③

기사 0.33% 출제 | 산업 1.50% 출제

출제 03 도체계의 정전용량

Comment

- 도체계의 출제빈도는 매우 낮으며 기사보다는 산업기사 쪽에서 출제되고 있다.
- 대부분 전위계수와 용량계수, 유도계수의 특징에 대해서 출제되고 있으니 이것만 기억하고 넘어가도 좋다.

1 도체계의 성질

① 도체가 가까이 있어 하나의 도체계를 형성할 경우의 두 도체는 서로 영향을 받는다. 따라서 도체계를 취급할 때에는 각 도체를 개별적으로 취급함은 무의미하며 도체계 전체를 동시에 고려하여야 한다.
② 도체계는 다음과 같은 특징이 있다.
  ㉠ 도체계의 각 도체 전하가 정해지면 각 도체의 전위와 전하는 일의적($-$義的)으로 정해진다.
  ㉡ 도체계의 각 도체에 각각 Q_1, Q_2, … 일 때의 전위를 V_1, V_2, … 라 하고, $Q_1{}'$, $Q_2{}'$, … 일 때의 전위를 $V_1{}'$, $V_2{}'$, … 라 하면, 전하와 전위는 $Q_1 + Q_1{}'$, $Q_2 + Q_2{}'$, $V_1 + V_1{}'$, $V_2 + V_2{}'$ 가 된다. 이것을 도체계의 전하와 전위분포에 대한 중첩의 원리 (principle of superposition)라고 한다.

2 전위계수(coefficient of portential)

(1) 두 도체의 전위와 전위계수

[그림 3-6]과 같이 반경 a[m]를 갖는 작은 도체구 1, 2가 거리 d[m]만큼 떨어져 있고 각각에 Q_1, Q_2의 전하를 주면, 각 도체의 전위 V_1, V_2는 중첩의 원리에 의해서 다음과 같이 나타낸다.

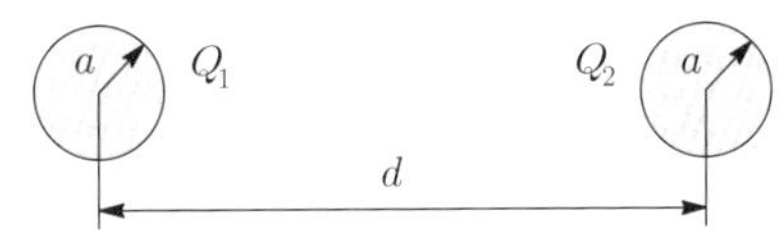

┃그림 3-6┃ 작은 도체구로 형성된 도체계

① $V_1 = V_{11} + V_{12} = \dfrac{Q_1}{4\pi\varepsilon_0 a} + \dfrac{Q_2}{4\pi\varepsilon_0 d} = P_{11}Q_1 + P_{12}Q_2$

② $V_2 = V_{21} + V_{22} = \dfrac{Q_1}{4\pi\varepsilon_0 d} + \dfrac{Q_2}{4\pi\varepsilon_0 a} = P_{21}Q_1 + P_{22}Q_2$ ⋯⋯⋯⋯⋯ [식 3-8]

(2) n개의 도체계에서의 전위와 전위계수

$$V_1 = P_{11}Q_1 + P_{12}Q_2 + P_{13}Q_3 + \cdots + P_{1n}Q_n\,[\mathrm{V}]$$
$$V_2 = P_{21}Q_1 + P_{22}Q_2 + P_{23}Q_3 + \cdots + P_{2n}Q_n\,[\mathrm{V}]$$
$$\vdots$$
$$V_n = P_{n1}Q_1 + P_{n2}Q_2 + P_{n3}Q_3 + \cdots + P_{nn}Q_n\,[\mathrm{V}]$$ ⋯⋯⋯⋯⋯ [식 3-9]

① 여기서, P_{11}, P_{12}, P_{13}, $\cdots$, P_{1n}은 도체의 크기나 모양, 상호간의 배치상태 및 주위 공간의 매질에 따라 결정되는 상수로서 전위계수라 하고, 단위는 [V/C] 또는 [1/F]을 사용한다.
② 전위계수는 도체의 대전량이나 전위와는 관계없다.

3 정전차폐와 전위계수의 특징

(1) [그림 3-7]과 같이 도체 1을 도체 2로 완전히 포위하면 내외공간의 전계를 완전 차단할 수 있어 도체 1과 3간의 유도계수가 없는 상태가 되는데 이를 정전차폐라 한다.

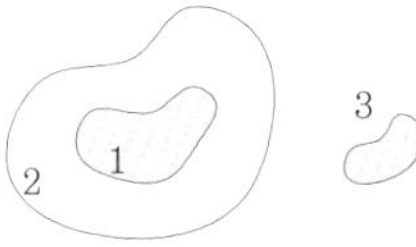

┃그림 3-7┃ 정전차폐

(2) 도체 2가 도체 1을 완전히 포위했을 경우

① $V_1 = V_{11} + V_{12} = \dfrac{Q_1}{4\pi\varepsilon_0 a} + \dfrac{Q_2}{4\pi\varepsilon_0 d} = P_{11}Q_1 + P_{12}Q_2$

② $V_2 = V_{21} + V_{22} = \dfrac{Q_1}{4\pi\varepsilon_0 d} + \dfrac{Q_2}{4\pi\varepsilon_0 d} = P_{21}Q_1 + P_{22}Q_2$

따라서, $P_{12} = P_{21} = P_{22}$인 것을 알 수 있다.

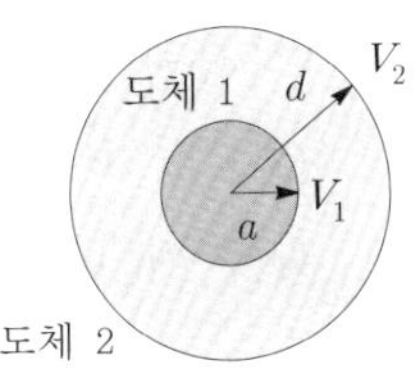

┃그림 3-8┃ $P_{21} = P_{22}$

(3) 도체 1이 도체 2를 완전히 포위했을 경우

① $V_1 = V_{11} + V_{12} = \dfrac{Q_1}{4\pi\varepsilon_0 d} + \dfrac{Q_2}{4\pi\varepsilon_0 d} = P_{11}Q_1 + P_{12}Q_2$

② $V_2 = V_{21} + V_{22} = \dfrac{Q_1}{4\pi\varepsilon_0 d} + \dfrac{Q_2}{4\pi\varepsilon_0 a} = P_{21}Q_1 + P_{22}Q_2$

따라서, $P_{11} = P_{12} = P_{21}$인 것을 알 수 있다.

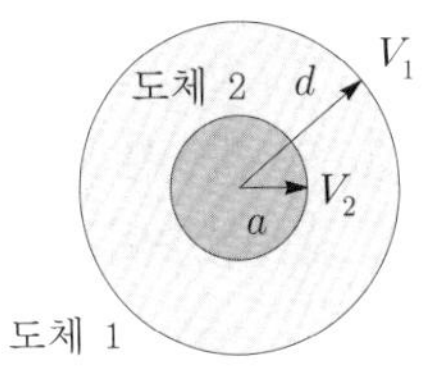

┃그림 3-9┃ $P_{11} = P_{12}$

(4) 전위계수의 특징

① $P_{11} > 0$, 일반적으로 $P_{rr} > 0$

② $P_{11} \geqq P_{21}$, 일반적으로 $P_{rr} \geqq R_{sr}$

③ $P_{21} \geqq 0$, 일반적으로 $P_{sr} \geqq 0$

④ $P_{12} = P_{21}$, 일반적으로 $P_{rs} = P_{sr}$

4 전위계수의 전위차와 정전용량

콘덴서 모델에서 도체 1의 전하량이 Q이면 도체 2의 전하량은 $-Q$가 되고, 전위계수는 P_{12}와 P_{21}이 같으므로 이 조건을 [식 3-8]에 대입시켜 전위차와 정전용량을 각각 구할 수 있다.

(1) 전위차

$$V_{12} = V_1 - V_2 = Q(P_{11} - 2P_{12} + P_{22})\,[\text{V}] \quad\text{[식 3-10]}$$

(2) 정전용량

$$C = \frac{Q}{V_{12}} = \frac{1}{P_{11} - 2P_{12} + P_{22}}\,[\text{F}] \quad\text{[식 3-11]}$$

5 용량계수와 유도계수

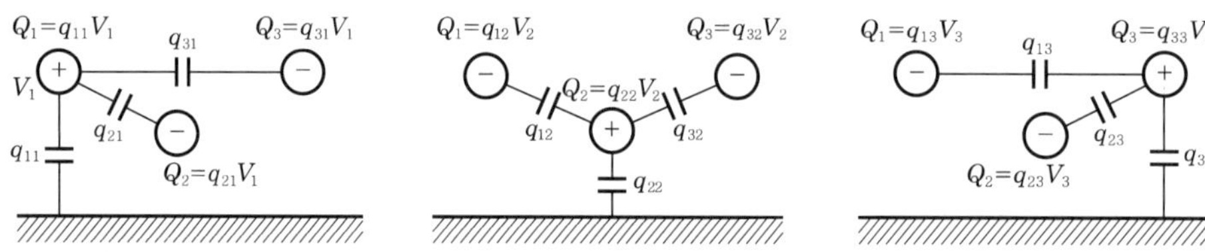

┃그림 3-10 ┃ 용량계수와 유도계수

(1) 개 요

① [식 3-7]을 Q_1, Q_2, $\cdots Q_n$에 대해서 풀면 다음 식이 얻어진다.

$$Q_1 = q_{11} V_1 + q_{12} V_2 + q_{13} V_3 + \cdots + q_{1n} V_n\,[\text{F}]$$
$$Q_2 = q_{21} V_1 + q_{22} V_2 + q_{23} V_3 + \cdots + q_{2n} V_n\,[\text{F}]$$
$$\vdots$$
$$Q_n = q_{n1} V_1 + q_{n2} V_2 + q_{n3} V_3 + \cdots + q_{nn} V_n\,[\text{F}] \quad\text{[식 3-12]}$$

여기서, q_{11}, q_{22}, q_{33}, $\cdots$, q_{nn}을 용량계수(coefficient of capacity)라 하고, q_{12}, q_{13}, $\cdots$, q_{nn}을 유도계수(coefficient of induction)라 한다.

② 이 계수들도 도체의 크기, 모양, 상호간의 배치상태 및 주위 공간의 매질에 의하여 정해지는 상수이고, 단위는 모두 [F]의 단위차원을 사용한다.

(2) 용량계수와 유도계수의 특징

① q_{11}, q_{22}, $\cdots$, $q_{nn} > 0$, 일반적으로 $q_{rr} > 0$

② q_{12}, q_{13}, $\cdots$, $q_{1n} \leqq 0$, 일반적으로 $q_{rs} \leqq 0$

③ $q_{11} \geqq -(q_{21} + q_{31} + \cdots + q_{n1})$

④ $q_{rs} = q_{sr}$

★★★ 산업 93년 3회

04 용량계수와 유도계수의 성질 중 틀린 것은?

① 유도계수는 항상 0이거나 0보다 작다.

② 용량계수는 항상 0보다 크다.

③ $q_{11} \geqq -(q_{21} + q_{31} + \cdots + q_{n1})$

④ 용량계수와 유도계수는 항상 0보다 크다.

답 ④

기사 1.50% 출제 | 산업 2.33% 출제

출제 04 콘덴서의 접속

쌤 Comment

- R, L, C의 직렬, 병렬 접속은 전기공부에 가장 기본이다.
- 시험 출제빈도를 떠나서 반드시 이해하고 넘어가자.

1 직렬 접속

직렬회로의 특징은 전류(전하)는 일정하고, 전압은 분배된다.

(1) 합성 정전용량

① $V = V_1 + V_2 = \dfrac{Q_1}{C_1} + \dfrac{Q_2}{C_2}$

(여기서, $Q_1 = Q_2 = Q$이므로)

② $V = Q\left(\dfrac{1}{C_1} + \dfrac{1}{C_2}\right)$

③ $C = \dfrac{Q}{V} = \dfrac{1}{\dfrac{1}{C_1} + \dfrac{1}{C_2}} = \dfrac{C_1 \times C_2}{C_1 + C_2}$ $\cdots\cdots$ [식 3-13]

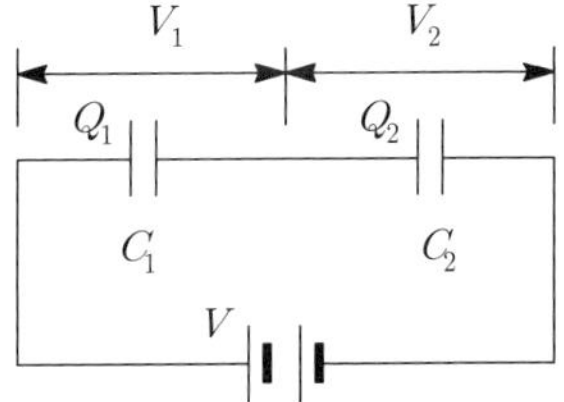

┃그림 3-11┃ 콘덴서의 직렬 접속

(2) 전압분배법칙

① $V_1 = \dfrac{Q_1}{C_1} = \dfrac{Q}{C_1} = \dfrac{CV}{C_1} = \dfrac{V}{C_1} \times \dfrac{C_1 \times C_2}{C_1 + C_2} = \dfrac{C_2}{C_1 + C_2} \times V$ ·················· [식 3-14]

② $V_2 = \dfrac{Q_2}{C_2} = \dfrac{Q}{C_2} = \dfrac{CV}{C_2} = \dfrac{V}{C_2} \times \dfrac{C_1 \times C_2}{C_1 + C_2} = \dfrac{C_1}{C_1 + C_2} \times V$ ·················· [식 3-15]

2 병렬 접속

병렬회로의 특징은 전류(전하)는 분배되고, 전압은 일정하다.

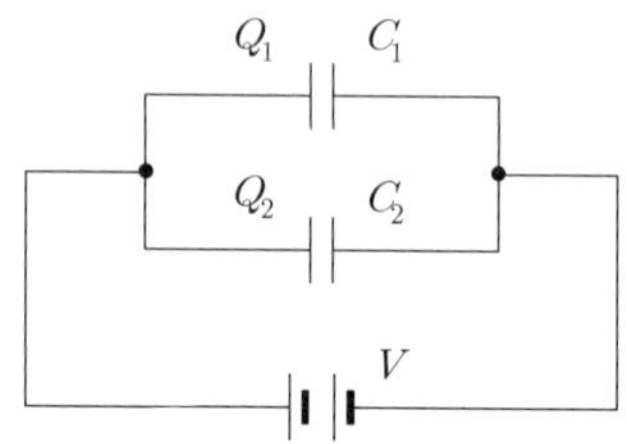

(1) 합성 정전용량

① $Q = Q_1 + Q_2 = C_1 V_1 + C_2 V_2$
(여기서, $V_1 = V_2 = V$이므로)

② $Q = V(C_1 + C_2)$

③ $C = \dfrac{Q}{V} = C_1 + C_2$ ·················· [식 3-16]

┃그림 3-12┃ 콘덴서의 병렬 접속

(2) 전하 분배량

① $Q_1 = C_1 V_1 = C_1 V = C_1 \times \dfrac{Q}{C} = \dfrac{C_1}{C_1 + C_2} \times Q$ ·················· [식 3-17]

② $Q_2 = C_2 V_2 = C_2 V = C_2 \times \dfrac{Q}{C} = \dfrac{C_2}{C_1 + C_2} \times Q$ ·················· [식 3-18]

★★ 산업 01년 2회

05 콘덴서의 성질에 관한 설명 중 적절하지 못한 것은?

① 용량이 같은 콘덴서를 n개 직렬 연결하면 내압은 n배, 용량은 $\dfrac{1}{n}$배가 된다.

② 용량이 같은 콘덴서를 n개 병렬 연결하면 내압은 같고, 용량은 n배로 된다.

③ 정전용량이란 도체의 전위를 1[V]로 하는 데 필요한 전하량을 말한다.

④ 콘덴서를 직렬 연결할 때 각 콘덴서에 분포되는 전하량은 콘덴서의 크기에 비례한다.

해설 콘덴서 직렬 접속 시 각 콘덴서에 분포되는 전하량은 모두 일정하다.

답 ④

06 3개의 콘덴서 $C_1 = 1[\mu F]$, $C_2 = 2[\mu F]$, $C_3 = 3[\mu F]$을 직렬 연결하여 600[V]의 전압을 가할 때, C_1 양단 사이에 걸리는 전압은 약 몇 [V]인가?

① 55　　　　　　　　　　　② 164

③ 327　　　　　　　　　　　④ 382

해설 ㉠ C_2와 C_3의 합성 정전용량 : $C_0 = \dfrac{2+3}{2\times3} = 1.2[\mu F]$

㉡ 위 식에 따른 회로의 등가변환은 옆의 그림과 같다.

㉢ 따라서 콘덴서의 전압분배법칙을 적용하면 다음과 같다.

$$\therefore\ V_1 = \frac{C_0}{C_1 + C_0} \times V_0 = \frac{1.2}{1+1.2} \times 600 = 327.27[\text{V}]$$

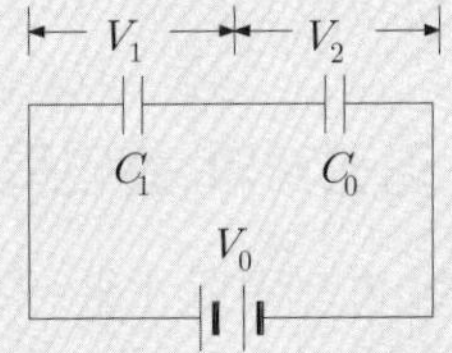

답 ③

기사 1.82% 출제 Ⅰ 산업 2.00% 출제

출제 05 정전에너지와 힘

Comment

- 정전에너지와 힘은 전기자기학이 끝날 때까지 계속 활용하므로 결과식이라도 반드시 기억하자.
- $[\text{J/m}^3]$ 또는 $[\text{N/m}^2]$의 단위가 나오면 식 3-22 또는 식 3-23을 대입하면 대부분의 문제를 풀 수 있다.

1 정전에너지

(1) 개 요

콘덴서에 전하를 축적하기 위해서는 무한 원점에서 전하를 운반해야 하며, 이 에너지는 콘덴서가 보유하게 된다.

이와 같이 전하를 0에서 Q까지 충전하기 위한 에너지를 정전에너지(electrostatic energy, W)라 한다.

(2) 정전에너지 유도

① 전하가 운반할 때 필요한 에너지 : $W = QV[\text{J}]$ ·· [식 3-19]

② 콘덴서에 축적된 총 전기량 : $Q = CV[\text{C}]$ ·· [식 3-20]

③ 정전에너지 : $W = \displaystyle\int_0^Q dW = \int_0^Q V dq = \int_0^Q \frac{Q}{C} dq = \frac{Q^2}{2C}[\text{J}]$

$$= \frac{Q^2}{2C} = \frac{1}{2}QV = \frac{1}{2}CV^2[\text{J}]$$ ·· [식 3-21]

■ 2 정전에너지 밀도

평행 평판 콘덴서의 정전에너지 밀도를 전계와 전속밀도의 관계식으로 표현하면 다음과 같다.

$$W = \frac{1}{2}CV^2 = \frac{1}{2} \times \frac{\varepsilon_0 S}{d} \times (Ed)^2 = \frac{1}{2}\varepsilon_0 E^2 Sd[\mathrm{J}] = \frac{1}{2}\varepsilon_0 E^2 [\mathrm{J/m}^3]$$

$$= \frac{1}{2}\varepsilon_0 E^2 = \frac{1}{2}ED = \frac{D^2}{2\varepsilon_0}[\mathrm{J/m}^3] \quad \cdots\cdots [\text{식 } 3\text{-}22]$$

■ 3 정전계의 흡인력

평행 평판 콘덴서에는 한쪽에는 (+), 다른 한쪽에는 (−)가 충전되므로 둘 사이에는 흡인력이 작용한다. 이때 [그림 3-13]과 같이 외부에 힘을 가했을 때 $d[\mathrm{m}]$ 만큼 극판이 이동하면 이때의 일은 $W = Fd[\mathrm{J}]$이 된다. 따라서 정전계의 흡인력은 다음과 같다.

$$W = \frac{1}{2}\varepsilon_0 E^2 Sd[\mathrm{J}] \text{에서}$$

$$F = \frac{W}{d} = \frac{1}{2}\varepsilon_0 E^2 S[\mathrm{N}] \text{이므로}$$

$$f = \frac{1}{2}\varepsilon_0 E^2 = \frac{1}{2}ED = \frac{D^2}{2\varepsilon_0}[\mathrm{N/m}^2] \quad \cdots\cdots [\text{식 } 3\text{-}23]$$

▮ 그림 3-13 ▮ 정전계의 흡인력

단원확인기출문제

★★★ 산업 95년 6회, 02년 3회, 09년 2회

07 1[μF]의 콘덴서를 30[kV]로 충전하여 200[Ω]의 저항에 연결하면 저항에서 소모되는 에너지는 몇 [J]인가?

① 450
② 900
③ 1350
④ 1800

해설 저항에서 소모되는 에너지는 콘덴서에 저장된 에너지와 같다.

$$\therefore \ W = \frac{1}{2}CV^2 = \frac{1}{2} \times 1 \times 10^{-6} \times (30 \times 10^3)^2 = 450[\mathrm{J}]$$

답 ①

단원 핵심정리 한눈에 보기

1. 정전용량

① 도체에 전위차 V를 주었을 때 축적되는 전하량 Q의 관계를 표시한 것으로 전위차와 전하량의 비례상수이다.

② 정전용량 : $C = \dfrac{Q}{V} = \dfrac{\text{전기량}}{\text{전위차}}$ [F, 패럿] $\left(\dfrac{1}{C} = P : \text{엘라스턴스} \right)$

2. 도체에 따른 정전용량

구 분		전위차	정전용량
구도체		$V = -\displaystyle\int_{\infty}^{a} E dr$ $= \dfrac{Q}{4\pi\varepsilon_0 a}$ [V]	$C = \dfrac{Q}{V} = \dfrac{Q}{\dfrac{Q}{4\pi\varepsilon_0 a}}$ $= 4\pi\varepsilon_0 a = \dfrac{a}{9\times 10^9}$ [F]
동심 도체구		$V = -\displaystyle\int_{b}^{a} E dr$ $= \dfrac{Q}{4\pi\varepsilon_0}\left(\dfrac{1}{a} - \dfrac{1}{b}\right)$ $= \dfrac{Q(b-a)}{4\pi\varepsilon_0 ab}$ [V]	$C = \dfrac{Q}{V} = \dfrac{4\pi\varepsilon_0 ab}{b-a}$ $= \dfrac{ab}{9\times 10^9 (b-a)}$ [F]
동축 케이블		$V = -\displaystyle\int_{b}^{a} E dr$ $= -\displaystyle\int_{b}^{a} \dfrac{\lambda}{2\pi\varepsilon_0 r} dr$ $= \dfrac{\lambda}{2\pi\varepsilon_0} \ln\dfrac{b}{a}$ [V]	$C = \dfrac{Q}{V} = \dfrac{\lambda l}{\dfrac{\lambda}{2\pi\varepsilon_0} \ln\dfrac{b}{a}}$ $= \dfrac{2\pi\varepsilon_0 l}{\ln\dfrac{b}{a}}$ [F] $= \dfrac{2\pi\varepsilon_0}{\ln\dfrac{b}{a}}$ [F/m]
평행 왕복 도체		$V = -\displaystyle\int_{b}^{a} E dr$ $= -\displaystyle\int_{d-a}^{a} \dfrac{\lambda}{\pi\varepsilon_0 r} dr$ $= \dfrac{\lambda}{\pi\varepsilon_0} \ln\dfrac{d-a}{a}$ $\fallingdotseq \dfrac{\lambda}{\pi\varepsilon_0} \ln\dfrac{d}{a}$ [V]	$C = \dfrac{Q}{V} = \dfrac{\lambda l}{\dfrac{\lambda}{\pi\varepsilon_0} \ln\dfrac{d}{a}}$ $= \dfrac{\pi\varepsilon_0 l}{\ln\dfrac{d}{a}}$ [F] $= \dfrac{\pi\varepsilon_0}{\ln\dfrac{d}{a}}$ [F/m]
평행판 도체		$V = d E = \dfrac{\sigma d}{\varepsilon_0}$ [V]	$C = \dfrac{Q}{V} = \dfrac{\sigma S}{\dfrac{d\sigma}{\varepsilon_0}} = \dfrac{\varepsilon_0 S}{d}$ [F]

3. 콘덴서의 접속

구 분	직렬회로	병렬회로
회로		
특징	① 전하가 일정$(Q = Q_1 = Q_2)$ ② 전압은 분배$(V = V_1 + V_2)$	① 전압이 일정$(V = V_1 = V_2)$ ② 전하가 분배$(Q = Q_1 + Q_2)$
합성 용량	① 정전용량이 2개인 경우 $\quad : C_0 = \dfrac{1}{\dfrac{1}{C_1} + \dfrac{1}{C_2}} = \dfrac{C_1 \times C_2}{C_1 + C_2}\,[\text{F}]$ ② 정전용량이 n개인 경우 $\quad \bigcirc\ C_0 = \dfrac{1}{\dfrac{1}{C_1} + \dfrac{1}{C_2} + \dots + \dfrac{1}{C_n}}\,[\text{F}]$ $\quad \bigcirc\ C_1 = C_2 = \dots = C_n = C$인 경우 $\qquad : C_0 = \dfrac{C}{n}\,[\text{F}]$	① 정전용량이 2개인 경우 $\quad : C_0 = C_1 + C_2\,[\text{F}]$ ② 정전용량이 n개인 경우 $\quad \bigcirc\ C_0 = C_1 + C_2 + \dots + C_n\,[\text{F}]$ $\quad \bigcirc\ C_1 = C_2 = \dots = C_n = C$인 경우 $\qquad : C_0 = nC\,[\text{F}]$
분배 법칙	① $V_1 = \dfrac{C_2}{C_1 + C_2} \times V$ ② $V_2 = \dfrac{C_1}{C_1 + C_2} \times V$	① $Q_1 = \dfrac{C_1}{C_1 + C_2} \times Q$ ② $Q_2 = \dfrac{C_2}{C_1 + C_2} \times Q$

4. 정전용량 관련 식

① 전하가 운반될 때 소비되는 에너지 : $W = QV\,[\text{J}]$

② 콘덴서에 축적된 총 전기량(전하량) : $Q = CV\,[\text{C}]$

③ 콘덴서에 저장된 전기에너지 : $W_C = \dfrac{1}{2}CV^2 = \dfrac{1}{2}QV = \dfrac{Q^2}{2C}\,[\text{J}]$

④ 자유공간 중의 정전에너지 : $w_e = \dfrac{1}{2}\varepsilon_0 E^2 = \dfrac{1}{2}ED = \dfrac{D^2}{2\varepsilon_0}\,[\text{J/m}^3]$

⑤ 단위면적당 받아지는 작용력 : $f = \dfrac{1}{2}\varepsilon_0 E^2 = \dfrac{1}{2}ED = \dfrac{D^2}{2\varepsilon_0}\,[\text{N/m}^2]$

여기서, f를 '맥스웰의 변형력(정전응력)' 또는 '극판을 떼어내는 데 필요한 힘'으로 표현된다.

※ 참고 공식 : $D = \varepsilon_0 E\,[\text{C/m}^2]$, $V = dE\,[\text{V}]$, $W = Fd\,[\text{N} \cdot \text{m} = \text{J}]$

단원 자주 출제되는 기출문제

출제 01 ▶ 정전용량

★★★　기사 89년 6회

01 Condenser에 대한 설명 중 옳지 않은 것은 무엇인가?

① 콘덴서는 두 도체 간 정전용량에 의하여 전하를 축적시키는 장치이다.

② 가능한 한 많은 전하를 축적하기 위하여 도체 간의 간격을 작게 한다.

③ 두 도체 간의 절연물은 절연을 유지할 뿐이다.

④ 두 도체 간의 절연물은 도체 간의 절연은 물론 정전용량을 유지하기 위함이다.

★★★　산업 12년 2회

02 두 도체 A와 B에서 도체 A에는 $+Q[C]$, 도체 B에는 $-Q[C]$의 전하를 줄 때 도체 A, B간의 전위차를 V_{AB}라 하면 성립되는 식은? (단, 두 도체 사이의 정전용량은 C이다.)

① $Q = \sqrt{C} \, V_{AB}^2$　② $Q = \sqrt{C} \, V_{AB}$

③ $Q = C^2 V_{AB}$　④ $Q = CV_{AB}$

▼ 해설

콘덴서에 축적되는 총 전기량(전하량) $Q = CV[C]$

★★★　산업 94년 2회, 00년 2회, 01년 1회 · 2회, 16년 2회

03 모든 전기장치를 접지시키는 근본적인 이유는?

① 편의상 대지는 전위가 영상전위이기 때문이다.

② 대지는 습기가 있어서 전류가 잘 흐르기 때문이다.

③ 영상전하로 생각하여 땅속은 음(−)전하이기 때문이다.

④ 지구의 정전용량이 커서 전위가 거의 일정하기 때문이다.

출제 02 ▶ 도체에 따른 정전용량

★★★　산업 97년 2 · 6회, 01년 2회, 05년 1회, 16년 2회, 17년 3회

04 진공 중에서 $1[\mu F]$의 정전용량을 갖는 구의 반지름은 몇 [km]인가?

① 0.9　　② 9

③ 90　　④ 900

▼ 해설

도체구의 정전용량 $C = 4\pi\varepsilon_0 a[F]$에서

구의 반경 $a = \dfrac{C}{4\pi\varepsilon_0} = 9 \times 10^9 \times 10^{-6}$

$\qquad\qquad = 9000[m] = 9[km]$

★★★★★　기사 94년 4회, 99년 4회, 01년 3회

05 그림과 같이 내구에 $+Q[C]$, 외구에 $-Q[C]$의 전하로 대전된 두 개의 동심 구도체가 있다. 구 사이가 진공으로 되어 있을 때 동심구 사이의 정전용량 $C[F]$은?

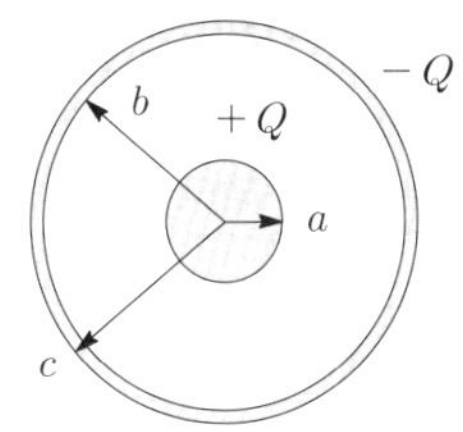

① $\dfrac{2\pi\varepsilon_0 ab}{b-a}$　　② $\dfrac{4\pi\varepsilon_0 ab}{b-a}$

③ $\dfrac{2\pi\varepsilon_0}{\ln\dfrac{b}{a}}$　　④ $\dfrac{4\pi\varepsilon_0}{\ln\left(\dfrac{b}{a}\right)}$

▼ 해설

동심 도체구의 정전용량

$C = \dfrac{4\pi\varepsilon_0 ab}{b-a} = \dfrac{ab}{9 \times 10^9 (b-a)}[F]$

정답　01. ③　02. ④　03. ④　04. ②　05. ②

★★★ 기사 09년 3회, 11년 1회

06 반지름이 각각 2[cm], 4[cm]인 두 중공(中空)동심 도체구가 있고 구 사이의 공간은 진공이다. 이때 정전용량 C는 약 몇 [pF]인가?

① 4.45[pF] ② 8.90[pF]
③ 13.35[pF] ④ 17.80[pF]

해설

동심 도체구의 정전용량

$$C = \frac{4\pi\varepsilon_0 ab}{b-a} = \frac{0.02 \times 0.04}{9 \times 10^9 (0.04 - 0.02)}$$
$$= 4.44 \times 10^{-12} = 4.44[pF]$$

★★★★ 기사 90년 2회, 01년 1회, 14년 1회, 15년 2회 / 산업 08년 1회

07 내구의 반지름이 a, 외구의 내반경이 b인 동심 구형 콘덴서의 내구의 반지름과 외구의 내반경을 각각 $2a$, $2b$로 증가시키면 이 동심 구형 콘덴서의 정전용량은 몇 배로 되는가?

① 4 ② 3
③ 2 ④ 1

해설

동심 도체구의 정전용량 $C = \frac{4\pi\varepsilon_0 ab}{b-a}$에서 a, b가 각각 n배로 증가하면 새로운 정전용량

$$C_0 = \frac{4\pi\varepsilon_0 (na \times nb)}{nb - na} = \frac{n^2 (4\pi\varepsilon_0 ab)}{n(b-a)} = nC \text{가 된다.}$$

∴ a, b를 각각 2배 증가시키면 정전용량도 2배 증가한다.

★★ 기사 13년 1회

08 반지름 2[mm]의 두 개의 무한히 긴 원통 도체가 중심 간격 2[m]로 진공 중에 평행하게 놓여 있을 때, 1[km]당의 정전용량은 몇 [μF]인가?

① $1 \times 10^{-3}[\mu F]$ ② $2 \times 10^{-3}[\mu F]$
③ $4 \times 10^{-3}[\mu F]$ ④ $6 \times 10^{-3}[\mu F]$

해설

평행 왕복 도선 사이의 정전용량

$$C = \frac{\pi\varepsilon_0}{\ln\frac{d}{a}}[F/m] = \frac{\pi\varepsilon_0}{\ln\frac{d}{a}} \times 10^9 [\mu F/km]$$

$$\therefore C = \frac{\pi\varepsilon_0}{\ln\frac{d}{a}} \times 10^9 = \frac{\pi \times \frac{1}{36\pi \times 10^9}}{\ln\frac{2}{0.002}} \times 10^9$$
$$= 4 \times 10^{-3}[\mu F/km]$$

★★ 산업 90년 6회

09 반지름 2[mm]인 원통 단면을 갖는 길이가 극히 긴 두 도선 중심 사이가 1[m]이고, 단위길이당 8.94×10^{-10}[C/m]의 전하가 주어지고 두 도선 사이의 전위차가 200[V]인 평형된 배전선의 단위길이당 정전용량은 몇 [F/m]인가?

① 2.23×10^{-6} ② 2.98×10^{-8}
③ 4.47×10^{-12} ④ 8.94×10^{-12}

해설

㉠ 정전용량 $C = \frac{Q}{V} = \frac{\lambda l}{V}[F] = \frac{\lambda}{V}[F/m]$이므로

$$\therefore C = \frac{\lambda}{V} = \frac{8.94 \times 10^{-10}}{200} = 4.47 \times 10^{-12}[F/m]$$

㉡ 또는 $C = \frac{\pi\varepsilon_0}{\ln\frac{d}{a}} = \frac{\pi \times 8.855 \times 10^{-12}}{\ln\frac{1}{2 \times 10^{-3}}}$
$$= 4.47 \times 10^{-12}[F/m]$$

★★ 산업 99년 3회, 02년 2회, 13년 2회, 17년 3회

10 그림과 같이 반지름 r[m], 중심 간격 x[m]인 평행 원통 도체가 있다. $x \gg r$라 할 때 원통 도체의 단위길이당 정전용량은 몇 [F/m]인가?

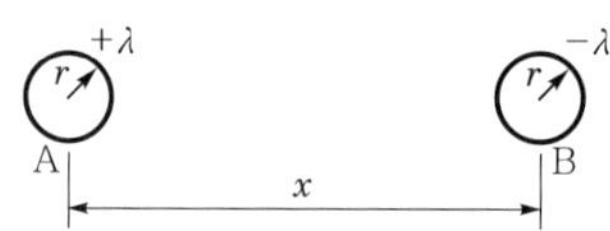

① $\dfrac{2\pi\varepsilon_0}{\ln\dfrac{r}{x}}$ ② $\dfrac{2\pi\varepsilon_0}{\ln\dfrac{x}{r}}$

③ $\dfrac{\pi\varepsilon_0}{\ln\dfrac{r}{x}}$ ④ $\dfrac{\pi\varepsilon_0}{\ln\dfrac{x}{r}}$

정답 06. ① 07. ③ 08. ③ 09. ③ 10. ④

해설

평행 왕복 도선 사이의 정전용량

$$C = \frac{\pi \varepsilon_0}{\ln \dfrac{a}{r}}[\text{F/m}] = \frac{\pi \varepsilon_0}{\ln \dfrac{x}{r}} \times 10^9 [\mu\text{F/km}]$$

★ 기사 17년 1회 / 산업 01년 2회

11 무한히 넓은 평행판 콘덴서에서 두 평행판 사이의 간격이 d[m]일 때 단위면적당 두 평행판 사이의 정전용량은 몇 [F/m^2]인가?

① $\dfrac{1}{4\pi\varepsilon_0 d}$　　　② $\dfrac{4\pi\varepsilon_0}{d}$

③ $\dfrac{\varepsilon_0}{d}$　　　④ $\dfrac{\varepsilon_0}{d^2}$

해설

평행판 콘덴서의 정전용량 $C = \dfrac{\varepsilon_0 S}{d}$[F]에서 단위면적 당 정전용량은 다음과 같다.

$$\therefore \ C' = \frac{C}{S} = \frac{\varepsilon_0}{d}[\text{F/m}^2]$$

★★★ 산업 08년 1회, 12년 2회, 17년 1회

12 평행판 콘덴서의 양극판 면적을 3배로 하고, 간격을 $\dfrac{1}{3}$로 하면 정전용량은 처음의 몇 배가 되는가?

① 1　　　② 3

③ 6　　　④ 9

해설

평행판 콘덴서의 면적을 3배, 간격을 $\dfrac{1}{3}$배 하면 정전용량은 $\left(C\uparrow\uparrow = \dfrac{\varepsilon_0 S\uparrow}{d\downarrow} \right)$ 9배 증가한다.

★ 기사 94년 2회

13 정전용량 C인 평행판 콘덴서를 전압 V로 충전하고 전원를 제거한 후 전극 간격을 $\dfrac{1}{2}$로 접근시키면 전압은?

① $\dfrac{1}{4}V$　　　② $\dfrac{1}{2}V$

③ V　　　④ $2V$

해설

㉠ 콘덴서에 전압을 가하면 양극판에는 $Q = CV$만큼 의 전하가 축적된다.

이때 전원을 제거하고 극판의 간격을 반으로 줄이면 정전용량 $\left(\uparrow C = \dfrac{\varepsilon_0 S}{d\downarrow} \right)$은 2배 상승한다.

㉡ 콘덴서에 축적된 전하량의 크기는 변하지 않으므로 C가 상승한 만큼 전압의 크기가 줄어들게 된다(일정 $Q = C\uparrow V\downarrow$). 따라서 극판 사이의 전압이 반으로 줄어든다.

Comment

- 콘덴서에 전하를 충전한 다음 전원을 제거하고 극판의 간격을 줄이면 극판 사이에 걸린 전압도 감소한다.
- 반대로 극판 간격을 늘리면 극판 사이에 걸린 전압도 이에 비례하여 증가하게 된다.

★★★ 기사 96년 6회 / 산업 93년 2회, 02년 2회

14 공기 중에 한 변 40[cm]의 정방형 전극을 가진 평행판 콘덴서가 있다. 극판의 간격을 4[mm]로 하고 극판 간에 100[V]의 전위차를 주면 축적되는 전하는 몇 [C]이 되는가?

① 3.54×10^{-9}　　　② 3.54×10^{-8}

③ 6.56×10^{-9}　　　④ 6.56×10^{-8}

해설

평행판 콘덴서의 정전용량

$$C = \frac{\varepsilon_0 S}{d} = \frac{8.855 \times 10^{-12} \times 0.4^2}{4 \times 10^{-3}}$$
$$= 3.542 \times 10^{-10}[\text{F}]$$

$\therefore$ 콘덴서에 축적된 총 전하량

$$Q = CV = 3.542 \times 10^{-10} \times 100$$
$$= 3.542 \times 10^{-8}[\text{C}]$$

★ 산업 15년 1회

15 정전용량 6[μF], 극간 거리 2[mm]의 평판 콘덴서에 300[μC]의 전하를 주었을 때 극판 간의 전계는 몇 [V/mm]인가?

① 25　　　② 50

③ 150　　　④ 200

정답　11. ③　12. ④　13. ②　14. ②　15. ①

해설

전하량 $Q = CV$ 에서

전위차 $V = \dfrac{Q}{C} = \dfrac{300 \times 10^{-6}}{6 \times 10^{-6}} = 50[\text{V}]$

$\therefore$ 전위차 $V = dE$ 이므로

$$E = \frac{V[\text{V}]}{d[\text{mm}]} = \frac{50}{2} = 25[\text{V/mm}]$$

출제 03 도체계의 정전용량

★ 산업 04년 2회, 17년 2회

16 여러 가지 도체의 전하분포에 있어서 각 도체의 전하를 n배 하면 중첩의 원리가 성립하기 위해서는 그 전위는 어떻게 되는가?

① $\dfrac{1}{2}n$배가 된다.　　② n배가 된다.

③ $2n$배가 된다.　　④ n^2배가 된다.

★ 산업 95년 2회

17 전위계수에 대한 설명 중 틀린 것은?

① 도체 주위의 매질에 따라 정해지는 상수이다.
② 도체의 크기와는 관계가 없다.
③ 전위계수는 도체 상호간의 배치상태에 따라 정해지는 상수이다.
④ 전위계수의 단위는 [1/F]이다.

해설

전위계수란 도체의 크기나 모양, 상호간의 배치상태 및 주위 공간의 매질에 따라 결정되는 상수로서, 단위는 [V/C] 또는 [1/F]을 사용한다.

★ 산업 92년 2회, 00년 6회

18 엘라스턴스(elastance)는?

① $\dfrac{1}{전위차 \times 전기량}$　　② $전위차 \times 전기량$

③ $\dfrac{전위차}{전기량}$　　④ $\dfrac{전기량}{전위차}$

해설

정전용량의 역수를 엘라스턴스라 한다.

$$\therefore C = \frac{Q}{V} = \frac{전기량}{전위차} \cdot \frac{1}{C} = \frac{V}{Q}$$

★★★★ 산업 00년 4회, 07년 1회

19 도체계의 전위계수의 성질로 틀린 것은?

① $P_{rr} \geq P_{rs}$　　② $P_{rr} < 0$

③ $P_{rs} \geq 0$　　④ $P_{rs} = P_{sr}$

해설 전위계수의 성질

$$P_{rr} \geq P_{rs} \geq 0, \ P_{rs} = P_{sr}$$

★★★ 산업 95년 4회, 01년 3회, 07년 3회

20 도체계에서 임의의 도체를 일정 전위의 도체로 완전 포위하면 내외공간의 전계를 완전 차단할 수 있다. 이것을 무엇이라 하는가?

① 전자차폐
② 정전차폐
③ 홀(hall) 효과
④ 핀치(pinch) 효과

★★ 산업 07년 2회

21 전위계수에 있어서 $P_{11} = P_{21}$의 관계가 의미하는 것은?

① 도체 1과 도체 2가 멀리 떨어져 있다.
② 도체 1과 도체 2가 가까이 있다.
③ 도체 1이 도체 2의 내측에 있다.
④ 도체 2가 도체 1의 내측에 있다.

★★ 산업 05년 3회

22 a, b, c인 도체 3개에서 도체 a를 도체 b로 정전차폐하였을 때의 조건으로 옳은 것은?

① c의 전하는 a의 전위와 관계가 있다.
② a, b 간의 유도계수는 없다.
③ a, c 간의 유도계수는 0이다.
④ a의 전하는 c의 전위와 관계가 있다.

정답 16. ②　17. ②　18. ③　19. ②　20. ②　21. ④　22. ③

★★★ 산업 93년 3회, 96년 2회, 00년 2회, 10년 2회, 18년 1회

23 Q와 $-Q$로 대전된 두 도체 n과 r 사이의 전위차를 전위계수로 표시하면?

① $(P_{nn} - 2P_{nr} + P_{rr})Q$

② $(P_{nn} + 2P_{nr} + P_{rr})Q$

③ $(P_{nn} + P_{nr} + P_{rr})Q$

④ $(P_{nn} - P_{nr} + P_{rr})Q$

해설 전위계수에 의한 전위차

㉠ $V_1 = P_{11}Q_1 + P_{12}Q_2$, $V_2 = P_{21}Q_1 + P_{22}Q_2$에서 Q_1은 Q를 Q_2는 $-Q$를 대입하고, $P_{12} = P_{21}$을 적용하면 다음과 같다.
$V_1 = P_{11}Q - P_{12}Q$, $V_2 = P_{21}Q - P_{22}Q$를 정리하면 $V = V_1 - V_2 = (P_{11} - 2P_{12} + P_{22})Q$이다.

㉡ 문제에서 도체 1을 n으로, 도체 2를 r로 주어졌으므로 전위차를 전위계수로 표시하면 다음과 같다.

∴ 전위차
$V_{nr} = V_n - V_r = (P_{nn} - 2P_{nr} + P_{rr})Q \, [\text{V}]$

★★★ 산업 91년 6회, 96년 6회, 05년 2회

24 2개의 도체를 $+Q$와 $-Q$로 대전했을 때 이 도체 간의 정전용량을 전위계수로 표시하였을 때 옳은 것은? (단, 두 도체의 전위를 V_1, V_2로 하고 다른 모든 도체의 전하는 0이다.)

① $C = \dfrac{1}{P_{11} + 2P_{12} + P_{22}}$

② $C = \dfrac{1}{P_{11} - 2P_{12} + P_{22}}$

③ $C = \dfrac{1}{P_{11} - 2P_{12} - P_{22}}$

④ $C = \dfrac{1}{P_{11} + 2P_{12} - P_{22}}$

해설
전위계수에 의한 전위차
$V = V_1 - V_2 = (P_{11} - 2P_{12} + P_{22})Q$ 이다.

∴ 정전용량 $C = \dfrac{Q}{V} = \dfrac{1}{P_{11} - 2P_{12} + P_{22}} \, [\text{F}]$

★★ 기사 96년 4회, 99년 6회 / 산업 03년 3회

25 진공 중에 서로 떨어져 있는 두 도체 A, B가 있을 때 도체 A에만 1[C]의 전하를 주었더니 도체 A와 B의 전위가 3[V], 2[V]이었다. 지금 도체 A, B에 각각 2[C]과 1[C]의 전하를 주면 도체 A의 전위는 몇 [V]인가?

① 6   ② 7

③ 8   ④ 9

해설
전위계수에 의한 전위
$V_A = P_{AA}Q_A + P_{AB}Q_B$, $V_B = P_{BA}Q_A + P_{BB}Q_B$

㉠ 도체 A에만 1[C]의 전하를 줄 경우
$3 = P_{AA} \times 1[\text{V}]$, $2 = P_{BA} \times 1[\text{V}](P_{AB} = P_{BA})$

㉡ A, B에 각각 2[C] 및 1[C]의 전하를 줄 경우
$V_A = P_{AA} \times 2 + P_{AB} \times 1 = 3 \times 2 + 2 \times 1 = 8[\text{V}]$

Comment

도체계 계산문제가 나오면 기존 기출문제 정답이 전부 '8' 또는 '0.066…'으로 되어 있으니 참고하자.

★ 기사 89년 6회 / 산업 89년 2회

26 1[C]의 정전하를 각각 대전시켰을 때 도체 1의 전위는 5[V], 도체 2의 전위는 12[V]로 되는 두 도체가 있다. 도체 1에만 1[C]을 대전하였을 때 도체 2의 전위가 0.5[V]로 된다면 이 두 도체 간의 정전용량은 몇 [F]인가?

① 0.02   ② 0.05

③ 0.07   ④ 0.1

해설
전위계수에 의한 전위
$V_1 = P_{11}Q_1 + P_{12}Q_2$, $V_2 = P_{21}Q_1 + P_{22}Q_2$

㉠ 두 도체에 각각 1[C]의 전하를 줄 때($Q_1 = Q_2 = 1[\text{C}]$)
$V_1 = P_{11} \times 1 + P_{12} \times 1 = 5[\text{V}]$
$V_2 = P_{21} \times 1 + P_{22} \times 1 = 12[\text{V}]$

㉡ 도체 1에만 1[C]의 전하를 줄 때 도체 2의 전위가 5[V]가 되므로
$0.5 = P_{21} \times 1$
∴ $P_{12} = P_{21} = 0.5$

위 ㉠, ㉡식에서 $P_{11} = 4.5$, $P_{22} = 11.5$이다.

ⓒ 전위계수를 이용한 정전용량

$$\therefore C = \frac{1}{P_{11} - 2P_{12} + P_{22}}$$
$$= \frac{1}{4.5 - 2 \times 0.5 + 11.5}$$
$$= \frac{1}{15} = 0.0666 \cdots [\text{F}]$$

★ 산업 12년 1회, 17년 2회

27 도체 2를 $Q[\text{C}]$으로 대전된 도체 1에 접속하면 도체 2가 얻는 전하는 몇 [C]이 되는지를 전위계수로 표시하면? (단, P_{11}, P_{12}, P_{21}, P_{22}는 전위계수이다.)

① $\dfrac{P_{11} - P_{12}}{P_{11} - 2P_{12} + P_{22}} Q$

② $-\dfrac{P_{11} - P_{12}}{P_{11} - 2P_{12} + P_{22}} Q$

③ $\dfrac{P_{11} - P_{12}}{P_{11} + 2P_{12} + P_{22}} Q$

④ $-\dfrac{P_{11} - P_{12}}{P_{11} + 2P_{12} + P_{22}} Q$

해설

㉠ 두 도체를 접속 도체 2에 충전된 전하가 도체 1측으로 이동하여 등전위를 형성한다.
즉, 도체 1로 이동한 전하량을 Q_1이라고 하고 도체 2에 남은 전하량을 Q_2라고 하면 도체 1측으로 이동한 전하량 $Q_1 = Q - Q_2$가 된다.

㉡ 도체 1의 전위
$$V_1 = P_{11}Q_1 + P_{12}Q_2 = P_{11}(Q - Q_2) + P_{12}Q_2$$
$$= P_{11}Q - P_{11}Q_2 + P_{12}Q_2$$

㉢ 도체 2의 전위
$$V_2 = P_{21}Q_1 + P_{22}Q_2 = P_{12}(Q - Q_2) + P_{22}Q_2$$
$$= P_{12}Q - P_{12}Q_2 + P_{22}Q_2$$

㉣ $V_1 = V_2$이므로
$$P_{11}Q - P_{11}Q_2 + P_{12}Q_2 = P_{12}Q - P_{12}Q_2 + P_{22}Q_2$$
$$- P_{11}Q_2 + P_{12}Q_2 + P_{12}Q_2 - P_{22}Q_2 = P_{12}Q - P_{11}Q$$
$$- Q_2(P_{11} - 2P_{12} + P_{22}) = - Q(P_{11} - P_{12})$$
∴ 도체 2에 남은 전하량
$$Q_2 = \frac{P_{11} - P_{12}}{P_{11} - 2P_{12} + P_{22}} \times Q [\text{C}]$$

★★★★ 산업 89년 2회, 93년 5회, 05년 2회, 13년 1회

28 다음은 도체계에 대한 용량계수와 유도계수의 성질을 나타낸 것이다. 옳지 않은 것은? (단, 첨자가 같은 것은 용량계수이며, 첨자가 다른 것은 유도계수이다.)

① $q_{rs} = q_{sr}$

② $q_{rr} > 0$

③ $q_{ss} > q_{rs} > 0$

④ $q_{11} \geqq -(q_{21} + q_{31} + \cdots + q_{n1})$

해설

㉠ 용량계수 q_{11}, q_{22}, $\cdots$ $q_{rr} > 0$, 일반적으로 $q_{rr} > 0$
㉡ 유도계수 q_{12}, q_{13}, $\cdots$ $q_{rs} \leqq 0$, 일반적으로 $q_{rs} \leqq 0$
㉢ $q_{11} \geqq -(q_{21} + q_{31} + \cdots + q_{n1})$
㉣ 용량계수와 유도계수 모두 단위차원을 [C/ V=F]을 사용한다.

★ 산업 89년 6회, 96년 4회

29 그림과 같이 도체 1을 도체 2로 포위하여 도체 2를 일정 전위로 유지하고, 도체 1과 도체 2의 외측에 도체 3이 있을 때 용량계수 및 유도계수의 성질 중 맞는 것은?

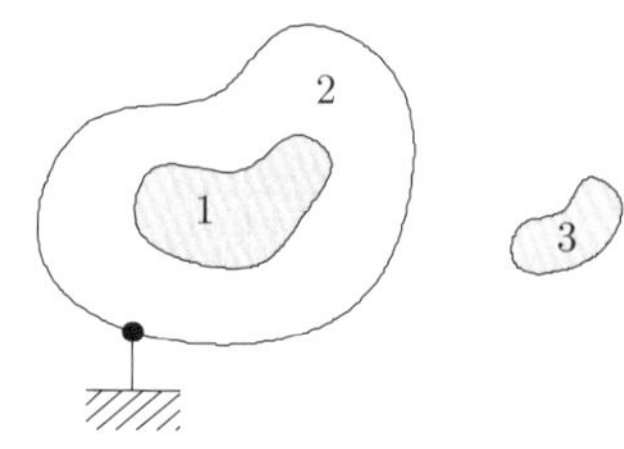

① $q_{21} = -q_{11}$

② $q_{31} = q_{11}$

③ $q_{13} = -q_{11}$

④ $q_{23} = q_{11}$

정답 27. ① 28. ③ 29. ①

출제 04 ▶ 콘덴서의 접속

★★★★ 기사 09년 2회, 12년 1회, 18년 1회 / 산업 95년 4회, 16년 3회, 17년 2회

30 콘덴서의 내압(耐壓) 및 정전용량이 각각 1000[V]-2[μF], 700[V]-3[μF], 600[V]-4[μF], 300[V]-8[μF]이다. 이 콘덴서를 직렬로 연결할 때 양단에 인가되는 전압을 상승시키면 제일 먼저 절연이 파괴되는 콘덴서는?

① 1000[V]-2[μF] ② 700[V]-3[μF]
③ 600[V]-4[μF] ④ 300[V]-8[μF]

해설

최대 전하＝내압×정전용량의 결과 최대 전하값이 작은 것이 먼저 파괴된다.
① $1000 \times 2 = 2000[\mu C]$
② $700 \times 3 = 2100[\mu C]$
③ $600 \times 4 = 2400[\mu C]$
④ $300 \times 8 = 2400[\mu C]$
∴ 2[μF]이 먼저 파괴된다.

★★★★ 산업 92년 2회, 00년 6회, 03년 1회

31 2[μF], 3[μF], 4[μF]의 콘덴서를 직렬로 연결하고 양단에 가한 전압을 서서히 상승시킬 때 다음 중 옳은 것은? (단, 유전체의 재질 및 두께는 같다.)

① 2[μF]의 콘덴서가 제일 먼저 파괴된다.
② 3[μF]의 콘덴서가 제일 먼저 파괴된다.
③ 4[μF]의 콘덴서가 제일 먼저 파괴된다.
④ 세 개의 콘덴서가 동시에 파괴된다.

해설

재질 및 두께가 같으면 절연내력이 같다. 따라서 용량이 가장 작은 2[μF]이 먼저 파괴된다.

★★★ 기사 13년 3회

32 정전용량(C_1)과 내압($V_{1\max}$)이 다른 콘덴서에 여러 개 직렬로 연결하고, 그 직렬회로 양단에 직류 전압을 인가할 때 가장 먼저 절연이 파괴되는 콘덴서는?

① 정전용량이 가장 작은 콘덴서
② 최대 충전 전하량이 가장 작은 콘덴서
③ 내압이 가장 작은 콘덴서
④ 배전 전압이 가장 큰 콘덴서

★ 산업 95년 2회

33 정전용량 C_1, C_2, C_x의 3개 커패시터를 그림과 같이 연결하고 단자 a, b간에 100[V]의 전압을 가하였다. 지금 $C_1 = 0.02[\mu F]$, $C_2 = 0.1[\mu F]$이며 C_1에 90[V]의 전압이 걸렸을 때 C_x는 몇 [μF]인가?

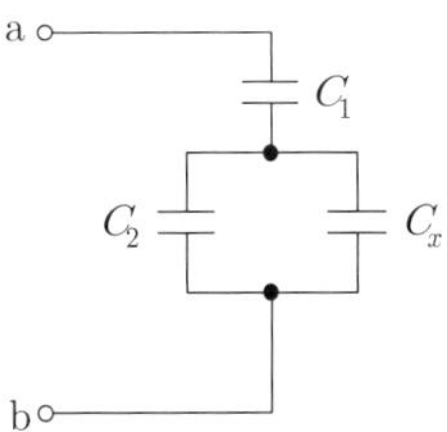

① 0.1
② 0.04
③ 0.06
④ 0.08

해설

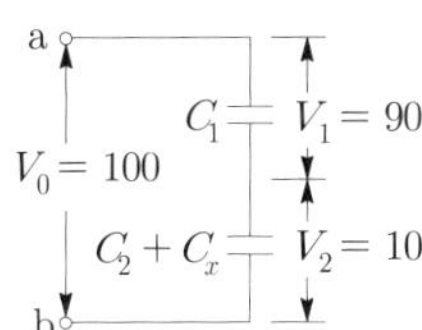

본 회로의 등가회로는 위 그림과 같다. 전압분배법칙에 의해 V_2 전압을 구해보면 다음과 같다.

$$V_2 = \frac{C_1}{C_1 + C_2 + C_x} \times V_0 \text{이다.}$$

$$10 = \frac{0.02}{0.12 + C_x} \times 100 \text{에서}$$

$$0.12 + C_x = 0.2$$

$$\therefore \ C_x = 0.2 - 0.12 = 0.08[\mu F]$$

정답 30. ① 31. ① 32. ② 33. ④

★★★★ 기사 94년 2회

34 그림과 같이 $C_1 = 3[\mu F]$, $C_2 = 4[\mu F]$, $C_3 = 5[\mu F]$, $C_4 = 4[\mu F]$의 콘덴서가 연결되어 있을 때 C_1에 $Q_1 = 120[\mu C]$의 전하가 충전되어 있다면 a, c간의 전위차는 몇 [V]인가?

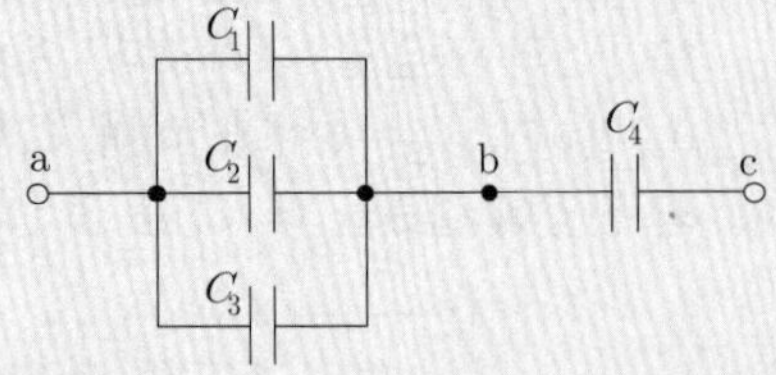

① 72

② 96

③ 102

④ 160

해설

㉠ a, b간 전위차는 C_1에 걸린 전압과 같으므로

$$V_{ab} = \frac{Q_1}{C_1} = \frac{120}{3} = 40[V]$$

㉡ V_{ab}에 걸린 전압을 전압분배법칙에 의해 전개를 하면 $V_{ab} = \frac{C_4}{C + C_4} \times V_{ac}$

여기서, $C = C_1 + C_2 + C_3 = 12[\mu F]$

$$\therefore V_{ac} = \frac{V_{ab}(C + C_4)}{C_4} = \frac{40(12 + 4)}{4} = 160[V]$$

★★★★ 기사 96년 4회, 98년 4회, 03년 1회, 09년 2회, 14년 3회 / 산업 12년 2회

35 내압이 1[kV]이고, 용량이 0.01[μF], 0.02[μF], 0.04[μF]인 3개의 콘덴서를 직렬로 연결하면 전체 내압은 몇 [V]가 되는가?

① 1750   ② 1950

③ 3500   ④ 7000

해설

$V = \frac{Q}{C}$ 식에서 직렬 접속 시 Q는 일정하므로 정전용량 C에 반비례한다. 따라서 용량이 가장 작은 0.01[μF]에 가장 많은 전압이 걸리게 되므로 0.01[μF]에 1[kV]가 걸리게 된다.

합성용량 $C = \dfrac{1}{\dfrac{1}{C_1} + \dfrac{1}{C_2} + \dfrac{1}{C_3}}$

$$= \frac{1}{\dfrac{1}{0.01} + \dfrac{1}{0.02} + \dfrac{1}{0.04}}$$

$$= \frac{1}{100 + 50 + 25} = \frac{1}{175}$$

$V_1 : V = \dfrac{1}{C_1} : \dfrac{1}{C}$ 에서 $1000 : V = 100 : 175$ 이므로

$$\therefore \text{전체 내압 } V = \frac{1000 \times 175}{100} = 1750[V]$$

Comment

전부 맞는 것은 아니지만 전기자기학 문제 중 보기에 '1700, 1750, 443, 0' 등이 있으면 정답이 될 확률이 높다.

★★ 기사 04년 3회, 10년 2회

36 그림과 같이 n개의 동일한 콘덴서 C를 직렬 접속하여 최하단의 한 개와 병렬로 정전용량 C_0의 정전전압계를 접속하였다. 이 정전전압계의 지시가 V일 때 측정전압 V_0는 몇 [V]인가?

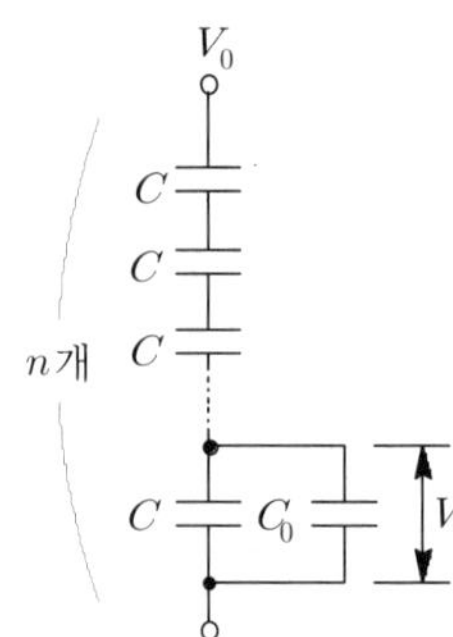

① nV

② $\dfrac{C_0}{C}(n-1)V$

③ $\left[n - \dfrac{C_0}{C}(n-1)\right]V$

④ $\left[n + \dfrac{C_0}{C}(n-1)\right]V$

해설

문제의 그림을 등가변환하면 다음 그림과 같이 된다. 여기서 전압분배법칙을 이용하면 다음과 같다.

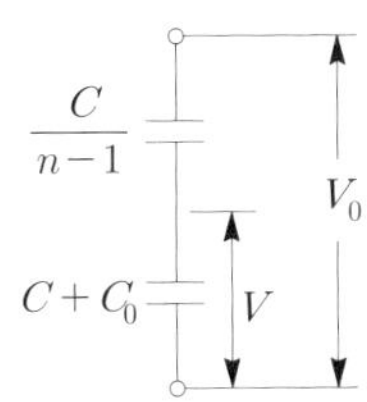

$$V = \frac{\dfrac{C}{n-1}}{\dfrac{C}{n-1} + C + C_0} \times V_0$$

$$= \frac{C}{C + (n-1)(C + C_0)} \times V_0$$

$$= \frac{C}{C + nC + nC_0 - C - C_0} \times V_0$$

$$= \frac{C}{nC + C_0(n-1)} \times V_0$$

따라서 V_0의 값을 정리하면

$$\therefore \ V_0 = \frac{nC + C_0(n-1)}{C} \times V = \left[n + \frac{C_0}{C}(n-1) \right] V$$

★★ 기사 97년 4회, 16년 1회 / 산업 10년 2회

37 서로 멀리 떨어져 있는 두 도체를 각각 V_1 [V], V_2[V]($V_1 > V_2$)의 전위로 충전한 후 가느다란 도선으로 연결하였을 때 그 도선에 흐르는 전하 Q[C]는? (단, C_1, C_2 는 두 도체의 정전용량이다.)

① $\dfrac{C_1 C_2 (V_1 - V_2)}{C_1 + C_2}$

② $\dfrac{2 C_1 C_2 (V_1 - V_2)}{C_1 + C_2}$

③ $\dfrac{C_1 C_2 (V_1 - V_2)}{2(C_1 + C_2)}$

④ $\dfrac{2 (C_1 V_1 - C_2 V_2)}{C_1 C_2}$

해설

㉠ 두 도체를 도선으로 접속하면 전위가 같아지고, 도선에는 전위가 같아질 때까지 전하가 이동한다(두 도체를 접속하면 병렬 접속이 되므로 합성용량은 $C_0 = C_1 + C_2$가 된다).

㉡ 두 도체의 총 전하량 $Q = C_0 V = C_1 V_1 + C_2 V_2$에서 두 도체 접속 후 같아진 전위의 크기는

$$V = \frac{C_1 V_1 + C_2 V_2}{C_1 + C_2}$$ 가 된다.

따라서 도선에 흐르는 전하는 다음과 같다.

$$\therefore \ Q = C_1 V_1 - C_1 V$$

$$= \frac{C_1 V_1 (C_1 + C_2)}{C_1 + C_2} - \frac{C_1 (C_1 V_1 + C_2 V_2)}{C_1 + C_2}$$

$$= \frac{C_1 C_2 (V_1 - V_2)}{C_1 + C_2} [\text{C}]$$

★★★ 기사 97년 2회

38 반지름 $r_1 = 2$[cm], $r_2 = 3$[cm], $r_3 = 4$[cm] 인 3개의 도체구가 각각 전위 $V_1 = 1800$[V], $V_2 = 1200$[V], $V_3 = 900$[V]로 대전되어 있다. 이 3개의 구를 가는 선으로 연결했을 때의 공통 전위는 몇 [V]인가?

① 1100

② 1200

③ 1300

④ 1500

해설

공통 전위

$$V = \frac{r_1 V_1 + r_2 V_2 + r_3 V_3}{r_1 + r_2 + r_3}$$

$$= \frac{0.02 \times 1800 + 0.03 \times 1200 + 0.04 \times 900}{0.02 + 0.03 + 0.04}$$

$$= 1200 [\text{V}]$$

출제 05 ▶ **정전에너지와 힘**

★★★ 기사 13년 1회, 15년 3회

39 1[kV]로 충전된 어떤 콘덴서의 정전에너지 가 1[J]일 때, 이 콘덴서의 크기는 몇 [μF] 인가?

① 2

② 4

③ 6

④ 8

해설

콘덴서에 축적된 에너지

$$W = \frac{1}{2} CV^2 = \frac{1}{2} VQ = \frac{Q^2}{2C} [\text{J}]$$ 에서

∴ 콘덴서 용량

$$C = \frac{2W}{V^2} = \frac{2 \times 1}{1000^2} = 2 \times 10^{-6} [\text{F}] = 2 [\mu\text{F}]$$

정답 37. ① 38. ② 39. ①

★★ 산업 99년 6회, 01년 2회, 17년 3회

40 20[W]의 전구가 2초 동안 한 일의 에너지를 축적할 수 있는 콘덴서의 용량은 몇 [μF]인가? (단, 충전전압은 100[V]이다.)

① 4000 ② 6000

③ 8000 ④ 10000

해설

콘덴서에 축적된 에너지 $W = \dfrac{1}{2}CV^2$[J]이고,

평균 전력 $P = \dfrac{W}{t}$[J/sec=W]이므로

∴ 콘덴서 용량

$$C = \frac{2W}{V^2} = \frac{2 \times P \times t}{V^2} = \frac{2 \times 20 \times 2}{100^2}$$
$$= 8 \times 10^{-3}[\text{F}] = 8000[\mu\text{F}]$$

★★ 산업 10년 3회

41 10[μF]의 콘덴서를 100[V]로 충전한 것을 단락시켜 0.1[ms]에 방전시켰다고 하면 평균 전력은 몇 [W]인가?

① 450 ② 500

③ 550 ④ 600

해설

콘덴서에 축적된 에너지

$$W = \frac{1}{2}CV^2 = \frac{1}{2} \times 10 \times 10^{-6} \times 100^2 = 5 \times 10^{-2}[\text{J}]$$

에서

∴ 평균 전력 $P = \dfrac{W}{t} = \dfrac{5 \times 10^{-2}}{0.1 \times 10^{-3}} = 500[\text{W}]$

★ 기사 98년 6회

42 정전용량이 30[μF]과 50[μF]인 두 개의 콘덴서를 직렬로 연결하여 충전시키는 데 400[J]의 일이 필요했다면 50[μF]에 저축되는 에너지는 몇 [J]인가?

① 150 ② 180

③ 210 ④ 240

해설

㉠ 직렬 접속 후 합성 정전용량

$$C = \frac{C_1 C_2}{C_1 + C_2} = \frac{30 \times 50}{30 + 50} = \frac{1500}{80} = 18.75[\mu\text{F}]$$

㉡ 합성 후 에너지는 $W = \dfrac{Q^2}{2C}$[J]에서

$$Q^2 = 2CW = 2 \times 18.75 \times 10^{-6} \times 400$$
$$= 15000 \times 10^{-6}\text{이 된다.}$$

㉢ 직렬 접속 시에 전하량 크기는 일정하므로
$(Q = Q_1 = Q_2)$

∴ C_1에 저축된 에너지

$$W_1 = \frac{Q_1^2}{2C_1} = \frac{Q^2}{2C_1} = \frac{15000 \times 10^{-6}}{2 \times 10^{-6} \times 50} = 150[\text{J}]$$

★★★ 기사 03년 2회, 15년 1회 / 산업 10년 1회

43 그림에서 단자 a, b 간에 전위차 V를 인가할 때 C_1의 에너지는?

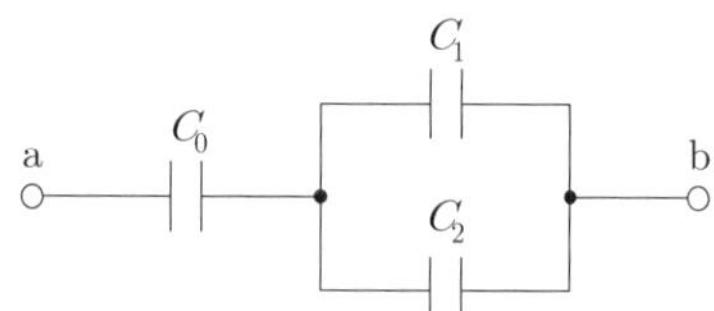

① $\dfrac{C_1^2 V^2}{2}\left(\dfrac{C_1 + C_2}{C_0 + C_1 + C_2}\right)^2$

② $\dfrac{C_1 V^2}{2}\left(\dfrac{C_0}{C_0 + C_1 + C_2}\right)^2$

③ $\dfrac{C_1 V^2}{2}\dfrac{C_0(C_1 + C_2)}{(C_0 + C_1 + C_2)^2}$

④ $\dfrac{C_1 V^2}{2}\dfrac{C_0^2 C_2}{(C_0 + C_1 + C_2)}$

해설

C_1에 걸리는 전위차 V_1은

$$V_1 = \frac{C_0}{C_0 + (C_1 + C_2)} \times V\text{[V]이다.}$$

C_1에 걸리는 에너지 W는 다음과 같다.

∴ $W = \dfrac{1}{2}C_1 V_1^2$

$$= \frac{1}{2} \times C_1 \times \left[\frac{C_0}{C_0 + (C_1 + C_2)} \times V\right]^2$$

$$= \frac{C_1 V^2}{2}\left[\frac{C_0}{C_0 + (C_1 + C_2)}\right]^2$$

★★ 기사 97년 6회

44 누설이 없는 콘덴서의 소모 전력은 얼마인가?

① $\dfrac{1}{2}CV^2$ ② $\dfrac{Q}{\varepsilon}$

③ ∞ ④ 0

해설

누설이 없다는 뜻은 전자의 이동이 없다는 뜻이다.

★★ 기사 94년 6회, 96년 2회, 99년 6회

45 도체의 전계에너지는 도체 전위에 대하여 어떤 상태로 증가하는가?

① 직선 ② 쌍곡선

③ 포물선 ④ 원형곡선

해설

전계(정전)에너지

$$W = \frac{1}{2}\varepsilon_0 E^2 = \frac{1}{2}ED = \frac{D^2}{2\varepsilon_0}\,[\mathrm{J/m^3}]\text{에서}$$

전위 $V = dE$이므로 $W = \dfrac{1}{2}\varepsilon_0 E^2 = \dfrac{1}{2}\varepsilon_0\left(\dfrac{V}{d}\right)^2$ 이 된다.

따라서 전계에너지는 전위 제곱에 비례하므로 전위 상승에 따라 포물선의 형태로 증가한다.

★★★★ 기사 03년 3회, 16년 2회 / 산업 05년 1회, 15년 1·3회

46 W_1과 W_2의 에너지를 갖는 두 콘덴서를 병렬 연결한 경우의 총 에너지 W와의 관계로 옳은 것은? (단, $W_1 \neq W_2$이다.)

① $W_1 + W_2 = W$ ② $W_1 + W_2 > W$

③ $W_1 + W_2 < W$ ④ $W_1 - W_2 = W$

해설

축적된 에너지가 서로 다를 경우 두 도체를 접속하는 순간 에너지가 같아질 때까지(등전위) 전하는 이동하게 되고, 이때 에너지가 소비되므로 두 도체를 연결하면 에너지가 줄어들게 된다.

∴ 전하가 운반될 때 소비되는 에너지 : $W = QV\,[\mathrm{J}]$

Comment

두 도체의 에너지가 같았다면($W_1 = W_2$) 연결 후 전하의 이동이 없으므로 $W_1 + W_2 = W$가 된다.

★★★ 기사 09년 1회 / 산업 89년 6회, 96년 4회, 06년 3회, 13년 1회

47 대전된 구도체를 반경이 2배가 되는 대전이 안 된 구도체에 가는 도선으로 연결할 때 원래의 에너지에 대해 손실된 에너지는 얼마인가? (단, 구도체는 충분히 떨어져 있다.)

① $\dfrac{1}{2}$ ② $\dfrac{1}{3}$

③ $\dfrac{2}{3}$ ④ $\dfrac{2}{5}$

해설

㉠ 대전된 구도체의 초기 에너지 $W_1 = \dfrac{Q^2}{2C_1}\,[\mathrm{J}]$

㉡ 반경이 2배가 되는 대전이 안 된 구도체($C_2 = 2C_1$)를 가는 도선으로 연결하면 두 도체는 병렬 연결($C = C_1 + C_2 = 3C_1$)이 되고, 두 도체가 가지는 전하량은 변화가 없다.

따라서 두 도체를 연결한 후의 에너지

$$W_2 = \frac{Q^2}{2C} = \frac{Q^2}{2(C_1 + C_2)} = \frac{Q^2}{6C_1}\,[\mathrm{J}]\text{이 된다.}$$

㉢ 손실된 에너지

$$\Delta W = W_1 - W_2 = \frac{Q^2}{2C_1} - \frac{Q^2}{6C_1} = \frac{Q^2}{3C_1}\,[\mathrm{J}]$$

$$\therefore \text{손실비 } \frac{\Delta W}{W_1} = \frac{\dfrac{Q^2}{3C_1}}{\dfrac{Q^2}{2C_1}} = \frac{2}{3}$$

★ 산업 95년 6회, 16년 3회

48 x축상에서 $x = 1, 2, 3, 4\,[\mathrm{m}]$인 각 점에 2, 4, 6, 8[nC]의 점전하가 존재할 때 이들에 의한 전계 내에 저장되는 정전에너지는 몇 [nJ]인가?

① 483 ② 644

③ 725 ④ 966

해설

정전에너지

$$W = \frac{1}{2}(Q_1 V_1 + Q_2 V_2 + Q_3 V_3 + Q_4 V_4)\,[\mathrm{J}]\text{에서}$$

$Q_1 = 2\times10^{-9}\,[\mathrm{C}], \quad Q_2 = 4\times10^{-9}\,[\mathrm{C}]$

$Q_3 = 6\times10^{-9}\,[\mathrm{C}], \quad Q_4 = 8\times10^{-9}\,[\mathrm{C}]$

$$V_1 = 9\times10^9\left(\frac{Q_2}{1} + \frac{Q_3}{2} + \frac{Q_4}{3}\right) = 87\,[\mathrm{V}]$$

정답 44. ④ 45. ③ 46. ② 47. ③ 48. ④

$$V_2 = 9 \times 10^9 \left(\frac{Q_1}{1} + \frac{Q_3}{1} + \frac{Q_4}{2} \right) = 108[\text{V}]$$

$$V_3 = 9 \times 10^9 \left(\frac{Q_1}{2} + \frac{Q_2}{1} + \frac{Q_4}{1} \right) = 117[\text{V}]$$

$$V_4 = 9 \times 10^9 \left(\frac{Q_1}{3} + \frac{Q_2}{2} + \frac{Q_3}{1} \right) = 78[\text{V}]$$

$$\therefore W = \frac{1}{2}(2 \times 10^{-9} \times 87 + 4 \times 10^{-9} \times 108 + 6$$
$$\times 10^{-9} \times 117 + 8 \times 10^{-9} \times 78) = 966[\text{nJ}]$$

★★★★ 기사 93년 1회, 12년 2회 / 산업 16년 3회

49 무한히 넓은 두 장의 도체판을 d[m]의 간격으로 평행하게 놓은 후, 두 판 사이에 V[V]의 전압을 가한 경우 도체판의 단위면적당 작용하는 힘은 몇 [N/m²]인가?

① $f = \varepsilon_0 \dfrac{V^2}{d} [\text{N/m}^2]$

② $f = \dfrac{1}{2} \varepsilon_0 d V^2 [\text{N/m}^2]$

③ $f = \dfrac{1}{2} \varepsilon_0 \left(\dfrac{V}{d} \right)^2 [\text{N/m}^2]$

④ $f = \dfrac{1}{2} \dfrac{1}{\varepsilon_0} \left(\dfrac{V}{d} \right)^2 [\text{N/m}^2]$

해설

단위면적당 작용하는 힘(정전응력)

$$f = \frac{1}{2} \varepsilon_0 E^2 = \frac{1}{2} ED = \frac{D^2}{2\varepsilon_0} = \frac{\sigma^2}{2\varepsilon_0} [\text{N/m}^2] \text{에서}$$

전위 $V = dE$ 이므로

$$\therefore \text{정전응력} \ f = \frac{1}{2} \varepsilon_0 E^2 = \frac{1}{2} \varepsilon_0 \left(\frac{V}{d} \right)^2 [\text{N/m}^2]$$

★★★ 기사 10년 2회

50 무한히 넓은 평행판을 2[cm]의 간격으로 놓은 후 평행판 간에 일정한 전계를 인가하였더니 도체 표면에 2[μC/m²]의 전하밀도가 생겼다. 이때 평행판 표면의 단위면적당 받는 정전응력[N/m²]은?

① 1.13×10^{-1}
② 2.26×10^{-1}

③ 1.13
④ 2.26

해설

정전응력

$$f = \frac{\sigma^2}{2\varepsilon_0} = \frac{(2 \times 10^{-6})^2}{2 \times 8.855 \times 10^{-12}} = 0.226$$
$$= 2.26 \times 10^{-1} [\text{N/m}^2]$$

★★★ 산업 08년 2회, 16년 1회(유사)

51 반지름 2[m]인 구도체에 전하 10×10^{-4}[C]이 주어질 때 구도체 표면에 작용하는 정전응력은 약 몇 [N/m²]인가?

① 22.4
② 26.6

③ 30.8
④ 32.2

해설

구도체의 전계

$$E = \frac{Q}{4\pi\varepsilon_0 r^2} = 9 \times 10^9 \times \frac{10 \times 10^{-4}}{2^2}$$
$$= 2.25 \times 10^6 [\text{V/m}]$$

$\therefore$ 정전응력

$$f = \frac{1}{2} \varepsilon_0 E^2$$
$$= \frac{1}{2} \times 8.855 \times 10^{-12} \times (2.25 \times 10^6)^2$$
$$= 22.4[\text{N/m}^2]$$

memo

CHAPTER 04

유전체

기사 13.00% 출제
산업 10.83% 출제

이렇게 공부하세요!!

출제경향분석

기사 출제비율 % 산업 출제비율 %

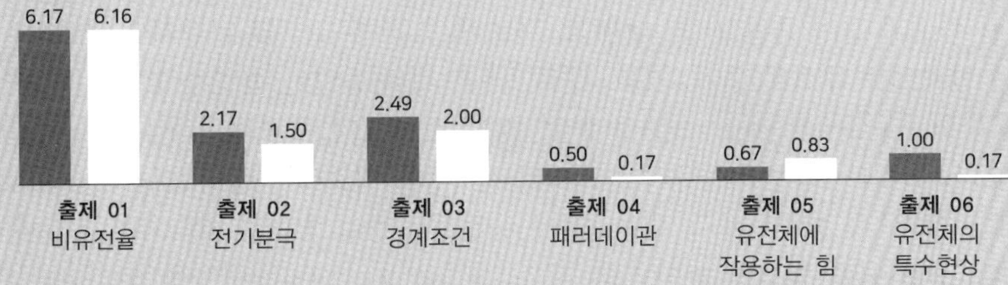

출제포인트

☑ 유전체 삽입 시 쿨롱의 힘과 전계의 세기, 정전용량의 변화량을 알고 있다.

☑ 평행판에 극판 간격을 나누어 유전체를 삽입할 경우 정전용량을 구할 수 있다.

☑ 평행판에 극판 면적을 나누어 유전체를 삽입할 경우 정전용량을 구할 수 있다.

☑ 전기분극의 종류(전자분극, 배향분극)와 특징에 대해서 알고 있다.

☑ 분극의 세기와 전계의 세기의 관계 공식을 알고 있다.

☑ 서로 다른 유전체 경계면에서 전기력선 및 전속선의 굴절현상에 대해서 알고 있다.

☑ 유전체 경계면에서 작용하는 힘과 방향에 대해서 알고 있다.

☑ 압전현상의 종효과와 횡효과에 대해서 알고 있다.

04 유전체(dielectric)

기사 13.00% 출제 | 산업 10.83% 출제

기사 6.17% 출제 | 산업 6.16% 출제

출제 01 비유전율

쌤 Comment

두 고립 전하 사이에 존재하는 물리적인 힘(쿨롱 힘)과 전기장 속으로 유전체를 삽입시키는 데 따른 전기장의 특성 변화(전기변위)에 관한 수식에 나타나는 보편적인 전기상수로서 유전율을 사용하며 이러한 전기적 특성을 나타내는 전기적 절연체를 유전체라 한다.

1 개 요

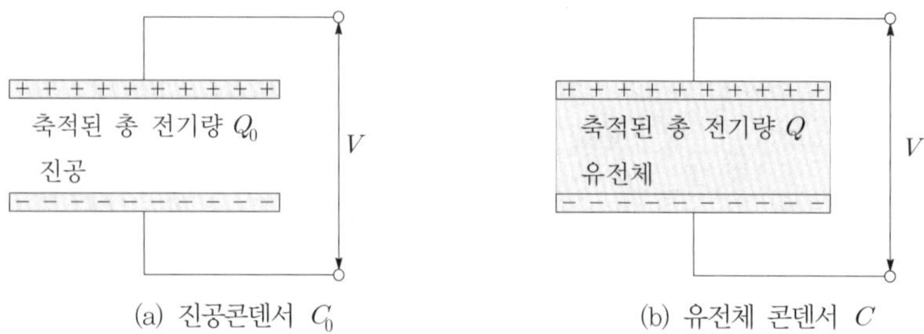

┃그림 4-1┃ 유전체의 성질

① [그림 4-1]과 같이 극판 간격, 단면적, 구조가 모두 동일한 두 콘덴서에 한쪽에는 진공을, 다른 한쪽에는 유전체(종이, 기름, 운모 등)를 채워 동일한 전위차 V를 인가했을 경우를 비교하면, 유전체를 채운 콘덴서에 더 많은 전하량이 축적되게 된다($Q > Q_0$).

② 이때 [식 4-1]과 같이 두 콘덴서에 축적된 전하량을 비교하면 항상 1보다 큰 상수가 되는데 이를 비유전율(ε_s)이라 하고, 비유전율은 유전체의 종류에 따라 달라지며 유전체의 비유전율은 [표 2-1]에 정리해 놓았다.

㉠ 비유전율 : $\dfrac{Q}{Q_0} = \dfrac{CV}{C_0 V} = \dfrac{C}{C_0} = \varepsilon_s \, (\varepsilon_s > 1)$ ·· [식 4-1]

㉡ 콘덴서에 축적되는 총 전하량 : $Q = CV = \varepsilon_s C_0 V$ ································· [식 4-2]

③ [식 4-2]와 같이 진공 콘덴서에 유전체를 삽입하면 정전용량과 축적되는 전하량이 ε_s 배만큼 증가한다.

2 유전체 삽입 시 변화

(1) 개 요

① 유전체는 전기적인 절연체를 말하므로 유전체 내에 작용하는 전기력과 전계의 세기 및 전기력선 등은 모두 감소하게 된다.

② 이때, 크기를 비교하면 진공상태에 비해 비유전율(ε_s)의 비율만큼 작아진다.

(2) 유전체 내 작용력

① 진공상태에서의 작용력을 F_0, E_0, N_0라 하고, 유전체 내의 작용력 F, E, N이라 하면 다음과 같이 정리된다.

㉠ 전기력 : $F = \dfrac{F_0}{\varepsilon_s} = \dfrac{Q_1 Q_2}{4\pi\varepsilon_0\varepsilon_s r^2}$ [N] ·· [식 4-3]

㉡ 전계의 세기 : $E = \dfrac{E_0}{\varepsilon_s} = \dfrac{Q}{4\pi\varepsilon_0\varepsilon_s r^2}$ [V/m] ························· [식 4-4]

㉢ 전기력선의 총수 : $N = \dfrac{N_0}{\varepsilon_s} = \dfrac{Q}{\varepsilon_0\varepsilon_s}$ ····································· [식 4-5]

㉣ 전속선의 총수 : $N = N_0 = Q$ ··· [식 4-6]

② 전기력선은 전계의 힘을 선으로 표현한 것으로 유전체 내에서의 전기력선은 당연히 비유전율의 크기만큼 작아진다. 하지만 전속선(유전속)은 유전율의 크기와 관계없는 상수이므로 항상 일정한 크기를 갖는다.

단원확인기출문제

★★★★ 산업 01년 1회, 03년 3회, 11년 1·3회, 16년 3회

01 평행판 콘덴서의 극판 사이가 진공일 때의 용량을 C_0, 비유전율 ε_s의 유전체를 채웠을 때의 용량을 C라 할 때 이들의 관계식은?

① $\dfrac{C}{C_0} = \dfrac{1}{\varepsilon_0\varepsilon_s}$ 　　　　② $\dfrac{C}{C_0} = \dfrac{1}{\varepsilon_s}$

③ $\dfrac{C}{C_0} = \varepsilon_0\varepsilon_s$ 　　　　④ $\dfrac{C}{C_0} = \varepsilon_s$

해설 $C = \varepsilon_s C_0$ 진공콘덴서에 유전체를 넣으면 비유전율 ε_s만큼 용량이 증가된다.

답 ④

★★★★ 산업 94년 4회, 05년 3회

02 5[C]의 전하가 비유전율 $\varepsilon_s = 2.5$인 매질 내에 있다고 한다면, 이 전하에서 나오는 전체 전기력선의 수는?

① $\dfrac{5}{\varepsilon_0}$ [개] 　　　　② $\dfrac{12.5}{\varepsilon_0}$ [개]

③ $\dfrac{2}{\varepsilon_0}$ [개] 　　　　④ $\dfrac{1}{2\varepsilon_0}$ [개]

해설 전기력선수 $N = \dfrac{Q}{\varepsilon_0\varepsilon_s} = \dfrac{5}{2.5\varepsilon_0} = \dfrac{2}{\varepsilon_0}$ [개]

답 ③

기사 2.17% 출제 | 산업 1.50% 출제

출제 02 전기분극

Comment

전기분극은 유전체 내 구속전자(유극분자)가 +와 −로 극이 분리되는 현상으로 분극의 세기 정의식과 전계와 분극의 세기 관계식은 시험출제 빈도가 높으니 반드시 기억하고 제9장의 자화의 세기와 동일한 개념을 갖는다.

1 구속전자와 자유전자

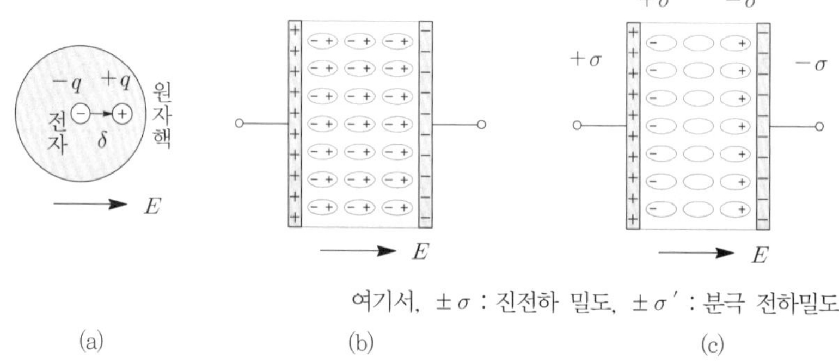

여기서, $\pm\sigma$: 진전하 밀도, $\pm\sigma'$: 분극 전하밀도

(a)　　　　　　(b)　　　　　　(c)

┃그림 4-2┃ 전기분극

① 원자핵 주위를 돌고 있는 전자는 원자핵으로부터 인력을 받고 있어 원자핵 주위를 돌며 속박되어 있다. 이러한 전자를 구속전자라 하고, 원자핵에 약하게 속박되어 있는 외곽전자는 특정한 원자에 속박되어 있지 않고 원자 사이를 자유롭게 돌아다닌다. 이러한 전자를 자유전자(free electron)라 한다.

② 자유전자를 갖지 않는 절연체는 전기력이 가하여지면 [그림 4-2] (a)와 같이 구속전자의 변위만 일어나고 이동은 없다. 이와 같이 절연체 중에서도 전기작용이 일어나는 절연체를 유전체(誘電體, dielectric)라 한다.

2 분극의 세기

① 유전체는 많은 원자나 분자로 구성된 전기 쌍극자를 가지며 유전체에 전계를 가하면 [그림 4-2] (b)와 같이 전기 쌍극자는 재배열하게 된다. 이 경우 유전체 내에서 이웃한 정부의 전하는 상쇄되나, 유전체의 양단에서는 상쇄되지 않으므로 최외각에 전하가 나타난다.

② 이러한 현상을 전기분극(電氣分極, electric polarization)이라 한다. 여기서 분극의 세기 $\vec{P}$ 는 단위면적당 분극 전하량의 크기 또는 단위체적당 쌍극자 모멘트라 한다. 이를 식으로 나타내면 다음과 같다.

㉠ 분극의 세기 : $\vec{P} = \dfrac{Q}{S} = \dfrac{M}{V}[\text{C/m}^2]$ ･･････････････････････････････ [식 4-7]

　여기서, S : 유전체 면적, V : 유전체 체적, Q : 전하량, M : 전기 쌍극자 모멘트

㉡ 쌍극자 모멘트 : $M = Q\delta[\text{C}\cdot\text{m}]$ ･･･ [식 4-8]

　여기서, δ : 쌍극자 간의 거리

③ 힘과 밀도의 관계
　　㉠ 진전하 밀도 : $\sigma = |\vec{D}|$ (여기서, $\vec{D}$는 벡터, σ는 스칼라이다)
　　㉡ 분극전하 밀도 : $\sigma' = |\vec{P}|$ (여기서, $\vec{P}$는 벡터, σ'는 스칼라이다)

3 분극의 종류

(1) 전자분극

유전체에 전계가 가해지면 궤도상의 전자에 작용하여 궤도의 중심이 원자핵의 위치보다 약간 벗어나므로 음양의 전하 쌍을 일으킨다. 이것을 전자분극이라 하며, 비유전율이 1보다 커지는 이유의 하나인데, 전계가 매우 높은 주파수가 되면 분극을 일으키지 않게 되므로 비유전율은 저하한다.

(2) 이온분극

유전분극의 일종으로, 절연물 중의 이온이 전계에 의해 이동하기 때문에 생기므로 가청 주파영역 이하의 주파수에서 볼 수 있다.

(3) 배향분극

쌍극자 분극을 말한다. 분자가 비대칭의 구조로 되어 있는 절연물에 전계가 가해지면 분자 중에서 마주보고 있는 양전하와 음전하가 모두 같은 방향으로 배열한다. 이러한 상태를 배향분극이라 하며, 유전율이 증가하는 원인의 하나이다.

4 분극의 세기와 전계의 세기

(1) 개 요

① 전속밀도의 크기는 전하량 크기에 비례하고 유전체 종류와 상관없이 항상 일정한 크기를 가진다. 이는 아래와 같이 유전체 내의 전계의 세기가 ε_s배만큼 작아지기 때문이다.
　　㉠ 진공 중의 전속밀도 : $D_0 = \varepsilon E = \varepsilon_0 \varepsilon_s E = \varepsilon_0 E$ (진공의 비유전율 $\varepsilon_s = 1$)
　　㉡ 유전체 내의 전속밀도 : $D = \varepsilon_0 \varepsilon_s E' = \varepsilon_0 \varepsilon_s \dfrac{E}{\varepsilon_s} = \varepsilon_0 E$

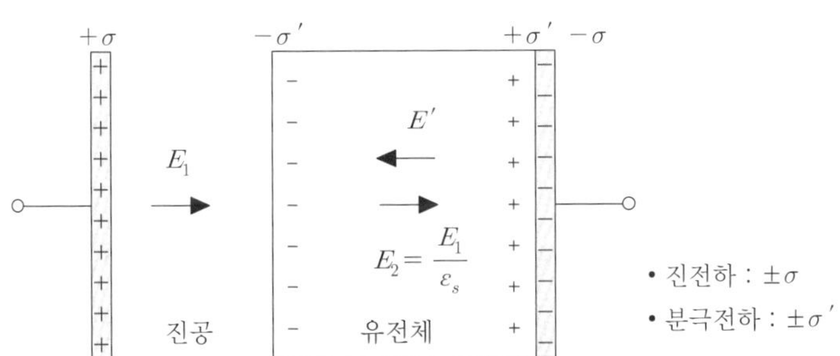

▮ 그림 4-3 ▮ 전계와 분극의 세기의 관계

② 유전체 내의 전계가 ε_s배만큼 작아진 이유는 [그림 4-3]에서와 같이 유전체 내에서 발생한 분극현상에 의해서 작아진 것이다.

(2) 분극의 세기와 전계의 세기의 관계

① 유전체 내의 전계의 세기 : $E_2 = \dfrac{E_1}{\varepsilon_s} = E_1 - E' = E_1 - \dfrac{P}{\varepsilon}$

② 양변에 유전율을 곱하면 다음과 같다(여기서, $\varepsilon = \varepsilon_0 \varepsilon_s$).

$$\varepsilon E_2 = \varepsilon \dfrac{E_1}{\varepsilon_s} = \varepsilon E_1 - P, \quad \varepsilon_0 E_1 = \varepsilon_0 \varepsilon_s E_1 - P, \quad P = \varepsilon_0 \varepsilon_s E_1 - \varepsilon_0 E_1$$

③ 유전체에 입사하는 전계 E_1을 E라 하면 다음과 같이 정리할 수 있다.

$$P = \varepsilon_0 \varepsilon_s E - \varepsilon_0 E = \varepsilon_0 (\varepsilon_s - 1) E = \chi E \,[\mathrm{C/m^2}] \ \text{(여기서, } \chi : \text{분극률)}$$

또는, 전속밀도 $D = \varepsilon_0 \varepsilon_s E$라 하면 다음과 같이 정리할 수 있다.

$$P = \varepsilon_0 \varepsilon_s E - \varepsilon_0 E = D - \varepsilon_0 E = D - \dfrac{D}{\varepsilon_s} = D\left(1 - \dfrac{1}{\varepsilon_s}\right)[\mathrm{C/m^2}]$$

④ 분극의 세기와 전계의 세기의 관계

$$\therefore \ P = \chi E = \varepsilon_0 (\varepsilon_s - 1) E = D - \varepsilon_0 E = D\left(1 - \dfrac{1}{\varepsilon_s}\right)[\mathrm{C/m^2}] \quad \cdots\cdots\cdots\cdots [\text{식 } 4\text{-}9]$$

⑤ 분극률과 비분극률(전기 감수율)
  ㉠ 분극률 : $\chi = \varepsilon_0 (\varepsilon_s - 1)\,[\mathrm{F/m}]$
  ㉡ 비분극률 : $\chi_{er} = \dfrac{\chi}{\varepsilon_0} = \varepsilon_s - 1$

단원확인기출문제

★ 산업 04년 2회

03 유전분극의 종류가 아닌 것은?

① 전하분극 ② 전자분극
③ 이온분극 ④ 배향분극

답 ①

★★★ 산업 00년 4회, 07년 1회, 09년 2회

04 비유전율이 5인 등방 유전체의 한 점에서의 전계의 세기가 10[kV/m]이다. 이 점의 분극의 세기는 몇 $[\mathrm{C/m^2}]$인가?

① 1.41×10^{-7} ② 3.54×10^{-7}
③ 8.84×10^{-8} ④ 4×10^{4}

해설 분극의 세기와 전계의 세기의 관계 : $P = \varepsilon_0 (\varepsilon_s - 1) E = D - \varepsilon_0 E = D\left(1 - \dfrac{1}{\varepsilon_s}\right)[\mathrm{C/m^2}]$

$$\therefore \ P = \varepsilon_0 (\varepsilon_s - 1) E = 8.855 \times 10^{-12} \times (5-1) \times 10 \times 10^3 = 3.542 \times 10^{-7}\,[\mathrm{C/m^2}]$$

답 ②

기사 2.49% 출제 | 산업 2.00% 출제

출제 03 경계조건

Comment

물속 나무막대기를 넣으면 공기층의 부분과 물속의 막대기 부분이 굴절되어 보인다. 이와 같이 서로 다른 매질에 전기력선이 입사하면 반드시 굴절하나 수직으로 입사하면 굴절하지 않는다.

1 개 요

① 지금까지는 균일한 매질에서의 전기장에 대해서만 고려했다. 전기장이 두 개의 서로 다른 매질로 이루어진 영역 내에 존재할 때 두 매질의 경계면에서 전기장이 만족해야 할 조건을 경계조건이라 한다.

② 경계면의 한쪽에서의 전기장을 알면 다른 쪽의 전기장을 구하는 데 도움이 되며, 경계조건들은 매질을 이루고 있는 종류에 의존된다.

2 경계조건

(1) 개 요

① 서로 다른 유전체 경계면에서 전기력선(E)과 유전속(D)은 굴절한다.

② [그림 4-4] (a)와 같이 입사와 투과되는 전기력선 및 유전속(전속선)은 유전체 경계면에 대하여 수직성분(법선벡터)과 수평성분(접선벡터)으로 분해할 수 있다. 여기서, θ_1은 입사각, θ_2는 굴절각이 된다.

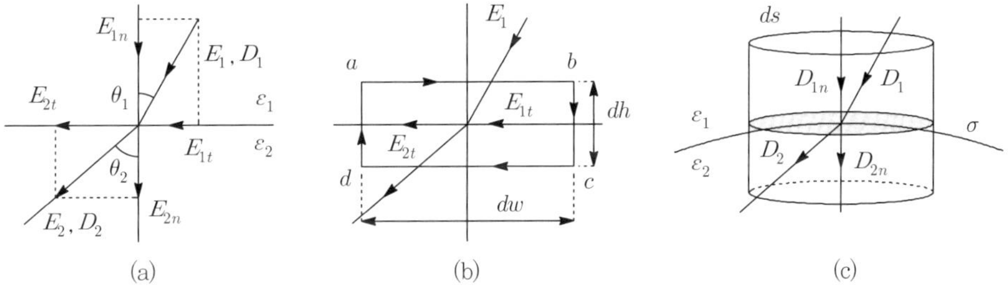

| 그림 4-4 | 유전체 – 유전체 경계면

㉠ 전기력선의 분해 : $E = E_t + E_n$ ⋯⋯⋯⋯⋯⋯⋯⋯⋯⋯⋯⋯⋯⋯⋯⋯⋯⋯ [식 4-10]

　　여기서, $E_t = E\sin\theta$, $E_n = E\cos\theta$

㉡ 유전속의 분해 : $D = D_t + D_n$ ⋯⋯⋯⋯⋯⋯⋯⋯⋯⋯⋯⋯⋯⋯⋯⋯⋯⋯ [식 4-11]

　　여기서, $D_t = D\sin\theta$, $D_n = D\cos\theta$

③ 유전체 1, 2영역에서의 전기력선과 유전속의 관계는 Maxwell의 방정식을 활용하여 정리할 수 있다.

$$\text{㉠ } \oint E \cdot n\, dl = 0 \quad \text{[식 4-12]}$$

$$\text{㉡ } \oint D \cdot n\, ds = Q \quad \text{[식 4-13]}$$

(2) 경계면의 접선성분

① 전기력선의 특징

㉠ [그림 4-4] (b)와 같이 폐경로 a, b, c, d, a에 대해서 1주 적분을 하고, $\dfrac{h}{2} \to 0$를 하여 경계면에서의 전기력선을 판단할 수 있다.

$$\text{㉡ } \oint_{abcda} E \cdot dl = \int_a^b E \cdot dl + \int_b^c E \cdot dl + \int_c^d E \cdot dl + \int_d^a E \cdot dl$$

$$= E_{1t}dw - E_{1n}\frac{dh}{2} - E_{2n}\frac{dh}{2} - E_{2t}dw + E_{2n}\frac{dh}{2} + E_{1n}\frac{dh}{2}$$

$$= E_{1t}dw - E_{2t}dw = 0$$

$$\therefore E_{1t} = E_{2t} \quad \text{[식 4-14]}$$

㉢ 전기력선의 접선(수평)성분은 경계면의 양쪽에서 같다. 즉, E_t는 경계에서 변하지 않으며 경계면을 가로질러 연속이다.

② 유전속의 특징

㉠ 유전체가 서로 다른 경계면($\varepsilon_1 \neq \varepsilon_2$)에서 유전속의 접선성분을 알아보려면 $D_{1t} = D_{2t}$으로 가정하고 $D = \varepsilon E$를 대입하여 알 수 있다.

㉡ $D_{1t} = D_{2t}$는 $\varepsilon_1 E_{1t} = \varepsilon_2 E_{2t}$이고 [식 4-14]에서 $E_{1t} = E_{2t}$라고 했으므로 $\varepsilon_1 = \varepsilon_2$라는 의미가 된다. 따라서 $D_{1t} = D_{2t}$가 성립되지 않는다는 것을 알 수 있다.

$$\therefore D_{1t} \neq D_{2t} \quad \text{[식 4-15]}$$

㉢ 유전속의 접선(수평)성분은 경계면의 양쪽에서 같지 않으며, 경계에서 변화하고 불연속이다.

(3) 경계면의 법선성분

① 유전속의 특징

㉠ [그림 4-4] (b)와 같이 작은 원통(Gauss 표면)에서 $dh \to 0$일 때 [식 4-11]을 적용하면 다음과 같다.

$$\oint D \cdot n\, ds = \int_s D_n ds = \int_{\varepsilon_1} D_{1n} ds - \int_{\varepsilon_2} D_{2n} ds = \sigma \int ds$$

$D_{1n} - D_{2n} = \sigma$이 된다.

㉡ 이때, 경계면에 전하가 존재하지 않을 경우에는 $\sigma = 0$이므로

$$\therefore D_{1n} = D_{2n} \quad \text{[식 4-16]}$$

㉢ 유전속의 법선(수직)성분은 경계면 양쪽에서 같다. 즉, 경계에서 변화되지 않으며 연속이다.

② 전기력선의 특징

㉠ 유전체가 서로 다른 경계면($\varepsilon_1 \neq \varepsilon_2$)에서 전기력선의 접선성분을 알아보려면 [식 4-16]의 $D_{1n} = D_{2n}$을 통하여 알 수 있다.

ⓛ $D_{1n} = D_{2n}$ 는 $\varepsilon_1 E_{1n} = \varepsilon_2 E_{2n}$ 이고, $E_{1n} = E_{2n}$ 라고 했으므로 $\varepsilon_1 = \varepsilon_2$ 라는 의미가 된다. 따라서 $E_{1n} = E_{2n}$ 이 성립되지 않는다는 것을 알 수 있다. 따라서 $\varepsilon_1 \neq \varepsilon_2$ 이므로 E_{1n} 과 E_{2n} 은 같을 수 없다.

$$\therefore \ E_{1t} \neq E_{2t} \ \text{································· [식 4-17]}$$

ⓒ 전기력선의 법선(수직)성분은 경계면의 양쪽에서 같지 않으며, 경계에서 변화하고 불연속이다.

(4) 두 종류의 유전체로 구성된 계에서 경계조건의 정리

① 전기력선의 경계조건

ⓐ 전기력선의 접선(수평)성분 E_t 는 경계면 양쪽에서 같다(연속적).

$$\therefore \ E_{1t} = E_{2t}(E_1\sin\theta_1 = E_2\sin\theta_2) \ \text{······· [식 4-18]}$$

ⓛ 전기력선의 법선(수직)성분 E_n 은 경계면 양쪽에서 같지 않다(불연속적).

$$\therefore \ E_{1n} \neq E_{2n}(E_1\cos\theta_1 \neq E_2\cos\theta_2) \ \text{······· [식 4-19]}$$

② 유전속의 경계조건

ⓐ 유전속의 접선(수평)성분 D_t 는 경계면 양쪽에서 같지 않다(불연속적).

$$\therefore \ D_{1t} \neq D_{2t}(D_1\sin\theta_1 \neq D_2\sin\theta_2) \ \text{······· [식 4-20]}$$

ⓛ 유전속의 법선(수직)성분 D_n 은 경계면 양쪽에서 같다(연속적).

$$\therefore \ D_{1n} = D_{2n}(D_1\cos\theta_1 = D_2\cos\theta_2) \ \text{······· [식 4-21]}$$

3 전기장의 굴절(refraction)

(1) 개 요

유전속 및 전기력선은 유전율이 다른 면에서 굴절하는데, 이는 [식 4-18]과 [식 4-21]를 통하여 입사각과 굴절각의 관계를 알 수 있다.

(2) 입사각과 굴절각의 관계

① $\dfrac{E_1\sin\theta_1}{D_1\cos\theta_1} = \dfrac{E_2\sin\theta_2}{D_2\cos\theta_2}, \ \dfrac{E_1\sin\theta_1}{\varepsilon_1 E_1\cos\theta_1} = \dfrac{E_2\sin\theta_2}{\varepsilon_2 E_2\cos\theta_2}, \ \dfrac{1}{\varepsilon_1}\tan\theta_1 = \dfrac{1}{\varepsilon_2}\tan\theta_2$

$$\therefore \ \frac{\tan\theta_2}{\tan\theta_1} = \frac{\varepsilon_2}{\varepsilon_1} \ \text{································· [식 4-22]}$$

② 만약, $\varepsilon_1 < \varepsilon_2$ 이라면 $\theta_1 < \theta_2$, $D_1 < D_2$, $E_1 > E_2$ 이 된다.

ⓐ $\theta_1 < \theta_2$: 유전율이 큰 쪽으로 더 크게 굴절한다.

ⓛ $D_1 < D_2$: 유전속은 유전율이 큰 곳으로 모이려는 특성이 있다.

ⓒ $E_1 > E_2$: 전기력선은 유전율이 작은 곳으로 모이려는 특성이 있다.

단원 확인 기출문제

★★★★ 기사 11년 1회

05 유전율이 각각 ε_1, ε_2인 두 유전체가 접한 경계면에서 전하가 존재하지 않는다고 할 때 유전율이 ε_1인 유전체에서 유전율이 ε_2인 유전체로 전계 E_1이 입사각 $\theta_1 = 0°$로 입사할 경우 성립되는 식은?

① $E_1 = E_2$
② $E_1 = \varepsilon_1 \varepsilon_2 E_2$
③ $\dfrac{E_1}{E_2} = \dfrac{\varepsilon_1}{\varepsilon_2}$
④ $\dfrac{E_2}{E_1} = \dfrac{\varepsilon_1}{\varepsilon_2}$

해설 ㉠ 경계면상에 수직으로 입사하면 전속성분이 일정하다($D_1 \cos\theta_1 = D_2 \cos\theta_2$).

ㄴ 경계면상에 수평으로 입사하면 전계성분이 일정하다($E_1 \sin\theta_1 = E_2 \sin\theta_2$).

∴ $\theta = 0°$(경계면상의 수직)로 입사하면 $D_1 = D_2$가 되므로 $\varepsilon_1 E_1 = \varepsilon_2 E_2$가 된다.

답 ④

★ 산업 08년 1회

06 두 유전체 ⓐ, ⓑ가 유전율 $\varepsilon_1 = 2\sqrt{3}\,\varepsilon_0$, $\varepsilon_2 = 2\varepsilon_0$이며, 경계를 이루고 있을 때 그림과 같이 전계 E_1이 입사하여 굴절을 하였다면 유전체 ⓑ 내의 전계의 세기 E_2는 몇 [V/m]인가?

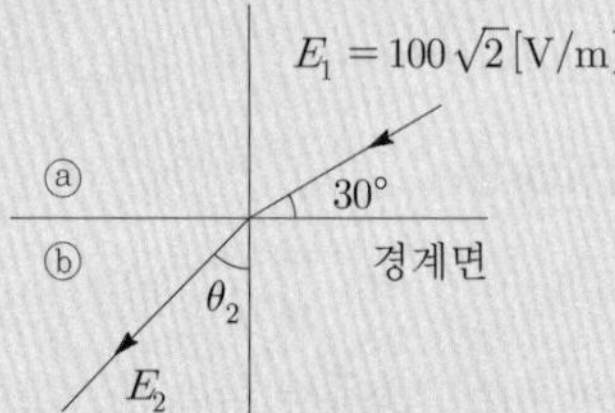

① 95
② 100
③ $100\sqrt{2}$
④ $100\sqrt{3}$

해설 ㉠ 경계조건 $\dfrac{\varepsilon_2}{\varepsilon_1} = \dfrac{\tan\theta_2}{\tan\theta_1}$에서 $\tan\theta_2 = \tan\theta_1 \dfrac{\varepsilon_2}{\varepsilon_1} = \tan\theta_1 \dfrac{\varepsilon_{s2}}{\varepsilon_{s1}}$이다. (여기서, $\theta_1 = 90 - 30 = 60°$)

∴ $\theta_2 = \tan^{-1}\left(\tan\theta_1 \dfrac{\varepsilon_2}{\varepsilon_1}\right) = \tan^{-1}\left(\tan 60° \times \dfrac{2\varepsilon_0}{2\sqrt{3}\,\varepsilon_0}\right) = \tan^{-1}\left(\sqrt{3} \times \dfrac{1}{\sqrt{3}}\right) = 45°$

ㄴ 경계면에의 전계성분 $E_1 \sin\theta_1 = E_2 \sin\theta_2$에서 $E_2 = E_1 \dfrac{\sin\theta_1}{\sin\theta_2}$이므로

∴ $E_2 = E_1 \dfrac{\sin\theta_1}{\sin\theta_2} = 100\sqrt{2}\,\dfrac{\sin 60°}{\sin 45°} = 100\sqrt{3}\,[\text{V/m}]$

답 ④

기사 0.50% 출제 | 산업 0.17% 출제

출제 04 패러데이관

Comment
- 이번 단원은 출제빈도가 매우 낮아 자세한 설명은 생략했다.
- 시험에서는 패러데이관의 특징만이 출제되고 있으니 한 번씩 읽고 넘어가자.

1 개 요

① 유전체 중에 있는 대전도체 표면의 미소면적의 둘레에서 발산하는 전속으로 이루어지는 관을 전기력관(tube of electric force)이라 한다.

② 이 역관(力管) 중 특히 미소면적상의 전하가 단위의 값(1[C])인 것을 패러데이관이라 한다.

2 패러데이관의 특징

① 패러데이관 내의 전속수는 일정하다.

② 패러데이관 양단에 정·부의 단위 전하가 있다.

③ 진전하가 없는 점에서는 패러데이관은 연속이다.

④ 패러데이관의 밀도는 전속밀도와 같다.

기사 0.67% 출제 | 산업 0.83% 출제

출제 05 유전체에 작용하는 힘

Comment
경계 조건에서 전기력선이 수직으로 입사 시 전속밀도가 일정하고, 전기력선이 수평방향으로 진행되면 전기력선이 일정하다는 것을 이해하고 내용을 정리한다.

1 전계가 경계면에 수직할 경우

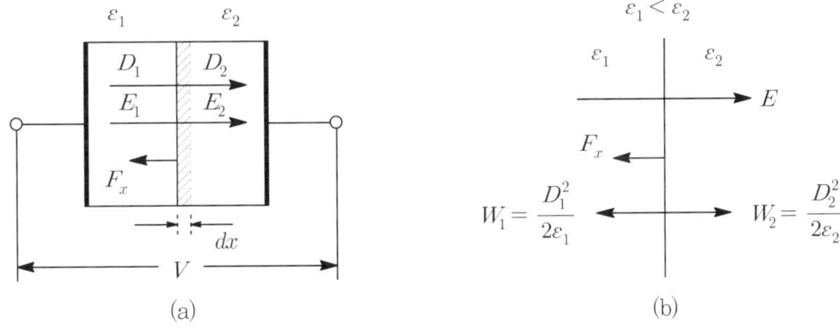

▮그림 4-5▮ 전계가 경계면에 수직인 경우

① 서로 다른 유전체에 전계가 수직으로 입사하면 [그림 4-5]와 같이 W_1은 왼쪽으로, W_2는 오른쪽으로 작용한다.

ㄱ $W_1 = \dfrac{1}{2}\varepsilon_1 E_1 = \dfrac{1}{2}E_1 D_1 = \dfrac{D_1^2}{2\varepsilon_1}\,[\mathrm{J/m^3}]$ ··· [식 4-23]

ㄴ $W_2 = \dfrac{1}{2}\varepsilon_2 E_2 = \dfrac{1}{2}E_2 D_2 = \dfrac{D_2^2}{2\varepsilon_2}\,[\mathrm{J/m^3}]$ ··· [식 4-24]

즉, 전계 중의 유전체는 전계 방향으로 끌려 변형력을 받는다. 이와 같은 변형력을 맥스웰의 변형력(또는 응력, Maxwell's stress)이라 한다.

② 전계가 수직으로 입사하면 전속밀도가 일정$(D_1 = D_2)$하므로 $W = \dfrac{D^2}{2\varepsilon}$으로 판단하면 맥스웰의 변형력의 크기와 방향을 구할 수 있다.

③ 만약, $\varepsilon_1 < \varepsilon_2$일 때 경계면에 작용한 힘을 구해보면 다음과 같다.

ㄱ $F_x = \dfrac{dW}{dx} = \dfrac{d(W_1 - W_2)}{dx} = \dfrac{1}{2}\left(\dfrac{1}{\varepsilon_1} - \dfrac{1}{\varepsilon_2}\right)D^2\,[\mathrm{N/m^2}]$ ·························· [식 4-25]

ㄴ 즉, 맥스웰 변형력은 유전율이 큰 곳에서 작은 곳으로 작용한다.

▨2 전계가 경계면에 평행할 경우

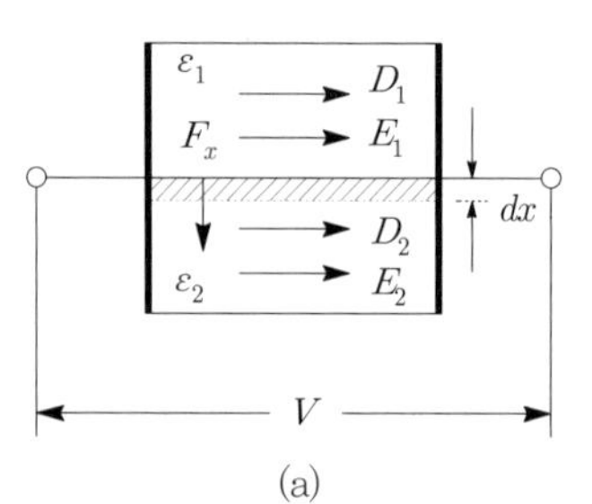

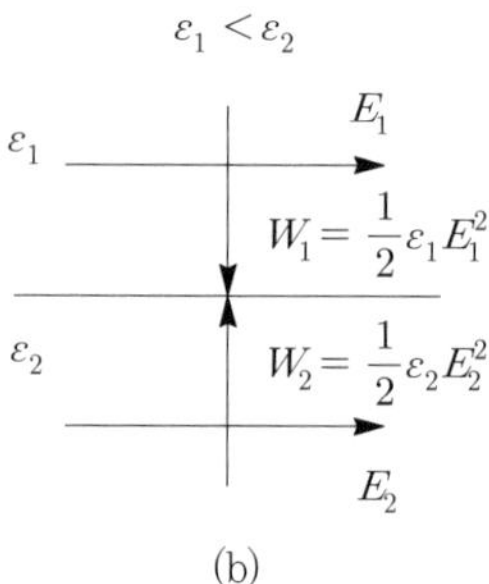

(a)　　　　　　　　　(b)

‖그림 4-6‖ 전계가 경계면에 평행할 경우

① 전계가 경계면과 수평 진행하면 전계가 일정$(E_1 = E_2)$하므로 $W = \dfrac{1}{2}\varepsilon E$으로 판단하면 맥스웰의 변형력의 크기와 방향을 구할 수 있다.

② 만약, $\varepsilon_1 < \varepsilon_2$일 때 경계면에 작용한 힘을 구해보면 다음과 같다.

ㄱ $F_x = \dfrac{dW}{dx} = \dfrac{d(W_2 - W_1)}{dx} = \dfrac{1}{2}(\varepsilon_2 - \varepsilon_1)E^2\,[\mathrm{N/m^2}]$ ·························· [식 4-26]

ㄴ 즉, 맥스웰 변형력은 유전율이 큰 곳에서 작은 곳으로 작용한다.

★★ 기사 93년 3회, 04년 1회

07 유전율이 다른 두 유전체의 경계면에 작용하는 힘은? (단, 유전체의 경계면과 전계 방향은 수직이다.)

① 유전율의 차이에 비례   ② 유전율의 차이에 반비례
③ 경계면의 전계의 세기의 제곱에 비례   ④ 경계면의 전하밀도의 제곱에 비례

해설 전계 방향이 수직인 경우 경계면에 작용하는 힘 $f = \dfrac{1}{2}\left(\dfrac{1}{\varepsilon_2} - \dfrac{1}{\varepsilon_1}\right)D^2$ [N/m^2]이므로

∴ 경계면의 전하밀도(=전속밀도)의 제곱에 비례한다.

답 ④

★★ 기사 08년 3회

08 두 유전체의 경계면에 대한 설명 중 옳은 것은?

① 두 유전체의 경계면에 전계가 수직으로 입사하면 두 유전체 내의 전계의 세기는 같다.
② 유전율이 작은 쪽에 전계가 입사할 때 입사각은 굴절각보다 크다.
③ 경계면에서 정전력은 전계가 경계면에 수직으로 입사할 때 유전율이 큰 쪽에서 작은 쪽으로 작용한다.
④ 유전율이 큰 쪽에서 작은 쪽으로 전계가 경계면에 수직으로 입사할 때 유전율이 작은 쪽의 전계의 세기가 작아진다.

해설 경계면에 작용하는 힘의 방향은 유전율이 큰 쪽에서 작은 쪽으로 작용한다.

답 ③

기사 1.00% 출제 | 산업 0.17% 출제

출제 06 유전체의 특수현상

Comment

'출제 06'에서는 초전기 현상과 압전효과의 정의와 더불어 압전효과의 종효과와 횡효과에 대해서 기억하자. 나머지 내용은 참고만 한다.

1 접촉전기

도체와 도체, 유전체와 유전체 또는 유전체와 도체를 서로 접촉시키면 한 편의 전자가 다른 편으로 이동하여 각각 정, 부로 대전하는 현상이 일어난다. 이때 나타나는 전기를 접촉전기(contact electricity)라고 부른다.

2 초전효과 또는 Pyro전기

전기석이나 티탄산바륨의 결정을 가열 또는 냉각하면 결정의 한쪽 면에 정전하가, 다른 쪽 면에는 부전하가 발생한다. 이 전하의 극성은 가열할 때와 냉각할 때는 서로 정반대이다. 이런 현상을 초전효과(Pyroelectric effect)라 하며, 이때 발생한 전하를 초전기(Pyroelectricity)라 한다.

3 압전효과(피에조 효과)

① 유전체에 압력이나 인장력을 가하면 전기분극이 발생하는 현상
   ㉠ 종효과 : 압력이나 인장력이 분극과 같은 방향으로 진행
   ㉡ 횡효과 : 압력이나 인장력이 분극과 수직 방향으로 진행
② 압전효과 발생 시 단면에 나타나는 분극전하를 압전기(piezoelectricity)라 하고 수정, 전기석, 로셸염, 티탄산바륨($BaTio_3$) 등은 압전효과를 발생시키는 물질이다. 특히 로셸염의 압전효과는 수정의 1000배 정도로 가장 많이 이용된다.
③ 압전효과는 마이크, 압력 측정, 수정 발진기, 초음파 발생기, 일정 주파수 발진에 사용되는 크리스탈 픽업 등 여러 방면에 응용된다.

단원 핵심정리 한눈에 보기

1. 유전체 삽입 시 변화(유전율 : $\varepsilon = \varepsilon_0 \varepsilon_s$ [F/m])

① 두 전하 사이의 전기력 : $F = \dfrac{F_0}{\varepsilon_s} = \dfrac{Q_1 Q_2}{4\pi\varepsilon_0\varepsilon_s r^2}$ [N] (여기서, F_0 : 진공에서의 전기력)

② 전계의 세기 : $E = \dfrac{E_0}{\varepsilon_s} = \dfrac{Q}{4\pi\varepsilon_0\varepsilon_s r^2}$ [V/m] (여기서, E_0 : 진공에서의 전계의 세기)

③ 전기력선의 총수 : $N = \dfrac{N_0}{\varepsilon_s} = \dfrac{Q}{\varepsilon_0\varepsilon_s}$ (여기서, N_0 : 진공에서의 전기력선의 총수)

④ 전속선의 총수 : $N = N_0 = Q$ (여기서, N_0 : 진공에서의 전속선의 총수)

⑤ 정전용량 : $C = \varepsilon_s C_0$ [F] (여기서, C_0 : 진공콘덴서의 정전용량)

⑥ 정전에너지 : $w_e = \dfrac{1}{2}\varepsilon_0\varepsilon_s E^2 = \dfrac{1}{2}ED = \dfrac{D^2}{2\varepsilon_0\varepsilon_s}$ [J/m³]

⑦ 정전응력 : $f = \dfrac{1}{2}\varepsilon_0\varepsilon_s E^2 = \dfrac{1}{2}ED = \dfrac{D^2}{2\varepsilon_0\varepsilon_s}$ [N/m²]

2. 분극의 세기

① 분극의 세기의 정의

   ㉠ 유전체에 전계를 가하면 중성이었던 극성이 분리가 되어 전기 쌍극자 모멘트가 발생하는데, 이를 전기분극 현상이라 한다.

   ㉡ 정의식 : $\vec{P} = \dfrac{Q}{S} = \dfrac{M}{V}$ [C/m²] (여기서, 쌍극자 모멘트 : $M = Q\delta$ [C·m])

② 전기분극의 종류 : 전자분극, 이온분극, 배향분극

   ㉠ 전자분극 : 단결정 매질에서 전자운과 핵의 상대적인 변위에 의해 발생

   ㉡ 배향분극 : 유전체 내 영구 쌍극자 모멘트를 갖고 있는 분자가 외부 전계에 의하여 배열함으로써 일어나는 분극현상으로 온도의 영향을 받는다.

③ 전계의 세기와 분극의 세기의 관계 : $P = \chi E = \varepsilon_0(\varepsilon_s - 1)E = D - \varepsilon_0 E = D\left(1 - \dfrac{1}{\varepsilon_s}\right)$

   ㉠ 분극률 : $\chi = \varepsilon_0(\varepsilon_s - 1)$ [F/m]

   ㉡ 비분극률(전기 감수율) : $\chi_{er} = \dfrac{\chi}{\varepsilon_0} = \varepsilon_s - 1$ (여기서, 비유전율 : $\varepsilon_s = \dfrac{\chi}{\varepsilon_0} + 1$)

3. 경계조건

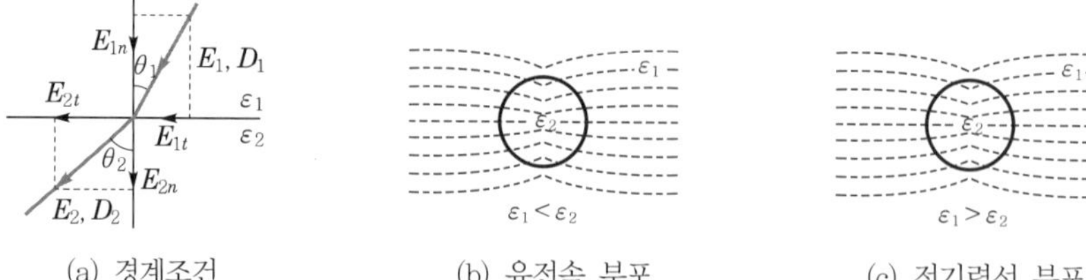

(a) 경계조건 (b) 유전속 분포 (c) 전기력선 분포

① 개요(θ_1 : 입사각, θ_2 : 굴절각)

    ㉠ 서로 다른 유전체 경계면에서 전기력선(E)과 유전속(D)은 반드시 굴절한다.
      단, 수직으로 입사하면 굴절하지 않는다.

    ㉡ $\vec{t}$: 접선벡터(경계면과 수평방향), $\vec{n}$: 법선벡터(경계면과 수직방향)

② 경계조건

    ㉠ 전기력선의 접선(수평)성분 E_t는 경계면 양쪽에서 같다(연속적 또는 불연속적이다).

$$\therefore\ E_{1t} = E_{2t}\ \ (E_1 \sin\theta_1 = E_2 \sin\theta_2)$$

    ㉡ 유전속의 법선(수직)성분 D_n은 경계면 양쪽에서 같다(연속적 또는 불연속적이다).

$$\therefore\ D_{1n} = D_{2n}\ \ (D_1 \cos\theta_1 = D_2 \cos\theta_2)$$

③ 전기장의 굴절(refraction)

    ㉠ $\dfrac{E_1 \sin\theta_1}{D_1 \cos\theta_1} = \dfrac{E_2 \sin\theta_2}{D_2 \cos\theta_2}$, $\dfrac{E_1 \sin\theta_1}{\varepsilon_1 E_1 \cos\theta_1} = \dfrac{E_2 \sin\theta_2}{\varepsilon_2 E_2 \cos\theta_2}$ $\therefore\ \dfrac{\tan\theta_2}{\tan\theta_1} = \dfrac{\varepsilon_2}{\varepsilon_1}$

    ㉡ 만약, $\varepsilon_1 < \varepsilon_2$ 이라면 $\theta_1 < \theta_2$, $D_1 < D_2$, $E_1 > E_2$이 된다.

      • $\theta_1 < \theta_2$: 유전율이 큰 쪽으로 더 크게 굴절한다.

      • $D_1 < D_2$: 유전속은 유전율이 큰 곳으로 모이려는 특성이 있다.

      • $E_1 > E_2$: 전기력선은 유전율이 작은 곳으로 모이려는 특성이 있다.

4. 유전체 경계면에 작용하는 힘(정전응력, 맥스웰의 변형력)

① 정전응력 : $f = \dfrac{1}{2}\varepsilon E^2 = \dfrac{1}{2}ED = \dfrac{D^2}{2\varepsilon}$ [N/m^2]

② 경계면에 작용하는 힘

구 분	전계가 경계면에 대해 수직으로 입사하는 경우($\varepsilon_1 > \varepsilon_2$의 경우)	전계가 경계면에 대해 수평으로 진행하는 경우($\varepsilon_1 > \varepsilon_2$의 경우)
특징	수직방향에 대해서는 유전속(전속밀도)이 일정하다($D_1 = D_2 = D$).	수평방향에 대해서는 전기력선이 일정하다. ($E_1 = E_2 = E$)
정전 응력	$f = f_1 - f_2 = \dfrac{1}{2}\left(\dfrac{1}{\varepsilon_2} - \dfrac{1}{\varepsilon_1}\right)D^2$ [N/m^2]	$f = f_1 - f_2 = \dfrac{1}{2}(\varepsilon_1 - \varepsilon_2)E^2$ [N/m^2]
힘의 방향	유전율이 큰 곳에서 작은 곳으로 진행된다. ($\varepsilon_1 \rightarrow \varepsilon_2$)	유전율이 큰 곳에서 작은 곳으로 진행된다. ($\varepsilon_1 \rightarrow \varepsilon_2$)

단원 자주 출제되는 기출문제

출제 01 ▶ 유전체

★★★ 기사 93년 3회, 05년 1회 / 산업 93년 1회, 02년 1회, 16년 2회

01 비유전율 ε_s에 대한 설명으로 옳은 것은?

① 진공의 비유전율은 0이고, 공기의 비유 전율은 1이다.
② ε_s는 항상 1보다 작은 값이다.
③ ε_s는 절연물의 종류에 따라 다르다.
④ ε_s의 단위는 [C/m]이다.

해설

① 진공의 비유전율은 1이고, 공기의 비유전율은 1.000587 로 약 1이다.
② 비유전율은 1보다 크고, 유전체의 종류에 따라 크기 가 다르다.
④ ε_s는 비율값이므로 단위가 없다(단, 유전율 ε의 단 위는 [F/m]이다).

★★ 산업 06년 1회

02 다음 중 압전기 진동자로 가장 많이 이용 되는 재료는?

① 로셸염
② 실리콘
③ 방해석
④ 페라이트

Comment

유전율 재료 및 비유전율 중 가장 큰 것을 찾는 문제는 로 셸염, 티탄산바륨, 증류수 등이 정답이다.

★ 산업 06년 3회

03 다음 유전체 중 비유전율이 가장 큰 것은?

① 공기 ② 운모
③ 파라핀 ④ 티탄산바륨

해설

① 공기 : 1.000587
② 운모 : 5.5 ~ 6.6
③ 파라핀 : 2.1
④ 티탄산바륨 : 1000 ~ 3000

★★★★ 산업 10년 3회

04 정전용량이 C인 콘덴서에서 극판 사이의 비유전율이 2인 유전체를 제거하고 공기로 채운 경우, 그때의 용량을 C_0라고 하면 C 와 C_0의 관계는?

① $C = 2C_0$
② $C = 4C_0$
③ $C = \dfrac{C_0}{4}$
④ $C = \dfrac{C_0}{2}$

해설

$\varepsilon_s = \dfrac{C}{C_0}$에서 $\therefore$ $C = \varepsilon_s C_0[\text{F}]$

★★★ 기사 97년 6회, 05년 3회, 11년 2회 / 산업 98년 2회

05 동심구의 양 도체 사이에 절연내력이 30 [kV/mm]이고, 비유전율이 5인 절연 액체를 넣 으면 공기인 경우 몇 배의 전기량이 축적되는 가? (단, 공기의 절연내력은 3[kV/mm]이다.)

① 3
② 5
③ 30
④ 50

해설

$C = \varepsilon_s C_0 = 5C_0$이므로 정전용량이 클수록 더 많은 전 하량($Q = CV$)을 축적할 수 있다.

정답 01. ③ 02. ① 03. ④ 04. ① 05. ②

★★★★★ 산업 89년 6회, 02년 1회, 12년 3회

06 일정 전압을 가해져 있는 콘덴서에 비유전율이 ε_s 인 유전체를 채웠을 때 일어나는 현상은?

① 극판의 전계가 ε_s 배 된다.

② 극판의 전계가 $\frac{1}{\varepsilon_s}$ 배 된다.

③ 극판의 전하량이 ε_s 배 된다.

④ 극판의 전하량이 $\frac{1}{\varepsilon_s}$ 배 된다.

해설

일정 전압이므로 전계는 일정하다.

★★ 산업 95년 4회

07 평행판 공기 콘덴서의 두 전극판 사이에 전위차계를 접속하고 전지에 의하여 충전하였다. 충전한 상태에서 비유전율 ε_s 인 유전체를 콘덴서에 채우면 전위차계의 지시는 어떻게 되는가?

① 불변이다.　　　② 0이 된다.

③ 감소한다.　　　④ 증가한다.

해설

충전하였다는 것은 전하가 일정하게 유지된다는 것을 의미하며, 여기에 유전체를 채워서 정전용량이 증가하므로 전위차의 지시는 오히려 감소한다.
(일정 $Q = C\uparrow V\downarrow$)

★★ 기사 99년 3회

08 $\varepsilon_s = 10$인 유리 콘덴서와 동일 크기의 $\varepsilon_s = 1$인 공기 콘덴서가 있다. 유리 콘덴서에 200[V]의 전압을 가할 때 동일한 전하를 축적하기 위하여 공기 콘덴서에 필요한 전압[V]은?

① 20　　　　　　② 200

③ 400　　　　　④ 2000

해설

공기 콘덴서에 유리 유전체를 삽입하면 비유전율 ε_s 배만큼 용량이 증가하여 전하량도 ε_s 배만큼 증가한다. 따

라서 공기 콘덴서가 유리 콘덴서와 동일한 전하를 축적하기 위해서는 ε_s 배만큼 전압을 가해야 하므로 2000[V]가 필요하다($Q = CV = \varepsilon_s C_0 V$).

★★★ 산업 98년 6회, 10년 1회, 18년 1회

09 2×10^{-6}[C]의 양전하와 2×10^{-6}[C]의 음전하를 갖는 대전체가 비유전율 2.5의 기름 속에서 5[cm] 거리에 있을 때 이 사이에 작용하는 힘은 몇 [N]인가?

① 반발력 2.304　　② 반발력 4.608

③ 흡인력 2.304　　④ 흡인력 5.76

해설 쿨롱의 법칙

$$F = \frac{Q_1 Q_2}{4\pi\varepsilon_0\varepsilon_s r^2}$$

$$= 9\times10^9 \times \frac{2\times10^{-6}\times2\times10^{-6}}{2.5\times0.05^2}$$

$$= 5.76[\text{N}]$$

★★★ 기사 95년 4회, 98년 6회, 12년 3회 / 산업 96년 2 · 4회

10 진공 중에 있는 두 대전체 사이에 작용하는 힘이 1.6×10^{-6}[N]이었다. 이 대전체 사이에 유전체를 넣었더니 작용하는 힘이 2.0×10^{-8}[N]이 되었다면 이 유전체의 비유전율은 얼마인가?

① 40　　　　　　② 60

③ 80　　　　　　④ 100

해설

비유전율 $\varepsilon_s = \dfrac{F_0}{F} = \dfrac{1.6\times10^{-6}}{2.0\times10^{-8}} = 80$

★★ 기사 93년 2회

11 절연유($\varepsilon_r = 2.5$) 중의 도체 표면밀도 3.5 [μC/m^2]에 대한 전계는 공기 중인 경우의 몇 배가 되는가?

① 2.5　　　　　　② 3.5

③ 1.0　　　　　　④ 0.4

해설

$E = \dfrac{E_0}{\varepsilon_s}$ 이므로 $E = \dfrac{E_0}{2.5} = 0.4 E_0$ 가 된다.

정답　06. ③　07. ③　08. ④　09. ④　10. ③　11. ④

★★★ 산업 89년 6회, 97년 6회, 04년 3회, 09년 1회

12 합성수지의 절연체에 5×10^3[V/m]의 전계를 가했을 때 이때의 전속밀도를 구하면 약 몇 [C/m^2]가 되는가? (단, 이 절연체의 비유전율은 10으로 한다.)

① 40.28×10^{-6}　　② 41.28×10^{-8}
③ 43.52×10^{-4}　　④ 44.28×10^{-8}

해설 전속밀도와 전계의 세기
$$D = \varepsilon_0 \varepsilon_s E = 8.855 \times 10^{-12} \times 10 \times 5 \times 10^3$$
$$= 44.28 \times 10^{-8} [\text{C/m}^2]$$

★★★ 기사 10년 1회, 11년 3회, 15년 2회

13 유전율이 10인 유전체를 5[V/m]인 전계 내에 놓으면 유전체의 표면 전하밀도는 몇 [C/m^2]인가? (단, 유전체의 표면과 전계는 직각이다.)

① 0.5[C/m^2]　　② 1.0[C/m^2]
③ 50[C/m^2]　　④ 250[C/m^2]

해설
전속밀도와 전하밀도의 크기는 같으므로(단, 전속은 벡터, 전하는 스칼라)
$$\therefore \rho_s = |D| = \varepsilon E = 10 \times 5 = 50 [\text{C/m}^2]$$

★★★★ 기사 95년 6회, 02년 3회

14 비유전율이 5인 유전체 중의 전하 Q[C]에서 발산하는 전기력선 및 전속선의 수는 공기 중인 경우 각각 몇 배로 되는가?

① 전기력선 $\frac{1}{5}$배, 전속선 $\frac{1}{5}$배
② 전기력선 5배, 전속선 5배
③ 전기력선 $\frac{1}{5}$배, 전속선 1배
④ 전기력선 5배, 전속선 1배

해설
㉠ 전기력선의 총수는 $N = \dfrac{Q}{\varepsilon} = \dfrac{Q}{\varepsilon_0 \varepsilon_s}$이므로 전기력선 수는 비유전율에 반비례한다.
㉡ 전속선의 총수는 $N = Q$이므로 비유전율과 관계없이 일정하다.

★★★★ 기사 15년 1회

15 다음 중 전속밀도에 대한 설명으로 가장 옳은 것은?

① 전속은 스칼라양이기 때문에 전속밀도도 스칼라양이다.
② 전속밀도는 전계의 세기의 방향과 반대 방향이다.
③ 전속밀도는 유전체 내에 분극의 세기와 같다.
④ 전속밀도는 유전체와 관계없이 크기는 일정하다.

해설
문제 14번 해설 참조

★ 기사 99년 6회

16 절연유($\varepsilon_r = 2.5$) 중의 점전하 16[μC]을 중심으로 하는 구면상에서 $r = 5$[m], $0 \leq \theta \leq \dfrac{\pi}{2}$, $0 \leq \phi \leq \dfrac{\pi}{2}$인 표면을 지나는 전속선은 몇 [lines]인가?

① 0.8×10^{-6}　　② 1.6×10^{-6}
③ 2×10^{-6}　　④ 4×10^{-6}

해설
㉠ 전속수 $N = \displaystyle\int_s D ds = Q$에서 전속밀도는 전하밀도와 같다.

㉡ $N = \displaystyle\int_s D ds = \int_0^{\frac{\pi}{2}} \int_0^{\frac{\pi}{2}} D r^2 \sin\theta \, d\theta \, d\phi$

$= \displaystyle\int_0^{\frac{\pi}{2}} \int_0^{\frac{\pi}{2}} \frac{Q}{4\pi r^2} r^2 \sin\theta \, d\theta \, d\phi$

$= \displaystyle\int_0^{\frac{\pi}{2}} \frac{Q}{4\pi} [-\cos\theta]_0^{\frac{\pi}{2}} \, d\phi = \int_0^{\frac{\pi}{2}} \frac{Q}{4\pi} \, d\phi$

$= \dfrac{Q}{4\pi} [\phi]_0^{\frac{\pi}{2}} = \dfrac{Q}{4\pi} \times \dfrac{\pi}{2}$

$\therefore N = \dfrac{Q}{8} = \dfrac{16}{8} = 2[\mu\text{C}] = 2 \times 10^{-6} [\text{lines}]$

Comment

문제에 제시된 구 표면은 전체 구의 $\dfrac{1}{8}$이므로 이 면적에 충전된 전하량은 2[μC]이 된다. 따라서 전속수는 전하량의 크기와 같으므로 2[μC]이 된다.

정답 12. ④ 13. ③ 14. ③ 15. ④ 16. ③

★★ 기사 91년 6회, 03년 3회

17 유전율 ε인 유전체를 넣은 무한장 동축 케이블의 중심 도체에 $q[\text{C/m}]$의 전하를 줄 때 중심축에서 $r[\text{m}]$(내외 반경의 중간점)의 전속밀도는 몇 $[\text{C/m}^2]$인가?

① $\dfrac{q}{4\pi r^2}$ ② $\dfrac{q}{4\pi\varepsilon r^2}$

③ $\dfrac{q}{2\pi r}$ ④ $\dfrac{q}{2\pi\varepsilon r}$

해설

동축 케이블의 전계의 세기 $E=\dfrac{q}{2\pi\varepsilon r}[\text{V/m}]$이므로,

전속밀도 $D=\varepsilon E=\dfrac{q}{2\pi r}[\text{C/m}^2]$이다.

★★★ 기사 96년 6회

18 동축 원통 도체 내의 원통 간의 전계의 세기가 어느 곳에서든지 일정하기 위해서는 원통 간에 넣는 유전체의 유전율이 중심으로부터의 거리 r과 더불어 어떻게 변화하면 되는가?

① 거리 r에 비례하도록 하면 된다.
② 거리 r에 반비례하도록 하면 된다.
③ 거리 r^2에 비례하도록 하면 된다.
④ 거리 r^2에 반비례하도록 하면 된다.

해설

원통 도체의 전계와 세기 $E=\dfrac{\lambda}{2\pi\varepsilon r}[\text{V/m}]$식에서 ε과 r이 반비례하므로 거리 r이 증가할수록 ε를 감소해주면 일정 전계를 얻을 수 있다.

★ 기사 92년 6회, 14년 2회, 17년 2회

19 어떤 공간의 비유전율은 2.0이고, 전위 $V(x,\,y)=\dfrac{1}{x}+2xy^2$ 이라고 할 때 점 $\left(\dfrac{1}{2},\,2\right)$에서의 전하밀도 ρ는 약 몇 $[\text{pC/m}^3]$인가?

① -20 ② -40
③ -160 ④ -320

해설

푸아송의 방정식

$$\nabla^2 V=\frac{\partial^2 V}{\partial x^2}+\frac{\partial^2 V}{\partial y^2}+\frac{\partial^2 V}{\partial z^2}=-\frac{\rho}{\varepsilon}=-\frac{\rho}{\varepsilon_o \varepsilon_s}$$

이므로, 전위를 2차 편미분하면 다음과 같다.

㉠ $\dfrac{\partial}{\partial x}V=\dfrac{\partial}{\partial x}(x^{-1}+2xy^2)=-x^{-2}+2y^2$,

$\dfrac{\partial}{\partial x}(-x^{-2}+2y^2)=2x^{-3}=2\left(\dfrac{1}{2}\right)^{-3}$

$\qquad\qquad\qquad = 2\times 2^3=16$

㉡ $\dfrac{\partial}{\partial y}V=\dfrac{\partial}{\partial y}(x^{-1}+2xy^2)=4xy$,

$\dfrac{\partial}{\partial y}(4xy)=4x=4\left(\dfrac{1}{2}\right)=2$

$\therefore \rho=-\varepsilon_0\varepsilon_s\left(\dfrac{\partial^2 V}{\partial x^2}+\dfrac{\partial^2 V}{\partial y^2}+\dfrac{\partial^2 V}{\partial z^2}\right)$

$\qquad = -8.854\times 10^{-12}\times 2\times(16+2)$

$\qquad \fallingdotseq -320[\text{pC/m}^3]$

★ 산업 01년 1회

20 반지름이 각각 $a[\text{m}]$, $b[\text{m}]$, $c[\text{m}]$인 독립 도체구가 있다. 이들 도체를 가는 선으로 연결하면 합성 정전용량은 몇 $[\text{F}]$인가?

① $4\pi\varepsilon_0(a+b+c)$
② $4\pi\varepsilon_0\sqrt{a^2+b^2+c^2}$
③ $12\pi\varepsilon_0\sqrt{a^3+b^3+c^3}$
④ $\dfrac{4}{3}\pi\varepsilon_0\sqrt{a^2+b^2+c^2}$

해설

㉠ 도체구의 합성 정전용량 $C=4\pi\varepsilon_0 r[\text{F}]$이므로
$C_1=4\pi\varepsilon_0 a$, $C_2=4\pi\varepsilon_0 b$, $C_3=4\pi\varepsilon_0 c$

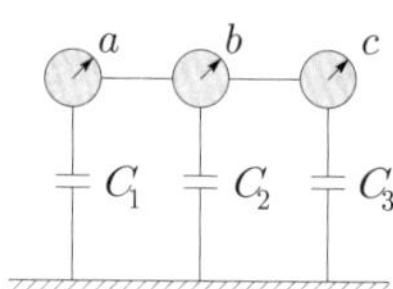

㉡ 그림과 같이 가느다란 선으로 연결하게 되면 병렬 연결 상태가 되므로
$\therefore$ 합성 정전용량 $C=4\pi\varepsilon_0(a+b+c)$가 된다.

정답 17. ③   18. ②   19. ④   20. ①

★★ 산업 01년 3회, 11년 2회

21 그림과 같이 유전율이 ε_1, ε_2인 두 유전체 경계면에 중심을 둔 반지름 a[m]인 도체구의 정전용량은?

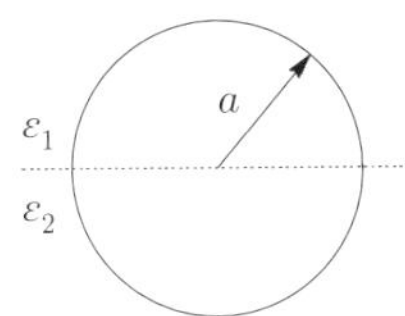

① $4\pi a(\varepsilon_1 + \varepsilon_2)$

② $2\pi a(\varepsilon_1 + \varepsilon_2)$

③ $\dfrac{\varepsilon_1 + \varepsilon_2}{2\pi a}$

④ $\dfrac{\varepsilon_1 + \varepsilon_2}{4\pi a}$

해설

㉠ 구도체의 정전용량 : $C = 4\pi\varepsilon a$[F]
㉡ 반구도체의 정전용량 : $C = 2\pi\varepsilon a$[F]
그림과 같이 두 반구도체를 접속하면 병렬 접속이 되므로
$\therefore \ C = C_1 + C_2 = 2\pi a(\varepsilon_1 + \varepsilon_2)$[F]

★★ 기사 15년 3회 / 산업 92년 6회, 04년 3회, 15년 3회

22 반경 a[m]의 도체구와 내외 반경이 각각 b[m] 및 c[m]인 도체구가 동심으로 되어 있다. 두 도체구 사이에 비유전율 ε_s인 유전체를 채웠을 경우의 정전용량은 몇 [F]인가?

① $\dfrac{1}{9\times 10^9}\dfrac{abc}{a-b+c}$

② $9\times 10^9 \dfrac{bc}{d-b}$

③ $\dfrac{\varepsilon_s}{9\times 10^9}\dfrac{ac}{c-a}$

④ $\dfrac{\varepsilon_s}{9\times 10^9}\dfrac{ab}{b-a}$

해설

동심구의 정전용량

$$C = \frac{4\pi\varepsilon_0\varepsilon_s ab}{b-a} = \frac{\varepsilon_s}{9\times 10^9}\frac{ab}{b-a}\,[\text{F}]$$

★ 기사 10년 3회

23 내도체의 반지름이 $\dfrac{1}{4\pi\varepsilon}$[cm], 외도체의 반지름이 $\dfrac{1}{\pi\varepsilon}$[cm]인 동심구 사이를 유전율이 ε[F/m]인 매질로 채웠을 때 도체 사이의 정전용량은?

① $\dfrac{1}{2}$[F]

② 10^{-2}[F]

③ $\dfrac{3}{4}$[F]

④ $\dfrac{4}{3}\times 10^{-2}$[F]

해설

동심구의 정전용량 $C = \dfrac{4\pi\varepsilon ab}{b-a}$[F]에서

$a = \dfrac{1}{4\pi\varepsilon}\times 10^{-2}$[m], $b = \dfrac{1}{\pi\varepsilon}\times 10^{-2}$[m]를 대입시키면 다음과 같다.

$$\therefore \ C = \frac{4\pi\varepsilon\left(\dfrac{1}{4\pi\varepsilon}\times 10^{-2}\right)\left(\dfrac{1}{\pi\varepsilon}\times 10^{-2}\right)}{\left(\dfrac{1}{\pi\varepsilon}\times 10^{-2}\right) - \left(\dfrac{1}{4\pi\varepsilon}\times 10^{-2}\right)}$$

$$= \frac{\dfrac{1}{\pi\varepsilon}\times 10^{-4}}{\dfrac{3}{4\pi\varepsilon}\times 10^{-2}} = \frac{4}{3}\times 10^{-2}\,[\text{F}]$$

★★ 산업 14년 2회

24 그림과 같이 내외 도체의 반지름이 a, b인 동축선(케이블)의 도체 사이에 유전율이 ε인 유전체가 채워져 있는 경우 동축선의 단위길이당 정전용량은?

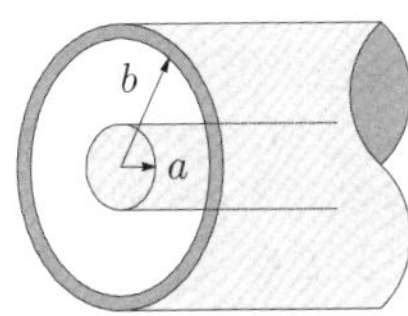

① $\varepsilon\log_e \dfrac{b}{a}$에 비례한다.

② $\dfrac{1}{\varepsilon}\log_{10}\dfrac{b}{a}$에 비례한다.

③ $\dfrac{\varepsilon}{\log_e \dfrac{b}{a}}$에 비례한다.

④ $\dfrac{\varepsilon b}{a}$에 비례한다.

해설

단위길이당 동축 케이블의 정전용량

$$C = \varepsilon_s C_0 = \frac{2\pi\varepsilon_0\varepsilon_s}{\ln\dfrac{b}{a}} = \frac{2\pi\varepsilon_0\varepsilon_s}{\log_e\dfrac{b}{a}}\,[\text{F/m}]$$

★★ **기사 03년 1회, 06년 1회**

25 내원통의 반지름 a[m], 외원통의 반지름 b [m]인 동축 원통 콘덴서의 내외 원통 사이에 공기를 넣었을 때 정전용량이 C_0이었다. 내외 반지름을 모두 3배로 하고, 공기 대신 비유전율이 9인 유전체를 넣었을 경우의 정전용량은?

① $\dfrac{C_0}{9}$ ② $\dfrac{C_0}{3}$

③ C_0 ④ $9C_0$

해설

㉠ 동축 원통 콘덴서의 내외 원통 사이에 공기를 넣었을 때의 정전용량 : $C_0 = \dfrac{2\pi\varepsilon_0 l}{\ln\dfrac{b}{a}}$[F]

㉡ 내외 반지름을 3배, 공기 대신 비유전율 $\varepsilon_s = 9$를 채웠을 때의 정전용량은 다음과 같다.

$$\therefore\ C = \varepsilon_s C_0 = \frac{2\pi\varepsilon_0\varepsilon_s\, l}{\ln\dfrac{b'}{a'}} = \frac{2\pi\times 9\varepsilon_0 l}{\ln\dfrac{3b}{3a}} = 9\times\frac{2\pi\varepsilon_0 l}{\ln\dfrac{b}{a}}$$

$$= 9C_0\,[\text{F}]$$

★★ **기사 99년 4회, 01년 2회, 10년 3회**

26 극판의 면적이 4[cm²], 정전용량이 10[pF] 인 종이콘덴서를 만들려고 한다. 비유전율 2.5, 두께 0.01[mm]의 종이를 사용하면 종이는 몇 장을 겹쳐야 되겠는가?

① 89장 ② 100장

③ 885장 ④ 8550장

해설

㉠ 종이콘덴서 $C = \dfrac{\varepsilon S}{d} = \dfrac{\varepsilon_0\varepsilon_s S}{d}$[F]에서 콘덴서 극판의 간격

$$d = \frac{\varepsilon_0\varepsilon_s S}{C} = \frac{8.855\times 10^{-12}\times 2.5\times 4\times 10^{-4}}{10\times 10^{-12}}$$

$$= 8.855\times 10^{-4}\,[\text{m}]\text{이다.}$$

㉡ 종이콘덴서에 들어가는 종이의 수를 알기 위해서는 콘덴서 극판의 간격을 종이의 두께(0.01[mm]= 10^{-5}[m])로 나누면 되므로

$$\therefore\ N = \frac{8.855\times 10^{-4}}{10^{-5}} = 88.55 ≒ 89\text{장}$$

★★ **산업 07년 2회**

27 대향면적 $S = 100$[cm²]의 평행판 콘덴서가 비유전율 2.1, 절연내력 1.2×10^5 [V/cm]인 기름 중에 있을 때 축적되는 최대 전하는 약 몇 [C]인가?

① 2.23×10^{-6}

② 3.14×10^{-6}

③ 4.28×10^{-6}

④ 6.28×10^{-6}

해설

콘덴서 사이의 전위차 : $V = d\times E$[V]

여기서, $S = 100$[cm²]$= 100\times 10^{-4} = 10^{-2}$[m²],

$E = 1.2\times 10^5$[V/cm]$= 1.2\times 10^7$[V/m]

∴ 콘덴서에 축적된 전하량

$$Q = CV = \frac{\varepsilon S}{d}\times d\times E = \varepsilon SE = \varepsilon_0\varepsilon_s SE$$

$$= 8.855\times 10^{-12}\times 2.1\times 10^{-2}\times 1.2\times 10^7$$

$$= 2.23\times 10^{-6}\,[\text{C}]$$

★★★★★ **기사 15년 2회 / 산업 04년 3회, 13년 2회**

28 유전체 내의 정전에너지 식으로 옳지 않은 것은?

① $\dfrac{1}{2}ED\,[\text{J/m}^3]$

② $\dfrac{1}{2}\dfrac{D^2}{\varepsilon}\,[\text{J/m}^3]$

③ $\dfrac{1}{2}\varepsilon E^2\,[\text{J/m}^3]$

④ $\dfrac{1}{2}\varepsilon D^2\,[\text{J/m}^3]$

해설

정전에너지(단위체적당 정전에너지)

$$W = \frac{1}{2}\varepsilon E^2 = \frac{1}{2}ED = \frac{D^2}{2\varepsilon}\,[\text{J/m}^3]$$

정답 25. ④ 26. ① 27. ① 28. ④

★★★★ 기사 94년 6회, 04년 2회, 11년 2회, 15년 2회 / 산업 13년 1회

29 비유전율이 2.4인 유전체 내의 전계의 세기 100[mV/m]이다. 유전체에 저축되는 단위체적당 정전에너지는 몇 [J/m^3]인가?

① 1.06×10^{-13}　　② 1.77×10^{-13}

③ 2.32×10^{-13}　　④ 2.32×10^{-11}

해설

정전에너지

$$W = \frac{1}{2}\varepsilon E^2 = \frac{1}{2}\varepsilon_0 \varepsilon_s E^2$$

$$= \frac{1}{2} \times 8.855 \times 10^{-12} \times 2.4 \times (100 \times 10^{-3})^2$$

$$= 1.06 \times 10^{-13}[\text{J/m}^3]$$

★★ 기사 09년 3회, 17년 3회

30 커패시터를 제조하는데 A, B, C, D와 같은 4가지 유전재료가 있다. 커패시터 내에서 단위체적당 가장 큰 에너지 밀도를 나타내는 재료로부터 순서대로 나열하면? (단, 유전재료 A, B, C, D의 비유전율은 각각 $\varepsilon_{rA} = 8$, $\varepsilon_{rB} = 10$, $\varepsilon_{rC} = 2$, $\varepsilon_{rD} = 4$이다.)

① B>A>D>C

② A>B>D>C

③ D>A>C>B

④ C>D>A>B

해설

정전에너지 $W = \frac{1}{2}\varepsilon E^2 = \frac{1}{2}\varepsilon_r \varepsilon_0 E^2[\text{J/m}^3]$이므로 비유전율에 비례한다.

$\therefore \varepsilon_{rB} > \varepsilon_{rA} > \varepsilon_{rD} > \varepsilon_{rC}$ 이므로 B>A>D>C가 된다.

★★★ 기사 96년 2회, 03년 2회, 10년 1회, 16년 2회

31 평판 콘덴서에 어떤 유전체를 넣었을 때 전속밀도가 $2.4 \times 10^{-7}[\text{C/m}^2]$이고, 단위체적 중의 에너지가 $5.3 \times 10^{-3}[\text{J/m}^3]$이었다. 이 유전체의 유전율은 몇 [F/m]인가?

① 2.17×10^{-11}　　② 5.43×10^{-11}

③ 2.17×10^{-12}　　④ 5.43×10^{-12}

해설

정전에너지 $W = \frac{D^2}{2\varepsilon}[\text{J/m}^3]$에서

유전율 $\varepsilon = \frac{D^2}{2W} = \frac{(2.4 \times 10^{-7})^2}{2 \times 5.3 \times 10^{-3}}$

$\qquad = 5.43 \times 10^{-12}[\text{F/m}]$

★★★★ 기사 94년 2회, 98년 6회, 00년 6회, 12년 2회

32 정전에너지, 전속밀도 및 유전상수 ε_r의 관계에 대한 설명 중 옳지 않은 것은?

① 동일 전속밀도에서는 ε_r이 클수록 정전에너지는 작아진다.

② 동일 정전에너지에서는 ε_r이 클수록 전속밀도가 커진다.

③ 전속은 매질에 축적되는 에너지가 최대가 되도록 분포된다.

④ 굴절각이 큰 유전체는 ε_r이 크다.

해설

정전계는 정전(전계)에너지가 최소로 되는 전하(=전속)분포의 전계를 의미한다.

★ 기사 01년 1회, 04년 2회

33 간격 $d[\text{m}]$, 면적 $S[\text{m}^2]$의 평행판 커패시터 사이에 유전율 ε을 갖는 절연체를 넣고 전극 간에 $V[\text{V}]$의 전압을 가할 때 양 전극판을 떼어내는 데 필요한 힘의 크기는 몇 [N]인가?

① $\dfrac{1}{2\varepsilon}\dfrac{V^2}{d^2 S}$　　② $\dfrac{1}{2\varepsilon}\dfrac{dV^2}{S}$

③ $\dfrac{1}{2}\varepsilon\dfrac{V}{d}S$　　④ $\dfrac{1}{2}\varepsilon\dfrac{V^2}{d^2}S$

해설

단위면적당 작용하는 힘은

$$f = \frac{1}{2}\varepsilon E^2 = \frac{1}{2}ED = \frac{D^2}{2\varepsilon}[\text{N/m}^2]$$이므로

전극판을 떼어내는 데 필요한 힘은

$$F = f \cdot S = \frac{1}{2}\varepsilon E^2 S[\text{N}]$$이 된다.

여기에, $E = \dfrac{V}{d}$를 대입하면

$$\therefore F = \frac{1}{2}\varepsilon\left(\frac{V}{d}\right)^2 S = \frac{1}{2d}\frac{\varepsilon S}{d}V^2 = \frac{1}{2d}CV^2[\text{N}]$$

정답 29. ①　30. ①　31. ④　32. ③　33. ④

★ 기사 91년 2회, 97년 4회

34 극판 면적이 50[cm^2], 간격이 5[cm]인 평행판 콘덴서의 극판 간에 유전율 3인 유전체를 넣은 후 극판 간에 50[V]의 전위차를 가하면 전극판을 떼어내는 데 필요한 힘은 몇 [N]인가?

① -600 ② -750

③ -6000 ④ -7500

해설

전극판을 떼어내는 데 필요한 힘

$$F = \frac{1}{2}\varepsilon\left(\frac{V}{d}\right)^2 S = \frac{1}{2}\times 3\times\left(\frac{50}{0.05}\right)^2 \times 50\times 10^{-4}$$
$$= 7500[\text{N}]$$

∴ 전극판을 떼어내는 힘은 흡인력과 반대방향이므로 -7500[N]이다.

★ 산업 94년 2회, 14년 2회

35 유전율 ε[F/m]인 유전체 내에서 반지름 a[m]인 도체구의 전위가 V[V]일 때 이 도체구가 가진 에너지는 몇 [J]인가?

① $4\pi\varepsilon a V$ ② $2\pi\varepsilon a V$

③ $4\pi\varepsilon a V^2$ ④ $2\pi\varepsilon a V^2$

해설

도체의 축적에너지 $W = \frac{1}{2}CV^2 = \frac{1}{2}QV = \frac{Q^2}{2C}[\text{J}]$

에서 도체구의 정전용량은 $C = 4\pi\varepsilon a$[F]이므로

∴ $W = 2\pi\varepsilon a V^2 = \frac{Q^2}{8\pi\varepsilon a}[\text{J}]$

★★★ 산업 11년 2회

36 공기콘덴서를 어느 전압으로 충전한 다음 전극 간에 유전체를 넣어 정전용량을 2배로 하였다면 축적되는 에너지는 어떻게 되는가?

① $\frac{1}{4}$배로 된다.   ② $\frac{1}{2}$배로 된다.

③ $\sqrt{2}$배로 된다.   ④ 2배로 된다.

해설

㉠ 콘덴서에 전압을 인가하여 전하를 충전한 다음 전원을 제거한 상태에서 유전체를 삽입한 경우이므로 콘덴서 극판에 충전된 전하량 Q는 일정한 상태가 된다.

㉡ 콘덴서에 축적되는 에너지는 $W_C = \frac{Q^2}{2C}[\text{J}]$이므로

정전용량에 반비례한다.

∴ 정전용량을 2배로 하면 에너지는 $\frac{1}{2}$배가 된다.

★★★ 기사 15년 3회 / 산업 05년 2회, 07년 3회, 10년 1회

37 Q[C]의 전하를 가진 반지름 a[m]의 도체구를 비유전율 ε_s인 기름탱크에서 공기 중으로 꺼내는 데 필요한 에너지는 몇 [J]인가?

① $\frac{Q}{8\pi\varepsilon_0 a}\left(\frac{1}{\varepsilon_s}-1\right)$

② $\frac{Q^2}{8\pi\varepsilon_0 a}\left(1-\frac{1}{\varepsilon_s}\right)$

③ $\frac{Q^2}{4\pi\varepsilon_0 a}\left(\frac{1}{\varepsilon_s}-1\right)$

④ $\frac{Q}{8\pi\varepsilon_0 a^2}\left(\frac{1}{\varepsilon_s}-1\right)$

해설

㉠ 기름탱크에서의 에너지 : $W_1 = \frac{Q^2}{2C_1} = \frac{Q^2}{8\pi\varepsilon_0\varepsilon_s a}[\text{J}]$

㉡ 공기 중의 에너지 : $W_2 = \frac{Q^2}{2C_2} = \frac{Q^2}{8\pi\varepsilon_0 a}[\text{J}]$

∴ 공기 중으로 꺼내는 데 필요한 에너지

$$W_2 - W_1 = \frac{Q^2}{8\pi\varepsilon_0 a}\left(1-\frac{1}{\varepsilon_s}\right)[\text{J}]$$

★★★★ 기사 04년 1회, 09년 2회, 11년 1회, 14년 2회, 17년 1회 / 산업 03년 2회

38 정전용량이 1[μF]인 공기콘덴서가 있다. 이 콘덴서 판 간의 $\frac{1}{2}$인 두께를 갖고, 비유전율 $\varepsilon_r = 2$인 유전체를 그 콘덴서의 한 전극면에 접촉하여 넣을 때 전체의 정전용량은 몇 [μF]이 되는가?

① $2[\mu\text{F}]$

② $\frac{1}{2}[\mu\text{F}]$

③ $\frac{4}{3}[\mu\text{F}]$

④ $\frac{5}{3}[\mu\text{F}]$

정답 34. ④   35. ④   36. ②   37. ②   38. ③

해설

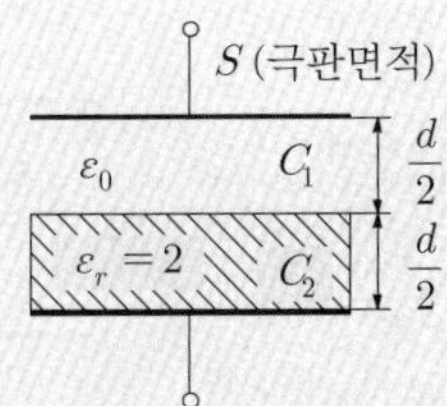

㉠ 초기 공기콘덴서 용량 : $C_0 = \dfrac{\varepsilon_0 S}{d} = 1[\mu F]$

㉡ 극판과 평행하게 유전체를 접속하게 되면 그림과 같이 접속하게 된다.

㉢ 공기부분의 정전용량 : $C_1 = \dfrac{\varepsilon_0 S}{\frac{d}{2}} = 2\dfrac{\varepsilon_0 S}{d} = 2C_0$

㉣ 유전체 내의 정전용량 : $C_2 = \dfrac{\varepsilon_r \varepsilon_0 S}{\frac{d}{2}} = 2\varepsilon_r \dfrac{\varepsilon_0 S}{d}$

$\qquad = 2\varepsilon_r C_0$

㉤ C_1과 C_2는 직렬로 접속되어 있으므로

$\therefore\ C = \dfrac{C_1 \times C_2}{C_1 + C_2} = \dfrac{4\varepsilon_r C_0^2}{(1+\varepsilon_r)2C_0} = \dfrac{2\varepsilon_r}{1+\varepsilon_r} C_0$

$\qquad = \dfrac{2\times 2}{1+2} \times 1 = \dfrac{4}{3}[\mu F]$

★★★　기사 01년 1회, 12년 2회, 13년 1회, 17년 2회

39 정전용량이 C_0[F]인 평행판 공기콘덴서에 전극 간격의 $\dfrac{1}{2}$ 두께의 유리판을 전극에 평행하게 넣으면 이때의 정전용량[F]은? (단, 유리판의 비유전율은 ε_s라 한다.)

①　$\dfrac{(1+\varepsilon_s) C_0}{2\varepsilon_s}$　　②　$\dfrac{C_0 \varepsilon_s}{1+\varepsilon_s}$

③　$\dfrac{2\varepsilon_s C_0}{1+\varepsilon_s}$　　④　$\dfrac{3 C_0}{1+\dfrac{1}{\varepsilon_s}}$

해설

㉠ 정전용량이 C_0인 평행판 공기콘덴서에 유리판을 전 극판과 평행하게 넣으면 문제 38의 해설 그림과 같이 공기층과 유리층 콘덴서가 직렬로 접속된 것과 같다.

㉡ 공기부분의 정전용량

$C_1 = \dfrac{\varepsilon_0 S}{\frac{d}{2}} = 2\dfrac{\varepsilon_0 S}{d} = 2C_0$

㉢ 유전체 내의 정전용량

$C_2 = \dfrac{\varepsilon_s \varepsilon_0 S}{\frac{d}{2}} = 2\varepsilon_s \dfrac{\varepsilon_0 S}{d} = 2\varepsilon_s C_0$

㉣ C_1과 C_2는 직렬로 접속되어 있으므로

$C = \dfrac{C_1 \times C_2}{C_1 + C_2} = \dfrac{4\varepsilon_s C_0^2}{(1+\varepsilon_s)2C_0} = \dfrac{2\varepsilon_s}{1+\varepsilon_s} C_0$

★★★★　기사 94년 2회, 98년 4회, 09년 1회, 12년 2회 / 산업 03년 3회, 14년 2회

40 면적 $S[\mathrm{m}^2]$, 간격 d[m]인 평행판 condenser 에 그림과 같이 두께 d_1, d_2[m]이며, 유전율 ε_1, ε_2[F/m]인 두 유전체를 극판 간에 평행으로 채웠을 때 정전용량은 얼마인가?

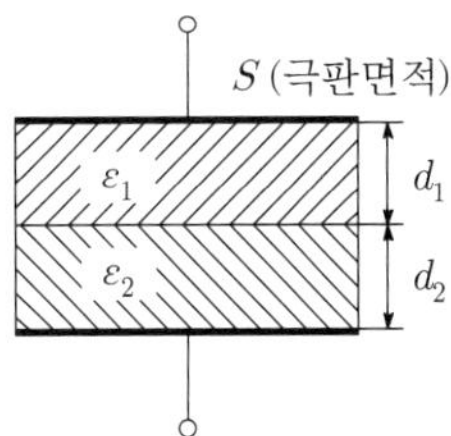

①　$\dfrac{S}{\dfrac{d_1}{\varepsilon_1} + \dfrac{d_2}{\varepsilon_2}}$　　②　$\dfrac{S}{\dfrac{d_1}{\varepsilon_2} + \dfrac{d_2}{\varepsilon_1}}$

③　$\dfrac{\varepsilon_1 S}{d_1} + \dfrac{\varepsilon_2 S}{d_2}$　　④　$\dfrac{\varepsilon_1 \varepsilon_2 S}{d}$

해설

유전율 ε_1의 정전용량 $C_1 = \dfrac{\varepsilon_1 S}{d_1}$, 유전율 ε_2의 정전

용량 $C_2 = \dfrac{\varepsilon_2 S}{d_2}$에서 (이때, S는 일정)

$\therefore$ 합성 정전용량

$C = \dfrac{1}{\dfrac{1}{C_1} + \dfrac{1}{C_2}} = \dfrac{1}{\dfrac{d_1}{\varepsilon_1 S} + \dfrac{d_2}{\varepsilon_2 S}}$

$\quad = \dfrac{1}{\dfrac{1}{S}\left(\dfrac{d_1}{\varepsilon_1} + \dfrac{d_2}{\varepsilon_2}\right)} = \dfrac{S}{\dfrac{d_1}{\varepsilon_1} + \dfrac{d_2}{\varepsilon_2}}$

정답　**39.** ③　**40.** ①

★★★★ 산업 96년 4회, 15년 2회

41 면적 $S[\text{m}^2]$의 평행판 평판 전극 사이에 유전율이 $\varepsilon_1[\text{F/m}]$, $\varepsilon_2[\text{F/m}]$ 되는 두 종류의 유전체를 $\dfrac{d}{2}[\text{m}]$ 두께가 되도록 각각 넣으면 정전용량은 몇 $[\text{F}]$이 되는가?

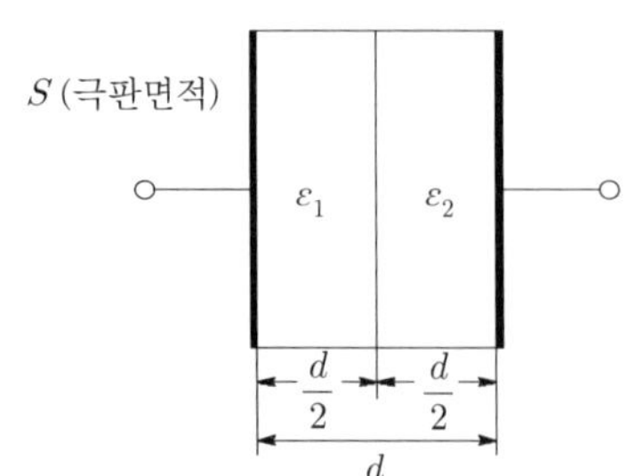

① $\dfrac{S}{\dfrac{d}{2}(\varepsilon_1+\varepsilon_2)}$ ② $\dfrac{1}{\dfrac{ds}{2}\left(\dfrac{1}{\varepsilon_1}+\dfrac{1}{\varepsilon_2}\right)}$

③ $\dfrac{2S}{d\left(\dfrac{1}{\varepsilon_1}+\dfrac{1}{\varepsilon_2}\right)}$ ④ $\dfrac{S}{2d\left(\dfrac{1}{\varepsilon_1}+\dfrac{1}{\varepsilon_2}\right)}$

해설

유전율 ε_1의 정전용량 $C_1=\dfrac{\varepsilon_1 S}{\dfrac{d}{2}}$, 유전율 ε_2의 정전

용량 $C_2=\dfrac{\varepsilon_2 S}{\dfrac{d}{2}}$에서 (이때, S는 일정)

∴ 합성 정전용량

$$C=\dfrac{1}{\dfrac{1}{C_1}+\dfrac{1}{C_2}}=\dfrac{1}{\dfrac{d}{2\varepsilon_1 S}+\dfrac{d}{2\varepsilon_2 S}}$$

$$=\dfrac{1}{\dfrac{d}{2S}\left(\dfrac{1}{\varepsilon_1}+\dfrac{1}{\varepsilon_2}\right)}=\dfrac{2S}{d\left(\dfrac{1}{\varepsilon_1}+\dfrac{1}{\varepsilon_2}\right)}$$

★★★★ 기사 13년 2회, 14년 3회 / 산업 07년 1회, 13년 1회, 18년 1회

42 그림과 같은 정전용량이 $C_0[\text{F}]$ 되는 평행판 공기콘덴서의 판면적의 $\dfrac{2}{3}$ 되는 공간에 비유전율 ε_s인 유전체를 채우면 공기콘덴서의 정전용량은 몇 $[\text{F}]$인가?

① $\dfrac{2\varepsilon_s}{3}C_0$

② $\dfrac{3}{1+2\varepsilon_s}C_0$

③ $\dfrac{1+\varepsilon_s}{3}C_0$

④ $\dfrac{1+2\varepsilon_s}{3}C_0$

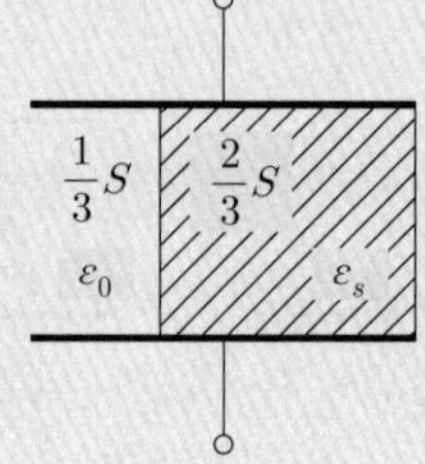

해설

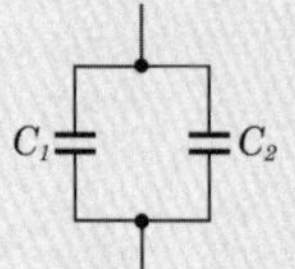

㉠ 초기 공기콘덴서 용량 : $C_0=\dfrac{\varepsilon_0 S}{d}\propto\dfrac{S}{d}[\text{F}]$에서 유전체를 면적을 나누어 삽입하면 C_1, C_2가 병렬로 접속된 회로와 같다.

㉡ 공기부분의 정전용량 : $C_1=\dfrac{\varepsilon_0\dfrac{S}{3}}{d}=\dfrac{1}{3}C_0$

㉢ 유전체 내의 정전용량 : $C_2=\dfrac{\varepsilon_s\varepsilon_0\dfrac{2S}{3}}{d}=\dfrac{2}{3}\varepsilon_s C_0$

∴ 합성 정전용량

$$C=C_1+C_2=\dfrac{C_0}{3}+\dfrac{2\varepsilon_s C_0}{3}=\dfrac{1+2\varepsilon_s}{3}C_0[\text{F}]$$

★ 산업 15년 3회

43 그림과 같이 판의 면적 $\dfrac{1}{3}S$, 두께 d와 판 면적 $\dfrac{1}{3}S$, 두께 $\dfrac{1}{2}d$ 되는 유전체$(\varepsilon_s=3)$를 끼웠을 경우의 정전용량은 처음의 몇 배인가?

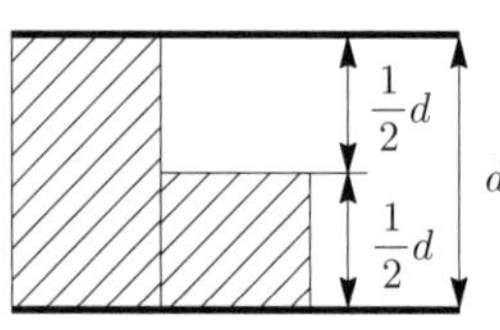

① $\dfrac{1}{6}$ ② $\dfrac{5}{6}$

③ $\dfrac{11}{6}$ ④ $\dfrac{13}{6}$

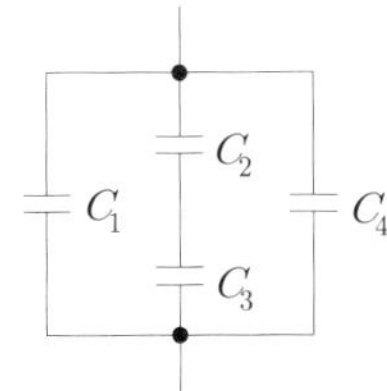

ⓐ 초기 공기콘덴서 용량 : $C_0 = \dfrac{\varepsilon_0 S}{d}$ [F]

ⓑ 유전체 콘덴서를 등가회로로 표현하면 위의 그림과 같다.

ⓒ $C_1 = \dfrac{1}{3}\varepsilon_s C_0 = C_0$, $C_2 = \dfrac{2}{3}C_0$

$C_3 = \dfrac{2}{3}\varepsilon_s C_0 = 2C_0$, $C_4 = \dfrac{1}{3}C_0$

∴ 합성 정전용량

$$C = C_1 + \dfrac{C_2 \times C_3}{C_2 + C_3} + C_4 = C_0 + \dfrac{1}{2}C_0 + \dfrac{1}{3}C_0$$

$$= \dfrac{11}{6}C_0$$

★ 기사 14년 2회

44 공기콘덴서의 고정 전극판 A와 가동 전극판 B 간의 간격이 $d=1$[mm]이고, 전계는 극면 간에서만 균등하다고 하면 정전용량은 몇 [μF]인가? (단, 전극판의 상대되는 부분의 면적은 S[m²]라 한다.)

① $\dfrac{S}{9\pi}$ ② $\dfrac{S}{18\pi}$

③ $\dfrac{S}{36\pi}$ ④ $\dfrac{S}{72\pi}$

해설

축 기준으로 각각의 정전용량 $C_0 = \dfrac{\varepsilon_0 S}{d}$ [F]이고, 두 정전용량은 병렬 접속이므로

$$\therefore C = 2C_0 = 2 \times \dfrac{\varepsilon_0 S}{d} = \dfrac{2S}{36\pi \times 10^9 \times d}$$

$$= \dfrac{2S}{36\pi \times 10^9 \times 10^{-3}} = \dfrac{S}{18\pi} \times 10^{-6}\,[\text{F}]$$

$$= \dfrac{S}{18\pi}\,[\mu\text{F}]$$

★★★ 산업 96년 6회, 05년 1회

45 그림과 같이 평행판 콘덴서 내에 비유전율 12와 18인 두 종류의 유전체를 같은 두께로 두었을 때 A에는 몇 [V]의 전압이 가해지는가?

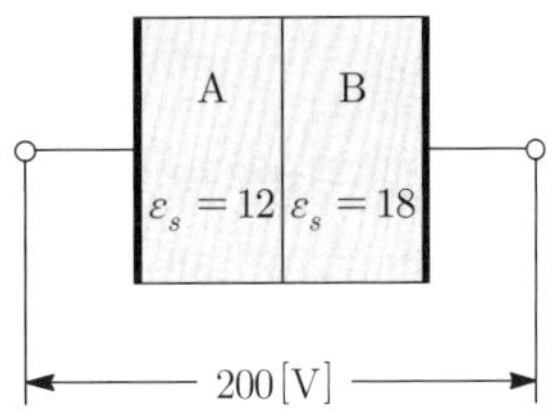

① 40

② 80

③ 120

④ 160

해설 전압분배법칙

$$V_A = \dfrac{C_B}{C_A + C_B}V = \dfrac{\varepsilon_{sB}}{\varepsilon_{sA} + \varepsilon_{sB}}V$$

$$= \dfrac{18}{12 + 18} \times 200 = 120\,[\text{V}]$$

★ 기사 15년 1회 / 산업 92년 2회, 06년 3회

46 평행판 콘덴서의 극간전압을 일정하게 하고 간격이 $\dfrac{2}{3}$ 두께이며, 비유전율이 10인 유리판을 삽입할 경우 극 간의 흡인력은 유리판의 삽입 전보다 어떻게 되는가?

① $\dfrac{1}{2.5}$배로 커진다.

② $\dfrac{1}{1.5}$배로 작아진다.

③ 2.5배로 커진다.

④ 1.5배로 커진다.

해설

ⓐ 초기 공기콘덴서 용량 : $C_0 = \dfrac{\varepsilon_0 S}{d} \propto \dfrac{1}{d}$ [μF]

ⓑ 정전응력은 $f = \dfrac{1}{2}\varepsilon E^2\,[\text{N/m}^2] = \dfrac{1}{2}\varepsilon\left(\dfrac{V}{d}\right)^2 S\,[\text{N}]$

$$= \dfrac{1}{2d}CV^2\,[\text{N}] \propto C$$이므로 정전흡인력은 정전용량에 비례한다. 따라서 합성 정전용량을 구하면 다음과 같다.

간격 $\dfrac{2}{3}$의 두께에 비유전율이 10인 물질로 채워지면

$$C_1 = \dfrac{3}{2}\varepsilon_r C_0 = 15\,C_0$$

나머지 $\dfrac{1}{3}$의 두께에는 공기로 채워져 있으므로

$$C_2 = 3\,C_0$$

직렬 합성 정전용량 : $C = \dfrac{15\,C_0 \times 3\,C_0}{15\,C_0 + 3\,C_0} = 2.5\,C_0$

∴ 정전용량이 2.5배 증가하므로 정전흡인력 또한 2.5배 커진다.

출제 02 ▶ 전기분극

★★★ 산업 03년 1회

47 다음 중 전기분극이란?

① 도체 내의 원자핵의 변위이다.
② 유전체 내의 원자의 흐름이다.
③ 유전체 내의 속박전하의 변위이다.
④ 도체 내의 자유전하의 흐름이다.

★ 기사 96년 6회, 08년 2회

48 다음 중 유전체에서 전자분극이 나타나는 이유를 설명한 것으로 가장 알맞은 것은?

① 단결정 매질에서 전자운과 핵의 상대적인 변위에 의한다.
② 화합물에서 (+)이온과 (−)이온 간의 상대적인 변위에 의한다.
③ 단결정에서 (+)이온과 (−)이온 간의 상대적인 변위에 의한다.
④ 영구 전기 쌍극자의 전계 방향의 배열에 의한다.

해설

㉠ 전자분극 : 전자운에 전계 E를 가하면 전자운은 전계와 반대방향으로 이동하여 정·부 전하의 중심이 변위하여 원자는 1개의 전기 쌍극자가 되어 원자 주위에 전계를 만드는 현상
㉡ 원자분극 : 이원화 경향이 다른 원자들이 결합하여 전기 쌍극자를 구성하는 현상

㉢ 유전분극 : 원자가 결합하여 분자를 만들 때 그 결합이 비대칭으로 되어 쌍극자를 형성하는 현상

★ 산업 93년 3회

49 영구 쌍극자 모멘트를 갖고 있는 분자가 외부 전계에 의하여 배열함으로써 일어나는 전기분극 현상은?

① 쌍극자 연면분극
② 전자분극
③ 쌍극자 배향분극
④ 이온분극

★ 기사 03년 1회

50 분극 중 온도의 영향을 받는 분극은?

① 전자분극
② 이온분극
③ 배향분극
④ 전자분극과 이온분극

★★★★ 기사 08년 2회, 14년 3회 / 산업 97년 4회, 06년 1회, 16년 1회

51 유전체 내의 전속밀도에 관한 설명 중 옳은 것은?

① 진전하만이다.
② 분극전하만이다.
③ 겉보기 전하만이다.
④ 진전하와 분극전하이다.

★★ 기사 15년 1회

52 다음 중 전속밀도에 대한 설명으로 가장 옳은 것은?

① 전속은 스칼라양이기 때문에 전속밀도도 스칼라양이다.
② 전속밀도는 전계의 세기의 방향과 반대방향이다.
③ 전속밀도는 유전체 내의 분극의 세기와 같다.
④ 전속밀도는 유전체와 관계없이 크기는 일정하다.

정답 47. ③ 48. ① 49. ③ 50. ③ 51. ① 52. ④

★★ 산업 10년 2회

53 유전체 콘덴서에 전압을 인가할 때 발생하는 현상으로 옳지 않은 것은?

① 속박전하의 변위가 분극전하로 나타난다.

② 유전체면에 나타나는 분극전하 면밀도와 분극의 세기는 같다.

③ 유전체 콘덴서는 공기콘덴서에 비하여 전계의 세기는 작아지고, 정전용량은 커진다.

④ 난위면적당 전기 쌍극자 모멘트가 분극의 세기이다.

해설 분극의 세기

$$P = \frac{Q}{S} = \frac{Ql}{Sl} = \frac{M}{V}[\text{C/m}^2]$$

여기서, M : 전기 쌍극자 모멘트[C·m]

V : 체적[m^3]

S : 면적[m^2]

l : 쌍극자 거리[m]

집중공략

★★★★★ 기사 14년 3회, 17년 2회 / 산업 03년 1회, 05년 1회, 08년 1회, 15년 1회, 16년 3회

54 전계 E[V/m], 전속밀도 D[C/m^2], 유전율 $\varepsilon = \varepsilon_0 \varepsilon_s$[F/m], 분극의 세기 P[C/m^2] 사이의 관계는?

① $P = D + \varepsilon_0 E$ ② $P = D - \varepsilon_0 E$

③ $\varepsilon_0 P = D + E$ ④ $P = D - E$

해설 분극의 세기(분극도)와 전계의 관계

$$P = \varepsilon_0(\varepsilon_s - 1)E = D - \varepsilon_0 E = D\left(1 - \frac{1}{\varepsilon_s}\right)[\text{C/m}^2]$$

★★ 기사 05년 1회, 10년 2회, 17년 1회 / 산업 95년 2회

55 평행 평판 공기콘덴서의 양 극판에 $+\sigma$ [C/m^2], $-\sigma$[C/m^2]의 전하가 분포되어 있다. 이 두 전극 사이에 유전율 ε[F/m]인 유전체를 삽입한 경우의 전계는 몇 [V/m]인가? (단, 유전체의 분극 전하밀도를 $+\sigma'$ [C/m^2], $-\sigma'$[C/m^2]라 한다.)

① $\dfrac{\sigma - \sigma'}{\varepsilon_0}$ ② $\dfrac{\sigma + \sigma'}{\varepsilon_0}$

③ $\dfrac{\sigma}{\varepsilon_0} - \dfrac{\sigma'}{\varepsilon}$ ④ $\dfrac{\sigma'}{\varepsilon_0}$

해설

분극 전하밀도(분극의 세기)

$\sigma' = P = D - \varepsilon_0 E = \sigma - \varepsilon_0 E$ 이므로

(전속밀도 D = 전하밀도 σ) $\varepsilon_0 E = \sigma - \sigma'$ 에서

∴ 전계의 세기 $E = \dfrac{\sigma - \sigma'}{\varepsilon_0}$[V/m]

(또는 $\sigma' = P = \varepsilon_0(\varepsilon_s - 1)E$ 에서 전계의 세기는

$E = \dfrac{\sigma'}{\varepsilon_0(\varepsilon_s - 1)}$[V/m]가 된다)

 Comment

- 전하밀도(스칼라)와 전속밀도(벡터)의 크기는 같다. 즉, $\sigma = |\vec{D}|$의 관계를 갖는다.
- 분극 전하밀도(스칼라)와 분극의 세기(벡터)의 크기는 같다. 즉, $\sigma' = |\vec{P}|$의 관계를 갖는다.

★★★★ 기사 97년 6회, 05년 2회

56 비유전율 $\varepsilon_s = 5$인 등방 유전체의 한 점에서 전계의 세기가 $E = 10^4$[V/m]일 때 이 점의 분극의 세기는 몇 [C/cm^2]인가?

① $\dfrac{10^{-9}}{9\pi}$ ② $\dfrac{10^{-5}}{9\pi}$

③ $\dfrac{5}{36\pi} \times 10^{-9}$ ④ $\dfrac{5}{36\pi} \times 10^{-5}$

해설

분극의 세기

$$P = \varepsilon_0(\varepsilon_s - 1)E = \frac{10^{-9}}{36\pi} \times (5-1) \times 10^4$$

$$= \frac{10^{-5}}{9\pi}[\text{C/m}^2] = \frac{10^{-5}}{9\pi} \times \frac{1}{10^4}[\text{C/cm}^2]$$

$$= \frac{10^{-9}}{9\pi}[\text{C/cm}^2]$$

Comment

- 진공 중의 유전율

$$\varepsilon_0 = \frac{1}{36\pi \times 10^9} = \frac{10^{-9}}{36\pi} ≒ 8.855 \times 10^{-12}[\text{F/m}]$$

- 1[cm^2] = 10^{-4}[m^2]이므로 1[m^2] = 10^4[cm^2]가 된다.

정답 53. ④ 54. ② 55. ① 56. ①

★★★ 기사 01년 3회, 08년 3회, 16년 3회 / 산업 07년 3회, 09년 2회

57 비유전율 $\varepsilon_s = 2.8$인 유전체에 전속밀도 $D = 3 \times 10^{-7}[\text{C/m}^2]$를 인가할 때 분극의 세기 P는 약 몇 $[\text{C/m}^2]$인가? (단, 유전체는 등질 및 등방향성이라 한다.)

① 1.93×10^{-7} ② 2.93×10^{-7}

③ 3.50×10^{-7} ④ 4.07×10^{-7}

해설

분극의 세기

$$P = D\left(1 - \frac{1}{\varepsilon_s}\right) = 3.0 \times 10^{-7} \times \left(1 - \frac{1}{2.8}\right)$$
$$= 1.93 \times 10^{-7}[\text{C/m}^2]$$

★★★ 기사 10년 2회

58 두 평행판 축전기에 채워진 폴리에틸렌의 비유전율이 ε_r, 평행판 거리 $d = 1.5[\text{mm}]$일 때, 만일 평행판 내의 전계의 세기가 $10[\text{kV/m}]$라면 평행판 간 폴리에틸렌 표면에 나타난 분극 전하밀도는?

① $\dfrac{\varepsilon_r - 1}{18\pi} \times 10^{-5}[\text{C/m}^2]$

② $\dfrac{\varepsilon_r - 1}{36\pi} \times 10^{-6}[\text{C/m}^2]$

③ $\dfrac{\varepsilon_r}{18\pi} \times 10^{-5}[\text{C/m}^2]$

④ $\dfrac{\varepsilon_r - 1}{36\pi} \times 10^{-5}[\text{C/m}^2]$

해설

분극 전하밀도(분극의 세기)

$$P = \varepsilon_0(\varepsilon_r - 1)E = \frac{10^{-9}}{36\pi} \times (\varepsilon_r - 1) \times 10^4$$
$$= \frac{\varepsilon_r - 1}{18\pi} \times 10^{-5}[\text{C/m}^2]$$

여기서, 전계의 세기 $E = 10[\text{kV/m}]$
$$= 10 \times 10^3 = 10^4[\text{V/m}]$$

★★★ 기사 15년 2회

59 비유전율이 10인 유전체를 $5[\text{V/m}]$인 전계 내에 놓으면 유전체의 표면 전하밀도는 몇 $[\text{C/m}^2]$인가? (단, 유전체의 표면과 전계는 직각이다.)

① $35\varepsilon_0$ ② $45\varepsilon_0$

③ $55\varepsilon_0$ ④ $65\varepsilon_0$

해설

유전체 표면 전하밀도는 분극 전하밀도를 말하므로
$$P = \varepsilon_0(\varepsilon_s - 1)E = \varepsilon_0(10 - 1) \times 5 = 45\varepsilon_0[\text{C/m}^2]$$

★ 기사 12년 2회, 16년 2회

60 그림과 같이 영역 $y \leq 0$은 완전 도체로 위치해 있고, 영역 $y \geq 0$은 완전 유전체로 위치해 있을 때, 만일 경계 무한 평면의 도체면상에 면전하 밀도 $\rho_s = 2[\text{nC/m}^2]$가 분포되어 있다면 P점 $(-4, 1, -5)[\text{m}]$의 전계 세기는?

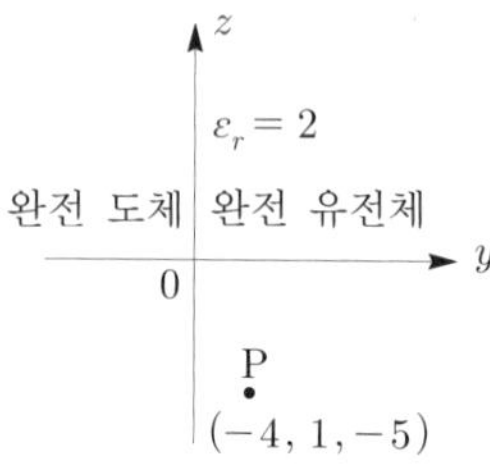

① $18\pi a_y[\text{V/m}]$ ② $36\pi a_y[\text{V/m}]$

③ $-54\pi a_y[\text{V/m}]$ ④ $72\pi a_y[\text{V/m}]$

해설

분극 전하밀도는
$$\sigma' = P = D\left(1 - \frac{1}{\varepsilon_s}\right) = 2 \times \left(1 - \frac{1}{2}\right) = 1[\text{nC/m}^2]$$이므로

∴ 유전체 내의 전계의 세기
$$E' = \frac{\sigma - \sigma'}{\varepsilon_0} = \frac{(2 - 1) \times 10^{-9}}{\frac{10^{-9}}{36\pi}} = 36\pi$$

(전계는 도체 표면에 대해서 수직으로 발산하므로 a_y 방향이 된다)

★★★ 산업 90년 2회, 96년 2회, 04년 2회, 12년 2회, 14년 3회

61 비유전율 $\varepsilon_s = 5$인 베크라이트의 한 점에서 전계의 세기가 $E = 10^4[\text{V/m}]$일 때 이 점의 분극률 χ는 몇 $[\text{F/m}]$인가?

① $\dfrac{10^{-9}}{9\pi}$ ② $\dfrac{10^{-9}}{18\pi}$

③ $\dfrac{10^{-9}}{27\pi}$ ④ $\dfrac{10^{-9}}{36\pi}$

정답 57. ①   58. ①   59. ②   60. ②   61. ①

해설

분극의 세기 $P = \varepsilon_0(\varepsilon_s - 1)E = \chi E[\text{C/m}^2]$

$\therefore$ 분극률

$$\chi = \varepsilon_0(\varepsilon_s - 1) = \frac{10^{-9}}{36\pi} \times (5-1) = \frac{10^{-9}}{9\pi}[\text{F/m}]$$

★★   기사 09년 1회

62 평등 전계 내에 수직으로 비유전율 $\varepsilon_r = 3$ 인 유전체판을 놓았을 경우 판 내의 전속 밀도 $D = 4 \times 10^{-8}[\text{C/m}^2]$이었다. 이 유전 체의 비분극률은?

① 2
② 3
③ 1×10^{-6}
④ 2×10^{-5}

해설

비분극률(전기 감수율)

$$\chi_{er} = \frac{\chi}{\varepsilon_0} = \varepsilon_s - 1 = 3 - 1 = 2$$

★★★   기사 08년 2회

63 전지에 연결된 진공 평행판 콘덴서에서 진공 대신 어떤 유전체로 채웠더니 충전전하가 2 배로 되었다면 전기 감수율(susceptibility) χ_{er}은 얼마인가?

① 0
② 1
③ 2
④ 3

해설

충전전하 $Q = CV = \varepsilon_s C_0 V[\text{C}]$에서

(여기서, ε_s : 비유전율, C_0 : 진공 콘덴서 용량)

충전전하는 비유전율에 비례하므로 $\varepsilon_s = 2$가 된다.

$\therefore$ 전기 감수율=비분극률

$$\chi_{er} = \frac{\chi}{\varepsilon_0} = \varepsilon_s - 1 = 2 - 1 = 1$$

★★★   기사 00년 4회, 11년 2회, 14년 1회

64 간격에 비해서 충분히 넓은 평행판 콘덴서 의 판 사이에 비유전율 ε_s인 유전체를 채 우고 외부에서 판에 수직방향으로 전계 E_0 를 가할 때, 분극전하에 의한 전계의 세기 는 몇 [V/m]인가?

① $\dfrac{\varepsilon_s + 1}{\varepsilon_s} E_0$
② $\dfrac{\varepsilon_s - 1}{\varepsilon_s} E_0$
③ $\dfrac{\varepsilon_s}{\varepsilon_s - 1} E_0$
④ $\dfrac{\varepsilon_s}{\varepsilon_s + 1} E_0$

해설

㉠ 유전체 내 전계의 세기 E는 유전체로 입사되는 전계 E_0와 분극전하 σ'에 의해 발생된 전계의 세기 E' 의 합이 된다. 즉, $E = E_0 - E'$이다.

㉡ 여기서, 유전체 내 전계의 세기 $E = \dfrac{E_0}{\varepsilon_s}$가 되므로 이를 정리하면 다음과 같다.

$\therefore \dfrac{E_0}{\varepsilon_s} = E_0 - E'$에서 $E' = E_0 - \dfrac{E_0}{\varepsilon_s}$이므로

$$E' = \left(1 - \frac{1}{\varepsilon_s}\right)E_0 = \left(\frac{\varepsilon_s - 1}{\varepsilon_s}\right)E_0[\text{V/m}]$$가 된다.

★   기사 90년 6회, 13년 3회

65 반지름 $a[\text{m}]$인 도체구에 전하 $Q[\text{C}]$을 주 었다. 도체구를 둘러싸고 있는 유전체의 비유전율이 ε_s인 경우 경계면에 나타나는 분극 전하밀도는?

① $\dfrac{Q}{4\pi a^2}(1 - \varepsilon_s)$
② $\dfrac{Q}{4\pi a^2}(\varepsilon_s - 1)$
③ $\dfrac{Q}{4\pi a^2}\left(1 - \dfrac{1}{\varepsilon_s}\right)$
④ $\dfrac{Q}{4\pi a^2}\left(\dfrac{1}{\varepsilon_s} - 1\right)$

해설

분극 전하밀도(분극의 세기)

$$P = D\left(1 - \frac{1}{\varepsilon_s}\right) = \frac{Q}{4\pi a^2}\left(1 - \frac{1}{\varepsilon_s}\right)[\text{C/m}^2]$$

여기서, 도체구의 전속밀도(전하밀도)

$$: D = \frac{Q}{S} = \frac{Q}{4\pi r^2}[\text{C/m}^2]$$

★   기사 92년 6회

66 정전용량이 $20[\mu\text{F}]$인 평행판 축전기에 $0.01[\text{C}]$의 전하량을 충전했을 때 두 평행 판 사이에 비유전율 10인 유전체를 채우면 유전체 표면에 발생하는 분극 전하량은 몇 [C]인가?

① -0.009
② -0.01
③ -0.09
④ -0.1

정답   62. ①   63. ②   64. ②   65. ③   66. ①

㉠ 분극 전하밀도 $\sigma' = P = \dfrac{Q'}{S}$ [C/m²]이고,

　전하밀도 $\sigma = D = \dfrac{Q}{S}$ [C/m²]이다.

㉡ 분극 전하밀도 $P = D\left(1 - \dfrac{1}{\varepsilon_s}\right)$ 에서 양변에 면적을

　곱해서 분극 전하량을 구할 수 있다.

$$\therefore \ Q' = -Q\left(1 - \dfrac{1}{\varepsilon_s}\right) = -0.01\left(1 - \dfrac{1}{10}\right)$$
$$= -0.009[C]$$

Comment

전극판에 $\pm Q$의 전하를 충전하면 유전체 내에는 $\mp Q'$의 분극전하가 나타난다. 즉, $+Q$ 극판에는 $-Q'$의 분극전하, $-Q$ 극판에는 $+Q'$의 분극전하가 발생한다.

출제 03　경계조건

★★★　산업 91년 2회, 00년 4회, 05년 1회, 06년 2회

67 유전율이 각각 다른 두 유전체의 경계면에 전계가 수직으로 입사하였을 때 옳은 것은 무엇인가?

① 전계는 연속성이다.
② 전속밀도가 달라진다.
③ 유전율이 같아진다.
④ 전력선은 굴절하지 않는다.

전계가 수직 입사하면 전계는 접선 성분이, 전속은 법선 성분이 연속적이다.

집중공략

★★★★★　기사 98년 2회, 01년 1회, 12년 1회, 16년 2회 / 산업 07년 1회, 12년 1회

68 두 종류의 유전율(ε_1, ε_2)을 가진 유전체 경계면에 진전하가 존재하지 않을 때 성립하는 경계조건을 옳게 나타낸 것은? (단, θ_1, θ_2는 각각 유전체 경계면의 법선벡터와 E_1, E_2가 이루는 각이다.)

①　$E_1\sin\theta_1 = E_2\sin\theta_2$
　　$D_1\sin\theta_1 = D_2\sin\theta_2$
　　$\dfrac{\tan\theta_1}{\tan\theta_2} = \dfrac{\varepsilon_2}{\varepsilon_1}$

②　$E_1\cos\theta_1 = E_2\cos\theta_2$
　　$D_1\sin\theta_1 = D_2\sin\theta_2$
　　$\dfrac{\tan\theta_1}{\tan\theta_2} = \dfrac{\varepsilon_2}{\varepsilon_1}$

③　$E_1\sin\theta_1 = E_2\sin\theta_2$
　　$D_1\cos\theta_1 = D_2\cos\theta_2$
　　$\dfrac{\tan\theta_1}{\tan\theta_2} = \dfrac{\varepsilon_1}{\varepsilon_2}$

④　$E_1\cos\theta_1 = E_2\cos\theta_2$
　　$D_1\cos\theta_1 = D_2\cos\theta_2$
　　$\dfrac{\tan\theta_1}{\tan\theta_2} = \dfrac{\varepsilon_1}{\varepsilon_2}$

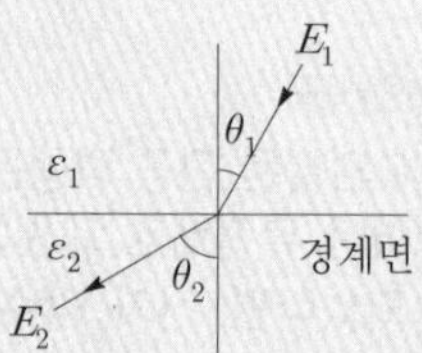

전계와 전속밀도는 유전율이 다른 경계면에서 굴절하고, 경계면에서 전계와 전속밀도의 관계는 다음과 같다.

㉠ $E_{1t} = E_{2t}\ (E_1\sin\theta_1 = E_2\sin\theta_2)$
　경계면에서 전계는 접선성분이 같다(연속적이다).

㉡ $D_{1n} = D_{2n}\ (D_1\cos\theta_1 = D_2\cos\theta_2)$
　경계면에서 전속선은 법선성분이 같다(연속적이다).

㉢ 경계조건 공식 : $\dfrac{\varepsilon_1}{\varepsilon_2} = \dfrac{\tan\theta_1}{\tan\theta_2}$

$\varepsilon_1 < \varepsilon_2$이면 $\theta_1 < \theta_2$, $D_1 < D_2$, $E_1 > E_2$가 된다.

- $\varepsilon_1 < \varepsilon_2$: 유전율이 큰 곳에서 전계 및 전속밀도의 입사각 θ_1 또는 굴절각 θ_2는 커진다.
- $D_1 < D_2$: 전속밀도는 유전율에 비례하므로 유전율이 큰 곳에서 전속밀도가 더 크다. 또는 전속선은 유전율이 큰 곳으로 많이 모인다.
- $E_1 > E_2$: 전계는 유전율과 반비례하므로 유전율이 작은 곳에서 전계가 더 크다. 또는 전력선은 유전율이 작은 곳으로 많이 모인다.

- 전기력선은 전계의 세기를 선으로 표현한 것으로, 선이 많다는 의미는 전계의 세기가 크다라는 것을 의미한다. 따라서 전계의 세기는 비유전율에 반비례하므로 비유전율이 작은 곳으로 전기력선이 모인다.
- 유전속(전속선)은 비유전율에 비례하므로 비유전율이 큰 곳으로 모이려는 특성을 지닌다.

★★★★★　기사 95년 2회, 00년 6회, 04년 3회, 09년 1회, 10년 1회

69 이종의 유전체 사이의 경계면에 전하분포가 없을 때 경계면 양쪽에 있어서 맞는 설명은 다음 중 어느 것인가?

① 전계의 법선성분 및 전속밀도의 접선성분은 서로 같다.
② 전계의 법선성분 및 전속밀도의 법선성분은 서로 같다.
③ 전계의 접선성분 및 전속밀도의 접선성분은 서로 같다.
④ 전계의 접선성분 및 전속밀도의 법선성분은 서로 같다.

★★★　기사 10년 3회 / 산업 91년 2회, 07년 2회

70 두 유전체의 경계면에서 정전계가 만족하는 것은?

① 전속은 유전율이 작은 유전체로 모인다.
② 두 경계면에서의 전위는 서로 같다.
③ 전속밀도는 접선성분이 같다.
④ 전계는 법선성분이 같다.

해설

경계면상의 두 점에서 전위는 동일하다.

★★　산업 91년 6회

71 유전율이 각각 ε_1, ε_2인 두 유전체가 접해 있는 경우 $\varepsilon_1 > \varepsilon_2$의 조건을 갖는다면 입사각($\theta_1$)과 굴절각($\theta_2$)의 관계는 어떻게 되는가?

① $\theta_1 = \theta_2$
② $\theta_1 > \theta_2$
③ $\theta_1 < \theta_2$
④ θ_1, θ_2의 크기와는 관계가 없다.

해설

유전율이 큰 곳으로 더 크게 굴절한다.

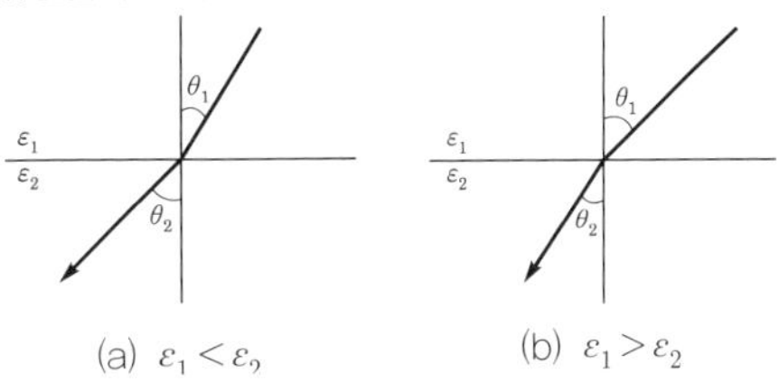

★★★★　산업 08년 2회, 15년 1회

72 두 종류의 유전체 경계면에서 전속과 전기력선이 경계면에 수직으로 도달할 때 다음 중 옳지 않은 것은?

① 전속과 전기력선은 굴절하지 않는다.
② 전속밀도는 변하지 않는다.
③ 전계의 세기는 불연속적으로 변한다.
④ 전속선은 유전율이 작은 유전체 쪽으로 모이려는 성질이 있다.

해설

경계조건에서 전속밀도는 유전율이 큰 쪽으로 몰리고, 전기력선은 유전율이 작은 쪽으로 모이려는 성질을 가지고 있다($\varepsilon_1 > \varepsilon_2$이면 $\theta_1 > \theta_2$, $D_1 > D_2$, $E_1 < E_2$가 된다).

★★★　기사 89년 6회, 99년 6회, 02년 3회, 14년 1회, 16년 3회

73 그림과 같이 평행판 콘덴서의 극판 사이에 유전율이 각각 ε_1, ε_2인 두 유전체를 반반씩 채우고 극판 사이에 일정한 전압을 걸어줄 때 매질 (1), (2) 내의 전계의 세기 E_1, E_2 사이에 성립하는 관계로 옳은 것은 무엇인가?

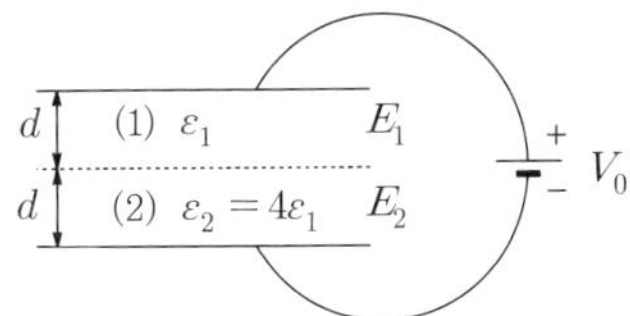

① $E_2 = 4E_1$
② $E_2 = 2E_1$
③ $E_2 = \dfrac{E_1}{4}$
④ $E_2 = E_1$

정답　69. ④　70. ②　71. ②　72. ④　73. ③

📖 해설

경계면에 수직 입사 시 전속밀도는 일정하다.
즉, $D_1 = D_2$이므로 $\varepsilon_1 E_1 = \varepsilon_2 E_2$가 된다.

$$\therefore E_2 = \frac{\varepsilon_1}{\varepsilon_2} E_1 = \frac{\varepsilon_1}{4\varepsilon_1} E_1 = \frac{1}{4} E_1$$

★★★★ 기사 17년 3회 / 산업 99년 3회, 01년 3회, 05년 1회, 09년 1회

74 그림과 같은 유전속의 분포에서 그림과 같을 때 ε_1과 ε_2의 관계는?

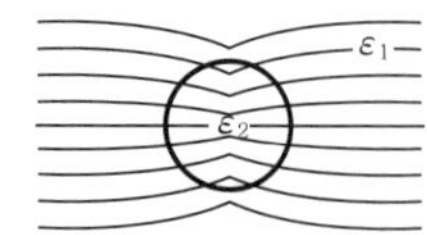

① $\varepsilon_1 = \varepsilon_2$

② $\varepsilon_1 > \varepsilon_2$

③ $\varepsilon_1 < \varepsilon_2$

④ $\varepsilon_1 = \varepsilon_2 = 0$

📖 해설

유전속(전속선)은 유전율이 큰 곳으로 모이므로 $\varepsilon_1 < \varepsilon_2$이 된다.

★★★★ 산업 14년 2회

75 두 유전체의 경계면에 대한 설명 중 옳은 것은?

① 두 유전체의 경계면에 전계가 수직으로 입사하면 두 유전체 내의 전계의 세기는 같다.

② 유전율이 작은 쪽에서 큰 쪽으로 전계가 입사할 때 입사각은 굴절각보다 크다.

③ 경계면에서 정전력은 전계가 경계면에 수직으로 입사할 때 유전율이 큰 쪽에서 작은 쪽으로 작용한다.

④ 유전율이 큰 쪽에서 작은 쪽으로 전계가 경계면에 수직으로 입사할 때 유전율이 작은 쪽의 전계의 세기가 작아진다.

📖 해설

㉠ 유전율이 큰 곳에서 전기력선 및 전속선은 입사각 또는 굴절각이 커진다.

㉡ 전기력선은 유전율이 작은 곳으로, 유전속(전속선)은 유전율이 큰 곳으로 모인다.

★★ 산업 08년 2회

76 유전율이 각각 $\varepsilon_1 = 1$, $\varepsilon_2 = \sqrt{3}$인 두 유전체가 그림과 같이 접해 있는 경우, 경계면에서 전기력선의 입사각 $\theta_1 = 45°$이었다. 굴절각 θ_2는 몇 도인가?

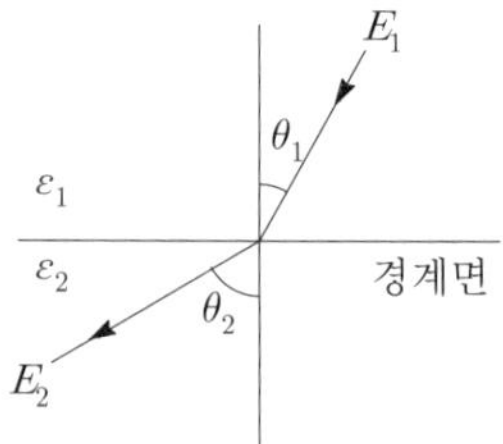

① $20°$　　② $30°$

③ $45°$　　④ $60°$

📖 해설

유전체의 경계조건 $\dfrac{\varepsilon_2}{\varepsilon_1} = \dfrac{\tan\theta_2}{\tan\theta_1}$에서

$\tan\theta_2 = \tan\theta_1 \dfrac{\varepsilon_2}{\varepsilon_1} = \tan\theta_1 \dfrac{\varepsilon_{s2}}{\varepsilon_{s1}}$ 이다.

$$\therefore \theta_2 = \tan^{-1}\left(\tan\theta_1 \frac{\varepsilon_2}{\varepsilon_1}\right) = \tan^{-1}\left(\tan 45° \times \frac{\sqrt{3}}{1}\right)$$
$$= \tan^{-1}\sqrt{3} = 60°$$

Comment

$$\tan 30° = \frac{1}{\sqrt{3}}, \quad \tan 45° = 1, \quad \tan 60° = \sqrt{3}$$

★ 기사 00년 4회

77 비유전율 3의 유전체 A와 비유전율을 알 수 없는 유전체 B가 그림과 같이 경계를 이루고 있으며 경계면에서 전자파의 굴절이 일어날 때 유전체 B의 비유전율은 얼마인가?

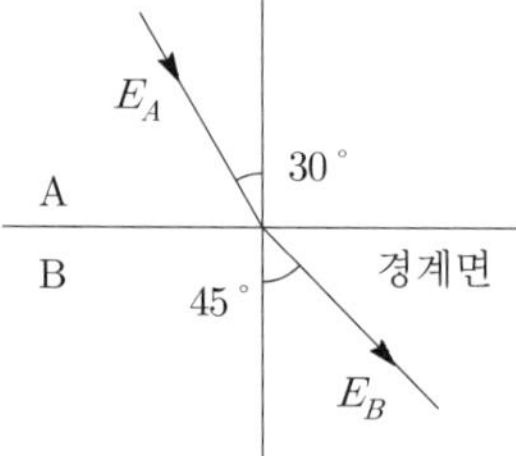

① 1.5　　② 2.3

③ 4.2　　④ 5.2

해설

유전체의 경계조건 $\dfrac{\varepsilon_2}{\varepsilon_1}=\dfrac{\tan\theta_2}{\tan\theta_1}$ 에서 유전율을 풀어주면

$\dfrac{\varepsilon_0\varepsilon_{s2}}{\varepsilon_0\varepsilon_{s1}}=\dfrac{\tan\theta_2}{\tan\theta_1}$ 이므로

$\therefore\ \varepsilon_{s2}=\varepsilon_{s1}\dfrac{\tan\theta_2}{\tan\theta_1}=3\times\dfrac{\tan 45°}{\tan 30°}$

$\qquad=3\times\dfrac{1}{\dfrac{1}{\sqrt{3}}}=3\sqrt{3}=5.2$

★ 기사 04년 1회, 12년 3회, 17년 1회

78 매질 1이 나일론(비유전율 $\varepsilon_s=4$)이고, 매질 2는 진공일 때 전속밀도 D가 경계면에서 각각 θ_1, θ_2의 각을 이룰 때 $\theta_2=30°$ 라 하면 θ_1의 값은?

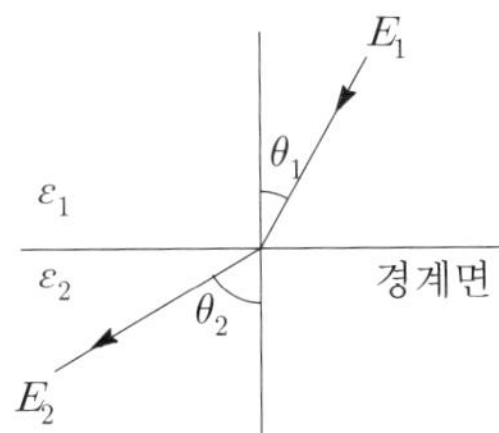

① $\tan^{-1}\dfrac{4}{\sqrt{3}}$

② $\tan^{-1}\dfrac{\sqrt{3}}{4}$

③ $\tan^{-1}\dfrac{\sqrt{3}}{2}$

④ $\tan^{-1}\dfrac{2}{\sqrt{3}}$

해설

유전체의 경계조건 $\dfrac{\varepsilon_2}{\varepsilon_1}=\dfrac{\tan\theta_2}{\tan\theta_1}$ 에서

$\tan\theta_2=\tan\theta_1\dfrac{\varepsilon_2}{\varepsilon_1}=\tan\theta_1\dfrac{\varepsilon_{s2}}{\varepsilon_{s1}}$ 이므로

$\therefore\ \theta_1=\tan^{-1}\!\left(\tan\theta_2\dfrac{\varepsilon_{s1}}{\varepsilon_{s2}}\right)=\tan^{-1}\!\left(\tan 30°\times\dfrac{4}{1}\right)$

$\qquad=\tan^{-1}\!\left(\dfrac{4}{\sqrt{3}}\right)$

★★ 기사 99년 3회 / 산업 01년 2회

79 공기 중의 전계 E_1이 10[kV/cm]이고, 입사각이 $\theta_1=30°$(법선과 이룬 각)로 변압기유의 경계면에 닿을 때 굴절각 θ_2는 몇 도이며, 변압기유의 전계 E_2는 몇 [V/m]인가? (단, 변압기유의 비유전율은 3이다.)

① $60°$, $\dfrac{10^6}{\sqrt{3}}$[V/m] ② $60°$, $\dfrac{10^3}{\sqrt{3}}$[V/m]

③ $45°$, $\dfrac{10^6}{\sqrt{3}}$[V/m] ④ $45°$, $\dfrac{10^4}{\sqrt{3}}$[V/m]

해설

㉠ 유전체의 경계조건 $\dfrac{\varepsilon_2}{\varepsilon_1}=\dfrac{\tan\theta_2}{\tan\theta_1}$ 에서

$\tan\theta_2=\tan\theta_1\dfrac{\varepsilon_2}{\varepsilon_1}=\tan\theta_1\dfrac{\varepsilon_{s2}}{\varepsilon_{s1}}$ 이다.

$\therefore\ \theta_2=\tan^{-1}\!\left(\tan\theta_1\dfrac{\varepsilon_{s2}}{\varepsilon_{s1}}\right)=\tan^{-1}\left(\tan 30°\times 3\right)$

$\qquad=\tan^{-1}\sqrt{3}=60°$

㉡ 유전체의 경계조건 $E_1\sin\theta_1=E_2\sin\theta_2$ 에서 여기서, $E_1=10[\text{kV/cm}]=10^6[\text{V/m}]$

$\therefore\ E_2=E_1\dfrac{\sin\theta_1}{\sin\theta_2}=10^6\times\dfrac{\sin 30°}{\sin 60°}$

$\qquad=10^6\times\dfrac{\dfrac{1}{2}}{\dfrac{\sqrt{3}}{2}}=\dfrac{10^6}{\sqrt{3}}[\text{V/m}]$

★★ 기사 90년 2회, 04년 2회, 06년 1회, 09년 3회

80 $X>0$인 영역에 $\varepsilon_{R1}=3$인 유전체, $X<0$인 영역에 $\varepsilon_{R2}=5$인 유전체가 있다. 유전율 $\varepsilon_2=\varepsilon_0\varepsilon_{R2}$인 영역에서 전계 $\overrightarrow{E_2}=20\overrightarrow{a_x}+30\overrightarrow{a_y}-40\overrightarrow{a_z}$[V/m]일 때 유전율 ε_1인 영역에서 전계 $\overrightarrow{E_1}$는 몇 [V/m]인가?

① $\dfrac{100}{3}\overrightarrow{a_x}+30\overrightarrow{a_y}-40\overrightarrow{a_z}$

② $20\overrightarrow{a_x}+90\overrightarrow{a_y}-40\overrightarrow{a_z}$

③ $100\overrightarrow{a_x}+10\overrightarrow{a_y}-40\overrightarrow{a_z}$

④ $60\overrightarrow{a_x}+30\overrightarrow{a_y}-40\overrightarrow{a_z}$

해설

㉠ 경계조건에 의해 $D_{1x}=D_{2x}$, $E_{1y}=E_{2y}$, $E_{1z}=E_{2z}$ 이다.

㉡ $D_{1x}=D_{2x}$ 에서 $\varepsilon_1 E_{1x}=\varepsilon_2 E_{2x}$ 이므로

$E_{1x}=\dfrac{\varepsilon_2}{\varepsilon_1}E_{2x}=\dfrac{5\varepsilon_0}{3\varepsilon_0}\times 20=\dfrac{100}{3}$

$E_{1y}=E_{2y}=30$, $E_{1z}=E_{2x}=-40$이다.

$\therefore\ \overrightarrow{E_1}=\dfrac{100}{3}\overrightarrow{a_x}+30\overrightarrow{a_y}-40\overrightarrow{a_z}[\text{V/m}]$

정답 78. ① 79. ① 80. ①

★★ 기사 93년 5회, 03년 3회, 14년 1회

81 $X > 0$인 영역에 $\varepsilon_{R1} = 3$인 유전체, $X < 0$인 영역에 $\varepsilon_{R2} = 5$인 유전체가 있다. $X < 0$인 영역에서 전계 $\overrightarrow{E_2} = 20\overrightarrow{a_x} + 30\overrightarrow{a_y} - 40\overrightarrow{a_z}$[V/m]일 때 $X > 0$인 영역에서의 전속밀도 D_1은 몇 [C/m^2]인가?

① $(100\overrightarrow{a_x} - 90\overrightarrow{a_y} - 120\overrightarrow{a_z})\varepsilon_0$

② $(100\overrightarrow{a_x} + 90\overrightarrow{a_y} - 120\overrightarrow{a_z})\varepsilon_0$

③ $(100\overrightarrow{a_x} - 150\overrightarrow{a_y} + 200\overrightarrow{a_z})\varepsilon_0$

④ $(100\overrightarrow{a_x} - 150\overrightarrow{a_y} - 200\overrightarrow{a_z})\varepsilon_0$

해설

㉠ 경계조건에 의해 $D_{1x} = D_{2x}$, $E_{1y} = E_{2y}$, $E_{1z} = E_{2z}$이다.

㉡ $D_{1x} = D_{2x}$에서 $\varepsilon_1 E_{1x} = \varepsilon_2 E_{2x}$이므로

$$E_{1x} = \frac{\varepsilon_2}{\varepsilon_1} E_{2x} = \frac{5\varepsilon_0}{3\varepsilon_0} \times 20 = \frac{100}{3}$$

$E_{1y} = E_{2y} = 30$, $E_{1z} = E_{2z} = -40$이다.

㉢ $\overrightarrow{E_1} = \frac{100}{3}\overrightarrow{a_x} + 30\overrightarrow{a_y} - 40\overrightarrow{a_z}$[V/m]이므로

$$\therefore \ D_1 = \varepsilon_1 E_1 = 3\varepsilon_0 \left(\frac{100}{3}\overrightarrow{a_x} + 30\overrightarrow{a_y} - 40\overrightarrow{a_z} \right)$$
$$= \varepsilon_0 (100\overrightarrow{a_x} + 90\overrightarrow{a_y} - 120\overrightarrow{a_z})[\text{C/m}^2]$$

★ 기사 94년 2회, 18년 1회

82 $X > 0$인 영역에서 비유전율 $\varepsilon_{R1} = 2$인 유전체, $X < 0$인 영역에는 $\varepsilon_{R2} = 4$인 유전체가 있으며, 경계면에 판이 없는 경우 $\overrightarrow{E_2} = 30\overrightarrow{a_x} + 10\overrightarrow{a_y} + 20\overrightarrow{a_z}$[V/m]일 때 $\varepsilon_2 = \varepsilon_0 \varepsilon_{R2}$인 유전체 내에서 전계 $\overrightarrow{E_1}$를 구하면? (단, $\overrightarrow{a_x}$, $\overrightarrow{a_y}$, $\overrightarrow{a_z}$는 단위벡터)

① $\overrightarrow{E_1} = 30\overrightarrow{a_x} + 10\overrightarrow{a_y} + 10\overrightarrow{a_z}$

② $\overrightarrow{E_1} = 15\overrightarrow{a_x} + 10\overrightarrow{a_y} + 20\overrightarrow{a_z}$

③ $\overrightarrow{E_1} = 30\overrightarrow{a_x} + 5\overrightarrow{a_y} + 10\overrightarrow{a_z}$

④ $\overrightarrow{E_1} = 15\overrightarrow{a_x} + 5\overrightarrow{a_y} + 20\overrightarrow{a_z}$

해설

㉠ 경계조건에 의해 $D_{1x} = D_{2x}$, $E_{1y} = E_{2y}$, $E_{1z} = E_{2z}$이다.

㉡ $D_{1x} = D_{2x}$에서 $\varepsilon_1 E_{1x} = \varepsilon_2 E_{2x}$이므로

$$E_{2x} = \frac{\varepsilon_1}{\varepsilon_2} E_{1x} = \frac{2\varepsilon_0}{4\varepsilon_0} \times 30 = 15$$

$E_{1y} = E_{2y} = 10$, $E_{1z} = E_{2x} = 20$이다.

$$\therefore \ \overrightarrow{E_1} = 15\overrightarrow{a_x} + 10\overrightarrow{a_y} + 20\overrightarrow{a_z}[\text{V/m}]$$

출제 04 ▶ 패러데이관

★★ 기사 95년 6회, 10년 2회, 18년 1회

83 패러데이(Faraday)관에 대한 설명 중 틀린 것은?

① 패러데이관 내의 전속선수는 일정하다.

② 진전하가 없는 점에서 패러데이관은 불연속적이다.

③ 패러데이관의 밀도는 전속밀도와 같다.

④ 단위 전위차당 패러데이관의 보유에너지는 $\frac{1}{2}$[J]이다.

해설 패러데이관의 성질

㉠ 패러데이관 내의 전속선수는 일정하다.

㉡ 패러데이관 내부에 정·부의 단위전하가 있다.

㉢ 진전하가 없는 면에서 패러데이관은 연속이다.

㉣ 패러데이관의 밀도는 전속밀도와 같다.

★★ 기사 04년 1회, 16년 2회 / 산업 11년 1회

84 패러데이관(Faraday 管)에 대한 설명 중 틀린 것은?

① 패러데이관 내의 전속선수는 일정하다.

② 진전하가 없는 점에서 패러데이관은 불연속적이다.

③ 패러데이관의 밀도는 전속밀도와 같다.

④ 패러데이관 양단에 정(正), 부(負)의 단위전하가 있다.

해설

83번 문제 해설 참조

산업 91년 2회, 96년 6회, 00년 2회

85 Faraday관에서 전속선수가 $5Q$[개]이면 Faraday관 수는?

① $\dfrac{Q}{\varepsilon}$

② $\dfrac{Q}{5}$

③ $\dfrac{5}{Q}$

④ $5Q$

해설

Faraday관 수=전속선수=전하량 크기[C]

출제 05 유전체에 작용하는 힘

집중공략

기사 15년 1회, 16년 3회, 18년 1회 / 산업 14년 1·3회, 15년 2회, 16년 1회

86 $\varepsilon_1 > \varepsilon_2$의 유전체 경계면에 전계가 수직으로 입사할 때 경계면에 작용하는 힘과 방향에 대한 설명이 옳은 것은?

① $f = \dfrac{1}{2}\left(\dfrac{1}{\varepsilon_2} - \dfrac{1}{\varepsilon_1}\right)D^2$의 힘이 ε_1에서 ε_2로 작용

② $f = \dfrac{1}{2}\left(\dfrac{1}{\varepsilon_1} - \dfrac{1}{\varepsilon_2}\right)E^2$의 힘이 ε_2에서 ε_1로 작용

③ $f = \dfrac{1}{2}(\varepsilon_2 - \varepsilon_1)E^2$의 힘이 ε_1에서 ε_2로 작용

④ $f = \dfrac{1}{2}(\varepsilon_1 - \varepsilon_2)D^2$의 힘이 ε_2에서 ε_1로 작용

해설

㉠ 단위면적당 작용하는 힘

$$f = \frac{1}{2}\varepsilon E^2 = \frac{1}{2}DE = \frac{D^2}{2\varepsilon}\,[\text{N/m}^2]\text{에서}$$

전계가 수직 입사한다는 조건에 의해 전속밀도의 법선성분이 연속임을 이용할 수 있다.

㉡ 이때, $\varepsilon_1 > \varepsilon_2$이면 $\dfrac{1}{\varepsilon_1} < \dfrac{1}{\varepsilon_2}$이므로 f_2가 f_1보다 크다.

$$\therefore \text{ 힘의 크기는 } f = f_2 - f_1 = \frac{1}{2}\left(\frac{1}{\varepsilon_2} - \frac{1}{\varepsilon_1}\right)D^2\text{이고,}$$

힘의 방향은 유전율이 큰 쪽에서 작은 쪽으로 작용한다.

기사 14년 2회 / 산업 90년 2회, 02년 3회

87 두 유전체의 경계면에 대한 설명 중 옳지 않은 것은?

① 전계가 경계면에 수직으로 입사하면 두 유전체 내의 전계의 세기가 같다.

② 경계면에 작용하는 맥스웰 변형력은 유전율이 큰 쪽에서 작은 쪽으로 끌려가는 힘을 받는다.

③ 유전율이 작은 쪽에서 전계가 입사할 때 입사각은 굴절각보다 작다.

④ 전계나 전속밀도가 경계면에 수직 입사하면 굴절하지 않는다.

해설

① 경계면상에 수직으로 입사하면 전속성분이 일정하다.

기사 96년 4회 / 산업 10년 1회

88 평행판 사이에 유전율이 ε_1, ε_2 되는 ($\varepsilon_2 < \varepsilon_1$) 유전체를 경계면이 판에 평행하게 그림과 같이 채우고, 그림의 극성으로 극판 사이에 전압을 걸었을 때 두 유전체 사이에 작용하는 힘은?

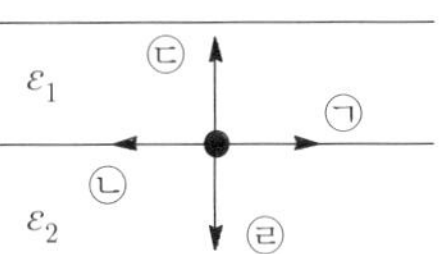

① ㉠의 방향

② ㉡의 방향

③ ㉢의 방향

④ ㉣의 방향

해설

경계면에서 힘은 경계면과 수직방향이고, 유전율이 작은 쪽으로 향한다. 즉 $\varepsilon_2 < \varepsilon_1$이면 유전체면에 작용하는 힘이 ε_1에서 ε_2의 방향으로 작용한다.

정답 85. ④ 86. ① 87. ① 88. ④

★ 기사 89년 2회, 15년 3회

89 전계 E[V/m]가 두 유전체의 경계면에 평행으로 작용하는 경우 경계면 단위면적당 작용하는 힘은? (단, ε_1, ε_2는 두 유전체의 유전율이다.)

① $f = \dfrac{1}{2}(\varepsilon_1 - \varepsilon_2)E^2[\text{N/m}^2]$

② $f = E^2(\varepsilon_1 - \varepsilon_2)[\text{N/m}^2]$

③ $f = \dfrac{1}{2E^2}(\varepsilon_1 - \varepsilon_2)[\text{N/m}^2]$

④ $f = \dfrac{1}{E^2}(\varepsilon_1 - \varepsilon_2)[\text{N/m}^2]$

해설

경계면과 평행인 경우는 전계의 세기가 연속적이다. 즉 $E_1 = E_2 = E$이므로 단위면적당 작용하는 힘은 다음과 같다.

$$f = \frac{1}{2}(\varepsilon_1 - \varepsilon_2)E^2[\text{N/m}^2]$$

★★ 산업 93년 3회, 07년 2회, 17년 1회

90 평행판 공기콘덴서 극판 간에 비유전율 6인 유리판을 일부만 삽입한 경우 내부로 끌리는 힘은 약 몇 [N/m²]인가? (단, 극판 간의 전위경도는 30[kV/cm]이고, 유리판의 두께는 판 간 두께와 같다.)

① 199　　② 223

③ 239　　④ 269

해설

유전체 경계면에서 작용하는 힘은 유전율이 큰 곳에서 작은 곳으로 작용하므로

$$\therefore \ f = \frac{1}{2}(\varepsilon_2 - \varepsilon_1)E^2 = \frac{1}{2}\varepsilon_0(\varepsilon_{s2}-1)E^2$$

$$= \frac{1}{2}\times 8.855\times 10^{-12}\times(6-1)\times\left(30\times\frac{10^3}{10^{-2}}\right)^2$$

$$= 199.23[\text{N/m}^2]$$

출제 06 ▶ 유전체의 특수현상

★ 기사 93년 3회, 98년 4회 / 산업 18년 1회

91 어떤 종류의 결정을 가열하면 한 면에 정(正), 반대 면에 부(負)의 전기가 나타나 분극을 일으키며, 반대로 냉각하면 역(逆)의 분극이 일어나는 것은?

① 파이로(Pyro) 전기

② 볼타(Volta)효과

③ 바크하우젠(Barkhausen) 법칙

④ 압전기(Piezo-electric)의 역효과

★★★ 기사 09년 1회, 13년 2회

92 압전기 현상에서 분극이 응력과 같은 방향으로 발생하는 현상을 무슨 효과라 하는가?

① 종효과　　② 횡효과

③ 역효과　　④ 근접효과

해설 압전현상(피에조 효과)

유전체에 압력이나 인장력을 가하면 전기분극이 발생하는 현상

㉠ 종효과 : 압력이나 인장력이 분극과 같은 방향으로 진행

㉡ 횡효과 : 압력이나 인장력이 분극과 수직방향으로 진행

★★★ 기사 00년 6회, 09년 2회, 13년 1회

93 압전기 현상에서 분극이 응력에 수직한 방향으로 발생하는 현상을 무슨 효과라 하는가?

① 종효과　　② 횡효과

③ 역효과　　④ 근접효과

해설

92번 문제 해설 참조

★ 기사 97년 6회, 02년 3회, 16년 2회

94 압전효과를 이용하지 않는 것은?

① 수정발진기

② 마이크로폰

③ 초음파 발생기

④ 자속계

해설

압전효과는 마이크, 압력 측정, 수정발진기, 초음파 발생기, 일정 주파수 발진에 사용되는 크리스탈 픽업 등 여러 방면에 응용된다.

정답 89. ①　90. ①　91. ①　92. ①　93. ②　94. ④

memo

전기 영상법

기사 4.17% 출제
산업 4.83% 출제

이렇게 공부하세요!!

출제경향분석

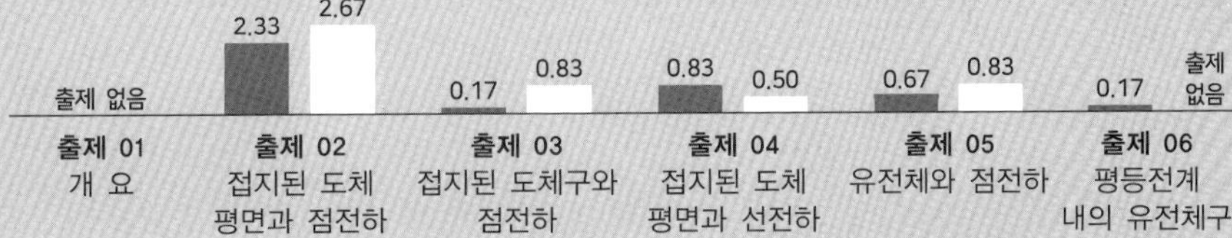

출제포인트

☑ 접지된 무한 평면도체와 점전하에 관련된 공식을 알고 있다.

☑ 접지된 구도체와 점전하에 관련된 공식을 알고 있다.

☑ 접지된 무한 평면도체와 선전하에 관련된 공식을 알고 있다.

출제 01 개 요

Comment

전기 영상법의 사용 목적을 정확히 이해하기란 쉽지 않다. 따라서 시험에 자주 출제되는 문제 유형을 파악해 결과식만 기억하는 것이 좋다.

1 도 입

전기 영상법은 1848년 로드 켈빈(Lord Kelvin)에 의해 도입되었다.

지금까지는 전하에 의한 V, E, D와 ρ_s를 구하기 위해서는 다소 복잡한 푸아송 방정식 또는 라플라스 방정식을 이용하였으나, 이번 장에서는 도체 표면이 등전위면이라는 사실을 염두해 두고 영상점과 영상전하를 이용하여 문제를 푸는 방법을 알아보겠다. 모든 정전기장 문제에 적용하지는 못하지만, 약간 복잡한 문제를 간단히 해석할 수 있다.

2 영상 시스템

① 전하가 접지된 무한한 완전 도체 평면의 위쪽에 분포하고 있을 때, 그 전하분포와 그것의 영상전하 사이의 관계에서 도체 평면을 등전위면으로 대체한 문제로 변환하여 문제를 해석한다.

② 영상 시스템의 관계는 다음과 같다.

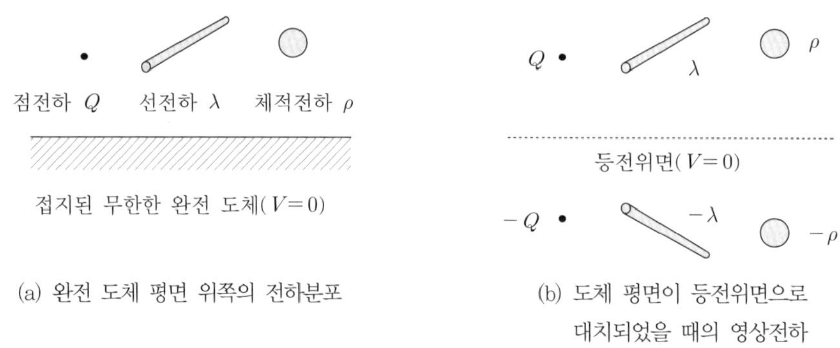

‖그림 5-1‖ 영상 시스템

기사 2.33% 출제 | 산업 2.67% 출제

출제 02 | 접지된 도체 평면과 점전하

Comment

이번 단원에서는 영상전하, 영상력, 전하가 무한 원점까지 운반될 때 필요한 일에 문제가 주를 이룬다.

1 개 요

[그림 5-2]와 같이 접지된 도체 평면에서 a[m] 떨어진 곳(P점)에 점전하 $+Q$를 놓았을 경우 R(x, y)점에서의 전위, 전계, 전속밀도의 크기는 평면도체를 등전위면으로 대치하고 영상점에 영상전하를 위치하여 정전계를 해석해도 같은 결과가 나온다.

2 영상전하(image charge)와 전위

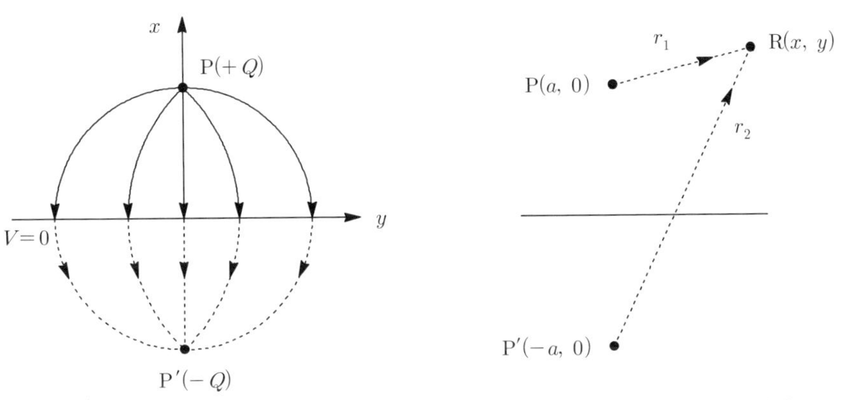

(a) 영상의 위치와 전기력선 분포   (b) R점의 전위와 전계

▮그림 5-2▮ 접지된 도체 평면 위쪽의 점전하

① 영상점(P$'$)의 위치 : 도체 평면을 기준으로 P점에 대하여 대칭인 지점
② 영상전하의 크기 : $Q' = -Q$[C] ⋯⋯⋯⋯⋯⋯⋯⋯⋯⋯⋯⋯⋯⋯⋯ [식 5-1]
③ R(x, y)점의 전위

$$V = V_P + V_{P'} = \frac{Q}{4\pi\varepsilon_0 r_1} + \frac{Q'}{4\pi\varepsilon_0 r_2} = \frac{Q}{4\pi\varepsilon_0}\left(\frac{1}{r_1} - \frac{1}{r_2}\right)$$

$$= \frac{Q}{4\pi\varepsilon_0}\left(\frac{1}{\sqrt{(x-a)^2 + y^2}} - \frac{1}{\sqrt{(x+a)^2 + y^2}}\right)[\text{V}] \quad\text{⋯⋯⋯⋯⋯ [식 5-2]}$$

3 최대 전계의 세기

① $R(x, y)$점의 전계의 세기는 x, y방향의 두 성분이 있으나, 평면도체에서의 전계는 도체면에서 수직(x방향)으로만 발산하므로
x방향의 전계의 세기

$$E = -\operatorname{grad} V = -\nabla V = -\frac{Q}{4\pi\varepsilon_0}\frac{\partial}{\partial x}\left(\frac{1}{\sqrt{(x-a)^2+y^2}} - \frac{1}{\sqrt{(x+a)^2+y^2}}\right)$$

$$= \frac{Q}{4\pi\varepsilon_0}\left[\frac{x-a}{\{(x-a)^2+y^2\}^{\frac{3}{2}}} - \frac{x+a}{\{(x+a)^2+y^2\}^{\frac{3}{2}}}\right] \text{[V/m]} \quad\cdots\cdots\cdots \text{[식 5-3]}$$

② 전계가 최대가 되는 지점은 원점($x=0$, $y=0$)이 되므로

$$E_{\max} = \frac{Q}{4\pi\varepsilon_0}\left[\frac{-a}{(a^2)^{\frac{3}{2}}} - \frac{a}{(a^2)^{\frac{3}{2}}}\right]$$

$$= \frac{Q}{4\pi\varepsilon_0}\left[-\frac{2a}{a^3}\right] = -\frac{Q}{4\pi\varepsilon_0 a^2} \text{[V/m]} \quad\cdots\cdots\cdots \text{[식 5-4]}$$

여기서, $(-)$는 전계방향이 x축의 정방향에 역이 됨을 의미한다.

4 최대 전하밀도(도체 표면상의 전하밀도)

$$\sigma = \varepsilon_0 E_{\max} = \frac{-Q}{2\pi a^2} \text{[C/m}^2\text{]} \quad\cdots\cdots\cdots \text{[식 5-5]}$$

도체 표면에는 부$(-)$전하가 유도된다.

5 도체면에 유도된 전하와 점전하 간의 작용력

$$F = \frac{Q \cdot -Q}{4\pi\varepsilon_0(2a)^2} = -\frac{Q^2}{16\pi\varepsilon_0 a^2} = -\frac{9\times10^9}{4} \cdot \frac{Q^2}{a^2} \text{[N]} \quad\cdots\cdots\cdots \text{[식 5-6]}$$

여기서, $(-)$는 흡인력을 의미하고, F를 영상력(image force)이라 한다.

6 전하가 무한 원점까지 운반될 때 필요한 일

$$W = \int_a^\infty F da = \int_a^\infty \frac{Q^2}{16\pi\varepsilon_0 a^2} da = \frac{Q^2}{16\pi\varepsilon_0}\int_a^\infty \frac{1}{a^2} da = -\frac{Q^2}{16\pi\varepsilon_0}\left[\frac{1}{a}\right]_a^\infty$$

$$= -\frac{Q^2}{16\pi\varepsilon_0}\left(\frac{1}{\infty} - \frac{1}{a}\right) = \frac{Q^2}{16\pi\varepsilon_0 a} \text{[J]} \quad\cdots\cdots\cdots \text{[식 5-7]}$$

단원확인기출문제

★ 기사 11년 2회 / 산업 92년 2회, 98년 2회, 11년 1회, 16년 1 · 2회, 17년 3회

01 접지된 무한 평면도체 전방의 한 점 P에 있는 점전하 $+Q$[C]의 평면도체에 대한 영상전하는?

① 점 P의 대칭점에 있으며, 전하는 $-Q$[C]이다.
② 점 P의 대칭점에 있으며, 전하는 $-2Q$[C]이다.
③ 평면도체 상에 있으며, 전하는 $-Q$[C]이다.
④ 평면도체 상에 있으며, 전하는 $-2Q$[C]이다.

답 ①

★★★★ 기사 16년 1회

02 그림과 같이 공기 중에서 무한 평면도체의 표면으로부터 2[m]인 곳에 점전하 4[C]이 있다. 전하가 받는 힘은 몇 [N]인가?

① 3×10^9
② 9×10^9
③ 1.2×10^{10}
④ 3.6×10^{10}

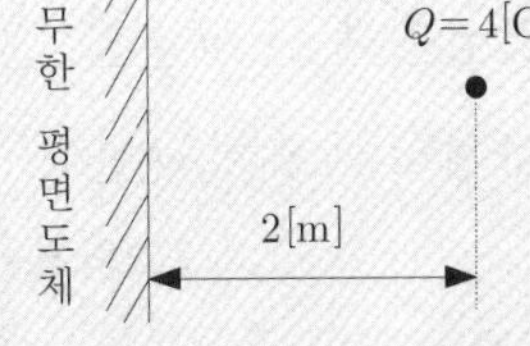

해설 $F = \dfrac{Q^2}{4\pi\varepsilon_0 r^2} = \dfrac{-Q^2}{4\pi\varepsilon_0 (2a)^2} = \dfrac{9\times10^9}{4} \times \dfrac{-Q^2}{a^2} = -\dfrac{9\times10^9}{4} \times \dfrac{4^2}{2^2} = -9\times10^9$ [N]

답 ②

★★★ 산업 90년 6회

03 그림과 같이 무한 평면도체로부터 수직거리 a[m]인 곳에 점전하 Q[C]이 있다. 점전하 Q[C]으로부터 r[m] 떨어진 점$(0, y)$의 전위는 몇 [V]인가?

① $\dfrac{Q}{4\pi\varepsilon_0}\left[\dfrac{1}{\sqrt{a^2+y^2}} + \dfrac{1}{\sqrt{a^2-y^2}}\right]$

② $\dfrac{Q}{4\pi\varepsilon_0}\left[\dfrac{1}{\sqrt{a^2+X^2}} + \dfrac{1}{\sqrt{a^2-X^2}}\right]$

③ $\dfrac{Q}{4\pi\varepsilon_0}\left[\dfrac{1}{\sqrt{a^2+y^2}}\right]$

④ 0

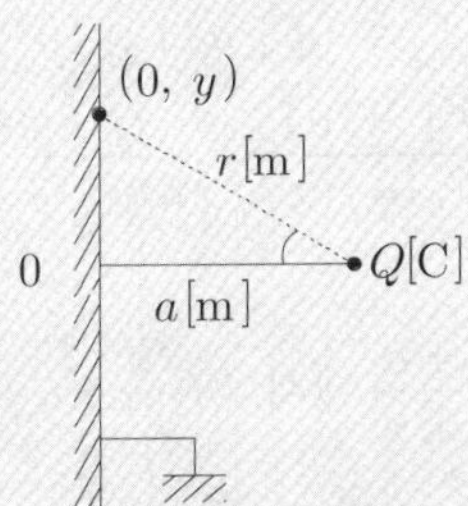

해설 무한 평면의 전기 영상법에 의하여 대칭되는 점에 $-Q$가 있으므로

각각의 전위를 구하여 합하면 전위 $V = \dfrac{Q}{4\pi\varepsilon_0 r} + \dfrac{-Q}{4\pi\varepsilon_0 r} = 0$, 이때 $r = \sqrt{a^2+y^2}$

답 ④

출제 03 접지된 도체구와 점전하

🧑‍🏫 Comment

시험에서는 접지된 도체구 내에 유도되는 영상전하의 크기와 위치를 물어보는 문제만이 출제되고 있으니 무리하게 증명까지 이해할 필요는 없다.

■ 1 영상전하의 위치

① [그림 5-3]과 같이 반지름 a[m]의 접지된 도체구 중심에서 d[m] 떨어진 P점에 점전하 Q가 존재할 때, 구면상 어느 점이나 전위가 영이 되는 점 P′에 영상전하 Q'를 가상한다.

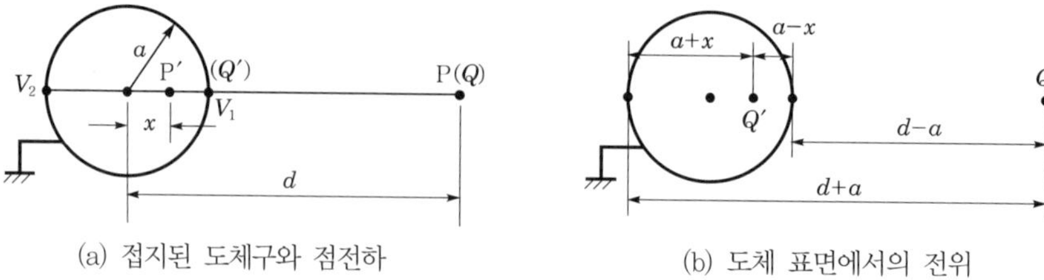

(a) 접지된 도체구와 점전하 　　　(b) 도체 표면에서의 전위

┃그림 5-3┃ 접지된 도체구와 점전하

② 도체구는 접지를 하였으므로 도체 표면에서의 전위 V_1과 V_2는 모두 0이 된다. 이를 정리하면 다음과 같다.

㉠ $V_1 = \dfrac{Q}{4\pi\varepsilon_0(d-a)} + \dfrac{Q'}{4\pi\varepsilon_0(a-x)} = 0$

㉡ $V_2 = \dfrac{Q}{4\pi\varepsilon_0(d+a)} + \dfrac{Q'}{4\pi\varepsilon_0(a+x)} = 0$

㉢ 식 ㉠에 $(d-a)$를 곱하고, 식 ㉡에 $(d+a)$를 곱해도 결과는 0이다.

즉, $(d-a)V_1 = (d+a)V_2 = 0$이므로

$\dfrac{Q}{4\pi\varepsilon_0} + \dfrac{Q'(d-a)}{4\pi\varepsilon_0(a-x)} = \dfrac{Q}{4\pi\varepsilon_0} + \dfrac{Q'(d+a)}{4\pi\varepsilon_0(a+x)}$ 이고, $\dfrac{Q'(d-a)}{4\pi\varepsilon_0(a-x)} = \dfrac{Q'(d+a)}{4\pi\varepsilon_0(a+x)}$ 이

된다.

㉣ $\dfrac{d-a}{a-x} = \dfrac{d+a}{a+x}$ 에서 $(d-a)(a+x) = (d+a)(a-x)$이 되고

$ad + xd - a^2 - ax = ad - xd + a^2 - ax$

$2xd = 2a^2$이 되므로 접지된 도체구 내의 영상점 x는

$x = \dfrac{a^2}{d}$ [m] $\cdots\cdots\cdots\cdots\cdots\cdots\cdots\cdots\cdots\cdots\cdots\cdots\cdots\cdots\cdots\cdots$ [식 5-8]

2 영상전하의 크기

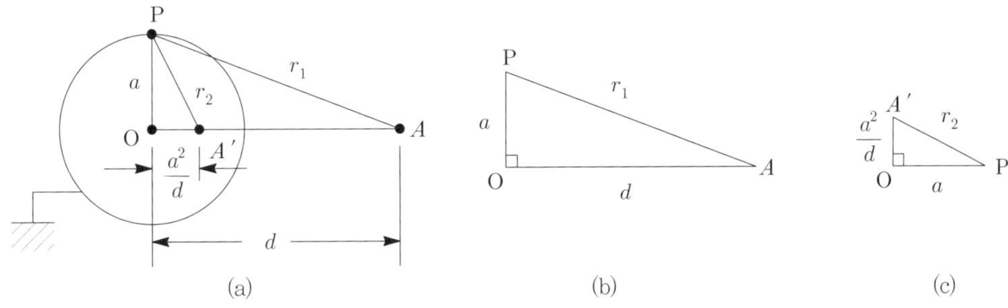

┃그림 5-4┃ 도체 내의 영상전하의 크기

(1) 구면상의 P점의 전위 V_P

$$V_P = \frac{Q}{4\pi\varepsilon_0 r_1} + \frac{Q'}{4\pi\varepsilon_0 r_2} = 0, \ \frac{Q'}{4\pi\varepsilon_0 r_2} = -\frac{Q}{4\pi\varepsilon_0 r_1}$$ 를 통해 영상전하 $Q' = -\frac{r_2}{r_1}Q$ 를 알 수 있다.

(2) r_1과 r_2의 관계

[그림 5-4] (c)에서 세 변에 $\frac{d}{a}$ 를 곱해주면 [그림 5-4] (b)와 닮은꼴이 되므로 $r_1 = \frac{d}{a}r_2$ 의 관계를 갖는다.

(3) 영상전하의 크기

$$Q' = -\frac{a}{d}Q\,[\text{C}]$$ ·· [식 5-9]

3 구도체와 점전하 간에 작용하는 힘

(1) 점전하와 영상전하 간의 거리

$$r = d - x = d - \frac{a^2}{d} = \frac{d^2 - a^2}{d}\,[\text{m}]$$ ··· [식 5-10]

(2) 영상력(image force)

$$F = \frac{Q \cdot Q'}{4\pi\varepsilon_0 r^2} = \frac{Q \cdot Q'}{4\pi\varepsilon_0\left(\frac{d^2 - a^2}{d}\right)^2} = \frac{Q\left(-\frac{a}{d}Q\right)}{4\pi\varepsilon_0\left(\frac{d^2 - a^2}{d}\right)^2} = -\frac{adQ^2}{4\pi\varepsilon_0(d^2 - a^2)^2}\,[\text{N}]$$ ······ [식 5-11]

★ 기사 02년 1회

04 점전하와 접지된 유한한 도체구가 존재할 때 점전하에 의한 접지구 도체의 영상전하에 관한 설명 중 틀린 것은?

① 영상전하는 구도체 내부에 존재한다.

② 영상전하는 점전하와 크기는 같고, 부호는 반대이다.

③ 영상전하는 점전하와 도체 중심축을 이은 직선상에 존재한다.

④ 영상전하가 놓인 위치는 도체 중심과 점전하와의 거리에 도체 반지름에 의해 결정된다.

해설 접지 구도체의 영상전하 : $Q' = -\dfrac{a}{d}Q\,[\text{C}]$

답 ②

기사 0.83% 출제 | 산업 0.50% 출제

출제 04 접지된 도체 평면과 선전하

 Comment

- 산업기사보다 전기기사 쪽에서만 출제되고 있다.
- 식 5-13과 식 5-16은 반드시 기억하길 바란다.

---

1 개 요

[그림 5-5]와 같이 지면에 평행으로 높이 $h\,[\text{m}]$에 가설된 반지름 $a\,[\text{m}]$인 직선도체가 평행으로 놓여 있는 경우, 영상점(지면에 대한 대칭점)에 영상 선전하($-\lambda\,[\text{C/m}]$)를 대치하여 영상력, 전계, 전위, 정전용량을 구할 수 있다.

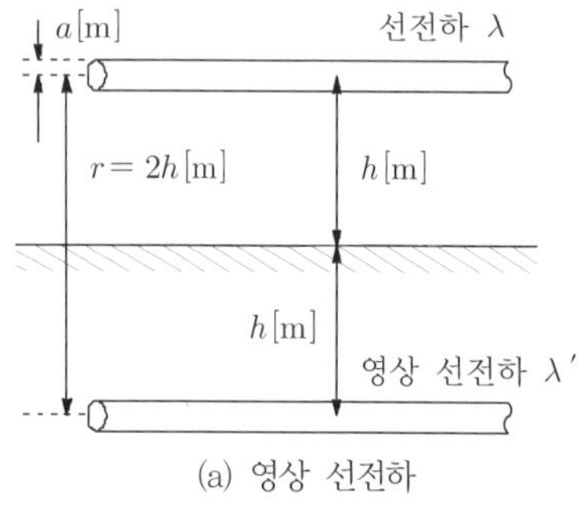

(a) 영상 선전하

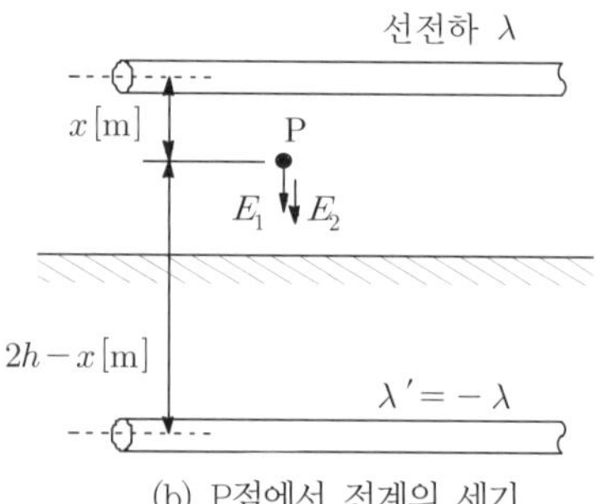

(b) P점에서 전계의 세기

┃그림 5-5┃ 접지된 도체 평면과 선전하

2 영상법 해석

(1) 영상 선전하

$$\lambda' = -\lambda \, [\text{C/m}] \quad \text{······[식 5-12]}$$

(2) 선전하가 지표면으로부터 받는 힘(영상력)

$$F = QE = \lambda l \times \frac{\lambda}{2\pi\varepsilon_0 r} = \frac{\lambda^2 l}{2\pi\varepsilon_0 (2h)} \, [\text{N}] = \frac{\lambda^2}{4\pi\varepsilon_0 h} \, [\text{N/m}] \quad \text{······[식 5-13]}$$

여기서, 선전하 밀도 $\lambda = \dfrac{Q}{l} \, [\text{C/m}]$

(3) P점에서의 전계의 세기

$$E = E_1 + E_2 = \frac{\lambda}{2\pi\varepsilon_0 x} + \frac{\lambda}{2\pi\varepsilon_0 (2h - x)} \, [\text{V/m}] \quad \text{······[식 5-14]}$$

(4) 도체 표면에서의 전위

$$V = -\int_h^a E \, dx = -\int_h^a \frac{\lambda}{2\pi\varepsilon_0}\left(\frac{1}{x} + \frac{1}{2h - x}\right) dx$$

$$= \frac{\lambda}{2\pi\varepsilon_0} \ln \frac{2h - a}{a} \, [\text{V}] \quad \text{······[식 5-15]}$$

(5) 도선과 대지 간의 단위길이당 정전용량(여기서, $2h \gg a$)

$$C = \frac{\lambda}{V} = \frac{\lambda}{\dfrac{\lambda}{2\pi\varepsilon_0} \ln \dfrac{2h - a}{a}} = \frac{2\pi\varepsilon_0}{\ln \dfrac{2h - a}{a}} \fallingdotseq \frac{2\pi\varepsilon_0}{\ln \dfrac{2h}{a}} \, [\text{F/m}] \quad \text{······[식 5-16]}$$

단원확인기출문제

★★★ 기사 94년 6회, 13년 3회

05 무한대 평면도체와 $d[\text{m}]$ 떨어진 평행한 무한장 직선도체에 $\rho[\text{C/m}]$의 전하분포가 주어졌을 때 직선도체의 단위길이당 받는 힘은 몇 $[\text{N/m}]$인가? (단, 공간의 유전율은 ε이다.)

① 0

② $\dfrac{\rho^2}{\pi\varepsilon d}$

③ $\dfrac{\rho^2}{2\pi\varepsilon d}$

④ $\dfrac{\rho^2}{4\pi\varepsilon d}$

해설 선전하가 지표면으로부터 받는 힘 : $F = QE = \lambda l \times \dfrac{\lambda}{2\pi\varepsilon_0 r} = \dfrac{\lambda^2 l}{2\pi\varepsilon_0 (2h)} \, [\text{N}] = \dfrac{\lambda^2}{4\pi\varepsilon_0 h} \, [\text{N/m}]$

∴ 본 문제에서는 선전하 밀도 λ를 ρ로 주어짐. 따라서 $F = \dfrac{\rho^2}{4\pi\varepsilon_0 h} \, [\text{N/m}]$

답 ④

기사 0.67% 출제 | 산업 0.83% 출제

출제 05 유전체와 점전하

Comment

기사와 산업기사를 포함해도 지난 40년 동안 10문제도 출제되지 않았으므로 참고만 하길 바란다.

1 개 요

[그림 5-6] (a)와 같이 서로 다른 유전체가 평면 XX'에 접하고, ε_1 내 P점에 점전하 Q가 있는 경우, ε_1 내의 전기력선 및 전속선을 구하기 위해 [그림 5-6] (b)와 같이 점전하 Q와 대칭인 위치에 있는 Q'를 고려하여 전 공간의 유전율을 ε_1으로 한다.

ε_2 내의 전기력선 및 전속선을 구하기 위해 [그림 5-6] (c)와 같이 점전하 Q의 위치에 있는 Q''를 고려하여 전 공간의 유전율을 ε_2으로 한다.

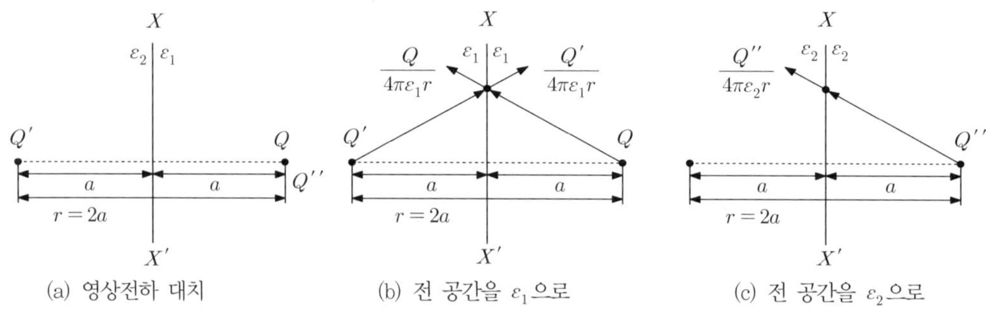

(a) 영상전하 대치   (b) 전 공간을 ε_1으로   (c) 전 공간을 ε_2으로

┃ 그림 5-6 ┃ 유전체와 점전하

2 영상전하와 영상력

① 두 유전체의 경계면의 조건을 만족하기 위해서는 다음과 같은 조건이 성립되어야 한다.

　㉠ 전기력선의 연속성 : $\dfrac{1}{\varepsilon_1}(Q + Q') = \dfrac{1}{\varepsilon_2}Q''$

　㉡ 전속선의 연속성 : $Q - Q' = Q''$

② 영상전하 Q'와 Q''는 다음과 같이 구해진다.

　㉠ $Q' = \dfrac{\varepsilon_1 - \varepsilon_2}{\varepsilon_1 + \varepsilon_2}Q\,[\mathrm{C}]$ ·· [식 5-17]

　㉡ $Q'' = \dfrac{2\varepsilon_2}{\varepsilon_1 + \varepsilon_2}Q\,[\mathrm{C}]$ ·· [식 5-18]

③ 점전하 Q와 ε_2 간에 작용하는 힘(영상력)

　㉠ 점전하 Q와 영상전하 Q' 간에 작용하는 힘과 같으므로

$$F = \frac{QQ'}{4\pi\varepsilon_0(2a)^2} = \frac{Q^2}{16\pi\varepsilon_0 a^2}\frac{\varepsilon_1 - \varepsilon_2}{\varepsilon_1 + \varepsilon_2}\,[\mathrm{N}]$$ ·································· [식 5-19]

　㉡ $\varepsilon_1 > \varepsilon_2$이면 **반발력**, $\varepsilon_1 < \varepsilon_2$이면 **흡인력**이 작용한다.

기사 0.17% 출제 ǀ 산업 출제 없음

출제 06 평등전계 내의 유전체구

Comment

기사와 산업기사를 포함해도 지난 40년 동안 10문제도 출제되지 않았으므로 참고만 하길 바란다.

1 개 요

고전압이 가해진 유전체 중에 공기의 기포가 있으면 유전체 중의 기포는 절연에 영향을 주어 기포부분을 중심으로 절연이 파괴된다. 이는 유전체의 유전율이 크면 클수록 절연이 파괴될 확률이 높아진다.

2 유전체구 내의 전계의 세기

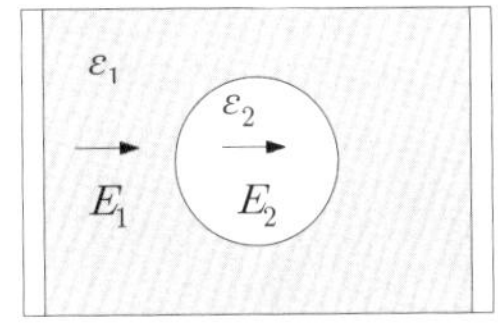

(a) 유전체 내의 기포 발생

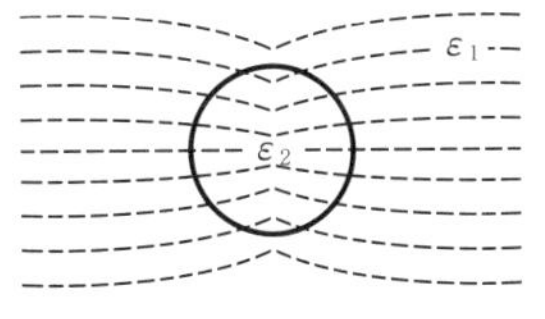

(b) 전기력선 분포($\varepsilon_1 > \varepsilon_2$)

┃그림 5-7┃ 평등전계 내의 유전체구

① [그림 5-7]과 같이 평등전계 내에 구형 기포가 발생한 경우 구형 기포 내의 전계의 세기

$$E_2 = \frac{3\varepsilon_1}{2\varepsilon_1 + \varepsilon_2} E_1 = \frac{3\varepsilon_s}{2\varepsilon_s + 1} E_1 \, [\text{V/m}] \quad \cdots\cdots\cdots\cdots\cdots\cdots\cdots\cdots\cdots \text{[식 5-20]}$$

② 기포 내의 전계의 세기는 유전체의 비유전율 ε_s에 비례하므로 유전율이 클수록 기포 내의 전계의 세기는 증가하므로 기포부분을 중심으로 절연이 파괴되어 나간다.

단원 핵심정리 한눈에 보기

1. 접지된 도체 평면과 점전하

① 영상전하 : $Q' = -Q$ [C]

② 영상력 : $F = \dfrac{QQ'}{4\pi\varepsilon_0 r^2} = \dfrac{-Q^2}{4\pi\varepsilon_0 (2d)^2} = \dfrac{-Q^2}{16\pi\varepsilon_0 d^2} = \dfrac{9\times 10^9}{4}\times\dfrac{-Q^2}{d^2}$ [N]

③ 전하가 무한 원점까지 운반될 때 필요한 일 : $W = \displaystyle\int_d^\infty F dl = \dfrac{Q^2}{16\pi\varepsilon_0 d}$ [J]

2. 접지된 도체구와 점전하

① 영상전하 : $Q' = -\dfrac{a}{d}Q$ [C]

② 구도체 내의 영상점 : $x = \dfrac{a^2}{d}$ [m]

3. 접지된 도체 평면과 선전하

① 영상전하 : $\lambda' = -\lambda$

② 선전하가 지표면으로부터 받는 힘(영상력, 쿨롱의 힘)

$$F = QE = \lambda l \times \dfrac{\lambda}{2\pi\varepsilon_0 r} = \dfrac{\lambda^2 l}{2\pi\varepsilon_0 (2h)} \,[\text{N}] = \dfrac{\lambda^2}{2\pi\varepsilon_0 (2h)} = \dfrac{\lambda^2}{4\pi\varepsilon_0 h}\,[\text{N/m}]$$

③ 도선과 대지 간의 정전용량 : $C ≒ \dfrac{2\pi\varepsilon_0 l}{\ln\dfrac{2h}{a}}\,[\text{F}] = \dfrac{2\pi\varepsilon_0}{\ln\dfrac{2h}{a}}\,[\text{F/m}]$

4. 유전체와 점전하 및 선전하

① 유전체와 점전하

　㉠ 영상전하 : $Q' = \dfrac{\varepsilon_1 - \varepsilon_2}{\varepsilon_1 + \varepsilon_2}Q = -\dfrac{\varepsilon_2 - \varepsilon_1}{\varepsilon_2 + \varepsilon_1}Q$ [C]

　㉡ 영상력 : $F = \dfrac{QQ'}{4\pi\varepsilon_0 (2d)^2} = -\dfrac{Q^2}{16\pi\varepsilon_0 d^2}\times\dfrac{\varepsilon_2 - \varepsilon_1}{\varepsilon_2 + \varepsilon_1} = -\dfrac{Q^2}{16\pi\varepsilon_0 d^2}\times\dfrac{\varepsilon_r - 1}{\varepsilon_r + 1}$

$$= -\dfrac{9\times 10^9}{4}\times\dfrac{Q^2(\varepsilon_r - 1)}{d^2(\varepsilon_r + 1)} = -2.25\times 10^9\times\dfrac{Q^2(\varepsilon_r - 1)}{d^2(\varepsilon_r + 1)}\,[\text{N}]$$

② 유전체와 선전하

　㉠ 영상 선전하 : $\lambda' = \dfrac{\varepsilon_1 - \varepsilon_2}{\varepsilon_1 + \varepsilon_2}\lambda$ [C/m]

　㉡ 영상력 : $F = \lambda E = \dfrac{\lambda\lambda'}{2\pi\varepsilon_1 2d} = \dfrac{\lambda^2}{4\pi\varepsilon_1 r}\dfrac{\varepsilon_1 - \varepsilon_2}{\varepsilon_1 + \varepsilon_2}\,[\text{N/m}]$

단원 자주 출제되는 기출문제

출제 01 ▶ 영상법의 개요

쌤 Comment

> 출제빈도가 낮으므로 이론을 숙지하길 바란다.

출제 02 ▶ 접지된 도체 평면과 점전하

★★ 산업 97년 4회

01 그림과 같이 직교 도체 평면상 P점에 Q가 있을 때 P′점의 영상전하는?

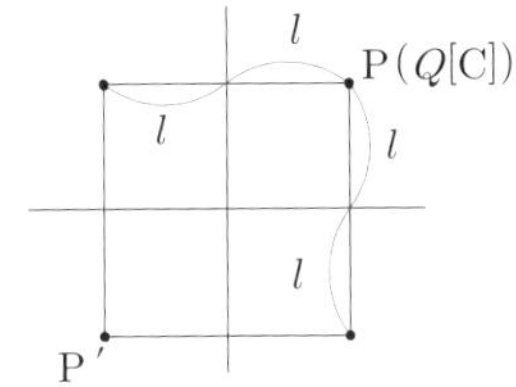

① Q^2
② Q
③ $-Q$
④ 0

해설

P점과 밑으로 대칭점(영상점)에 $-Q$가, 이 $-Q$로부터 $+Q$가 P′에 나타난다.

★★ 기사 96년 6회, 09년 2회

02 직교하는 도체 평면과 점전하 사이에는 몇 개의 영상전하가 존재하는가?

① 2
② 3
③ 4
④ 5

해설

Q[C]의 진전하가 존재 시 직교하는 도체 평면에서는 3개의 영상전하가 나타난다.

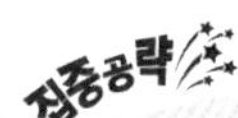

★★★★★ 기사 11년 1회 / 산업 96년 2회, 98년 4회, 99년 6회, 12년 1회

03 그림과 같이 진공 중에 놓인 무한 평면도체의 표면에서 d[m] 떨어진 점에 점전하 Q[C]을 놓았을 때, 이 전하에 작용하는 힘은 몇 [N]인가?

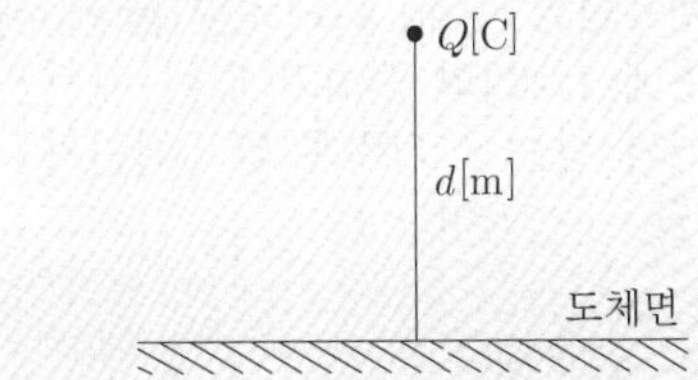

① $\dfrac{Q}{4\pi\varepsilon_0 d^2}$
② $\dfrac{Q^2}{4\pi\varepsilon_0 d^2}$
③ $\dfrac{Q}{16\pi\varepsilon_0 d^2}$
④ $\dfrac{Q^2}{16\pi\varepsilon_0 d^2}$

해설 접지된 도체 평면과 점전하 해석

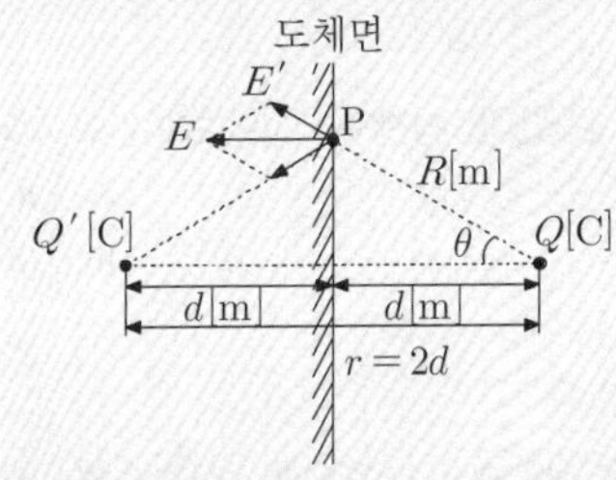

㉠ 영상전하 : $Q' = -Q$[C]
㉡ 점전하와 평면도체 간의 작용력(영상력)

$$F = \frac{QQ'}{4\pi\varepsilon_0 r^2} = \frac{-Q^2}{4\pi\varepsilon_0 (2d)^2} = \frac{-Q^2}{16\pi\varepsilon_0 d^2}$$

$$= \frac{9\times 10^9}{4} \times \frac{-Q^2}{d^2} \text{[N]}$$

여기서, $-$: 흡인력
㉢ P점에서의 전계의 세기

$$E = E' \cos\theta \times 2 = \frac{Q}{2\pi\varepsilon_0 R^2} \cos\theta$$

㉣ 최대 전계의 세기

$$E_m = \frac{Q}{2\pi\varepsilon_0 R^2} \cos\theta = \frac{Q}{2\pi\varepsilon_0 d^2} \text{[V/m]}$$

정답   01. ②   02. ②   03. ④

여기서, 최대가 되려면 $\theta = 0$이 되어야 하므로
$\cos 0 = 1$, $R = d$가 된다.

ㅁ 최대 전하밀도

$$D_m = \sigma_m = \varepsilon_0 E_m = \frac{-Q}{2\pi d^2}\,[\text{C/m}^2]$$

ㅂ 전하가 무한 원점까지 운반될 때 필요한 일

$$W = \int F dl = Fd = \frac{Q^2}{16\pi\varepsilon_0 d}\,[\text{J}]$$

★★★★★ 기사 90년 6회, 98년 6회, 05년 2회, 13년 2회

04 지표면상 $h[\text{m}]$ 위의 반지름 $a[\text{m}]$인 도체 구에 $Q[\text{C}]$의 전하가 있을 때 $Q[\text{C}]$의 전하가 받는 전기력은 몇 $[\text{N}]$인가?
(단, $a < h$이다.)

① $\dfrac{Q^2}{16\pi\varepsilon_0 h}$

② $\dfrac{-Q^2}{16\pi\varepsilon_0 h^2}$

③ $\dfrac{Q^2}{4\pi\varepsilon_0 h}$

④ $\dfrac{Q^2}{4\pi\varepsilon_0 h^2}$

해설 점전하와 평면도체 간의 작용력

$$F = \frac{Q \cdot Q'}{4\pi\varepsilon_0 r^2} = \frac{-Q^2}{4\pi\varepsilon_0 (2h)^2} = \frac{-Q^2}{16\pi\varepsilon_0 h^2}\,[\text{N}]$$

여기서, $-$: 흡인력

★★★★ 산업 99년 4회, 09년 3회, 13년 2회, 14년 1회

05 공기 중에서 무한 평면도체 표면 아래 1[m] 떨어진 곳에 1[C]의 점전하가 있다. 이 전하가 받는 힘의 크기는 몇 $[\text{N}]$인가?

① 9×10^9

② $\dfrac{9}{2} \times 10^9$

③ $\dfrac{9}{4} \times 10^9$

④ $\dfrac{9}{10} \times 10^9$

해설 무한 평판과 점전하에 의한 작용력

$$F = \frac{Q \cdot Q'}{4\pi\varepsilon_0 r^2} = \frac{-Q^2}{4\pi\varepsilon_0 (2a)^2} = \frac{9 \times 10^9}{4} \times \frac{-Q^2}{a^2}$$

$$= -\frac{9}{4} \times 10^9\,[\text{N}]$$

★★★ 기사 02년 2회, 15년 3회 / 산업 94년 4회, 13년 3회

06 무한 평면도체로부터 거리 $a[\text{m}]$인 곳에 점전하 $Q[\text{C}]$이 있을 때 도체 표면에 유도되는 최대 전하밀도는 몇 $[\text{C/m}^2]$인가?

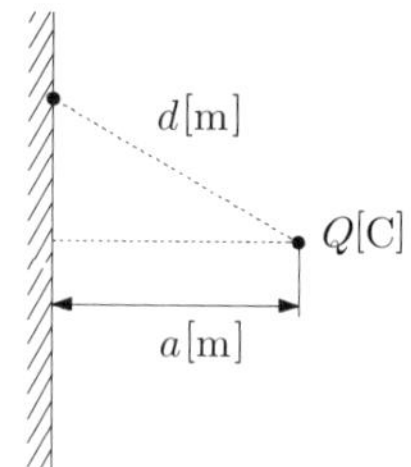

① $-\dfrac{Q}{2\pi a^2}$

② $\dfrac{Q}{2\pi\varepsilon_0 a^2}$

③ $\dfrac{Q}{4\pi a^2}$

④ $\dfrac{Q}{4\pi\varepsilon_0 a^2}$

해설

최대 전하밀도 $D_m = \sigma_m = \varepsilon_0 E_m = \dfrac{-Q}{2\pi a^2}\,[\text{C/m}^2]$

(도체 표면에는 부($-$)전하가 유도된다)

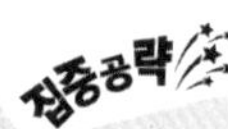

★★★★ 기사 14년 1회, 15년 2회, 18년 1회 / 산업 10년 2회, 11년 1회, 13년 3회

07 평면도체의 표면에서 $a[\text{m}]$인 거리에 점전하 $Q[\text{C}]$이 있다. 이 전하를 무한 원점까지 운반하는 데 요하는 일은 몇 $[\text{J}]$인가?

① $\dfrac{Q^2}{4\pi\varepsilon_0 a^2}$

② $\dfrac{Q^2}{8\pi\varepsilon_0 a}$

③ $\dfrac{Q^2}{16\pi\varepsilon_0 a}$

④ $\dfrac{Q^2}{16\pi\varepsilon_0 a^2}$

해설

도체 표면과 점전하 사이에 $F = \dfrac{Q^2}{16\pi\varepsilon_0 a^2}\,[\text{N}]$의 힘이 작용하기 때문에 무한 원점까지 점전하를 운반할 때 에너지가 필요하다. $a = r$로 하고, a에서 ∞까지 적분하여 계산한다.

$$\therefore\ W = \int_a^\infty \frac{Q^2}{16\pi\varepsilon_0 r^2}\,dr = \frac{Q^2}{16\pi\varepsilon_0}\left(-\frac{1}{r}\right)_a^\infty$$

$$= \frac{Q^2}{16\pi\varepsilon_0 a}\,[\text{J}]$$

정답 04. ② 05. ③ 06. ① 07. ③

08

그림과 같은 무한 평면도체로부터 d[m] 떨어진 점에 $+Q$[C]의 점전하가 있을 때 $\dfrac{d}{2}$[m]인 P점에 있어서의 전계의 세기는 몇 [V/m]인가?

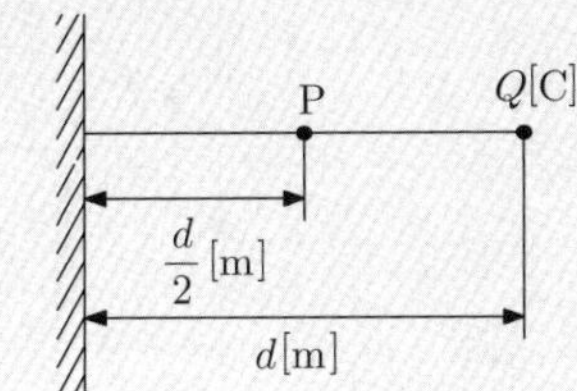

① $\dfrac{Q}{3\pi\varepsilon_0 d}$ ② $\dfrac{8Q}{9\pi\varepsilon_0 d^2}$

③ $\dfrac{10Q}{9\pi\varepsilon_0 d^2}$ ④ $\dfrac{Q}{\pi\varepsilon_0 d^2}$

해설

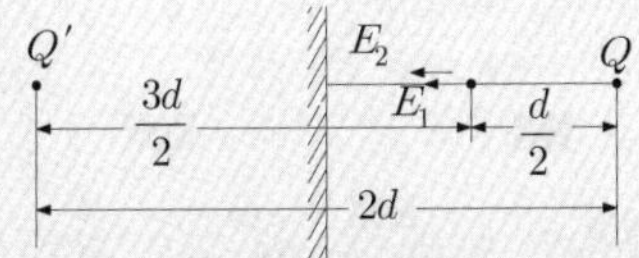

무한 평면도체와 점전하 해석은 영상점에 영상전하 $Q' = -Q$로 대치하여 해석할 수 있다.
즉, P점의 전계의 세기는 Q에 의한 전계 E_1과 Q'에 의한 E_2의 합벡터로 구할 수 있다.

$$\therefore\ E = E_1 + E_2 = \frac{Q}{4\pi\varepsilon_0 r_1^2} + \frac{Q}{4\pi\varepsilon_0 r_2^2}$$

$$= \frac{Q}{4\pi\varepsilon_0\left(\dfrac{d}{2}\right)^2} + \frac{Q}{4\pi\varepsilon_0\left(\dfrac{3d}{2}\right)^2}$$

$$= \frac{Q}{\pi\varepsilon_0 d^2} + \frac{Q}{9\pi\varepsilon_0 d^2} = \frac{10Q}{9\pi\varepsilon_0 d^2}\,[\text{V/m}]$$

09

접지된 무한히 넓은 평면도체로부터 a[m] 떨어져 있는 공간에 Q[C]의 점전하가 놓여 있을 때 그림 P점의 전위는 몇 [V]인가?

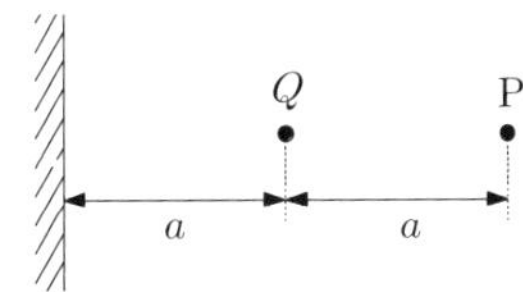

① $\dfrac{Q}{8\pi\varepsilon_0 a}$ ② $\dfrac{Q}{6\pi\varepsilon_0 a}$

③ $\dfrac{3Q}{4\pi\varepsilon_0 a}$ ④ $\dfrac{Q}{2\pi\varepsilon_0 a}$

해설

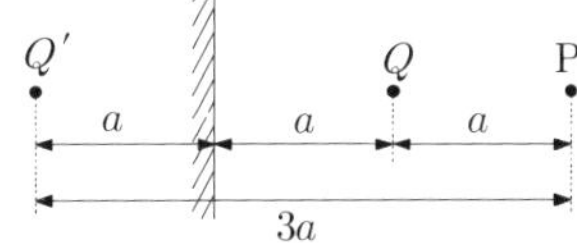

무한 평면도체와 점전하 해석은 영상점에 영상전하 $Q' = -Q$로 대치하여 해석할 수 있다.

$$\therefore\ V = V_1 + V_2 = \frac{Q}{4\pi\varepsilon_0 r_1} + \frac{-Q}{4\pi\varepsilon_0 r_2}$$

$$= \frac{Q}{4\pi\varepsilon_0 a} - \frac{Q}{4\pi\varepsilon_0\, 3a} = \frac{Q}{4\pi\varepsilon_0}\left(\frac{1}{a} - \frac{1}{3a}\right)$$

$$= \frac{Q}{6\pi\varepsilon_0 a}\,[\text{V}]$$

출제 03 접지된 도체구와 점전하

10

반지름 a[m]인 접지 도체구의 중심에서 d $(d > a)$ 되는 곳에 점전하 Q가 있다. 구도체에 유기되는 영상전하 및 그 위치(중심에서의 거리)는 각각 얼마인가?

① $+\dfrac{a}{d}Q,\ \dfrac{a^2}{d}$ ② $-\dfrac{a}{d}Q,\ \dfrac{a^2}{d}$

③ $+\dfrac{d}{a}Q,\ \dfrac{a^2}{d}$ ④ $-\dfrac{d}{a}Q,\ \dfrac{d^2}{a}$

해설 접지된 도체구와 점전하

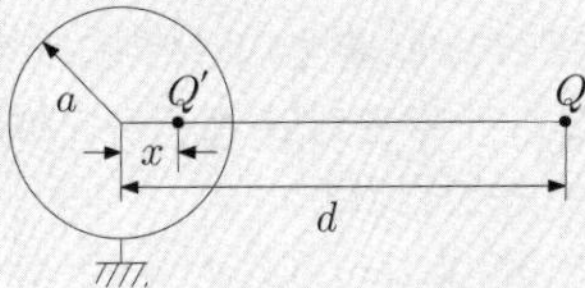

㉠ 영상전하 : $Q' = -\dfrac{a}{d}Q$ [C]

㉡ 구도체 내의 영상점 : $x = \dfrac{a^2}{d}$ [m]

㉢ 두 전하 사이의 거리 : $r = d - x = \dfrac{d^2 - a^2}{d}$ [m]

ㄹ 두 전하 사이의 영상력

$$F = \frac{QQ'}{4\pi\varepsilon_0 r^2} = \frac{QQ'}{4\pi\varepsilon_0\left(\dfrac{d^2-a^2}{d}\right)^2}[\text{N}]$$

★★★★ 기사 97년 6회

11 반지름 a[m]인 접지 구형도체와 점전하가 유전율 ε인 공간에서 각각 원점과 $(d, 0, 0)$인 점에 있다. 구형도체를 제외한 공간의 전계를 구할 수 있도록 구형도체를 영상전하로 대치할 때의 영상 점전하의 위치는?

① $\left(-\dfrac{a^2}{d},\ 0,\ 0\right)$ ② $\left(+\dfrac{a^2}{d},\ 0,\ 0\right)$

③ $\left(0,\ +\dfrac{a^2}{d},\ 0\right)$ ④ $\left(+\dfrac{d^2}{4a},\ 0,\ 0\right)$

▶ 해설

10번 문제 해설 참조

★★★★ 기사 97년 2회, 14년 2회 / 산업 06년 2회

12 반경이 0.01[m]인 구도체를 접지시키고 중심으로부터 0.1[m]의 거리에 10[μC]의 점전하를 놓았다. 구도체에 유도된 총전하량은 몇 [μC]인가?

① 0   ② -1

③ -10 ④ $+10$

▶ 해설

접지 도체구와 점전하에 의한 전기 영상법에 의하면

$$Q' = -\frac{a}{d}Q = -\frac{0.01}{0.1}\times 10\times 10^{-6} = -10^{-6}$$
$$= -1[\mu\text{C}]$$

★★★ 기사 11년 3회 / 산업 04년 3회, 09년 2회, 14년 2회, 17년 2회, 18년 1회

13 접지된 구도체와 점전하 간에 작용하는 힘은 무엇인가?

① 항상 흡인력이다.
② 항상 반발력이다.
③ 조건적 흡인력이다.
④ 조건적 반발력이다.

▶ 해설

영상전하의 부호가 (−)이므로 흡인력이 작용한다.

★★ 산업 91년 2회

14 그림과 같이 무한 도체판에 반지름 a[m]인 반구가 돌출되어 있다. 점 P점에 Q[C]의 전하가 놓여 있을 때 그림 Q[C]의 전하에 의하여 생기는 영상전하의 수는?

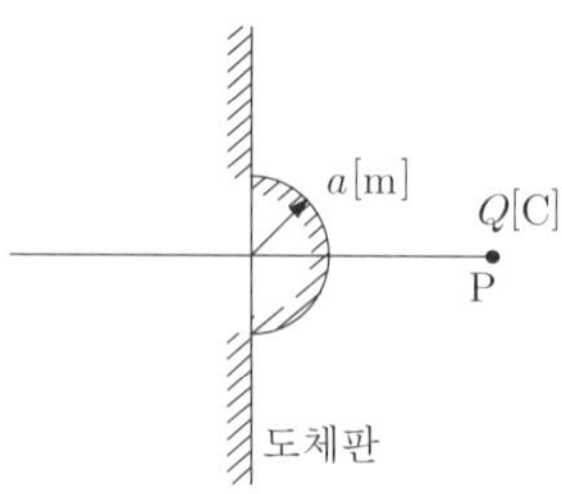

① 0   ② 1
③ 2   ④ 3

▶ 해설

Q의 대칭점에 1개. Q에 의한 반구 내부에 1개, 반구 내부 영상전하에 의한 대칭점에 다시 1개, 따라서 총 3개의 영상전하가 존재한다.

출제 04 ▶ 접지된 도체 평면과 선전하

★★★ 기사 95년 2회, 00년 2회, 12년 3회, 13년 3회, 14년 2회

15 지면에 평행으로 높이 h[m]에 가설된 반지름 a[m]인 직선도체가 있다. 대지 정전용량은 몇 [F/m]인가? (단, $h \gg a$이다.)

① $\dfrac{4\pi\varepsilon_0}{\log\dfrac{2h}{a}}$ ② $\dfrac{2\pi\varepsilon_0}{\log\dfrac{2h}{a}}$

③ $\dfrac{4\pi\varepsilon_0}{\log\dfrac{a}{2h}}$ ④ $\dfrac{2\pi\varepsilon_0}{\log\dfrac{a}{2h}}$

▶ 해설

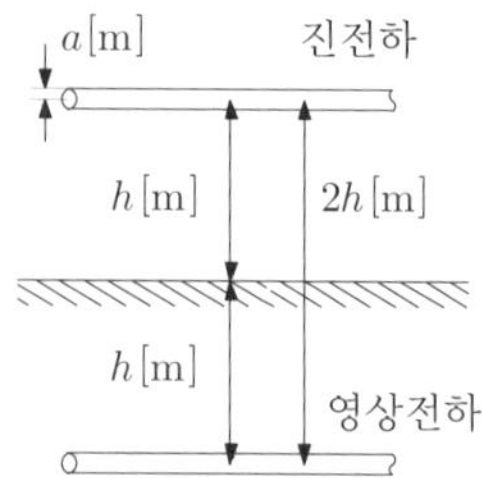

접지 무한 평판과 선전하에 의한 전기 영상법으로 구하면

㉠ 영상전하 : $\lambda' = -\lambda$

㉡ 선전하가 지표면으로부터 받는 힘(영상력)

$$F = QE = \lambda l \times \frac{\lambda}{2\pi\varepsilon_0 r} = \frac{\lambda^2 l}{2\pi\varepsilon_0(2h)}\,[\text{N}]$$

$$= \frac{\lambda^2}{4\pi\varepsilon_0 h}\,[\text{N/m}]$$

㉢ 임의의 $x\,[\text{m}]$ 점에서의 전계의 세기

$$E = \frac{\lambda}{2\pi\varepsilon_0 r} = \frac{\lambda}{2\pi\varepsilon_0 x} + \frac{\lambda}{2\pi\varepsilon_0(2h-x)}\,[\text{V/m}]$$

㉣ 도체 표면에서의 전위

$$V = -\int_h^a E dx$$

$$= -\int_h^a \frac{\lambda}{2\pi\varepsilon_0}\left(\frac{1}{x} + \frac{1}{2h-x}\right)dx$$

$$= \frac{\lambda}{2\pi\varepsilon_0}\ln\frac{2h-a}{a}\,[\text{V}]$$

㉤ 도선과 대지 간의 단위길이당 정전용량

$$C = \frac{\lambda}{V} = \frac{\lambda}{\dfrac{\lambda}{2\pi\varepsilon_0}\ln\dfrac{2h-a}{a}} = \frac{2\pi\varepsilon_0}{\ln\dfrac{2h-a}{a}}$$

$$\fallingdotseq \frac{2\pi\varepsilon_0}{\ln\dfrac{2h}{a}}\,[\text{F/m}](\text{여기서}, \ 2h \gg a)$$

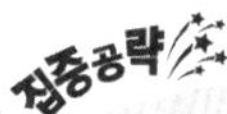

★★★ 기사 96년 6회, 99년 3회, 07년 3회, 14년 1회, 16년 1회 / 산업 14년 3회

16 대지면에 높이 $h\,[\text{m}]$로 평행하게 가설된 매우 긴 선전하가 지표면으로부터 받는 힘 $F\,[\text{N/m}]$는 $h\,[\text{m}]$와 어떤 관계에 있는가? (단, 선전하 밀도는 $\lambda\,[\text{C/m}]$라 한다.)

① h^2에 비례한다.

② h^2에 반비례한다.

③ h에 비례한다.

④ h에 반비례한다.

해설 선전하가 지표면으로부터 받는 힘

$$F = QE = \lambda l \times \frac{\lambda}{2\pi\varepsilon_0 r} = \frac{\lambda^2 l}{2\pi\varepsilon_0(2h)}\,[\text{N}]$$

$$= \frac{\lambda^2}{4\pi\varepsilon_0 h}\,[\text{N/m}]$$

출제 05 유전체와 점전하 및 선전하

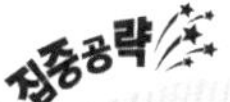

★★ 산업 04년 2회, 10년 2회, 12년 3회, 13년 3회

17 무한 평면도체의 표면을 가진 비유전율 ε_r 인 유전체의 표면 전방의 공기 중 $d\,[\text{m}]$ 지점에 놓인 점전하 $Q\,[\text{C}]$에 작용하는 힘은 몇 $[\text{N}]$인가?

① $-9\times 10^9 \times \dfrac{Q^2(\varepsilon_r+1)}{d^2(\varepsilon_r-1)}$

② $-9\times 10^9 \times \dfrac{Q^2(\varepsilon_r-1)}{d^2(\varepsilon_r+1)}$

③ $-2.25\times 10^9 \times \dfrac{Q^2(\varepsilon_r+1)}{d^2(\varepsilon_r-1)}$

④ $-2.25\times 10^9 \times \dfrac{Q^2(\varepsilon_r-1)}{d^2(\varepsilon_r+1)}$

해설 유전체와 점전하

㉠ 영상전하 : $Q' = -\dfrac{\varepsilon_2-\varepsilon_1}{\varepsilon_2+\varepsilon_1}Q = \dfrac{\varepsilon_1-\varepsilon_2}{\varepsilon_1+\varepsilon_2}Q$

㉡ 두 전하 사이의 작용력

$$F = \frac{QQ'}{4\pi\varepsilon_0(2d)^2} = -\frac{Q^2}{16\pi\varepsilon_0 d^2}\times\frac{\varepsilon_2-\varepsilon_1}{\varepsilon_2+\varepsilon_1}$$

$$= -\frac{Q^2}{16\pi\varepsilon_0 d^2}\times\frac{\varepsilon_r-1}{\varepsilon_r+1}$$

$$= -\frac{9\times 10^9}{4}\times\frac{Q^2(\varepsilon_r-1)}{d^2(\varepsilon_r+1)}$$

$$= -2.25\times 10^9\times\frac{Q^2(\varepsilon_r-1)}{d^2(\varepsilon_r+1)}\,[\text{N}]$$

★ 기사 08년 1회, 18년 1회

18 유전율 ε_1, $\varepsilon_2\,[\text{F/m}]$인 두 유전체가 나란히 접하고 있고, 이 경계면에 유전체 ε_1 내에 거리 $r\,[\text{m}]$인 위치에 선전하 밀도 $\lambda\,[\text{C/m}]$인 선상전하가 있을 때, 이 선전하와 유전체 ε_2 간의 단위길이당 작용력은 몇 $[\text{N/m}]$인가?

① $\dfrac{\lambda^2}{16\pi\varepsilon_1 r}\dfrac{\varepsilon_1-\varepsilon_2}{\varepsilon_1+\varepsilon_2}$

② $\dfrac{\lambda^2}{16\pi\varepsilon_2 r}\dfrac{\varepsilon_1-\varepsilon_2}{\varepsilon_1+\varepsilon_2}$

③ $\dfrac{\lambda^2}{4\pi\varepsilon_1 r}\dfrac{\varepsilon_1-\varepsilon_2}{\varepsilon_1+\varepsilon_2}$

④ $\dfrac{\lambda^2}{4\pi\varepsilon_2 r}\dfrac{\varepsilon_1-\varepsilon_2}{\varepsilon_1+\varepsilon_2}$

[해설]

유전체 속의 영상 선전하 $\lambda' = \dfrac{\varepsilon_1 - \varepsilon_2}{\varepsilon_1 + \varepsilon_2}\lambda$이므로

$$\therefore\ f = \lambda \cdot E = \dfrac{\lambda\lambda'}{2\pi\varepsilon_1 \, 2d} = \dfrac{\lambda^2}{4\pi\varepsilon_1 r} \cdot \dfrac{\varepsilon_1 - \varepsilon_2}{\varepsilon_1 + \varepsilon_2}\ [\text{N/m}]$$

★ 기사 09년 3회

19 유전율이 ε_1과 ε_2인 두 유전체가 경계를 이루어 접하고 있는 경우 유전율이 ε_1인 영역에 전하 Q가 존재할 때 이 전하에 작용하는 힘에 대한 설명으로 옳은 것은?

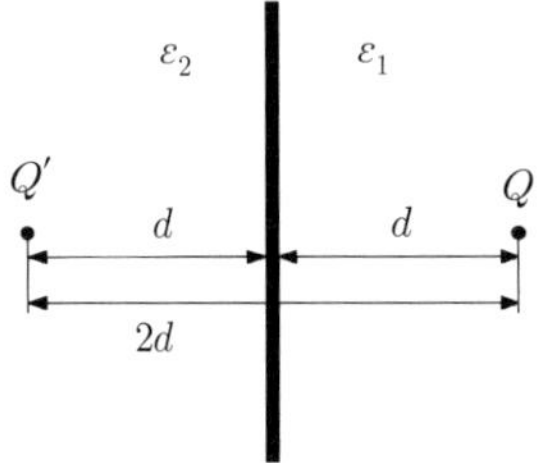

① $\varepsilon_1 > \varepsilon_2$인 경우 반발력이 작용한다.

② $\varepsilon_1 > \varepsilon_2$인 경우 흡인력이 작용한다.

③ ε_1과 ε_2값에 상관없이 반발력이 작용한다.

④ ε_1과 ε_2값에 상관없이 흡인력이 작용한다.

[해설]

영상전하의 크기는 $Q' = -\dfrac{\varepsilon_2 - \varepsilon_1}{\varepsilon_2 + \varepsilon_1}\, Q = \dfrac{\varepsilon_1 - \varepsilon_2}{\varepsilon_1 + \varepsilon_2}\, Q$

이므로

$\therefore\ \varepsilon_1 > \varepsilon_2$인 경우 반발력이, $\varepsilon_1 < \varepsilon_2$인 경우 흡인력이 작용한다.

★ 기사 15년 2회

20 반경 a인 구도체에 $-Q$의 전하를 주고 구도체의 중심 O에서 $10a$ 되는 점 P에 $10Q$의 점전하를 놓았을 때, 직선 OP 위의 점 중에서 전위가 0이 되는 지점과 구도체의 중심 O와의 거리는?

① $\dfrac{a}{5}$ ② $\dfrac{a}{2}$

③ a ④ $2a$

[해설]

㉠ 구도체 외부에 점전하를 놓으면 구도체 내부에 영상전하를 대치하여 해석할 수 있다.

㉡ 비접지 도체구에는 2개의 영상전하로 대치하여 해석할 수 있다.

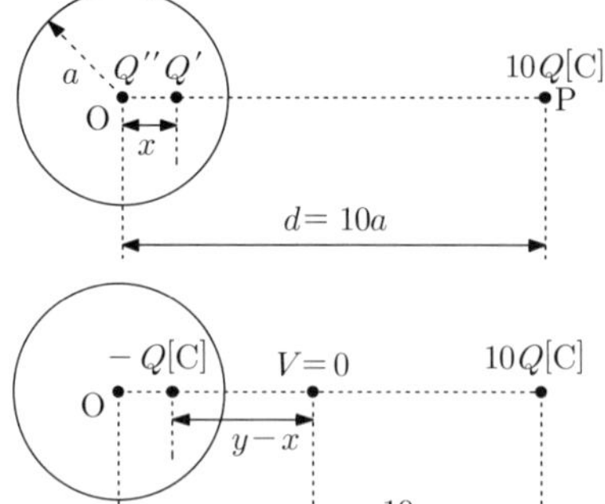

㉢ 영상전하 : $Q' = -\dfrac{a}{d}\, Q = -\dfrac{a}{10a} \times 10Q = -Q$

     $Q'' = -Q' = +Q$

㉣ 구도체 내부의 영상점 : $x = \dfrac{a^2}{d} = \dfrac{a^2}{10a} = \dfrac{a}{10}\,[\text{m}]$

㉤ 이때, 구도체 중심 O점에서 $y[\text{m}]$ 떨어진 점에서 $V = 0$이라고 하면

$$V = \dfrac{10Q}{4\pi\varepsilon_0 (10a - y)} + \dfrac{-Q}{4\pi\varepsilon_0 (y - x)} = 0,$$

$$\dfrac{10Q}{4\pi\varepsilon_0 (10a - y)} = \dfrac{Q}{4\pi\varepsilon_0 (y - x)},$$

$$10(y - x) = 10a - y,\quad 10\left(y - \dfrac{a}{10}\right) = 10a - y,$$

$10y - a = 10a - y,$ $11y = 11a$이므로 $y = a[\text{m}]$가 된다.

출제 06 ▶ **평등전계 내의 유전체구**

★ 기사 01년 1회, 09년 1회

21 $E\,[\text{V/m}]$인 평등전계를 가진 절연유(비유전율 ε_r) 중에 있는 구형 기포(球刑氣胞) 내의 전계의 세기는 몇 $[\text{V/m}]$인가?

① $\dfrac{3\varepsilon_r}{2\varepsilon_r + 1}E$ ② $\dfrac{2\varepsilon_r}{3\varepsilon_r + 1}E$

③ $\dfrac{3\varepsilon_r}{\varepsilon_r + 1}E$ ④ $\dfrac{2\varepsilon_r}{\varepsilon_r + 1}E$

[해설]

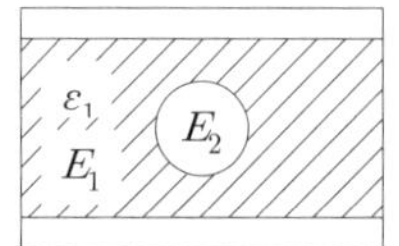

평등전계 중에 유전체구를 놓았을 때의 전계

$$E_2 = \frac{3\varepsilon_1}{2\varepsilon_1 + \varepsilon_2} E_1 [\text{V/m}]$$

여기서, E_1 : 평등전계의 전계의 세기

E_2 : 유전체구의 전계의 세기

ε_1 : 평등전계 내의 유전율

ε_2 : 유전체구 내의 유전율

$\therefore$ 기포 중의 전계의 세기

$$E_2 = \frac{3\varepsilon_1}{2\varepsilon_1 + \varepsilon_2} E_1 = \frac{3\varepsilon_r}{2\varepsilon_r + 1} E_1 [\text{V/m}]$$

★ 기사 95년 4회 / 산업 09년 3회

22 고전압이 가해진 유전체 중에 공기의 기포가 있으면 유전체 중의 기포는 절연에 영향을 준다. 절연은 유전체의 유전율에 대하여 어떠한가?

① 유전율이 클수록 절연은 향상된다.

② 유전율이 작을수록 절연은 나빠진다.

③ 유전율에는 무관계하다.

④ 유전율이 클수록 절연은 나빠진다.

해설

유전체 내의 전계

$$E_2 = \frac{3\varepsilon_1}{2\varepsilon_1 + \varepsilon_2} E_1 = \frac{3\varepsilon_r}{2\varepsilon_r + 1} E_1 [\text{V/m}]$$

공기의 기포 내에 전계 E_2는 유전체의 유전율 ε_r이 클수록 크게 되어 유전체 내 기포가 발생한 부분에서 절연이 파괴되기 시작한다.

전 류

기사 6.17% 출제
산업 7.83% 출제

이렇게 공부하세요!!

출제경향분석

출제포인트

☑ 전도전류와 전도전류밀도(옴의 공식의 미분형) 공식을 알고 있다.

☑ 도체에 따른 절연저항 및 접지저항 공식을 알고 있다.

☑ 열전현상(제베크 효과. 펠티에 효과. 톰슨 효과)에 대해서 알고 있다.

전류(electric current)

기사 1.50% 출제 | 산업 1.00% 출제

출제 01 전류와 전류밀도(current density)

쌤 Comment

이번 단원에서 가장 중요한 공식은 식 6-6의 (전도) 전류밀도이며 식 6-18과 같이 옴의 공식으로도 구할 수 있다.

1 개 요

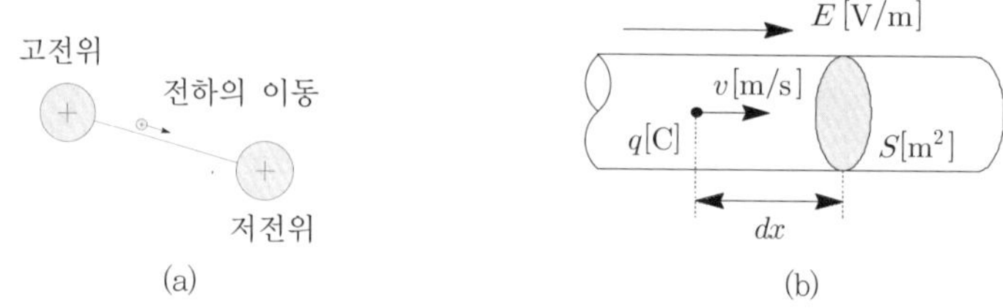

▌그림 6-1▌ 전류의 정의

① [그림 6-1] (a)와 같이 대전된 두 도체를 가느다란 도체(전선)를 연결하면 두 도체 사이에 전위차가 발생하여 전위가 높은 도체에서 낮은 도체로 전하가 이동하게 되는데, 이 전하의 이동을 전류(current)라 한다.

② 전류의 크기는 [그림 6-1] (b)와 같이 단면적이 $S\,[\mathrm{m}^2]$인 도체에 직각인 단면을 단위시간에 통과하는 전하량으로 정의한다.

2 전류의 크기

(1) 일정한 비율로 t초 동안에 $Q\,[\mathrm{C}]$의 전하가 이동한 경우

① 전류 : $I = \dfrac{Q}{t} = \dfrac{CV}{t}\,[\mathrm{C/s} = \mathrm{A}]$ ··· [식 6-1]

② 전하량 : $Q = It = CV\,[\mathrm{A \cdot s} = \mathrm{C}]$ ··· [식 6-2]

(2) 이동하는 전하량이 시간적으로 변화하는 경우

① 전류 : $I = \dfrac{dq}{dt} = C\dfrac{dV}{dt}\,[\mathrm{C/s} = \mathrm{A}]$ ································· [식 6-3]

② 전하량 : $Q = \displaystyle\int dq = \int_{t_1}^{t_2} I dt$ ··· [식 6-4]

3 전류밀도

(1) 전류의 변형 공식

① [그림 6-1] (b)와 같이 어느 매질의 단위체적에 n[개]의 전자가 전계 E[V/m]의 힘을 받아서 전자 e[C]이 속도 v[m/s]로 운동하고 있을 때의 전류는 다음과 같다.

② $I = \dfrac{dq}{dt} = \rho\dfrac{dV}{dt} = \rho\dfrac{dx}{dt}S = \rho v S = nevS$ [A] $\cdots\cdots$ [식 6-5]

여기서, ρ : 체적 전하밀도[C/m^3] $\rightarrow \rho = ne$ [C/m^3]

n : 단위체적당 전자의 개수[개]

$e = -1.602 \times 10^{-19}$: 전자 1개의 전하량[C]

V : 체적[m^3], x : 전자의 이동거리[m]

(2) 도전율(conductivity)과 전류밀도

① 전하의 이동속도 v는 하전입자(전하)가 이동하면서 다른 입자와 충돌이 생기므로 직선운동을 할 수 없기 때문에 평균 속도로 표현하며, 이를 드리프트 속도(drift velocity)라 한다.

② 이러한 드리프트 속도는 도체에 가해지는 전계 E에 비례하므로 $v = \mu E$의 관계를 가지며, 이때 μ를 하전입자(전하)가 움직이기 쉬운 정도를 표시하는 양으로 이동도(mobility)라 한다.

③ 전류밀도 : $J = i = \dfrac{I}{S} = nev = ne\mu E = \rho\mu E = \sigma E$ [A/m^2] $\cdots\cdots$ [식 6-6]

여기서, $\sigma = \rho\mu = k$: 도전율

4 전류계의 발산(전류밀도의 연속방정식)

(1) 전류의 발산(유출)

① 정전계 중에서 임의의 폐곡면 S로 포위된 체적 V의 영역에서 폐곡면상의 미소면적 ds를 통하여 흘러 나가는 미소전류 $dI = \vec{Jn}ds$가 되고 외부로 유출되는 전 전류는 폐곡면 S에 대해서 적분하면 된다.

② 외부로 유출되는 전 전류(발산의 정리를 적용)

$I = \displaystyle\int_s \vec{Jn}ds = \int_v \mathrm{div}Jdv = \int_v \nabla \cdot Jdv$ $\cdots\cdots$ [식 6-7]

(2) 전하량 보존의 법칙 적용

① '전하는 새로 생성되거나 없어지지 않고 항상 처음의 전하량을 유지한다.'를 전하량 보존의 법칙이라 한다.

② 따라서 폐곡면을 통하여 유출되는 전류는 폐곡면 내 전하량의 감소와 같고, 시간에 대한 상미분을 편미분으로 표현하면 다음과 같다.

$I = -\dfrac{dQ}{dt} = -\dfrac{\partial Q}{\partial t} = -\displaystyle\int_v \dfrac{\partial \rho}{\partial t}dv$ $\cdots\cdots$ [식 6-8]

(3) 전류의 연속방정식

① 전하량 보존의 법칙으로부터 유도된 식을 연속방정식이라 한다.

$\nabla \cdot J = -\dfrac{\partial \rho}{\partial t}$ $\cdots\cdots$ [식 6-9]

② 만약, 도체 내에 정상전류가 흐르는 경우에 전하밀도 ρ가 시간에 대해 일정하므로 [식 6-10]이 되며, 이는 전류의 새로운 발생이나 소멸이 없는 연속이라는 것을 의미한다.

$$\nabla \cdot J = 0 \quad \text{.. [식 6-10]}$$

단원확인기출문제

★ 산업 89년 6회, 08년 3회

01 10[A]의 전류가 5분 동안 도선에 흘렀을 때 도선 단면을 지나는 전기량은 몇 [C]인가?

① 3000[C]
② 50[C]
③ 2[C]
④ 0.033[C]

해설 전기량 $Q = It = 10 \times 5 \times 60 = 3000[C]$

답 ①

★ 산업 07년 1회

02 전류에 대한 설명 중 옳지 않은 것은?

① 전하의 이동이다.
② 1[V/s]를 1[A]로 한다.
③ 전하가 전계방향으로 평균 속도 v로 이동함에 따라 생기는 전류를 드리프트 전류라 한다.
④ $\operatorname{div} i = 0$은 전류의 연속성이라 한다.

해설 1[A]는 도선의 임의의 단면적을 1초 동안 1[C]의 전하가 통과할 때의 크기이다.

$$\therefore I = \frac{Q}{t}[C/s=A]$$

답 ②

기사 0.83% 출제 | 산업 1.67% 출제

출제 02 전기저항과 옴의 법칙

쌤 Comment

- 전선의 고유저항은 출제빈도가 매우 낮으나 2차 실기문제 중 간선(feeder)의 전압강하 공식을 증명할 때 사용되니 참고하길 바란다.
- 전압강하 $e = I \cdot R = I \cdot \rho \dfrac{L}{A} = I \times \dfrac{1}{58} \times \dfrac{1}{0.97} \times \dfrac{L}{A} = \dfrac{17.8LI}{1000A}$ [V]
- 간선은 경동선을 사용하며 연동선을 기준으로 경동선의 도전율은 97%이다.

1 전기저항과 컨덕턴스

① 전기저항은 전류의 흐름을 방해하는 성분으로 도체의 재질, 모양, 온도에 따라 변화한다.
② 저항의 역수를 컨덕턴스(conductance, G)라 하고, 단위를 모[℧, mho] 또는 지멘스[S]로 표현한다. 이러한 컨덕턴스는 병렬회로망 해석 시 유용하게 사용된다.

③ 전기저항과 컨덕턴스

㉠ 전기저항 : $R = \rho \dfrac{l}{S} = \dfrac{l}{kS} [\Omega]$ ──────────────── [식 6-11]

㉡ 컨덕턴스 : $G = \dfrac{1}{R} = k\dfrac{S}{l} = \dfrac{S}{\rho l} [1/\Omega]$ ──────────────── [식 6-12]

여기서, ρ : 저항률 또는 고유저항$[\Omega \cdot m]$, $k\,(또는\ \sigma)$: 도전율$[(\Omega \cdot m)^{-1}]$
$S(또는\ A)$: 도체의 단면적$[m^2]$, l : 도체의 길이$[m]$

▎2 저항률 또는 고유저항

① 고유저항의 기본단위는 $[\Omega \cdot mm^2/m]$이므로 $[\Omega \cdot m]$의 관계는 다음과 같다.

㉠ 고유저항 : $\rho = \dfrac{RS}{l} \left[\dfrac{\Omega \cdot m^2}{m} = \Omega \cdot m\right]$ ──────────── [식 6-13]

㉡ $1[\Omega \cdot m] = 10^6 [\Omega \cdot mm^2/m]$ ──────────────── [식 6-14]

② 전선의 고유저항

㉠ 연동선 : $\rho = \dfrac{1}{58} [\Omega \cdot mm^2/m]$ ──────────────── [식 6-15]

㉡ 경동선 : $\rho = \dfrac{1}{55} \sim \dfrac{1}{56} [\Omega \cdot mm^2/m]$ ──────────── [식 6-16]

㉢ 알루미늄선 : $\rho = \dfrac{1}{35} [\Omega \cdot mm^2/m]$ ──────────── [식 6-17]

▎3 옴의 법칙

① 1826년 독일학자 옴(Ohm)은 실험을 통해 전위차(전압)와 전류와의 관계를 다음과 같이 설명하였다. 도체에 흐르는 전류는 도체 양단 간의 전위차 V에 비례하고, 도체의 저항 $R[\Omega,\ ohm]$에 반비례한다. 이를 옴의 법칙이라 한다.

② 옴의 법칙

㉠ 옴의 법칙 : $I = \dfrac{V}{R} = \dfrac{lE}{\dfrac{l}{kS}} = kES[V/\Omega = A]$ ──────────── [식 6-18]

㉡ 옴의 법칙의 미분형 : $J = i = \dfrac{dI}{dS} = kE[A/m^2]$ ──────────── [식 6-19]

단원확인기출문제

★ 산업 03년 1회

03 경동선의 고유저항은 몇 $[\Omega \cdot mm^2/m]$인가?

① $\dfrac{1}{35}$ ② $\dfrac{1}{38}$

③ $\dfrac{1}{55}$ ④ $\dfrac{1}{58}$

해설 ㉠ 연동선의 고유저항 : $\rho = \dfrac{1}{58}[\Omega \cdot \text{mm}^2/\text{m}] = \dfrac{1}{58} \times 10^{-6}[\Omega \cdot \text{m}^2/\text{m}]$

㉡ 경동선의 고유저항 : $\rho = \dfrac{1}{55}[\Omega \cdot \text{mm}^2/\text{m}] = \dfrac{1}{55} \times 10^{-6}[\Omega \cdot \text{m}^2/\text{m}]$

㉢ 알루미늄의 고유저항 : $\rho = \dfrac{1}{35}[\Omega \cdot \text{mm}^2/\text{m}] = \dfrac{1}{35} \times 10^{-6}[\Omega \cdot \text{m}^2/\text{m}]$

답 ③

★ 산업 04년 3회

04 도전율이 연동선의 62[%]인 알루미늄선의 고유저항은 몇 $[\Omega \cdot \text{m}]$인가? (단, 표준 연동선의 도전율은 $58 \times 10^6[\text{℧}/\text{m}]$이다.)

① 2.78×10^{-8}
② 2.93×10^{-8}
③ 3.41×10^{-8}
④ 3.60×10^{-8}

해설 알루미늄 도전율 $k = 58 \times 10^6 \times 0.62 = 35.96 \times 10^6$

$\therefore$ 고유저항 $\rho = \dfrac{1}{k} = \dfrac{1}{35.96 \times 10^6} = 0.0278 \times 10^{-6} = 2.78 \times 10^{-8}[\Omega \cdot \text{m}]$

답 ①

기사 0.67% 출제 | 산업 0.83% 출제

출제 03 저항의 온도계수

쌤 Comment

- 출제빈도가 낮은 편이므로 학습시간이 부족한 수험생들은 넘어가도 좋다.
- 단, 금속은 주변 온도가 상승하면 저항이 증가하고, 반도체 소자와 대지저항은 온도 상승에 따라 저항이 감소된다는 것은 기억해두길 바란다.

1 개 요

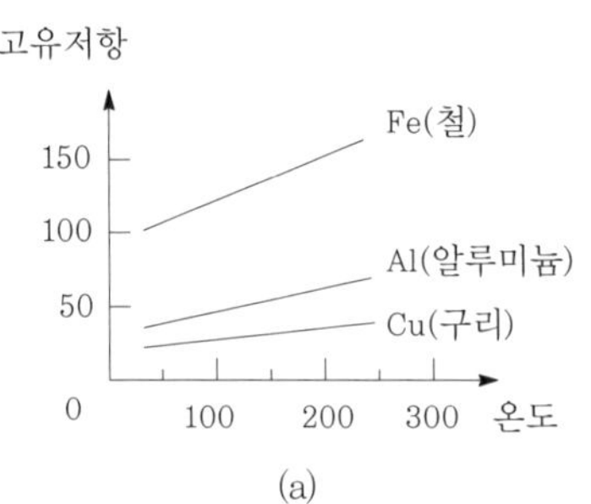

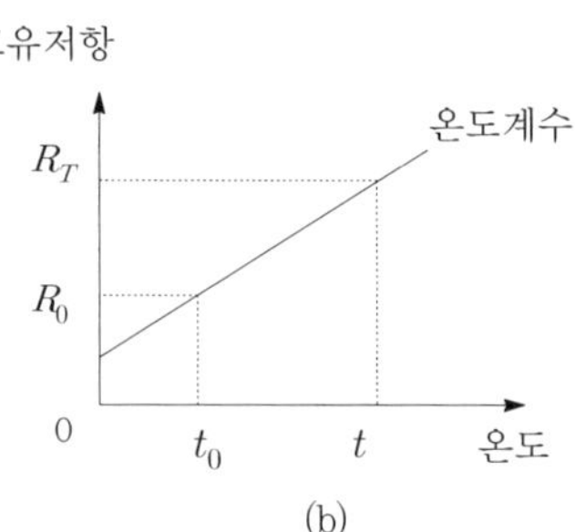

▌그림 6-2▌ 저항의 온도계수

① 저항의 온도계수(temperature coefficient of resistance)는 [그림 6-2]와 같이 온도에 따라 변화하는 비율을 나타내는 것이다.
② 금속에서는 일반적으로 정특성 온도계수(온도 상승에 따라 저항이 증가), 전해액이나 반도체에서는 일반적으로 부특성 온도계수(온도 상승에 따라 저항이 감소)의 특성을 나타낸다.
③ 온도계수 α는 초기 온도 t_0에서(여기서, t_0에서의 저항의 크기는 R_0이다) 주변 온도 1[℃] 상승할 때 변화되는 저항의 비율을 의미한다.

▨2 온도 변화에 따른 금속도체의 저항

┃표 6-1┃ 고유저항과 온도계수

재 료	고유저항(20[℃]에서) ×10^2[Ω·mm^2/m]	고유저항의 온도계수 20[℃] 부근에 대하여
은(Ag)	1.62	0.0038
구리(Cu)	1.69	0.00393
경동	1.78	
알루미늄(Al)	2.62	0.0039
금(Au)	2.40	0.0034
백금(Pt)	10.5	0.003
텅스텐(W)	5.48	0.0045
순철(Fe)	10	0.005
주철	75~100	0.0019
규소철	50~60	
니켈(Ni)	6.9	0.006
탄소(C)	3500~7500	−0.0006~0.0012

(1) 구리의 온도계수

$$\alpha = \frac{1}{234.5 + t_0} \quad \text{[식 6-20]}$$

(2) 온도 변화에 따른 금속도체의 저항

초기 온도 t_0에서의 저항값을 R_0, 변화된 온도 t에서의 저항값은 다음과 같다.

$$R_T = R_0 + R_0\,\alpha(t - t_0) = R_0[1 + \alpha(t - t_0)] \quad \text{[식 6-21]}$$

(3) 합성 온도계수 α_0

① 직렬로 접속된 두 금속 A, B의 온도계수를 각각 α_1, α_2라 하고, 주변 온도가 t_0에서 t로 상승할 때의 저항값으로 합성 온도계수를 유도할 수 있다.
② $R_1 + R_1\alpha_1(t - t_0) + R_2 + R_2\alpha_2(t - t_0) = (R_1 + R_2) + (R_1 + R_2)\alpha_0(t - t_0)$

$R_1\alpha_1(t - t_0) + R_2\alpha_2(t - t_0) = (R_1 + R_2)\alpha_0(t - t_0)$

$R_1\alpha_1 + R_2\alpha_2 = (R_1 + R_2)\alpha_0$ 이므로

$$\therefore \text{합성 온도계수 } \alpha_0 = \frac{R_1\alpha_1 + R_2\alpha_2}{R_1 + R_2} \quad \cdots\cdots\cdots\cdots\cdots \text{[식 6-22]}$$

여기서, R_1, R_2 : t_0에서의 금속 저항 크기

α_1 : A금속의 온도계수, α_2 : B금속의 온도계수

단원확인기출문제

★ 산업 01년 1회

05 온도 $t[\mathrm{℃}]$에서 저항 $R_t[\Omega]$의 도선은 30$[\mathrm{℃}]$일 때 저항은 어떻게 되는가?

① $\dfrac{30-t}{234.5}R_t$ 　　　　　② $\dfrac{234.5+t}{264.5}R_t$

③ $\dfrac{30-t}{234.5+t}R_t$ 　　　　④ $\dfrac{264.5}{234.5+t}R_t$

해설 ㉠ $t[\mathrm{℃}]$에서의 구리 온도계수 : $\alpha = \dfrac{1}{\dfrac{1}{\alpha_0}+t} = \dfrac{1}{234.5+t}$

㉡ 30$[\mathrm{℃}]$ 때의 저항 : $R_T = R_t[1+\alpha_t(t-t_0)] = R_t\left[1+\dfrac{1}{234.5+t}(30-t)\right]$

$$= R_t\left[\dfrac{234.5+t}{234.5+t}+\dfrac{30-t}{234.5+t}\right] = R_t\dfrac{264.5}{234.5+t}[\Omega]$$

답 ④

기사 0.17% 출제 ┃ 산업 0.33% 출제

출제 04 　저항의 접속법

Comment

• R, L, C의 직렬·병렬 접속법은 전기공학을 공부하는 데 가장 기본이 된다.
• 시험 출제빈도를 떠나서 반드시 기억하자.

1 　직렬접속

직렬회로의 특징은 전류는 일정하고, 전압은 분배된다.

(1) 합성저항

① $V = V_1 + V_2 = I_1R_2 + I_2R_2$

(여기서, $I_1 = I_2 = I$이므로)

② $V = I(R_1 + R_2)$

③ $R = \dfrac{V}{I} = \dfrac{I(R_1 + R_2)}{I} = R_1 + R_2[\Omega]$ $\quad\cdots\cdots\cdots$ [식 6-23]

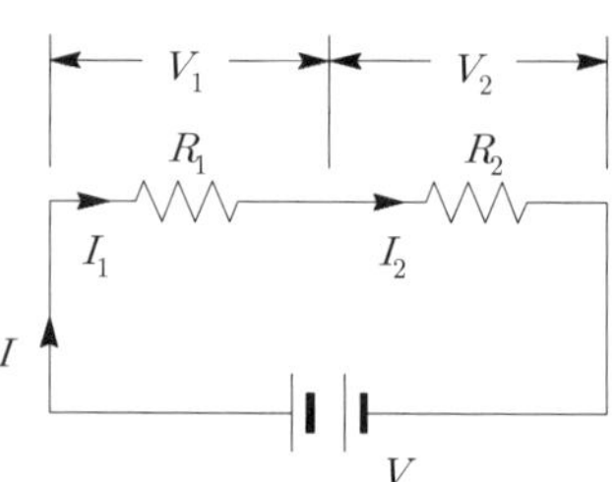

┃그림 6-3┃ 저항의 직렬접속

(2) 전압분배법칙

$$① \quad V_1 = I_1 R_1 = IR_1 = \frac{V}{R} \times R_1 = \frac{R_1}{R_1 + R_2} \times V \quad \cdots\cdots\cdots [식\ 6\text{-}24]$$

$$② \quad V_2 = I_2 R_2 = IR_2 = \frac{V}{R} \times R_2 = \frac{R_2}{R_1 + R_2} \times V \quad \cdots\cdots\cdots [식\ 6\text{-}25]$$

2 병렬접속

병렬회로의 특징은 전류(전하)는 분배되고, 전압은 일정하다.

(1) 합성저항과 컨덕턴스

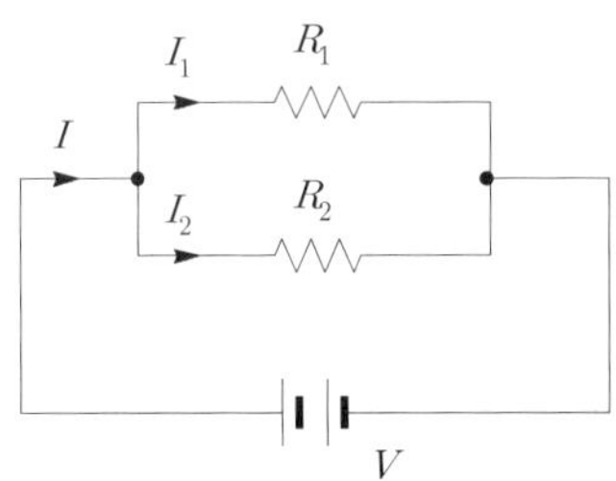

┃그림 6-4┃ 저항의 병렬접속

$$① \quad I = I_1 + I_2 = \frac{V_1}{R_1} + \frac{V_2}{R_2}$$

(여기서, $V_1 = V_2 = V$ 이므로)

$$② \quad I = V\left(\frac{1}{R_1} + \frac{1}{R_2}\right)$$

$$③ \quad R = \frac{V}{I} = \frac{1}{\dfrac{1}{R_1} + \dfrac{1}{R_2}} = \frac{R_1 \times R_2}{R_1 + R_2} [\Omega] \quad \cdots\cdots\cdots [식\ 6\text{-}26]$$

$$④ \quad G = \frac{1}{R} = \frac{1}{R_1} + \frac{1}{R_2} = G_1 + G_2 [\mho] \quad \cdots\cdots\cdots [식\ 6\text{-}27]$$

(2) 전류분배법칙

$$① \quad I_1 = \frac{V_1}{R_1} = \frac{V}{R_1} = \frac{R}{R_1} \times I = \frac{R_2}{R_1 + R_2} \times I \quad \cdots\cdots\cdots [식\ 6\text{-}28]$$

$$= \frac{\dfrac{1}{G_2}}{\dfrac{1}{G_1} + \dfrac{1}{G_2}} \times I = \frac{\dfrac{1}{G_2}}{\dfrac{G_1 + G_2}{G_1 \times G_2}} \times I = \frac{G_1}{G_1 + G_2} \times I \quad \cdots\cdots\cdots [식\ 6\text{-}29]$$

$$② \quad I_2 = \frac{V_2}{R_2} = \frac{V}{R_2} = \frac{R}{R_2} \times I = \frac{R_1}{R_1 + R_2} \times I \quad \cdots\cdots\cdots [식\ 6\text{-}30]$$

$$= \frac{\dfrac{1}{G_1}}{\dfrac{1}{G_1} + \dfrac{1}{G_2}} \times I = \frac{\dfrac{1}{G_1}}{\dfrac{G_1 + G_2}{G_1 \times G_2}} \times I = \frac{G_2}{G_1 + G_2} \times I \quad \cdots\cdots\cdots [식\ 6\text{-}31]$$

단원확인기출문제

★★ 기사(회로) 96년 7회 / 산업 94년 4회, 98년 3회, 04년 2회, 07년 3회

06 그림에서 a, b단자에 200[V]를 가할 때 저항 2[Ω]에 흐르는 전류는?

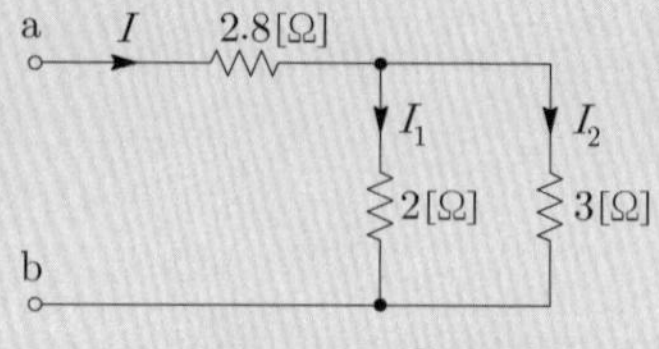

① 40[A]

② 30[A]

③ 20[A]

④ 10[A]

해설 ㉠ 합성저항 : $R = 2.8 + \dfrac{2 \times 3}{2+3} = 4[Ω]$

㉡ 회로 전체 전류 : $I = \dfrac{V}{R} = \dfrac{200}{4} = 50[A]$

∴ 전류분배법칙 : $I_2 = \dfrac{R_1}{R_1 + R_2} \times I = \dfrac{3}{2+3} \times 50 = 30[A]$

답 ②

★ 산업(회로) 97년 4회

07 그림과 같은 회로에서 $I = 10[A]$, $G_1 = 4[℧]$, $G_2 = 6[℧]$일 때 G_2에서 소비되는 전력은 몇 [W]인가?

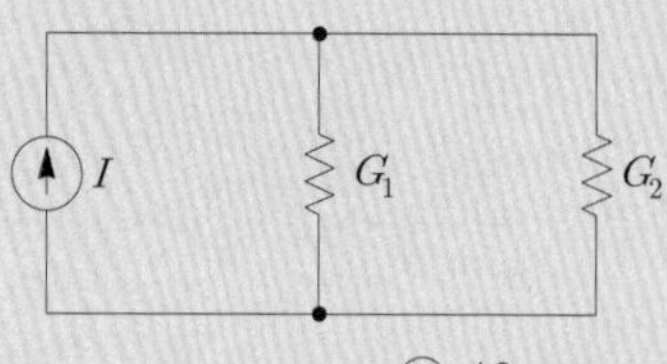

① 100

② 10

③ 4

④ 6

해설 컨덕턴스 G_L에 흐르는 전류 : $I_2 = \dfrac{G_2}{G_1 + G_2} \times I = \dfrac{6}{4+6} \times 10 = 6[A]$

∴ 소비전력 $P_2 = I_2^2 R_2 = \dfrac{I_2^2}{G_2} = \dfrac{6^2}{6} = 6[W]$

답 ④

기사 0.67% 출제 | 산업 0.50% 출제

출제 05 줄열과 전력

Comment
- 현장에서 전력량($W = Pt$ [W·s])의 단위로 [kWh]를 사용한다. 1[kWh]를 [kcal]로 환산하면 아래와 같다.
- 1[kWh] = 3600[kWs] = 3600×0.2389 ≒ 860[kcal]

1 줄열(Joule's heat)

① 도선에 전위차(전압)를 가하면 전하가 이동하면서(전류가 흐르면서) 에너지를 소비하게 된다. 이 에너지는 도선 내에서 열로 소비되며, 전하가 운반될 때 소비되는 에너지는 [식 6-32]가 된다.

② 이것을 줄열(Joule's heat)이라 하고, 단위를 줄[J, Joule]이라 한다. 또한 줄열을 열량으로 환산하면 [식 6-33]과 같이 된다.

㉠ $W = QV = VIt = I^2 Rt = \dfrac{V^2}{R}t\,[\mathrm{J}]$ ⋯⋯⋯⋯⋯⋯⋯⋯ [식 6-32]

여기서, 전하량 : $Q = CV = It\,[\mathrm{C}]$, 옴의 법칙 : $V = IR\,[\mathrm{V}]$

㉡ $H = 0.2389\,W ≒ 0.24\,W = 0.24\,VIt = 0.24\,I^2 Rt = 0.24\,\dfrac{V^2}{R}t\,[\mathrm{cal}]$ ⋯⋯⋯ [식 6-33]

2 전력(power)

① 단위시간에 행한 전기적인 일을 전력(power)이라 하며, 그 단위는 와트[W, watt]라 한다.

② $P = \dfrac{W}{t} = VI = I^2 R = \dfrac{V^2}{R}\,[\mathrm{W}]$ ⋯⋯⋯⋯⋯⋯⋯⋯ [식 6-34]

단원확인기출문제

★ 기사 97년 6회

08 기전력 1.5[V]이고, 내부저항 0.02[Ω]인 전지에 2[Ω]의 저항을 연결했을 때 저항에서의 소모 전력은 약 몇 [W]인가?

① 1.1 　　　　　　　　　② 5
③ 11 　　　　　　　　　④ 55

해설 회로로 표현하면 다음과 같다.

㉠ 전류 $I = \dfrac{1.5}{0.02+2} = 0.742\,[\mathrm{A}]$

㉡ 전력 $P = RI^2 = 2 \times (0.742)^2 = 1.1\,[\mathrm{W}]$

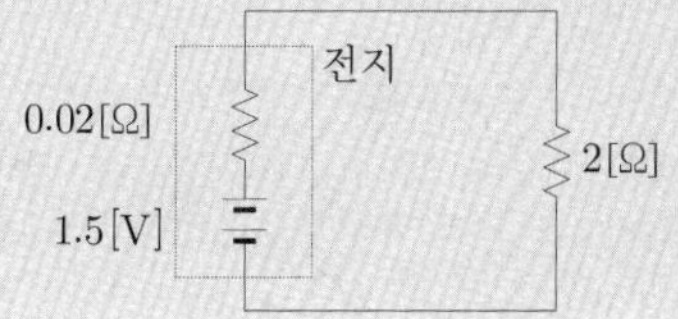

답 ①

기사 2.00% 출제 | 산업 2.17% 출제

출제 06 저항과 정전용량

쌤 Comment

6장에서 가장 중요한 단원이다. 각 도체에 따른 절연저항과 접지저항의 크기와 누설전류(식 6-46) 공식을 반드시 기억하자.

1 개 요

① 유전율 ε인 공간 속에 두 도체 A, B를 위치하여 $\pm Q$의 전하를 충전시키면 [그림 6-5]와 같이 두 도체 사이에는 전기력선 또는 전속선이 발산한다. 이때 두 도체 사이의 정전용량을 C라 한다.

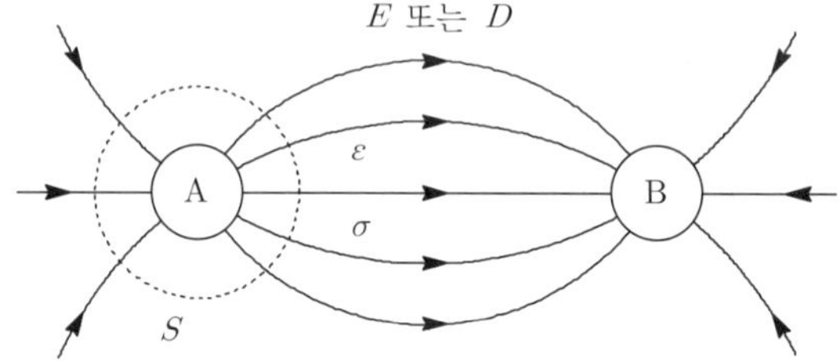

▮그림 6-5▮ 저항과 정전용량의 관계

② 유전체를 도전율 σ인 도전성 매질로 치환하고 두 도체에 전위차를 가하면 도전성 매질에 전류가 흐를 때의 저항을 R이라 하면 R과 C의 관계는 다음과 같다.

 ㉠ A 도체의 전하량 : $Q = \int D\vec{n}ds = \varepsilon \int E\vec{n}ds$ ·· [식 6-35]

 ㉡ 전류 : $I = \int J\vec{n}ds = \int i\vec{n}ds = \sigma \int E\vec{n}ds$ ····································· [식 6-36]

 ㉢ 저항 : $R = \dfrac{V}{I} = \dfrac{Q}{CI} = \dfrac{\varepsilon \int E\vec{n}ds}{C\sigma \int E\vec{n}ds} = \dfrac{\varepsilon \rho}{C}$

 $\therefore$ 저항과 정전용량의 관계 : $RC = \varepsilon \rho$ ·· [식 6-37]

2 도체에 따른 저항

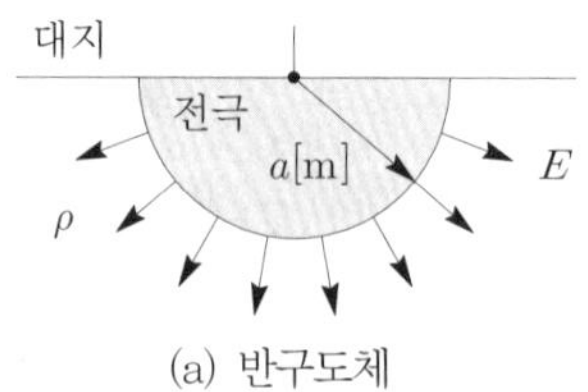

(a) 반구도체

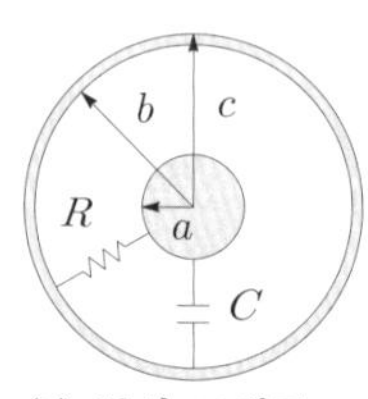

(b) 동심 도체구

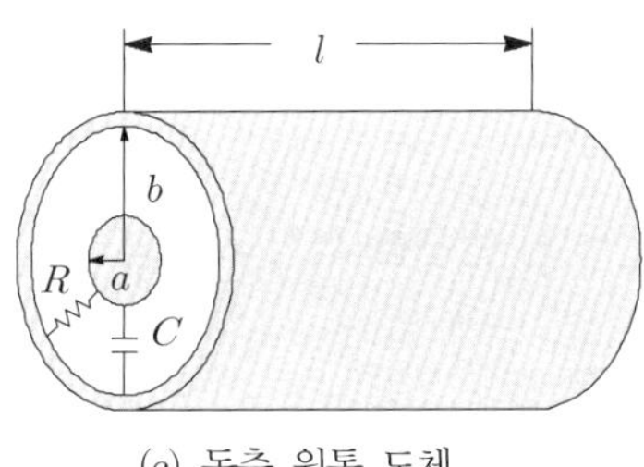

(c) 동축 원통 도체

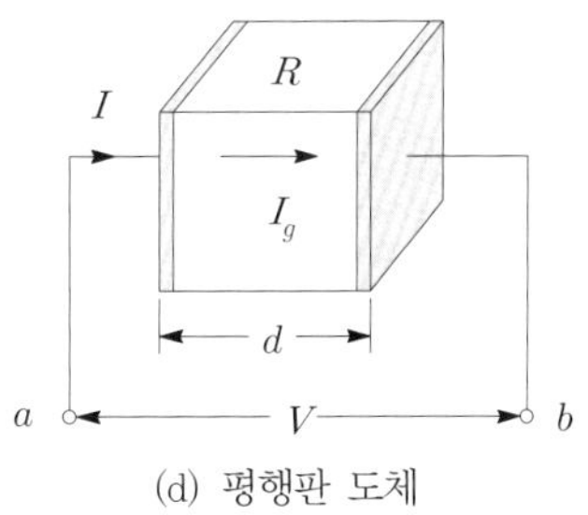

(d) 평행판 도체

┃그림 6-6┃ 도체에 따른 저항

(1) 반구도체의 접지저항

① 정전용량 : $C = 2\pi\varepsilon a\,[\text{F}]$ $\cdots\cdots$ [식 6-38]

② 접지저항 : $R = \dfrac{\varepsilon\rho}{C} = \dfrac{\rho}{2\pi a}\,[\Omega]$ $\cdots\cdots$ [식 6-39]

(2) 동심 도체구의 절연저항

① 정전용량 : $C = \dfrac{4\pi\varepsilon ab}{b-a}\,[\text{F}]$ $\cdots\cdots$ [식 6-40]

② 절연저항 : $R = \dfrac{\varepsilon\rho}{C} = \dfrac{\rho(b-a)}{4\pi ab} = \dfrac{b-a}{4\pi k ab}\,[\Omega]$ $\cdots\cdots$ [식 6-41]

(3) 동축 원통도체의 절연저항

① 정전용량 : $C = \dfrac{2\pi\varepsilon}{\ln\dfrac{b}{a}}\,[\text{F/m}] = \dfrac{2\pi\varepsilon l}{\ln\dfrac{b}{a}}\,[\text{F}]$ $\cdots\cdots$ [식 6-42]

② 절연저항 : $R = \dfrac{\varepsilon\rho}{C} = \dfrac{\rho}{2\pi}\ln\dfrac{b}{a}\left(\textbf{여기서, }\ \rho = \dfrac{1}{k} = \dfrac{1}{\sigma}\right)$

$\qquad\qquad\quad = \dfrac{1}{2\pi k}\ln\dfrac{b}{a}\,[\Omega/\text{m}] = \dfrac{1}{2\pi kl}\ln\dfrac{b}{a}\,[\Omega]$ $\cdots\cdots$ [식 6-43]

(4) 평행판 도체의 절연저항

① 정전용량 : $C = \dfrac{\varepsilon S}{d}\,[\text{F}]$ $\cdots\cdots$ [식 6-44]

② 절연저항 : $R = \dfrac{\varepsilon\rho}{C} = \rho\,\dfrac{d}{S}\,[\Omega]$ $\cdots\cdots$ [식 6-45]

③ 누설전류 : $I_g = \dfrac{V}{R} = \dfrac{CV}{\varepsilon\rho}\,[\text{A}]$ $\cdots\cdots$ [식 6-46]

④ 발열량 : $H = 0.24\,I_g^2 Rt = 0.24 \times \dfrac{CV^2}{\varepsilon\rho}t\,[\text{cal}]$ $\cdots\cdots$ [식 6-47]

단원확인기출문제

★★ 기사 02년 1회

09 대지의 고유저항이 $\pi[\Omega \cdot m]$일 때 반지름 2[m]인 반구형 접지극의 접지저항은 몇 [Ω] 인가?

① 0.25 ② 0.5
③ 0.75 ④ 0.95

해설 반구형 접지극의 접지저항 : $R = \dfrac{\rho\varepsilon}{C} = \dfrac{\rho}{2\pi a} = \dfrac{\pi}{2\pi \times 2} = 0.25[\Omega]$

답 ①

★★★ 기사 11년 2회

10 내반경 $a[m]$, 외반경 $b[m]$인 동축케이블에서 극간 매질의 도전율이 $\sigma[S/m]$일 때 단위 길이당 이 동축케이블의 컨덕턴스[S/m]는?

① $\dfrac{4\pi\sigma}{\ln\dfrac{b}{a}}$ ② $\dfrac{2\pi\sigma}{\ln\dfrac{b}{a}}$

③ $\dfrac{\pi\sigma}{\ln\dfrac{b}{a}}$ ④ $\dfrac{6\pi\sigma}{\ln\dfrac{b}{a}}$

해설 ㉠ 동축케이블의 정전용량

$$C = \frac{Q}{V} = \frac{\lambda l}{V} = \frac{2\pi\varepsilon}{\ln\dfrac{b}{a}}[F/m] = \frac{2\pi\varepsilon l}{\ln\dfrac{b}{a}}[F]$$

㉡ 동축케이블의 절연저항

$$R = \frac{\rho}{2\pi}\ln\frac{b}{a} = \frac{1}{2\pi\sigma}\ln\frac{b}{a}[\Omega/m] = \frac{1}{2\pi\sigma l}\ln\frac{b}{a}[\Omega]$$

㉢ 동축케이블의 컨덕턴스

$$G = \frac{1}{R} = \frac{2\pi\sigma}{\ln\dfrac{b}{a}}[\mho/m = S/m]$$

답 ②

기사 0.33% 출제 I 산업 1.33% 출제

출제 07 열전현상

Comment

- 열기전력(Seebeck effect) 현상을 이용하여 열전온도계를 만들어 사용하고 있으며 -200 ~ +1600℃의 범위까지 측정이 가능하다.
- 펠티에 효과는 자동차의 통풍시트(열전 소자를 이용하여 냉/온 기능을 구현) 등에서 활용된다.

1 접촉 전위차와 볼타(Volta)의 법칙

두 종류의 도체를 접촉시키면 접촉면에 일정한 전위차가 생긴다. 이 전위차를 접촉 전위차라고 한다. 일정 온도에서 다수의 도체를 직렬로 접촉시켰을 때 양단자의 전위차의 합은 양단자의 도체를 직접 접촉시켰을 때의 전위차와 같다. 이것이 볼타의 법칙이다.

2 열기전력(Seebeck effect)

두 종류의 금속을 루프상으로 이어서 두 접속점을 다른 온도로 유지하면 이 회로에 전류가 흐른다. 이것을 열전류, 이와 같이 연결한 금속의 루프를 열전대라고 하며, 이 현상을 제베크 효과(Seebeck effect)라고 한다.

3 펠티에 효과(Peltier effect)

두 가지 금속의 접속점을 통하여 전류가 흐를 때 접속점에 줄열 이외의 발열 또는 흡열이 일어나는 현상이다.

4 톰슨 효과(Thomson effect)

동일 금속이라도 부분적으로 온도가 다른 금속선에 전류를 흘리면 온도 구배가 있는 부분에 줄열 이외의 발열 또는 흡열이 일어나는 현상이다.

단원확인기출문제

★★★ 산업 04년 2회, 08년 1회

11 한 금속에서 전류의 흐름으로 인한 온도 구배 부분의 줄열 이외의 발열 또는 흡열에 관한 현상은?

① 펠티에 효과(Peltier effect)
② 볼타 법칙(Volta law)
③ 제베크 효과(Seeback effect)
④ 톰슨 효과(Thomson effect)

답 ④ 

단원 핵심정리 한눈에 보기

1. 전류와 전기저항

① 전류의 정의 : $I = \dfrac{dq}{dt} = \rho \dfrac{dV}{dt} = \rho \dfrac{dx}{dt} S = \rho v S = nev S[\text{A}]$

　　여기서, q : 전하, ρ : 체적 전하밀도, V : 체적, S : 단면적, v : 전하의 운동속도,
　　　　　n : 단위체적당 전자의 개수[개], $\rho = ne[\text{C/m}^3]$

② 전기저항 : $R = \rho \dfrac{l}{S} = \dfrac{l}{kS} = \dfrac{l}{\sigma S}[\Omega]$

　　여기서, ρ : 고유저항, $k = \sigma$: 도전율, l : 도체의 길이, S : 도체의 단면적

③ 옴의 법칙 : $I = \dfrac{V}{R} = \dfrac{lE}{\dfrac{l}{kS}} = kES[\text{V}/\Omega=\text{A}]$

　　여기서, E : 전계의 세기, $k = \sigma$: 도전율, S : 도체의 단면적

④ 옴의 법칙의 미분형(전류밀도) : $J = i = \dfrac{dI}{dS} = kE[\text{A/m}^2]$

⑤ 전류의 연속성 : $\nabla \cdot J = 0$(도체 내에 정상전류가 흐르는 경우에 전류의 새로운 발생이나 소멸이 없는 연속이라는 것을 의미한다)

2. 저항과 정전용량($RC = \rho\varepsilon$의 관계를 갖는다)

구 분		정전용량	접지 또는 절연저항
반구 도체		$C = 2\pi\varepsilon a[\text{F}]$	접지저항 : $R = \dfrac{\varepsilon\rho}{C} = \dfrac{\rho}{2\pi a}[\Omega]$
동심 도체구		$C = \dfrac{4\pi\varepsilon ab}{b-a}[\text{F}]$	절연저항 : $R = \dfrac{\varepsilon\rho}{C} = \dfrac{\rho(b-a)}{4\pi ab}$ $\quad = \dfrac{b-a}{4\pi k\,ab}[\Omega]$
동축 케이블		$C = \dfrac{2\pi\varepsilon}{\ln\dfrac{b}{a}}[\text{F/m}]$ $\quad = \dfrac{2\pi\varepsilon l}{\ln\dfrac{b}{a}}[\text{F}]$	절연저항 : $R = \dfrac{\varepsilon\rho}{C} = \dfrac{\rho}{2\pi}\ln\dfrac{b}{a}$ $\quad = \dfrac{1}{2\pi k}\ln\dfrac{b}{a}[\Omega/\text{m}]$ $\quad = \dfrac{1}{2\pi kl}\ln\dfrac{b}{a}[\Omega]$
평행 왕복 도체		$C = \dfrac{\varepsilon S}{d}[\text{F}]$	절연저항 : $R = \dfrac{\varepsilon\rho}{C} = \rho\dfrac{d}{S}[\Omega]$ 누설전류 : $I_g = \dfrac{V}{R} = \dfrac{CV}{\varepsilon\rho}[\text{A}]$ 발열량 : $H = 0.24\,I_g^2\,Rt[\text{cal}]$

단원 자주 출제되는 기출문제

출제 01 ▶ 전류와 전류밀도

기사 15년 2회

01 다음 (   ) 안의 ㉠과 ㉡에 들어갈 알맞은 내용은?

> 도체의 전기전도는 도전율로 나타내는데 이는 도체 내의 자유 전하밀도에 (㉠)하고, 자유전하의 이동도에 (㉡)한다.

① ㉠ 비례, ㉡ 비례
② ㉠ 반비례, ㉡ 반비례
③ ㉠ 비례, ㉡ 반비례
④ ㉠ 반비례, ㉡ 비례

기사 13년 1회

02 $\nabla \cdot i = 0$에 대한 설명이 아닌 것은?

① 도체 내에 흐르는 전류는 연속적이다.
② 도체 내에 흐르는 전류는 일정하다.
③ 단위시간당 전하의 변화는 없다.
④ 도체 내에 전류가 흐르지 않는다.

해설 **전류의 연속성**($\text{div}\, i = 0$)
전류의 새로운 발생이나 소멸이 없는 연속이라는 것을 의미한다.

산업 97년 4회

03 어떤 콘덴서에 가한 전압을 2초 사이에 500[V]에서 4500[V]로 상승시켰더니, 평균 전류가 0.6[mA]가 흘렸다. 이 콘덴서의 정전용량은 몇 [μF]인가?

① 0.3
② 0.6
③ 0.8
④ 0.9

해설
전하 $Q = It = CV$[C]

$$C = \frac{It}{V} = \frac{0.6 \times 10^{-3} \times 2}{4500 - 500} = 3 \times 10^{-7} [\text{F}]$$

★ 기사 99년 4회, 04년 3회, 09년 2회, 15년 1회, 18년 1회

04 반지름이 5[mm]인 구리선에 10[A]의 전류가 단위시간에 흐르고 있을 때 구리선의 단면을 통과하는 전자의 개수는 단위시간당 얼마인가? (단, 전자의 전하량은 $e = 1.602 \times 10^{-19}$[C]이다.)

① 6.24×10^{18}
② 6.24×10^{19}
③ 1.28×10^{22}
④ 1.28×10^{23}

해설
전자 1개가 가지는 전하량의 크기
$e = -1.602 \times 10^{-19}$[C]이므로

$$N = \frac{Q}{e} = \frac{It}{e} = \frac{10 \times 1}{1.602 \times 10^{-19}} = 6.242 \times 10^{19} [\text{개}]$$

(단위시간=1초)

★★ 산업 94년 4회, 16년 2회

05 대지 중의 두 전극 사이에 있는 어떤 점의 전계의 세기가 $E = 6$[V/cm], 지면의 도전율이 $k = 10^{-4}$[℧/cm]일 때 이 점의 전류밀도는 몇 [A/cm²]인가?

① 6×10^{-4}
② 6×10^{-6}
③ 6×10^{-5}
④ 6×10^{-3}

해설
전류밀도 $i = kE = 10^{-4} \times 6 = 6 \times 10^{-4}$[A/cm²]

★★★ 산업 04년 1회, 07년 3회

06 구리 중에는 1[cm³]에 8.5×10^{22}[개]의 자유전자가 있다. 단면적 2[mm²]의 구리선에 10[A]의 전류가 흐를 때의 자유전자의 평균 속도는 약 몇 [cm/s]인가?

① 0.037
② 0.37
③ 3.7
④ 37

해설
전류는 전자의 이동을 나타내므로 $I = nevS = \rho vS$[A]가 된다.

여기서, n : 도체의 단위체적당 전자의 개수[개/m^3]

    e : 전자 1개의 크기(1.602×10^{-19}[C])

    v : 전자의 이동속도[m/s]

    S : 도체의 단면적[m^2]

    ρ : 단위체적당 전하량($= ne$)[C/m^3]

㉠ 단위체적당 전자의 개수

    $n = 8.5 \times 10^{22}$[개/cm^3] $= 8.5 \times 10^{22} \times 10^6$[개/m^3]

㉡ 구리선의 단면적 : $S = 2$[mm^2] $= 2 \times 10^{-6}$[m^2]

∴ 전자의 이동속도

$$v = \frac{I}{neS}$$

$$= \frac{10}{8.5 \times 10^{22} \times 10^6 \times 1.602 \times 10^{-19} \times 2 \times 10^{-6}}$$

$$= 0.000367 \text{[m/s]} = 0.0367 \text{[cm/m]}$$

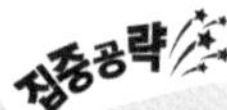

★★ 기사 08년 2회, 17년 1회

07 길이가 1[cm], 지름이 5[mm]인 동선에 1[A]의 전류를 흘렸을 때 전자가 동선을 흐르는 데 걸린 평균 시간은 대략 얼마인가? (단, 동선의 전자의 밀도는 1×10^{28}[개/m^3]라고 한다.)

① 3초

② 31초

③ 314초

④ 3147초

해설

㉠ 도체의 체적

$$v = Sl = \frac{\pi D^2}{4} \times l = \frac{\pi \times (5 \times 10^{-3})^2}{4} \times 10^{-2}$$

$$= 19.6 \times 10^{-8} \text{[m}^3\text{]}$$

㉡ 총 전하량 : $Q = nev$

    여기서, 전자 1개의 크기 $e = 1.602 \times 10^{-19}$[C]

㉢ 전류 $I = \dfrac{Q}{t}$[A]에서 동선을 흐르는 데 걸린 평균

    시간 $t = \dfrac{Q}{I}$[sec]이므로

∴ $t = \dfrac{Q}{I} = \dfrac{nev}{I}$

$$= \frac{10^{28} \times 1.602 \times 10^{-19} \times 19.6 \times 10^{-8}}{1} = 314 \text{초}$$

★★★★ 기사 90년 2회, 98년 2회 / 산업 93년 2회, 00년 6회, 03년 2회, 06년 2회

08 공간 도체 중의 정상 전류밀도가 i, 전하밀도가 ρ일 때 키르히호프 전류법칙을 나타내는 것은?

① $i = \dfrac{\partial \rho}{\partial t}$

② $\text{div } i = 0$

③ $i = 0$

④ $\text{div } i = -\dfrac{\partial \rho}{\partial t}$

해설 키르히호프의 전류법칙

회로에서 임의의 접합점으로 유입·유출하는 전류의 대수합은 0이다. 따라서 전류의 발산은 없다($\text{div } i = 0$, 전류의 연속성).

출제 02 **전기저항과 옴의 법칙**

★★★ 산업 90년 6회, 99년 6회, 00년 4회, 16년 3회

09 도체의 전기저항에 대한 설명으로 틀린 것은?

① 단면적에 반비례하고, 길이에 비례한다.

② 고유저항은 백금보다 구리가 크다.

③ 도체의 반지름의 제곱에 반비례한다.

④ 같은 길이, 같은 단면적에서도 온도가 상승하면 저항이 증가한다.

해설

㉠ 전기저항 $R = \rho \dfrac{l}{S} = \rho \dfrac{l}{\pi r^2}$[Ω]

    여기서, ρ : 고유저항

        r : 도체 반경[m]

        l : 도체길이

        S : 도체 단면적

㉡ 고유저항은 주변 온도 20[℃]에서 측정되었으며, 단위는 $\times 10^2$[Ω·mm^2/m]이다.

재 료	고유저항	재 료	고유저항
은(Ag)	1.62	텅스텐(W)	5.48
구리(Cu)	1.69	순철(Fe)	10
경동	1.77	주철	75~100
알루미늄(Al)	2.62	규소철	50~60
금(Au)	2.40	니켈(Ni)	6.9
백금(Pt)	10.5	탄소(C)	3500~7500

∴ 백금이 구리보다 크다.

10 도전율의 단위는?

① $\dfrac{m}{\Omega}$

② $\dfrac{\Omega}{m^2}$

③ $\dfrac{1}{\mho \cdot m}$

④ $\dfrac{\mho}{m}$

해설

고유저항은 $\rho = \dfrac{RS}{l}[\Omega \cdot m = \Omega \cdot mm^2/m]$이므로 도전

율은 $k = \dfrac{1}{\rho}\left[\dfrac{1}{\Omega \cdot m} = \dfrac{\mho}{m}\right]$이 된다.

11 고유저항 $\rho[\Omega \cdot m]$, 한 변의 길이가 $r[m]$인 정육면체의 저항$[\Omega]$은?

① $\dfrac{\rho}{\pi r}$

② $\dfrac{\pi r^2}{\sqrt{\rho}}$

③ $\dfrac{\rho}{r}$

④ $\sqrt{\dfrac{2\pi r^2}{\rho}}$

해설

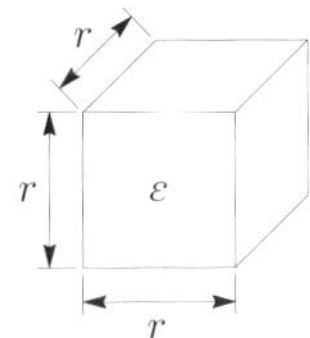

그림과 같이 정육면체의 단면적 $S = r^2$이고, 두께는 r
이므로

$\therefore$ 전기저항 $R = \rho \dfrac{l}{S} = \rho \dfrac{r}{r^2} = \dfrac{\rho}{r}[\Omega]$

12 길이가 20[cm]이고, 지름이 2[cm]이며, 도전율이 $7 \times 10^4 [\mho/m]$인 흑연봉의 양단에 20[V]의 전압을 가했을 때 전류밀도는 몇 $[A/mm^2]$인가?

① 0.07

② 0.7

③ 7

④ 70

해설

전류밀도 $i = \dfrac{I}{S} = \dfrac{V}{RS} = \dfrac{V}{\dfrac{l}{kS} \times S} = \dfrac{kV}{l}[A/m^2]$

$\qquad = \dfrac{kV}{l} \times 10^{-6}[A/mm^2]$이므로

$\therefore$ 전류밀도 $i = \dfrac{7 \times 10^4 \times 20}{0.2} \times 10^{-6} = 7[A/mm^2]$

13 지름 1.6[mm]인 동선의 최대 허용전류를 25[A]라 할 때 최대 허용전류에 대한 왕복 전선로의 길이 20[m]에 대한 강하는 몇 [V]인가? (단, 동의 저항률은 1.69×10^{-8} $[\Omega \cdot m]$이다.)

① 0.74

② 2.1

③ 4.2

④ 6.3

해설

전기저항

$R = \rho \dfrac{l}{S} = \rho \dfrac{l}{\pi r^2} = 1.69 \times 10^{-8} \times \dfrac{20}{\pi \left(\dfrac{1.6}{2} \times 10^{-3}\right)^2}$

$\quad = 16.819 \times 10^{-2}[\Omega]$

$\therefore$ 전압강하 $e = RI = 16.819 \times 10^{-2} \times 25 = 4.2[V]$

14 k는 도전도, ρ는 고유저항, E는 전계의 세기, i는 전류밀도일 때 옴의 법칙은?

① $i = kE$

② $i = \dfrac{E}{k}$

③ $i = \rho E$

④ $i = \rho k E$

해설

㉠ 옴의 법칙 : $I = \dfrac{V}{R} = \dfrac{lE}{\dfrac{l}{kS}} = kES[A]$

㉡ 옴의 법칙의 미분형(전류밀도)

$\quad : i = \dfrac{dI}{dS} = kE[A/m^2]$

출제 03 ▶ 저항의 온도계수

★ 기사 09년 1회 / 산업 16년 2회

15 20[℃]에서 저항 온도계수(temperature coeffi-cient of resistance)가 가장 큰 것은?

① Ag
② Cu
③ Al
④ Ni

해설 금속의 물리적 성질에 따른 체적 고유저항 온도계수(20[℃])

금 속	온도계수	금 속	온도계수
은(Ag)	0.0038	마그네슘(Mg)	0.004
알루미늄(Al)	0.0039	몰리브덴(Mo)	0.0033
금(Au)	0.0034	나트륨(Na)	–
창연(Bi)	0.004	니켈(Ni)	0.006
칼슘(Ca)	–	오스뮴(Os)	–
카드뮴(Cd)	0.0038	납(Pb)	0.0039
코발트(Co)	–	파라듐(Pd)	0.0033
크롬(Cr)	–	백금(Pt)	0.003
동(Cu)	0.00393	로듐(Rh)	–
철(Fe)	0.0050	주석(Sn)	0.0042
수은(Hg)	0.0098	탄탈룸(Ta)	0.0031
이리듐(Ir)	–	텅스텐(W)	0.0045
칼륨(K)	–	아연(Zn)	0.0037
리튬(Li)	–		

★ 94년 6회

16 20[℃]에서 저항 온도계수 $\alpha_{20} = 0.004$인 저항선의 저항이 100[Ω]이다. 이 저항선의 온도가 80[℃]로 상승될 때 저항은 몇 [Ω]이 되겠는가?

① 24
② 48
③ 72
④ 124

해설
온도 상승 후 저항 $R_T = R_t [1 + \alpha_t (T - t)]$
$$R_{80} = R_{20} [1 + \alpha_{20} (80 - 20)]$$
$$= 100(1 + 0.004(80 - 20)) = 124[Ω]$$

★ 기사 99년 6회, 02년 1회, 10년 2·3회 / 산업 99년 4회, 00년 6회

17 저항 10[Ω], 저항의 온도계수 $\alpha_1 = 5 \times 10^{-3}[1/℃]$의 동선에 직렬로 저항 90[Ω], 온도계수 $\alpha_2 ≒ 0[1/℃]$의 망간선을 접속하였을 때의 합성저항 온도계수는?

① $2 \times 10^{-4}[1/℃]$
② $3 \times 10^{-4}[1/℃]$
③ $4 \times 10^{-4}[1/℃]$
④ $5 \times 10^{-4}[1/℃]$

해설
㉠ 저항 온도계수 $\alpha = \dfrac{1[℃] \text{ 상승할 때 저항값}}{\text{기준되는 저항값}}$ 이므로

㉡ 구리선과 망간선의 1[℃] 상승할 때 저항값을 각각 r_1, r_2라 하면
$$r_1 = \alpha_1 R_1 = 5 \times 10^{-3} \times 10 = 5 \times 10^{-2}[Ω],$$
$$r_2 = \alpha_2 R_2 = 0 \times 90 = 0[Ω]$$

∴ 합성저항 온도계수
$$\alpha = \frac{r_1 + r_2}{R_1 + R_2} = \frac{5 \times 10^{-2}}{10 + 90} = 5 \times 10^{-4}[1/℃]$$

출제 04 ▶ 저항의 접속법

★★ 산업 06년 1회

18 내부저항 20[Ω] 및 25[Ω], 최대 지시눈금이 다같이 1[A]인 전류계 A_1 및 A_2를 그림과 같이 접속했을 때 측정할 수 있는 최대 전류의 값은 몇 [A]인가?

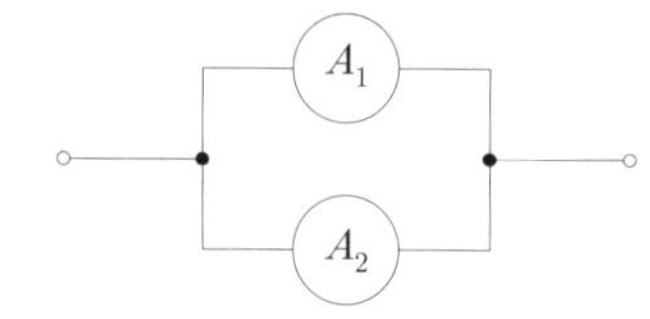

① 1
② 1.5
③ 1.8
④ 2

해설

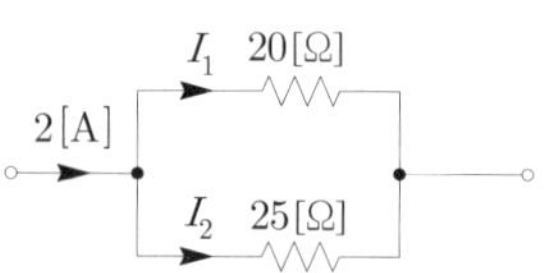

회로에 2[A]의 전류를 흘리면 전류의 내부저항이 그림과 같기 때문에 각 회로에 흐르는 전류의 양은 다음과 같다.

$$\bigcirc\quad I_1 = \frac{25}{20+25}\times 2 = 1.1 \fallingdotseq 1[\text{A}] \ (최댓값이\ 1[\text{A}]이므로)$$

$$\bigcirc\quad I_2 = \frac{20}{20+25}\times 2 = 0.8[\text{A}]$$

$$\therefore\ 전류계가\ 측정할\ 수\ 있는\ 최대량$$
$$I_1 + I_2 = 1.0+0.8 = 1.8[\text{A}]$$

★ 산업 97년 2회

19 그림과 같은 회로에서 a와 b 사이를 저항 값이 0인 도체로 이을 때 이 도체에 흐르는 전류와 도체 양단의 전위차 V_{ab}는?

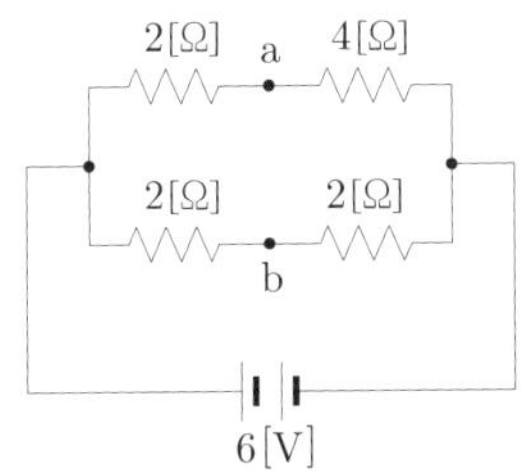

① 전류는 a에서 b로 흐르나 전위차는 없다.
② 전류는 a에서 b로 흐르며, a의 전위가 b 보다 높다.
③ 전류는 b에서 a로 흐르며, b의 전위가 a 보다 높다.
④ 전류는 흐르지 않으며 전위차는 없다.

■ 해설

$\bigcirc$ a점의 전위 : $\dfrac{4}{2+4}\times 6 = 4[\text{V}]$

b점의 전위 : $\dfrac{6}{2} = 3[\text{V}]$

$\bigcirc$ 전류는 전위가 높은 곳에서 낮은 곳으로 흐르므로 a에서 b로 전류가 흐른다. 단, 도체의 저항이 0이므로 a, b 사이의 전위차는 없다($V = IR$).

출제 05 ▶ **줄열과 전력**

★★ 기사 01년 1회

20 2[Ω]과 4[Ω]의 병렬회로 양단에 40[V]를 가했을 때 2[Ω]에서 발생하는 열은 4[Ω]에 서의 열의 몇 배인가?

① 2 ② 4
③ 6 ④ 8

■ 해설

저항에서 발생하는 열량 $H = 0.24Pt = 0.24\dfrac{V^2}{R}t[\text{J}]$에 서 병렬회로의 전압은 일정하므로 발열량은 저항에 반 비례한다. 따라서 2[Ω]에서 발생하는 열은 4[Ω]에서의 2배가 된다.

★ 기사 09년 2회, 11년 3회

21 200[V], 30[W]인 백열전구와 200[V], 60[W] 인 백열전구를 직렬로 접속하고, 200[V]의 전압을 인가하였을 때 어느 전구가 더 어 두운가? (단, 전구의 밝기는 소비전력에 비례한다.)

① 둘 다 같다.
② 30[W] 전구가 60[W] 전구보다 더 어둡다.
③ 60[W] 전구가 30[W] 전구보다 더 어둡다.
④ 비교할 수 없다.

■ 해설

$\bigcirc$ 전력 $P = \dfrac{V^2}{R}[\text{W}]$에서 $R = \dfrac{V^2}{P}[\text{Ω}]$이므로 전력은 저항에 반비례한다. 따라서 전력이 작은 백열전구 (30[W]용)의 저항이 더 크다.

$\bigcirc$ 직렬회로에서 전류의 크기는 일정하고, $P = I^2 R$ [W]이므로 백열전구의 소비전력은 저항 크기에 비 례하므로 30[W]용 백열전구가 전력은 더 많이 소비 한다.

$\therefore$ 전구의 밝기는 소비전력에 비례한다고 했으므로 30[W]인 백열전구가 더 밝다.

★ 기사 09년 3회

22 다음 (   ) 안에 공통적으로 들어갈 내용 으로 알맞은 것은?

> 줄열은 자유전자가 (   ) 사이의 공간을 이동 하여 서로 충돌하거나 (   )와의 충돌 때문

① 핵
② 원자
③ 분자
④ 전자

출제 06 ⟩ 저항과 정전용량

★★ 산업 93년 2회, 98년 2·4회, 01년 3회

23 정전용량 C[F]과 컨덕턴스 G[S]와의 관계로 옳은 것은? (단, k : 도전율[℧/m], ε : 유전율[F/m])

① $\dfrac{C}{G}=\dfrac{\varepsilon}{k}$ ② $Ck=\dfrac{G}{\varepsilon}$

③ $GC=\varepsilon k$ ④ $\dfrac{C}{G}=\dfrac{k}{\varepsilon}$

해설

저항과 정전용량의 관계는 $RC=\rho\varepsilon$ 이므로 $\dfrac{C}{G}=\dfrac{\varepsilon}{k}$ 이 성립한다.

★★ 산업 97년 4회

24 평행판 콘덴서에 유전율 9×10^{-8}[F/m], 고유저항 $\rho=10^{6}$[Ω·m]인 액체를 채웠을 때, 정전용량이 3[μF]이었다. 이 양극판 사이의 저항은 몇 [kΩ]인가?

① 37.6   ② 30

③ 18   ④ 15.4

해설

저항 $R=\dfrac{\rho\varepsilon}{C}=\dfrac{9\times10^{-8}\times10^{6}}{3\times10^{-6}}=3\times10^{4}$[Ω]
$=30$[kΩ]

★★★★★ 기사 03년 3회, 10년 1회, 14년 3회 / 산업 01년 3회, 05년 2회

25 반지름 a[m]인 반구도체를 유전율 ε, 고유저항 ρ인 대지에 접지할 경우의 도체와 대지 간의 저항은 몇 [Ω]인가?

① $4\pi a\rho$ ② $2\pi a\rho$

③ $\dfrac{\rho}{2\pi a}$ ④ $\dfrac{\rho}{4\pi a}$

해설

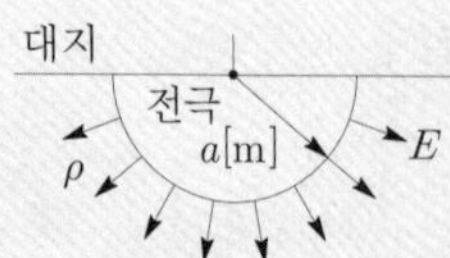

ⓐ 저항과 정전용량의 관계 : $RC=\rho\varepsilon$이므로

ⓑ 반구형 도체의 정전용량 : $C=4\pi\varepsilon a\times\dfrac{1}{2}=2\pi\varepsilon a$

ⓒ 접지저항 : $R=\dfrac{\rho\varepsilon}{C}=\dfrac{\rho\varepsilon}{2\pi\varepsilon a}=\dfrac{\rho}{2\pi a}$[Ω]

★ 기사 00년 6회, 03년 3회, 12년 3회, 17년 1회

26 반지름 a, b인 두 구상도체 전극이 도전율 k인 매질 속에 중심 간의 거리 r만큼 떨어져 놓여 있다. 양 전극 간의 저항은? (단, $r\gg a$, b이다.)

① $4\pi k\left(\dfrac{1}{a}+\dfrac{1}{b}\right)$ ② $4\pi k\left(\dfrac{1}{a}-\dfrac{1}{b}\right)$

③ $\dfrac{1}{4\pi k}\left(\dfrac{1}{a}+\dfrac{1}{b}\right)$ ④ $\dfrac{1}{4\pi k}\left(\dfrac{1}{a}-\dfrac{1}{b}\right)$

해설

전위차 $V=\dfrac{Q}{4\pi\varepsilon}\left(\dfrac{1}{a}+\dfrac{1}{b}\right)$[V]에서

정전용량 $C=\dfrac{Q}{V}=\dfrac{4\pi\varepsilon}{\dfrac{1}{a}+\dfrac{1}{b}}$[F]이므로

∴ 전기저항 $R=\dfrac{\varepsilon\rho}{C}=\dfrac{\varepsilon}{kC}=\dfrac{1}{4\pi k}\left(\dfrac{1}{a}+\dfrac{1}{b}\right)$[Ω]

★★ 기사 91년 6회, 04년 3회

27 내경이 2[cm], 외경이 3[cm]인 동심 구도체 간에 고유저항이 1.884×10^{2}[Ω·m]인 저항물질로 채워져 있는 경우 내외 구간의 합성저항은 약 몇 [Ω] 정도 되겠는가?

① 2.5

② 5

③ 250

④ 500

해설

ⓐ 동심 도체구의 정전용량

$C=\dfrac{4\pi\varepsilon ab}{b-a}=\dfrac{1}{9\times10^{9}}\times\dfrac{0.02\times0.03}{0.03-0.02}$
$=6.66\times10^{-12}$[F]

ⓑ 전기저항

$R=\dfrac{\rho\varepsilon}{C}=\dfrac{1.884\times10^{2}\times8.855\times10^{-12}}{6.66\times10^{-12}}$
$=250$[Ω]

정답   23. ①   24. ②   25. ③   26. ③   27. ③

★★★★ 기사 97년 2회, 02년 1회, 11년 3회 / 산업 00년 6회, 09년 3회

28 반경 a, b이고, 길이 l, 도전율이 σ인 동축 케이블이 있다. 단위길이당 절연저항은?

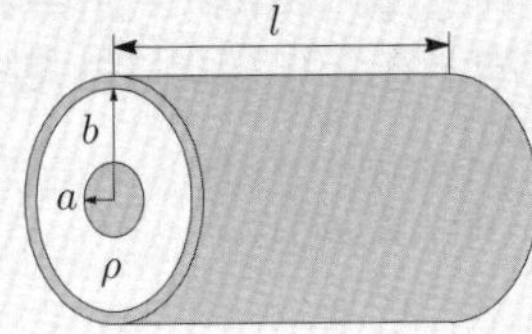

① $\dfrac{\sigma}{2l}\ln\dfrac{b}{a}$ ② $\dfrac{\sigma l}{2\pi}\ln\dfrac{b}{a}$

③ $\dfrac{1}{2\pi\sigma}\ln\dfrac{b}{a}$ ④ $\dfrac{1}{2\pi\sigma}\ln\dfrac{a}{b}$

해설

㉠ 동축케이블의 정전용량

$$C=\dfrac{Q}{V}=\dfrac{\lambda l}{V}=\dfrac{2\pi\varepsilon}{\ln\dfrac{b}{a}}[\text{F/m}]=\dfrac{2\pi\varepsilon l}{\ln\dfrac{b}{a}}[\text{F}]$$

㉡ 동축케이블의 절연저항

$$R=\dfrac{\rho}{2\pi}\ln\dfrac{b}{a}=\dfrac{1}{2\pi\sigma}\ln\dfrac{b}{a}[\Omega/\text{m}]$$
$$=\dfrac{1}{2\pi\sigma}\ln\dfrac{b}{a}[\Omega]$$

★★ 기사 14년 2회 / 산업 17년 3회

29 그림과 같은 손실 유전체에서 전원의 양극 사이에 채워진 동축케이블의 전력손실은 몇 [W]인가? (단, 모든 단위는 MKS 유리화 단위이며, σ는 매질의 도전율[S/m]이라 한다.)

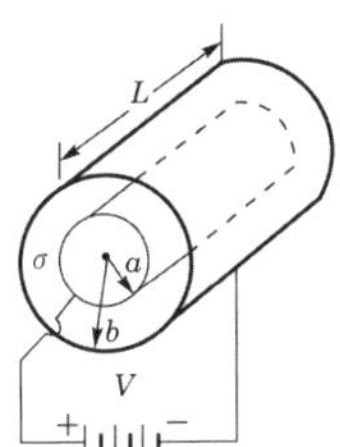

① $\dfrac{\pi\sigma V^2 L}{2\ln\dfrac{b}{a}}$ ② $\dfrac{\pi\sigma V^2 L}{\ln\dfrac{b}{a}}$

③ $\dfrac{2\pi\sigma V^2 L}{\ln\dfrac{b}{a}}$ ④ $\dfrac{4\pi\sigma V^2 L}{\ln\dfrac{b}{a}}$

해설

동축케이블의 정전용량은 $C=\dfrac{2\pi\varepsilon L}{\ln\dfrac{b}{a}}[\text{F}]$이므로

∴ 전력손실

$$P_c=\dfrac{V^2}{R}=\dfrac{V^2}{\dfrac{1}{2\pi\sigma L}\ln\dfrac{b}{a}}=\dfrac{2\pi\sigma L V^2}{\ln\dfrac{b}{a}}[\text{W}]$$

★★★ 기사 99년 3회, 03년 3회, 04년 1회, 12년 1·2회, 17년 3회 / 산업 99년 6회

30 비유전율 $\varepsilon_s=2.2$, 고유저항 $\rho=10^{11}[\Omega\cdot\text{m}]$ 인 유전체를 넣은 콘덴서의 용량이 $20[\mu\text{F}]$ 이었다. 여기에 $500[\text{kV}]$의 전압을 가하였을 때 누설전류는 몇 [A]인가?

① 4.2 ② 5.1
③ 54.5 ④ 61.0

해설

저항과 정전용량의 관계 $RC=\rho\varepsilon$에서 $R=\dfrac{\rho\varepsilon}{C}$이므로

∴ 누설전류

$$I_g=\dfrac{V}{R}=\dfrac{CV}{\rho\varepsilon}=\dfrac{20\times10^{-6}\times500\times10^3}{10^{11}\times2.2\times8.855\times10^{-12}}$$
$$=5.13[\text{A}]$$

★★ 산업 16년 1회

31 반지름이 각각 $a=0.2[\text{m}]$, $b=0.5[\text{m}]$ 되는 동심 구간에 고유저항 $\rho=2\times10^{12}[\Omega\cdot\text{m}]$, 비유전율 $\varepsilon_s=100$인 유전체를 채우고 내외 동심 구간에 $150[\text{V}]$의 전위차를 가할 때 유전체를 통하여 흐르는 누설전류는 몇 [A]인가?

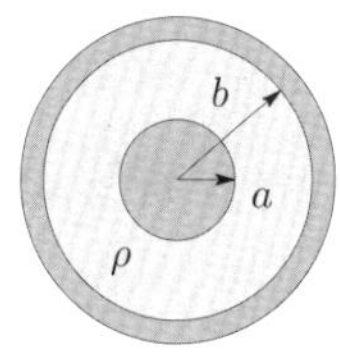

① 2.15×10^{-10}

② 3.14×10^{-10}

③ 5.31×10^{-10}

④ 6.13×10^{-10}

해설

동심 도체구의 정전용량 $C = \dfrac{4\pi\varepsilon ab}{b-a}$[F]이고, 절연저항

은 $R = \dfrac{\rho\varepsilon}{C}$[Ω]이므로

$\therefore$ 누설전류 $I_g = \dfrac{V}{R} = \dfrac{CV}{\rho\varepsilon} = \dfrac{4\pi\varepsilon ab\,V}{(b-a)\rho\varepsilon}$

$\qquad\qquad\quad = \dfrac{4\pi \times 0.2 \times 0.5 \times 150}{(0.5-0.3) \times 2 \times 10^{12}}$

$\qquad\qquad\quad = 3.14 \times 10^{-10}$[A]

★★★ 산업 12년 2회, 16년 3회

32 직류 500[V] 절연저항계로 절연저항을 측정하니 2[MΩ]이 되었다면 누설전류는?

① 25[μA] 　② 250[μA]

③ 1000[μA] ④ 1250[μA]

해설

누설전류 $I = \dfrac{V}{R} = \dfrac{500}{2 \times 10^6} = 250 \times 10^{-6} = 250$[$\mu$A]

★★★ 산업 92년 6회, 94년 6회, 05년 3회, 06년 1회

33 유전율 ε[F/m], 고유저항 ρ[Ω·m]의 유전체로 채운 정전용량 C[F]의 콘덴서에 전압 V[V]를 가할 때의 유전체 중에 발생하는 열량은 시간 t[sec] 간에 몇 [cal]가 되겠는가?

① $0.24\,\dfrac{CV^2}{\rho\varepsilon}t$

② $0.24\,\dfrac{CV}{\rho\varepsilon}t$

③ $4.2\,\dfrac{CV}{\rho\varepsilon}t$

④ $4.2\,\dfrac{CV^2}{\rho\varepsilon}t$

해설

저항과 정전용량 $RC = \rho\varepsilon$에서 $R = \dfrac{\rho\varepsilon}{C}$ 이므로 누설

전류는 $I_g = \dfrac{V}{R} = \dfrac{CV}{\rho\varepsilon}$ 이다.

$\therefore$ 발열량 $H = 0.24 \times I_g^2 Rt = 0.24 \times \dfrac{V^2}{R}t$

$\qquad\qquad\qquad = 0.24 \times \dfrac{CV^2}{\rho\varepsilon}t$[cal]

출제 07 ▶ 열전현상

★★★★★ 기사 12년 1회

34 동일한 금속 도선의 두 점 간에 온도차를 주고 고온 쪽에서 저온 쪽으로 전류를 흘리면, 줄열 이외에 도선 속에서 열이 발생하거나 흡수가 일어나는 현상을 지칭하는 것은?

① 제베크 효과

② 톰슨효과

③ 펠티에 효과

④ 볼타효과

해설

㉠ 톰슨효과 : 동일한 금속이라도 그 도체 중의 두 점 간에 온도차가 있으면 전류를 흘림으로써 열의 발생 또는 흡수가 생기는 현상

㉡ 제베크 효과 : 서로 다른 두 종류의 금속을 접속하여 폐회로를 만들어 그 두 개의 접합부분을 다른 온도로 유지하면 열기전력을 일으켜 열전류가 흐르는 현상

㉢ 펠티에 효과 : 두 종류의 금속으로 폐회로를 만들어 전류를 흘리면 양 접속점에서 한 쪽은 온도가 올라가고, 다른 쪽은 온도가 내려가는 현상

㉣ 핀치효과 : 유동성 도전물질에 있어서 통전하고 있는 각 부분의 상호작용에 의해 통전방향과 직각방향으로 수축이 발생하고, 경우에 따라서는 파괴현상이 생기는 것

㉤ 홀 효과 : 도체가 반도체에 전류를 흘려 이것과 직각으로 자계를 가하면 이 두 방향과 직각방향으로 전력이 생기는 현상

㉥ 압전현상(피에조 효과) : 유전체에 압력이나 인장력을 가하면 전기분극이 발생하는 현상

　• 종효과 : 압력이나 인장력이 분극과 같은 방향으로 진행

　• 횡효과 : 압력이나 인장력이 분극과 수직방향으로 진행

㉦ 초전효과(파이로 효과) : 전기석이나 티탄산바륨에 냉각 또는 가열하면 결정체에 전기분극 현상이 발생하는 것(열에너지 → 전기에너지)

㉧ 볼타의 법칙 : 각각 다른 도체 간의 전위차에 대한 법칙이다. 두 도체를 접촉시키면 도체 사이에 전위차가 발생하는데, 3개의 도체를 나란히 접촉시켰을 경우, 양 끝에 있는 도체 사이의 전위차는 가운데 있는 도체와 양 옆에 위치한 도체 사이의 전위차의 합과 같다.

정답　32. ②　33. ①　34. ②

★★★★★ 기사 08년 3회 / 산업 00년 6회, 03년 3회, 05년 2회, 09년 1회

35 두 종류의 금속으로 하나의 폐회로를 만들고 여기에 전류를 흘리면 접속점에 열의 흡수나 발생이 일어나는 효과를 무엇이라 하는가?

① Pinch 효과
② Peltier 효과
③ Thomson 효과
④ Seebeck 효과

해설

34번 문제 해설 참조

★ 산업 09년 3회

36 펠티에 효과에 관한 공식 또는 설명으로 틀린 것은? (단, H는 열량, P는 펠티에 계수, I는 전류, t는 시간이다.)

① $H = P\displaystyle\int_0^t I dt\,[\mathrm{cal}]$

② 펠티에 효과는 제베크 효과와 반대의 효과이다.

③ 반도체와 금속을 결합시켜 전자냉동 등에 응용된다.

④ 펠티에 효과란 동일한 금속이라도 그 도체 중의 2점 간에 온도차가 있으면 전류를 흘림으로써 열의 발생 또는 흡수가 생긴다는 것이다.

해설

㉠ 핀치효과 : 임의의 전류가 액체 도체의 중심을 향해 흐르면 액체 도체는 수축하여 단면은 점차 작아지고, 수축력은 없어져서 본 상태로 돌아간다.

㉡ 펠티에 효과 : 두 종류 금속 접속면에 전류를 흘리면 접속점에서 열의 흡수, 발생이 일어나는 현상

㉢ 톰슨효과 : 동일 종류 금속 접속면에 전류를 흘리면 접속점에서 열의 흡수, 발생이 일어나는 현상

㉣ 제베크 효과 : 두 종류 금속 접속면에 온도차가 있으면 기전력이 발생하는 현상

정답 35. ② 36. ④

진공 중의 정자계

기사 2.17% 출제
산업 3.00% 출제

출제경향분석

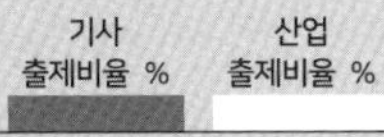

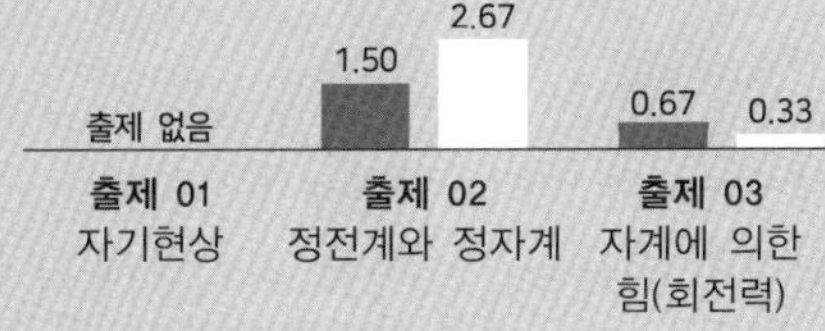

출제포인트

☑ 정전계와 정자계 비교 공식을 알고 있다.

☑ 자계 내에 놓여 있는 막대자석의 회전력과 에너지 공식을 알고 있다.

기사 2.17% 출제 | 산업 3.00% 출제

기사 출제 없음 | 산업 출제 없음

출제 01 자기현상

쌤 Comment
자성체의 종류는 9장에서 출제된다.

1 개 요

① 자석을 매달았을 때 지구의 북쪽을 가리키는 극을 북극(North pole) 또는 정극, 남쪽을 가리키는 극을 남극(South pole) 또는 부극이라 하며 S극에서 N극으로 향하는 축을 자축 (magnetic axis)이라 한다.

② 물질을 자계 내에 놓으면 [그림 7–1]과 같이 양 끝에 자극이 생긴다. 이와 같이 물질을 자기를 가진 상태로 만드는 것을 자화(magnetization)라 하고, 이 현상을 자기유도라 한다.

③ 자화될 수 있는 물질을 자성체, 자화되지 않는 물질을 비자성체라 한다.

2 자기유도현상

| N | S | N | S | | S | S | N | N |

(a) 상자성체　　　　　　　　　(b) 반자성체

|그림 7–1| 자기유도현상

① 물질의 자화는 상자성체, 반자성체, 강자성체 등 세 가지로 나누어진다.

② 모든 물질은 외부 자기장이 인가되었을 때 약간의 반응을 보이는데 자기장에 대한 물질이 약한 흡인력이 발생하면 상자성체, 반발하면 반자성체라 한다. 이에 대한 관계를 [그림 7–1]에 표현하였다.

③ 자성체 중에서 철, 니켈, 코발트 등은 자화의 정도가 커서 강한 자극이 나타나므로 강상자 성체 또는 강자성체라 한다.

④ 자성체의 종류
　㉠ 상자성체 : 알루미늄(Al), 망간(Mn), 백금(Pt), W(텅스텐), Sn(주석), 산소(O_2), 질소 (N_2) 등
　㉡ 반자성체(역자성체) : 비스무트(Bi), 탄소(C), 규소(Si), 은(Ag), Pb(납), 아연(Zn), 구 리(Cu), 황(S), 게르마늄(Ge), 수소(H_2), 헬륨(He) 등
　㉢ 강자성체 : 철(Fe), 니켈(Ni), 코발트(Co) 및 그 합금

기사 1.50% 출제 | 산업 2.67% 출제

출제 02 정전계와 정자계

쌤 Comment

- 이번 단원은 2장 진공 중의 정전계와 많은 유사성을 보인다. 전하 Q 대신 자하 m이 유전율 ε 대신 투자율 μ로 상수를 바꾸어 공식이 만들어져 있다.
- 2장과 전체적으로 개념이 같으나 전계는 발산, 자계는 회전한다는 부분만 다르다.

1 개 요

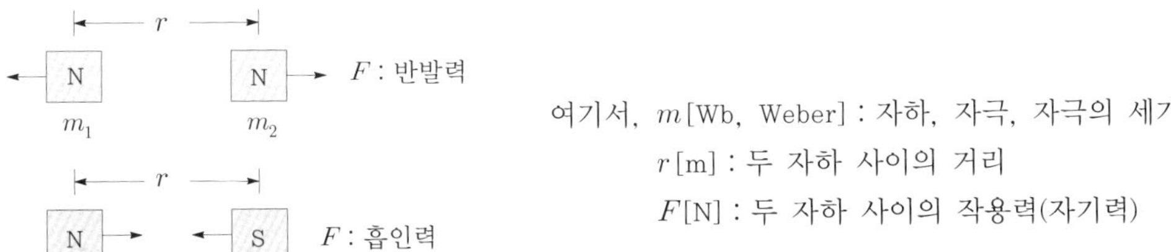

여기서, m[Wb, Weber] : 자하, 자극, 자극의 세기
r[m] : 두 자하 사이의 거리
F[N] : 두 자하 사이의 작용력(자기력)

‖그림 7-2‖ 두 자하 사이의 작용력

① 막대자석의 극의 힘을 자하(magnetic charge, 자하량) 또는 자극의 세기라 하며, 단위는 웨버[Wb]를 사용한다.
② 두 막대자석의 작용력은 [그림 7-2]와 같이 동일 극 간은 반발력, 서로 다른 극 간은 흡인력이 발생하고, 힘은 정전계와 같이 쿨롱의 법칙으로 해석되므로 정전계와 정자계는 매우 유사한 관계를 가지고 있다.

2 정전계와 정자계 비교

‖표 7-1‖ 정전계와 정자계 비교 공식

정전계	정자계
1. 두 전하 사이에서 작용하는 힘 　① 쿨롱상수 : $k = \dfrac{1}{4\pi\varepsilon_0} = 9 \times 10^9$ 　② 쿨롱의 힘 : $F = \dfrac{Q_1 Q_2}{4\pi\varepsilon_0 r^2}$[N] 　③ 유전율 $\varepsilon = \varepsilon_0 \times \varepsilon_s$[F/m] 　　• 진공의 비유전율 $\varepsilon_s = 1$ 　　• 진공 중의 유전율 $\varepsilon_0 = 8.855 \times 10^{-12} = \dfrac{10^{-9}}{36\pi}$	1. 두 자하(자극) 사이에서 작용하는 힘 　① 쿨롱상수 : $k = \dfrac{1}{4\pi\mu_0} = 6.33 \times 10^4$ 　② 쿨롱의 힘 : $F = \dfrac{m_1 m_2}{4\pi\mu_0 r^2}$[N] 　③ 투자율 $\mu = \mu_0 \times \mu_s$[H/m] 　　• 진공의 비투자율 $\mu_s = 1$ 　　• 진공 중의 투자율 $\mu_0 = 4\pi \times 10^{-7}$
2. 점전하의 전계의 세기 　$E = \dfrac{Q}{4\pi\varepsilon_0 r^2}$[V/m]	2. 점자하의 자계의 세기 　$H = \dfrac{m}{4\pi\mu_0 r^2}$[AT/m]
3. 점전하의 전위(전기적인 위치에너지) 　$V = \dfrac{Q}{4\pi\varepsilon_0 r}$[V]	3. 점자하의 자위(자기적인 위치에너지) 　$U = \dfrac{m}{4\pi\mu_0 r}$[A=AT]

정전계	정자계
4. 전속밀도 $$D = \frac{\psi}{S} = \frac{Q}{S} = \frac{Q}{4\pi r^2}\,[\text{C/m}^2]$$	4. 자속밀도 $$B = \frac{\phi}{S} = \frac{m}{S} = \frac{m}{4\pi r^2}\,[\text{Wb/m}^2 = \text{T, 테슬라}]$$
5. 전계와의 관계식 $F = QE, \quad V = rE, \quad D = \varepsilon_0 E$	**5. 자계와의 관계식** $F = mH, \quad U = rH, \quad B = \mu_0 H$
6. 전위 공식(전기적인 위치에너지) ① $V = -\int_{\infty}^{P} E \cdot dl$ ② $E = -\operatorname{grad} V = -\nabla V$ ③ $V = d \cdot E$	6. 자위 공식(자기적인 위치에너지) ① $U = -\int_{\infty}^{P} H \cdot dl$ ② $H = -\operatorname{grad} U = -\nabla U$ ③ $U = d \cdot H$
7. 가우스의 법칙 ① 전기력선수 $N = E \cdot S = \dfrac{Q}{\varepsilon_0}\,[\text{개}]$ ② 전속선수 $N = Q[\text{개}]$	7. 가우스의 법칙 ① 자기력선수 $N = H \cdot S = \dfrac{m}{\mu_0}\,[\text{개}]$ ② 자속선수 $N = m[\text{개}]$

8. 전계의 발산과 회전
 ① $\operatorname{div} D = \rho$
     여기서, ρ : 전하밀도
     전하가 없는 곳에서는 전속선의 발산 또한 없다.
 ② $\operatorname{rot} E = 0$
     전계는 회전하지 않는다.
	8. 자계의 발산과 회전
	 ① $\operatorname{div} B = 0$
	     자극은 N극과 S극이 함께 존재하므로 자속밀도는 발산하지 않고 회전한다.
	 ② $\operatorname{rot} H = i$
	     여기서, i : 전류밀도
	     전류밀도는 회전자계를 발생시킨다.

9. 전기 쌍극자
 ① 쌍극자 모멘트 $M = Q \cdot \delta\,[\text{C} \cdot \text{m}]$
 ② 전위 $V = \dfrac{M\cos\theta}{4\pi\varepsilon_0 r^2}\,[\text{V}]$
 ③ 전계 $E = \dfrac{M}{4\pi\varepsilon_0 r^3}\left(a_r 2\cos\theta + a_\theta \sin\theta\right)$
     $= \dfrac{M}{4\pi\varepsilon_0 r^3}\sqrt{1 + 3\cos^2\theta}$
 ④ $\theta = 0°$일 때 전계가 최대가 되며, $\theta = 90°$일 때 전계는 최소가 된다.
	9. 자기 쌍극자 = 막대자석
	 ① 쌍극자 모멘트 = 막대자석의 세기
	     $M = m \cdot l\,[\text{Wb} \cdot \text{m}]$
	 ② 자위 $U = \dfrac{M\cos\theta}{4\pi\mu_0 r^2}\,[\text{A}]$
	 ③ 자계 $H = \dfrac{M}{4\pi\mu_0 r^3}\left(a_r 2\cos\theta + a_\theta \sin\theta\right)$
	     $= \dfrac{M}{4\pi\mu_0 r^3}\sqrt{1 + 3\cos^2\theta}$
	 ④ $\theta = 0°$일 때 자계가 최대가 되며, $\theta = 90°$일 때 자계는 최소가 된다.

10. 전기 이중층 ① 이중층 모멘트 $P = \sigma \cdot \delta$ ② 전위 $V = \dfrac{P\omega}{4\pi\varepsilon_0} = \dfrac{P}{2\varepsilon_0}(1 - \cos\theta)$	10. 자기 이중층 = 판자석 = 원형코일 ① 이중층 모멘트 = 판자석의 세기 $P = \sigma \cdot l = \mu_0 I$ ② 자위 $U = \dfrac{P\omega}{4\pi\mu_0} = \dfrac{\omega I}{4\pi} = \dfrac{I}{2}(1 - \cos\theta)$

■3 자력선의 성질

① 자력선은 양(+)자하에서 방사되어 음(−)자하로 흡수된다.

② 자력선상의 어느 점에서 접선방향은 그 점의 자계방향을 나타낸다.

③ 자력선은 서로 반발한다.

④ 자하 $m\,[\text{Wb}]$은 $\dfrac{m}{\mu_0}\,[\text{개}]$의 자력선을 진공 속에서 발산한다.

⑤ 자력선은 등자위면과 직교한다.

★★★ 산업 94년 2회

01 자계의 세기를 표시하는 단위와 관계없는 것은?

① [A/m]　　　　　　　　　　　② [N/Wb]

③ [Wb/H]　　　　　　　　　　④ [Wb/H · m]

해설 ㉠ 자기력과 자계의 세기와의 관계

$$F = mH \text{에서 } H = \frac{F}{m}[\text{N/Wb}]$$

㉡ 자위와 자계의 세기와의 관계

$$U = rH \text{에서 } H = \frac{U}{r}[\text{A/m}] \text{ 또는 } [\text{AT/m}]$$

㉢ 자속밀도와 자계의 세기와의 관계

$$B = \mu_0 H \text{에서 } H = \frac{B}{\mu_0}\left[\frac{\text{Wb/m}^2}{\text{H/m}} = \text{Wb/H} \cdot \text{m}\right]$$

답 ③

★★★★ 기사 90년 2회, 11년 1회, 14년 1회, 16년 1회(유사) / 산업 17년 1회

02 다음 (　) 안에 들어갈 내용으로 옳은 것은?

전기 쌍극자에 의해 발생하는 전위의 크기는 전기 쌍극자 중심으로부터 거리의 (ⓐ)에 반비례하고, 자기 쌍극자에 의해 발생하는 자계의 크기는 자기 쌍극자 중심으로부터 거리의 (ⓑ)에 반비례한다.

① ⓐ 제곱, ⓑ 제곱　　　　　　② ⓐ 제곱, ⓑ 세제곱

③ ⓐ 세제곱, ⓑ 제곱　　　　　④ ⓐ 세제곱, ⓑ 세제곱

해설 ㉠ 쌍극자에 의한 전위

$$V = \frac{M\cos\theta}{4\pi\varepsilon_0 r^2} \propto \frac{1}{r^2}$$

㉡ 쌍극자에 의한 자계의 세기

$$|\vec{H}| = \frac{M}{4\pi\mu_0 r^3}\sqrt{1 + 3\cos^2\theta} \propto \frac{1}{r^3}$$

답 ②

기사 0.67% 출제 | 산업 0.33% 출제

출제 03 자계에 의한 힘(회전력)

Comment

외적($\vec{A} \times \vec{B} = AB\sin\theta$)은 회전력을 구할 때 사용되므로 이를 이용하면 막대자석의 회전력을 쉽게 암기할 수 있다. 막대자석은 막대자석의 세기($M = ml$)와 자계의 세기 관계에서 회전하므로 $T = \vec{M} \times \vec{H} = MH\sin\theta = mlH\sin\theta$가 된다.

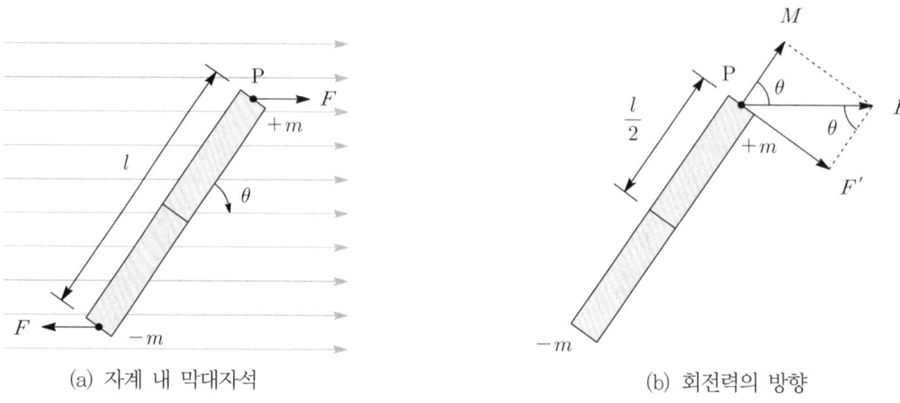

(a) 자계 내 막대자석　　　　　(b) 회전력의 방향

┃그림 7-3┃ 자계에 의한 힘(회전력)

1 막대자석의 회전력

① [그림 7-3]과 같이 자계 내에 막대자석을 놓으면 자기 쌍극자 모멘트에 의하여 회전력이 발생하게 된다.

② 우선 P점에서 자하가 받아지는 힘은 $F = mH$이고, 이 막대자석이 회전하기 위해서는 [그림 7-3] (b)와 같이 쌍극자 모멘트 $\vec{M}$에서 수직방향인 F'에 의해 회전하게 된다.

　㉠ P점에서 작용하는 힘 : $F' = F\sin\theta = mH\sin\theta\,[\text{N}]$ ·············· [식 7-1]

　㉡ $+m$에 의한 회전력 : $T = m \times \dfrac{l}{2} \times H\sin\theta\,[\text{N}\cdot\text{m}]$ ·············· [식 7-2]

③ 막대자석의 전체 회전력의 크기는 각 자극에 작용하는 회전력의 2배가 되므로

　㉠ 전체 회전력 : $T = mlH\sin\theta = MH\sin\theta\,[\text{N}\cdot\text{m}]$ ·············· [식 7-3]

　㉡ 벡터로 표현 : $\vec{T} = \vec{M} \times \vec{H} = MH\sin\theta = mlH\sin\theta\,[\text{N}\cdot\text{m}]$ ·············· [식 7-4]

　　여기서, 쌍극자 모멘트(막대자석의 세기) : $M = ml\,[\text{Wb}\cdot\text{m}]$

2 회전시키는 데 필요한 에너지(일)

① 회전에너지는 토크 T를 회전각 θ에 대해서 적분하여 구할 수 있다.

② 회전에너지

$$W = \int T d\theta = \int_0^\theta MH\sin\theta\, d\theta = -MH\,|\cos\theta|_0^\theta$$

$$= -MH(\cos\theta - 1) = MH(1 - \cos\theta)\,[\text{J}] \quad \cdots\cdots\cdots\cdots\quad [\text{식 7-5}]$$

단원확인기출문제

★★★ 　기사 03년 2회

03 막대자석의 회전력을 나타내는 식으로 옳은 것은? (단, 막대자석의 자기 모멘트 M [Wb·m]와 균등자계 H[A/m]와 이루는 각 θ는 $0° < \theta < 90°$라 한다.)

① $M \times H$ 　　　　　　　　② $H \times M$

③ $\mu_0 H \times M$ 　　　　　　④ $M \times \mu_0 H$

해설 막대자석이 받는 회전력

$$T = MH\sin\theta = MH\sin 90° = MH\,[\text{N}\cdot\text{m}]$$

답 ①

단원 핵심정리 한눈에 보기

1. 점자하 관련 공식(쿨롱의 법칙)

① 두 자하 사이의 작용력 : $F = \dfrac{m_1 m_2}{4\pi\mu_0 r^2} = 6.33\times10^4 \times \dfrac{m_1 m_2}{r^2} = mH\,[\text{N}]$

② 점자하의 자계의 세기 : $H = \dfrac{m}{4\pi\mu_0 r^2} = 6.33\times10^4 \times \dfrac{m}{r^2}\,[\text{AT/m}]$

③ 점자하의 자위 : $U = \dfrac{m}{4\pi\mu_0 r} = 6.33\times10^4 \times \dfrac{m}{r} = rH\,[\text{A, AT, 암페어턴}]$

④ 자속밀도 : $B = \dfrac{\phi}{S} = \dfrac{m}{S} = \dfrac{m}{4\pi r^2} = \mu_0 H\,[\text{Wb/m}^2][\text{T, 테슬라}]$

2. 가우스의 법칙

① 자기력선의 총수 : $N = \dfrac{m}{\mu_0}\,[\text{개}]$

② 자속선의 총수 : $N = m\,[\text{개}]$

3. 자계의 비발산성

$\operatorname{div}B = 0$(자극은 N극과 S극이 함께 존재하므로 자속밀도는 발산하지 않고 회전한다. 이를 자계의 연속성이라 한다.)

4. 자기 쌍극자(＝막대자석)

① 자기 쌍극자 모멘트＝막대자석의 세기 : $M = m \cdot l\,[\text{Wb} \cdot \text{m}]$

② 자기 쌍극자의 자위 : $U = \dfrac{M\cos\theta}{4\pi\mu_0 r^2} = 6.33\times10^4 \times \dfrac{M\cos\theta}{r^2}\,[\text{A}]$

③ 자기 쌍극자의 자계의 세기

   ㉠ 벡터 표현 : $\vec{H} = \dfrac{M}{4\pi\mu_0 r^3}\left(a_r\,2\cos\theta + a_\theta\sin\theta\right)$

   ㉡ 스칼라 표현 : $|\vec{H}| = \dfrac{M}{4\pi\mu_0 r^3}\sqrt{1 + 3\cos^2\theta}\,[\text{V/m}]$

5. 자기 이중층＝판자석＝원형코일

① 이중층 모멘트＝판자석의 세기 : $P = \sigma \cdot l = \mu_0 I$

② 자기 이중층의 자위 : $U = \dfrac{P\omega}{4\pi\mu_0} = \dfrac{\omega I}{4\pi} = \dfrac{I}{2}\left(1 - \cos\theta\right)$

6. 자계에 의한 회전력(막대자석의 회전력)

① 막대자석의 회전력 : $\vec{T} = \vec{M} \times \vec{H} = MH\sin\theta = mlH\sin\theta\,[\text{N} \cdot \text{m}]$

② 회전시키는 데 필요한 에너지 : $W = \displaystyle\int_0^\theta T\,d\theta = MH\left(1 - \cos\theta\right)[\text{J}]$

단원 자주 출제되는 기출문제

출제 01 ▶ 자기현상

Comment

출제빈도가 낮으므로 이론만 참고한다.

출제 02 ▶ 정전계와 정자계

★★ 기사 90년 2회, 99년 4회

01 공기 중에서 가상 점자극 m_1[Wb]와 m_2[Wb]를 r[m] 떼어 놓았을 때 두 자극 간의 작용력이 F[N]이었다면 이때의 거리 r[m]는?

① $\sqrt{\dfrac{m_1 m_2}{F}}$

② $\dfrac{6.33 \times 10^4 m_1 m_2}{F}$

③ $\sqrt{\dfrac{6.33 \times 10^4 \times m_1 m_2}{F}}$

④ $\sqrt{\dfrac{9 \times 10^9 \times m_1 m_2}{F}}$

해설 쿨롱의 법칙

$F = \dfrac{m_1 m_2}{4\pi\mu_0 r^2} = 6.33 \times 10^4 \times \dfrac{m_1 m_2}{r^2}$[N]에서

$\therefore r = \sqrt{\dfrac{6.33 \times 10^4 m_1 m_2}{F}}$ [m]

★★ 기사 92년 2회, 99년 6회, 01년 1·3회

02 거리 r[m]를 두고 m_1, m_2[Wb]인 같은 부호의 자극이 놓여 있다. 두 자극을 잇는 선상의 어느 일점에서 자계의 세기가 0인 점은 m_1[Wb]에서 몇 [m] 떨어져 있는가?

① $\dfrac{m_1 r}{m_1 + m_2}$

② $\dfrac{r\sqrt{m_1}}{\sqrt{m_1 + m_2}}$

③ $\dfrac{r\sqrt{m_1}}{\sqrt{m_1} + \sqrt{m_2}}$

④ $\dfrac{r\sqrt{m_2}}{\sqrt{m_1} + \sqrt{m_2}}$

해설

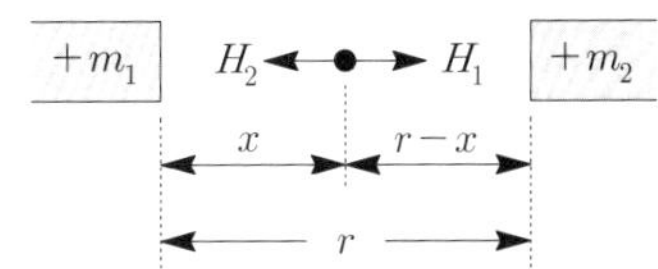

자계의 세기가 0인 점은 각각에 의한 자계의 세기는 같고, 방향이 반대인 점이다.

$\dfrac{m_1}{4\pi\mu_0 x^2} = \dfrac{m_2}{4\pi\mu_0 (r-x)^2}$ 에서 양변에 제곱근을 취하면

$\dfrac{\sqrt{m_1}}{\sqrt{x^2}} = \dfrac{\sqrt{m_2}}{\sqrt{(r-x)^2}}$ 에서 $\dfrac{\sqrt{m_1}}{x} = \dfrac{\sqrt{m_2}}{r-x}$ 이므로

$\therefore x = \dfrac{r\sqrt{m_1}}{\sqrt{m_1} + \sqrt{m_2}}$ [m]

★★★ 기사 13년 3회, 16년 3회(유사) / 산업 00년 2회, 08년 1회, 17년 1·2회

03 500[AT/m]의 자계 중에 어떤 자극을 놓았을 때 3×10^3[N]의 힘이 작용했을 때의 자극의 세기는 몇 [Wb]이겠는가?

① 2 　　② 3

③ 5 　　④ 6

해설

자기력과 자계의 세기 관계 $F = mH$ 에서

$\therefore$ 자극의 세기는 $m = \dfrac{F}{H} = \dfrac{3 \times 10^3}{500} = 6$[Wb]이다.

★★★★★ 기사 90년 6회, 96년 4회, 06년 1회 / 산업 95년 2회

04 자속의 연속성을 나타낸 식은?

① $\mathrm{div}B = \rho$ 　　② $\mathrm{div}B = 0$

③ $B = \mu H$ 　　④ $\mathrm{div}B = \mu H$

해설

자극은 항상 N극, S극이 쌍으로 존재하여 자력선이 N극에서 나와서 S극으로 들어간다. 즉, 자계는 발산하지 않고 회전한다.

$\therefore \mathrm{div}B = 0 (\nabla \cdot B = 0)$

정답 01. ③ 02. ③ 03. ④ 04. ②

산업 03년 3회

05 진공 중에서 4π[Wb]의 자하(磁河)로부터 발산되는 총 자력선수는?

① 4π
② 10^7
③ $4\pi \times 10^7$
④ $\dfrac{10^7}{4\pi}$

해설

㉠ 진공 중에서 m[Wb]의 자하로부터 나오는 총 자력선수
 : $N = \dfrac{m}{\mu_0}$ [개]

㉡ 진공 중에서 m[Wb]의 자하로부터 나오는 총 자속선수
 : $N = m$ [개]

$\therefore$ 총 자력선수 $N = \dfrac{m}{\mu_0} = \dfrac{4\pi}{4\pi \times 10^{-7}} = 10^7$ [개]

（※ 자속선수 : $N = m = 4\pi$ [개]）

기사 12년 1회

06 등자위면의 설명으로 잘못된 것은?

① 등자위면은 자력선과 직교한다.
② 자계 중에서 같은 자위의 점으로 이루어진 면이다.
③ 자계 중에 있는 물체의 표면은 항상 등자위면이다.
④ 서로 다른 등자위면은 교차하지 않는다.

해설 등자위면의 특징

㉠ 자력선은 양자하에서 방사되어 음자하로 흡수된다.
㉡ 자력선상의 어느 점에서 접선방향은 그 점의 자계방향을 나타낸다.
㉢ 자력선은 서로 반발한다.
㉣ 자하 m[Wb]은 $\dfrac{m}{\mu_0}$[개]의 자력선을 진공 속에서 발산한다.
㉤ 자력선은 등자위면과 직교한다.

기사 09년 1회 / 산업 06년 2회

07 자기 쌍극자의 자위에 관한 설명 중 맞는 것은?

① 쌍극자의 자기 모멘트에 반비례한다.
② 거리제곱에 반비례한다.
③ 자기 쌍극자의 축과 이루는 각도 θ의 $\sin\theta$에 비례한다.
④ 자위의 단위는 [Wb/J]이다.

해설

㉠ 자기 쌍극자 모멘트(막대자석의 세기)
 $M = P = ml$ [Wb·m]
㉡ 자기 쌍극자 자위
 $U = \dfrac{M\cos\theta}{4\pi\mu_0 r^2} = 6.33 \times 10^4 \times \dfrac{M\cos\theta}{r^2}$ [AT]
 (거리제곱에 반비례한다.)
㉢ 자기 쌍극자 자계
 $\vec{H} = \dfrac{M}{4\pi\mu_0 r^3}\left(a_r 2\cos\theta + a_\theta \sin\theta\right)$
 $= \dfrac{M}{4\pi\mu_0 r^3}\sqrt{1 + 3\cos^2\theta}$ [AT/m]

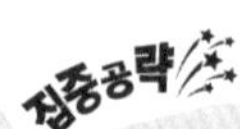

기사 93년 3회, 97년 6회, 11년 2회, 15년 2회

08 자석의 세기 0.2[Wb], 길이 10[cm]인 막대자석의 중심에서 60°의 각을 가지며, 40[cm]만큼 떨어진 점 A의 자위는 몇 [A]인가?

① 1.97×10^3
② 3.97×10^3
③ 7.92×10^3
④ 9.58×10^3

해설 자기 쌍극자의 자위

$U = \dfrac{M\cos\theta}{4\pi\mu_0 r^2} = \dfrac{ml\cos\theta}{4\pi\mu_0 r^2}$

$= 6.33 \times 10^4 \times \dfrac{0.2 \times 0.1 \times \cos 60°}{(0.4)^2} = 3.956 \times 10^3$

기사 14년 3회

09 두 개의 소자석 A, B의 세기가 서로 같고, 길이의 비는 1 : 2이다. 그림과 같이 두 자석을 일직선상에 놓고 그 사이에 A, B의 중심으로부터 r_1, r_2 거리에 있는 점 P에 작은 자침을 놓았을 때 자침이 자석의 영향을 받지 않았다고 한다. $r_1 : r_2$는 얼마인가?

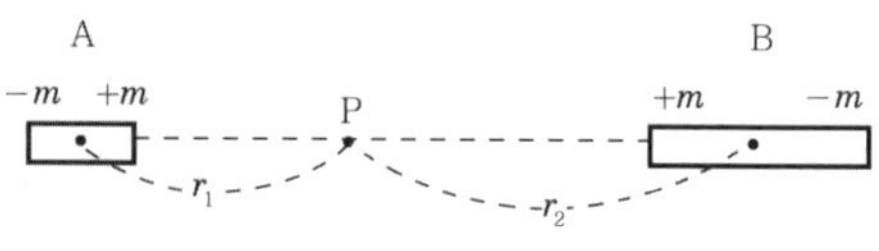

① $1 : \sqrt[3]{2}$
② $\sqrt[3]{2} : 1$
③ $1 : \sqrt[3]{4}$
④ $\sqrt[3]{4} : 1$

해설

㉠ 소자석의 자계의 세기

$$\vec{H} = \frac{M}{4\pi\mu_0 r^3}(a_r 2\cos\theta + a_\theta\sin\theta)$$ 에서 $\theta = 0$이면 $\cos\theta = 1$, $\sin\theta = 0$이 된다. 즉, $\theta = 0$에서의 자계의 세기는 $\vec{H} = \vec{a_r}\dfrac{M}{2\pi\mu_0 r^3}$ [AT/m]이 된다.

㉡ 소자석 A에 의한 자계의 세기

$$H_1 = \frac{M_A}{2\pi\mu_0 r_1^3} = \frac{ml}{2\pi\mu_0 r_1^3} \, [\text{AT/m}]$$

여기서, M_A : A의 자기 쌍극자 모멘트

M_B : B의 자기 쌍극자 모멘트

㉢ 소자석 B에 의한 자계의 세기

$$H_2 = \frac{M_B}{2\pi\mu_0 r_2^3} = \frac{2M_A}{2\pi\mu_0 r_2^3} = \frac{ml}{\pi\mu_0 r_2^3} \, [\text{AT/m}]$$

㉣ P점에서 자침이 자석의 영향을 받지 않으려면 자계의 세기가 0이 되어야 한다. 따라서 $H_1 = H_2$가 되어야 한다. 즉, $\dfrac{ml}{2\pi\mu_0 r_1^3} = \dfrac{ml}{\pi\mu_0 r_2^3}$에서 $\dfrac{1}{2r_1^3} = \dfrac{1}{r_2^3}$ 이 되므로

$r_2^3 = 2r_1^3$에서 양변은 세제곱근을 취하면 $r_2^3 = \sqrt[3]{2}\, r_1^3$이 된다.

∴ $r_1 : r_2 = 1 : \sqrt[3]{2}$

★★ 산업 90년 2회, 98년 6회

10 판자석의 표면밀도를 $\pm\sigma$[Wb/m²]라 하고, 두께를 δ[m]라고 할 때, 이 판자석의 세기는 몇 [Wb/m]인가?

① $\sigma\delta$

② $\dfrac{1}{2}\sigma\delta^2$

③ $\dfrac{1}{2}\sigma\delta$

④ $\sigma\delta^2$

해설

㉠ 자기 이중층 모멘트(판자석의 세기)

$$M = P = \sigma\delta = \mu_0 I \,[\text{Wb/m}]$$

㉡ 자기 이중층(판자석) 자위

$$U = \frac{P\omega}{4\pi\mu_0} = \frac{I\omega}{4\pi} = \frac{I}{2}(1-\cos\theta)\,[\text{J/Wb}]$$

★★ 산업 16년 1회

11 판자석의 세기가 P[Wb · m] 되는 판자석을 보는 입체각 ω인 점의 자위는 몇 [A]인가?

① $\dfrac{P}{2\pi\mu_0\omega}$

② $\dfrac{P\omega}{2\pi\mu_0}$

③ $\dfrac{P}{4\pi\mu_0\omega}$

④ $\dfrac{P\omega}{4\pi\mu_0}$

해설

10번 문제 해설 참조

★★ 산업 95년 2회, 01년 2회, 02년 3회

12 그림과 같은 반경 a[m]인 원형코일에 I[A]의 전류가 흐르고 있다. 이 도체 중심축상 x[m]인 P점의 자위[A]는?

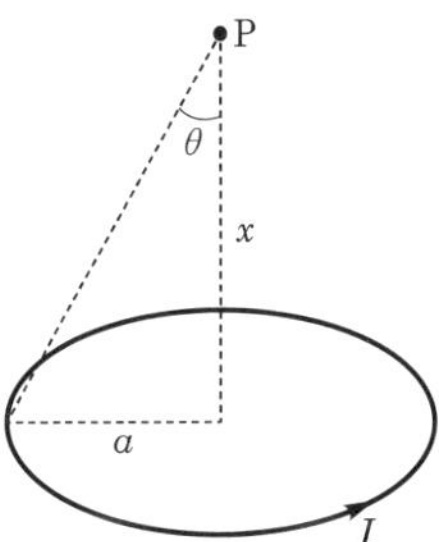

① $\dfrac{I}{2}\left(1 - \dfrac{x}{\sqrt{a^2 + x^2}}\right)$

② $\dfrac{I}{2}\left(1 - \dfrac{a}{\sqrt{a^2 + x^2}}\right)$

③ $\dfrac{I}{2}\left(1 - \dfrac{x^2}{(a^2 + x^2)^{\frac{3}{2}}}\right)$

④ $\dfrac{I}{2}\left(1 - \dfrac{a^2}{(a^2 + x^2)^{\frac{3}{2}}}\right)$

해설 전류에 의한 자위

$$U = \frac{P\omega}{4\pi\mu_0} = \frac{I\omega}{4\pi} = \frac{I}{2}(1-\cos\theta)$$
$$= \frac{I}{2}\left(1 - \frac{x}{\sqrt{a^2 + x^2}}\right)[\text{A}]$$

정답 10. ① 11. ④ 12. ①

13 그림과 같이 판자석의 세기 M[Wb/m]인 판자석의 N극과 S극 측에 입체각 ω_1, ω_2인 P점과 Q점이 판에 무한히 접근에 있을 때 두 점 사이의 자위차는 몇 [J/Wb]인가?

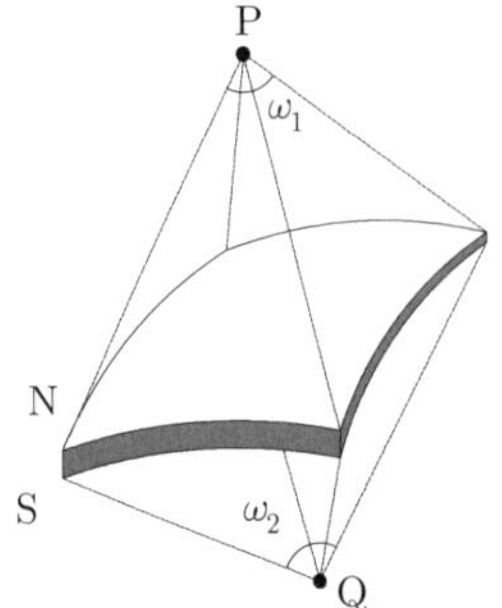

①　$\dfrac{M}{\mu_0}$　　　　②　$\dfrac{M}{4\mu_0}$

③　$\dfrac{2M}{4\mu_0}(\omega_1-\omega_2)$　　④　0

해설

㉠ 입체각 $\omega=2\pi(1-\cos\theta)$에서 P점과 Q점이 판에 무한히 접근하므로 $\theta=0$이 된다.

㉡ 따라서, 입체각 $\omega=2\pi(1-\cos 90°)=2\pi$가 된다.

∴ 자위차 $U=U_P-U_Q=\dfrac{M}{4\pi\mu_0}(\omega_1+\omega_2)$

$\qquad\qquad\Fallingdotseq\dfrac{M}{4\pi\mu_0}(2\pi+2\pi)=\dfrac{M}{\mu_0}$[J/Wb]

출제 03 **자계에 의한 힘(회전력)**

14 그림과 같이 균일한 자계의 세기 H[A/m] 내에 자극의 세기가 $\pm m$[Wb], 길이 l[m]인 막대자석을 그 중심 주위에 회전할 수 있도록 놓는다. 이때 자석과 자계의 방향이 이룬 각을 θ라고 하면 자석이 받는 회전력은?

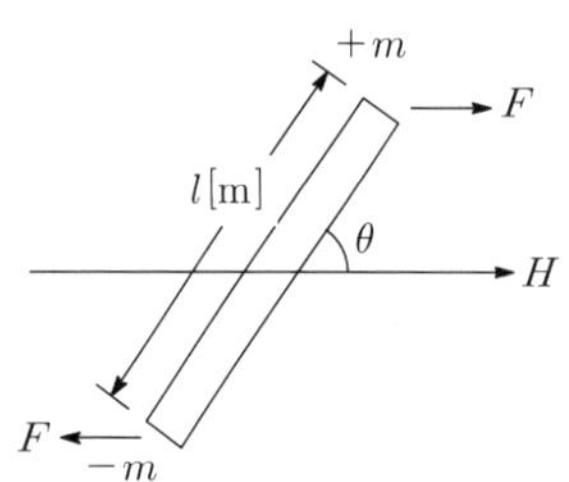

①　$mHl\cos\theta$[N・m]

②　$mHl\sin\theta$[N・m]

③　$2mHl\sin\theta$[N・m]

④　$2mHl\tan\theta$[N・m]

해설

막대자석이 자계 내에서 받는 회전력

$T=\overrightarrow{M}\times\overrightarrow{H}=MH\sin\theta=mlH\sin\theta$[N・m]

여기서, m : 자극의 세기[Wb]

$\qquad\quad l$: 자석의 길이[m]

$\qquad\quad H$: 자계의 세기[AT/m]

15 자극의 세기가 8×10^{-6}[Wb], 길이가 3[cm]인 막대자석을 120[A/m]의 평등자계 내에 자력선과 $30°$의 각도로 놓으면 이 막대자석이 받는 회전력은 몇 [N・m]인가?

①　1.44×10^{-4}　　②　1.44×10^{-5}

③　3.02×10^{-4}　　④　3.02×10^{-5}

해설

막대자석이 받는 회전력

$T=8\times10^{-6}\times0.03\times120\times\sin30°$

$\quad=1.44\times10^{-5}$[N・m]

16 그림과 같이 반지름 a[m]의 한 번 감긴 원형 코일이 균일한 자속밀도 B[Wb/m^2]인 자계에 놓여 있다. 지금 코일변을 자계와 나란하게 전류 I[A]를 흘리면 원형코일이 자계로부터 받는 회전 모멘트는 몇 [N・m/rad]인가?

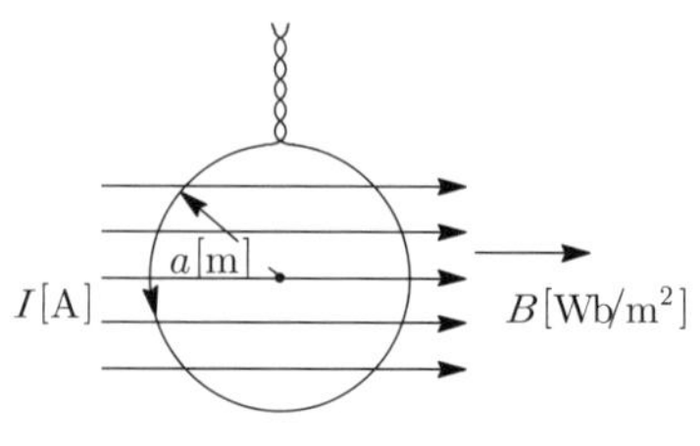

①　$2\pi aBI$　　　　②　πaBI

③　$2\pi a^2BI$　　　④　πa^2BI

해설

코일이 자장 안에서 받는 토크

$T = BIS\cos\theta$[N·m/rad]에서 원의 반지름이 a[m],

면적 $S = \pi a^2$[m²]이므로

$\therefore\ T = BIS\cos\theta = \pi a^2 BI$[N·m/rad]

★★★★ 기사 00년 2회, 06년 1회, 08년 1회, 12년 3회, 16년 2회

17 자기 모멘트 9.8×10^{-5}[Wb·m]의 막대자석을 지구 자계의 수평분력 10.5[AT/m]의 곳에서 지자기 자오면으로부터 90° 회전시키는 데 필요한 일은 몇 [J]인가?

① 9.3×10^{-3} ② 9.3×10^{-4}

③ 1.03×10^{-3} ④ 1.23×10^{-3}

해설

회전시키는 데 필요한 에너지

$W = MH(1 - \cos\theta) = 9.8 \times 10^{-5} \times 10.5(1 - \cos 90°)$

$\quad = 1.03 \times 10^{-3}$[J]

정답 17. ③

08

전류의 자기현상

기사 12.17% 출제
산업 9.83% 출제

이렇게 공부하세요!!

출제경향분석

기사 출제비율 %   산업 출제비율 %

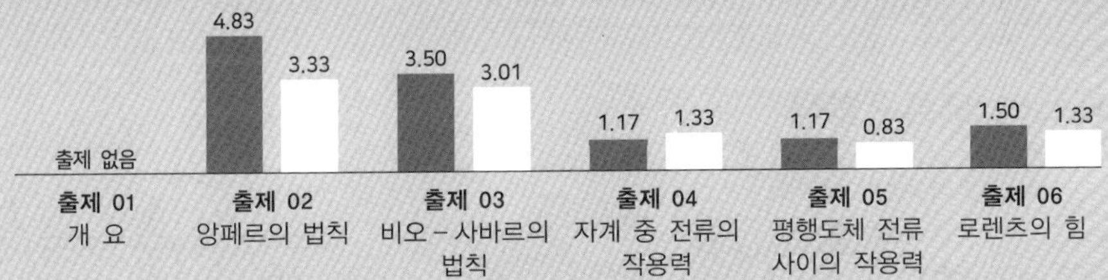

출제 없음	4.83 / 3.33	3.50 / 3.01	1.17 / 1.33	1.17 / 0.83	1.50 / 1.33

| 출제 01 개 요 | 출제 02 앙페르의 법칙 | 출제 03 비오 – 사바르의 법칙 | 출제 04 자계 중 전류의 작용력 | 출제 05 평행도체 전류 사이의 작용력 | 출제 06 로렌츠의 힘 |

출제포인트

☑ 앙페르 주회적분과 앙페르 법칙의 미분형 공식을 알고 있다.

☑ 무한장 직선도체 내·외부자계의 세기 공식을 알고 있다.

☑ 솔레노이드 내부에 평등자계가 되기 위한 조건에 대해서 알고 있다.

☑ 유한장. 무한장. 환상 솔레노이드 내부자계의 세기 공식을 알고 있다.

☑ 비오–사바르 실험식과 유한장 직선도체에 의한 자계의 세기 공식을 알고 있다.

☑ 정사각형. 정삼각형. 정육각형 도체 중심에서 작용한 자계의 세기 공식을 알고 있다.

☑ 원형 코일에 중심 및 외부자계의 세기 공식을 알고 있다.

☑ 플레밍의 왼손법칙의 특징과 공식을 알고 있다.

☑ 평행도선에 전류를 흘렸을 때 도체 사이에 작용하는 전자력 공식을 알고 있다.

☑ 로렌츠의 힘에 관련된 공식을 알고 있다.

08 전류의 자기현상(magnetic field)

기사 12.17% 출제 | 산업 9.83% 출제

기사 출제 없음 | 산업 출제 없음

출제 01 개 요

에르스텟에 의해 전류에 의한 자기현상이 발견 → 비오-사바르에 의해 전류와 자기현상의 관계를 증명 → 앙페르에 의해 전류의 자기현상을 정리

전기장과 자기장 사이의 명확한 관계는 1820년 에르스텟(Oersted)에 의해 확립되었다.

도선 주위에 나침반을 두고 도선에 전류를 흘리면 나침반이 움직이는 사실로부터 전하가 일정한 속도로 움직일 때(이를 전류라 한다) 자기장이 발생됨을 발견하였다.

그후 비오-사바르와 앙페르 등에 의하여 많은 실험을 통하여 전류의 자기현상의 관계를 명확하게 알게 되었다.

기사 4.83% 출제 | 산업 3.33% 출제

출제 02 앙페르의 법칙

시험 출제빈도가 상당히 높고 식 8-3의 앙페르 법칙의 미분형은 12장 맥스웰 방정식에서 다시 사용된다.

1 앙페르의 오른손법칙

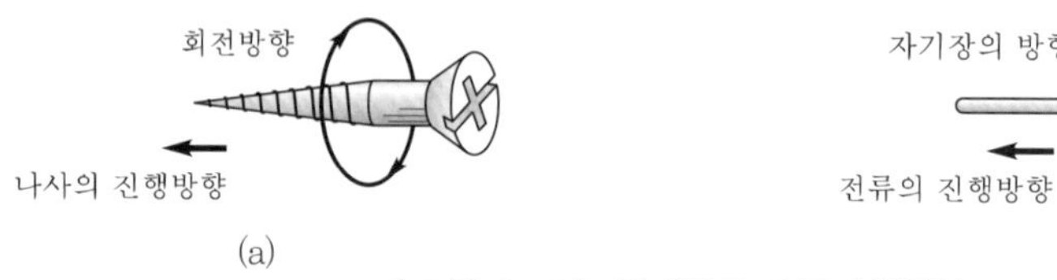

‖그림 8-1‖ 앙페르의 오른나사법칙

① 앙페르의 오른손법칙은 전류에 의해 발생되는 자기장의 방향을 찾아내기 위한 법칙이다.
② [그림 8-1]과 같이 전류에 의해 발생되는 자기장은 도체 표면에 대해서 수직방향으로 원의 형태로 발생된다. 또한 자기장의 방향은 나사의 진행방향에 대해 나사의 회전방향과 일치한다.

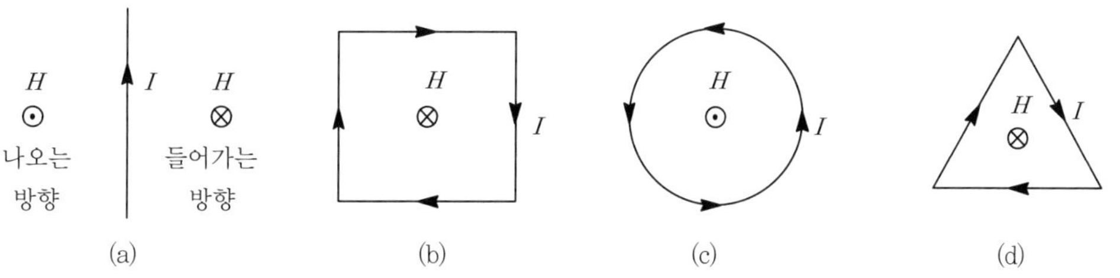

┃그림 8-2 ┃ 앙페르의 오른나사법칙의 각종 예

③ 전류 및 자기장이 들어가는 방향인 경우에는 ⊗심벌을 사용하고, 나오는 방향은 ⊙심벌을 사용한다. 이는 나사가 들어갈 때에는 나사의 머리부분(⊗)이 보이고, 나사가 나올 때에는 나사의 뾰족한 부분(⊙)이 보이기 때문에 이와 같이 약속을 한 것이다.

④ [그림 8-2]에는 전류방향에 따른 자기장의 방향을 나타낸 것이다.

▨2 앙페르의 주회적분법칙

① [그림 8-3]과 같이 한 폐곡선에 대한 H(자계의 세기)의 선적분이 이 폐곡선으로 둘러싸이는 전류와 같음을 정의한 것을 앙페르의 주회적분이라 하며 수식으로 정리하면 다음과 같다.

   ㉠ **주회적분** : $\displaystyle\oint_c Hdl = NI$ ┄┄┄┄┄┄┄┄┄┄┄┄┄┄┄┄┄┄┄┄ [식 8-1]

   ㉡ **자계의 세기** : $H = \dfrac{NI}{l}\,[\mathrm{AT/m}]$ ┄┄┄┄┄┄┄┄┄┄┄┄┄┄┄┄ [식 8-2]

   여기서, N : 권선수, I : 도선에 흐르는 전류, l : 자계의 경로길이

② 앙페르의 주회적분법칙의 미분형

   ㉠ 주회적분법칙에 스토크스의 정리를 대입하여 구할 수 있다.

   ㉡ $\displaystyle\oint_c Hdl = \int_s \mathrm{rot}\,Hds = NI = I = \int_s ids$

   여기서, $N=1$, $i = J$: 전류밀도

   ∴ $\mathrm{rot}\,H = i\,(\nabla \times H = i)$ ┄┄┄┄┄┄┄┄┄┄┄┄┄┄┄┄┄┄ [식 8-3]

▨3 주회적분의 법칙에 의한 자계의 계산 예

(1) 무한장 직선 전류에 의한 자계

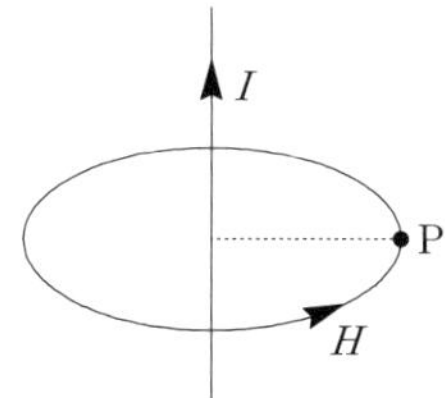

┃그림 8-3 ┃ 무한장 직선 전류에 의한 자계

① 무한장 직선 도선에 전류가 흐르면 [그림 8-3]과 같이 도체에 수직되는 면상에 자계가 원주의 형태로 만들어진다.

② 따라서 자계의 경로길이 $l = 2\pi r$[m]이고, 권선수는 $N = 1$이므로 P점에서의 자계의 세기는 다음과 같다.

$$H = \frac{NI}{l} = \frac{I}{2\pi r} \text{[AT/m]}$$ .... [식 8-4]

(2) 무한장 원주형 도체 내·외부자계의 세기

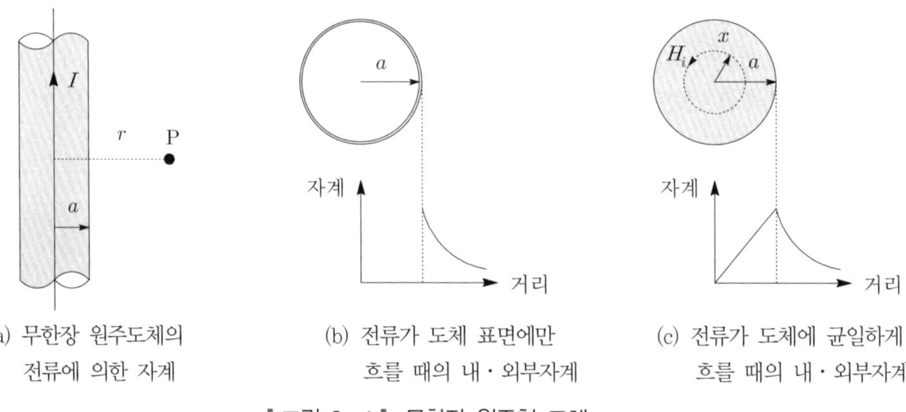

(a) 무한장 원주도체의 전류에 의한 자계

(b) 전류가 도체 표면에만 흐를 때의 내·외부자계

(c) 전류가 도체에 균일하게 흐를 때의 내·외부자계

‖그림 8-4‖ 무한장 원주형 도체

① **전류가 도체 표면에만 흐를 경우(표피효과)**

　㉠ 자계의 세기는 전류에 비례하므로 전류가 도체 표면에만 흐르게 되면 내부자계는 0이 된다. 따라서 자계의 세기는 도체 표면과 외부 공간에만 존재한다.

　㉡ 외부자계는 [식 8-6]과 같이 거리 r에 반비례하므로 [그림 8-4] (b)와 같은 도체 표면에서부터 반비례 곡선의 그래프가 만들어진다.

　　ⓐ **도체 내부자계** : $H_i = 0$[AT/m] .... [식 8-5]

　　ⓑ **도체 외부자계** : $H_0 = \dfrac{I}{2\pi r}$[AT/m] .... [식 8-6]

② **원주형 도체에 전류가 균일하게 흐를 경우**

　㉠ 전류가 도체에 균일하게 흐를 경우 도체 내부에는 자계가 존재하게 된다.

　㉡ [그림 8-4] (c)와 같이 도체 내부의 임의의 거리를 x라 하고, x를 반경으로 하는 원의 면적을 통과하는 전류를 I', 전체 전류를 I라 할 때 I와 I'의 관계는 [식 8-7]과 같고, 도체 내의 전류밀도(i)는 항상 일정하므로 [식 8-8]과 같이 정리할 수 있다.

　　ⓐ $I : I' = i \cdot \pi a^2 : i \cdot \pi x^2$ .... [식 8-7]

　　ⓑ $I' = \dfrac{x^2}{a^2} I$ .... [식 8-8]

　㉢ **도체 중심으로 x 떨어진 점의 자계의 세기(도체 내부자계)**

　　ⓐ $H_i = \dfrac{I'}{2\pi x} = \dfrac{\dfrac{x^2}{a^2} I}{2\pi x} = \dfrac{xI}{2\pi a^2}$ [AT/m] .... [식 8-9]

ⓑ 따라서 도체 내부자계의 세기는 거리 x에 비례하므로 [그림 8-4] (c)와 같이 도체 중심에서 표면까지는 선형적으로 증가하다 표면에서부터 반비례하는 곡선이 나타난다.

(3) 솔레노이드(solenoid)에 의한 자계

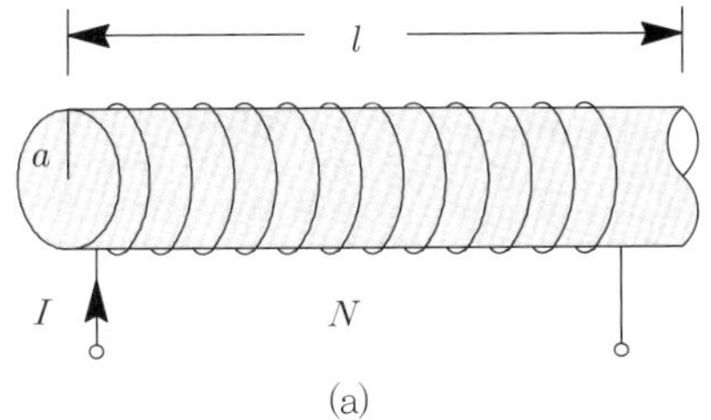

(a)

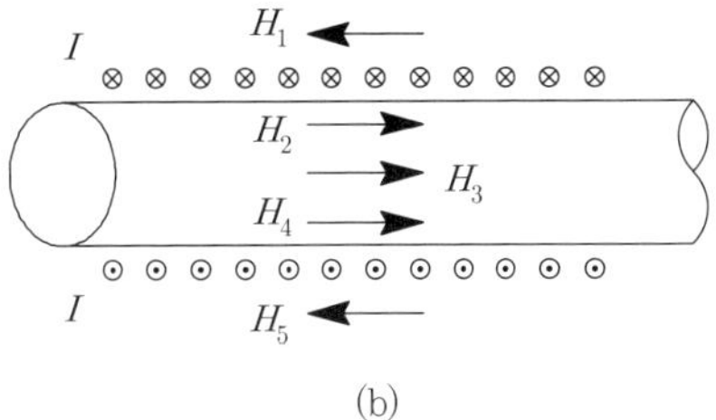

(b)

┃그림 8-5┃ 솔레노이드

① 도선을 나선형으로 촘촘하고 균일하게 원통형으로 길게 감아 만들어서 전류를 흘리면 원통의 외부에서는 자기장이 거의 0이고, 내부에서는 비교적 균일한 크기의 자기장이 형성된다. 이처럼 도선을 촘촘하고 균일하게 원통형으로 길게 감아 만든 기기를 솔레노이드라 하고, 에너지변환장치 및 전자석으로 이용될 수 있다.

② 무한장 솔레노이드의 개념
  ㉠ [그림 8-5]와 같이 솔레노이드에 전류를 흘리면 (b)와 같이 솔레노이도 내부와 외부 공간에 자기장이 발생한다.
  ㉡ 외부 자기장이 작지만 0은 아니므로 외부 자기장 H_1, H_5가 솔레노이드 표면 자기장 H_2, H_4에 영향을 준다. 따라서 솔레노이드 내부에 균일한 자기장을 얻을 수 없다.
  ㉢ 솔레노이드 내부에 균일한 자기장을 얻기 위해서는 무한장 솔레노이드가 필요하지만 현실적으로 불가능하므로 단면적에 비해 길이가 길고, 코일을 촘촘히 감은 솔레노이드를 사용하고 있다.
  ㉣ 무한장 솔레노이드는 길이와 권선수가 무한대이므로 단위길이(1[m])당 권선수 $n = \dfrac{N}{l}$ 의 개념을 활용한다.

③ 솔레노이드의 특징 및 내·외부자계의 세기
  ㉠ **외부자계는 0이다($H_0 = 0$).**
  ㉡ **내부자계는 평등자계이다.**
  ㉢ **유한장 솔레노이드 내부자계** $H_i = \dfrac{NI}{l}$ [AT/m] ································ [식 8-10]
  ㉣ **무한장 솔레노이드 내부자계** $H_i = nI$ [AT/m] ································ [식 8-11]

(4) 환상 솔레노이드에 의한 자계

① 환상 솔레노이드는 무단 솔레노이드, 트로이드 코일(toroid coil)이라고 한다.

② 공심 환상 솔레노이드 내부자계

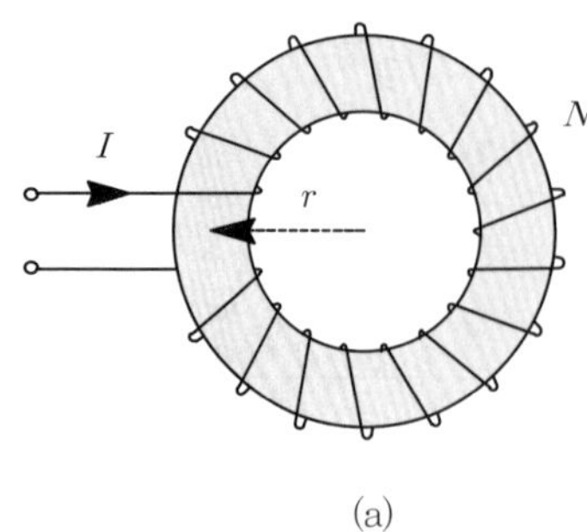
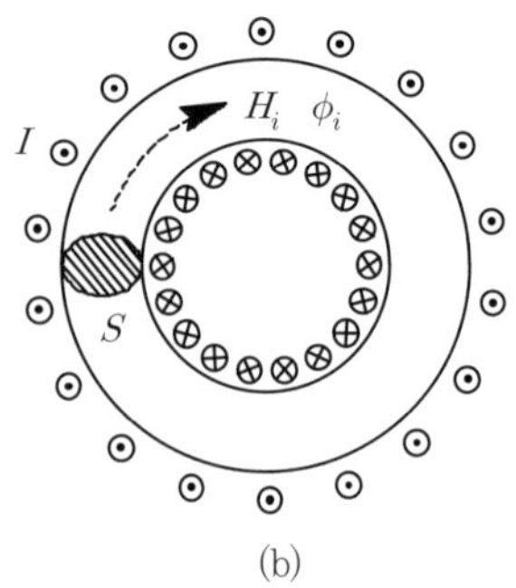

▌그림 8-6▐ 환상 솔레노이드

㉠ 내부자계 $H_i = \dfrac{NI}{l} = \dfrac{NI}{2\pi r}$ [AT/m] ································· [식 8-12]

여기서, l : 자계의 경로길이, r : 평균 반지름, S : 단면적, I : 전류, N : 권선수

㉡ 내부 자속밀도 $B_i = \mu_0 H_i = \dfrac{\mu_0 NI}{2\pi r} = \dfrac{\mu_0 NI}{l}$ [Wb/m^2] ····················· [식 8-13]

㉢ 내부 자속 $\phi_i = \displaystyle\int_s B_i ds = B_i S = \dfrac{\mu_0 SNI}{l}$ [Wb] ·························· [식 8-14]

단원확인기출문제

★★★★ 기사 11년 1·3회 / 산업 90년 2회, 98년 6회, 00년 2회

01 반지름 25[cm]의 원주형 도선에 π[A]의 전류가 흐를 때 도선의 중심축에서 50[cm] 되는 점의 자계의 세기는 몇 [AT/m]인가? (단, 도선의 길이는 매우 길다.)

① 1
② $\dfrac{1}{2}\pi$
③ $\dfrac{1}{3}\pi$
④ $\dfrac{1}{4}\pi$

해설 원주 도선의 외부자계 : $H = \dfrac{I}{2\pi r} = \dfrac{\pi}{2\pi \times 0.5} = 1$[AT/m]

답 ①

★ 산업 01년 3회

02 공심 환상 철심에서 코일의 권선수 500회, 단면적 6[cm^2], 평균 반지름 15[cm], 코일에 흐르는 전류를 4[A]라 하면 철심 중심에서의 자계의 세기는 약 몇 [AT/m]인가?

① 1520
② 1720
③ 1920
④ 2120

해설 자계의 세기 $H = \dfrac{NI}{2\pi r}$ 이므로 대입 정리하면 $H = \dfrac{NI}{2\pi r} = \dfrac{500 \times 4}{2\pi \times 0.15} = 2120$[AT/m]

답 ④

기사 3.50% 출제 ┃ 산업 3.01% 출제

출제 03 비오 – 사바르(Biot–Savart)의 법칙

Comment

이번 단원에서는 실험식(식 8-15)과 원형코일 전류에 의한 자계의 세기(식 8-30, 8-32) 문제가 주를 이룬다.

1 개 요

① 앞에서 배운 앙페르의 주회적분은 대칭적 도체(무한장 직선도체 및 솔레노이드 등)에 적용되며, 비대칭 구조에 대해서는 적용이 되지 않는다.

② 따라서 비대칭 구조의 도체를 해석하기 위해서는 비오–사바르의 법칙으로 구하여야 한다. 비오(Biot)와 사바르(Savart)는 실험을 통하여 [식 8-15]를 유도하였고, 도

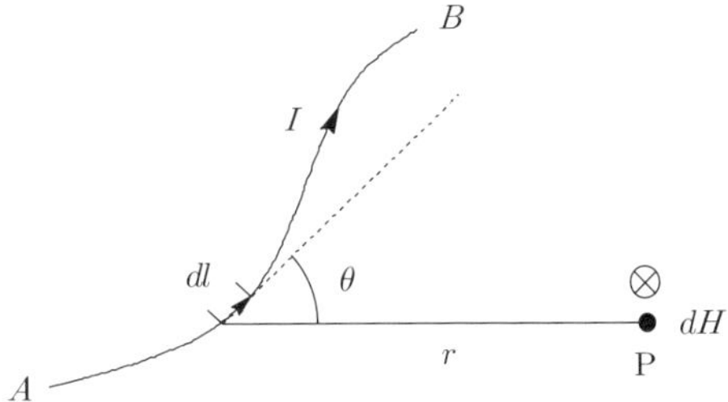

┃ 그림 8-7 ┃ 비오 – 사바르의 법칙

체의 미소길이 dl에 의한 임의의 P점의 자계 dH를 구한 다음 도체의 구간을 적분함으로써 전체 자계의 세기를 구할 수 있다.

㉠ $dH = \dfrac{I\,dl\sin\theta}{4\pi r^2}\,[\text{AT/m}]$ ──────────────── [식 8-15]

㉡ $H = \displaystyle\int_A^B dH = \int_A^B \dfrac{I\,dl\sin\theta}{4\pi r^2}\,[\text{AT/m}]$ ──────── [식 8-16]

2 유한장 직선 전류에 의한 자계

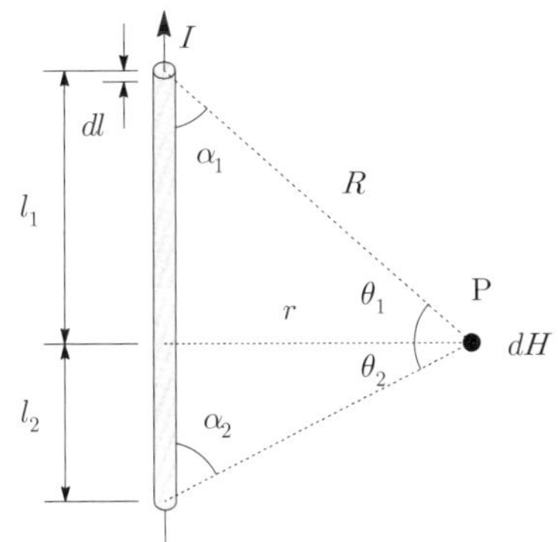

┃ 그림 8-8 ┃ 유한장 직선 전류에 의한 자계

(1) P점에서 미소한 자계의 세기

① $dH = \dfrac{I\,dl\sin\alpha}{4\pi R^2} = \dfrac{I\,dl\cos\theta}{4\pi R^2}\,[\text{AT/m}]$ ·· [식 8-17]

여기서, dl을 $d\theta$로 변경해 보면 $\tan\theta = \dfrac{l}{r} \Rightarrow r\tan\theta = l$

② 양변을 θ에 대해서 미분하면 $r\sec^2\theta = \dfrac{dl}{d\theta}\left(\text{여기서},\ \sec\theta = \dfrac{1}{\cos\theta} = \dfrac{R}{r}\right)$

$dl = \dfrac{R^2}{r}\,d\theta$ ·· [식 8-18]

③ 이제 [식 8-18]을 [식 8-17]에 대입을 하면

$dH = \dfrac{I\,dl\cos\theta}{4\pi R^2} = \dfrac{I\,\dfrac{R^2}{r}\,d\theta\cos\theta}{4\pi R^2} = \dfrac{I}{4\pi r}\cos\theta\,d\theta$ ································ [식 8-19]

(2) P점에서 자계의 세기

$H = \displaystyle\int_{-\theta_2}^{\theta_1} dH = \int_{-\theta_2}^{\theta_1} \dfrac{I}{4\pi r}\cos\theta\,d\theta = \dfrac{I}{4\pi r}\int_{-\theta_2}^{\theta_1}\cos\theta\,d\theta = \dfrac{I}{4\pi r}\big[\sin\theta\big]_{-\theta_2}^{\theta_1}$

$= \dfrac{I}{4\pi r}(\sin\theta_1 + \sin\theta_2)\,[\text{AT/m}]$ ·· [식 8-20]

3 한 변의 길이가 l[m]인 정n각형 도체 중심의 자계

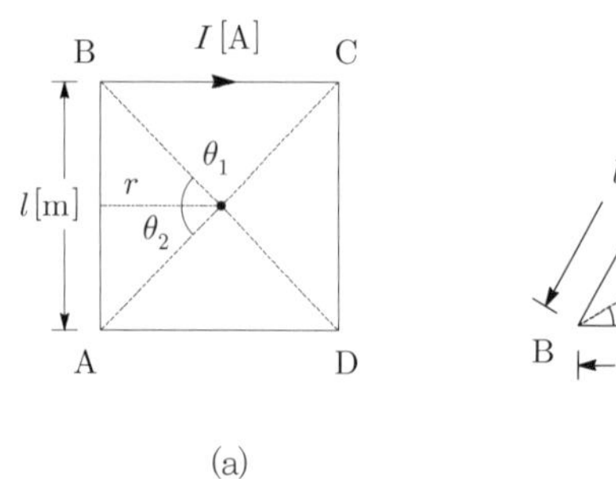
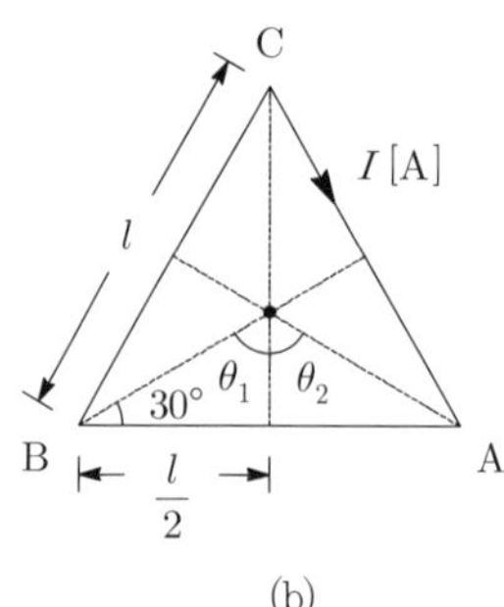
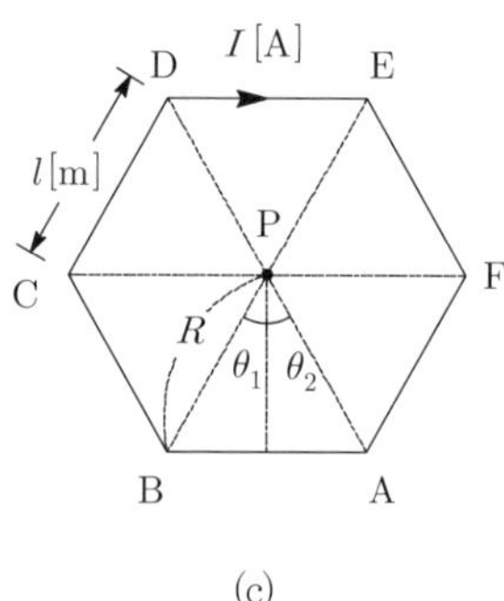

(a)　　　　　　　(b)　　　　　　　(c)

┃그림 8-9┃ 도체 중심의 자계

(1) 정사각형 도체 중심의 자계

① [그림 8-9] (a)와 같이 정사각형 도체는 선분 $\overline{\text{AB}}$에 의한 유한장 직선도체 4개가 연결된 것과 같다.

② 각 선분 $\overline{\text{AB}}$, $\overline{\text{BC}}$, $\overline{\text{CD}}$, $\overline{\text{DA}}$에 흐르는 전류에 의해 발생된 자계는 도체 중심에서 지면의 아래쪽에서 위쪽 방향으로 모두 동일하므로 선분 $\overline{\text{AB}}$에 의해 발생된 자계에 4배를 취해서 구할 수 있다.

③ 정사각형 도체 중심의 자계

　㉠ 선분 $\overline{\text{AB}}$에 의한 자계 : $H = \dfrac{I}{4\pi r}(\sin\theta_1 + \sin\theta_2)$ ···························· [식 8-21]

ⓒ 여기서, $r = \dfrac{l}{2}$, $\theta_1 = \theta_2 = \theta = 45°$를 대입하여 도체 중심 자계를 구하면 다음과 같다.

$$H = \frac{I}{4\pi r}(\sin\theta_1 + \sin\theta_2) \times 4 = \frac{I}{4\pi r} \times \sin\theta \times 2 \times 4$$

$$= \frac{I}{4\pi \times \dfrac{l}{2}} \times \sin 45° \times 2 \times 4 = \frac{I}{2\pi l} \times \frac{\sqrt{2}}{2} \times 2 \times 4 = \frac{2\sqrt{2}\,I}{\pi l}$$

$$\therefore H = \frac{2\sqrt{2}\,I}{\pi l}\,[\text{AT/m}] \quad\cdots\cdots\quad [\text{식 8-22}]$$

(2) 정삼각형 도체 중심의 자계

① [그림 8-9] (b)와 같이 정사각형 도체는 선분 $\overline{\text{AB}}$에 의한 유한장 직선도체 3개가 연결된 것과 같다.

② 각 선분 $\overline{\text{AB}}$, $\overline{\text{BC}}$, $\overline{\text{CD}}$에 흐르는 전류에 의해 발생된 자계는 도체 중심에서 지면의 아래쪽에서 위쪽 방향으로 모두 동일하므로 선분 $\overline{\text{AB}}$에 의해 발생된 자계에 3배를 취해서 구할 수 있다.

③ 정삼각형 도체 중심의 자계

   ⓐ 선분 $\overline{\text{AB}}$에 의한 자계 : $H = \dfrac{I}{4\pi r}(\sin\theta_1 + \sin\theta_2)$ $\quad\cdots\cdots\quad$ [식 8-23]

   ⓑ 여기서, $r = \dfrac{l}{2} \times \tan 30° = \dfrac{l}{2\sqrt{3}}$, $\theta_1 = \theta_2 = \theta = 60°$를 대입하여 도체 중심 자계를 구하면 다음과 같다.

$$H = \frac{I}{4\pi r}(\sin\theta_1 + \sin\theta_2) \times 3 = \frac{I}{4\pi r} \times \sin\theta \times 2 \times 3$$

$$= \frac{I}{4\pi \times \dfrac{l}{2\sqrt{3}}} \times \sin 60° \times 2 \times 3 = \frac{2\sqrt{3}\,I}{4\pi l} \times \frac{\sqrt{3}}{2} \times 2 \times 3 = \frac{9\,I}{2\pi l}$$

$$\therefore H = \frac{9\,I}{2\pi l}\,[\text{AT/m}] \quad\cdots\cdots\quad [\text{식 8-24}]$$

(3) 정육각형 도체 중심의 자계

① [그림 8-9] (c)와 같이 정사각형 도체는 선분 $\overline{\text{AB}}$에 의한 유한장 직선도체 3개가 연결된 것과 같다.

② 각 선분 $\overline{\text{AB}}$, $\overline{\text{BC}}$, $\overline{\text{CD}}$, $\overline{\text{DE}}$, $\overline{\text{EF}}$, $\overline{\text{FA}}$에 흐르는 전류에 의해 발생된 자계는 도체 중심에서 지면의 아래쪽에서 위쪽 방향으로 모두 동일하므로 선분 $\overline{\text{AB}}$에 의해 발생된 자계에 6배를 취해서 구할 수 있다.

③ 정삼각형 도체 중심의 자계

   ⓐ 선분 $\overline{\text{AB}}$에 의한 자계 : $H = \dfrac{I}{4\pi r}(\sin\theta_1 + \sin\theta_2)$ $\quad\cdots\cdots\quad$ [식 8-25]

   ⓑ 여기서, $\theta_1 = \theta_2 = \theta = 30°$, $l = R$이므로 $r = R\cos 30° = l\cos 30° = \dfrac{l\sqrt{3}}{2}$를 대입하여 도체 중심 자계를 구하면 다음과 같다.

$$H = \frac{I}{4\pi r}(\sin\theta_1 + \sin\theta_2) \times 6 = \frac{I}{4\pi \times \dfrac{\sqrt{3}\, l}{2}} \times \sin 30° \times 2 \times 6$$

$$= \frac{I}{2\sqrt{3}\,\pi l} \times \frac{1}{2} \times 2 \times 6 = \frac{3I}{\sqrt{3}\,\pi l} = \frac{3I}{\sqrt{3}\,\pi l} \times \frac{\sqrt{3}}{\sqrt{3}} = \frac{\sqrt{3}\,I}{\pi l}$$

$$\therefore\ H = \frac{\sqrt{3}\,I}{\pi l}\,[\text{AT/m}] \quad\text{······························}\quad [\text{식 } 8\text{-}26]$$

(4) 정n각형 도체 중심의 자계

① [그림 8-9] (c)와 같이 $\overline{\text{BP}}$의 길이를 R이라 하면 $r = R\cos\theta = R\cos\dfrac{\pi}{n}$가 된다.

② 따라서 정n각형 도체 중심의 자계는 한 변에 의해 발생된 자계에 n배를 취해서 구할 수 있다.

$$H = \frac{I}{4\pi r}(\sin\theta_1 + \sin\theta_2) \times n = \frac{I}{4\pi R\cos\theta} \times \sin\theta \times 2 \times n$$

$$= \frac{nI}{2\pi R} \times \frac{\sin\theta}{\cos\theta} = \frac{nI}{2\pi R} \times \tan\theta = \frac{nI}{2\pi R} \times \tan\frac{\pi}{n}$$

$$\therefore\ H = \frac{nI}{2\pi R} \times \tan\frac{\pi}{n}\,[\text{AT/m}] \quad\text{···················}\quad [\text{식 } 8\text{-}27]$$

4 원형 코일에 의한 자계

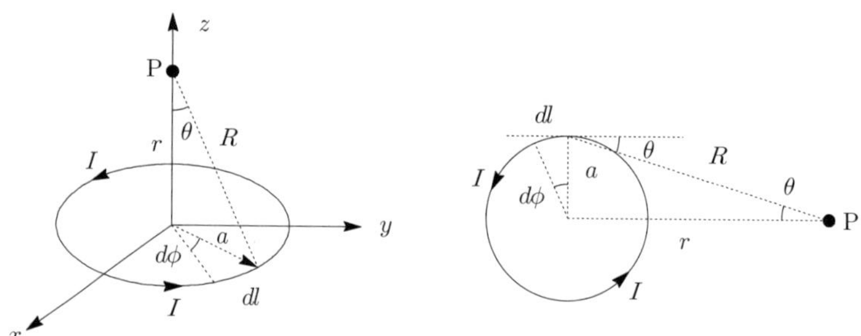

┃그림 8-10┃ 원형 코일에 의한 자계

(1) P점에서 미소 자계의 세기

① $dH = \dfrac{I\,dl\sin\theta}{4\pi R^2}\,[\text{AT/m}]$에서 미소길이 $dl = a\,d\phi$이므로

② $dH = \dfrac{I\,dl\sin\theta}{4\pi R^2} = \dfrac{I\,a\sin\theta}{4\pi R^2}\,d\phi$ ·························· [식 8-28]

(2) P점에서 자계의 세기

① $H = \displaystyle\int dH = \int_0^{2\pi} \frac{a\,I\sin\theta}{4\pi R^2}\,d\phi = \frac{a\,I\sin\theta}{4\pi R^2}\int_0^{2\pi} d\phi$

$$= \frac{a\,I\sin\theta}{4\pi R^2}[\phi]_0^{2\pi} = \frac{2\pi a\,I\sin\theta}{4\pi R^2} = \frac{aI}{2R^2} \times \sin\theta\,[\text{AT/m}] \quad\text{···········}\quad [\text{식 } 8\text{-}29]$$

② 여기서, $\sin\theta = \dfrac{a}{R}$, $R = \sqrt{a^2 + r^2} = (a^2 + r^2)^{\frac{1}{2}}$ 이므로

$$H = \frac{aI}{2R^2} \times \frac{a}{R} = \frac{a^2 I}{2R^3} = \frac{a^2 I}{2(a^2 + r^2)^{\frac{3}{2}}} \, [\text{AT/m}] \quad \text{[식 8-30]}$$

5 원형 코일 중심에서의 자계

① [식 8-30]에서 원형 코일 중심축상은 $r=0$이 되므로 [식 8-31]이 된다.
② 원형 코일의 권선수가 N회인 경우에는 [식 8-32]와 같이 된다.

   ㉠ $H = \dfrac{I}{2a} \, [\text{A/m}]$ ································ [식 8-31]

   ㉡ $H = \dfrac{NI}{2a} \, [\text{A/m}]$ ····························· [식 8-32]

단원확인기출문제

★★ 기사 99년 3회, 11년 2회, 16년 2회

03 한 변이 L[m] 되는 정방형의 도선 회로에 전류 I[A]가 흐르고 있을 때 회로 중심에서의 자속밀도는 몇 [Wb/m²]인가?

① $\dfrac{2\sqrt{2}}{\pi} \dfrac{I}{L}$ ② $\dfrac{2\sqrt{2}}{\pi} \mu_0 \dfrac{I}{L}$

③ $\dfrac{2\sqrt{2}}{\pi} \dfrac{L}{I}$ ④ $\dfrac{2\sqrt{2}}{\pi} \mu_0 \dfrac{L}{I}$

해설 정방형(사각형)의 도체 중심의 자속밀도 : $B = \mu_0 H = \mu_0 \dfrac{2\sqrt{2}\,I}{\pi L}$

답 ②

★★★ 산업 09년 1회

04 그림과 같이 반지름 2[m], 권수 100회인 원형 코일에 전류 1.5[A]가 흐른다면 중심점 0의 자계의 세기는 몇 [AT/m]인가?

① 30[AT/m]
② 37.5[AT/m]
③ 75[AT/m]
④ 105[AT/m]

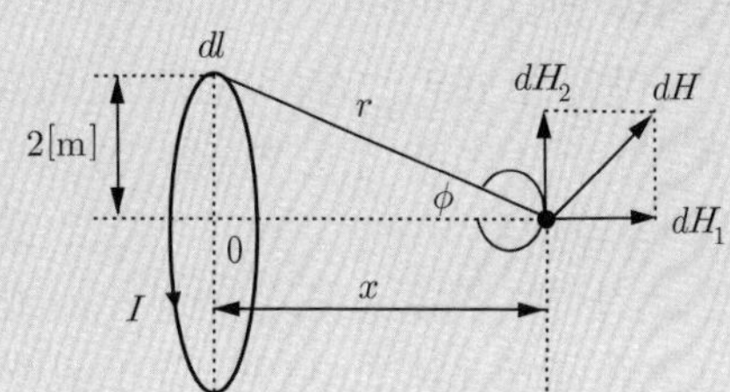

해설 원형 코일 중심의 자계 : $H = \dfrac{IN}{2a} = \dfrac{1.5 \times 100}{2 \times 2} = 37.5[\text{AT/m}]$

답 ②

기사 1.17% 출제 | 산업 1.33% 출제

출제 04 자계 중 전류의 작용력

🎓 Comment

자계 내 전류가 흐르면 플레밍 왼손법칙이 작용하고, 자계 내 도체가 운동하면 플레밍의 오른손법칙이 작용된다.

1 전자력의 발생

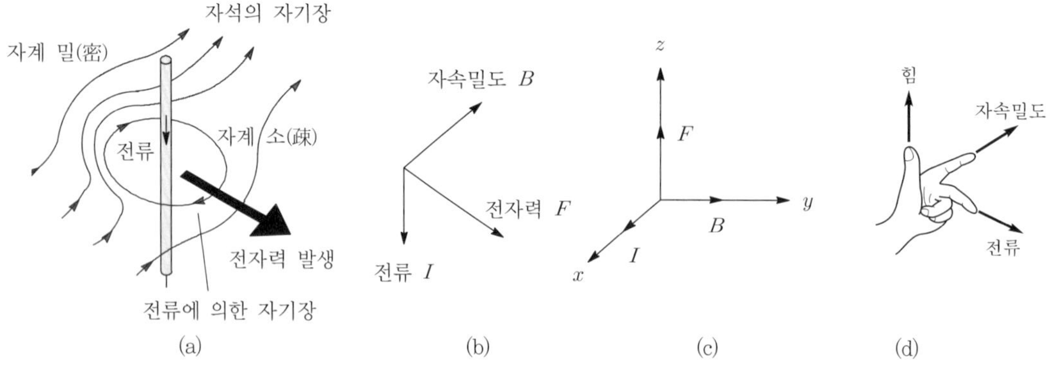

❙그림 8-11❙ 자계 내 전류의 작용력

① [그림 8-11] (a)와 같이 N극과 S극 사이에 도체를 넣으면 N극에서 S극으로 자기장이 발생하게 된다. 이때 도체에 전류를 흘려주면 전류에 의한 자기장이 발생하여 자기장이 동일 방향으로 진행되는 곳에서는 자력선은 밀(密)하고, 자기장이 반대로 흐르는 곳에서는 자력선이 소(疎)하게 되어 도체는 자력선이 소(疎)한 곳으로 밀려나가게 되는데 이를 전자력(electromagnetic force)이라 한다.

② 전자력은 전동기(motor) 등에 많이 활용된다.

2 플레밍의 왼손법칙(Fleming's left hand law)

① 자계 내에 있는 도체에 전류를 흘리면 도체에는 전자력이 발생된다. 이를 플레밍의 왼손법칙이라 한다.

② 전자력의 방향은 [그림 8-11] (d)와 같이 왼손의 엄지, 검지, 중지를 직각으로 펼쳐서 엄지를 전자력(F)의 방향, 검지를 자속밀도(B)의 방향, 중지를 전류(I)의 방향으로 한다.

③ 전자력의 크기

ⓐ 전자력은 전류 I, 도선의 길이 l, 자속밀도 B에 비례하고 전류와 자계가 이루는 각도를 θ라 하면 [식 8-33]과 같이 된다.

$$F = IBl\sin\theta[\text{N}] \quad\text{[식 8-33]}$$

ⓑ 전자력은 전류와 자속밀도가 수직($I \perp B$)일 때 가장 크게 작용($F = IBl$), 평행($\theta = 0$)일 때 전자력은 발생하지 않는다.

3 자계 내 운동 전하가 받아지는 힘

① [식 8-33]에서 전류 $I = \dfrac{dq}{dt}$ 로 대입하여 정리하면 [식 8-34]와 같이 되고, 시간에 따라 변화하는 것은 전하 q가 아니라 이동거리 l이므로 [식 8-35]와 같이 정리할 수 있다.

$$F = IBl\sin\theta = \frac{dq}{dt}Bl\sin\theta \hspace{2cm} \text{[식 8-34]}$$

$$= \frac{dl}{dt}Bq\sin\theta = vBq\sin\theta[\text{N}] \hspace{2cm} \text{[식 8-35]}$$

여기서, l : 전하의 이동거리[m], q : 전하[C], v : 전하의 운동속도[m/s]
$\quad\quad\quad B$: 자속밀도[Wb/m^2], θ : v와 B의 사잇각

② 전자력을 벡터로 표현하면 다음과 같다.

$\quad$㉠ 전류식 : $F = IBl\sin\theta = (\vec{I} \times \vec{B})l = \displaystyle\oint_c \vec{I}\,dl \times \vec{B}$ $\hspace{1cm}$ [식 8-36]

$\quad$㉡ 전하식 : $F = vBq\sin\theta = (\vec{v} \times \vec{B})q$ $\hspace{2cm}$ [식 8-37]

단원확인기출문제

★★★ 기사 04년 3회 / 산업 09년 1회

05 플레밍의 왼손법칙(Fleming's left hand rule)을 나타내는 $F - B - I$에서 F는 무엇인가?

① 전동기 회전자의 도체의 운동방향을 나타낸다.
② 발전기 정류자의 도체의 운동방향을 나타낸다.
③ 전동기 자극의 운동방향을 나타낸다.
④ 발전기 전기자의 도체 운동방향을 나타낸다.

해설 플레밍의 왼손법칙 : 자기장 속에 있는 도선에 전류가 흐르면 도선에는 전자력이 발생된다.
$\quad\therefore$ 전자력 $F = BIl\sin\theta[\text{N}]$
$\quad\quad$ 왼손 ┬ 엄지(F) : 운동방향($=$힘)
$\quad\quad\quad\quad$├ 검지(B) : 자속의 방향
$\quad\quad\quad\quad$└ 중지(I) : 전류의 방향

답 ①

★★★ 기사 04년 1회, 15년 3회

06 자속밀도가 0.3[Wb/m^2]인 평등자계 내에 5[A]의 전류가 흐르고 있는 길이 2[m]인 직선 도체를 자계의 방향에 대하여 $60°$의 각도로 놓았을 때 이 도체가 받는 힘은 약 몇 [N] 인가?

① 1.3
② 2.6
③ 4.7
④ 5.2

해설 플레밍의 왼손법칙 : $F = IBl\sin\theta = 0.3 \times 2 \times 5 \times \sin 60° = 2.6[\text{N}]$

답 ②

251

기사 1.17% 출제 | 산업 0.83% 출제

출제 05 평행도체 전류 사이의 작용력

Comment

• 평행도체 전류 사이의 작용력은 반드시 증명을 통해 결과식을 확인하길 바란다.
• 식 8-40 속에 8장 대부분의 내용이 담겨 있다.

1 전자력의 발생

① 무한장 직선도체가 [그림 8-12] (a)와 같이 서로 평형을 이루며 전류가 흐르고 있다.
② 도체 1에서 발생된 자기장 H_1이 도체 2를 통과할 때 도체 2는 자기장 내에 전류가 흐르는 경우가 되므로 플레밍의 왼손법칙이 적용된다.
③ [그림 8-12] (b), (d)와 같이 전류가 동일 방향으로 흐르면 두 도체 사이에는 흡인력이 작용한다.
④ [그림 8-12] (c), (e)와 같이 전류가 반대 방향으로 흐르면 두 도체 사이에는 반발력이 작용한다.

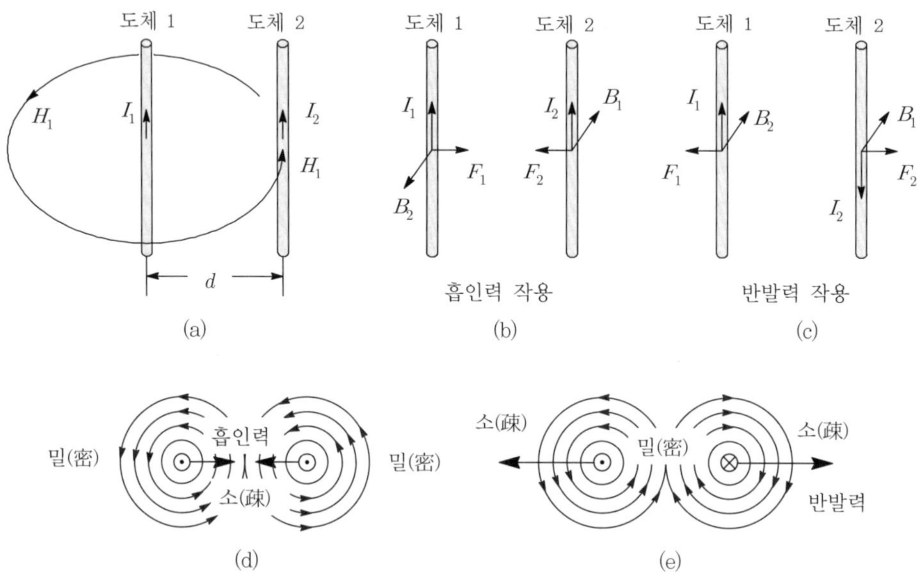

▌그림 8-12▐ 평행도체 전류 사이의 작용력

2 전자력의 크기

(1) 도체 2에 작용하는 자속밀도와 전자력

① 자속밀도 $B_1 = \mu_0 H_1 = \mu_0 \times \dfrac{I_1}{2\pi d} \, [\mathrm{Wb/m^2}]$ ·········· [식 8-38]

② 전자력 $F_2 = B_1\,I_2\,l\sin\theta = \dfrac{\mu_0\,I_1\,I_2\,l}{2\pi d}\,[\text{N}]$ $\cdots\cdots$ [식 8-39]

(2) 단위길이(1[m])당 전자력

① $F = F_1 = F_2 = \dfrac{\mu_0\,I_1\,I_2}{2\pi d} = \dfrac{2\,I_1\,I_2}{d}\times 10^{-7}\,[\text{N/m}]$ $\cdots\cdots$ [식 8-40]

② $F = \dfrac{2\,I_1\,I_2}{d\times 9.8}\times 10^{-7} = 2.08\times\dfrac{I_1\,I_2}{d}\times 10^{-8}\,[\text{kg/m}]$ $\cdots\cdots$ [식 8-41]

③ 왕복도선의 경우에는 $I_1 = I_2 = I$ 이므로 [식 8-42]와 같이 정리된다. 또한 왕복도선의 경우에는 항상 반발력이 작용한다.

$$F = \dfrac{2\,I^2}{d}\times 10^{-7}\,[\text{N/m}] = 2.08\times\dfrac{I^2}{d}\times 10^{-8}\,[\text{kg/m}] \quad\cdots\cdots\text{[식 8-42]}$$

단원확인기출문제

★★★ 기사 95년 6회, 00년 4회, 05년 3회 / 산업 91년 6회

07 평행도선에 같은 크기의 왕복전류가 흐를 때 두 도선 사이에 작용하는 힘과 관계되는 것 중 옳은 것은?

① 간격의 제곱에 반비례
② 간격의 제곱에 반비례하고, 투자율에 반비례
③ 전류의 제곱에 비례
④ 주위 매질의 투자율에 반비례

해설 전자력 $F = \dfrac{2I_1I_2}{r}\times 10^{-7}\,[\text{N/m}]$에서 왕복전류인 경우 $I_1 = I_2 = I$ 이므로

$\therefore\ F = \dfrac{2I^2}{d}\times 10^{-7}\,[\text{N/m}]$이고, 두 전류는 반대 방향(왕복전류)으로 흐르므로 반발력이 작용한다.

답 ③

★★ 기사 93년 3회

08 반지름 25[cm]의 원형 코일을 1[mm] 간격으로 동축상에 평행배치한 후 각각에 100[A]의 전류가 같은 방향으로 흐를 때 상호간에 작용하는 인력은 몇 [N]인가?

① 0.0314
② 0.314
③ 3.14
④ 31.4

해설 반지름 25[cm]이면 길이 $l = 2\pi\times 25 = 50\pi$[cm]이다.

$\therefore\ $ 전자력 $F = \dfrac{2I_1I_2l}{d}\times 10^{-7} = \dfrac{2\times 100^2\times 50\pi\times 10^{-2}}{10^{-3}}\times 10^{-7} = 3.14[\text{N}]$

답 ③

기사 1.50% 출제 | 산업 1.33% 출제

출제 06 로렌츠의 힘

Comment

8장 '단원 자주 출제되는 기출문제' 60번과 같은 문제가 자주 출제되고 있다. 복잡하더라도 계산방법을 익히고 넘어가자.

1 개 요

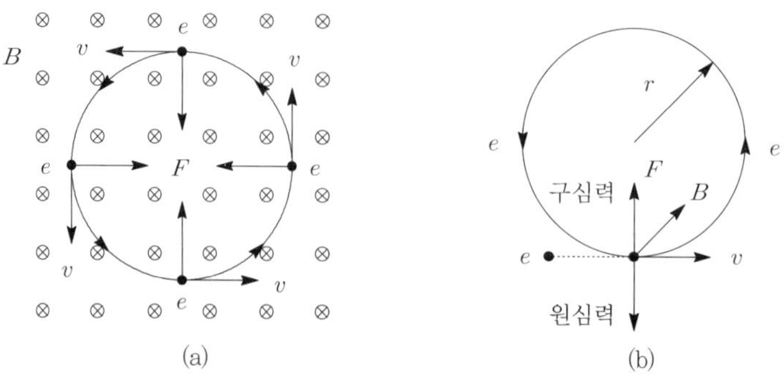

▌그림 8-13 ▌ 평등자계 운동 전하의 등속 원운동

① v[m/s]의 속도를 가진 전하 e가 평등자계 내에 수직으로 입사하면 운동 전하에 의하여 전류가 흐르고 그 주위에 자계가 발생된다.

따라서 기존의 평등자계와 운동 전하에 의한 자계의 상호작용에 의하여 전하가 똑바로 가지 못하고 계속 편향되므로 운동 전하는 원운동을 계속하게 된다.

이와 같이 자계 중의 운동 전하에 원운동을 발생하는 힘을 로렌츠의 힘 또는 전자력이라 한다.

② 운동 전하가 평등자계와 수직으로 입사하면 등속 원운동을 하고, 수평으로 입사하면 전자력의 힘이 발생하지 않아 등속 직선운동을 한다. 또한 평등자계에 대하여 비스듬히 입사하면 등속 나선운동을 한다.

2 전자력(Lorentz's force)

① 운동 전자가 수직 입사하여 등속 원운동을 한다. 이때의 전자력은 [그림 8-13] (b)와 같이 원 중심으로 작용하므로 구심력이라고 한다.

② 운동 전하가 자계 내에서 받아지는 힘은 [식 8-37]과 같다.

전자력 $F = vBq\sin\theta = (\vec{v} \times \vec{B})q$[N] ······················· [식 8-43]

③ 운동 전하에 전계와 자계가 동시에 작용하고 있으면

　㉠ 전기력 $F_e = q\vec{E}$[N] ··· [식 8-44]

　㉡ 전자력 $F_m = vBq\sin\theta = (\vec{v} \times \vec{B})q$[N] ························· [식 8-45]

　㉢ 전자기력 $\vec{F} = \vec{F_e} + \vec{F_m} = e(\vec{E} + \vec{v} \times \vec{B})$[N] ··················· [식 8-46]

3 전하의 원운동 조건

① 전하가 정상적인 원운동을 하기 위해서는 전자력과 구심력(=원심력)이 같아야 한다.

    ㉠ **전자력** $F_1 = vBq$[N] .... [식 8-47]

    ㉡ **구심력(=원심력)** $F_2 = \dfrac{mv^2}{r}$[N] .... [식 8-48]

    ㉢ **원운동 조건** $vBq = \dfrac{mv^2}{r}$ .... [식 8-49]

        여기서, m : 전하의 질량[kg], v : 이동속도[m/s], r : 원운동의 반경[m]

② 원의 반지름, 각속도, 주기

    ㉠ 원운동하는 반경 $r = \dfrac{mv}{qB}$ [m] .... [식 8-50]

    ㉡ 각속도 $\omega = \dfrac{v}{r} = \dfrac{qB}{m}$ [rad/s] .... [식 8-51]

    ㉢ 주기 $T = \dfrac{2\pi}{\omega} = \dfrac{2\pi m}{qB}$ [S] .... [식 8-52]

    ㉣ 원 한 바퀴 돌 때의 등가전류 : $I = \dfrac{Q}{T} = \dfrac{\omega Q}{2\pi} = \dfrac{BqQ}{2\pi m}$ [A] .... [식 8-53]

단원확인기출문제

★★ 기사 89년 2회 / 산업 04년 2회

09 평등자계 H[AT/m]에 수직으로 전자가 속도 v[m/s]로 이동할 때 이 전자의 운동궤도 반경 r[m]는 얼마인가? (단, 전자의 전하량 : e[C], 진공 내의 전자 질량 : m[m])

① $\dfrac{mH}{e\mu_0 v}$ ② $\dfrac{ev}{m\mu_0 H}$

③ $\dfrac{eH}{m\mu_0 v}$ ④ $\dfrac{mv}{e\mu_0 H}$

해설 ㉠ 원운동 조건 : $\dfrac{mv^2}{r} = vBq$

        여기서, m : 질량[kg], B : 자속밀도[Wb/m^2], q : 전하[C]

    ㉡ 전자의 궤도(원운동을 하는 반지름) : $\dfrac{mv}{Bq} = \dfrac{mv}{\mu_0 Hq}$ [m]

답 ④

단원 핵심정리 한눈에 보기

1. 앙페르의 법칙

① 앙페르의 주회적분

㉠ 주회적분 : $\oint_{c} H dl = NI$ ∴ 자계의 세기 : $H = \dfrac{NI}{l}$ [AT/m]

여기서, N : 권선수, I : 전류,

l : 자계의 경로길이,

$i = J$: 전류밀도[AT/m^2]

㉡ 앙페르의 주회적분의 미분형 : $\mathrm{rot}H = i$ ($\nabla \times H = i$)

② 무한장 직선도체

㉠ 외부자계의 세기 : $H_e = \dfrac{I}{2\pi x}$ [AT/m]

㉡ 도체 내부에서의 자계의 세기 H_i

• 전류가 도체 표면으로만 흐를 경우 : $H_i = 0$

• 전류가 도체 내부에 균일하게 흐를 경우 : $H_i = \dfrac{rI}{2\pi a^2}$ [AT/m]

여기서, a : 도체의 반경, r : 도체 내부 임의의 거리

③ 솔레노이드(solenoid) 내부(코일 중심)자계의 세기

유한장 솔레노이드	무한장 솔레노이드	환상 솔레노이드
$H_i = \dfrac{NI}{l}$ [AT/m]	$H_i = \dfrac{NI}{l} = n_0 I$ [AT/m]	$H_i = \dfrac{NI}{l} = \dfrac{NI}{2\pi r}$ [AT/m]

㉠ 무한장 솔레노이드란 외부자계(H_e)가 0이 되어 솔레노이드 내부자계(H_i)가 평등자계를 이룰 때의 솔레노이드를 말한다.

㉡ 평등자계를 얻는 조건 : 단면적에 비하여 길이(l)를 충분히 길게 한다.

2. 비오 – 사바르(Biot – Savart)의 법칙

① 실험식 : $dH = \dfrac{I dl \sin\theta}{4\pi r^2}$ [AT/m]

② 원형 선전류(원형 코일)

㉠ 원형 코일 외부자계의 세기 : $H_e = \dfrac{a^2 I}{2R^3} = \dfrac{a^2 I}{2\left(a^2 + r^2\right)^{\frac{3}{2}}}$ [AT/m]

㉡ 원형 코일 중심($r = 0$) 자계의 세기 : $H_c = \lim\limits_{r \to 0} H_e = \dfrac{I}{2a}$ [A/m]

③ 길이가 l[m]인 정n각형 코일 중심에서의 자계의 세기

유한장 직선도체	삼각형 중심 자계	사각형 중심 자계	육각형 중심 자계
$H = \dfrac{I}{4\pi r}(\sin\theta_1 + \sin\theta_2)$ $= \dfrac{I}{4\pi r}(\cos\alpha_1 + \cos\alpha_2)$	$H = \dfrac{I}{4\pi r} \times \sin\theta \times 2 \times 3$ $= \dfrac{9\,I}{2\pi l}$ [A/m]	$H = \dfrac{I}{4\pi r} \times \sin\theta \times 2 \times 4$ $= \dfrac{2\sqrt{2}\,I}{\pi l}$ [A/m]	$H = \dfrac{I}{4\pi r} \times \sin\theta \times 2 \times 6$ $= \dfrac{\sqrt{3}\,I}{\pi l}$ [A/m]

3. 자계 중 전류의 작용력

① 플레밍의 왼손법칙

    ㉠ 자계 내에 있는 도체에 전류를 흘리면 도체에는 전자력이 발생한다.

    ㉡ 전자력의 크기 : $F = IBl \sin\theta = (\vec{I} \times \vec{B})\,l = \oint_c \vec{I}\, dl \times \vec{B}$ [N]

② 평행도체 전류 사이에 작용하는 힘(전자력)

    ㉠ 전류가 동일 방향으로 흐르면 두 도체 사이에는 흡인력이 작용한다.

    ㉡ 전류가 반대 방향으로 흐르면 두 도체 사이에는 반발력이 작용한다.

    ㉢ 전자력 : $F = \dfrac{2\,I_1 I_2}{d} \times 10^{-7}$ [N/m]

    ㉣ 왕복 도선의 경우 $I_1 = I_2 = I$이므로 $F = \dfrac{2\,I^2}{d} \times 10^{-7}$ [N/m] (반발력 작용)

③ 로렌츠의 힘(Lorentz's force)

    ㉠ 전하 q[C]이 평등자계 내에 입사하면 다음과 같은 운동을 한다.

      • 평등자계와 수직으로 입사 : 등속 원운동

      • 평등자계와 수평으로 입사 : 등속 직선운동

      • 평등자계에 대하여 비스듬히 입사 : 등속 나선운동

    ㉡ 전하의 원운동 조건 : 전자력＝구심력(＝원심력)

      • 전자력 : $F_m = IBl = vBq$ • 구심력(＝원심력) : $F = \dfrac{mv^2}{r}$

      • 원운동 조건 : $vBq = \dfrac{mv^2}{r}$ • 원운동하는 반경 : $r = \dfrac{mv}{qB}$ [m]

      • 각속도 : $\omega = \dfrac{v}{r} = \dfrac{qB}{m}$ [rad/s]   • 주기 : $T = \dfrac{2\pi}{\omega} = \dfrac{2\pi m}{qB}$ [s]

    여기서, q : 전하량[C], m : 전하의 질량[kg], v : 전하의 운동속도[m/s]

단원 자주 출제되는 기출문제

출제 01 ▶ 전류의 자기현상

🧑‍🏫 Comment

출제빈도가 낮으므로 이론만 참고한다.

출제 02 ▶ 앙페르의 법칙

★★★ 기사 10년 1회 / 산업 08년 3회

01 다음 중 앙페르의 주회적분의 법칙(Ampere's circuital law)을 설명한 것으로 올바른 것은?

① 폐회로 주위를 따라 전계를 선적분한 값은 폐회로 내의 총 저항과 같다.

② 폐회로 주위를 따라 전계를 선적분한 값은 폐회로 내의 총 전압과 같다.

③ 폐회로 주위를 따라 자계를 선적분한 값은 폐회로 내의 총 전류와 같다.

④ 폐회로 주위를 따라 전계와 자계를 선적분한 값은 폐회로 내의 총 저항, 총 전압, 총 전류의 합과 같다.

★★ 기사 04년 2회

02 무한장 직선 도선에 흐르는 직류 전류 I에 의해 무한장 직선 도선의 전류 상하에 존재하는 자침이 그림과 같이 자침 중심축을 중심으로 회전하여 정지하였다. (ㄱ), (ㄴ), (ㄷ), (ㄹ)의 극을 순서적으로 잘 배열한 것은?

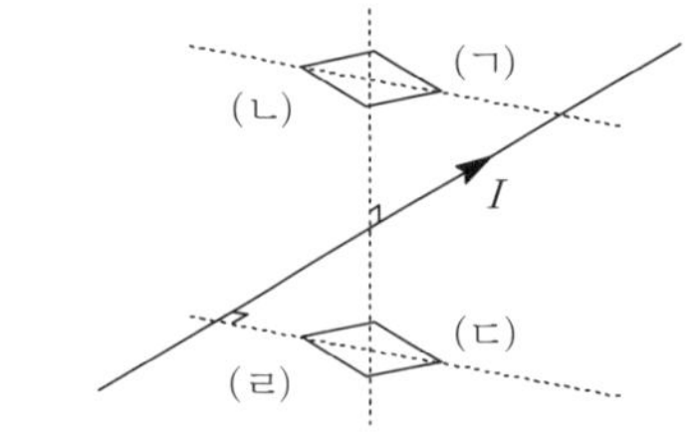

① S, N, S, N

② S, N, N, S

③ N, S, N, S

④ N, S, S, N

🗝 해설

자계가 나가는 곳이 N극, 자계가 들어가는 곳이 S극이 된다.

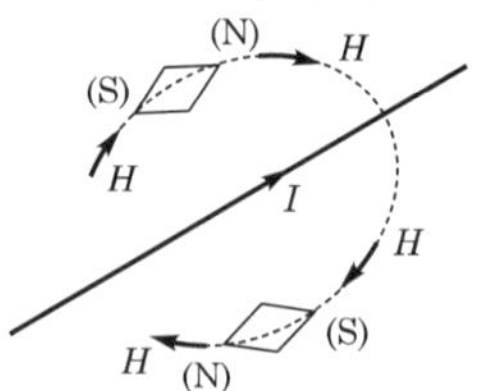

★★ 산업 93년 5회, 06년 1회

03 철판의 (　) 부분에 대한 극성은?

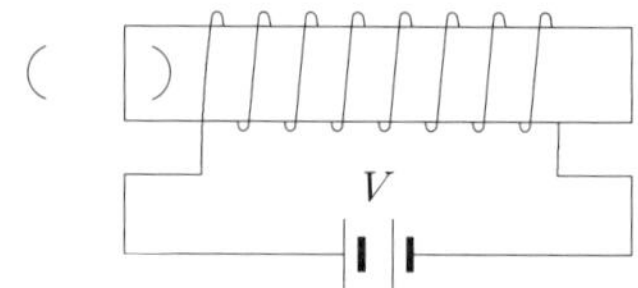

① N극

② N극과 S극이 교번

③ S극

④ 자극이 생기지 않음.

🗝 해설

전류 방향에 따른 자계의 방향은 앙페르의 오른나사법칙에 의하여 구할 수 있다. 이때 자력선이 발생하는 극을 N극이라 한다.

★★★ 기사 13년 3회 / 산업 96년 6회, 99년 4회

04 그림과 같이 전류 I[A]가 흐르고 있는 직선도체로부터 r[m] 떨어진 P점의 자계의 세기 및 방향을 바르게 나타낸 것은? (단, ⊗은 지면을 들어가는 방향, ⊙은 지면을 나오는 방향이다.)

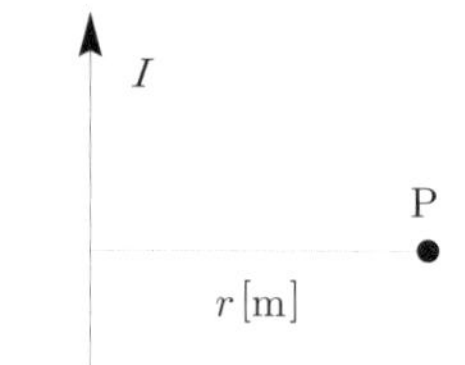

① $\dfrac{I}{2\pi r}$, ⊗

② $\dfrac{I}{2\pi r}$, ⊙

③ $\dfrac{Idl}{4\pi r^2}$, ⊗

④ $\dfrac{Idl}{4\pi r^2}$, ⊙

🔍 **정답** 01. ③ 02. ④ 03. ① 04. ①

해설

무한장 직선도체의 자장의 세기 $H = \dfrac{I}{2\pi r}$ [A/m]

Comment

앙페르의 법칙에서 무한장 직선도체, 환상 솔레노이드에 의한 자계의 세기와 비오-사바르 법칙에서 원형 코일에 의한 자계의 세기 문제는 출제빈도가 매우 높다.

★★ 기사 13년 1회

05 Z축의 정방향(+방향)으로 $10\pi a_z$[A]가 흐를 때, 이 전류로부터 5[m] 지점에 발생되는 자계의 세기 H[A/m]는?

① $H = -a_z$

② $H = a_\phi$

③ $H = \dfrac{1}{2} a_\phi$

④ $H = -a_\phi$

해설

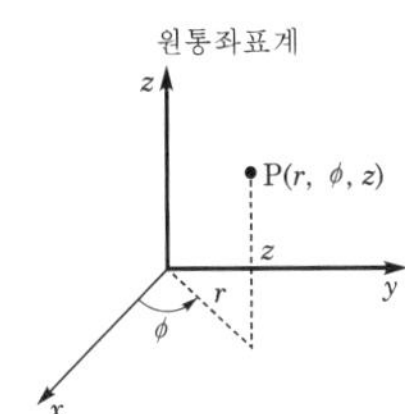

무한장 직선 전류에 의한 자계는

$H = \dfrac{I}{2\pi r} = \dfrac{10\pi}{2\pi \times 5} = 1$ [A/m]가 되고, 자계의 방향은 원통좌표계에서 $\overrightarrow{a_\phi}$ 방향으로 발생된다.

∴ $H = \overrightarrow{a_\phi}$ [A/m]

★★★★★ 기사 00년 6회, 02년 1회, 05년 1회, 14년 1회 / 산업 96년 6회, 04년 3회

06 무한히 긴 직선도체에 전류 I[A]를 흘릴 때 이 전류로부터 d[m] 되는 점의 자속밀도는 몇 [Wb/m²]인가?

① $\dfrac{\mu_0 I}{4\pi d}$

② $\dfrac{\mu_0 I}{2\pi d}$

③ $\dfrac{I}{2\pi d}$

④ $\dfrac{I}{2\pi \mu_0 d}$

해설

㉠ 무한장 직선 전류에 의한 자계 : $H = \dfrac{I}{2\pi d}$ [AT/m]

㉡ 자속밀도 : $B = \mu_0 H = \dfrac{\mu_0 I}{2\pi d}$ [Wb/m²]

★★★ 기사 95년 2회, 05년 1회, 13년 2회, 14년 2회, 15년 1회

07 무한장 직선도체가 있다. 이 도체로부터 수직으로 0.1[m] 떨어진 점의 자계의 세기가 180[AT/m]이다. 이 도체로부터 수직으로 0.3[m] 떨어진 점의 자계의 세기는 몇 [AT/m]인가?

① 20

② 60

③ 180

④ 540

해설

㉠ 무한장 직선 전류에 의한 자계의 세기는 $H = \dfrac{I}{2\pi r}$ [AT/m]에서 거리에 반비례한다.

㉡ 도체로부터 거리 0.1[m] 떨어진 곳에서의 자계가 180[AT/m]이므로, 거리가 0.3[m]인 지점의 자계의 세기는 다음과 같다.

∴ $H = \dfrac{180}{3} = 60$ [AT/m]

★★★★★ 기사 00년 4회, 02년 1회, 05년 2회

08 반지름 a[m], 중심 간 거리 d[m]인 두 개의 무한장 왕복선로에 서로 반대 방향으로 전류 I[A]가 흐를 때, 한 도체에서 x[m] 거리인 P점의 자계의 세기는 몇 [AT/m]인가? (단, $d \gg a$, $x \gg a$라고 한다.)

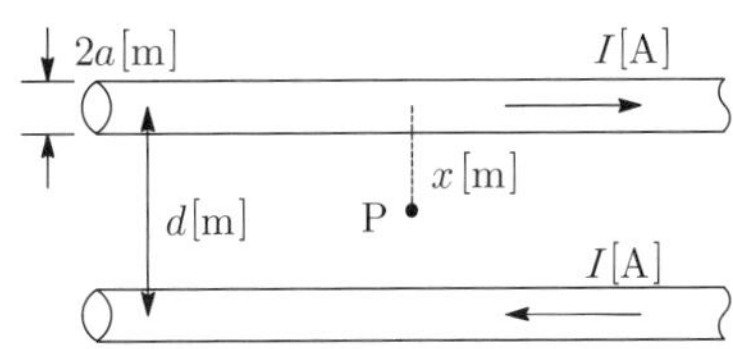

① $\dfrac{I}{2\pi}\left(\dfrac{1}{x} + \dfrac{1}{d-x} \right)$

② $\dfrac{I}{2\pi}\left(\dfrac{1}{x} - \dfrac{1}{d-x} \right)$

③ $\dfrac{I}{4\pi}\left(\dfrac{1}{x} + \dfrac{1}{d-x} \right)$

④ $\dfrac{I}{4\pi}\left(\dfrac{1}{x} - \dfrac{1}{d-x} \right)$

정답 05. ② 06. ② 07. ② 08. ①

무한장 직선 전류에 의한 자계 $H = \dfrac{I}{2\pi r}$ 에서 P점의 자계의 세기는 H_1과 H_2가 합력이므로

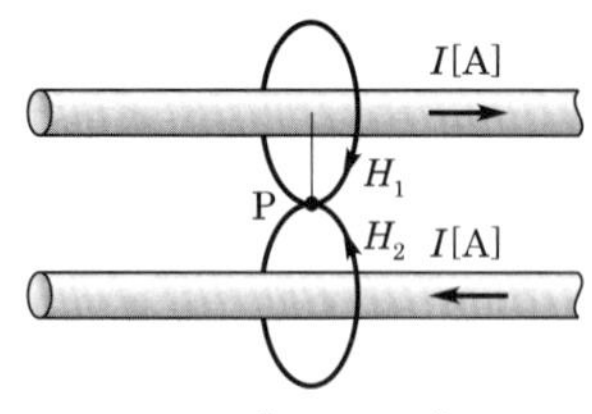

$$\therefore \ H_P = H_1 + H_2 = \frac{I}{2\pi x} + \frac{I}{2\pi(d-x)}$$

$$= \frac{I}{2\pi}\left(\frac{1}{x} + \frac{1}{d-x}\right)[\text{AT/m}]$$

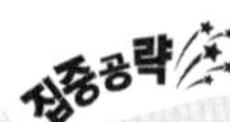

★ 기사 98년 2회, 12년 1회

09
자유공간 중에서 $x = -2$, $y = 4$를 통과하고, z축과 평행인 무한장 직선도체에 $+z$축 방향으로 직류 전류 I가 흐를 때 점(2, 4, 0)에서의 자계 $H[\text{AT/m}]$는 어떻게 표현되는가?

① $-\dfrac{I}{4\pi}a_y$

② $\dfrac{I}{4\pi}a_y$

③ $-\dfrac{I}{8\pi}a_y$

④ $\dfrac{I}{8\pi}a_y$

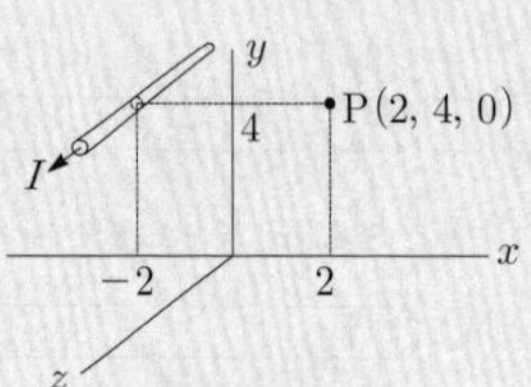

무한장 직선 전류에 의한 자계 $H = \dfrac{I}{2\pi r}$ 에서 도체 중심에서 P까지의 거리는 4[m]이므로 $H = \dfrac{I}{2\pi r} = \dfrac{I}{2\pi \times 4}$

$= \dfrac{I}{8\pi}$ 이고, 방향은 그림과 같이 a_y가 된다.

★ 기사 05년 1회, 09년 2회

10
그림과 같이 무한히 긴 두 개의 직선상 도선이 1[m] 간격으로 나란히 놓여 있을 때 도선 ⓐ에 4[A], 도선 ⓑ에 8[A]가 흐르고 있을 때, 두 선 간 중앙점 P에 있어서의 자계의 세기는 몇 [A/m]인가? (단, 지면의 아래쪽에서 위쪽으로 향하는 방향을 정(+)으로 한다.)

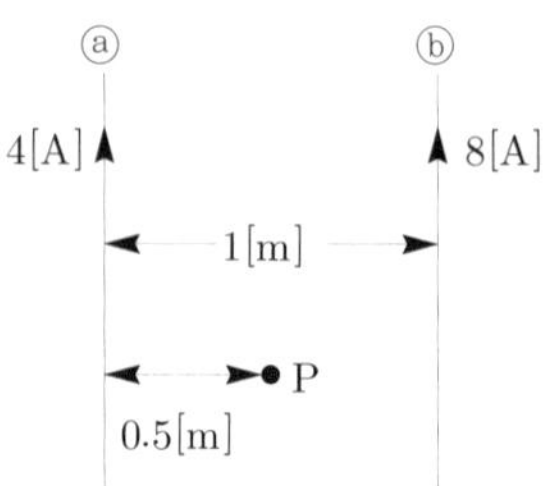

① $\dfrac{4}{\pi}$

② $\dfrac{12}{\pi}$

③ $-\dfrac{4}{\pi}$

④ $-\dfrac{5}{\pi}$

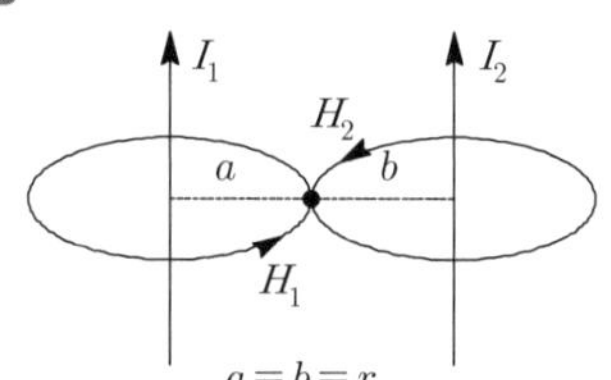

㉠ 무한장 직선 전류에 의한 자계 $H = \dfrac{I}{2\pi r}$ 에서 자계는 전류에 비례하므로 H_1보다 H_2가 더 크다.

㉡ P점에서의 자계의 세기는 서로 반대 방향이므로 H_2에서 H_1을 빼면 된다.

$$\therefore \ H_P = H_2 - H_1 = \frac{1}{2\pi r}(I_2 - I_1)$$

$$= \frac{1}{2\pi \times 0.5}(8-4) = \frac{4}{\pi}[\text{A/m}]$$

★ 산업 90년 2회, 99년 6회, 03년 3회, 06년 3회, 18년 1회

11
무한장 원주형 도체에 전류가 표면에만 흐른다면 원주 내부의 자계의 세기는 몇 [AT/m]인가? (단, $r[\text{m}]$는 원주의 반지름이다.)

① $\dfrac{I}{2\pi r}$

② $\dfrac{NI}{2\pi r}$

③ $\dfrac{I}{2r}$

④ 0

해설

전류가 표면에만 흐르면 내부자계는 존재하지 않는다.

★★★ 기사 92년 6회 / 산업 09년 1회, 12년 1회

12 전류 분포가 균일한 반경 a[m]인 무한정 원주형 도선에 1[A]의 전류를 흘렸더니 도선의 중심에서 $\dfrac{a}{2}$ 되는 점에서의 자계의 세기가 $\dfrac{1}{2\pi}$[AT/m]이었다. 이 도선의 반경은 몇 [m]인가?

① 4
② 2
③ 0.5
④ 0.75

해설 전류가 도체에 균일하게 흐를 때의 자계의 자계

㉠ 표면 : $H = \dfrac{I}{2\pi a}$[AT/m]

㉡ 내부 : $H_i = \dfrac{rI}{2\pi a^2}$[AT/m]

도체 내부자계 $H_i = \dfrac{rI}{2\pi a^2}$ 에서

거리 $a^2 = \dfrac{rI}{2\pi H_i} = \dfrac{\dfrac{a}{2} \times 1}{2\pi \times \dfrac{1}{2\pi}}$ 이므로

$\therefore\ a = \dfrac{1}{2}$[m]

★ 기사 01년 3회

13 반지름 $r = a$[m]인 원통상 도선에 I[A]의 전류가 균일하게 흐를 때 $r = 0.2a$[m]의 자계는 $r = 2a$[m]인 자계의 몇 배인가?

① 0.2
② 0.4
③ 2
④ 4

해설

㉠ 도체 내부의 자계의 세기

$$H_i = \dfrac{rI}{2\pi a^2} = \dfrac{0.2aI}{2\pi a^2} = \dfrac{I}{10\pi a}$$

㉡ 도체 외부의 자계의 세기

$$H_e = \dfrac{I}{2\pi r} = \dfrac{I}{2\pi \times 2a} = \dfrac{I}{4\pi a}$$

$$\therefore\ H_i = x\,H_e \text{에서 } x = \dfrac{H_i}{H_e} = \dfrac{\dfrac{I}{10\pi a}}{\dfrac{I}{4\pi a}} = 0.4$$

Comment

12, 13번 문제와 같이 다소 복잡해 보이는 계산문제는 합격 기준의 문제가 아니라고 보면 된다. 자격증 시험은 20문제 중 15개만 맞추어도 고득점으로 합격할 수 있다는 것을 항상 기억하길 바란다.

★★★ 기사 14년 3회 / 산업 06년 3회

14 반지름이 a인 무한히 긴 원통상의 도체에 전류 I가 균일하게 흐를 때 도체 내외에 발생하는 자계의 모양은? (단, 전류는 도체의 중심축에 대하여 대칭이고, 그 전류밀도는 중심에서의 거리 r의 함수로 주어진다고 한다.)

① 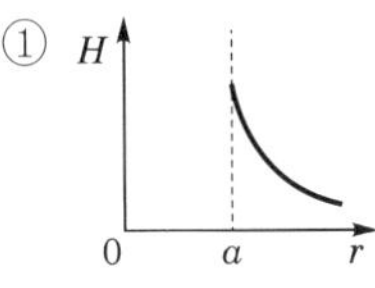

② 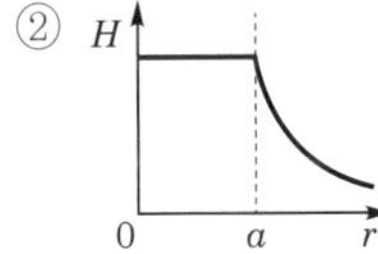

③ 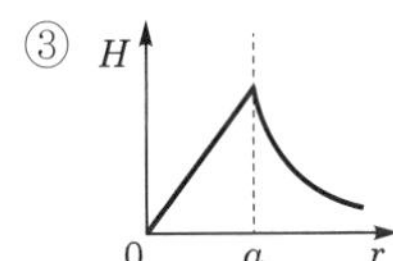

④ 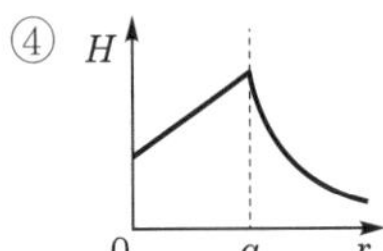

해설

㉠ 내부자계 $H_i = \dfrac{rI}{2\pi a^2}$ 이므로 내부자계는 거리 r에 비례한다.

㉡ 외부자계 $H_e = \dfrac{I}{2\pi r}$ 이므로 외부자계는 거리 r에 반비례한다.

정답 12. ③ 13. ② 14. ③

261

★★ 기사 94년 4회, 08년 3회

15 그림에서 직선도체 바로 아래 10[cm] 위치에 자침이 나란히 있다고 하면 이때의 자침에 작용하는 회전력은 몇 [N·m/rad]인가? (단, 도체의 전류는 10[A], 자침의 자극의 세기는 10^{-6}[Wb]이고, 자침의 길이는 10[cm]이다.)

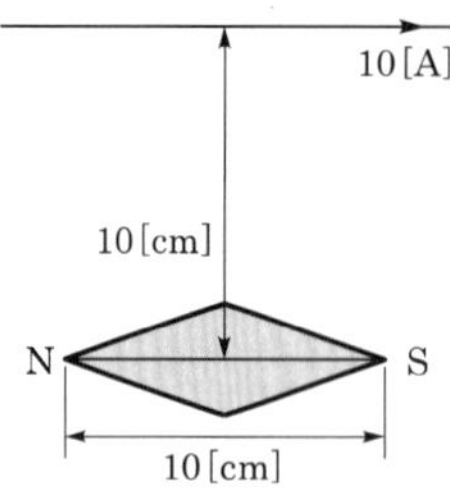

① 15.9×10^{-6}

② 79.5×10^{-7}

③ 1.59×10^{-6}

④ 7.95×10^{-7}

 **해설**

전류가 만드는 자계의 세기 $H = \dfrac{I}{2\pi r}$[A/m] 내에 자침이 놓이면 회전력이 발생된다.

$\therefore\ T = mHl\sin\theta$

$\qquad = 10^{-6} \times 0.1 \times \dfrac{10}{2\pi \times 0.1} \times 1$

$\qquad = 1.592 \times 10^{-6}$[N·m]

★★★★★ 기사 94년 6회, 95년 4회, 04년 1회, 08년 2회, 09년 3회, 12년 3회, 14년 2회

16 다음 중 무한 솔레노이드에 전류가 흐를 때에 대한 설명으로 가장 알맞은 것은?

① 내부자계는 위치에 상관없이 일정하다.

② 내부자계와 외부자계는 그 값이 같다.

③ 외부자계는 솔레노이드 근처에서 멀어질수록 그 값이 작아진다.

④ 내부자계의 크기는 0이다.

해설

솔레노이드의 내부자장(자계)은 평등자장이고, 외부자장은 0이다.

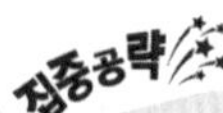

★★★ 기사 97년 4회, 05년 3회, 06년 1회, 11년 1회

17 평등자계를 얻는 방법으로 가장 알맞은 것은?

① 길이에 비하여 단면적이 충분히 큰 솔레노이드에 전류를 흘린다.

② 길이에 비하여 단면적이 충분히 큰 원통형 도선에 전류를 흘린다.

③ 단면적에 비하여 길이가 충분히 긴 원통형 도선에 전류를 흘린다.

④ 단면적에 비하여 길이가 충분히 긴 솔레노이드에 전류를 흘린다.

해설 솔레노이드의 특징

㉠ 솔레노이드 내부자계는 없다.

㉡ 솔레노이드의 외부자계는 평등자계이다.

$$H = \frac{NI}{l}\text{[AT/m]}$$

여기서, N : 권선수, l : 자계의 경로

㉢ 평등자계를 얻는 방법 : 단면적에 비하여 길이를 충분히 길게 한다.

★★★★★ 기사 96년 2회, 02년 2회 / 산업 95년 5회, 06년 2회, 07년 3회

18 그림과 같이 권수 N[회], 평균 반지름 r[m]인 환상 솔레노이드에 I[A]의 전류가 흐를 때 중심 0점의 자계의 세기는 몇 [AT/m]인가?

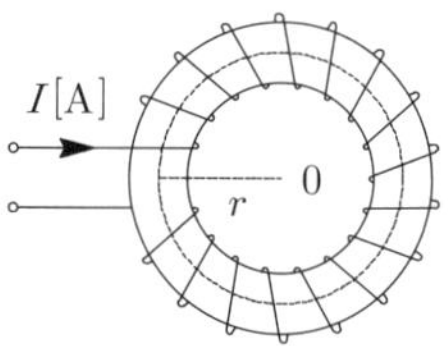

① 0

② NI

③ $\dfrac{NI}{2\pi r}$

④ $\dfrac{NI}{2\pi r^2}$

해설

환상 솔레노이드의 내부는 평등자장$\left(H = \dfrac{NI}{2\pi a}\text{[AT/m]} \right)$이고, 외부자장은 0이다.

★★ 기사 00년 2회, 11년 2회

19 무단(無斷) 솔레노이드의 자계를 나타내는 식은? (단, N은 코일 권선수, r은 평균 반지름, I는 코일에 흐르는 전류이다.)

① $\dfrac{NI}{2\pi}$[AT/m] 　② NI[AT/m]

③ $\dfrac{NI}{2\pi r}$[AT/m] 　④ $\dfrac{N}{r}$[AT/m]

☑ 해설

무단 솔레노이드＝환상 솔레노이드

$$H=\frac{NI}{l}=\frac{NI}{2\pi r}\text{[AT/m]}$$

★★★★ 기사 11년 1 · 2회 / 산업 09년 1회

20 철심을 넣은 환상 솔레노이드의 평균 반지름은 20[cm]이다. 코일에 10[A]의 전류가 흘려 내부자계의 세기를 2000[AT/m]로 하기 위한 코일의 권수는 약 몇 회인가?

① 200 　② 250

③ 300 　④ 350

☑ 해설

환상 솔레노이드의 자계의 세기 : $H=\dfrac{NI}{2\pi r}$[AT/m]

∴ 권선수 $N=\dfrac{2\pi r H}{I}=\dfrac{2\pi\times0.2\times2000}{10}=251.3$[T]

이므로 약 250회이다.

★★★ 기사 04년 3회

21 그림과 같은 안반지름 7[cm], 바깥반지름 9[cm]인 환상 철심에 감긴 코일의 기자력이 500[AT]일 때, 이 환상 철심 내단면의 중심부의 자계의 세기는 몇 [AT/m]인가?

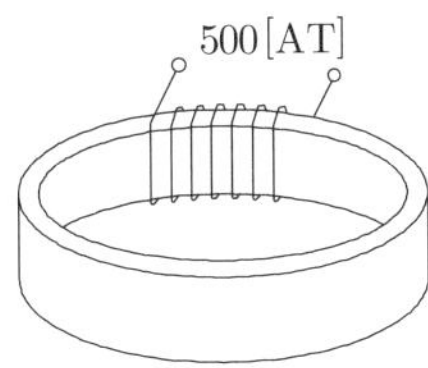

① $\dfrac{2778}{\pi}$ 　② $\dfrac{3125}{\pi}$

③ $\dfrac{3571}{\pi}$ 　④ $\dfrac{6349}{\pi}$

☑ 해설

기자력 $F=IN=500$[AT]이고, 환상 철심의 평균 반지름(철심 중심부까지의 거리)은 8[cm]이므로

∴ 자계의 세기

$$H=\frac{IN}{2\pi r}=\frac{500}{2\pi\times0.08}=\frac{3125}{\pi}\text{[AT/m]}$$

★ 기사 94년 4회, 01년 3회, 04년 1회, 15년 1회

22 자계의 세기 $H=xya_y-xza_z$[A/m]일 때 점(2, 3, 5)에서 전류밀도 J[A/m^2]는?

① $5a_x+3a_y$ 　② $3a_x+5a_y$

③ $5a_y+2a_z$ 　④ $5a_y+3a_z$

☑ 해설

전류밀도 $J=\mathrm{rot}H=\nabla\times H=\begin{vmatrix} a_x & a_y & a_z \\ \dfrac{\partial}{\partial x} & \dfrac{\partial}{\partial y} & \dfrac{\partial}{\partial z} \\ 0 & xy & xz \end{vmatrix}$

$$=za_y+ya_z\text{[A/m}^2\text{]}$$

$x=2$, $y=3$, $z=5$를 대입하면,

∴ $J=5a_y+3a_z$[A/m^2]

출제 03 **비오 – 사바르의 법칙**

★★★★ 산업 90년 2회, 06년 2회

23 그림과 같은 회로 C에 전류 I[A]가 흐를 때 C의 미소부분 dl에 의하여 거리 r[m]만큼 떨어진 P점의 자계 dH는 r[m]가 짓는 각을 θ라 할 때 M.K.S 합리화 단위계에서 어떤 것인가?

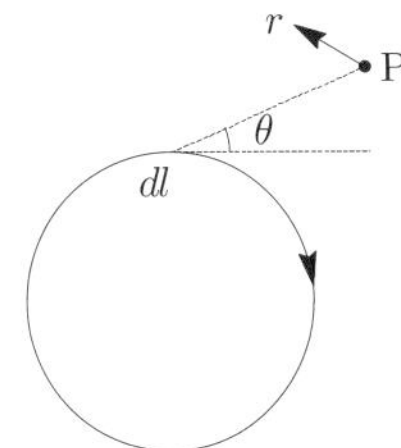

① $\dfrac{Idl\sin\theta}{4\pi r}$ 　② $\dfrac{4\pi\,Idl\sin\theta}{r^2}$

③ $\dfrac{Idl\sin\theta}{4\pi r^2}$ 　④ $\dfrac{Idl\sin\theta}{r^2}$

🔖 정답 19. ③ 20. ② 21. ② 22. ④ 23. ③

📐 해설

비오 – 사바르 법칙의 실험식(자계의 세기)

$$dH = \frac{I dl \sin\theta}{4\pi r^2} [\text{AT/m}]$$

★★★ 산업 09년 1회

24 진공 중의 M.K.S 유리화 단위계에서 정전하 간의 정전력 $F = \dfrac{Q_1 Q_2}{\alpha_0 R^2}$[N], 자하 간의 자기력 $F = \dfrac{m_1 m_2}{\beta_0 R^2}$[N] 및 전류와 자계 간의 전자력 $F = \dfrac{m I l \sin\theta}{\gamma_0 R^2}$[N]이다. 상수 α_0, β_0, γ_0 상호간의 관계식 $\dfrac{{\gamma_0}^2}{\alpha_0 \beta_0}$의 값은?

① 3×10^8 ② 3×10^{10}
③ 9×10^{16} ④ 9×10^{20}

📐 해설

㉠ 정전하 간의 정전력

$F = \dfrac{Q_1 Q_2}{4\pi\varepsilon_0 R^2}$[N]에서, $\alpha_0 = 4\pi\varepsilon_0 = \dfrac{1}{36\pi \times 10^9}$

㉡ 정자하 간의 자기력

$F = \dfrac{m_1 m_2}{4\pi\mu_0 R^2}$[N]에서, $\beta_0 = 4\pi\mu_0 = 4\pi \times 10^{-7}$

㉢ 전류와 자계 간의 전자력

$F = mH = \dfrac{m I l \sin\theta}{4\pi R^2}$[N]에서, $\gamma_0 = 4\pi$

$$\therefore \frac{{\gamma_0}^2}{\alpha_0 \beta_0} = \frac{(4\pi)^2}{4\pi\varepsilon_0 \times 4\pi\mu_0} = \frac{1}{\varepsilon_0 \mu_0} = \frac{1}{\dfrac{4\pi \times 10^{-7}}{36\pi \times 10^9}}$$

$$= 9 \times 10^{16}$$

★ 기사 02년 2회

25 그림과 같이 길이 l인 직선 도선에 직류 전류 I[A]가 흐를 때 점 P에서의 자계 H는?

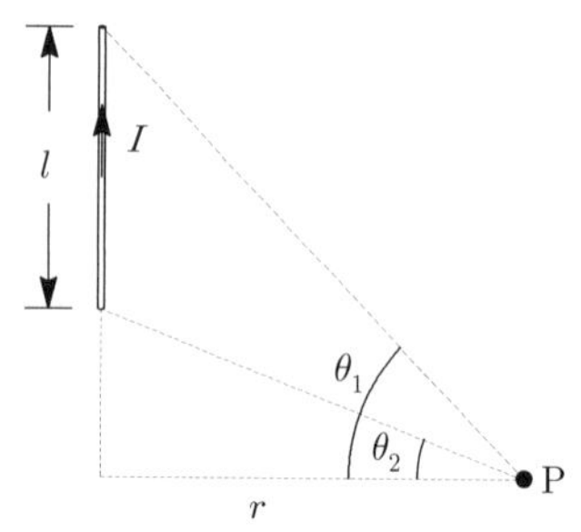

① $H = -\dfrac{I}{4\pi r}(\sin\theta_1 - \sin\theta_2)^2 a_x$

② $H = -\dfrac{I}{4\pi r}(\sin\theta_2 - \sin\theta_1) a_x$

③ $H = \dfrac{I}{4\pi r}(\sin\theta_2 - \sin\theta_1) a_x$

④ $H = \dfrac{I^2}{4\pi r}(\sin\theta_1 - \sin\theta_2) a_x$

📐 해설

$$H = \int_{\theta_2}^{\theta_1} dH = \int_{\theta_2}^{\theta_1} \frac{I}{4\pi r} \cos\theta \, d\theta$$

$$= \frac{I}{4\pi r}[\sin\theta]_{\theta_2}^{\theta_1} = \frac{I}{4\pi r}(\sin\theta_1 - \sin\theta_2)$$

$$= -\frac{I}{4\pi r}(\sin\theta_2 - \sin\theta_1)$$

★ 기사 95년 4회

26 그림과 같은 길이 $\sqrt{3}$[m]인 유한장 직선 도선에 π[A]의 전류가 흐를 때 도선의 일단 B에서 수직하게 1[m] 되는 P점의 자계의 세기는 몇 [AT/m]인가?

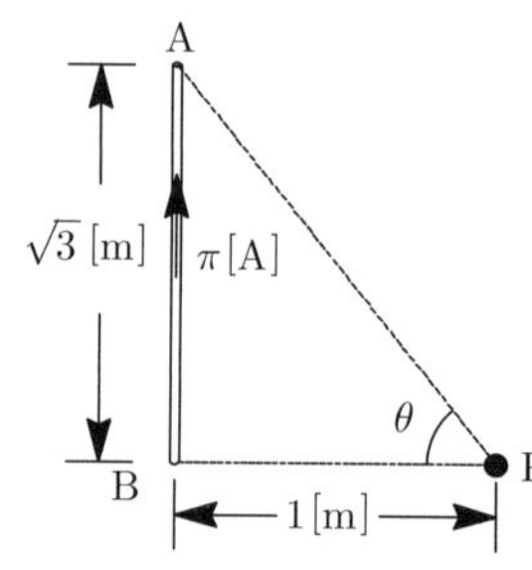

① $\dfrac{\sqrt{3}}{8}$ ② $\dfrac{\sqrt{3}}{4}$
③ $\dfrac{\sqrt{3}}{2}$ ④ $\sqrt{3}$

📐 해설

유한장 직선 전류에 의한 자계는

$H = \dfrac{I}{4\pi r}(\sin\theta_1 + \sin\theta_2)$에서 $\theta_2 = 0$이므로 자계의

세기 $H = \dfrac{I}{4\pi r} \times \sin\theta$가 된다.

여기서, 선분 $\overline{\text{AP}} = \sqrt{(\sqrt{3})^2 + 1^2} = 2$[m]이므로

$\sin\theta = \dfrac{\sqrt{3}}{2}$

$\therefore H = \dfrac{I}{4\pi r} \times \sin\theta = \dfrac{\pi}{4\pi r} \times \dfrac{\sqrt{3}}{2} = \dfrac{\sqrt{3}}{8}$[AT/m]

🔖 정답 24. ③ 25. ② 26. ①

27 한 변의 길이가 l[m]인 정사각형 도체에 전류 I[A]가 흐르고 있을 때 중심점 P의 자계의 세기는 몇 [A/m]인가?

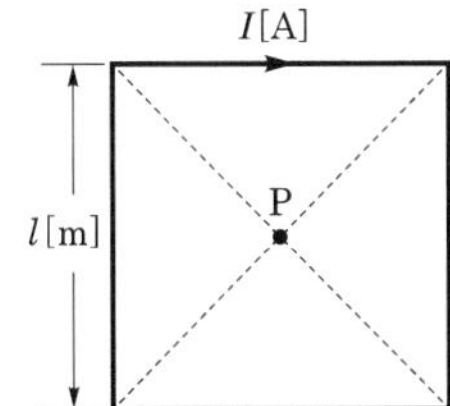

① $16\pi l I$

② $4\pi l I$

③ $\dfrac{\sqrt{3}\,\pi}{2l}I$

④ $\dfrac{2\sqrt{2}}{\pi l}I$

해설

한 변의 길이가 l[m]인 도체(코일)에 전류를 흘렸을 경우 도체 중심에서의 자계의 세기는 다음과 같다.

도체의 종류	도체 중심에서의 자계의 세기
정사각형 도체	$H = \dfrac{2\sqrt{2}\,I}{\pi l}$[A/m]
정삼각형 도체	$H = \dfrac{9\,I}{2\pi l}$[A/m]
정육각형 도체	$H = \dfrac{\sqrt{3}\,I}{\pi l}$[A/m]
정n각형 도체	$H = \dfrac{n\,I}{2\pi R}\tan\dfrac{\pi}{n}$[A/m]

집중공략

28 8[m] 길이의 도선으로 만들어진 정방향 코일에 π[A]가 흐를 때 정방향의 중심점에서의 자계의 세기는 몇 [A/m]인가?

① $\dfrac{\sqrt{2}}{2}$

② $\sqrt{2}$

③ $2\sqrt{2}$

④ $4\sqrt{2}$

해설

길이 8[m]의 도선으로 정사각형 도체를 만들었으므로 도체 한 변의 길이 $l=2$[m]가 된다.

∴ 정사각형 도체 중심의 자계

$$H = \frac{2\sqrt{2}\,I}{\pi l} = \frac{2\sqrt{2}\times\pi}{\pi\times 2} = \sqrt{2}\,[\text{A/m}]$$

29 그림과 같이 한 변의 길이가 l인 정삼각형 회로에 I[A]가 흐르고 있을 때 삼각형 중심에서의 자계의 세기는?

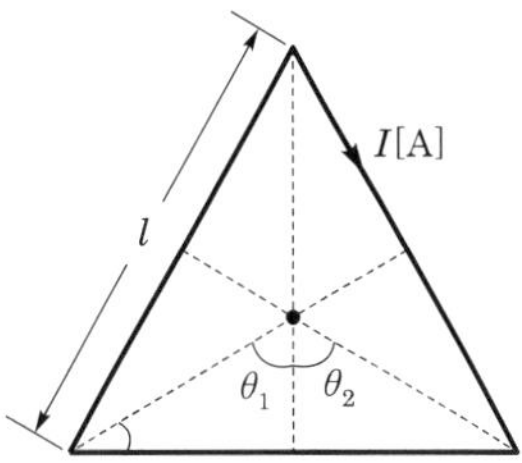

① $\dfrac{9I}{2\pi l}$

② $\dfrac{9I}{\pi l}$

③ $\dfrac{\sqrt{2}\,I}{2\pi l}$

④ $\dfrac{2\sqrt{2}\,I}{\pi l}$

해설

정삼각형 도체 중심의 자계 $H = \dfrac{9\,I}{2\pi l}$[A/m]

30 그림과 같이 한 변의 길이가 l[m]인 정육각형 회로에 전류 I[A]가 흐르고 있을 때 중심 자계의 세기는 몇 [A/m]인가?

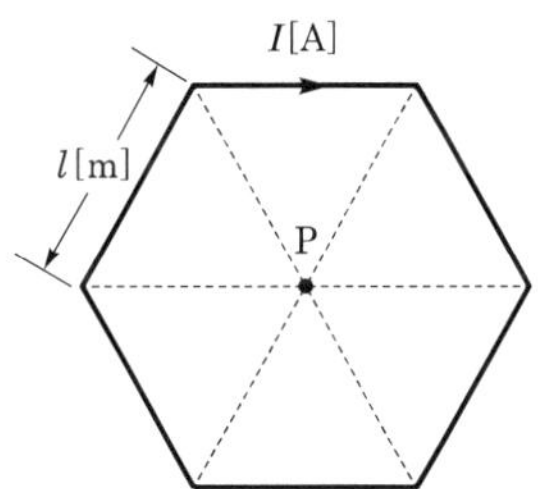

① $\dfrac{1}{2\sqrt{3}\,\pi l}\times I$

② $\dfrac{2\sqrt{2}}{\pi l}\times I$

③ $\dfrac{\sqrt{3}}{\pi l}\times I$

④ $\dfrac{\sqrt{3}}{2\pi l}\times I$

해설

정삼각형 도체 중심의 자계 $H = \dfrac{\sqrt{3}\,I}{\pi l}$[A/m]

★ 기사 96년 4회, 01년 3회

31 반경 R[m]인 원에 내접하는 정육각형의 회로에 전류 I[A]가 흐를 때 원 중심점에서의 자속밀도는 몇 [Wb/m^2]인가?

① $\dfrac{\mu_0 I}{\pi R}\cos\dfrac{\pi}{6}$

② $\dfrac{3\mu_0 I}{\pi R}\tan\dfrac{\pi}{6}$

③ $\dfrac{I}{2\pi\mu_0 R}\tan\dfrac{\pi}{6}$

④ $2\mu_0 R\tan\dfrac{\pi}{6}$

해설

자속밀도 $B=\mu_0 H$에서 정 n각형 중심에서의 자계의 세기

$H=\dfrac{nI}{2\pi R}\tan\dfrac{\pi}{n}$ 이므로

$\therefore\ B=\mu_0 H=\dfrac{\mu_0 nI}{2\pi R}\tan\dfrac{\pi}{n}=\dfrac{\mu_0 6I}{2\pi R}\tan\dfrac{\pi}{6}$

$\qquad=\dfrac{3\mu_0 I}{\pi R}\tan\dfrac{\pi}{6}$ [Wb/m^2]

Comment

도체 중심의 자계를 구하는 문제 중 원형 코일, 정사각형, 정삼각형, 정육각형에 관련된 문제가 출제빈도가 높고, 그 외에는 출제빈도가 낮은 편이다.

★★ 기사 91년 6회, 96년 6회, 10년 2회

32 $z=0$인 평면상에 중심이 원점에 있고, 반경이 a[m]인 원형 도체에 그림과 같이 전류 I[A]가 흐를 때 $z=b$인 점에서 자계의 세기 H[AT/m]는? (단, a_z는 단위 벡터이다.)

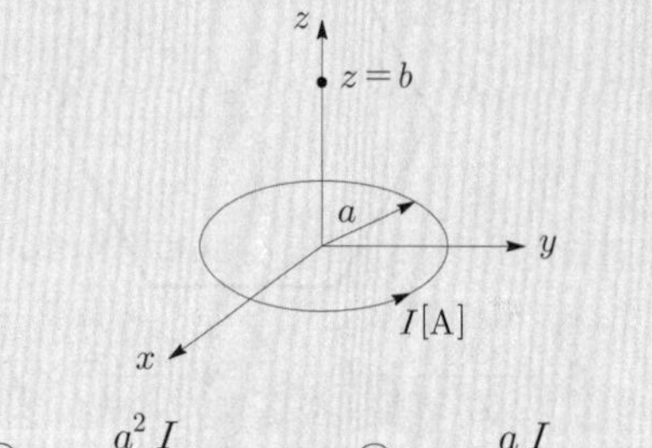

① $\dfrac{a^2 I}{2(a^2+b^2)^3}a_z$

② $\dfrac{a I}{2(a^2+b^2)^{\frac{3}{2}}}a_z$

③ $\dfrac{a^2 I}{2(a^2+b^2)^{\frac{3}{2}}}a_z$

④ $\dfrac{a^2 I}{2(a^2+b^2)^2}a_z$

해설

원형 선전류에 의한 자계

$H=\dfrac{a^2 I}{2R^3}=\dfrac{a^2 I}{2(a^2+b^2)^{\frac{3}{2}}}$ [AT/m]

★ 기사 08년 2회, 17년 3회

33 반지름 1[cm]인 원형 코일에 전류 10[A]가 흐를 때, 코일의 중심에서 코일면에 수직으로 $\sqrt{3}$ [cm] 떨어진 점의 자계의 세기는 몇 [A/m]인가?

① $\dfrac{1}{16}\times10^3$[A/m]

② $\dfrac{3}{16}\times10^3$[A/m]

③ $\dfrac{5}{16}\times10^3$[A/m]

④ $\dfrac{7}{16}\times10^3$[A/m]

해설

원형 선전류에 의한 자계

$H=\dfrac{a^2 I}{2(a^2+x^2)^{\frac{3}{2}}}$

$\quad=\dfrac{(10^{-2})^2\times10}{2\left[(10^{-2})^2+(\sqrt{3}\times10^{-2})^2\right]^{\frac{3}{2}}}$

$\quad=\dfrac{1}{16}\times10^3$[A/m]

★★ 기사 89년 6회, 95년 4회, 10년 3회

34 반경이 a[m]이고, $\pm z$에 원형 선로 루프들이 놓여 있다. 그림과 같은 방향으로 전류 I[A]가 흐를 때 원점의 자계 세기 H[A/m]를 구하면? (단, $\overrightarrow{a_z}$, $\overrightarrow{a_\phi}$는 단위 벡터이다.)

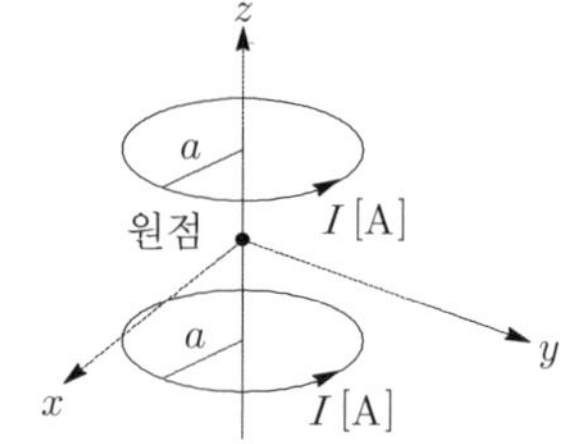

① $\dfrac{Ia^2\,\overrightarrow{a_z}}{2(a^2+z^2)^{\frac{3}{2}}}$

② $\dfrac{Ia^2\,\overrightarrow{a_\phi}}{2(a^2+z^2)^{\frac{3}{2}}}$

③ $\dfrac{Ia^2\,\overrightarrow{a_z}}{(a^2+z^2)^{\frac{3}{2}}}$

④ $\dfrac{Ia^2\,\overrightarrow{a_\phi}}{(a^2+z^2)^{\frac{3}{2}}}$

정답 31. ② 32. ③ 33. ① 34. ③

[해설]

㉠ 원형 선전류에 의한 자계

$$H = \frac{a^2 I}{2R^3} = \frac{a^2 I}{2(a^2 + z^2)^{\frac{3}{2}}} \, [\text{A/m}]$$

㉡ 원점에서 두 원형 선전류에 의한 자계는 모두 z축으로 향한다. 따라서 ㉠의 2배를 취하면 다음과 같다.

$$\therefore \ H = \frac{a^2 I}{(a^2 + z^2)^{\frac{3}{2}}} \, \overrightarrow{a_z} \, [\text{A/m}]$$

★★★★ 기사 13년 2회 / 산업 96년 6회, 99년 4회, 03년 3회, 16년 3회, 18년 1회

35 반지름 a[m]인 원형 회로에 전류 I[A]가 흐르고 있을 때 원의 중심 0에서의 자계의 세기는 몇 [A/m]인가?

① 0

② $\dfrac{I}{2a}$

③ $\dfrac{I}{2\pi a}$

④ $\dfrac{I}{2\pi \mu_0 a}$

[해설]

원형 코일 중심의 자계 $\dfrac{I}{2a}$ [A/m]

★★★★ 기사 98년 2회, 11년 3회 / 산업 01년 3회, 04년 1회, 05년 2회, 08년 2회

36 반지름이 2[m], 권수가 100회인 원형 코일의 중심에 30[AT/m]의 자계를 발생시키려면 몇 [A]의 전류를 흘려야 하는가?

① 1.2[A]

② 1.5[A]

③ $\dfrac{150}{\pi}$ [A]

④ 150[A]

[해설]

원형 코일 중심의 자계 $H = \dfrac{NI}{2a}$ [AT/m]에서

$$\therefore \ \text{전류} \ I = \frac{2aH}{N} = \frac{2 \times 2 \times 30}{100} = 1.2 \, [\text{A}]$$

★★★ 산업 88년 6회, 08년 1회, 12년 2회

37 전류의 세기가 I[A], 반지름 r[m]인 원형 선전류 중심에 m[Wb]인 가상 점자극을 둘 때 원형 선전류가 받는 힘은 몇 [N]인가?

① $\dfrac{m I}{2\pi r}$

② $\dfrac{m I}{2r}$

③ $\dfrac{m I^2}{2\pi r}$

④ $\dfrac{m I}{2\pi r^2}$

[해설]

㉠ 원형 선전류에 의해 코일 중심에는 $H = \dfrac{I}{2r}$ [A/m]의 자계가 발생한다.

㉡ 이때 코일 중심에 점자극 m을 두면 전자력 $F = mH$가 발생하고, 동시에 원형 코일에도 동일 크기의 전자력이 발생된다. 단, 원형 코일과 점자극은 서로 반대 방향으로 힘이 발생된다.

$\therefore$ 원형 선전류가 받는 힘

$$F = mH = m\frac{I}{2r} = \frac{mI}{2r} \, [\text{N}]$$

★★ 산업 06년 1회, 07년 2회

38 그림과 같이 반지름 r[m]인 원의 임의의 2점 a, b(각 θ) 사이에 전류 I[A]가 흐른다. 원의 중심 0의 자계의 세기는 몇 [A/m]인가?

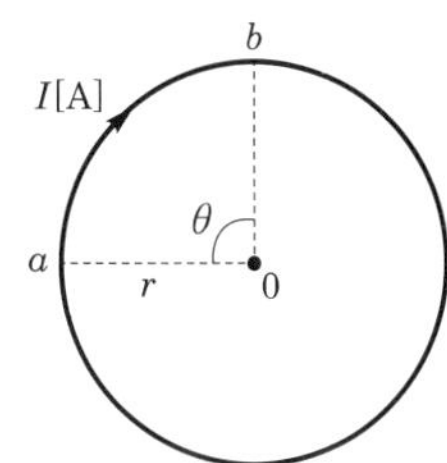

① $\dfrac{I\theta}{4\pi r^2}$

② $\dfrac{I\theta}{4\pi r}$

③ $\dfrac{I\theta}{2\pi r^2}$

④ $\dfrac{I\theta}{2\pi r}$

[해설]

원형 코일 중심의 자계 $\dfrac{I}{2r}$ [A/m]에서 θ만큼 이동한 비율값이 $\dfrac{\theta}{2\pi}$ 이므로

$$\therefore \ H = \frac{I}{2r} \times \frac{\theta}{2\pi} = \frac{I\theta}{4\pi r} \, [\text{A/m}]$$

★ 기사 92년 2회, 12년 3회

39 그림과 같은 원형 코일이 두 개가 있다. A의 권선수는 1회, 반지름 1[m], B의 권선수는 2회, 반지름은 2[m]이다. A와 B의 코일 중심을 겹쳐 두면 중심에서의 자계가 A만 있을 때의 2배가 된다. A와 B의 전류비 $\dfrac{I_B}{I_A}$ 는?

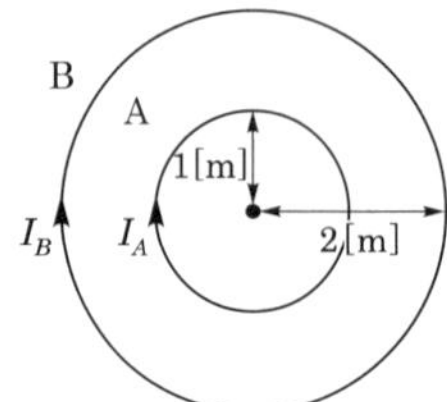

① 1
② 2
③ 3
④ 4

해설

원형 코일 중심의 자계의 세기 $H=\dfrac{NI}{2r}$ [AT/m]에서

(r : 원형 코일의 반경)

㉠ A코일의 자계의 세기

$$H_A = \frac{N_1 I_A}{2a} = \frac{I_A}{2\times 1} = \frac{I_A}{2}$$

㉡ B코일의 자계의 세기

$$H_B = \frac{N_2 I_B}{2b} = \frac{2I_B}{2\times 2} = \frac{I_B}{2}$$

㉢ 두 코일을 포개고 각 코일에 전류를 같은 방향으로 흘려 코일의 중심 자계의 세기가 A코일만 있을 때의 2배라고 하였으므로

$$\therefore \frac{H_A + H_B}{H_A} = \frac{\dfrac{I_A}{2}+\dfrac{I_B}{2}}{\dfrac{I_A}{2}} = 2$$

이것을 정리하면 $I_A + I_B = 2I_A$ 에서 $I_B = I_A$ 이므로

$$\frac{I_B}{I_A} = 1 \text{이다.}$$

★ 기사 00년 2회, 13년 3회 / 산업 04년 1회

40 길이 l[m]의 도체로 원형 코일을 만들어 일정 전류를 흘릴 때 M회 감았을 때의 중심 자계는 N회 감았을 때의 중심 자계의 몇 배인가?

① $\dfrac{M}{N}$
② $\dfrac{M^2}{N^2}$
③ $\dfrac{N}{M}$
④ $\dfrac{N^2}{M^2}$

해설

㉠ 도체의 길이 $l = 2\pi a_M M = 2\pi a_N N$ 이므로

$$a_M = \frac{l}{2\pi M}, \quad a_N = \frac{l}{2\pi N} \text{이 된다.}$$

여기서, a_M, a_N : 도체를 M번 또는 N번 감았을 때의 원의 반지름

㉡ 원형 코일 중심의 자계 $H=\dfrac{NI}{2a}$[AT/m]에서 $\dfrac{H_M}{H_N}$ 을 구해보면 다음과 같다.

$$\therefore \frac{H_M}{H_N} = \frac{\dfrac{MI}{2a_m}}{\dfrac{NI}{2a_n}} = \frac{\dfrac{MI}{2\times\dfrac{l}{2\pi M}}}{\dfrac{NI}{2\times\dfrac{l}{2\pi N}}} = \left(\frac{M}{N}\right)^2$$

출제 04 **자계 중 전류의 작용력**

★★★ 산업 95년 2회, 02년 2회, 05년 3회

41 전류 및 자계와 직접 관련이 없는 것은?

① 앙페르의 오른손법칙
② 플레밍의 왼손법칙
③ 비오-사바르의 법칙
④ 렌츠의 법칙

해설

④ 렌츠의 법칙 : 전자유도현상에 따른 유도기전력의 방향

★★★ 기사 04년 1회, 05년 3회, 13년 3회 / 산업 91년 6회, 16년 3회, 17년 2회

42 전류가 흐르는 도선을 자계 안에 놓으면 이 도선에 힘이 작용한다. 평등자계의 진공 중에 놓여 있는 직선 전류 도선이 받는 힘에 대하여 옳은 것은?

① 전류의 세기에 반비례한다.
② 도선의 길이에 비례한다.
③ 자계의 세기에 반비례한다.
④ 전류와 자계의 방향이 이루는 각의 탄젠트 각에 비례한다.

해설

전자력 $F = BIl\sin\theta$[N]이므로 도선의 길이에 비례한다.

★★★ 기사 91년 2회, 96년 6회, 00년 6회 / 산업 89년 6회, 03년 3회

43 자계 안에 놓여 있는 전류 회로에 작용하는 힘 F에 대한 식으로 옳은 것은?

① $F = \oint_c Idl \times B$

② $F = \oint_c I \cdot B \times dl$

③ $F = \oint_c IB \cdot dl$

④ $F = \oint_c I^2 H \cdot dl$

해설 플레밍의 왼손법칙

전자력 $F = IBl\sin\theta$
$$= (\vec{I} \times \vec{B})l$$
$$= \oint_c Idl \times B \, [\text{N}]$$

★★★ 산업 91년 6회, 96년 6회, 00년 6회, 09년 1회

44 공기 중에서 12[Wb/m^2]인 평등자계 내에 길이 80[cm]인 도선을 자계에 대하여 $30°$의 각을 이루는 위치에 두었을 때 24[N]의 힘을 받았다면 도선에 흐르는 전류는 몇 [A]인가?

① 2　　　　② 3

③ 4　　　　④ 5

해설

플레밍의 왼손법칙에 의해 전류는 다음과 같다.

$$I = \frac{F}{Bl\sin\theta}$$
$$= \frac{24}{12 \times 0.8 \times \sin 30°} = 5[\text{A}]$$

★★★ 산업 94년 4회

45 자계 내에서 도선에 전류를 흘려 보낼 때, 도선을 자계에 대해 $60°$의 각으로 놓았을 때 작용하는 힘은 $30°$각으로 놓았을 때 작용하는 힘의 몇 배인가?

① 1.2　　　　② 1.7

③ 2.4　　　　④ 3.6

해설 플레밍의 왼손법칙

$$\frac{F_{60}}{F_{30}} = \frac{IBl\sin 60°}{IBl\sin 30°} = \frac{\sin 60°}{\sin 30°} = \frac{\frac{\sqrt{3}}{2}}{\frac{1}{2}} = 1.732$$

★ 기사 05년 2회, 13년 2회

46 그림과 같이 전류가 흐르는 반원형 도선이 평면 $z = 0$상에 놓여 있다. 이 도선이 자속밀도 $B = 0.8a_x - 0.7a_y + a_z$[Wb/m^2]인 균일 자계 내에 놓여 있을 때 도선의 직선부분에 작용하는 힘은 몇 [N]인가?

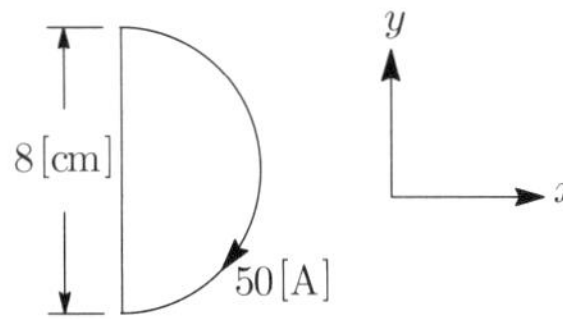

① $4a_x + 3.2a_z$　　　　② $4a_x - 3.2a_z$

③ $5a_x - 3.5a_z$　　　　④ $-5a_x + 3.5a_z$

해설 플레밍의 왼손법칙

자기장 속에 있는 도선에 전류가 흐르면 도선에는 전자력이 발생된다. 이때 도선의 직선부분에서의 전류는 y축 방향으로 흐르므로 전류 $I = 50a_y$가 된다.

$$\therefore \ F = (I \times B)l$$
$$= [50a_y \times (0.8a_x - 0.7a_y + a_z)]0.08$$
$$= (-40a_z + 50a_x)0.08$$
$$= 4a_x - 3.2a_z \, [\text{N}]$$

출제 05 ▶ **평행도체 전류 사이의 작용력**

★★ 산업 90년 6회, 95년 6회

47 서로 같은 방향으로 전류가 흐르고 있는 나란한 두 도선 사이에는 어떤 힘이 작용하는가?

① 서로 미는 힘

② 서로 당기는 힘

③ 하나는 밀고, 하나는 당기는 힘

④ 회전하는 힘

정답　43. ①　44. ④　45. ②　46. ②　47. ②

㉠ 평행도선 사이에 작용하는 힘(전자력)
- 전류가 동일 방향으로 흐를 경우 : 흡인력
- 전류가 반대 방향으로 흐를 경우 : 반발력
㉡ 두 도체 사이의 전자력

$$F = \frac{2I_1 I_2}{d} \times 10^{-7} [\text{N/m}]$$

★★★ 기사 92년 6회, 99년 6회, 03년 2회

48 평행한 두 도선 간의 전자력은? (단, 두 도선 간의 거리는 r[m]라 한다.)

① r^2에 반비례

② r^2에 비례

③ r에 반비례

④ r에 비례

해설
47번 문제 해설 참조

★★ 산업 00년 4회, 05년 1회 추가

49 그림과 같이 정사각형의 가요성 전선에 대전류를 흘리면 그 형상은 대체적으로 어떻게 되겠는가?

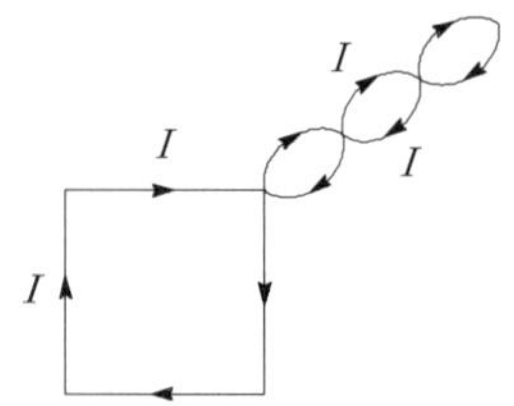

① 삼각형의 모양이 된다.

② 직사각형의 모양이 된다.

③ 원형의 모양이 된다.

④ 타원형의 모양이 된다.

해설 **스트레치 효과**
전류 방향이 서로 반대 방향이므로 각 도선들이 반발하여 원형의 모양이 된다.

★★ 산업 91년 2회, 00년 6회

50 그림과 같이 x, y, z를 직각좌표라 하고, 무한장 직선 도선 l이 z축상에 있으며 이것에 z의 +방향으로 전류 i_1이 흐르고 있다. 그리고 $y-z$면상에 직사각형 도선 A, B, C, D가 있고, 이것에 AB, CD방향으로 전류 i_2가 흐르고 있을 때 z의 +방향으로 힘이 발생하는 변은?

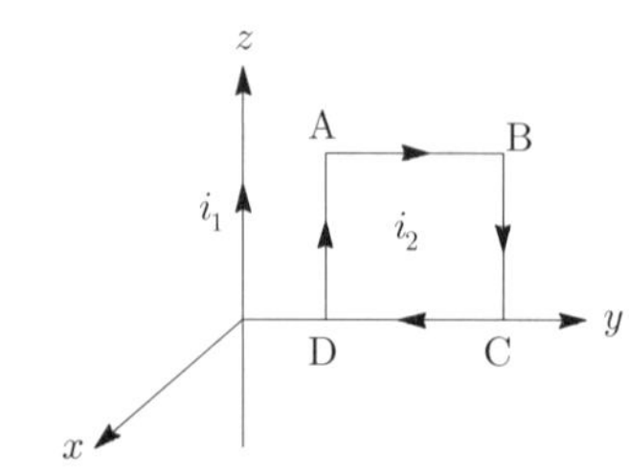

① AB

② BC

③ CD

④ DA

해설
순환되는 전류(i_2)에 대해 도선의 평형인 부분(AB와 CD 또는 BC와 DA)은 전류가 반대로 흐르므로 반발력이 작용한다. 따라서 z의 +방향으로 힘이 발생하는 변은 AB변이다.

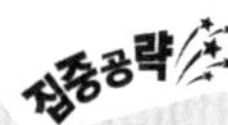

★★★ 기사 11년 2회, 16년 3회 / 산업 99년 6회, 03년 1회, 05년 3회, 17년 3회

51 간격이 1.5[m]이고 평행한 무한히 긴 단상 송전선로가 가설되었다. 여기에 선간전압 6600[V], 3[A]를 송전하면 단위길이당 작용하는 힘은?

① 1.2×10^{-3}[N/m], 흡인력

② 5.89×10^{-5}[N/m], 흡인력

③ 1.2×10^{-6}[N/m], 반발력

④ 6.28×10^{-7}[N/m], 반발력

해설
단상 선로는 왕복 전류이므로 서로 반발력이 작용하고, 전류의 크기는 같다($I_1 = I_2 = I$).

$$\therefore \text{전자력 } F = \frac{2I^2}{d} \times 10^{-7} = \frac{2 \times 3^2 \times 10^{-7}}{1.5}$$
$$= 12 \times 10^{-7} = 1.2 \times 10^{-6} [\text{N/m}]$$

정답 48. ③ 49. ③ 50. ① 51. ③

★★★ 기사 10년 2회, 12년 2회

52 두 개의 길고 직선인 도체가 평행으로 그림과 같이 위치하고 있다. 각 도체에는 10[A]의 전류가 같은 방향으로 흐르고 있으며, 이격거리는 0.2[m]일 때 아래 도체의 단위길이당 힘은? (단, a_x, a_z는 단위벡터이다.)

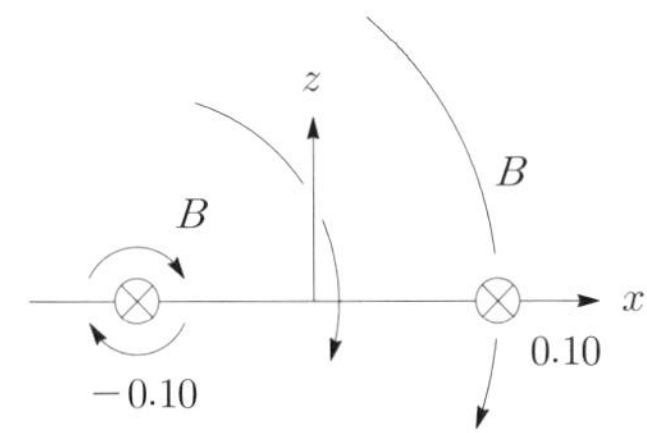

① $10^{-2}(-a_x)$[N/m]

② $10^{-4}(-a_x)$[N/m]

③ $10^{-2}(-a_z)$[N/m]

④ $10^{-4}(-a_z)$[N/m]

☑ 해설

㉠ 전자력 $F = \dfrac{2I_1 I_2}{r} \times 10^{-7}$

$\qquad = \dfrac{2 \times 10^2 \times 10^{-7}}{0.2}$

$\qquad = 10^{-4}$[N/m]

㉡ 전류가 동일 방향으로 흐르면 두 평행도체 사이에는 흡인력이 발생하므로 도체에서 작용하는 힘의 방향은 $-a_x$가 된다.

출제 06 ▶ 로렌츠의 힘

★★ 기사 10년 2회

53 평등자계 내의 내부로 ⓐ자계와 평행한 방향, ⓑ자계와 수직인 방향으로 일정 속도의 전자를 입사시킬 때 전자의 운동 궤적을 바르게 나타낸 것은?

① ⓐ 원, ⓑ 타원

② ⓐ 직선, ⓑ 타원

③ ⓐ 직선, ⓑ 원

④ ⓐ 원, ⓑ 원

☑ 해설

㉠ 운동 전하가 평등자계에 대하여 수직으로 입사 시 : 등속 원운동

㉡ 운동 전하가 평등자계에 대하여 수평으로 입사 시 : 등속 직선운동

㉢ 운동 전하가 평등자계에 대하여 비스듬히 입사 시 : 등속 나선운동

★★ 기사 17년 3회 / 산업 03년 3회, 06년 3회

54 평등자계 내에 수직으로 돌입한 전자의 궤적은?

① 원운동을 하는 반지름은 자계의 세기에 비례한다.

② 구면 위에서 회전하고, 반지름은 자계의 세기에 비례한다.

③ 원운동을 하고, 반지름은 전자의 처음 속도에 반비례한다.

④ 원운동을 하고, 반지름은 자계의 세기에 반비례한다.

☑ 해설

운동 전하가 평등자계에 대하여 수직 입사하면 등속 원운동하며, 원운동 조건은 구심력 또는 원심력$\left(\dfrac{mv^2}{r}\right)$과 전자력$(vBq)$이 같아야 한다.

㉠ 원운동 조건 : $\dfrac{mv^2}{r} = vBq$

  여기서, m : 질량[kg]

  $\qquad\quad B$: 자속밀도[Wb/m²]

  $\qquad\quad q$: 전하[C]

㉡ 전자의 궤도(원운동을 하는 반지름) : $r = \dfrac{mv}{Bq}$[m]

㉢ 전자의 이동속도 : $v = \dfrac{Bqr}{m}$[m/s]

㉣ 각속도 : $\omega = \dfrac{v}{r} = \dfrac{v}{\dfrac{mv}{Bq}} = \dfrac{Bq}{m}$[rad/m]

㉤ 주기 : $\omega = 2\pi f = \dfrac{2\pi}{T} = \dfrac{Bq}{m}$에서

  주기 $T = \dfrac{2\pi m}{Bq}$[sec]

㉥ 원 한 바퀴 돌 때의 등가전류

  $: I = \dfrac{Q}{T} = \dfrac{\omega Q}{2\pi} = \dfrac{BqQ}{2\pi m}$[A]

정답 52. ② 53. ③ 54. ④

★★★★ 기사 95년 6회, 13년 2회, 14년 2회 / 산업 01년 2회, 12년 1회, 16년 1회

55 전하 q[C]이 진공 중의 자계 H[AT/m]에 수직방향으로 v[m/s]의 속도로 움직일 때 받는 힘은 몇 [N]인가? (단, μ_0는 진공의 투자율이다.)

① $\dfrac{qH}{\mu_0 v}$

② qvH

③ $\dfrac{qvH}{\mu_0}$

④ $\mu_0 qvH$

해설 전하가 자계 속에서 받는 힘 (전자력, 로렌츠의 힘)

$$F = vBq = v\mu_0 Hq \text{[N]}$$

Comment

문제에서 전하를 전자로 표현해서 e[C]으로 출제될 때가 있다. 이러한 경우 힘은 $F = vBe$[N]이 된다.

★★ 산업 16년 2회

56 자속밀도가 B인 곳에 전하 Q, 질량 m인 물체가 자속밀도 방향과 수직으로 입사한다. 속도를 2배로 증가시키면 원운동의 주기는 몇 배가 되는가?

① $\dfrac{1}{2}$

② 1

③ 2

④ 4

해설

주기는 $T = \dfrac{2\pi m}{Bq}$[sec]이므로 속도와는 관계없다. 따라서 1배가 된다.

★ 기사 98년 2회, 03년 2회

57 균일한 자계에 수직으로 입사한 수소이온의 원운동의 주기는 $2\pi \times 10^{-5}$[sec]이다. 이 균일 자계의 자속밀도는 몇 [Wb/m²]인가? (단, 수소이온의 전하와 질량의 비는 2×10^7[C/kg]이다.)

① 2×10^{-3}

② 3.5×10^{-3}

③ 5×10^{-3}

④ $2\pi \times 10^{-3}$

해설

원운동 조건 : $\dfrac{mv^2}{r} = vBq$

여기서, m : 질량[kg]

$\quad\quad\;\; B$: 자속밀도[Wb/m²]

$\quad\quad\;\; q$: 전하[C]

$$\therefore B = \frac{mv}{qr} = \frac{m}{q} \cdot \frac{v}{r} = \frac{m}{q} \cdot \omega = \frac{m}{q} \cdot \frac{2\pi}{T}$$

$$= \frac{1}{2 \times 10^7} \times \frac{2\pi}{2\pi \times 10^{-5}} = \frac{1}{200}$$

$$= 5 \times 10^{-3} \text{[Wb/m²]}$$

★★ 기사 12년 1회

58 평등자계와 직각 방향으로 일정한 속도로 발사된 전자의 원운동에 관한 설명 중 옳은 것은?

① 플레밍의 오른손법칙에 의한 로렌츠의 힘과 원심력의 평형 원운동이다.

② 원의 반지름은 전자의 발사속도와 전계의 세기의 곱에 반비례한다.

③ 전자의 원운동 주기는 전자의 발사속도와 관계되지 않는다.

④ 전자의 원운동 주파수는 전자의 질량에 비례한다.

해설

① 플레밍의 오른손법칙이 아니라 왼손법칙에 의한 로렌츠의 힘으로 원운동하게 된다.

② 원의 반지름은 $\dfrac{mv}{Bq} = \dfrac{mv}{\mu_0 Hq}$[m]가 되어 자계의 세기에 반비례한다.

③ 원운동 주기는 $T = \dfrac{2\pi m}{Bq}$[sec]가 되어 속도와는 관계되지 않는다.

④ 각속도 $\omega = 2\pi f = \dfrac{Bq}{m}$에서 주파수는 $f = \dfrac{Bq}{2\pi m}$ [Hz]가 되어 질량과 반비례한다.

★★★ 기사 90년 2회, 12년 3회 / 산업 17년 1회

59 자장 $B = 3a_x - 5a_y - 6a_x$[Wb/m²] 내에서 점전하 0.2[C]이 속도 $v = 4a_x - 2a_y - 3a_z$[m/s]로 움직일 때 이 점전하에 작용하는 힘의 크기는 몇 [N]이 되는가?

① 6.98[N]

② 2.58[N]

③ 4.15[N]

④ 5.67[N]

정답 55. ④ 56. ② 57. ③ 58. ③ 59. ③

해설

자계 내 운동 전하가 받는 힘
$F = vBq\sin\theta = (\vec{v}\times\vec{B})$에서
$\therefore$ 전자력

$$F = q(v\times B) = 0.2\begin{vmatrix} a_x & a_y & a_z \\ 4 & -2 & -3 \\ 3 & -5 & -6 \end{vmatrix}$$

$$= 0.2(-3\,a_x + 15\,a_y - 14\,a_z)$$
$$= -0.6a_x + 3a_y - 2.8a_z$$
$$= \sqrt{0.6^2 + 3^2 + 2.8^2}$$
$$= 4.15[\text{N}]$$

★★★ 기사 95년 4회, 99년 3회, 15년 1·3회 / 산업 17년 3회

60 2[C]의 점전하가 전계 $E = 2a_x + a_y - 4a_z$ [V/m] 및 자계 $B = -2a_x + 2a_y - a_z$[Wb/m²] 내에서 속도 $v = 4a_x - a_y - 2a_z$[m/s]로 운동하고 있을 때 점전하에 작용하는 힘 F 는 몇 [N]인가?

① $10a_x + 18a_y + 4a_z$

② $14a_x - 18a_y - 4a_z$

③ $-14a_x + 18a_y + 4a_z$

④ $14a_x + 18a_y + 4a_z$

해설

전계와 자계 내에서 운동 전하가 받는 힘
$F = F_e + F_m = qE + q(v\times B)[\text{N}]$
㉠ 전기력
$$F_e = qE = 2(2a_x + a_y - 4a_z)$$
$$= 4a_x + 2a_y - 8a_z[\text{N}]$$
㉡ 전자력
$$F_m = q(v\times B) = q\begin{bmatrix} a_x & a_y & a_z \\ 4 & -1 & -2 \\ -2 & 2 & -1 \end{bmatrix}$$
$$= 2[(1+4)a_x + (4+4)a_y + (8-2)a_z]$$
$$= 10a_x + 16a_y + 12a_z$$
$$\therefore\ F = F_e + F_m = 14a_x + 18a_y + 4a_z$$

정답 60. ④

09

자성체와 자기회로

기사 14.00% 출제
산업 11.50% 출제

이렇게 공부하세요!!

출제경향분석

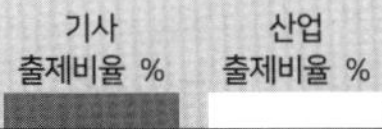

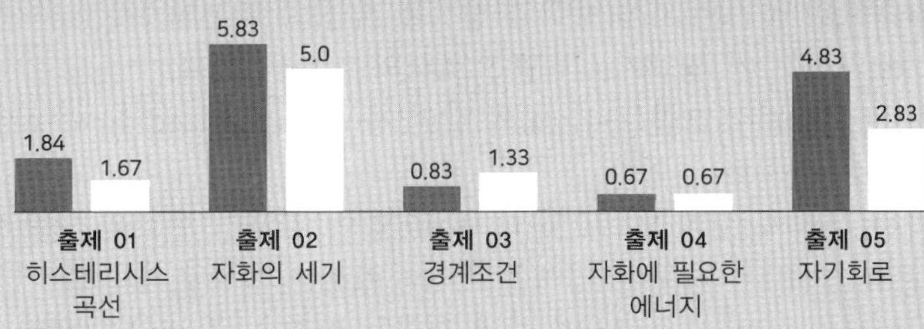

출제포인트

☑ 히스테리시스 곡선의 특징과 손실 공식을 알고 있다.

☑ 영구자석과 전자석의 히스테리시스 곡선에 따른 특징을 알고 있다.

☑ 자계의 세기와 자화의 세기의 관계 공식을 알고 있다.

☑ 감자력의 특징과 감자력이 0인 철심에 대해서 알고 있다.

☑ 서로 다른 자성체 경계면에서 자기력선 및 자속선의 굴절현상에 대해서 알고 있다.

☑ 철편의 흡인력, 자계에너지 공식을 알고 있다.

☑ 전기회로와 자기회로의 공식(기자력, 자기저항, 자속 등)을 알고 있다.

☑ 철심에 공극이 발생했을 때 자기저항의 증가율 공식에 대해서 알고 있다.

기사 1.84% 출제 ㅣ 산업 1.67% 출제

출제 01 히스테리시스 곡선

쌤 Comment

이번 단원에서는 히스테리시스 곡선에서 횡축과 종축의 성분, 그리고 횡축과 종축에 만나는 점 그리고 영구자석과 전자석의 특징에 대해서 물어본다.

1 자화현상

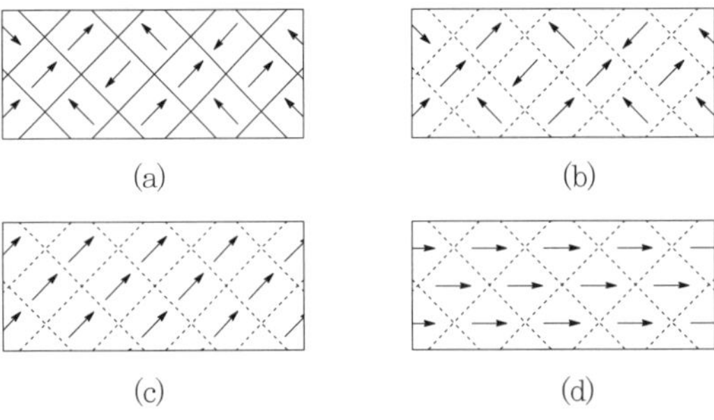

‖그림 9-1‖ 전자의 자전운동

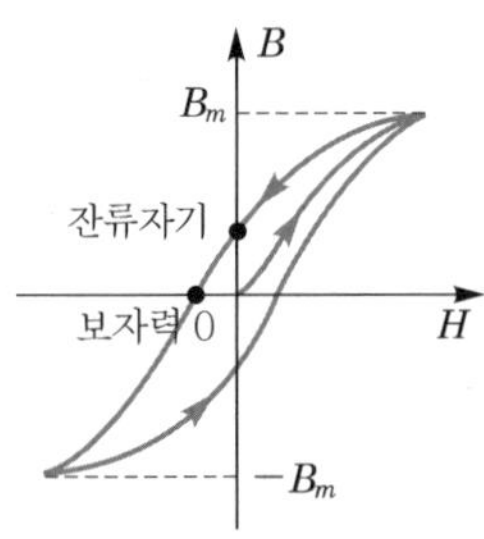

‖그림 9-2‖ 히스테리시스 곡선

① 자계 내에 물질을 놓으면 물질은 자화(자석의 성질을 지님)가 되는데, 이는 유전체에서의 분극현상과 같이 소자석(자기 쌍극자, 자구)으로서의 작용을 한다.
② 물질에 자계를 가하기 전에는 [그림 9-1] (a)와 같이 자구(magnetized domain)의 정렬이 무작위 형태로 인하여 순자화는 없다.
③ 이때 물체에 자계를 가하게 되면 [그림 9-1] (b)와 같이 자구가 변화를 일으켜 자구를 둘러싼 자벽(domain wall)은 자구의 영역을 확장시키려는 형태로 변화를 가진다.
④ 계속 자계를 증가시키면 [그림 9-1] (c)와 같이 전자는 자전운동(spin)을 하면서 물질의 자속밀도는 [그림 9-2]와 같이 증가하게 되며, [그림 9-1] (d)와 같이 자구가 자계의 방향과 일치하도록 배열되면 더 이상 자속밀도는 증가하지 않는다. 이와 같은 현상을 자기포화라 한다.

2 히스테리시스 곡선(자기이력곡선, $B-H$ 곡선)

① 히스테리시스 곡선(hystersis loop)은 물체에 가해주는 자계의 세기 H의 증감에 따라 물체가 얻어지는 자속밀도 B의 이력현상을 나타내는 곡선을 말한다.
② 히스테리시스 곡선에서 종축과 만나는 축을 잔류자기, 횡축을 보자력이라 하며, 자성체는 한번 자화된 이력이 있으면 자계를 끊어도 일정시간 동안만큼 자속밀도가 남아 있는데

이를 잔류자기라 하고, 이 잔류자기를 순간적으로 0으로 만들기 위해서는 자력을 거꾸로 걸어주는데 이때의 자계를 보자력이라 한다.

③ 히스테리시스 손실(hysteresis loss)

　㉠ 히스테리시스에 의해 발생하는 손실을 말하며, 강자성체에서는 히스테리시스 루프를 1회 돌 때마다 $W_h = \oint H dB\,[\mathrm{J/m^3}]$의 히스테리시스 손이 발생하여 강자성체 내에서 열로 발생된다.

　㉡ 스타인메츠(Steinmetz)는 교번자계에 의해 자화될 때 발생되는 히스테리시스 손실을 다음과 같은 실험식으로 나타냈다.

$$P_h = f\,W_h = \sigma_h\,f\,B_m^{1.6}\,[\mathrm{W/m^3}] \quad\cdots\cdots\cdots\cdots\cdots\cdots\cdots [\text{식 } 9\text{-}1]$$

여기서, σ_h : 히스테리시스 상수, f : 주파수, B_m : 최대 자속밀도

④ 영구자석과 전자석의 히스테리시스 곡선

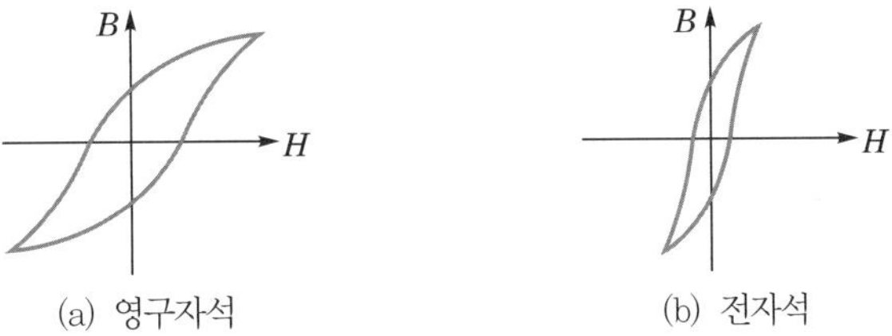

▮그림 9-3▮ 재질에 따른 히스테리시스 곡선

　㉠ **영구자석은 잔류자기, 보자력이 크므로 큰 경철(hard iron)에 적합하다.**

　㉡ **전자석은 잔류자기, 보자력이 작으므로 전자석 재료인 연철(soft iron), 규소강판 등에 적합하다.**

3 소자법

① 평등자계 내에 강자성체를 놓으면 자화현상에 의해 잔류자기의 형태로 자성을 보유하게 된다. 자화에 의한 자성을 소멸시키는 것을 소자법이라 한다.

② 소자법의 종류

　㉠ 직류법 : 처음에 준 자계와 같은 정도의 직류자계를 반대 방향으로 가하는 조작을 반복한다.

　㉡ 교류법 : 자화할 때와 같은 정도의 교류자계를 가하고, 그 값이 0이 될 때까지 점차로 감소시켜 간다.

　㉢ 가열법 : 온도를 순차적으로 올려가면 일반적으로 자화가 서서히 감소하는데 690~890[℃] (철의 경우 770[℃])에서 급격히 강자성을 잃어버리는 현상이 발생하는데, 이 급격한 자성 변화의 온도를 임계온도 또는 퀴리온도라 한다.

★★★★★ 산업 92년 2회, 94년 4회, 97년 2회, 98년 4회, 00년 6회, 08년 2회

01 히스테리시스 곡선이 횡축과 만나는 점은 무엇을 나타내는가?

① 투자율
② 잔류 자속밀도
③ 자력선
④ 보자력

해설 ㉠ 종축과 만나는 점 : 잔류자기
　　　 ㉡ 횡축과 만나는 점 : 보자력

답 ④

★★★★ 기사 90년 2회, 96년 4회, 01년 3회, 10년 1회, 15년 2회

02 영구자석에 관한 설명으로 틀린 것은?

① 히스테리시스 현상을 가진 재료만이 영구자석이 될 수 있다.
② 보자력이 클수록 자계가 강한 영구자석이 된다.
③ 잔류자기가 클수록 자계가 강한 영구자석이 된다.
④ 자석재료로 폐회로를 만들면 강한 영구자석이 된다.

해설 ㉠ 영구자석 : 보자력이 크고, 히스테리시스 곡선의 면적이 큰 것
　　　 ㉡ 전자석 : 보자력과 히스테리시스 곡선의 면적이 모두 작은 것

답 ④

기사 5.83% 출제 | 산업 5.00% 출제

출제 02 자화의 세기

쌤 Comment

자화의 세기는 4장 유전체에서 분극의 세기와 동일한 개념을 사용하므로 결과식이 매우 유사하다. 분극의 세기와 비교하여 암기하길 바란다.

1 개 요

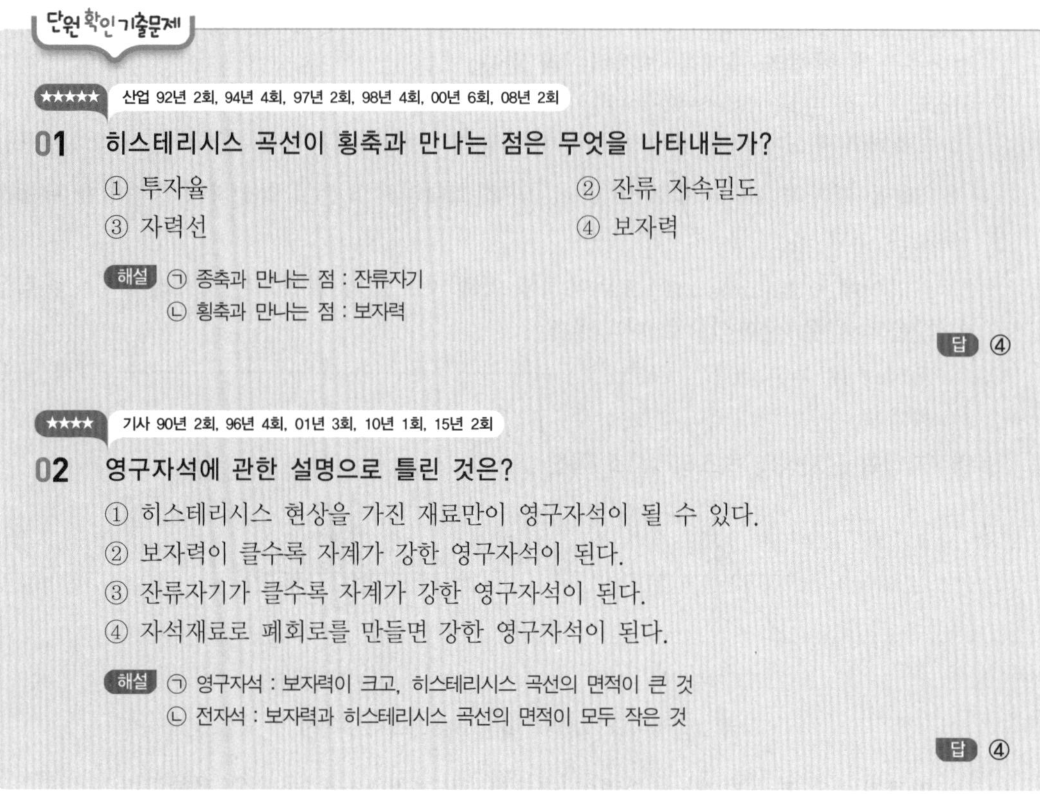

‖ 그림 9-4 ‖ 자화의 세기

① 자성체의 양단면의 단위면적에 발생된 자기량을 그 자성체에 대한 자화의 세기 또는 자화 도라 하며, 자성체의 자화 정도를 표시한다.

② 자화의 세기 정의식 : $J = \dfrac{m}{S} = \dfrac{M}{V}\,[\text{Wb/m}^2]$ ································· [식 9-2]

2 자화의 세기와 자계의 세기의 관계

① 자화의 세기는 유전체의 분극의 세기와 동일한 개념을 갖는다. 따라서 분극의 세기와 비교해 정리하면 다음과 같다.

┃표 9-1┃ 분극의 세기와 자화의 세기의 관계

분극의 세기	자화의 세기
1. 정의 $P = \dfrac{Q}{S} = \dfrac{M}{V}\,[\text{C/m}^2]$ 여기서, M : 쌍극자 모멘트, V : 체적, Q : 전하, S : 면적	1. 정의 $J = \dfrac{m}{S} = \dfrac{M}{V}\,[\text{Wb/m}^2]$ 여기서, M : 쌍극자 모멘트, V : 체적, m : 자하, S : 면적
2. 분극의 세기(분극도) $P = \varepsilon_0(\varepsilon_s - 1)E = D - \varepsilon_0 E = D\left(1 - \dfrac{1}{\varepsilon_s}\right)$	**2. 자화의 세기(자화도)** $J = \mu_0(\mu_s - 1)H = B - \mu_0 H = B\left(1 - \dfrac{1}{\mu_s}\right)$
3. 분극률 $\chi = \varepsilon_0(\varepsilon_s - 1)$	3. 자화율 $\chi = \mu_0(\mu_s - 1)$
4. 비분극률(전기 감수율) $\chi_{er} = \dfrac{\chi}{\varepsilon_0} = \varepsilon_s - 1$	4. 비자화율 $\chi_{er} = \dfrac{\chi}{\mu_0} = \mu_s - 1$
5. 유전체에서의 전계 $E = \dfrac{\sigma - \sigma'}{\varepsilon_0}$ 여기서, σ : 전하밀도, σ' : 분극 전하밀도	5. 자화의 세기와 자속밀도의 크기 비교 자속밀도가 자화의 세기보다 조금 크다.
6. 분극의 종류 ① 전자분극 : 단결정, 전자운 ② 이온분극 : 이온 결합 ③ 배향분극 : 배열, 주변 온도의 영향을 받음.	6. 자성체 ① **강자성체** $\mu_s \gg 1$, $\chi \gg 0$ **(철, 니켈, 코발트)** ② **상자성체** $\mu_s > 1$, $\chi > 0$ **(공기, 망간, 알루미늄)** ③ **역자성체** $\mu_s < 1$, $\chi < 0$ **(동, 은, 납, 창연)**

② 비투자율 : 비투자율이란 물질의 자기적 성질을 나타내는 양으로, 자력선을 얼마나 통과하기 쉬운가를 나타낸 상수를 말한다.

┃표 9-2┃ 비투자율 표

물 질	종 별	비투자율	물 질	종 별	비투자율
창연	역자성체	0.99983	코발트	강자성체	250
은	역자성체	0.99998	니켈	강자성체	600
주석	역자성체	0.999983	철(0.2[%] 불순물)	강자성체	5000
동	역자성체	0.999991	규소강(4[%] 규소)	강자성체	7000
진공		1	퍼멀로이	강자성체	100000
공기	상자성체	1.00000004	순철	강자성체	200000
알루미늄	상자성체	1.00002	슈퍼멀로이	강자성체	1000000

▮ 표 9-3 ▮ 비자화율 표

물 질	비자화율	물 질	비자화율	물 질	비자화율
액체산소	3.46×10^{-8}	공기	3.65×10^{-7}	은	-2.64×10^{-5}
팔라듐	8.25×10^{-4}	비스무트	-16.7×10^{-5}	납	-1.69×10^{-5}
백금	2.93×10^{-4}	수정	-1.51×10^{-5}	구리	-0.94×10^{-5}
알루미늄	2.14×10^{-4}	물	-0.88×10^{-5}	아르곤	-0.945×10^{-3}
산소	1.79×10^{-4}	수은	-3.23×10^{-5}	수소	-0.205×10^{-8}

3 감자작용(demagnetizing effect)

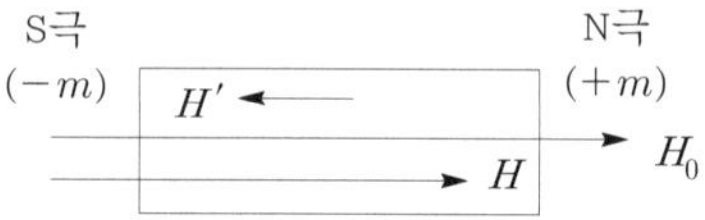

▮ 그림 9-5 ▮ 감자작용

① 자성체에 평등자계 H_0를 가하면 자성체는 [그림 9-5]와 같이 자화되어 자성체 내부자계를 H_0에 대해 역방향의 자계 H'를 발생시킨다. 이를 자기 감자력(self demagnetizing force)이라 한다.

② 상자성체인 경우 내부자계는 $H = H_0 - H'$, 반자성체인 경우 $H = H_0 + H'$가 된다. 여기에서는 상자성체에 대해서만 정리한다.

③ 자기 감자력은 평등자화되는 자성체에서는 그 자화의 세기에 비례하며, 또 자성체의 형상에 의하여 결정되므로

㉠ 자기 감자력 : $H' = \dfrac{N}{\mu_0} J \, [\text{AT/m}]$ ································· [식 9-3]

여기서, 비례상수 N을 감자율(demagnetization factor)이라 하면 $0 \leq N \leq 1$의 값을 갖는다.

㉡ 상자성체 내부자계

$$H = H_0 - H' = H_0 - \frac{N}{\mu_0} J = H_0 - N \frac{\chi}{\mu_0} H$$

$$H \left(1 + N \frac{\chi}{\mu_0} \right) = H_0 \text{에서}$$

$$H = \frac{H_0}{1 + N \dfrac{\chi}{\mu_0}} = \frac{H_0}{1 + N \left(\dfrac{\mu}{\mu_0} - 1 \right)} = \frac{H_0}{1 + N(\mu_s - 1)} \quad \text{·················· [식 9-4]}$$

㉢ 감자율 : $N = \dfrac{\mu_0}{\chi} \left(\dfrac{H_0}{H} - 1 \right) = \dfrac{1}{\mu_s - 1} \left(\dfrac{H_0}{H} - 1 \right)$ ···················· [식 9-5]

★★★★ 기사 93년 2회, 00년 4회

03 비투자율이 400인 환상 철심 중의 평균자계의 세기가 300[A/m]일 때, 자화의 세기는 몇 [Wb/m^2]인가?

① 0.1   ② 0.15

③ 0.2   ④ 0.25

해설 자화의 세기 $J = \mu_0(\mu_s - 1)H = B - \mu_0 H = B\left(1 - \dfrac{1}{\mu_s}\right)$[Wb/m^2]에서

$$\therefore\ J = \mu_0(\mu_s - 1)H = 4\pi \times 10^{-7} \times (400 - 1) \times 300 = 0.15[\text{Wb/m}^2]$$

답 ②

★★★★ 기사 15년 1회 / 산업 94년 6회, 01년 2회, 02년 1회, 07년 3회, 12년 1·3회

04 다음 조건 중 틀린 것은? (단, χ_m : 비자화율, μ_r : 비투자율이다.)

① 물질은 χ_m 또는 μ_r의 값에 따라 역자성체, 상자성체, 강자성체 등으로 구분한다.

② $\chi_m > 0$, $\mu_r > 1$이면 상자성체

③ $\chi_m < 0$, $\mu_r < 1$이면 역자성체

④ $\mu_r \ll 1$이면 강자성체

해설 자화의 세기 $J = \mu_0(\mu_s - 1)H$에서 자화율 $\chi = \mu_0(\mu_s - 1)$, 비자화율 $\chi_{er} = \mu_s - 1$이므로

자성체의 종류	물질의 종류	자화율	비자화율	비투자율
비자성체	–	$\chi = 0$	$\chi_{er} = 0$	$\mu_s = 1$
강자성체	철, 니켈, 코발트 등	$\chi \gg 0$	$\chi_{er} \gg 0$	$\mu_s \gg 1$
상자성체	공기, 망간, 알루미늄 등	$\chi > 0$	$\chi_{er} > 0$	$\mu_s > 1$
반자성체	금, 은, 동, 창연 등	$\chi < 0$	$\chi_{er} < 0$	$\mu_s < 1$

답 ④

기사 0.83% 출제 | 산업 1.33% 출제

출제 03 경계조건

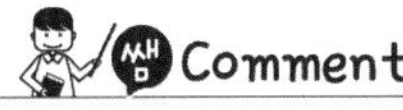

쌤 Comment

경계조건 또한 4장 유전체의 경계조건과 동일한 개념을 사용한다. 4장 유전체의 경계조건과 비교하여 암기하길 바란다.

1 개 요

① 서로 다른 자성체 경계면에서 자기력선(H)과 자속선(B)은 굴절한다.

② 자성체 1, 2영역에서 자기력선과 자속선의 관계는 Maxwell의 방정식을 활용하여 정리할 수 있다.

$$\text{㉠}\quad \oint_C H \cdot dl = 0 \quad\text{··· [식 9-6]}$$

$$\text{㉡}\quad \oint_S B \cdot ds = 0 \quad\text{··· [식 9-7]}$$

③ 자성체에서의 경계조건은 유전체에서의 경계조건과 동일한 개념을 갖는다. 따라서 유전체와 자성체의 경계조건을 정리하면 표 9-4와 같다.

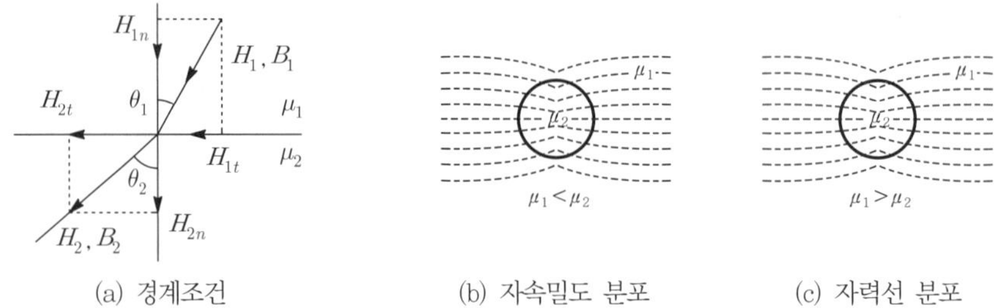

(a) 경계조건   (b) 자속밀도 분포   (c) 자력선 분포

┃그림 9-6┃ 자성체-자성체 경계면

2 전기장과 자기장의 굴절(refraction)

┃표 9-4┃ 경계면의 조건

전기장의 굴절	자기장의 굴절
① $E_{t1} = E_{t2}\,(E_1 \sin\theta_1 = E_2 \sin\theta_2)$ 경계면에 대해서 전계의 수평(접선)성분은 연속 ② $E_{n1} \neq E_{n2}\,(E_1 \cos\theta_1 \neq E_2 \cos\theta_2)$ 경계면에 대해서 전계의 수직(법선)성분은 불연속	① $H_{t1} = H_{t2}\,(H_1 \sin\theta_1 = H_2 \sin\theta_2)$ 경계면에 대해서 자계의 수평(접선)성분은 연속 ② $H_{n1} \neq H_{n2}\,(H_1 \cos\theta_1 \neq H_2 \cos\theta_2)$ 경계면에 대해서 자계의 수직(법선)성분은 불연속
③ $D_{n1} = D_{n2}\,(D_1 \cos\theta_1 = D_2 \cos\theta_2)$ 경계면에 대해서 전속밀도의 수직(법선)성분은 연속 ④ $D_{t1} \neq D_{t2}\,(D_1 \sin\theta_1 \neq D_2 \sin\theta_2)$ 경계면에 대해서 전속밀도의 수평(접선)성분은 불연속	③ $B_{n1} = B_{n2}\,(B_1 \cos\theta_1 = B_2 \cos\theta_2)$ 경계면에 대해서 자속밀도의 수직(법선)성분은 연속 ④ $B_{t1} \neq B_{t2}\,(B_1 \sin\theta_1 \neq B_2 \sin\theta_2)$ 경계면에 대해서 자속밀도의 수평(접선)성분은 불연속
⑤ 굴절의 법칙 : $\dfrac{\varepsilon_1}{\varepsilon_2} = \dfrac{\tan\theta_1}{\tan\theta_2}$ $\varepsilon_1 < \varepsilon_2,\ \theta_1 < \theta_2,\ D_1 < D_2,\ E_1 > E_2$	⑤ 굴절의 법칙 : $\dfrac{\mu_1}{\mu_2} = \dfrac{\tan\theta_1}{\tan\theta_2}$ $\mu_1 < \mu_2,\ \theta_1 < \theta_2,\ B_1 < B_2,\ H_1 > H_2$

단원확인기출문제

★★ 산업 01년 2회, 08년 2회

05 두 자성체의 경계면에서 경계조건을 설명한 것 중 옳은 것은?

① 자계의 법선성분은 서로 같다.   ② 자계와 자속밀도의 대수합은 항상 0이다.

③ 자속밀도의 법선성분은 서로 같다.   ④ 자계와 자속밀도의 대수합은 ∞이다.

해설 ┃표 9-4┃ 경계면의 조건 참조

 답 ③

기사 0.67% 출제 | 산업 0.67% 출제

출제 04 자화에 필요한 에너지

 Comment

3장과 4장에서 정리한 정전응력을 비교하면서 암기한다.

정전계의 에너지와 정자계의 에너지 또한 동일한 개념을 갖는다. 이를 정리하면 다음과 같다.

┃표 9-5┃ 정전계와 정자계 에너지, 힘 공식

정전계	정자계
① 자하가 운반될 때 소요되는 에너지 $W = QV$ [J]	① 자속이 운반될 때 소요되는 에너지 $W = \Phi I = N\phi I$ [J] **여기서, Φ : 쇄교자속, ϕ : 자속, I : 전류, N : 권선수**
② 유전체 내의 전계에너지(정전에너지) $W_e = \dfrac{1}{2}\varepsilon E^2 = \dfrac{1}{2}ED = \dfrac{D^2}{2\varepsilon}$ [J/m³]	② 자성체 내의 자계에너지 $W_m = \dfrac{1}{2}\mu H^2 = \dfrac{1}{2}HB = \dfrac{B^2}{2\mu}$ [J/m³]
③ 단위면적당 작용하는 힘(정전응력) $f = \dfrac{1}{2}\varepsilon E^2 = \dfrac{1}{2}ED = \dfrac{D^2}{2\varepsilon}$ [N/m²]	③ 단위면적당 작용하는 힘(철편의 흡인력) $f = \dfrac{1}{2}\mu H^2 = \dfrac{1}{2}HB = \dfrac{B^2}{2\mu}$ [N/m²]

단원확인기출문제

★★★★ 산업 94년 2 · 6회, 96년 2회, 99년 6회, 03년 1회

06 전자석의 흡인력은 공극의 자속밀도를 B라 할 때 다음 중 무엇에 비례하는가?

① B ② $B^{0.5}$
③ $B^{1.6}$ ④ B^2

해설 철편의 흡인력 $F = f \cdot S = \dfrac{B^2}{2\mu_0} \times S$ [N]에서 $F \propto B^2$

답 ④

기사 4.83% 출제 | 산업 2.83% 출제

출제 05 자기회로(magnetic circuit)

Comment

시험 출제빈도가 매우 높은 단원으로 전기회로와 자기회로의 대응관계를 물어보는 문제가 자주 출제된다. 7장에서 정전계와 정자계 관계에서 자속밀도의 대응관계가 전속밀도였지만 전기회로와 자기회로에서 자속밀도의 대응관계는 전류밀도가 된다. 헷갈리지 않도록 정리를 잘 하자.

1 전기회로와 자기회로

① 전하가 통과(전류)하는 회로를 전기회로라 하며, 자속이 통과하는 회로를 자기회로라 한다.

② 전기회로와 자기회로의 관계

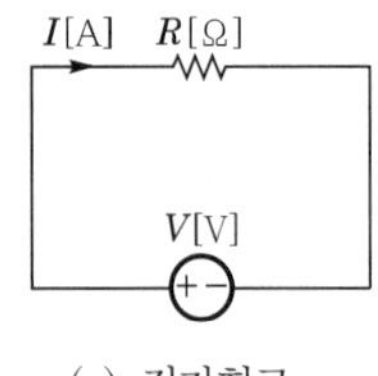
(a) 전기회로

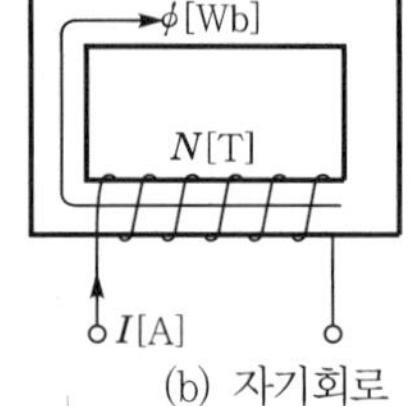
(b) 자기회로

┃그림 9-7┃ 전기회로와 자기회로

┃표 9-6┃ 전기회로와 자기회로의 대응관계

전기회로	자기회로
① 기전력 : V[V]	① 기자력 : $F = IN$ [AT]
② 전기저항 : $R = \dfrac{l}{kS} = \rho\,\dfrac{l}{S}$ [Ω]	② 자기저항 : $R_m = \dfrac{l}{\mu S} = \dfrac{F}{\phi}$ [AT/Wb]
③ 옴의 법칙(전류) : $I = \dfrac{V}{R} = \dfrac{lE}{\dfrac{l}{kS}} = kES$ [A]	③ 옴의 법칙(자속) : $\phi = \dfrac{F}{R_m} = \dfrac{\mu SNI}{l}$
④ 전류밀도 : $i = \dfrac{I}{S} = kE = \dfrac{E}{\rho}$ [A/m²]	④ 자속밀도 : $B = \dfrac{\phi}{S} = \mu\,\dfrac{NI}{l} = \mu H$ [Wb/m²]

2 철심에 미소 공극 발생 시 자기저항 증가율

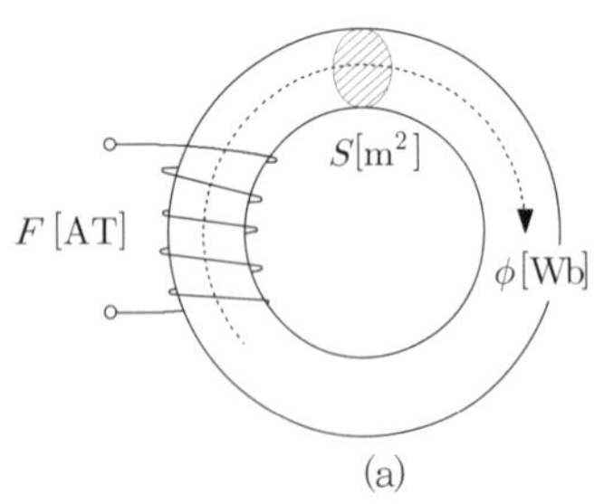
(a)

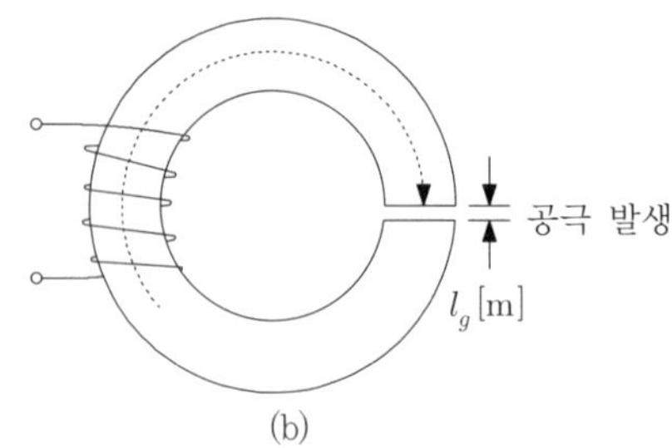

(b)

┃그림 9-8┃ 공극 발생 시 자기저항

(1) 공극이 없을 때 자기저항 : $R_m = \dfrac{l}{\mu S}$

(2) 미소 공극(air gap) 발생 시 자기저항

① 미소 공극이 발생되면 철심부분의 자기저항 R_m 과 공극부분의 자기저항 R_g 이 직렬로 접속된 것과 같다.

② 미소 공극의 길이가 매우 작고, 철심길이에 변화가 거의 없으므로 공극이 없을 때의 자기저항과 동일한 크기를 갖는다.

③ 미소 공극의 발생 시 자기저항 : $R_T = \dfrac{l - l_g}{\mu S} + \dfrac{l_g}{\mu_0 S} \fallingdotseq \dfrac{l}{\mu S} + \dfrac{l_g}{\mu_0 S} = R_m + R_g$

여기서, R_m : 철심부분의 자기저항, R_g : 공극부분의 자기저항

R_T : 전체 자기저항, $l \gg l_g$ 관계를 가짐.

(3) 자기저항 증가율 α

$$\alpha = \frac{R_T}{R_m} = \frac{R_m + R_g}{R_m} = 1 + \frac{R_g}{R_m} = 1 + \frac{\dfrac{l_g}{\mu_0 S}}{\dfrac{l}{\mu S}} = 1 + \frac{\mu\, l_g}{\mu_0\, l} = 1 + \frac{\mu_s\, l_g}{l}$$

$$\therefore\ \alpha = 1 + \frac{\mu_s\, l_g}{l} \quad \text{..} \quad [\text{식 } 9\text{--}8]$$

(4) 공극부에 자속밀도 B를 얻기 위한 전류의 크기

① 자기회로의 옴의 법칙 : $\phi = \dfrac{F}{R_T} = \dfrac{NI}{\dfrac{l}{\mu S} + \dfrac{l_g}{\mu_0 S}} = BS\,[\text{Wb}]$

② 전류 : $I = \dfrac{BS}{N}\left(\dfrac{l}{\mu S} + \dfrac{l_g}{\mu_0 S}\right) = \dfrac{B}{\mu_0 N}\left(\dfrac{l}{\mu_s} + l_g\right)[\text{A}] \quad \text{...............} \quad [\text{식 } 9\text{--}9]$

단원확인기출문제

★★ 기사 10년 3회, 13년 1회

07 길이 1[m], 단면적 15[cm²]인 무단 솔레노이드에 0.01[Wb]의 자속을 통하는 데 필요한 기자력은? (단, 철심의 비투자율을 1000이라 한다.)

① $\dfrac{10^8}{6\pi}\,[\text{AT}]$ ② $\dfrac{10^7}{6\pi}\,[\text{AT}]$

③ $\dfrac{10^6}{6\pi}\,[\text{AT}]$ ④ $\dfrac{10^5}{6\pi}\,[\text{AT}]$

해설 자기저항 $R_m = \dfrac{l}{\mu S} = \dfrac{F}{\phi}$ [AT/Wb]에서 기자력 $F = \phi \times R_m = \phi \times \dfrac{l}{\mu S} = \phi \times \dfrac{l}{\mu_0 \mu_s S}$ 이므로

$$\therefore \text{기자력} \ \ F = 0.01 \times \frac{1}{4\pi \times 10^{-7} \times 1000 \times 15 \times 10^{-4}} = \frac{10^5}{6\pi} \ [\text{AT}]$$

답 ④

★★★★ 기사 91년 2회, 96년 6회, 02년 1회, 11년 1회, 17년 2회(유사) / 산업 08년 3회

08 그림과 같은 유한길이의 솔레노이드에서 비투자율이 μ_s인 철심의 단면적이 $S[\text{m}^2]$이고, 길이가 $l[\text{m}]$인 것에 코일을 N[회] 감고 I[A]를 흘릴 때 자기저항 R_m [AT/Wb]는 어떻게 표현되는가?

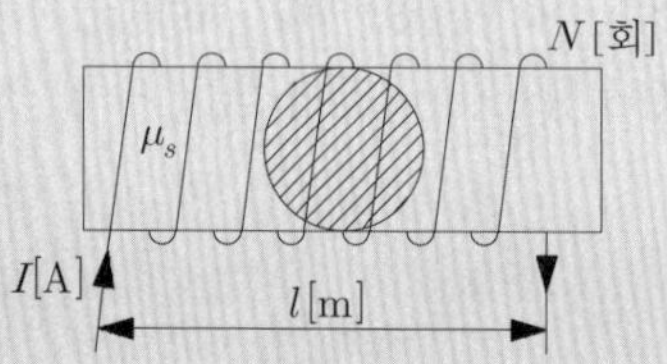

① $R_m = \dfrac{l}{\mu_0 \mu_s}$

② $R_m = l\,\mu_0\,\mu_s$

③ $R_m = \dfrac{l}{\mu_0 \mu_s S}$

④ $R_m = l\,S\,\mu_0\,\mu_s$

해설 표 9-6 참조

답 ③

단원 핵심정리 한눈에 보기

1. 히스테리시스 곡선(자기이력곡선, $B-H$ 곡선)

① 특징

  ㉠ $B-H$ 곡선이 이루는 면적의 의미

    단위체적당 열에너지(손실)[W/m^3]

  ㉡ 히스테리시스손(열손실)

$$P_h = f\, W_h = a_h\, f\, B_m^{1.6}\,[\text{W/m}^3] \propto B^{1.6}$$

  ㉢ 종축과 만나는 점 : 잔류자기

  ㉣ 횡축과 만나는 점 : 보자력

② 히스테리시스 곡선의 종류

  ㉠ 영구자석 : 잔류자기, 보자력이 크므로 큰 경철(hard iron)에 적합

  ㉡ 전자석 : 잔류자기, 보자력이 작아 전자석 재료인 연철, 규소강판 등에 적합

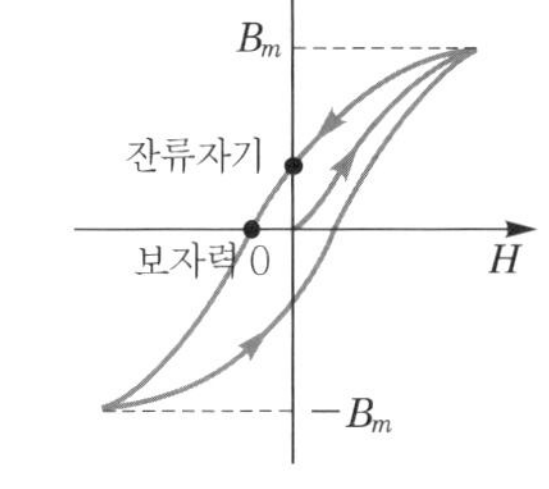

2. 자화의 세기

① 자화의 세기 $J = \mu_0(\mu_s - 1)H$ 에서 자화율 $\chi = \mu_0(\mu_s - 1)$, 비자화율 $\chi_{er} = \mu_s - 1$이므로

자성체의 종류	물질의 종류	자화율	비자화율	비투자율
비자성체	–	$\chi = 0$	$\chi_{er} = 0$	$\mu_s = 1$
강자성체	철, 니켈, 코발트 등	$\chi \gg 0$	$\chi_{er} \gg 0$	$\mu_s \gg 1$
상자성체	공기, 망간, 알루미늄 등	$\chi > 0$	$\chi_{er} > 0$	$\mu_s > 1$
반자성체	금, 은, 동, 창연 등	$\chi < 0$	$\chi_{er} < 0$	$\mu_s < 1$

② 자기 감자력 : $H' = \dfrac{N}{\mu_0} J\,[\text{AT/m}]$

여기서, N : 감자율, μ_0 : 진공 중의 투자율, J : 자화의 세기

3. 경계조건

자계와 자속밀도는 투자율이 다른 경계면에서 굴절하고, 경계면에서 자계와 자속밀도의 관계는 다음과 같다.

① $H_{1t} = H_{2t}\,(H_1 \sin\theta_1 = H_2 \sin\theta_2)$: 경계면에서 자계의 접선성분은 같다(연속적이다).

② $B_{1n} = B_{2n}\,(B_1 \cos\theta_1 = B_2 \cos\theta_2)$: 경계면에서 자속선은 법선성분은 같다(연속적이다).

③ $\dfrac{\mu_1}{\mu_2} = \dfrac{\tan\theta_1}{\tan\theta_2}$: $\mu_1 < \mu_2$이면 $\theta_1 < \theta_2$, $B_1 < B_2$, $H_1 > H_2$가 된다.

  ㉠ $\mu_1 < \mu_2$: 투자율이 큰 곳에서 자계 및 자속밀도의 입사각 θ_1 또는 굴절각 θ_2는 커진다.

  ㉡ $B_1 < B_2$: 자속밀도는 투자율에 비례하므로 투자율이 큰 곳에서 자속밀도가 더 크다. 또는 자속선은 투자율이 큰 곳으로 많이 모인다.

  ㉢ $H_1 > H_2$: 자계는 투자율과 반비례하므로 투자율이 작은 곳에서 자계가 더 크다. 또는 자기력선은 투자율이 작은 곳으로 많이 모인다.

4. 자화에 필요한 에너지

정전계	정자계
① 자화가 운반될 때 소요되는 에너지 $$W = QV[\text{J}]$$	① 자속이 운반될 때 소요되는 에너지 $$W = \Phi I = N\phi I[\text{J}]$$ 여기서, Φ : 쇄교자속 ϕ : 자속 I : 전류 N : 권선수
② 유전체 내의 전계에너지(정전에너지) $$W_e = \frac{1}{2}\varepsilon E^2 = \frac{1}{2}ED = \frac{D^2}{2\varepsilon}[\text{J/m}^3]$$	② 자성체 내의 자계에너지 $$W_m = \frac{1}{2}\mu H^2 = \frac{1}{2}HB = \frac{B^2}{2\mu}[\text{J/m}^3]$$
③ 단위면적당 작용하는 힘(정전응력) $$f = \frac{1}{2}\varepsilon E^2 = \frac{1}{2}ED = \frac{D^2}{2\varepsilon}[\text{N/m}^2]$$	③ 단위면적당 작용하는 힘(철편의 흡인력) $$f = \frac{1}{2}\mu H^2 = \frac{1}{2}HB = \frac{B^2}{2\mu}[\text{N/m}^2]$$

5. 전기회로와 자기회로

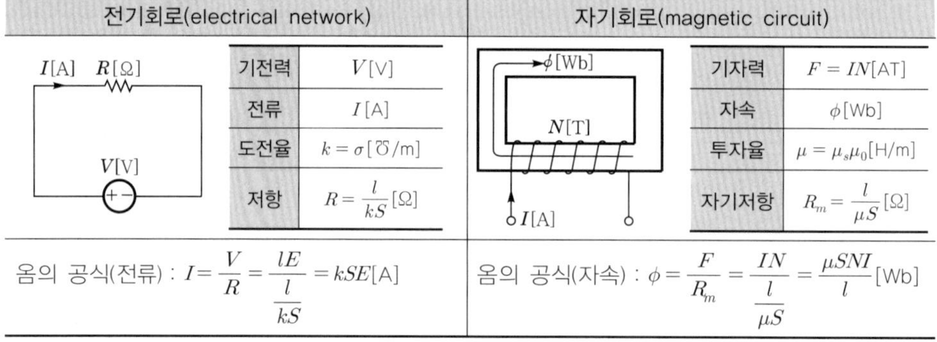

전기회로(electrical network)	자기회로(magnetic circuit)
옴의 공식(전류) : $I = \dfrac{V}{R} = \dfrac{lE}{\dfrac{l}{kS}} = kSE[\text{A}]$	옴의 공식(자속) : $\phi = \dfrac{F}{R_m} = \dfrac{IN}{\dfrac{l}{\mu S}} = \dfrac{\mu SNI}{l}[\text{Wb}]$

단원 자주 출제되는 기출문제

출제 01 ▶ 히스테리시스 곡선

★★★ 산업 07년 2회

01 자성체가 균일하게 자화되어 있을 때의 자극의 상태로 옳은 것은?

① 자성체에는 자극이 나타나지 않는다.
② 자성체 전체에 자극이 골고루 분포되어 나타난다.
③ 자성체의 내부에 자극이 나타난다.
④ 자성체의 양단면에 자극이 나타난다.

★★★ 기사 91년 6회, 97년 6회 / 산업 93년 5회, 08년 2회

02 아래 그림들은 전자의 자기 모멘트의 크기와 배열상태를 그 차이에 따라서 배열한 것이다. 강자성체에 속하는 것은?

해설 자기 모멘트의 크기와 배열상태

상자성체	강자성체	강반자성체	패리자성체

★★★ 기사 89년 6회, 94년 2회, 97년 4회, 98년 4회

03 인접된 영구 자기 쌍극자가 크기는 같으나, 방향이 서로 반대로 배열된 자성체를 어떤 자성체라 하는가?

① 반자성체　　② 상자성체
③ 강자성체　　④ 반강자성체

해설

2번 문제 해설 참조

★★★★★ 기사 12년 3회 / 산업 95년 6회, 96년 2회, 01년 1회, 05년 1회, 06년 2회

04 물질의 자화현상과 관계가 가장 깊은 것은?

① 분자의 운동　　② 전자의 공전
③ 전자의 자전　　④ 전자의 이동

해설

물질은 전자의 자전운동에 의해서 자화된다.

★★★ 기사 12년 2회 / 산업 96년 2회

05 일반적으로 자구를 가지는 자성체는?

① 상자성체　　② 강자성체
③ 역자성체　　④ 비자성체

★ 산업 05년 3회

06 어느 강철의 자화곡선을 응용하여 종축을 자속밀도(B) 및 투자율(μ)이라 하고, 횡축을 자화의 세기(H)라고 할 때 투자율 곡선을 잘 표현한 것은?

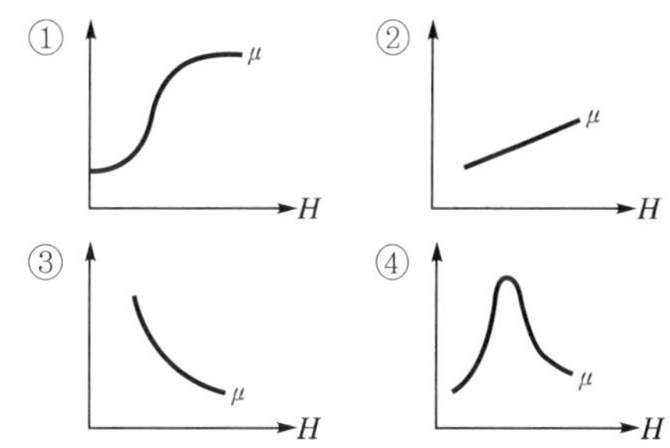

해설

그림과 같이 강자성체에 외부자계 H를 증가시키면 이에 비례하여 자속밀도 B는 증가하다 자기포화현상을 일으킨다. 투자율은 $\mu = \dfrac{B}{H}$이므로 자기포화되는 시점에서 투자율은 감소하게 된다.

정답　01. ④　02. ③　03. ④　04. ③　05. ②　06. ④

★ 기사 09년 3회

07 히스테리시스 곡선의 기울기는 다음의 어떤 값에 해당하는가?

① 투자율   ② 유전율

③ 자화율   ④ 감자율

해설

히스테리시스 곡선의 횡축은 자계의 세기 H, 종축은 자속밀도 B이므로 히스테리시스 곡선의 기울기는 $\dfrac{B}{H}$ 가 되므로 투자율 μ을 의미한다(자속밀도 $B = \mu H$).

★ 기사 10년 3회

08 자성체 내에서 임의의 방향으로 배열되었던 자구가 외부 자장의 힘이 일정치 이상이 되면 순간적으로 회전하여 자장의 방향으로 배열되기 때문에 자속밀도가 증가하는 현상은?

① 자기여호(magnetic aftereffect)

② 바크하우젠(Bark hausen) 효과

③ 자기왜현상(magneto-striction effect)

④ 핀치효과(Pinch effect)

해설

강자성체에 자계를 가하면 자화가 일어나는데 자화는 자구(磁區)를 형성하고 있는 경계면, 즉 자벽(磁壁)이 단속적으로 이동함으로써 발생한다. 이때 자계의 변화에 대한 자속의 변화는 미시적으로는 불연속으로 이루어지는데, 이것을 바크하우젠 효과라고 한다.

★ 기사 11년 3회

09 $B-H$ 곡선을 자세히 관찰하면 매끈한 곡선이 아니라 B가 계단적으로 증가 또는 감소함을 알 수 있다. 이러한 현상을 무엇이라 하는가?

① 퀴리점

② 자기여자 효과

③ 자왜현상

④ 바크하우젠 효과

해설

8번 문제 해설 참조

★★ 산업 05년 2회

10 자기이력곡선(Hysteresis loop)에 대한 설명 중 틀린 것은?

① 자화의 경력이 있을 때나 없을 때나 곡선은 항상 같다.

② Y축은 자속밀도이다.

③ 자화력이 0일 때 남아있는 자기가 잔류자기이다.

④ 잔류자기를 상쇄시키려면 역방향의 자화력을 가해야 한다.

★★★ 기사 93년 1회, 94년 2회, 97년 2회, 00년 2회, 04년 2회, 08년 1회

11 강자성체의 히스테리시스 루프의 면적은?

① 강자성체의 단위체적당의 필요한 에너지이다.

② 강자성체의 단위면적당의 필요한 에너지이다.

③ 강자성체의 단위길이당의 필요한 에너지이다.

④ 강자성체의 전체 체적의 필요한 에너지이다.

해설

강자성체의 히스테리시스 곡선의 면적이 의미하는 것은 단위체적당 필요한 에너지가 된다.

★ 산업 00년 4회

12 히스테리시스손은 최대 자속밀도의 몇 승에 비례하는가?

① 1.6

② 2

③ 2.6

④ 3.2

해설

히스테리시스손
$$P_h = f W_h$$
$$= a_h \, f \, B_m^{1.6} [\text{W/m}^3]$$

기사 90년 6회, 98년 2회, 01년 2회, 13년 1회

13 그림과 같은 모양의 자화곡선을 나타내는 자성체 막대를 충분히 강한 평등자계 중에서 매분 3000회 회전시킬 때 자성체는 단위체적당 약 몇 [kcal/sec]의 열이 발생하는가? (단, $B_r = 2$[Wb/m^2], $H_L = 500$[AT/m], $B = \mu H$에서 $\mu \neq$ 일정)

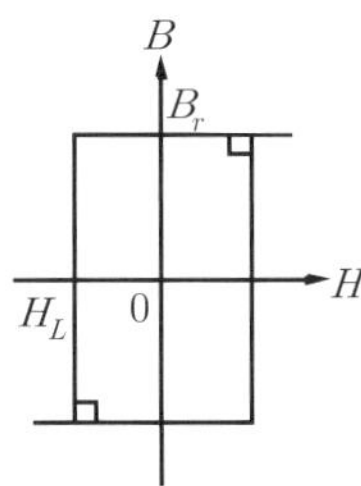

① 11.7 ② 47.8
③ 70.2 ④ 200

해설

㉠ 1회전 시 히스테리시스손

$$W_h = \oint HdB = 4H_L B_r = 4 \times 500 \times 2$$
$$= 4000[\text{J/m}^3]$$

㉡ 히스테리시스손

$$P_h = f W_h = \frac{3000}{60} \times 4000 \times 10^{-3}$$
$$= 200[\text{kW/m}^3]$$

㉢ $1[\text{J}] = 1[\text{W/sec}] = 0.24[\text{cal/sec}]$이므로

$$\therefore \ P_h = 48[\text{kcal/sec} \cdot \text{m}^3]$$

기사 01년 2회, 17년 2회

14 그림과 같은 히스테리시스 루프를 가진 철심이 강한 평등자계에 의해 매초 60[Hz]로 자화할 경우 히스테리시스 손실은 몇 [W]인가? (단, 철심의 체적은 20[cm^3], $B_r = 5$[Wb/m^2], $H_c = 2$[AT/m]이다.)

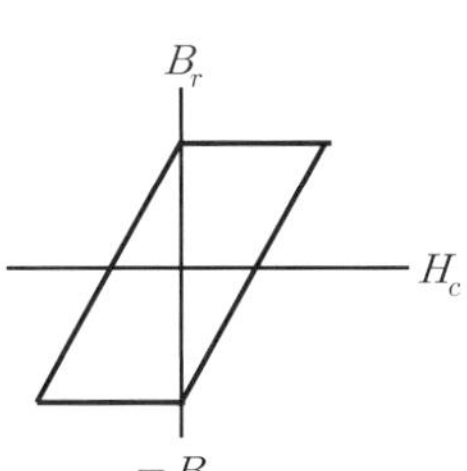

① 1.2×10^{-2} ② 2.4×10^{-2}
③ 3.6×10^{-2} ④ 4.8×10^{-2}

해설

1회전 시 히스테리시스손은 $W_h = \oint HdB = 4H_c B_r$
$= 4 \times 2 \times 5 = 40[\text{J/m}^3]$이므로

$\therefore$ 히스테리시스손

$$P_h = f W_h V = 60 \times 40 \times 20 \times 10^{-6}$$
$$= 4.8 \times 10^{-2}[\text{W}]$$

Comment

13, 14번과 같이 히스테리시스손 계산문제가 나오면 현재까지 출제된 기출문제의 정답이 약 48이므로 48이 들어간 숫자를 찍으면 된다.

기사 95년 6회, 00년 4회, 03년 3회 / 산업 95년 6회, 07년 3회, 16년 2회

15 영구자석의 재료로 사용되는 철에 요구되는 사항은?

① 잔류 자속밀도는 그다지 크지 않아도 보자력이 큰 것
② 잔류 자속밀도는 크고, 보자력이 적은 것
③ 잔류 자속밀도 및 보자력이 큰 것
④ 잔류 자속밀도는 크고, 보자력은 관계없다.

해설

㉠ 영구자석 : 보자력이 크고, 히스테리시스 곡선의 면적이 큰 것
㉡ 전자석 : 보자력과 히스테리시스 곡선의 면적이 모두 작은 것

기사 14년 2회, 17년 3회 / 산업 96년 6회, 05년 2회, 09년 1회, 17년 3회

16 전자석에 사용하는 연철(soft iron)의 성질로 옳은 것은?

① 잔류자기, 보자력이 모두 크다.
② 보자력이 크고, 히스테리시스 곡선의 면적이 작다.
③ 보자력과 히스테리시스 곡선의 면적이 모두 작다.
④ 보자력이 크고, 잔류자기가 작다.

해설

15번 문제 해설 참조

정답 13. ② 14. ④ 15. ③ 16. ③

★★★ 기사 90년 2회, 95년 4회, 00년 6회, 12년 1회

17 강자성체의 세 가지 특성이 아닌 것은?

① 와전류 특성
② 히스테리시스 특성
③ 고투자율 특성
④ 포화 특성

해설

와전류는 전자유도법칙에 의해 발생되는 현상이다.

★★★★★ 기사 90년 2회, 96년 4·6회, 00년 4회, 02년 3회, 05년 2회

18 자화된 철의 온도를 높일 때 자화가 서서히 감소하다가 급격히 강자성이 상자성으로 변하면서 강자성을 잃어버리는 온도는?

① 켈빈(Kelvin)온도
② 연화온도(Transition)
③ 전이온도
④ 퀴리(Curie)온도

★★★★ 산업 89년 6회, 02년 1회, 02년 3회, 04년 3회

19 자계의 세기에 관계없이 급격히 자성을 잃는 점을 자기 임계온도 또는 퀴리점(Curie point)이라고 한다. 순철의 경우 이 온도는 약 몇 [℃]인가?

① 약 0[℃]
② 약 370[℃]
③ 약 570[℃]
④ 약 770[℃]

★★★ 산업 90년 6회, 98년 6회

20 강자성체를 소자시키는 방법으로 적당하지 못한 방법은?

① 처음에 준 자계와 같은 정도의 직류자계를 반대 방향으로 가하는 조작을 반복한다(직류법).
② 처음에 준 자계와 같은 방향의 강한 자계를 준 후 급랭한다(급랭법).
③ 자화할 때와 같은 정도의 교류자계를 가하고, 그 값이 0이 될 때까지 점차로 감소시켜 간다(교류법).
④ 강자성체의 온도를 퀴리점 이상이 될 때까지 상승시킨다(가열법).

출제 02 자화의 세기

★★★ 기사 10년 3회

21 다음 중 투자율이 가장 큰 것은?

① 금
② 은
③ 구리
④ 니켈

해설 비투자율표

물 질	종 별	비투자율
창연	반자성체	0.99983
은	반자성체	0.99998
주석	반자성체	0.999983
동	반자성체	0.999991
진공	–	1
공기	상자성체	1.00000004
알루미늄	상자성체	1.00002
코발트	강자성체	250
니켈	강자성체	600
철(0.2[%] 불순물)	강자성체	5000
규소강(4[%] 규소)	강자성체	7000
퍼멀로이	강자성체	100000
순철	강자성체	200000
슈퍼멀로이	강자성체	1000000

★★★ 기사 93년 2회, 95년 4회, 01년 1회 / 산업 17년 3회

22 다음 자성체 중 반자성체가 아닌 것은?

① 창연
② 구리
③ 금
④ 알루미늄

해설

㉠ 강자성체 : 코발트(Co), 니켈(Ni), 규소강, 순철(Fe), 퍼멀로이, 슈퍼멀로이 등
㉡ 상자성체 : 산소(O_2), 알루미늄(Al), 망간(Mn), 백금(Pt), 이리듐(Ir), 주석(Sn), 질소(N_2) 등
㉢ 반자성체 : 창연(Bi), 금(Au), 은(Ag), 동(Cu), 아연(Zn), 납(Pb), 규소(Si), 탄소(C) 등

★ 기사 10년 2회

23 반자성체에 속하는 물질은?

① Ni
② Co
③ Ag
④ Pt

해설 반자성체

창연(Bi), 금(Au), 은(Ag), 동(Cu), 아연(Zn), 납(Pb), 규소(Si), 탄소(C) 등

정답 17. ① 18. ④ 19. ④ 20. ② 21. ④ 22. ④ 23. ③

★★★★★ 기사 09년 2회 / 산업 93년 3회, 98년 2회, 00년 2회, 07년 2회, 08년 3회

24 강자성체가 아닌 것은?

① 철　　　　　　　② 니켈

③ 백금　　　　　　④ 코발트

📘 해설 강자성체

코발트(Co), 니켈(Ni), 규소강, 순철(Fe), 퍼멀로이, 슈퍼멀로이 등

★★★★★ 산업 98년 2회, 99년 6회, 00년 4회, 04년 1회, 06년 3회, 18년 1회

25 비투자율 μ_s, 자속밀도 $B[\text{Wb/m}^2]$의 자계 중에 있는 $m[\text{Wb}]$의 자극이 받는 힘은 몇 [N]인가?

① mB

② $\dfrac{mB}{\mu_0}$

③ $\dfrac{mB}{\mu_s}$

④ $\dfrac{mB}{\mu_0\mu_s}$

📘 해설

자속밀도 $B = \mu H\,[\text{Wb/m}^2]$에서

힘 $F = mH = \dfrac{mB}{\mu} = \dfrac{mB}{\mu_0\mu_s}\,[\text{N}]$

(이때, $\mu = \mu_0\mu_s\,[\text{H/m}]$)

★★★ 기사 93년 5회, 97년 4회, 05년 3회, 08년 2회

26 반경이 3[cm]인 원형 단면을 가지고 있는 원환 연철심에 감은 코일에 전류를 흘려서 철심 중의 자계의 세기가 400[AT/m]가 되도록 여자할 때 철심 중의 자속밀도는 얼마인가? (단, 철심의 비투자율은 400이라고 한다.)

① $0.2[\text{Wb/m}^2]$

② $2.0[\text{Wb/m}^2]$

③ $0.02[\text{Wb/m}^2]$

④ $2.2[\text{Wb/m}^2]$

📘 해설 자속밀도와 자계 관계

$B = \mu_0\mu_s H = 4\pi \times 10^{-7} \times 400 \times 400 = 0.2[\text{Wb/m}^2]$

★★★ 기사 10년 2회, 14년 2회 / 산업 95년 2회, 00년 2회

27 단면적 $2[\text{cm}^2]$의 철심에 $5 \times 10^{-4}[\text{Wb}]$의 자속을 통하게 하려면 2000[AT/m]의 자계가 필요하다. 철심의 비투자율은 약 얼마인가?

① 332

② 663

③ 995

④ 1990

📘 해설

자속 $\phi = BS = \mu HS = \mu_0\mu_s HS$ 에서

∴ 비투자율

$\mu_s = \dfrac{\phi}{\mu_0 SH} = \dfrac{5 \times 10^{-4}}{4\pi \times 10^{-7} \times 2 \times 10^{-4} \times 2000}$

$= 995$

★★ 기사 03년 2회

28 균일하게 자화된 체적 $0.01[\text{m}^3]$인 막대 자성체가 $500[\text{A} \cdot \text{m}^2]$인 자기 모멘트를 가지고 있을 때, 이 막대 자성체의 자속밀도가 500[mT]이었다면 이 막대 자성체 내의 자계의 세기는 몇 [A/m]인가?

① 318

② 328

③ 338

④ 348

📘 해설

자속밀도 $B = \mu H\,[\text{Wb/m}^2]$에서

∴ 자계의 세기

$H = \dfrac{B}{\mu} = \dfrac{\dfrac{500}{0.01}}{4\pi \times 10^{-7}} = 348 \times 10^3[\text{A/m}]$

★★ 산업 92년 6회, 02년 1회, 08년 1회

29 자계에 있어서의 자화의 세기 $J[\text{Wb/m}^2]$는 유전체에서의 무엇과 동일한 의미를 가지고 대응되는가?

① 전속밀도

② 전계의 세기

③ 전기분극도

④ 전위

★ 기사 16년 3회

30 자성체 $3 \times 4 \times 20[\text{cm}^3]$가 자속밀도 $B = 130[\text{mT}]$로 자화되었을 때 자기 모멘트 $48[\text{A} \cdot \text{m}^2]$이었다면 자화의 세기 M은 몇 $[\text{Wb/m}^2]$인가?

① 10^4

② 10^5

③ 2×10^4

④ 2×10^5

📘 해설 자화의 세기

$J = \dfrac{m}{S} = \dfrac{M}{V} = \dfrac{48}{3 \times 4 \times 20 \times 10^{-6}} = 2 \times 10^5[\text{Wb/m}^2]$

🔍 정답 24. ③　25. ④　26. ①　27. ③　28. ④　29. ③　30. ④

★★★ 기사 93년 3회, 97년 2회·4회, 01년 1회, 06년 1회, 15년 2회

31 길이 l[m], 단면적의 지름 d[m]인 원통이 길이방향으로 균일하게 자화되어 자화의 세기가 J[Wb/m^2]인 경우 원통 양단에서의 전자극의 세기 m[Wb]는?

① $\pi d^2 J$ ② $\pi d J$

③ $\pi \dfrac{d^2}{4} J$ ④ $\dfrac{4J}{\pi} d^2$

해설

자화의 세기 $J = \dfrac{m}{S} = \dfrac{M}{V}$[Wb/m^2]에서

∴ 전자극의 세기

$$m = J \times S = J \times \pi r^2 = J \times \frac{\pi d^2}{4} \text{[Wb]}$$

여기서, r : 원통의 반지름, d : 원통의 지름

★★★★ 기사 00년 4회, 08년 1회, 11년 1회, 15년 3회 / 산업 17년 1회(유사)

32 비투자율이 400인 환상 철심 중의 평균자계의 세기가 300[A/m]일 때, 자화의 세기는 몇 [Wb/m^2]인가?

① 0.1   ② 0.15

③ 0.2   ④ 0.25

해설

자화의 세기
$$J = \mu_0 (\mu_s - 1) H = B - \mu_0 H$$
$$= B \left(1 - \frac{1}{\mu_s} \right) \text{[Wb/m}^2\text{]에서}$$

∴ $J = \mu_0 (\mu_s - 1) H = 4\pi \times 10^{-7} \times (400 - 1) \times 300$
$$= 0.15 \text{[Wb/m}^2\text{]}$$

★★ 산업 91년 6회, 93년 1회, 00년 6회

33 평균 길이 1[m]인 환상 철심이 있다. 이 철심에 500회의 코일을 감고 2[A]의 전류를 흘려 자속밀도를 1.5[Wb/m^2]로 한다면 철심에 대한 자화의 세기는 몇 [Wb/m^2]가 되는가?

① 1   ② 1.5

③ 2   ④ 2.5

해설

㉠ 환상 솔레노이드 내의 자계의 세기
$$H = \frac{NI}{l} = \frac{500 \times 2}{1} = 1000 \text{[AT/m]}$$

㉡ 자속밀도 $B = \mu_0 \mu_s H$에서 비투자율
$$\mu_s = \frac{B}{\mu_0 H} = \frac{1.5}{4\pi \times 10^{-7} \times 1000}$$
$$= 1193.66 \text{[Wb/m}^2\text{]}$$

∴ 자화의 세기
$$J = \mu_0 (\mu_s - 1) H$$
$$= 4\pi \times 10^{-7} \times (1193.66 - 1) \times 1000$$
$$= 1.49 \text{[Wb/m}^2\text{]}$$

★★ 기사 04년 1회

34 비투자율이 500인 철심을 이용한 환상 솔레노이드에서 철심 속의 자계의 세기가 200[A/m]일 때 철심 속의 자속밀도 B[T]와 자화율[H/m]는?

① $B = \pi \times 10^{-2}$, $\chi = 3.2 \times 10^{-4}$

② $B = \pi \times 10^{-2}$, $\chi = 6.3 \times 10^{-4}$

③ $B = 4\pi \times 10^{-2}$, $\chi = 6.3 \times 10^{-4}$

④ $B = 4\pi \times 10^{-2}$, $\chi = 12.6 \times 10^{-4}$

해설

㉠ 자속밀도 : $B = \mu_0 \mu_s H = 4\pi \times 10^{-7} \times 500 \times 200$
$$= 4\pi \times 10^{-2} \text{[Wb/m}^2\text{, T]}$$

㉡ 자화율 : $\chi = \mu_0 (\mu_s - 1) = 4\pi \times 10^{-7} (500 - 1)$
$$= 6.3 \times 10^{-4} \text{[H/m]}$$

★★ 기사 89년 2회, 95년 2회, 11년 3회

35 비자화율 $\dfrac{\chi}{\mu_0}$는 49이며, 자속밀도는 0.05 [Wb/m^2]인 자성체에서 자계의 세기는 몇 [AT/m]인가?

① $10^4 \pi$ ② $50 \times 10^3 \pi$

③ $\dfrac{5 \times 10^4}{2\pi}$ ④ $\dfrac{10^4}{4\pi}$

해설

비자화율 $\chi_{er} = \dfrac{\chi}{\mu_0} = \mu_s - 1$에서

비투자율 $\mu_s = \dfrac{\chi}{\mu_0} + 1 = 50$,

자속밀도 $B = \mu_0 \mu_s H$ 이므로

∴ 자계의 세기
$$H = \frac{B}{\mu_0 \mu_s} = \frac{0.05}{4\pi \times 10^{-7} \times 50} = \frac{10^4}{4\pi} \text{[AT/m]}$$

★★★★★ 기사 05년 2회, 12년 2회 / 산업 05년 1회 추가, 06년 3회, 07년 1회, 12년 3회

36 강자성체의 자속밀도 B의 크기와 자화의 세기 J의 크기 사이에는 어떤 관계가 있는가?

① J는 B와 같다.

② J는 B보다 약간 작다.

③ J는 B보다 약간 크다.

④ J는 B보다 대단히 크다.

해설

강자성체는 비투자율 μ_s가 수백, 수천이므로

$\therefore$ 자화의 세기 $J = B\left(1 - \dfrac{1}{\mu_s}\right)[\text{Wb/m}^2]$ 식에서

J가 B보다 약간 작다.

★★★★ 기사 05년 1회, 10년 2회, 13년 2회

37 자화율(magnetic susceptibility) χ는 상자성체에서 일반적으로 어떤 값을 갖는가?

① $\chi = 0$ ② $\chi > 0$

③ $\chi < 0$ ④ $\chi = 1$

해설

자화의 세기 $J = \mu_0(\mu_s - 1)H$에서

자화율 $\chi = \mu_0(\mu_s - 1)$,

비자화율 $\chi_{er} = \mu_s - 1$이므로

자성체 종류	물질의 종류	자화율	비자화율	비투자율
비자성체	–	$\chi = 0$	$\chi_{er} = 0$	$\mu_s = 1$
강자성체	철, 니켈, 코발트 등	$\chi \gg 0$	$\chi_{er} \gg 0$	$\mu_s \gg 1$
상자성체	공기, 망간, 알루미늄 등	$\chi > 0$	$\chi_{er} > 0$	$\mu_s > 1$
반자성체	금, 은, 동, 창연 등	$\chi < 0$	$\chi_{er} < 0$	$\mu_s < 1$

★★★★ 기사 89년 2회, 95년 2회, 99년 3회, 14년 3회, 16년 3회, 18년 1회

38 역자성체에서의 비투자율 μ_s는?

① $\mu_s = 1$ ② $\mu_s < 1$

③ $\mu > 1$ ④ $\mu_s = 0$

해설

37번 문제 해설 참조

★★★★★ 기사 94년 6회, 98년 6회, 00년 4회, 01년 1회, 05년 3회, 11년 2회

39 자기 감자력(self demagnetizing force)은?

① 자계에 반비례한다.

② 자극의 세기에 반비례한다.

③ 자화의 세기에 비례한다.

④ 자속에 반비례한다.

해설

감자력 $H' = \dfrac{N}{\mu_0}J[\text{A/m}]$

여기서, N : 감자율, J : 자화의 세기

★★★★★ 기사 16년 2회 / 산업 94년 6회, 99년 4회, 03년 2회, 04년 1회, 05년 2회

40 감자력이 0인 것은?

① 가늘고 긴 막대 자성체

② 구자성체

③ 짧은 막대 자성체

④ 환상 철심

해설

환상 철심은 자극(N, S극)이 생기지 않아 감자력이 0이 된다.

★ 기사 11년 1회 / 산업 95년 2회, 01년 3회, 04년 3회, 04년 2회

41 균등 자계 H 중에 놓여진 투자율 μ인 자성체를 외부자계 H_0 중에 놓았을 때 자화의 세기 J는 몇 $[\text{Wb/m}^2]$인가? (단, 자성체의 감자율은 N이다.)

① $J = \dfrac{\mu_0(\mu - \mu_0)}{\mu_0 + N(\mu - \mu_0)}H_0$

② $J = \dfrac{\mu(\mu_0 - \mu)}{\mu + N(\mu_0 - \mu)}H_0$

③ $J = \dfrac{\mu_0(\mu - \mu_0)}{\mu + N(\mu - \mu_0)}H_0$

④ $J = \dfrac{\mu(\mu - \mu_0)}{\mu_0 + N(\mu_0 - \mu)}H_0$

정답 36. ② 37. ② 38. ② 39. ③ 40. ④ 41. ①

해설

내부자계

$$H = H_0 - H' = H_0 - \frac{N}{\mu_0}J = H_0 - N\frac{\chi}{\mu_0}H$$

$$= \frac{H_0}{1 + N\frac{\chi}{\mu_0}} = \frac{H_0}{1 + N\left(\frac{\mu}{\mu_0} - 1\right)} = \frac{H_0}{1 + N(\mu_s - 1)}$$

여기서, H_0 : 평등자계, H' : 자기 감자력

∴ 자화의 세기

$$J = \mu_0(\mu_s - 1)H = \frac{\mu_0(\mu_s - 1)}{1 + N(\mu_s - 1)}H_0$$

$$= \frac{\mu_0(\mu - \mu_0)}{\mu_0 + N(\mu - \mu_0)}H_0 \,[\text{Wb/m}^2]$$

출제 03 ▶ 경계조건

★★★★ 기사 93년 2회, 13년 1회

42 자성체 경계면에 전류가 없을 때의 경계조건으로 틀린 것은?

① 자계 H의 접선성분 $H_{1T} = H_{2T}$

② 자속밀도 B의 법선성분 $B_{1n} = B_{2n}$

③ 전속밀도 D의 법선성분 $D_{1n} = D_{2n} = \dfrac{\mu_2}{\mu_1}$

④ 경계면에서의 자력선의 굴절 $\dfrac{\tan\theta_1}{\tan\theta_2} = \dfrac{\mu_1}{\mu_2}$

해설

자계와 자속밀도는 투자율이 다른 경계면에서 굴절하고, 경계면에서 자계와 자속밀도의 관계는 다음과 같다.

㉠ $H_{1T} = H_T(H_1 \sin\theta_1 = H_2 \sin\theta_2)$: 경계면에서 자계의 접선성분이 같다(연속적이다).

㉡ $B_{1n} = B_{2n}(B_1\cos\theta_1 = B_2\cos\theta_2)$: 경계면에서 자속선은 법선성분이 같다(연속적이다).

㉢ $\dfrac{\mu_1}{\mu_2} = \dfrac{\tan\theta_1}{\tan\theta_2}$: $\mu_1 < \mu_2$이면 $\theta_1 < \theta_2$, $B_1 < B_2$, $H_1 > H_2$가 된다.

- $\mu_1 < \mu_2$: 투자율이 큰 곳에서 자계 및 자속밀도의 입사각 θ_1 또는 굴절각 θ_2는 커진다.
- $B_1 < B_2$: 자속밀도는 투자율에 비례하므로 투자율이 큰 곳에서 자속밀도가 더 크다. 또는 자속선은 투자율이 큰 곳으로 많이 모인다.
- $H_1 > H_2$: 자계는 투자율과 반비례하므로 투자율이 작은 곳에서 자계가 더 크다. 또는 자기력선은 투자율이 작은 곳으로 많이 모인다.

★★ 산업 03년 1회, 07년 3회, 08년 1회, 16년 2회

43 두 자성체의 경계면에서 정자계가 만족하는 것은?

① 양측 경계면상의 두 점 간의 자위차가 같다.

② 자속은 투자율이 적은 자성체에 모인다.

③ 자계의 법선성분은 서로 같다.

④ 자속밀도의 접선성분이 같다.

해설

42번 문제 해설 참조

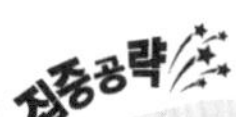

★★★★ 산업 89년 6회, 95년 4회, 96년 4회, 98년 4회, 05년 1·3회

44 투자율이 다른 두 자성체의 경계면에서 굴절각은?

① 투자율에 비례

② 투자율에 반비례

③ 투자율의 제곱에 비례

④ 비투자율에 반비례

해설

굴절각 $\dfrac{\tan\theta_1}{\tan\theta_2} = \dfrac{\mu_1}{\mu_2}$ 에서 투자율이 클수록 굴절각이 크다.

★★ 기사 93년 1회, 97년 2회, 09년 3회

45 평균자계 H_0 중에 비투자율 μ_s인 매우 얇은 철판을 자계와 직각으로 놓았을 때의 철판 내 중앙부의 자계 H_1과 평행으로 놓았을 때의 철판 내 중앙부 자계 H_2와의 비는 얼마인가?

① $\dfrac{B_1}{B_2} = \mu_s$

② $\dfrac{H_1}{H_2} = \dfrac{1}{\mu_s}$

③ $\dfrac{B_1}{B_2} = I$

④ $\dfrac{H_1}{H_2} = \dfrac{\mu_s}{\mu_0}$

해설

경계면에 자계가 수직으로 입사하면 자속밀도가 일정하므로 $B_1 = B_2$가 된다.

$\mu_0 H_1 = \mu_0 \mu_s H_2$이므로 $\dfrac{H_1}{H_2} = \dfrac{1}{\mu_s}$이 된다.

정답 42. ③ 43. ① 44. ① 45. ②

★ 기사 98년 4회

46 등질, 선형, 등방성인 두 물질이 $x=0$인 무한 평면을 경계면으로 접해 있고, 경계면상에는 전류가 흐르지 않는다고 한다. 지금 $x<0$인 영역에서 비투자율 $\mu_{R1}=2$ 이고, 자계 $H_1=2a_x-2a_y+2a_z$[H/m] 라고 하면 $x>0$인 영역에서 $\mu_{R2}=4$일 때 자속밀도 B_2는 몇 [Wb/m^2]인가?

① $B_2=\mu_0(4a_x-4a_y+4a_z)$

② $B_2=\mu_0(8a_x-8a_y+8a_z)$

③ $B_2=\mu_0(8a_x-8a_y+4a_z)$

④ $B_2=\mu_0(4a_x-8a_y+8a_z)$

해설

㉠ 자속밀도 법선성분 연속성 : $B_{x1}=B_{x2}$에서

$$B_{x2}=B_{x1}=\mu_1 H_{x1}=2\mu_0\times2=4\mu_0$$

㉡ 자계 세기 접선성분 연속성 : $H_{y1}=H_{y2}$에서

$$B_{y2}=\mu_2 H_{y2}=\mu_2 H_{y1}=4\mu_0\times-2=-8\mu_0$$

㉢ $H_{z1}=H_{z2}$에서

$$B_{z2}=\mu_2 H_{z2}=\mu_2 H_{z1}=4\mu_0\times2=8\mu_0$$

$$\therefore\ B_2=B_{x2}+B_{y2}a_y+B_{z2}a_z=\mu_0(4a_x-8a_y+8a_z)$$

출제 04 **자화에 필요한 에너지**

★★ 기사 02년 2회, 08년 3회 / 산업 99년 2회, 04년 2회, 16년 3회

47 그림과 같이 진공 중에 자극 면적이 2[cm^2], 간격이 0.1[cm]인 자성체 내에서 포화 자속밀도가 2[Wb/m^2]일 때 두 자극면 사이에 작용하는 힘의 크기는 약 몇 [N]인가?

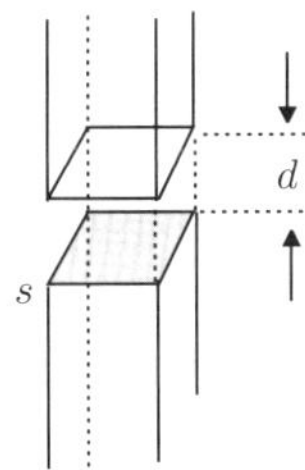

① 53[N]　　② 106[N]

③ 159[N]　　④ 318[N]

해설

단위면적당 작용하는 힘

$$f=\frac{1}{2}\mu H^2=\frac{1}{2}HB=\frac{B^2}{2\mu}\text{[N/m}^2\text{]에서}$$

$\therefore$ 철편의 흡인력

$$F=f\cdot S=\frac{B^2}{2\mu_0}\times S=\frac{2^2}{2\times4\pi\times10^{-7}}\times2\times10^{-4}$$

$$=318.47\text{[N]}$$

★★ 기사 89년 2회, 92년 2회, 99년 6회, 01년 6회 / 산업 95년 4회

48 그림과 같이 갭의 면적 100[cm^2]의 전자석에 자속밀도 5000[Gauss]의 자속이 발생될 때 철편을 흡입하는 힘은 약 얼마인가?

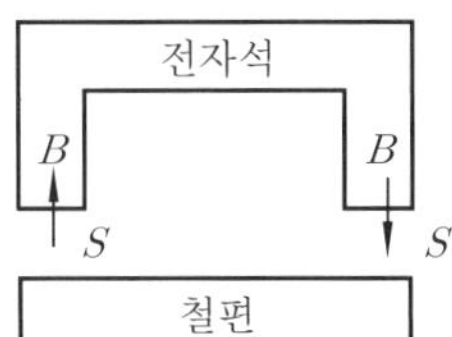

① 1000[N]　　② 1500[N]

③ 2000[N]　　④ 2500[N]

해설

철편을 흡입하는 힘

$$F=f\cdot S=\frac{B^2}{2\mu_0}\times S\text{[N]}$$에서 철편을 흡입하는 면적

이 2개이므로

$$\therefore\ F=f\times2S=\frac{B^2}{2\mu_0}\times2S$$

$$=\frac{0.5^2}{2\times4\pi\times10^{-7}}\times2\times100\times10^{-4}$$

$$=1989\fallingdotseq2000\text{[N]}$$

여기서, 1[Wb/m^2]$=10^4$[Gauss]이므로

자속밀도 $B=5000$[Gauss]$=0.5$[Wb/m^2]이다.

★★★ 기사 92년 6회, 95년 6회, 09년 1회

49 비투자율이 2500인 철심의 자속밀도가 5[Wb/m^2]이고 철심의 부피가 4×10^{-6}[m^3]일 때, 이 철심에 저장된 자기에너지는 몇 [J]인가?

① $\frac{1}{\pi}\times10^{-2}$[J]

② $\frac{3}{\pi}\times10^{-2}$[J]

③ $\frac{4}{\pi}\times10^{-2}$[J]

④ $\frac{5}{\pi}\times10^{-2}$[J]

정답　46. ④　47. ④　48. ③　49. ④

해설 철심에 축적되는 자계에너지(자기에너지)

$$W = \frac{B^2}{2\mu_0\mu_s} \times V$$
$$= \frac{5^2 \times 4 \times 10^{-6}}{2 \times 4\pi \times 10^{-7} \times 2500}$$
$$= \frac{5}{\pi} \times 10^{-2}[\text{J}]$$

출제 05 ▶ **자기회로**

★★ 기사 09년 2회, 11년 2회

50 다음 중 기자력에 대한 설명으로 옳지 않은 것은?

① 전기회로의 기전력에 대응이다.
② 코일에 전류가 흘렸을 때 전류밀도와 코일의 권수의 곱의 크기와 같다.
③ 자기회로의 자기저항과 자속의 곱과 동일하다.
④ SI 단위는 암페어[A]이다.

해설 전기회로와 자기회로의 대응관계

전기회로	기전력 : $V[\text{V}]$
	전기저항 : $R = \dfrac{l}{kS} = \rho\dfrac{l}{S}[\Omega]$
	옴의 법칙(전류) : $I = \dfrac{V}{R} = \dfrac{lE}{\dfrac{l}{kS}} = kES[\text{A}]$
	전류밀도 : $i = \dfrac{I}{S} = kE = \dfrac{E}{\rho}[\text{A/m}^2]$
자기회로	기자력 : $F = IN[\text{AT}]$
	자기저항 : $R_m = \dfrac{l}{\mu S} = \dfrac{F}{\phi}[\text{AT/Wb}]$
	옴의 법칙(자속) : $\phi = \dfrac{F}{R_m} = \dfrac{\mu SNI}{l}$
	자속밀도 : $B = \dfrac{\phi}{S} = \mu\dfrac{NI}{l} = \mu H[\text{Wb/m}^2]$

∴ 기자력 $F = IN[\text{AT}]$이므로 전류와 권선수의 곱의 크기이다.

★★★★★ 기사 16년 3회 / 산업 96년 4회, 08년 3회

51 자기회로와 전기회로의 대응관계를 표시하였다. 잘못된 것은?

① 자속-전속　　② 자계-전계
③ 기자력-기전력　　④ 투자율-도전율

해설
자기회로의 자속 또는 자속밀도는 전기회로의 전류 또는 전류밀도와 대응된다.

Comment

정전계와 정자계 대응관계에서 전속밀도의 대응관계는 자속밀도이지만, 자기회로와 전기회로는 옴의 법칙에 의해 대응관계를 만들었다. 헷갈리지 않게 주의하자.

★★ 산업 91년 2회, 98년 4회

52 전기회로와 비교할 때 자기회로의 특징이 아닌 것은?

① 기자력과 자속은 변화가 비직선성이다.
② 공기에 대한 누설자속이 많다.
③ 자기회로는 정전용량과 같은 회로요소는 없다.
④ 자속의 변화에 따른 자기저항 내의 줄 손실이 생긴다.

해설
④ 자속의 변화에 따른 철심 내에 철손(와류손과 히스테리시스손)이 생긴다.

★★ 기사 16년 2회

53 자기회로에서 키르히호프의 법칙에 대한 설명으로 옳은 것은?

① 임의의 결합점으로 유입하는 자속의 대수합은 0이다.
② 임의의 폐자로에 자속과 기자력의 대수합은 0이다.
③ 임의의 폐자로에 대하여 자기저항과 기자력의 대수합은 0이다.
④ 임의의 폐자로에서 각 부의 자기저항과 자속의 대수합은 0이다.

해설

㉠ 제1법칙 : 임의의 결합점으로 유입하는 자속의 총합은 유출하는 자속의 총합과 같다.

㉡ 제2법칙 : 임의의 폐자기 회로에서 자기저항과 자속의 곱은 기자력의 대수합과 같다.

집중공략

★★★ 기사 13년 1회, 17년 1회 / 산업 02년 2 · 3회, 04년 3회, 16년 3회

54 평균 자로의 길이 80[cm]의 환상 철심에 500회의 코일을 감고 여기에 4[A]의 전류를 흘렸을 때 기자력과 자화력(자계의 세기)은?

① 2000[AT], 2500[AT/m]

② 3000[AT], 2500[AT/m]

③ 2000[AT], 3500[AT/m]

④ 3000[AT], 3500[AT/m]

해설

㉠ 기자력 : $F = NI = 500 \times 4 = 2000[\text{AT}]$

㉡ 자화력 : $H = \dfrac{NI}{l} = \dfrac{500 \times 4}{0.8} = 2500[\text{AT/m}]$

★★★ 기사 97년 4회, 99년 4회, 10년 1회, 11년 2 · 3회 / 산업 92년 2회, 01년 1회

55 단면적이 $0.5[\text{m}^2]$, 길이가 0.8[m], 비투자율이 20인 막대철심이 있다. 이 철심의 자기저항[AT/Wb]은?

① 6.37×10^4　　② 4.45×10^4

③ 3.60×10^4　　④ 9.70×10^5

해설

철심의 자기저항

$$R_m = \frac{l}{\mu_0 \mu_s S} = \frac{0.8}{4\pi \times 10^{-7} \times 20 \times 0.5}$$
$$= 6.37 \times 10^4 [\text{AT/Wb}]$$

집중공략

★★★ 기사 05년 1회, 13년 2회, 14년 1회, 16년 1회, 17년 2회 / 산업 07년 1회, 08년 2회

56 그림과 같이 비투자율 μ_s이 800, 원형 단면적 S가 $10[\text{cm}^2]$, 평균 자로의 길이 l이 30[cm]인 환상 철심에 코일을 600회 감아 1[A]의 전류를 흘릴 때 철심 내 자속은 약 몇 [Wb]인가?

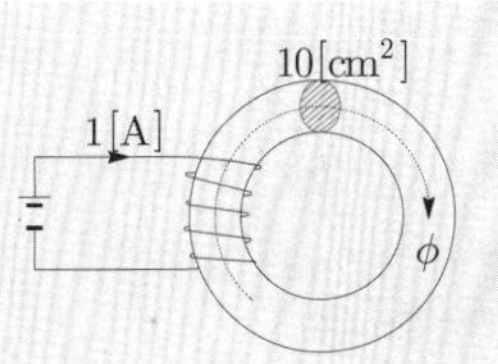

① 1.51×10^{-1}　　② 2.01×10^{-1}

③ 1.51×10^{-3}　　④ 2.01×10^{-3}

해설 자기회로의 옴의 법칙

$$\phi = \frac{F}{R_m} = \frac{IN}{\dfrac{l}{\mu S}} = \frac{\mu SNI}{l}[\text{Wb}]$$ 이므로

$$\therefore \phi = \frac{F}{R_m} = \frac{\mu SNI}{l}$$

$$= \frac{4\pi \times 10^{-7} \times 800 \times 10 \times 10^{-4} \times 600 \times 1}{30 \times 10^{-2}}$$

$$= 2.01 \times 10^{-3}[\text{Wb}]$$

★ 기사 02년 1회, 04년 3회, 17년 1회 / 산업 98년 2회, 01년 2회, 17년 1회

57 코일로 감겨진 자기회로에서 철심의 투자율을 μ라 하고, 회로의 길이를 l이라 할 때 그 회로의 일부에 미소 공극 l_g를 만들면 회로의 자기저항은 처음의 몇 배가 되는가? (단, $l_g \ll l$, 즉 $l - l_g \fallingdotseq l$이다.)

① $1 + \dfrac{\mu l_g}{\mu_0 l}$　　② $1 + \dfrac{\mu l}{\mu_0 l_g}$

③ $1 + \dfrac{\mu_0 l_g}{\mu l}$　　④ $1 + \dfrac{\mu_0 l}{\mu l_g}$

해설

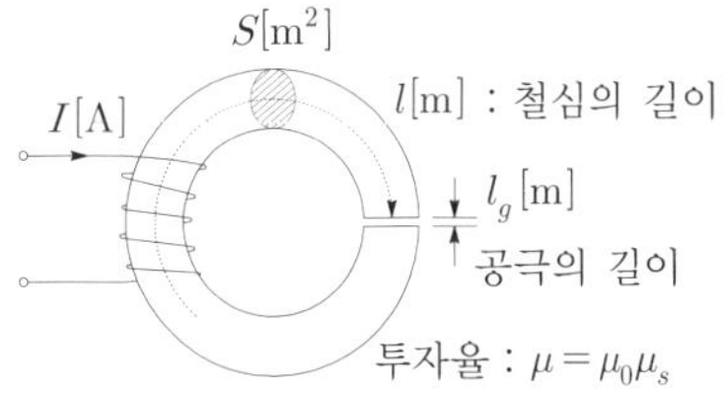

㉠ 공극이 없는 경우의 자기저항

$$R_m = \frac{l}{\mu S}[\text{AT/Wb}]$$

㉡ 공극이 있는 경우의 자기저항

$$\frac{l - l_g}{\mu S} + \frac{l_g}{\mu_0 S} \fallingdotseq \frac{l}{\mu S} + \frac{l_g}{\mu_0 S} = R_m + R_g$$

$\therefore$ 자기저항 증가율

$$\alpha = \frac{R_m + R_g}{R_m} = 1 + \frac{R_g}{R_m} = 1 + \frac{\mu\, l_g}{\mu_0\, l}$$

★ 기사 96년 2회

58 그림 (a)와 같이 비투자율 1000, 길이 l인 균일한 단면을 갖는 환상 철심에 N회의 코일을 감아 I[A]의 전류를 흘렸을 때 철심 내를 통하는 자속이 ϕ[Wb]이었다. 이 철심에 그림 (b)와 같이 간격 $\dfrac{1}{1000}$을 만들었을 때 동일 전류로 같은 자속을 얻자면 코일의 권수는 얼마로 하면 되는가?

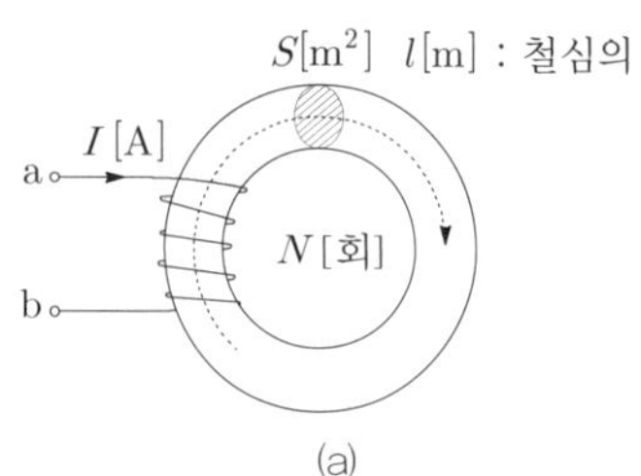

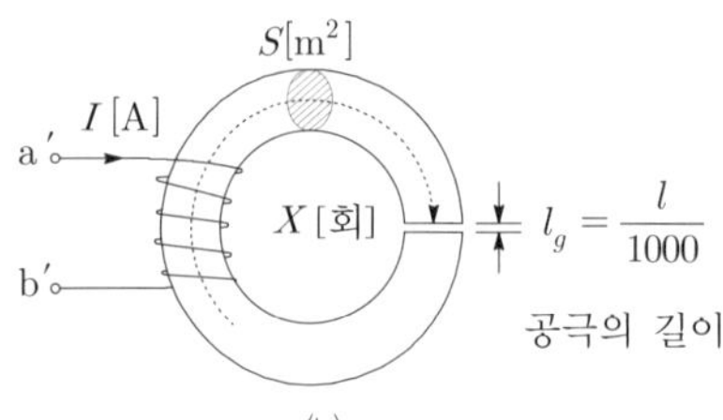

① $N\,[회]$ ② $1.2N\,[회]$
③ $1.5N\,[회]$ ④ $2N\,[회]$

해설

㉠ 공극이 있는 경우의 자기저항

$$R_m + R_g = \frac{l}{\mu S} + \frac{l_g}{\mu_0 S} = \frac{l}{\mu S}\left(1 + \frac{\mu_s l_g}{l}\right)$$

$$= \frac{l}{\mu S}\left(1 + \frac{\mu_s l_g}{l}\right) = R_m\left(1 + \frac{\mu_s l_g}{l}\right)$$

$$= R_m\left(1 + \frac{1000 \times \dfrac{l}{1000}}{l}\right) = 2R_m$$

㉡ 옴의 법칙 $\phi = \dfrac{F}{R_m} = \dfrac{IN}{R_m}$ 이므로

$\therefore$ 자기저항이 2배 증가하면 권선수도 2배로 해야 동일한 자속을 얻을 수 있다.

★ 기사 12년 1회

59 공극(air gap)이 있는 환상 솔레노이드에 권수는 1000회, 철심의 길이 l은 10[cm], 공극의 길이 l_g는 2[mm], 단면적은 3[cm^2], 철심의 비투자율은 800, 전류는 10[A]라 했을 때, 이 솔레노이드의 자속은 약 몇 [Wb]인가? (단, 누설자속은 없다고 한다.)

① 3×10^{-2}[Wb]
② 1.89×10^{-3}[Wb]
③ 1.77×10^{-3}[Wb]
④ 2.89×10^{-3}[Wb]

해설

공극이 있는 경우의 자기저항

$$R_T = R_m + R_g = \frac{l}{\mu S} + \frac{l_g}{\mu_0 S} = \frac{1}{\mu_0 S}\left(\frac{l}{\mu_s} + l_g\right)$$

$$= \frac{1}{4\pi \times 10^{-7} \times 3 \times 10^{-4}}\left(\frac{10 \times 10^{-2}}{800} + 2 \times 10^{-3}\right)$$

$$= 0.564 \times 10^7$$

$\therefore$ 자속 $\phi = \dfrac{F}{R_T} = \dfrac{IN}{R_T} = \dfrac{1000 \times 10}{0.564 \times 10^7}$

$$= 1.77 \times 10^{-3}[\mathrm{Wb}]$$

★ 기사 91년 2회, 93년 5회, 95년 4회, 96년 2회, 16년 3회

60 그림은 철심부의 평균 길이가 l_2, 공극의 길이가 l_1, 면적이 S인 자기회로이다. 자속밀도를 B[Wb/m^2]로 하기 위한 기자력은?

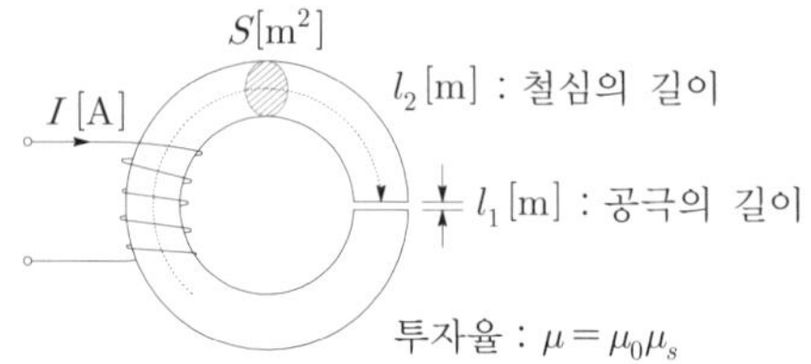

① $\dfrac{\mu_0}{B}\left(l_1 + \dfrac{\mu_s}{l_2}\right)$[AT]

② $\dfrac{B}{\mu_0}\left(l_2 + \dfrac{l_2}{\mu_s}\right)$[AT]

③ $\dfrac{\mu_0}{B}\left(l_2 + \dfrac{\mu_s}{l_1}\right)$[AT]

④ $\dfrac{B}{\mu_0}\left(l_1 + \dfrac{l_2}{\mu_s}\right)$[AT]

공극이 있는 경우의 자기저항

$$R_T = R_m + R_g$$
$$= \frac{l_2}{\mu S} + \frac{l_1}{\mu_0 S}$$
$$= \frac{1}{\mu_0 S}\left(\frac{l_2}{\mu_s} + l_1\right)$$

자속 $\phi = BS = \dfrac{F}{R_T}$ 에서

$\therefore$ 기자력 $F = BSR_T$

$$= BS\left(\frac{l_2}{\mu S} + \frac{l_1}{\mu_0 S}\right)$$
$$= \frac{B}{\mu_0}\left(\frac{l_2}{\mu_s} + l_1\right)[AT]$$

★ 기사 92년 2회

61 무한히 넓은 평면 자성체의 전방 a[m]의 거리에, 경계면에 나란하게 무한히 긴 직선 전류 I[A]가 있을 때, 그의 단위길이당 작용력은 몇 [N/m]인가?

① $\dfrac{\mu_0}{4\pi a}\left(\dfrac{\mu + \mu_0}{\mu - \mu_0}\right)I^2$

② $\dfrac{\mu_0}{2\pi a}\left(\dfrac{\mu + \mu_0}{\mu - \mu_0}\right)I^2$

③ $\dfrac{\mu_0}{4\pi a}\left(\dfrac{\mu - \mu_0}{\mu + \mu_0}\right)I^2$

④ $\dfrac{\mu_0}{2\pi a}\left(\dfrac{\mu - \mu_0}{\mu + \mu_0}\right)I^2$

영상전류 $I' = \dfrac{\mu - \mu_0}{\mu + \mu_0}I$ 이므로

단위길이당 작용력

$$f = \frac{\mu_0 I I'}{2\pi r}$$
$$= \frac{\mu_0}{2\pi(2a)}\left(\frac{\mu - \mu_0}{\mu + \mu_0}\right)I^2$$
$$= \frac{\mu_0}{4\pi a}\left(\frac{\mu - \mu_0}{\mu + \mu_0}\right)I^2[N/m]$$

★★ 기사 11년 2회, 15년 3회

62 아래의 그림과 같은 자기회로에서 A부분에만 코일을 감아서 전류를 인가할 때의 자기저항과 B부분에만 코일을 감아서 전류를 인가할 때의 자기저항[AT/Wb]을 각각 구하면 어떻게 되는가? (단, 자기저항 $R_1 = 1$, $R_2 = 0.5$, $R_3 = 0.5$[AT/Wb]이다.)

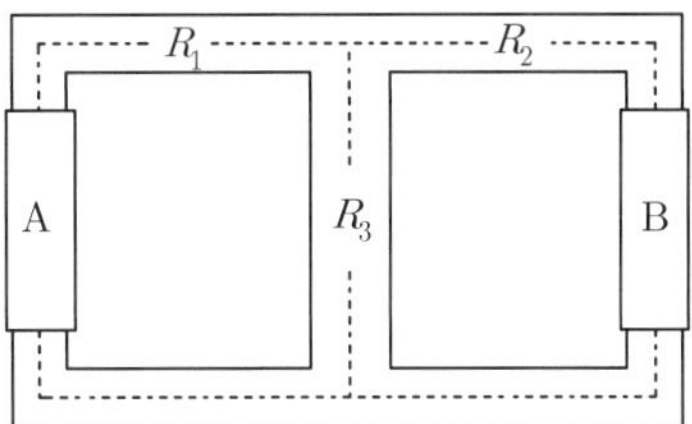

① $R_A = 1.25$, $R_B = 0.83$

② $R_A = 1.25$, $R_B = 1.25$

③ $R_A = 0.83$, $R_B = 0.83$

④ $R_A = 0.83$, $R_B = 1.25$

문제 조건에 대한 등가회로는 다음과 같다.

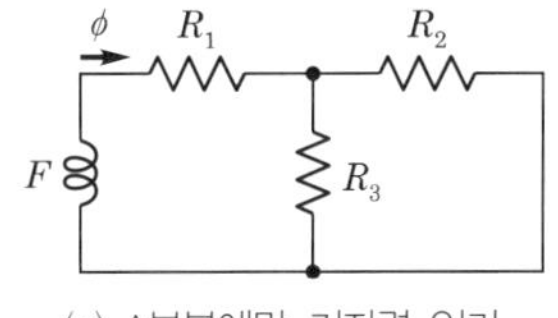

(a) A부분에만 기자력 인가

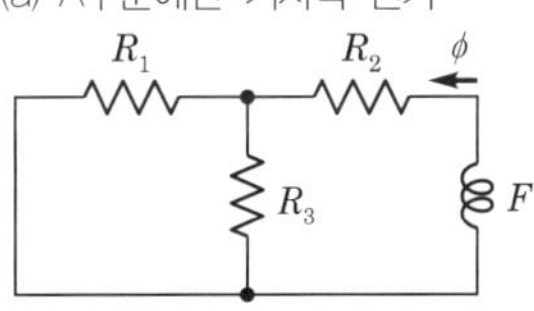

(b) B부분에만 기자력 인가

㉠ A부분에만 기전력을 가했을 경우

$$R_A = 1 + \frac{0.5}{2} = 1.25[\Omega]$$

㉡ B부분에만 기전력을 가했을 경우

$$R_B = 0.5 + \frac{1 \times 0.5}{1 + 0.5} = 0.833[\Omega]$$

63 다음 중 자기회로에서 키르히호프의 법칙으로 알맞은 것은?

① $\displaystyle\sum_{i=1}^{n} \phi_i = \infty$

② $\displaystyle\sum_{i=1}^{n} N_i \phi_i = 0$

③ $\displaystyle\sum_{i=1}^{n} R_i \phi_i = \sum_{i=1}^{n} N_i I_i$

④ $\displaystyle\sum_{i=1}^{n} R_i \phi_i = \sum_{i=1}^{n} N_i L_i$

해설

자기회로에서의 옴의 공식 $\phi = \dfrac{F}{R_m} = \dfrac{IN}{R_m}$ 이므로

$\displaystyle\sum_{i=1}^{n} \phi_i = \sum_{i=1}^{n} \dfrac{N_i I_i}{R_i}$ 로 표현되므로, 키르히호프 제1법칙에 의해서 유입·유출되는 자속의 대수합은 0이다.

$\therefore \displaystyle\sum_{i=1}^{n} R_i \phi_i = \sum_{i=1}^{n} N_i I_i$ 으로 표현된다.

 **memo

전자유도법칙

기사 6.83% 출제
산업 5.67% 출제

이렇게 공부하세요!!

출제경향분석

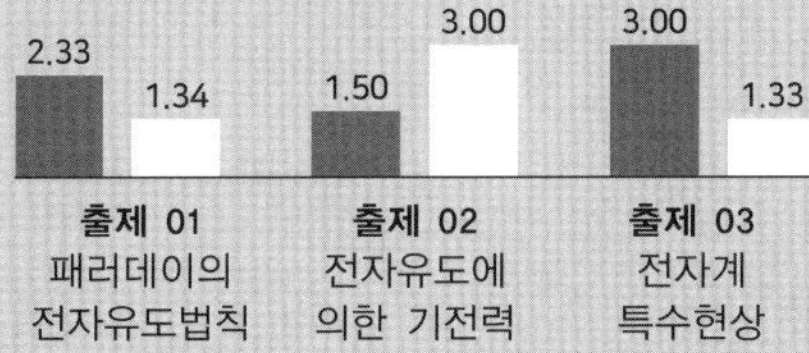

출제포인트

☑ 패러데이, 노이만, 렌츠의 실험식(유도기전력 공식)에 대해서 알고 있다.

☑ 플레밍의 오른손법칙의 특징과 공식을 알고 있다.

☑ 패러데이의 단극발전기 공식을 알고 있다.

☑ 홀 효과, 와전류, 핀치효과, 표피효과, 침투두께 공식을 알고 있다.

기사 2.33% 출제 | 산업 1.34% 출제

출제 01 패러데이의 전자유도법칙

쌤 Comment

전자유도법칙은 전기·전자공학을 해석함에 있어 가장 중요하다고 볼 수 있다.
시험 출제빈도와 별개로 전자유도법칙은 완벽히 이해하고 넘어가라.

1 개 요

1820년 에르스텟(Oersted)이 전류에 의한 자기작용을 발견한 후 패러데이(Faraday)는 역으로 자기가 전류를 일으킬 수 있을 것이라는 데 착안하였고, 1831년 전자유도에 관한 법칙을 정립하였다.

2 전자유도법칙

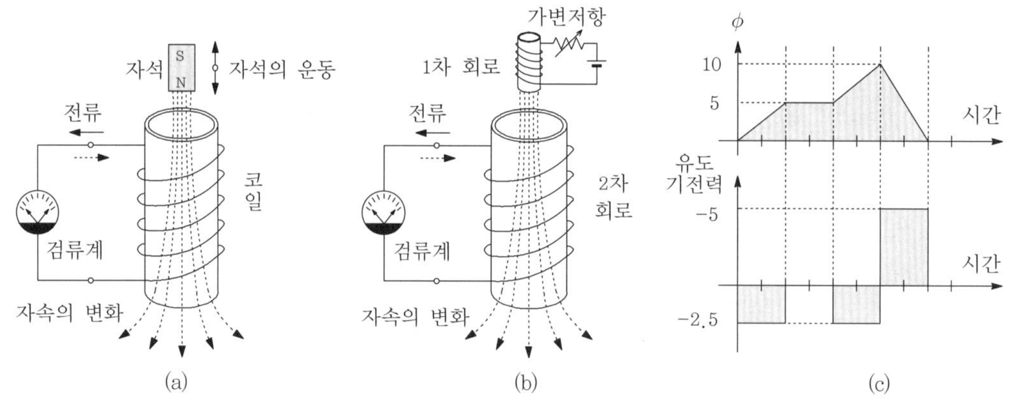

┃그림 10-1┃ 전자유도 실험

(1) 실험 (a)

코일에 자석을 넣었다 빼는 것을 반복하게 되면 코일 주변에 전류가 유도되는 것을 알 수 있다.

(2) 실험 (b)

① 1차 회로에 가변저항을 설치하여 2차 회로를 통과하는 자속을 (c)와 같이 시간에 따라 자속 ϕ의 변화를 주면 2차 회로의 코일에는 (c)와 같은 유도기전력이 발생된다. 이 실험을 통해 패러데이는 다음과 같은 전자유도법칙을 정의한다.

② 회로에 쇄교하는 자속이 변화할 때 그 회로에는 자속이 감소되는 비율에 비례하는 기전력을 유기한다.

③ 이러한 현상을 전자유도(electromagnetic induction)라 하며, 발생된 기전력을 유도기전력(induced motive force)이라 한다.

3 패러데이, 노이만, 렌츠의 실험식

① 전자유도에 의해서 회로에 생기는 유도전류는 쇄교 자속의 변화를 방해하는 방향이 된다. 이것을 렌츠의 법칙(Lentz's law)이라 한다.
② 전자유도법칙을 수식화한 것을 노이만의 법칙(Neumann's law)이라고 한다.

$$e = -N\frac{d\phi}{dt}\,[\text{V}]$$ .... [식 10-1]

③ 권선수 N인 코일과 쇄교하는 자속이 $\phi = \phi_m \sin \omega t\,[\text{Wb}]$일 때 이를 통해 발생되는 유도기전력의 최댓값과 위상관계는 다음과 같다.

   ㉠ $e = -N\dfrac{d\phi}{dt} = -N\phi_m \dfrac{d}{dt}(\sin \omega t) = -\omega N\phi_m \cos \omega t$

$$= -\omega N\phi_m \sin\left(\omega + \frac{\pi}{2}\right) = \omega N\phi_m \sin\left(\omega - \frac{\pi}{2}\right)$$

   ㉡ 유도기전력의 최댓값 : $E_m = \omega N\phi_m = 2\pi f N\phi_m\,[\text{V}]$ .... [식 10-2]

   ㉢ 유도기전력 e는 자속 ϕ보다 $\dfrac{\pi}{2}\,[\text{rad}]$만큼 위상이 늦다.

4 패러데이 법칙의 미분형

(1) 패러데이 법칙

① 폐회로 C를 경계로 하는 임의의 곡면 S를 가정하고 미소면적 ds에서 시간에 따라 변화하는 자속밀도 B를 통과시켰을 때, 폐회로 C에 유도되는 기전력은 다음과 같다.
② $e = -\dfrac{d\phi}{dt} = -\dfrac{\partial}{\partial t}BS = -\displaystyle\int_S \dfrac{\partial B}{\partial t}ds$ .... [식 10-3]

(2) 전계의 세기 E와 기전력의 관계

① 기전력과 유도기전력의 방향은 반대가 되므로 $e = -v$가 된다.
② 정전계에서 폐곡선에 대한 전계의 세기의 주회적은 0이 되지만, 시간에 따라 전계가 변화하면 0이 아니다. 따라서 스토크스의 정리를 대입하면 다음과 같이 정리할 수 있다.
③ $e = \displaystyle\oint_C E dl = \int_S \text{rot}\, E ds$ .... [식 10-4]

(3) [식 10-3]과 [식 10-4]를 통해 미분형을 정리할 수 있다.

$$e = \int_S \text{rot}\, E ds = -\int_S \frac{\partial B}{\partial t}ds \,\text{이므로}$$

$$\therefore\ \text{rot}\, E = \nabla \times E = -\frac{\partial B}{\partial t}$$ .... [식 10-5]

단원확인기출문제

★★★★ 기사 08년 1회

01 다음 (ⓐ), (ⓑ)에 알맞은 것은?

> 전자유도에 의하여 발생되는 기전력에서 우변에 (−)의 부호를 가진 것은 앙페르의 오른나사법칙에 의한 (ⓐ)와(과) (ⓑ)의 방향을 (+)로 하고 있기 때문이다.

① ⓐ 전압, ⓑ 전류   ② ⓐ 전압, ⓑ 자속
③ ⓐ 전류, ⓑ 자속   ④ ⓐ 자속, ⓑ 인덕턴스

답 ③

★★ 기사 91년 2회, 97년 2회, 03년 3회 / 산업 00년 4회, 03년 3회, 07년 2·3회

02 100회 감은 코일과 쇄교하는 자속이 10^{-1}[sec] 동안에 0.5[Wb]에서 0.3[Wb]로 감소했다. 이때 유기되는 기전력은 몇 [V]인가?

① 20   ② 200
③ 80   ④ 800

해설 유도기전력 : $e = -N\dfrac{d\phi}{dt} = -100 \times \dfrac{0.3 - 0.5}{10^{-1}} = 200[\text{V}]$

답 ②

기사 1.50% 출제 | 산업 3.00% 출제

출제 02 | 전자유도에 의한 기전력

쌤 Comment

자계 내 전류가 흐르면 플레밍 왼손법칙이 작용하고, 자계 내 도체가 운동하면 플레밍 오른손법칙이 작용된다.

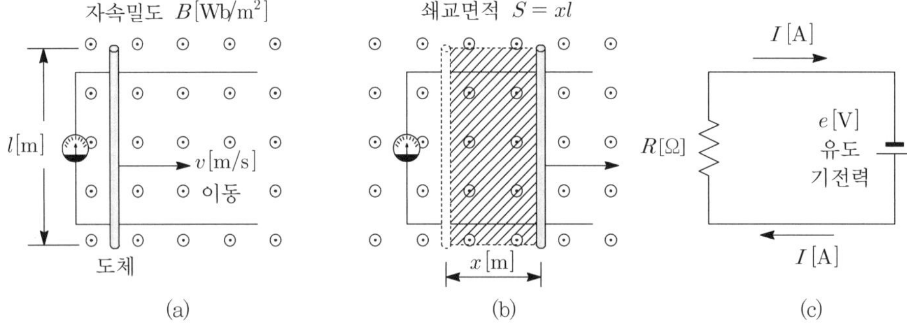

▮그림 10-2▮ 자계 내 도체의 운동

1 자계 내 도체의 운동

① [그림 10-2]와 같이 평등자계 내에 있는 도체를 v[m/s]로 운동하게 되면 도체에는 유도기전력이 발생된다.

② 미소시간 dt에 대하여 자속과 쇄교하는 면적은 $S=xl$이고, 자속밀도 및 도체의 길이는 일정하므로 시간에 따라 변화하는 것은 도체의 이동거리 x가 된다. 이를 정리하면 유도기전력의 크기는 다음과 같다.

$$e = N\frac{d\phi}{dt} = \frac{d}{dt}BS = \frac{d}{dt}Bxl = \frac{dx}{dt}Bl = vBl\,[\text{V}] \quad\text{\dotfill}\quad [\text{식 } 10\text{-}6]$$

③ 도체가 자속밀도를 수직으로 끊으면서 운동하면 [식 10-6]과 같이 되지만, 자속밀도와 도체가 θ를 이루며 운동하면 다음과 같이 정리할 수 있다.

$$\therefore\ e = vBl\sin\theta\,[\text{V}] \quad\text{\dotfill}\quad [\text{식 } 10\text{-}7]$$

2 플레밍의 오른손법칙

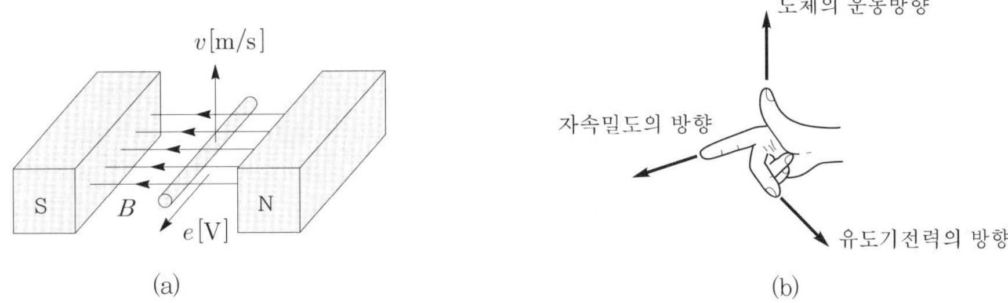

┃그림 10-3┃ 플레밍의 오른손법칙

① 위에서 정리한 것과 같이 자계 내에 있는 도체가 v[m/s]의 속도로 운동하면 도체에는 반드시 기전력이 유도된다(유도기전력이 발생한다).

② [그림 10-3]과 같이 오른손의 엄지, 검지, 중지를 직각으로 펼쳐서 엄지와 검지를 v, B의 방향으로 하면 유도기전력 e는 중지의 방향이 된다. 이것을 플레밍의 오른손법칙이라 한다.

3 패러데이의 단극발전기

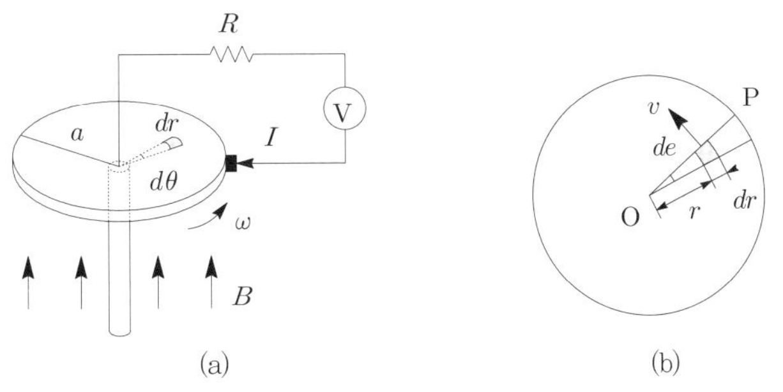

┃그림 10-4┃ 단극발전기

① 패러데이는 1831년에 [그림 10-4]와 같은 단극발전기(Faraday disk 또는 homopolar generator)를 고안했다. 단극발전의 유도기전력의 크기는 다음과 같다.

② [그림 10-4] (b)와 같이 미소길이 dr의 주변 속도는 $v = r\omega\,[\mathrm{m/s}]$이므로 dr 부분에서의 유기되는 기전력은 다음과 같다.

$$de = vB\,dr = B\omega r\,dr\,[\mathrm{V}] \quad\text{----------------------------- [식 10-8]}$$

③ 원판 중심 O점에서 P점 사이에 유기되는 전 기전력과 전류는 다음과 같다.

㉠ $e = \displaystyle\int_0^a B\omega r\,dr = \dfrac{\omega Ba^2}{2}\,[\mathrm{V}]$ ----------------------------- [식 10-9]

㉡ $I = \dfrac{e}{R} = \dfrac{\omega Ba^2}{2R}\,[\mathrm{A}]$ ----------------------------- [식 10-10]

단원확인기출문제

★★★ 기사 01년 3회, 02년 2·3회, 16년 1회

03 자속밀도 10[Wb/m²] 자계 내에 길이 4[cm]의 도체를 자계와 직각으로 놓고 이 도체를 0.4초 동안 1[m]씩 균일하게 이동하였을 때 발생하는 기전력은 몇 [V]인가?

① 1 ② 2
③ 3 ④ 4

해설 유도기전력 : $e = Blv\sin\theta = 10 \times 0.04 \times \left(\dfrac{1}{0.4}\right) \times \sin 90° = 1[\mathrm{V}]$

답 ①

기사 3.00% 출제 | 산업 1.33% 출제

출제 03 전자계 특수현상

Comment

전자계 특수현상은 6장의 열전현상과 4장의 압전효과와 더불어 시험에 자주 나온다. 전자계의 현상 문제는 반드시 정리하고 넘어가자.

---

1 스트레치 효과(stretch effect)

① 정사각형의 가요성 전선에 대전류를 흘리면 각 변에는 반발력(전자력)이 작용하여 도선은 원형의 모양이 된다. 이와 같은 현상을 스트레치 효과라 한다.

② 평형도선에 전류가 반대 방향으로 흐르면 $F = \dfrac{2I^2}{d} \times 10^{-7}\,[\mathrm{N/m}]$의 반발력이 발생된다.

2 홀 효과(Hall effect)

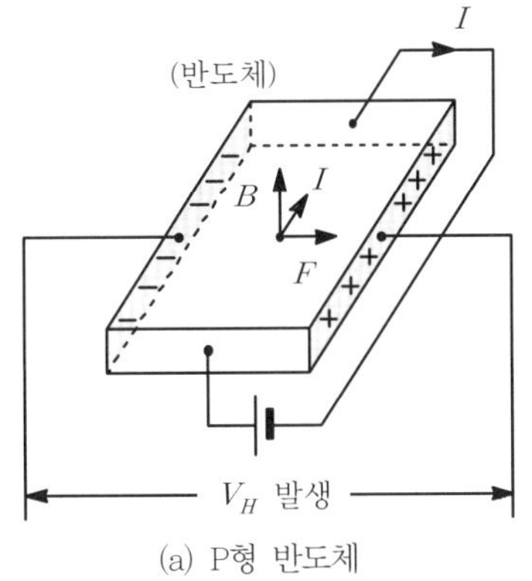

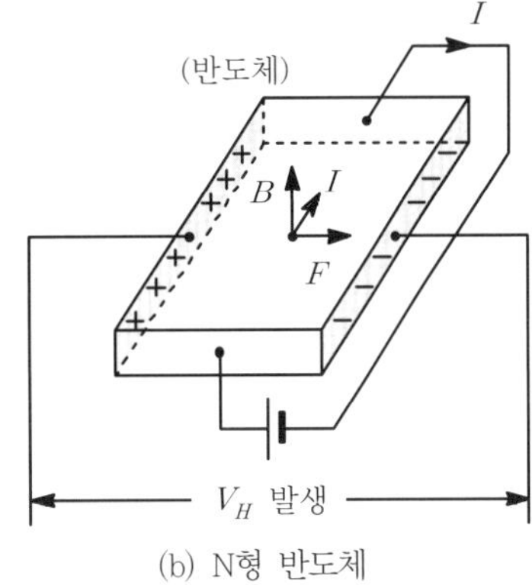

‖ 그림 10-5 ‖ 홀 효과

① [그림 10-5]와 같이 반도체에 전류 I를 흘려 이것과 직각방향으로 자속밀도 B를 가하면 플레밍 왼손법칙에 의해 그 양면의 직각방향으로 기전력이 발생한다. 이 현상을 홀 효과라 한다.

② 홀 기전력 : $V_H = R_H \dfrac{IB}{d}$ [V] .... [식 10-11]

여기서, R_H : 홀상수[m^3/C], d : 반도체의 두께[m]

I : 전류[A], B : 자속밀도[Wb/m^2]

③ 홀 효과를 이용하면 반도체가 P형인지, N형인지를 조사할 수 있다.

④ 자기저항 효과 : 홀 효과가 발생되면 전류가 한 쪽으로 몰리기 때문에 자속밀도에 따라 전기저항이 증가하는 것을 말한다.

3 핀치효과(Pinch effect)

① [그림 10-6]과 같이 액체상태의 원통상 도선에 직류 전압을 인가하면 도체 내부에 자장이 생겨 로렌츠의 힘(구심력)으로 전류가 원통 중심 방향으로 수축하여 전류의 단면은 점차 작아져 전류가 흐르지 않게 된다.
그러면 로렌츠의 힘이 없어져서 전류는 다시 균일하게 흐르며, 전류가 다시 흐르는 순간 로렌츠의 힘이 전류가 수축되는 현상이 반복되게 된다. 이러한 현상을 핀치효과라 한다.

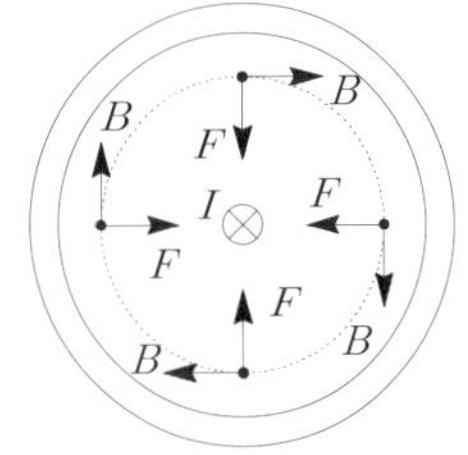

‖ 그림 10-6 ‖ 핀치효과

② 핀치효과는 플라즈마 발생의 원리이고 저주파 유도로, 초고압 수은 등에 이용된다.

4 와전류

① 자성체 중에서 자속이 변화하면 기전력이 발생하고, 이 기전력에 의해 자성체 중에 [그림 10-7]과 같이 소용돌이 모양의 전류가 흐른다.

이것을 와전류(eddy current 또는 foucault current) 또는 맴돌이 전류라 하고 이 전류에 의한 전력손실은 와류손(eddy current loss)이라 하며, 그 크기는 다음과 같다.

‖ 그림 10-7 ‖ 와전류

$$P_e = \sigma_e (k_f f B_m t)^2 [\text{W/kg}] \quad \cdots\cdots\cdots\cdots\cdots \text{[식 10-12]}$$

여기서, σ_e : 재질에 따라 정해지는 비례상수, t : 철심 두께, f : 주파수[Hz]

$\quad\quad\quad k_f$: 파형률(정현파의 경우 1.1), B_m : 최대 자속밀도

② 열손실로 되어서 자성체의 온도를 상승시키므로 전기기계에서는 이것을 방지하기 위해 규소강판을 한 장씩 절연하여 겹쳐 쌓아서 철심을 만든다든지 페라이트를 사용한다.

5 표피효과(skin effect)

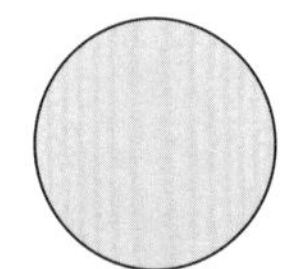

(a) 직류 전류를 흘렸을 경우의 전류밀도 분포

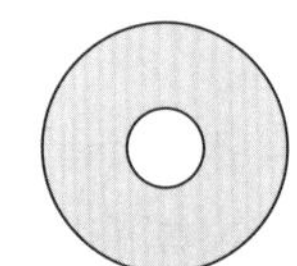

(b) 교류 저주파 전류를 흘렸을 경우의 전류밀도 분포

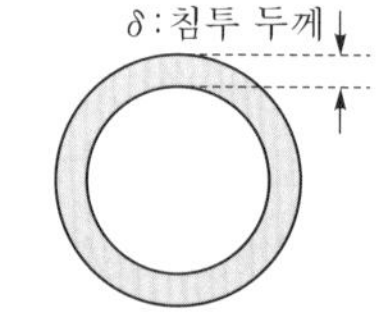

(c) 교류 고주파 전류를 흘렸을 경우의 전류밀도 분포

‖ 그림 10-8 ‖ 표피효과

원주형 도체에 전류가 흐르면 그 주위에 자계가 발생된다.

만약, 시간에 대해서 일정한 자계(직류 전류)가 흐르게 되면 유도기전력이 발생되지 않기 때문에 $\left(\dfrac{d\phi}{dt} = 0\right)$ 도체에는 [그림 10-8] (a)와 같이 전류가 균일하게 흐르게 된다. 그러나 자속이 시간에 따라 변화하면 도체 내부에는 유도기전력이 발생하고, 기전력의 방향은 도체에 흐르는 전류와 반대가 되므로 전류의 흐름을 방해하게 된다. 전류에 의한 자계는 도체 중심부에 가까워질수록 전류와 쇄교하는 자속이 커지므로 도체 중심으로 갈수록 유도기전력이 커지게 되어 전류가 흐르기 곤란해진다.

따라서 유도기전력이 적은 도체 표면으로 전류가 흐르는 현상이 나타나는데, 이를 표피효과라 한다. **이 효과는 그림 (b)와 (c)에서와 같이 고주파일수록, 그리고 도체의 도전율 및 투자율이 클수록 표피효과는 크게 일어나게 된다. 표피효과의 크기는 다음과 같다.**

① **표피효과** $m = 2\pi \sqrt{\dfrac{2f\mu}{\rho}} = 2\pi \sqrt{2f\mu\sigma} \, [\text{m}]$ $\quad \cdots\cdots\cdots\cdots\cdots\cdots\cdots\cdots$ [식 10-13]

② **침투 두께** $\delta = \sqrt{\dfrac{2\rho}{\omega\mu}} = \sqrt{\dfrac{1}{\pi f \mu \sigma}} \, [\text{m}]$ $\quad \cdots\cdots\cdots\cdots\cdots\cdots\cdots\cdots$ [식 10-14]

여기서, μ : 투자율, σ : 도전율, ρ : 고유저항, ω : 각주파수($\omega = 2\pi f$), f : 주파수

표피효과에 의해서 전계, 자계가 도체 내부에까지 들어가지 못하는 현상을 이용한 것이 전자차폐(electromagnetic shielding)이다.

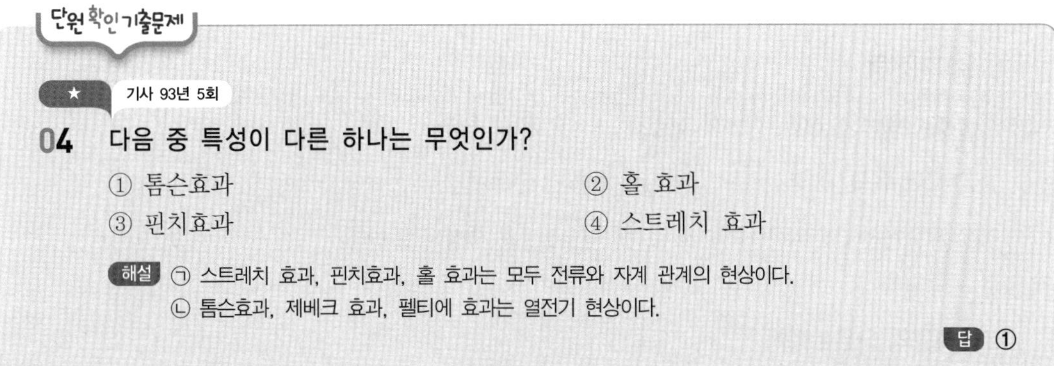

단원 확인 기출문제

★ 기사 93년 5회

04 다음 중 특성이 다른 하나는 무엇인가?

① 톰슨효과
② 홀 효과
③ 핀치효과
④ 스트레치 효과

해설 ㉠ 스트레치 효과, 핀치효과, 홀 효과는 모두 전류와 자계 관계의 현상이다.
㉡ 톰슨효과, 제베크 효과, 펠티에 효과는 열전기 현상이다.

답 ①

단원 핵심정리 한눈에 보기

1. 유도기전력

① 패러데이, 노이만, 렌츠의 실험식 : $e = -N\dfrac{d\phi}{dt}$ [V]

② 최대 유도기전력 : $e_m = \omega N \phi_m = 2\pi f N \phi_m$ [V]

③ 유도기전력의 위상 : 자속 ϕ 보다 $\dfrac{\pi}{2}$ [rad]만큼 위상이 느리다.

2. 플레밍의 오른손법칙

① 자계 내에 있는 도체가 v [m/s]의 속도로 운동하면 도체는 기전력이 유도된다.

② 유도기전력 : $e = vBl\sin\theta = (\vec{v} \times \vec{B})\,l$ [V]

3. 패러데이의 단극발전기

① 유도기전력 : $e = \displaystyle\int_0^a B\omega r\,dr = \dfrac{\omega B a^2}{2}$ [V]

② 전류 : $I = \dfrac{e}{R} = \dfrac{\omega B a^2}{2R}$ [A]

4. 전자계 특수현상

① 스트레치 효과(stretch effect) : 정사각형의 가요성 전선에 대전류를 흘리면, 각 변에는 반발력(전자력)이 작용하여 도선이 원형의 모양이 되는 현상을 말한다.

② 홀 효과(Hall effect) : 반도체에 전류 I를 흘려 이것과 직각방향으로 자속밀도 B를 가하면 플레밍 왼손법칙에 의해 그 양면의 직각방향으로 기전력이 발생하는 현상을 말한다.

③ 와전류(eddy current) : 자성체 중에서 자속이 변화하면 기전력이 발생하고, 이 기전력에 의해 자성체 중에 그림 10-7과 같이 소용돌이 모양의 전류가 흐르는 현상을 말한다.

④ 핀치효과(Pinch effect) : 액체상태의 원통상 도선에 직류 전압을 인가하면 도체 내부에 자장이 생겨 로렌츠의 힘(구심력)으로 전류가 원통 중심 방향으로 수축하여 전류의 단면은 점차 작아져 전류가 흐르지 않게 되는 현상을 말한다.

⑤ 표피효과(skin effect)

   ㉠ 도체에 고주파 전류를 흘리면 전류가 도체의 표면 부근에만 흐르는 현상을 말한다.

   ㉡ 침투 두께 : $\delta = \sqrt{\dfrac{2\rho}{\omega\mu}} = \sqrt{\dfrac{1}{\pi f \mu \sigma}}$ [m]

     여기서, ρ : 고유저항, σ : 도전율, ω : 각주파수($\omega = 2\pi f$), f : 주파수

단원 자주 출제되는 기출문제

출제 01 ▶ 패러데이의 전자유도법칙

★★★ 기사 96년 6회, 97년 2회, 99년 6회, 00년 6회, 08년 2회

01 다음에서 전자유도법칙과 관계없는 것은?

① 노이만(Neumann)의 법칙
② 렌츠(Lentz)의 법칙
③ 비오-사바르(Biot-Savart)의 법칙
④ 가우스(Gauss)의 법칙

해설

가우스의 법칙은 전기력선 밀도를 이용하여 대칭 정전계의 세기를 구하기 위하여 이용되는 법칙이다.

★★★★★ 기사 95년 6회, 12년 2회, 15년 3회 / 산업 91년 6회, 16년 3회

02 패러데이 법칙에 대한 설명 중 적합한 것은?

① 전자유도에 의한 회로에 발생되는 기전력은 자속 쇄교수의 시간에 대한 증가율에 비례한다.
② 전자유도에 의한 회로에 발생되는 기전력은 자속의 변화를 방해하는 기전력이 유도된다.
③ 전자유도에 의한 회로에 발생되는 기전력은 자속의 변화 방향으로 유도된다.
④ 전자유도에 의한 회로에 발생되는 기전력은 자속 쇄교수의 시간에 대한 감쇄율에 비례한다.

★★★ 기사 98년 6회 / 산업 07년 1회, 09년 1회, 17년 1회

03 다음 중 ⓐ, ⓑ에 알맞은 것은?

> 전자유도에 의해서 회로에 발생하는 기전력은 자속 쇄교수의 시간에 대한 감소 비율에 비례한다는 (ⓐ)법칙에 따르고, 특히 유도된 기전력의 방향은 (ⓑ)법칙에 따른다.

① ⓐ 패러데이, ⓑ 플레밍의 왼손
② ⓐ 패러데이, ⓑ 렌츠
③ ⓐ 렌츠, ⓑ 패러데이
④ ⓐ 플레밍의 왼손, ⓑ 패러데이

해설

패러데이는 자속이 시간적으로 변화하면 기전력이 발생한다는 성질을, 렌츠는 기전력의 방향은 자속의 증감을 방해하는 방향으로 발생한다는 것을 설명하였다.

★★ 기사 04년 3회, 17년 2회

04 막대자석 위쪽에 동축도체 원판을 놓고 회로의 한 끝은 원판의 주변에 접촉시켜 회전하도록 해놓은 그림과 같은 패러데이 원판 실험을 할 때, 검류계에 전류가 흐르지 않는 경우는?

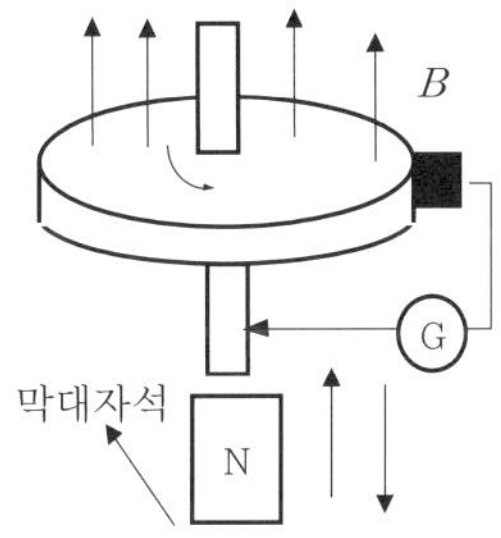

① 자석을 축방향으로 전진시킨 후 후퇴시킬 때
② 자석만을 일정한 방향으로 회전시킬 때
③ 원판만을 일정한 방향으로 회전시킬 때
④ 원판과 자석을 동시에 같은 방향, 같은 속도로 회전시킬 때

해설

도체를 통과하는 자속이 시간에 따라 변해야 도체 표면에 기전력이 유도되므로 원판과 자석을 동시에 같은 방향, 같은 속도로 회전시키면 자속의 변화량이 없으므로 검류계에 전류는 흐르지 않는다.

정답 01. ④ 02. ④ 03. ② 04. ④

★★★★ 기사 93년 5회, 97년 2회, 05년 3회

05 공간 내 한 점의 자속밀도 B가 변화할 때 전자유도에 의하여 유기되는 전계 E는?

① $\operatorname{div} E = -\dfrac{\partial B}{\partial t}$ ② $\operatorname{rot} E = -\dfrac{\partial B}{\partial t}$

③ $\operatorname{div} E = \dfrac{\partial B}{\partial t}$ ④ $\operatorname{rot} E = \dfrac{\partial B}{\partial t}$

해설 패러데이 법칙의 미분형

$$\operatorname{rot} E = \nabla \times E = -\frac{\partial B}{\partial t}$$

★ 기사 08년 3회

06 그림과 같이 환상 철심에 2개의 코일을 감고, 1차 코일을 전지에, 2차 코일을 검류계 ⑥에 연결한다. 다음의 각 경우 중 검류계에 흐르는 전류의 방향이 옳게 언급된 것은?

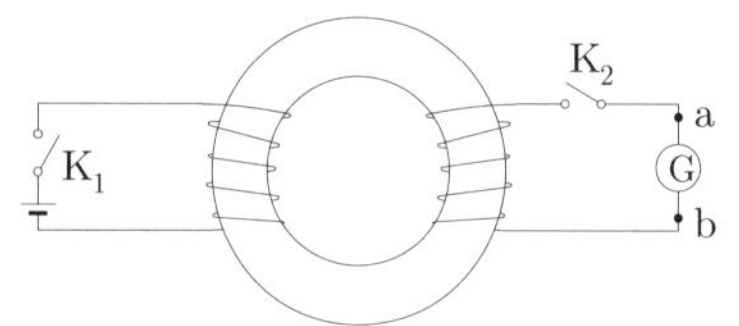

① 스위치 K_2를 닫은 다음 스위치 K_1을 닫으면 전류는 b에서 a로 흐른다.
② 스위치 K_1을 닫은 후 잠깐 있다가 스위치 K_2를 닫으면 전류는 a에서 b로 흐른다.
③ 스위치 K_1과 K_2를 닫아 놓고, 스위치 K_1을 급히 열면 전류는 b에서 a로 흐른다.
④ 스위치 K_1과 K_2를 닫아 놓고, 스위치 K_2를 급히 열면 전류는 b에서 a로 흐른다.

★ 산업 00년 4회

07 권수 500[T]의 코일 내를 통하는 자속이 다음 그림과 같이 변화하고 있다. b, c 기간 내 코일 단자 간에 생기는 유기기전력은 몇 [V]인가?

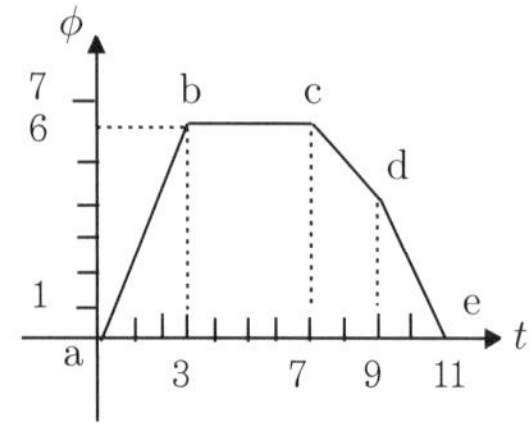

① 1.5 ② 0.7
③ 1.4 ④ 0

해설
유도기전력의 크기는 자속의 매초 변화율에 비례하여 발생한다. 이때 b, c 구간은 자속 변화가 없으므로 유도기전력은 0이다.

★★★★ 기사 10년 3회, 12년 3회 / 산업 06년 3회, 08년 1회, 12년 1회, 16년 1회

08 정현파 자속의 주파수를 2배로 높이면 유기기전력은?

① 변하지 않는다. ② 2배로 증가한다.
③ 4배로 감소한다. ④ $\dfrac{1}{2}$이 된다.

해설
㉠ 유도기전력
$$e = -N\frac{d\phi}{dt} = -N\frac{d}{dt}\phi_m \sin \omega t$$
$$= \omega N \phi_m \sin(\omega t - 90)[\mathrm{V}]$$
㉡ 최대 유도기전력
$$e_m = \omega N \phi_m = \omega NBS = 2\pi f NBS[\mathrm{V}]$$
㉢ 위상관계 : 유도기전력 e는 자속 ϕ보다 위상이 90° 느리다(지상).
∴ 유도기전력은 주파수에 비례하므로 주파수를 2배 높이면 유도기전력도 2배가 된다.

★★★ 기사 96년 4회, 00년 6회 / 산업 01년 2회, 02년 2회

09 자속 $\phi[\mathrm{Wb}]$가 주파수 $f[\mathrm{Hz}]$로 $\phi = \phi_m \sin 2\pi ft[\mathrm{Wb}]$일 때 이 자속과 쇄교하는 권수 $N[\text{회}]$인 코일에 발생하는 기전력은 몇 [V]인가?

① $-2\pi f N \phi_m \cos 2\pi ft$
② $-2\pi f N \phi_m \sin 2\pi ft$
③ $2\pi f N \phi_m \tan 2\pi ft$
④ $2\pi f N \phi_m \sin 2\pi ft$

해설

$$e = -N\frac{d\phi}{dt} = -N\frac{d}{dt}\phi_m \sin 2\pi ft$$
$$= -N\phi_m \frac{d}{dt}\sin 2\pi ft = -2\pi f N \phi_m \cos 2\pi ft$$

정답 05. ② 06. ③ 07. ④ 08. ② 09. ①

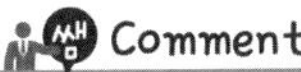

Comment

유도기전력을 구하기 위해서는 미분을 취해야 하므로 $\sin$ 을 미분하면 $\cos$ 이 된다. 유도기전력 공식에서 $-$부호가 있으므로 $-\cos$ 이 들어가 있는 항을 찾으면 정답이 된다. 따라서 ①번이 정답이다.

★★★ 산업 93년 5회, 08년 1회

10 자속 ϕ[Wb]가 $\phi = \phi_m \cos 2\pi f t$[Wb]로 변화할 때 이 자속과 쇄교하는 권수 N[회]의 코일에 발생하는 기전력은 몇 [V]인가?

① $2\pi f N \phi_m \cos 2\pi f t$

② $-2\pi f N \phi_m \cos 2\pi f t$

③ $2\pi f N \phi_m \sin 2\pi f t$

④ $-2\pi f N \phi_m \sin 2\pi f t$

해설

$$e = -N\frac{d\phi}{dt} = -N\frac{d}{dt}\phi_m \cos 2\pi f t$$

$$= -N\phi_m \frac{d}{dt}\cos 2\pi f t = 2\pi f N \phi_m \sin 2\pi f t$$

Comment

문제 9번과 마찬가지로 $\cos$ 을 미분하면 $-\sin$ 이 된다. 유도기전력 공식에서 $-$부호가 있으므로 $+\sin$ 이 들어가 있는 항을 찾으면 정답이 된다. 따라서 ③번이 정답이다.

★★★ 산업 95년 4회, 96년 4회, 99년 4회

11 $\phi = \phi_m \sin \omega t$[Wb]의 정현파로 변화하는 자속이 권선수 n인 코일과 쇄교할 때의 유도기전력의 위상을 자속에 비교하면?

① $\dfrac{\pi}{2}$만큼 빠르다.

② $\dfrac{\pi}{2}$만큼 늦다.

③ π만큼 빠르다.

④ π만큼 늦다.

해설

유도기전력의 위상은 자속보다 90° 느리다.

★★★ 기사 94년 2회, 99년 6회, 02년 2회, 03년 2회

12 N[회]의 권선에 최댓값 1[V], 주파수 f[Hz]인 기전력을 유기시키기 위한 쇄교 자속의 최댓값은 몇 [Wb]인가?

① $\dfrac{f}{2\pi N}$

② $\dfrac{2N}{\pi}f$

③ $\dfrac{1}{2\pi f N}$

④ $\dfrac{N}{2\pi f}$

해설

최대 유도기전력

$e_m = \omega N \phi_m = 2\pi f N \phi_m = 1$[V]에서

$$\phi_m = \frac{e_m}{2\pi f N} = \frac{1}{2\pi f N}[\text{Wb}]$$

★ 산업 91년 6회, 97년 2회, 17년 1회

13 저항 24[Ω]의 코일을 지나는 자속이 $0.3 \cos 800\,t$[Wb]일 때 코일에 흐르는 전류의 최댓값은 몇 [A]인가?

① 10

② 20

③ 30

④ 40

해설

전류의 최댓값

$$I_m = \frac{e_m}{R} = \frac{\omega N \phi_m}{R} = \frac{800 \times 1 \times 0.3}{24} = 10[\text{A}]$$

★ 기사 89년 2회, 94년 6회, 05년 1회

14 원형 코일이 평등자계 내에서 지름을 축으로 하여 회전하고 있을 때 코일에 유기되는 기전력의 주파수는?

① 회전속도와 코일의 권수에 의해 결정된다.

② 자계와 지름축과의 사이 각에 의해 변화된다.

③ 회전수에 의해서만 결정된다.

④ 회전방향과 회전속도에 의해 결정된다.

해설

자계 내에 코일이 회전할 때 유도되는 최대 기전력의 크기(최대 유도기전력)

㉠ 최대 유도기전력

$$e_m = \omega N \phi_m = 2\pi f N B S$$

$$= \frac{2\pi n N B S}{60} = \frac{\pi n N B S}{30}[\text{V}]$$

여기서, f : 주파수[Hz]

정답   10. ③   11. ②   12. ③   13. ①   14. ①

n : 분당 회전수[rpm]
N : 권선수
B : 자속밀도
S : 쇄교면적

ⓛ 주파수

$$f = \frac{30e_m}{\pi n NBS} = \frac{30e_m}{\pi n NB(\pi a^2)} = \frac{30e_m}{\pi^2 a^2 n NB}[\text{Hz}]$$

∴ 주파수는 회전수(n)와 코일의 권수(N)에 반비례
한다.

쌤 Comment

주파수란 1초를 기준으로 주기적인 파형의 수를 말한다.
예를 들어 60[Hz]를 얻기 위해서는 발전기 회전자가 60바
퀴(60[rps])를 회전해야 된다. 즉, 주파수와 초당 회전수가
같은 개념이라고 보면 된다.

★ 산업 93년 1회, 04년 3회, 16년 1회

15 자속밀도 0.5[Wb/m²]인 균일한 자장 내에
반지름 10[cm], 권수 1000회인 원형 코일
이 매분 1800회전할 때 이 코일의 저항이
100[Ω]일 경우 이 코일에 흐르는 전류의
최댓값은?

① 14.4[A] ② 23.5[A]
③ 29.6[A] ④ 43.2[A]

해설

㉠ 자계 내 코일이 회전할 때 유도되는 최대 기전력의
크기(최대 유도기전력)

$$e_m = \frac{\pi n NBS}{30} = \frac{\pi n NB(\pi a^2)}{30}$$

$$= \frac{\pi^2 \times 1800 \times 1000 \times 0.5 \times 0.1^2}{30} = 2960[\text{V}]$$

ⓛ 전류의 최댓값 : $I_m = \frac{e_m}{R} = \frac{2960}{100} = 29.6[\text{A}]$

★★★ 기사 15년 1회

16 60[Hz]의 교류 발전기의 회전자가 자속밀
도 0.15[Wb/m²]의 자기장 내에서 회전하
고 있다. 만일 코일의 면적이 $2 \times 10^{-2}[\text{m}^2]$
일 때 유도기전력의 최댓값 $E_m = 220[\text{V}]$
가 되려면 코일을 약 몇 번 감아야 하는가?
(단, $\omega = 2\pi f = 377[\text{rad/sec}]$이다.)

① 195[회] ② 220[회]
③ 395[회] ④ 440[회]

해설

유도기전력의 최댓값 $E_m = \omega N\phi[\text{V}]$에서
∴ 권선수

$$N = \frac{E_m}{\omega\phi} = \frac{E_m}{\omega BS} = \frac{220}{377 \times 0.15 \times 2 \times 10^{-2}}$$

$$= 194.52\text{이므로 } 195[\text{회}] \text{ 감아야 한다.}$$

출제 02 ▶ **전자유도에 의한 기전력**

★★★ 기사 08년 2회, 10년 2회, 17년 1회, 18년 1회

17 다음 중 폐회로에 유도되는 유도기전력에
관한 설명 중 가장 알맞은 것은?

① 렌츠의 법칙은 유도기전력의 크기를 결
정하는 법칙이다.
② 자계가 일정한 공간 내에서 폐회로가 운
동하여도 유도기전력이 유도된다.
③ 유도기전력은 권선수의 제곱에 비례한다.
④ 전계가 일정한 공간 내에서 폐회로가 운
동하여도 유도기전력이 유도된다.

해설 플레밍의 오른손법칙

자계 내에 도체가 v[m/s]로 운동하면 도체에는 기전력
이 유도된다.
∴ 유도기전력 $e = vBl\sin\theta[\text{V}]$
여기서, l : 도체의 길이[m]
θ : B와 v의 상차각
B : 자속밀도[Wb/m²]
v : 도체의 운동속도[m/s]

★★★★ 기사 14년 2회, 18년 1회 / 산업 04년 1회, 07년 3회, 08년 3회, 17년 1회

18 0.2[Wb/m²]의 평등자계 속에 자계와 직각
방향으로 놓인 길이 90[cm]의 도선을 자
계와 30° 각의 방향으로 50[m/sec]의 속
도로 이동시킬 때 도체 양단에 유기되는
기전력은 몇 [V]인가?

① 0.45[V] ② 0.9[V]
③ 4.5[V] ④ 9.0[V]

해설

유도기전력
$e = Blv\sin\theta = 0.2 \times 0.9 \times 50 \times \sin 30° = 4.5[\text{V}]$

정답 15. ③ 16. ① 17. ② 18. ③

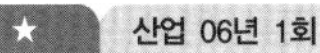

★ 산업 06년 1회

19 길이 l[m]인 도체 a, b가 속도 v[m/s]로 자계 속을 운동할 때 도체에서는 a에서 b 방향으로 유도기전력이 생기게 된다. 이때 속도와 자속밀도가 평행이 된다면 기전력은 얼마인가?

① 0
② 3.14
③ $Vl\sin\theta$
④ $VBl\sin\theta$

해설

도체와 자속밀도가 평행으로 진행되면 도체를 쇄교하는 자속이 없으므로(도체에 자속의 변화가 없으므로) 유도기전력은 발생하지 않는다.
$e = Blv\sin\theta = Blv\sin0° = 0$

★★ 산업 95년 6회, 98년 4회, 00년 6회, 05년 2회

20 $l_1 = \infty$[m], $l_2 = 1$[m]의 두 직선 도선을 $d = 50$[cm]의 간격으로 평행하게 놓고 l_1을 중심축으로 하여 l_2를 속도 100[m/s]로 회전시키면 l_2에 유기되는 전압은 몇 [V]인가? (단, l_1에 흘려주는 전류 $I_1 = 50$[mA]이다.)

① 0
② 5
③ 2×10^{-6}
④ 3×10^{-6}

해설

l_1 전류에 의한 자계는 l_1 도체 표면에 대해서 수직방향으로 원의 형태로 발생된다. 따라서 l_2가 l_1을 중심으로 회전하면 l_2도체는 l_1에 의한 자기장과 평행으로 운동하게 되며, 평행으로 운동 시에는 기전력이 유도되지 않는다.

★★★ 기사 00년 2회

21 그림과 같은 균일한 자계 B[Wb/m²] 내에서 길이 l[m]인 도선 AB가 속도 v[m/s]로 움직일 때 ABCD 내에 유도되는 기전력 e[V]는?

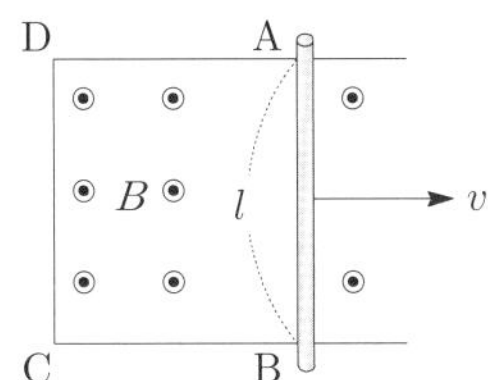

① 시계방향으로 Blv이다.
② 반시계방향으로 Blv이다.
③ 시계방향으로 Blv^2이다.
④ 반시계방향으로 Blv^2이다.

해설

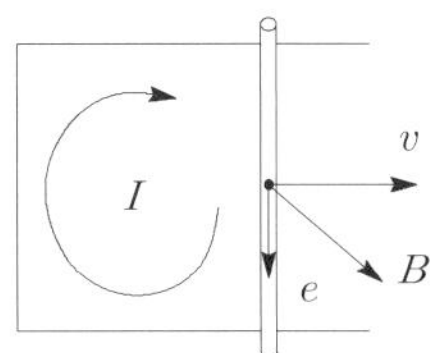

㉠ 자계 내에 도체가 v[m/s]로 운동하면 도체에는 기전력이 유도된다. 도체의 운동방향과 자속밀도는 수직으로 쇄교하므로 기전력은 $e = Blv$가 발생된다.
㉡ 방향은 위의 그림과 같이 플레밍의 오른손법칙에 의해 시계방향으로 발생된다(개방된 곳으로는 전류가 흐르지 않는다).

★★★★ 기사 91년 6회, 96년 4회, 01년 2회 / 산업 91년 2회

22 한 변의 길이가 각각 a[m], b[m]인 그림과 같은 구형도체가 X축 방향으로 v[m/s]의 속도로 움직이고 있다. 이때 자속밀도는 $X - Y$ 평면에 수직이고 어느 곳에서든지 크기가 일정한 B[Wb/m²]이다. 이 도체의 저항을 R[Ω]이라고 할 때 흐르는 전류는 몇 [A]이겠는가?

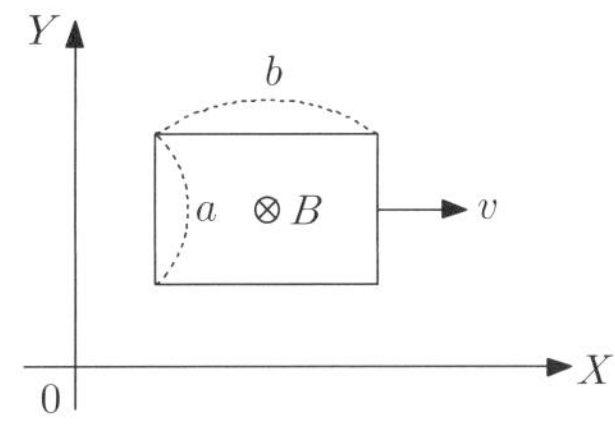

① 0
② $\dfrac{Babv}{R}$
③ $\dfrac{Bv}{R}$
④ $\dfrac{2Bav}{R}$

해설

도선 운동 시에 발생하는 유도기전력 $e = Blv\sin\theta$[V] 이때 구형 도선이 한 방향으로 운동하므로 양쪽에서 같은 방향으로 유도기전력이 발생하여 서로 상쇄되기 때문에 유도기전력의 합은 0이 된다.

★★★ 기사 90년 6회, 92년 2회, 13년 3회 / 산업 94년 6회

23 서로 절연되고 있는 철도의 레일 간격이 1.5[m]로서 열차가 72[km/h]의 속도로 달리고 있을 때 차축이 지구 자계의 수직분력 $B = 0.2 \times 10^{-4}$[Wb/m^2]를 절단하는 경우 레일 간에 발생하는 기전력은 몇 [V]인가?

① 2126
② 3160
③ 6×10^{-4}
④ 6×10^{-5}

해설

열차의 차축(도체)이 지구자계를 끊을 때 유도기전력이 발생된다(플레밍의 오른손법칙).

∴ 유도기전력

$$e = Blv\sin\theta = 0.2 \times 10^{-4} \times 1.5 \times \frac{72 \times 10^3}{3600}$$

$$= 6 \times 10^{-4}[\text{V}]$$

★ 기사 01년 1회, 04년 2회, 05년 2회, 17년 1회 / 산업 01년 1회

24 자계 중에 이것과 직각으로 놓인 도체에 I[A]의 전류를 흘릴 때 f[N]의 힘이 작용하였다. 이 도체를 v[m/s]의 속도로 자계와 직각으로 운동시킬 때의 기전력 e[V]는?

① $\dfrac{fv}{I^2}$
② $\dfrac{fv}{I}$
③ $\dfrac{fv^2}{I}$
④ $\dfrac{fv}{2I}$

해설

㉠ 자계 내에 있는 도체에 전류가 흐르면 도체에는 전자력이 발생한다(플레밍의 왼손법칙).

전자력 $f = IBl\sin\theta$[N]에서 $Bl\sin\theta = \dfrac{f}{I}$ 가 된다.

㉡ 자계 내에 있는 도체가 운동하면 도체에는 기전력이 발생한다(플레밍의 오른손법칙).

유도기전력 $e = vBl\sin\theta = \dfrac{fv}{I}$[V]

★★ 기사 90년 6회, 91년 6회, 95년 6회, 08년 3회, 15년 2회

25 그림과 같이 반경이 20[cm]인 도체 원판이 그 축에 평행이고, 세기가 2.4×10^3[AT/m]인 균일 자계 내에서 1분에 1800회의 회전운동을 하고 있다. 이 원판의 축과 원판 주

위 사이에 2[Ω]의 저항체를 접속시킬 때, 이 저항에 흐르는 전류는 몇 [mA]인가? (단, 원판의 저항은 무시하고, 원판의 투자율은 공기의 그것과 같다고 가정한다.)

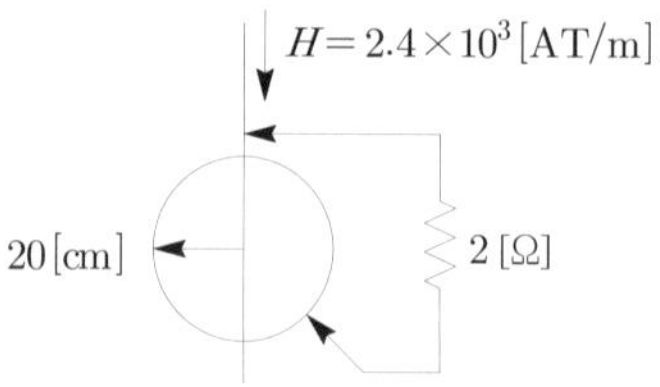

① 2.8[mA]
② 3.8[mA]
③ 5.7[mA]
④ 11.4[mA]

해설

패러데이의 단극발전기 $e = \dfrac{\omega B a^2}{2}$[V]

여기서, ω : 각속도
  f : 주파수[Hz]
  n : 초당 회전수[rps]
  N : 분당 회전수[rpm]
  B : 자속밀도[Wb/m^2]
  a : 원판의 반경[m]

㉠ 자속밀도
$$B = \mu_0 H = 4\pi \times 10^{-7} \times 2.4 \times 10^3 = 0.003[\text{Wb/m}^2]$$

㉡ 각속도
$$\omega = 2\pi f = 2\pi n = \frac{2\pi N}{60} = \frac{2\pi \times 1800}{60}$$
$$= 188.5[\text{rad/s}]$$

∴ 저항에 흐르는 전류
$$I = \frac{e}{R} = \frac{\omega B a^2}{2R} = \frac{188.5 \times 0.003 \times 0.2^2}{2 \times 2}$$
$$= 0.00565[\text{A}] \fallingdotseq 5.7[\text{mA}]$$

출제 **03** **전자계 특수현상**

★ 기사 02년 1회, 09년 2회, 16년 1회 / 산업 90년 6회, 17년 2회

26 전류가 흐르고 있는 도체의 직각방향으로 자계를 가하면, 도체 측면에 정(+)의 전하가 생기는 것을 무슨 효과라 하는가?

① Thomson 효과
② Peltier 효과
③ Seebeck 효과
④ Hall 효과

정답 23. ③ 24. ② 25. ③ 26. ④

해설

① 톰슨(Thomson)효과 : 동일한 금속이라도 그 도체 중의 2점 간에 온도차가 있으면 전류를 흘림으로써 열의 발생 또는 흡수가 생기는 현상
② 펠티에(Peltier) 효과 : 두 종류의 금속으로 폐회로를 만들어 전류를 흘리면 양 접속점에서 한쪽은 온도가 올라가고 다른 한쪽은 온도가 내려가는 현상
③ 제베크(Seebeck) 효과 : 두 종류의 금속을 접속하여 폐회로를 만들어 그 두 개의 접합부에 온도차를 주면 열기전력을 일으켜 열전류가 흐르는 현상
④ 홀(Hall) 효과 : 도체나 반도체에 전류를 흘려 이것과 직각으로 자계를 가하면 이 두 방향과 직각방향으로 전력이 생기는 현상

27 반드시 외부에서 자계를 가할 때만 일어나는 효과는?

① Seebeck 효과
② Pinch 효과
③ Hall 효과
④ Peltier 효과

해설 홀 효과

반도체에 전류를 흘려 이것과 직각방향으로 자속밀도(자계)를 가하면 반도체 양면에 기전력이 발생되는 현상

28 반지름 a[m]인 액체상태의 원통상 도선 내부에 균일하게 전류가 흐를 때 도체 내부에 자장이 생겨 로렌츠의 힘으로 전류가 원통 중심 방향으로 수축하려는 효과는?

① 펠티에 효과
② 톰슨효과
③ 핀치효과
④ 제베크 효과

해설

26번 문제 해설 참조

29 일반적으로 도체를 관통하는 자속이 변화하든가 또는 자속과 도체가 상대적으로 운동하여 도체 내의 자속이 시간적 변화를 일으키면, 이 변화를 막기 위하여 도체 내에 국부적으로 형성되는 임의의 폐회로를 따라 전류가 유기되는데 이 전류를 무엇이라 하는가?

① 변위 전류
② 도전 전류
③ 대칭 전류
④ 와전류

해설

26번 문제 해설 참조

30 와전류의 방향은?

① 일정하지 않다.
② 자력선 방향과 동일
③ 자계와 평행되는 면을 관통
④ 자속에 수직되는 면을 회전

해설

와전류란 도체 내부를 통하는 자속이 변화하면 도체 내부에 유도기전력이 발생하여 이 기전력에 의해 도체 내부에 맴돌이 상태로 회전하는 전류로 자속에 수직한 면을 회전한다.

31 와전류에 대한 설명으로 틀린 것은?

① 단위체적당 와류손의 단위는 $[\text{W/m}^3]$이다.
② 와전류는 교번자속의 주파수와 최대 자속밀도에 비례한다.
③ 와전류손은 히스테리시스손과 함께 철손이다.
④ 와전류손을 감소시키기 위하여 성층 철심을 사용한다.

해설

와류손은 $P_e = kf^2 B_m{}^2 [\text{W/m}^3]$로 주파수와 최대 자속밀도 제곱에 비례한다.

32 표피효과의 영향에 대한 설명이다. 부적합한 것은?

① 전기저항을 증가시킨다.
② 상호 유도계수를 증가시킨다.
③ 주파수가 높을수록 크다.
④ 도선의 온도가 높을수록 크다.

해설

도선의 온도가 높아지면 도전율이 감소되어 표피효과는 작아진다.

정답 27. ③ 28. ③ 29. ④ 30. ④ 31. ② 32. ④

★★★ 기사 00년 2회, 09년 1회, 12년 1회, 13년 1회, 16년 2·3회 / 산업 94년 2회

33 표면 부근에 집중해서 전류가 흐르는 현상을 표피효과라 하는데, 표피효과에 대한 설명으로 잘못된 것은?

① 도체에 교류가 흐르면 표면에서부터 중심으로 들어갈수록 전류밀도가 작아진다.

② 표피효과는 고주파일수록 심하다.

③ 표피효과는 도체의 전도도가 클수록 심하다.

④ 표피효과는 도체의 투자율이 작을수록 심하다.

☞ 해설

침투 두께(표피 두께) $\delta = \dfrac{1}{\sqrt{\pi f \mu \sigma}}$ [m]에서 f, μ, σ가 클수록 침투 두께는 작아지고, 침투 두께가 작아질수록 표피효과는 심해진다.

★★★ 산업 06년 3회

34 고주파를 취급할 경우 큰 단면적을 갖는 한 개의 도선을 사용하지 않고 전체로서는 같은 단면적이라도 가는 선을 모은 도체를 사용하는 주된 이유는?

① 히스테리시스손을 감소시키기 위하여

② 철손을 감소시키기 위하여

③ 과전류에 대한 영향을 감소시키기 위하여

④ 표피효과에 대한 영향을 감소시키기 위하여

☞ 해설 표피효과 억제대책

연선, 복도체, 다도체 사용

★★★ 기사 93년 3회, 10년 1회

35 도전도 $k = 6 \times 10^{17}$ [℧/m], 투자율 $\mu = \dfrac{6}{\pi} \times 10^{-7}$ [H/m]인 평면도체 표면에 10[kHz]의 전류가 흐를 때, 침투되는 깊이 δ[m]는?

① $\dfrac{1}{6} \times 10^{-7}$ [m]

② $\dfrac{1}{8.5} \times 10^{-7}$ [m]

③ $\dfrac{36}{\pi} \times 10^{-10}$ [m]

④ $\dfrac{36}{\pi} \times 10^{-6}$ [m]

☞ 해설

침투 깊이(표피 두께)

$$\delta = \sqrt{\frac{2\rho}{\omega\mu}} = \frac{1}{\sqrt{\pi f \mu \sigma}}$$

$$= \frac{1}{\sqrt{\pi \times (10 \times 10^3) \times \dfrac{6}{\pi} \times 10^{-7} \times 6 \times 10^{17}}}$$

$$= \frac{1}{\sqrt{6^2 \times 10^{14}}} = \frac{1}{6 \times 10^7} = \frac{1}{6} \times 10^{-7} \text{[m]}$$

★★★ 기사 09년 2회, 11년 1회

36 고유저항이 1.7×10^{-8} [Ω·m]인 구리의 100 [kHz] 주파수에 대한 표피의 두께는 약 몇 [mm]인가?

① 0.21

② 0.42

③ 2.1

④ 4.2

☞ 해설

구리의 비투자율 $\mu_s \fallingdotseq 1$, 각주파수 $\omega = 2\pi f$이므로

∴ 침투 깊이(표피 두께)

$$\delta = \sqrt{\frac{2\rho}{\omega\mu_0}} = \sqrt{\frac{2 \times 1.7 \times 10^{-8}}{2\pi \times 100 \times 10^3 \times 4\pi \times 10^{-7}}} \times 10^3$$

$$= 0.207 \text{[mm]}$$

★★★ 기사 94년 4회, 01년 2회, 08년 2회, 11년 2회, 11년 3회, 14년 2회, 18년 1회

37 내부장치 또는 공간을 물질로 포위시켜 외부자계의 영향을 차폐시키는 방식을 자기차폐라 한다. 자기차폐에 좋은 물질은?

① 강자성체 중에서 비투자율이 큰 물질

② 강자성체 중에서 비투자율이 작은 물질

③ 비투자율이 1보다 작은 역자성체

④ 비투자율에 관계없이 물질의 두께에만 관계되므로 되도록 두꺼운 물질

정답 33. ④ 34. ④ 35. ① 36. ① 37. ①

★★★ 산업 96년 2회

38 정전차폐와 자기차폐를 비교하면?

① 정전차폐가 자기차폐에 비교하여 완전하다.

② 정전차폐가 자기차폐에 비교하여 불완전하다.

③ 두 차폐방법은 모두 완전하다.

④ 두 차폐방법은 모두 불완전하다.

해설

정전차폐는 완전차폐가 가능하나, 자기차폐는 비교적 불완전하다.

인덕턴스

기사 8.33% 출제
산업 7.83% 출제

이렇게 공부하세요!!

출제경향분석

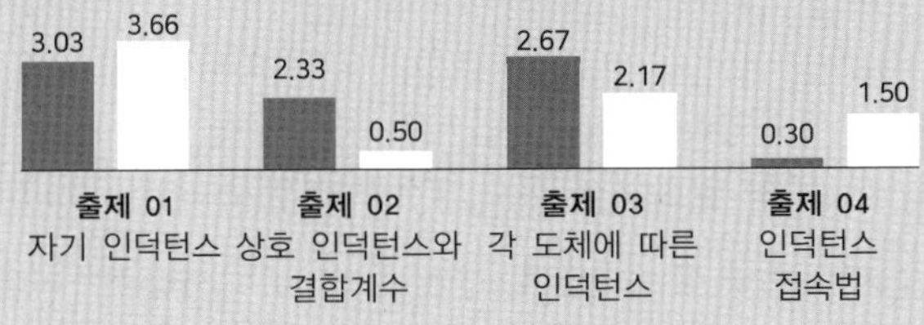

출제포인트

☑ 인덕턴스, 쇄교자속, 코일에 저장되는 에너지 공식을 알고 있다.

☑ 변압기 1·2차에 발생된 유도기전력 공식을 알고 있다.

☑ 변압기 1·2차 자기 인덕턴스, 상호 인덕턴스 공식과 결합계수를 알고 있다.

☑ 무한장, 환상 솔레노이드의 인덕턴스 공식을 알고 있다.

☑ 원통 동체(또는 동축케이블), 평행 왕복선의 인덕턴스 공식을 알고 있다.

기사 8.33% 출제 | 산업 7.83% 출제

기사 3.03% 출제 | 산업 3.66% 출제

출제 01 자기 인덕턴스(self inductance)

Comment

식 11-4, 식 11-8, 식 11-9에 관련된 문제는 매 회차 시험 때마다 출제된다고 할 정도로 출제빈도가 매우 높다. 결과 공식만이라도 반드시 암기하자.

1 인덕턴스의 정의

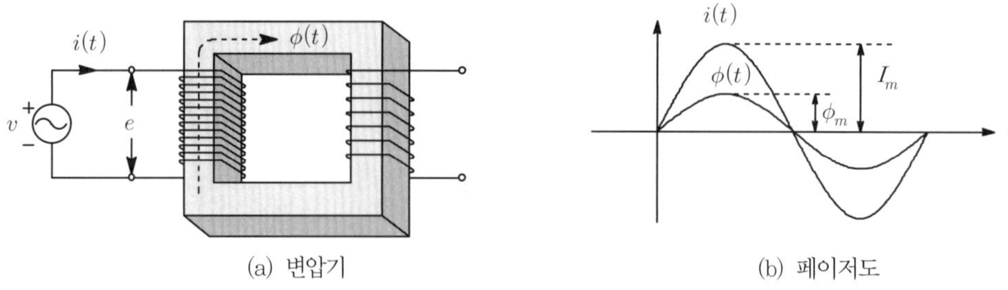

(a) 변압기   (b) 페이저도

| 그림 11-1 | 유도기전력과 인덕턴스의 관계

변압기(transformer)에 교류전원을 인가하면 권선을 통과하는 자속은 전류와 동일하게 시간에 따라 주기적으로 변화하게 되고, 이로부터 변압기 권선에는 유도기전력 $\left(e = -N\dfrac{d\phi}{dt}\right)$이 발생된다.

이는 시간에 따라 자속이 변화하여 발생되었다고 할 수 있지만 자속의 발생은 전류에 의해서 만들어진 것이므로 회로의 전류가 시간에 따라 변화하여 유도기전력이 발생되었다고 볼 수 있다.

이때 전류의 변화량 $\left(\dfrac{di}{dt}\right)$과 유도기전력($e$)의 관계를 나타내는 비례상수를 인덕턴스($L$, inductance)라 부르며, 1832년 헨리(Henry)에 의해서 고안되었다.

① 유도기전력 : $e = -N\dfrac{d\phi}{dt} = -L\dfrac{di}{dt}\,[\text{V}]$ ································· [식 11-1]

② 쇄교자속 : $\varPhi = N\phi = LI\,[\text{Wb}]$ ··· [식 11-2]

2 자기 인덕턴스(self inductance)

① [식 11-2]에서 알 수 있듯이 쇄교자속 $\varPhi$은 전류 크기에 비례한다.
따라서 인덕턴스 L은 전류의 크기에 관계가 없고 회로의 크기, 모양 및 주위 매질의 투자율에 따라 결정된다.

이것을 자기 인덕턴스(self inductance) 또는 자기유도계수(coefficient of self inductance)라 한다.

② 자기 인덕턴스의 크기는 [식 11-3] 또는 [식 11-4]와 같이 나타낸다.

㉠ $L = \dfrac{\Phi}{I} = \dfrac{N}{I}\phi = \dfrac{N}{I}\int_S Bds = \dfrac{\mu N}{I}\int_S Hds\,[\mathrm{H}]$ ································ [식 11-3]

㉡ $L = \dfrac{N}{I}\phi = \dfrac{N}{I}\times\dfrac{F}{R_m} = \dfrac{N^2}{R_m} = \dfrac{\mu S N^2}{l}\,[\mathrm{H}]$ ································ [식 11-4]

■3 유도 리액턴스(reactance)의 정의

① 전기회로에서 직류 전류를 방해하는 것은 저항 R뿐이지만 시간에 따라 변화하는 교류 전류를 흘리게 되면 저항 이외에 전류를 방해하는 저항성분이 만들어지는데 이를 리액턴스라 한다. 리액턴스에는 유도성과 용량성이 있다.

② [식 11-1]과 같이 시간에 따라 변화하는 전류(교류성분)가 흐르면 전류의 반대 방향으로 기전력이 형성되기 때문에 이는 전류의 흐름을 방해하는 역할, 즉 저항으로 작용한다. 이와 같이 유도에 의해서 발생한 저항성분을 유도 리액턴스라 한다.

③ 회로에 $i(t) = I_m \sin\omega t\,[\mathrm{A}]$의 교류 전류가 흘렀을 때 전류의 역방향으로 발생되는 기전력의 크기는 다음과 같다.

㉠ $V_L = L\dfrac{di(t)}{dt} = L\dfrac{d}{dt}I_m\sin\omega t = LI_m\dfrac{d}{dt}\sin\omega t$

$\quad = \omega L I_m\cos\omega t = \omega L I_m\sin(\omega t + 90°) = j\omega L I_m\sin\omega t\,[\mathrm{V}]$

$\quad\therefore\ V_L = j\omega L i(t) = jX_L i(t)\,[\mathrm{V}]$ ································ [식 11-5]

위 식에서 허수 j의 의미는 위상이 $90°$ 빠르다는 것을 의미한다.

㉡ 옴의 법칙($[\mathrm{V}]=[\Omega][\mathrm{A}]$)에서와 같이 $X_L = \omega L$의 차원이 $[\Omega]$이 되는 것을 알 수 있다. 이때, X_L을 유도 리액턴스라 한다.

■4 인덕턴스에 축적되는 에너지(전류에 의한 자계에너지)

① 인덕턴스를 갖는 회로에 시간에 따라 변화하는 전류를 흘려주면 유도기전력이 발생하여 전류의 흐름을 방해하려고 한다. 따라서 전원 측에서는 이것을 이겨낼 수 있는 에너지(일)를 공급해 주어야 한다. 이러한 에너지(일)는 인덕턴스에 자계에너지(magnetic energy)로 축적되고, 전원을 제거 시 다시 전원 측으로 반환시켜 준다. 즉, 인덕턴스는 에너지를 축적할 뿐이지 소비하지는 않는다.

② 인덕턴스에 시간에 따라 변화하는 전류 $I\,[\mathrm{A}]$가 흐르게 되면 $e = -L\dfrac{dI}{dt}$의 유도기전력(역기전력)이 발생된다.

③ 이 유도기전력과 반대 방향으로 대항하여 미소전하 dq를 운반하는 데 필요한 에너지(일) dW는 다음과 같다.

$$dW = -e\,dq = -\left(L\frac{dI}{dt}\right)dq = L\frac{dI}{dt}\,dq = L\frac{dq}{dt}\,dI = LI\,dI \quad \cdots\cdots [\text{식 } 11\text{-}6]$$

④ 따라서 인덕턴스에 흐르는 전류가 0부터 I[A]까지 변화하는 필요한 에너지는 [식 11-7]과 같고, 이 식에 $\Phi = N\phi = LI$를 대입하면 [식 11-8]과 같이 나타낼 수 있다.

㉠ $W_L = \int dW = \int_0^I LI\,dI = \dfrac{1}{2}LI^2\,[\text{J}] \quad \cdots\cdots [\text{식 } 11\text{-}7]$

㉡ $W_L = \dfrac{1}{2}LI^2 = \dfrac{1}{2}\Phi I = \dfrac{\Phi^2}{2L} = \dfrac{1}{2}\phi NI = \dfrac{1}{2}F\phi\,[\text{J}] \quad \cdots\cdots [\text{식 } 11\text{-}8]$

⑤ 또한 [식 11-7]에서 $L = \dfrac{\mu S N^2}{l}$과 $H = \dfrac{NI}{l}$, $B = \mu H$를 대입하면 다음과 같이 나타낼 수 있다.

㉠ 자계에너지 : $W_L = \dfrac{1}{2}LI^2 = \dfrac{1}{2}\times\dfrac{\mu S N^2}{l}\times I^2 = \dfrac{1}{2}\mu S\times\dfrac{N^2 I^2}{l}\,[\text{J}]$

㉡ 자계에너지 밀도 : $w_L = \dfrac{W_L}{V} = \dfrac{W_L}{Sl} = \dfrac{1}{2}\mu\times\left(\dfrac{NI}{l}\right)^2 = \dfrac{1}{2}\mu H^2\,[\text{J/m}^3]$

$\therefore\ W_m = w_L = \dfrac{1}{2}\mu H^2 = \dfrac{1}{2}HB = \dfrac{B^2}{2\mu}\,[\text{J/m}^3] \quad \cdots\cdots [\text{식 } 11\text{-}9]$

단원확인기출문제

★★★★★ 기사 94년 2회, 98년 6회, 02년 3회, 04년 1회, 12년 3회, 15년 1회, 17년 3회 / 산업 93년 2회

01 인덕턴스의 단위와 같지 않은 것은? (단, [Wb] : 자속, [A] : 전류, [V] : 전압, [J] : 에너지, [S] : 시간의 단위)

① [Wb/A]

② $\left[\dfrac{\text{V}}{\text{A}}\text{S}\right]$

③ $\left[\dfrac{\text{J}}{\text{A}}\cdot\dfrac{1}{\text{S}}\right]$

④ [J/A^2]

해설 ㉠ 쇄교자속 $\Phi = N\phi = LI$에서 인덕턴스 $L = \dfrac{\Phi}{I}\,[\text{Wb/A}]$

㉡ 유도기전력 $e = -L\dfrac{di}{dt}$에서 $L = -\dfrac{e\cdot dt}{di}\left[\dfrac{\text{V}\cdot\text{sec}}{\text{A}} = \Omega\cdot\text{sec}\right]$

㉢ 코일에 축적된 에너지 $W = \dfrac{1}{2}LI^2$에서 $L = \dfrac{2W}{I^2}\,[\text{J/A}^2]$

답 ③

★★★★ 산업 92년 6회, 97년 4회

02 자기 유도계수 20[mH]인 코일에 전류를 흘릴 때 코일과의 쇄교자속수가 0.2[Wb]이었다면 코일에 축적된 에너지는 몇 [J]인가?

① 1

② 2

③ 3

④ 4

> **해설** 코일에 저장되는 자기에너지 $W_L = \dfrac{\Phi^2}{2L} = \dfrac{0.2^2}{2 \times (20 \times 10^{-3})} = 1\,[\text{J}]$

답 ①

기사 2.33% 출제 ㅣ 산업 0.50% 출제

출제 02 상호 인덕턴스와 결합계수

Comment

식 11-16과 식 11-17을 이용하여 변압기 1·2차 권선수와 1차측 자기 인덕턴스를 통하여 2차측 자기 인덕턴스와 상호 인덕턴스를 구하는 문제 유형이 많다.
이번 11장은 회로이론에서도 동일 문제로 출제되고 있으니 반드시 암기하자.

1 상호 인덕턴스(mutual induction)

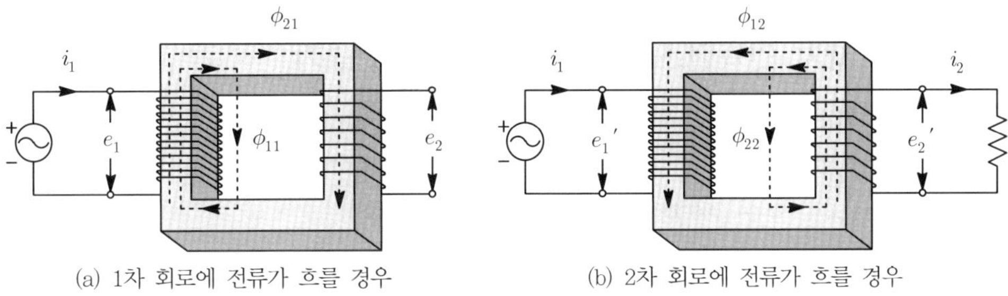

(a) 1차 회로에 전류가 흐를 경우 (b) 2차 회로에 전류가 흐를 경우

┃그림 11-2┃ 상호 인덕턴스와 결합계수

① [그림 11-2] (a)와 같이 1차 회로에 교류 전류 i_1을 흘리면 1차 권선에서 발생된 자속 ϕ_1은 대부분 2차 권선을 쇄교하고(ϕ_{21}) 일부 자속은 2차 권선과 쇄교하지 못하고 공기 중으로 자속(ϕ_{11})이 순환된다.

② 1차 전류에 의해 형성된 자속 ϕ_1은 $\phi_{11} + \phi_{21}$의 관계를 가지며, 이때의 ϕ_{11}을 누설자속, ϕ_{21}을 쇄교자속이라 한다.

③ 1차 전류 i_1에 의한 자속은 2차 회로를 쇄교하여 전자유도현상을 발생시키는데 이를 1차, 2차 간에 상호 유도(mutual induction)작용을 하고 있다고 한다.

④ i_1에 의한 1차, 2차의 유도기전력은 다음과 같다.

㉠ $e_1 = -N_1 \dfrac{d\phi_1}{dt} = -N_1 \dfrac{d\phi_1}{di_1} \dfrac{di_1}{dt} = -L_1 \dfrac{di_1}{dt}\,[\text{V}]$ ┈┈┈┈┈┈┈┈┈ [식 11-10]

㉡ $e_2 = -N_2 \dfrac{d\phi_{21}}{dt} = -N_2 \dfrac{d\phi_{21}}{di_1} \dfrac{di_1}{dt} = -M_{21} \dfrac{di_1}{dt}\,[\text{V}]$ ┈┈┈┈┈┈┈ [식 11-11]

여기서, L_1 : 1차측 자기 인덕턴스, M_{21} : 상호 인덕턴스 또는 상호 유도계수

2 2차 전류에 의한 상호 유도작용

① [그림 11-2] (b)와 같이 2차 회로에 부하를 접속시키면 2차 전류 i_2가 흐르게 되고, 이때 발생된 자속 ϕ_2는 1차, 2차 권선을 모두 쇄교하므로 1차, 2차 간에 모두 상호 유도작용을 일으킨다.

② i_2에 의한 1차, 2차의 유도기전력은 다음과 같다.

㉠ $e_1{}' = -N_1 \dfrac{d\phi_{12}}{dt} = -N_1 \dfrac{d\phi_{12}}{di_2} \dfrac{di_2}{dt} = -M_{12} \dfrac{di_2}{dt}\,[\text{V}]$ ······················ [식 11-12]

㉡ $e_2{}' = -N_2 \dfrac{d\phi_2}{dt} = -N_2 \dfrac{d\phi_2}{di_2} \dfrac{di_2}{dt} = -L_2 \dfrac{di_2}{dt}\,[\text{V}]$ ······················ [식 11-13]

여기서, L_2 : 2차측 자기 인덕턴스, M_{12} : 상호 인덕턴스 또는 상호 유도계수

③ 따라서 1차 전류에 의해 발생된 자속과 2차 전류에 의해 발생된 자속이 서로 반대 방향으로 진행되므로 변압기 1차측에 유도된 기전력은 $E_1 = e_1 - e_1{}'$가 되고, 2차측에 유도된 기전력은 $E_2 = e_2 - e_2{}'$가 된다. 이와 같이 1차, 2차에서 발생된 자속이 서로 감쇄가 되도록 코일을 감은 변압기를 감극성 변압기라 하며, 국내 대부분의 변성기는 감극성이다.

3 1차, 2차 자기 인덕턴스와 상호 인덕턴스의 크기

① [식 11-10]에서 $N_1\phi_1 = L_1 i_1$을, [식 11-11]에서 $N_2\phi_{21} = M_{21} i_1$을 통하여 다음과 같이 정의할 수 있다.

㉠ $L_1 = \dfrac{N_1\phi_1}{i_1} = \dfrac{N_1}{i_1} \times \dfrac{F_1}{R_m} = \dfrac{N_1}{i_1} \times \dfrac{i_1 N_1}{\dfrac{l}{\mu S}} = \dfrac{\mu S N_1^2}{l}\,[\text{H}]$ ······················ [식 11-14]

㉡ $M_{21} = \dfrac{N_2\phi_{21}}{i_1} = \dfrac{N_2}{i_1} \times \dfrac{F_1}{R_m} = \dfrac{N_2}{i_1} \times \dfrac{i_1 N_1}{\dfrac{l}{\mu S}} = \dfrac{\mu S N_1 N_2}{l}\,[\text{H}]$ ······················ [식 11-15]

② [식 11-12]에서 $N_1\phi_{12} = M_{12} i_2$를, [식 11-13]에서 $N_2\phi_2 = L_2 i_2$를 통하여 다음과 같이 정의할 수 있다.

㉠ $M_{12} = \dfrac{N_1\phi_{21}}{i_2} = \dfrac{N_1}{i_2} \times \dfrac{F_2}{R_m} = \dfrac{N_1}{i_2} \times \dfrac{i_2 N_2}{\dfrac{l}{\mu S}} = \dfrac{\mu S N_1 N_2}{l}\,[\text{H}]$ ······················ [식 11-16]

㉡ $L_2 = \dfrac{N_2\phi_2}{i_2} = \dfrac{N_2}{i_2} \times \dfrac{F_2}{R_m} = \dfrac{N_2}{i_2} \times \dfrac{i_2 N_2}{\dfrac{l}{\mu S}} = \dfrac{\mu S N_2^2}{l}\,[\text{H}]$ ······················ [식 11-17]

③ [식 11-15]와 [식 11-16]에서와 같이 두 상호 인덕턴스가 같다는 것을 알 수 있으며, [식 11-14]의 $\dfrac{\mu S}{l} = \dfrac{1}{N_1^2} \times L_1$을 2차 자기 인덕턴스와 상호 인덕턴스 식에 대입하면 다음과 같이 정리할 수 있다.

$$\text{㉠}\quad L_2 = \frac{\mu S N_2^2}{l} = \frac{\mu S}{l} \times N_2^2 = \left(\frac{N_2}{N_1}\right)^2 \times L_1 \quad\text{┅┅┅┅┅ [식 11-18]}$$

$$\text{㉡}\quad M_{12} = M_{21} = M = \frac{\mu S N_1 N_2}{l} = \frac{\mu S}{l} \times N_1 N_2 = \frac{N_2}{N_1} \times L_1 \quad\text{┅┅┅┅ [식 11-19]}$$

▌4 ▌ 결합계수(coupling coefficient)

① [그림 11-2] (a)와 같이 ϕ_1은 $\phi_{11} + \phi_{21}$으로 나타낼 수 있는데 ϕ_{11}은 2차 회로에 대해서는 누설자속이라 할 수 있다. 따라서 1차 회로에서 발생된 총 자속 ϕ_1과 2차 회로를 통과하는 자속 ϕ_{21}의 비율을 두 코일의 결합계수 k라 한다.

② 또한 2차 전류에 의해 발생된 총 자속 ϕ_2와 1차 회로를 통과하는 자속 ϕ_{12}에 의해서도 결합계수 k를 적용할 수 있으므로 다음과 같이 정의할 수 있다.

$$\text{㉠}\quad k = \sqrt{\frac{\phi_{21}}{\phi_1} \times \frac{\phi_{12}}{\phi_2}} = \sqrt{\frac{\dfrac{M_{21} i_1}{N_2}}{\dfrac{L_1 i_1}{N_1}} \times \frac{\dfrac{M_{12} i_2}{N_1}}{\dfrac{L_2 i_2}{N_2}}} = \sqrt{\frac{M_{21}}{L_1} \times \frac{M_{12}}{L_2}} = \frac{M}{\sqrt{L_1 L_2}}$$

$$\therefore\ \text{결합계수 } k = \frac{M}{\sqrt{L_1 L_2}} \quad\text{┅┅┅┅┅┅┅┅ [식 11-20]}$$

$$\text{㉡ 상호 인덕턴스 : } M = k \sqrt{L_1 L_2}\ [\text{H}] \quad\text{┅┅┅┅┅┅┅ [식 11-21]}$$

③ 결합계수는 두 회로의 자기적 결합 정도를 표시하는 양으로 k가 0이면 자기적인 비결합 상태를 말하고, k가 1이면 두 코일은 자기적으로 완전결합 상태를 말한다.
따라서 **결합계수의 범위는 $0 < k \le 1$이 된다.**

단원확인기출문제

★★★★★ 기사 04년 1·2회, 05년 3회, 08년 3회 / 산업 91년 2회, 01년 1회

03 환상 철심에 권수 N_A인 A코일과 권수 N_B인 B코일이 있을 때 A코일의 자기 인덕턴스가 L_A라면 두 코일의 상호 인덕턴스는 몇 [H]인가? (단, 1, 2차 코일의 누설자속은 없다고 한다.)

① $\dfrac{L_A N_A}{N_B}$ ② $\dfrac{L_A N_B}{N_A}$ ③ $\dfrac{N_A}{L_A N_B}$ ④ $\dfrac{N_B}{L_A N_A}$

해설 ㉠ 1차 코일의 자기 인덕턴스 : $L_A = \dfrac{\mu S N_A^2}{l}\,[\text{H}] \to \dfrac{\mu S}{l} = \dfrac{1}{N_A^2} \times L_A$

㉡ 2차 코일의 자기 인덕턴스 : $L_B = \dfrac{\mu S N_B^2}{l} = \dfrac{\mu S}{l} \times N_B^2 = \left(\dfrac{N_B}{N_A}\right)^2 \times L_A\,[\text{H}]$

㉢ 상호 인덕턴스 : $M = \dfrac{\mu S N_A N_B}{l} = \dfrac{\mu S}{l} \times N_A N_B = \dfrac{N_B}{N_A} \times L_A\,[\text{H}]$

답 ②

04 자기 인덕턴스 L_1, L_2와 상호 인덕턴스 M과의 결합계수는 어떻게 표시되는가?

① $\dfrac{M}{\sqrt{L_1 L_2}}$

② $\dfrac{M}{L_1 L_2}$

③ $\dfrac{\sqrt{L_1 L_2}}{M}$

④ $\dfrac{L_1 L_2}{M}$

해설 결합계수 $k = \sqrt{\dfrac{\Phi_{21}}{\Phi_1} \times \dfrac{\Phi_{12}}{\Phi_2}} = \dfrac{M}{\sqrt{L_1 L_2}}$

   ㉠ $k = 0$: 자기적인 비결합
   ㉡ $k = 1$: 자기적인 완전결합
   ㉢ 결합계수 범위 : $0 < k \leq 1$

답 ①

출제 03 각 도체에 따른 인덕턴스

Comment

동축케이블의 인덕턴스를 증명 시 복잡하게 생각하지 말고 $LC = \varepsilon\mu$라는 관계식에서 동축케이블의 정전용량 $C = \dfrac{2\pi\varepsilon}{\ln \dfrac{b}{a}}$ [F/m]을 대입하면 외부 인덕턴스 $L = \dfrac{\varepsilon\mu}{C} = \dfrac{\mu}{2\pi} \ln \dfrac{b}{a}$ [H/m]를 쉽게 암기할 수 있다. 단, 내부 인덕턴스 $\dfrac{\mu}{8\pi}$ 는 그냥 외워야 한다.

▇ 1 솔레노이드의 내부 인덕턴스

(1) 무한장 솔레노이드

① 단위길이당 권선수가 $n_0 = \dfrac{N}{l}$ 이므로 $N = n_0 l$이 된다.

② $L = \dfrac{\mu S N^2}{l} = \mu S n_0^{~2} l \,[\text{H}] = \mu S n_0^{~2} \,[\text{H/m}]$ ································· [식 11-22]

(2) 환상 솔레노이드

솔레노이드 평균 길이 $l = 2\pi r$이므로

$L = \dfrac{\mu S N^2}{l} = \dfrac{\mu S N^2}{2\pi r} \,[\text{H}]$ ································· [식 11-23]

2 동축케이블(coaxial cable)

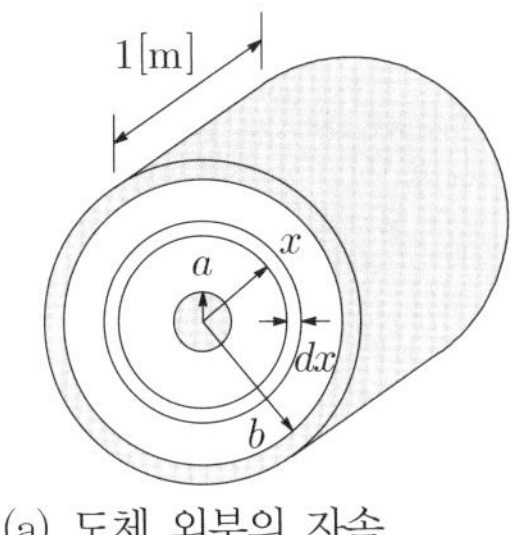
(a) 도체 외부의 자속

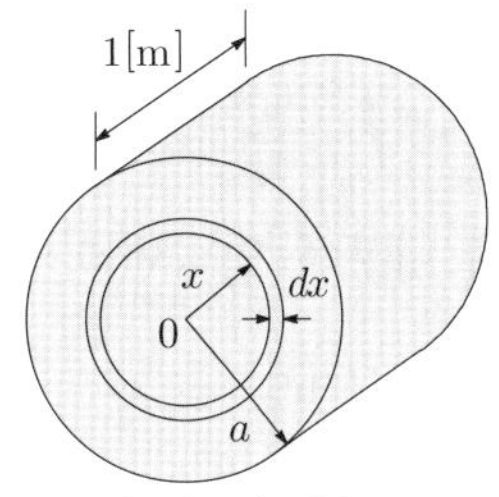
(b) 도체 내부의 자속

┃그림 11-3┃ 동축케이블의 내·외부 자속

(1) 도체 외부 인덕턴스 L_e

① 도체 외부 x[m]에서의 자속밀도

$$B_e = \mu_0 H_e = \frac{\mu_0 I}{2\pi x} \,[\text{Wb/m}^2] \quad\text{[식 11-24]}$$

② [그림 11-3] (a)와 같이 원통의 단면 $1 \times dx = dx\,[\text{m}^2]$의 미소부분을 통과하는 자속

$$d\phi_e = \frac{\mu_0 I}{2\pi x} dx \,[\text{Wb/m}] \quad\text{[식 11-25]}$$

③ 도체의 외부인 반경 a[m]로부터 b[m]까지의 범위 내의 쇄교자속 ϕ는 미소자속 $d\phi_e$를 x에 관하여 a부터 b까지 적분하여 구할 수 있다.

$$\phi_e = \int_a^b d\phi_e = \int_a^b \frac{\mu_0 I}{2\pi x} dx = \frac{\mu_0 I}{2\pi} \ln \frac{b}{a} \,[\text{Wb/m}] \quad\text{[식 11-26]}$$

④ 따라서 도체 외부의 인덕턴스 L_e는 다음과 같다.

$$L_e = \frac{\phi_e}{I} = \frac{\mu_0}{2\pi} \ln \frac{b}{a} \,[\text{H/m}] \quad\text{[식 11-27]}$$

(2) 도체 내부 인덕턴스 L_i

① 도체 내부 x[m]에서의 자속밀도

$$B_i = \mu_0 H_x = \frac{\mu_0 x I_x}{2\pi a^2} \,[\text{Wb/m}^2] \quad\text{[식 11-28]}$$

여기서, 대부분 도체는 구리 또는 알루미늄이고 이것의 $\mu_s \fallingdotseq 1$이 된다.

② [그림 11-3] (b)와 같이 원통의 단면 $1 \times dx = dx\,[\text{m}^2]$의 미소부분을 통과하는 자속

$$d\phi_x = \frac{\mu_0 x I_x}{2\pi a^2} dx \,[\text{Wb/m}] \quad\text{[식 11-29]}$$

③ 이 자속 $d\phi_x$는 반지름 x[m]인 원통 내부의 전류 I_x하고만 쇄교한다. 따라서 도체에 흐르는 전류 I에 의한 내부의 쇄교자속수 $d\phi_i$는 다음과 같다.

$$d\phi_i = d\phi_x \times \frac{x^2}{a^2} = \frac{\mu_0 x^3 I}{2\pi a^4} dx \,[\text{Wb}] \quad\text{[식 11-30]}$$

④ 도체 내부의 단위길이당 쇄교자속수 ϕ_i는 [식 11-30]을 x에 관하여 0부터 a까지 적분하여 구할 수 있다.

$$\phi_i = \int_0^a d\phi_i = \int_0^a \frac{\mu_0 x^3 I}{2\pi a^4}\, dx = \frac{\mu_0 I}{8\pi}\,[\mathrm{Wb/m}] \quad\cdots\quad [\text{식 } 11\text{-}31]$$

⑤ 따라서 도체 내부의 인덕턴스 L_i는 다음과 같다.

$$L_i = \frac{\phi_i}{I} = \frac{\mu_0}{8\pi}\,[\mathrm{H/m}] \quad\cdots\quad [\text{식 } 11\text{-}32]$$

(3) 동축케이블의 자속과 인덕턴스

① $\phi = \phi_i + \phi_e = \dfrac{\mu_0 I}{8\pi} + \dfrac{\mu_0 I}{2\pi}\ln\dfrac{b}{a}\,[\mathrm{Wb/m}] \quad\cdots\quad [\text{식 } 11\text{-}33]$

② $L = L_i + L_e = \dfrac{\mu_0}{8\pi} + \dfrac{\mu_0}{2\pi}\ln\dfrac{b}{a}\,[\mathrm{H/m}] \quad\cdots\quad [\text{식 } 11\text{-}34]$

(4) 외부 인덕턴스와 정전용량과의 관계

$$LC = \frac{\mu}{2\pi}\ln\frac{b}{a} \times \frac{2\pi\varepsilon}{\ln\dfrac{b}{a}} = \mu\varepsilon$$

$$\therefore\ LC = \mu\varepsilon \quad\cdots\quad [\text{식 } 11\text{-}35]$$

■3 평행 왕복 도선의 인덕턴스

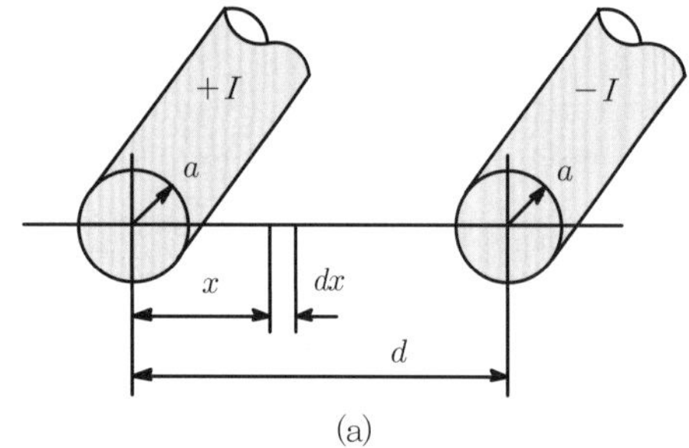

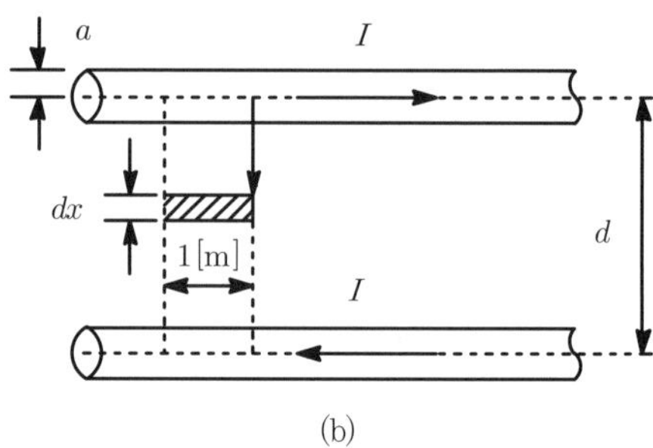

▌그림 11-4▐ 평행 왕복 도선

(1) 외부 인덕턴스

① 도체 외부 $x[\mathrm{m}]$에서의 자계의 세기

$$H_e = \frac{I}{2\pi x} + \frac{I}{2\pi(d-x)}\,[\mathrm{AT/m}] \quad\cdots\quad [\text{식 } 11\text{-}36]$$

② [그림 11-4] (b)와 같이 단면 $1 \times dx = dx\,[\mathrm{m}^2]$의 미소부분을 통과하는 자속

$$d\phi_e = B\,ds = \mu_0 H_e\,dx\,[\mathrm{Wb/m}] \quad\cdots\quad [\text{식 } 11\text{-}37]$$

③ 왕복 도선 사이의 단위길이당 쇄교자속수

$$\phi_e = \int_a^{d-a} d\phi_e = \frac{\mu_0 I}{2\pi} \int_a^{d-a} \left[\frac{I}{x} + \frac{I}{d-x} \right] dx = \frac{\mu_0 I}{2\pi} \left[\ln x - \ln(d-x) \right]_a^{d-a}$$

$$= \frac{\mu_0 I}{\pi} \ln \frac{d-a}{a} \fallingdotseq \frac{\mu_0 I}{\pi} \ln \frac{d}{a} \, [\mathrm{W/m}] \quad\text{-----------------------------} \quad [\text{식 } 11\text{-}38]$$

④ 왕복 도선 사이의 단위길이당 인덕턴스

$$L_e = \frac{\phi_e}{I} = \frac{\mu_0}{\pi} \ln \frac{d}{a} \, [\mathrm{H/m}] \quad\text{---} \quad [\text{식 } 11\text{-}39]$$

(2) 평행 왕복 도선의 내부 인덕턴스

① 각 도선의 내부에도 $\dfrac{\mu_0}{8\pi}\,[\mathrm{H/m}]$의 자기 인덕턴스가 존재하므로 평행 왕복 도선의 전체

인덕턴스는 2배를 취하면 되므로 $\dfrac{\mu_0}{4\pi}\,[\mathrm{H/m}]$가 된다.

② $L = L_i + L_e = \dfrac{\mu_0}{4\pi} + \dfrac{\mu_0}{\pi} \ln \dfrac{d}{a} \, \mathbf{[H/m]} \quad\text{-----------------------}\quad [\text{식 } 11\text{-}40]$

단원확인기출문제

★★★★ 기사 13년 1회 / 산업 98년 6회, 00년 2회, 09년 1회

05 솔레노이드의 자기 인덕턴스는 권수 N과 어떤 관계를 갖는가?

① N에 비례   ② $\sqrt{N}$에 비례

③ N^2에 비례   ④ $\sqrt{N}$에 반비례

해설 자기 인덕턴스 $L = \dfrac{\mu S N^2}{l}$ 이므로 $L \propto N^2$이 된다.

답 ③

★★★ 기사 95년 2회, 97년 6회, 98년 4회, 02년 1회

06 동축케이블의 단위길이당 자기 인덕턴스는? (단, 동축선 자체의 내부 인덕턴스는 무시하는 것으로 한다.)

① 두 원통의 반지름의 비에 정비례한다.

② 동축선의 투자율에 비례한다.

③ 동축선 간 유전체의 투자율에 비례한다.

④ 동축선에 흐르는 전류의 세기에 비례한다.

해설 동축케이블 전체 인덕턴스 : $L = L_i + L_e = \dfrac{\mu}{8\pi} + \dfrac{\mu}{2\pi} \ln \dfrac{b}{a} \, [\mathrm{H/m}]$

여기서, L_i : 내부 인덕턴스, L_e : 외부 인덕턴스

답 ②

기사 0.33% 출제 | 산업 1.50% 출제

출제 04 인덕턴스 접속법

🙋 Comment

R, L, C 직렬·병렬 접속법은 전기공학을 공부하는데 있어 가장 기초적인 부분인 만큼 매우 중요하다. 시험 출제율을 떠나 반드시 학습하자. 단, 복잡하게 증명까지는 필요없고 결과식만 암기해도 된다.

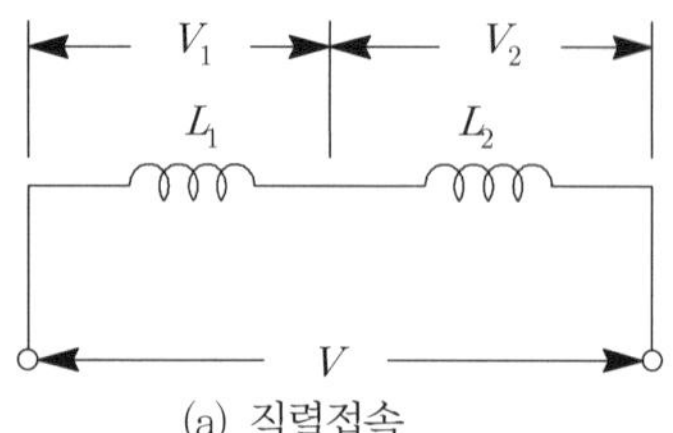

(a) 직렬접속

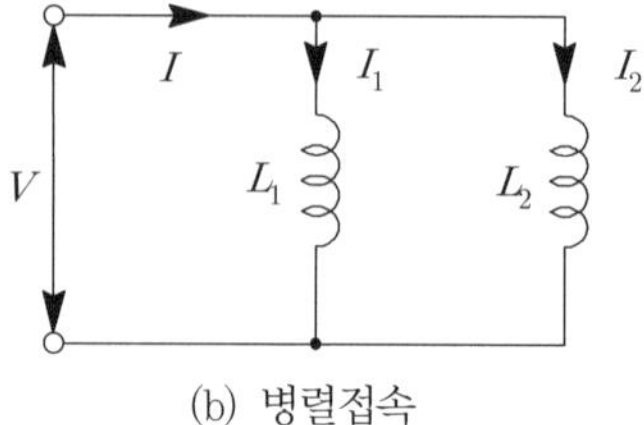

(b) 병렬접속

┃그림 11-5┃ 인덕턴스 접속법

1 직렬접속

① 상호 인덕턴스가 없는 L_1과 L_2를 [그림 11-5] (a)와 같이 직렬로 연결하면 전류는 일정하고, 전압은 분배되므로 다음과 같이 정리된다.

㉠ $V = V_1 + V_2 = L_1 \dfrac{di}{dt} + L_2 \dfrac{di}{dt} = L \dfrac{di}{dt} \, [\text{V}]$ ···························· [식 11-41]

㉡ 합성 인덕턴스 : $L = L_1 + L_2 \, [\text{H}]$ ························· [식 11-42]

② 만약, 두 코일 사이에 상호 인덕턴스가 존재할 경우 각 인덕턴스에 인가된 전압은 $V_1 = L_1 \dfrac{di}{dt} \pm M \dfrac{di}{dt}$, $V_2 = L_2 \dfrac{di}{dt} \pm M \dfrac{di}{dt}$ 가 된다. 여기서, 상호 인덕턴스가 $+M$인 경우에는 가동결합(가극성), $-M$은 차동결합(감극성)이라 한다.

㉠ **가동결합** : $L_+ = L_1 + L_2 + 2M \, [\text{H}]$ ···················· [식 11-43]

㉡ **차동결합** : $L_- = L_1 + L_2 - 2M \, [\text{H}]$ ···················· [식 11-44]

③ 상호 인덕턴스

㉠ [식 11-43]과 [식 11-44]를 합하면 $L_+ + L_- = 4M$이 된다.

㉡ 상호 인덕턴스 : $M = \dfrac{L_+ + L_-}{4} \, [\text{H}]$ ···················· [식 11-45]

2 병렬접속

① 상호 인덕턴스가 없는 L_1과 L_2를 [그림 11-4] (b)와 같이 병렬로 연결하면 전압은 일정하고, 전류가 분배되므로 다음과 같이 정리된다.

㉠ $V = V_1 = V_2$이므로 $L \dfrac{dt}{dt} = L_1 \dfrac{di_1}{dt} = L_2 \dfrac{di_2}{dt}$ 가 된다.

㉡ 위 식에서 $\dfrac{di_1}{dt} = \dfrac{V}{L_1}$ 가 되고, $\dfrac{di_2}{dt} = \dfrac{V}{L_2}$ 가 된다.

ⓒ $V = L\dfrac{di}{dt} = L\left(\dfrac{di_1}{dt} + \dfrac{di_2}{dt}\right) = L\left(\dfrac{V}{L_1} + \dfrac{V}{L_2}\right)$ 이므로 $\dfrac{1}{L} = \dfrac{1}{L_1} + \dfrac{1}{L_2}$ 이 된다.

∴ 합성 인덕턴스 $L = \dfrac{1}{\dfrac{1}{L_1} + \dfrac{1}{L_2}} = \dfrac{L_1 L_2}{L_1 + L_2}$ [H] ························· [식 11-46]

② 만약, 두 코일 사이에 상호 인덕턴스가 존재하면 다음과 같다.

ⓐ 가동결합 : $L = \dfrac{L_1 L_2 - M^2}{L_1 + L_2 - 2M}$ [H] ························· [식 11-47]

ⓑ 차동결합 : $L = \dfrac{L_1 L_2 - M^2}{L_1 + L_2 + 2M}$ [H] ························· [식 11-48]

단원확인기출문제

★★★ 산업 94년 6회, 98년 4회, 05년 2회

07 두 개의 인덕턴스 L_1과 L_2를 병렬로 접속하였을 때의 합성 인덕턴스 L은 몇 [H]인가? (단, L_1과 L_2의 단위는 [H]로 모두 같다.)

① $L = L_1 + L_2 - 2M$ ② $L = L_1 + L_2 + 2M$

③ $L = \dfrac{L_1 L_2 - M^2}{L_1 + L_2 \mp 2M}$ ④ $L = L_1 + L_2$

해설 병렬 시 합성 인덕턴스 $L = \dfrac{L_1 L_2 - M^2}{L_1 + L_2 \mp 2M}$[H]

여기서, − : 가동결합, + : 차동결합

답 ③

★★ 산업 96년 6회, 17년 2회

08 그림과 같이 각 코일의 자기 인덕턴스가 각각 $L_1 = 6$[H], $L_2 = 2$[H]이고, 두 코일 사이에는 상호 인덕턴스가 $M = 3$[H]라면 전 코일에 저축되는 자기에너지는 몇 [J]인가? (단, $I = 10$[A]이다.)

① 50

② 100

③ 150

④ 200

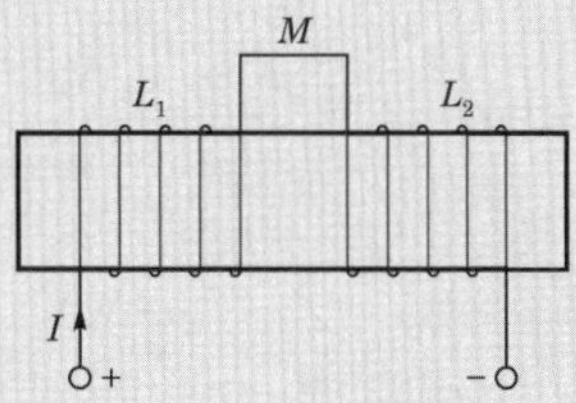

해설 그림은 차동결합이므로 합성 인덕턴스는 $L = L_1 + L_2 - 2M = 6 + 2 - 2 \times 3 = 2$[H]가 된다.

∴ $W_L = \dfrac{1}{2} L I^2 = \dfrac{1}{2} \times 2 \times 10^2 = 100$[J]

답 ②

단원 핵심정리 한눈에 보기

1. 인덕턴스와 쇄교자속

① 유도기전력 : $e = -N\dfrac{d\phi(t)}{dt} = -L\dfrac{di(t)}{dt}$ [V]

② 쇄교자속 : $\Phi = N\phi = LI$ [Wb]

③ 인덕턴스 : $L = \dfrac{\Phi}{I} = \dfrac{N}{I} \times \phi = \dfrac{N}{I} \times \dfrac{F}{R_m} = \dfrac{N^2}{R_m} = \dfrac{\mu S N^2}{l}$ [H]

여기서, 자속 : $\phi = \dfrac{F}{R_m}$, 기자력 : $F = IN$, 자기저항 : $R_m = \dfrac{\mu S}{l}$ [AT/Wb]

④ 인덕턴스에 축적되는 에너지(전류에 의한 자계에너지)

$$W_L = \frac{1}{2}LI^2 = \frac{1}{2}\Phi I = \frac{\Phi^2}{2L} = \frac{1}{2}N\phi I = \frac{1}{2}F\phi \text{ [J]}$$

⑤ 자계에너지 밀도 : $w_m = \dfrac{1}{2}\mu H^2 = \dfrac{1}{2}HB = \dfrac{B^2}{2\mu}$ [J/m^3]

2. 변압기 1 · 2차측 전압

① 1차측 전압 : $e_1 = -N_1\dfrac{d\phi(t)}{dt} = -L\dfrac{di(t)}{dt}$ [V] (여기서, L : 자기 인덕턴스)

② 2차측 전압 : $e_2 = -N_2\dfrac{d\phi(t)}{dt} = -M\dfrac{di(t)}{dt}$ [V] (여기서, M : 상호 인덕턴스)

③ 자기전류에 의해 발생된 유도기전력(e_1)의 비례상수를 L 이라 하며, 상대방 전류의 상호작용에 의해 발생된 유도기전력(e_2)의 비례상수를 M 이라 한다.

3. 자기 또는 상호 인덕턴스와 결합계수

① 1차측 자기 인덕턴스 : $L_1 = \dfrac{N_1\phi_1}{i_1} = \dfrac{N_1}{i_1} \times \dfrac{F_1}{R_m} = \dfrac{\mu S N_1^2}{l}$ [H] $\left(\dfrac{\mu S}{l} = \dfrac{L_1}{N_1^2}\right)$

② 2차측 자기 인덕턴스 : $L_2 = \dfrac{N_2\phi_2}{i_2} = \dfrac{N_2}{i_2} \times \dfrac{F_2}{R_m} = \dfrac{\mu S N_2^2}{l} = \left(\dfrac{N_2}{N_1}\right)^2 \times L_1$ [H]

③ 상호 인덕턴스($M_{21} = M_{12} = M$)

㉠ $M_{21} = \dfrac{N_2\phi_{21}}{i_1} = \dfrac{N_2}{i_1} \times \dfrac{F_1}{R_m} = \dfrac{\mu S N_1 N_2}{l} = \dfrac{N_2}{N_1} \times L_1$ [H]

㉡ $M_{12} = \dfrac{N_1\phi_{21}}{i_2} = \dfrac{N_1}{i_2} \times \dfrac{F_2}{R_m} = \dfrac{\mu S N_1 N_2}{l} = \dfrac{N_2}{N_1} \times L_1$ [H]

④ 결합계수

㉠ 결합계수 : $k = \sqrt{\dfrac{\Phi_{21}}{\Phi_1} \times \dfrac{\Phi_{12}}{\Phi_2}} = \sqrt{\dfrac{M_{21}}{L_1} \times \dfrac{M_{12}}{L_2}} = \dfrac{M}{\sqrt{L_1 L_2}}$

㉡ $k = 1$인 상태를 자기적인 완전결합, $k = 0$인 상태를 자기적인 비결합이라 한다.

4. 각 도체에 따른 자기 인덕턴스($LC=\mu\varepsilon$의 관계를 갖는다.)

구 분	인덕턴스
무한장 솔레노이드	① 단위길이당 권선수 $n_0 = \dfrac{N}{l}$ 에서 $N = n_0 l$이 된다. ② 인덕턴스 : $L = \dfrac{\mu SN^2}{l} = \mu Sn_0^2 l[\text{H}] = \mu Sn_0^2[\text{H/m}]$
환상 솔레노이드	① 솔레노이드의 평균 길이 $l = 2\pi r[\text{m}]$이다. ② 인덕턴스 : $L = \dfrac{\mu SN^2}{l} = \dfrac{\mu SN^2}{2\pi r}[\text{H}]$
원통 도체 또는 동축케이블	① 내부 인덕턴스 : $L_i = \dfrac{\phi_i}{I} = \dfrac{\mu_0}{8\pi}[\text{H/m}]$ ② 외부 인덕턴스 : $L_e = \dfrac{\phi_e}{I} = \dfrac{\mu_0}{2\pi}\ln\dfrac{b}{a}[\text{H/m}]$ ③ 전체 인덕턴스 : $L = L_i + L_e = \dfrac{\mu_0}{8\pi} + \dfrac{\mu_0}{2\pi}\ln\dfrac{b}{a}[\text{H/m}]$
평행 왕복 도선	① 동축케이블 2가닥이 포설된 것이므로 L도 2배가 된다. ② 전체 인덕턴스 : $L = L_i + L_e = \dfrac{\mu_0}{4\pi} + \dfrac{\mu_0}{\pi}\ln\dfrac{d}{a}[\text{H/m}]$

5. 인덕턴스 접속법

구 분	직렬회로	병렬회로
가동결합 (가극성)		
차동결합 (감극성)		

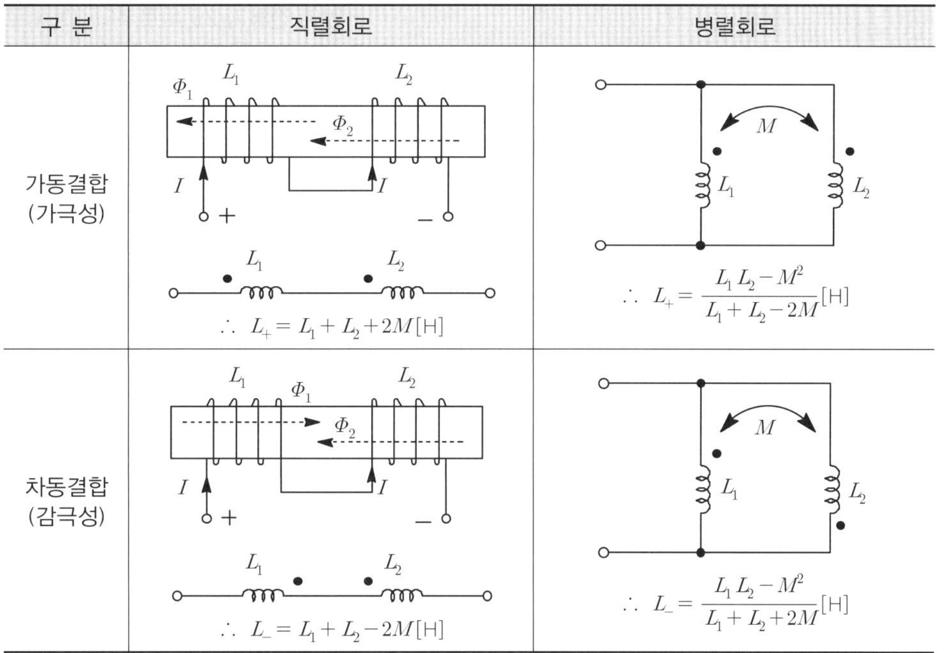

단원 자주 출제되는 기출문제

출제 01 ▶ 자기 인덕턴스

★★★★ 기사 95년 2회, 97년 6회, 00년 6회, 05년 1회

01 다음 중 자기 인덕턴스의 성질을 옳게 표현한 것은?

① 항상 부(負)이다.
② 항상 정(正)이다.
③ 항상 0이다.
④ 유도되는 기전력에 따라 정(正)도 되고, 부(負)도 된다.

해설

인덕턴스 L은 부(負)값이 없다.

★★ 산업 93년 3회, 03년 1회

02 그림 (a)의 인덕턴스에 전류가 그림 (b)와 같이 흐를 때 2초에서 6초 사이의 인덕턴스 전압 V_L은 몇 [V]인가?

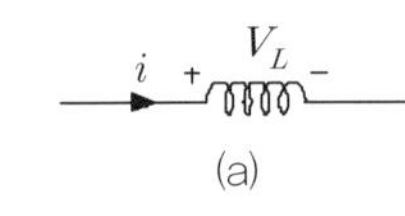

(a)

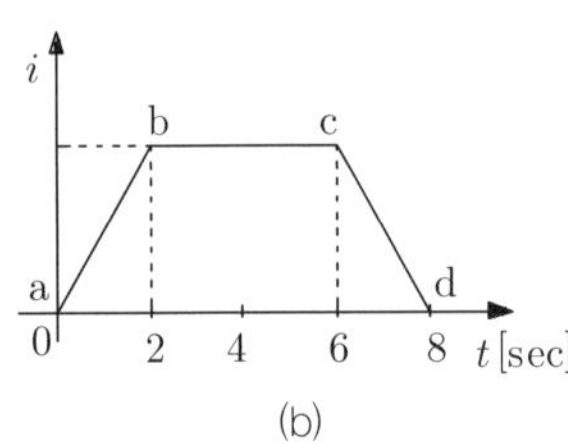

(b)

① 0
② 5
③ 10
④ −5

해설

인덕턴스 전압(유도기전력)은 시간에 따라 전류의 크기가 변해야 발생된다 ($V_L = L\dfrac{di}{dt}$ [V]).

∴ 2초와 6초 사이의 전류의 변화가 없으므로 유도기전력은 발생되지 않는다.

★★ 산업 08년 1회

03 회로가 닫혀 있는 코일 1과 개방된 코일 2가 그림과 같이 평등자계와 직각방향으로 서로 나란한 코일면을 유지하고 있을 때, 평등자계의 자속이 일정한 비율로 감소하는 경우 다음 설명 중 옳은 것은?

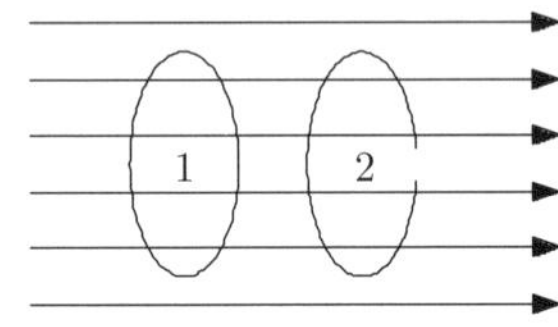

① 유기기전력은 두 코일에 모두 유기된다.
② 유기기전력은 개방된 코일 2에만 유기된다.
③ 두 코일에 같은 줄열이 발생한다.
④ 줄열은 어느 쪽도 발생하지 않는다.

★★★★ 기사 16년 1회 / 산업 93년 3회, 97년 2·4회, 98년 2회

04 자기 인덕턴스 0.5[H]의 코일에 $\dfrac{1}{200}$ [sec] 동안에 전류가 25[A]로부터 20[A]로 줄었다. 이 코일에 유기된 기전력의 크기 및 방향은?

① 50[V], 전류와 같은 방향
② 50[V], 전류와 반대 방향
③ 500[V], 전류와 같은 방향
④ 500[V], 전류와 반대 방향

해설

유도기전력 $e = -L\dfrac{di}{dt}$

$$= -0.5 \times \frac{20-25}{\dfrac{1}{200}} = 500[\text{V}]$$

여기서, −부호는 전류와 반대 방향, +부호는 전류와 동일 방향으로 발생한다는 의미이다.

정답 01. ② 02. ① 03. ① 04. ③

05 환상 솔레노이드 코일에 있어서 코일에 흐르는 전류가 2[A]일 때 자로의 자속이 1×10^{-2}[Wb]이었다고 한다. 코일 권수를 500회라 할 때 이 코일의 자기 인덕턴스는 몇 [H]인가? (단, 코일의 전류와 자로의 자속과의 관계는 정비례한 것으로 하여 계산하시오.)

① 2.5　　　　② 3.5

③ 4.5　　　　④ 5.5

해설

쇄교자속 $\Phi = N\phi = LI$ 에서

∴ 자기 인덕턴스 $L = \dfrac{N}{I}\phi = \dfrac{500}{2}\times10^{-2} = 2.5$[H]

Comment

본 문제에서 자속이 아니라 쇄교자속이 1×10^{-2}으로 출제가 된다면 $L = \dfrac{\Phi}{I} = \dfrac{10^{-2}}{2} = 0.5\times10^{-2}$이 된다.

06 자기회로의 자기저항이 일정할 때 코일의 권수를 $\dfrac{1}{2}$로 줄이면 자기 인덕턴스는 원래의 몇 [배]가 되는가?

① $\dfrac{1}{\sqrt{2}}$[배]　　　　② $\dfrac{1}{2}$[배]

③ $\dfrac{1}{4}$[배]　　　　④ $\dfrac{1}{8}$[배]

해설

자기 인덕턴스

$$L = \frac{\Phi}{I} = \frac{N}{I}\phi = \frac{N}{I}\times\frac{F}{R_m} = \frac{N}{I}\times\frac{IN}{\dfrac{l}{\mu S}}$$

$$= \frac{\mu SN^2}{l}$$[H]이므로 $L \propto \sqrt{N}$의 관계를 갖는다.

∴ 권수를 $\dfrac{1}{2}$하면 자기 인덕턴스 L은 $\dfrac{1}{4}$이 된다.

07 철심에 25회의 권선을 감고 1[A]의 전류를 통했을 때 0.01[Wb]의 자속이 발생하였다. 같은 철심을 사용하여 자기 인덕턴스를 0.25[H]로 하려면 도선의 권수는?

① 25　　　　② 50

③ 75　　　　④ 100

해설

㉠ 쇄교자속 $\Phi = N\phi = LI$에서 1차 자기 인덕턴스

$$L_1 = \frac{N_1}{I}\times\phi = \frac{25}{1}\times0.01 = 0.25[\text{H}]$$

㉡ 자기 인덕턴스 $L = \dfrac{\mu SN^2}{l} \propto N^2$이므로

$$L_1 : L_2 = N_1^2 : N_2^2$$이 관계를 갖는다.

∴ 2차 권선수 $N_2 = \sqrt{\dfrac{L_2 N_1^2}{L_1}} = \sqrt{\dfrac{1\times25^2}{0.25}} = 25[\text{T}]$

08 자기 인덕턴스 L인 코일에 I의 전류를 흘렸을 때 코일에 축적되는 에너지와 전류 사이의 관계를 그래프로 표시하면 어떤 모양이 되는가?

① 직선　　　　② 원

③ 포물선　　　　④ 타원

해설

코일에 저장되는 자기 에너지

$$W_L = \frac{1}{2}LI^2 = \frac{1}{2}\Phi I = \frac{\Phi^2}{2L}[\text{J}]$$에서

∴ $W_L = \dfrac{1}{2}LI^2 \propto I^2$

전류 증가에 따라 에너지는 포물선의 모양이 된다.

09 자기 인덕턴스 50[H]인 회로에 20[A]의 전류가 흐르고 있을 때 축적되는 전자에너지는 몇 [J]인가?

① 10[J]　　　　② 100[J]

③ 1000[J]　　　　④ 10000[J]

해설

코일에 저장되는 자기에너지(전자에너지)

$$W_L = \frac{1}{2}LI^2 = \frac{1}{2}\times50\times20^2 = 10000[\text{J}]$$

정답　05. ①　06. ③　07. ①　08. ③　09. ④

★★★★ 산업 06년 1회, 17년 1회

10 권선수가 N회인 코일에 전류 I[A]를 흘릴 경우, 코일에 ϕ[Wb]의 자속이 지나간다면 이 코일에 저장된 자계에너지는 어떻게 표현되는가?

① $\dfrac{1}{2}N\phi^2 I$[J] ② $\dfrac{1}{2}N\phi I$[J]

③ $\dfrac{1}{2}N^2\phi I$[J] ④ $\dfrac{1}{2}N\phi I^2$[J]

해설

코일에 저장되는 자기에너지

$$W_L = \frac{1}{2}\Phi I = \frac{1}{2}N\phi I = \frac{1}{2}F\phi\,[\text{J}]$$

여기서, F : 기자력, Φ : 쇄교자속, ϕ : 자속

★★★★ 기사 11년 1회 / 산업 95년 4회, 04년 2회, 05년 2회

11 자기 인덕턴스 L[H]인 코일에 전류 I[A]를 흘렸을 때 자계의 세기가 H[AT/m]였다. 이 코일을 진공 중에서 자화시키는 데 필요한 에너지 밀도[J/m³]는?

① $\dfrac{1}{2}LI^2$ ② LI^2

③ $\dfrac{1}{2}\mu_0 H^2$ ④ $\mu_0 H^2$

해설

㉠ 전계에너지 밀도

$$W_e = \frac{1}{2}\varepsilon E^2 = \frac{1}{2}ED = \frac{D^2}{2\varepsilon}\,[\text{J/m}^3]$$

(전속밀도 $D = \varepsilon E$ [C/m²])

㉡ 자계에너지 밀도

$$W_m = \frac{1}{2}\mu H^2 = \frac{1}{2}BH = \frac{B^2}{2\mu}\,[\text{J/m}^3]$$

(자속밀도 $B = \mu H$ [Wb/m²])

★★★★ 산업 97년 6회

12 비투자율 4000인 철심을 자화하여 자속밀도가 0.1[Wb/m²]으로 되었을 때 철심의 단위체적에 저축된 에너지는 몇 [J/m³]인가?

① 1 ② 2.5

③ 3 ④ 4

해설

자계에너지 밀도

$$W_m = \frac{B^2}{2\mu} = \frac{B^2}{2\mu_0\mu_s} = \frac{0.1^2}{2\times4\pi\times10^{-7}\times4000}$$
$$= 1\,[\text{J/m}^3]$$

★ 기사 09년 3회

13 자기 인덕턴스 L[H]인 코일에 전류 I[A]를 흘렸을 때 자계의 세기가 H[AT/m]였다. 이 코일에 전류 $\dfrac{I}{2}$[A]를 흘리면 저장되는 자기에너지 밀도[J/m³]는?

① $\dfrac{1}{2}LI^2$ ② $\dfrac{1}{8}LI^2$

③ $\dfrac{1}{2}\mu H^2$ ④ $\dfrac{1}{8}\mu H^2$

해설

자계의 세기 $H = \dfrac{NI}{l}$ [AT/m] $\propto I$이므로

전류가 $\dfrac{I}{2}$가 되면 자계 또한 $\dfrac{H}{2}$가 된다.

∴ 자계에너지 밀도

$$W_m = \frac{1}{2}\mu\left(\frac{H}{2}\right)^2 = \frac{1}{8}\mu H^2\,[\text{J/m}^3]$$

★★★ 기사 92년 6회, 96년 6회, 98년 2회, 03년 1회, 12년 2회

14 비투자율 1000, 단면적 10[cm²], 자로의 길이 100[cm], 권수 1000회인 철심 환상 솔레노이드에 10[A]의 전류가 흐를 때 저축되는 자기에너지는 몇 [J]인가?

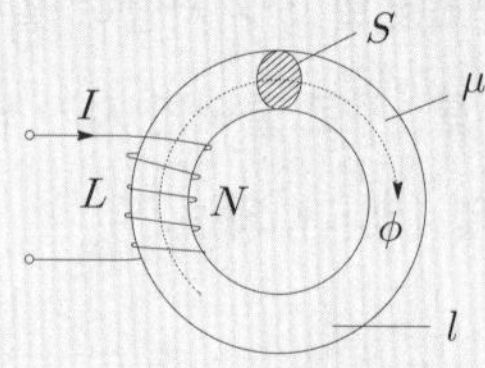

① 62.8 ② 6.28

③ 31.4 ④ 3.14

해설

자기 인덕턴스

$$L = \frac{\mu S N^2}{l} = \frac{\mu_0\mu_s S N^2}{l}$$
$$= \frac{4\pi\times10^{-7}\times1000\times10\times10^{-4}\times1000^2}{100\times10^{-2}}$$
$$= 4\pi\times10^{-1}\,[\text{H}]$$

∴ 코일에 저장되는 자기에너지

$$W_L = \frac{1}{2}LI^2 = \frac{1}{2}\times4\pi\times10^{-1}\times10^2 = 62.8\,[\text{J}]$$

정답 10. ② 11. ③ 12. ① 13. ④ 14. ①

기사 93년 5회, 12년 1회

15 그림과 같은 회로에서 스위치를 최초 A에 연결하여 일정 전류 I[A]를 흘린 다음 스위치를 급히 B로 전환할 때, 저항 R[Ω]에서 발생하는 열량은 몇 [cal]인가?

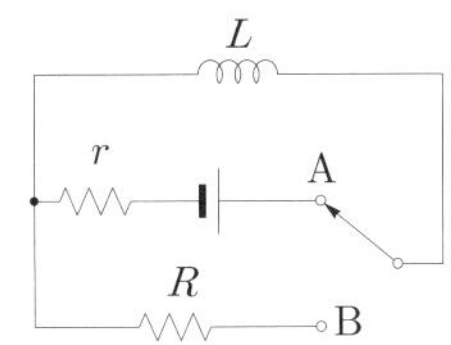

① $\dfrac{1}{8.4}LI^2$

② $\dfrac{1}{4.2}LI^2$

③ $\dfrac{1}{2}LI^2$

④ LI^2

해설

스위치가 A에 접속된 경우 L에는 $W_L = \dfrac{1}{2}LI^2$[J]만큼 에너지가 축적된다.

이때, 스위치를 B로 전환하게 되면, L에 축적된 에너지만큼 R이 소모된다.

∴ R이 소모하는 열량

$$H = 0.24\,W_L = \frac{1}{4.2}\,W_L = \frac{1}{8.4}LI^2\,[\text{cal}]$$

산업 00년 2회

16 그림과 같은 회로에서 인덕턴스 20[H]에 저축되는 에너지는 몇 [J]인가?

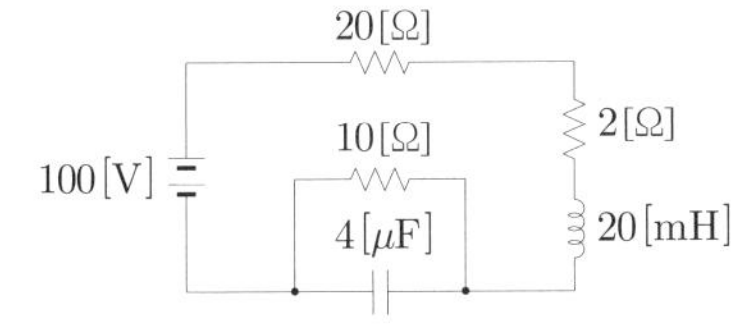

① 1.95

② 19.5

③ 97.7

④ 9770

해설

㉠ 직류회로에는 주파수가 없으므로$(f=0)$에서 C는 개방, L은 단락상태가 된다.

(용량성 리액턴스 : $X_C = \dfrac{1}{\omega C} = \dfrac{1}{2\pi f C}\Big|_{f=0} = \infty$,

유도성 리액턴스 $X_L = \omega L = 2\pi f L\big|_{f=0} = 0$)

㉡ 회로에 흐르는 전류 $I = \dfrac{100}{20+2+10} = \dfrac{100}{32}$[A]

∴ 코일에 저장되는 자기에너지

$$W_L = \frac{1}{2}LI^2 = \frac{1}{2} \times 20 \times \left(\frac{100}{32}\right)^2 = 97.656\,[\text{J}]$$

출제 02 상호 인덕턴스와 결합계수

기사 12년 3회

17 두 개의 전기회로 간의 상호 인덕턴스를 구하는 데 사용하는 방법은?

① 가우스의 법칙

② 플레밍의 오른손법칙

③ 노이만의 공식

④ 스테판–볼츠만의 법칙

해설

① 가우스의 법칙 : 대칭 정전계의 세기의 크기를 결정
② 플레밍의 오른손법칙 : 자계 내 도체가 운동할 때 유도기전력의 방향을 결정
④ 스테판 – 볼츠만의 법칙 : 온도 T[K]인 흑체의 단위 표면적으로부터 단위시간에 방사되는 방사에너지는 흑체 온도의 4승에 비례한다.
방사에너지 $S = \sigma T^4\,[\text{W/m}^2\text{K}^4]$

산업 05년 2회, 16년 2회

18 그림과 같은 환상 철심에 A, B의 코일이 감겨 있다. 전류 I가 120[A/s]로 변화할 때 코일 A에 90[V], 코일 B에 40[V]의 기전력이 유도된 경우, 코일 A의 자기 인덕턴스 L_1[H]와 상호 인덕턴스 M[H]의 값은 얼마인가?

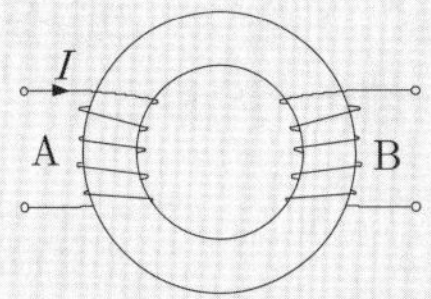

① $L_1 = 0.75$, $M = 0.33$

② $L_1 = 1.25$, $M = 0.7$

③ $L_1 = 1.75$, $M = 0.9$

④ $L_1 = 1.95$, $M = 1.1$

㉠ A코일에 시간에 따라 변화하는 전류를 인가하면

A코일에는 $e_A = -L_A \dfrac{di_A}{dt}$,

B코일에는 $e_A = -M \dfrac{di_A}{dt}$ 의 기전력이 유도된다.

(여기서, $-$는 방향을 의미한다.)

㉡ $\dfrac{di_A}{dt} = 120$[A/s]일 때 A, B코일에는 $e_A = 90$[V],

$e_B = 40$[V]가 각각 유도되므로 $L_A = \dfrac{90}{120} = 0.75$[H],

$M = \dfrac{40}{120} = 0.33$[H]가 된다.

★★ 기사 16년 1회

19 송전선의 전류가 0.01초 사이에 10[kA] 변화될 때 이 송전선에 나란한 통신선에 유도되는 유도전압은 몇 [V]인가? (단, 송전선과 통신선 간의 상호 유도계수는 0.3[mH]이다.)

① 30   ② 3×10^2

③ 3×10^3 ④ 3×10^4

☆ 해설

통신선에 유도되는 기전력

$e = -M \dfrac{di}{dt} = -0.3 \times 10^{-3} \times \dfrac{10 \times 10^3}{0.01}$

$\quad = -3 \times 10^2$[V]

(여기서, $-$는 송전선에 흐르는 전류와 반대 방향으로 기전력이 유도된다는 의미이다.)

★★★ 기사 90년 2회, 93년 1회, 96년 4회, 98년 6회, 05년 2회

20 길이 l, 단면 반지름 $a(l \gg a)$, 권수 N_1인 단층 원통형 1차 솔레노이드의 중앙 부근에 권수 N_2인 2차 코일을 밀착되게 감았을 경우 상호 인덕턴스는?

① $\dfrac{\mu \pi a^2}{l} N_1 N_2$ ② $\dfrac{\mu \pi a^2}{l} N_1^2 N_2^2$

③ $\dfrac{\mu l}{\pi a^2} N_1 N_2$ ④ $\dfrac{\mu l}{\pi a^2} N_1^2 N_2^2$

☆ 해설

상호 인덕턴스 $M = \dfrac{\mu S N_1 N_2}{l} = \dfrac{\mu (\pi a^2) N_1 N_2}{l}$[H]

여기서, $S = \pi a^2$

★★★★★ 기사 90년 6회, 99년 3회, 00년 6회, 02년 1회, 13년 1회, 18년 1회

21 그림과 같이 단면적이 균일한 환상 철심에 권수 N_1인 A코일과 권수 N_2인 B코일이 있을 때 코일 A의 자기 인덕턴스가 L_1[H]라면 두 코일의 상호 인덕턴스 M은 몇 [H]인가? (단, 누설자속은 0이라고 한다.)

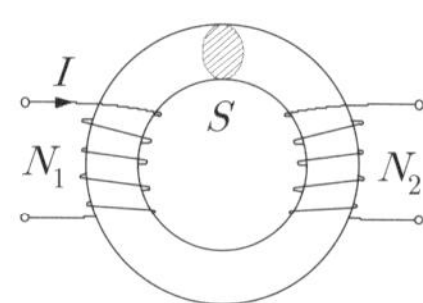

① $\dfrac{L_1 N_1}{N_2}$ ② $\dfrac{N_2}{L_1 L_2}$

③ $\dfrac{N_1}{L_1 N_2}$ ④ $\dfrac{L_1 N_2}{N_1}$

☆ 해설

㉠ 1차 코일의 자기 인덕턴스

$L_1 = \dfrac{\mu S N_1^2}{l}$[H] $\rightarrow \dfrac{\mu S}{l} = \dfrac{1}{N_1^2} \times L_1$

㉡ 2차 코일의 자기 인덕턴스

$L_2 = \dfrac{\mu S N_2^2}{l} = \dfrac{\mu S}{l} \times N_2^2 = \left(\dfrac{N_2}{N_1}\right)^2 \times L_1$[H]

㉢ 상호 인덕턴스

$M = \dfrac{\mu S N_1 N_2}{l} = \dfrac{\mu S}{l} \times N_1 N_2 = \dfrac{N_2}{N_1} \times L_1$[H]

★★★★★ 기사 02년 3회, 03년 1회, 12년 2회, 13년 3회, 16년 2회 / 산업 01년 3회, 16년 3회

22 철심이 들어있는 환상 코일에서 1차 코일의 권수가 100회일 때 자기 인덕턴스는 0.01[H]이었다. 이 철심에 2차 코일을 200회 감았을 때 2차 코일의 자기 인덕턴스와 상호 인덕턴스는 각각 몇 [H]인가?

① 자기 인덕턴스 : 0.02, 상호 인덕턴스 : 0.01

② 자기 인덕턴스 : 0.01, 상호 인덕턴스 : 0.02

③ 자기 인덕턴스 : 0.04, 상호 인덕턴스 : 0.02

④ 자기 인덕턴스 : 0.02, 상호 인덕턴스 : 0.04

☆ 해설

㉠ 2차 코일의 자기 인덕턴스

$L_2 = \left(\dfrac{N_2}{N_1}\right)^2 \times L_1 = \left(\dfrac{200}{100}\right)^2 \times 0.01 = 0.04$[H]

정답   19. ②   20. ①   21. ④   22. ③

ⓛ 상호 인덕턴스

$$M = \frac{N_2}{N_1} \times L_1 = \frac{200}{100} \times 0.01 = 0.02[\text{H}]$$

★★★ 기사 11년 1회, 14년 3회

23 자기 인덕턴스와 상호 인덕턴스와의 관계에서 결합계수 k의 값은?

① $0 \leq k \leq \dfrac{1}{2}$

② $0 \leq k \leq 1$

③ $1 \leq k \leq 2$

④ $0 \leq k \leq 10$

해설

결합계수 $k = \sqrt{\dfrac{\Phi_{21}}{\Phi_1} \times \dfrac{\Phi_{12}}{\Phi_2}} = \dfrac{M}{\sqrt{L_1 L_2}}$

㉠ $k = 0$: 자기적인 비결합

㉡ $k = 1$: 자기적인 완전결합

㉢ 결합계수 범위 : $0 < k \leq 1$

★★★ 산업 94년 6회, 96년 6회, 05년 2회

24 두 개의 코일이 있다. 각각의 자기 인덕턴스가 $L_1 = 0.25[\text{H}]$, $L_2 = 0.4[\text{H}]$일 때 상호 인덕턴스는 몇 [H]인가? (단, 결합계수는 1이라 한다.)

① 0.125   ② 0.197

③ 0.258   ④ 0.316

해설

상호 인덕턴스와 자기 인덕턴스 관계

$M = k \sqrt{L_1 L_2} = 1 \sqrt{0.25 \times 0.4} = 0.316[\text{H}]$

★★★★★ 산업 93년 1회

25 환상 철심에 A, B코일이 감겨 있다. 전류가 150[A/sec]로 변화할 때 코일 A에 45[V], B에 30[V]의 기전력이 유기될 때의 B코일의 자기 인덕턴스는 몇 [mH]인가? (단, 결합계수 $k = 1$)

① 133   ② 200

③ 275   ④ 300

해설

㉠ A코일의 유도기전력 $e_A = -L_A \dfrac{di_A}{dt}$ 에서

$\therefore \ L_A = e_A \times \dfrac{dt}{di_A}$

$= \dfrac{45}{150} = 0.3[\text{H}]$

㉡ B코일의 유도기전력 $e_A = -M \dfrac{di_A}{dt}$ 에서

$\therefore \ M = e_B \times \dfrac{dt}{di_A}$

$= \dfrac{30}{150} = 0.2[\text{H}]$

$\therefore$ 결합계수 $k = \dfrac{M}{\sqrt{L_A L_B}}$ 에서

$L_B = \dfrac{M^2}{k^2 L_A} = \dfrac{0.2^2}{0.3}$

$= 0.133[\text{H}] = 133[\text{mH}]$

★★★★★ 산업 98년 2회

26 자기 유도계수가 각각 L_1, L_2인 A, B 2개의 코일이 있다. 상호 유도계수 $M = \sqrt{L_1 L_2}$ 라고 할 때 다음 중 틀린 것은?

① A코일에서 만든 자속은 전부 B코일과 쇄교되어 진다.

② 두 코일이 만드는 자속은 항상 같은 방향이다.

③ A코일에 1초 동안에 1[A]의 전류 변화를 주면 B코일에는 1[V]가 유기된다.

④ L_1, L_2는 부(−)의 값을 가질 수 없다.

해설

㉠ 상호 인덕턴스 $M = k \sqrt{L_1 L_2}$ 에서 $k = 1$은 자기적인 완전결합을 의미한다. 즉, A코일에서 만든 자속은 전부 B코일과 쇄교된다($\phi_1 = \phi_{21}$, $\phi_{11} = 0$).

㉡ A코일에 시간에 따라 변화하는 전류를 인가하면 B코일에는 $e = -M \dfrac{di_A}{dt}[\text{V}]$의 기전력이 유도된다.

따라서 $\dfrac{di_A}{dt} = 1[\text{A/s}]$를 인가하면 B코일에는 M [V]의 기전력이 유도된다.

정답   23. ②   24. ④   25. ①   26. ③

★★★ 기사 14년 1회 / 산업 91년 6회

27 그림과 같이 환상의 철심에 일정한 권선이 감겨진 권수 N[회], 단면적 S[m²], 평균 자로의 길이가 l[m]인 환상 솔레노이드에 전류 I[A]를 흘렸을 때 이 환상 솔레노이드의 자기 인덕턴스를 바르게 표현한 식은?

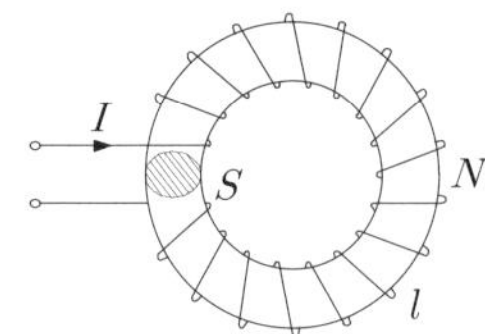

① $\dfrac{\mu^2 SN}{l}$

② $\dfrac{\mu S^2 N}{l}$

③ $\dfrac{\mu SN}{l}$

④ $\dfrac{\mu SN^2}{l}$

해설

28번 문제 해설 참조

★★★★★ 산업 94년 4·6회, 98년 4회

28 권수가 N인 철심 L이 들어있는 환상 솔레노이드가 있다. 철심의 투자율이 일정하다고 하면, 이 솔레노이드의 자기 인덕턴스는? (단, R_m은 철심의 자기저항이다.)

① $L = \dfrac{R_m}{N^2}$

② $L = \dfrac{N^2}{R_m}$

③ $L = R_m N^2$

④ $L = \dfrac{N}{R_m}$

해설

자기회로의 옴의 법칙

$$\phi = \frac{F}{R_m} = \frac{IN}{R_m} = \frac{IN}{\dfrac{l}{\mu S}} = \frac{\mu SNI}{l}\,[\text{Wb}]$$

쇄교자속 $\Phi = N\phi = LI$ 에서

∴ 자기 인덕턴스

$$L = \frac{N}{I} \times \phi = \frac{N}{I} \times \frac{F}{R_m} = \frac{N}{I} \times \frac{IN}{R_m} = \frac{N^2}{R_m}$$

$$= \frac{\mu SN^2}{l}\,[\text{H}]$$

★★★★ 기사 98년 4회, 04년 2회, 09년 3회, 11년 2회 / 산업 17년 3회

29 N[회] 감긴 환상 코일의 단면적이 S[m²]이고, 평균 길이가 l[m]이다. 이 coil의 권수를 반으로 줄이고 인덕턴스를 일정하게 하려면?

① 단면적을 2배로 한다.

② 길이를 $\dfrac{1}{4}$배로 한다.

③ 전류의 세기를 4배로 한다.

④ 비투자율을 2배로 한다.

해설

자기 인덕턴스 $L = \dfrac{\mu SN^2}{l}$[H]에서 N을 $\dfrac{1}{2}$하면 인덕턴스는 $\dfrac{1}{4}$배가 된다.

∴ 자기 인덕턴스를 일정하게 유지하려면 길이를 $\dfrac{1}{4}$ 또는 단면적을 4배로 하면 된다.

★★★ 기사 99년 4회

30 1000회의 코일을 감은 환상 철심 솔레노이드의 단면적이 3[cm²], 평균 길이 4π[cm]이고, 철심의 비투자율이 500일 때, 자기 인덕턴스[H]는?

① 1.5

② 15

③ $\dfrac{15}{4}\pi \times 10^6$

④ $\dfrac{15}{4}\pi \times 10^{-5}$

해설

자기 인덕턴스

$$L = \frac{\mu_0 \mu_s SN^2}{l}$$

$$= \frac{4\pi \times 10^{-7} \times 500 \times 3 \times 10^{-4} \times 1000^2}{4\pi \times 10^{-2}}$$

$$= 1.5\,[\text{H}]$$

집중공략

★★★★ 기사 93년 1회, 97년 6회, 06년 1회

31 그림과 같은 1[m]당 권선수 n, 반지름 a[m]의 무한장 솔레노이드에서 자기 인덕턴스는 n과 a 사이에 어떤 관계가 있는가?

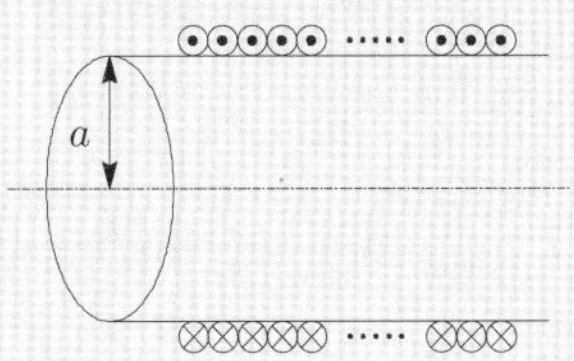

① a와는 상관없고 n^2에 비례한다.
② a와 n의 곱에 비례한다.
③ a^2과 n^2의 곱에 비례한다.
④ a^2에 반비례하고, n^2에 비례한다.

해설

단위길이(1[m])당 권선수 $n = \dfrac{N}{l}$에서 권선수 $N = nl$이므로 $N^2 = n^2 l^2$이 된다.

∴ 자기 인덕턴스

$$L = \frac{\mu S N^2}{l} = \frac{\mu S n^2 l^2}{l} = \mu S n^2 l [\text{H}]$$

$$= \mu S n^2 [\text{H/m}] \ (\text{여기서, } S = \pi a^2)$$

★★★★ 기사 02년 3회, 03년 3회, 05년 1 · 3회, 09년 2회, 16년 2 · 3회

32 반지름 a[m]이고, 단위길이에 대한 권수가 n인 무한장 솔레노이드의 단위길이당의 자기 인덕턴스는 몇 [H/m]인가?

① $\mu \pi a^2 n^2$
② $\mu \pi a n$
③ $\dfrac{an}{2\mu\pi}$
④ $4\mu \pi a^2 n^2$

해설

31번 문제 해설 참조

★★ 산업 90년 3회, 96년 4회, 04년 3회, 08년 2회

33 길이 10[cm], 반지름 1[cm]인 원형 단면을 갖는 공심 솔레노이드의 자기 인덕턴스를 1[mH]로 하기 위해서는 솔레노이드의 권선수는 약 얼마인가?

① 252
② 504
③ 756
④ 1006

해설

자기 인덕턴스 $L = \dfrac{\mu_0 S N^2}{l}$[H]에서

권선수 $N = \sqrt{\dfrac{Ll}{\mu_0 S}} = \sqrt{\dfrac{Ll}{\mu_0 \times \pi r^2}}$ 이므로

$$\therefore \ N = \sqrt{\frac{1 \times 10^{-3} \times 0.1}{4\pi \times 10^{-7} \times \pi (0.01)^2}} = 504[\text{T}]$$

★★★★★ 기사 90년 6회, 96년 6회, 04년 1회, 05년 2회, 08년 1회

34 임의의 단면을 가진 2개의 원주상의 무한히 긴 평행도체가 있다. 지금 도체의 도전율을 무한대라고 하면 C, L, ε 및 μ 사이의 관계는? (단, C는 두 도체 간의 단위길이당 정전용량, L은 두 도체를 한 개의 왕복회로로 한 경우의 단위길이당 자기 인덕턴스, ε은 두 도체 사이에 있는 매질의 유전율, μ는 두 도체 사이에 있는 매질의 투자율이다.)

① $C\varepsilon = L\mu$
② $\dfrac{C}{\mu} = \dfrac{L}{\mu}$
③ $\dfrac{1}{LC} = \varepsilon\mu$
④ $LC = \varepsilon\mu$

해설

㉠ 저항과 정전용량과의 관계 : $RC = \varepsilon\rho$
㉡ 자기 인덕턴스와 정전용량의 관계 : $LC = \varepsilon\mu$

★★ 기사 94년 4회, 01년 1회, 15년 3회

35 지름 2[mm], 길이 25[m]인 동선의 내부 인덕턴스는 몇 [μH]인가?

① 25
② 5.0
③ 2.5
④ 1.25

해설

내부 인덕턴스

$$L_i = \frac{\mu l}{8\pi} = \frac{4\pi \times 10^{-7} \times 25}{8\pi} = 1.25 \times 10^{-6}[\text{H}]$$

$$= 1.25[\mu\text{H}] \ (\text{구리의 비투자율 } \mu_s \fallingdotseq 1)$$

★★★★ 기사 13년 2회, 18년 1회 / 산업 98년 4회, 04년 3회

36 균일하게 원형 단면을 흐르는 전류 I[A]에 의한 반지름 a[m], 길이 l[m], 비투자율 μ_s인 원통 도체의 내부 인덕턴스는 몇 [H]인가?

① $\dfrac{1}{2} \times 10^{-7} \mu_s l$
② $10^{-7} \mu_s l$
③ $2 \times 10^{-7} \mu_s l$
④ $\dfrac{1}{2a} \times 10^{-7} \mu_s l$

정답 **31.** ③ **32.** ① **33.** ② **34.** ④ **35.** ④ **36.** ①

해설 동축케이블의 인덕턴스

㉠ 내부 인덕턴스 : $L_i = \dfrac{\mu}{8\pi}$[H/m]

㉡ 외부 인덕턴스 : $L_e = \dfrac{\mu}{2\pi}\ln\dfrac{b}{a}$[H/m]

$$\therefore L_i = \frac{\mu l}{8\pi} = \frac{\mu_0 \mu_s l}{8\pi} = \frac{4\pi \times 10^{-7} \times \mu_s \times l}{8\pi}$$

$$= \frac{1}{2} \times 10^{-7} \times \mu_s l \,[\text{H}]$$

★★★★★ 기사 01년 3회, 04년 2회, 15년 1회

37 내도체의 반지름이 a[m]이고, 외도체의 내반지름이 b[m], 외반지름이 c[m]인 동축케이블의 단위길이당 자기 인덕턴스는 몇 [H/m]인가?

① $\dfrac{\mu_0}{2\pi}\ln\dfrac{b}{a}$ ② $\dfrac{\mu_0}{\pi}\ln\dfrac{b}{a}$

③ $\dfrac{2\pi}{\mu_0}\ln\dfrac{b}{a}$ ④ $\dfrac{\pi}{\mu_0}\ln\dfrac{b}{a}$

해설

36번 문제 해설 참조

★★ 산업 98년 6회, 99년 6회, 07년 3회

38 반지름 a[m]인 직선상 도체의 전류 I[A]가 고르게 흐를 때 도체 내의 전자에너지와 관계없는 것은?

① 투자율
② 도체의 길이
③ 전류의 크기
④ 도체의 단면적

해설

도체 내부의 인덕턴스 $L_i = \dfrac{\mu}{8\pi}$[H/m] $= \dfrac{\mu l}{8\pi}$[H]에서

∴ 코일에 저장되는 자기에너지

$$W_L = \frac{1}{2}LI^2 = \frac{1}{2} \times \left(\frac{\mu l}{8\pi}\right)^2 I^2 \,[\text{J}]$$

★ 기사 91년 2회, 12년 1회

39 그림과 같이 반지름 a[m]인 원형 단면을 가지고 중심 간격이 d[m]인 평행 왕복 도선의 단위길이당 자기 인덕턴스[H/m]는? (단, 도체는 공기 중에 있고 $d \gg a$로 한다.)

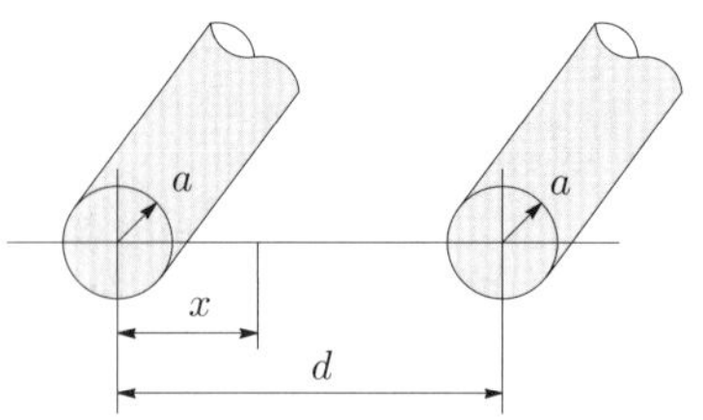

① $L = \dfrac{\mu_0}{\pi}\ln\dfrac{a}{d} + \dfrac{\mu}{4\pi}$ [H/m]

② $L = \dfrac{\mu_0}{\pi}\ln\dfrac{a}{d} + \dfrac{\mu}{2\pi}$ [H/m]

③ $L = \dfrac{\mu_0}{\pi}\ln\dfrac{d}{a} + \dfrac{\mu}{4\pi}$ [H/m]

④ $L = \dfrac{\mu_0}{\pi}\ln\dfrac{d}{a} + \dfrac{\mu}{2\pi}$ [H/m]

해설

㉠ 동축 원통 도체(동축케이블)의 인덕턴스

$$L = \frac{\mu_0}{8\pi} + \frac{\mu_0}{2\pi}\ln\frac{d}{a}\,[\text{H/m}]$$

㉡ 두 개의 평행 왕복 도선의 인덕턴스

$$L = \frac{\mu_0}{4\pi} + \frac{\mu_0}{\pi}\ln\frac{d}{a}\,[\text{H/m}]$$

★ 기사 94년 4회 / 산업 12년 1회

40 지상 h[m]의 높이에 가설된 반지름 a[m]인 전선에 교류를 흘렸을 경우 단위길이당 인덕턴스는?

① $L = \dfrac{\mu_0}{\pi}\left(\ln\dfrac{h}{a} + \dfrac{\mu_s}{2}\right)$[H/m]

② $L = \dfrac{\mu_0}{4\pi}\left(\ln\dfrac{h}{2a} + \mu_s\right)$[H/m]

③ $L = \dfrac{\mu_0}{2\pi}\left(\ln\dfrac{2h}{a} + \dfrac{\mu_s}{4}\right)$[H/m]

④ $L = \dfrac{\mu_0}{3\pi}\left(\ln\dfrac{h}{3a} + \dfrac{\mu_s}{3}\right)$[H/m]

해설

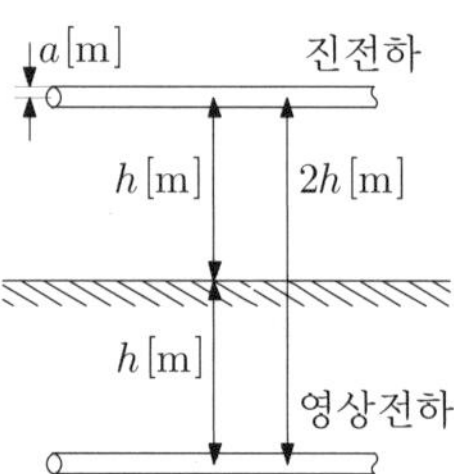

접지 무한 평판과 선전하에 의한 전기영상법으로 구하면

㉠ 영상전하 : $\lambda' = -\lambda$

㉡ 선전하가 지표면으로부터 받는 힘(쿨롱의 힘)

$$F = QE$$
$$= \lambda l \times \frac{l}{2\pi\varepsilon_0 r} = \frac{\lambda l}{2\pi\varepsilon_0 (2h)}[\text{N}]$$
$$= \frac{\lambda}{4\pi\varepsilon_0 h}[\text{N/m}]$$

㉢ 임의의 x[m]점에서의 전계의 세기

$$E = \frac{\lambda}{2\pi\varepsilon_0 r}$$
$$= \frac{\lambda}{2\pi\varepsilon_0 x} + \frac{\lambda}{2\pi\varepsilon_0 (2h-x)}[\text{V/m}]$$

㉣ 도체 표면에서의 전위

$$V = -\int_h^a E dx$$
$$= -\int_h^a \frac{\lambda}{2\pi\varepsilon_0}\left(\frac{1}{x} + \frac{1}{2h-x}\right)dx$$
$$= \frac{\lambda}{2\pi\varepsilon_0}\ln\frac{2h-a}{a}[\text{V}]$$

㉤ 도선과 대지 간의 단위길이당 정전용량

$$C = \frac{\lambda}{V}$$
$$= \frac{\lambda}{\frac{\lambda}{2\pi\varepsilon_0}\ln\frac{2h-a}{a}} = \frac{2\pi\varepsilon_0}{\ln\frac{2h-a}{a}}$$
$$\fallingdotseq \frac{2\pi\varepsilon_0}{\ln\frac{2h}{a}}[\text{F/m}]$$

㉥ $LC = \mu_0\varepsilon_0$에 의해 외부 인덕턴스

$$L_e = \frac{\mu_0\varepsilon_0}{C} = \frac{\mu_0}{2\pi}\ln\frac{2h}{a}[\text{H/m}]$$

이때 도선 내부의 인덕턴스 $L_i = \frac{\mu}{8\pi}[\text{H/m}]$

∴ 단위길이당 인덕턴스

$$L = \frac{\mu}{8\pi} + \frac{\mu_0}{2\pi}\ln\frac{2h}{a} = \frac{\mu_0}{2\pi}\left(\frac{\mu_s}{4} + \ln\frac{2h}{a}\right)[\text{H/m}]$$

출제 04 ▶ 인덕턴스 접속법

★★★ 산업 94년 2회, 01년 2회, 04년 1회

41 자기 인덕턴스 L_1, L_2와 상호 인덕턴스 M과의 합성 인덕턴스는?

① $L_1 + L_2 \pm 2M$ ② $\sqrt{L_1 + L_2} \pm 2M$

③ $L_1 + L_2 \pm 2\sqrt{M}$ ④ $\sqrt{L_1 + L_2} \pm 2\sqrt{M}$

해설

직렬 시 합성 인덕턴스

$$L = L_1 + L_2 \pm 2M[\text{H}]$$

여기서, + : 가동결합, − : 차동결합

★★ 기사 09년 1회, 17년 2회

42 서로 결합하고 있는 두 코일 C_1과 C_2의 자기 인덕턴스가 각각 L_{C1}, L_{C2}라고 한다. 이 둘을 직렬로 연결하여 합성 인덕턴스값을 얻은 후, 두 코일 간 상호 인덕턴스의 크기($|M|$)를 얻고자 한다. 직렬로 연결할 때, 두 코일 간 자속이 서로 가해져서 보강되는 방향이 있고, 서로 상쇄되는 방향이 있다. 전자의 경우 얻은 합성 인덕턴스의 값이 L_1 후자인 경우 얻은 합성 인덕턴스의 값이 L_2일 때, 다음 중 알맞은 식은?

① $L_1 < L_2$, $|M| = \dfrac{L_2 + L_1}{4}$

② $L_1 > L_2$, $|M| = \dfrac{L_1 + L_2}{4}$

③ $L_1 < L_2$, $|M| = \dfrac{L_2 - L_1}{4}$

④ $L_1 > L_2$, $|M| = \dfrac{L_1 - L_2}{4}$

해설

㉠ 가동결합(코일을 서로 같은 방향으로 감은 경우)

$$L_1 = L_{C1} + L_{C2} + 2M$$

㉡ 차동결합(코일을 서로 반대 방향으로 감은 경우)

$$L_2 = L_{C1} + L_{C2} - 2M$$

∴ 상호 인덕턴스 $M = \dfrac{L_1 - L_2}{4}[\text{H}]$

★★ 산업 98년 6회, 17년 3회

43 서로 결합하고 있는 두 코일의 자기 유도계수가 각각 3[mH], 5[mH]이다. 이들을 자속이 서로 합해지도록 직렬접속하면 합성 유도계수가 L[mH]이고, 반대되도록 직렬접속하면 합성 유도계수 L'는 L의 60[%]이었다. 두 코일 간의 결합계수는 얼마인가?

① 0.258   ② 0.362

③ 0.451   ④ 0.551

정답 41. ①   42. ④   43. ①

해설

㉠ 가동결합 : $L_+ = L_1 + L_2 + 2M = L$[mH]

　(여기서, $L_1 = 3$[mH], $L_2 = 5$[mH])

㉡ 차동결합 : $L_- = L_1 + L_2 - 2M = 0.6L$[mH]

㉢ 상호 인덕턴스

$$M = \frac{L_+ - L_-}{4} = \frac{L - 0.6L}{4} = 0.1L\text{[mH]}$$

$$\therefore L = 10M$$

㉣ ㉢식의 결과를 ㉠식에 대입하면

$$L_1 + L_2 + 2M = 10M$$

$$\therefore M = \frac{L_+ + L_-}{8} = \frac{3+5}{8} = 1\text{[mH]}$$

$$\therefore \text{결합계수 } k = \frac{M}{\sqrt{L_1 L_2}} = \frac{1}{\sqrt{3 \times 5}} = 0.25\text{[mH]}$$

★ 　기사 94년 6회

44 $L_1 = 5$[mH], $L_2 = 80$[mH], 결합계수 $k = 0.5$인 두 개의 코일을 그림과 같이 접속하고 $I = 0.5$[A]의 전류를 흘릴 때 이 합성 코일에 축적되는 에너지는?

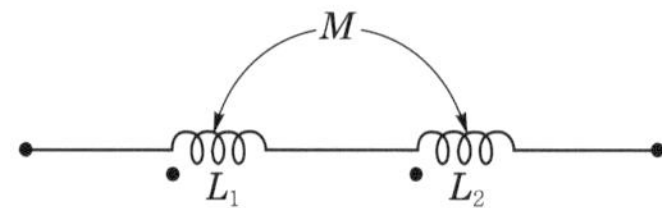

① 13.13×10^{-3}[J]　② 16.26×10^{-3}[J]

③ 8.13×10^{-3}[J]　④ 26.26×10^{-3}[J]

해설

합성 인덕턴스

$$L = L_1 + L_2 + 2M = L_1 + L_2 + 2(k\sqrt{L_1 L_2})$$

$$= 5 + 80 + 2(0.5\sqrt{5 \times 80})$$

$$= 105\text{[mH]}$$

$\therefore$ 코일에 저장되는 에너지

$$W_L = \frac{1}{2}LI^2 = \frac{1}{2} \times 105 \times 10^{-3} \times (0.5)^2$$

$$= 13.125 \times 10^{-3}\text{[J]}$$

★ 　기사 96년 2회

45 하나의 철심 위에 인덕턴스가 10[H]인 두 코일을 같은 방향으로 감아서 직렬 연결한 후에 5[A]의 전류를 흘리면 여기에 축적되는 에너지는 몇 [J]인가? (단, 두 코일의 결합계수는 0.8이다.)

① 50　　　　② 350

③ 450　　　　④ 2250

해설

코일에 저장되는 자기에너지

$$W_L = \frac{1}{2}LI^2 = \frac{1}{2}\Phi I = \frac{\Phi^2}{2L}\text{[J]에서}$$

㉠ 결합계수 $k = \dfrac{M}{\sqrt{L_1 L_2}}$ 에서

　상호 인덕턴스 $M = k\sqrt{L_1 L_2}$

$$= 0.8\sqrt{10 \times 10} = 8\text{[H]}$$

㉡ 가동결합 시 합성 인덕턴스

$$L = L_1 + L_2 + 2M = 10 + 10 + 2 \times 8 = 36\text{[H]}$$

$$\therefore W_L = \frac{1}{2}LI^2 = \frac{1}{2} \times 36 \times 5^2 = 450\text{[J]}$$

★★★　산업 97년 2회, 99년 4회, 02년 1회, 06년 3회

46 자기 인덕턴스 L_1, L_2[H], 상호 인덕턴스 M[H]인 두 회로에 자속을 돕는 방향으로 각각 I_1, I_2[A]의 전류가 흘렀을 때 저장되는 자계의 에너지는 몇 [J]인가?

① $\dfrac{1}{2}(L_1 I_1^2 + L_2 I_2^2)$

② $\dfrac{1}{2}(L_1 I_1 + L_2 I_2)^2$

③ $\dfrac{1}{2}(L_1 I_1^2 + L_2 I_2^2 + 2MI_1 I_2)$

④ $\dfrac{1}{2}(L_1 I_1^2 + L_2 I_2^2 + MI_1 I_2)$

해설

코일에 저장되는 자기에너지

$$W_L = \frac{1}{2}LI^2 = \frac{1}{2}\Phi I = \frac{\Phi^2}{2L}\text{[J]에서}$$

㉠ 합성 인덕턴스 : $L = L_1 + L_2 + 2M$ [H]

㉡ 각각의 축적에너지 : $W_{L1} = \dfrac{1}{2}L_1 I_1^2$[J],

$$W_{L2} = \frac{1}{2}L_2 I_2^2\text{[J]}, \quad W_M = \frac{1}{2}(2M)I_1 I_2\text{[J]이므로}$$

$\therefore$ 전체 에너지 $W = \dfrac{1}{2}(L_1 I_1^2 + L_2 I_2^2 + 2MI_1 I_2)$[J]

정답　44. ①　45. ③　46. ③

memo

전자계

기사 12.33% 출제
산업 12.02% 출제

이렇게 공부하세요!!

출제경향분석

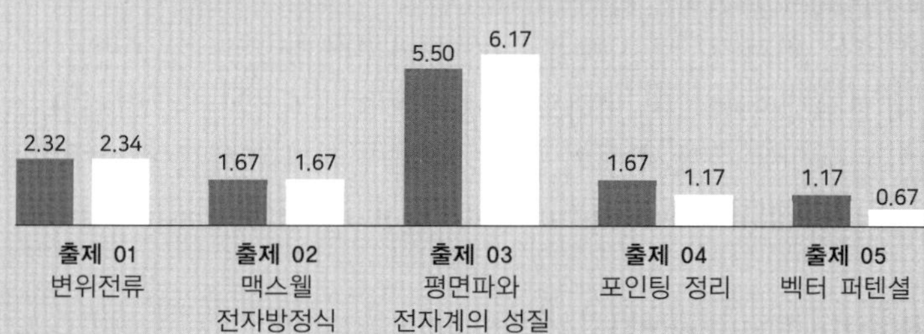

출제포인트

☑ 변위전류의 특징과 변위전류밀도 공식을 알고 있다.

☑ 임계주파수와 유전체 손실각(역률) 공식을 알고 있다.

☑ 맥스웰 전자계 기초방정식 4가지 공식과 특징을 알고 있다.

☑ 전자파의 속도, 파장의 길이, 고유 임피던스 공식을 알고 있다.

☑ 전계와 자계의 관계 공식을 알고 있다.

☑ 포인팅 정리와 방사전력 공식을 알고 있다.

☑ 벡터 퍼텐셜 공식을 알고 있다.

전자계(electromagnetic field)

기사 2.32% 출제 | 산업 2.34% 출제

출제 01 변위전류

Comment

변위전류는 맥스웰의 가설로 회로이론에서는 C에 의한 충전전류로 표현한다.

1 개 요

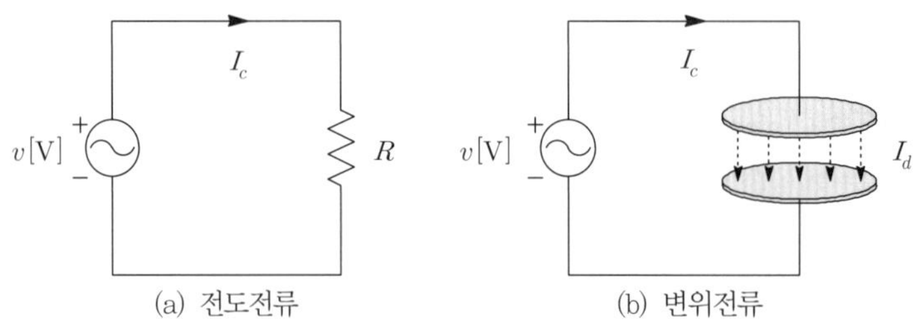

‖그림 12-1‖ 전도전류와 변위전류

① [그림 12-1] (a)와 같이 도체 내를 흐르는 전류는 자유전자(free electron)의 이동에 의한 것으로 이를 전도전류(conduction current)라 한다.

② [그림 12-1] (b)와 같이 저항 R 대신 콘덴서 C로 바꾸어 놓았을 경우에는 콘덴서 내의 절연물 때문에 자유전자가 이동하지 못하므로 전류는 흐르지 않는다. 그러나 전원전압이 시간으로 변하고 있는 동안은 콘덴서 내의 구속전자의 변위에 의해서 전류가 흐를 수 있다고 가정하는데 이를 변위전류(displacement current)라 한다.

2 전도전류(conduction current)

① 전도전류는 옴의 법칙에 의하여 결정되고, 그 도체 주위에는 자계가 생긴다.

② 전도전류와 전도전류밀도의 크기

   ㉠ 전도전류 $I_c = \dfrac{V}{R} = \dfrac{E\,l}{\dfrac{l}{kS}} = kES[\mathrm{A}]$ ································ [식 12-1]

   ㉡ 전도전류밀도 $i_c = \dfrac{I_c}{S} = kE[\mathrm{A/m^2}]$ ································ [식 12-2]

3 변위전류(displacement current)

① [그림 12-2]와 같이 콘덴서의 전극 사이에 유전체를 삽입하고 교류전압을 인가하면 양극판 사이에는 전속밀도가 시간에 따라 변화를 일으킨다.

이로부터 유전체 내에 존재하는 구속전자가 연속적인 변위를 일으키는데 이를 변위전류라 한다.

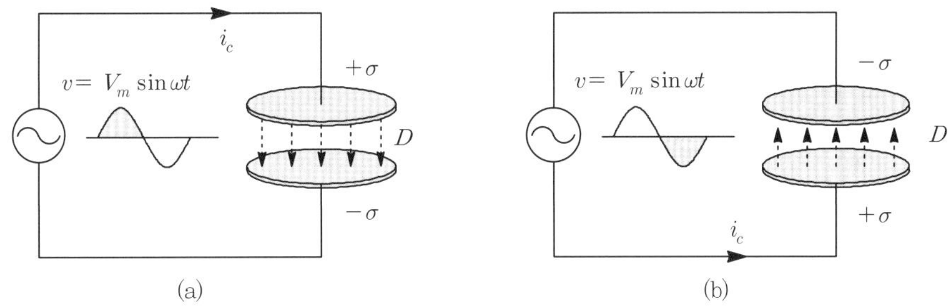

┃그림 12-2┃ 변위전류의 발생 원리

② 변위전류는 1865년 맥스웰(Maxwell)이 가정하였으며, 변위전류는 전도전류와 같은 자기작용이 있으나 에너지 소비는 없다고 하였다.

③ 변위전류와 변위전류밀도의 크기

　㉠ **변위전류** $I_d = \dfrac{dQ}{dt} = \dfrac{d}{dt}(\sigma S) = \dfrac{\partial D}{\partial t} S\,[\text{A}]$ ⋯⋯⋯⋯⋯⋯⋯⋯⋯ [식 12-3]

　㉡ **변위전류밀도** $i_d = \dfrac{I_d}{S} = \dfrac{\partial D}{\partial t}\,[\text{A/m}^2]$ ⋯⋯⋯⋯⋯⋯⋯⋯⋯⋯⋯ [식 12-4]

■4 교류전압에 대한 변위전류의 계산

(1) 콘덴서 양극판에 $E = E_m \sin \omega t$의 전계를 인가한 경우

① 변위전류 : $I_d = \dfrac{\partial D}{\partial t} S = \varepsilon S \dfrac{\partial E}{\partial t} = \varepsilon S \dfrac{\partial}{\partial t} E_m \sin \omega t = \omega \varepsilon S E_m \cos \omega t$

$\qquad = \omega \varepsilon S E_m \sin\left(\omega t + \dfrac{\pi}{2}\right) = j\omega \varepsilon S E_m \sin \omega t$

$\qquad = j\omega \varepsilon E S\,[\text{A}]$ ⋯⋯⋯⋯⋯⋯⋯⋯⋯⋯⋯⋯⋯⋯⋯ [식 12-5]

② 변위전류밀도 : $i_d = j\omega \varepsilon E\,[\text{A/m}^2]$ ⋯⋯⋯⋯⋯⋯⋯⋯⋯⋯⋯⋯⋯ [식 12-6]

(2) 콘덴서 양극판에 $V = V_m \sin \omega t\,[\text{V}]$의 전압을 인가한 경우

① 변위전류 : $I_d = \dfrac{\partial D}{\partial t} S = \varepsilon S \dfrac{\partial E}{\partial t} = \dfrac{\varepsilon S}{d} \dfrac{\partial V}{\partial t} = C \dfrac{\partial V}{\partial t}$

$\qquad = C \dfrac{\partial}{\partial t} V_m \sin \omega t = \omega C V_m \cos \omega t = \omega C V_m \sin\left(\omega t + \dfrac{\pi}{2}\right)$

$\qquad = j\omega C V_m \sin \omega t = j\omega C V\,[\text{A}]$ ⋯⋯⋯⋯⋯⋯⋯⋯⋯⋯⋯ [식 12-7]

② 변위전류밀도 : $i_d = \dfrac{\partial D}{\partial t} = \varepsilon \dfrac{\partial E}{\partial t} = \dfrac{\varepsilon}{d} \dfrac{\partial V}{\partial t} = \dfrac{\varepsilon}{d} \dfrac{\partial}{\partial t} V_m \sin \omega t$

$\qquad = \dfrac{\omega \varepsilon}{d} V_m \cos \omega t = \dfrac{\omega \varepsilon}{d} V_m \sin\left(\omega t + \dfrac{\pi}{2}\right)$

$\qquad = j\dfrac{\omega \varepsilon}{d} V_m \sin \omega t = j\dfrac{\omega \varepsilon}{d} V\,[\text{A/m}^2]$ ⋯⋯⋯⋯⋯⋯⋯ [식 12-8]

(3) 위 계산과 같이 변위전류의 위상은 $\dfrac{\pi}{2}$[rad] 빠른 것을 알 수 있다.

5 임계주파수

① 임계주파수는 전도전류와 변위전류의 크기가 같아질 때($I_c = I_d$)의 주파수를 의미한다.

② [식 12-2]에서 $I_c = kES$[A]와 [식 12-5]에서 $I_d = \omega\varepsilon ES = 2\pi f\varepsilon ES$[A]를 통해서 다음과 같이 정의할 수 있다.

임계주파수 $f_c = \dfrac{k}{2\pi\varepsilon} = \dfrac{\sigma}{2\pi\varepsilon}$[Hz] ·· [식 12-9]

또는 전도전류 $I_c = \dfrac{V}{R}$[A]와 변위전류 $I_d = \omega CV = 2\pi f CV$[A]에서

임계주파수 $f_c = \dfrac{1}{2\pi CR}$[Hz] ·· [식 12-10]

6 유전체 손실각(유전체 역률)

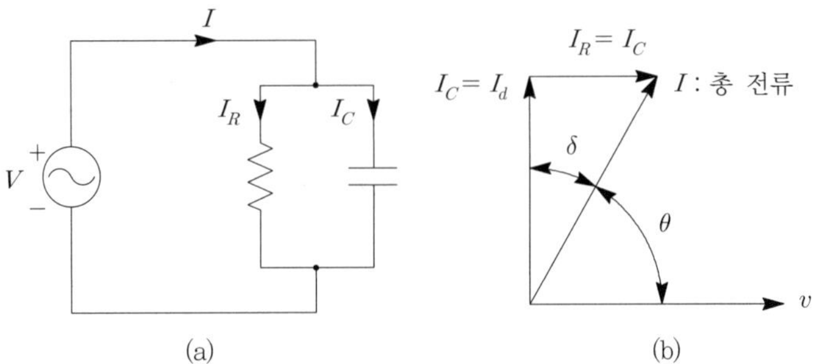

‖그림 12-3‖ 유전체 손실각

① 유전체에 교류전압을 인가하면 전기저항분에 의한 누설전류뿐만 아니라 정전용량에 의한 충전전류가 추가적으로 발생하기 때문에 결과적으로 도전율이 증가한다.

따라서 교류전압 인가 시 도전율은 주파수에 비례하게 되므로 도전율을 설명하려면 유전체 등가회로와 복소 유전율을 생각해야 한다.

② [그림 12-2]에 등가회로를 취해주면 전도전류에 충전전류가 합해지는 형태가 되므로 [그림 12-3]과 같이 취할 수 있다.

따라서 유전체에 흐르는 총 전류는 $I = I_c + I_d = I_R + I_C$가 되고 총 전류는 인가되는 교류전압에 비해 유전손실각(dielectric loss angle) δ 만큼 위상차가 발생하게 된다.

이때 충전전류와 누설전류의 비를 유전정접($\tan\delta$, dielectric dissipation factor, 유전손실계수)이라 하며 다음과 같이 나타낸다.

㉠ 유전정접 : $\tan\delta = \dfrac{I_R}{I_C} = \dfrac{I_c}{I_d} = \dfrac{k}{\omega\varepsilon} = \dfrac{k}{2\pi f\varepsilon} = \dfrac{f_c}{f}$ ······························· [식 12-11]

㉡ 유전체 손실 : $P_l = VI_R = VI_C\tan\delta$[W] ···································· [식 12-12]

③ 절연물의 흡습, 오손 및 void(공극)에 의해 발생되는 유전손실을 측정하여 절연물의 열화상태를 진단해 수명을 예측할 수 있다.

단원확인기출문제

★★★ 산업 08년 3회

01 변위전류의 개념 도입은 다음 중 누구의 기여에 의한 것인가?

① 패러데이(Faraday)
② 렌츠(Lenz)
③ 맥스웰(Maxwell)
④ 로렌츠(Lorentz)

답 ③

★ 기사 00년 4회, 05년 3회

02 유전체에 전도전류 i_c와 변위전류 i_d가 흘러 양 전류의 크기가 같게 되는 임계주파수를 f_c라 할 때, 임의의 주파수 f에 있어서의 유전체 역률 $\tan\delta$는?

① $\dfrac{f}{f_c}$
② $\dfrac{f_c}{f}$
③ $f \cdot f_c$
④ $\dfrac{f^2}{f_c}$

해설 유전체 손실각 $\tan\delta = \dfrac{I_c}{I_d} = \dfrac{kES}{\omega\varepsilon ES} = \dfrac{k}{\omega\varepsilon} = \dfrac{k}{2\pi f\varepsilon} = \dfrac{f_c}{f}$

답 ②

기사 1.67% 출제 Ⅰ 산업 1.67% 출제

출제 02 맥스웰 전자방정식(Maxwell's electromagnetic equation)

Comment

표 12-1의 출제빈도는 매우 높다. 반드기 암기하고 **2** 전자방정식의 정리와 **3** 파동방정식은 시험에 출제되지 않으니 그냥 넘어가도 좋다.

1 개 요

① 맥스웰은 시간에 따라 변화하는 시변계에서 전계와 자계 사이에 성립하는 기본적인 식으로 다음과 같이 정리했다.

▌표 12-1▐ 맥스웰 전자방정식의 미분형과 적분형

구 분	미분형	적분형
앙페르의 주회적분법칙	$\text{rot}\,H = \nabla \times H = i = i_c + \dfrac{\partial D}{\partial t}$	$\oint_C H dl = i = i_c + \int_S \dfrac{\partial D}{\partial t} ds$
패러데이의 전자유도법칙	$\text{rot}\,E = \nabla \times E = -\dfrac{\partial B}{\partial t}$	$\oint_C E dl = -\int_S \dfrac{\partial B}{\partial t} ds$
전계 가우스 발산 정리	$\text{div}\,D = \nabla \cdot D = \rho$	$\oint_S D ds = \int_V \rho dv = Q$
자계 가우스 발산 정리	$\text{div}\,B = \nabla \cdot B = 0$	$\oint_S B ds = 0$

② 위 식에서 알 수 있듯이 시간에 따라 자계가 변화하면 전계가 발생하고, 시간에 따라 전계가 변화하면 자계가 발생한다. 따라서 전계와 자계는 독립된 것이 아니라 전계와 자계가 동시에 발생된다는 것을 알 수 있다.

이와 같이 시변계에서의 전계와 자계를 전자계라 한다. 단, 불시변계(직류성분)에서는 정전계와 정자계는 독립적으로 존재할 수 있다.

③ 맥스웰은 전자방정식을 통해 전자계가 일정한 속도로 전파되며, 전파속도 v는 빛의 속도 $c = 3 \times 10^8 [\text{m/s}]$와 같다는 것을 유도했다. 또한 전계와 자계의 성질, 전파방법, 전파속도 등을 이론적으로 정리했다.

④ 이후 독일 함부르크 출신의 물리학자 헤르츠가 라이덴병 실험을 통해 전자파를 발생시켜 그 존재를 최초로 확인시켰다. 그리고 헤르츠 사망 후 1년이 채 안 되었을 때 마르코니에 의해 무선시스템을 갖추기 시작했다.

▊2▊ 전자방정식 정리

(1) 맥스웰 제1전자방정식(앙페르의 주회적분)

① 자유공간 어느 점에 있어서 시간적으로 변화할 때 그 근처에 발생하는 자계의 크기는 앙페르의 주회적분으로 나타낼 수 있다.

여기서, 자계는 자유공간 내에서 진행한다고 가정하였으므로 비유전율과 비투자율의 매질은 공기가 되므로 $1(\varepsilon_s = \mu_s = 1)$이 되고, 도전율은 $k = 0$이 된다. 따라서 전도전류밀도 $i_c = 0$이 된다.

② 앙페르의 주회적분 : $\nabla \times H = \dfrac{\partial D}{\partial t}$ $\cdots\cdots\cdots\cdots\cdots\cdots\cdots\cdots\cdots\cdots\cdots\cdots\cdots\cdots$ [식 12-13]

㉠ 좌항 : $\nabla \times H = \begin{vmatrix} i & j & k \\ \dfrac{\partial}{\partial x} & \dfrac{\partial}{\partial y} & \dfrac{\partial}{\partial z} \\ H_x & H_y & H_z \end{vmatrix}$ $\cdots\cdots\cdots\cdots\cdots\cdots\cdots\cdots$ [식 12-14]

$= i\left(\dfrac{\partial H_z}{\partial y} - \dfrac{\partial H_y}{\partial z}\right) + j\left(\dfrac{\partial H_x}{\partial z} - \dfrac{\partial H_z}{\partial x}\right) + k\left(\dfrac{\partial H_y}{\partial x} - \dfrac{\partial H_x}{\partial y}\right)$

㉡ 우항 : $\dfrac{\partial D}{\partial t} = \varepsilon_0 \dfrac{\partial E}{\partial t} = \varepsilon_0\left(\dfrac{\partial E_x}{\partial t} i + \dfrac{\partial E_y}{\partial t} j + \dfrac{\partial E_x}{\partial t} k\right)$ $\cdots\cdots\cdots\cdots$ [식 12-15]

③ [식 12-14]와 [식 12-15]를 정리하면 다음과 같다.

    ㉠ x방향 성분 : $\dfrac{\partial H_z}{\partial y} - \dfrac{\partial H_y}{\partial z} = \varepsilon_0 \dfrac{\partial E_x}{\partial t}$ $\cdots\cdots$ [식 12-16]

    ㉡ y방향 성분 : $\dfrac{\partial H_x}{\partial z} - \dfrac{\partial H_z}{\partial x} = \varepsilon_0 \dfrac{\partial E_y}{\partial t}$ $\cdots\cdots$ [식 12-17]

    ㉢ z방향 성분 : $\dfrac{\partial H_y}{\partial x} - \dfrac{\partial H_x}{\partial y} = \varepsilon_0 \dfrac{\partial E_z}{\partial t}$ $\cdots\cdots$ [식 12-18]

(2) 맥스웰 제2전자방정식(패러데이 전자유도법칙)

① 패러데이 법칙 : $\nabla \times E = -\dfrac{\partial B}{\partial t}$ $\cdots\cdots$ [식 12-19]

    ㉠ 좌항 : $\nabla \times H = \begin{vmatrix} i & j & k \\ \dfrac{\partial}{\partial x} & \dfrac{\partial}{\partial y} & \dfrac{\partial}{\partial z} \\ E_x & E_y & E_z \end{vmatrix}$ $\cdots\cdots$ [식 12-20]

$$= i\left(\dfrac{\partial E_z}{\partial y} - \dfrac{\partial E_y}{\partial z}\right) + j\left(\dfrac{\partial E_x}{\partial z} - \dfrac{\partial E_z}{\partial x}\right) + k\left(\dfrac{\partial E_y}{\partial x} - \dfrac{\partial E_x}{\partial y}\right)$$

    ㉡ 우항 : $\dfrac{\partial B}{\partial t} = \mu_0 \dfrac{\partial H}{\partial t} = \mu_0\left(\dfrac{\partial H_x}{\partial t}i + \dfrac{\partial H_y}{\partial t}j + \dfrac{\partial H_x}{\partial t}k\right)$ $\cdots\cdots$ [식 12-21]

② [식 12-20]과 [식 12-21]을 정리하면 다음과 같다.

    ㉠ x방향 성분 : $\dfrac{\partial E_z}{\partial y} - \dfrac{\partial E_y}{\partial z} = \mu_0 \dfrac{\partial H_x}{\partial t}$ $\cdots\cdots$ [식 12-22]

    ㉡ y방향 성분 : $\dfrac{\partial E_x}{\partial z} - \dfrac{\partial E_z}{\partial x} = \mu_0 \dfrac{\partial H_y}{\partial t}$ $\cdots\cdots$ [식 12-23]

    ㉢ z방향 성분 : $\dfrac{\partial E_y}{\partial x} - \dfrac{\partial E_x}{\partial y} = \mu_0 \dfrac{\partial H_z}{\partial t}$ $\cdots\cdots$ [식 12-24]

3 파동방정식(electromagnetic wave equation)

① 자유공간 내에 진행하는 전계와 자계는 시간에 따라 z방향으로 진행한다고 가정하면 x, y방향의 도함수(미분)는 모두 0이 된다. [식 12-16, 17, 22, 23]으로부터 다음과 같이 정리할 수 있다.

    ㉠ $\dfrac{\partial H_x}{\partial y} = \dfrac{\partial H_y}{\partial x} = \dfrac{\partial H_z}{\partial x} = \dfrac{\partial H_z}{\partial y} = 0$ $\cdots\cdots$ [식 12-25]

    ㉡ $\dfrac{\partial E_x}{\partial y} = \dfrac{\partial E_y}{\partial x} = \dfrac{\partial E_z}{\partial x} = \dfrac{\partial E_z}{\partial y} = 0$ $\cdots\cdots$ [식 12-26]

② [식 12-18]과 [식 12-24]를 정리하면 다음과 같다.

    ㉠ $-\mu_0 \dfrac{\partial E_z}{\partial t} = 0$ 또는 $E_z = 0$ $\cdots\cdots$ [식 12-27]

    ㉡ $-\mu_0 \dfrac{\partial H_z}{\partial t} = 0$ 또는 $H_z = 0$ $\cdots\cdots$ [식 12-28]

③ 이와 같이 x, y방향으로 균일한 자계는 z방향 성분을 갖지 않게 되며, 따라서 다음과 같이 정리할 수 있다.

㉠ $-\mu_0 \dfrac{\partial H_x}{\partial t} = -\dfrac{\partial E_y}{\partial z}$ .... [식 12-29]

㉡ $-\mu_0 \dfrac{\partial H_y}{\partial t} = \dfrac{\partial E_x}{\partial z}$ .... [식 12-30]

㉢ $-\varepsilon_0 \dfrac{\partial E_x}{\partial t} = -\dfrac{\partial H_y}{\partial z}$ .... [식 12-31]

㉣ $-\varepsilon_0 \dfrac{\partial E_y}{\partial t} = \dfrac{\partial H_x}{\partial z}$ .... [식 12-32]

④ [식 12-31]을 시간으로 미분하여 [식 12-30]에 대입하고, 동일하게 [식 12-32]를 시간으로 미분하여 [식 12-29]에 대입하면 다음과 같다.

㉠ $\dfrac{\partial^2 E_x}{\partial t^2} = \dfrac{1}{\varepsilon_0 \mu_0} \dfrac{\partial^2 E_x}{\partial z^2}$ .... [식 12-33]

㉡ $\dfrac{\partial^2 E_y}{\partial t^2} = \dfrac{1}{\varepsilon_0 \mu_0} \dfrac{\partial^2 E_y}{\partial z^2}$ .... [식 12-34]

⑤ [식 12-29]를 시간으로 미분하여 [식 12-32]에 대입하고, 동일하게 [식 12-30]을 시간으로 미분하여 [식 12-31]에 대입하면 다음과 같다.

㉠ $\dfrac{\partial^2 H_x}{\partial t^2} = \dfrac{1}{\varepsilon_0 \mu_0} \dfrac{\partial^2 H_x}{\partial z^2}$ .... [식 12-35]

㉡ $\dfrac{\partial^2 H_y}{\partial t^2} = \dfrac{1}{\varepsilon_0 \mu_0} \dfrac{\partial^2 H_y}{\partial z^2}$ .... [식 12-36]

⑥ 위 [식 12-33]부터 [식 12-36]까지 정리하면 다음과 같다.

㉠ **전계의 파동방정식** : $\nabla^2 E = \varepsilon\mu \dfrac{\partial^2 E}{\partial t^2}$ .... [식 12-37]

㉡ **자계의 파동방정식** : $\nabla^2 H = \varepsilon\mu \dfrac{\partial^2 H}{\partial t^2}$ .... [식 12-38]

⑦ [식 12-33]과 [식 12-34]의 방정식을 파동방정식(wave equation) 또는 달랑베르방정식(D'alembert equation)이라 한다.

단원확인기출문제

★★★★★ 기사 12년 2회 / 산업 91년 6회, 97년 6회, 07년 3회

03 맥스웰의 전자방정식에 대한 의미를 설명한 것으로 잘못된 것은?

① 자계의 회전은 전류밀도와 같다.

② 전계의 회전은 자속밀도의 시간적 감소율과 같다.

③ 단위체적당 발산 전속수는 단위체적당 공간전하 밀도와 같다.

④ 자계는 발산하며, 자극은 단독으로 존재한다.

해설 $\operatorname{div}B = 0$: 고립된 자극은 없고 N극, S극은 함께 공존한다.

답 ④

★★★★★ 기사 95년 4회, 05년 2회, 08년 3회, 12년 3회 / 산업 91년 2회, 96년 6회, 00년 4회, 01년 1회, 05년 3회, 07년 1회, 08년 2회

04 맥스웰은 전극 간의 유전체를 통하여 흐르는 전류를 (ⓐ)라 하고, 이것은 (ⓑ)를 발생한다고 가정하였다. ⓐ, ⓑ에 알맞은 것은?

① ⓐ 와전류, ⓑ 자계
② ⓐ 변위전류, ⓑ 자계
③ ⓐ 와전류, ⓑ 전류
④ ⓐ 변위전류, ⓑ 전계

해설 앙페르의 주회적분법칙 : $\operatorname{rot}H = i + \dfrac{\partial D}{\partial t}$

도선에 흐르는 전도전류 및 유전체를 통하여 흐르는 변위전류는 주위에 회전하는 자계를 발생시킨다.

답 ②

기사 5.50% 출제 | 산업 6.17% 출제

출제 03 평면파와 전자계의 성질

Comment

전자파의 속도, 파동 임피던스(고유 임피던스) 등은 시험에 자주 출제되는 문제이다. 결과식을 암기 후 기출문제를 반복해 풀어보자.

1 개 요

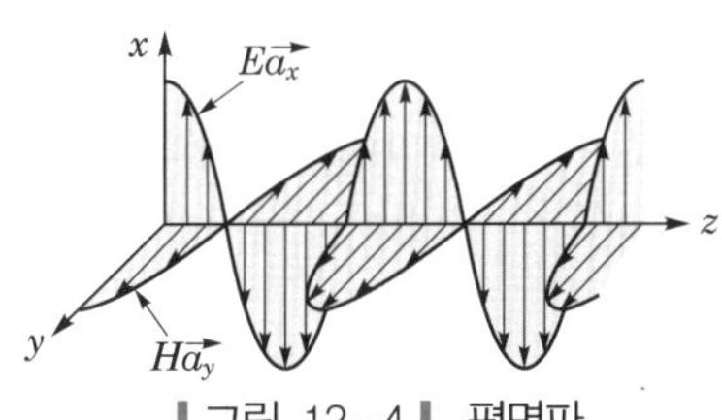

▎그림 12-4 ▎ 평면파

① 앞의 맥스웰 전자방정식을 진행파만을 도시하면 [그림 12-4]와 같다. 이와 같이 파동의 진행방향에 대해서 직각방향으로 전계와 자계가 진동하고 있기 때문에 전자파는 횡파이고, 이를 TEM파(transverse electromagnetic wave)라고 한다.
또한, 전계와 자계의 진동면이 각각 하나의 평면 내에 국한되어 있는 전자파를 평면 전자파(plane polarized electromagnetic wave)라 하고, 이때의 파면은 z축에 수직인 평면으로 진행하기 때문에 평면파(plane wave)라 한다.
② 전계와 자계의 위상은 서로 같고(동위상), 전계와 자계는 항상 공존하여 함께 진행하기 때문에 전자파라 한다. 또한 전자파의 진행방향은 $\vec{S} = \vec{E} \times \vec{H}$이 된다.

2 전자파의 전파속도(propagation velocity)

(1) 매질 또는 진공 중의 전파속도

① 진공 중 : $v_0 = \dfrac{1}{\sqrt{\varepsilon_0 \mu_0}} = \dfrac{1}{\sqrt{4\pi \times 10^{-7} \times \dfrac{1}{36\pi \times 10^9}}} = \dfrac{1}{\sqrt{\dfrac{1}{9 \times 10^{16}}}} = 3 \times 10^8 \, [\text{m/s}]$

$$\therefore \ v_0 = \dfrac{1}{\sqrt{\varepsilon_0 \mu_0}} = 3 \times 10^8 \, [\text{m/s}] \quad \text{[식 12-39]}$$

② 매질 중 : $v = \dfrac{1}{\sqrt{\varepsilon \mu}} = \dfrac{3 \times 10^8}{\sqrt{\varepsilon_s \mu_s}} \, [\text{m/s}]$ $\quad$ [식 12-40]

③ 여기서, $LC = \varepsilon \mu$와 위상정수 $\beta = \omega \sqrt{LC}$를 대입하여 정리하면 다음과 같다.

$$\therefore \ v = \dfrac{1}{\sqrt{\varepsilon_0 \mu_0}} = \dfrac{1}{\sqrt{LC}} = \dfrac{\omega}{\beta} \, [\text{m/s}] \quad \text{[식 12-41]}$$

(2) 전자파의 파장길이

$$\lambda = \dfrac{v}{f} = \dfrac{1}{f\sqrt{\varepsilon \mu}} = \dfrac{1}{f\sqrt{LC}} \, [\text{m}] \quad \text{[식 12-42]}$$

3 파동 임피던스(wave impedance)

① 파동방정식의 어떤 순간의 전계 및 자계의 크기의 비는 다음과 같다.

㉠ 진공 중 : $Z_0 = \dfrac{E}{H} = \sqrt{\dfrac{\mu_0}{\varepsilon_0}} = 120\pi \fallingdotseq 377 \, [\Omega]$ $\quad$ [식 12-43]

㉡ 매질 중 : $Z = \dfrac{E}{H} = \sqrt{\dfrac{\mu}{\varepsilon}} = \sqrt{\dfrac{\mu_0}{\varepsilon_0}} \sqrt{\dfrac{\mu_s}{\varepsilon_s}} = 120\pi \sqrt{\dfrac{\mu_s}{\varepsilon_s}} \, [\Omega]$ $\quad$ [식 12-44]

② 전계와 자계의 비를 파동 임피던스(wave impedance) 또는 고유 임피던스(intrinsic impedance)라 한다.

③ 전계와 자계의 관계

㉠ $\sqrt{\varepsilon}\,E = \sqrt{\mu}\,H$ $\quad$ [식 12-45]

㉡ $E = \sqrt{\dfrac{\mu}{\varepsilon}}\,H = 120\pi \sqrt{\dfrac{\mu_s}{\varepsilon_s}} = 377\sqrt{\dfrac{\mu_s}{\varepsilon_s}} \, [\text{V/m}]$ $\quad$ [식 12-46]

㉢ $H = \sqrt{\dfrac{\varepsilon}{\mu}}\,E = \dfrac{1}{120\pi}\sqrt{\dfrac{\varepsilon_s}{\mu_s}} = 2.65 \times 10^{-3}\sqrt{\dfrac{\varepsilon_s}{\mu_s}} \, [\text{A/m}]$ $\quad$ [식 12-47]

㉣ 전계 E와 자계 H는 서로 수직성분이며, 위상차는 없다.

㉤ 전자파의 진행방향은 $\vec{E} \times \vec{H}$이 된다. 즉, 전자파가 시간에 따라 z방향으로 진행한다고 가정하면 전계가 x방향일 때 자계는 y방향의 성분을 가진다. 그리고 전계가 y방향이면, 자계는 $-x$방향의 성분을 갖게 된다.

단원확인기출문제

★★★ 산업 93년 5회, 98년 2회

05 $\dfrac{1}{\sqrt{\mu\varepsilon}}$ 의 단위는?

① [m/sec]　　　　　　　　　② [C/H]
③ [Ω]　　　　　　　　　　　④ [℧]

해설 전파속도의 단위는 [m/s]이다.

답 ①

★★★ 기사 91년 6회, 99년 4회

06 공기 중에서 전계의 진행파 전력이 10[mV/m]일 때 자계의 진행파 전력은 몇 [AT/m]인가?

① 26.5×10^{-4}　　　　　　　② 26.5×10^{-3}
③ 26.5×10^{-5}　　　　　　　④ 26.5×10^{-6}

해설 평면 전자파의 전계와 자계 사이의 관계 $\sqrt{\varepsilon}\,E = \sqrt{\mu}\,H$, $\dfrac{E}{H} = \sqrt{\dfrac{\mu_0}{\varepsilon_0}} = 120\pi$ 이므로

$$\therefore \text{자계 } H = \sqrt{\frac{\varepsilon_0}{\mu_0}}\,E = \frac{E}{120\pi} = 2.65\times10^{-3}\,E = 2.65\times10^{-3}\times10\times10^{-3} = 26.5\times10^{-6}\,[\text{AT/m}]$$

답 ④

기사 1.67% 출제 ┃ 산업 1.17% 출제

출제 04　포인팅 정리

 Comment

포인팅 정리와 방사전력은 시험에 자주 출제되는 문제이다. 결과식 암기 후 기출문제를 반복해서 풀어보자.

1 전자계 에너지 밀도

① 전자파에 의해 매질 내에 축적되는 전계와 자계에너지 밀도는 다음과 같다.

　㉠ 전계에너지 밀도 : $W_e = \dfrac{1}{2}\varepsilon E^2\,[\text{J/m}^3]$ ·· [식 12-48]

　㉡ 자계에너지 밀도 : $W_m = \dfrac{1}{2}\mu H^2\,[\text{J/m}^3]$ ·· [식 12-49]

② 매질 내에 시간에 따라 변화하는 전계를 주면 이것에 의하여 자계가 발생하고, 또한 시간에 따라 변화하는 자계를 주면 전계가 발생된다. 이와 같이 매질 내에는 전계에너지와 자계에너지가 동시에 발생된다.

③ 이에 따라 전자계에너지 밀도는 다음과 같다.

㉠ $W = W_e + W_m = \dfrac{1}{2}(\varepsilon E^2 + \mu H^2)\,[\text{J/m}^3]$ ························· [식 12-50]

㉡ 위 식에 $E = \sqrt{\dfrac{\mu}{\varepsilon}}\,H$를 $H = \sqrt{\dfrac{\varepsilon}{\mu}}\,E$를 대입하면 다음과 같다.

$$W = \dfrac{1}{2}\left(\varepsilon\sqrt{\dfrac{\mu}{\varepsilon}}\,EH + \mu\sqrt{\dfrac{\varepsilon}{\mu}}\,EH\right) = \dfrac{1}{2}\left(\sqrt{\varepsilon\mu}\,EH + \sqrt{\varepsilon\mu}\,EH\right)$$

$\therefore\ W = \sqrt{\varepsilon\mu}\,EH\,[\text{J/m}^3]$ ································· [식 12-51]

2 포인팅 벡터(Poynting vector)

① 평면 전자파는 앞에서 설명한 바와 같이 전계와 자계의 진동방향에 대하여 수직인 방향으로 속도 $v = \dfrac{1}{\sqrt{\varepsilon\mu}}\,[\text{m/s}]$로 전파하기 때문에 파면의 진행방향에 수직인 단위면적을 단위시간에 통과하는 에너지의 흐름은 다음과 같다.

$$P = Wv = \sqrt{\varepsilon\mu}\,EH\,[\text{J/m}^3] \times \dfrac{1}{\sqrt{\varepsilon\mu}}\,[\text{m/s}] = EH\,[\text{W/m}^2]$$

$\therefore\ P = EH\,[\text{J/m}^3]$ ································· [식 12-52]

② 평면 전자파에서 E와 H는 수직이므로 이를 벡터로 표시하면 다음과 같다.

$\vec{P} = \vec{E} \times \vec{H} = EH\sin\theta\,[\text{W/m}^2]$ ························· [식 12-53]

③ $\vec{P}$를 포인팅 벡터라 하며, 전자계 내의 한 점을 통과하는 에너지 흐름의 단위면적당 전력 또는 전력밀도를 표시하는 벡터를 의미한다.

④ 일반적으로 면적 S를 단위시간에 통과하는 전자계에너지, 즉 방사전력 P_s는 다음과 같고, 이 관계를 포인팅 정리(Poynting's theorem)라고 한다.

㉠ $P_s = \displaystyle\int_S P\,ds = \int_S EH\,ds\,[\text{W}]$ ························· [식 12-54]

㉡ $P_s = PS = EHS = \dfrac{E^2}{120\pi}S$에서 전계의 세기는 다음과 같다.

$\therefore\ E = \sqrt{\dfrac{120\pi P_s}{S}} = \sqrt{\dfrac{120\pi P_s}{4\pi r^2}} = \sqrt{\dfrac{30 \times P_s}{r^2}}\,[\text{V/m}]$ ··············· [식 12-55]

또는 $P_s = PS = EHS = 120\pi H^2 S$에서 자계의 세기는 다음과 같다.

$\therefore\ H = \sqrt{\dfrac{P_s}{120\pi S}} = \sqrt{\dfrac{P_s}{120\pi \times 4\pi r^2}} = \dfrac{1}{4\pi r}\sqrt{\dfrac{P_s}{30}}\,[\text{V/m}]$ ·············· [식 12-56]

단원확인기출문제

★★★ 기사 96년 2회, 04년 3회

07 자유공간에 있어서 포인팅 벡터를 $S\,[\text{W/m}^2]$라 할 때 전장의 세기의 실효값 $E_s\,[\text{V/m}]$를 구하면?

① $\sqrt{\dfrac{\mu_0}{\varepsilon_0}}\,S$

② $S\sqrt{\dfrac{\varepsilon_0}{\mu_0}}$

③ $\sqrt{S\sqrt{\dfrac{\mu_0}{\varepsilon_0}}}$

④ $\sqrt{S\sqrt{\dfrac{\varepsilon_0}{\mu_0}}}$

해설 ㉠ 전계와 자계 관계 $\dfrac{E}{H} = \sqrt{\dfrac{\mu_0}{\varepsilon_0}}$ 에서 $H = \sqrt{\dfrac{\varepsilon_0}{\mu_0}}\,E = \dfrac{E}{120\pi} = \dfrac{E}{377}\,[\text{AT/m}]$

㉡ 포인팅 벡터 $S = EH = \sqrt{\dfrac{\varepsilon_0}{\mu_0}}\,E^2\,[\text{W/m}^2]$에서

∴ 전계의 세기 $E = \sqrt{S\sqrt{\dfrac{\mu_0}{\varepsilon_0}}}\,[\text{V/m}]$

답 ③

기사 1.17% 출제 | 산업 0.67% 출제

출제 05 벡터 퍼텐셜

 **Comment**

개념을 이해하기 어려운 부분이다. 식 12-57과 식 12-58에 집중하자.

1 개 요

① 정전계에서 전하 분포가 있을 때 전위(스칼라 퍼텐셜)를 이용하여 전계의 세기를 구할 수 있었다. 이와 동일하게 전류 분포가 있는 정자계의 공간에서 벡터 퍼텐셜의 개념을 도입하면 자계를 간단히 구할 수 있다.

② 벡터 퍼텐셜은 단지 수학적으로 정의한 것으로 물리적 의미는 없다.

2 벡터 퍼텐셜(vector potential)

① 임의의 벡터 A에 회전을 취하면 자기장의 벡터 B로 되는 벡터함수를 가정했을 때, 벡터 A를 벡터 퍼텐셜이라 정의한다.

$$\nabla \times A = \text{rot}\,A = B \quad \cdots\cdots\cdots\cdots\cdots [\text{식 } 12\text{-}57]$$

② 전계의 세기

　㉠ 패러데이 법칙에 벡터 퍼텐셜을 적용하면 시변계에서의 전계의 세기를 간단히 구할 수 있다.

　㉡ $\nabla \times E = -\dfrac{\partial B}{\partial t} = -\dfrac{\partial(\nabla \times A)}{\partial t}$ 를 정리하면 다음과 같다.

$$\therefore \; E = -\nabla V = -\frac{\partial A}{\partial t} \; [\text{V/m}] \qquad\qquad\qquad \text{[식 12-58]}$$

3 벡터 푸아송의 방정식

(1) 스칼라 푸아송의 방정식

① 푸아송의 방정식 : $\nabla^2 V = -\dfrac{\rho}{\varepsilon_0}$ ⋯⋯⋯⋯⋯⋯⋯⋯⋯⋯⋯ [식 12-59]

② 특수해 : $V = \dfrac{Q}{4\pi\varepsilon_0 r} = \dfrac{1}{4\pi\varepsilon_0}\displaystyle\int_V \dfrac{\rho}{r}\,dv\,[\text{V}]$ ⋯⋯⋯⋯⋯⋯ [식 12-60]

(2) 벡터 푸아송의 방정식 유도

$B = \mu_0 H$의 관계식에서 양변에 회전을 취하면 $\nabla \times B = \mu_0 i$가 성립된다.

따라서, $\nabla \times B = \nabla \times \nabla \times A = \nabla(\nabla \cdot A) - \nabla^2 A = \mu_0 i$가 된다.

여기서, 벡터 B는 연속성($\text{div}B = \nabla \cdot B = 0$)을 가지므로 벡터 A도 연속성($\nabla \cdot A = 0$)을 만족하여야 한다.

$$\therefore \; \nabla^2 A = -\mu_0 i \qquad\qquad\qquad\qquad\qquad\qquad \text{[식 12-61]}$$

(3) 벡터 푸아송의 방정식

① 푸아송의 방정식 : $\nabla^2 A = -\mu_0 i$ ⋯⋯⋯⋯⋯⋯⋯⋯⋯⋯ [식 12-62]

② 특수해 : $A = \dfrac{1}{4\pi}\displaystyle\int_V \dfrac{\mu_0 i}{r}\,dv = \dfrac{\mu_0 I}{4\pi}\displaystyle\int_l \dfrac{dl}{r}$ ⋯⋯⋯⋯ [식 12-63]

4 노이만의 공식

(1) 자속과 벡터 퍼텐셜의 관계

① $\phi = \displaystyle\int_S B\,ds = \int_S \nabla \times A\,ds = \oint_C A\,dl$ ⋯⋯⋯⋯⋯⋯ [식 12-64]

② 위 식에서 알 수 있듯이 임의의 면적을 통과하는 자속은 그 경로의 벡터 퍼텐셜의 회전과 같다.

(2) 상호 인덕턴스

① 1차 코일의 전류 I_1에 의한 2차 코일의 벡터 퍼텐셜

$$A_1 = \frac{\mu_0 I_1}{4\pi}\oint_{C1}\frac{dl_1}{r} \qquad\qquad\qquad\qquad\qquad \text{[식 12-65]}$$

② 2차 코일의 쇄교자속

$$\phi_{21} = \oint_{C2} A_1\, dl_2 = \frac{\mu_0 I}{4\pi} \oint_{C2} \oint_{C1} \frac{dl_1 \cdot dl_2}{r} \quad \text{[식 12-66]}$$

③ 상호 인덕턴스

$$M_{21} = \frac{\phi_{21}}{I_1} = \frac{\mu_0}{4\pi} \oint_{C2} \oint_{C1} \frac{dl_1 \cdot dl_2}{r} \quad \text{[식 12-67]}$$

단원확인기출문제

★★ 기사 92년 6회

08 벡터 마그네틱 퍼텐셜 A는? (단, H : 자계의 세기, B : 자속밀도)

① $\nabla \times A = 0$ ② $\nabla \cdot A = 0$

③ $H = \nabla \times A$ ④ $B = \nabla \times A$

해설 자속밀도 $B = \text{rot}\, A = \nabla \times A$

답 ④

단원 핵심정리 한눈에 보기

1. 변위전류

① 전도전류밀도 : $i_c = \dfrac{I_c}{S} = kE$ [A/m^2] (여기서, E : 전계의 세기[V/m])

② 변위전류밀도 : $i_d = \dfrac{I_d}{S} = \dfrac{\partial D}{\partial t} = \varepsilon \dfrac{\partial E}{\partial t} = j\omega\varepsilon E$ [A/m^2] (여기서, $\omega = 2\pi f$)

③ 임계주파수

   ㉠ 전도전류와 변위전류의 크기가 같아질 때($I_c = I_d$)의 주파수를 의미한다.

   ㉡ 전도전류 : $I_c = \dfrac{V}{R} = kES$[A], 변위전류 : $I_d = \omega\varepsilon SE = \omega CV$ [A/m^2]

2. 맥스웰 전자 기초 방정식

구 분	미분형	적분형
앙페르의 주회적분법칙	$\text{rot}\,H = \nabla \times H = i = i_c + \dfrac{\partial D}{\partial t}$	$\oint_C H dl = i = i_c + \int_S \dfrac{\partial D}{\partial t} ds$
패러데이의 전자유도법칙	$\text{rot}\,E = \nabla \times E = -\dfrac{\partial B}{\partial t}$	$\oint_C E dl = -\int_S \dfrac{\partial B}{\partial t} ds$
전계 가우스 발산 정리	$\text{div}\,D = \nabla \cdot D = \rho$	$\oint_S D ds = \int_V \rho dv = Q$
자계 가우스 발산 정리	$\text{div}\,B = \nabla \cdot B = 0$	$\oint_S B ds = 0$

① 전계의 시간적 변화에는 회전하는 자계를 발생시킨다.
② 자계가 시간에 따라 변화하면 회전하는 전계가 발생한다.
③ 전하가 존재하면 전속선이 발생한다.
④ 고립된 자극은 없고 N극, S극은 함께 공존한다.

3. 평면파와 전자계의 성질

① 전자파의 전파속도 : $v = \dfrac{1}{\sqrt{\varepsilon\mu}} = \dfrac{1}{\sqrt{\varepsilon_0 \varepsilon_s \mu_0 \mu_s}} = \dfrac{3 \times 10^8}{\sqrt{\varepsilon_s \mu_s}}$ [m/s]

  (여기서, $\dfrac{1}{\sqrt{\varepsilon_0 \mu_0}} = 3 \times 10^8$[m/s], $LC = \mu\varepsilon$, 위상정수 : $\beta = \omega\sqrt{LC}$)

② 전파속도의 변형 : $v = \dfrac{1}{\sqrt{\varepsilon\mu}} = \dfrac{1}{\sqrt{LC}} = \dfrac{\omega}{\beta}$[m/s]

③ 전자파 파장의 길이 : $\lambda = \dfrac{v}{f} = \dfrac{\omega}{f\beta} = \dfrac{2\pi}{\beta}$[m] (여기서, $\omega = 2\pi f$)

④ 파동 임피던스(wave impedance)

   ㉠ 전계와 자계의 비를 파동 임피던스 또는 고유 임피던스라 한다.

ⓛ 진공 중 : $Z_0 = \dfrac{E}{H} = \sqrt{\dfrac{\mu_0}{\varepsilon_0}} = 120\pi \fallingdotseq 377[\Omega]$

ⓒ 매질 중 : $Z = \dfrac{E}{H} = \sqrt{\dfrac{\mu}{\varepsilon}} = \sqrt{\dfrac{\mu_0}{\varepsilon_0}}\sqrt{\dfrac{\mu_s}{\varepsilon_s}} = 120\pi\sqrt{\dfrac{\mu_s}{\varepsilon_s}}\,[\Omega]$

⑤ 전계와 자계의 관계

　ⓖ 전계와 자계의 관계 : $\sqrt{\varepsilon}\,E = \sqrt{\mu}\,H$

　ⓛ 전계 : $E = \sqrt{\dfrac{\mu}{\varepsilon}}\,H = 120\pi\sqrt{\dfrac{\mu_s}{\varepsilon_s}} = 377\sqrt{\dfrac{\mu_s}{\varepsilon_s}}\,[\text{V/m}]$

　ⓒ 자계 : $H = \sqrt{\dfrac{\varepsilon}{\mu}}\,E = \dfrac{1}{120\pi}\sqrt{\dfrac{\varepsilon_s}{\mu_s}} = 2.65 \times 10^{-3}\sqrt{\dfrac{\varepsilon_s}{\mu_s}}\,[\text{A/m}]$

　ⓔ 전계 E와 자계 H는 서로 수직성분이며, 위상차는 없다.

　ⓜ 전자파의 진행방향은 $\vec{E} \times \vec{H}$의 관계를 갖는다.

4. 포인팅의 정리

① 전자계에너지 밀도 : $w = w_e + w_m = \dfrac{1}{2}\left(\varepsilon E^2 + \mu H^2\right)$

$$= \dfrac{1}{2}\left(\varepsilon\sqrt{\dfrac{\mu}{\varepsilon}}\,EH + \mu\sqrt{\dfrac{\varepsilon}{\mu}}\,EH\right) = \sqrt{\varepsilon\mu}\,EH[\text{J/m}^3]$$

② 포인팅 벡터(Poynting vector)

　ⓖ 평면 전자파는 전계와 자계의 진동방향에 대하여 수직인 방향으로 $v = \dfrac{1}{\sqrt{\varepsilon\mu}}[\text{m/s}]$로 전파하기 때문에, 파면의 진행방향에 수직인 단위면적을 단위시간에 통과하는 에너지의 흐름은 다음과 같다.

$$\therefore\ P = Wv = \sqrt{\varepsilon\mu}\,EH[\text{J/m}^3] \times \dfrac{1}{\sqrt{\varepsilon\mu}}[\text{m/s}] = EH[\text{W/m}^2]$$

　ⓛ E와 H는 수직이므로 이를 벡터로 표시하면 $\vec{P} = \vec{E} \times \vec{H}\,[\text{W/m}^2]$이 되고, 이때 $\vec{P}$를 포인팅 벡터라 하며, 전자계 내의 한 점을 통과하는 에너지 흐름의 단위면적당 전력 또는 전력밀도를 표시하는 벡터를 의미한다.

③ 방사전력 : $P_s = \displaystyle\int_S P\,ds = \int_S EH\,ds = EHS = \dfrac{E^2}{120\pi}S = 120\pi H^2 S[\text{W}]$

5. 벡터 퍼텐셜(vector potential) A

① 임의의 벡터 A에 회전을 취하면 자기장의 벡터 B로 되는 벡터함수를 가정했을 때 벡터 A를 벡터 퍼텐셜이라 정의한다.

$$\therefore\ \nabla \times A = \operatorname{rot} A = B$$

② 벡터 퍼텐셜은 단지 수학적으로 정의한 것으로 물리적 의미는 없다.

단원 자주 출제되는 기출문제

출제 01 ▶ 변위전류

★ 산업 00년 6회, 04년 1회, 06년 1회

01 전도전자나 구속전자의 이동에 의하지 않은 전류는?

① 대류전류
② 전도전류
③ 변위전류
④ 분극전류

해설

① 대류전류 : 하전 입자가 전해액, 절연액, 기체, 진공 중 등을 이동함으로써 생기는 전류
② 전도전류 : 도체의 2점 간에 전위차가 있는 경우에 도체에 흐르는 전류
③ 변위전류 : 전속밀도의 시간적 변화에 따라 유전체 내에 흐르는 전류
④ 분극전류 : 유전체 내부에 속박되어 있는 구속전자에 의한 전류
∴ 변위전류는 시변에서만 흐르는 전류이다.

★★★ 기사 05년 3회, 12년 2회

02 유전체 내에서 변위전류를 발생하는 것은?

① 분극전하 밀도의 시간적 변화
② 전속밀도의 시간적 변화
③ 자속밀도의 시간적 변화
④ 분극전하 밀도의 공간적 변화

해설

변위전류밀도 : $i_d = \dfrac{\partial D}{\partial t}$

∴ 전속밀도의 시간적 변화

★★★ 기사 03년 1회, 05년 2회, 11년 3회, 13년 2회, 17년 3회

03 변위전류와 가장 관계가 깊은 것은?

① 반도체
② 유전체
③ 자성체
④ 도체

해설

변위전류는 유전체 내 유극분자의 이동에 의해 흐르는 전류이다.

★★★★ 기사 99년 4회, 01년 3회, 08년 1회, 12년 1회

04 변위전류에 의하여 전자파가 발생되었을 때 전자파의 위상은?

① 변위전류보다 90° 빠르다.
② 변위전류보다 90° 늦다.
③ 변위전류보다 30° 빠르다.
④ 변위전류보다 30° 늦다.

해설

6번 문제 해설 참조

★ 기사 08년 1회

05 그림에서 축전기를 $\pm Q$[C]으로 대전한 후 스위치 k를 닫고 도선에 전류 i를 흘리는 순간의 축전기 두 판 사이의 변위전류는?

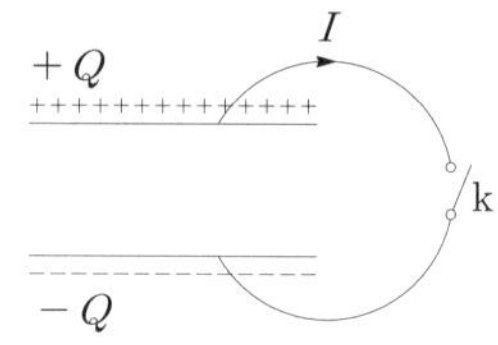

① $+Q$판에서 $-Q$판 쪽으로 흐른다.
② $-Q$판에서 $+Q$판 쪽으로 흐른다.
③ 왼쪽에서 오른쪽으로 흐른다.
④ 오른쪽에서 왼쪽으로 흐른다.

해설

전도전류와 변위전류의 방향은 같으며, 두 전류로 모두 자기장을 발생시킨다.

★★★★★ 기사 93년 5회, 98년 6회 / 산업 12년 1회

06 변위전류밀도를 나타내는 식은?

① $\dfrac{\partial \phi}{\partial t}$
② $\dfrac{\partial D}{\partial t}$
③ $\dfrac{\partial B}{\partial t}$
④ $\dfrac{\partial N\phi}{\partial t}$

정답 01. ③ 02. ② 03. ② 04. ② 05. ② 06. ②

해설

㉠ 변위전류밀도 : $i_d = \dfrac{\partial D}{\partial t} = \varepsilon \dfrac{\partial E}{\partial t} = j\omega\varepsilon E\,[\text{A/m}^2]$

㉡ 변위전류는 전계, 자계, 전자계 및 회로에 인가되는 교류전압보다 위상이 90° 앞선다.

★ 기사 90년 6회, 95년 6회, 09년 3회, 13년 3회, 16년 1회

07 간격 $d\,[\text{m}]$인 두 개의 평행판 전극 사이에 유전율 $\varepsilon\,[\text{F/m}]$의 유전체가 있을 때 전극 사이에 전압 $V_m\sin\omega t\,[\text{V}]$를 가하면 변위전류는 몇 $[\text{A}]$가 되겠는가? (단, 여기서 극판의 면적은 $S\,[\text{m}^2]$이고, 콘덴서의 정전용량은 $C\,[\text{F}]$이라 한다.)

① $\dfrac{V_m}{\omega C}\sin\left(\omega t + \dfrac{\pi}{2}\right)$

② $-\omega C V_m \sin\omega t$

③ $\omega C V_m \sin\left(\omega t + \dfrac{\pi}{2}\right)$

④ $-\omega C V_m \cos\omega t$

해설

변위전류

$$I_d = \frac{\partial D}{\partial t}S = \varepsilon S\frac{\partial E}{\partial t} = \frac{\varepsilon S}{d}\frac{\partial V}{\partial t} = C\frac{\partial V}{\partial t}$$

$$= C\frac{\partial}{\partial t}V_m\sin\omega t = CV_m\frac{\partial}{\partial t}\sin\omega t$$

$$= \omega C V_m\cos\omega t = \omega C V_m\sin\left(\omega t + \frac{\pi}{2}\right)$$

$$= j\omega C V_m\sin\omega t = j\omega C V\,[\text{A}]$$

★ 기사 93년 2회, 11년 1회 / 산업 99년 4회, 04년 2회

08 간격이 $d\,[\text{m}]$인 2개의 평행판 전극 사이에 유전율 ε의 유전체가 들어있다. 전극 사이에 전압 $V_m\cos\omega t$를 가했을 때 변위전류밀도 $i_d\,[\text{A/m}^2]$는?

① $\dfrac{\varepsilon\omega}{d}V_m\sin\omega t$

② $\dfrac{\varepsilon}{d}V_m\cos\omega t$

③ $-\dfrac{\varepsilon\omega}{d}V_m\sin\omega t$

④ $-\dfrac{\varepsilon}{d}V_m\cos\omega t$

해설 변위전류밀도

$$i_d = \frac{\partial D}{\partial t} = \varepsilon\frac{\partial E}{\partial t} = \frac{\varepsilon}{d}\frac{\partial V}{\partial t} = \frac{\varepsilon}{d}\frac{\partial}{\partial t}V_m\cos\omega t$$

$$= \frac{\varepsilon}{d}V_m\frac{\partial}{\partial t}\cos\omega t = -\frac{\varepsilon\omega}{d}V_m\sin\omega t\,[\text{A/m}^2]$$

★★★ 산업 01년 3회, 12년 2회

09 공기 중에서 $E\,[\text{V/m}]$의 전계를 $i_d\,[\text{A/m}^2]$의 변위전류로 흐르게 하려면 주파수 f는 몇 $[\text{Hz}]$가 되어야 하는가?

① $f = \dfrac{i_d}{2\pi\varepsilon E}$

② $f = \dfrac{i_d}{4\pi\varepsilon E}$

③ $f = \dfrac{\varepsilon\, i_d}{2\pi^2 E}$

④ $f = \dfrac{i_d E}{4\pi^2 E}$

해설

변위전류밀도 $i_d = \dfrac{\partial D}{\partial t} = \varepsilon\dfrac{\partial E}{\partial t} = j\omega\varepsilon E\,[\text{A/m}^2]$에서

$$\therefore\ f = \frac{i_d}{2\pi\varepsilon E}\,[\text{Hz}]$$

★ 기사 93년 5회, 00년 6회

10 도전율 σ, 유전율 ε인 매질에 교류전압을 가할 때 전도전류와 변위전류의 크기가 같아지는 주파수는?

① $f = \dfrac{\sigma}{2\pi\varepsilon}$

② $f = \dfrac{\varepsilon}{2\pi\sigma}$

③ $f = \dfrac{2\pi\varepsilon}{\sigma}$

④ $f = \dfrac{2\pi\sigma}{\varepsilon}$

해설

전도전류 $I_c = \sigma ES\,[\text{A}]$.

변위전류 $I_d = \omega\varepsilon ES = 2\pi f\varepsilon ES\,[\text{A}]$에서 $I_c = I_d$를 통해 정리하면 다음과 같다.

임계주파수 $f_c = \dfrac{\sigma}{2\pi\varepsilon} = \dfrac{k}{2\pi\varepsilon}\,[\text{Hz}]$

★ 산업 01년 3회

11 실용적인 유전체의 유전손실각 $\tan\delta$는? (단, ω는 각속도$[\text{rad/s}]$, k는 도전율$[\mho/\text{m}]$, ε은 유전율$[\text{F/m}]$이다.)

① $\dfrac{k\varepsilon}{\omega}$

② $\dfrac{\varepsilon}{\omega k}$

③ $\dfrac{k}{\omega\varepsilon}$

④ $\dfrac{\omega k}{\varepsilon}$

해설

유전체 손실각

$$\tan\delta = \frac{I_c}{I_d} = \frac{kES}{\omega\varepsilon ES} = \frac{k}{\omega\varepsilon} = \frac{k}{2\pi f\varepsilon} = \frac{f_c}{f}$$

정답   07. ③   08. ③   09. ①   10. ①   11. ③

★ 기사 00년 2회, 03년 1회

12 유전체 역률(tanδ)과 무관한 것은?

① 주파수
② 정전용량
③ 인가전압
④ 누설저항

해설

임계주파수 $f_c = \dfrac{1}{2\pi CR}$[Hz]에서 유전체 손실각

$\tan\delta = \dfrac{f_c}{f} = \dfrac{1}{2\pi f\, CR}$ 이 되므로 전압과 무관하다.

출제 02 ▶ **맥스웰 전자방정식**

★★★★★ 기사 04년 1회, 05년 2회, 11년 1회, 12년 1회, 17년 1회 / 산업 05년 2회, 12년 1회, 17년 3회

13 미분방정식 형태로 나타낸 맥스웰의 전자계 기초방정식은?

① $\operatorname{rot} E = -\dfrac{\partial B}{\partial t}$, $\operatorname{rot} H = \dfrac{\partial D}{\partial t}$,

  $\operatorname{div} D = 0$, $\operatorname{div} B = 0$

② $\operatorname{rot} E = -\dfrac{\partial B}{\partial t}$, $\operatorname{rot} H = i + \dfrac{\partial D}{\partial t}$,

  $\operatorname{div} D = \rho$, $\operatorname{div} B = H$

③ $\operatorname{rot} E = -\dfrac{\partial}{\partial t}$, $\operatorname{rot} H = i + \dfrac{\partial D}{\partial t}$,

  $\operatorname{div} D = \rho$, $\operatorname{div} B = 0$

④ $\operatorname{rot} E = -\dfrac{\partial B}{\partial t}$, $\operatorname{rot} H = i - \operatorname{div} D = 0$,

  $\operatorname{div} B = 0$

해설

㉠ $\operatorname{rot} H = i_c + \dfrac{\partial D}{\partial t}$: 전계의 시간적 변화에는 회전하는 자계를 발생시킨다.

㉡ $\operatorname{rot} E = -\dfrac{\partial B}{\partial t}$: 자계가 시간에 따라 변화하면 회전하는 전계가 발생한다.

㉢ $\operatorname{div} D = \rho$: 전하가 존재하면 전속선이 발생한다.

㉣ $\operatorname{div} B = 0$: 고립된 자극은 없고, N극·S극은 함께 공존한다.

★ 산업 03년 2회

14 맥스웰 전자방정식의 설명 중 잘못 설명한 것은?

① 폐곡선에 따른 전계의 선적분은 폐곡선 내를 통하는 자속의 시간 변화율과 같다.
② 폐곡면을 통해 나오는 자속은 폐곡면 내의 자극의 세기와 같다.
③ 폐곡면을 통해 나오는 전속은 폐곡면 내의 전하량과 같다.
④ 폐곡선에 따른 자계의 선적분은 폐곡선 내를 통하는 전류와 전속의 시간적 변화율과 같다.

해설 맥스웰 전자방정식

구 분	미분형 / 적분형
앙페르의 주회적분 법칙	• 미분형 $\operatorname{rot} H = \nabla \times H = i = i_c + \dfrac{\partial D}{\partial t}$ • 적분형 $\oint_C Hdl = i = i_c + \int_S \dfrac{\partial D}{\partial t} ds$
패러데이 전자유도 법칙	• 미분형 $\operatorname{rot} E = \nabla \times E = -\dfrac{\partial B}{\partial t}$ • 적분형 $\oint_C Edl = -\int_S \dfrac{\partial B}{\partial t} ds$
전계 가우스 발산 정리	• 미분형 $\operatorname{div} D = \nabla \cdot D = \rho$ • 적분형 $\oint_S Dds = \int_V \rho dv = Q$
자계 가우스 발산 정리	• 미분형 $\operatorname{div} B = \nabla \cdot B = 0$ • 적분형 $\oint_S Bds = 0$

★★★ 기사 14년 2회 / 산업 89년 6회, 00년 2회, 04년 3회

15 전자계에 대한 맥스웰의 기본이론이 아닌 것은?

① 자계의 시간적 변화에 따라 전계의 회전이 생긴다.
② 전도전류는 자계를 발생시키나, 변위전류는 자계를 발생시키지 않는다.
③ 자극은 N극–S극이 항상 공존한다.
④ 전하에서는 전속선이 발산된다.

해설

전도전류와 변위전류는 모두 주위에 자계를 만든다.

정답 12. ③ 13. ③ 14. ② 15. ②

$$단,\ D = \varepsilon E\,[\text{C/m}^2],\ B = \mu H\,[\text{Wb/m}^2],\ J = kE\,[\text{A/m}^2]$$

★★★★ 기사 94년 4회, 17년 3회 / 산업 16년 2회

16 자유공간에서 전계에 관하여 설명하는 것은 무엇인가?

① $\text{rot}\,E = -\dfrac{\partial B}{\partial t}$　　② $\text{rot}\,E = \dfrac{\partial B}{\partial t}$

③ $\text{rot}\,E = -\mu_0\dfrac{\partial H}{\partial t}$　　④ $\text{rot}\,E = \mu_0\dfrac{\partial H}{\partial t}$

해설

공기 중의 자속밀도 $B = \mu_0 H$에서

$\therefore$ 패러데이 법칙의 미분형 $\text{rot}\,E = -\dfrac{\partial B}{\partial t} = -\mu_0\dfrac{\partial H}{\partial t}$

Comment

- 자유공간에서 $\mu_s = 1$이므로 $B = \mu_0 H$가 된다.
- 보기 ①의 경우 공식이 우항에서 $-\dfrac{\partial B}{\partial t} = -\mu_0\mu_s\dfrac{\partial H}{\partial t}$ 로 해석되기 때문에 정답이 될 수 없다.
- 만약, 보기 ③이 없었으면 ①이 정답이 될 수 있다.

★★★ 기사 93년 1회, 99년 6회, 04년 2회 / 산업 18년 1회

17 Maxwell의 전자기파 방정식이 아닌 것은?

① $\displaystyle\oint_c H dl = nI$

② $\displaystyle\oint_c E dl = -\int_S \dfrac{\partial B}{\partial t}\,ds$

③ $\displaystyle\oint_s D ds = \int_v \rho\,dv$

④ $\displaystyle\oint_s B ds = 0$

해설

$\displaystyle\oint_c H dl = nI$식은 Ampere의 주회적분의 식이다.

★ 산업 93년 3회, 00년 4회, 07년 1회

18 다음 맥스웰(Maxwell) 전자방정식 중 성립하지 않는 식은?

① $\text{div}\,D = \rho$　　② $\text{div}\,B = 0$

③ $\text{rot}\,E = \dfrac{\partial B}{\partial t}$　　④ $\text{rot}\,H = i + \dfrac{\partial D}{\partial t}$

해설

맥스웰은 전자계를 결정하는 기본 방정식 4개를 정하였다.

$\text{rot}\,H = i + \dfrac{\partial D}{\partial t},\ \text{rot}\,E = -\dfrac{\partial B}{\partial t},\ \text{div}\,D = \rho,\ \text{div}\,B = 0$

★★ 산업 89년 6회, 93년 3회, 00년 4회, 07년 1회, 08년 2회

19 다음 중 정전기와 자기의 유사점 비교로 옳지 않은 것은?

① $\displaystyle\oint_c E dl = V$와 $\displaystyle\oint_c D dl = NI$

② $E = -\text{grad}\,V$와 $B = -\text{curl}\,A$

③ $\text{div}\,D = \rho_{ev}$와 $\text{div}\,B = \rho_v$

④ $\nabla^2 V = -\dfrac{\rho_v}{\varepsilon_0}$와 $\nabla^2 A = -\mu_0 i$

해설

$\text{div}\,B = 0$(독립된 자극은 존재하지 않는다)

★ 산업 93년 2회, 17년 3회

20 유전체 내의 전계의 세기가 E, 분극의 세기가 P, 유전율이 $\varepsilon = \varepsilon_0\varepsilon_s$인 유전체 내의 변위전류밀도는?

① $\varepsilon\dfrac{\partial E}{\partial t} + \dfrac{\partial P}{\partial t}$　　② $\varepsilon_0\dfrac{\partial E}{\partial t} + \dfrac{\partial P}{\partial t}$

③ $\varepsilon_0\left(\dfrac{\partial E}{\partial t} + \dfrac{\partial P}{\partial t}\right)$　　④ $\varepsilon\left(\dfrac{\partial E}{\partial t} + \dfrac{\partial P}{\partial t}\right)$

해설

변위전류밀도 $i_d = \dfrac{\partial D}{\partial t}$에서 $D = \varepsilon_0 E + P$이므로 대입 정리하면

$\therefore\ i_d = \varepsilon_0\dfrac{\partial E}{\partial t} + \dfrac{\partial P}{\partial t}$

★ 산업 89년 2회

21 와전류를 발생하는 전계 E를 표시하는 식은 무엇인가?

① $\text{div}\,E = -\dfrac{\rho}{\varepsilon}$　　② $\text{div}\,E = \dfrac{\rho}{\varepsilon}$

③ $\text{rot}\,E = -\dfrac{\partial B}{\partial t}$　　④ $\text{rot}\,E = \dfrac{\partial B}{\partial t}$

해설

와전류

$\text{rot}\,E = -\dfrac{\partial B}{\partial t}$(자속밀도가 시간에 따라 변화하면 회전하는 전계를 발생한다)

정답 16. ③　17. ①　18. ③　19. ③　20. ②　21. ③

★ 기사 92년 6회, 08년 2회, 12년 2회

22 그림과 같은 평행판 콘덴서에 교류 전원을 접속할 때 전류의 연속성에 대해서 성립하는 식은? (단, E : 전계, D : 자속밀도, ρ : 체적전하밀도, i : 전도전류밀도, B : 자속밀도, t : 시간)

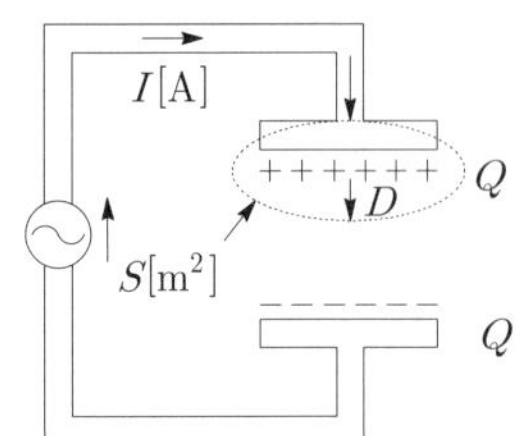

① $\nabla \cdot D = \rho$

② $\nabla \times E = -\dfrac{\partial B}{\partial t}$

③ $\nabla \cdot \left(i + \dfrac{\partial D}{\partial t}\right) = 0$

④ $\nabla \cdot B = 0$

해설

전류밀도 $i = i_c + i_d = kE + \dfrac{\partial D}{\partial t}$ 이므로

∴ 전류의 연속성(div $i = 0$)

$$\text{div } i = \nabla \cdot i = \nabla \cdot \left(i_c + \frac{\partial D}{\partial t}\right) = 0 \text{이 된다.}$$

출제 03 ▶ 평면파와 전자계의 성질

★ 기사 04년 1회

23 다음 사항 중 옳은 것은?

① $\nabla \times H$는 면전류밀도 [A/m^2]을 의미하며, curl H 또는 rot H와 같다.

② $\nabla \cdot V$는 전계방향과 반대방향이고, 등전위면과 직각방향인 전위가 감소하는 방향으로 향한다.

③ $\nabla \times D$는 단위면적당의 발산 전속수를 의미한다.

④ $\nabla \times (\nabla \times A)$는 벡터 항등식에서 $\nabla(\nabla \cdot A) - \nabla^2 A$와 같다.

해설

② $\nabla \cdot V$는 전계방향과 동일한 방향을 의미하고, 등전위면과 수직으로 전위가 증가하는 방향으로 향한다.

③ $\nabla \times D$는 전속의 회전을 말하며, 그 값은 0이다.

④ 벡터 항등식 $\nabla \times (\nabla \times A) = \nabla(\nabla \cdot A) - \nabla^2 A$에서 $\nabla(\nabla \cdot A) = 0$이므로, $\nabla \times (\nabla \times A) = -\nabla^2 A$가 된다.

★ 기사 04년 1회

24 다음 중 옳은 것은?

① grad V는 전계방향으로 향하는 전위의 변화율이다.

② curl curl H = grad div $H - \nabla^2 H$의 벡터 항등식은 맥스웰 전자방정식을 이용하여 전신방정식(telegraphic equation)을 유도하는 데 필요하다.

③ div E는 폐곡면의 단위면적당의 전기력의 발산량이다.

④ curl $H(\nabla \times H)$는 rot H와 같은 것이며, 자계 내의 1[Wb]가 이동하여 만든 폐로면 내 단위길이당의 선적분이다.

★★★ 기사 93년 5회, 00년 2회, 01년 1회, 03년 3회, 10년 3회

25 z방향으로 진행하는 평면파로 맞지 않는 것은?

① z성분이 0이다.

② x의 미분계수(도함수)가 0이다.

③ y의 미분계수가 0이다.

④ z의 미분계수가 0이다.

해설

㉠ z방향으로 진행하는 평면 전자파는 z성분이 존재하지 않는다($E_z = H_z = 0$).

㉡ x와 y에 관한 도함수는 $\dfrac{\partial E}{\partial x} = \dfrac{\partial H}{\partial x} = \dfrac{\partial E}{\partial y} = \dfrac{\partial H}{\partial y} = 0$이 되어

∴ E_x, E_y, H_x, H_y 및 $\dfrac{\partial E}{\partial z}$, $\dfrac{\partial H}{\partial z}$값이 존재한다.

★ 기사 90년 2회, 96년 4회, 10년 1회

26 다음 중 수직편파는?

① 대지에 대해서 전계가 수직면에 있는 전자파

② 대지에 대해서 전계가 수평면에 있는 전자파

③ 대지에 대해서 자계가 수직면에 있는 전자파

④ 대지에 대해서 자계가 수평면에 있는 전자파

해설

② 수평편파 : 전자파의 전기장이 반사평면이나 대지면에 대하여 수평이 되도록 하는 직선편파

★ 기사 95년 2회 / 산업 17년 3회

27 다음 중 TEM(횡전자파)은?

① 진행방향의 E, H성분이 모두 존재한다.

② 진행방향의 E, H성분이 모두 존재하지 않는다.

③ 진행방향의 E성분만 존재하고, H성분은 존재하지 않는다.

④ 진행방향의 H성분만 존재하고, E성분은 존재하지 않는다.

해설

진행방향 성분은 없고, 진행방향과 수직인 방향성분이 있다.

★ 산업 05년 2회

28 전계 및 자계가 z방향의 성분을 갖지 않고 동일한 전계와 자계를 합한 면이 z축에 수직이 되는 파를 무엇이라 하는가?

① 직선파

② 전자파

③ 굴절파

④ 평면파

★ 기사 97년 6회

29 진공 중의 맥스웰 전자방정식으로부터 $\nabla^2 E = \varepsilon_0\mu_0\dfrac{\partial^2 E}{\partial t^2}$, $\nabla^2 H = \varepsilon_0\mu_0\dfrac{\partial^2 H}{\partial t^2}$ 를 유도하였다. 이 두 식만으로서는 판단되지 않는 것은?

① 전계 및 자계는 파동으로 전파한다.

② 전파와 자파는 속도가 같고 $v = \dfrac{1}{\sqrt{\varepsilon_0\mu_0}}$ 이다.

③ 전자파의 진폭이 감쇠되지 않는다.

④ 전파와 자파는 진동방향이 수직이다.

해설

전파와 자파의 진동방향은 맥스웰 1, 2방정식에서 유도된다.

★★★★ 기사 93년 2회, 94년 2회, 00년 2회, 08년 2회, 12년 1회

30 매질이 완전 절연체인 경우의 전자 파동방정식을 표시하는 것은?

① $\nabla^2 E = \varepsilon\mu\dfrac{\partial E}{\partial t}$, $\nabla^2 H = k\mu\dfrac{\partial H}{\partial t}$

② $\nabla^2 E = \varepsilon\mu\dfrac{\partial^2 E}{\partial t}$, $\nabla^2 H = k\mu\dfrac{\partial^2 E}{\partial t^2}$

③ $\nabla^2 E = \varepsilon\mu\dfrac{\partial^2 E}{\partial t^2}$, $\nabla^2 H = \varepsilon\mu\dfrac{\partial^2 H}{\partial t^2}$

④ $\nabla^2 E = \varepsilon\mu\dfrac{\partial E}{\partial t}$, $\nabla^2 H = \varepsilon\mu\dfrac{\partial H}{\partial t}$

해설

완전 절연체는 도전율 $k = 0$이다.

★★★ 기사 03년 3회

31 진공 중에 있어서의 전자파의 속도(단위 : [m/s])가 아닌 것은?

① $\dfrac{1}{120\pi\varepsilon_0}$

② $500\sqrt{\dfrac{10}{\pi\varepsilon_0}}$

③ $\dfrac{1}{\sqrt{\varepsilon_0\mu_0}}$

④ $\sqrt{\dfrac{\pi\mu_0}{10\varepsilon_0}}$

정답 26. ① 27. ② 28. ④ 29. ④ 30. ③ 31. ④

해설

진공 중의 전자파 속도

$$v = \frac{1}{\sqrt{\varepsilon_0 \mu_0}} = \frac{1}{\sqrt{\dfrac{4\pi \times 10^{-7}}{36\pi \times 10^9}}} = \frac{1}{\sqrt{\dfrac{1}{9 \times 10^{16}}}}$$

$$= 3 \times 10^8 [\text{m/s}]$$

★★★★ 기사 14년 3회, 17년 2회 / 산업 99년 3회, 00년 2회, 18년 1회

32 유전율 ε, 투자율 μ인 매질에서 전자파의 전파속도는?

① $\sqrt{\dfrac{\varepsilon}{\mu}}$ 　② $\sqrt{\dfrac{\mu}{\varepsilon}}$

③ $\dfrac{3 \times 10^8}{\sqrt{\varepsilon_s \mu_s}}$ 　④ $\sqrt{\mu\varepsilon}$

해설

전자파의 전파속도

$$v = \frac{1}{\sqrt{\varepsilon\mu}} = \frac{1}{\sqrt{\varepsilon_0 \varepsilon_s \mu_0 \mu_s}} = \frac{3 \times 10^8}{\sqrt{\varepsilon_s \mu_s}} [\text{m/s}]$$

★★★ 산업 07년 2회

33 전자계에서 전파속도와 관계없는 것은?

① 도전율 　② 유전율

③ 비투자율 　④ 주파수

해설

전파속도 $v = \dfrac{1}{\sqrt{\varepsilon\mu}} = \dfrac{1}{\sqrt{LC}} = \dfrac{\omega}{\beta}$

여기서, 각주파수 : $\omega = 2\pi f$, 위상정수 : $\beta = \omega\sqrt{LC}$

★★★★ 기사 12년 2회 / 산업 01년 2회, 06년 2회

34 전자파의 전파속도[m/s]에 대한 설명 중 옳은 것은?

① 유전율에 비례한다.
② 유전율에 반비례한다.
③ 유전율과 투자율의 곱의 제곱근에 비례한다.
④ 유전율과 투자율의 곱의 제곱근에 반비례한다.

해설

전자파의 전파속도 $v = \dfrac{1}{\sqrt{\varepsilon\mu}} = \dfrac{3 \times 10^8}{\sqrt{\varepsilon_s \mu_s}} [\text{m/s}]$이므로 전파속도는 유전율과 투자율의 곱의 제곱근에 반비례한다.

★★★★★ 기사 93년 5회, 98년 4회, 04년 2회, 12년 1회 / 산업 00년 4회

35 비유전율 4, 비투자율 4인 매질 내에서의 전자파의 전파속도는 자유공간에서의 빛의 속도의 몇 [배]인가?

① $\dfrac{1}{3}$ 　② $\dfrac{1}{4}$

③ $\dfrac{1}{9}$ 　④ $\dfrac{1}{16}$

해설

전파속도

$$v = \frac{1}{\sqrt{\mu\varepsilon}} = \frac{3 \times 10^8}{\sqrt{\mu_s \varepsilon_s}} = \frac{C}{\sqrt{\mu_s \varepsilon_s}} = \frac{C}{\sqrt{4 \times 4}} = \frac{C}{4}$$

★★★★ 기사 94년 4회, 05년 2회 / 산업 98년 6회, 04년 1회, 07년 3회

36 라디오 방송의 평면파 주파수를 710[kHz]라 할 때 이 평면파가 콘크리트 벽($\varepsilon_s = 5$, $\mu_s = 1$) 속을 지날 때, 전파속도는 몇 [m/s]인가?

① 1.34×10^8 　② 2.54×10^8

③ 4.38×10^8 　④ 4.86×10^8

해설

전파속도

$$v = \frac{1}{\sqrt{\varepsilon\mu}} = 3 \times 10^8 \times \frac{1}{\sqrt{\varepsilon_s \mu_s}} = 3 \times 10^8 \times \frac{1}{\sqrt{5 \times 1}}$$

$$= 1.34 \times 10^8 [\text{m/s}]$$

★★★★★ 기사 11년 2 · 3회

37 진공 중에서 빛의 속도와 일치하는 전자파의 전파속도를 얻기 위한 조건으로 맞는 것은?

① $\mu_s = 0$, $\varepsilon_s = 0$ 　② $\mu_s = 0$, $\varepsilon_s = 1$

③ $\mu_s = 1$, $\varepsilon_s = 0$ 　④ $\mu_s = 1$, $\varepsilon_s = 1$

해설

전자파의 속도 $v = \dfrac{1}{\sqrt{\varepsilon\mu}} = \dfrac{3 \times 10^8}{\sqrt{\varepsilon_s \mu_s}} [\text{m/s}]$이므로 전자파의 속도가 빛의 속도와 같기 위해서는 $\varepsilon_s = \mu_s = 1$이 되어야 한다.

정답 32. ③ 33. ① 34. ④ 35. ② 36. ① 37. ④

38

산업 90년 2·6회, 95년 6회, 08년 3회, 09년 1회

15[MHz]의 전자파의 파장은 몇 [m]인가?

① 8 　　　　② 15
③ 20 　　　　④ 25

해설

전자파의 속도 $v_0 = 3 \times 10^8 [\text{m/s}]$

$\therefore$ 파장의 길이 $\lambda = \dfrac{v}{f} = \dfrac{3 \times 10^8}{15 \times 10^6} = 20[\text{m}]$

39

기사 09년 1회 / 산업 93년 1회

비유전율 $\varepsilon_r = 4$, 비투자율이 $\mu_r = 1$인 매질 내에서 주파수가 1[GHz]인 전자기파의 파장은 몇 [m]인가?

① 0.1[m]　　　② 0.15[m]
③ 0.25[m]　　④ 0.4[m]

해설

매질 중의 전자파의 속도

$v = \dfrac{1}{\sqrt{\varepsilon \mu}} = \dfrac{3 \times 10^8}{\sqrt{\varepsilon_r \mu_r}} = \dfrac{3 \times 10^8}{\sqrt{4 \times 1}} = 1.5 \times 10^8 [\text{m/s}]$

$\therefore$ 파장의 길이 $\lambda = \dfrac{v}{f} = \dfrac{1.5 \times 10^8}{10^9} = 0.15[\text{m}]$

40

기사 89년 2회 / 산업 93년 1회

정전용량 2[μF]인 콘덴서를 충전하여 4[mH]인 코일을 통해서 방전할 때의 전기 진동이 공간에 전파되는 경우 그 파장은 약 몇 [m]인가?

① 1.69×10^5　　② 3.38×10^5
③ 1.69×10^3　　④ 3.38×10^3

해설

㉠ 진공 중의 전자파의 속도

$v = \dfrac{1}{\sqrt{\varepsilon_0 \mu_0}} = 3 \times 10^8 [\text{m/s}]$

㉡ 공진 주파수

$f = \dfrac{1}{2\pi \sqrt{LC}} = \dfrac{1}{2\pi \sqrt{4 \times 10^{-3} \times 2 \times 10^{-6}}}$

$\quad = 1780[\text{Hz}]$

$\therefore$ 파장의 길이 $\lambda = \dfrac{v}{f} = \dfrac{3 \times 10^8}{1780} = 1.685 \times 10^5 [\text{m}]$

41

기사 93년 2회, 98년 6회, 00년 2회

도체 내의 전자파의 속도를 v라 하고, 감쇠정수를 α, 위상정수를 β, 각속도를 ω라고 하면 전자파의 속도 v를 나타내는 것은 무엇인가?

① $\dfrac{\omega}{\alpha}$　　　　② $\dfrac{\alpha^2}{\omega}$
③ $\dfrac{\omega}{\beta}$　　　　④ $\dfrac{\beta^2}{\omega}$

해설

전자파의 전파정수 $\gamma = \sqrt{(\sigma + j\omega\varepsilon) j\omega\mu} = \alpha + j\beta$에서 무손실(자유공간 $\sigma = 0$, $\alpha = 0$)에서의 전자파의 전파정수 $\gamma = j\beta$가 되므로 위상정수 $\beta = \omega \sqrt{\varepsilon_0 \mu_0}$가 된다.

전자파의 속도 $v = \dfrac{1}{\sqrt{\varepsilon_0 \mu_0}} = \dfrac{\omega}{\beta} [\text{m/s}]$

(감쇠정수 $\alpha = 0$, 위상정수 $\beta = \omega \sqrt{LC}$)

42

기사 01년 3회, 09년 2회, 10년 2회 / 산업 03년 1회, 08년 3회, 12년 2회

콘크리트($\varepsilon_r = 4$, $\mu_r = 1$) 중에서 전자파의 고유 임피던스는 약 몇 [Ω]인가?

① 35.4[Ω]　　② 70.8[Ω]
③ 124.3[Ω]　　④ 188.5[Ω]

해설

특성 임피던스

$Z = \sqrt{\dfrac{\mu}{\varepsilon}} = \sqrt{\dfrac{\mu_0 \mu_s}{\varepsilon_0 \varepsilon_s}} = 120\pi \sqrt{\dfrac{\mu_r}{\varepsilon_r}} = 120\pi \sqrt{\dfrac{1}{4}}$

$\quad = 377 \times \dfrac{1}{2} = 188.5[\text{Ω}]$

43

기사 90년 6회, 96년 6회, 03년 2회, 10년 1회

다음에서 무손실 전송회로의 특성 임피던스를 나타낸 것은?

① $Z_0 = \sqrt{\dfrac{C}{L}}$　　　② $Z_0 = \sqrt{\dfrac{L}{C}}$
③ $Z_0 = \dfrac{1}{\sqrt{LC}}$　　　④ $Z_0 = \sqrt{LC}$

정답　38. ③　39. ②　40. ①　41. ③　42. ④　43. ②

해설

특성 임피던스 $Z_0 = \sqrt{\dfrac{Z}{Y}} = \sqrt{\dfrac{R+j\omega L}{G+j\omega C}}$ 에서

무손실 선로($R = G = 0$)이므로 $Z_0 = \sqrt{\dfrac{L}{C}}$ [Ω]이다.

Comment

$LC = \mu\varepsilon$의 관계에서 고유(=특성=파동) 임피던스

$$Z = \frac{E}{H} = \sqrt{\frac{\mu}{\varepsilon}} = \sqrt{\frac{L}{C}}\,[\Omega]$$

★★★★★ 산업 08년 2회

44 전송회로에서 무손실인 경우 $L = 360$[mH], $C = 0.01$[μF]일 때 특성 임피던스는 몇 [Ω]인가?

① $\dfrac{1}{6} \times 10^{-3}$

② 3.6×10^7

③ $\dfrac{1}{36} \times 10^{-6}$

④ 6×10^3

해설

선로의 특성 임피던스

$$Z_0 = \sqrt{\frac{L}{C}} = \sqrt{\frac{360 \times 10^{-3}}{0.01 \times 10^{-6}}} = 6 \times 10^3 [\Omega]$$

★ 기사 96년 2회

45 내도체의 반지름이 a[m], 외도체의 내반지름 b[m]인 동축케이블이 있다. 도체 사이의 매질의 유전율은 ε[F/m], 투자율은 μ[H/m]이다. 이 케이블의 특성 임피던스는?

① $\dfrac{1}{2\pi} \sqrt{\dfrac{\mu}{\varepsilon}} \log \dfrac{b}{a}$ [Ω]

② $\sqrt{\dfrac{\mu}{\varepsilon}} \log \dfrac{b}{a}$ [Ω]

③ $\dfrac{\log \dfrac{b}{a}}{2\pi \sqrt{\varepsilon \mu}}$ [Ω]

④ $2\pi \left(\sqrt{\mu\varepsilon} \cdot \log \dfrac{b}{a} \right)$ [Ω]

해설

동축케이블의 인덕턴스 $L = \dfrac{\mu}{2\pi} \ln \dfrac{b}{a}$ [H/m]이고,

정전용량 $C = \dfrac{2\pi\varepsilon}{\ln \dfrac{b}{a}}$ [F/m]이므로

∴ 동축케이블의 특성 임피던스

$$Z = \sqrt{\frac{L}{C}} = \frac{1}{2\pi} \sqrt{\frac{\mu}{\varepsilon}} \ln \frac{b}{a} [\Omega]$$

★★★★★ 산업 90년 2회, 96년 2회, 10년 3회, 16년 1회

46 전계와 자계의 위상관계는?

① 위상이 서로 같다.

② 전계가 자계보다 90° 빠르다.

③ 전계가 자계보다 90° 늦다.

④ 전계가 자계보다 45° 빠르다.

해설

전계와 자계는 동위상이고, 서로 수직으로 진동한다.

★★★★★ 산업 96년 2회, 08년 2회

47 전자파의 진행방향은?

① 전계 E의 방향과 같다.

② 자계 H의 방향과 같다.

③ $E \times H$의 방향과 같다.

④ $\nabla \times E$의 방향과 같다.

해설

전계 E와 자계 H의 외적 방향이다.

★★★★★ 산업 89년 2회, 93년 3회, 94년 4회, 17년 1회

48 다음 중 전계와 자계와의 관계는?

① $\sqrt{\mu}\, H = \sqrt{\varepsilon}\, E$

② $\sqrt{\mu\varepsilon} = EH$

③ $\sqrt{\varepsilon}\, H = \sqrt{\mu}\, E$

④ $\mu\varepsilon = EH$

해설

고유(파동) 임피던스 $Z = \dfrac{E}{H} = \sqrt{\dfrac{\mu}{\varepsilon}}$ 에서

∴ $\sqrt{\varepsilon}\, E = \sqrt{\mu}\, H$

정답 44. ④ 45. ① 46. ① 47. ③ 48. ①

기사 12년 1회, 14년 3회

49 최대 전계 $E_m = 6$[V/m]인 평면 전자파가 수중을 전파할 때 자계의 최대치는 얼마인가? (단, 물의 비유전율 $\varepsilon_s = 80$, 비투자율 $\mu_s = 1$이다.)

① 0.071[AT/m] ② 0.142[AT/m]
③ 0.284[AT/m] ④ 0.426[AT/m]

해설
자계의 최대치

$$H_m = \sqrt{\frac{\varepsilon}{\mu}}\, E_m = \frac{E_m}{120\pi}\sqrt{\frac{\varepsilon_s}{\mu_s}} = \frac{6}{120\pi} \times \sqrt{80}$$

$$= 0.142\,[\text{AT/m}]$$

기사 97년 2회, 04년 3회, 12년 3회 / 산업 01년 3회, 08년 3회, 17년 3회

50 전계 $E = \sqrt{2}\, E_e \sin\omega\left(t - \dfrac{z}{v}\right)$[V/m]의 평면 전자파가 있다. 진공 중에서의 자계의 실효값은 몇 [A/m]인가?

① $2.65 \times 10^{-1} E_e$ ② $2.65 \times 10^{-2} E_e$
③ $2.65 \times 10^{-3} E_e$ ④ $2.65 \times 10^{-4} E_e$

해설
전계의 실효값이 E_e이므로
∴ 자계의 실효값

$$H = \sqrt{\frac{\varepsilon_0}{\mu_0}}\, E_e = \frac{E_e}{120\pi} = 2.65 \times 10^{-3} E_e\,[\text{A/m}]$$

기사 93년 1회, 15년 3회

51 평면 전자파가 유전율 ε, 투자율 μ인 유전체 내를 전파한다. 전계의 세기가 $E = E_m \sin\omega\left(t - \dfrac{X}{V}\right)$[V/m]라면 자계의 세기 H[A/m]는?

① $\sqrt{\mu\varepsilon}\, E_m \sin\omega\left(t - \dfrac{X}{V}\right)$

② $\sqrt{\dfrac{\varepsilon}{\mu}}\, E_m \cos\omega\left(t - \dfrac{X}{V}\right)$

③ $\sqrt{\dfrac{\varepsilon}{\mu}}\, E_m \sin\omega\left(t - \dfrac{X}{V}\right)$

④ $\sqrt{\dfrac{\mu}{\varepsilon}}\, E_m \cos\omega\left(t - \dfrac{X}{V}\right)$

해설
자계의 최댓값

$$H_m = \sqrt{\frac{\varepsilon}{\mu}}\, E_m = \frac{E_m}{120\pi}\sqrt{\frac{\varepsilon_s}{\mu_s}} = 2.65 \times 10^{-3} E_m\,\text{이}$$

고, 전계와 자계는 동위상이므로

∴ 자계의 세기 $H = \sqrt{\dfrac{\varepsilon}{\mu}}\, E_m \sin\omega\left(t - \dfrac{X}{V}\right)$

기사 94년 4회, 99년 6회, 02년 3회, 15년 2회

52 평면 전자파의 전계의 세기가 $E = 5\sin\omega\left(t - \dfrac{x}{V}\right)$[V/m]인 공기 중에서의 자계의 세기는 몇 [AT/m]인가?

① $-5\dfrac{\omega}{V}\cos\omega\left(t - \dfrac{x}{V}\right)$

② $5\omega\cos\omega\left(t - \dfrac{x}{V}\right)$

③ $4.8 \times 10^2 \sin\omega\left(t - \dfrac{x}{V}\right)$

④ $1.3 \times 10^{-2}\sin\omega\left(t - \dfrac{x}{V}\right)$

해설
자계의 최댓값

$$H_m = \sqrt{\frac{\varepsilon}{\mu}}\, E_m = \frac{E_m}{120\pi}\sqrt{\frac{\varepsilon_s}{\mu_s}} = 2.65 \times 10^{-3} E_m$$

$$= 13.25 \times 10^{-3}\,\text{이고, 전계와 자계는 동위상이므로}$$

∴ 자계의 세기 $H = 1.3 \times 10^{-2}\,\sin\omega\left(t - \dfrac{x}{V}\right)$[AT/m]

기사 10년 1회

53 자유공간에서 전파 $E(z,\ t) = 10^3 \sin(\omega t - \beta z) a_y$[V/m]일 때 자파 $H(z,\ t)$[A/m]는?

① $\dfrac{10^3}{120\pi}\sin(\omega t - \beta z) a_z$

② $\dfrac{10^3}{120\pi}\sin(\omega t - \beta z) a_x$

③ $-\dfrac{10^3}{120\pi}\sin(\omega t - \beta z) a_z$

④ $-\dfrac{10^3}{120\pi}\sin(\omega t - \beta z) a_x$

해설

㉠ 전계와 자계의 관계 $\sqrt{\varepsilon_0}\,E = \sqrt{\mu_0}\,H$에서

$$H = \sqrt{\frac{\varepsilon_0}{\mu_0}}\,E = \frac{E}{120\pi}$$

㉡ 전파는 y성분이면서 전자파가 시간에 따라 z방향으로 진행하기 위해서는 자파가 $-x$성분이 되어야 된다. (전자파의 진행방향은 $\vec{E} \times \vec{H}$이므로 $\vec{a_y} \times (-\vec{a_x})$ $= \vec{a_z}$가 된다.)

$\therefore$ 자파 $H(z,\ t) = -\dfrac{10^3}{120\pi}\sin(\omega t - \beta z)a_x\,[\text{A/m}]$

★ **기사 97년 4회**

54 그림과 같이 ε_1, μ_1의 매질 중 진행하는 전자파 E_1, H_1이 ε_2, μ_2의 매질과의 경계면에 직각으로 입사할 때 $\eta_1 = \sqrt{\dfrac{\mu_1}{\varepsilon_1}}$, $\eta_2 = \sqrt{\dfrac{\mu_2}{\varepsilon_2}}$ 라 하면 반사파 E_1의 크기는?

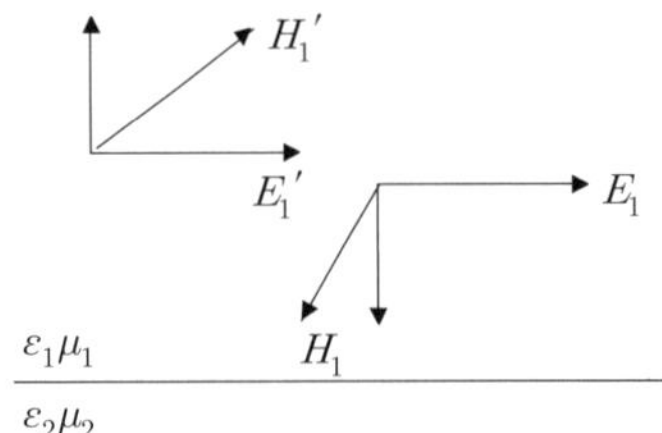

① $E_1' = \dfrac{\eta_2 - \eta_1}{\eta_1 + \eta_2}E_1$

② $E_1' = \dfrac{\eta_1 - \eta_2}{\eta_1 + \eta_2}E_1$

③ $E_1' = \dfrac{2\eta_2}{\eta_1 + \eta_2}E_1$

④ $E_1' = \dfrac{2\eta_1}{\eta_1 + \eta_2}E_1$

해설

㉠ 반사파 전계 : $E_2 = \dfrac{\eta_2 - \eta_1}{\eta_1 + \eta_2}E_1$

㉡ 투과파 전계 : $E_2 = \dfrac{2\eta_2}{\eta_1 + \eta_2}E_1$

㉢ 반사파 자계 : $H_2 = -\dfrac{\eta_2 - \eta_1}{\eta_1 + \eta_2}H_1$

㉣ 투과파 자계 : $H_2 = \dfrac{2\eta_1}{\eta_1 + \eta_2}H_1$

★ **기사 92년 2회**

55 유전율, 투자율이 각각 ε_1, μ_1, ε_2, μ_2인 두 유전체의 경계면에 평면 전자파가 수직으로 입사할 때 전계의 반사계수는?

(단, $\eta_1 = \sqrt{\dfrac{\eta_1}{\varepsilon_1}}$, $\eta_2 = \sqrt{\dfrac{\mu_2}{\varepsilon_2}}$)

① $\dfrac{2\eta_2}{\eta_2 + \eta_1}$

② $\dfrac{2\eta_2}{\eta_2 - \eta_1}$

③ $\dfrac{\eta_2 - \eta_1}{\eta_2 + \eta_1}$

④ $\dfrac{\eta_2 - \eta_1}{\eta_2 - \eta_1}$

해설

54번 문제 해설 참조

★ **기사 95년 6회, 14년 2회**

56 매질의 유전율과 투자율이 각각 ε_1과 μ_1인 매질에서 전자파가 ε_2와 μ_2인 매질에 수직으로 입사할 경우, 입사전계 E_1과 입사자계 H_1에 비하여 투과전계 E_2와 투과자계 H_2의 크기는 각각 어떻게 되는가?

(단, $\sqrt{\dfrac{\mu_1}{\varepsilon_1}} > \sqrt{\dfrac{\mu_2}{\varepsilon_2}}$)

① E_2, H_2 모두 크다.

② E_2, H_2 모두 작다.

③ E_2는 크고, H_2는 작다.

④ E_2는 작고, H_2는 크다.

해설

㉠ 투과전계는 $E_2 = \dfrac{2\eta_2}{\eta_1 + \eta_2}E_1$이므로 E_2보다는 E_1이 크다($E_1 > E_2$).

㉡ 투과자계는 $H_2 = \dfrac{2\eta_1}{\eta_1 + \eta_2}H_1$이므로 H_1보다는 H_2이 크다($H_1 < H_2$).

★ **기사 15년 3회**

57 특성 임피던스가 각각 η_1, η_2인 두 매질의 경계면에 전자파가 수직으로 입사할 때 전계가 무반사로 되기 위한 가장 알맞은 조건은?

① $\eta_2 = 0$

② $\eta_1 = 0$

③ $\eta_1 = \eta_2$

④ $\eta_1 \cdot \eta_2 = 0$

정답 54. ① 55. ③ 56. ④ 57. ③

해설

반사계수는 $\dfrac{\eta_2-\eta_1}{\eta_2+\eta_1}$ 이므로 무반사가 되려면 $\eta_1=\eta_2$ 가 되어야 한다.

★ 기사 04년 2회

58 영역 1의 자유공간에서 전파 $E_0{}^i$[V/m]와 자파 $H_0{}^i$[A/m]가 비유전율 $\varepsilon_s=3$, 비투자율 $\mu_s=1$을 가진 유전체 영역으로 수직하게 입사될 때 계면에서의 값으로 틀린 것은?

① 반사전파의 크기는 $-0.268E_0^i$ 이다.

② 투과전파의 크기는 $0.732E_0^i$ 이다.

③ 반사자파의 크기는 $1.268H_0^i$ 이다.

④ 투과자파의 크기는 $1.268H_0^i$ 이다.

해설

특성 임피던스

$$\eta_1=\sqrt{\frac{\mu_1}{\varepsilon_1}}=\sqrt{\frac{\mu_0}{\varepsilon_0}}=377,$$

$$\eta_2=\sqrt{\frac{\mu_2}{\varepsilon_2}}=\sqrt{\frac{\mu_0\mu_s}{\varepsilon_0\varepsilon_s}}=\sqrt{\frac{\mu_0}{\varepsilon_0}}\sqrt{\frac{\mu_s}{\varepsilon_s}}=377\sqrt{\frac{1}{3}}$$
$$=217.7$$

㉠ 반사파 전계

$$E_2=\frac{\eta_2-\eta_1}{\eta_1+\eta_2}E_0^i=\frac{217.7-377}{217.7+377}E_0^i=-0.268E_0^i$$

㉡ 투과파 전계

$$E_2=\frac{2\eta_2}{\eta_1+\eta_2}E_0^i=\frac{2\times217.7}{217.7+377}E_0^i=0.732E_0^i$$

㉢ 반사파 자계

$$H_2=-\frac{\eta_2-\eta_1}{\eta_1+\eta_2}H_0^i=-\frac{217.7-377}{217.7+377}H_0^i=0.268H_0^i$$

㉣ 투과파 자계

$$H_2=\frac{2\eta_1}{\eta_1+\eta_2}H_0^i=\frac{2\times377}{217.7+377}H_0^i=1.268H_0^i$$

출제 04 ▶ 포인팅 정리

★★★★ 기사 05년 1회, 09년 3회, 11년 2회, 13년 3회, 17년 1회 / 산업 07년 2회, 12년 2회

59 전계 E[V/m] 및 자계 H[AT/m]의 에너지가 자유공간 중을 v[m/s]의 속도로 전파될 때 단위시간에 단위면적을 지나가는 에너지는 몇 [W/m²]인가?

① $\sqrt{\varepsilon\mu}\,EH$

② EH

③ $\dfrac{EH}{\sqrt{\varepsilon\mu}}$

④ $\dfrac{1}{2}(\varepsilon E^2+\mu H^2)$

해설 포인팅 벡터(Poynting vector)

전자파의 진행방향에 수직한 평면의 단위면적을 단위시간 내에 통과하는 에너지의 크기

∴ 포인팅 벡터

$$P=Wv=\frac{1}{2}(\varepsilon E^2+\mu H^2)\times\frac{1}{\sqrt{\varepsilon\mu}}=EH\,[\text{W/m}^2]$$

★★★★ 기사 91년 2회, 02년 2회, 17년 3회

60 전계 및 자계의 세기가 각각 E, H일 때 포인팅 벡터 P의 표시로 옳은 것은?

① $\dfrac{1}{2}E\times H$

② $E\,\mathrm{rot}\,H$

③ $H\,\mathrm{rot}\,E$

④ $E\times H$

★★★ 산업 04년 2회, 16년 1회

61 자유공간에 있어서의 포인팅 벡터를 P[W/m²]라 할 때 전계의 세기의 실효값 E_e[V/m]를 구하면?

① $377P$

② $\dfrac{P}{377}$

③ $\sqrt{377P}$

④ $\sqrt{\dfrac{P}{377}}$

해설

㉠ 전계와 자계 관계 $\dfrac{E}{H}=\sqrt{\dfrac{\mu_0}{\varepsilon_0}}$ 에서

$$H=\sqrt{\frac{\varepsilon_0}{\mu_0}}\,E=\frac{E}{120\pi}=\frac{E}{377}[\text{AT/m}]$$

㉡ 포인팅 벡터 $P=EH=\dfrac{E^2}{120\pi}=\dfrac{E^2}{377}[\text{W/m}^2]$

∴ 전계의 세기 $E=\sqrt{120\pi P}=\sqrt{377P}\,[\text{V/m}]$

★★ 기사 93년 3회, 03년 2회

62 지구는 태양으로부터 평균 1[kW/m²]의 방사열을 받고 있다. 지구 표면에서의 전계는 몇 [V/m]인가?

① 423

② 526

③ 715

④ 614

정답 58. ③ 59. ② 60. ④ 61. ③ 62. ④

해설

㉠ 전계와 자계 관계 $\dfrac{E}{H} = \sqrt{\dfrac{\mu_0}{\varepsilon_0}}$ 에서

$$H = \sqrt{\dfrac{\varepsilon_0}{\mu_0}}\, E = \dfrac{E}{120\pi} = \dfrac{E}{377}[\text{AT/m}]$$

㉡ 포인팅 벡터 $P = EH = \dfrac{E^2}{120\pi} = \dfrac{E^2}{377}[\text{W/m}^2]$

∴ 전계의 세기

$$E = \sqrt{377P} = \sqrt{377 \times 10^3} = 614[\text{V/m}]$$

★★ 기사 08년 2회, 09년 3회

63 10[mW], 20[kHz]의 송신기가 자유공간 내에서 사방으로 균일하게 전파를 발사할 때 송신기로부터 10[km] 지점에서의 포인팅 벡터는 약 몇 [W/m²]인가?

① 4×10^{-11} ② 8×10^{-11}

③ 4×10^{-12} ④ 8×10^{-12}

해설

방사전력 $P_s = \displaystyle\int_S P\,ds = PS\,[\text{W}]$

∴ 포인팅 벡터

$$P = \dfrac{P_s}{S} = \dfrac{P_s}{4\pi r^2} = \dfrac{10 \times 10^{-3}}{4\pi \times (10 \times 10^3)^2}$$
$$= 7.95 \times 10^{-12}[\text{W/m}^2]$$

★★★ 기사 14년 1회

64 방송국 안테나 출력이 W[W]이고 이로부터 진공 중에 r[m] 떨어진 점에서 자계의 세기의 실효치 H는 몇 [A/m]인가?

① $\dfrac{1}{r}\sqrt{\dfrac{W}{377\pi}}$ ② $\dfrac{1}{2r}\sqrt{\dfrac{W}{377\pi}}$

③ $\dfrac{1}{2r}\sqrt{\dfrac{W}{188\pi}}$ ④ $\dfrac{1}{r}\sqrt{\dfrac{2W}{377\pi}}$

해설

방사전력

$$P_s = W = \int_S P\,ds = PS = EHS = 120\pi H^2 S\,[\text{W}]\text{에서}$$

$$\therefore H = \sqrt{\dfrac{W}{120\pi S}} = \sqrt{\dfrac{W}{120\pi \times 4\pi r^2}}$$
$$= \dfrac{1}{2r}\sqrt{\dfrac{W}{377\pi}}\,[\text{A/m}]$$

★★ 기사 94년 6회, 01년 1·3회 / 산업 02년 2회, 03년 3회, 08년 1회

65 100[kW]의 전력이 안테나에서 사방으로 균일하게 방사될 때 안테나에서 1[km] 거리에 있는 점의 전계의 실효치는? (단, 공기의 유전율은 $\varepsilon_0 = \dfrac{10^{-9}}{36\pi}[\text{F/m}]$이다.)

① $1.73[\text{V/m}]$

② $2.45[\text{V/m}]$

③ $3.73[\text{V/m}]$

④ $6[\text{V/m}]$

해설

방사전력 $P_s = \displaystyle\int_S P\,ds = PS = EHS = \dfrac{E^2 S}{120\pi}[\text{W}]$에서

$$\therefore E = \sqrt{\dfrac{120\pi P_s}{S}} = \sqrt{\dfrac{120\pi P_s}{4\pi r^2}} = \sqrt{\dfrac{30 P_s}{r^2}}$$
$$= \sqrt{\dfrac{30 \times 100 \times 10^3}{1000^2}}$$
$$= \sqrt{3} = 1.732[\text{V/m}]$$

★★★ 기사 93년 1회, 05년 3회, 08년 3회

66 자계의 실효치가 1[mA/m]인 평면 전자파가 공기 중에서 이에 수직되는 수직 단면적 10[m²]를 통과하는 전력은 몇 [W]인가?

① 3.77×10^{-3}

② 3.77×10^{-4}

③ 3.77×10^{-5}

④ 3.77×10^{-6}

해설

전계와 자계 관계 $\dfrac{E}{H} = \sqrt{\dfrac{\mu_0}{\varepsilon_0}}$ 에서

$$H = \sqrt{\dfrac{\varepsilon_0}{\mu_0}}\, E = \dfrac{E}{120\pi} = \dfrac{E}{377}[\text{AT/m}]$$

∴ 방사전력

$$P_s = EHS = 120\pi H^2 S$$
$$= 377 \times (10^{-3})^2 \times 10$$
$$= 3.77 \times 10^{-3}[\text{W}]$$

★ 기사 09년 2회

67 전계의 실효치가 377[V/m]인 평면 전자파가 진공을 진행하고 있다. 이때 이 전자파에 수직되는 방향으로 설치된 단면적 10[m²]의 센서로 전자파의 전력을 측정하려고 한다. 센서가 1[W]의 전력을 측정했을 때 1[mA]의 전류를 외부로 흘려준다면 전자파의 전력을 측정했을 때 외부로 흘려주는 전류는 몇 [mA]인가?

① 3.77

② 37.7

③ 377

④ 3770

해설

방사전력 $P_s = \int_S P ds = PS = EHS$

$$= \frac{E^2 S}{120\pi} = \frac{377^2 \times 10}{377} = 3770[\text{W}]$$

∴ 센서가 1[W]의 전력을 측정했을 때 1[mA]의 전류가 발생하므로, 3770[W]의 전력을 측정하면 전류는 3770[mA]가 발생된다.

★ 기사 15년 1회

68 공기 중에서 x방향으로 진행하는 전자파가 있다. $E_y = 3 \times 10^{-2} \sin\omega(x-vt)[\text{V/m}]$, $E_z = 4 \times 10^{-2} \sin\omega(x-vt)[\text{V/m}]$일 때, 포인팅 벡터의 크기[W/m²]는?

① $6.63 \times 10^{-6} \sin^2\omega(x-vt)$

② $6.63 \times 10^{-6} \cos^2\omega(x-vt)$

③ $6.63 \times 10^{-4} \sin^2\omega(x-vt)$

④ $6.63 \times 10^{-4} \cos^2\omega(x-vt)$

해설

㉠ $E = \sqrt{E_y^2 + E_z^2} = \sqrt{3^2 + 4^2} \times 10^{-2} \sin\omega(x-vt)$

$\quad = 5 \times 10^{-2} \sin\omega(x-vt)$

㉡ $H = \sqrt{\dfrac{\varepsilon_0}{\mu_0}} E = \dfrac{E}{120\pi} = 2.65 \times 10^{-3} E$

$\quad = 1.325 \times 10^{-4} \sin\omega(x-vt)$

∴ 포인팅 벡터

$\quad P = EH = 6.625 \times 10^{-6} \sin^2\omega(x-vt)$

출제 05 ▶ 벡터 퍼텐셜

★ 기사 05년 1회

69 그림과 같은 무한 직선 전류 I에 의한 P점의 vector potential과 자장의 방향은? (단, x축은 종이 뒷면에서 앞으로 향한다.)

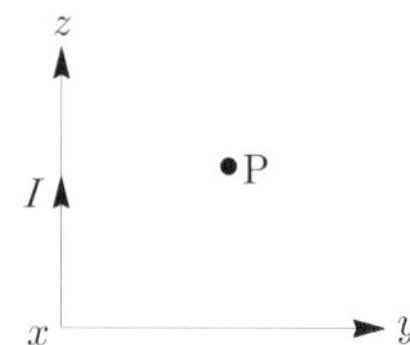

① 벡터 퍼텐셜 : $-z$, 자장 : $+x$

② 벡터 퍼텐셜 : $-x$, 자장 : $+x$

③ 벡터 퍼텐셜 : $-x$, 자장 : $-x$

④ 벡터 퍼텐셜 : $+z$, 자장 : $-x$

해설

vector potential의 방향은 전류방향과 일치해야 하므로 $+z$방향이 된다.
자기장의 방향은 앙페르 오른나사법칙에 의해 $-x$방향이 된다.

★★★ 기사 93년 5회, 95년 2회, 08년 3회, 13년 2·3회, 15년 1회 / 산업 94년 4회

70 자계의 벡터 퍼텐셜을 A라 할 때 자계의 변화에 의하여 생기는 전계의 세기 E는?

① $E = \text{rot } A$

② $\text{rot } E = -\dfrac{\partial A}{\partial t}$

③ $E = -\dfrac{\partial A}{\partial t}$

④ $\text{rot } E = A$

해설

맥스웰 방정식 $\text{rot } E = -\dfrac{\partial B}{\partial t}$에서 $B = \text{rot } A$이므로

대입 정리하면, $\text{rot } E = -\dfrac{\partial}{\partial t}\text{rot } A$

∴ $E = -\dfrac{\partial A}{\partial t}[\text{V/m}]$

기사 95년 6회, 99년 3회, 01년 2회, 06년 1회, 13년 3회

71 2개의 회로 C_1, C_2가 있을 때 각 회로상에 취한 미소부분을 dl_1, dl_2 두 미소부분 간의 거리를 r이라 하면 C_1, C_2회로 간의 상호 인덕턴스는 어떻게 표시되는가? (단, μ는 투자율이다.)

① $\dfrac{\mu}{4\pi}\oint_{C_2}\oint_{C_1}\dfrac{dl_1\,dl_2}{r}\,[\mathrm{H}]$

② $\dfrac{\mu}{4\pi}\oint_{C_1}\oint_{C_2}\dfrac{dl_1\,dl_2}{r^2}\,[\mathrm{H}]$

③ $\dfrac{\mu r}{2\pi}\oint_{C_2}\oint_{C_1}dl_1\,dl_2\,[\mathrm{H}]$

④ $\oint_{C_2}\oint_{C_1}\log r\,dl_1\,dl_2\,[\mathrm{H}]$

해설

㉠ 1차 코일의 전류 I_1에 의한 2차 코일의 벡터 퍼텐셜 :

$$A_1 = \frac{\mu_0 I_1}{4\pi}\oint_{C_1}\frac{dl_1}{r}$$

㉡ 2차 코일의 쇄교자속

$$\phi_{21} = \oint_{C_2}A_1\,dl_2 = \frac{\mu_0 I}{4\pi}\oint_{C_2}\oint_{C_1}\frac{dl_1\cdot dl_2}{r}$$

∴ 상호 인덕턴스

$$M_{21} = \frac{\phi_{21}}{I_1} = \frac{\mu_0}{4\pi}\oint_{C_2}\oint_{C_1}\frac{dl_1\cdot dl_2}{r}\,[\mathrm{H}]$$

기사 95년 4회, 00년 2회, 04년 3회, 13년 1회 / 산업 95년 2회

72 자기유도계수 L의 계산방법이 아닌 것은? (단, N : 권수, ϕ : 자속, I : 전류, A : 벡터 퍼텐셜, i : 전류밀도, B : 자속밀도, H : 자계의 세기)

① $L = \dfrac{N\phi}{I}$

② $L = \dfrac{1}{I^2}\displaystyle\int_v Ai\,dv$

③ $L = \dfrac{1}{I^2}\displaystyle\int_v BH\,dv$

④ $L = \dfrac{1}{I}\displaystyle\int_v Ai\,dv$

해설

㉠ 자기 인덕턴스 $L = \dfrac{N}{I}\phi\,[\mathrm{H}]$이다.

이때 자속 $\phi = \displaystyle\int B\,ds$이고, 권선수가 $N=1$권선이면

자기 인덕턴스

$$L = \frac{1}{I}\phi = \frac{1}{I}\int_S B\,ds$$

$$= \frac{1}{I}\int_S \mathrm{rot}A\,ds = \frac{1}{I}\oint_C A\,dl = \frac{1}{I^2}\oint_C AI\,dl$$

$$= \frac{1}{I^2}\int_l\int_s Ai\,ds\,dl = \frac{1}{I^2}\int_v Ai\,dv\,[\mathrm{H}]$$

㉡ L에 축적되는 에너지

$$W = \frac{1}{2}LI^2 = \frac{1}{2}\int_v BH\,dv\,[\mathrm{J}]에서$$

$$L = \frac{1}{I^2}\int_v BH\,dv$$

부 록

과년도 출제문제

전 기 기 사
/
전기산업기사

하　제3장 정전용량

01 면적이 0.02[m^3], 간격이 0.03[m]이고, 공기로 채워진 평행 평판의 커패시터에 1.0×10^{-6}[C]의 전하를 충전시킬 때, 두 판 사이에 작용하는 힘의 크기는 약 몇 [N]인가?

① 1.13　　　　② 1.41
③ 1.89　　　　④ 2.83

해설

㉠ 전계의 세기와 전위차의 관계 : $V = dE$
㉡ 콘덴서에 축적된 전하량 : $Q = CV$[C]
㉢ 평행판 콘덴서 정전용량 : $C = \dfrac{\varepsilon_0 S}{d}$ [F]
㉣ 평행판 사이에 작용하는 힘(정전응력)

$$f = \frac{1}{2}\varepsilon_0 E [\text{N/m}^2] = \frac{1}{2}\varepsilon_0 E^2 S[\text{N}]$$

$$= \frac{1}{2}\varepsilon_0 \times \left(\frac{V}{d}\right)^2 \times S = \frac{1}{2d}\times\frac{\varepsilon_0 S}{d}\times V^2$$

$$= \frac{1}{2d}\times CV^2 = \frac{1}{2d}\times C\times\left(\frac{Q}{C}\right)^2$$

$$= \frac{Q^2}{2Cd} = \frac{Q^2}{2\varepsilon_0 S}[\text{N}]$$

$$\therefore F = \frac{(10^{-6})^2}{2\times8.855\times10^{-12}\times0.02} = 2.823[\text{N}]$$

중　제7장 진공 중의 정자계

02 자극의 세기가 7.4×10^{-5}[Wb], 길이가 10[cm]인 막대자석이 100[AT/m]의 평등자계 내에 자계의 방향과 30°로 놓여 있을 때 이 자석에 작용하는 회전력[N · m]은?

① 2.5×10^{-3}
② 3.7×10^{-4}
③ 5.3×10^{-5}
④ 6.2×10^{-6}

해설

막대자석의 회전력(토크)
$$T = mlH\sin\theta = 7.4\times10^{-5}\times0.1\times100\times\sin30°$$
$$= 3.7\times10^{-4}[\text{N · m}]$$

중　제12장 전자계

03 유전율이 $\varepsilon = 2\varepsilon_0$이고 투자율이 μ_0인 비도전성 유전체에서 전자파의 전계의 세기가 $E(z, t) = 120\pi\cos(10^9 t - \beta z)\hat{y}$[V/m]일 때, 자계의 세기 H [A /m]는? (단, $\hat{x}$, $\hat{y}$는 단위벡터이다.)

① $-\sqrt{2}\cos(10^9 t - \beta z)\hat{x}$

② $\sqrt{2}\cos(10^9 t - \beta z)\hat{x}$

③ $-2\cos(10^9 t - \beta z)\hat{x}$

④ $2\cos(10^9 t - \beta z)\hat{x}$

해설

㉠ 전계와 자계의 관계 : $\sqrt{\varepsilon}\,E = \sqrt{\mu}\,H$
㉡ 자계의 최대값

$$H_m = \sqrt{\frac{\varepsilon}{\mu}}\,E_m = \sqrt{\frac{\varepsilon_0\varepsilon_s}{\mu_0\mu_s}}\,E_m$$

$$= \frac{E_m}{120\pi}\sqrt{\frac{\varepsilon_s}{\mu_s}} = \frac{120\pi}{120\pi}\sqrt{\frac{2}{1}} = \sqrt{2}$$

㉢ 전자파는 시간적 변화에 따라 z축으로 향하므로 전계가 $\hat{y}$이면 자계는 $-\hat{x}$방향이 된다.
$$\therefore H(z, t) = -\sqrt{2}\cos(10^9 t - \beta z)\,\hat{x}\ [\text{A/m}]$$

상　제9장 자성체와 자기회로

04 자기회로에서 전기회로의 도전율 σ[℧/m]에 대응되는 것은?

① 자속
② 기자력
③ 투자율
④ 자기저항

해설　전기회로와 자기회로의 대응관계

㉠ 기전력 - 기자력
㉡ 전류 - 자속
㉢ 전류밀도 - 자속밀도
㉣ 전기저항 - 자기저항
㉤ 컨덕턴스 - 퍼미언스
㉥ 도전율 - 투자율

중 제11장 인덕턴스

05 단면적이 균일한 환상철심에 권수 1000회인 A코일과 권수 N_B회인 B코일이 감겨져 있다. A코일의 자기인덕턴스가 100[mH]이고, 두 코일 사이의 상호인덕턴스가 20[mH]이고, 결합계수가 1일 때, B코일의 권수(N_B)는 몇 회인가?

① 100
② 200
③ 300
④ 400

해설

㉠ A코일의 자기인덕턴스

$$L_A = \frac{\mu S N_A{}^2}{l} = 100\,[\text{mH}]$$

㉡ 상호인덕턴스

$$M = \frac{\mu S N_A N_B}{l} = 20\,[\text{mH}]$$

㉢ M와 L_A의 관계 $M = \dfrac{N_B}{N_A} \times L_A$에서 B코일의 권수는 다음과 같다.

$$\therefore\ N_B = \frac{M \times N_A}{L_A} = \frac{20 \times 1000}{100} = 200\,\text{회}$$

상 제12장 전자계

06 공기 중에서 1[V/m]의 전계의 세기에 의한 변위전류밀도의 크기를 2[A/m²]으로 흐르게 하려면 전계의 주파수는 몇 [MHz]가 되어야 하는가?

① 9000
② 18000
③ 36000
④ 72000

해설

변위전류밀도 $i_d = \omega \varepsilon E = 2\pi f \varepsilon_0 E\,[\text{A/m}^2]$에서 전계의 주파수

$$f = \frac{i_d}{2\pi \varepsilon_0 E} = \frac{2}{2\pi \times 8.855 \times 10^{-12} \times 1}$$

$$= 0.036 \times 10^{12}\,[\text{Hz}] = 36000\,[\text{MHz}]$$

여기서, $1[\text{Hz}] = 10^{-6}[\text{MHz}]$

상 제6장 전류

07 내부 원통도체의 반지름이 a[m], 외부 원통도체의 반지름이 b[m]인 동축 원통도체에서 내외 도체 간 물질의 도전율이 σ[℧/m]일 때 내외 도체 간의 단위길이당 컨덕턴스[℧/m]는?

① $\dfrac{2\pi\sigma}{\ln\dfrac{b}{a}}$

② $\dfrac{2\pi\sigma}{\ln\dfrac{a}{b}}$

③ $\dfrac{4\pi\sigma}{\ln\dfrac{b}{a}}$

④ $\dfrac{4\pi\sigma}{\ln\dfrac{a}{b}}$

해설 동축 원통도체(동축케이블)

㉠ 정전용량 : $C = \dfrac{2\pi\varepsilon}{\ln\dfrac{b}{a}}\,[\text{F/m}]$

㉡ 저항과 정전용량 관계 : $RC = \varepsilon\rho$

㉢ 절연저항 : $R = \dfrac{\varepsilon\rho}{C} = \dfrac{\rho}{2\pi}\ln\dfrac{b}{a}\,[\Omega/\text{m}]$

여기서, 도전율 $\sigma = \dfrac{1}{\rho}$, ρ : 고유저항

㉣ 컨덕턴스 : $G = \dfrac{1}{R} = \dfrac{2\pi\sigma}{\ln\dfrac{b}{a}}\,[℧/\text{m}]$

상 제8장 전류의 자기현상

08 z축상에 놓인 길이가 긴 직선도체에 10[A]의 전류가 $+z$방향으로 흐르고 있다. 이 도체 주위의 자속밀도가 $3\hat{x} - 4\hat{y}$[Wb/m²]일 때 도체가 받는 단위길이당 힘[N/m]은? (단, $\hat{x}$, $\hat{y}$는 단위벡터이다.)

① $-40\hat{x} + 30\hat{y}$
② $-30\hat{x} + 40\hat{y}$
③ $30\hat{x} + 40\hat{y}$
④ $40\hat{x} + 30\hat{y}$

해설

㉠ 플레밍의 왼손법칙 : 자계 내의 도체에 전류를 흘리면 도체에는 전자력 F가 발생한다.

㉡ 전자력 : $F = IBl\sin\theta = (\dot{I} \times \dot{B})\,l\,[\text{N}]$

㉢ 단위길이당 작용하는 힘

$$f = \dot{I} \times \dot{B} = 10\,\hat{z} \times (3\hat{x} - 4\hat{y})$$

$$= 30\hat{y} + 40\hat{x} = 40\hat{x} + 30\hat{y}\,[\text{N/m}]$$

정답 05. ② 06. ③ 07. ① 08. ④

중 제2장 진공 중의 정전계

09 진공 중 한 변의 길이가 0.1[m]인 정삼각형의 3정점 A, B, C에 각각 2.0×10^{-6}[C]의 점전하가 있을 때, 점 A의 전하에 작용하는 힘은 몇 [N]인가?

① $1.8\sqrt{2}$

② $1.8\sqrt{3}$

③ $3.6\sqrt{2}$

④ $3.6\sqrt{3}$

해설

정삼각형 A점에서 받아지는 힘은 A, B 사이에 작용하는 힘 F_1와 A, C 사이에 작용하는 힘 F_2를 더하여 구할 수 있다.

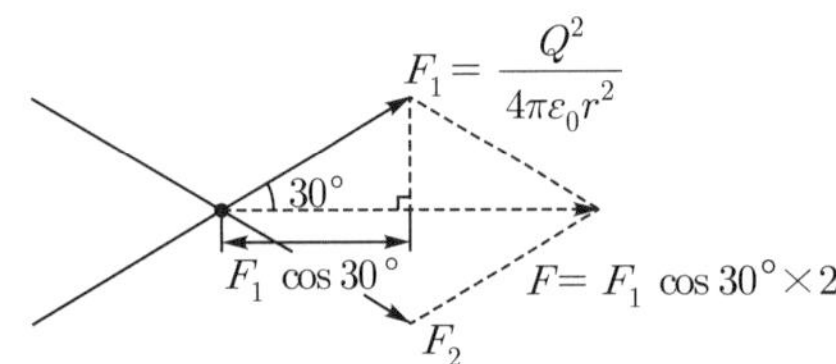

$$F = F_1 + F_2 = F_1 \times \cos 30° \times 2$$
$$= \frac{Q^2}{4\pi\varepsilon_0 r^2} \times \cos 30° \times e$$
$$= 9 \times 10^9 \times \frac{(2 \times 10^{-6})^2}{0.1^2} \times \frac{\sqrt{3}}{2} \times 2$$
$$= 3.6\sqrt{3} \text{ [N]}$$

상 제9장 자성체와 자기회로

10 투자율이 μ[H/m], 자계의 세기가 H[AT/m], 자속밀도가 B[Wb/m²]인 곳에서의 자계에너지밀도[J/m³]는?

① $\dfrac{B^2}{2\mu}$

② $\dfrac{H^2}{2\mu}$

③ $\dfrac{1}{2}\mu H$

④ BH

해설

㉠ 전계에너지밀도
$$w_e = \frac{1}{2}\varepsilon E^2 = \frac{1}{2}ED = \frac{D^2}{2\varepsilon} \text{ [J/m}^3\text{]}$$

㉡ 자계에너지밀도
$$w_m = \frac{1}{2}\mu H^2 = \frac{1}{2}HB = \frac{B^2}{2\mu} \text{ [J/m}^3\text{]}$$

하 제2장 진공 중의 정전계

11 진공 내 전위함수가 $V = x^2 + y^2$[V]로 주어졌을 때, $0 \le x \le 1$, $0 \le y \le 1$, $0 \le z \le 1$인 공간에 저장되는 정전에너지[J]는?

① $\dfrac{4}{3}\varepsilon_0$

② $\dfrac{2}{3}\varepsilon_0$

③ $4\varepsilon_0$

④ $2\varepsilon_0$

해설

단위체적당 저축되는 에너지 $w_e = \frac{1}{2}\varepsilon_0 E^2$[J/m³]에서 체적($v = \int_x \int_y \int_z d_x d_y d_z$)을 곱하여 전체 에너지를 구할 수 있다.

㉠ 전계의 세기
$$E = -\operatorname{grad} V = -\nabla V = -2xi - 2yj$$

㉡ $E^2 = E \cdot E = 4x^2 + 4y^2$

$$\therefore W = \int_0^1 \int_0^1 \int_0^1 \frac{1}{2}\varepsilon_0 E^2 \, dx\, dy\, dz = \frac{4}{3}\varepsilon_0 \text{ [J]}$$

상 제4장 유전체

12 전계가 유리에서 공기로 입사할 때 입사각 θ_1과 굴절각 θ_2의 관계와 유리에서의 전계 E_1과 공기에서의 전계 E_2의 관계는?

① $\theta_1 > \theta_2$, $E_1 > E_2$ ② $\theta_1 < \theta_2$, $E_1 > E_2$

③ $\theta_1 > \theta_2$, $E_1 < E_2$ ④ $\theta_1 < \theta_2$, $E_1 < E_2$

해설 유전체 경계면의 조건($\varepsilon_1 > \varepsilon_2$의 경우)

㉠ $\dfrac{\varepsilon_2}{\varepsilon_1} = \dfrac{\tan\theta_2}{\tan\theta_1} \rightarrow \theta_1 > \theta_2$

㉡ $E_1 \sin\theta_1 = E_2 \sin\theta_2 \rightarrow E_1 < E_2$

㉢ $D_1 \cos\theta_1 = D_2 \cos\theta_2 \rightarrow D_1 > D_2$

상 제2장 진공 중의 정전계

13 진공 중 4[m] 간격으로 평행한 두 개의 무한 평판도체에 각각 +4[C/m²], −4[C/m²]의 전하를 주었을 때, 두 도체 간의 전위차는 약 몇 [V]인가?

① 1.36×10^{11}

② 1.36×10^{12}

③ 1.8×10^{11}

④ 1.8×10^{12}

정답 09. ④ 10. ① 11. ① 12. ③ 13. ④

해설

㉠ 평행판 도체 사이의 전계 : $E = \dfrac{\sigma}{\varepsilon_0}$ [V/m]

㉡ 평행판 도체의 전위차 : $V = dE$[V]

$$\therefore \; V = \dfrac{\sigma d}{\varepsilon_0} = \dfrac{4 \times 4}{8.855 \times 10^{-12}} = 1.8 \times 10^{12} \,[\text{V}]$$

상 제11장 인덕턴스

14 인덕턴스[H]의 단위를 나타낸 것으로 틀린 것은?

① $[\Omega \cdot \text{s}]$　　　　② $[\text{Wb/A}]$

③ $[\text{J/A}^2]$　　　　④ $[\text{N/A} \cdot \text{m}]$

해설 인덕턴스 공식

㉠ 단자전압 $V_L = L\dfrac{di}{dt}$ 에서

$$L = \dfrac{V_L dt}{di} \,[\text{V} \cdot \text{s/A} = \Omega \cdot \text{s}]$$

㉡ 쇄교자속 $\Phi = \phi N = LI$ 에서

$$L = \dfrac{\Phi}{I} \,[\text{Wb/A}]$$

㉢ 코일에 축적되는 자기에너지 $W_L = \dfrac{1}{2}LI^2$ 에서

$$L = \dfrac{2W_L}{I^2} \,[\text{J/A}^2]$$

상 제3장 정전용량

15 진공 중 반지름이 a[m]인 무한길이의 원통 도체 2개가 간격 d[m]로 평행하게 배치되어 있다. 두 도체 사이의 정전용량[C]을 나타낸 것으로 옳은 것은?

① $\pi\varepsilon_0 \ln \dfrac{d-a}{a}$　　　　② $\dfrac{\pi\varepsilon_0}{\ln \dfrac{d-a}{a}}$

③ $\pi\varepsilon_0 \ln \dfrac{a}{d-a}$　　　　④ $\dfrac{\pi\varepsilon_0}{\ln \dfrac{a}{d-a}}$

해설 각 도체에 따른 정전용량

㉠ 구도체 : $C = 4\pi\varepsilon_0 a$ [F]

㉡ 동심 구도체 : $C = \dfrac{4\pi\varepsilon_0 ab}{b-a}$ [F]

㉢ 동축케이블 : $C = \dfrac{2\pi\varepsilon_0}{\ln \dfrac{b}{a}}$ [F/m]

㉣ 평행도체 : $C = \dfrac{\pi\varepsilon_0}{\ln \dfrac{d-a}{a}}$ [F/m]

㉤ 평행판 도체 : $C = \dfrac{\varepsilon_0 S}{d}$ [F]

상 제8장 전류의 자기현상

16 진공 중에 4[m]의 간격으로 놓여진 평행 도선에 같은 크기의 왕복전류가 흐를 때 단위길이당 2.0×10^{-7}[N]의 힘이 작용하였다. 이때 평행 도선에 흐르는 전류는 몇 [A]인가?

① 1　　　　② 2

③ 4　　　　④ 8

해설

평행 왕복전류 사이에서 작용하는 힘 $f = \dfrac{2I^2}{d} \times 10^{-7}$ [N/m]에서 전류는 다음과 같다.

$$\therefore \; I = \sqrt{\dfrac{fd}{2 \times 10^{-7}}} = \sqrt{\dfrac{2 \times 10^{-7} \times 4}{2 \times 10^{-7}}} = 2[\text{A}]$$

상 제4장 유전체

17 평행극판 사이 간격이 d[m]이고 정전용량이 $0.3[\mu\text{F}]$인 공기 커패시터가 있다. 그림과 같이 두 극판 사이에 비유전율이 5인 유전체를 절반 두께만큼 넣었을 때 이 커패시터의 정전용량은 몇 $[\mu\text{F}]$이 되는가?

① 0.01

② 0.05

③ 0.1

④ 0.5

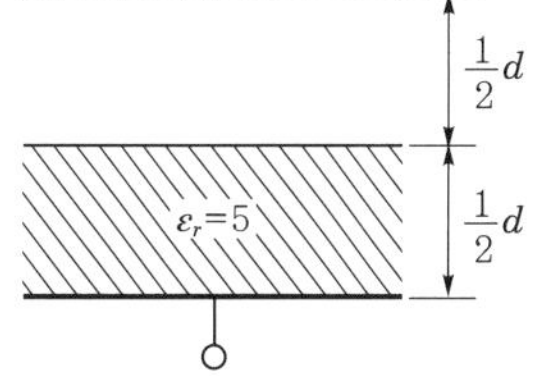

해설

초기 공기콘덴서 $C_0 = \dfrac{\varepsilon_0 S}{d} = 0.3\,[\mu\text{F}]$에서 극판간격을 나누어 유전체를 삽입하면

㉠ 공기콘덴서 : $C_1 = 2C_0 = 0.6\,[\mu\text{F}]$

㉡ 유전체콘덴서 : $C_2 = 2\varepsilon_r C_0 = 3\,[\mu\text{F}]$

　여기서, 비유전율 : $\varepsilon_r = 5$

㉢ 문제의 그림과 같이 공기콘덴서와 유전체콘덴서가 직렬로 접속되어 있으므로 합성정전용량은 다음과 같다.

$$\therefore \; C = \dfrac{C_1 \times C_2}{C_1 + C_2} = \dfrac{0.6 \times 3}{0.6 + 3} = 0.5\,[\mu\text{F}]$$

 제5장 전기 영상법

18 반지름이 a[m]인 접지된 구도체와 구도체의 중심에서 거리 d[m] 떨어진 곳에 점전하가 존재할 때, 점전하에 의한 접지된 구도체에서의 영상전하에 대한 설명으로 틀린 것은?

① 영상전하는 구도체 내부에 존재한다.
② 영상전하는 점전하와 구도체 중심을 이은 직선상에 존재한다.
③ 영상전하의 전하량과 점전하의 전하량은 크기는 같고 부호는 반대이다.
④ 영상전하의 위치는 구도체의 중심과 점전하 사이 거리(d[m])와 구도체의 반지름(a[m])에 의해 결정된다.

해설 접지된 구도체와 점전하

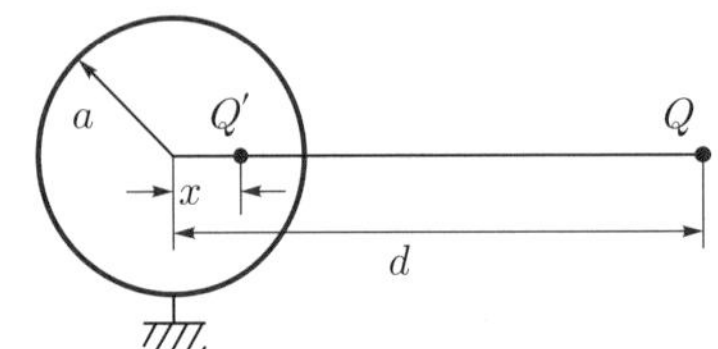

㉠ 영상전하 : $Q' = -\dfrac{a}{d}Q$[C]

㉡ 구도체 내의 영상점 : $x = \dfrac{a^2}{d}$[m]

 제4장 유전체

19 평등전계 중에 유전체구에 의한 전계분포가 그림과 같이 되었을 때 ε_1과 ε_2의 크기 관계는?

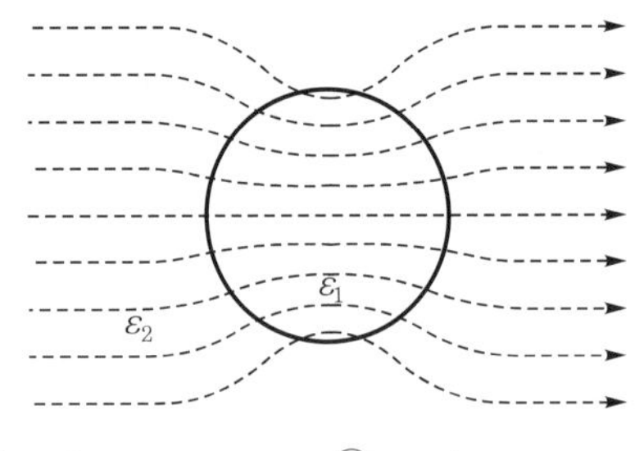

① $\varepsilon_1 > \varepsilon_2$ ② $\varepsilon_1 < \varepsilon_2$
③ $\varepsilon_1 = \varepsilon_2$ ④ 무관하다.

해설 유전체 내에 전기력선과 유전속(전속선) 관계

㉠ 전기력선은 유전율이 작은 곳으로 모이려는 특성이 있다.
㉡ 유전속(전속선)은 유전율이 큰 곳으로 모이려는 특성이 있다.
∴ 그림에서 전기력선은 ε_1 공간에 모였으므로 $\varepsilon_1 < \varepsilon_2$의 관계를 갖는다.

 제10장 전자유도법칙

20 어떤 도체에 교류전류가 흐를 때 도체에서 나타나는 표피효과에 대한 설명으로 틀린 것은?

① 도체 중심부보다 도체 표면부에 더 많은 전류가 흐르는 것을 표피효과라 한다.
② 전류의 주파수가 높을수록 표피효과는 작아진다.
③ 도체의 도전율이 클수록 표피효과는 커진다.
④ 도체의 투자율이 클수록 표피효과는 커진다.

해설

표피두께 $\delta = \dfrac{1}{\sqrt{\pi f \mu \sigma}}$[m]에서 $f\mu\sigma$가 클수록 δ가 작고, δ가 작을수록 표피효과는 크다.
∴ 주파수가 높을수록 표피효과는 커진다.

중 제7장 진공 중의 정자계

01 판자석의 세기가 P[Wb/m]가 되는 판자석을 보는 입체각 ω인 점의 자위는 몇 [A]인가?

① $\dfrac{P}{2\pi\mu_0\omega}$ ② $\dfrac{P\omega}{2\pi\mu_0}$

③ $\dfrac{P}{4\pi\mu_0\omega}$ ④ $\dfrac{P\omega}{4\pi\mu_0}$

해설

자기 이중층＝판자석
㉠ 자기 이중층 모멘트＝판자석의 세기
$$M = P = \sigma\,\delta\,[\text{Wb/m}]$$
㉡ 자기 이중층(판자석)의 자위
$$U = \frac{P\omega}{4\pi\mu_0} = \frac{I\omega}{4\pi}\,[\text{A}]$$

상 제9장 자성체와 자기회로

02 강자성체가 아닌 것은?

① 철
② 니켈
③ 백금
④ 코발트

해설 자성체의 종류

㉠ 강자성체 : 철, 니켈, 코발트 등
㉡ 상자성체 : 공기, 알루미늄, 망간, 백금 등
㉢ 반자성체 : 금, 은, 동, 납, 창연 등

상 제6장 전류

03 대지 중의 두 전극 사이에 있는 어떤 점의 전계의 세기가 $E = 6$[V/cm], 지면의 도전율이 $k = 10^{-4}$[℧/cm]일 때 이 점의 전류밀도는 몇 [A/cm^2] 인가?

① 6×10^{-4} ② 6×10^{-6}

③ 6×10^{-5} ④ 6×10^{-3}

해설

전류밀도 $i = kE = 10^{-4} \times 6 = 6 \times 10^{-4}$ [A/cm^2]

중 제12장 전자계

04 안테나에서 파장 40[cm]의 평면파가 자유공간에 방사될 때 발신 주파수는 몇 [MHz]인가?

① 650   ② 700
③ 750   ④ 800

해설

㉠ 파장의 길이 : $\lambda = \dfrac{v}{f}$[m]

㉡ 발신 주파수: $f = \dfrac{v}{\lambda} = \dfrac{3 \times 10^8}{0.4}$
$$= 0.75 \times 10^9 [\text{Hz}] = 750 [\text{MHz}]$$

상 제8장 전류의 자기현상

05 간격이 1.5[m]이고 평행한 무한히 긴 단상 송전선로가 가설되었다. 여기에 선간전압 6600[V], 3[A]를 송전하면 단위길이당 작용하는 힘은?

① 1.2×10^{-3}[N/m], 흡인력
② 5.89×10^{-5}[N/m], 흡인력
③ 1.2×10^{-6}[N/m], 반발력
④ 6.28×10^{-7}[N/m], 반발력

해설

단상 선로에서 전류는 왕복해서 흐르므로 두 전선 간에는 반발력이 작용하게 된다.
$$\therefore \text{전자력 } F = \frac{2I^2}{d} \times 10^{-7} = \frac{2 \times 3^2 \times 10^{-7}}{1.5}$$
$$= 12 \times 10^{-7} = 1.2 \times 10^{-6} [\text{N/m}]$$

상 제6장 전류

06 도전율의 단위는?

① [m/Ω]   ② [Ω/m^2]
③ [1/℧ · m]   ④ [℧/m]

해설

㉠ 고유저항 $\rho = \dfrac{RS}{l}$[Ω · m＝Ω · mm^2/m]

㉡ 도전율 $k = \dfrac{1}{\rho}\left[\dfrac{1}{\Omega \cdot \text{m}} = \dfrac{℧}{\text{m}}\right]$

정답   01. ④   02. ③   03. ①   04. ③   05. ③   06. ④

중 제11장 인덕턴스

07 서로 결합하고 있는 두 코일의 자기유도계수가 각각 3[mH], 5[mH]이다. 이들을 자속이 서로 합해지도록 직렬접속하면 합성유도계수가 L[mH]이고, 반대되도록 직렬접속하면 합성 유도계수 L'는 L의 60[%]이었다. 두 코일 간의 결합계수는 얼마인가?

① 0.258 ② 0.362
③ 0.451 ④ 0.551

해설

㉠ 가동결합
$$L_+ = L_1 + L_2 + 2M = L[\text{mH}]$$
여기서, $L_1 = 3[\text{mH}]$, $L_2 = 5[\text{mH}]$

㉡ 차동결합
$$L_- = L_1 + L_2 - 2M = 0.6L[\text{mH}]$$

㉢ 상호인덕턴스
$$M = \frac{L_+ - L_-}{4} = \frac{L - 0.6L}{4}$$
$$= 0.1L[\text{mH}] \to L = 10M$$

㉣ 위 ㉢식의 결과를 ㉠식에 대입하면
$$L_1 + L_2 + 2M = 10M$$
$$\to M = \frac{L_+ + L_-}{8} = \frac{3+5}{8} = 1[\text{mH}]$$

∴ 결합계수
$$k = \frac{M}{\sqrt{L_1 L_2}} = \frac{1}{\sqrt{3 \times 5}} = 0.258[\text{mH}]$$

상 제9장 자성체와 자기회로

08 반경이 3[cm]인 원형 단면을 가지고 있는 원환 연철심에 감은 코일에 전류를 흘려서 철심 중의 자계의 세기가 400[AT/m]되도록 여자할 때 철심 중의 자속밀도는 얼마인가? (단, 철심의 비투자율은 400이라고 한다.)

① $0.2\,[\text{Wb/m}^2]$ ② $2.0\,[\text{Wb/m}^2]$
③ $0.02\,[\text{Wb/m}^2]$ ④ $2.2\,[\text{Wb/m}^2]$

해설

자속밀도와 자계의 관계
$$B = \mu H = \mu_0 \mu_s H$$
$$= 4\pi \times 10^{-7} \times 400 \times 400$$
$$= 0.2[\text{Wb/m}^2]$$

상 제2장 진공 중의 정전계

09 진공 중 1[C]의 전하에 대한 정의로 옳은 것은? (단, Q_1, Q_2 는 전하이며, F 는 작용력이다.)

① $Q_1 = Q_2$, 거리 1[m],
작용력 $F = 9 \times 10^9[\text{N}]$일 때이다.
② $Q_1 < Q_2$, 거리 1[m],
작용력 $F = 6 \times 10^9[\text{N}]$일 때이다.
③ $Q_1 = Q_2$, 거리 1[m],
작용력 $F = 1[\text{N}]$일 때이다.
④ $Q_1 > Q_2$, 거리 1[m],
작용력 $F = 1[\text{N}]$일 때이다.

해설

㉠ 작용력(쿨롱의 힘)
$$F = \frac{Q_1 Q_2}{4\pi\varepsilon_0 r^2} = 9 \times 10^9 \times \frac{Q^2}{r^2}$$
$$= 9 \times 10^9 \times \frac{1^2}{1^2} = 9 \times 10^9[\text{N}]$$

㉡ 동일 극성의 전하끼리는 반발력이 발생한다.

상 제5장 전기 영상법

10 접지된 무한평면도체 전방의 한 점 P 에 있는 점전하 $+ Q$[C]의 평면도체에 대한 영상전하는?

① 점 P 의 대칭점에 있으며 전하는 $-Q$[C]이다.
② 점 P 의 대칭점에 있으며 전하는 $-2Q$[C]이다.
③ 평면도체 상에 있으며 전하는 $-Q$[C]이다.
④ 평면도체 상에 있으며 전하는 $-2Q$[C]이다.

해설 영상전하의 크기

㉠ 접지된 무한평면도체와 점전하
$$Q' = -Q[\text{C}]$$
㉡ 접지된 구도체와 점전하
$$Q' = -\frac{a}{d}Q[\text{C}]$$
여기서, a : 접지된 구도체의 반경
d : 구도체와 점전하 간의 거리

 제3장 정전용량

11 콘덴서의 내압(耐壓) 및 정전용량이 각각 1000[V] −2[μF], 700[V] −3[μF], 600[V] −4[μF], 300[V] −8[μF]이다. 이 콘덴서를 직렬로 연결할 때 양단에 인가되는 전압을 상승시키면 제일 먼저 절연이 파괴되는 콘덴서는?

① $1000[V] - 2[\mu F]$
② $700[V] - 3[\mu F]$
③ $600[V] - 4[\mu F]$
④ $300[V] - 8[\mu F]$

해설

최대전하＝내압×정전용량의 결과 최대전하값이 작은 것이 먼저 파괴된다.
① $1000 \times 2 = 2000[\mu C]$
② $700 \times 3 = 2100[\mu C]$
③ $600 \times 4 = 2400[\mu C]$
④ $300 \times 8 = 2400[\mu C]$
∴ $1000[V] - 2[\mu F]$이 먼저 파괴된다.

 제3장 정전용량

12 정전용량 C_1, C_2, C_x 의 3개 커패시터를 그림과 같이 연결하고 단자 a, b간에 100[V] 의 전압을 가하였다. 현재 $C_1 = 0.02[\mu F]$, $C_2 = 0.1[\mu F]$이며 C_1 에 90[V]의 전압이 걸렸을 때 C_x 는 몇 [μF]인가?

① 0.1
② 0.04
③ 0.06
④ 0.08

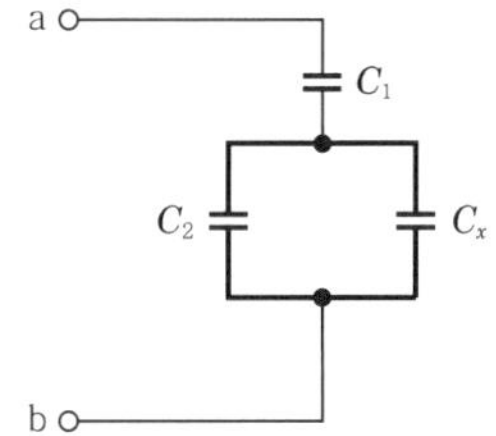

해설

㉠ C_2 와 C_x 를 합성하여 그리면 아래와 같다.

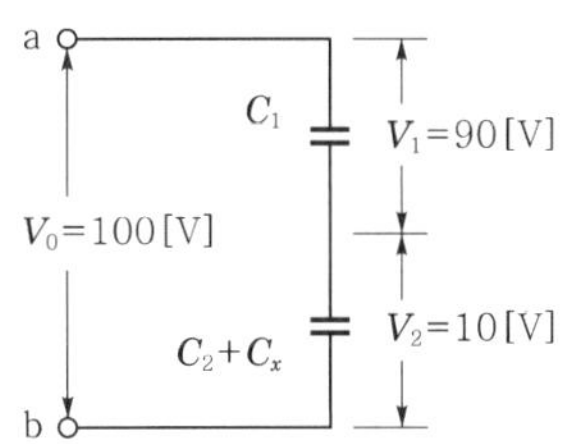

㉡ 전압분배법칙에 의해 V_2 의 전압을 구하면

$$V_2 = \frac{C_1}{C_1 + C_2 + C_x} \times V_0 \text{ 이므로}$$

㉢ $10 = \frac{0.02}{0.12 + C_x} \times 100$ 에서 $0.12 + C_x = 0.2$

∴ $C_x = 0.2 - 0.12 = 0.08[\mu F]$

 제11장 인덕턴스

13 자기인덕턴스의 성질을 옳게 표현한 것은?

① 항상 부(負)이다.
② 항상 정(正)이다.
③ 항상 0이다.
④ 유도되는 기전력에 따라 정(正)도 되고 부(負)도 된다.

해설

인덕턴스 L 은 부(負)값이 없다.

 제4장 유전체

14 면적 400[cm²], 판간격 1[cm]인 2장의 평행 금속판 간에 비유전율 5의 유전체를 채우고, 판 간에 10[kV]의 전압으로 충전하였다가 10^{-5}[sec] 동안 방전시킬 경우의 평균전력은 몇 [W]인가?

① 0.4
② 6.378
③ 7.336
④ 8.855

해설

㉠ 콘덴서에 축적된 에너지는 저항을 통해서 방전시킬 때의 전력량과 같다.
㉡ 콘덴서에 축적되는 에너지

$$W = \frac{1}{2} CV^2 = Pt [J]$$

$$\therefore P = \frac{1}{2} \times \frac{\varepsilon_0 \varepsilon_s S}{d} \times V^2 \times \frac{1}{t}$$

$$= \frac{1}{2} \times \frac{8.855 \times 10^{-12} \times 5 \times 400 \times 10^{-4}}{1 \times 10^{-2}}$$

$$\times (10^4)^2 \times \frac{1}{10^{-5}}$$

$$= 8.855 [W]$$

상 제3장 정전용량

15 W_1과 W_2의 에너지를 갖는 두 콘덴서를 병렬 연결한 경우의 총 에너지 W와의 관계로 옳은 것은? (단, $W_1 \neq W_2$이다.)

① $W_1 + W_2 = W$ ② $W_1 + W_2 > W$

③ $W_1 + W_2 < W$ ④ $W_1 - W_2 = W$

해설

㉠ 축적된 에너지가 서로 다를 경우 두 도체를 접속하는 순간 에너지가 같아질 때까지 (등전위)전하는 이동하게 되고 이때 에너지는 소비된다.

㉡ 따라서 두 도체를 연결하면 전체 에너지가 줄어들게 된다.

㉢ 각 도체가 가지는 도체의 에너지를 W_1, W_2라 하고 두 도체를 접속했을 때의 에너지를 W라 하면 아래의 관계가 된다.

$$\therefore \ W_1 + W_2 > W$$

상 제10장 전자유도법칙

16 $\phi = \phi_m \sin \omega t$[Wb]의 정현파로 변화하는 자속이 권선수 n인 코일과 쇄교할 때의 유도기전력의 위상을 자속에 비교하면?

① $\dfrac{\pi}{2}$만큼 빠르다. ② $\dfrac{\pi}{2}$만큼 늦다.

③ π만큼 빠르다. ④ π만큼 늦다.

해설 전자유도법칙

㉠ 유도기전력 : $e = -N\dfrac{d\phi}{dt}$ [V]

㉡ 유도기전력 최대값 : $e_m = \omega N\phi$[V]

㉢ 위상 : 자속보다 90° 늦다.

상 제2장 진공 중의 정전계

17 전기력선 밀도를 이용하여 주로 대칭 정전계의 세기를 구하기 위하여 이용되는 법칙은?

① 패러데이의 법칙 ② 가우스의 법칙

③ 쿨롱의 법칙 ④ 톰슨의 법칙

해설 가우스의 법칙

임의의 폐곡면을 관통하여 밖으로 나가는 전기력선의 총 수는 폐곡면 내부에 있는 총 전하량(Q)의 $1/\varepsilon_0$ 배와 같다는 법칙으로 정전계의 세기를 구할 때 사용된다.

상 제2장 진공 중의 정전계

18 다음 설명 중 영진위로 볼 수 없는 것은?

① 가상 음전하가 존재하는 무한원점

② 전지의 음극

③ 지구의 대지

④ 전계 내의 대전도체

해설

전계 내의 도체는 대전상태가 되므로 일정전위를 갖게 된다.

중 제3장 정전용량

19 10[μF]의 콘덴서를 100[V]로 충전한 것을 단락시켜 0.1[ms]에 방전시켰다고 하면 평균전력은 몇 [W]인가?

① 450 ② 500

③ 550 ④ 600

해설

㉠ 콘덴서에 축적되는 전기적 에너지

$$W = \frac{1}{2}CV^2 = \frac{1}{2} \times 10 \times 10^{-6} \times 100^2$$

$$= 5 \times 10^{-2}[\text{J}]$$

㉡ 평균전력(소비전력)

$$P = \frac{W}{t} = \frac{5 \times 10^{-2}}{0.1 \times 10^{-3}} = 500[\text{W}]$$

중 제10장 전자유도법칙

20 $l_1 = \infty$ [m], $l_2 = 1$[m]의 두 직선도선을 $d = 50$[cm]의 간격으로 평행하게 놓고 l_1을 중심축으로 하여 l_2를 속도 100[m/s]로 회전시키면 l_2에 유기되는 전압은 몇 [V]인가? (단, l_1에 흘려주는 전류 $I_1 = 50$[mA]이다.)

① 0 ② 5

③ 2×10^{-6} ④ 3×10^{-6}

해설

l_1 전류에 의한 자계는 l_1 도체 표면에 대해서 수직방향으로 원의 형태로 발생된다. 따라서 l_2가 l_1을 중심으로 회전하면 l_2 도체는 l_1에 의한 자기장과 평행으로 운동하게 되며, 평행으로 운동 시에는 기전력이 유도되지 않는다.

01 $\varepsilon_r = 81$, $\mu_r = 1$인 매질의 고유임피던스는 약 몇 [Ω]인가? (단, ε_r은 비유전율이고, μ_r은 비투자율이다.)

① 13.9

② 21.9

③ 33.9

④ 41.9

해설

㉠ 진공에서의 고유임피던스

$$Z_0 = \sqrt{\frac{\mu_0}{\varepsilon_0}} = \sqrt{\frac{4\pi \times 10^{-7}}{\frac{1}{36\pi \times 10^9}}} = 120\pi$$

㉡ 매질에서의 고유임피던스

$$Z = \sqrt{\frac{\mu}{\varepsilon}} = \sqrt{\frac{\mu_0 \mu_r}{\varepsilon_0 \varepsilon_r}} = 120\pi \sqrt{\frac{\mu_r}{\varepsilon_r}}$$

$$= 120\pi \sqrt{\frac{1}{81}} = 41.887 = 41.9 [\Omega]$$

02 강자성체의 $B-H$ 곡선을 자세히 관찰하면 매끈한 곡선이 아니라 자속밀도가 어느 순간 급격히 계단적으로 증가 또는 감소하는 것을 알 수 있다. 이러한 현상을 무엇이라 하는가?

① 퀴리점(Curie point)

② 자왜현상(magneto-striction)

③ 바크하우젠효과(Barkhausen effect)

④ 자기여자효과(magnetic after effect)

해설

강자성체에 자계를 가하면 자화가 일어나는데 자화는 자구(磁區)를 형성하고 있는 경계면, 즉 자벽(磁壁)이 단속적으로 이동함으로써 발생한다. 이때 자계의 변화에 대한 자속의 변화는 미시적으로는 불연속으로 이루어지는데, 이것을 바크하우젠효과라고 한다.

03 진공 중에 무한 평면 도체와 d[m]만큼 떨어진 곳에 선전하밀도 λ[C/m]의 무한 직선 도체가 평행하게 놓여 있는 경우 직선 도체의 단위길이당 받는 힘은 몇 [N/m]인가?

① $\dfrac{\lambda^2}{\pi \varepsilon_0 d}$

② $\dfrac{\lambda^2}{2\pi \varepsilon_0 d}$

③ $\dfrac{\lambda^2}{4\pi \varepsilon_0 d}$

④ $\dfrac{\lambda^2}{16\pi \varepsilon_0 d}$

해설 무한 평면 도체와 선도체(전기 영상법)

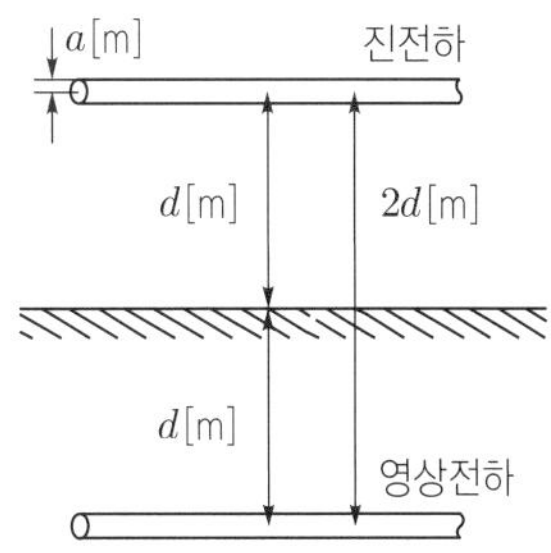

㉠ 영상 선전하 : $\lambda' = -\lambda$

㉡ 두 전하 사이에 작용하는 힘

$$F = QE = \lambda l E [\text{N}] = \lambda E [\text{N/m}]$$

$$= \lambda \times \frac{\lambda}{2\pi \varepsilon_0 r} = \frac{\lambda^2}{2\pi \varepsilon_0 (2d)} = \frac{\lambda^2}{4\pi \varepsilon_0 d} [\text{N/m}]$$

04 평행 극판 사이에 유전율이 각각 ε_1, ε_2인 유전체를 그림과 같이 채우고, 극판 사이에 일정한 전압을 걸었을 때 두 유전체 사이에 작용하는 힘은? (단, $\varepsilon_1 > \varepsilon_2$)

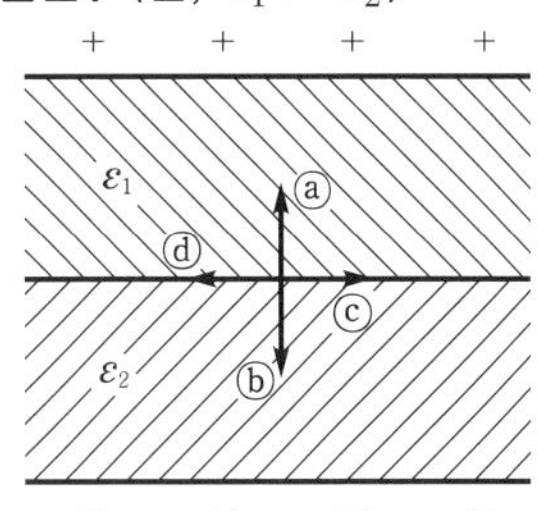

① ⓐ의 방향

② ⓑ의 방향

③ ⓒ의 방향

④ ⓓ의 방향

해설

유전체 경계면에서 작용하는 힘은 유전율이 큰 곳에서 작은 곳으로 작용한다.
∴ $\varepsilon_1 > \varepsilon_2$이므로 힘은 ε_1에서 ε_2측으로 작용하는 ⓑ 방향이 된다.

중 제4장 유전체

05 정전용량이 20[μF]인 공기의 평행판 커패시터에 0.1[C]의 전하량을 충전하였다. 두 평행판 사이에 비유전율이 10인 유전체를 채웠을 때 유전체 표면에 나타나는 분극전하량[C]은?

① 0.009 ② 0.01
③ 0.09   ④ 0.1

해설

㉠ 분극의 세기(분극전하밀도)
$$P = \frac{Q'}{S} = D\left(1 - \frac{1}{\varepsilon_r}\right)[\text{C/m}^2]$$
여기서, 전속밀도 : $D = \frac{Q}{S}[\text{C/m}^2]$
㉡ 분극전하량
$$Q' = Q\left(1 - \frac{1}{\varepsilon_r}\right) = 0.1\left(1 - \frac{1}{10}\right) = 0.09[\text{C}]$$

하 제5장 전기 영상법

06 유전율이 ε_1과 ε_2인 두 유전체가 경계를 이루어 평행하게 접하고 있는 경우 유전율이 ε_1인 영역에 전하 Q가 존재할 때 이 전하와 ε_2인 유전체 사이에 작용하는 힘에 대한 설명으로 옳은 것은?

① $\varepsilon_1 > \varepsilon_2$인 경우 반발력이 작용한다.
② $\varepsilon_1 > \varepsilon_2$인 경우 흡인력이 작용한다.
③ ε_1과 ε_2에 상관없이 반발력이 작용한다.
④ ε_1과 ε_2에 상관없이 흡인력이 작용한다.

해설 유전체와 점전하

㉠ 영상전하 : $Q' = \frac{\varepsilon_1 - \varepsilon_2}{\varepsilon_1 + \varepsilon_2} Q[\text{C}]$
㉡ $\varepsilon_1 > \varepsilon_2$: 반발력 작용
㉢ $\varepsilon_1 < \varepsilon_2$: 흡인력 작용

상 제11장 인덕턴스

07 단면적이 균일한 환상철심에 권수 100회인 A코일과 권수 400회인 B코일이 있을 때 A코일의 자기인덕턴스가 4[H]라면 두 코일의 상호인덕턴스는 몇 [H]인가? (단, 누설자속은 0이다.)

① 4
② 8
③ 12
④ 16

해설

㉠ A코일의 자기인덕턴스 : $L_A = \dfrac{\mu S N_A{}^2}{l}$
㉡ B코일의 자기인덕턴스 : $L_B = \dfrac{\mu S N_B{}^2}{l}$
㉢ 상호인덕턴스 : $M = \dfrac{\mu S N_A N_B}{l}$
여기서, $\dfrac{\mu S}{l} = \dfrac{1}{N_A{}^2} \times L_A$
$$\therefore M = \frac{N_B}{N_A} \times L_A = \frac{400}{100} \times 4 = 16[\text{H}]$$

상 제11장 인덕턴스

08 평균자로의 길이가 10[cm], 평균단면적이 2[cm^2]인 환상 솔레노이드의 자기인덕턴스를 5.4[mH] 정도로 하고자 한다. 이때 필요한 코일의 권선수는 약 몇 회인가? (단, 철심의 비투자율은 15000이다.)

① 6
② 12
③ 24
④ 29

해설 환상 솔레노이드의 자기인덕턴스

$L = \dfrac{\mu S N^2}{l}$ 에서 권선수는 다음과 같다.
$$\therefore N = \sqrt{\frac{Ll}{\mu S}} = \sqrt{\frac{Ll}{\mu_0 \mu_s S}}$$
$$= \sqrt{\frac{5.4 \times 10^{-3} \times 0.1}{4\pi \times 10^{-7} \times 15000 \times 2 \times 10^{-4}}}$$
$$= 11.97 \fallingdotseq 12[\text{T}]$$

정답 05. ③ 06. ① 07. ④ 08. ②

상 제9장 자성체와 자기회로

09 투자율이 μ[H/m], 단면적이 S[m²], 길이가 l[m]인 자성체에 권선을 N회 감아서 I[A]의 전류를 흘렸을 때 이 자성체의 단면적 S[m²]를 통과하는 자속[Wb]은?

① $\mu\dfrac{I}{Nl}S$ ② $\mu\dfrac{NI}{Sl}$

③ $\dfrac{NI}{\mu S}l$ ④ $\mu\dfrac{NI}{l}S$

해설

㉠ 기자력 : $F = IN$[AT]

㉡ 자기저항 : $R = \dfrac{l}{\mu S}$ [AT/Wb]

㉢ 자속 : $\phi = \dfrac{F}{R_m} = \dfrac{\mu SNI}{l}$ [Wb]

상 제12장 전자계

10 그림은 커패시터의 유전체 내에 흐르는 변위전류를 보여준다. 커패시터의 전극면적을 S[m²], 전극에 축적된 전하를 q[C], 전극의 표면전하밀도를 σ[C/m²], 전극 사이의 전속밀도를 D[C/m²]라 하면 변위전류밀도 i_d[A/m²]는?

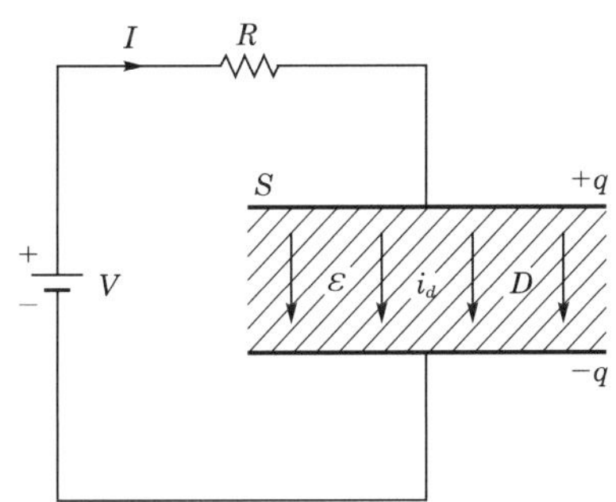

① $\dfrac{\partial D}{\partial t}$ ② $\dfrac{\partial q}{\partial t}$

③ $S\dfrac{\partial D}{\partial t}$ ④ $\dfrac{1}{S}\dfrac{\partial D}{\partial t}$

해설 변위전류밀도

㉠ 정의 : 시간적 변화에 따른 전속밀도의 변화

㉡ 정의 식 : $i_d = \dfrac{\partial D}{\partial t}$ [A/m²]

하 제2장 진공 중의 정전계

11 진공 중에서 점 (1, 3)[m]의 위치에 -2×10^{-9}[C]의 점전하가 있을 때 점 (2, 1)[m]에 있는 1[C]의 점전하에 작용하는 힘은 몇 [N]인가? (단, $\hat{x}$, $\hat{y}$는 단위벡터이다.)

① $-\dfrac{18}{5\sqrt{5}}\hat{x}+\dfrac{36}{5\sqrt{5}}\hat{y}$

② $-\dfrac{36}{5\sqrt{5}}\hat{x}+\dfrac{18}{5\sqrt{5}}\hat{y}$

③ $-\dfrac{36}{5\sqrt{5}}\hat{x}-\dfrac{18}{5\sqrt{5}}\hat{y}$

④ $\dfrac{18}{5\sqrt{5}}\hat{x}+\dfrac{36}{5\sqrt{5}}\hat{y}$

해설

$+$ 전하와 $-$ 전하 사이에서는 흡인력이 작용하므로 Q점에서 작용하는 힘은 P방향으로 작용한다.

P(1, 3) ────────── Q(2, 1)
$-Q$ $\overrightarrow{F}$ $+Q$

㉠ 변위벡터
$\overrightarrow{r} = (1-2)\hat{x} + (3-1)\hat{y} = -1\hat{x}+2\hat{y}$

㉡ 단위벡터
$\overrightarrow{r_0} = \dfrac{\overrightarrow{r}}{r} = \dfrac{-\hat{x}+2\hat{y}}{\sqrt{(-1)^2+2^2}} = \dfrac{-\hat{x}+2\hat{y}}{\sqrt{5}}$

㉢ 쿨롱의 힘(두 전하 사이에 작용하는 힘)

$F = \dfrac{Q_1 Q_2}{4\pi\varepsilon_0 r^2}$

$= 9\times10^9 \times \dfrac{2\times10^{-9}\times1}{(\sqrt{5})^2}$

$= \dfrac{18}{5}$ [N]

$\therefore \overrightarrow{F} = F\overrightarrow{r_0} = \left(-\dfrac{18}{5\sqrt{5}}\hat{x}+\dfrac{36}{5\sqrt{5}}\hat{y}\right)$[N]

상 제4장 유전체

12 정전용량이 C_0[μF]인 평행판의 공기 커패시터가 있다. 두 극판 사이에 극판과 평행하게 절반을 비유전율이 ε_r인 유전체로 채우면 커패시터의 정전용량[μF]은?

① $\dfrac{C_0}{2\left(1+\dfrac{1}{\varepsilon_r}\right)}$ ② $\dfrac{C_0}{1+\dfrac{1}{\varepsilon_r}}$

③ $\dfrac{2C_0}{1+\dfrac{1}{\varepsilon_r}}$ ④ $\dfrac{4C_0}{1+\dfrac{1}{\varepsilon_r}}$

정답 09. ④ 10. ① 11. ① 12. ③

해설

㉠ 초기 공기콘덴서 용량 : $C_0 = \dfrac{\varepsilon_0 S}{d}$ [μF]

㉡ 극판과 평행하게 유전체를 접속하게 되면 다음 그림과 같다.

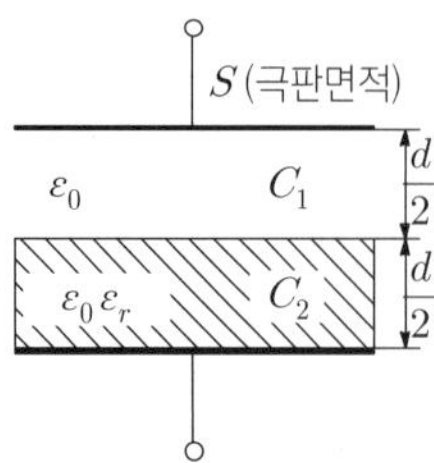

㉢ 공기부분의 정전용량

$$C_1 = \frac{\varepsilon_0 S}{\dfrac{d}{2}} = 2\frac{\varepsilon_0 S}{d} = 2C_0$$

㉣ 유전체 내의 정전용량

$$C_2 = \frac{\varepsilon_r \varepsilon_0 S}{\dfrac{d}{2}} = 2\varepsilon_r \frac{\varepsilon_0 S}{d} = 2\varepsilon_r C_0$$

㉤ C_1 과 C_2 는 직렬로 접속되어 있으므로 다음과 같다.

$$\therefore C = \frac{1}{\dfrac{1}{C_1} + \dfrac{1}{C_2}} = \frac{1}{\dfrac{1}{2C_0} + \dfrac{1}{2\varepsilon_r C_0}}$$

$$= \frac{1}{\dfrac{1}{2C_0}\left(1 + \dfrac{1}{\varepsilon_r}\right)} = \frac{2C_0}{1 + \dfrac{1}{\varepsilon_r}} [\mu F]$$

중 제3장 정전용량

13 그림과 같이 점 O를 중심으로 반지름이 a[m]인 구도체 1과 안쪽 반지름이 b[m]이고 바깥쪽 반지름이 c[m]인 구도체 2가 있다. 이 도체계에서 전위계수 P_{11}[1/F]에 해당되는 것은?

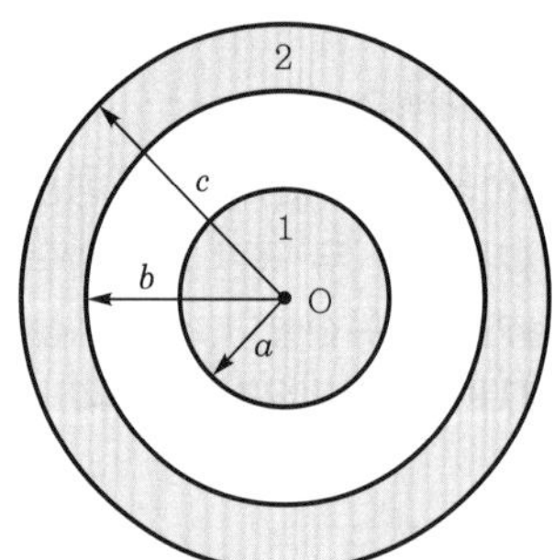

① $\dfrac{1}{4\pi\varepsilon}\dfrac{1}{a}$

② $\dfrac{1}{4\pi\varepsilon}\left(\dfrac{1}{a} - \dfrac{1}{b}\right)$

③ $\dfrac{1}{4\pi\varepsilon}\left(\dfrac{1}{b} - \dfrac{1}{c}\right)$

④ $\dfrac{1}{4\pi\varepsilon}\left(\dfrac{1}{a} - \dfrac{1}{b} + \dfrac{1}{c}\right)$

해설 동심 구도체

㉠ 전위 : $V = \dfrac{Q}{4\pi\epsilon}\left(\dfrac{1}{a} - \dfrac{1}{b} + \dfrac{1}{c}\right)$ [V]

㉡ 전위계수 : $P = \dfrac{1}{C} = \dfrac{V}{Q}$

$$= \frac{1}{4\pi\varepsilon}\left(\frac{1}{a} - \frac{1}{b} + \frac{1}{c}\right) [1/F]$$

상 제7장 진공 중의 정자계

14 자계의 세기를 나타내는 단위가 아닌 것은?

① [AT/m]　　　　② [N/Wb]

③ [H · A/m²]　　④ [Wb/H · m]

해설

㉠ 자기력 : $F = mH$ 에서 $H = \dfrac{F}{m}$ [N/Wb]

㉡ 자위 : $U = rH$ 에서 $H = \dfrac{U}{r}$ [AT/m]

㉢ 자속밀도 $B = \mu H$ 에서

$$H = \frac{B}{\mu}\left[\frac{\text{Wb/m}^2}{\text{H/m}} = \text{Wb/H} \cdot \text{m}\right]$$

상 제8장 전류의 자기현상

15 그림과 같이 평행한 무한장 직선의 두 도선에 I[A], $4I$[A]인 전류가 각각 흐른다. 두 도선 사이 점 P에서의 자계의 세기가 0이라면 $\dfrac{a}{b}$ 는?

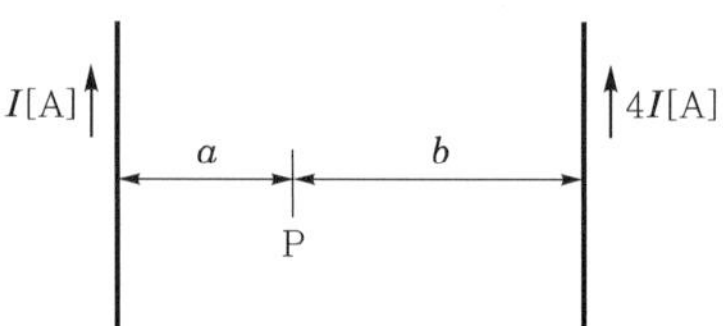

① 2　　　　　　② 4

③ $\dfrac{1}{2}$　　　　　④ $\dfrac{1}{4}$

해설

㉠ I에 의한 자계의 세기 : $H_1 = \dfrac{I}{2\pi a}$

㉡ $4I$에 의한 자계의 세기 : $H_2 = \dfrac{4I}{2\pi b}$

㉢ P점에서 자계의 세기가 0이 되기 위해서는 $H_1 = H_2$가 되어야 한다.

$$\therefore \frac{I}{2\pi a} = \frac{4I}{2\pi b} \rightarrow \frac{a}{b} = \frac{1}{4}$$

상 제3장 정전용량

16 내압 및 정전용량이 각각 1000[V] − 2[μF], 700[V] − 3[μF], 600[V] − 4[μF], 300[V] − 8[μF]인 4개의 커패시터가 있다. 이 커패시터들을 직렬로 연결하여 양단에 전압을 인가한 후 전압을 상승시키면 가장 먼저 절연이 파괴되는 커패시터는? (단, 커패시터의 재질이나 형태는 동일하다.)

① 1000[V] − 2[μF] ② 700[V] − 3[μF]
③ 600[V] − 4[μF] ④ 300[V] − 8[μF]

해설

콘덴서가 축적할 수 있는 전하량($Q = CV$)이 작은 순서로 절연이 파괴된다.
㉠ 2[μF] → $Q = 2 \times 1000 = 2000[\mu C]$
㉡ 3[μF] → $Q = 3 \times 700 = 2100[\mu C]$
㉢ 4[μF] → $Q = 4 \times 600 = 2400[\mu C]$
㉣ 8[μF] → $Q = 8 \times 300 = 2400[\mu C]$
∴ 2[μF]의 커패시터가 가장 먼저 절연이 파괴된다.

상 제4장 유전체

17 반지름이 2[m]이고 권수가 120회인 원형 코일 중심에서의 자계의 세기를 30[AT/m]로 하려면 원형 코일에 몇 [A]의 전류를 흘려야 하는가?

① 1 ② 2
③ 3 ④ 4

해설

원형 코일 중심에서 자계의 세기 $H = \dfrac{NI}{2a}$ 이므로 전류는 다음과 같다.
∴ $I = \dfrac{2aH}{N} = \dfrac{2 \times 2 \times 30}{120} = 1[A]$

상 제3장 정전용량

18 내구의 반지름이 $a = 5$[cm], 외구의 반지름이 $b = 10$[cm]이고, 공기로 채워진 동심구형 커패시터의 정전용량은 약 몇 [pF]인가?

① 11.1 ② 22.2
③ 33.3 ④ 44.4

해설 동심구 도체의 정전용량

$$C = \frac{4\pi\varepsilon_0 ab}{b-a} = \frac{1}{9 \times 10^9} \times \frac{ab}{b-a}$$
$$= \frac{1}{9 \times 10^9} \times \frac{0.05 \times 0.1}{0.1 - 0.05} = 1.11 \times 10^{-11}[\text{F}]$$
$$= 11.1[\text{pF}](여기서, \ 1[\text{F}] = 10^{12}[\text{pF}])$$

상 제9장 자성체와 자기회로

19 자성체의 종류에 대한 설명으로 옳은 것은? (단, χ_m 는 자화율이고, μ_r 는 비투자율이다.)

① $\chi_m > 0$이면, 역자성체이다.
② $\chi_m < 0$이면, 상자성체이다.
③ $\mu_r > 1$이면, 비자성체이다.
④ $\mu_r < 1$이면, 역자성체이다.

해설

㉠ 자화의 세기 : $J = \mu_0(\mu_r - 1)H[\text{Wb/m}^2]$
㉡ 자화율 : $\chi_m = \mu_0(\mu_r - 1)[\text{H/m}]$
㉢ 자성체의 종류

종류		자화율	비투자율
비자성체	−	$\chi_m = 0$	$\mu_r = 1$
강자성체	철, 니켈, 코발트 등	$\chi_m \gg 0$	$\mu_r \gg 1$
상자성체	공기, 망간, 알루미늄 등	$\chi_m > 0$	$\mu_r > 1$
반자성체	금, 은, 동, 창연 등	$\chi_m < 0$	$\mu_r < 1$

하 제1장 벡터

20 구좌표계에서 $\nabla^2 r$의 값은 얼마인가? (단, $r = \sqrt{x^2 + y^2 + z^2}$)

① $\dfrac{1}{r}$ ② $\dfrac{2}{r}$
③ r ④ $2r$

해설

$$\nabla^2 r = \frac{1}{r^2} \frac{\partial}{\partial r}\left(r^2 \frac{\partial r}{\partial r}\right) + \frac{1}{r^2 \sin\theta} \frac{\partial}{\partial \theta}\left(\sin\theta \frac{\partial r}{\partial \theta}\right)$$
$$+ \frac{1}{r^2 \sin^2\theta} \frac{\partial^2 r}{\partial \phi^2}$$
$$= \frac{1}{r^2} \frac{\partial}{\partial r}\left(r^2 \frac{\partial r}{\partial r}\right) = \frac{2}{r}$$

정답 16. ① 17. ① 18. ① 19. ④ 20. ②

상 제2장 진공 중의 정전계

01 정전계에 대한 설명으로 가장 적합한 것은?

① 전계에너지가 항상 ∞인 전기장을 의미한다.

② 전계에너지가 항상 0인 전기장을 의미한다.

③ 전계에너지가 최소로 되는 전하분포의 전계를 의미한다.

④ 전계에너지가 최대로 되는 전하분포의 전계를 의미한다.

해설

전계 내의 전하는 그 자신의 에너지가 최소가 되는 가장 안정된 전하분포를 가지는 정전계를 형성하려고 한다. 이것을 톰슨의 정리라고 한다.

중 제10장 전자유도법칙

02 최대자속밀도 B_m, 주파수 f에서 유도기전력이 E_1일 때, 최대자속밀도가 $2B_m$, 주파수 $2f$에서의 유도기전력을 E_2라 하면, E_1과 E_2의 관계는?

① $E_2 = E_1$

② $E_2 = 2E_1$

③ $E_2 = 4E_1$

④ $E_2 = 0.25E_1$

해설

㉠ 최대유도기전력 $E_m = \omega N\phi_m$
$$= 2\pi f N B_m S\,[\text{V}]$$
여기서, N : 권선수, S : 단면적

㉡ 최대유도기전력은 주파수 f와 최대자속밀도 B_m에 비례하므로 f와 B_m가 모두 2배 증가하면 유도기전력은 4배 증가한다.
$$\therefore E_2 = 4E_1$$

상 제3장 정전용량

03 평행판 콘덴서의 양극판 면적을 3배로 하고 간격을 $\dfrac{1}{3}$로 하면 정전용량은 처음의 몇 배가 되는가?

① 1　　　　② 3

③ 6　　　　④ 9

해설

평행판 콘덴서의 면적을 3배, 간격을 $\dfrac{1}{3}$배하면 정전용량 $\left(C\uparrow = \dfrac{\varepsilon_0 S\uparrow}{d\downarrow} \right)$은 9배 증가한다.

상 제11장 인덕턴스

04 그림 (a)의 인덕턴스에 전류가 그림 (b)와 같이 흐를 때 2초에서 6초 사이의 인덕턴스전압 V_L은 몇 [V]인가?

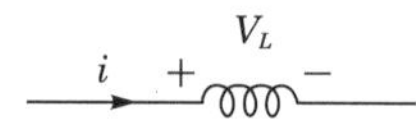

(a)

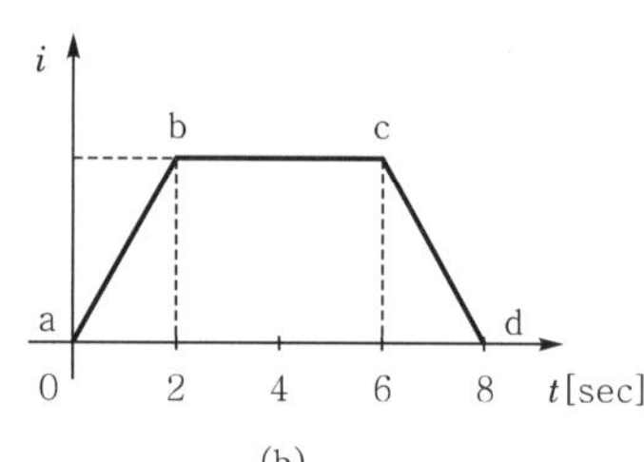

(b)

① 0　　　　② 5

③ 10　　　　④ −5

해설

인덕턴스의 단자전압(유도기전력)은 시간에 따라 전류의 크기가 변해야 발생된다.

(인덕턴스 단자전압 : $V_L = L\dfrac{di}{dt}\,[\text{V}]$)

∴ 2초와 6초 사이의 전류의 변화가 없으므로 유도기전력은 발생되지 않는다.

 제3장 정전용량

05 면전하밀도가 $\sigma[\text{C/m}^2]$인 대전도체가 진공 중에 놓여 있을 때 도체 표면에 작용하는 정전응력$[\text{N/m}^2]$은?

① σ^2에 비례한다.

② σ에 비례한다.

③ σ^2에 반비례한다.

④ σ에 반비례한다.

해설

㉠ 정전에너지

$$W = \frac{Q^2}{2C} = \frac{Q^2}{2 \times \dfrac{\varepsilon_0 S}{d}} = \frac{dQ^2}{2\varepsilon_0 S}$$

$$= \frac{d\sigma^2 S^2}{2\varepsilon_0 S} = \frac{d\sigma^2}{2\varepsilon_0}S[\text{J}]$$

㉡ 정전응력(단위면적당 작용하는 힘)

$$f = \frac{\partial W}{\partial d} = \frac{\sigma^2}{2\varepsilon_0}S[\text{N}] = \frac{\sigma^2}{2\varepsilon_0}[\text{N/m}^2]$$

 제11장 인덕턴스

06 단면적 S, 평균반지름 r, 권선수 N인 트로이달(toroidal)에 누설자속이 없는 경우 자기인덕턴스의 크기는?

① 권선수의 자승에 비례하고 단면적에 반비례한다.

② 권선수 및 단면적에 비례한다.

③ 권선수의 자승 및 단면적에 비례한다.

④ 권선수의 자승 및 평균반지름에 비례한다.

해설

환상 솔레노이드(트로이달)의 평균반지름이 r이면 솔레노이드의 길이 $l = 2\pi r$이 된다.

∴ 자기인덕턴스 $L = \dfrac{\mu S N^2}{l} = \dfrac{\mu S N^2}{2\pi r}$ [H]

 제2장 진공 중의 정전계

07 전기장의 세기 단위로 옳은 것은?

① [H/m] ② [F/m]

③ [AT/m] ④ [V/m]

해설

① 투자율 μ의 단위

② 유전율 ε의 단위

③ 자계(자기장)의 세기 H의 단위

④ 전계(전기장)의 세기 E의 단위

 제2장 진공 중의 정전계

08 그림과 같이 $Q_A = 4 \times 10^{-6}[\text{C}]$, $Q_B = 2 \times 10^{-6}[\text{C}]$, $Q_C = 5 \times 10^{-6}[\text{C}]$의 전하를 가진 작은 도체구 A, B, C가 진공 중에서 일직선상에 놓여질 때 B구에 작용하는 힘은 몇 [N]인가?

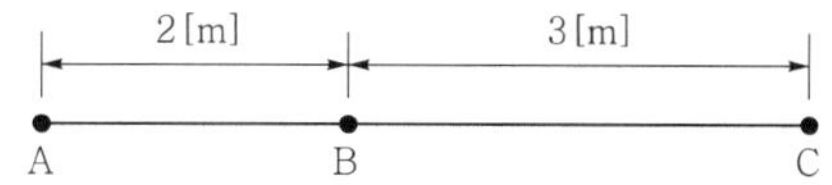

① 1.8×10^{-2} ② 1.0×10^{-2}

③ 0.8×10^{-2} ④ 2.8×10^{-2}

해설

B점에 작용한 힘은 A, B 사이에 작용하는 힘 F_{AB}과 B, C 사이에 작용하는 힘 F_{CB} 중 큰 힘에서 작은 힘을 빼면 된다.

㉠ $F_{AB} = \dfrac{Q_A Q_B}{4\pi\varepsilon_0 r^2}$

$$= 9 \times 10^9 \times \frac{4 \times 10^{-6} \times 2 \times 10^{-6}}{2^2}$$

$$= 18 \times 10^{-3}[\text{N}]$$

㉡ $F_{CB} = \dfrac{Q_B Q_C}{4\pi\varepsilon_0 r^2}$

$$= 9 \times 10^9 \times \frac{2 \times 10^{-6} \times 5 \times 10^{-6}}{3^2}$$

$$= 10 \times 10^{-3}[\text{N}]$$

∴ $F = F_{AB} - F_{CB}$
$$= 8 \times 10^{-3} = 0.8 \times 10^{-2}[\text{N}]$$

 제2장 진공 중의 정전계

09 등전위면을 따라 전하 $Q[\text{C}]$를 운반하는 데 필요한 일은?

① 전하의 크기에 따라 변한다.

② 전위의 크기에 따라 변한다.

③ 등전위면과 전기력선에 의하여 결정된다.

④ 항상 0이다.

정답 05. ① 06. ③ 07. ④ 08. ③ 09. ④

해설

등전위면은 전위차기 없으므로($V=0$) 전하는 이동하지 않는다. 즉, 일의 양은 0이다.

∴ 전하가 운반될 때 소비되는 에너지

$$W = QV = 0[\text{J}]$$

상 제6장 전류

10 직류 500[V] 절연저항계로 절연저항을 측정하니 2[MΩ]이 되었다면 누설전류는?

① 25[μA]　　　　② 250[μA]

③ 1000[μA]　　④ 1250[μA]

해설 누설전류

$$I_g = \frac{V}{R} = \frac{500}{2 \times 10^6} = 250 \times 10^{-6} = 250[\mu\text{A}]$$

상 제6장 전류

11 전원에서 기계적 에너지를 변환하는 발전기, 화학변화에 의하여 전기에너지를 발생시키는 전지, 빛의 에너지를 전기에너지로 변환하는 태양전지 등이 있다. 다음 중 열에너지를 전기에너지로 변환하는 것은?

① 기전력　　　② 에너지원

③ 열전대　　　④ 역기전력

해설 제베크 효과와 열전대

두 종류의 금속을 접속하여 폐회로를 만들어 그 두 개의 접합부에 온도차를 주면 열기전력을 일으켜 열전류가 흐르는 현상을 말한다. 이때, 이 열전기의 현상을 이용하여 고열로의 온도를 측정하는 장치를 열전대라 한다.

하 제8장 전류의 자기현상

12 π[C]의 점전하가 진공 중에 2[m/s]의 속도로 운동 중이다. 운동방향에 대하여 θ의 각도로 2[m] 떨어진 점에서의 자계의 세기는 얼마인가?

① $\dfrac{1}{8}\sin\theta$　　　② $\dfrac{1}{4}\cos\theta$

③ $\dfrac{1}{2}\sin\theta$　　　④ $\dfrac{\pi}{8}$

해설 비오-사바르의 법칙

$$H = \frac{Il\sin\theta}{4\pi r^2} = \frac{dq}{dt} \times \frac{l\sin\theta}{4\pi r^2}$$

$$= \frac{dl}{dt} \times \frac{q\sin\theta}{4\pi r^2} = \frac{qv\sin\theta}{4\pi r^2}[\text{AT/m}]$$

$$\therefore H = \frac{qv\sin\theta}{4\pi r^2} = \frac{\pi \times 2 \times \sin\theta}{4\pi \times 2^2}$$

$$= \frac{1}{8}\sin\theta[\text{AT/m}]$$

상 제6장 전류

13 비유전율 $\varepsilon_s = 2.2$, 고유저항 $\rho = 10^{11}[\Omega \cdot \text{m}]$인 유전체를 넣은 콘덴서의 용량이 20[$\mu$F]이었다. 여기에 500[kV]의 전압을 가하였을 때 누설전류는 몇 [A]인가?

① 4.2　　　② 5.1

③ 54.5　　④ 61.0

해설

저항과 정전용량의 관계 $RC = \rho\varepsilon$에서

절연저항 $R = \dfrac{\rho\varepsilon}{C}$이므로 누설전류는 다음과 같다.

$$\therefore I_g = \frac{V}{R} = \frac{CV}{\rho\varepsilon}$$

$$= \frac{20 \times 10^{-6} \times 500 \times 10^3}{10^{11} \times 2.2 \times 8.855 \times 10^{-12}} = 5.13[\text{A}]$$

상 제9장 자성체와 자기회로

14 강자성체가 아닌 것은?

① 철

② 니켈

③ 백금

④ 코발트

해설

㉠ 강자성체 : 코발트(Co), 니켈(Ni), 규소강, 순철(Fe), 퍼멀로이, 슈퍼 멀로이 등

㉡ 상자성체 : 산소(O_2), 알루미늄(Al), 망간(Mn), 백금(Pt), 이리듐(Ir), 주석(Sn), 질소(N_2) 등

㉢ 반자성체 : 창연(Bi), 금(Au), 은(Ag), 동(Cu), 아연(Zn), 납(Pb), 규소(Si), 탄소(C) 등

정답 10. ②　11. ③　12. ①　13. ②　14. ③

상 제9장 자성체와 자기회로

15 다음 관계식 중 성립될 수 없는 것은? (단, μ : 투자율, μ_0 : 진공의 투자율, χ : 자화율, μ_s : 비투자율, B : 자속밀도, J : 자화의 세기, H : 자계의 세기)

① $\mu = \mu_0 + \chi$ ② $\mu_s = 1 + \dfrac{\chi}{\mu_0}$

③ $B = \mu H$ ④ $J = \chi B$

해설

자화의 세기 $J = \mu_0(\mu_s - 1)H = \chi H\,[\text{Wb/m}^2]$

상 제3장 정전용량

16 무한히 넓은 평행판을 2[cm]의 간격으로 놓은 후 평행판 간에 일정한 전계를 인가하였더니 도체 표면에 2[μC/m^2]의 전하밀도가 생겼다. 이때 평행판 표면의 단위면적당 받는 정전응력[N/m^2]은?

① 1.13×10^{-1} ② 2.26×10^{-1}

③ 1.13 ④ 2.26

해설

정전응력 $f = \dfrac{\sigma^2}{2\varepsilon_0} = \dfrac{(2 \times 10^{-6})^2}{2 \times 8.855 \times 10^{-12}}$
$$= 0.226 = 2.26 \times 10^{-1}\,[\text{N/m}^2]$$

하 제2장 진공 중의 정전계

17 grad V 에 대한 설명으로 옳은 것은? (단, V 는 전위이다.)

① 전계의 방향이다.
② 스칼라량이다.
③ 전계와 반대 방향이다.
④ 등전위면의 방향이다.

해설

㉠ 전위 : $V = -\displaystyle\int_{\infty}^{P} E\,dl\,[\text{V}]$

㉡ 전위경도 : $E = -\operatorname{grad} V\,[\text{V/m}]$

∴ 위 식에서와 같이 전위와 전계는 반대 방향을 나타낸다.

하 제12장 전자계

18 분포정수회로에서 선로의 감쇠정수 α, 위상정수를 β 라 할 때 전파정수는 어떻게 되는가?

① $\alpha - j\beta$ ② $\alpha + j\beta$

③ $j\alpha\beta$ ④ $\dfrac{\alpha}{j\beta}$

해설

전파정수란 전압, 전류가 선로의 끝 송전단에서부터 멀어져 감에 따라 그 진폭이라든가 위상이 변해가는 특성과 관계된 상수를 말한다.

∴ 전파정수
$$\gamma = \sqrt{ZY} = \sqrt{(R + j\omega L)(G + j\omega C)}$$
$$= \sqrt{(R + j\omega L)\left(\frac{C}{L} \cdot R + j\omega L \cdot \frac{C}{L}\right)}$$
$$= \sqrt{(R + j\omega L) \cdot \frac{C}{L}(R + j\omega L)}$$
$$= (R + j\omega L)\sqrt{\frac{C}{L}}$$
$$= R\sqrt{\frac{C}{L}} + j\omega L\sqrt{\frac{C}{L}}$$
$$= R\sqrt{\frac{\dfrac{LG}{R}}{L}} + j\omega\sqrt{LC}$$
$$= \sqrt{RG} + j\omega\sqrt{LC} = \alpha + j\beta$$

여기서, α : 감쇠정수, β : 위상정수

하 제6장 전류

19 어떤 영역 내의 체적전하밀도가 2×10^8[C/m^{3}sec]의 비율로 감소할 때, 반지름 10^{-5}[m]인 구면을 흘러나오는 전류는 몇 [μA]인가?

① 0.637 ② 0.737

③ 0.837 ④ 0.937

해설

㉠ 체적전하밀도의 변화량
$$\frac{d\rho}{dt} = 2 \times 10^8\,[\text{C/m}^3\text{sec}]$$

㉡ 전류 $I = \dfrac{dQ}{dt} = \dfrac{d\rho}{dt}V$
$$= 2 \times 10^8 \times \frac{4\pi r^3}{3}$$
$$= 2 \times 10^8 \times \frac{4\pi \times (10^{-5})^3}{3}$$
$$= 0.837 \times 10^{-6}\,[\text{A}]$$
$$= 0.837\,[\mu\text{A}]$$

20 반경이 0.01[m]인 구도체를 접지시키고 중심으로부터 0.1[m]의 거리에 10[μC]의 점전하를 놓았다. 구도체에 유도된 총 전하량은 몇 [μC]인가?

① 0
② −1
③ −10
④ +10

해설

접지도체구와 점전하에 의한 영상전하

$$\therefore \ Q' = -\frac{a}{d}Q = -\frac{0.01}{0.1} \times 10 \times 10^{-6}$$

$$= -10^{-6}[\mathrm{C}] = -1[\mu\mathrm{C}]$$

01 그림과 같이 평행판 콘덴서의 극판 사이에 유전율이 각각 ε_1, ε_2 인 두 유전체를 반반씩 채우고 극판 사이에 일정한 전압을 걸어줄 때 매질 (1), (2) 내의 전계의 세기 E_1, E_2 사이에 성립하는 관계로 옳은 것은?

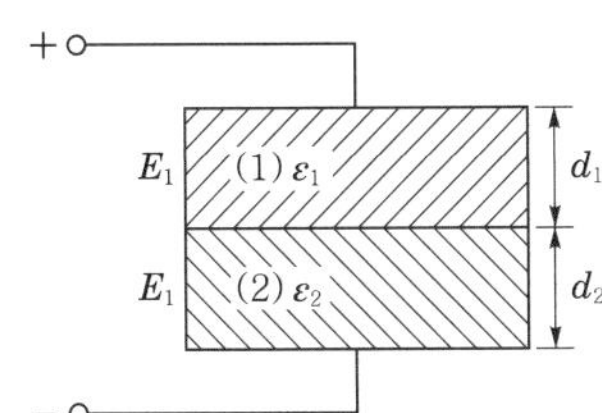

① $E_2 = 4E_1$ ② $E_2 = 2E_1$

③ $E_2 = \dfrac{E_1}{4}$ ④ $E_2 = E_1$

해설

㉠ 전계가 경계면에 대하여 수직으로 입사할 경우 두 유전체 내의 전속밀도의 크기는 일정하다.

㉡ 즉, $D_1 = D_2$ 에서 $\varepsilon_1 E_1 = \varepsilon_2 E_2$이 된다.

$$\therefore E_2 = \frac{\varepsilon_1}{\varepsilon_2}E_1 = \frac{\varepsilon_1}{4\varepsilon_1}E_1 = \frac{1}{4}E_1$$

02 비유전율 81, 비투자율 1인 물속의 전자파 파동임피던스는 약 몇 [Ω]인가?

① 9[Ω] ② 27[Ω]

③ 33[Ω] ④ 42[Ω]

해설

특성임피던스(=파동임피던스=고유임피던스)

$$\therefore Z = \sqrt{\frac{\mu}{\varepsilon}} = \sqrt{\frac{\mu_0 \mu_s}{\varepsilon_0 \varepsilon_s}}$$

$$= 120\pi \sqrt{\frac{\mu_s}{\varepsilon_s}}$$

$$= 120\pi \sqrt{\frac{1}{81}} = 42\,[\Omega]$$

여기서, $\mu_0 = 4\pi \times 10^{-7}$ [H/m]

$$\varepsilon_0 = \frac{1}{36\pi \times 10^9}\ [\text{F/m}]$$

$$\sqrt{\frac{\mu_0}{\varepsilon_0}} = 120\pi \fallingdotseq 377$$

03 점 (0, 1)[m] 되는 곳에 -2×10^{-9}[C]의 점전하가 있다. 점 (2, 0)[m]에 있는 10^{-8}[C]에 작용하는 힘은 몇 [N]인가?

① $\left(-\dfrac{36}{5\sqrt{5}}\overrightarrow{a_x} + \dfrac{18}{5\sqrt{5}}\overrightarrow{a_y}\right)10^{-8}$

② $\left(-\dfrac{18}{5\sqrt{5}}\overrightarrow{a_x} + \dfrac{36}{5\sqrt{5}}\overrightarrow{a_y}\right)10^{-8}$

③ $\left(-\dfrac{36}{3\sqrt{5}}\overrightarrow{a_x} + \dfrac{18}{3\sqrt{5}}\overrightarrow{a_y}\right)10^{-8}$

④ $\left(\dfrac{36}{5\sqrt{5}}\overrightarrow{a_x} - \dfrac{18}{5\sqrt{5}}\overrightarrow{a_y}\right)10^{-8}$

해설

㉠ +전하와 −전하 사이에는 흡인력이 작용하므로 Q점에서 P점으로 힘이 작용한다.

$$P(0,\,1) \qquad\qquad Q(2,\,0)$$
$$\bullet\!\!-\!\!-\!\!-\!\!-\!\!\longleftarrow\!\!-\!\!-\!\!-\!\!-\!\!\bullet$$
$$-Q \qquad\qquad \overrightarrow{F} \qquad +Q$$

㉡ 거리벡터(변위벡터)

$$\overrightarrow{r} = (0-2)a_x + (1-0)a_y = -2a_x + a_y$$

㉢ 단위벡터

$$\overrightarrow{r_0} = \frac{\overrightarrow{r}}{r} = \frac{-2a_x + a_y}{\sqrt{2^2 + 1^2}} = \frac{-2a_x + a_y}{\sqrt{5}}$$

㉣ 두 전하 사이의 작용력(쿨롱의 법칙)

$$F = \frac{Q_1 Q_2}{4\pi\varepsilon_0 r^2} = 9\times10^9 \times \frac{2\times10^{-9}\times10^{-8}}{(\sqrt{5})^2}$$

$$= \frac{18}{5}\times10^{-8}\ [\text{N}]$$

$$\therefore \overrightarrow{F} = F\overrightarrow{r_0} = \left(-\frac{36}{5\sqrt{5}}\overrightarrow{a_x} + \frac{18}{5\sqrt{5}}\overrightarrow{a_y}\right)10^{-8}$$

 제12장 전자계

04 공기 중에서 1[V/m]의 진계의 세기에 의한 변위전류밀도의 크기를 2[A/m²]으로 흐르게 하려면 전계의 주파수는 몇 [MHz]가 되어야 하는가?

① 18000 ② 72000
③ 9000   ④ 36000

해설

㉠ 변위전류밀도의 크기
$$i_d = \omega \varepsilon_0 E = 2\pi f \varepsilon_0 E \,[\text{A/m}^2]$$
㉡ 주파수
$$f = \frac{i_d}{2\pi \varepsilon_0 E} = \frac{2}{2\pi \times 8.855 \times 10^{-12} \times 1}$$
$$= 36000 \times 10^6 [\text{Hz}] = 36000[\text{MHz}]$$

 제2장 진공 중의 정전계

05 그림과 같이 등전위면이 존재하는 경우 전계의 방향은?

① a방향
② b방향
③ c방향
④ d방향

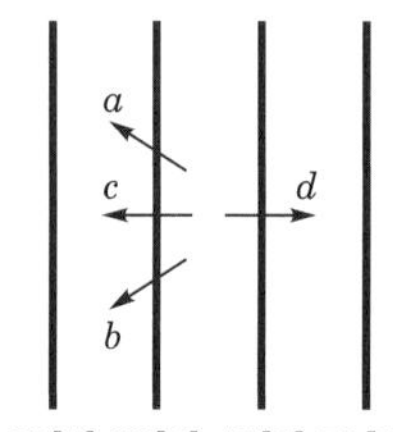

해설

전계는 고전위에서 저전위방향으로 향하고, 등전위면에 수직으로 발생한다.

 제2장 진공 중의 정전계

06 대전도체 표면의 전하밀도를 $\sigma[\text{C/m}^2]$라 할 때 대전도체 표면의 단위면적에 받는 정전응력의 크기[N/m²]와 방향은?

① $\dfrac{\sigma^2}{2\varepsilon_0}$, 도체 내부 방향

② $\dfrac{\sigma^2}{2\varepsilon_0}$, 도체 외부 방향

③ $\dfrac{\sigma^2}{\varepsilon_0}$, 도체 외부 방향

④ $\dfrac{\sigma^2}{\varepsilon_0}$, 도체 내부 방향

해설

정전응력은 양극판(＋극판과 －극판) 사이에서 발생한다. (도체 내부 방향)
$$\therefore f = \frac{1}{2}\varepsilon_0 E^2 = \frac{1}{2}DE = \frac{1}{2}\sigma E = \frac{\sigma^2}{2\varepsilon_0} \,[\text{N/m}^2]$$

 제9장 자성체와 자기회로

07 자기회로에서 전기회로의 도전율 $\sigma[\mho]$에 대응되는 것은?

① 자속
② 자기저항
③ 자기력
④ 투자율

해설 전기회로와 자기회로의 대응관계

㉠ 기전력 ↔ 기자력
㉡ 전기저항 ↔ 자기저항
㉢ 도전율 ↔ 투자율
㉣ 전류 ↔ 자속
㉤ 전류밀도 ↔ 자속밀도

 제10장 전자유도법칙

08 진공 중에서 유전율 $\varepsilon[\text{F/m}]$의 유전체가 평등자계 $B[\text{Wb/m}^2]$ 내에 속도 $v[\text{m/s}]$로 운동할 때, 유전체에 발생하는 분극의 세기 P는 몇 [C/m²]인가?

① $(\varepsilon + \varepsilon_0) v \cdot B$
② $(\varepsilon - \varepsilon_0) v \times B$
③ $\varepsilon v \times B$
④ $\varepsilon_0 v \times B$

해설

㉠ 플레밍의 오른손법칙
자계 내에 도체가 운동하면 도체에는 기전력이 발생되며, 유도되는 기전력의 크기는 다음과 같다. (유도기전력)
$$e = V = vBl\sin\theta = (v \times B) l \,[\text{V}]$$
㉡ 기전력과 전계의 세기의 관계
$$V = lE \text{에서 } E = \frac{V}{l} = v \times B$$
∴ 분극의 세기
$$P = \varepsilon_0 (\varepsilon_s - 1) E = \varepsilon_0 (\varepsilon_s - 1) v \times B [\text{C/m}^2]$$

정답 04. ④ 05. ③ 06. ① 07. ④ 08. ②

09 두 개의 커패시터를 직렬로 접속하고 직류 전압을 인가했을 때에 대한 설명으로 틀린 것은?

① 각 커패시터의 두 전극에 정전유도에 의하여 정·부의 동일한 전하가 나타나고 전하량은 일정하다.

② 합성 정전용량은 각 커패시터의 정전용량의 합과 같다.

③ 합성 정전용량은 각 커패시터의 정전용량보다 작아진다.

④ 정전용량이 작은 커패시터에 전압이 더 많이 걸린다.

해설

커패시터 3개를 직렬로 접속했을 때 합성 정전용량은

$$C = \cfrac{1}{\cfrac{1}{C_1} + \cfrac{1}{C_2} + \cfrac{1}{C_3}}$$ 이 된다.

10 진공 중에 한 변의 길이가 0.1[m]인 정삼각형의 3정점 A, B, C에 각각 2.0×10^{-6}[C]의 점전하가 있을 때, 점 A의 전하에 작용하는 힘은 몇 [N]인가?

① $1.8\sqrt{2}$

② $1.8\sqrt{3}$

③ $3.6\sqrt{2}$

④ $3.6\sqrt{3}$

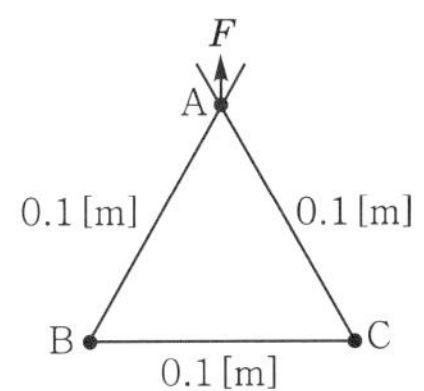

해설

정삼각형 A점에서 받아지는 힘은 A, B 사이에 작용하는 힘 F_1 와 A, C 사이에 작용하는 힘 F_2를 더하여 구할 수 있다.

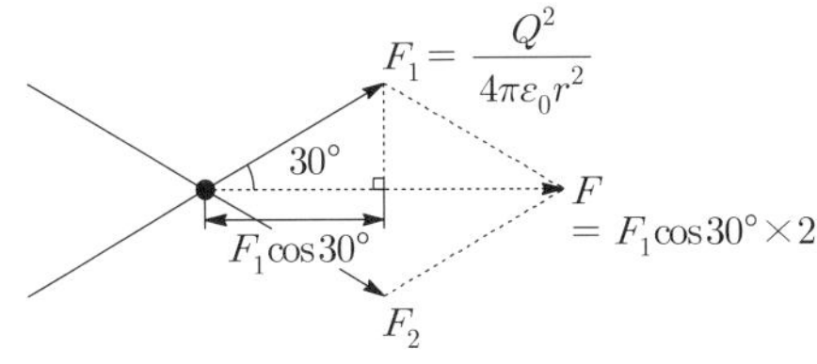

$$F = F_1 + F_2 = F_1 \times \cos 30° \times 2$$

$$= \frac{Q^2}{4\pi\varepsilon_0 r^2} \times \cos 30° \times 2$$

$$= 9 \times 10^9 \times \frac{(2 \times 10^{-6})^2}{0.1^2} \times \frac{\sqrt{3}}{2} \times 2$$

$$= 3.6\sqrt{3}\,[\mathrm{N}]$$

11 그림과 같이 단면적이 균일한 환상철심에 권수 N_1인 코일과 권수 A인 코일이 있을 때 코일의 자기인덕턴스가 L_1[H]라면 두 코일의 상호인덕턴스는 몇 [H]인가? (단, 누설자속은 0 이라고 한다.)

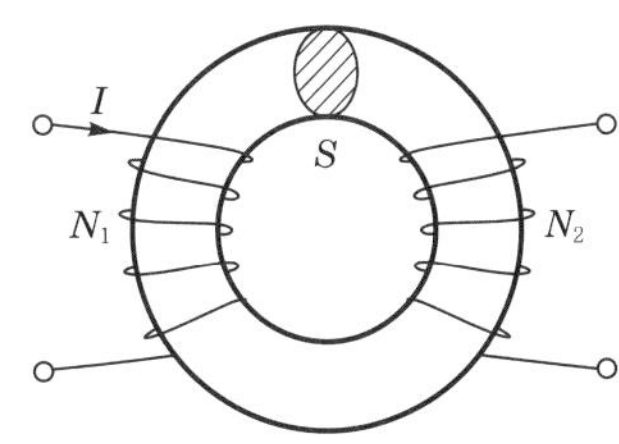

① $\dfrac{L_1 N_1}{N_2}$

② $\dfrac{N_2}{L_1 L_2}$

③ $\dfrac{N_1}{L_1 N_2}$

④ $\dfrac{L_1 N_2}{N_1}$

해설

㉠ 1차 코일의 자기인덕턴스

$$L_1 = \frac{\mu S N_1^{\,2}}{l}\,[\mathrm{H}] \;\rightarrow\; \frac{\mu S}{l} = \frac{1}{N_1^{\,2}} \times L_1$$

㉡ 2차 코일의 자기인덕턴스

$$L_2 = \frac{\mu S N_2^{\,2}}{l} = \frac{\mu S}{l} \times N_2^{\,2} = \left(\frac{N_2}{N_1}\right)^2 \times L_1$$

㉢ 상호인덕턴스

$$M = \frac{\mu S N_1 N_2}{l} = \frac{\mu S}{l} \times N_1 N_2 = \frac{N_2}{N_1} \times L_1$$

12 자화율(magnetic susceptibility) χ는 상자성체에서 일반적으로 어떤 값을 갖는가?

① $\chi = 0$

② $\chi > 0$

③ $\chi < 0$

④ $\chi = 1$

해설

㉠ 자화의 세기 : $J = \mu_o(\mu_s - 1)H\,[\text{Wb/m}^2]$

㉡ 자화율 : $\chi = \mu_0(\mu_s - 1)\,[\text{H/m}]$

㉢ 비자화율 : $\chi_{er} = \mu_s - 1$

㉣ 자성체의 종류별 특징

종류	자화율	비자화율	비투자율
비자성체	$\chi = 0$	$\chi_{er} = 0$	$\mu_s = 1$
강자성체	$\chi \gg 0$	$\chi_{er} \gg 0$	$\mu_s \gg 1$
상자성체	$\chi > 0$	$\chi_{er} > 0$	$\mu_s > 1$
반자성체	$\chi < 0$	$\chi_{er} < 0$	$\mu_s < 1$

중 제6장 전류

13 구리의 저항율은 20[℃]에서 1.69×10^{-8} [$\Omega \cdot$ m]이고 온도계수는 0.0039이다. 단면이 2[mm²]인 구리선 200[m]의 50[℃]에서의 저항값은 몇 [Ω]인가?

① 1.69×10^{-3}
② 1.89×10^{-3}
③ 1.69
④ 1.89

해설

㉠ 20[℃]에서 전기저항값

$$R = \rho\frac{l}{S}$$

$$= 1.69 \times 10^{-8} \times \frac{200}{2 \times 10^{-6}}$$

$$= 1.69\,[\Omega]$$

여기서, ρ : 20[℃]에서의 고유저항

㉡ 50[℃]로 상승했을 때의 전기저항값

$$R_T = R_t[1 + \alpha_t(T - t)]$$

$$= 1.69 \times [1 + 0.0039(50 - 20)]$$

$$= 1.887\,[\Omega]$$

여기서, T : 현재 온도

t : 초기 온도

α_t : t[℃]에서의 온도계수

상 제8장 전류의 자기현상

14 z 축상에 놓인 길이가 긴 직선 도체에 10[A]의 전류가 $+z$ 방향으로 흐르고 있다. 이 도체 주위의 자속밀도가 $3\hat{x} - 4\hat{y}$ [Wb/m²]일 때 도체가 받는 단위길이당 힘[N/m]은? (단, $\hat{x}$, $\hat{y}$ 는 단위벡터이다.)

① $-40\hat{x} + 30\hat{y}$
② $-30\hat{x} + 40\hat{y}$
③ $30\hat{x} + 40\hat{y}$
④ $40\hat{x} + 30\hat{y}$

해설

㉠ 플레밍의 왼손법칙 : 자계 내의 도체에 전류를 흘리면 도체에는 전자력 F 가 발생한다.

㉡ 전자력 : $F = IBl\sin\theta = (\dot{I} \times \dot{B})l\,[\text{N}]$

∴ 단위길이당 작용하는 힘

$$f = \dot{I} \times \dot{B} = 10\,\hat{z} \times (3\hat{x} - 4\hat{y})$$

$$= 30\hat{y} + 40\hat{x} = 40\hat{x} + 30\hat{y}\,[\text{N/m}]$$

여기서, $\hat{I} \times \hat{x} = \hat{y}$, $\hat{I} \times -\hat{y} = \hat{x}$

상 제3장 정전용량

15 콘덴서의 내압(耐壓) 및 정전용량이 각각 1000[V]$-$2[μF], 700[V]$-$3[μF], 600[V]$-$4[μF], 300[V]$-$8[μF]이다. 이 콘덴서를 직렬로 연결할 때 양단에 인가되는 전압을 상승시키면 제일 먼저 절연이 파괴되는 콘덴서는?

① $1000[\text{V}] - 2[\mu\text{F}]$
② $700[\text{V}] - 3[\mu\text{F}]$
③ $600[\text{V}] - 4[\mu\text{F}]$
④ $300[\text{V}] - 8[\mu\text{F}]$

해설

최대 전하=내압×정전용량의 결과 최대 전하값이 작은 것이 먼저 파괴된다.

① $1000 \times 2 = 2000[\mu\text{C}]$
② $700 \times 3 = 2100[\mu\text{C}]$
③ $600 \times 4 = 2400[\mu\text{C}]$
④ $300 \times 8 = 2400[\mu\text{C}]$

∴ $1000[\text{V}] - 2[\mu\text{F}]$가 먼저 파괴된다.

상 제8장 전류의 자기현상

16 다음 중 무한장 솔레노이드에 전류가 흐를 때에 대한 설명으로 가장 알맞은 것은?

① 내부자계는 위치에 상관없이 일정하다.
② 내부자계와 외부자계는 그 값이 같다.
③ 외부자계는 솔레노이드 근처에서 멀어질수록 그 값이 작아진다.
④ 내부자계의 크기는 0이다.

해설 솔레노이드 자계의 특징

㉠ 솔레노이드의 내부자계는 평등자장이므로 위치에 상관없이 항상 일정하다.

㉡ 외부자계는 0이다.

정답 13. ④ 14. ④ 15. ① 16. ①

17 DC 전압을 가하면 전류는 도선 중심쪽으로 흐르려고 한다. 이러한 현상을 무슨 효과라 하는가?

① Skin효과   ② Pinch효과
③ 압전기효과   ④ Peltier효과

해설

① 표피효과(Skin효과) : 교류전압을 가하면 전류가 도선 표면으로 흐르려고 하는 현상
③ 압전기효과(피에조효과) : 전체에 압력이나 인장력을 가하면 전기분극이 발생하는 현상
④ 펠티에효과(Peltier효과) : 두 종류의 금속으로 폐회로를 만들어 전류를 흘리면 양 접속점에서 한쪽은 온도가 올라가고 다른 쪽은 온도가 내려가는 현상

18 비투자율은? (단, μ_0는 진공의 투자율, χ_m은 자화율이다.)

① $1 + \dfrac{\chi_m}{\mu_0}$ ② $\mu_0(1 + \chi_m)$

③ $\dfrac{1}{1 + \chi_m}$ ④ $\dfrac{1}{1 - \chi_m}$

해설

㉠ 자화의 세기 : $J = \mu_0(\mu_s - 1)H = \chi H \,[\text{Wb/m}^2]$
㉡ 자화율 : $\chi_m = \mu_0(\mu_s - 1) = \mu - \mu_0$
㉢ 비자화율 : $\chi_{er} = \dfrac{\chi_m}{\mu_0} = \mu_s - 1$

∴ 비투자율 : $\mu_s = 1 + \dfrac{\chi_m}{\mu_0}$

19 반지름 25[cm]의 원형 코일을 1[mm] 간격으로 동축상에 평행 배치한 후 각각에 100[A]의 전류가 같은 방향으로 흐를 때 상호 간에 작용하는 인력은 몇 [N]인가?

① 0.0314   ② 0.314
③ 3.14   ④ 31.4

해설

㉠ 반지름 25[cm]의 원형 코일의 길이
$l = 2\pi r = 2\pi \times 25 = 50\pi\,[\text{cm}]$
㉡ 두 도선 사이에 작용하는 힘(전자력)

$$F = \frac{2I_1 I_2 l}{d} \times 10^{-7}$$
$$= \frac{2 \times 100^2 \times 50\pi \times 10^{-2}}{10^{-3}} \times 10^{-7}$$
$$= 3.14\,[\text{N}]$$

20 유전체 내에서 변위전류를 발생하는 것은?

① 분극전하밀도의 시간적 변화
② 전속밀도의 시간적 변화
③ 자속밀도의 시간적 변화
④ 분극전하밀도의 공간적 변화

해설

㉠ 변위전류밀도 : $i_d = \dfrac{\partial D}{\partial t}\,[\text{A/m}^2]$
㉡ 의미 : 시간에 따라 전속밀도의 크기가 변화하면 변위 전류가 발생한다.

상 | 제2장 진공 중의 정전계

01 자유공간 중에서 점 P(2, −4, 5)가 도체면 상에 있으며, 이 점에서 전계 $E = 3\,a_x - 6\,a_y + 2\,a_z$[V/m]이다. 도체면에 법선성분 E_n 및 접선성분 E_t의 크기는 몇 [V/m]인가?

① $E_n = 3,\ E_t = -6$

② $E_n = 7,\ E_t = 0$

③ $E_n = 2,\ E_t = 3$

④ $E_n = -6,\ E_t = 0$

해설

전계는 도체표면에 대해서 수직 출입하므로 전계의 접선(수평)성분은 0이다. 즉, $E_t = 0$

∴ 전계의 법성(수직)성분의 크기는

$$|E| = E_n = \sqrt{3^2 + (-6)^2 + 2^2} = 7\,[\text{V/m}]$$

상 | 제3장 정전용량

02 공기 중에 1변 40[cm]의 정방형 전극을 가진 평행판 콘덴서가 있다. 극판의 간격을 4[mm]로 하고 극판 간에 100[V]의 전위차를 주면 축적되는 전하는 몇 [C]이 되는가?

① 3.54×10^{-9}

② 3.54×10^{-8}

③ 6.56×10^{-9}

④ 6.56×10^{-8}

해설

㉠ 평행판 콘덴서의 정전용량

$$C = \frac{\varepsilon_0 S}{d}$$

$$= \frac{8.855 \times 10^{-12} \times 0.4 \times 0.4}{0.004}$$

$$= 3.542 \times 10^{-10}\,[\text{F}]$$

㉡ 콘덴서에 축적되는 전하량(전기량)

$$Q = CV$$

$$= 3.542 \times 10^{-10} \times 100$$

$$= 3.542 \times 10^{-8}\,[\text{C}]$$

상 | 제4장 유전체

03 어떤 종류의 결정을 가열하면 한 면에 정(正), 반대면에 부(負)의 전기가 나타나 분극을 일으키며 반대로 냉각하면 역(逆)의 분극이 일어나는 것은?

① 파이로(Pyro)전기

② 볼타(Volta)효과

③ 바크하우젠(Barkhausen)효과

④ 압전기(Piezo−electric)의 역효과

해설

㉠ 파이로전기효과(초전효과) : 유전체를 가열 또는 냉각을 시키면 전기분극이 발생하는 효과

㉡ 압전기효과 : 유전체에 압력 또는 인장력을 가하면 전기분극이 발생하는 효과

㉢ 압전기역효과 : 유전체에 전압을 주면 유전체가 변형을 일으키는 현상

중 | 제9장 자성체와 자기회로

04 두 자성체의 경계면에서 정자계가 만족하는 것은?

① 양측 경계면상의 두 점 간의 자위차가 같다.

② 자속은 투자율이 적은 자성체에 모인다.

③ 자계의 법선성분은 서로 같다.

④ 자속밀도의 접선성분이 같다.

해설

㉠ 자속밀도는 법선성분이 같다. ($B_1\cos\theta_1 = B_2\cos\theta_2$)

㉡ 자계의 접선성분은 같다. ($H_1\sin\theta_1 = H_2\sin\theta_2$)

㉢ 자기력선 또는 자속선은 투자율이 큰 곳으로 더 크게 굴절한다. $\left(\dfrac{\tan\theta_1}{\tan\theta_2} = \dfrac{\mu_1}{\mu_2} \right)$

㉣ 양측 경계면상의 두 점 간의 자위차는 같다.

㉤ 자속밀도는 투자율이 큰 곳으로 자계는 투자율이 작은 곳으로 모인다.

정답 01. ② 02. ② 03. ① 04. ①

 제2장 진공 중의 정전계

05 전위가 V_A 인 A 점에서 Q [C]의 전하를 전계와 반대방향으로 l [m] 이동시킨 점 P의 전위 [V]는? (단, 전계 E 는 일정하다고 가정한다.)

① $V_P = V_A - El$
② $V_P = V_A + El$
③ $V_P = V_A - EQ$
④ $V_P = V_A + EQ$

해설

전계는 전위가 높은 점에서 낮은 점으로 향하므로 P점의 전위는 A점의 전위 V_A 에 l 만큼 이동한 지점의 전위차 ($V = Eel$)만큼 증가하게 된다.

∴ P점의 전위 : $V_P = V_A + El$ [V]

 제10장 전자유도법칙

06 전자유도에 의해서 회로에 발생하는 기전력은 자속쇄교수의 시간에 대한 감소비율에 비례한다는 ㉠ 법칙에 따르고 특히, 유도된 기전력의 방향은 ㉡ 법칙에 따른다. ㉠, ㉡에 알맞은 것은?

① ㉠ 패러데이 ㉡ 플레밍의 왼손
② ㉠ 패러데이 ㉡ 렌츠
③ ㉠ 렌츠 ㉡ 패러데이
④ ㉠ 플레밍의 왼손 ㉡ 패러데이

해설

패러데이는 자속이 시간적으로 변화하면 기전력이 발생한다는 성질을, 렌츠는 기전력의 방향은 자속의 증감을 방해하는 방향으로 발생한다는 것을 설명하였다.

 제3장 정전용량

07 평행판 콘덴서에서 전극 간에 V [V]의 전위차를 가할 때 전계의 세기가 E [V/m] (공기의 절연내력)를 넘지 않도록 하기 위한 콘덴서의 단위면적당의 최대용량은 몇 [F/m²]인가?

① $\dfrac{\varepsilon_0 V}{E}$
② $\dfrac{\varepsilon_0 E}{V}$
③ $\dfrac{\varepsilon_0 V^2}{E}$
④ $\dfrac{\varepsilon_0 E^2}{V}$

해설

㉠ 평행판 콘덴서의 정전용량 : $C = \dfrac{\varepsilon_0 S}{d}$

㉡ 전계와 전위차의 관계 : $V = dE$ [V]

→ 극판 간격 : $d = \dfrac{V}{E}$ [m]

∴ 단위면적당 정전용량

$$C' = \frac{C}{S} = \frac{\varepsilon_0}{d} = \frac{\varepsilon_0 E}{V} \ [\text{F/m}^2]$$

 제12장 전자계

08 자유공간 내의 고유임피던스는?

① $\mu_0 \varepsilon_0$
② $\sqrt{\mu_0 \varepsilon_0}$
③ $\dfrac{\mu_0}{\varepsilon_0}$
④ $\sqrt{\dfrac{\mu_0}{\varepsilon_0}}$

해설

㉠ 쿨롱상수 : $\dfrac{1}{4\pi\varepsilon_0} = 9 \times 10^9$

㉡ 진공의 유전율 : $\varepsilon_0 = \dfrac{1}{36\pi \times 10^9}$ [F/m]

㉢ 진공의 투자율 : $\mu_0 = 4\pi \times 10^{-7}$ [H/m]

∴ 자유공간 내의 고유임피던스

$$Z_0 = \frac{E}{H} = \sqrt{\frac{\mu_0}{\varepsilon_0}}$$

$$= \sqrt{\frac{4\pi \times 10^{-7}}{\dfrac{1}{36\pi \times 10^9}}} = 120\pi = 377 \ [\Omega]$$

 제6장 전류

09 펠티에효과에 관한 공식 또는 설명으로 틀린 것은? (단, H 는 열량, P 는 펠티에계수, I 는 전류, t 는 시간이다.)

① $H = P \displaystyle\int_0^t I \, dt$ [cal]

② 펠티에효과는 제베크효과와 반대의 효과이다.

③ 반도체와 금속을 결합시켜 전자냉동 등에 응용된다.

④ 펠티에효과란 동일한 금속이라도 그 도체 중의 2점 간에 온도차가 있으면 전류를 흘림으로써 열의 발생 또는 흡수가 생긴다는 것이다.

㉠ 서로 다른 두 종류의 금속을 접속하여 전류를 흘리면 줄열 이외의 열의 발생 또는 흡수가 발생한다.
㉡ 제베크효과의 반대되는 개념이다.
㉢ 펠티에소자를 이용하여 전자냉동 등에 응용된다.
④의 내용은 톰슨효과에 대한 설명이다.

상 제9장 자성체와 자기회로

10 그림과 같은 직각좌표계에서 z 축에 놓여진 직선도체에 $+z$ 방향으로 직류전류가 흐르면 $y > 0$인 임의의 점에서의 자계의 방향은?

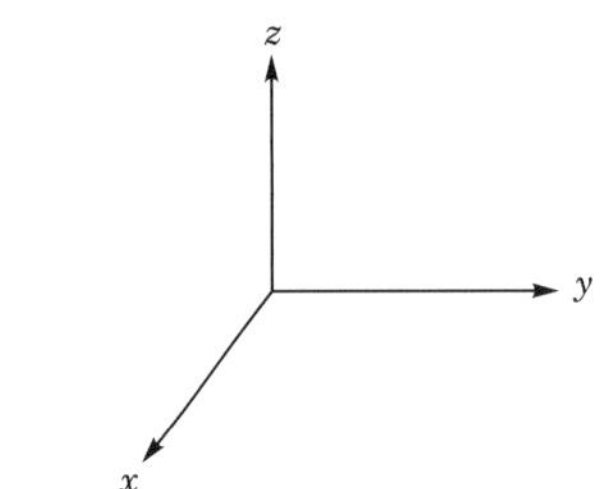

① $\overrightarrow{a_y}$ 방향   ② $-\overrightarrow{a_y}$ 방향
③ $\overrightarrow{a_x}$ 방향   ④ $-\overrightarrow{a_x}$ 방향

해설

자계의 방향은 앙페르의 오른나사법칙에 따라 아래와 같이 나타낼 수 있다.

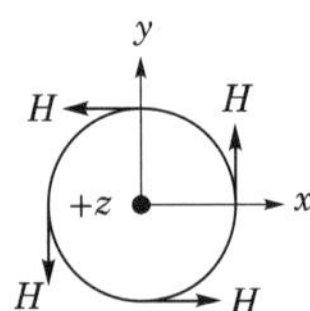

따라서 $+y$ 상에서 받아지는 자계의 세기의 방향은 $-x$ 축에 해당된다. 즉, $-\overrightarrow{a_x}$ 방향이 된다.

상 제3장 정전용량

11 면전하밀도가 $\sigma[\text{C/m}^2]$인 대전도체가 진공 중에 놓여 있을 때 도체표면에 작용하는 정전응력$[\text{N/m}^2]$은?

① σ^2 에 비례한다.
② σ 에 비례한다.
③ σ^2 에 반비례한다.
④ σ 에 반비례한다.

해설

㉠ 정전에너지

$$W = \frac{Q^2}{2C} = \frac{Q^2}{2 \times \dfrac{\varepsilon_0 S}{d}} = \frac{dQ^2}{2\varepsilon_0 S}$$

$$= \frac{d\sigma^2 S^2}{2\varepsilon_0 S} = \frac{d\sigma^2}{2\varepsilon_0} S[\text{J}]$$

㉡ 정전응력(단위면적당 작용하는 힘)

$$f = \frac{\partial W}{\partial d} = \frac{\sigma^2}{2\varepsilon_0} S[\text{N}] = \frac{\sigma^2}{2\varepsilon_0}[\text{N/m}^2]$$

상 제9장 자성체와 자기회로

12 다음 설명 중 타당한 것은 어느 것인가?

① 상자성체는 자화율이 0보다 크고 반자성체에서는 자화율이 0보다 작다.
② 상자성체에서는 비투자율이 1보다 작고 반자성체에서는 비투자율이 1보다 크다.
③ 반자성체에서는 자화율이 0보다 크고 비투자율이 1보다 크다.
④ 상자성체에서는 자화율이 0보다 작고 비투자율이 1보다 크다.

해설 **자성체의 종류별 특징**

종류	자화율	비자화율	비투자율
비자성체	$\chi = 0$	$\chi_{er} = 0$	$\mu_s = 1$
강자성체	$\chi \gg 0$	$\chi_{er} \gg 0$	$\mu_s \gg 1$
상자성체	$\chi > 0$	$\chi_{er} > 0$	$\mu_s > 1$
반자성체	$\chi < 0$	$\chi_{er} < 0$	$\mu_s < 1$

상 제12장 전자계

13 전자계에 대한 맥스웰의 기본이론이 아닌 것은?

① 자계의 시간적 변화에 따라 전계의 회전이 생긴다.
② 전도전류는 자계를 발생시키나, 변위전류는 자계를 발생시키지 않는다.
③ 자극은 N–S극이 항상 공존한다.
④ 전하에서는 전속선이 발산된다.

해설

전도전류와 변위전류는 모두 주위에 자계를 만든다.

정답 10. ④ 11. ① 12. ① 13. ②

상 제11장 인덕턴스

14 어떤 코일에 인덕턴스를 측정하였더니 4[H]이고, 여기에 직류전류 I[A]를 흘려주니 이 코일에 축적된 에너지가 10[J]이었다면 전류 I는 몇 [A]인가?

① 0.5[A]

② $\sqrt{5}$[A]

③ 5[A]

④ 25[A]

해설

㉠ 코일에 저장되는 자기에너지

$$W_L = \frac{1}{2}LI^2 = \frac{1}{2}\Phi I = \frac{\Phi^2}{2L}\,[\text{J}]$$

㉡ 위 공식에서 $I^2 = \frac{2W}{L}$ 가 되므로

$$\therefore I = \sqrt{\frac{2W}{L}} = \sqrt{\frac{2\times10}{4}} = \sqrt{5}\,[\text{A}]$$

하 제9장 자성체와 자기회로

15 길이 l[m], 단면적의 지름 d[m]인 원통이 길이방향으로 균일하게 자화되어 자화의 세기가 J[Wb/m²]인 경우 원통 양단에서의 전자극의 세기 m[Wb]는?

① $\pi d^2 J$

② $\pi d J$

③ $\pi \dfrac{d^2}{4} J$

④ $\dfrac{4J}{\pi} d^2$

해설

자화의 세기 $J = \dfrac{m}{S} = \dfrac{M}{V}$[Wb/m²]에서

$$\therefore m = J\times S = J\times\pi r^2 = J\times\frac{\pi d^2}{4}\,[\text{Wb}]$$

상 제5장 전기 영상법

16 공기 중에서 무한평면도체 표면 아래의 1[m] 떨어진 곳에 1[C]의 점전하가 있다. 이 전하가 받는 힘의 크기는 몇 [N]인가?

① 9×10^9

② $\dfrac{9}{2}\times10^9$

③ $\dfrac{9}{4}\times10^9$

④ $\dfrac{9}{10}\times10^9$

해설

무한평판과 점전하에 의한 작용력

$$F = \frac{Q\cdot Q'}{4\pi\varepsilon_0 r^2} = \frac{-Q^2}{4\pi\varepsilon_0(2a)^2}$$

$$= \frac{9\times10^9}{4}\times\frac{-Q^2}{a^2} = -\frac{9}{4}\times10^9\,[\text{N}]$$

상 제6장 전류

17 직류 500[V] 절연저항계로 절연저항을 측정하니 2[MΩ]이 되었다면 누설전류는?

① $25[\mu\text{A}]$

② $250[\mu\text{A}]$

③ $1000[\mu\text{A}]$

④ $1250[\mu\text{A}]$

해설

누설전류 $I_g = \dfrac{V}{R} = \dfrac{500}{2\times10^6}$

$$= 250\times10^{-6} = 250[\mu\text{A}]$$

상 제4장 유전체

18 유전율이 각각 다른 두 종류의 유전체 경계면에 전속이 입사될 때 이 전속의 방향은?

① 직진   ② 반사

③ 회전   ④ 굴절

해설

서로 다른 유전체 경계면에 전기력선 또는 전속선이 입사하면 경계면에서 반드시 굴절현상이 발생된다.

상 제2장 진공 중의 정전계

19 정전계와 반대방향으로 전하를 2[m] 이동시키는 데 240[J]의 에너지가 소모되었다. 이 두 점 사이의 전위차가 60[V]이면 전하의 전기량은 몇 [C]인가?

① 1[C]   ② 2[C]

③ 4[C]   ④ 8[C]

해설

전하가 운반될 때 소비되는 에너지 또는 전하를 운반시키기 위해 필요한 에너지(일)는 $W = QV$[J]이므로

$$\therefore 전기량 \ Q = \frac{W}{V} = \frac{240}{60} = 4[\text{C}]$$

정답   14. ②   15. ③   16. ③   17. ②   18. ④   19. ③

중 | 제8장 전류의 자기현상

20 공기 중에 있는 지름 1[m]의 반원의 도선에 2[A]의 전류가 흐르고 있다면 원 중심에서의 자속밀도는 몇 [Wb/m²]인가?

① $0.5\pi \times 10^{-7}$ ② $4\pi \times 10^{-7}$

③ $2\pi \times 10^{-7}$ ④ $8\pi \times 10^{-7}$

해설

㉠ 원형 코일 중심에서 자계의 세기

$$H = \frac{NI}{2a}[\text{AT/m}]$$

㉡ 반원형 코일 중심에서 자계의 세기

$$H = \frac{NI}{4a} = \frac{1 \times 2}{4 \times \frac{1}{2}} = 1[\text{AT/m}]$$

여기서, a : 원형 코일의 반지름 [m]

N : 권선수 (문제 조건이 없으면 1)

∴ 반원형 코일 중심에서 자속밀도

$$B = \mu_0 H = 4\pi \times 10^{-7} \times 1 = 4\pi \times 10^{-7}[\text{Wb/m}^2]$$

여기서, μ_0 : 진공의 투자율

중 제9장 자성체와 자기회로

01 그림과 같은 자기회로에서 코일에 흐르는 전류가 10[A]이면 $\overline{ACB}$ 구간에 투과하는 자속 ϕ 는 약 몇 [Wb]인가? (단, 코일의 권수 10회, $R_1 = 0.1$[AT/Wb], $R_2 = 0.2$[AT/Wb], $R_3 = 0.3$[AT/Wb]이다.)

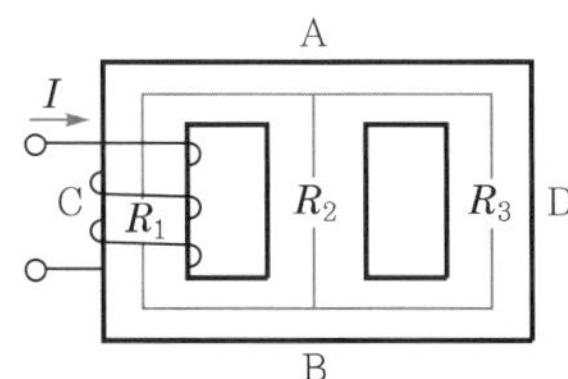

① 2.25×10^2 ② 4.55×10^2

③ 6.50×10^2 ④ 8.45×10^2

해설

㉠ 합성 자기저항

$$R_m = R_1 + \frac{R_2 \times R_3}{R_2 + R_3}$$
$$= 0.1 + \frac{0.2 \times 0.3}{0.2 + 0.3} = 0.22[\text{AT/Wb}]$$

㉡ $\overline{ACB}$ 구간에 통과하는 자속(전체 자속)

$$\phi = \frac{F}{R_m} = \frac{IN}{R_m} = \frac{10 \times 10}{0.22} = 4.55 \times 10^2 [\text{Wb}]$$

중 제3장 정전용량

02 평행판 콘덴서의 극간거리를 $\frac{1}{2}$ 로 줄이면 콘덴서 용량은 처음 값에 비해 어떻게 되는가?

① $\frac{1}{2}$ 이 된다.   ② $\frac{1}{4}$ 이 된다.

③ 2 배가 된다.   ④ 4 배가 된다.

해설

평행판 콘덴서의 정전용량$\left(C = \dfrac{\varepsilon S}{d}\right)$[F]은 극판거리에 반비례하므로 극간거리가 $\frac{1}{2}$ 배 되면 정전용량은 2 배로 증가한다.

상 제8장 전류의 자기현상

03 길이 40[cm]의 철선을 정사각형으로 만들고 전류 5[A]를 흘렸을 때 그 중심에서의 자계의 세기는 몇 [A/m]인가?

① 40

② 45

③ 80

④ 85

해설

㉠ 40[cm] 철선으로 정사각형을 만들었을 때 정사각형 한변의 길이 : $l = 10$[cm]

㉡ 정사각형 중심에서의 자계의 세기

$$H = \frac{2\sqrt{2}\,I}{\pi l} = \frac{2\sqrt{2} \times 5}{\pi \times 0.1} = 45[\text{A/m}]$$

하 제2장 진공 중의 정전계

04 반경이 $a = 10$[cm]인 구의 표면 전하밀도를 $\delta = 10^{-10}$[C/m^2]이 되도록 하는 구의 전위[V]는 얼마인가?

① 21.3[V]

② 11.3[V]

③ 2.13[V]

④ 1.13[V]

해설

㉠ 표면 전하밀도

$$\delta = \frac{Q}{4\pi a^2} = 10^{-10}[\text{C/m}^2]$$

㉡ 구도체의 전위

$$V = \frac{Q}{4\pi \varepsilon_0 a}$$
$$= \frac{Q}{4\pi a^2} \times \frac{a}{\varepsilon_0}$$
$$= \delta \times \frac{a}{\varepsilon_0}$$
$$= 10^{-10} \times \frac{0.1}{8.855 \times 10^{-12}}$$
$$= 1.13[\text{V}]$$

상 제10장 전자유도법칙

05 패러데이 법칙에 대한 설명 중 적합한 것은?

① 전자유도에 의한 회로에 발생되는 기전력은 자속 쇄교수의 시간에 대한 증가율에 비례한다.

② 전자유도에 의한 회로에 발생되는 기전력은 자속의 변화를 방해하는 기전력이 유도된다.

③ 전자유도에 의한 회로에 발생되는 기전력은 자속의 변화 방향으로 유도된다.

④ 전자유도에 의한 회로에 발생되는 기전력은 자속 쇄교수의 시간에 대한 감쇄율에 비례한다.

해설

패러데이 법칙$\left(\text{유도기전력} : e = -N\dfrac{d\phi}{dt}\right)$

전자유도에 의해 발생되는 기전력은 자속 쇄교수의 매초 변화율(감쇄율)에 비례한다.

하 제2장 진공 중의 정전계

06 간격 d[m]의 평형판 도체에 V[kV]의 전위차를 주었을 때 음극 도체판을 초기 속도 0으로 출발한 전자 e[C]이 양극 도체판에 도달할 때의 속도는 몇 [m/s]인가? (단, 전자의 질량 $m = 9.107 \times 10^{-31}$[kg], 전자 1개의 전하량 $e = -1.602 \times 10^{-19}$[C])

① $v = 5.95 \times 10^3 \sqrt{V}$

② $v = 5.95 \times 10^5 \sqrt{V}$

③ $v = 9.55 \times 10^3 \sqrt{V}$

④ $v = 9.55 \times 10^5 \sqrt{V}$

해설 전자의 운동 속도

$$v = \sqrt{\dfrac{2eV}{m}}$$
$$= \sqrt{\dfrac{2 \times 1.602 \times 19^{-19} \times V}{9.107 \times 10^{-31}}}$$
$$= 5.95 \times 10^5 \times \sqrt{V} \,[\text{m/s}]$$

상 제10장 전자유도법칙

07 다음 중 전동기의 원리에 적용되는 법칙은?

① 렌츠의 법칙

② 플레밍의 오른손 법칙

③ 플레밍의 왼손 법칙

④ 옴의 법칙

해설 플레밍의 왼손 법칙(전동기의 원리)

㉠ 자계 내의 도체에 전류를 흘리면 도체에는 전자력 F가 발생한다.

㉡ 전자력 : $F = IBl\sin\theta$[N]

상 제4장 유전체

08 두 유전체 ①, ②가 유전율 $\varepsilon_1 = 2\sqrt{3}\,\varepsilon_0$, $\varepsilon_2 = 2\,\varepsilon_0$이며, 경계를 이루고 있을 때 그림과 같이 전계 E_1이 입사하여 굴절을 하였다면 유전체 ② 내의 전계의 세기 E_2는 몇 [V/m]인가?

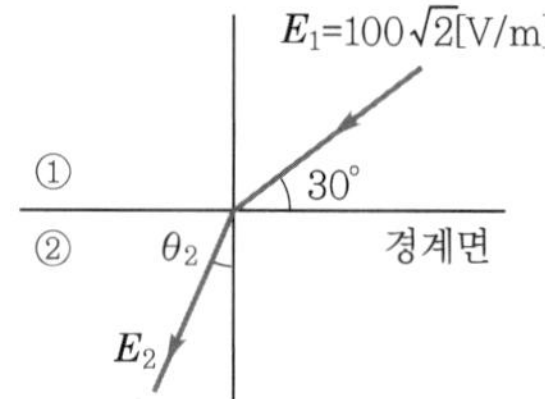

① 95

② 100

③ $100\sqrt{2}$

④ $100\sqrt{3}$

해설

㉠ 유전체 경계조건 $\dfrac{\varepsilon_2}{\varepsilon_1} = \dfrac{\tan\theta_2}{\tan\theta_1}$ 에서

$\tan\theta_2 = \tan\theta_1 \dfrac{\varepsilon_2}{\varepsilon_1}$ 이므로 굴절각은

$$\theta_2 = \tan^{-1}\left(\tan\theta_1 \dfrac{\varepsilon_2}{\varepsilon_1}\right)$$
$$= \tan^{-1}\left(\tan 60° \times \dfrac{2\varepsilon_0}{2\sqrt{3}\,\varepsilon_0}\right) = 45°$$

여기서, 입사각 : $\theta_1 = 90 - 30 = 60°$

㉡ $E_1 \sin\theta_1 = E_2 \sin\theta_2$에서

$$E_2 = E_1 \dfrac{\sin\theta_1}{\sin\theta_2} = 100\sqrt{2}\,\dfrac{\sin 60°}{\sin 45°} = 100\sqrt{3}\,[\text{V/m}]$$

정답 05. ④ 06. ② 07. ③ 08. ④

09 공기 중에서 5[V], 10[V]로 대전된 반지름 2[cm], 4[cm]의 2개의 구를 가는 철사로 접속했을 때 공통 전위는 몇 [V]인가?

① 6.25
② 7.5
③ 8.33
④ 10

해설 공통 전위

$$V = \frac{C_1 V_1 + C_2 V_2}{C_1 + C_2}$$

$$= \frac{r_1 V_1 + r_2 V_2}{r_1 + r_2}$$

$$= \frac{0.02 \times 5 + 0.04 \times 10}{0.02 + 0.04} = 8.33[V]$$

(여기서, $C_1 = 4\pi\varepsilon_0 r_1$, $C_2 = 4\pi\varepsilon_0 r_2$)

10 다음 중 특성이 다른 것이 하나 있다. 그것은 무엇인가?

① 톰슨 효과(Thomson effect)
② 스트레치 효과(Stretch effect)
③ 핀치 효과(Pinch effect)
④ 홀 효과(Hall effect)

해설

스트레치 효과, 핀치 효과, 홀 효과는 모두 전류와 자계 관계의 현상이고, 톰슨 효과는 열전기 현상이다.

11 자극의 세기 4[Wb], 자축의 길이 10[cm]의 막대자석이 100[AT/m]의 평등자장 내에서 20[N·m]의 회전력을 받았다면 이때 막대자석과 자장이 이루는 각도는?

① 0°
② 30°
③ 60°
④ 90°

해설

㉠ 막대자석의 회전력 : $T = mlH\sin\theta$

㉡ $\sin\theta = \dfrac{T}{mlH} = \dfrac{20}{4 \times 0.1 \times 100} = 0.5$

∴ $\theta = \sin^{-1} 0.5 = 30°$

12 다음 설명의 (㉠), (㉡)에 들어갈 내용으로 옳은 것은?

> 히스테리시스 곡선은 가로축(횡축)(㉠), 세로축(종축)(㉡)와의 관계를 나타낸다.

① ㉠ 자속밀도, ㉡ 투자율
② ㉠ 자기장의 세기, ㉡ 자속밀도
③ ㉠ 자화의 세기, ㉡ 자기장의 세기
④ ㉠ 자기장의 세기, ㉡ 투자율

해설 히스테리시스 곡선

자성체가 자화되는 특성을 나타낸 곡선으로 외부에서 인가한 자기력에 대한 자성체 내의 자속밀도를 나타낸 곡선

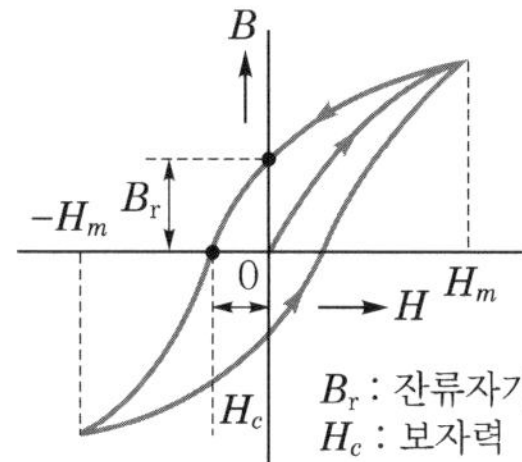

㉠ 가로축(횡축) : 자기장의 세기
㉡ 세로축(종축) : 자속밀도

13 전류 I[A]가 반지름 a[m]의 원주를 균일하게 흐를 때 원주 내부의 중심에서 r[m] 떨어진 원주 내부 점의 자계의 세기는 몇 [AT/m]인가?

① $\dfrac{rI}{2\pi a^2}$
② $\dfrac{Ir}{2\pi a}$
③ $\dfrac{Ir}{\pi a^2}$
④ $\dfrac{Ir}{\pi a}$

해설 전류가 도체 내부에 균일하게 흐를 경우

㉠ 외부 자계 : $H_e = \dfrac{I}{2\pi r}$ [AT/m]

㉡ 표면 자계 : $H_s = \dfrac{I}{2\pi a}$ [AT/m]

㉢ 내부 자계 : $H_e = \dfrac{rI}{2\pi a^2}$ [AT/m]

상 제12장 전자계

14 Maxwell의 전자계에 관한 제2기본방정식으로 자속밀도 B와 전계 E의 관계로 옳은 것은?

① $div\ E = \dfrac{\partial B}{\partial t}$

② $div\ B = -\dfrac{\partial E}{\partial t}$

③ $rot\ E = \dfrac{\partial B}{\partial t}$

④ $rot\ E = -\dfrac{\partial B}{\partial t}$

해설 맥스웰 방정식

㉠ $rot\ H = i + \dfrac{\partial D}{\partial t}$

㉡ $rot\ E = -\dfrac{\partial B}{\partial t}$

㉢ $div\ D = \rho$

㉣ $div\ B = 0$

중 제10장 전자유도법칙

15 서울에서 부산 방향으로 향하는 제트기가 있다. 제트기가 대지면과 나란하게 1235[km/h]로 비행할 때, 제트기 날개 사이에 나타나는 전위차[V]는? (단, 지구의 자기장은 대지면에서 수직으로 향하고, 그 크기는 30[A/m]이고, 제트기의 몸체 표면은 도체로 구성되며, 날개 사이의 길이는 65[m]이다.)

① 0.42   ② 0.84

③ 1.68   ④ 3.03

해설

제트기(도체)가 대지 표면에서 발생되는 자기장을 끊어나가면 제트기 표면에는 기전력이 유도된다. (플레밍의 오른손 법칙)

∴ 유도기전력

$$e = vBl\sin\theta$$
$$= v\mu_0 Hl\sin\theta$$
$$= \frac{1235}{3600} \times 4\pi \times 10^{-7} \times 30 \times 65 \times \sin 90°$$
$$= 0.84[V]$$

하 제4장 유전체

16 영구 쌍극자 모멘트를 갖고 있는 분자가 외부 전계에 의하여 배열함으로서 일어나는 전기 분극 현상은?

① 쌍극자 연면분극

② 전자분극

③ 쌍극자 배향분극

④ 이온분극

상 제5장 전기 영상법

17 접지되어 있는 반지름 0.2[m]인 도체구의 중심으로부터 거리가 0.4[m] 떨어진 점 P에 점전하 6×10^{-3}[C]이 있다. 영상전하는 몇 [C]인가?

① -2×10^{-3}

② -3×10^{-3}

③ -4×10^{-3}

④ -6×10^{-3}

해설 접지도체구와 점전하에 의한 전기 영상법

영상전하 $Q_P = -\dfrac{a}{d}Q$

$$= -\frac{0.2}{0.4} \times 6 \times 10^{-3} = -3 \times 10^{-3}[C]$$

상 제12장 전자계

18 10[mW], 20[kHz]의 송신기가 자유공간 내에서 사방으로 균일하게 전파를 발사할 때 송신기로부터 10[km]지점에서의 포인팅 벡터는 약 몇 [W/m²]인가?

① 4×10^{-11}

② 8×10^{-11}

③ 4×10^{-12}

④ 8×10^{-12}

해설

포인팅 벡터는 전자파의 진행방향에 수직한 평면의 단위 면적을 단위시간 내에 통과하는 에너지의 크기이므로

$$\therefore P = \frac{P_s}{S} = \frac{P_s}{4\pi r^2} = \frac{10 \times 10^{-3}}{4\pi \times (10 \times 10^3)^2}$$
$$= 8 \times 10^{-12}[W/m^2]$$

정답   14. ④   15. ②   16. ③   17. ②   18. ④

제11장 인덕턴스

19 내경의 반지름이 1[mm], 외경의 반지름이 3[mm]인 동축케이블의 단위길이당 인덕턴스는 약 몇 [μH/m]인가? (단, 이때 $\mu_r = 1$이며, 내부 인덕턴스는 무시한다.)

① 0.1　　　② 0.2

③ 0.3　　　④ 0.4

해설 동축케이블의 전체 인덕턴스

$$L = L_i + L_o = \frac{\mu}{8\pi} + \frac{\mu}{2\pi}\ln\frac{b}{a}\,[\text{H/m}]$$

여기서, L_i : 내부 인덕턴스

L_o : 외부 인덕턴스

$$\therefore \ L = \frac{\mu}{2\pi}\ln\frac{b}{a} = \frac{4\pi\times10^{-7}}{2\pi}\ln\frac{3\times10^{-3}}{1\times10^{-3}}$$

$$= 0.2\times10^{-6} = 0.2[\mu\text{H/m}]$$

제2장 진공 중의 정전계

20 진공 중에서 원점의 점전하 0.3[μC]에 의한 점(1, −2, 2)[m]의 x성분 전계는 몇 [V/m]인가?

① 300　　　② −200

③ 200　　　④ 100

해설

㉠ 단위벡터

$$\overrightarrow{r_0} = \frac{\overrightarrow{r}}{r} = \frac{i-2j+2k}{\sqrt{1^2+2^2+2^2}} = \frac{i-2j+2k}{3}$$

㉡ 전계의 세기(스칼라)

$$E = \frac{Q}{4\pi\varepsilon_0 r^2} = 9\times10^9\times\frac{0.3\times10^{-6}}{3^2}$$

$$= 300[\text{V/m}]$$

$\therefore$ 전계의 세기(벡터)

$$\overrightarrow{E} = E\overrightarrow{r_0} = 300\times\left(\frac{i-2j+2k}{3}\right)$$

$$= 100\,i - 200\,j + 200\,k[\text{V/m}]$$

상 제5장 전기 영상법

01 점전하 $+Q$의 무한평면도체에 대한 영상전하는?

① $-Q$[C]보다 작다.

② $+Q$[C]보다 크다.

③ $-Q$[C]와 같다.

④ $+Q$[C]와 같다.

해설 영상전하 Q'

㉠ 무한평면도체와 점전하 : $Q' = -Q$

㉡ 접지된 구도체와 점전하 : $Q' = -\dfrac{a}{d}Q$

중 제6장 전류

02 대지 중의 두 전극 사이에 있는 어떤 점의 전계의 세기가 $E=6$[V/cm], 지면의 도전율이 $k=10^{-4}$[℧/cm]일 때 이 점의 전류밀도는 몇 [A/cm^2]인가?

① 6×10^{-4}
② 6×10^{-6}
③ 6×10^{-5}
④ 6×10^{-3}

해설 전류밀도

$i = kE = 10^{-4} \times 6 = 6 \times 10^{-4}$[A/cm^2]

상 제8장 전류의 자기현상

03 반지름이 2[m], 권수가 100회인 원형 코일의 중심에 30[AT/m]의 자계를 발생시키려면 몇 [A]의 전류를 흘려야 하는가?

① 1.2[A]
② 1.5[A]
③ 120[A]
④ 150[A]

해설

원형 코일 중심의 자계 $H = \dfrac{NI}{2a}$[AT/m]에서

$\therefore$ 전류 $I = \dfrac{2aH}{N} = \dfrac{2 \times 2 \times 30}{100} = 1.2$[A]

하 제12장 전자계

04 공기 중에서 1[V/m]의 전계를 1[A/m^2]의 변위전류로 흐르게 하려면 주파수는 몇 [MHz]가 되어야 하는가?

① 1500[MHz]
② 1800[MHz]
③ 15000[MHz]
④ 18000[MHz]

해설

변위전류밀도 $i_d = \omega \varepsilon_0 E = 2\pi f \varepsilon_0 E$[A/m^2]에서 주파수는 다음과 같다.

$$\therefore f = \frac{i_d}{2\pi \varepsilon_0 E} = \frac{1}{2\pi \varepsilon_0 \times 1} = \frac{1}{2\pi \times \dfrac{1}{36\pi \times 10^9}}$$

$$= 18 \times 10^9 [\text{Hz}] = 18000 [\text{MHz}]$$

상 제11장 인덕턴스

05 그림과 같은 회로를 고주파 브리지로 인덕턴스를 측정하였더니 그림 (a)는 40[mH], 그림 (b)는 24[mH]이었다. 이 회로의 상호 인덕턴스 M은?

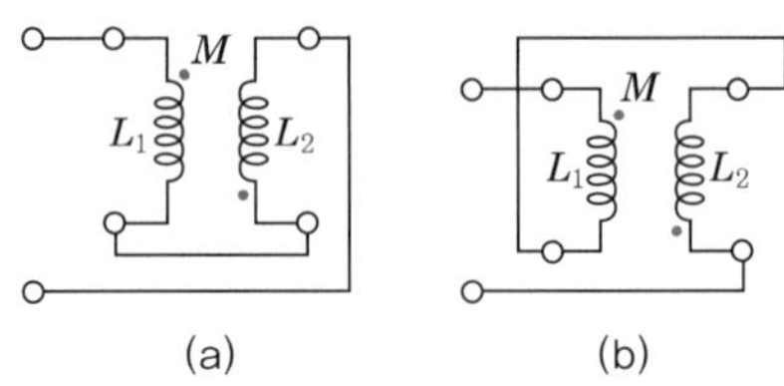

① 2[mH]
② 4[mH]
③ 6[mH]
④ 8[mH]

해설

㉠ 코일에 표시된 점(dot)을 기준으로 전류가 동일 방향으로 흐르면 가동결합[그림 (a)], 반대로 흐르면 차동결합[그림 (b)]이 된다.

㉡ 그림 (a) : $L_a = L_1 + L_2 + 2M = 40$[mH]

㉢ 그림 (b) : $L_a = L_1 + L_2 - 2M = 24$[mH]

$$\therefore M = \frac{L_a - L_b}{4} = \frac{40 - 24}{4} = 4 \text{[mH]}$$

정답 01. ③ 02. ① 03. ① 04. ④ 05. ②

상 제8장 전류의 자기현상

06 그림과 같은 자극 사이에 있는 도체에 전류 (I)가 흐를 때 힘은 어느 방향으로 작용하는가?

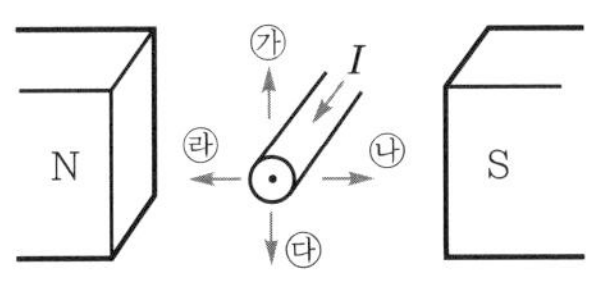

① 가　　　　　② 나
③ 다　　　　　④ 라

해설 플레밍의 왼손 법칙(전동기의 원리)

㉠ 엄지 손가락 : 전자력의 방향(F)
㉡ 검지 손가락 : 자장의 방향(B)
㉢ 중지 손가락 : 전류의 방향(I)

상 제4장 유전체

07 면적이 $A\,[\mathrm{m}^2]$이고 극간의 거리가 $t\,[\mathrm{m}]$, 유전체의 비유전율이 ε_r인 평판 콘덴서의 정전용량은 몇 [F]인가?

① $\dfrac{\varepsilon_0 A}{t}$　　　　② $\dfrac{\varepsilon_0 \varepsilon_r A}{t}$

③ $\dfrac{\varepsilon_0 t}{A}$　　　　④ $\dfrac{\varepsilon_0 \varepsilon_r t}{A}$

해설 평행판 콘덴서의 정전용량

$$C = \frac{\varepsilon A}{t} = \frac{\varepsilon_0 \varepsilon_r A}{t}\,[\mathrm{F}]$$

중 제6장 전류

08 $10^6\,[\mathrm{cal}]$의 열량은 몇 [kWh] 정도의 전력량에 상당하는가?

① 0.06　　　　② 1.16
③ 2.27　　　　④ 4.17

해설

$1[\mathrm{kWh}] = 860[\mathrm{kcal}]$이므로

$$\therefore\ P = \frac{H[\mathrm{kcal}]}{860}$$

$$= \frac{10^3[\mathrm{kcal}]}{860}$$

$$= 1.162[\mathrm{kWh}]$$

상 제10장 전자유도법칙

09 다음 중 폐회로에 유도되는 유도기전력에 관한 설명 중 가장 알맞은 것은?

① 렌츠의 법칙은 유도기전력의 크기를 결정하는 법칙이다.
② 자계가 일정한 공간 내에서 폐회로가 운동하여도 유도기전력이 유도된다.
③ 유도기전력은 권선 수의 제곱에 비례한다.
④ 전계가 일정한 공간 내에서 폐회로가 운동하여도 유도기전력이 유도된다.

해설 플레밍의 오른손 법칙

㉠ 자계 내에 도체가 $v[\mathrm{m/s}]$로 운동하면 도체에는 기전력이 유도된다.
㉡ 유도기전력 : $e = vBl\sin\theta[\mathrm{V}]$
　　　　여기서, v : 도체의 운동속도[m/s]
　　　　　　　B : 자속밀도[Wb/m^2]
　　　　　　　l : 도체의 길이[m]
　　　　　　　θ : B와 v의 상차각

중 제4장 유전체

10 두 유전체의 경계면에 대한 설명 중 옳지 않은 것은?

① 전계가 경계면에 수직으로 입사하면 두 유전체 내의 전계의 세기가 같다.
② 경계면에 작용하는 맥스웰 변형력은 유전율이 큰 쪽에서 작은 쪽으로 끌려가는 힘을 받는다.
③ 유전율이 작은 쪽에서 전계가 입사할 때 입사각은 굴절각보다 작다.
④ 전계나 전속밀도가 경계면에 수직 입사하면 굴절하지 않는다.

해설

경계면 상에 수직으로 입사하면 전계의 세기가 아니라 전속성분이 같다.

중 제2장 진공 중의 정전계

11 표면전하밀도 $\rho_s > 0$인 도체 표면상의 한 점의 전속밀도 $D = 4a_x - 5a_y + 2a_z[\text{C/m}^2]$일 때 ρ_s는 몇 $[\text{C/m}^2]$인가?

① $2\sqrt{3}$

② $2\sqrt{5}$

③ $3\sqrt{3}$

④ $3\sqrt{5}$

해설 전속과 전하의 관계

㉠ 전속은 벡터, 전하는 스칼라이다.

㉡ 전속밀도와 전하밀도의 크기는 같다.

∴ 전하밀도

$$\rho_s = |D| = \sqrt{4^2 + (-5)^2 + 2^2} = 3\sqrt{5}\,[\text{C/m}^2]$$

하 제1장 벡터

12 벡터 $\vec{A} = 2i - 6j - 3k$와 $\vec{B} = 4i + 3j - k$에 수직한 단위 벡터는?

① $\pm\left(\dfrac{3}{7}i - \dfrac{2}{7}j + \dfrac{6}{7}k\right)$

② $\pm\left(\dfrac{3}{7}i + \dfrac{2}{7}j - \dfrac{6}{7}k\right)$

③ $\pm\left(\dfrac{3}{7}i - \dfrac{2}{7}j - \dfrac{6}{7}k\right)$

④ $\pm\left(\dfrac{3}{7}i + \dfrac{2}{7}j + \dfrac{6}{7}k\right)$

해설

㉠ 두 벡터에 수직 방향은 외적의 방향을 나타낸다.

㉡ $\vec{A} \times \vec{B} = \begin{vmatrix} i & j & k \\ 2 & -6 & -3 \\ 4 & 3 & -1 \end{vmatrix}$

$= i\begin{vmatrix} -6 & -3 \\ 3 & -1 \end{vmatrix} - j\begin{vmatrix} 2 & -3 \\ 4 & -1 \end{vmatrix} + k\begin{vmatrix} 2 & -6 \\ 4 & 3 \end{vmatrix}$

$= 15i - 10j + 30k$

$= 5(3i - 2j + 6k)$

㉢ $|\vec{A} \times \vec{B}| = 5\sqrt{3^2 + 2^2 + 6^2}$

$= 5 \times 7$

∴ 수직한 단위 벡터

$$\vec{r_0} = \frac{\vec{r}}{r} = \frac{5(3i - 2j + 6k)}{5 \times 7}$$

$$= \frac{3}{7}i - \frac{2}{7}j + \frac{6}{7}k$$

상 제11장 인덕턴스

13 권수가 N인 철심 L이 들어 있는 환상 솔레노이드가 있다. 철심의 투자율이 일정하다고 하면, 이 솔레노이드의 자기 인덕턴스는? (단, R_m은 철심의 자기저항이다.)

① $L = \dfrac{R_m}{N^2}$

② $L = \dfrac{N^2}{R_m}$

③ $L = R_m N^2$

④ $L = \dfrac{N}{R_m}$

해설

㉠ 옴의 법칙

$$\phi = \frac{F}{R_m} = \frac{IN}{R_m} = \frac{IN}{\dfrac{l}{\mu S}} = \frac{\mu SNI}{l}\,[\text{Wb}]$$

㉡ 쇄교자속 : $\lambda = N\phi = LI$

∴ 쇄교자속에서 인덕턴스를 정리하면

$$L = \frac{N}{I}\phi = \frac{N}{I} \times \frac{F}{R_m} = \frac{N}{I} \times \frac{IN}{R_m} = \frac{N^2}{R_m}$$

중 제2장 진공 중의 정전계

14 그림과 같이 AB = BC = 1[m]일 때 A와 B에 동일한 +1[μC]이 있는 경우 C점의 전위는 몇 [V]인가?

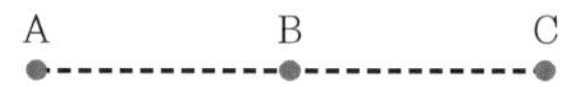

① 6.25×10^3

② 8.75×10^3

③ 12.5×10^3

④ 13.5×10^3

해설

㉠ A점에 위치한 전하에 의한 전위

$$V_A = \frac{Q}{4\pi\varepsilon_0 r_1} = 9 \times 10^9 \times \frac{10^{-6}}{2} = 4.5 \times 10^3[\text{V}]$$

㉡ B점에 위치한 전하에 의한 전위

$$V_B = \frac{Q}{4\pi\varepsilon_0 r_2} = 9 \times 10^9 \times \frac{10^{-6}}{1} = 9 \times 10^3[\text{V}]$$

∴ C점의 전위

$$V_C = V_A + V_B = 13.5 \times 10^3[\text{V}]$$

정답 11. ④ 12. ① 13. ② 14. ④

상 제8장 전류의 자기현상

15 무한장 솔레노이드(Solenoid)에 전류가 흐를 때 발생되는 자장에 관한 설명 중 옳은 것은?

① 내부자장은 평등자장이다.
② 외부와 내부의 자장의 세기는 같다.
③ 외부자장은 평등자장이다.
④ 내부자장의 세기는 0이다.

해설 무한장 솔레노이드의 특징

㉠ 솔레노이드 외부자계는 없다.
㉡ 솔레노이드 내부자계는 평등자계이다.
㉢ 평등자계를 얻는 방법 : 단면적에 비하여 길이를 충분히 길게 한다.

상 제8장 전류의 자기현상

16 그림과 같이 I[A]의 전류가 흐르고 있는 도체의 미소 부분 $\triangle l$의 전류에 의해 이 부분이 r[m] 떨어진 지점 P의 자기장 $\triangle H$[A/m]는?

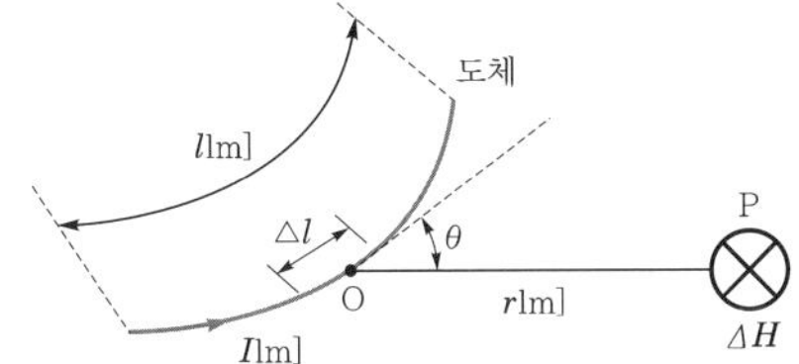

① $\dfrac{I^2 \triangle l^2 \sin\theta}{4\pi r}$

② $\dfrac{I \triangle l^2 \sin\theta}{4\pi r}$

③ $\dfrac{I^2 \triangle l \sin\theta}{4\pi r}$

④ $\dfrac{I \triangle l \sin\theta}{4\pi r^2}$

해설 비오–사바르의 법칙

임의 형상의 도선에 흐르는 전류에 의한 자기장을 계산하는 법칙

상 제4장 유전체

17 정전용량이 $1[\mu\mathrm{F}]$인 공기콘덴서가 있다. 이 콘덴서 판간의 $\dfrac{1}{2}$인 두께를 갖고 비유전율 $\varepsilon_r = 2$인 유전체를 그 콘덴서의 한 전극면에 접촉하여 넣을 때 전체의 정전용량은 몇 $[\mu\mathrm{F}]$가 되는가?

① $2[\mu\mathrm{F}]$

② $\dfrac{1}{2}[\mu\mathrm{F}]$

③ $\dfrac{4}{3}[\mu\mathrm{F}]$

④ $\dfrac{5}{3}[\mu\mathrm{F}]$

해설

㉠ 초기 공기콘덴서 용량

$$C_0 = \frac{\varepsilon_0 S}{d} = 1[\mu\mathrm{F}]$$

㉡ 극판과 평행하게 유전체를 넣으면 아래 그림과 같이 공기층과 유전체층 콘덴서가 직렬로 접속된 것으로 해석된다.

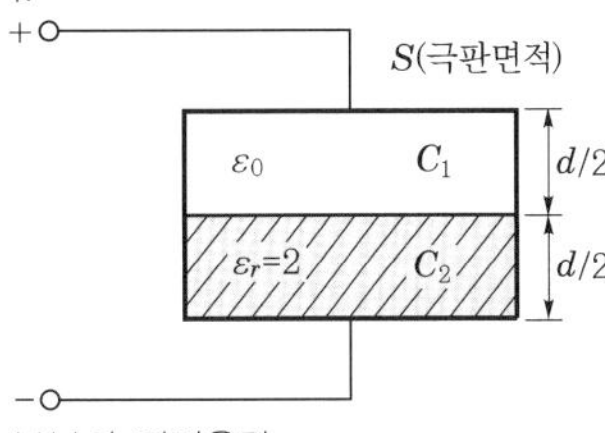

㉢ 공기 부분의 정전용량

$$C_1 = \frac{\varepsilon_0 S}{\dfrac{d}{2}} = 2\frac{\varepsilon_0 S}{d} = 2C_0$$

㉣ 유전체 부분의 정전용량

$$C_2 = \frac{\varepsilon_r \varepsilon_0 S}{\dfrac{d}{2}} = 2\varepsilon_r \frac{\varepsilon_0 S}{d} = 2\varepsilon_r C_0$$

∴ C_1과 C_2는 직렬로 접속되어 있으므로

$$C = \frac{C_1 \times C_2}{C_1 + C_2} = \frac{4\varepsilon_r C_0^2}{(1+\varepsilon_r)2C_0}$$

$$= \frac{2\varepsilon_r}{1+\varepsilon_r} C_0 = \frac{2\times 2}{1+2} \times 1 = \frac{4}{3}[\mu\mathrm{F}]$$

중 제4장 유전체

18 그림과 같은 유전속의 분포에서 그림과 같을 때 ε_1과 ε_2의 관계는?

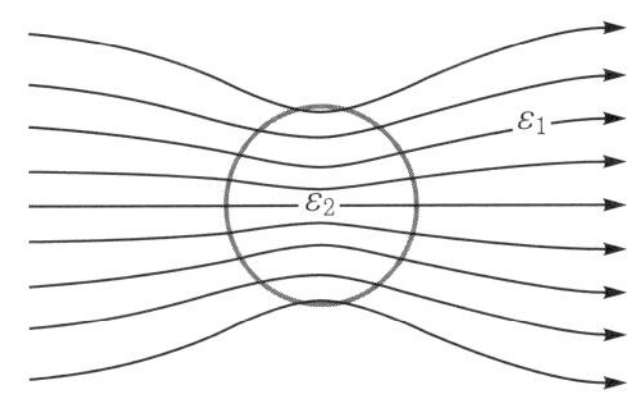

① $\varepsilon_1 = \varepsilon_2$

② $\varepsilon_1 > \varepsilon_2$

③ $\varepsilon_1 < \varepsilon_2$

④ $\varepsilon_1 = \varepsilon_2 = 0$

해설

유전속(전속선)은 유전율이 큰 곳으로 모이므로 $\varepsilon_1 < \varepsilon_2$이 된다.

정답 15. ① 16. ④ 17. ③ 18. ③

중 제6장 전류

19 다음 설명 중 틀린 것은?

① 저항률의 역수는 전도율이다.

② 도체의 저항률은 온도가 올라가면 그 값이 증가한다.

③ 저항의 역수는 컨덕턴스이고, 그 단위는 지멘스[S]를 사용한다.

④ 도체의 저항은 단면적에 비례한다.

해설 **전기저항**

$$R = \frac{l}{kS} = \rho \frac{l}{S} [\Omega]$$

여기서, l : 도체의 길이[m]

S : 도체의 단면적[m²]

$k = \sigma$: 도전율

ρ : 고유저항(저항률)

상 제3장 정전용량

20 평행판 콘덴서의 극간거리를 $\frac{1}{2}$ 로 줄이면 콘덴서 용량은 처음 값에 비해 어떻게 되는가?

① $\frac{1}{2}$ 이 된다.　　② $\frac{1}{4}$ 이 된다.

③ 2배가 된다.　　④ 4배가 된다.

해설

평행판 콘덴서의 정전용량 $C_0 = \dfrac{\varepsilon_0 S}{d}$ [F]에서

$C_0 \propto \dfrac{1}{d}$ 이므로 극간거리 d 를 $\dfrac{1}{2}$ 로 줄이면

$\therefore \ C = \dfrac{\varepsilon_0 S}{\dfrac{d}{2}} = 2 \dfrac{\varepsilon_0 S}{d} = 2 C_0$ [F]이므로 정전용량은

2배로 증가한다.

중 제5장 전기 영상법

01 면도체의 표면에서 a[m]인 거리에 점전하 Q[C]가 있다. 이 전하를 무한원점까지 운반하는 데 요하는 일은 몇 [J]인가?

① $\dfrac{Q^2}{4\pi\varepsilon_0 a^2}$

② $\dfrac{Q^2}{8\pi\varepsilon_0 a}$

③ $\dfrac{Q^2}{16\pi\varepsilon_0 a}$

④ $\dfrac{Q^2}{16\pi\varepsilon_0 a^2}$

해설

도체 표면과 점전하 사이에 $F=\dfrac{Q^2}{16\pi\varepsilon_0 a^2}$[N]의 힘이 작용하기 때문에 무한원점까지 점전하를 운반할 때 에너지가 필요하다. $a=r$로 하고, a에서 ∞까지 적분하여 계산한다.

$$\therefore W=\int_a^\infty \frac{Q^2}{16\pi\varepsilon_0 r^2}\,dr$$
$$=\frac{Q^2}{16\pi\varepsilon_0}\left(-\frac{1}{r}\right)_a^\infty$$
$$=\frac{Q^2}{16\pi\varepsilon_0 a}[\text{J}]$$

하 제2장 진공 중의 정전계

02 $E=2i+j+4k$[V/m]로 표시되는 전계가 있다. $0.1[\mu\text{C}]$의 전하를 원점으로부터 $r=4i+j+2k$[m]로 움직이는 데 필요한 일은 몇 [J]인가?

① 1.7×10^{-4}

② 2.0×10^{-4}

③ 2.4×10^{-4}

④ 2.7×10^{-4}

해설

㉠ 전위차
$$V=\int E\,dl$$
$$=\int_0^2\int_0^1\int_0^4 2i+j+4k\,dx\,dy\,dz$$
$$=(2\times4)+(1\times1)+(4\times2)=17[\text{V}]$$

㉡ 전하를 움직이는데 필요한 일
$$W=QV=10^{-5}\times17=1.7\times10^{-4}[\text{J}]$$

상 제8장 전류의 자기현상

03 평행하게 왕복되는 두 선간에 흐르는 전류 간의 전자력은? (단, 두 도선 간의 거리를 r[m]라 한다.)

① $\dfrac{1}{r}$에 비례하며, 반발력이다.

② r에 비례하며, 흡인력이다.

③ $\dfrac{1}{r^2}$에 비례하며, 반발력이다.

④ r^2에 비례하며, 흡인력이다.

해설

㉠ 평행도선 사이에 작용하는 힘(전자력)
$$f=\frac{2I_1 I_2}{r}\times10^{-7}[\text{N/m}]$$

㉡ 전류가 동일 방향으로 흐를 경우 : 흡인력

㉢ 전류가 반대 방향으로 흐를 경우 : 반발력

∴ 왕복되는 두 선간에 흐르는 전류는 서로 반대 방향으로 흐르므로 반발력이 작용한다.

상 제7장 진공 중의 정자계

04 자속의 연속성을 나타낸 식은?

① $div\,B=\rho$

② $div\,B=0$

③ $B=\mu H$

④ $div\,B=\mu H$

해설

자극은 항상 N, S극이 쌍으로 존재하여 자력선이 N극에서 나와서 S극으로 들어간다.

즉, 자계는 발산하지 않고 회전한다.

$$\therefore\ div\,B=0\,(\nabla\cdot B=0)$$

 제3장 정전용량

05
그림과 같이 같은 크기의 정방형 금속으로 된 평행판 콘덴서의 한쪽 전극을 30°만큼 회전시키면 콘덴서의 용량은 양 전극판이 완전히 겹쳤을 때의 대략 몇 [%]가 되는가?

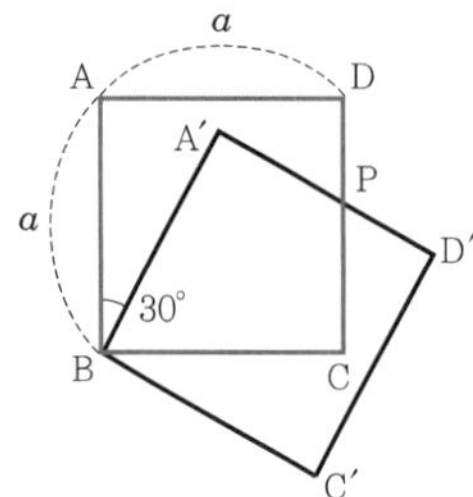

① 62[%]
② 60[%]
③ 58[%]
④ 56[%]

해설

㉠ $\overline{\mathrm{CP}} = a \times \tan 30° = \dfrac{a}{\sqrt{3}}$ [m]

㉡ □BCPA′의 면적(△BCP면적의 2배)

$$S' = \left(\frac{1}{2} \times a \times \frac{a}{\sqrt{3}} \right) \times 2 = \frac{a^2}{\sqrt{3}} \, [\mathrm{m}^2]$$

㉢ 평행판 콘덴서의 정전용량 : $C = \dfrac{\varepsilon S}{d}$ [F]

→ 두 전극이 포개지는 면적 S에 비례한다.

㉣ 전극이 전부 겹쳤을 때 면적
$S = a^2 [\mathrm{m}^2]$

㉤ 그림과 같이 전극이 30°회전했을 때 두 전극이 포개지는 부분의 면적

$$S' = \frac{a^2}{\sqrt{3}} = \frac{S}{\sqrt{3}} = 0.577 S \, [\mathrm{m}^2]$$

∴ 면적이 0.577배로 감소하여 정전용량 또한 0.577배로 감소한다.

 제9장 자성체와 자기회로

06
다음 조건들 중 초전도체에 부합되는 것은? (단, μ_r은 비투자율, χ_m은 비자화율, B는 자속밀도이며, 작동온도는 임계온도 이하라 한다.)

① $\chi_m = -1$, $\mu_r = 0$, $B = 0$
② $\chi_m = 0$, $\mu_r = 0$, $B = 0$
③ $\chi_m = 1$, $\mu_r = 0$, $B = 0$
④ $\chi_m = -1$, $\mu_r = 1$, $B = 0$

해설 초전도체의 특징

㉠ 전기저항이 없다.

㉡ 마이스너 효과 : 초전도체 내부로 자기장이 침투하지 못하게 되는 완전비자성 상태($\chi_m = -1$)가 만들어지는 현상이다. 여기서, 내부 자기장이 침투하지 못하게 된다는 것은 비투자율 μ_r 과 자속밀도 B가 0이 된다는 것을 의미한다.

 제6장 전류

07
반지름이 5[mm]인 구리선에 10[A]의 전류가 단위시간에 흐르고 있을 때 구리선의 단면을 통과하는 전자의 개수는 단위시간당 얼마인가? (단, 전자의 전하량은 $e = 1.602 \times 10^{-19}$[C]이다.)

① 6.24×10^{18}
② 6.24×10^{19}
③ 1.28×10^{22}
④ 1.28×10^{23}

해설 전자의 개수

$$N = \frac{Q}{e} = \frac{It}{e}$$

$$= \frac{10 \times 1}{1.602 \times 10^{-19}} = 6.242 \times 10^{19} \text{개}$$

 제8장 전류의 자기현상

08
자계의 세기 $H = xy \, a_y - xz \, a_z$ [A/m]일 때 점(2, 3, 5)에서 전류밀도 J[A/m²]는?

① $5 \, a_x + 3 \, a_y$
② $3 \, a_x + 5 \, a_y$
③ $5 \, a_y + 2 \, a_z$
④ $5 \, a_y + 3 \, a_z$

해설

앙페르 주회적분의 미분형으로 구할 수 있다.

㉠ 전류밀도

$$i = J = rot \, H = \nabla \times H$$

$$= \begin{vmatrix} a_x & a_y & a_z \\ \dfrac{\partial}{\partial x} & \dfrac{\partial}{\partial y} & \dfrac{\partial}{\partial z} \\ 0 & xy & -xz \end{vmatrix} = z \, a_y + y \, a_z \, [\mathrm{A/m}^2]$$

㉡ 여기서, $x = 2$, $y = 3$, $z = 5$를 대입하면
∴ $J = 5 \, a_y + 3 \, a_z$ [A/m²]

① $\dfrac{C_0}{9}$ ② $\dfrac{C_0}{3}$

③ C_0 ④ $9\,C_0$

해설 동축원통도체(동축케이블)

㉠ 정전용량 : $C_0 = \dfrac{2\pi\varepsilon_0 l}{\ln\dfrac{b}{a}}$[F]

㉡ 내외 반지름을 3배, 공기 대신 비유전율 $\varepsilon_s = 9$를 채웠을 때의 정전용량

$$C = \varepsilon_s\, C_0 = \dfrac{2\pi\varepsilon_0 \varepsilon_s l}{\ln\dfrac{b'}{a'}}$$

$$= \dfrac{2\pi\times 9\varepsilon_0 l}{\ln\dfrac{3b}{3a}} = 9\times\dfrac{2\pi\varepsilon_0 l}{\ln\dfrac{b}{a}}$$

$$= 9\,C_0[\text{F}]$$

상 제12장 전자계

09 진공 중에서 빛의 속도와 일치하는 전자파의 전반속도를 얻기 위한 조건으로 맞는 것은?

① $\mu_s = 0$, $\varepsilon_s = 0$

② $\mu_s = 0$, $\varepsilon_s = 1$

③ $\mu_s = 1$, $\varepsilon_s = 0$

④ $\mu_s = 1$, $\varepsilon_s = 1$

해설

㉠ 전자파의 속도 $v = \dfrac{1}{\sqrt{\varepsilon\mu}} = \dfrac{3\times 10^8}{\sqrt{\varepsilon_s\mu_s}}$[m/s]

㉡ 전자파의 속도가 빛의 속도와 같기 위해서는 $\varepsilon_s = \mu_s = 1$이 되어야 한다.

상 제2장 진공 중의 정전계

10 자유공간 중에서 점 $P(2, -4, 5)$가 도체면 상에 있으며, 이 점에서 전계 $E = 3\,a_x - 6\,a_y + 2\,a_z$[V/m]이다. 도체면에 법선성분 E_n 및 접선성분 E_t의 크기는 몇 [V/m]인가?

① $E_n = 3$, $E_t = -6$

② $E_n = 7$, $E_t = 0$

③ $E_n = 2$, $E_t = 3$

④ $E_n = -6$, $E_t = 0$

해설

㉠ 전계는 도체표면에 대해서 수직으로만 진출하기 때문에 $E_t = 0$이 된다.

㉡ 전계의 법선성분의 크기
$$|E| = E_n = \sqrt{3^2 + (-6)^2 + 2^2} = 7[\text{V/m}]$$

상 제9장 자성체와 자기회로

12 자기회로에 대한 설명으로 틀린 것은?

① 전기회로의 정전용량에 해당되는 것은 없다.

② 자기저항에는 전기저항의 줄 손실에 해당되는 손실이 있다.

③ 기자력과 자속은 변화가 비직선성을 갖고 있다.

④ 누설자속은 전기회로의 누설전류에 비하여 대체로 많다.

해설

자기회로에는 철손(히스테리시스손, 와류손)이 있고, 줄 손실은 발생하지 않는다.

상 제4장 유전체

11 내원통의 반지름 a[m], 외원통의 반지름 b[m]인 동축원통콘덴서의 내외 원통 사이에 공기를 넣었을 때 정전용량이 C_0이었다. 내외 반지름을 모두 3배로 하고 공기 대신 비유전율 9인 유전체를 넣었을 경우의 정전용량은?

상 제10장 전자유도법칙

13 도전율이 5.8×10^7[℧/m], 비투자율이 1인 구리에 50[Hz]의 주파수를 갖는 전류가 흐를 때, 표피두께는 약 몇 [mm]인가?

① 8.53[mm]

② 9.35[mm]

③ 11.28[mm]

④ 13.03[mm]

정답　09. ④　10. ②　11. ④　12. ②　13. ②

$$\delta = \sqrt{\frac{2}{\omega\mu\sigma}} = \frac{1}{\sqrt{\pi f \mu\sigma}}$$

$$= \frac{1}{\sqrt{\pi \times 50 \times 4\pi \times 10^{-7} \times 5.8 \times 10^{7}}}$$

$$= 9.35 \times 10^{-3}[\text{m}] = 9.35[\text{mm}]$$

여기서, 각 주파수 $\omega = 2\pi f$

상 제12장 전자계

14 맥스웰은 전극 간의 유전체를 통하여 흐르는 전류를 (㉠)라 하고, 이것은 (㉡)를 발생한다고 가정하였다. ㉠, ㉡에 알맞는 것은?

① ㉠ 와전류, ㉡ 자계
② ㉠ 변위전류, ㉡ 자계
③ ㉠ 와전류, ㉡ 전류
④ ㉠ 변위전류, ㉡ 전계

해설 맥스웰의 제1전자 방정식

$$rot\, H = i + \frac{\partial D}{\partial t}$$

도선에 흐르는 전도전류 및 유전체를 통하여 흐르는 변위전류는 주위에 회전하는 자계를 발생시킨다.

상 제4장 유전체

15 평행평판 공기콘덴서의 양 극판에 $+\sigma[\text{C/m}^2]$, $-\sigma[\text{C/m}^2]$의 전하가 분포되어 있다. 이 두 전극 사이에 유전율 $\varepsilon[\text{F/m}]$인 유전체를 삽입한 경우의 전계는 몇 [V/m]인가?
(단, 유전체의 분극전하밀도를 $+\sigma'[\text{C/m}^2]$, $-\sigma'[\text{C/m}^2]$이라 한다.)

① $\dfrac{\sigma - \sigma'}{\varepsilon_0}$ ② $\dfrac{\sigma + \sigma'}{\varepsilon_0}$

③ $\dfrac{\sigma}{\varepsilon_0} - \dfrac{\sigma'}{\varepsilon}$ ④ $\dfrac{\sigma'}{\varepsilon_0}$

해설

평행판 공기콘덴서 사이의 전계 $E_0 = \dfrac{\sigma}{\varepsilon_0}$에서 두 전극 사이에 유전체를 삽입하면 유전체에는 분극현상이 발생되어 유전체 내의 전하가 $\sigma - \sigma'$만큼 감소된다.
∴ 유전체 내의 전계의 세기

$$E = \frac{\sigma - \sigma'}{\varepsilon_0}$$

상 제8장 전류의 자기현상

16 단위길이당 권수가 n인 무한장 솔레노이드에 $I[\text{A}]$의 전류가 흐를 때 다음 설명 중 옳은 것은?

① 솔레노이드 내부는 평등자계이다.
② 외부와 내부의 자계의 세기는 같다.
③ 외부자계의 세기는 $I[\text{AT/m}]$이다.
④ 내부자계의 세기는 $nI^2\,[\text{AT/m}]$이다.

해설

무한장 솔레노이드의 내부자계는 평등자계이고, 외부자계는 0이다.

중 제11장 인덕턴스

17 그림과 같이 반지름 $a[\text{m}]$인 원형 단면을 가지고 중심 간격이 $d[\text{m}]$인 평행 왕복도선의 단위길이당 자기 인덕턴스[H/m]는? (단, 도체는 공기 중에 있고 $d \gg a$로 한다.)

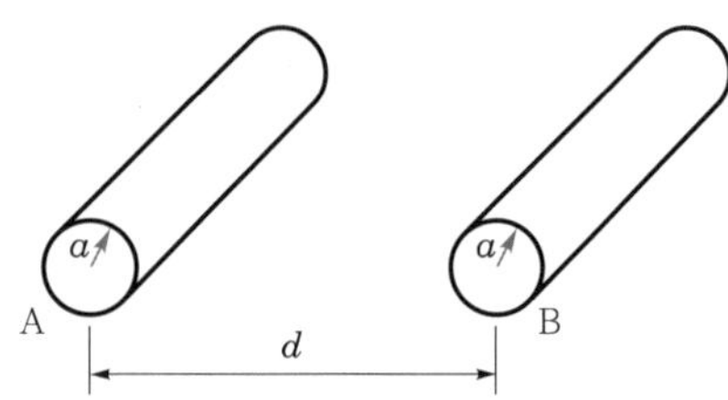

① $L = \dfrac{\mu_0}{\pi}\ln\dfrac{a}{b} + \dfrac{\mu}{4\pi}$ [H/m]

② $L = \dfrac{\mu_0}{\pi}\ln\dfrac{a}{b} + \dfrac{\mu}{2\pi}$ [H/m]

③ $L = \dfrac{\mu_0}{\pi}\ln\dfrac{d}{a} + \dfrac{\mu}{4\pi}$ [H/m]

④ $L = \dfrac{\mu_0}{\pi}\ln\dfrac{d}{a} + \dfrac{\mu}{2\pi}$ [H/m]

해설

㉠ 동축원통도체(동축케이블)의 인덕턴스

$$L = \frac{\mu}{8\pi} + \frac{\mu_0}{2\pi}\ln\frac{b}{a}\,[\text{H/m}]$$

㉡ 두 개의 평형 왕복도선의 인덕턴스

$$L = \frac{\mu}{4\pi} + \frac{\mu_0}{\pi}\ln\frac{d}{a}\,[\text{H/m}]$$

18 철심이 들어 있는 환상 코일에서 1차 코일의 권수가 100회일 때 자기 인덕턴스는 0.01[H]이었다. 이 철심에 2차 코일을 200회 감았을 때 2차 코일의 자기 인덕턴스 L_2와 상호 인덕턴스 M은 각각 몇 [H]인가?

① $L_2 = 0.02\,[\mathrm{H}]$, $M = 0.01\,[\mathrm{H}]$

② $L_2 = 0.01\,[\mathrm{H}]$, $M = 0.02\,[\mathrm{H}]$

③ $L_2 = 0.04\,[\mathrm{H}]$, $M = 0.02\,[\mathrm{H}]$

④ $L_2 = 0.02\,[\mathrm{H}]$, $M = 0.04\,[\mathrm{H}]$

해설

㉠ 2차 코일의 자기 인덕턴스

$$L_2 = \left(\frac{N_2}{N_1}\right)^2 \times L_1 = \left(\frac{200}{100}\right)^2 \times 0.01 = 0.04\,[\mathrm{H}]$$

㉡ 상호 인덕턴스

$$M = \frac{N_2}{N_1} \times L_1 = \frac{200}{100} \times 0.01 = 0.02\,[\mathrm{H}]$$

19 그림과 같이 진공 중에 자극 면적이 2[cm²], 간격이 0.1[cm]인 자성체 내에서 포화 자속밀도가 2[Wb/m²]일 때 두 자극면 사이에 작용하는 힘의 크기는 약 몇 [N]인가?

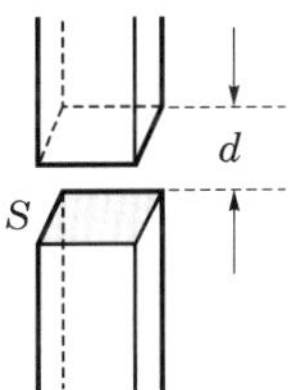

① 53[N] ② 106[N]

③ 159[N] ④ 318[N]

해설 단위면적당 작용하는 힘

$$f = \frac{1}{2}\mu H^2 = \frac{1}{2}HB = \frac{B^2}{2\mu}\,[\mathrm{N/m^2}]$$

∴ 철편의 흡인력

$$F = f \cdot S = \frac{B^2}{2\mu_0} \times S$$

$$= \frac{2^2}{2 \times 4\pi \times 10^{-7}} \times 2 \times 10^{-4}$$

$$= 318.31\,[\mathrm{N}]$$

20 방송국 안테나 출력이 W[W]이고 이로부터 진공 중에 r[m] 떨어진 점에서 자계의 세기의 실효치 H는 몇 [A/m]인가?

① $\dfrac{1}{r}\sqrt{\dfrac{W}{377\pi}}\,[\mathrm{A/m}]$

② $\dfrac{1}{2r}\sqrt{\dfrac{W}{377\pi}}\,[\mathrm{A/m}]$

③ $\dfrac{1}{2r}\sqrt{\dfrac{W}{188\pi}}\,[\mathrm{A/m}]$

④ $\dfrac{1}{r}\sqrt{\dfrac{2W}{377\pi}}\,[\mathrm{A/m}]$

해설 방사전력

$$P_s = W = \int_S P\,ds$$

$$= PS = EHS = 120\pi H^2 S\,[\mathrm{W}]\text{에서}$$

$$H = \sqrt{\frac{W}{120\pi S}} = \sqrt{\frac{W}{120\pi \times 4\pi r^2}}$$

$$= \sqrt{\frac{W}{377\pi \times (2r)^2}}$$

$$= \frac{1}{2r}\sqrt{\frac{W}{377\pi}}\,[\mathrm{A/m}]$$

상 제9장 자성체와 자기회로

01 자극 가까이에 물체를 두었을 때 자화되는 물체와 자석이 그림과 같은 방향으로 자화되는 자성체는?

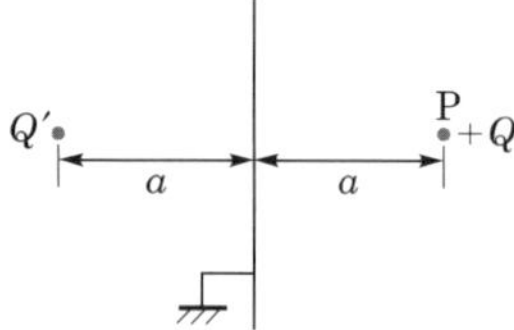

① 상자성체
② 반자성체
③ 강자성체
④ 비자성체

> **해설** **자성체의 종류**

㉠ 비자성체 : 자석으로 변하지 않는 물질
㉡ 상자성체 : 외부 N극 쪽에 S극이, 외부 S극쪽에 N극이 형성되는 물질
㉢ 강자성체 : 상자성체와 극의 방향이 같고 자성이 상자성체보다 매우 강한 물질
㉣ 반자성체(역자성체) : 상자성체와 극의 방향이 반대인 물질(외부 N극 쪽에 N극이, 외부 S극 쪽에 S극이 형성됨)

중 제5장 전기 영상법

02 접지된 무한 평면도체 전방의 한 점 P에 있는 점전하 $+Q$[C]의 평면도체에 대한 영상전하는?

① 점 P의 대칭점에 있으며 전하는 $-Q$[C] 이다.
② 점 P의 대칭점에 있으며 전하는 $-2Q$[C] 이다.
③ 평면도체상에 있으며 전하는 $-Q$[C]이다.
④ 평면도체상에 있으며 전하는 $-2Q$[C]이다.

> **해설** **무한 평면도체와 점전하**

$$\therefore \text{영상전하} : Q' = -Q$$

하 제4장 유전체

03 평행판 콘덴서에 비유전율 ε_s 인 유전체를 채웠을 때 엘라스턴스가 아닌 것은? (단, 극간 간격 t[m], 극판면적 A[m²], 가한 전압 V [V], 정전용량 C[F], 전기량 Q[C]이다.)

① $\dfrac{t}{\varepsilon_0 \varepsilon_s A}$
② $\dfrac{1}{C}$
③ $\dfrac{V}{Q}$
④ $\dfrac{8.855 \times 10^{-12} \times t}{\varepsilon_s A}$

> **해설**

㉠ 평행판 콘덴서의 정전용량

$$C = \frac{Q}{V} = \frac{\varepsilon_0 \varepsilon_s A}{t} \,[\text{F}]$$

㉡ 엘라스턴스(정전용량의 역수)

$$P = \frac{1}{C} = \frac{V}{Q} = \frac{t}{\varepsilon_0 \varepsilon_s A}$$

$$= \frac{t}{8.855 \times 10^{-12} \times \varepsilon_s A}\,[1/\text{F}]$$

중 제10장 전자유도법칙

04 코일을 지나는 자속이 $\cos \omega t$ 에 따라 변화할 때 코일에 유도되는 유도기전력의 최대치는 주파수와 어떤 관계가 있는가?

① 주파수에 반비례
② 주파수에 비례
③ 주파수 제곱에 반비례
④ 주파수 제곱에 비례

> **해설**

㉠ $\phi = \phi_m \cos \omega t$ 에서 유도기전력

$$e = -N \frac{d\phi}{dt} = -N \frac{d}{dt}(\phi_m \cos \omega t)$$

$$= \omega N \phi_m \sin \omega t\,[\text{V}]$$

㉡ 유도기전력의 최댓값

$$e_m = \omega N \phi_m = 2\pi f N B_m S\,[\text{V}]$$

여기서, 각주파수 $\omega = 2\pi f$, 자속 $\phi = B \cdot S$
∴ 유도기전력은 주파수(f), 자속밀도(B)에 비례한다.

정답 01. ②　02. ①　03. ④　04. ②

상 제8장 전류의 자기현상

05 2[cm]의 간격을 가진 선간전압 6600[V]인 두 개의 평형도선에 2000[A]의 전류가 흐를 때 도선 1[m]마다 작용하는 힘은 몇 [N/m]인가?

① 20 ② 30
③ 40 ④ 50

해설 평행도선 사이에 작용하는 힘

$$f = \frac{2I_1 I_2}{r} \times 10^{-7} = \frac{2 \times (2000)^2 \times 10^{-7}}{2 \times 10^{-2}} = 40[\text{N/m}]$$

상 제12장 전자계

06 물의 유전율을 ε, 투자율을 μ라 할 때 물속에서의 전파속도는 몇 [m/s]인가?

① $\dfrac{1}{\sqrt{\varepsilon\mu}}$ ② $\sqrt{\varepsilon\mu}$

③ $\sqrt{\dfrac{\mu}{\varepsilon}}$ ④ $\sqrt{\dfrac{\varepsilon}{\mu}}$

해설 전자파의 전파속도

$$v = \frac{1}{\sqrt{\varepsilon\mu}} = \frac{1}{\sqrt{\varepsilon_0 \varepsilon_s \mu_0 \mu_s}} = \frac{3 \times 10^8}{\sqrt{\varepsilon_s \mu_s}}[\text{m/s}]$$

상 제2장 진공 중의 정전계

07 무한히 넓은 평행한 평판 전극 사이의 전위차는 몇 [V]인가? (단, 평행판 전하밀도 $\sigma[\text{C/m}^2]$, 판간거리 $d[\text{m}]$라 한다.)

① $\dfrac{\sigma}{\varepsilon_0}$

② $\dfrac{\sigma}{\varepsilon_0} d$

③ σd

④ $\dfrac{\varepsilon_0 \sigma}{d}$

해설

㉠ 평행판 도체 사이의 전계 : $E = \dfrac{\sigma}{\varepsilon_0}$

㉡ 전위차 : $V = Ed = \dfrac{\sigma}{\varepsilon_0} d[\text{V}]$

상 제11장 인덕턴스

08 환상 철심에 권수 20회의 A코일과 권수 80회의 B코일이 있을 때 A코일의 자기 인덕턴스가 5[mH]라면 두 코일의 상호 인덕턴스는 몇 [mH]인가?

① 20 ② 40
③ 60 ④ 80

해설 자기 인덕턴스와 상호 인덕턴스

㉠ 1차측 자기 인덕턴스 : $L_1 = \dfrac{\mu S N_1^2}{l}$

㉡ 2차측 자기 인덕턴스 : $L_2 = \dfrac{\mu S N_2^2}{l}$

㉢ 상호 인덕턴스 : $M = \dfrac{\mu S N_1 N_2}{l}$

㉣ ㉢식에 ㉠의 $\dfrac{\mu S}{l} = \dfrac{L_1}{N_1^2}$ 을 대입하면

$$\therefore\ M = \frac{N_2}{N_1} \times L_1 = \frac{80}{20} \times 5 = 20[\text{mH}]$$

상 제9장 자성체와 자기회로

09 권수 600회, 평균 직경 20[cm], 단면적 10[cm^2]의 환상 솔레노이드 내부에 비투자율 800의 철심이 들어있다. 여기에 1[A]의 전류를 흘린다면 철심 중의 자속은 몇 [Wb]인가?

① 9.6×10^{-2}
② 9.6×10^{-3}
③ 9.6×10^{-4}
④ 9.6×10^{-5}

해설

㉠ 기자력 : $F = IN[\text{AT}]$

㉡ 자기저항 : $R_m = \dfrac{l}{\mu S} = \dfrac{l}{\mu_0 \mu_r S}[\text{AT/Wb}]$

∴ 자속

$$\phi = \frac{F}{R_m} = \frac{\mu_0 \mu_r S N I}{l} = \frac{\mu_0 \mu_r S N I}{\pi D}$$

$$= \frac{4\pi \times 10^{-7} \times 800 \times 10 \times 10^{-4} \times 600 \times 1}{3.14 \times 20 \times 10^{-2}}$$

$$= 9.6 \times 10^{-4}[\text{Wb}]$$

여기서, D : 평균 직경[m]

 제4장 유전체

10 패러데이관은 단위전위차마다 몇 [J]의 에너지를 저장하고 있는가?

① $\dfrac{1}{2}$ ② $\dfrac{1}{2}ED$

③ 1 ④ ED

해설 패러데이관의 성질

㉠ 패러데이관 내의 전속수는 일정하다.
㉡ 패러데이관 내의 양단에는 정·부의 단위전하가 있다.
㉢ 패러데이관의 밀도는 전속밀도와 같다.
㉣ 패러데이관은 단위전위차마다 $\dfrac{1}{2}$[J]의 에너지를 저장한다.

 제2장 진공 중의 정전계

11 정전 흡인력에 대한 설명 중 옳은 것은?

① 정전 흡인력은 전압의 제곱에 비례한다.
② 정전 흡인력은 극판 간격에 비례한다.
③ 정전 흡인력은 극판 면적의 제곱에 비례한다.
④ 정전 흡인력은 쿨롱의 법칙으로 직접 계산된다.

해설 전계 에너지

㉠ 정전 에너지 : $W = \dfrac{1}{2}CV^2$[J]

㉡ 정전 흡인력 : $F = \dfrac{W}{d} = \dfrac{1}{2d}CV^2$[N]

 제8장 전류의 자기현상

12 평균 반지름 10[cm]의 환상 솔레노이드에 5[A]의 전류가 흐를 때 내부자계가 1600[AT/m]이었다. 권수는 약 얼마인가?

① 180회 ② 190회
③ 200회 ④ 210회

해설

환상 솔레노이드 자계의 세기 $H = \dfrac{NI}{2\pi r}$ 에서

∴ 권수

$$N = \dfrac{2\pi r H}{I} = \dfrac{2\pi \times 0.1 \times 1600}{5} = 201 \fallingdotseq 200회$$

 제3장 정전용량

13 정전용량이 4[μF], 5[μF], 6[μF]이고 각각의 내압이 순서대로 500[V], 450[V], 350[V]인 콘덴서 3개를 직렬로 연결하고 전압을 서서히 증가시키면 콘덴서의 상태는 어떻게 되겠는가? (단, 유전체의 재질 및 두께는 같다.)

① 동시에 모두 파괴된다.
② 4[μF]의 콘덴서가 제일 먼저 파괴된다.
③ 5[μF]의 콘덴서가 제일 먼저 파괴된다.
④ 6[μF]의 콘덴서가 제일 먼저 파괴된다.

해설

'최대 전하 = 내압×정전용량'의 결과 최대 전하량값이 작은 것이 먼저 파괴된다.

㉠ $Q_1 = C_1 V_1 = 4 \times 500 = 2000[\mu C]$
㉡ $Q_2 = C_2 V_2 = 5 \times 450 = 2250[\mu C]$
㉢ $Q_3 = C_3 V_3 = 6 \times 350 = 2100[\mu C]$

∴ 4[μF]이 먼저 파괴된다.

 제1장 벡터

14 $A = -i\,7 - j$, $B = -i\,3 - j\,4$의 두 벡터가 이루는 각은 몇 도인가?

① 30°
② 45°
③ 60°
④ 90°

해설

두 벡터가 이루는 사이각은 내적 공식을 이용하여 풀이할 수 있다.

㉠ 내적 : $\vec{A} \cdot \vec{B} = |A||B|\cos\theta$

㉡ $\vec{A} \cdot \vec{B} = (-i\,7 - j) \cdot (-i\,3 - j\,4)$
$= 21 + 4 = 25$

㉢ $|A| = \sqrt{7^2 + 1^2}$
$= \sqrt{50} = 5\sqrt{2}$

㉣ $|B| = \sqrt{3^2 + 4^2} = 5$

∴ $\theta = \cos^{-1}\dfrac{\vec{A} \cdot \vec{B}}{|A||B|}$

$= \cos^{-1}\dfrac{25}{25\sqrt{2}} = 45°$

정답 10. ① 11. ① 12. ③ 13. ② 14. ②

중　제10장 전자유도법칙

15 서울에서 부산 방향으로 향하는 제트기가 있다. 제트기가 대지면과 나란하게 1235[km/h]로 비행할 때, 제트기 날개 사이에 나타나는 전위차[V]는? (단, 지구의 자기장은 대지면에서 수직으로 향하고, 그 크기는 30[A/m]이고, 제트기의 몸체 표면은 도체로 구성되며, 날개 사이의 길이는 65[m]이다.)

① 0.42

② 0.84

③ 1.68

④ 3.03

해설

제트기(도체)가 대지 표면에서 발생되는 자기장을 끊어나가면 제트기 표면에는 기전력이 유도된다. (플레밍의 오른손 법칙)

∴ 유도기전력

$$e = vBl\sin\theta = v\mu_0 Hl\sin\theta$$

$$= \frac{1235}{3600} \times 4\pi \times 10^{-7} \times 30 \times 65 \times \sin 90°$$

$$= 0.84[\text{V}]$$

상　제2장 진공 중의 정전계

16 진공 중에 놓여있는 2×10^3[C]의 정전하로부터 1[m] 떨어진 점 A와 2[m] 떨어진 점 B에서의 전속밀도 D_A, D_B는 각각 몇 [C/m²]인가?

① $D_A = 159$, $D_B = 40$

② $D_A = 0.4$, $D_B = 16$

③ $D_A = 40$, $D_B = 159$

④ $D_A = 16$, $D_B = 0.4$

해설

전속밀도 $D = \dfrac{Q}{4\pi r^2}$ 에서

㉠ $D_A = \dfrac{2 \times 10^3}{4\pi \times 1} = 159[\text{C/m}^2]$

㉡ $D_B = \dfrac{2 \times 10^3}{4\pi \times 2^2} = 40[\text{C/m}^2]$

상　제2장 진공 중의 정전계

17 무한길이의 직선 도체에 전하가 균일하게 분포되어 있다. 이 직선 도체로부터 l인 거리에 있는 점의 전계의 세기는?

① l에 비례한다.

② l에 반비례한다.

③ l^2에 비례한다.

④ l^2에 반비례한다.

해설

선전하의 전계 $E = \dfrac{\lambda}{2\pi\varepsilon_0 r}$ 에서 $r = l$이므로, 전계 E는 거리 l에 반비례한다.

상　제12장 전자계

18 평면파 전자파의 전계와 자계 사이의 관계식은?

① $E = \sqrt{\dfrac{\varepsilon}{\mu}}\,H$

② $E = \sqrt{\mu\varepsilon}\,H$

③ $E = \sqrt{\dfrac{\mu}{\varepsilon}}\,H$

④ $E = \sqrt{\dfrac{1}{\mu\varepsilon}}\,H$

해설

㉠ 평면 전자파의 전계와 자계 사이의 관계

$$\sqrt{\varepsilon}\,E = \sqrt{\mu}\,H$$

㉡ 전계의 세기 : $E = \sqrt{\dfrac{\mu}{\varepsilon}}\,H$

상　제5장 전기 영상법

19 공기 중에서 무한평면도체 표면 아래의 1[m] 떨어진 곳에 1[C]의 점전하가 있다. 이 전하가 받는 힘의 크기는 몇 [N]인가?

① 9×10^9

② $\dfrac{9}{2} \times 10^9$

③ $\dfrac{9}{4} \times 10^9$

④ $\dfrac{9}{10} \times 10^9$

해설　무한평면과 점전하에 의한 작용력

$$\therefore F = \frac{Q^2}{4\pi\varepsilon_0 r^2} = \frac{-Q^2}{4\pi\varepsilon_0 (2a)^2}$$

$$= \frac{9 \times 10^9}{4} \times \frac{-Q^2}{a^2} = -\frac{9}{4} \times 10^9[\text{N}]$$

제6장 전류

20 금속 도체의 전기저항은 일반적으로 온도와 어떤 관계인가?

① 전기저항은 온도의 변화에 무관하다.

② 전기저항은 온도의 변화에 대해 정특성을 가진다.

③ 전기저항은 온도의 변화에 대해 부특성을 가진다.

④ 금속도체의 종류에 따라 전기저항의 온도 특성은 일관성이 없다.

해설

일반적으로 금속은 정특성 온도계수, 전해액이나 반도체에서는 부특성 온도계수를 나타낸다.

01 정전 흡인력에 대한 설명 중 옳은 것은?

① 정전 흡인력은 전압의 제곱에 비례한다.

② 정전 흡인력은 극판 간격에 비례한다.

③ 정전 흡인력은 극판 면적의 제곱에 비례한다.

④ 정전 흡인력은 쿨롱의 법칙으로 직접 계산된다.

해설

㉠ 정전응력(흡인력) $f = \dfrac{1}{2}\varepsilon E^2 = \dfrac{1}{2}ED = \dfrac{D^2}{2\varepsilon}$ [N/m²]

㉡ 전위차 : $V = lE$ [V]

∴ 정전응력(흡인력)은 전압의 제곱에 비례한다.

02 환상 철심의 평균 자로 길이 l[m], 단면적 A[m²], 비투자율 μ_s, 권선수 N_1, N_2인 두 코일의 상호 인덕턴스는?

① $\dfrac{2\pi\mu_s l\, N_1 N_2}{A} \times 10^{-7}$ [H]

② $\dfrac{A N_1 N_2}{2\pi\mu_s l} \times 10^{-7}$ [H]

③ $\dfrac{4\pi\mu_s A N_1 N_2}{l} \times 10^{-7}$ [H]

④ $\dfrac{4\pi^2 \mu_s N_1 N_2}{A l} \times 10^{-7}$ [H]

해설 상호 인덕턴스(상호 유도계수)

$$M = \frac{\mu_0 \mu_s A N_1 N_2}{l} = \frac{4\pi\mu_s A N_1 N_2}{l} \times 10^{-7} \text{[H]}$$

여기서, 진공의 투자율 $\mu_0 = 4\pi \times 10^{-7}$

03 그림과 같은 회로에서 인덕턴스 20[H]에 저축되는 에너지는 몇 [J]인가?

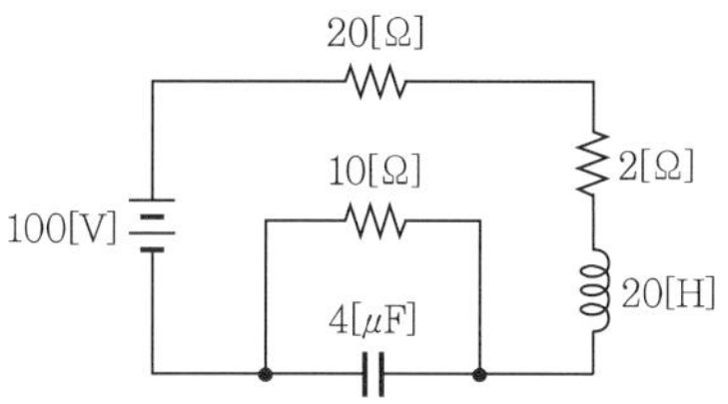

① 1.95   ② 19.5

③ 97.7   ④ 9770

해설

㉠ 직류회로에는 주파수가 없으므로 $f = 0$에서 C는 개방, L은 단락상태가 된다.

㉡ 용량 리액턴스($f = 0$)

$$X_C = \frac{1}{\omega C} = \frac{1}{2\pi f C}\bigg|_{f=0} = \infty$$

㉢ 유도 리액턴스($f = 0$)

$$X_L = \omega L = 2\pi f L\big|_{f=0} = 0$$

㉣ 회로에 흐르는 전류

$$I = \frac{100}{20 + 2 + 10} = \frac{100}{32} \text{[A]}$$

∴ 코일에 저장되는 자기적 에너지

$$W_L = \frac{1}{2}LI^2 = \frac{1}{2} \times 20 \times \left(\frac{100}{32}\right)^2 = 97.656\text{[J]}$$

04 비유전율이 10인 유전체를 5[V/m]인 전계 내에 놓으면 유전체의 표면 전하밀도는 몇 [C/m²]인가? (단, 유전체의 표면과 전계는 직각이다.)

① $35\varepsilon_0$

② $45\varepsilon_0$

③ $55\varepsilon_0$

④ $65\varepsilon_0$

해설

유전체 표면 전하밀도는 분극전하밀도이므로

$$\begin{aligned} \therefore P &= \varepsilon_0 (\varepsilon_s - 1)E \\ &= \varepsilon_0 (10 - 1) \times 5 = 45\varepsilon_0 \text{[C/m}^2\text{]} \end{aligned}$$

상 제7장 진공 중의 정자계

05 자력선의 성질을 설명한 것이다. 옳지 않은 것은?

① 자력선은 서로 교차하지 않는다.
② 자력선은 N극에서 나와 S극으로 향한다.
③ 진공에서 나오는 자력선의 수는 m 개이다.
④ 한 점의 자력선 밀도는 그 점의 자장의 세기를 나타낸다.

해설 가우스의 법칙(주위 매질 : 진공)

㉠ 자기력선 수 $N = \dfrac{m}{\mu_0}$ 개

㉡ 자속선 수 $N = m$ 개

㉢ 1[Wb]의 자극(m[Wb])으로부터 1개의 자속 ϕ [Wb]가 발생한다.

하 제6장 전류

06 200[V], 30[W]인 백열전구와 200[V], 60[W]인 백열전구를 직렬로 접속하고, 200[V]의 전압을 인가하였을 때 어느 전구가 더 어두운가? (단, 전구의 밝기는 소비전력에 비례한다.)

① 둘 다 같다.
② 30[W]전구가 60[W]전구보다 더 어둡다.
③ 60[W]전구가 30[W]전구보다 더 어둡다.
④ 비교할 수 없다.

해설

㉠ 전력 $P = \dfrac{V^2}{R}$ [W]에서 $R = \dfrac{V^2}{P}$ [Ω]이므로 전력은 저항에 반비례한다. 따라서 전력이 작은 백열전구(30[W]용)의 저항이 더 크다.

㉡ 직렬회로에서 전류의 크기는 일정하고 $P = I^2 R$[W] 이므로 백열전구의 소비전력은 저항 크기에 비례하므로 30[W]용 백열전구가 전력은 더 많이 소비한다.

∴ 전구의 밝기는 소비전력에 비례한다고 했으므로 30[W]인 백열전구가 더 밝다.

중 제5장 전기 영상법

07 접지된 무한히 넓은 평면도체로부터 a[m] 떨어져 있는 공간에 Q[C]의 점전하가 놓여 있을 때 그림 P점의 전위는 몇 [V]인가?

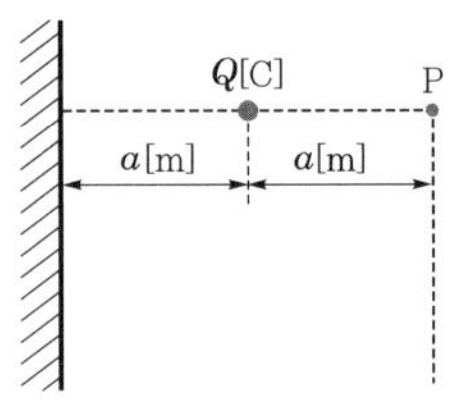

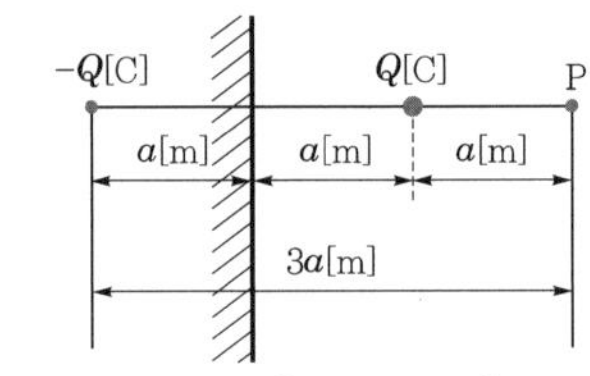

$① \dfrac{Q}{8\pi\varepsilon_0 a}$

$② \dfrac{Q}{6\pi\varepsilon_0 a}$

$③ \dfrac{3Q}{4\pi\varepsilon_0 a}$

$④ \dfrac{Q}{2\pi\varepsilon_0 a}$

해설 영상전하 해석

$$\therefore V = V_1 + V_2 = \frac{Q}{4\pi\varepsilon_0 r_1} + \frac{-Q}{4\pi\varepsilon_0 r_2}$$
$$= \frac{Q}{4\pi\varepsilon_0 a} - \frac{Q}{4\pi\varepsilon_0 3a} = \frac{Q}{4\pi\varepsilon_0}\left(\frac{1}{a} - \frac{1}{3a}\right)$$
$$= \frac{Q}{6\pi\varepsilon_0 a}[V]$$

상 제4장 유전체

08 어떤 종류의 결정을 가열하면 한 면에 정(正), 반대 면에 부(負)의 전기가 나타나 분극을 일으키며 반대로 냉각하면 역(逆)의 분극이 일어나는 것은?

① 파이로(Pyro)전기
② 볼타(Volta)효과
③ 바크하우젠(Barkhausen)법칙
④ 압전기(Piezo-electric)의 역효과

중 제2장 진공 중의 정전계

09 포아송의 방정식 $\nabla^2 V = -\dfrac{\rho}{\varepsilon_0}$ 은 어떤 식에서 유도한 것인가?

$① \; div\, D = \dfrac{\rho}{\varepsilon_0}$

$② \; div\, D = -\rho$

$③ \; div\, E = \dfrac{\rho}{\varepsilon_0}$

$④ \; div\, E = -\dfrac{\rho}{\varepsilon_0}$

정답 05. ③ 06. ③ 07. ② 08. ① 09. ③

해설

㉠ 가우스 법칙의 미분형 : $div\,E = \dfrac{\rho}{\varepsilon_0}$

㉡ 전위경도 : $E = -\,grad\,V = -\,\nabla V$

㉢ $div\,E = \nabla \cdot E = -(\nabla \cdot \nabla V) = -\nabla^2 V$

∴ $\nabla^2 V = -\dfrac{\rho}{\varepsilon_0}$

중 제2장 진공 중의 정전계

10 반지름 a[m]인 무한히 긴 원통형 도선 A, B가 중심 사이의 거리 d[m]로 평행하게 배치되어 있다. 도선 A, B에 각각 단위길이마다 $+\,Q$[C/m], $-\,Q$[C/m]의 전하를 줄 때 두 도선 사이의 전위차는 몇 [V]인가?

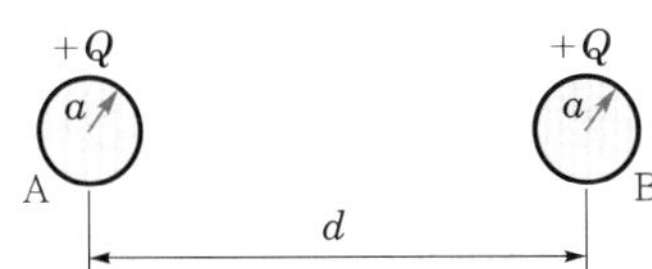

① $\dfrac{Q}{2\pi\varepsilon_0}\ln\dfrac{d-a}{a}$

② $\dfrac{Q}{2\pi\varepsilon_0}\ln\dfrac{a}{d-a}$

③ $\dfrac{Q}{\pi\varepsilon_0}\ln\dfrac{d-a}{a}$

④ $\dfrac{Q}{\pi\varepsilon_0}\ln\dfrac{a}{d-a}$

해설

㉠ 도체 A로부터 x[m] 떨어진 곳에서 전계를 보면 그림과 같이 E_1, E_2가 동일 방향이므로 합력이 된다.

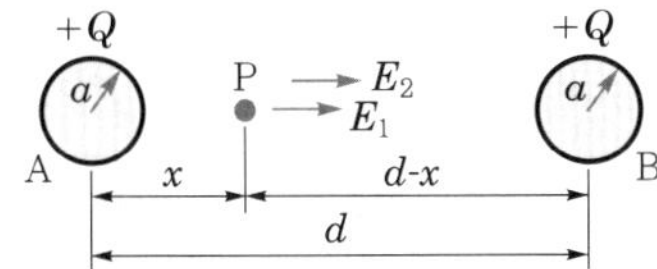

㉡ P점에서의 전계

$$E = E_1 + E_2 = \dfrac{Q}{2\pi\varepsilon_0}\left(\dfrac{1}{x} + \dfrac{1}{d-x}\right)$$

∴ 도선 사이의 전위

$$V = -\int_{d-a}^{a} \dfrac{Q}{2\pi\varepsilon_0}\left(\dfrac{1}{x} + \dfrac{1}{d-x}\right)dx$$

$$= \dfrac{Q}{\pi\varepsilon_0}\ln\dfrac{d-a}{a}\,[\text{V}]$$

상 제4장 유전체

11 간격 d[m], 면적 S[m^2]의 평행판 커패시터 사이에 유전율 ε을 갖는 절연체를 넣고 전극 간에 V[V]의 전압을 가할 때 양 전극판을 떼어내는 데 필요한 힘의 크기는 몇 [N]인가?

① $\dfrac{1}{2\varepsilon}\dfrac{V^2}{d^2 S}$

② $\dfrac{1}{2\varepsilon}\dfrac{d\,V^2}{S}$

③ $\dfrac{1}{2}\varepsilon\dfrac{V}{d}S$

④ $\dfrac{1}{2}\varepsilon\dfrac{V^2}{d^2}S$

해설

㉠ 단위면적당 작용하는 힘은

$$f = \dfrac{1}{2}\varepsilon E^2 = \dfrac{1}{2}ED = \dfrac{D^2}{2\varepsilon}\,[\text{N/m}^2]\text{이므로}$$

㉡ 전극판을 떼어내는데 필요한 힘은

$$F = f \cdot S = \dfrac{1}{2}\varepsilon E^2 S\,[\text{N}]\text{이 된다.}$$

㉢ 여기에 $E = \dfrac{V}{d}$를 대입하면

$$\therefore\ F = \dfrac{1}{2}\varepsilon\left(\dfrac{V}{d}\right)^2 S = \dfrac{1}{2d}\dfrac{\varepsilon S}{d}V^2 = \dfrac{1}{2d}CV^2\,[\text{N}]$$

상 제3장 정전용량

12 평행판 전극의 단위면적당 정전용량이 $C = 200$[pF/m^2]일 때 두 극판 사이에 전위차 2000[V]를 가하면 이 전극판 사이의 전계의 세기는 약 몇 [V/m]인가?

① 22.6×10^3 ② 45.2×10^3

③ 22.6×10^6 ④ 45.2×10^5

해설

㉠ 단위면적당 정전용량 : $C = \dfrac{\varepsilon_0}{d}\,[\text{F/m}^2]$

㉡ 평행판 도체 간의 간격

$$d = \dfrac{\varepsilon_0}{C} = \dfrac{8.855 \times 10^{-12}}{200 \times 10^{-12}} = 0.0442\,[\text{m}]$$

∴ 전계의 세기

$$E = \dfrac{V}{d} = \dfrac{2000}{0.0442} = 45.2 \times 10^3\,[\text{V/m}]$$

정답 10. ③ 11. ④ 12. ②

 제11장 인덕턴스

13 감은 횟수 200회의 코일 N_1와 300회의 코일 N_2를 가까이 놓고 N_1에 1[A]의 전류를 흘릴 때 N_2와 쇄교하는 자속이 4×10^{-4} [Wb]이었다면 이들 코일 사이의 상호 인덕턴스는?

① 0.12[H] ② 0.12[mH]
③ 0.08[H] ④ 0.08[mH]

해설 상호 인덕턴스(상호 유도계수)

$$M = \frac{N_2}{I_1}\phi_{21} = \frac{300}{1} \times 4 \times 10^{-4} = 0.12[\text{H}]$$

여기서, ϕ_{21} : 1차 전류에 의해 발생된 자속이 2차 권선을 쇄교하는 자속

 제8장 전류의 자기현상

14 두 개의 길고 직선인 도체가 평행으로 그림과 같이 위치하고 있다. 각 도체에는 10[A]의 전류가 같은 방향으로 흐르고 있으며, 이격거리는 0.2[m]일 때 오른쪽 도체의 단위길이당 힘 [N/m]은? (단, a_x, a_z는 단위 벡터이다.)

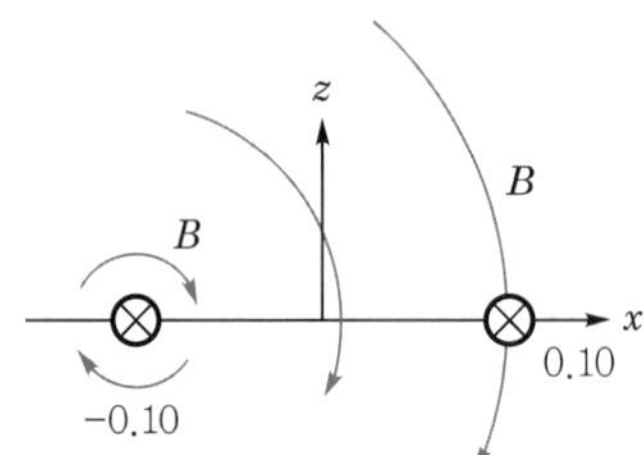

① $10^{-2}(-a_x)$ ② $10^{-4}(-a_x)$
③ $10^{-2}(-a_z)$ ④ $10^{-4}(-a_z)$

해설 평행도선 사이의 작용력

㉠ 전류가 동일 방향으로 흐르면 두 평행도체 사이에는 흡인력이 발생하므로 오른쪽 도체에서 작용하는 힘의 방향은 $-a_x$이 된다.
㉡ 전자력

$$f = \frac{2I^2}{r} \times 10^{-7}$$
$$= \frac{2 \times 10^2 \times 10^{-7}}{0.2} = 10^{-4}[\text{N/m}]$$

 제2장 진공 중의 정전계

15 반경 a이고 Q의 전하를 갖는 절연된 도체구가 있다. 구의 중심에서 거리 r에 따라 변하는 전위 V와 전계의 세기 E를 그림으로 표시하면?

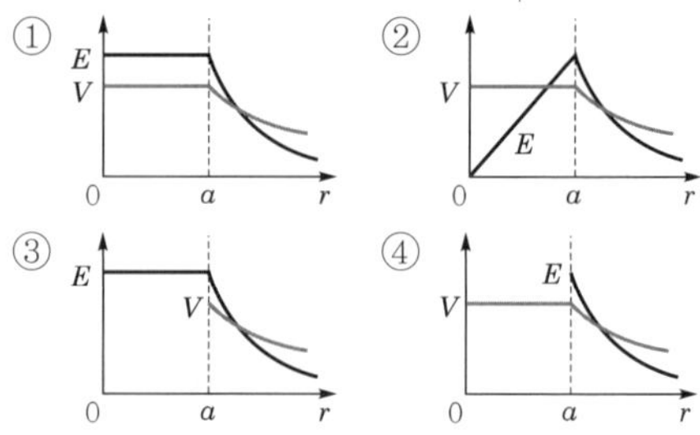

해설 도체 내외부 전계·전위 특징

㉠ 도체 내부 전계는 0이다.
㉡ 도체 표면은 등전위면이고, 표면전위는 내부 전위와 같다.

 제12장 전자계

16 유전체 내의 전계의 세기가 E, 분극의 세기가 P, 유전율이 $\varepsilon = \varepsilon_0\varepsilon_s$인 유전체 내의 변위전류밀도는?

① $\varepsilon\dfrac{\partial E}{\partial t} + \dfrac{\partial P}{\partial t}$ ② $\varepsilon_0\dfrac{\partial E}{\partial t} + \dfrac{\partial P}{\partial t}$
③ $\varepsilon_0\left(\dfrac{\partial E}{\partial t} + \dfrac{\partial P}{\partial t}\right)$ ④ $\varepsilon\left(\dfrac{\partial E}{\partial t} + \dfrac{\partial P}{\partial t}\right)$

해설

분극의 세기 $P = D - \varepsilon_0 E$에서
전속밀도는 $D = \varepsilon_0 E + P$이 된다.
∴ 변위전류밀도
$$i_d = \frac{\partial D}{\partial t} = \frac{\partial}{\partial t}(\varepsilon_0 E + P) = \varepsilon_0\frac{\partial E}{\partial t} + \frac{\partial P}{\partial t}$$

 제10장 전자유도법칙

17 진공 중에서 유전율 ε[F/m]의 유전체가 평등자계 B[Wb/m²] 내에 속도 v[m/s]로 운동할 때, 유전체에 발생하는 분극의 세기 P는 몇 [C/m²]인가?

① $(\varepsilon - \varepsilon_0)v \cdot B$ ② $(\varepsilon - \varepsilon_0)v \times B$
③ $\varepsilon v \times B$ ④ $\varepsilon_0 v \times B$

해설

㉠ 플레밍의 오른손 법칙 : 자계 내에 도체가 운동하면 도체에는 기전력이 발생되며, 유도되는 기전력의 크기는 다음과 같다. (유도기전력)
$$e = V = vBl\sin\theta = (v\times B)l\,[\text{V}]$$

㉡ 기전력과 전계의 세기의 관계
$$V = lE \text{에서 } E = \frac{V}{l} = v\times B$$

∴ 분극의 세기
$$P = \varepsilon_0(\varepsilon_s - 1)E = \varepsilon_0(\varepsilon_s - 1)v\times B$$
$$= (\varepsilon - \varepsilon_0)v\times B\,[\text{C/m}^2]$$

상 제9장 자성체와 자기회로

18 다음 중 자장의 세기에 대한 설명으로 잘못된 것은?

① 자속밀도에 투자율을 곱한 것과 같다.
② 단위자극에 작용하는 힘과 같다.
③ 단위길이당 기자력과 같다.
④ 수직 단면의 자력선 밀도와 같다.

해설 자장의 세기

㉠ 자속밀도 $B = \mu H\,[\text{Wb/m}^2]$이므로 $H = \dfrac{B}{\mu}\,[\text{AT/m}]$이다.

㉡ 자기력 $F = mH\,[\text{N}]$에서 $H = \dfrac{F}{m}\,[\text{N/Wb}]$이다.

㉢ 기자력 $F = IN\,[\text{AT}]$에서 앰페르 법칙에 의한 자계
$$H = \frac{NI}{l} = \frac{F}{l}\,[\text{AT/m}]$$이다.

하 제6장 전류

19 그림과 같은 손실유전체에서 전원의 양극 사이에 채워진 동축케이블의 전력손실은 몇 [W]인가? (단, 모든 단위는 MKS 유리화 단위이며, σ는 매질의 도전율[S/m]이라 한다.)

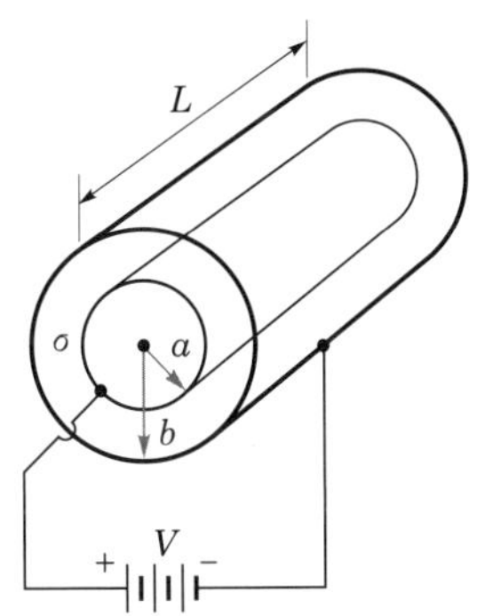

① $\dfrac{\pi\sigma V^2 L}{2\ln\dfrac{b}{a}}$

② $\dfrac{\pi\sigma V^2 L}{\ln\dfrac{b}{a}}$

③ $\dfrac{2\pi\sigma V^2 L}{\ln\dfrac{b}{a}}$

④ $\dfrac{4\pi\sigma V^2 L}{\ln\dfrac{b}{a}}$

해설

㉠ 동축케이블의 정전용량 $C = \dfrac{2\pi\varepsilon L}{\ln\dfrac{b}{a}}\,[\text{F}]$

㉡ 전기저항 $R = \dfrac{1}{2\pi\sigma L}\ln\dfrac{b}{a}\,[\Omega]$

∴ 전력손실
$$P_c = \frac{V^2}{R} = \frac{V^2}{\dfrac{1}{2\pi\sigma L}\ln\dfrac{b}{a}} = \frac{2\pi\sigma L V^2}{\ln\dfrac{b}{a}}\,[\text{W}]$$

중 제9장 자성체와 자기회로

20 전자석에 사용하는 연철(soft iron)의 성질로 옳은 것은?

① 잔류자기, 보자력이 모두 크다.
② 보자력이 크고 히스테리시스 곡선의 면적이 작다.
③ 보자력과 히스테리시스 곡선의 면적이 모두 작다.
④ 보자력이 크고 잔류자기가 작다.

해설 히스테리시스 곡선의 종류

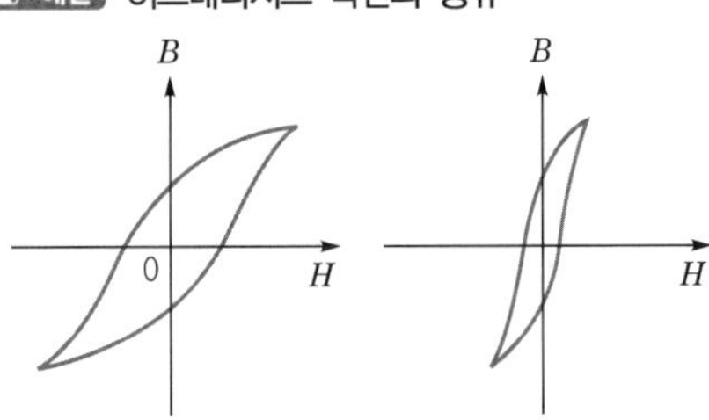

(a) 영구자석　　　　(b) 전자석

㉠ 영구자석 : 잔류자기와 보자력이 크고 히스테리시스 곡선의 면적이 큰 자성체
㉡ 전자석 : 잔류자기는 크나, 보자력과 히스테리시스 곡선의 면적이 모두 작은 자성체

정답 18. ①　19. ③　20. ③

중 | 제3장 정전용량

01 엘라스턴스(elastance)는?

① $\dfrac{1}{\text{전위차} \times \text{전기량}}$

② $\text{전위차} \times \text{전기량}$

③ $\dfrac{\text{전위차}}{\text{전기량}}$

④ $\dfrac{\text{전기량}}{\text{전위차}}$

해설

정전용량의 역수를 엘라스턴스라 한다.

$$\therefore\ C = \frac{Q}{V} = \left(\frac{\text{전기량}}{\text{전위차}}\right),\ \frac{1}{C} = \frac{V}{Q}$$

상 | 제5장 전기 영상법

02 접지 구도체와 점전하 간에는 어떤 힘이 작용하는가?

① 항상 0이다.

② 조건적 반발 또는 흡인력이다.

③ 항상 반반력이다.

④ 항상 흡인력이다.

해설 접지된 도체구와 점전하

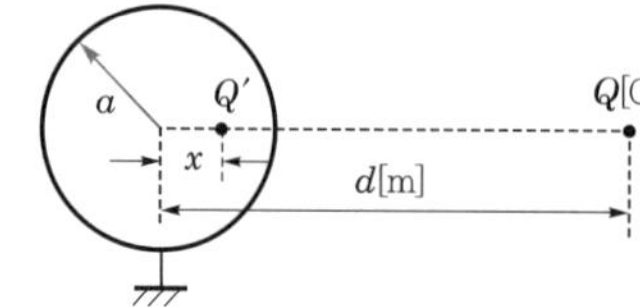

㉠ 영상전하 : $Q' = -\dfrac{a}{d}Q[\text{C}]$

㉡ 구도체 내의 영상점 : $x = \dfrac{a^2}{d}[\text{m}]$

∴ 접지 구도체에 유도되는 전하는 점전하와 반대 부호이므로 흡인력이 작용한다.

상 | 제4장 유전체

03 유전체의 초전효과(pyroelectric effect)에 대한 설명이 아닌 것은?

① 온도변화에 관계없이 일어난다.

② 자발 분극을 가진 유전체에서 생긴다.

③ 초전효과가 있는 유전체를 공기 중에 놓으면 중화된다.

④ 열에너지를 전기에너지로 변화시키는 데 이용된다.

해설

전기석이나 티탄산바륨의 결정을 가열 또는 냉각하면 결정의 한쪽 면에 정전하가, 다른 쪽 면에는 부전하가 발생한다. 이 전하의 극성은 가열할 때와 냉각할 때는 서로 정반대이다. 이런 현상을 초전효과(pyroelectric effect)라 하며 이때 발생한 전하를 초전기(pyroelectricity)라 한다.

중 | 제8장 전류의 자기현상

04 그림과 같이 반지름 r[m]인 원의 임의의 2점 a, b(각 θ) 사이에 전류 I[A]가 흐른다. 원의 중심 0의 자계의 세기는 몇 [A/m]인가?

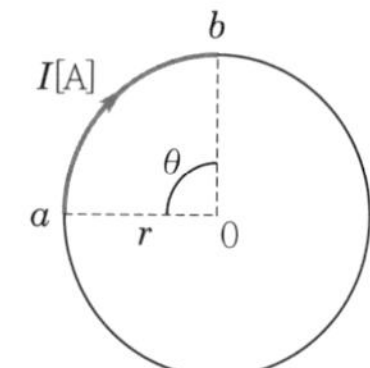

① $\dfrac{I\theta}{4\pi r^2}$

② $\dfrac{I\theta}{4\pi r}$

③ $\dfrac{I\theta}{2\pi r^2}$

④ $\dfrac{I\theta}{2\pi r}$

해설

원형 코일 중심의 자계 $\dfrac{I}{2r}$[A/m]에서 θ만큼 이동한 비율

값이 $\dfrac{\theta}{2\pi}$이므로

$$\therefore\ H = \frac{I}{2r} \times \frac{\theta}{2\pi}$$

$$= \frac{I\theta}{4\pi r}[\text{A/m}]$$

상 제4장 유전체

05 면적 $S[\text{m}^2]$의 평행판 평판전극 사이에 유전율이 $\varepsilon_1[\text{F/m}]$, $\varepsilon_2[\text{F/m}]$되는 두 종류의 유전체를 $\dfrac{d}{2}[\text{m}]$ 두께가 되도록 각각 넣으면 정전용량은 몇 [F]가 되는가?

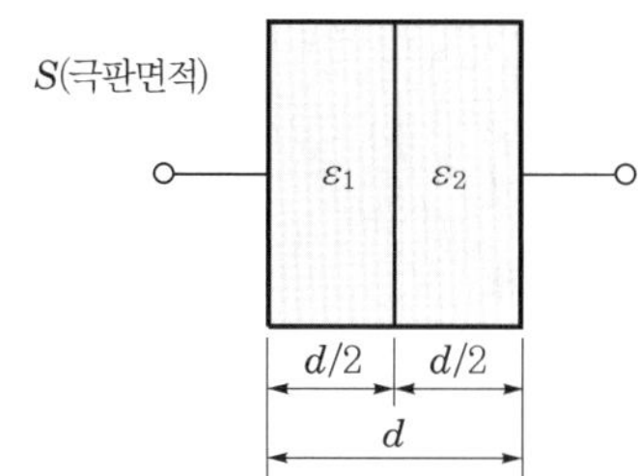

① $\dfrac{S}{\dfrac{d}{2}(\varepsilon_1+\varepsilon_2)}$

② $\dfrac{1}{\dfrac{ds}{2}\left(\dfrac{1}{\varepsilon_1}+\dfrac{1}{\varepsilon_2}\right)}$

③ $\dfrac{2S}{d\left(\dfrac{1}{\varepsilon_1}+\dfrac{1}{\varepsilon_2}\right)}$

④ $\dfrac{S}{2d\left(\dfrac{1}{\varepsilon_1}+\dfrac{1}{\varepsilon_2}\right)}$

해설 정전용량

$$C=\dfrac{1}{\dfrac{1}{C_1}+\dfrac{1}{C_2}}=\dfrac{1}{\dfrac{d}{2\varepsilon_1 S}+\dfrac{d}{2\varepsilon_2 S}}$$

$$=\dfrac{1}{\dfrac{d}{2s}\left(\dfrac{1}{\varepsilon_1}+\dfrac{1}{\varepsilon_2}\right)}=\dfrac{2S}{d\left(\dfrac{1}{\varepsilon_1}+\dfrac{1}{\varepsilon_2}\right)}[\text{F}]$$

상 제3장 정전용량

06 $C=5[\mu\text{F}]$인 평행판 콘덴서에 5[V]인 전압을 걸어줄 때 콘덴서에 축적되는 에너지는 몇 [J]인가?

① 6.25×10^{-5}

② 6.25×10^{-3}

③ 1.25×10^{-5}

④ 1.25×10^{-3}

해설 콘덴서에 축적되는 전기적 에너지

$$W=\dfrac{1}{2}CV^2$$

$$=\dfrac{1}{2}\times5\times10^{-6}\times5^2=6.25\times10^{-5}[\text{J}]$$

중 제9장 자성체와 자기회로

07 자계의 세기 $H=1000[\text{AT/m}]$일 때 자속밀도 $B=1[\text{Wb/m}^2]$인 재질의 투자율은 몇 [H/m]인가?

① 10^{-3}

② 10^{-4}

③ 10^3

④ 10^4

해설

자속밀도 $B=\mu H$에서 투자율은 다음과 같다.

$$\mu=\dfrac{B}{H}=\dfrac{1}{1000}=10^{-3}[\text{H/m}]$$

상 제7장 진공 중의 정자계

08 자기쌍극자의 자위에 관한 설명 중 맞는 것은?

① 쌍극자의 자기 모멘트에 반비례한다.

② 거리 제곱에 반비례한다.

③ 자기쌍극자의 축과 이루는 각도 θ의 $\sin\theta$에 비례한다.

④ 자위의 단위는 [Wb/J]이다.

해설 자기쌍극자 관련 공식

㉠ 쌍극자 모멘트 : $M=P=m\,l\,[\text{Wb}\cdot\text{m}]$
  → 거리에 비례한다.

㉡ 자위 : $U=\dfrac{M\cos\theta}{4\pi\mu_0 r^2}[\text{AT}]$

  → 거리 제곱에 반비례한다.

㉢ 자계의 세기 : $H=\dfrac{M\sqrt{1+3\cos^2\theta}}{4\pi\mu_0 r^3}$

  → 거리 세제곱에 반비례한다.

상 제2장 진공 중의 정전계

09 정전계 내 있는 도체 표면에서 전계의 방향은 어떻게 되는가?

① 임의 방향

② 표면과 접선방향

③ 표면과 45°방향

④ 표면과 수직방향

해설

전기력선은 도체 표면에서 수직으로 발생한다.

정답 05. ③ 06. ① 07. ① 08. ② 09. ④

10 평행판 전극의 단위면적당 정전용량이 $C=200[pF/m^2]$일 때 두 극판 사이에 전위차 $2000[V]$를 가하면 이 전극판 사이의 전계의 세기는 약 몇 $[V/m]$인가?

① 22.6×10^3 ② 45.2×10^3
③ 22.6×10^6 ④ 45.2×10^5

해설

㉠ 평행판 콘덴서의 정전용량 $C = \dfrac{\varepsilon_0 S}{d}[F]$

㉡ 단위면적당 정전용량 $C = \dfrac{\varepsilon_0}{d}[F/m^2]$

㉢ 평행판 도체 간의 간격

$$d = \frac{\varepsilon_0}{C} = \frac{8.855 \times 10^{-12}}{200 \times 10^{-12}} = 0.0442[m]$$

∴ 전계의 세기

$$E = \frac{V}{d} = \frac{2000}{0.0442} = 45.2 \times 10^3[V/m]$$

11 Maxwell의 전자파 방정식이 아닌 것은?

① $rot\,H = i + \dfrac{\partial D}{\partial t}$ ② $rot\,E = -\dfrac{\partial B}{\partial t}$
③ $div\,B = i$ ④ $div\,D = \rho$

해설 맥스웰 방정식

㉠ $rot\,H = \nabla \times H = i = i_c + \dfrac{\partial D}{\partial t}$
전계의 시간적 변화에는 회전하는 자계를 발생시킨다.

㉡ $rot\,E = \nabla \times E = -\dfrac{\partial B}{\partial t}$
자계가 시간에 따라 변화하면 회전하는 전계가 발생한다.

㉢ $div\,D = \nabla \cdot D = \rho$
전하가 존재하면 전속선이 발생한다.

㉣ $div\,B = \nabla \cdot B = 0$
고립된 자극은 없고, N극, S극은 함께 공존한다.

12 그림과 같이 한 변의 길이가 $l[m]$인 정육각형 회로에 전류 $I[A]$가 흐르고 있을 때 중심 자계의 세기는 몇 $[A/m]$인가?

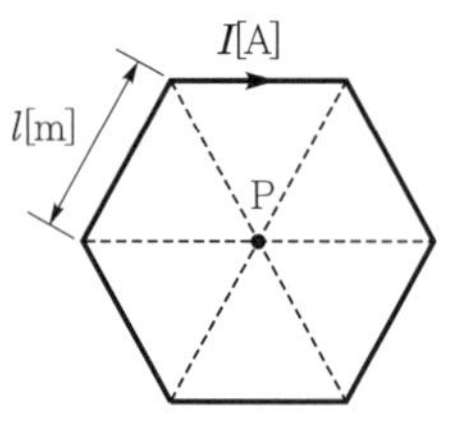

① $\dfrac{1}{2\sqrt{3}\,\pi l} \times I$ ② $\dfrac{2\sqrt{2}}{\pi l} \times I$
③ $\dfrac{\sqrt{3}}{\pi l} \times I$ ④ $\dfrac{\sqrt{3}}{2\pi l} \times I$

해설

한 변의 길이가 $l[m]$인 도체(코일)에 전류를 흘렸을 때 도체 중심에서 자계의 세기

㉠ 정사각형 도체 : $H = \dfrac{2\sqrt{2}\,I}{\pi l}[A/m]$

㉡ 정삼각형 도체 : $H = \dfrac{9I}{2\pi l}[A/m]$

㉢ 정육각형 도체 : $H = \dfrac{\sqrt{3}\,I}{\pi l}[A/m]$

㉣ 정n각형 도체 : $H = \dfrac{nI}{2\pi R}\tan\dfrac{\pi}{n}[A/m]$

13 다음과 같이 전속밀도 $D = 1[C/m^2]$ 중에 $\varepsilon_s = 5$인 유전체가 놓여있어서 균일하게 분극이 생겼다면 분극도 $P[C/m^2]$는?

① 0.3 ② 0.5
③ 1 ④ 0.8

해설 분극의 세기$[C/m^2]$

$$P = \varepsilon_0(\varepsilon_s - 1)E = D - \varepsilon_0 E = D\left(1 - \frac{1}{\varepsilon_s}\right)$$

$$\therefore\ P = D\left(1 - \frac{1}{\varepsilon_s}\right) = 1 \times \left(1 - \frac{1}{5}\right) = \frac{4}{5}$$
$$= 0.8[C/m^2]$$

14 코로나 방전이 $3 \times 10^6[V/m]$에서 일어난다고 하면 반지름 $10[cm]$인 도체구에 저축할 수 있는 최대 전하량은 몇 $[C]$인가?

① 0.33×10^{-5} ② 0.72×10^{-6}
③ 0.33×10^{-7} ④ 0.98×10^{-8}

해설

㉠ 코로나 방전 : 절연체의 절연내력보다 전계의 세기가 더 강하여 도체 절연이 파괴되어 공기 중으로 전계가 방전되는 현상

㉡ 코로나 방전이 발생되는 전계의 세기

$$E = \frac{Q}{4\pi\varepsilon_0 r^2} = 9 \times 10^9 \times \frac{Q}{r^2}\,[\text{V/m}]$$

∴ 도체 구에 저축할 수 있는 최대 전하량(이 이상의 전하량에서 코로나 방전 발생)

$$Q = 4\pi\varepsilon_0 r^2 E = \frac{r^2 E}{9 \times 10^9}$$

$$= \frac{0.1^2 \times 3 \times 10^6}{9 \times 10^9}$$

$$= 0.33 \times 10^{-5}\,[\text{C}]$$

중 제10장 전자유도법칙

15 그림과 같은 균일한 자계 $B[\text{Wb/m}^2]$ 내에서 길이 $l[\text{m}]$인 도선 AB가 속도 $v[\text{m/s}]$로 움직일 때 ABCD 내에 유도되는 기전력 $e[\text{V}]$는?

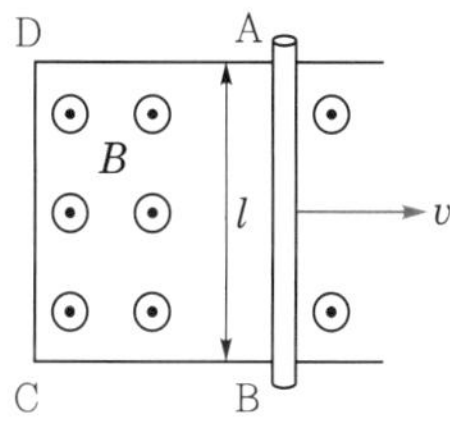

① 시계방향으로 Blv이다.

② 반시계방향으로 Blv이다.

③ 시계방향으로 Blv^2이다.

④ 반시계방향으로 Blv^2이다.

해설

㉠ 자계 내에 도체가 $v[\text{m/s}]$로 운동하면 도체에는 기전력이 유도된다. 도체의 운동방향과 자속밀도는 수직으로 쇄교하므로 기전력은 $e = Blv$가 발생된다.

㉡ 방향은 아래 그림과 같이 플레밍의 오른손 법칙에 의해 시계방향으로 발생된다.

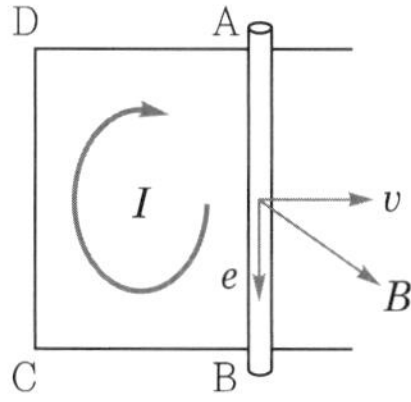

중 제6장 전류

16 직류 500[V] 절연저항계로 절연저항을 측정하니 2[MΩ]이 되었다면 누설전류는?

① 25[μA]

② 250[μA]

③ 1000[μA]

④ 1250[μA]

해설 누설전류

$$I = \frac{V}{R} = \frac{500}{2 \times 10^6} = 250 \times 10^{-6}\,[\text{A}] = 250\,[\mu\text{A}]$$

중 제11장 인덕턴스

17 그림과 같은 회로에서 스위치를 최초 A에 연결하여 일정 전류 $I[\text{A}]$를 흘린 다음 스위치를 급히 B로 전환할 때 저항 $R[\Omega]$에서 발생하는 열량은 몇 [cal]인가?

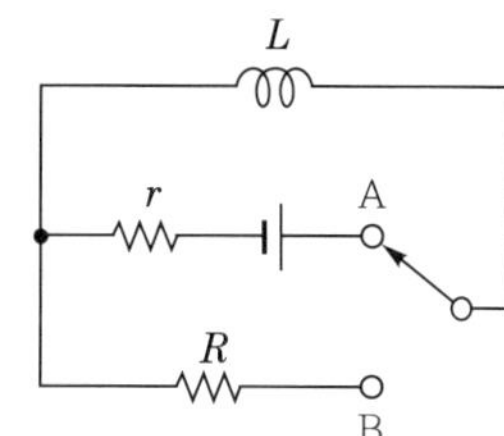

① $\dfrac{1}{8.4}LI^2$

② $\dfrac{1}{4.2}LI^2$

③ $\dfrac{1}{2}LI^2$

④ LI^2

해설

㉠ 스위치를 A로 이동하면 코일에는 에너지가 저장$\left(W_L = \dfrac{1}{2}LI^2[\text{J}]\right)$된다.

㉡ 그 후 스위치를 B측으로 이동시키면 코일에 저장된 에너지만큼 저항 R에서 소비된다.

㉢ $1[\text{J}] = \dfrac{1}{4.2}[\text{cal}] ≒ 0.24[\text{cal}]$

∴ 발열량 $H = \dfrac{1}{4.2}W_L = \dfrac{1}{8.4}LI^2[\text{cal}]$

중 | 제11장 인덕턴스

18 서로 결합하고 있는 두 코일의 자기 유도계수가 각각 3[mH], 5[mH]이다. 이들을 자속이 서로 합해지도록 직렬접속하면 합성 유도계수가 L[mH]이고, 반대되도록 직렬접속하면 합성 유도계수 L'는 L의 60[%]이었다. 두 코일 간의 결합계수는 얼마인가?

① 0.258 　　② 0.362

③ 0.451 　　④ 0.551

해설

㉠ 가동결합 $L_+ = L_1 + L_2 + 2M = L$

　여기서, $L_1 = 3$[mH], $L_2 = 5$[mH]

㉡ 차동결합 $L_- = L_1 + L_2 - 2M = 0.6$

㉢ 상호 인덕턴스

$$M = \frac{L_+ - L_-}{4} = \frac{L - 0.6L}{4} = 0.1L \rightarrow L = 10M$$

㉣ 가동결합 공식에서 $L = 10M$을 대입하면

$$M = \frac{L_+ + L_-}{8} = \frac{3+5}{8} = 1[mH]$$

∴ 결합계수 $k = \frac{M}{\sqrt{L_1 L_2}} = \frac{1}{\sqrt{3 \times 5}} = 0.258[mH]$

상 | 제12장 전자계

19 전속밀도의 시간적 변화율을 무엇이라 하는가?

① 전계의 세기　　② 변위전류밀도

③ 에너지 밀도　　④ 유전율

해설

변위전류밀도는 전속밀도의 시간적 변화에 의하여 발생한다.

∴ 변위전류밀도 : $i_d = \frac{\partial D}{\partial t} = \varepsilon \frac{\partial E}{\partial t}$ [A/m^2]

상 | 제8장 전류의 자기현상

20 반지름 25[cm]의 원주형 도선에 π[A]의 전류가 흐를 때 도선의 중심축에서 50[cm]되는 점의 자계의 세기는 몇 [AT/m]인가? (단, 도선의 길이는 매우 길다.)

① 1 　　② $\frac{1}{2}\pi$

③ $\frac{1}{3}\pi$ 　　④ $\frac{1}{4}\pi$

해설 무한장 직선도체의 자계의 세기

$$H = \frac{I}{2\pi r} = \frac{\pi}{2\pi \times 0.5} = 1[AT/m]$$

중 제2장 진공 중의 정전계

01 점전하 0.5[C]이 전계 $E = 3i + 5j + 8k$ [V/m] 중에서 속도 $v = 4i + 2j + 3k$[m/s]로 이동할 때 받는 힘은 몇 [N]인가?

① 4.95 ② 7.45
③ 9.95 ④ 13.7

해설

㉠ 전계의 세기(스칼라)
$$E = \sqrt{3^2 + 5^2 + 8^2} = 9.9[\text{V/m}]$$
㉡ 전계 내에서 전하가 받는 힘(전기력)
$$F = QE = 0.5 \times 9.9 = 4.95[\text{N}]$$

중 제5장 전기 영상법

02 반경이 0.01[m]인 구도체를 접지시키고 중심으로부터 0.1[m]의 거리에 10[μC]의 점전하를 놓았다. 구도체에 유도된 총전하량은 몇 [μC]인가?

① 0 ② −1
③ −10 ④ +10

해설

$$Q' = -\frac{a}{d}Q$$
$$= -\frac{0.01}{0.1} \times 10 \times 10^{-6}$$
$$= -10^{-6}[\text{C}] = -1[\mu\text{C}]$$

중 제9장 자성체와 자기회로

03 비투자율 μ_s인 철심이 든 환상 솔레노이드의 권수가 N회, 평균 지름이 d[m], 철심의 단면적이 A[m^2]라 할 때 솔레노이드에 I[A]의 전류가 흐를 경우, 자속[Wb]은?

① $\dfrac{2\pi \times 10^{-7}\mu_s NIA}{d}$ ② $\dfrac{4\pi \times 10^{-7}\mu_s NIA}{d}$

③ $\dfrac{2 \times 10^{-7}\mu_s NIA}{d}$ ④ $\dfrac{4 \times 10^{-7}\mu_s NIA}{d}$

해설

$$\text{자속 } \phi = \frac{\mu ANI}{l}$$
$$= \frac{\mu_0 \mu_s ANI}{2\pi r}$$
$$= \frac{4\pi \times 10^{-7} \mu_s ANI}{\pi d}$$
$$= \frac{4 \times 10^{-7} \mu_s ANI}{d}[\text{Wb}]$$

상 제10장 전자유도법칙

04 그림과 같은 균일한 자계 B[Wb/m^2] 내에서 길이 l[m]인 도선 AB가 속도 v[m/s]로 움직일 때 ABCD 내에 유도되는 기전력 e [V]는?

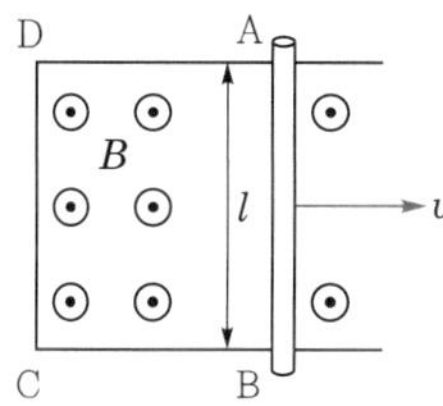

① 시계방향으로 Blv이다.
② 반시계방향으로 Blv이다.
③ 시계방향으로 Blv^2이다.
④ 반시계방향으로 Blv^2이다.

해설

㉠ 자계 내에 도체가 v[m/s]로 운동하면 도체에는 기전력이 유도된다. 도체의 운동방향과 자속밀도는 수직으로 쇄교하므로 기전력은 $e = Blv$가 발생된다.
㉡ 방향은 아래 그림과 같이 플레밍의 오른손 법칙에 의해 시계방향으로 발생된다.

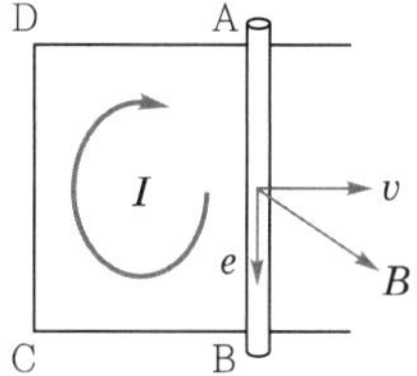

중 **제12장 전자계**

05 비유전율 $\varepsilon_r = 4$, 비투자율이 $\mu_r = 1$인 매질 내에서 주파수가 1[GHz]인 전자기파의 파장은 몇 [m]인가?

① 0.1[m]

② 0.15[m]

③ 0.25[m]

④ 0.4[m]

해설

㉠ 매질 중의 전자파의 속도

$$v = \frac{1}{\sqrt{\varepsilon\mu}} = \frac{3\times10^8}{\sqrt{\varepsilon_r\,\mu_r}} = \frac{3\times10^8}{\sqrt{4\times1}}$$
$$= 1.5\times10^8[\text{m/s}]$$

㉡ 파장의 길이

$$\lambda = \frac{v}{f} = \frac{1.5\times10^8}{10^9} = 0.15[\text{m}]$$

하 **제8장 전류의 자기현상**

06 그림과 같이 전류가 흐르는 반원형 도선이 평면 $z=0$상에 놓여 있다. 이 도선이 자속밀도 $B = 0.8a_x - 0.7a_y + a_z[\text{Wb/m}^2]$인 균일 자계 내에 놓여 있을 때 도선의 직선부분에 작용하는 힘은 몇 [N]인가?

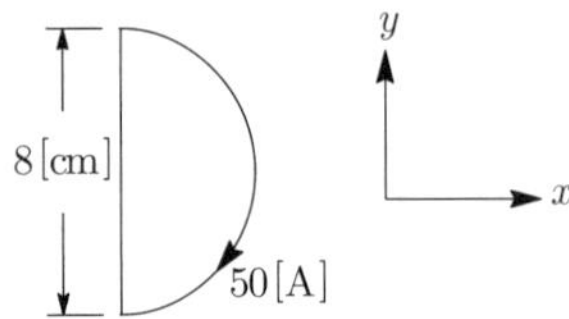

① $4a_x + 3.2a_z$

② $4a_x - 3.2a_z$

③ $5a_x - 3.5a_z$

④ $-5a_x + 3.5a_z$

해설 **플레밍의 왼손법칙**

자기장 속에 있는 도선에 전류가 흐르면 도선에는 전자력이 발생된다. 이때 도선의 직선부분에서의 전류는 y축 방향으로 흐르므로 전류 $I = 50a_y$가 된다.

$$\therefore\ F = (I\times B)l$$
$$= [50a_y \times(0.8a_x - 0.7a_y + a_z)]0.08$$
$$= (-40a_z + 50a_x)0.08$$
$$= 4a_x - 3.2a_z[\text{N}]$$

중 **제2장 진공 중의 정전계**

07 진공 내의 점 (3, 0, 0)[m]에 4×10^{-9}[C]의 전하가 놓여 있다. 이때 점 (6, 4, 0)[m]인 전계의 세기 및 전계 방향을 표시하는 단위 벡터는?

① $\dfrac{36}{25},\ \dfrac{1}{5}(3i+4j)$

② $\dfrac{36}{125},\ \dfrac{1}{5}(3i+4j)$

③ $\dfrac{36}{25},\ \dfrac{1}{5}(i+j)$

④ $\dfrac{36}{125},\ \dfrac{1}{5}(i+j)$

해설

㉠ 변위 벡터
$$\vec{r} = (6-3)i + (4-0)j = 3i + 4j[\text{m}]$$

㉡ 단위 벡터
$$\vec{r_0} = \frac{\vec{r}}{r} = \frac{3i+4j}{\sqrt{3^2+4^2}} = \frac{1}{5}(3i+4j)$$

㉢ 전계의 세기(스칼라)
$$E = \frac{Q}{4\pi\varepsilon_0 r^2} = 9\times10^9 \times \frac{Q}{r^2}$$
$$= 9\times10^9 \times \frac{4\times10^{-9}}{5^2} = \frac{36}{25}[\text{V/m}]$$

중 **제6장 전류**

08 지름 1.6[mm]인 동선의 최대 허용전류를 25[A]라 할 때 최대 허용전류에 대한 왕복 전선로의 길이 20[m]에 대한 전압강하는 몇 [V]인가? (단, 동의 저항률은 $1.69\times10^{-8}[\Omega\cdot\text{m}]$이다.)

① 0.74

② 2.1

③ 4.2

④ 6.3

해설

㉠ 동선의 단면적
$$S = \pi r^2 = \frac{\pi d^2}{4} = \frac{\pi\times(1.6\times10^{-3})^2}{4}$$
$$= 2.01\times10^{-6}[\text{m}^2]$$

㉡ 전기저항
$$R = \rho\frac{l}{S} = 1.69\times10^{-8}\times\frac{20}{2.01\times10^{-6}}$$
$$= 0.168[\Omega]$$

$$\therefore\ \text{전압강하}: e = IR = 25\times0.168 = 4.2[\text{V}]$$

정답 05. ② 06. ② 07. ① 08. ③

09 그림과 같이 각 코일의 자기 인덕턴스가 각각 $L_1=6$[H], $L_2=2$[H]이고, 두 코일 사이에는 상호 인덕턴스가 $M=3$[H]라면 전 코일에 저축되는 자기에너지는 몇 [J]인가? (단, $I=10$[A]이다.)

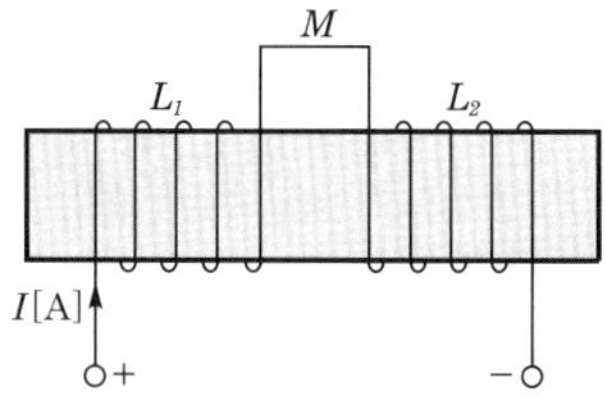

① 50
② 100
③ 150
④ 200

해설

㉠ 두 코일은 차동결합 상태이므로
$$L=L_1+L_2-2M=6+2-2\times3=2[\text{H}]$$
㉡ 코일에 축적되는 자기적인 에너지
$$W_L=\frac{1}{2}LI^2=\frac{1}{2}\times2\times10^2=100[\text{J}]$$

10 그림과 같이 반지름 r [m]인 원의 임의의 2점 a, b (각 θ) 사이에 전류 I [A]가 흐른다. 원의 중심 0의 자계의 세기는 몇 [A/m]인가?

① $\dfrac{I\theta}{4\pi r^2}$

② $\dfrac{I\theta}{4\pi r}$

③ $\dfrac{I\theta}{2\pi r^2}$

④ $\dfrac{I\theta}{2\pi r}$

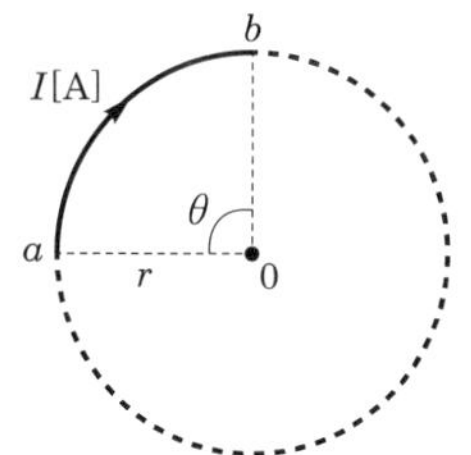

해설

원형 코일 중심의 자계 $\dfrac{I}{2r}$[A/m]에서

θ만큼 이동한 비율 값이 $\dfrac{\theta}{2\pi}$ 이므로

$$\therefore\ H=\frac{I}{2r}\times\frac{\theta}{2\pi}=\frac{I\theta}{4\pi r}[\text{A/m}]$$

11 포아송의 방정식 $\nabla^2 V=-\dfrac{\rho}{\varepsilon_0}$은 어떤 식에서 유도한 것인가?

① $\operatorname{div}D=\dfrac{\rho}{\varepsilon_0}$

② $\operatorname{div}D=-\rho$

③ $\operatorname{div}E=\dfrac{\rho}{\varepsilon_0}$

④ $\operatorname{div}E=-\dfrac{\rho}{\varepsilon_0}$

해설

㉠ 가우스 법칙의 미분형 : $\operatorname{div}E=\dfrac{\rho}{\varepsilon_0}$

㉡ 전위경도 : $E=-\operatorname{grad}V=\nabla V$

㉢ $\operatorname{div}E=\nabla\cdot E=-(\nabla\cdot\nabla V)=-\nabla^2 V$

$\therefore\ \nabla^2 V=-\dfrac{\rho}{\varepsilon_0}$

12 대전도체 표면의 전하밀도를 σ[C/m²]라 할 때 대전도체 표면의 단위면적에 받는 정전응력의 크기[N/m²]와 방향은?

① $\dfrac{\sigma^2}{2\varepsilon_0}$, 도체 내부 방향

② $\dfrac{\sigma^2}{2\varepsilon_0}$, 도체 외부 방향

③ $\dfrac{\sigma^2}{\varepsilon_0}$, 도체 내부 방향

④ $\dfrac{\sigma^2}{\varepsilon_0}$, 도체 외부 방향

해설

정전응력 $f=\dfrac{\sigma^2}{2\varepsilon_0}$ 은 양극판(+극판과 −극판) 사이에서 발생한다. (도체 내부 방향)

13 투자율이 다른 두 자성체가 평면으로 접하고 있는 경계면에서 전류밀도가 0일 때 성립하는 경계조건은?

① $\mu_2\tan\theta_1=\mu_1\tan\theta_2$

② $H_1\cos\theta_1=H_2\cos\theta_2$

③ $B_1\sin\theta_1=B_2\cos\theta_2$

④ $\mu_1\tan\theta_1=\mu_2\tan\theta_2$

정답 09. ② 10. ② 11. ③ 12. ① 13. ①

경계조건 $\dfrac{\tan\theta_1}{\tan\theta_2}=\dfrac{\mu_1}{\mu_2}$ 에서 $\mu_2\tan\theta_1=\mu_1\tan\theta_2$

하 제12장 전자계

14 전계의 실효치가 377[V/m]인 평면 전자파가 진공 중에 진행하고 있다. 이때 이 전자파에 수직되는 방향으로 설치된 단면적 10[m²]의 센서로 전자파의 전력을 측정하려고 한다. 센서가 1[W]의 전력을 측정했을 때 1[mA]의 전류를 외부로 흘려준다면 전자파의 전력을 측정했을 때 외부로 흘려주는 전류는 몇 [mA]인가?

① 3.77
② 37.7
③ 377
④ 3770

해설

방사전력 $P_s = \int_S Pds = PS = EHS$

$$= \frac{E^2 S}{120\pi} = \frac{377^2 \times 10}{377} = 3770[\text{W}]$$

∴ 센서가 1[W]의 전력을 측정했을 때 1[mA]의 전류가 발생하므로, 3770[W]의 전력을 측정하면 전류는 3770[mA]이 발생된다.

상 제7장 진공 중의 정자계

15 다음 ( ) 안에 들어갈 내용으로 옳은 것은?

> 전기 쌍극자에 의해 발생하는 전위의 크기는 전기 쌍극자 중심으로부터 거리의 (ⓐ)에 반비례하고, 자기 쌍극자에 의해 발생하는 자계의 크기는 자기 쌍극자 중심으로부터 거리의 (ⓑ)에 반비례한다.

① ⓐ 제곱 ⓑ 제곱
② ⓐ 제곱 ⓑ 세제곱
③ ⓐ 세제곱 ⓑ 제곱
④ ⓐ 세제곱 ⓑ 세제곱

해설

㉠ 전기 쌍극자에 의한 전위

$$V = \frac{M\cos\theta}{4\pi\varepsilon_0 r^2} \propto \frac{1}{r^2}$$

㉡ 자기 쌍극자에 의한 자계의 세기

$$|\overrightarrow{H}| = \frac{M}{4\pi\mu_0 r^3}\sqrt{1+3\cos^2\theta} \propto \frac{1}{r^3}$$

하 제1장 벡터

16 $A = 2i - 5j + 3k$일 때, $k \times A$를 구하면?

① $-5i + 2j$
② $5iz - 2j$
③ $-5i - 2j$
④ $5i + 2j$

해설

k와 A의 두 벡터의 외적은 다음과 같다.
$k \times A = k \times (2i - 5j + 3k) = 2j + 5i$
여기서, $k \times i = j$, $k \times j = -i$, $k \times k = 0$

중 제11장 인덕턴스

17 균일하게 원형 단면을 흐르는 전류 I[A]에 의한 반지름 a[m], 길이 l[m], 비투자율 μ_s인 원통 도체의 내부 인덕턴스[H]는?

① $\dfrac{1}{2} \times 10^{-7}\mu_s l$
② $\dfrac{1}{2a} \times 10^{-7}\mu_s l$
③ $2 \times 10^{-7}\mu_s l$
④ $10^{-7}\mu_s l$

해설

도체 내부의 인덕턴스 $L_i = \dfrac{\mu l}{8\pi}$[H]에서

$$\therefore L_i = \frac{\mu l}{8\pi} = \frac{\mu_0 \mu_s l}{8\pi}$$

$$= \frac{4\pi \times 10^{-7} \times \mu_s \times l}{8\pi}$$

$$= \frac{1}{2} \times 10^{-7} \times \mu_s l[\text{H}]$$

상 제7장 진공 중의 정자계

18 자극의 세기가 8×10^{-6}[Wb], 길이가 3[cm]인 막대자석을 120[A/m]의 평등자계 내에 자력선과 30°의 각도로 놓으면 이 막대자석이 받는 회전력은 몇 [N·m]인가?

① 1.44×10^{-4}
② 1.44×10^{-5}
③ 3.02×10^{-4}
④ 3.02×10^{-5}

해설

막대자석이 받는 회전력
$T = \overrightarrow{M} \times \overrightarrow{H} = MH\sin\theta$
$= 8 \times 10^{-6} \times 0.03 \times 120 \times \sin30°$
$= 1.44 \times 10^{-5}[\text{N·m}]$

중 제3장 정전용량

19 도체계에서 임의의 도체를 일정 전위의 도체로 완전 포위하면 내외공간의 전계를 완전 차단할 수 있다. 이것을 무엇이라 하는가?

① 전자차폐

② 정전차폐

③ 홀(hall)효과

④ 핀치(pinch)효과

해설

① 전자차폐 : 전자유도현상이 발생되지 않도록 자속을 차폐시키는 것(고투자율 물질 사용)

③ 홀효과 : 자계 내에 놓여있는 반도체에 전류를 흘리면 플레밍의 왼손법칙에 의해서 반도체 양면의 직각방향으로 기전력이 발생하는 현상

④ 핀치효과 : 액체 상태의 원통상 도선에 직류전압을 인가하면 도체 내부에 자장이 생겨 로렌츠의 힘으로 전류가 원통 중심방향으로 수축하여 흐르는 현상

하 제4장 유전체

20 간격에 비해서 충분히 넓은 평행판 콘덴서의 판 사이에 비유전율 ε_s 인 유전체를 채우고 외부에서 판에 수직방향으로 전계 E_0 를 가할 때, 분극전하에 의한 전계의 세기는 몇 [V/m]인가?

① $\dfrac{\varepsilon_s + 1}{\varepsilon_s} E_0$

② $\dfrac{\varepsilon_s - 1}{\varepsilon_s} E_0$

③ $\dfrac{\varepsilon_s}{\varepsilon_s - 1} E_0$

④ $\dfrac{\varepsilon_s}{\varepsilon_s + 1} E_0$

해설

㉠ 분극전하밀도

$$\sigma' = P = D\left(1 - \frac{1}{\varepsilon_s}\right) = \varepsilon_0 E_0 \left(1 - \frac{1}{\varepsilon_s}\right)$$

㉡ 분극전하에 의한 전계의 세기

$$E' = \frac{\sigma'}{\varepsilon_0} = E_0\left(\frac{\varepsilon_s - 1}{\varepsilon_s}\right)$$

정답 19. ② 20. ②

상 | 제2장 진공 중의 정전계

01 표면 전하밀도 σ [C/m^2]로 대전된 도체 내부의 전속밀도는 몇 [C/m^2]인가?

① σ
② $\varepsilon_0 E$
③ $\dfrac{\sigma}{\varepsilon_0}$
④ 0

해설

전하는 도체 표면에만 분포하므로 도체 내부에는 전하가 존재하지 않는다. 따라서 도체 내부의 전속밀도도 0이 된다.

중 | 제4장 유전체

02 평행판 공기 콘덴서의 두 전극판 사이에 전위차계를 접속하고 전지에 의하여 충전하였다. 충전한 상태에서 비유전율 ε_s 인 유전체를 콘덴서에 채우면 전위차계의 지시는 어떻게 되는가?

① 불변이다.
② 0이 된다.
③ 감소한다.
④ 증가한다.

해설

콘덴서에 유전체를 채우면 충전된 전하량에는 변화가 없고, 정전용량이 증가하므로 콘덴서 단자전압은 감소하게 된다. $\left(V = \dfrac{Q}{C} [\text{V}] \right)$

중 | 제8장 전류의 자기현상

03 반지름 a[m], 중심 간 거리 d[m]인 두 개의 무한장 왕복선로에 서로 반대 방향으로 전류 I[A]가 흐를 때, 한 도체에서 x[m] 거리인 P점의 자계의 세기는 몇 [AT/m]인가? (단, $d \gg a$, $x \gg a$라고 한다.)

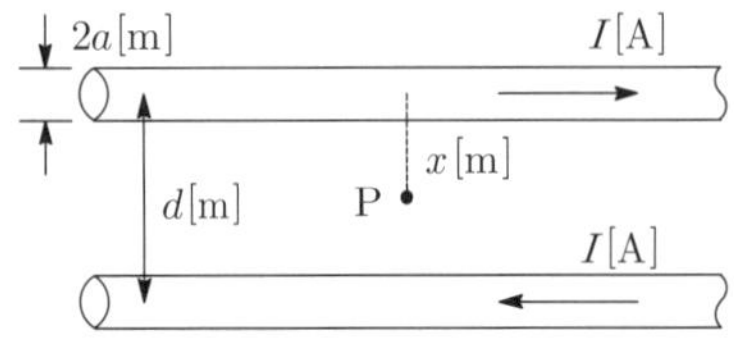

① $\dfrac{I}{2\pi}\left(\dfrac{1}{x} + \dfrac{1}{d-x} \right)$
② $\dfrac{I}{2\pi}\left(\dfrac{1}{x} - \dfrac{1}{d-x} \right)$
③ $\dfrac{I}{4\pi}\left(\dfrac{1}{x} + \dfrac{1}{d-x} \right)$
④ $\dfrac{I}{4\pi}\left(\dfrac{1}{x} - \dfrac{1}{d-x} \right)$

해설

무한장 직선 도체의 자계의 세기 $\left(H = \dfrac{I}{2\pi r} \right)$에서 P점의 자계의 세기는 H_1과 H_2의 합력이 된다.

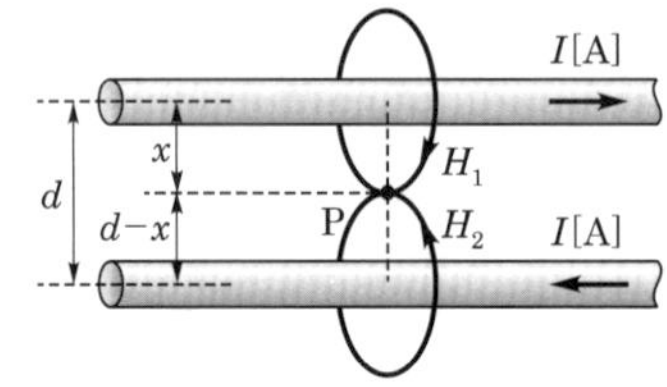

$$\therefore\ H_P = H_1 + H_2 = \dfrac{I}{2\pi x} + \dfrac{I}{2\pi(d-x)}$$
$$= \dfrac{I}{2\pi}\left(\dfrac{1}{x} + \dfrac{1}{d-x} \right) [\text{AT/m}]$$

하 | 제7장 진공 중의 정자계

04 그림과 같이 진공에서 6×10^{-3}[Wb] 자극을 가진 길이 10[cm]되는 막대자석의 정자극으로부터 5[cm] 떨어진 P점의 자계의 세기는?

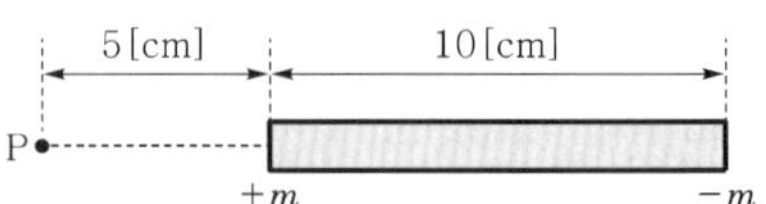

① $13.5 \times 10^4 [\text{AT/m}]$
② $17.3 \times 10^4 [\text{AT/m}]$
③ $23.3 \times 10^3 [\text{AT/m}]$
④ $20.4 \times 10^5 [\text{AT/m}]$

해설

P점에서의 자계의 세기는 아래 그림과 같이 $+m$에 의한 자계 H_1과 $-m$에 의한 자계 H_2의 합이 된다. (H_1과 H_2는 방향이 반대이므로 $H = H_1 - H_2$이 된다.)

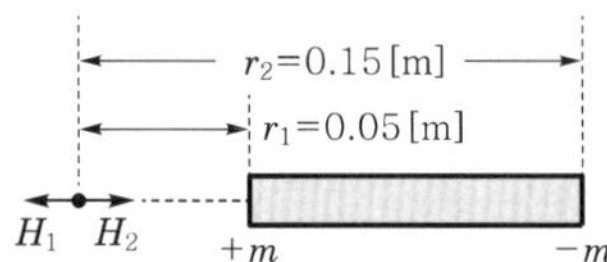

$$\therefore H = H_1 - H_2 = \frac{m}{4\pi\mu_0}\left(\frac{1}{r_1^{\,2}} - \frac{1}{r_2^{\,2}}\right)$$

$$= 6.33\times10^4\times6\times10^{-3}\left(\frac{1}{0.05^2} - \frac{1}{0.15^2}\right)$$

$$= 13.5\times10^4[\text{AT/m}]$$

하 제1장 벡터

05 $\vec{A} = i + 4j + 3k$와 $\vec{B} = 4i + 2j - 4k$의 두 벡터는 서로 어떤 관계에 있는가?

① 평행 ② 면적
③ 접근 ④ 수직

해설

㉠ 두 벡터의 내적
$$\vec{A}\cdot\vec{B} = (i+4j+3k)\cdot(4i+2j-4k)$$
$$= (1\times4)+(4\times2)+(3\times-4)$$
$$= 4+8-12 = 0$$

㉡ 두 벡터의 내적이 0이 되기 위해서는 두 벡터가 수직 상태여야만 된다($\vec{A} \perp \vec{B}$).

중 제5장 전기 영상법

06 접지되어 있는 반지름 0.2[m]인 도체구의 중심으로부터 거리가 0.4[m] 떨어진 점 P에 점전하 6×10^{-3}[C]이 있다. 영상전하는 몇 [C]인가?

① -2×10^{-3} ② -3×10^{-3}
③ -4×10^{-3} ④ -6×10^{-3}

해설

$$Q' = -\frac{a}{d}Q = -\frac{0.2}{0.4}\times6\times10^{-3}$$
$$= -3\times10^{-3}[\text{C}]$$

상 제3장 정전용량

07 전위계수의 단위는?

① [1/F] ② [C]
③ [C/V] ④ 없다.

해설

전위계수는 정전용량의 역수이다.

$$\therefore \text{전위계수 } P = \frac{1}{C}[\text{1/F}]$$

중 제3장 정전용량

08 그림에서 a, b 간의 합성용량은? (단, 단위는 [μF]이다.)

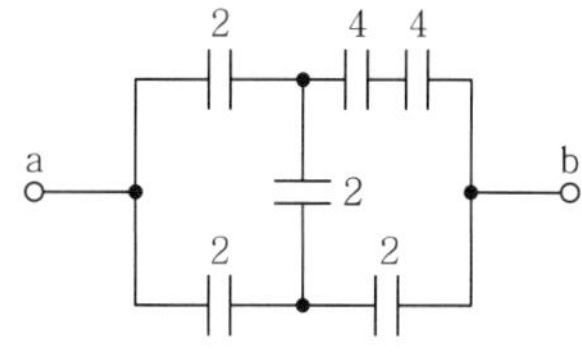

① $2[\mu\text{F}]$ ② $4[\mu\text{F}]$
③ $6[\mu\text{F}]$ ④ $8[\mu\text{F}]$

해설

㉠ 직렬로 접속된 2개의 4[μF]를 합성한다.

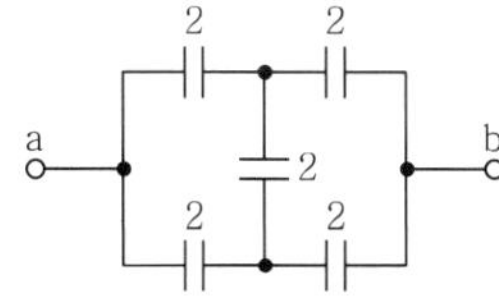

㉡ 휘트스톤 브리지 평형조건에 의해 위 회로는 아래와 같이 등가변환할 수 있다.

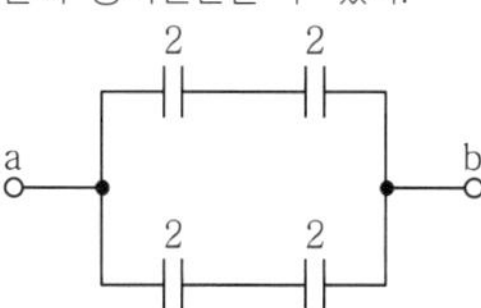

㉢ 직렬로 접속된 2개의 2[μF]를 합성한다.

$$\therefore C = \frac{2\times2}{2+2} = 1[\mu\text{F}]$$

$\therefore$ a, b 간의 합성 정전용량
$$C_{ab} = 1+1 = 2[\mu\text{F}]$$

중 제8장 전류의 자기현상

09 앙페르의 주회적분의 법칙을 설명한 것으로 올바른 것은?

① 폐회로 주위를 따라 전계를 선적분한 값은 폐회로 내의 총 저항과 같다.
② 폐회로 주위를 따라 전계를 선적분한 값은 폐회로 내의 총 전압과 같다.
③ 폐회로 주위를 따라 자계를 선적분한 값은 폐회로 내의 총 전류와 같다.
④ 폐회로 주위를 따라 전계와 자계를 선적분한 값은 폐회로내의 총 저항, 총 전압, 총 전류의 합과 같다.

정답 05. ④ 06. ② 07. ① 08. ① 09. ③

중 제8장 전류의 자기현상

10 평등자계 내에 수직으로 돌입한 전자의 궤적은?

① 원운동을 하는 반지름은 자계의 세기에 비례한다.

② 구면 위에서 회전하고 반지름은 자계의 세기에 비례한다.

③ 원운동을 하고, 반지름은 전자의 처음 속도에 반비례한다.

④ 원운동을 하고, 반지름은 자계의 세기에 반비례한다.

해설

운동 전하가 평등자계에 대하여 수직 입사하면 등속 원운동하며, 원운동 조건은 원심력 또는 구심력 $\left(\dfrac{mv^2}{r}\right)$ 과 전자력 (vBq) 이 같아야 한다.

㉠ 원운동 조건 : $\dfrac{mv^2}{r} = vBq$

여기서, m : 질량[kg]

B : 자속밀도[Wb/m^2]

q : 전하[C]

㉡ 전자의 궤도(원운동을 하는 반지름) :

$$r = \frac{mv}{Bq} = \frac{mv}{\mu_0 Hq}[\text{m}]$$

∴ 평등자계 내에 전자가 수직 입사하면 원운동하고, 반지름은 자계의 세기에 반비례한다.

하 제10장 전자유도법칙

11 저항 24[Ω]의 코일을 지나는 자속이 $0.3\cos 800t$[Wb]일 때 코일에 흐르는 전류의 최댓값은 몇 [A]인가?

① 10

② 20

③ 30

④ 40

해설 전류의 최댓값

$$I_m = \frac{e_m}{R} = \frac{\omega N\phi_m}{R}$$
$$= \frac{800 \times 1 \times 0.3}{24}$$
$$= 10[\text{A}]$$

하 제2장 진공 중의 정전계

12 무한장 선전하와 무한평면 전하에서 r[m] 떨어진 점의 전위는 각각 얼마인가? (단, ρ_L은 선전하밀도, ρ_s 는 평면 전하밀도이다.)

① 무한 직선 : $\dfrac{\rho_L}{2\pi\varepsilon_0}$, 무한 평면도체 : $\dfrac{\rho_s}{\varepsilon}$

② 무한 직선 : $\dfrac{\rho_L}{4\pi\varepsilon_0 r}$, 무한 평면도체 : $\dfrac{\rho_s}{2\pi\varepsilon_0}$

③ 무한 직선 : $\dfrac{\rho_L}{\varepsilon}$, 무한 평면도체 : ∞

④ 무한 직선 : ∞, 무한 평면도체 : ∞

해설

무한장 선전하, 무한평면 전하의 전하량은 무한대이므로 이들의 전위도 ∞가 된다.

상 제4장 유전체

13 유전율이 각각 ε_1, ε_2인 두 유전체가 접한 경계면에서 전하가 존재하지 않는다고 할 때 유전율이 ε_1인 유전체에서 유전율이 ε_2인 유전체로 전계 E_1이 입사각 $\theta_1 = 0°$로 입사할 경우 성립되는 식은?

① $E_1 = E_2$

② $E_1 = \varepsilon_1 \varepsilon_2 E_2$

③ $\dfrac{E_1}{E_2} = \dfrac{\varepsilon_1}{\varepsilon_2}$

④ $\dfrac{E_2}{E_1} = \dfrac{\varepsilon_1}{\varepsilon_2}$

해설

㉠ 경계면에 대하여 전계가 수직 입사$(\theta_1 = 0)$ 시 두 경계면에서의 전속밀도는 같다.

㉡ $D_1 = D_2$에서 $\varepsilon_1 E_1 = \varepsilon_2 E_2$가 되므로

$$\therefore \ \frac{E_2}{E_1} = \frac{\varepsilon_1}{\varepsilon_2}$$

중 제7장 진공 중의 정자계

14 자위의 단위[J/Wb]와 같은 것은?

① [AT]

② [AT/m]

③ [A · m]

④ [Wb]

해설

② 자계의 세기 단위

④ 자하의 단위

정답 10. ④ 11. ① 12. ④ 13. ④ 14. ①

중 제6장 전류

15 내부저항 20[Ω] 및 25[Ω], 최대 지시눈금이 다같이 1[A]인 전류계 A_1 및 A_2를 그림과 같이 접속했을 때 측정할 수 있는 최대 전류의 값은 몇 [A]인가?

① 1
② 1.5
③ 1.8
④ 2

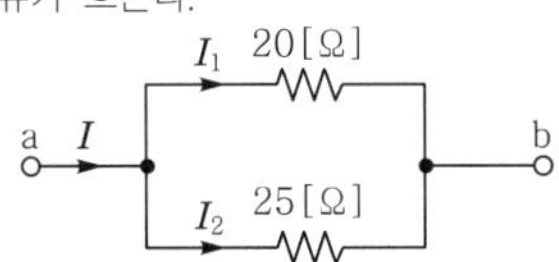

해설

㉠ 전류계를 병렬로 설치하면 내부저항이 작은 쪽으로 더 많은 전류가 흐른다.

㉡ 내부저항이 작은 전류계 A_1에 $I_1 = 1$[A]가 흘렀을 때가 두 병렬 전류계가 측정할 수 있는 최대 전류 I 가 된다.

㉢ A_1에 흐르는 전류 I_1(전류분배법칙) :

$$I_1 = \frac{R_2}{R_1 + R_2} \times I$$

여기서, R_1 : A_1 내부저항. R_2 : A_2 내부저항

∴ 최대 전류

$$I = \frac{R_1 + R_2}{R_2} \times I_1 = \frac{20 + 25}{25} \times 1 = 1.8[\text{A}]$$

중 제3장 정전용량

16 면적 A [m²], 간격 t [m]인 평행판 콘덴서에 전하 Q[C]을 충전하였을 때 정전용량 C[F]와 정전에너지 W[J]는?

① $C = \dfrac{\varepsilon_0}{t^2}, \quad W = \dfrac{tQ^2}{2\varepsilon_0 A}$

② $C = \dfrac{2\varepsilon_0 A}{t}, \quad W = \dfrac{Q^2}{4\varepsilon_0 A}$

③ $C = \dfrac{\varepsilon_0 A}{t}, \quad W = \dfrac{tQ^2}{2\varepsilon_0 A}$

④ $C = \dfrac{2\varepsilon_0}{t^2}, \quad W = \dfrac{Q^2}{\varepsilon_0 A}$

해설

㉠ 평행판 콘덴서의 정전용량 : $C = \dfrac{\varepsilon_0 A}{t}$

㉡ 콘덴서에 축적되는 에너지(정전에너지)

$\quad : W = \dfrac{Q^2}{2C} = \dfrac{tQ^2}{2\varepsilon_0 A}$

상 제9장 자성체와 자기회로

17 변압기 철심으로 규소강판이 사용되는 주된 이유는?

① 와전류손을 적게 하기 위하여
② 큐리온도를 높이기 위하여
③ 히스테리시스손을 적게 하기 위하여
④ 부하손(동손)을 적게 하기 위하여

해설

㉠ 히스테리시스손 감소 : 규소강판 사용
㉡ 와전류손 감소 : 성층 철심을 사용

중 제10장 전자유도법칙

18 자계 중에 이것과 직각으로 놓인 도체에 I[A]의 전류를 흘릴 때 f[N]의 힘이 작용하였다. 이 도체를 v[m/s]의 속도로 자계와 직각으로 운동시킬 때의 기전력 e[V]는?

① $\dfrac{fv}{I^2}$

② $\dfrac{fv}{I}$

③ $\dfrac{fv^2}{I}$

④ $\dfrac{fv}{2I}$

해설

㉠ 자계 내에 있는 도체에 전류가 흐르면 도체에는 전자력이 발생한다(플레밍의 왼손 법칙).

$\quad$ 전자력 $f = IBl\sin\theta$[N]에서 $Bl\sin\theta = \dfrac{f}{I}$가 된다.

㉡ 자계 내에 있는 도체가 운동하면 도체에는 기전력이 발생한다(플레밍의 오른손법칙).

∴ 유도기전력 $e = vBl\sin\theta = \dfrac{fv}{I}$[V]

중 제6장 전류

19 15[℃]의 물 4[L]를 용기에 넣어 1[kW]의 전열기로 가열하여 물의 온도를 90[℃]로 올리는 데 30분이 필요하였다. 이 전열기의 효율은 약 몇 [%]인가?

① 50
② 60
③ 70
④ 80

해설 전열기 효율

$$\eta = \frac{mc\theta}{860pt} = \frac{4 \times 1(90 - 15)}{860 \times 1 \times \frac{30}{60}} \times 100 = 70[\%]$$

정답 15. ③ 16. ③ 17. ③ 18. ② 19. ③

상 제12장 전자계

20 변위전류에 대한 설명으로 옳지 않은 것은?

① 전도전류이든 변위전류이든 모두 전자 이동이다.
② 유전율이 무한히 크면 전하의 변위를 일으킨다.
③ 변위전류는 유전체 내에 유전속밀도의 시간적 변화에 비례한다.
④ 유전율이 무한대이면 내부 전계는 항상 0이다.

해설

전도전류는 도체 내 자유전자의 이동에 의한 전류를 말하며, 변위전류는 유전체 또는 전해액 내의 구속전자의 변위에 의한 전류를 말한다.

중 제3장 정전용량

01 콘덴서의 성질에 관한 설명 중 적절하지 못한 것은?

① 용량이 같은 콘덴서를 n개 직렬 연결하면 내압은 n배, 용량은 $\dfrac{1}{n}$배가 된다.

② 용량이 같은 콘덴서를 n개 병렬 연결하면 내압은 같고, 용량은 n배로 된다.

③ 정전용량이란 도체의 전위를 1[V]로 하는 데 필요한 전하량을 말한다.

④ 콘덴서를 직렬 연결할 때 각 콘덴서에 분포되는 전하량은 콘덴서의 크기에 비례한다.

해설

콘덴서 직렬 접속 시 각 콘덴서에 분포되는 전하량은 모두 일정하다.

중 제1장 벡터

02 두 벡터 $\vec{A} = A_x i + 2j$, $\vec{B} = 3i - 3j - k$ 가 서로 직교하려면 A_x의 값은?

① 0   ② 2

③ $\dfrac{1}{2}$ ④ -2

해설

㉠ 수직인 두 벡터($\vec{A} \perp \vec{B}$)의 내적은 0이다.
㉡ $\vec{A} \cdot \vec{B} = (A_x i + 2j) \cdot (3i - 3j - k)$
$\qquad = 3A_x - 6 = 0$
∴ ㉡을 정리하면 A_x를 구할 수 있다.
$\qquad 3A_x = 6 \rightarrow A_x = 2$

중 제4장 유전체

03 비유전율이 10인 유전체를 5[V/m]인 전계 내에 놓으면 유전체의 표면 전하밀도는 몇 [C/m²]인가? (단, 유전체의 표면과 전계는 직각이다.)

① $35\varepsilon_0$ ② $45\varepsilon_0$

③ $55\varepsilon_0$ ④ $65\varepsilon_0$

해설

유전체 표면 전하밀도는 분극 전하밀도이므로
$P = \varepsilon_0 (\varepsilon_s - 1)E = \varepsilon_0 (10 - 1) \times 5 = 45\varepsilon_0 [\text{C/m}^2]$

중 제9장 지성체와 자기회로

04 자화된 철의 온도를 높일 때 자화가 서서히 감소하다가 급격히 강자성이 상자성으로 변하면서 강자성을 잃어버리는 온도는?

① 켈빈(Kelvin)온도
② 연화온도(Transition)
③ 전이온도
④ 퀴리(Curie)온도

중 제12장 전자계

05 콘크리트($\varepsilon_r = 4$, $\mu_r = 1$) 중에서 전자파의 고유 임피던스는 약 몇 [Ω]인가?

① 35.4[Ω]   ② 70.8[Ω]

③ 124.3[Ω]   ④ 188.5[Ω]

해설 특성 임피던스

$$Z = \sqrt{\frac{\mu}{\varepsilon}} = \sqrt{\frac{\mu_0 \mu_r}{\varepsilon_0 \varepsilon_r}} = 120\pi \sqrt{\frac{\mu_r}{\varepsilon_r}}$$
$$= 120\pi \sqrt{\frac{1}{4}} = 377 \times \frac{1}{2} = 188.5[\Omega]$$

중 제2장 진공 중의 정전계

06 기전력 1[V]의 정의는?

① 1[C]의 전기량이 이동할 때 1[J]의 일을 하는 두 점 간의 전위차

② 1[A]의 전류가 이동할 때 1[J]의 일을 하는 두 점 간의 전위차

③ 2[C]의 전기량이 이동할 때 1[J]의 일을 하는 두 점 간의 전위차

④ 2[A]의 전류가 이동할 때 1[J]의 일을 하는 두 점 간의 전위차

정답   01. ④   02. ②   03. ②   04. ④   05. ④   06. ①

해설 전위

㉠ 기전력(전위차)의 정의

1[C]의 단위전하(unit charge)가 특정 a점에서 b점까지 운반될 때 소비되는 에너지로 a와 b지점의 전위의 차를 말한다.

㉡ 전위차의 정의식 : $V = \dfrac{W}{Q}$ [J/C = V]

∴ 1[C]의 전기량이 이동할 때 1[J]의 일을 하는 두 점 간의 전위차는 1[V]가 된다.

상 제7장 진공 중의 정자계

07 자석의 세기 0.2[Wb], 길이 10[cm]인 막대자석의 중심에서 60°의 각을 가지며 40[cm]만큼 떨어진 점 A의 자위는 몇 [A]인가?

① 1.97×10^3

② 3.96×10^3

③ 7.92×10^3

④ 9.58×10^3

해설 자기 쌍극자의 자위

$$U = \frac{M\cos\theta}{4\pi\mu_0 r^2} = \frac{ml\cos\theta}{4\pi\mu_0 r^2}$$

$$= 6.33 \times 10^4 \times \frac{0.2 \times 0.1 \times \cos 60°}{0.4^2}$$

$$= 3.956 \times 10^3 [A]$$

중 제11장 인덕턴스

08 그림과 같은 1[m]당 권선수 n, 반지름 a[m]의 무한장 솔레노이드에서 자기 인덕턴스는 n과 a 사이에 어떤 관계가 있는가?

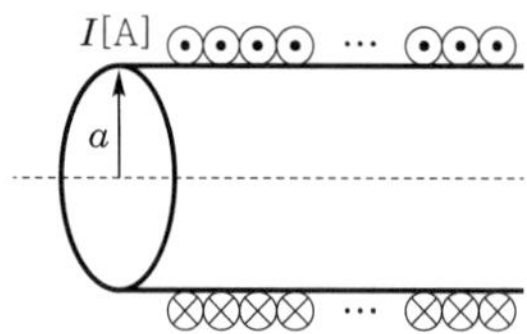

① a와는 상관없고 n^2에 비례한다.

② a와 n의 곱에 비례한다.

③ a^2과 n^2의 곱에 비례한다.

④ a^2에 반비례하고, n^2에 비례한다.

해설

㉠ 단위길이당 권선수 $n = \dfrac{N}{l}$ 에서

권수 $N = nl$이므로 $N^2 = n^2 l^2$이 된다.

㉡ 자기 인덕턴스

$$L = \frac{\mu S N^2}{l} = \frac{\mu S n^2 l^2}{l}$$

$$= \mu S n^2 l [H] = \mu \pi a^2 n^2 [H/m]\ (\text{여기서},\ S = \pi a^2)$$

∴ a^2과 n^2의 곱에 비례한다.

중 제6장 전류

09 도체의 고유저항과 관계없는 것은?

① 온도

② 길이

③ 단면적

④ 단면적의 모양

해설

㉠ 전기저항 : $R = \rho\dfrac{l}{S} = \dfrac{l}{kS}$ [Ω]

여기서, l : 도체의 길이[m]

　　　　S : 도체의 단면적[m²]

　　　　k : 도전율(전도율)

㉡ 고유저항(저항율)

$$\rho = \frac{1}{R} = \frac{RS}{l}\ [\Omega \cdot m]$$

㉢ 금속은 일반적으로 정특성 온도계수(온도 상승에 따라 저항이 증가), 전해액이나 반도체에서는 부특성 온도계수(온도 상승에 따라 저항이 감소)의 특성이 나타난다.

∴ 고유저항과 단면적의 모양과는 관계없다.

중 제9장 자성체와 자기회로

10 길이 l[m], 단면적의 지름 d[m]인 원통이 길이방향으로 균일하게 자화되어 자화의 세기가 J[Wb/m²]인 경우 원통 양단에서의 전자극의 세기 m[Wb]는?

① $\pi d^2 J$

② $\pi d J$

③ $\pi \dfrac{d^2}{4} J$

④ $\dfrac{4J}{\pi} d^2$

해설

자화의 세기 $J = \dfrac{m}{S} = \dfrac{M}{V}$ [Wb/m²]에서

∴ 전자극의 세기

$$m = J \times S = J \times \pi r^2 = J \times \frac{\pi d^2}{4}\ [Wb]$$

상 | 제8장 전류의 자기현상

11 그림과 같은 안반지름 7[cm], 바깥반지름 9[cm]인 환상 철심에 감긴 코일의 기자력이 500[AT]일 때, 이 환상 철심 내단면의 중심부의 자계의 세기는 몇 [AT/m]인가?

① $\dfrac{2778}{\pi}$

② $\dfrac{3125}{\pi}$

③ $\dfrac{3571}{\pi}$

④ $\dfrac{6349}{\pi}$

해설

㉠ 환상 철심의 평균 반지름 (철심 중심부 거리)
  $r = 8[\text{cm}] = 0.08[\text{m}]$

㉡ 기자력 $F = IN = 500[\text{AT}]$

∴ 환상 솔레노이드의 자계의 세기

$$H = \frac{IN}{2\pi r} = \frac{500}{2\pi \times 0.08} = \frac{3125}{\pi}[\text{AT/m}]$$

중 | 제8장 전류의 자기현상

12 그림과 같이 한 변의 길이가 l [m]인 정삼각형회로에 I [A]가 흐르고 있을 때 삼각형 중심에서의 자계의 세기[A/m]는?

① $\dfrac{9I}{2\pi l}$

② $\dfrac{9I}{\pi l}$

③ $\dfrac{\sqrt{2}\,I}{2\pi l}$

④ $\dfrac{2\sqrt{2}\,I}{\pi l}$

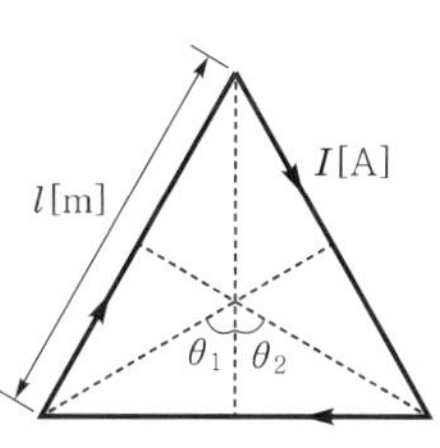

해설

한 변의 길이가 l[m]인 도체(코일)에 전류를 흘렸을 때 도체 중심에서 자계의 세기

㉠ 정사각형 도체 : $H = \dfrac{2\sqrt{2}\,I}{\pi l}[\text{A/m}]$

㉡ 정삼각형 도체 : $H = \dfrac{9I}{2\pi l}[\text{A/m}]$

㉢ 정육각형 도체 : $H = \dfrac{\sqrt{3}\,I}{\pi l}[\text{A/m}]$

㉣ 정n각형 도체 : $H = \dfrac{nI}{2\pi R}\tan\dfrac{\pi}{n}[\text{A/m}]$

중 | 제10장 전자유도법칙

13 자속 ϕ [Wb]가 $\phi = \phi_m \cos 2\pi ft$[Wb]로 변화할 때 이 자속과 쇄교하는 권수 N [회]인 코일에 발생하는 기전력은 몇 [V]인가?

① $2\pi f N \phi_m \cos 2\pi ft$

② $-2\pi f N \phi_m \cos 2\pi ft$

③ $2\pi f N \phi_m \sin 2\pi ft$

④ $-2\pi f N \phi_m \sin 2\pi ft$

해설

$$e = -N\frac{d\phi}{dt} = -N\frac{d}{dt}\phi_m \cos 2\pi ft$$

$$= -N\phi_m \frac{d}{dt}\cos 2\pi ft = 2\pi f N \phi_m \sin 2\pi ft[\text{V}]$$

상 | 제4장 유전체

14 어떤 종류의 결정을 가열하면 한 면에 정(正), 반대면에 부(負)의 전기가 나타나 분극을 일으키며 반대로 냉각하면 역(逆)의 분극이 일어나는 것은?

① 파이로(Pyro)전기효과

② 볼타(Volta)효과

③ 바크하우젠(Barkhausen)법칙

④ 압전기(Piezo−electric)의 역효과

해설

㉠ 파이로전기효과(초전효과) : 유전체를 가열 또는 냉각을 시키면 전기분극이 발생하는 효과

㉡ 압전기효과 : 유전체에 압력 또는 인장력을 가하면 전기분극이 발생하는 효과

㉢ 압전기역효과 : 유전체에 전압을 주면 유전체가 변형을 일으키는 현상

상 | 제5장 전기 영상법

15 그림과 같이 공기 중에서 무한 평면도체의 표면으로부터 2[m]인 곳에 점전하 4[C]이 있다. 전하가 받는 힘은 몇 [N]인가?

① 3×10^9

② 9×10^9

③ 1.2×10^{10}

④ 3.6×10^{10}

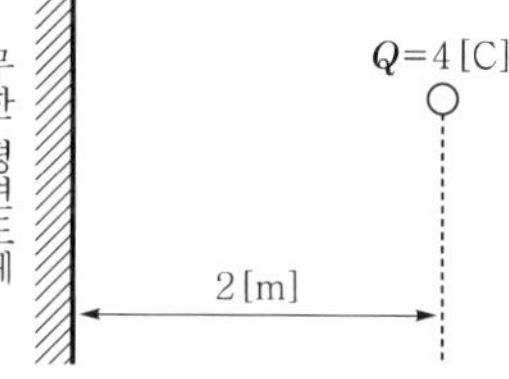

 전하가 받는 힘(전기력)

$$F = \frac{Q^2}{4\pi\varepsilon_0 r^2} = \frac{-Q^2}{4\pi\varepsilon_0 (2a)^2}$$

$$= \frac{9\times10^9}{4} \times \frac{-Q^2}{a^2} = -\frac{9\times10^9}{4} \times \frac{4^2}{2^2}$$

$$= -9\times10^9 [\text{N}]$$

여기서, '-'는 흡인력을 의미

하 제6장 전류

16 2개의 물체를 마찰하면 마찰전기가 발생한다. 이는 마찰에 의한 일에 의하여 표면에 가까운 무엇이 이동하기 때문인가?

① 전하 ② 양자

③ 구속전자 ④ 자유전자

하 제2장 진공 중의 정전계

17 자유공간 중에서 점 (x_1, y_1, z_1)에 $Q[\text{C}]$인 점전하가 있을 때 점 (x, y, z)의 전계의 세기는 얼마인가?

① $E = \dfrac{Q[(x-x_1)a_x + (y-y_1)a_y + (z-z_1)a_z]}{4\pi\varepsilon_0[(x-x_1)^2 + (y-y_1)^2 + (z-z_1)^2]^{3/2}}$

② $E = \dfrac{Q[(x_1-x)a_x + (y_1-y)a_y + (z_1-z)a_z]}{4\pi\varepsilon_0[(x_1-x)^2 + (y_1-y)^2 + (z_1-z)^2]^{2/3}}$

③ $E = \dfrac{Q^2[(x-x_1)a_x + (y-y_1)a_y + (z-z_1)a_z]}{4\pi\varepsilon_0[(x_1-x) + (y_1-y)^2 + (z_1-z)^2]^{3/2}}$

④ $E = \dfrac{Q^2[(x_1-x)a_x + (y_1-y)a_y + (z_1-z)a_z]}{4\pi\varepsilon_0[(x-x_1)^2 + (y-y_1)^2 + (z-z_1)^2]^{2/3}}$

㉠ 변위(거리) 벡터
$$\vec{r} = (x-x_1)a_x + (y-y_1)a_y + (z-z_1)a_z$$

㉡ 변위(거리)
$$r = \sqrt{(x-x_1)^2 + (y-y_1)^2 + (z-z_1)^2}$$
$$= \left[(x-x_1)^2 + (y-y_1)^2 + (z-z_1)^2\right]^{1/2}$$

∴ 전계의 세기(벡터)
$$\vec{E} = E\vec{r_0} = \frac{Q}{4\pi\varepsilon_0 r^2} \times \frac{\vec{r}}{r} = \frac{Q\vec{r}}{4\pi\varepsilon_0 r^3}$$
$$= \frac{Q[(x-x_1)a_x + (y-y_1)a_y + (z-z_1)a_z]}{4\pi\varepsilon_0[(x-x_1)^2 + (y-y_1)^2 + (z-z_1)^2]^{3/2}}$$

여기서, $\vec{r_0}$: 단위 벡터

상 제4장 유전체

18 커패시터를 제조하는데 A, B, C, D와 같은 4가지 유전재료가 있다. 커패시터 내에서 단위체적당 가장 큰 에너지 밀도를 나타내는 재료로부터 순서대로 나열하면? (단, 유전재료 A, B, C, D의 비유전율은 각각 $\varepsilon_{rA}=8$, $\varepsilon_{rB}=10$, $\varepsilon_{rC}=2$, $\varepsilon_{rD}=4$이다.)

① $B > A > D > C$

② $A > B > D > C$

③ $D > A > C > B$

④ $C > D > A > B$

정전에너지 $W = \dfrac{1}{2}\varepsilon E^2 = \dfrac{1}{2}\varepsilon_r\varepsilon_0 E^2[\text{J/m}^3]$이므로 비유전율에 비례한다.

∴ 따라서 $\varepsilon_{rB} > \varepsilon_{rA} > \varepsilon_{rD} > \varepsilon_{rC}$이므로
$B > A > D > C$가 된다.

상 제5장 전기 영상법

19 점전하와 접지된 유한한 도체구가 존재할 때 점전하에 의한 접지구 도체의 영상전하에 관한 설명 중 틀린 것은?

① 영상전하는 구도체 내부에 존재한다.

② 영상전하는 점전하와 크기는 같고, 부호는 반대이다.

③ 영상전하는 점전하와 도체 중심축을 이은 직선상에 존재한다.

④ 영상전하가 놓인 위치는 도체 중심과 점전하와의 거리에 도체 반지름에 의해 결정된다.

접지구 도체 내부에 영상전하가 유도된다.

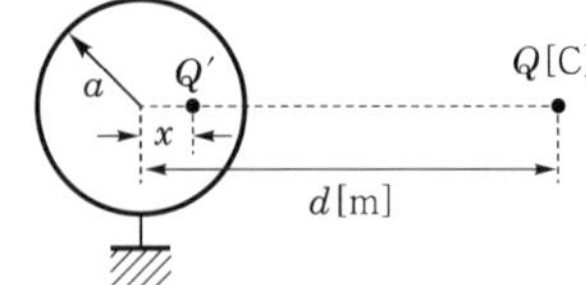

㉠ 영상전하 : $Q' = -\dfrac{a}{d}Q[\text{C}]$

㉡ 구도체 내의 영상점 : $x = \dfrac{a^2}{d}[\text{m}]$

중 　제3장 정전용량

20 두 개의 도체에서 전위 및 전하가 각각 V_1, Q_1 및 V_2, Q_2일 때, 이 도체계가 갖는 에너지는 얼마인가?

① $\dfrac{1}{2}(V_1 Q_1 + V_2 Q_2)$ [J]

② $\dfrac{1}{2}(Q_1 + Q_2)(V_1 + V_2)$ [J]

③ $V_1 Q_1 + V_2 Q_2$ [J]

④ $(V_1 + V_2)(Q_1 + Q_2)$ [J]

해설

㉠ 도체가 갖는 에너지

$$W = \frac{1}{2}CV^2 = \frac{1}{2}QV = \frac{Q^2}{2C} \,[\text{J}]$$

㉡ 에너지는 스칼라이므로 도체계의 에너지는 모두 더하면 된다.

$$\therefore \; W = W_1 + W_2 = \frac{1}{2}(V_1 Q_1 + V_2 Q_2)[\text{J}]$$

정답　20. ①

중 | 제6장 전류

01 전원에서 기계적 에너지를 변환하는 발전기, 화학변화에 의하여 전기에너지를 발생시키는 전지, 빛의 에너지를 전기에너지로 변환하는 태양전지 등이 있다. 다음 중 열에너지를 전기에너지로 변환하는 것은?

① 기전력
② 에너지원
③ 열전대
④ 역기전력

중 | 제4장 유전체

02 그림과 같이 평행판 콘덴서 내에 비유전율 12와 18인 두 종류의 유전체를 같은 두께로 두었을 때 A에는 몇 [V]의 전압이 가해지는가?

① 40
② 80
③ 120
④ 160

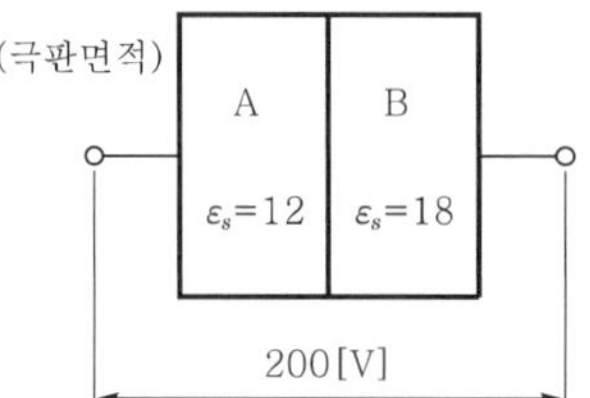

해설 전압분배법칙

$$V_A = \frac{C_B}{C_A + C_B} \times V = \frac{\varepsilon_B}{\varepsilon_A + \varepsilon_B} \times V$$

$$= \frac{18}{12 + 18} \times 200 = 120[\text{V}]$$

여기서, 평행판 콘덴서의 정전용량 $C = \dfrac{\varepsilon S}{d} = \dfrac{\varepsilon_0 \varepsilon_s S}{d}$[F]

하 | 제11장 인덕턴스

03 정전용량 5[μF]인 콘덴서를 200[V]로 충전하여 자기 인덕턴스 20[mH], 저항 0[Ω]인 코일을 통해 방전할 때 생기는 전기 진동 주파수 f는 약 몇 [Hz]이며, 코일에 축적되는 에너지 W는 몇 [J]인가?

① $f = 500[\text{Hz}]$, $W = 0.1[\text{J}]$
② $f = 50[\text{Hz}]$, $W = 1[\text{J}]$
③ $f = 500[\text{Hz}]$, $W = 1[\text{J}]$
④ $f = 50[\text{Hz}]$, $W = 0.1[\text{J}]$

해설

㉠ 공진 주파수

$$f = \frac{1}{2\pi \sqrt{LC}}$$

$$= \frac{1}{2\pi \sqrt{20 \times 10^{-3} \times 5 \times 10^{-6}}}$$

$$= 503 ≒ 500[\text{Hz}]$$

㉡ 콘덴서에 축적되는 전기적 에너지

$$W_C = \frac{1}{2} CV^2$$

$$= \frac{1}{2} \times 5 \times 10^{-6} \times 200^2$$

$$= 0.1[\text{J}]$$

상 | 제5장 전기 영상법

04 점전하와 접지된 유한한 도체구가 존재할 때 점전하에 의한 접지구 도체의 영상전하에 관한 설명 중 틀린 것은?

① 영상전하는 구도체 내부에 존재한다.
② 영상전하는 점전하와 크기는 같고, 부호는 반대이다.
③ 영상전하는 점전하와 도체 중심축을 이은 직선상에 존재한다.
④ 영상전하가 놓인 위치는 도체 중심과 점전하와의 거리에 도체 반지름에 의해 결정된다.

해설

접지구 도체 내부에 영상전하가 유도된다.

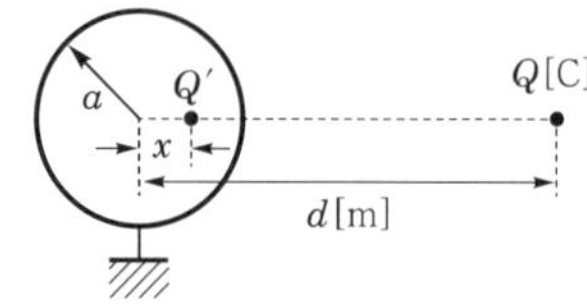

㉠ 영상전하

$$Q' = -\frac{a}{d} Q[\text{C}]$$

㉡ 구도체 내의 영상점

$$x = \frac{a^2}{d}[\text{m}]$$

상 제9장 자성체와 자기회로

05 자성체 경계면에 전류가 없을 때의 경계조건으로 틀린 것은?

① 자계 H의 접선성분 $H_{1T} = H_{2T}$

② 자속밀도 B의 법선성분 $B_{1n} = B_{2n}$

③ 전속밀도 D의 법선성분 $D_{1n} = D_{2n} = \dfrac{\mu_2}{\mu_1}$

④ 경계면에서의 자력선의 굴절 $\dfrac{\tan\theta_1}{\tan\theta_2} = \dfrac{\mu_1}{\mu_2}$

해설 자성체 경계조건

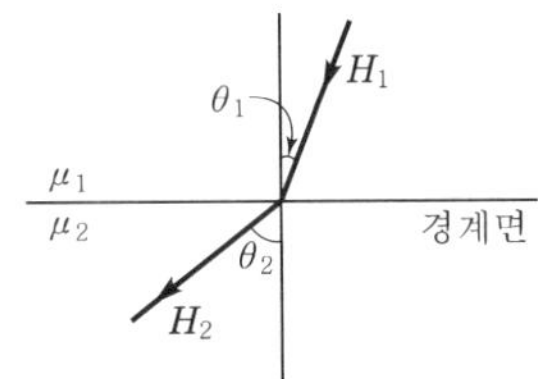

㉠ 자계의 접선성분은 서로 같다(연속적).
$H_{1T} = H_{2T}\,(H_1 \sin\theta_1 = H_2 \sin\theta_2)$
㉡ 자속밀도의 법선성분은 서로 같다.
$B_{1n} = B_{2n}\,(B_1 \cos\theta_1 = B_2 \cos\theta_2)$
㉢ 경계조건 : $\dfrac{\mu_1}{\mu_2} = \dfrac{\tan\theta_1}{\tan\theta_2}$

중 제2장 진공 중의 정전계

06 반지름 r_1인 가상구 표면에 $+Q$[C]의 전하가 균일하게 분포되어 있는 경우, 가상구 내의 전위분포에 대한 설명으로 옳은 것은?

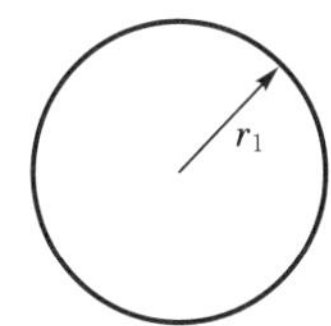

① $V = \dfrac{Q}{4\pi\varepsilon_0 r_1}$ 로 반지름에 반비례하여 감소한다.

② $V = \dfrac{Q}{4\pi\varepsilon_0 r_1}$ 로 일정하다.

③ $V = \dfrac{Q}{4\pi\varepsilon_0 r_1^{\,2}}$ 로 반지름에 반비례하여 감소한다.

④ $V = \dfrac{Q}{4\pi\varepsilon_0 r_1^{\,2}}$ 로 일정하다.

해설

도체 표면은 등전위면이고 도체 내부 전위는 표면전위와 같다. 도체 내부 전위 $V = \dfrac{Q}{4\pi\varepsilon_0 r_1}$ 로 일정하다.

상 제7장 진공 중의 정자계

07 500[AT/m]의 자계 중에 어떤 자극을 놓았을 때 3×10^3[N]의 힘이 작용했을 때의 자극의 세기는 몇 [Wb]이겠는가?

① 2　　　　② 3
③ 5　　　　④ 6

해설

자기력과 자계의 세기와의 관계 $F = mH$에서
∴ 자극의 세기(자하＝자극)
$$m = \frac{F}{H} = \frac{3 \times 10^3}{500} = 6[\text{Wb}]$$

중 제2장 진공 중의 정전계

08 $\mathrm{div}\,E = \dfrac{\rho}{\varepsilon_0}$ 와 의미가 같은 식은?

① $\displaystyle\oint_s E\,ds = \dfrac{Q}{\varepsilon_0}$

② $E = -\,\mathrm{grad}\,V$

③ $\mathrm{div} \cdot \mathrm{grad}\,V = -\dfrac{\rho}{\varepsilon_0}$

④ $\mathrm{div} \cdot \mathrm{grad}\,V = 0$

해설

㉠ 가우스 정리의 미분형 : $\mathrm{div}\,D = \rho$
(여기서, 전속밀도 $D = \varepsilon_0 E$)
㉡ 가우스 정리의 적분형 : $\displaystyle\oint_s E\,ds = \dfrac{Q}{\varepsilon_0}$

상 제12장 전자계

09 다음 맥스웰(Maxwell) 전자방정식 중 성립하지 않는 식은?

① $\mathrm{div}\,D = \rho$　　② $\mathrm{div}\,B = 0$

③ $\mathrm{rot}\,E = \dfrac{\partial B}{\partial t}$　　④ $\mathrm{rot}\,H = i + \dfrac{\partial D}{\partial t}$

해설 패러데이 법칙의 미분형

$$\mathrm{rot}\,E = \nabla \times E = -\frac{\partial B}{\partial t}$$

정답　05. ③　06. ②　07. ④　08. ①　09. ③

상　제11장 인덕턴스

10 자체 인덕턴스가 100[mH]인 코일에 전류가 흘러 20[J]의 에너지가 축적되었다. 이 때 흐르는 전류는 몇 [A]인가?

① 2　　　　　　　② 10
③ 20　　　　　　　④ 100

해설

코일에 저장되는 자기에너지 $W = \dfrac{1}{2}LI^2$에서

$I^2 = \dfrac{2W}{L}$이 되므로 전류는 다음과 같다.

$$\therefore\ I = \sqrt{\dfrac{2W}{L}} = \sqrt{\dfrac{2 \times 20}{100 \times 10^{-3}}} = 20[\text{A}]$$

상　제2장 진공 중의 정전계

11 전기 쌍극자로부터 r[m]만큼 떨어진 점의 전위 크기 V는 r과 어떤 관계가 있는가?

① $V \propto r$　　　　　② $V \propto \dfrac{1}{r^3}$

③ $V \propto \dfrac{1}{r^2}$　　　　④ $V \propto \dfrac{1}{r}$

해설

전기 쌍극자로부터 r[m] 떨어진 점의 전위 $V = \dfrac{M\cos\theta}{4\pi\varepsilon_0 r^2}$[V]이므로 $V \propto \dfrac{1}{r^2}$이 된다.

상　제8장 전류의 자기현상

12 전하 q[C]가 진공 중의 자계 H[AT/m]에 수직 방향으로 v[m/s]의 속도로 움직일 때 받는 힘은 몇 [N]인가? (단, μ_0는 진공의 투자율이다.)

① $\dfrac{qH}{\mu_0 v}$　　　　　② qvH

③ $\dfrac{qvH}{\mu_0}$　　　　　④ $\mu_0 qvH$

해설

㉠ 자계 내 전류가 흐르면(전하 또는 전자가 이동) 플레밍 왼손법칙에 의해서 전자력이 발생된다.
㉡ 전자력(단, $I \perp B$)

$$F = IBl\sin\theta = \dfrac{dq}{dt}Bl\sin 90°$$

$$= \dfrac{dl}{dt}Bq = vBq = v\mu_0 Hq[\text{N}]$$

중　제12장 전자계

13 지구는 태양으로부터 평균 1[kW/m²]의 방사열을 받고 있다. 지구 표면에서의 전계는 몇 [V/m]인가?

① 423
② 526
③ 715
④ 614

해설

㉠ 포인팅 벡터 $P = EH\,[\text{W/m}^2]$

㉡ 전계와 자계 관계 $\dfrac{E}{H} = \sqrt{\dfrac{\mu_0}{\varepsilon_0}}$ 에서

자계의 세기 $H = \dfrac{E}{120\pi} = \dfrac{E}{377}$[AT/m]

㉢ 포인팅 벡터

$$P = EH = \dfrac{E^2}{377}\,[\text{W/m}^2]$$

$$\therefore\ E = \sqrt{120\pi P} = \sqrt{377P} = \sqrt{377 \times 10^3} = 614[\text{V/m}]$$

상　제8장 전류의 자기현상

14 한 변의 길이가 10[m]되는 정방형 회로에 100[A]의 전류가 흐를 때 회로 중심부의 자계의 세기는 몇 [A/m]인가?

① 5　　　　　　　② 9
③ 16　　　　　　　④ 21

해설 정사각형 도체 중심의 자계의 세기

$$H = \dfrac{2\sqrt{2}\,I}{\pi l} = \dfrac{2\sqrt{2} \times 100}{\pi \times 10} = 9[\text{A/m}]$$

중　제7장 진공 중의 정자계

15 자위의 단위[J/Wb]와 같은 것은?

① [AT]
② [AT/m]
③ [A · m]
④ [Wb]

해설

② 자계의 세기 단위
④ 자하의 단위

중 제3장 정전용량

16 그림에서 2[μF]에 100[μC]의 전하가 충전되어 있었다면 3[μF]의 양단의 전위차는 몇 [V]인가?

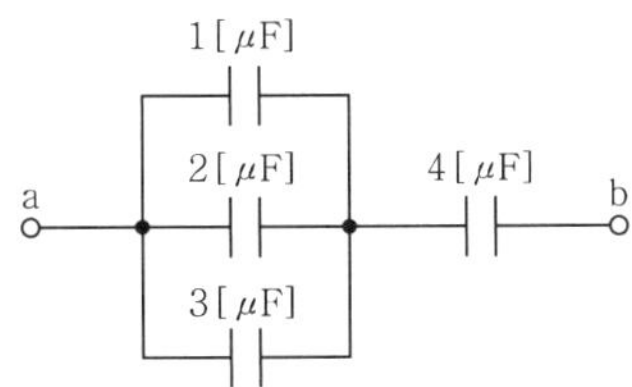

① 50
② 100
③ 200
④ 260

🔧 해설

㉠ 2[μF]의 전위차(단자전압)

$$V = \frac{Q}{C} = \frac{100 \times 10^{-6}}{2 \times 10^{-6}} = 50[\text{V}]$$

㉡ 병렬회로 양단에 걸리는 전위차(단자전압)는 일정하기 때문에 1[μF], 2[μF], 3[μF]의 전위차는 모두 50[V]로 일정하다.

중 제12장 전자계

17 전자파의 전파속도[m/s]에 대한 설명 중 옳은 것은?

① 유전율에 비례한다.
② 유전율에 반비례한다.
③ 유전율과 투자율의 곱의 제곱근에 비례한다.
④ 유전율과 투자율의 곱의 제곱근에 반비례한다.

🔧 해설

전자파의 전파속도 $v = \dfrac{1}{\sqrt{\varepsilon\mu}} = \dfrac{3 \times 10^8}{\sqrt{\varepsilon_s \mu_s}}$ 이므로 전파속도는 유전율과 투자율의 곱의 제곱근(루트)에 반비례한다.

하 제10장 전자유도법칙

18 표피효과의 영향에 대한 설명이다. 부적합한 것은?

① 전기저항을 증가시킨다.
② 상호 유도계수를 증가시킨다.
③ 주파수가 높을수록 크다.
④ 도선의 온도가 높을수록 크다.

🔧 해설

도선의 온도가 높아지면, 도전율이 감소되어 표피효과는 작아진다.

상 제9장 자성체와 자기회로

19 자기회로에서 단면적, 길이, 투자율을 모두 $\dfrac{1}{2}$ 배로 하면 자기저항은 몇 배가 되는가?

① 0.5
② 2
③ 1
④ 8

🔧 해설

철심의 자기저항 $R_m = \dfrac{l}{\mu S}$[AT/Wb]에서 단면적, 길이, 투자율을 모두 1/2배 하면

$$\therefore R_x = \frac{\frac{1}{2}l}{\frac{1}{2}\mu \times \frac{1}{2}S} = 2 \times \frac{l}{\mu S} = 2R_m$$

중 제4장 유전체

20 비유전율 ε_s 에 대한 설명으로 옳지 않은 것은?

① 진공의 비유전율은 0이다.
② 공기의 비유전율은 약 1 정도 된다.
③ ε_s는 항상 1보다 큰 값이다.
④ ε_s는 절연물의 종류에 따라 다르다.

🔧 해설

① 진공의 비유전율은 1이다.
② 공기의 비유전율은 1.000587으로 약 1이다.
③. ④ 비유전율은 1보다 크고, 유전체 종류에 따라 크기가 다르다.

중 | 제12장 전자계

01 벡터 마그네틱 퍼텐셜 A 는? (단, H : 자계의 세기, B : 자속밀도)

① $\nabla \times A = 0$ 　② $\nabla \cdot A = 0$
③ $H = \nabla \times A$ 　④ $B = \nabla \times A$

해설

자속밀도 $B = \mathrm{rot}\, A = \nabla \times A$
여기서, A : 자기적인 벡터 퍼텐셜

상 | 제8장 전류의 자기현상

02 진공 중에 선간거리 1[m]의 평행 왕복도선이 있다. 두 선간에 작용하는 힘이 4×10^{-7}[N/m]이었다면 전선에 흐르는 전류는?

① 1[A] 　② $\sqrt{2}$ [A]
③ $\sqrt{3}$ [A] 　④ 2[A]

해설 평행도선 사이에 작용하는 힘

$$F = \frac{2 I_1 I_2}{r} \times 10^{-7} = \frac{2 I^2}{r} \times 10^{-7} [\text{N/m}]$$

$$\therefore\ I = \sqrt{\frac{Fd}{2 \times 10^{-7}}} = \sqrt{\frac{4 \times 10^{-7} \times 1}{2 \times 10^{-7}}} = \sqrt{2}\,[\text{A}]$$

중 | 제6장 전류

03 유전율 ε[F/m], 고유저항 ρ[$\Omega \cdot$ m]의 유전체로 채운 정전용량 C[F]의 콘덴서에 전압 V[V]를 가할 때의 유전체 중에 발생하는 열량은 시간 t[sec] 간에 몇 [cal]가 되겠는가?

① $0.24 \dfrac{CV^2}{\rho\varepsilon} t$ 　② $0.24 \dfrac{CV}{\rho\varepsilon} t$
③ $4.2 \dfrac{CV}{\rho\varepsilon} t$ 　④ $4.2 \dfrac{CV^2}{\rho\varepsilon} t$

해설

㉠ 절연저항 $R = \dfrac{\rho\varepsilon}{C}$

㉡ 누설전류 $I_g = \dfrac{V}{R} = \dfrac{CV}{\rho\varepsilon}$

$$\therefore\ \text{발열량}\ \ H = 0.24 \times I_g^{\,2} R t$$
$$= 0.24 \times \frac{V^2}{R} t$$
$$= 0.24 \times \frac{CV^2}{\rho\varepsilon} t\,[\text{cal}]$$

상 | 제11장 인덕턴스

04 길이 l, 단면 반지름 $a\,(l \gg a)$, 권수 N_1인 단층 원통형 1차 솔레노이드의 중앙 부근에 권수 N_2인 2차 코일을 밀착되게 감았을 경우 상호 인덕턴스[H]는?

① $\dfrac{\mu \pi a^2}{l} N_1 N_2$ 　② $\dfrac{\mu \pi a^2}{l} N_1^{\,2} N_2^{\,2}$
③ $\dfrac{\mu l}{\pi a^2} N_1 N_2$ 　④ $\dfrac{\mu l}{\pi a^2} N_1^{\,2} N_2^{\,2}$

해설 상호 인덕턴스

$$M = \frac{\mu S N_1 N_2}{l} = \frac{\mu (\pi a^2) N_1 N_2}{l}\,[\text{H}]$$

여기서, 단면적 $S = \pi a^2$

상 | 제4장 유전체

05 극판 면적이 50[cm²], 간격이 5[cm]인 평행판 콘덴서의 극판 간에 유전율 3인 유전체를 넣은 후 극판 간에 50[V]의 전위차를 가하면 전극판을 떼어내는 데 필요한 힘은 몇 [N]인가?

① -600 　② -750
③ -6000 　④ -7500

해설 전극판을 떼어내는 데 필요한 힘

$$F = \frac{1}{2} \varepsilon E^2 \times S = \frac{1}{2} \varepsilon \left(\frac{V}{d}\right)^2 S$$
$$= \frac{1}{2} \times 3 \times \left(\frac{50}{0.05}\right)^2 \times 50 \times 10^{-4}$$
$$= 7500[\text{N}]$$

$\therefore$ 전극판을 떼어내는 힘은 흡인력과 반대방향이므로 -7500[N]이다.

상 제9장 자성체와 자기회로

06 평균 자로의 길이 80[cm]의 환상 철심에 500회의 코일을 감고 여기에 4[A]의 전류를 흘렸을 때 기자력과 자화력(자계의 세기)은?

① 2000[AT], 2500[AT/m]
② 3000[AT], 2500[AT/m]
③ 2000[AT], 3500[AT/m]
④ 3000[AT], 3500[AT/m]

해설

㉠ 기자력
$$F = NI = 500 \times 4 = 2000[AT]$$
㉡ 자화력(자계의 세기)
$$H = \frac{NI}{l} = \frac{500 \times 4}{0.8} = 2500[AT/m]$$

상 제5장 전기 영상법

07 그림과 같이 직교 도체 평면상 P점에 Q가 있을 때 P′점의 영상전하는?

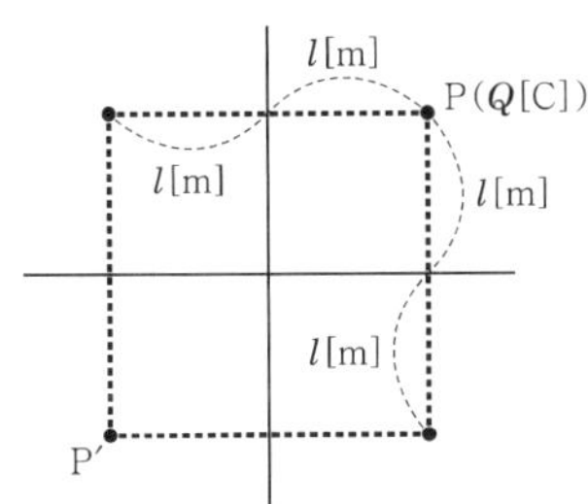

① Q^2
② Q
③ $-Q$
④ 0

해설

P점과 밑으로 대칭점(영상점)에 $-Q$가, 이 $-Q$로부터 $+Q$가 P′에 나타난다.

하 제2장 진공 중의 정전계

08 진공 중에 선전하밀도 ρ[C/m], 반경이 a[m]인 아주 긴 직선 원통 전하가 있다. 원통 중심축으로부터 $\frac{a}{2}$[m]인 거리에 있는 점의 전계의 세기는?

① $\dfrac{\rho}{4\pi\varepsilon_0 a}$ [V/m]
② $\dfrac{\rho}{2\pi\varepsilon_0 a}$ [V/m]
③ $\dfrac{\rho}{\pi\varepsilon_0 a^2}$ [V/m]
④ $\dfrac{\rho}{8\pi\varepsilon_0 a}$ [V/m]

해설 전하가 도체 내부에 균일하게 분포된 경우

㉠ 도체 외부 전계 : $E = \dfrac{\lambda}{2\pi\varepsilon_0 r}$ [V/m]

㉡ 도체 내부 전계 : $E = \dfrac{r\lambda}{2\pi\varepsilon_0 a^2}$ [V/m]

∴ 도체 내부 거리 $r = \dfrac{a}{2}$ 이므로

$$E = \frac{\lambda}{4\pi\varepsilon_0 a} = \frac{\rho}{4\pi\varepsilon_0 a} [V/m]$$

중 제9장 자성체와 자기회로

09 비자화율 $\dfrac{\chi}{\mu_0}$ 이 490이며, 자속밀도 0.05[Wb/m^2]인 자성체에서 자계의 세기는 몇 [AT/m]인가?

① $10^4\pi$
② $50 \times 10^3\pi$
③ $\dfrac{5 \times 10^4}{2\pi}$
④ $\dfrac{10^4}{4\pi}$

해설

㉠ 자화율 $\chi = \mu_0(\mu_s - 1)$[H/m]

㉡ 비자화율 $\chi_{er} = \dfrac{\chi}{\mu_0} = \mu_s - 1$

㉢ 비투자율 $\mu_s = 1 + \dfrac{\chi}{\mu_0} = 1 + 49 = 50$

㉣ 자속밀도 $B = \mu H = \mu_0 \mu_s H$[Wb/m^2]

∴ $H = \dfrac{B}{\mu_0 \mu_s} = \dfrac{0.05}{4\pi \times 10^{-7} \times 50} = \dfrac{10^4}{4\pi}$[AT/m]

하 제2장 진공 중의 정전계

10 반경 a이고 Q의 전하를 갖는 절연된 도체구가 있다. 구의 중심에서 거리 r에 따라 변하는 전위 V와 전계의 세기 E를 그림으로 표시하면?

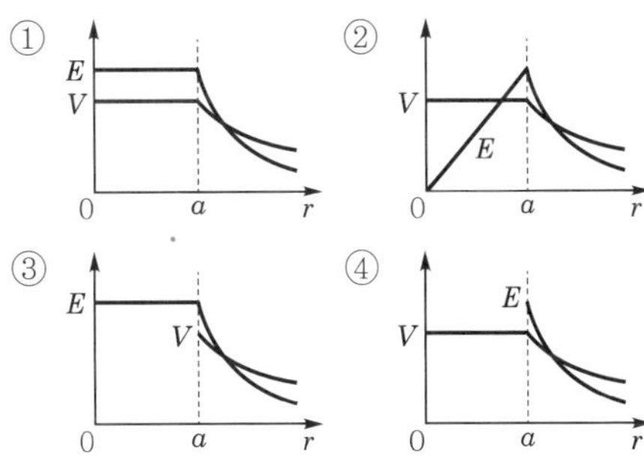

해설 도체 내외부 전계 · 전위 특징

㉠ 도체 내부 전계는 0 이다.
㉡ 도체 표면은 등전위면이고, 표면전위는 내부 전위와 같다.

상 제4장 유전체

11 유전체 내의 전속밀도에 관한 설명 중 옳은 것은?

① 진전하만이다.
② 분극전하만이다.
③ 겉보기 전하만이다.
④ 진전하와 분극전하이다.

하 제10장 전자유도법칙

12 고주파를 취급할 경우 큰 단면적을 갖는 한 개의 도선을 사용하지 않고 전체로서는 같은 단면적이라도 가는 선을 모은 도체를 사용하는 주된 이유는?

① 히스테리시스손을 감소시키기 위하여
② 철손을 감소시키기 위하여
③ 과전류에 대한 영향을 감소시키기 위하여
④ 표피효과에 대한 영향을 감소시키기 위하여

해설 표피효과 억제대책

연선, 복도체, 다도체 사용

중 제7장 진공 중의 정자계

13 그림과 같은 반경 a[m]인 원형코일에 I[A]의 전류가 흐르고 있다. 이 도체 중심축상 x[m]인 P점의 자위[A]는?

① $\dfrac{I}{2}\left(1 - \dfrac{x}{\sqrt{a^2 + x^2}}\right)$

② $\dfrac{I}{2}\left(1 - \dfrac{a}{\sqrt{a^2 + x^2}}\right)$

③ $\dfrac{I}{2}\left(1 - \dfrac{x^2}{(a^2 + x^2)^{3/2}}\right)$

④ $\dfrac{I}{2}\left(1 - \dfrac{a^2}{(a^2 + x^2)^{3/2}}\right)$

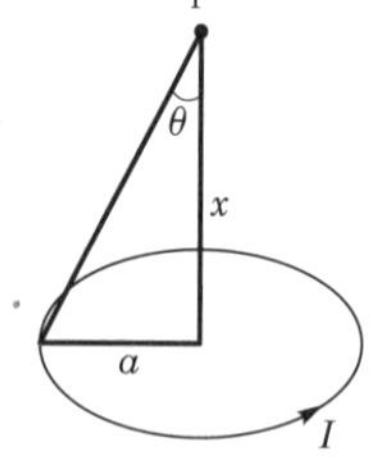

해설 원형 선전류에 의한 자위

$$U = \frac{P\omega}{4\pi\mu_0} = \frac{I\omega}{4\pi}$$

$$= \frac{I}{2}(1 - \cos\theta)$$

$$= \frac{I}{2}\left(1 - \frac{x}{\sqrt{a^2 + x^2}}\right)[\text{A}]$$

상 제12장 전자계

14 변위전류밀도를 나타내는 식은?

① $\dfrac{\partial\phi}{\partial t}$　　　② $\dfrac{\partial D}{\partial t}$

③ $\dfrac{\partial B}{\partial t}$　　　④ $\dfrac{\partial N\phi}{\partial t}$

해설

㉠ 변위전류밀도
$$i_d = \frac{\partial D}{\partial t} = \varepsilon\frac{\partial E}{\partial t} = j\omega\varepsilon E\,[\text{A/m}^2]$$

㉡ 변위전류는 전계, 자계, 전자계 및 회로에 인가되는 교류전압보다 위상이 90° 앞선다.

상 제10장 전자유도법칙

15 최대 자속밀도 B_m, 주파수 f에서의 유도기전력을 E_1, 최대 자속밀도가 $2B_m$, 주파수 $2f$에서의 유도기전력을 E_2라 하면, E_1과 E_2의 관계는?

① $E_2 = E_1$

② $E_2 = 2E_1$

③ $E_2 = 4E_1$

④ $E_2 = 0.25E_1$

해설

㉠ 최대 유도기전력
$$E_m = \omega N\phi_m = 2\pi f N B_m S\,[\text{V}]$$
여기서, N : 권선수
　　　　　S : 단면적
㉡ 최대 유도기전력은 주파수 f와 최대 자속밀도 B_m에 비례하므로 f와 B_m가 모두 2배 증가하면 유도기전력은 4배 증가한다.
$\therefore\ E_2 = 4E_1$

정답　11. ①　12. ④　13. ①　14. ②　15. ③

16 유전속의 분포가 그림과 같을 때 ε_1과 ε_2의 관계는?

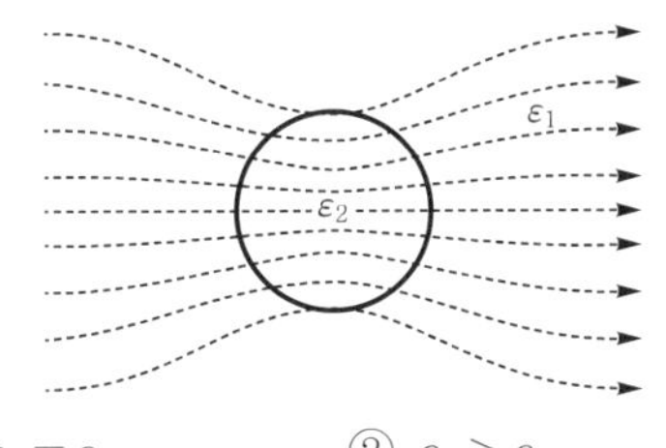

① $\varepsilon_1 = \varepsilon_2$　　② $\varepsilon_1 > \varepsilon_2$

③ $\varepsilon_1 < \varepsilon_2$　　④ $\varepsilon_1 = \varepsilon_2 = 0$

해설

유전속(전속선)은 유전율이 큰 곳으로 모이므로 $\varepsilon_1 < \varepsilon_2$가 된다.

17 유전율이 ε_1과 ε_2인 두 유전체가 경계를 이루어 접하고 있는 경우 유전율이 ε_1인 영역에 전하 Q가 존재할 때 이 전하에 작용하는 힘에 대한 설명으로 옳은 것은?

① $\varepsilon_1 > \varepsilon_2$인 경우 반발력이 작용한다.

② $\varepsilon_1 > \varepsilon_2$인 경우 흡인력이 작용한다.

③ ε_1과 ε_2값에 상관없이 반발력이 작용한다.

④ ε_1과 ε_2값에 상관없이 흡인력이 작용한다.

해설 유전체 내의 영상전하

$$Q' = -\frac{\varepsilon_2 - \varepsilon_1}{\varepsilon_2 + \varepsilon_1}\,Q = \frac{\varepsilon_1 - \varepsilon_2}{\varepsilon_1 + \varepsilon_2}\,Q$$

∴ $\varepsilon_1 > \varepsilon_2$인 경우 반발력이, $\varepsilon_1 < \varepsilon_2$인 경우 흡인력이 작용한다.

18 다음 중 무한 솔레노이드에 전류가 흐를 때에 대한 설명으로 가장 알맞은 것은?

① 내부자계는 위치에 상관없이 일정하다.

② 내부자계와 외부자계는 그 값이 같다.

③ 외부자계는 솔레노이드 근처에서 멀어질수록 그 값이 작아진다.

④ 내부자계의 크기는 0이다.

해설 솔레노이드의 특징

㉠ 솔레노이드 외부자계는 없다.

㉡ 솔레노이드 내부자계는 평등자계이다.

㉢ 평등자계를 얻는 방법 : 단면적에 비하여 길이를 충분히 길게 한다.

19 자기 유도계수가 각각 L_1, L_2인 A, B 2개의 코일이 있다. 상호 유도계수 $M = \sqrt{L_1 L_2}$ 라고 할 때 다음 중 틀린 것은?

① A코일에서 만든 자속은 전부 B코일과 쇄교되어 진다.

② 두 코일이 만드는 자속은 항상 같은 방향이다.

③ A코일에 1초 동안에 1[A]의 전류 변화를 주면 B코일에는 1[V]가 유기된다.

④ L_1, L_2는 부(−)의 값을 가질 수 없다.

해설

㉠ 상호 인덕턴스 $M = k\sqrt{L_1 L_2}$에서 $k=1$은 자기적인 완전결합을 의미한다. 즉, A코일에서 만든 자속은 전부 B코일과 쇄교된다($\phi_1 = \phi_{21}$, $\phi_{11} = 0$).

㉡ A코일에 시간에 따라 변화하는 전류를 인가하면 B코일에는 $e = -M\dfrac{di_A}{dt}$[V]의 기전력이 유도된다.

따라서 $\dfrac{di_A}{dt} = 1$[A/s]를 인가하면 B코일에는 M[V]의 기전력이 유도된다.

20 자속의 연속성을 나타낸 식은?

① $\operatorname{div} B = \rho$

② $\operatorname{div} B = 0$

③ $B = \mu H$

④ $\operatorname{div} B = \mu H$

해설

자극은 항상 N, S극이 쌍으로 존재하여 자력선이 N극에서 나와서 S극으로 들어간다.

즉, 자계는 발산하지 않고 회전한다.

∴ $\operatorname{div} B = 0 (\nabla \cdot B = 0)$

정답　16. ③　17. ①　18. ①　19. ③　20. ②

중 | 제4장 유전체

01 진공 중에서 어떤 대전체의 전속이 Q[C]일 때 이 대전체를 비유전율 10인 유전체 속에 넣었을 경우 전속은 어떻게 되겠는가?

① Q
② $10Q$
③ $\dfrac{Q}{10}$
④ $\dfrac{Q}{\epsilon}$

해설

전속수는 유전체와 관계없이 항상 일정하다.

상 | 제12장 전자계

02 전자계에 대한 맥스웰의 기본이론이 아닌 것은?

① 자계의 시간적 변화에 따라 전계의 회전이 생긴다.
② 전도전류는 자계를 발생시키나, 변위전류는 자계를 발생시키지 않는다.
③ 자극은 N－S극이 항상 공존한다.
④ 전하에서는 전속선이 발산된다.

해설

전도전류와 변위전류는 모두 주위에 자계를 만든다.

$$\left(\text{rot } H = \nabla \times H = i = i_c + \frac{\partial D}{\partial t} \right)$$

상 | 제2장 진공 중의 정전계

03 대전 도체의 표면 전하밀도는 도체 표면의 모양에 따라 어떻게 분포하는가?

① 표면 전하밀도는 표면의 모양과 무관하다.
② 표면 전하밀도는 평면일 때 가장 크다.
③ 표면 전하밀도는 뾰족할수록 커진다.
④ 표면 전하밀도는 곡률이 크면 작아진다.

해설

전하는 도체 표면에만 분포하고, 전하밀도는 곡률이 큰 곳(곡률반경이 작은 곳)이 높다.

하 | 제4장 유전체

04 유전체의 초전효과(Pyroelectric effect)에 대한 설명이 아닌 것은?

① 온도변화에 관계없이 일어난다.
② 자발 분극을 가진 유전체에서 생긴다.
③ 초전효과가 있는 유전체를 공기 중에 놓으면 중화된다.
④ 열에너지를 전기에너지로 변화시키는 데 이용된다.

해설

초전효과는 온도변화에 의해 발생된다.

중 | 제2장 진공 중의 정전계

05 표면 전하밀도 σ[C/m²]로 대전된 도체 내부의 전속밀도는 몇 [C/m²]인가?

① σ
② $\varepsilon_0 E$
③ $\dfrac{\sigma}{\varepsilon_0}$
④ 0

해설

전하는 도체 표면에만 분포하므로 도체 내부에는 전하가 존재하지 않는다. 따라서 도체 내부의 전속밀도도 0이 된다.

상 | 제1장 벡터

06 위치함수로 주어지는 벡터량이 $\vec{E}(xyz) = iE_x + jE_y + kE_z$이다. 나블라($\nabla$)와의 내적 $\nabla \cdot \vec{E}$와 같은 의미를 갖는 것은?

① $\dfrac{\partial E_x}{\partial x} + \dfrac{\partial E_y}{\partial y} + \dfrac{\partial E_z}{\partial z}$

② $i\dfrac{\partial}{\partial x} + j\dfrac{\partial}{\partial y} + k\dfrac{\partial}{\partial z}$

③ $i\dfrac{\partial E_x}{\partial x} + j\dfrac{\partial E_y}{\partial y} + k\dfrac{\partial E_z}{\partial z}$

④ $\dfrac{\partial E}{\partial x} + \dfrac{\partial E}{\partial y} + \dfrac{\partial E}{\partial z}$

정답 01. ① 02. ② 03. ③ 04. ① 05. ④ 06. ①

해설

벡터의 내적은 같은 방향의 크기 성분의 곱으로 계산할 수 있다.

$$\nabla \cdot \vec{E} = \left(i\frac{\partial}{\partial x} + j\frac{\partial}{\partial y} + k\frac{\partial}{\partial z} \right) \cdot \left(iE_x + jE_y + kE_z \right)$$
$$= \frac{\partial E_x}{\partial x} + \frac{\partial E_y}{\partial y} + \frac{\partial E_z}{\partial z}$$

(참고 : 내적은 같은 방향의 스칼라 곱)

중 **제11장 인덕턴스**

07 환상 철심에 A, B코일이 감겨 있다. 전류가 150[A/sec]로 변화할 때 코일 A에 45[V], B에 30[V]의 기전력이 유기될 때의 B코일의 자기 인덕턴스는 몇 [mH]인가? (단, 결합계수 $k=1$이다.)

① 133 ② 200

③ 275 ④ 300

해설

㉠ 자기 유도기전력 $e_A = -L_A\dfrac{di_A}{dt}$에서

$$L_A = \frac{|e_A|}{\dfrac{di_A}{dt}} = \frac{45}{150} = 0.3[\text{H}]$$

㉡ 상호 유도기전력 $e_B = -M\dfrac{di_A}{dt}$에서

$$M = \frac{|e_B|}{\dfrac{di_A}{dt}} = \frac{30}{150} = 0.2[\text{H}]$$

㉢ 결합계수 $k = \dfrac{M}{\sqrt{L_A L_B}}$에서 $k=1$이므로

$M = \sqrt{L_A L_B}$ 이 된다. $(M^2 = L_A L_B)$

$$\therefore L_B = \frac{M^2}{L_A} = \frac{0.2^2}{0.3} = 0.133[\text{H}] = 133[\text{mH}]$$

중 **제9장 자성체와 자기회로**

08 강자성체의 세 가지 특성이 아닌 것은?

① 와전류 특성

② 히스테리시스 특성

③ 고투자율 특성

④ 포화 특성

해설

와전류는 전자유도법칙에 의해 발생되는 현상이다.

상 **제5장 전기 영상법**

09 점전하 $+Q[\text{C}]$에 의한 무한 평면도체의 영상전하는?

① $-Q[\text{C}]$보다 작다.

② $Q[\text{C}]$보다 크다.

③ $-Q[\text{C}]$와 같다.

④ $Q[\text{C}]$와 같다.

해설

영상전하는 무한 평면도체의 대칭점에 있으면 크기는 $-Q[\text{C}]$이 된다.

하 **제3장 정전용량**

10 대전된 구도체를 반경이 2배가 되는 대전이 안 된 구도체에 가는 도선으로 연결할 때 원래의 에너지에 대해 손실된 에너지는 얼마인가? (단, 구도체는 충분히 떨어져 있다.)

① $\dfrac{1}{2}$

② $\dfrac{1}{3}$

③ $\dfrac{2}{3}$

④ $\dfrac{2}{5}$

해설

㉠ 대전된 구도체의 정전에너지 $W_1 = \dfrac{Q^2}{2C_1}[\text{J}]$

㉡ 반경이 2배가 되는 대전이 안 된 구도체($C_2 = 2C_1$)를 가는 도선으로 연결하면 두 도체는 병렬 연결($C = C_1 + C_2 = 3C_1$)이 되고 두 도체가 가지는 전하량은 변화가 없다.

㉢ 두 도체를 연결한 후의 정전에너지

$$W_2 = \frac{Q^2}{2C} = \frac{Q^2}{2(C_1 + C_2)} = \frac{Q^2}{6C_1}[\text{J}]$$

㉣ 손실된 에너지

$$W_l = W_1 - W_2 = \frac{Q^2}{2C_1} - \frac{Q^2}{6C_1} = \frac{Q^2}{3C_1}[\text{J}]$$

$$\therefore \text{손실비 } \alpha = \frac{W_l}{W_1} = \frac{\dfrac{Q^2}{3C_1}}{\dfrac{Q^2}{2C_1}} = \frac{2}{3}$$

정답 07. ① 08. ① 09. ③ 10. ③

상   제11장 인덕턴스

11 내도체의 반지름이 a[m]이고, 외도체의 내반지름이 b[m], 외반지름이 c[m]인 동축케이블의 단위길이당 자기 인덕턴스는 몇 [H/m]인가?

① $\dfrac{\mu_0}{2\pi}\ln\dfrac{b}{a}$ ② $\dfrac{\mu_0}{\pi}\ln\dfrac{b}{a}$

③ $\dfrac{2\pi}{\mu_0}\ln\dfrac{b}{a}$ ④ $\dfrac{\pi}{\mu_0}\ln\dfrac{b}{a}$

해설 동축케이블(원통 도체) 전체 인덕턴스

$$L = L_i + L_e = \frac{\mu}{8\pi} + \frac{\mu_0}{2\pi}\ln\frac{b}{a}\,[\text{H/m}]$$

여기서, L_i : 내부 인덕턴스, L_e : 외부 인덕턴스

중   제2장 진공 중의 정전계

12 두 동심구에서 내부도체의 반지름이 a, 외부도체의 안반지름이 b, 외반지름이 c일 때, 내부도체에만 전하 Q[C]을 주었을 때 내부도체의 전위[V]는?

① $\dfrac{Q}{2\pi\varepsilon_0 a}\left(\dfrac{1}{a}+\dfrac{1}{b}\right)$

② $\dfrac{Q}{4\pi\varepsilon_0}\left(\dfrac{1}{a}-\dfrac{1}{b}\right)$

③ $\dfrac{Q}{4\pi\varepsilon_0 c}\left(\dfrac{1}{a}-\dfrac{1}{b}-\dfrac{1}{c}\right)$

④ $\dfrac{Q}{4\pi\varepsilon_0}\left(\dfrac{1}{a}-\dfrac{1}{b}+\dfrac{1}{c}\right)$

해설

전위는 스칼라이므로 $V = V_{ab} + V_c$로 계산할 수 있다.

$$V = -\int_{\infty}^{c}\frac{Q}{4\pi\varepsilon_0 r^2}dr - \int_{b}^{a}\frac{Q}{4\pi\varepsilon_0 r^2}dr$$

$$= \frac{Q}{4\pi\varepsilon_0 c} + \frac{Q}{4\pi\varepsilon_0}\left(\frac{1}{a}-\frac{1}{b}\right)$$

$$= \frac{Q}{4\pi\varepsilon_0}\left(\frac{1}{a}-\frac{1}{b}+\frac{1}{c}\right)\,[\text{V}]$$

중   제5장 전기 영상법

13 접지된 구도체와 점전하 간에 작용하는 힘은?

① 항상 흡인력이다.
② 항상 반발력이다.
③ 조건적 흡인력이다.
④ 조건적 반발력이다.

해설

무한 평면도체와 접지된 구도체 내부에 유도되는 영상전하의 부호는 −이므로 점전하 간에 작용하는 힘은 항상 흡인력이 발생한다.

중   제3장 정전용량

14 용량계수와 유도계수에 대한 표현 중에서 옳지 않은 것은?

① 용량계수는 정(+)이다.
② 유도계수는 정(+)이다.
③ $q_{rs} = q_{sr}$
④ 전위계수를 알고 있는 도체계에서는 q_{rr}, q_{rs}를 계산으로 구할 수 있다.

해설 용량계수와 유도계수의 성질

㉠ 용량계수 : q_{11}, q_{22}, $\cdots$, $q_{rr} > 0$
㉡ 유도계수 : q_{12}, q_{13}, $\cdots$, $q_{rs} \leqq 0$
㉢ $q_{11} \geqq -(q_{21} + q_{31} + \cdots + q_{n1})$
∴ 유도계수는 항상 0보다 같거나 작다.

상   제3장 정전용량

15 무한이 넓은 두 장의 도체판을 d[m]의 간격으로 평행하게 놓은 후, 두 판 사이에 V[V]의 전압을 가한 경우 도체판의 단위면적당 작용하는 힘은 몇 [N/m^2]인가?

① $f = \varepsilon_0 \dfrac{V^2}{d}$

② $f = \dfrac{1}{2}\varepsilon_0 d V^2$

③ $f = \dfrac{1}{2}\varepsilon_0 \left(\dfrac{V}{d}\right)^2$

④ $f = \dfrac{1}{2}\dfrac{1}{\varepsilon_0}\left(\dfrac{V}{d}\right)^2$

해설 단위면적당 작용하는 힘(정전응력)

$$f = \frac{1}{2}\varepsilon_0 E^2 = \frac{1}{2}\varepsilon_0\left(\frac{V}{d}\right)^2[\text{N/m}^2]\text{에서}$$

전위 $V = dE$이므로

정전응력 $f = \dfrac{1}{2}\varepsilon_0 E^2$

$$= \frac{1}{2}\varepsilon_0\left(\frac{V}{d}\right)^2[\text{N/m}^2]$$

정답   11. ①   12. ④   13. ①   14. ②   15. ③

중 제2장 진공 중의 정전계

16 그림과 같이 AB=BC=1[m]일 때 A와 B에 동일한 +1[μC]이 있는 경우 C점의 전위는 몇 [V]인가?

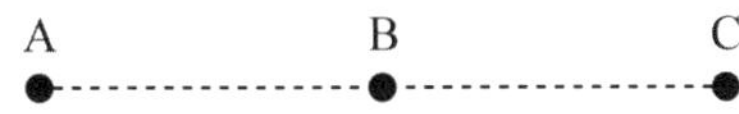

① 6.25×10^3 ② 8.75×10^3

③ 12.5×10^3 ④ 13.5×10^3

해설

㉠ A점에 위치한 전하에 의한 C점의 전위

$$V_A = \frac{Q}{4\pi\varepsilon_0 r_1} = 9 \times 10^9 \times \frac{10^{-6}}{2} = 4.5 \times 10^3 [\text{V}]$$

㉡ B점에 위치한 전하에 의한 C점의 전위

$$V_B = \frac{Q}{4\pi\varepsilon_0 r_2} = 9 \times 10^9 \times \frac{10^{-6}}{1} = 9 \times 10^3 [\text{V}]$$

∴ C점의 전위

$$V_C = V_A + V_B = 13.5 \times 10^3 [\text{V}]$$

하 제9장 자성체와 자기회로

17 진공 중의 평등자계 H_0 중에 반지름이 a[m] 이고, 투자율이 μ인 구 자성체가 있다. 이 구 자성체의 감자율은? (단, 구 자성체 내부의 자계는 $H = \dfrac{3\mu_0}{2\mu_0 + \mu} H_0$이다.)

① 0 ② $\dfrac{1}{2}$

③ $\dfrac{1}{3}$ ④ $\dfrac{1}{4}$

해설 자성체의 감자율

㉠ 환상 철심 : $N = 0$

㉡ 구 자성체 : $N = \dfrac{1}{3}$

중 제4장 유전체

18 반지름이 각각 a[m], b[m], c[m]인 독립 도체구가 있다. 이들 도체를 가는 선으로 연결하면 합성 정전용량은 몇 [F]인가?

① $4\pi\varepsilon_0(a+b+c)$

② $4\pi\varepsilon_0 \sqrt{a^2 + b^2 + c^2}$

③ $12\pi\varepsilon_0 \sqrt{a^3 + b^3 + c^3}$

④ $\dfrac{4}{3}\pi\varepsilon_0 \sqrt{a^2 + b^2 + c^2}$

해설

㉠ 도체구의 합성 정전용량 $C = 4\pi\varepsilon_0 r$[F]

㉡ 도체를 가는 선으로 연결하면 아래와 같이 병렬 접속이 된다.

∴ $C = C_1 + C_2 + C_3 = 4\pi\varepsilon_0(a+b+c)$[F]

하 제3장 정전용량

19 무한히 넓은 평행판 콘덴서에서 두 평행판 사이의 간격이 d[m]일 때 단위면적당 두 평행판 사이의 정전용량은 몇 [F/m²]인가?

① $\dfrac{1}{4\pi\varepsilon_0 d}$ ② $\dfrac{4\pi\varepsilon_0}{d}$

③ $\dfrac{\varepsilon_0}{d}$ ④ $\dfrac{\varepsilon_0}{d^2}$

해설

평행판 콘덴서의 정전용량 $C = \dfrac{\varepsilon_0 S}{d}$[F]에서 단위면적당 정전용량은 다음과 같다.

$$\therefore C' = \frac{C}{S} = \frac{\varepsilon_0}{d} [\text{F/m}^2]$$

중 제12장 전자계

20 유전율이 $\varepsilon_0 = 8.855 \times 10^{-12}$[F/m]인 진공 내를 전자파가 전파할 때 진공에 대한 투자율은 몇 [H/m]인가?

① 3.48×10^{-7}

② 6.33×10^{-7}

③ 9.25×10^{-7}

④ 12.56×10^{-7}

해설 진공의 투자율

$$\mu_0 = 4\pi \times 10^{-7} = 12.56 \times 10^{-7} [\text{H/m}]$$

정답 16. ④ 17. ③ 18. ① 19. ③ 20. ④

상 | 제9장 자성체와 자기회로

01 평균 자로의 길이 80[cm]의 환상 철심에 500회의 코일을 감고 여기에 4[A]의 전류를 흘렸을 때 기자력과 자화력(자계의 세기)은?

① 2000[AT], 2500[AT/m]
② 3000[AT], 2500[AT/m]
③ 2000[AT], 3500[AT/m]
④ 3000[AT], 3500[AT/m]

해설

㉠ 기자력
$$F = NI = 500 \times 4 = 2000[\text{AT}]$$
㉡ 자화력(자계의 세기)
$$H = \frac{NI}{l} = \frac{500 \times 4}{0.8} = 2500[\text{AT/m}]$$

상 | 제8장 전류의 자기현상

02 균일한 자장 내에 놓여 있는 직선 도선에 전류 및 길이를 각각 2배로 하면 이 도선에 작용하는 힘은 몇 배가 되는가?

① 1
② 2
③ 4
④ 8

해설 플레밍의 왼손 법칙

㉠ 자계 내의 도체에 전류를 흘리면 도체에는 전자력이 발생된다.
㉡ 전자력 $F = IBl\sin\theta[\text{N}]$
∴ 전류와 길이를 각각 2배로 하면 이 도선에 작용하는 힘은 4배로 커진다.

중 | 제4장 유전체

03 동축 원통 도체 내의 원통 간의 전계의 세기가 어느 곳에서든지 일정하기 위해서는 원통 간에 넣는 유전체의 유전율이 중심으로부터의 거리 r과 더불어 어떻게 변화하면 되는가?

① 거리 r에 비례하도록 하면 된다.
② 거리 r에 반비례하도록 하면 된다.
③ 거리 r^2에 비례하도록 하면 된다.
④ 거리 r^2에 반비례하도록 하면 된다.

해설

원통 도체의 전계와 세기 $E = \dfrac{\lambda}{2\pi\varepsilon r}$[V/m]식에서 ε과 r이 반비례하므로 거리 r이 증가할수록 ε를 감소해주면 일정 전계를 얻을 수 있다.

하 | 제5장 전기 영상법

04 전류 $+I$와 전하 $+Q$가 무한히 긴 직선상의 도체에 각각 주어졌고 이들 도체는 진공 속에서 각각 투자율과 유전율이 무한대인 물질로 된 무한대 평면과 평행하게 놓여 있다. 이 경우 영상법에 의한 영상전류와 영상전하는? (단, 전류는 직류임)

① $-I, -Q$
② $-I, +Q$
③ $+I, -Q$
④ $+I, +Q$

해설

영상법에 의해 작용하는 힘은 항상 흡인력이 작용한다. 따라서 크기는 같고, 부호가 반대이며, 상호 대칭점에 위치한다. 이때 영상전하는 $-Q$이고 영상전류는 $+I$이다.

중 | 제6장 전류

05 10[A]의 전류가 5분 동안 도선에 흘렀을 때 도선 단면을 지나는 전기량은 몇 [C]인가?

① 3000
② 50
③ 2
④ 0.033

해설

$$Q = It = 10 \times 5 \times 60 = 3000[\text{C}]$$

정답 01. ① 02. ③ 03. ② 04. ③ 05. ①

 제12장 전자계

06 높은 주파수의 전자파가 전파될 때 일기가 좋은 날보다 비 오는 날 전자파의 감쇠가 심한 원인은?

① 도전율 관계임
② 유전률 관계임
③ 투자율 관계임
④ 분극률 관계임

해설

높은 주파수의 전자파는 짧은 파장을 가지므로 이를 통과하는 물체의 표면에 있는 전자들이 매우 빠르게 진동하게 된다. 이때, 일기가 좋은 날보다 비 오는 날은 공기 중에 물분자가 많아져 전자파의 진폭을 감소시키는데, 이는 물분자의 도전율이 높아져서 발생한다.

 제10장 전자유도법칙

07 회로에 발생하는 기전력에 관련되는 두 개의 법칙은?

① 가우스 법칙과 옴의 법칙
② 플레밍의 법칙과 옴의 법칙
③ 패러데이 법칙과 렌츠의 법칙
④ 암페어의 법칙과 비오-사바르의 법칙

해설

패러데이는 자속이 시간적으로 변화하면 기전력이 발생한다는 성질을. 렌츠는 기전력의 방향은 자속의 증감을 방해하는 방향으로 발생한다는 것을 설명하였다.

 제2장 진공 중의 정전계

08 진공 중에 밀도가 25×10^{-9}[C/m]인 무한히 긴 선전하가 Z 축상에 있을 때 (3, 4, 0)[m]의 전계의 세기는?

① $24i + 36j$ [V/m]
② $32i + 26j$ [V/m]
③ $42i + 86j$ [V/m]
④ $54i + 72j$ [V/m]

해설

㉠ 거리벡터
$$\vec{r} = (3-0)i + (4-0)j + (0-0)k = 3i + 4j[\text{m}]$$

㉡ 단위벡터
$$\vec{r_0} = \frac{\vec{r}}{r} = \frac{3i+4j}{\sqrt{3^2+4^2}} = \frac{3i+4j}{5}$$

㉢ 전계의 세기(스칼라)
$$E = \frac{\lambda}{2\pi\varepsilon_0 r} = 18 \times 10^9 \times \frac{25 \times 10^{-9}}{5} = 90[\text{V/m}]$$

$$\therefore \vec{E} = E\vec{r_0} = 90 \times \left(\frac{3i+4j}{5}\right) = 54i + 72j[\text{V/m}]$$

 제7장 진공 중의 정자계

09 그림과 같이 공기 중에서 1[m]의 거리를 사이에 둔 두 점 A, B에 각각 3×10^{-4}[Wb]와 -3×10^{-4}[Wb]의 점자극을 두었다. 이 때 점 P에 단위 정(+)자극을 두었을 때 이 극에 작용하는 힘의 합력은 약 몇 [N]인가? (단, $m(\overline{\text{AP}}) = m(\overline{\text{BP}})$, $m(\angle \text{APB}) = 90°$ 이다.)

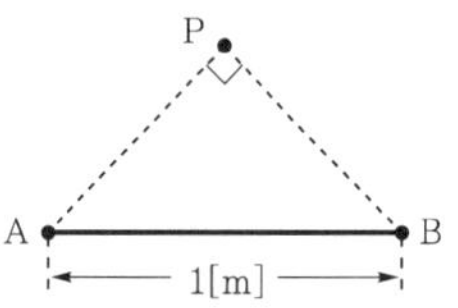

① 0
② 18.9
③ 37.9
④ 53.7

해설

㉠ P점의 자계의 세기는 아래와 같다.

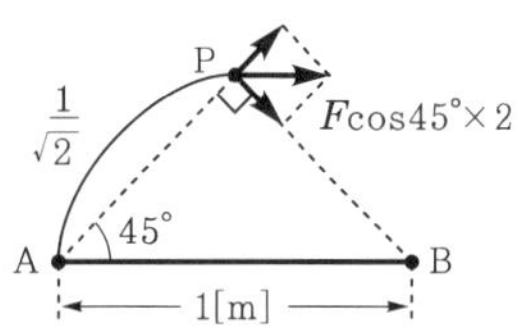

㉡ $\cos 45° = \dfrac{\overline{\text{AP}}}{1/2}$ 에서

$$\overline{\text{AP}} = \frac{1/2}{\cos 45} = \frac{1/2}{\sqrt{2}/2} = \frac{1}{\sqrt{2}}[\text{m}]$$

$$\therefore F = F_1 + F_2 = F_1 \times \cos 45° \times 2$$

$$= \frac{m \times 1}{4\pi\mu_0 r^2} \times \frac{\sqrt{2}}{2} \times 2$$

$$= 6.33 \times 10^4 \times \frac{3 \times 10^{-4} \times 1}{\left(\dfrac{1}{\sqrt{2}}\right)^2} \times \frac{\sqrt{2}}{2} \times 2$$

$$= 53.7[\text{N}]$$

상 제8장 전류의 자기현상

10 무한히 긴 직선 도체에 전류 I[A]를 흘릴 때 이 전류로부터 d[m] 되는 점의 자속밀도는 몇 [Wb/m²]인가?

① $\dfrac{I}{d} \times 10^{-7}$

② $\dfrac{2I}{d} \times 10^{-7}$

③ $\dfrac{d}{I} \times 10^{-7}$

④ $\dfrac{d}{2I} \times 10^{-7}$

해설

㉠ 무한장 직선 도체의 자계의 세기
$$H = \frac{I}{2\pi d}[\text{AT/m}]$$

㉡ 자속밀도
$$B = \mu_0 H = \frac{\mu_0 I}{2\pi d}[\text{Wb/m}^2]$$

$$\therefore\ B = \frac{4\pi \times 10^{-7} \times I}{2\pi d} = \frac{2I}{d} \times 10^{-7}[\text{Wb/m}^2]$$

하 제4장 유전체

11 지름이 각각 2[cm] 및 4[cm]인 금속구가 비유전율 10인 변압기유 속에 1[m] 떨어져 있다. 각 구의 전위가 동일하게 10[kV]라면 두 금속구 사이에 작용하는 반발력[N]은?

① 1.2×10^{-6}

② 2.2×10^{-5}

③ 3.2×10^{-5}

④ 4.2×10^{-9}

해설 쿨롱의 법칙에 의한 전기력

$$F = \frac{Q_1 Q_2}{4\pi\varepsilon_0\varepsilon_s r^2} = \frac{C_1 V \times C_2 V}{4\pi\varepsilon_0\varepsilon_s r^2}$$

$$= \frac{4\pi\varepsilon_0\varepsilon_s r_1 \times 4\pi\varepsilon_0\varepsilon_s r_2 \times V^2}{4\pi\varepsilon_0\varepsilon_s r^2}$$

$$= \frac{4\pi\varepsilon_0\varepsilon_s r_1 r_2 V^2}{r^2}$$

$$= \frac{10 \times 0.01 \times 0.02 \times (10^4)^2}{9 \times 10^9 \times 1^2}$$

$$= 2.22 \times 10^{-5}[\text{N}]$$

중 제3장 정전용량

12 정전용량 6[μF], 극간거리 2[mm]의 평판 콘덴서에 300[μC]의 전하를 주었을 때 극판간의 전계는 몇 [V/mm]인가?

① 25   ② 50

③ 150   ④ 200

해설

㉠ 전계의 세기와 전위차 관계식
$$V = dE[\text{V}] \ (\text{단, } E\text{는 평등전계})$$

㉡ 콘덴서에 축적되는 전하량
$$Q = CV = CdE[\text{C}]$$

$$\therefore\ E = \frac{Q}{Cd} = \frac{300 \times 10^{-6}}{6 \times 10^{-6} \times 2} = 25[\text{V/mm}]$$

중 제12장 전자계

13 안테나에서 파장 40[cm]의 평면파가 자유공간에 방사될 때 발신 주파수는 몇 [MHz]인가?

① 650   ② 700

③ 750   ④ 800

해설

㉠ 파장의 길이 : $\lambda = \dfrac{v}{f}[\text{m}]$

㉡ 발신 주파수 : $f = \dfrac{v}{\lambda} = \dfrac{3 \times 10^8}{0.4}$
$$= 0.75 \times 10^9[\text{Hz}] = 750[\text{MHz}]$$

상 제2장 진공 중의 정전계

14 전기 쌍극자 모멘트 M[C·m]인 전기 쌍극자에 의한 임의의 점의 전위는 몇 [V]인가? (단, 전기 쌍극자의 중심점에서 임의의 점까지의 거리는 R[m]이고, 이들 간에 이루어진 각은 θ이다.)

① $9 \times 10^9 \times \dfrac{M\cos\theta}{R}$ ② $9 \times 10^9 \times \dfrac{M\cos\theta}{R^2}$

③ $9 \times 10^9 \times \dfrac{M\sin\theta}{R}$ ④ $9 \times 10^9 \times \dfrac{M\sin\theta}{R^2}$

해설

전기 쌍극자로부터 R[m] 떨어진 점의 전위
$$V = \frac{M\cos\theta}{4\pi\varepsilon_0 R^2} = 9 \times 10^9 \times \frac{M\cos\theta}{R^2}[\text{V}]$$

정답 10. ②   11. ②   12. ①   13. ③   14. ②

하 | 제9장 자성체와 자기회로

15 히스테리시스 곡선의 기울기는 다음의 어떤 값에 해당하는가?

① 투자율
② 유전율
③ 자화율
④ 감자율

해설

히스테리시스 곡선의 횡축은 자계의 세기 H, 종축은 자속밀도 B이므로 히스테리시스 곡선의 기울기는 $\dfrac{B}{H}$ 가 되므로 투자율 μ을 의미한다(자속밀도 $B = \mu H$).

중 | 제11장 인덕턴스

16 그림 (a)의 인덕턴스에 전류가 그림 (b)와 같이 흐를 때 2초에서 6초 사이의 인덕턴스 전압 V_L은 몇 [V]인가?

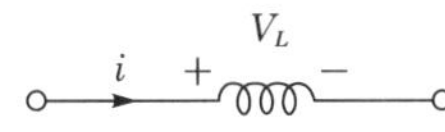

(a)

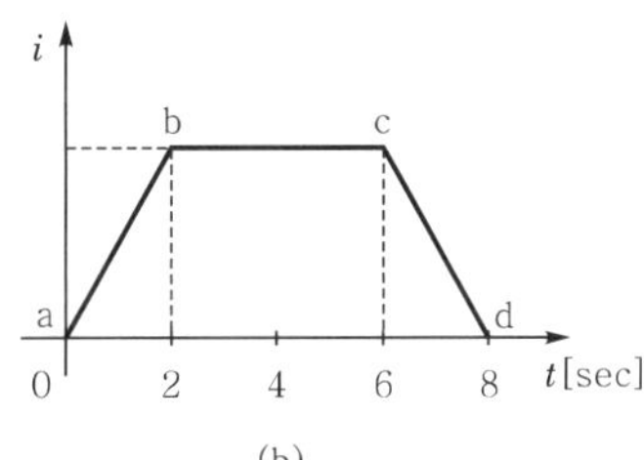

(b)

① 0
② 5
③ 10
④ −5

해설

인덕턴스 전압(유도기전력)은 시간에 따라 전류의 크기가 변해야 발생된다$\left(V_L = L\dfrac{di}{dt}\,[\text{V}]\right)$.

∴ 2초와 6초 사이의 전류의 변화가 없으므로 유도기전력 $\left(\dfrac{di}{dt} = 0\right)$은 발생되지 않는다.

중 | 제12장 전자계

17 도전율 σ, 유전율 ε인 매질에 교류전압을 가할 때 전도전류와 변위전류의 크기가 같아지는 주파수는?

① $f = \dfrac{\sigma}{2\pi\varepsilon}\,[\text{Hz}]$

② $f = \dfrac{\varepsilon}{2\pi\sigma}\,[\text{Hz}]$

③ $f = \dfrac{2\pi\varepsilon}{\sigma}\,[\text{Hz}]$

④ $f = \dfrac{2\pi\sigma}{\varepsilon}\,[\text{Hz}]$

해설

㉠ 전도전류 $I_c = \sigma ES\,[\text{A}]$
㉡ 변위전류 $I_d = \omega\varepsilon ES = 2\pi f\varepsilon ES\,[\text{A}]$
㉢ 임계조건 $I_c = I_d \;\rightarrow\; \sigma ES = 2\pi f\varepsilon ES$

∴ 임계주파수 $f_c = \dfrac{\sigma}{2\pi\varepsilon} = \dfrac{k}{2\pi\varepsilon}\,[\text{Hz}]$

중 | 제11장 인덕턴스

18 지름이 40[mm]인 원형 종이관에 일정하게 2000회의 코일이 감겨있는 솔레노이드의 인덕턴스는 몇 [mH]인가? (단, 솔레노이드의 길이는 50[cm], 투자율은 μ_0라고 한다.)

① 12.6
② 25.2
③ 50.4
④ 75.6

해설

종이관 내부는 공기로 채워져 있으므로(공심 솔레노이드) 비투자율 $\mu_s = 1$이 된다.

∴ 자기 인덕턴스

$$L = \frac{\mu_0 S N^2}{l}$$

$$= \frac{\mu_0 (\pi r^2) N^2}{l}$$

$$= \frac{4\pi \times 10^{-7} \times \pi (0.02)^2 \times 2000^2}{0.5}$$

$$= 12.6 \times 10^{-3}\,[\text{H}]$$

$$= 12.6\,[\text{mH}]$$

---

19 그림과 같이 전류 I[A]가 흐르고 있는 직선 도체로부터 r[m] 떨어진 P점의 자계의 세기 및 방향을 바르게 나타낸 것은? (단, $\otimes$은 지면을 들어가는 방향, $\odot$은 지면을 나오는 방향이다.)

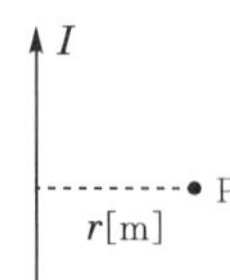

① $\dfrac{I}{2\pi r}$, $\otimes$　　　② $\dfrac{I}{2\pi r}$, $\odot$

③ $\dfrac{Idl}{4\pi r^2}$, $\otimes$　　　④ $\dfrac{Idl}{4\pi r^2}$, $\odot$

해설

㉠ 무한장 직선도체의 자계의 세기

$$H = \frac{I}{2\pi r} \ [\text{A/m}]$$

㉡ 앙페르의 오른나사 법칙에서 전류의 방향을 엄지로 하면 오른손이 쥐어지는 방향이 자계의 방향이 된다. 따라서 P점에서 자계는 들어가는 방향($\otimes$)이 된다.
여기서, $\odot$: 나오는 방향

---

20 매질 1이 나일론(비유전율 $\varepsilon_s = 4$)이고, 매질 2는 진공일 때 전속밀도 D가 경계면에서 각각 θ_1, θ_2의 각을 이룰 때 $\theta_2 = 30°$라 하면 θ_1의 값은?

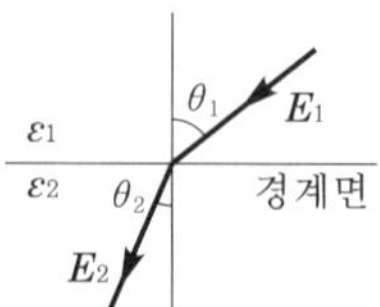

① $\tan^{-1}\dfrac{4}{\sqrt{3}}$　　　② $\tan^{-1}\dfrac{\sqrt{3}}{4}$

③ $\tan^{-1}\dfrac{\sqrt{3}}{2}$　　　④ $\tan^{-1}\dfrac{2}{\sqrt{3}}$

해설

유전체의 경계조건 $\dfrac{\varepsilon_1}{\varepsilon_2} = \dfrac{\tan\theta_1}{\tan\theta_2}$ 에서

$$\tan\theta_2 = \tan\theta_1\frac{\varepsilon_2}{\varepsilon_1} = \tan\theta_1\frac{\varepsilon_{s2}}{\varepsilon_{s1}} \ \text{이므로}$$

$$\therefore \ \theta_1 = \tan^{-1}\left(\tan\theta_2\frac{\varepsilon_{s1}}{\varepsilon_{s2}}\right)$$

$$= \tan^{-1}\left(\tan 30° \times \frac{4}{1}\right) = \tan^{-1}\left(\frac{4}{\sqrt{3}}\right)$$

 제7장 진공 중의 정자계

01 진공 중에서 4π[Wb]의 자하(磁荷)로부터 발산되는 총 자력선수는?

① 4π ② 10^7

③ $4\pi \times 10^7$ ④ $\dfrac{10^7}{4\pi}$

해설

㉠ 자기력선의 수 $N = \dfrac{m}{\mu} = \dfrac{m}{\mu_0 \mu_s}$[개]

㉡ 자속선수 $N = m$[개](μ과 무관)

∴ 자기력선수(진공의 비투자율 : $\mu_s = 1$)

$$N = \dfrac{m}{\mu_0} = \dfrac{4\pi}{4\pi \times 10^{-7}} = 10^7 \text{[개]}$$

 제2장 진공 중의 정전계

02 진공 중에서 무한장 직선도체에 선전하밀도 $\rho_L = 2\pi \times 10^{-3}$[C/m]가 균일하게 분포된 경우 직선도체에서 2[m]와 4[m] 떨어진 두 점 사이의 전위차[V]는?

① $\dfrac{10^{-3}}{\pi \varepsilon_0} \ln 2$ ② $\dfrac{10^{-3}}{\varepsilon_0} \ln 2$

③ $\dfrac{1}{\pi \varepsilon_0} \ln 2$ ④ $\dfrac{1}{\varepsilon_0} \ln 2$

해설 무한 직선전하의 전위차

$$V_{12} = \dfrac{\rho_L}{2\pi\varepsilon} \ln \dfrac{r_2}{r_1} = \dfrac{2\pi \times 10^{-3}}{2\pi\varepsilon_0} \ln \dfrac{4}{2} = \dfrac{10^{-3}}{\varepsilon_0} \ln 2 \text{[V]}$$

 제11장 인덕턴스

03 인덕턴스의 단위에서 1[H]가 의미하는 것은?

① 1[A]의 전류에 대한 자속이 1[Wb]인 경우이다.

② 1[A]의 전류에 대한 유전율이 1[F/m]이다.

③ 1[A]의 전류가 1초간에 변화하는 양이다.

④ 1[A]의 전류에 대한 자계가 1[AT/m]인 경우이다.

해설 인덕턴스의 정의 식

$$L = \dfrac{\phi}{I} \text{[H=Wb/m]}$$

$$\therefore\ L = \dfrac{\phi}{I} = \dfrac{1}{1} = 1\text{[H]}$$

 제8장 전류의 자기현상

04 그림과 같은 자극 사이에 있는 도체에 전류(I)가 흐를 때 힘은 어느 방향으로 작용하는가?

① ㉮

② ㉯

③ ㉰

④ ㉱

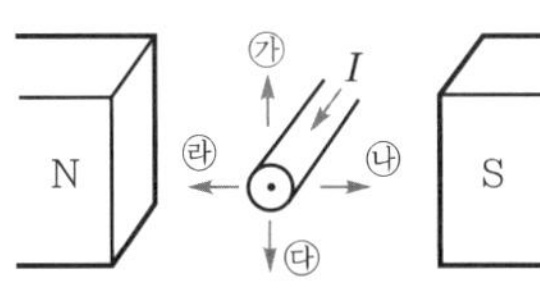

해설 플레밍의 왼손 법칙(전동기의 원리)

㉠ 엄지 손가락 : 전자력의 방향(F)

㉡ 검지 손가락 : 자장의 방향(B)

㉢ 중지 손가락 : 전류의 방향(I)

 제5장 전기 영상법

05 반지름 a[m]인 접지 구형도체와 점전하가 유전율 ε인 공간에서 각각 원점과 $(d, 0, 0)$인 점에 있다. 구형도체를 제외한 공간의 전계를 구할 수 있도록 구형도체를 영상전하로 대치할 때의 영상 점전하의 위치는?

① $\left(-\dfrac{a^2}{d}, 0, 0 \right)$ ② $\left(+\dfrac{a^2}{d}, 0, 0 \right)$

③ $\left(0, +\dfrac{a^2}{d}, 0 \right)$ ④ $\left(+\dfrac{d^2}{4a}, 0, 0 \right)$

해설 접지된 도체구와 점전하

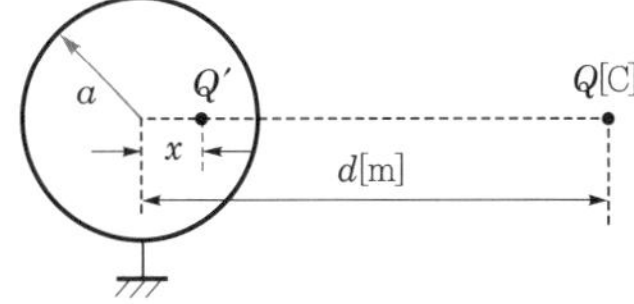

㉠ 영상전하 : $Q' = -\dfrac{a}{d} Q$[C]

㉡ 구도체 내의 영상점 : $x = \dfrac{a^2}{d}$[m]

중 제4장 유전체

06 면적 400[cm²], 판간격 1[cm]인 2장의 평행금속판 간에 비유전율 5의 유전체를 채우고, 판 간에 10[kV]의 전압으로 충전하였다가 10^{-5}[sec] 동안 방전시킬 경우의 평균전력은 몇 [W]인가?

① 400 ② 637.8
③ 733.6 ④ 885.5

해설

㉠ 콘덴서에 축적된 에너지는 저항을 통해서 방전시킬 때의 전력량과 같다.

$$W = \frac{1}{2}CV^2 = Pt\,[\text{J}]$$

㉡ 평행판 콘덴서의 정전용량

$$C = \frac{\varepsilon_0\varepsilon_s S}{d} = \frac{8.855\times10^{-12}\times5\times400\times10^{-4}}{10^{-2}}$$
$$= 17.71\times10^{-11}\,[\text{F}]$$

∴ 평균전력 $P = \frac{1}{2t}CV^2$

$$= \frac{1}{2\times10^{-5}}\times17.71\times10^{-11}\times(10^4)^2$$
$$= 885.5\,[\text{W}]$$

중 제11장 인덕턴스

07 비투자율 1000, 단면적 10[cm²], 자로의 길이 100[cm], 권수 1000회인 철심 환상 솔레노이드에 10[A]의 전류가 흐를 때 저축되는 자기에너지는 몇 [J]인가?

① 62.8
② 6.28
③ 31.4
④ 3.14

$I=10[\text{A}]$ ϕ μ $S=10[\text{cm}^2]$

해설

㉠ 자기 인덕턴스

$$L = \frac{\mu S N^2}{l} = \frac{\mu_0\mu_s S N^2}{l}$$
$$= \frac{4\pi\times10^{-7}\times1000\times10\times10^{-4}\times1000^2}{100\times10^{-2}}$$
$$= 4\pi\times10^{-1}\,[\text{H}]$$

㉡ 코일에 저장되는 자기에너지

$$W_L = \frac{1}{2}LI^2 = \frac{1}{2}\times4\pi\times10^{-1}\times10^2$$
$$= 62.8\,[\text{J}]$$

중 제6장 전류

08 고유저항 $\rho\,[\Omega\cdot\text{m}]$, 한 변의 길이가 r[m]인 정육면체의 저항[Ω]은?

① $\dfrac{\rho}{\pi r}$ ② $\dfrac{\pi r^2}{\sqrt{\rho}}$

③ $\dfrac{\rho}{r}$ ④ $\sqrt{\dfrac{2\pi r^2}{\rho}}$

해설 전기저항

$$R = \rho\frac{l}{S} = \rho\frac{r}{r^2} = \frac{\rho}{r}\,[\Omega]$$

상 제1장 벡터

09 위치함수로 주어지는 벡터량이 $\vec{E}(xyz) = iE_x + jE_y + kE_z$이다. 나블라($\nabla$)와의 내적 $\nabla\cdot\vec{E}$와 같은 의미를 갖는 것은?

① $\dfrac{\partial E_x}{\partial x} + \dfrac{\partial E_y}{\partial y} + \dfrac{\partial E_z}{\partial z}$

② $i\dfrac{\partial}{\partial x} + j\dfrac{\partial}{\partial y} + k\dfrac{\partial}{\partial z}$

③ $i\dfrac{\partial E_x}{\partial x} + j\dfrac{\partial E_y}{\partial y} + k\dfrac{\partial E_z}{\partial z}$

④ $\dfrac{\partial E}{\partial x} + \dfrac{\partial E}{\partial y} + \dfrac{\partial E}{\partial z}$

해설

벡터의 내적은 같은 방향의 크기 성분의 곱으로 계산할 수 있다.

$$\nabla\cdot\vec{E} = \left(i\frac{\partial}{\partial x} + j\frac{\partial}{\partial y} + k\frac{\partial}{\partial z}\right)\cdot(iE_x + jE_y + kE_z)$$
$$= \frac{\partial E_x}{\partial x} + \frac{\partial E_y}{\partial y} + \frac{\partial E_z}{\partial z}$$

중 제8장 전류의 자기현상

10 평등자계 내의 내부로 ㉠ 자계와 평행한 방향, ㉡ 자계와 수직인 방향으로 일정 속도의 전자를 입사시킬 때 전자의 운동 궤적을 바르게 나타낸 것은?

① ㉠ 원, ㉡ 타원 ② ㉠ 직선, ㉡ 타원
③ ㉠ 직선, ㉡ 원 ④ ㉠ 원, ㉡ 원

정답 06. ④ 07. ① 08. ③ 09. ① 10. ③

[해설] 평등자계 내의 전자 또는 전하의 운동

㉠ 운동 전하가 평등자계에 대하여 수직으로 입사 시 : 등속 원운동
㉡ 운동 전하가 평등자계에 대하여 수평으로 입사 시 : 등속 직선운동
㉢ 운동 전하가 평등자계에 대하여 비스듬히 입사 시 : 등속 나선운동

상 | 제2장 진공 중의 정전계

11 전기력선 밀도를 이용하여 주로 대칭 정전계의 세기를 구하기 위하여 이용되는 법칙은?

① 페러데이의 법칙 ② 가우스의 법칙
③ 쿨롱의 법칙 ④ 톰슨의 법칙

[해설] 가우스의 법칙

임의의 폐곡면을 관통하여 밖으로 나가는 전력선의 총수는 폐곡면 내부에 있는 총 전하량(Q)의 $1/\varepsilon_0$배와 같다는 법칙으로 정전계의 세기를 구할 때 사용된다.

상 | 제9장 자성체와 자기회로

12 자성체 경계면에 전류가 없을 때의 경계조건으로 틀린 것은?

① 자계 H의 접선성분 $H_{1T} = H_{2T}$

② 자속밀도 B의 법선성분 $B_{1n} = B_{2n}$

③ 전속밀도 D의 법선성분 $D_{1n} = D_{2n} = \dfrac{\mu_2}{\mu_1}$

④ 경계면에서의 자력선의 굴절 $\dfrac{\tan\theta_1}{\tan\theta_2} = \dfrac{\mu_1}{\mu_2}$

[해설] 자성체 경계조건

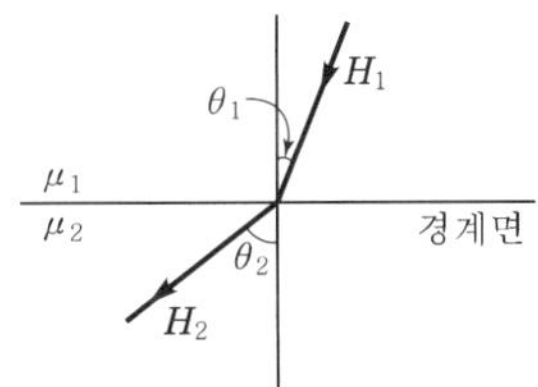

㉠ 자계의 접선성분은 서로 같다. (연속적)
$H_{1T} = H_{2T}\,(H_1 \sin\theta_1 = H_2 \sin\theta_2)$
㉡ 자속밀도의 법선성분은 서로 같다.
$B_{1n} = B_{2n}\,(B_1 \cos\theta_1 = B_2 \cos\theta_2)$
㉢ 경계조건 : $\dfrac{\mu_1}{\mu_2} = \dfrac{\tan\theta_1}{\tan\theta_2}$

상 | 제10장 전자유도법칙

13 권수 500[T]의 코일 내를 통하는 자속이 다음 그림과 같이 변화하고 있다. bc 기간 내에 코일 단자 간에 생기는 유기기전력은 몇 [V]인가?

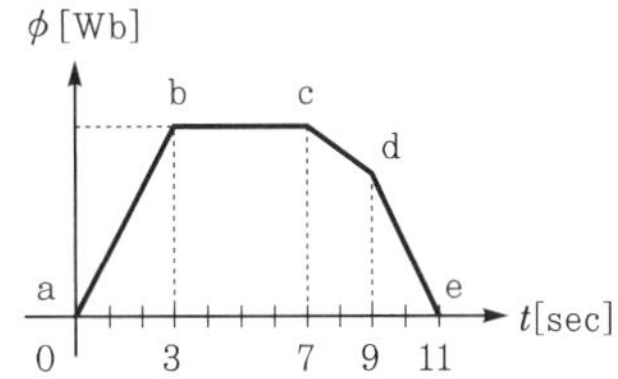

① 1.5 ② 0.7
③ 1.4 ④ 0

[해설]

유도기전력의 크기는 자속의 매초 변화율에 비례하여 발생한다. 이때 bc 기간은 자속 변화가 없으므로 유도기전력은 0이다.

상 | 제9장 자성체와 자기회로

14 강자성체의 히스테리시스 루프의 면적은?

① 강자성체의 단위체적당의 필요한 에너지이다.
② 강자성체의 단위면적당의 필요한 에너지이다.
③ 강자성체의 단위길이당의 필요한 에너지이다.
④ 강자성체의 전체 체적의 필요한 에너지이다.

하 | 제12장 전자계

15 전력용 유입 커패시터가 있다. 유(기름)의 비유전율이 2이고 인가된 전계 $E = 200\sin\omega t\,a_x$ [V/m]일 때 커패시터 내부에서의 변위전류밀도는 몇 [A/m²]인가?

① $400\varepsilon_0 \omega\cos\omega t a_x$

② $400\varepsilon_0 \sin\omega t a_x$

③ $200\varepsilon_0 \omega\cos\omega t a_x$

④ $400\varepsilon_0 \omega\sin\omega t a_x$

[정답] 11. ② 12. ③ 13. ④ 14. ① 15. ①

해설 변위전류밀도

$$i_d = \frac{\partial D}{\partial t} = \varepsilon \frac{\partial E}{\partial t}$$

$$= \varepsilon \frac{\partial}{\partial t} 200 \sin \omega t a_x = 200 \varepsilon \omega \cos \omega t a_x$$

$$= 400 \varepsilon_0 \omega \cos \omega t a_x \, [\text{A/m}^2]$$

상 제12장 전자계

16 맥스웰은 전극 간의 유전체를 통하여 흐르는 전류를 (㉠)라 하고, 이것은 (㉡)를 발생한다고 가정하였다. ㉠, ㉡에 알맞은 것은?

① ㉠ 와전류, ㉡ 자계
② ㉠ 변위전류, ㉡ 자계
③ ㉠ 와전류, ㉡ 전류
④ ㉠ 변위전류, ㉡ 전계

해설 암페어의 주회적분법칙

$$\text{rot}\, H = i + \frac{\partial D}{\partial t}$$

도선에 흐르는 전도전류 및 유전체를 통하여 흐르는 변위전류는 주위에 회전하는 자계를 발생시킨다.

중 제4장 유전체

17 유전율이 각각 $\varepsilon_1 = 1$, $\varepsilon_2 = \sqrt{3}$ 인 두 유전체가 접해 있는 경우, 경계면에서 전기력선의 입사각 $\theta_1 = 45°$이었다. 굴절각 θ_2는 몇 도인가?

① $20°$
② $30°$
③ $45°$
④ $60°$

해설

유전체의 경계조건 $\dfrac{\varepsilon_1}{\varepsilon_2} = \dfrac{\tan \theta_1}{\tan \theta_2}$ 에서

$\tan \theta_2 = \tan \theta_1 \dfrac{\varepsilon_2}{\varepsilon_1} = \tan \theta_1 \dfrac{\varepsilon_{s2}}{\varepsilon_{s1}}$ 이다.

$$\therefore \ \theta_2 = \tan^{-1}\left(\tan \theta_1 \frac{\varepsilon_2}{\varepsilon_1}\right)$$

$$= \tan^{-1}\left(\tan 45° \times \frac{\sqrt{3}}{1}\right)$$

$$= \tan^{-1} \sqrt{3} = 60°$$

중 제2장 진공 중의 정전계

18 절연내력 3000[kV/m]인 공기 중에 놓여진 직경 1[m]의 구도체에 줄 수 있는 최대 전하는 몇 [C]인가?

① 6.75×10^4
② 6.75×10^{-6}
③ 8.33×10^{-5}
④ 8.33×10^{-6}

해설

㉠ 절연내력이란 절연체가 견딜 수 있는 최대 전계의 세기를 의미한다.

㉡ 전계의 세기 $E = \dfrac{Q}{4\pi\varepsilon_0 r^2} = 9 \times 10^9 \times \dfrac{Q}{r^2}$ [V/m]에서

최대 전하는 다음과 같다.

$$\therefore \ Q = 4\pi\varepsilon_0 r^2 E$$

$$= \frac{0.5^2 \times 3000 \times 10^3}{9 \times 10^9} = 8.33 \times 10^{-5}[\text{C}]$$

여기서, r : 구도체 반경[m]

상 제3장 정전용량

19 그림과 같이 $C_1 = 3[\mu\text{F}]$, $C_2 = 4[\mu\text{F}]$, $C_3 = 5[\mu\text{F}]$, $C_4 = 4[\mu\text{F}]$의 콘덴서가 연결되어 있을 때 C_1에 $Q_1 = 120[\mu\text{C}]$의 전하가 충전되어 있다면 a, c간의 전위차는 몇 [V]인가?

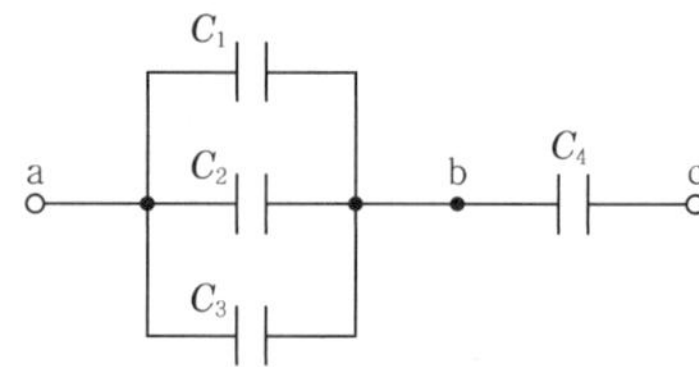

① 72
② 96
③ 102
④ 160

해설

㉠ a, b간 전위차는 C_1에 걸린 전압과 같으므로

$$V_{ab} = \frac{Q_1}{C_1} = \frac{120}{3} = 40[\text{V}]$$

㉡ V_{ab}에 걸린 전압을 전압분배법칙에 의해 전개를 하면

$$V_{ab} = \frac{C_4}{C + C_4} \times V_{ac}$$

(여기서, $C = C_1 + C_2 + C_3 = 12[\mu\text{F}]$)

$$\therefore \ V_{ac} = \frac{V_{ab}(C + C_4)}{C_4} = \frac{40(12 + 4)}{4} = 160[\text{V}]$$

정답 16. ② 17. ④ 18. ③ 19. ④

하 제6장 전류

20 2[Ω]과 4[Ω]의 병렬회로 양단에 40[V]를 가했을 때 2[Ω]에서 발생하는 열은 4[Ω]에서의 열의 몇 배인가?

① 2   ② 4
③ 6   ④ 8

해설 저항에서 발생하는 열량

$H = 0.24Pt = 0.24\dfrac{V^2}{R}t$[J]에서 병렬회로의 전압은 일정하므로 발열량은 저항에 반비례한다. 따라서 2[Ω]에서 발생하는 열은 4[Ω]에서의 2배가 된다.

정답 20. ①

상 제4장 유전체

01 어떤 종류의 결정을 가열하면 한 면에 정(正), 반대면에 부(負)의 전기가 나타나 분극을 일으키며 반대로 냉각하면 역(逆)의 분극이 일어나는 것은?

① 파이로(Pyro)전기
② 볼타(Volta)효과
③ 바크하우젠(Barkhausen)법칙
④ 압전기(Piezo-electric)의 역효과

중 제2장 진공 중의 정전계

02 공기 중에 그림과 같이 가느다란 전선으로 반경 a인 원형 코일을 만들고, 이것에 전하 Q가 균일하게 분포하고 있을 때 원형 코일의 중심축상에서 중심으로부터 거리 x만큼 떨어진 P점의 전계의 세기는 몇 [V/m]인가?

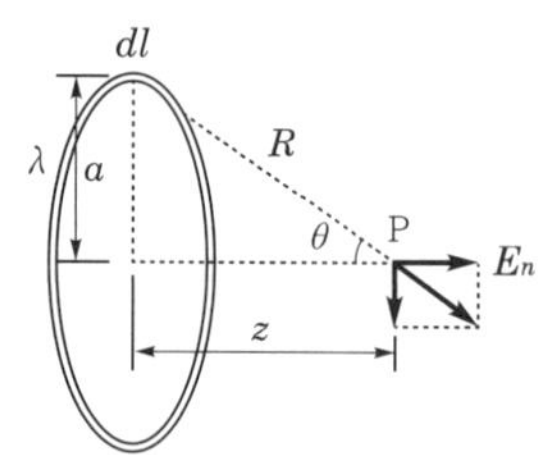

① $\dfrac{Q \cdot z}{2\pi\varepsilon_0(a^2+z^2)^{3/2}}$

② $\dfrac{Q \cdot z}{4\pi\varepsilon_0(a^2+z^2)^{3/2}}$

③ $\dfrac{Q \cdot z}{2\pi\varepsilon_0(a^2+z^2)}$

④ $\dfrac{Q \cdot z}{4\pi\varepsilon_0(a^2+z^2)^{1/2}}$

해설 환원 도체에 의한 전계의 세기

$$E = \frac{\lambda za}{2\varepsilon_0(a^2+z^2)^{3/2}} = \frac{Qz}{4\pi\varepsilon_0(a^2+z^2)^{3/2}}\,[\text{V/m}]$$

중 제11장 인덕턴스

03 길이 l, 단면 반지름 $a(l \gg a)$, 권수 N_1인 단층 원통형 1차 솔레노이드의 중앙 부근에 권수 N_2인 2차 코일을 밀착되게 감았을 경우 상호 인덕턴스[H]는?

① $\dfrac{\mu\pi a^2}{l} N_1 N_2$

② $\dfrac{\mu\pi a^2}{l} N_1{}^2 N_2{}^2$

③ $\dfrac{\mu l}{\pi a^2} N_1 N_2$

④ $\dfrac{\mu l}{\pi a^2} N_1{}^2 N_2{}^2$

해설

상호 인덕턴스 $M = \dfrac{\mu s N_1 N_2}{l}$

$$= \frac{\mu(\pi a^2)N_1 N_2}{l}\,[\text{H}]$$

상 제10장 전자유도법칙

04 내부장치 또는 공간을 물질로 포위시켜 외부 자계의 영향을 차폐시키는 방식을 자기차폐라 한다. 자기차폐에 좋은 물질은?

① 강자성체 중에서 비투자율이 큰 물질
② 강자성체 중에서 비투자율이 작은 물질
③ 비투자율이 1보다 작은 역자성체
④ 비투자율에 관계없이 물질의 두께에만 관계되므로 되도록 두꺼운 물질

해설

자기차폐는 비투자율이 큰 강자성체로 포위시켜 내부장치를 외부 자계에 대하여 영향을 받지 않도록 차폐하는 것을 말한다. 만약 내부장치가 외부 자계에 노출되면 유도장해 $\left(e = -N\dfrac{d\phi}{dt}\right)$를 일으키게 된다.

05 그림에서 축전기를 $\pm Q$[C]으로 대전한 후 스위치 K를 닫고 도선에 전류 I를 흘리는 순간의 축전기 두 판 사이의 변위전류는?

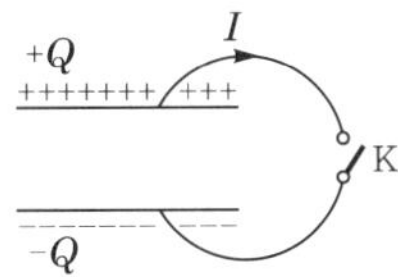

① $+Q$판에서 $-Q$판쪽으로 흐른다.
② $-Q$판에서 $+Q$판쪽으로 흐른다.
③ 왼쪽에서 오른쪽으로 흐른다.
④ 오른쪽에서 왼쪽으로 흐른다.

해설

전도전류와 변위전류의 방향은 같으며, 두 전류 모두 자기장을 발생시킨다.

중 제9장 지성체와 자기회로

06 자계의 세기에 관계없이 급격히 자성을 잃는 점을 자기 임계온도 또는 큐리점(Curie point)이라고 한다. 순철의 경우 이 온도는 약 몇 [℃]인가?

① 약 $0[℃]$
② 약 $370[℃]$
③ 약 $570[℃]$
④ 약 $770[℃]$

중 제2장 진공 중의 정전계

07 진공 중에 전하량 Q[C]인 점전하가 있다. 그림과 같이 Q를 둘러싸는 경로 C_1과 둘러싸지 않은 폐곡선 C_2가 있다. 지금 $+1$[C]의 전하를 화살표 방향으로 경로 C_1을 따라 일주시킬 때 요하는 일을 W_1, 경로 C_2를 일주시키는 데 요하는 일을 W_2라고 할 때 옳은 것은?

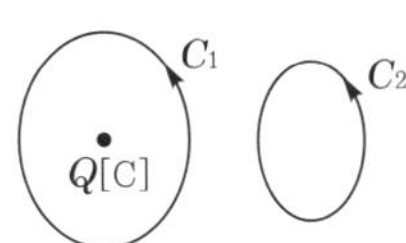

① $W_1 < W_2$
② $W_2 < W_1$
③ $W_1 \neq 0$, $W_2 = 0$
④ $W_1 = W_2 = 0$

해설

$\oint E dl = 0$이므로, 폐회로를 따라 일주하면 위치가 원위치이므로 에너지 증감이 없다.

상 제9장 지성체와 자기회로

08 자성체가 균일하게 자화되어 있을 때의 자극의 상태로 옳은 것은?

① 자성체에는 자극이 나타나지 않는다.
② 자성체 전체에 자극이 골고루 분포되어 나타난다.
③ 자성체의 내부에 자극이 나타난다.
④ 자성체의 양단면에 자극이 나타난다.

하 제2장 진공 중의 정전계

09 무한장 선전하와 무한 평면 전하에서 r[m] 떨어진 점의 전위는 각각 얼마인가? (단, ρ_L은 선전하밀도, ρ_s는 평면 전하밀도이다.)

① 무한 직선 : $\dfrac{\rho_L}{2\pi\varepsilon_0}$, 무한 평면도체 : $\dfrac{\rho_s}{\varepsilon}$
② 무한 직선 : $\dfrac{\rho_L}{4\pi\varepsilon_0 r}$, 무한 평면도체 : $\dfrac{\rho_s}{2\pi\varepsilon_0}$
③ 무한 직선 : $\dfrac{\rho_L}{\varepsilon}$, 무한 평면도체 : ∞
④ 무한 직선 : ∞, 무한 평면도체 : ∞

해설

무한장 선전하, 무한 평면 전하의 전하량은 무한대이므로 이들의 전위도 ∞가 된다.

하 제5장 전기 영상법

10 질량이 10^{-3}[kg]인 작은 물체가 전하 Q[C]을 가지고 무한 도체 평면 아래 2×10^{-2}[m]에 있다. 전기 영상법을 이용하여 정전력이 중력과 같게 되는데 필요한 Q의 값은 얼마인가?

① 약 2.5×10^{-8}[C]
② 약 3.2×10^{-8}[C]
③ 약 4.2×10^{-8}[C]
④ 약 5.0×10^{-8}[C]

정답 05. ② 06. ④ 07. ④ 08. ④ 09. ④ 10. ③

해설

쿨롱의 힘=중력의 힘

㉠ 영상법에 의한 쿨롱의 힘

$$F = \frac{Q^2}{4\pi\varepsilon_0 (2r)^2} = 9\times10^9 \times \frac{Q^2}{(2\times2\times10^{-2})^2}[\text{N}]$$

㉡ 중력의 힘

$$F = mg = 10^{-3}\times9.8[\text{N}]$$

㉢ $F = \dfrac{9\times10^9\times Q^2}{(4\times10^{-2})^2} = 9.8\times10^{-3}$ 에서

$$\therefore Q = \sqrt{\frac{9.8\times10^{-3}\times(4\times10^{-2})^2}{9\times10^9}}$$
$$= 4.17\times10^{-8}[\text{C}]$$

중 제4장 유전체

11 유전율이 각각 $\varepsilon_1 = 1$, $\varepsilon_2 = \sqrt{3}$ 인 두 유전체가 접해 있는 경우, 경계면에서 전기력선의 입사각 $\theta_1 = 45°$이었다. 굴절각 θ_2는 몇 도인가?

① 20° 　　　　② 30°
③ 45° 　　　　④ 60°

해설

유전체의 경계조건 $\dfrac{\varepsilon_1}{\varepsilon_2} = \dfrac{\tan\theta_1}{\tan\theta_2}$ 에서

$\tan\theta_2 = \tan\theta_1 \dfrac{\varepsilon_2}{\varepsilon_1} = \tan\theta_1 \dfrac{\varepsilon_{s2}}{\varepsilon_{s1}}$ 이다.

$$\therefore \theta_2 = \tan^{-1}\left(\tan\theta_1 \frac{\varepsilon_2}{\varepsilon_1}\right) = \tan^{-1}\left(\tan45° \times \frac{\sqrt{3}}{1}\right)$$
$$= \tan^{-1}\sqrt{3} = 60°$$

중 제10장 전자유도법칙

12 서울에서 부산 방향으로 향하는 제트기가 있다. 제트기가 대지면과 나란하게 1235[km/h]로 비행할 때, 제트기 날개 사이에 나타나는 전위차[V]는? (단, 지구의 자기장은 대지면에서 수직으로 향하고, 그 크기는 30[A/m]이고, 제트기의 몸체 표면은 도체로 구성되며, 날개 사이의 길이는 65[m]이다.)

① 0.42 　　　　② 0.84
③ 1.68 　　　　④ 3.03

해설

제트기(도체)가 대지 표면에서 발생되는 자기장을 끊어나가면 제트기 표면에는 기전력이 유도된다. (플레밍의 오른손 법칙)

∴ 유도기전력

$$e = vBl\sin\theta = v\mu_0 Hl\sin\theta$$
$$= \frac{1235}{3600}\times4\pi\times10^{-7}\times30\times65\times\sin90°$$
$$= 0.84[\text{V}]$$

하 제2장 진공 중의 정전계

13 점(0, 0), (3, 0), (0, 4)[m]에 각각 5×10^{-8}[C], 4×10^{-8}[C], -6×10^{-8}[C]의 점전하가 있을 때 점(0, 0)을 중심으로 한 반지름 5[m]의 구면을 통과하는 전기력선 수는?

① 540π 　　　　② 1080π
③ 2160π 　　　　④ 5400π

해설

㉠ 폐곡면 내부 총 전하량

$$Q = (5+4-6)\times10^{-8} = 3\times10^{-8}[\text{C}]$$

㉡ 진공의 유전율

$$\varepsilon_0 = 8.855\times10^{-12} = \frac{1}{36\pi\times10^9}[\text{F/m}]$$

∴ 전력기력선 수

$$N = \frac{Q}{\varepsilon_0} = \frac{3\times10^{-8}}{\dfrac{1}{36\pi\times10^9}} = 1080\pi$$

중 제12장 전자계

14 콘크리트($\varepsilon_r = 4$, $\mu_r = 1$) 중에서 전자파의 고유 임피던스는 약 몇 [Ω]인가?

① 35.4
② 70.8
③ 124.3
④ 188.5

해설 자유공간에서의 고유 임피던스(특성 임피던스)

$$Z = \sqrt{\frac{\mu}{\varepsilon}} = \sqrt{\frac{\mu_0\mu_r}{\varepsilon_0\varepsilon_r}} = 120\pi\sqrt{\frac{\mu_r}{\varepsilon_r}} = 120\pi\sqrt{\frac{1}{4}}$$
$$= 377\times\frac{1}{2} = 188.5[\Omega]$$

하 제3장 정전용량

15 그림과 같이 n개의 동일한 콘덴서 C를 직렬 접속하여 최하단의 한 개와 병렬로 정전용량 C_0의 정전전압계를 접속하였다. 이 정전전압계의 지시가 V일 때 측정전압 V_0는 몇 [V]인가?

① nV

② $\dfrac{C_0}{C}(n-1)\,V$

③ $\left[n-\dfrac{C_0}{C}(n-1)\right]V$

④ $\left[n+\dfrac{C_0}{C}(n-1)\right]V$

해설

㉠ 회로의 등가변환

㉡ 전압 분배법칙

$$V=\frac{\dfrac{C}{n-1}}{\dfrac{C}{n-1}+C+C_0}\times V_0$$

$$=\frac{C}{C+(n-1)(C+C_0)}\times V_0$$

$$=\frac{C}{C+nC+nC_0-C-C_0}\times V_0$$

$$=\frac{C}{nC+C_0(n-1)}\times V_0$$

∴ V_0의 값을 정리하면

$$V_0=\frac{nC+C_0(n-1)}{C}\times V$$

$$=\left[n+\frac{C_0}{C}(n-1)\right]V$$

하 제8장 전류의 자기현상

16 자계 내에서 도선에 전류를 흘러 보낼 때, 도선을 자계에 대해 60°의 각으로 놓았을 때 작용하는 힘은 30°각으로 놓았을 때 작용하는 힘의 몇 배인가?

① 1.2

② 1.7

③ 2.4

④ 3.6

해설 플레밍의 왼손법칙

$$\frac{F_{60}}{F_{30}}=\frac{IBl\sin 60°}{IBl\sin 30°}=\frac{\sin 60°}{\sin 30°}=\frac{\dfrac{\sqrt{3}}{2}}{\dfrac{1}{2}}=1.732$$

하 제6장 전류

17 구리 중에는 1[cm^3]에 8.5×10^{22}[개]의 자유전자가 있다. 단면적 2[mm^2]의 구리선에 10[A]의 전류가 흐를 때의 자유전자의 평균 속도는 약 몇 [cm/s]인가?

① 0.037

② 0.37

③ 3.7

④ 37

해설

㉠ 전류의 정의식

$$I=\frac{Q}{t}=nevS=\rho vS[\text{A}]$$

여기서, $\rho=ne$: 체적 전하밀도[C/m^3]

㉡ 단위체적당 전자의 개수

$$n=8.5\times10^{22}[\text{개/cm}^3]=8.5\times10^{22}\times10^6[\text{개/m}^3]$$

㉢ 구리선의 단면적

$$S=2[\text{mm}^2]=2\times10^{-6}[\text{m}^2]$$

∴ 전자의 이동 속도

$$v=\frac{I}{neS}$$

$$=\frac{10}{8.5\times10^{22}\times10^6\times1.6\times10^{-19}\times2\times10^{-6}}$$

$$=0.000367[\text{m/s}]=0.0367[\text{cm/s}]$$

하 제6장 전류

18 2개의 물체를 마찰하면 마찰전기가 발생한다. 이는 마찰에 의한 일에 의하여 표면에 가까운 무엇이 이동하기 때문인가?

① 전하

② 양자

③ 구속전자

④ 자유전자

중 제11장 인덕턴스

19 송전선의 전류가 0.01초 사이에 10[kA] 변화될 때 이 송전선에 나란한 통신선에 유도되는 유도전압은 몇 [V]인가? (단, 송전선과 통신선 간의 상호 유도계수는 0.3[mH]이다.)

① 30
② 3×10^2
③ 3×10^3
④ 3×10^4

해설 통신선에 유도되는 기전력

$$e = -M\frac{di}{dt}$$
$$= -0.3 \times 10^{-3} \times \frac{10 \times 10^3}{0.01}$$
$$= -3 \times 10^2 [\text{V}]$$

(여기서, −는 송전선에 흐르는 전류와 반대 방향으로 기전력이 유도된다는 의미이다.)

중 제8장 전류의 자기현상

20 평등자계 H[AT/m]에 수직으로 전자가 속도 v[m/s]로 이동할 때 이 전자의 운동궤도 반경 r[m]은 얼마인가? (단, 전자의 전하량 : e[C], 진공 내의 전자 질량 : m[m])

① $\dfrac{mH}{e\mu_0 v}$
② $\dfrac{ev}{m\mu_0 H}$
③ $\dfrac{eH}{m\mu_0 v}$
④ $\dfrac{mv}{e\mu_0 H}$

해설

운동 전하가 평등자계에 대하여 수직 입사하면 등속 원운동을 한다.

㉠ 원운동 조건 : $\dfrac{mv^2}{r} = vBq$

여기서, m : 질량[kg], q : 전하[C]
B : 자속밀도[Wb/m²]

㉡ 전자의 궤도(원운동을 하는 반지름)

$$r = \frac{mv}{Bq} = \frac{mv}{\mu_0 Hq}[\text{m}]$$

상 제6장 전류

01 평행판 콘덴서에 유전율 9×10^{-8}[F/m], 고유 저항 $\rho = 10^6$[$\Omega \cdot$ m]인 액체를 채웠을 때, 정전용량이 3[μF]이었다. 이 양극판 사이의 저항은 몇 [kΩ]인가?

① 37.6   ② 30

③ 18   ④ 15.4

해설

저항 $R = \dfrac{\rho \varepsilon}{C}$

$$= \dfrac{9 \times 10^{-8} \times 10^6}{3 \times 10^{-6}}$$

$$= 3 \times 10^4 [\Omega] = 30 [\text{k}\Omega]$$

하 제1장 벡터

02 $A = 2i - 5j + 3k$일 때, $k \times A$를 구하면?

① $-5i + 2j$ ② $5iz - 2j$

③ $-5i - 2j$ ④ $5i + 2j$

해설

k와 A의 두 벡터의 외적은 다음과 같다.
$k \times A = k \times (2i - 5j + 3k) = 2j + 5i$
여기서, $k \times i = j$, $k \times j = -i$, $k \times k = 0$

상 제5장 전기 영상법

03 무한 평면도체로부터 거리 a[m]인 곳에 점전하 Q[C]이 있을 때 도체표면에 유도되는 최대 전하밀도는 몇 [C/m^2]인가?

① $-\dfrac{Q}{2\pi a^2}$ ② $-\dfrac{Q}{2\pi \varepsilon_0 a^2}$

③ $-\dfrac{Q}{4\pi a^2}$ ④ $-\dfrac{Q}{4\pi \varepsilon_0 a^2}$

해설 최대 전하밀도

$$D_m = \sigma_m = \varepsilon_0 E_m = \dfrac{Q}{2\pi a^2} [\text{C/m}^2]$$

여기서, 유도되는 전하의 극성은 $-$가 된다.

중 제4장 유전체

04 정전용량이 20[μF]인 평행판 축전기에 0.01[C]의 전하량을 충전했을 때 두 평행판 사이에 비유전율 10인 유전체를 채우면 유전체 표면에 발생하는 분극 전하량은 몇 [C]인가?

① -0.009

② -0.01

③ -0.09

④ -0.1

해설

㉠ 분극 전하밀도 $\sigma' = P = \dfrac{Q'}{S}$[C/m^2]이고,

전하밀도 $\sigma = D = \dfrac{Q}{S}$[C/m^2]

㉡ 분극 전하밀도 $P = D\left(1 - \dfrac{1}{\varepsilon_s}\right)$에서 양변에 면적을 곱해서 분극 전하량을 구할 수 있다.

∴ 분극 전하량

$$Q' = -Q\left(1 - \dfrac{1}{\varepsilon_s}\right) = -0.01\left(1 - \dfrac{1}{10}\right) = -0.009[\text{C}]$$

상 제11장 인덕턴스

05 균일하게 원형 단면을 흐르는 전류 I[A]에 의한 반지름 a[m], 길이 l[m], 비투자율 μ_s인 원통 도체의 내부 인덕턴스는 몇 [H]인가?

① $\dfrac{1}{2} \times 10^{-7} \mu_s l$

② $10^{-7} \mu_s l$

③ $2 \times 10^{-7} \mu_s l$

④ $\dfrac{1}{2a} \times 10^{-7} \mu_s l$

해설 내부 인덕턴스 (구리의 비투자율 : $\mu_s \fallingdotseq 1$)

$$L_i = \dfrac{\mu l}{8\pi} = \dfrac{\mu_0 \mu_s l}{8\pi}$$

$$= \dfrac{4\pi \times 10^{-7} \times \mu_s \times l}{8\pi} = \dfrac{1}{2} \times 10^{-7} \times \mu_s l [\text{H}]$$

정답   01. ②   02. ④   03. ①   04. ①   05. ①

중 제3장 정전용량

06 모든 전기장치를 접지시키는 근본적인 이유는?

① 편의상 대지는 전위가 영상전위이기 때문이다.
② 대지는 습기가 있기 때문에 전류가 잘 흐르기 때문이다.
③ 영상전하로 생각하여 땅속은 음($-$)전하이기 때문이다.
④ 지구의 정전용량이 커서 전위가 거의 일정하기 때문이다.

중 제12장 전자계

07 도전율 σ, 유전율 ε인 매질에 교류전압을 가할 때 전도전류와 변위전류의 크기가 같아지는 주파수[Hz]는?

① $f = \dfrac{\sigma}{2\pi\varepsilon}$
② $f = \dfrac{\varepsilon}{2\pi\sigma}$
③ $f = \dfrac{2\pi\varepsilon}{\sigma}$
④ $f = \dfrac{2\pi\sigma}{\varepsilon}$

해설

㉠ 전도전류 : $I_c = \sigma ES$[A]
㉡ 변위전류 : $I_d = \omega\varepsilon ES = 2\pi f\varepsilon ES$[A]
㉢ 임계조건 : $I_c = I_d \rightarrow \sigma ES = 2\pi f\varepsilon ES$
∴ 임계주파수 $f_c = \dfrac{\sigma}{2\pi\varepsilon} = \dfrac{k}{2\pi\varepsilon}$[Hz]

중 제7장 진공 중의 정자계

08 판자석의 표면밀도를 $\pm\sigma$ [Wb/m^2]이라 하고, 두께를 δ[m]라고 할 때, 이 판자석의 세기는 몇 [Wb/m]인가?

① $\sigma\delta$
② $\dfrac{1}{2}\sigma\delta^2$
③ $\dfrac{1}{2}\sigma\delta$
④ $\sigma\delta^2$

해설

㉠ 자기 이중층 모멘트(판자석의 세기)
$M = P = \sigma\delta = \mu_0 I$[Wb/m]
㉡ 자기 이중층(판자석) 자위
$U = \dfrac{P\omega}{4\pi\mu_0} = \dfrac{I\omega}{4\pi} = \dfrac{I}{2}(1-\cos\theta)$[J/Wb]

하 제10장 전자유도법칙

09 그림과 같이 환상 철심에 2개의 코일을 감고, 1차 코일을 전지에, 2차 코일을 검류계 ⒼG에 연결한다. 다음의 각 경우 중 검류계에 흐르는 전류의 방향이 옳게 언급된 것은?

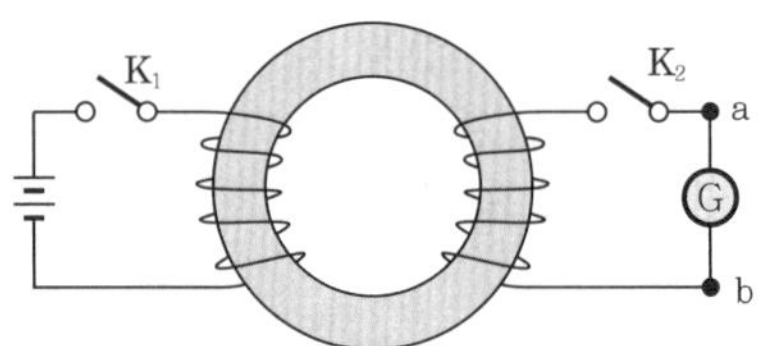

① 스위치 K_2를 닫은 다음 스위치 K_1을 닫으면 전류는 b에서 a로 흐른다.
② 스위치 K_1을 닫은 후 잠깐 있다가 스위치 K_2를 닫으면 전류는 a에서 b로 흐른다.
③ 스위치 K_1과 K_2를 닫아 놓고, 스위치 K_1을 급히 열면 전류는 b에서 a로 흐른다.
④ 스위치 K_1과 K_2를 닫아 놓고, 스위치 K_2를 급히 열면 전류는 b에서 a로 흐른다.

해설

스위치 K_1과 K_2를 닫은 상태에서 K_1을 급히 열면 철내에 자속이 감소하게 된다. 전자유도법칙 $e = -N\dfrac{d\phi}{dt}$에 의해서 자속과 같은 방향으로 기전력이 유도되므로 2차 측 코일에 흐르는 전류는 b에서 a측으로 흐르게 된다.

상 제4장 유전체

10 유전체의 초전효과(Pyroelectric effect)에 대한 설명이 아닌 것은?

① 온도변화에 관계없이 일어난다.
② 자발 분극을 가진 유전체에서 생긴다.
③ 초전효과가 있는 유전체를 공기 중에 놓으면 중화된다.
④ 열에너지를 전기에너지로 변화시키는 데 이용된다.

해설

초전효과는 온도변화에 의해 발생된다.

정답 06. ④ 07. ① 08. ① 09. ③ 10. ①

중 제11장 인덕턴스

11 자기 인덕턴스와 상호 인덕턴스와의 관계에서 결합계수 k의 값은?

① $0 \leq k \leq \dfrac{1}{2}$ ② $0 \leq k \leq 1$

③ $1 \leq k \leq 2$ ④ $0 \leq k \leq 10$

해설

㉠ $k = 0$: 자기적인 비결합
㉡ $k = 1$: 자기적인 완전결합
㉢ 결합계수 범위 : $0 < k \leq 1$

하   제3장 정전용량

12 정전용량 C_1, C_2, C_x의 3개 커패시터를 그림과 같이 연결하고 단자 a, b간에 100[V]의 전압을 가하였다. 지금 $C_1 = 0.02[\mu F]$, $C_2 = 0.1[\mu F]$이며 C_1에 90[V]의 전압이 걸렸을 때 C_x는 몇 [μF]인가?

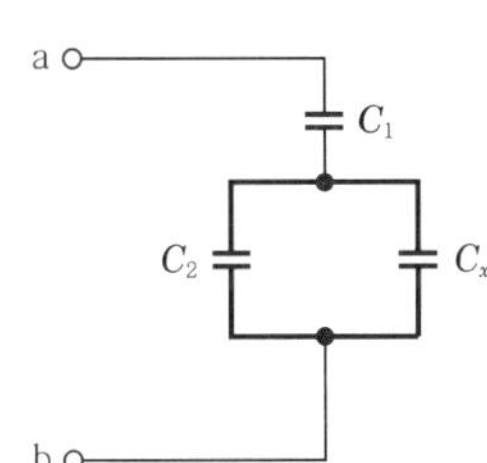

① 0.1   ② 0.04
③ 0.06   ④ 0.08

해설

㉠ 등가변환

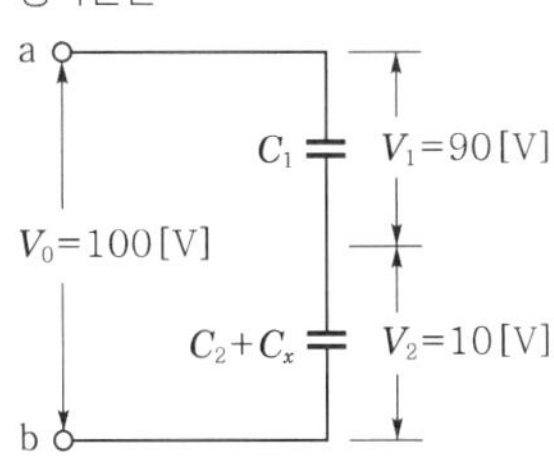

㉡ 전압분배법칙 $V_2 = \dfrac{C_1}{C_1 + C_2 + C_x} \times V_0$에서

$10 = \dfrac{0.02}{0.12 + C_x} \times 100$이므로 $0.12 + C_x = 0.2$가 된다.

$\therefore C_x = 0.2 - 0.12 = 0.08[\mu F]$

하   제6장 전류

13 온도 $t[℃]$에서 저항 $R_t[\Omega]$의 도선은 30[℃]일 때 저항은 어떻게 되는가?

① $\dfrac{30 - t}{234.5} R_t$ ② $\dfrac{234.5 + t}{264.5} R_t$

③ $\dfrac{30 - t}{234.5 + t} R_t$ ④ $\dfrac{264.5}{234.5 + t} R_t$

해설

$$R_T = [1 + \alpha_t (t - t_0)] R_t$$
$$= \left[1 + \dfrac{1}{234.5 + t}(30 - t) \right] R_t$$
$$= \left[\dfrac{234.5 + t}{234.5 + t} + \dfrac{30 - t}{234.5 + t} \right] R_t$$
$$= \dfrac{264.5}{234.5 + t} R_t[\Omega]$$

상   제9장 자성체와 자기회로

14 다음 설명의 (ⓐ), (ⓑ)에 들어갈 내용으로 옳은 것은?

> 히스테리시스 곡선은 가로축(횡축)(ⓐ), 세로축(종축)(ⓑ)와의 관계를 나타낸다.

① ⓐ 자속밀도, ⓑ 투자율
② ⓐ 자기장의 세기, ⓑ 자속밀도
③ ⓐ 자화의 세기, ⓑ 자기장의 세기
④ ⓐ 자기장의 세기, ⓑ 투자율

해설 히스테리시스 곡선

자성체가 자화되는 특성을 나타낸 곡선으로 외부에서 인가한 자기력에 대한 자성체 내의 자속밀도를 나타낸 곡선

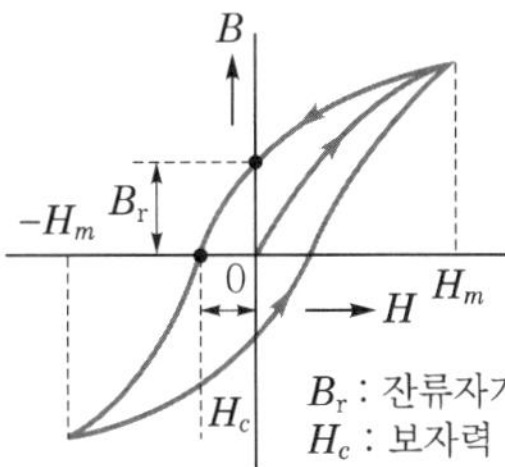

㉠ 가로축(횡축) : 자기장의 세기
㉡ 세로축(종축) : 자속밀도

중 | 제2장 진공 중의 정전계

15 진공 중에 전하량 Q[C]인 점전하가 있다. 그림과 같이 Q를 둘러싸는 경로 C_1과 둘러싸지 않은 폐곡선 C_2가 있다. 지금 +1[C]의 전하를 화살표 방향으로 경로 C_1을 따라 일주시킬 때 요하는 일을 W_1, 경로 C_2를 일주시키는 데 요하는 일을 W_2라고 할 때 옳은 것은?

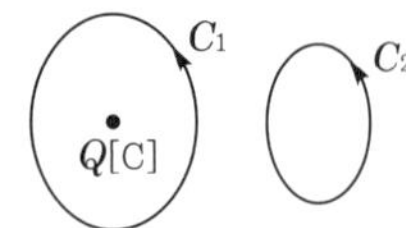

① $W_1 < W_2$

② $W_2 < W_1$

③ $W_1 \neq 0, \ W_2 = 0$

④ $W_1 = W_2 = 0$

해설

$\oint E dl = 0$이므로, 폐회로를 따라 일주하면 위치가 원위치이므로 에너지 증감이 없다.

하 | 제8장 전류의 자기현상

16 자계 내에서 도선에 전류를 흘러 보낼 때, 도선을 자계에 대해 60°의 각으로 놓았을 때 작용하는 힘은 30°각으로 놓았을 때 작용하는 힘의 몇 배인가?

① 1.2 　　　　② 1.7

③ 2.4 　　　　④ 3.6

해설 | 플레밍의 왼손법칙

$$\frac{F_{60}}{F_{30}} = \frac{IBl\sin60°}{IBl\sin30°} = \frac{\sin60°}{\sin30°} = \frac{\frac{\sqrt{3}}{2}}{\frac{1}{2}} = 1.732$$

중 | 제12장 전자계

17 콘크리트($\varepsilon_r = 4$, $\mu_r = 1$) 중에서 전자파의 고유 임피던스는 약 몇 [Ω]인가?

① 35.4[Ω] 　　　② 70.8[Ω]

③ 124.3[Ω] 　　④ 188.5[Ω]

해설 | 자유공간에서의 고유 임피던스(특성 임피던스)

$$Z = \sqrt{\frac{\mu}{\varepsilon}} = \sqrt{\frac{\mu_0 \mu_r}{\varepsilon_0 \varepsilon_r}} = 120\pi\sqrt{\frac{\mu_r}{\varepsilon_r}}$$

$$= 120\pi\sqrt{\frac{1}{4}} = 377 \times \frac{1}{2}$$

$$= 188.5[\Omega]$$

중 | 제2장 진공 중의 정전계

18 진공 중에 놓여 있는 2×10^3[C]의 점전하로부터 1[m] 떨어진 점 A와 2[m] 떨어진 점 B에서의 전속밀도 D_A, D_B는 각각 몇 [C/m²]인가?

① $D_A = 159$, $D_B = 40$

② $D_A = 0.4$, $D_B = 16$

③ $D_A = 40$, $D_B = 159$

④ $D_A = 16$, $D_B = 0.4$

해설

전속밀도 $D = \dfrac{Q}{4\pi r^2}$에서

㉠ $D_A = \dfrac{2 \times 10^3}{4\pi \times 1} = 159[\text{C/m}^2]$

㉡ $D_B = \dfrac{2 \times 10^3}{4\pi \times 2^2} = 40[\text{C/m}^2]$

상 | 제9장 자성체와 자기회로

19 그림과 같은 유한 길이의 솔레노이드에서 비투자율이 μ_s인 철심의 단면적이 S[m²]이고 길이가 l[m]인 것에 코일을 N회 감고 I[A]를 흘릴 때 자기저항 R_m[AT/Wb]은 어떻게 표현되는가?

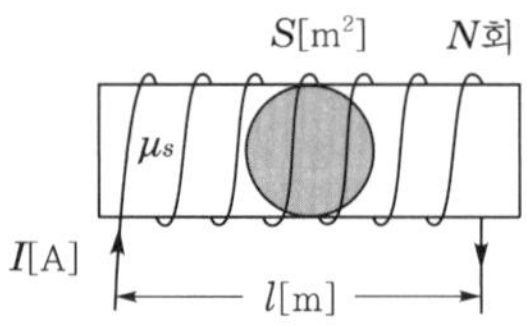

① $R_m = \dfrac{l}{\mu_0 \mu_s}$ 　　　② $R_m = l\mu_0 \mu_s$

③ $R_m = \dfrac{l}{\mu_0 \mu_s S}$ 　　④ $R_m = lS\mu_0 \mu_s$

 제8장 전류의 자기현상

20 한 변의 길이가 10[m]되는 정방형 회로에 100[A]의 전류가 흐를 때 회로 중심부의 자계의 세기는 몇 [A/m]인가?

① 5   ② 9

③ 16   ④ 21

해설 정사각형 도체 중심의 자계의 세기

$$H = \frac{2\sqrt{2}\,I}{\pi l} = \frac{2\sqrt{2}\times100}{\pi\times10} = 9[\text{A/m}]$$

01 그림은 철심부의 평균 길이가 0.8[m], 공극의 길이가 5.3[mm], 면적이 10[cm^2]인 자기회로이다. 이 철심의 자기저항[AT/Wb]은? (단, 비투자율은 800이다.)

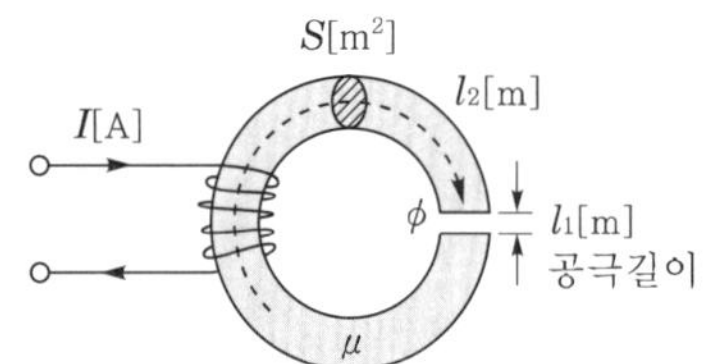

① 50.1×10^4

② 50.1×10^5

③ 60.1×10^4

④ 60.1×10^5

해설

㉠ 철심부의 자기저항

$$R_m = \frac{l_2}{\mu S} = \frac{l_2}{\mu_0 \mu_s S}$$
$$= \frac{0.8}{4\pi \times 10^{-7} \times 800 \times 10 \times 10^{-4}}$$
$$= 7.96 \times 10^5 [\text{AT/Wb}]$$

㉡ 공극의 자기저항

$$R_0 = \frac{l_1}{\mu_0 S} = \frac{5.3 \times 10^{-3}}{4\pi \times 10^{-7} \times 10 \times 10^{-4}}$$
$$= 42.18 \times 10^5 [\text{AT/Wb}]$$

∴ 전체 자기저항

$$R_T = R_m + R_0 = 50.1 \times 10^5 [\text{AT/Wb}]$$

02 도전도 $k = 6 \times 10^{17}$[℧/m], 투자율 $\mu = \frac{6}{\pi} \times 10^{-7}$[H/m]인 평면도체 표면에 10[kHz]의 전류가 흐를 때, 침투되는 깊이 δ[m]는?

① $\frac{1}{6} \times 10^{-7}$

② $\frac{1}{8.5} \times 10^{-7}$

③ $\frac{36}{\pi} \times 10^{-10}$

④ $\frac{36}{\pi} \times 10^{-6}$

$$\delta = \sqrt{\frac{2\rho}{\omega\mu}} = \frac{1}{\sqrt{\pi f \mu \sigma}}$$
$$= \frac{1}{\sqrt{\pi \times (10 \times 10^3) \times \frac{6}{\pi} \times 10^{-7} \times 6 \times 10^{17}}}$$
$$= \frac{1}{\sqrt{6^2 \times 10^{14}}} = \frac{1}{6 \times 10^7}$$
$$= \frac{1}{6} \times 10^{-7} [\text{m}]$$

03 비유전율 $\varepsilon_s = 2.2$, 고유저항 $\rho = 10^{11}$[Ω·m]인 유전체를 넣은 콘덴서의 용량이 20[μF]이였다. 여기에 500[kV]의 전압을 가하였을 때 누설전류는 몇 [A]인가?

① 4.2

② 5.1

③ 54.5

④ 61.0

해설

저항과 정전용량의 관계 $RC = \rho\varepsilon$에서

절연저항 $R = \frac{\rho\varepsilon}{C}$ 이므로

∴ 누설전류

$$I_g = \frac{V}{R} = \frac{CV}{\rho\varepsilon}$$
$$= \frac{20 \times 10^{-6} \times 500 \times 10^3}{10^{11} \times 2.2 \times 8.855 \times 10^{-12}} = 5.13 [\text{A}]$$

04 자유공간 중에 점 P(2, −4, 5)가 도체면상에 있으며, 이 점에서 전계 $E = 3a_x - 6a_y + 2a_z$[V/m]이다. 도체면에 법선성분 E_n 및 접선성분 E_t의 크기는 몇 [V/m]인가?

① $E_n = 3, \ E_t = -6$

② $E_n = 7, \ E_t = 0$

③ $E_n = 2, \ E_t = 3$

④ $E_n = -6, \ E_t = 0$

해설

전계는 도체표면에 대해서 수직 출입하므로 전계의 접선 (수평)성분은 0이다. 즉, $E_t = 0$

∴ 전계의 법선(수직)성분의 크기

$$|E| = E_n = \sqrt{3^2 + (-6)^2 + 2^2} = 7[\text{V/m}]$$

해설

$$\text{div}(fA) = \frac{\partial}{\partial x}x^2yz + \frac{\partial}{\partial y}xy^2z + \frac{\partial}{\partial z}xyz^2$$

$$= 2xyz + 2xyz + 2xyz \begin{cases} x=1 \\ y=1 \\ z=1 \end{cases}$$

$$= 6$$

상 제10장 전자유도법칙

05 그림과 같은 균일한 자계 $B[\text{Wb/m}^2]$ 내에서 길이 $l[\text{m}]$인 도선 AB가 속도 $v[\text{m/s}]$로 움직일 때 ABCD 내에 유도되는 기전력 $e[\text{V}]$와 폐회로 ABCD 내 저항 R에 흐르는 전류의 방향은? (단, 폐회로 ABCD 내의 도선 및 도체의 저항은 무시한다.)

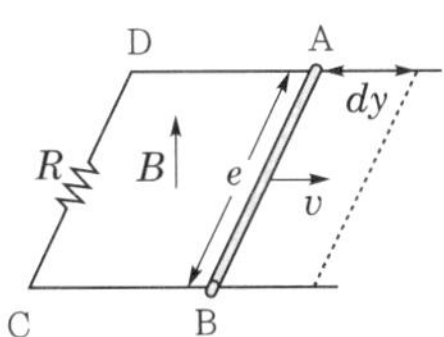

① $e = Blv$, 전류 방향 : C → D
② $e = Blv$, 전류 방향 : D → C
③ $e = Blv^2$, 전류 방향 : C → D
④ $e = Blv^2$, 전류 방향 : D → C

해설

㉠ 자계 내에 도체가 $v[\text{m/s}]$로 운동하면 도체에는 기전력이 유도된다. 도체의 운동방향과 자속밀도는 수직으로 쇄교하므로 기전력은 $e = Blv$가 발생된다.
㉡ 방향은 아래 그림과 같이 플레밍 오른손 법칙에 의해 시계 방향으로 발생된다.

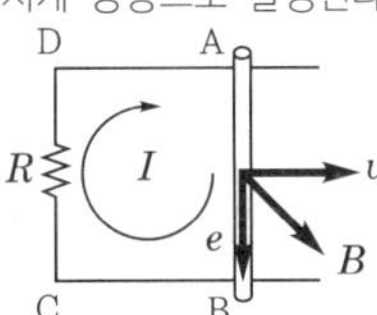

하 제1장 벡터

06 $f = xyz$, $\vec{A} = xi + yj + zk$일 때 점(1, 1, 1)에서의 $\text{div}(fA)$는?

① 3
② 4
③ 5
④ 6

하 제3장 정전용량

07 정전용량이 각각 $C_1 = 5[\mu\text{F}]$, $C_2 = 2[\mu\text{F}]$인 도체에 전하 $Q_1 = -5[\mu\text{C}]$, $Q_2 = 2[\mu\text{C}]$을 각각 주고 각 도체에 가는 철사로 연결하였을 때 C_1에서 C_2로 이동하는 전하는 몇 $[\mu\text{C}]$인가?

① -4
② -3.5
③ -3
④ -1.5

해설

㉠ 두 콘덴서가 보유한 총 전하량
$$Q = Q_1 + Q_2 = -3[\mu\text{C}]$$
㉡ C_2 측으로 분배되는 전하량

$$Q_2' = \frac{C_2}{C_1 + C_2} \times Q = \frac{2}{1+2} \times (-3) = -2[\mu\text{C}]$$

∴ C_2에 전하량이 $-2[\mu\text{C}]$이 되기 위해서는 C_1으로부터 $-4[\mu\text{C}]$이 이동하여야 한다.

중 제8장 전류의 자기현상

08 그림과 같이 한 변의 길이가 $l[\text{m}]$인 정육각형 회로에 전류 $I[\text{A}]$가 흐르고 있을 때 중심 자계의 세기는 몇 $[\text{A/m}]$인가?

① 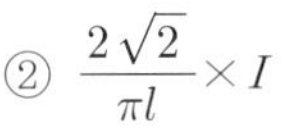 $\dfrac{1}{2\sqrt{3}\,\pi l} \times I$

② 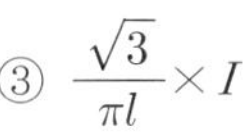 $\dfrac{2\sqrt{2}}{\pi l} \times I$

③ 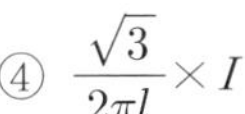 $\dfrac{\sqrt{3}}{\pi l} \times I$

④ $\dfrac{\sqrt{3}}{2\pi l} \times I$

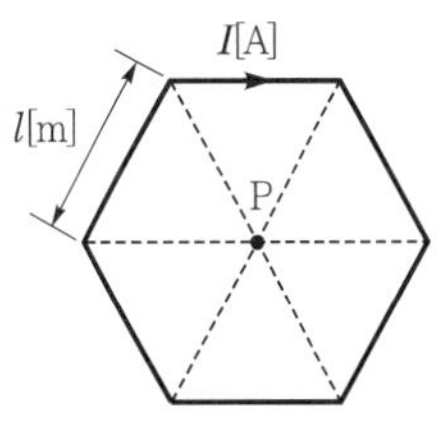

해설 정육각형 도체 중심에서 자계의 세기

$$H = \frac{\sqrt{3}\,I}{\pi l}[\text{A/m}]$$

정답 05. ① 06. ④ 07. ① 08. ③

하 제4장 유전체

09 면적 $A[\text{m}^2]$, 간격 $d[\text{m}]$인 평형판 콘덴서의 전극판에 비유전률 ε_r 인 유전체를 가득히 채웠을 때 전극판 간에 $V[\text{V}]$를 가하면 전극판을 떼어내는 데 필요한 힘은 몇 $[\text{N}]$인가?

① $\dfrac{\varepsilon_0\varepsilon_r V^2 A}{2d^2}$ ② $\dfrac{\varepsilon_0\varepsilon_r V^2 A}{d^2}$

③ $\dfrac{\varepsilon_0\varepsilon_r V^2 A}{2\pi d^2}$ ④ $\dfrac{\varepsilon_0\varepsilon_r V^2 A}{2d}$

해설

㉠ 단위면적당 작용하는 힘

$$f = \frac{1}{2}\varepsilon E^2 = \frac{1}{2}ED = \frac{D^2}{2\varepsilon}[\text{N/m}^2]$$

㉡ 전극판을 떼어내는 데 필요한 힘

$$F = f \cdot A = \frac{1}{2}\varepsilon E^2 A[\text{N}]$$

㉢ ㉡에 $E = \dfrac{V}{d}$를 대입하면

$$\therefore F = \frac{1}{2}\varepsilon\left(\frac{V}{d}\right)^2 A = \frac{1}{2d}\frac{\varepsilon_0\varepsilon_r A}{d}V^2 = \frac{\varepsilon_0\varepsilon_r V^2 A}{2d^2}[\text{N}]$$

하 제2장 진공 중의 정전계

10 그림과 같은 정방향관 단면의 격자점 ⑥의 전위를 반복법으로 구하면 약 몇 $[\text{V}]$가 되는가?

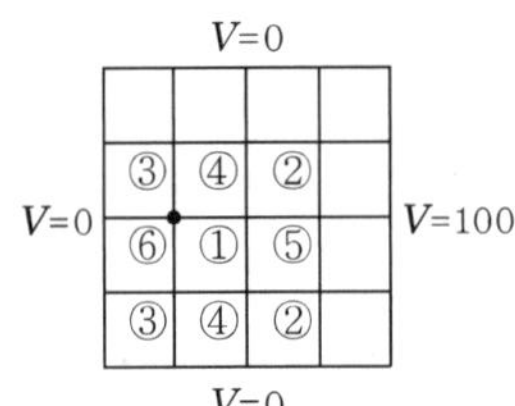

① 6.3 ② 9.4

③ 18.8 ④ 53.2

해설

라플라스 근사법에 의한 전위를 구하면

①점의 전위 $V_1 = \dfrac{100+0+0+0}{4} = 25$

③점의 전위 $V_3 = \dfrac{25+0+0+0}{4} = 6.25$

∴ ⑥점의 전위

$$V_6 = \frac{25+6.25+6.25+0}{4} = 9.375[\text{V}]$$

중 제12장 전자계

11 자계의 벡터 포텐셜을 A 라 할 때 자계의 변화에 의하여 생기는 전계의 세기 $E[\text{V/m}]$는?

① $E = \text{rot}\,A$

② $\text{rot}\,E = -\dfrac{\partial A}{\partial t}$

③ $E = -\dfrac{\partial A}{\partial t}$

④ $\text{rot}\,E = A$

해설

㉠ 맥스웰 방정식 $\text{rot}\,E = -\dfrac{\partial B}{\partial t}$

㉡ $B = \text{rot}\,A$ (여기서, A : 벡터 포텐셜)

∴ ㉡식을 ㉠식에 대입 정리하면

$$E = -\frac{\partial A}{\partial t}[\text{V/m}]$$

중 제6장 전류

12 15$[℃]$의 물 4$[\text{L}]$를 용기에 넣어 1$[\text{kW}]$의 전열기로 가열하여 물의 온도를 90$[℃]$로 올리는 데 30분이 필요하였다. 이 전열기의 효율은 약 몇 $[\%]$인가?

① 50 ② 60

③ 70 ④ 80

해설 전열기 효율

$$\eta = \frac{mc\theta}{860Pt} = \frac{4\times1(90-15)}{860\times1\times\dfrac{30}{60}}\times100 = 70[\%]$$

중 제4장 유전체

13 전속밀도에 대한 설명으로 가장 옳은 것은?

① 전속은 스칼라량이기 때문에 전속밀도도 스칼라량이다.

② 전속밀도는 전계의 세기의 방향과 반대 방향이다.

③ 전속밀도는 유전체 내에 분극의 세기와 같다.

④ 전속밀도는 유전체와 관계없이 크기는 일정하다.

해설

① 전속밀도와 전하밀도의 크기는 같다. 단, 전속밀도는 벡터, 전하밀도는 스칼라가 된다.
② 전속밀도는 전계의 세기의 방향과 같은 방향이다.
③ 분극의 세기 : $P = D - \varepsilon_0 E$
  (여기서, D : 전속밀도, E : 전계의 세기)
④ 전속밀도는 유전체와 관계없이 크기가 일정하다.

중 **제6장 전류**

14 내부저항 20[Ω] 및 25[Ω], 최대 지시눈금이 다같이 1[A]인 전류계 A_1 및 A_2를 그림과 같이 접속했을 때 측정할 수 있는 최대 전류의 값은 몇 [A]인가?

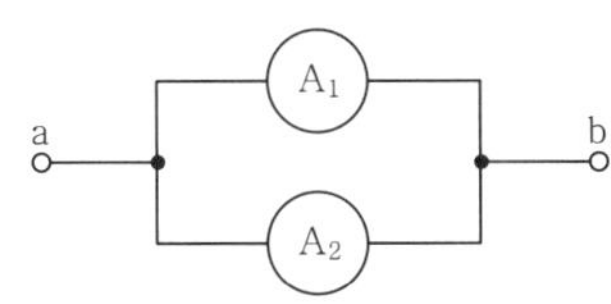

① 1
② 1.5
③ 1.8
④ 2

해설

㉠ 전류계를 병렬로 설치하면 내부저항이 작은 쪽으로 더 많은 전류가 흐른다.

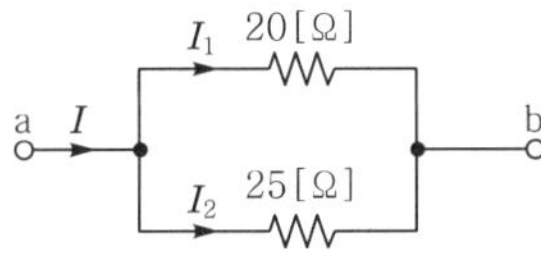

㉡ 내부저항이 작은 전류계 A_1에 $I_1 = 1$[A]가 흘렀을 때가 두 병렬 전류계가 측정할 수 있는 최대 전류 I 가 된다.
㉢ A_1에 흐르는 전류 I_1(전류분배법칙)

$$I_1 = \frac{R_2}{R_1 + R_2} \times I$$

여기서, R_1 : A_1 내부저항, R_2 : A_2 내부저항

∴ 최대 전류

$$I = \frac{R_1 + R_2}{R_2} \times I_1 = \frac{20 + 25}{25} \times 1 = 1.8[A]$$

중 **제11장 인덕턴스**

15 지름 2[mm], 길이 25[m]인 동선의 내부 인덕턴스는 몇 [μH]인가?

① 25
② 5.0
③ 2.5
④ 1.25

해설 내부 인덕턴스 (구리의 비투자율 : $\mu_s \fallingdotseq 1$)

$$L_i = \frac{\mu l}{8\pi} = \frac{\mu_0 \mu_s l}{8\pi}$$

$$= \frac{4\pi \times 10^{-7} \times 25}{8\pi}$$

$$= 1.25 \times 10^{-6}[H] = 1.25[\mu H]$$

상 **제11장 인덕턴스**

16 자기 유도계수 20[mH]인 코일에 전류를 흘릴 때 코일과의 쇄교자속수가 0.2[Wb]이었다면 코일에 축적된 에너지는 몇 [J]인가?

① 1
② 2
③ 3
④ 4

해설 코일에 저장되는 자기에너지

$$W_L = \frac{\phi^2}{2L} = \frac{0.2^2}{2 \times (20 \times 10^{-3})} = 1[J]$$

중 **제9장 자성체와 자기회로**

17 비투자율 μ_s인 철심이 든 환상 솔레노이드의 권수가 N회, 평균 지름이 d[m], 철심의 단면적이 A[m^2]라 할 때 솔레노이드에 I[A]의 전류가 흐르면, 자속[Wb]은?

① $\dfrac{2\pi \times 10^{-7} \mu_s NIA}{d}$

② $\dfrac{4\pi \times 10^{-7} \mu_s NIA}{d}$

③ $\dfrac{2 \times 10^{-7} \mu_s NIA}{d}$

④ $\dfrac{4 \times 10^{-7} \mu_s NIA}{d}$

해설

자속 $\phi = \dfrac{\mu ANI}{l}$

$$= \frac{\mu_0 \mu_s ANI}{2\pi r}$$

$$= \frac{4\pi \times 10^{-7} \mu_s ANI}{\pi d}$$

$$= \frac{4 \times 10^{-7} \mu_s ANI}{d}[Wb]$$

정답 14. ③ 15. ④ 16. ① 17. ④

18 점전하 0.5[C]이 전계 $E = 3i + 5j + 8k$[V/m] 중에서 속도 $v = 4i + 2j + 3k$[m/s]로 이동할 때 받는 힘은 몇 [N]인가?

① 4.95　　② 7.45

③ 9.95　　④ 13.7

해설

㉠ 전계의 세기(스칼라)

$$E = \sqrt{3^2 + 5^2 + 8^2} = 9.9 [\text{V/m}]$$

㉡ 전계 내에서 전하가 받는 힘(전기력)

$$F = QE = 0.5 \times 9.9 = 4.95 [\text{N}]$$

19 그림과 같은 평행판 콘덴서에 교류전원을 접속할 때 전류의 연속성에 대해서 성립하는 식은? (단, E : 전계, D : 전속밀도, ρ : 체적전하밀도, i : 전도전류밀도, B : 자속밀도, t : 시간)

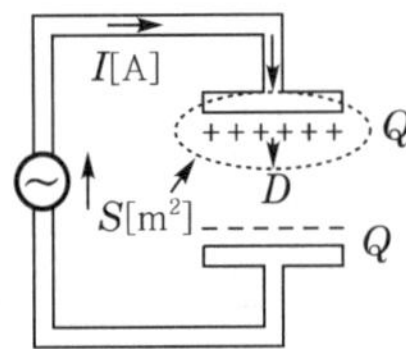

① $\nabla \cdot D = \rho$　　② $\nabla \times E = -\dfrac{\partial B}{\partial t}$

③ $\nabla \cdot B = 0$　　④ $\nabla \cdot \left(i + \dfrac{\partial D}{\partial t}\right) = 0$

해설

전류밀도 $i = i_c + i_d = kE + \dfrac{\partial D}{\partial t}$ 이므로

$\therefore$ 전류의 연속성

$$\text{div}\, i = \nabla \cdot i = \nabla \cdot \left(i_c + \dfrac{\partial D}{\partial t}\right) = 0$$

20 점전하와 접지된 유한한 도체구가 존재할 때 점전하에 의한 접지구 도체의 영상전하에 관한 설명 중 틀린 것은?

① 영상전하는 구도체 내부에 존재한다.

② 영상전하는 점전하와 크기는 같고, 부호는 반대이다.

③ 영상전하는 점전하와 도체 중심축을 이은 직선상에 존재한다.

④ 영상전하가 놓인 위치는 도체 중심과 점전하와의 거리에 도체 반지름에 의해 결정된다.

해설

접지구 도체 내부에 영상전하가 유도된다.

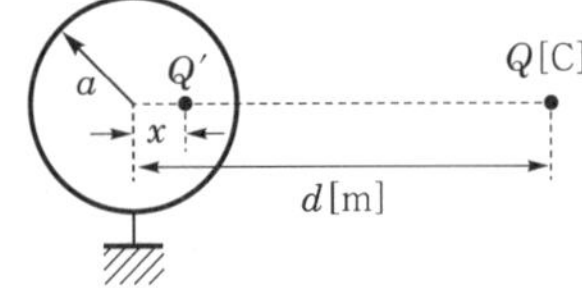

㉠ 영상전하 : $Q' = -\dfrac{a}{d} Q [\text{C}]$

㉡ 구도체 내의 영상점 : $x = \dfrac{a^2}{d} [\text{m}]$

중　　제6장 전류

01 전원에서 기계적 에너지를 변환하는 발전기, 화학변화에 의하여 전기에너지를 발생시키는 전지, 빛의 에너지를 전기에너지로 변환하는 태양전지 등이 있다. 다음 중 열에너지를 전기에너지로 변환하는 것은?

① 기전력　　　　　② 에너지원
③ 열전대　　　　　④ 역기전력

하　　제2장 진공 중의 정전계

02 진공 중에 선전하밀도 ρ[C/m], 반경이 a[m] 인 아주 긴 직선 원통 전하가 있다. 원통 중심 축으로부터 $\dfrac{a}{2}$[m]인 거리에 있는 점의 전계 의 세기[V/m]는?

① $\dfrac{\rho}{4\pi\varepsilon_0 a}$　　　　② $\dfrac{\rho}{2\pi\varepsilon_0 a}$

③ $\dfrac{\rho}{\pi\varepsilon_0 a^2}$　　　　④ $\dfrac{\rho}{8\pi\varepsilon_0 a}$

해설

전하가 도체 내부에 균일하게 분포된 경우

㉠ 도체 외부 전계 : $E=\dfrac{\lambda}{2\pi\varepsilon_0 d}$[V/m]

㉡ 도체 내부 전계 : $E=\dfrac{r\lambda}{2\pi\varepsilon_0 a^2}$[V/m]

∴ 도체 내부 거리 $r=\dfrac{a}{2}$이므로

$$E=\dfrac{\lambda}{4\pi\varepsilon_0 a}=\dfrac{\rho}{4\pi\varepsilon_0 a}\text{[V/m]}$$

중　　제12장 전자계

03 안테나에서 파장 40[cm]의 평면파가 자유공 간에 방사될 때 발신 주파수는 몇 [MHz]인가?

① 650　　　　　② 700
③ 750　　　　　④ 800

해설

㉠ 파장의 길이 : $\lambda=\dfrac{v}{f}$[m]

㉡ 발신 주파수 : $f=\dfrac{v}{\lambda}=\dfrac{3\times10^8}{0.4}$

$$=0.75\times10^9\text{[Hz]}=750\text{[MHz]}$$

상　　제5장 전기 영상법

04 그림과 같이 공기 중에서 무한 평면도체의 표 면으로부터 2[m]인 곳에 점전하 4[C]이 있 다. 전하가 받는 힘은 몇 [N]인가?

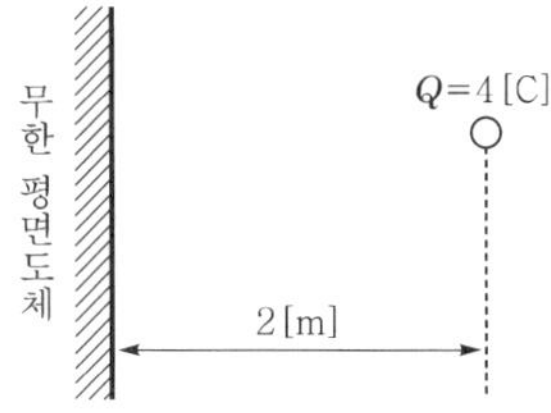

① 3×10^9　　　　② 9×10^9
③ 1.2×10^{10}　　　④ 3.6×10^{10}

해설　전하가 받는 힘(전기력)

$$F=\dfrac{Q\cdot Q'}{4\pi\varepsilon_0 r^2}=\dfrac{-Q^2}{4\pi\varepsilon_0(2a)^2}$$

$$=\dfrac{9\times10^9}{4}\times\dfrac{-Q^2}{a^2}=-\dfrac{9\times10^9}{4}\times\dfrac{4^2}{2^2}$$

$$=-9\times10^9\text{[N]}$$

여기서, ' $-$ '는 흡인력을 의미, 영상전하 $Q'=-Q$

중　　제12장 전자계

05 전자파의 진행방향은?

① 전계 E의 방향과 같다.
② 자계 H의 방향과 같다.
③ $E\times H$의 방향과 같다.
④ $\nabla\times E$의 방향과 같다.

해설

전계 E와 자계 H의 외적 방향이다.

정답　01. ③　02. ①　03. ③　04. ②　05. ③

 제8장 전류의 자기현상

06 그림과 같은 길이 $\sqrt{3}$ [m]인 유한장 직선도선에 π [A]의 전류가 흐를 때 도선의 일단 B에서 수직하게 1[m] 되는 P점의 자계의 세기는 몇 [AT/m]인가?

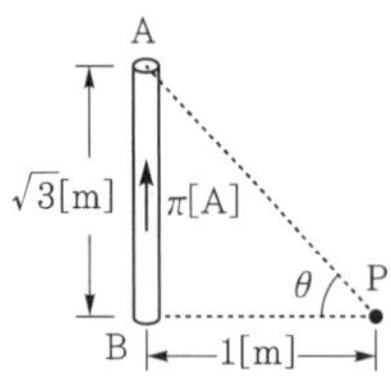

① $\dfrac{\sqrt{3}}{8}$ ② $\dfrac{\sqrt{3}}{4}$

③ $\dfrac{\sqrt{3}}{2}$ ④ $\sqrt{3}$

해설

㉠ 유한장 직선전류에 의한 자계의 세기는

$$H = \frac{I}{4\pi r}(\sin\theta_1 + \sin\theta_2)$$에서 $\theta_2 = 0$이므로

$$H = \frac{I}{4\pi r} \times \sin\theta$$가 된다.

㉡ 선분 $\overline{AP} = \sqrt{(\sqrt{3})^2 + 1^2} = 2$[m]

㉢ $\sin\theta = \dfrac{\overline{AB}}{\overline{AP}} = \dfrac{\sqrt{3}}{2}$

$$\therefore H = \frac{I}{4\pi r} \times \sin\theta = \frac{\pi}{4\pi r} \times \frac{\sqrt{3}}{2} = \frac{\sqrt{3}}{8}\,[\text{AT/m}]$$

 제2장 진공 중의 정전계

07 정전계에 대한 설명으로 가장 적합한 것은?

① 전계에너지가 항상 ∞인 전기장을 의미한다.
② 전계에너지가 항상 0인 전기장을 의미한다.
③ 전계에너지가 최소로 되는 전하분포의 전계를 의미한다.
④ 전계에너지가 최대로 되는 전하분포의 전계를 의미한다.

해설

전계 내의 전하는 그 자신의 에너지가 최소가 되는 가장 안정된 전하분포를 가지는 정전계를 형성하려고 한다. 이것을 톰슨의 정리라고 한다.

 제2장 진공 중의 정전계

08 무한이 넓은 두 장의 도체판을 d[m]의 간격으로 평행하게 놓은 후, 두 판 사이에 V[V]의 전압을 가한 경우 도체판의 단위면적당 작용하는 힘은 몇 [N/m²]인가?

① $f = \varepsilon_0 \dfrac{V^2}{d}$ [N/m²]

② $f = \dfrac{1}{2}\varepsilon_0 d V^2$ [N/m²]

③ $f = \dfrac{1}{2}\varepsilon_0\left(\dfrac{V}{d}\right)^2$ [N/m²]

④ $f = \dfrac{1}{2}\dfrac{1}{\varepsilon_0}\left(\dfrac{V}{d}\right)^2$ [N/m²]

해설

㉠ 단위면적당 작용하는 힘(정전응력)

$$f = \frac{1}{2}\varepsilon_0 E^2 = \frac{1}{2}ED = \frac{D^2}{2\varepsilon_0} = \frac{\sigma^2}{2\varepsilon_0}\,[\text{N/m}^2]$$

㉡ 전위차 $V = dE$[V]

$$\therefore \text{정전응력 } f = \frac{1}{2}\varepsilon_0 E^2 = \frac{1}{2}\varepsilon_0\left(\frac{V}{d}\right)^2 [\text{N/m}^2]$$

 제7장 진공 중의 정자계

09 다음 (   ) 안에 들어갈 내용으로 옳은 것은?

> 전기 쌍극자에 의해 발생하는 전위의 크기는 전기 쌍극자 중심으로부터 거리의 (ⓐ)에 반비례하고, 자기 쌍극자에 의해 발생하는 자계의 크기는 자기 쌍극자 중심으로부터 거리의 (ⓑ)에 반비례한다.

① ⓐ 제곱, ⓑ 제곱
② ⓐ 제곱, ⓑ 세제곱
③ ⓐ 세제곱, ⓑ 제곱
④ ⓐ 세제곱, ⓑ 세제곱

해설

㉠ 전기 쌍극자에 의한 전위

$$V = \frac{M\cos\theta}{4\pi\varepsilon_0 r^2} \propto \frac{1}{r^2}$$

㉡ 자기 쌍극자에 의한 자계의 세기

$$|\vec{H}| = \frac{M}{4\pi\mu_0 r^3}\sqrt{1 + 3\cos^2\theta} \propto \frac{1}{r^3}$$

 제11장 인덕턴스

10 그림과 같은 회로에서 인덕턴스 20[H]에 저축되는 에너지는 몇 [J]인가?

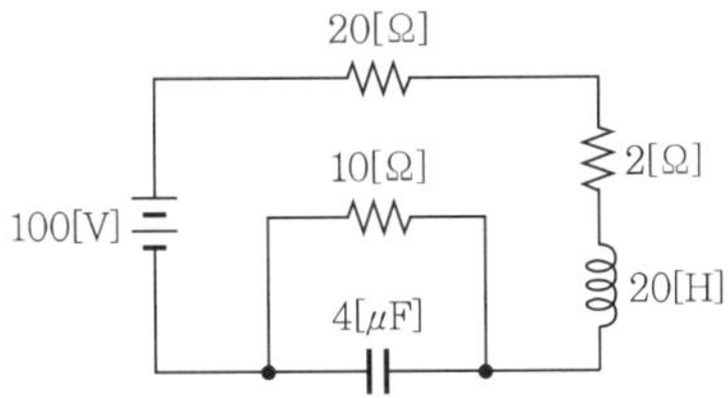

① 1.95

② 19.5

③ 97.7

④ 9,770

해설

㉠ 직류회로에는 주파수가 없으므로($f=0$)에서 C는 개방, L은 단락상태가 된다.

㉡ 용량 리액턴스($f=0$)

$$X_C = \frac{1}{\omega C} = \frac{1}{2\pi f C}\bigg|_{f=0} = \infty$$

㉢ 유도 리액턴스($f=0$)

$$X_L = \omega L = 2\pi f L\big|_{f=0} = 0$$

㉣ 회로에 흐르는 전류

$$I = \frac{100}{20+2+10} = \frac{100}{32}[A]$$

∴ 코일에 저장되는 자기에너지

$$W_L = \frac{1}{2}LI^2 = \frac{1}{2}\times 20 \times \left(\frac{100}{32}\right)^2 = 97.656[J]$$

 제11장 인덕턴스

11 자기 인덕턴스 0.5[H]의 코일에 1/200[sec] 동안에 전류가 25[A]로부터 20[A]로 줄었다. 이 코일에 유기된 기전력의 크기 및 방향은?

① 50[V], 전류와 같은 방향

② 50[V], 전류와 반대 방향

③ 500[V], 전류와 같은 방향

④ 500[V], 전류와 반대 방향

해설 유도기전력

$$e = -L\frac{di}{dt} = -0.5 \times \frac{20-25}{1/200} = 500[V]$$

여기서, +부호는 전류와 동일 방향으로 발생한다는 의미이다.

 제9장 자성체와 자기회로

12 그림과 같은 자기회로에서 코일에 흐르는 전류가 10[A]이면 $\overline{ACB}$ 구간을 통과하는 자속 ϕ는 약 몇 [Wb]인가? (단, 코일의 권수 10회, $R_1 = 0.1$[AT/Wb], $R_2 = 0.2$[AT/Wb], $R_3 = 0.3$[AT/Wb]이다.)

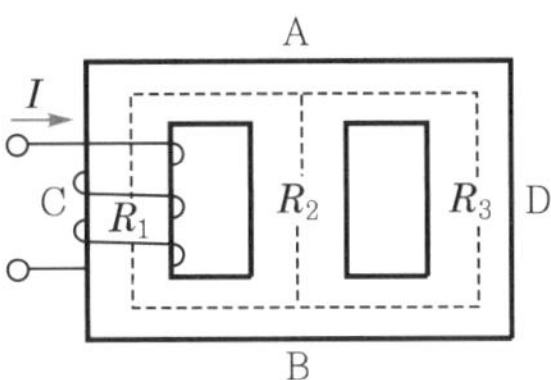

① 2.25×10^2

② 4.55×10^2

③ 6.50×10^2

④ 8.45×10^2

해설

㉠ 합성 자기저항

$$R_m = R_1 + \frac{R_2 \times R_3}{R_2 + R_3}$$

$$= 0.1 + \frac{0.2 \times 0.3}{0.2 + 0.3} = 0.22[\text{AT/Wb}]$$

㉡ $\overline{ACB}$ 구간을 통과하는 자속(전체 자속)

$$\phi = \frac{F}{R_m} = \frac{IN}{R_m}$$

$$= \frac{10 \times 10}{0.22} = 4.55 \times 10^2[\text{Wb}]$$

 제6장 전류

13 반지름이 5[mm]인 구리선에 10[A]의 전류가 단위시간에 흐르고 있을 때 구리선의 단면을 통과하는 전자의 갯수는 단위시간당 얼마인가? (단, 전자의 전하량은 $e = 1.602 \times 10^{-19}$[C]이다.)

① 6.24×10^{18}

② 6.24×10^{19}

③ 1.28×10^{22}

④ 1.28×10^{23}

해설 전자의 개수

$$N = \frac{Q}{e} = \frac{It}{e} = \frac{10 \times 1}{1.602 \times 10^{-19}} = 6.242 \times 10^{19}[\text{개}]$$

여기서, 전자 1개의 전하량 $e = 1.602 \times 10^{-19}$

단위시간 = 1초

상 | 제4장 유전체

14 두 평행판 축전기에 채워진 폴리에틸렌의 비유전율이 ε_r, 평행판 거리 $d = 1.5[\text{mm}]$일 때, 만일 평행판 내의 전계의 세기가 10[kV/m]라면 평행판 간 폴리에틸렌 표면에 나타난 분극 전하밀도는?

① $\dfrac{\varepsilon_r - 1}{18\pi} \times 10^{-5}[\text{C/m}^2]$

② $\dfrac{\varepsilon_r - 1}{36\pi} \times 10^{-6}[\text{C/m}^2]$

③ $\dfrac{\varepsilon_r}{18\pi} \times 10^{-5}[\text{C/m}^2]$

④ $\dfrac{\varepsilon_r - 1}{36\pi} \times 10^{-5}[\text{C/m}^2]$

해설 분극 전하밀도(=분극의 세기)

$$P = \varepsilon_0(\varepsilon_r - 1)E = \dfrac{10^{-9}}{36\pi} \times (\varepsilon_r - 1) \times 10^4$$

$$= \dfrac{\varepsilon_r - 1}{36\pi} \times 10^{-5}[\text{C/m}^2]$$

(여기서, 전계의 세기 $E = 10[\text{kV/m}] = 10 \times 10^3 = 10^4$ [V/m])

중 | 제3장 정전용량

15 그림과 같이 반지름 $r[\text{m}]$, 중심 간격 $x[\text{m}]$인 평행 원통도체가 있다. $x \gg r$라고 할 때 원통도체의 단위길이당 정전용량은 몇 [F/m]인가?

① $\dfrac{2\pi\varepsilon_0}{\ln\dfrac{r}{x}}$

② $\dfrac{2\pi\varepsilon_0}{\ln\dfrac{x}{r}}$

③ $\dfrac{\pi\varepsilon_0}{\ln\dfrac{r}{x}}$

④ $\dfrac{\pi\varepsilon_0}{\ln\dfrac{x}{r}}$

해설 평행 왕복도선 사이의 정전용량

$$C = \dfrac{\pi\varepsilon_0}{\ln\dfrac{x}{r}}[\text{F/m}] = \dfrac{\pi\varepsilon_0}{\ln\dfrac{x}{r}} \times 10^9[\mu\text{F/km}]$$

상 | 제7장 진공 중의 정자계

16 자극의 세기 4[Wb], 자축의 길이 10[cm]의 막대자석이 100[AT/m]의 평등자장 내에서 20[N · m]의 회전력을 받았다면 이때 막대자석과 자장이 이루는 각도는?

① 0°

② 30°

③ 60°

④ 90°

해설

㉠ 막대자석의 회전력 $T = mlH\sin\theta$

㉡ $\sin\theta = \dfrac{T}{mlH} = \dfrac{20}{4 \times 0.1 \times 100} = 0.5$

∴ $\theta = \sin^{-1} 0.5 = 30°$

중 | 제9장 자성체와 자기회로

17 비투자율 μ_s, 자속밀도 $B[\text{Wb/m}^2]$의 자계 중에 있는 $m[\text{Wb}]$의 자극이 받는 힘은 몇 [N]인가?

① mB

② $\dfrac{mB}{\mu_0}$

③ $\dfrac{mB}{\mu_s}$

④ $\dfrac{mB}{\mu_0\mu_s}$

해설 자기력과 자계의 세기 관계

$$F = mH = \dfrac{mB}{\mu} = \dfrac{mB}{\mu_0\mu_s}[\text{N}]$$

여기서, 자속밀도 : $B = \mu H[\text{Wb}^2/\text{m}^2]$
자계의 세기 : $H[\text{AT/m}^2]$
투자율 : $\mu = \mu_0\mu_s[\text{H/m}]$

상 | 제8장 전류의 자기현상

18 전하 $q[\text{C}]$가 진공 중의 자계 $H[\text{AT/m}]$에 수직 방향으로 $v[\text{m/s}]$의 속도로 움직일 때 받는 힘은 몇 [N]인가? (단, μ_0는 진공의 투자율이다.)

① $\dfrac{qH}{\mu_0 v}$

② qvH

③ $\dfrac{qvH}{\mu_0}$

④ $\mu_0 qvH$

정답 14. ④ 15. ④ 16. ② 17. ④ 18. ④

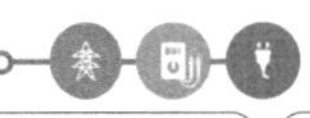

해설

㉠ 자계 내 전류가 흐르면(전하 또는 전자가 이동) 플레밍의 왼손법칙에 의해서 전자력이 발생된다.

㉡ 전자력 (단, $I \perp B$)

$$F = IBl\sin\theta = \frac{dq}{dt}Bl\sin90°$$

$$= \frac{dl}{dt}Bq = vBq = v\mu_0 Hq[\text{N}]$$

중 제10장 전자유도법칙

19 서울에서 부산 방향으로 향하는 제트기가 있다. 제트기가 대지면과 나란하게 1235[km/h]로 비행할 때, 제트기 날개 사이에 나타나는 전위차[V]는? (단, 지구의 자기장은 대지면에서 수직으로 향하고, 그 크기는 30[A/m]이고, 제트기의 몸체 표면은 도체로 구성되며, 날개 사이의 길이는 65[m]이다.)

① 0.42   ② 0.84

③ 1.68   ④ 3.03

해설

제트기(도체)가 대지 표면에서 발생되는 자기장을 끊어나가면 제트기 표면에는 기전력이 유도된다. (플레밍의 오른손 법칙)

∴ 유도기전력

$$e = vBl\sin\theta = v\mu_0 Hl\sin\theta$$

$$= \frac{1235}{3600} \times 4\pi \times 10^{-7} \times 30 \times 65 \times \sin90°$$

$$= 0.84[\text{V}]$$

하 제4장 유전체

20 유전체에 작용하는 힘과 관련된 사항으로 전계 중의 두 유전체가 경계면에서 받는 변형력을 무엇이라 하는가?

① 쿨롱의 힘

② 맥스웰의 응력

③ 톰슨의 응력

④ 볼타의 힘

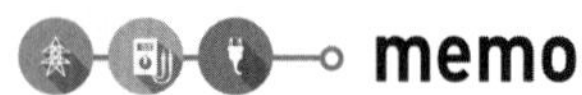

memo

먼저보고 이해하는

기초이론및 용어해설

전기자기학

테마 01 관계된 SI 조립 단위

조립량	단위 명칭	기호	SI 기본 단위, 조립 단위 표시 방식
평면각	라디안	rad	m/m
입체각	스테라디안	sr	m^2/m^2
주파수	헤르츠	Hz	$1/s$
힘	뉴턴	N	$kg \cdot m/s^2$
열량, 일, 에너지	줄	J	$J=N \cdot m=kg \cdot m^2/s^2=W \cdot s$
공률(일률), 전력	와트	W	$W=J/s=kg \cdot m^2/s^3$
압력, 응력	파스칼	Pa	$N/m^2=kg/(m \cdot s^2)$
전기량, 전하	쿨롬	C	$A \cdot s$
전압, 기전력	볼트	V	$V=W/A=kg \cdot m^2/(s^3 \cdot A)$
전계의 세기	볼트/미터*	V/m	$V/m=kg \cdot m/(s^3 \cdot A)$
전기저항	옴	Ω	$\Omega=V/A=kg \cdot m^2/(s^3 \cdot A^2)$
정전용량	패럿	F	$F=C/V=A^2 \cdot s^4/(kg \cdot m^2)$
자속	웨버	Wb	$Wb=V \cdot s=kg \cdot m^2/(s^2 \cdot A)$
자속밀도	테슬라	T	$T=Wb/m^2=kg/(s^2 \cdot A)$
자계의 세기	암페어/미터*	A/m	A/m
인덕턴스	헨리	H	$H=Wb/A=kg \cdot m^2/(s^2 \cdot A^2)$
기자력	암페어	A	A
광속	루멘	lm	$lm=cd \cdot sr$
조도	럭스	lx	$lx=lm/m^2=cd \cdot sr/m^2$
휘도	칸델라/제곱미터*	cd/m²	cd/m^2
컨덕턴스	지멘스	S	$S=1/\Omega=s^3 \cdot A^2/(kg \cdot m^2)$

* 명칭 자체도 조립되어 있는 단위

테마 02 전기에서 자주 사용하는 문자와 단위·기호

〔표〕 그리스 문자와 읽는 법

대문자	소문자		읽는 법	대문자	소문자		읽는 법
A	α	Alpha	알파	N	ν	Nu	뉴
B	β	Beta	베타	Ξ	ξ	Xi	크사이
Γ	γ	Gamma	감마	O	o	Omicron	오미크론
Δ	δ	Delta	델타	Π	π	Pi	파이
E	ε	Epsilon	엡실론	P	ρ	Rho	로
Z	ζ	Zeta	지타	Σ	σ	Sigma	시그마
H	η	Eta	이타	T	τ	Tau	타우
Θ	θ	Theta	시타	Y	υ	Upsilon	입실론
I	ι	Iota	요타	Φ	ϕ, φ	Phi	파이
K	κ	Kappa	카파	X	χ	Chi	카이
Λ	λ	Lambda	람다	Ψ	ϕ	Psi	프사이
M	μ	Mu	뮤	Ω	ω	Omega	오메가

국제 단위 체계는 국제적으로 통일한 단위 체계로 SI라고도 하며, 표에 나타낸 7가지 기본 단위와 이로부터 유도된 조립 단위가 있다.

〔표〕 SI 기본 단위

기본량	단위 명칭	기호	기본량	단위 명칭	기호
길이	미터	m	전류	암페어	A
질량	킬로그램	kg	온도	켈빈	K
시간	초	s	광도	칸델라	cd
물질량	몰	mol			

테마 03 대전체와 전하량

모든 원자는 +전기를 가진 원자핵 주위를 −전기를 가진 자유 전자가 회전하고 있어 그림과 같이 전체적으로는 중성으로, +전기도 −전기도 나타나지 않는다. 이와 같이 전기적으로 중성인 물질이 전기를 띠는 것을 대전(帶電)했다고 하고 대전된 물체를 대전체, 그리고 대전한 전기를 전하라 한다.

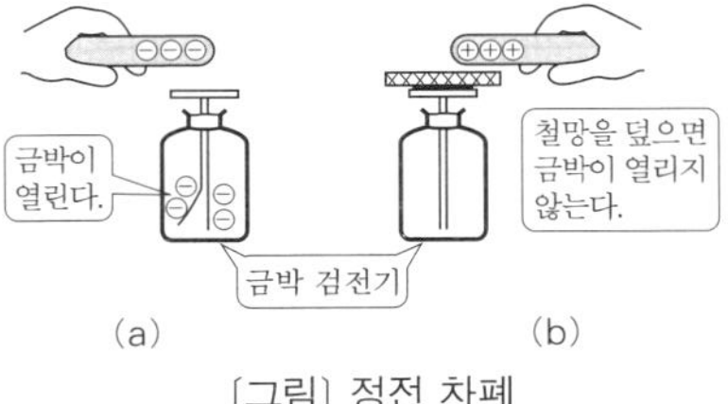

테마 04 정전 유도

전기적으로 중성인 도체에 대전체를 접근시키면 〔그림 (a)〕 대전체 가까운 쪽으로 대전체와 종류가 다른 전하가 나타나고 먼쪽으로 동종 전하가 나타난다. 이와 같은 현상을 정전 유도라 한다. 〔그림 (a)〕 상태에서 〔그림 (b)〕와 같이 도체 A에 손가락을 대면 대지로부터 자유 전자의 −전하와 +전하가 중화되어 +전하는 마치 대지에 흐르는 것과 같이 소멸한다. 따라서, 〔그림 (c)〕의 도체 A 에는 −전하만이 남는다.

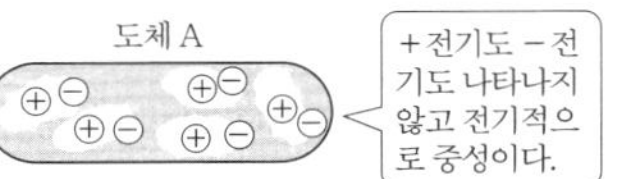

〔그림〕 정전 유도

테마 05 정전 차폐

〔그림 (a)〕의 금박 검전기에 대전체를 근접시켰을 때 금박이 열려 있는 것을 나타내고 있다. 이것은 정전 유도에 의해 금박이 −전하에 대전했기 때문이다. 〔그림 (b)〕와 같이 금박 검전기에 철망을 씌운 상태에서 대전체를 근접시키면 금박이 벌어지지 않는다. 이것은 검전기가 도체(철망)로 둘러싸여 외부의 영향이 차단되었기 때문이다. 이와 같은 현상을 정전 차폐라 한다.

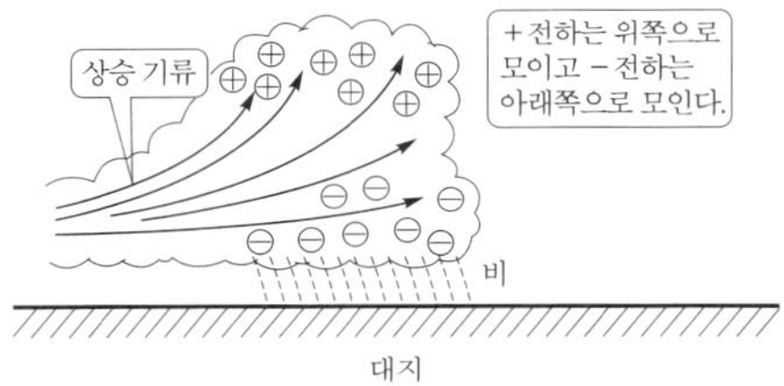

〔그림〕 정전 차폐

테마 06 뇌운의 발생

일반적으로 구름은 입상의 물이나 얼음을 함유하고 있지만 그림과 같이 급속한 상승 기류가 발생하면 알맹이가 부서지거나 알맹이끼리 마찰한다. 이때, +전하를 가진 알맹이와 −전하를 가진 알맹이로 나뉘어지는 것을 생각할 수 있다. 그리고 그림과 같이 +전하를 가진 알맹이는 위쪽으로 이동하고 −전하를 가진 알맹이는 아래쪽으로 이동한다. 이렇게 해서 +전하와 −전하를 가진 뇌운이 발생하는 것이다.

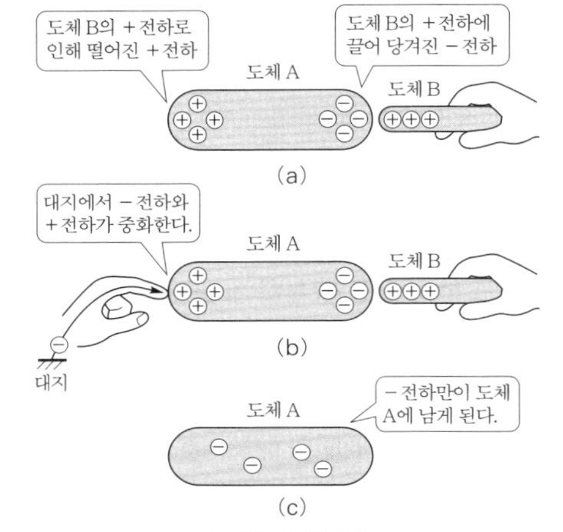

테마 07 낙뢰와 피뢰침 작용

뇌운이 발생하면 〔그림 1〕과 같이 뇌운 A와 뇌운 B 또는 뇌운 A와 대지, 뇌운 B와 대지 간에 정전 유도가 생긴다. 그 때문에 뇌운 A와 뇌운 B 간, 뇌운과 대지 간의 이종 전하가 서로 흡인하여 공기 내에서 방전된다. 그때 강렬한 빛과 소리가 생기는데 이것이 벼락과 천둥이다.

정전 유도에 의해 대지에 생긴 전하는 뇌운과 가장 가까운 곳에서 맞부딪친다. 따라서, 뇌운에 의해 건축물의 피해를 최소화하기 위해서는 〔그림 2〕와 같이 건축물 가장 높은 곳에 뾰족한 금속을 세우고 이것을 대지에 접지한다. 이것을 피뢰침이라 하고 대지에 물린 선을 인하 도선이라 한다.

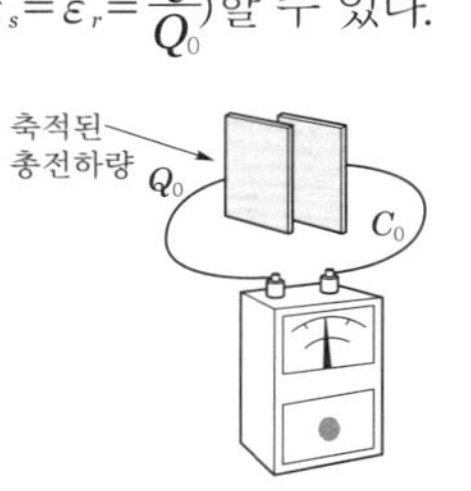

〔그림 1〕 낙뢰   〔그림 2〕 피뢰침의 작용

테마 08 유전체(誘電體)

유전체는 전기적 절연체라고도 부르며, 물체 내에 유극 분자(영구 쌍극자 모멘트)가 존재하여 평상시에는 전기적 성질이 나타나지 않지만 외부에서 전기적 작용(마찰 또는 전계를 가함)을 일으키면 전기 분극(+와 −가 분리되는 현상) 작용에 의해 전기적 성질이 일어나는 물체를 말한다. 여기서, 전기적 성질이란 물체가 전하를 띠거나 전계의 크기 변화, 콘덴서의 축적된 전기량의 변화 등을 말한다.

테마 09 유전율($\varepsilon = \varepsilon_0 \times \varepsilon_s$)

유전체의 전기적 성질을 나타내는 상수로, 진공 중의 유전율 ε_0와 비유전율 ε_s 또는 ε_r로 나누어진다. 진공 중의 유전율은 8.855×10^{-12}[F/m]의 상수값을 가지며, 비유전율은 진공 상태를 기준(즉, 진공의 비유전율 $\varepsilon_s=1$)으로 유전체가 전기적 성질을 나타내는 비율을 말한다. 예를 들어 아래와 같이 비유전율을 측정($\varepsilon_s = \varepsilon_r = \dfrac{Q}{Q_0}$)할 수 있다.

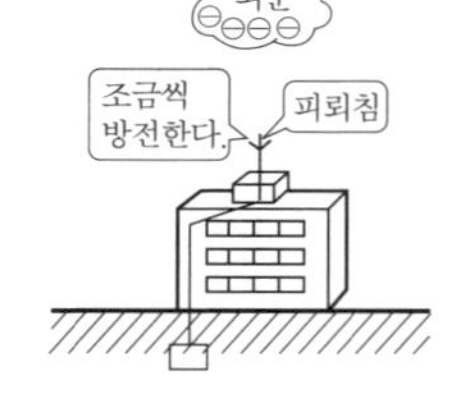

〔그림 1〕 진공 콘덴서 C_0 〔그림 2〕 유전체 콘덴서 C

테마 10 평행판 콘덴서

금속판을 평행하게 놓고 그 사이에 유전체를 넣은 것을 콘덴서라 하는데, 특히 〔그림 1〕과 같은 콘덴서를 평행판 콘덴서라 한다. 유전체로는 공기, 운모, 절연지, 전해액을 포함한 산화 피막 등이 사용된다. 콘덴서의 역할은 전하 Q를 축적하는 것으로, 한쪽 전극에는 +전하를, 다른 한쪽에는 −의 전하가 축적된다. 콘덴서가 전하를 축적할 수 있는 능력을 정전 용량이라 하며, 전하를 보다 많이 축적하기 위해서는 유전율이 큰 유전체를 사용하면 된다.

콘덴서의 구조 및 정전 용량 표기법은 아래 〔그림 2〕와 같다.

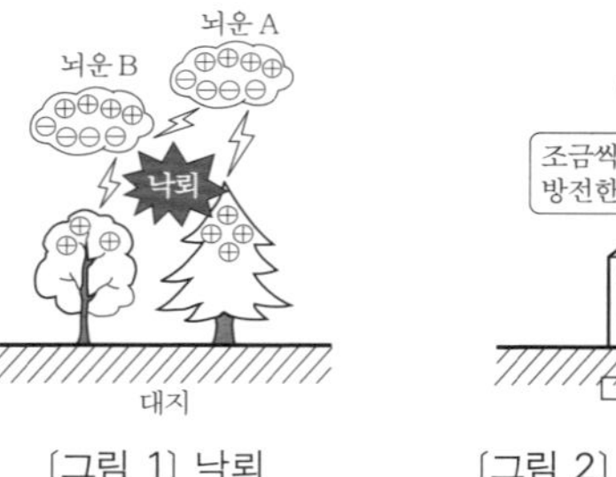

〔그림 1〕 콘덴서의 구조   〔그림 2〕 정전 용량 표기법

테마 11 콘덴서의 직렬과 병렬 접속

접속 구분	병렬 접속	직렬 접속
접속도	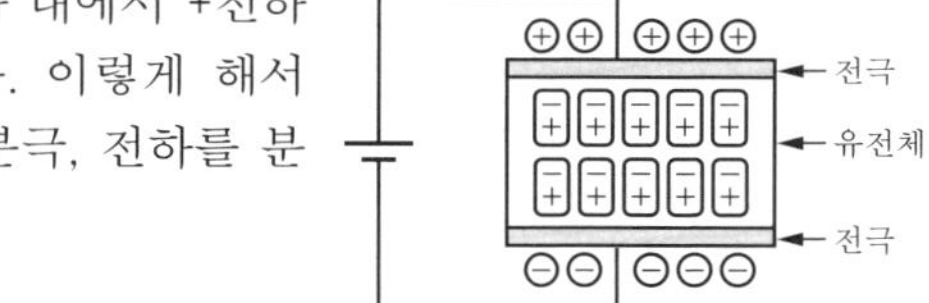	
축적 전하 [C]	정전 용량이 다르면 크기가 달라진다. $Q_1 = C_1 V\,[\mathrm{C}]$ $Q_2 = C_2 V\,[\mathrm{C}]$	정전 용량이 달라도 크기는 같다. $Q = C_1 V_1 = C_2 V_2\,[\mathrm{C}]$
합성 정전 용량 [F]	$C_0 = C_1 + C_2\,[\mathrm{F}]$ 병렬 접속은 합	$C_0 = \dfrac{1}{\dfrac{1}{C_1} + \dfrac{1}{C_2}}$ $= \dfrac{C_1 \times C_2}{C_1 + C_2}\,[\mathrm{F}]$ 직렬 접속은 곱/합
분담 전압 [V]	$V = \dfrac{Q_1}{C_1} = \dfrac{Q_2}{C_2}\,[\mathrm{V}]$	$V_1 = \dfrac{C_2}{C_1 + C_2}\,V\,[\mathrm{V}]$ $V_2 = \dfrac{C_1}{C_1 + C_2}\,V\,[\mathrm{V}]$

학습 POINT

두 개 이상의 콘덴서(또는 유전체)의 접속은 〔표〕처럼 분해해서 생각한다.

〔표〕 콘덴서(유전체)의 접속과 정전 용량

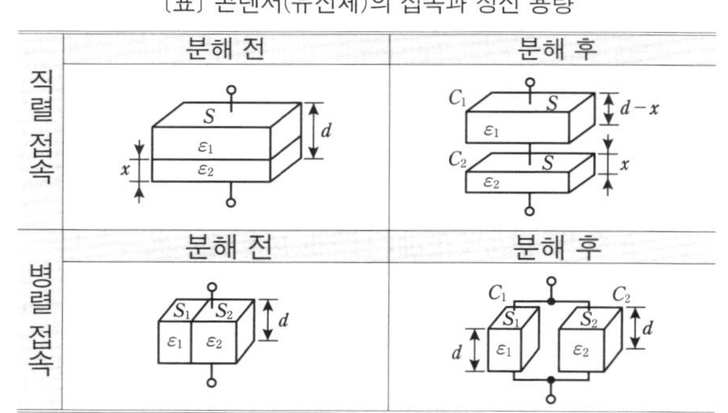

	분해 전	분해 후
직렬 접속		
병렬 접속		

테마 12 유전 분극

2개의 금속 전극 사이에 유전체(절연체)를 끼워넣으면 콘덴서가 된다. 전압이 인가되지 않은 콘덴서에서는 유전체 내부의 전자가 자유롭게 움직일 수 없고, 원자는 양전하 분포와 음전하 분포가 상쇄해 전기적으로 중성이 된다. 전압이 인가되면, 양전하와 음전하는 서로 반대 방향으로 힘을 받으므로, 유전체의 분자 내에서 +전하와 −전하가 분리된다. 이렇게 해서 나타난 분극을 유전 분극, 전하를 분극 전하라고 한다.

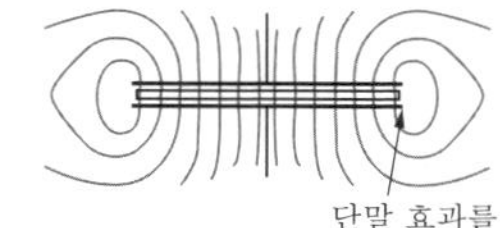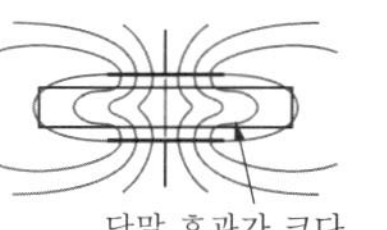

테마 13 단말 효과

평행 평판 콘덴서 문제에는 전극판 및 도체 평판의 두께 그리고 단말 효과는 무시할 수 있는 것으로 한다고 기술한 경우가 많다.

단말 효과란 평행 평판 콘덴서에서 〔그림 1〕처럼 전기력선이 바깥쪽으로 볼록해지는 경향이 있는 것을 말한다. 하지만, 〔그림 2〕처럼 극판 면적이 극판 간격에 비해 충분히 큰 경우에는 극판 간의 전기력선은 등간격의 평행선으로 간주할 수 있어, 단말 효과를 고려하지 않아도 된다.

〔그림 1〕 큰 단말 효과   〔그림 2〕 작은 단말 효과

테마 14 콘덴서의 내전압

콘덴서의 정전 용량 C는 전극판의 면적을 $S[\mathrm{m}^2]$, 전극 간 거리를 $d[\mathrm{m}]$, 절연체의 유전율을 ε이라고 하면 정전 용량 $C = \dfrac{\varepsilon S}{d}\,[\mathrm{F}]$이 된다. 이 식에서 정전 용량을 키우려면 S를 크게 하고 d를 작게 해야 한다. 그런데 d를 작게 하면 전압의 크기에 따라서는 절연체의 절연이 파괴되게 된다. 그러므로 콘덴서를 선택할 때에는 정전 용량 외에 어느 정도의 전압에 견딜 수 있는가를 고려해야만 한다. 이 전압을 콘덴서의 내전압(耐電壓)이라 한다.

테마 15 절연 파괴의 세기와 절연 내력

절연 파괴 시 1[mm]당 전압을 절연 파괴의 세기라 하며 일반적으로 단위는 [kV/mm]가 상용된다. 아래 〔표〕는 여러 가지 절연체의 절연 파괴의 세기를 나타낸 것이며, 절연체가 견딜 수 있는 전압을 절연 내력[kV/mm]이라 한다.

〔표〕 절연 파괴의 세기[kV/mm]

절연체	절연 파괴의 세기
세라믹	8~25
유리	5~10
에보나이트	10~70
염화비닐	24~80
폴리스테롤	15~25
아크릴	23~25
종이	5~10
변압기유	24~57

* 이 표는 직류 회로에서 사용하는 경우이며, 교류 회로에서는 열 손실과 유전체 손실을 고려해야 한다.

테마 16 코로나 방전

그림과 같이 판형 전극에 침상 전극을 놓고 직류 전압을 가한다. 전압을 점차 높게 하면 침상 전극 선단 부근에서 절연 파괴를 일으켜 방전이 시작된다. 이때, 약간의 빛과 소리를 발생하게 되는데 이와 같은 방전을 코로나 방전이라 한다. 고압 송전선의 경우 전압이 높기 때문에 부분적으로 전리(電離)되어 이온과 전자가 발생하여 코로나 방전이 생기므로 이것을 방지하는 대책이 취해지고 있다.

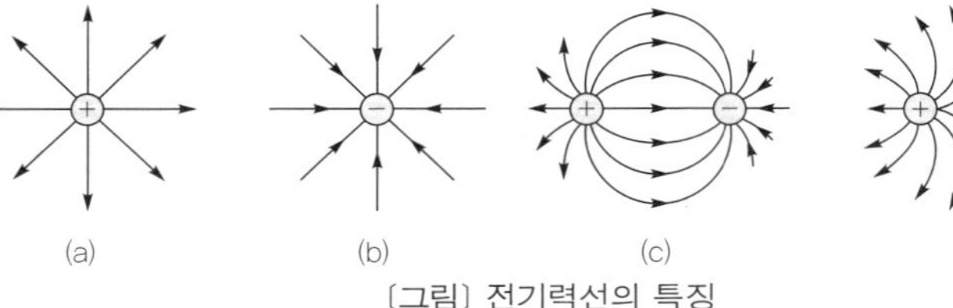

테마 17 전기력선

전하에 의해 발생되는 전계는 힘이 존재하지만 눈으로는 확인할 수 없다.
따라서, 공간상에 존재하는 전계의 세기와 방향을 가상적으로 나타낸 선을 전기력선이라 하며 전기력선의 크기는 전계의 세기와 같다고 정의한다.

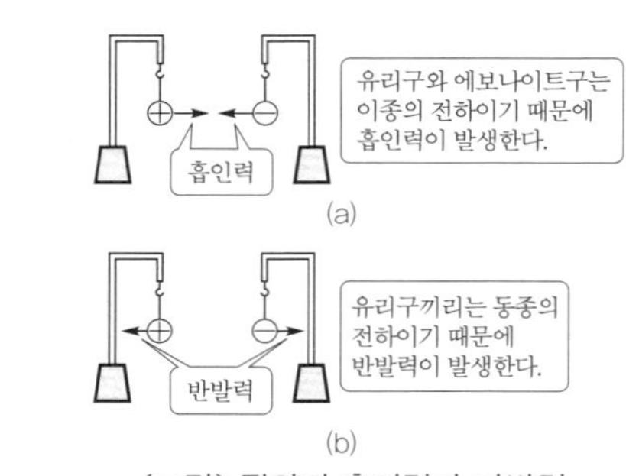

〔그림〕 전기력선의 특징

테마 18 쿨롱의 법칙

대전된 두 도체 사이의 작용하는 힘은 두 점전하 곱에 비례하고 거리 2승에 반비례하며 그 힘의 방향은 두 점전하를 연결하는 직선의 방향이다.
이것을 쿨롱의 법칙이라 하며, 전기력(電氣力)이라고 한다.

$$\text{전기력} \quad F = k\,\frac{Q_1 Q_2}{r^2} = \frac{1}{4\pi\varepsilon_0} \cdot \frac{Q_1 Q_2}{r^2} = 9\times10^9 \cdot \frac{Q_1 Q_2}{r^2}\ [\text{N}]$$

여기서, k : 쿨롱의 상수

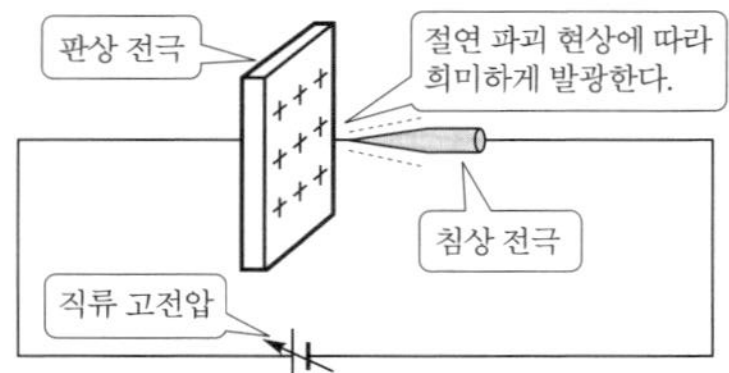

〔그림〕 전하의 흡인력과 반발력

테마 19 　전계의 세기

전계의 세기 E는 전계가 있는 곳에서 매우 작은 정지되어 있는 단위 시험 전하(+1[C])에 작용하는 전기력으로 정의한다.

〔그림〕과 같이 정전하는 발산, 부전하는 흡입하는 힘이 발생한다.

① 정의식 : $E = \lim_{\varDelta Q \to 0} \dfrac{\varDelta F}{\varDelta Q} = \dfrac{Q}{4\pi\varepsilon_0 r^2}[\text{N/C}]$

② 단위로 : $[\text{N/C}] = \dfrac{[\text{N}\times\text{m}]}{[\text{C}\times\text{m}]} = \dfrac{[\text{J}]}{[\text{C}]} \cdot \dfrac{1}{[\text{m}]} = [\text{V/m}]$

(a) 정전하의 전계의 방향　　　(b) 부전하의 전계의 방향
〔그림〕 전기력선의 특징

테마 20 　전속

전하 $Q[\text{C}]$로부터 발산되어 나가는 전기력선의 총수는 $\dfrac{Q}{\varepsilon}$[개]가 된다. 이와 같이 전계의 세기(또는 전기력선)는 유전율(매질)의 종류에 따라 그 크기가 달라진다.

이때, 유전율(매질)의 크기와 관계없이 전하의 크기와 동일한 전기력선이 진출한다고 가정한 것을 전속(dielectric flux : ϕ) 또는 유전속이라 한다.

전속(ϕ)과 전하(Q)의 크기는 같다. 단, 전속은 벡터, 전하는 스칼라가 된다.

테마 21 　전속 밀도

단위 면적을 지나는 전속을 전속 밀도라 하고, 기호로 $D[\text{C/m}^2]$로 사용한다.

도체 구(점전하)에서의 전속 밀도 $D = \dfrac{\phi}{S_구} = \dfrac{Q}{4\pi r^2} = \varepsilon_0 E[\text{C/m}^2]$

테마 22 　전위

전위란 정전계에서 단위 전하(1[C])를 전계와 반대 방향으로 무한 원점에서 P점까지 운반하는 데 필요한 일 또는 소비되는 에너지를 말한다.

$$V = -\int_{\infty}^{P} Edr\,[\text{V}]$$

〔그림〕 전위의 정의

테마 23 　전위차(전압)

전위차란 단위 전하가 a에서 b점까지 운반될 때 소비되는 에너지를 말한다.

$$V_{ab} = V_a - V_b = -\int_{b}^{a} Edr = \frac{W}{Q}[\text{J/C=V}]$$

전하가 운반될 때 소비되는 에너지 $W = QV_{ab}[\text{J}]$

테마 24 　전기 쌍극자

물질은 −전하를 띤 전자와 +를 띤 핵이 평형을 이루고 전기적으로 중성을 이루고 있다. 그러나 총 −전하와 총 +전하의 위치가 일치하지 않을 경우나 −전하를 띤 물질과 +전하를 띤 물질이 일정한 거리를 두고 떨어져 있는 상태를 전기 쌍극자라고 한다.

테마 25 　전기 영상법

전기 영상법은 1848년 로드 켈빈(Lord Kelvin)에 의해 도입되었다.

지금까지는 전하에 의한 V, E, D와 ρ_s를 구하기 위해서는 다소 복잡한 푸아송 방정식 또는 라플라스 방정식을 이용하였으나 도체 표면이 등전위면이라는 사실을 이용하여 영상점과 영상 전하를 이용하면 모든 정전기장 문제에 적용하지는 못하지만, 약간 복잡한 문제를 간단히 해석할 수 있다.

테마 26 전자의 이동과 전류

(1) 도체 속 전자의 이동과 전류 $I = envS$ [A]

(2) 반도체의 전도율 $\sigma = eN\mu$ [S/m]

여기서, e : 전자 1개의 전하량[C]

n : 단위 체적당 전자의 개수[개/m³]

v : 평균 속도[m/sec], S : 면적[m²], N : 캐리어 밀도[개/m³]

μ : 캐리어 이동도[m²/(V · s)]

학습 POINT

① 도체의 전류 : 전자와 전류 I의 흐름은 반대 방향으로, I는 단위 시간에 면 S[m²]를 통과하는 전기량(전하)[C]이다.

$$I\,[\mathrm{A}] = \frac{\text{통과 전기량 } \Delta Q[\mathrm{C}]}{\text{통과 시간 } \Delta t[\mathrm{s}]}$$

$$\Delta Q = en(v\Delta t \cdot S)$$

$$\therefore I = \frac{\Delta Q}{\Delta t} = envS\,[\mathrm{A}]$$

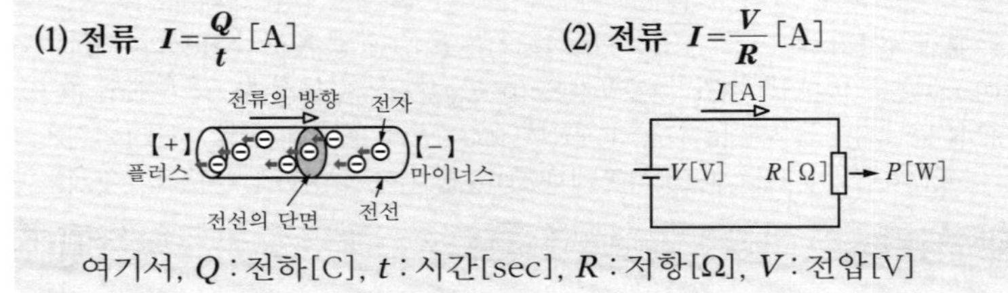

〔그림 1〕 전자와 전류

② 캐리어 밀도 : 진성 반도체의 전자 밀도를 n_n[개/m³], 정공 밀도를 n_p[개/m³]라고 하면, 캐리어 밀도 N은 다음 식으로 나타낸다.

$$N = n_n = n_p\,[\text{개}/\mathrm{m}^3]$$

㉠ P형 반도체 : $n_p \gg n_n$

㉡ n형 반도체 : $n_n \gg n_p$

③ 에너지 밴드 : 〔그림 2〕는 절연체, 반도체, 금속의 에너지 밴드를 나타낸 것이다.

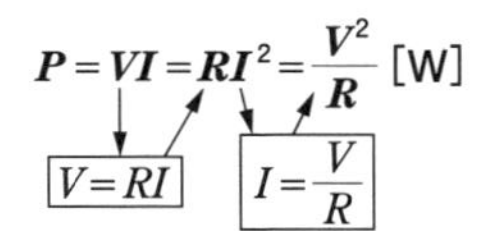

〔그림 2〕 에너지 밴드의 차이

14

테마 27 전류와 옴의 법칙

(1) 전류 $I = \dfrac{Q}{t}$ [A]

(2) 전류 $I = \dfrac{V}{R}$ [A]

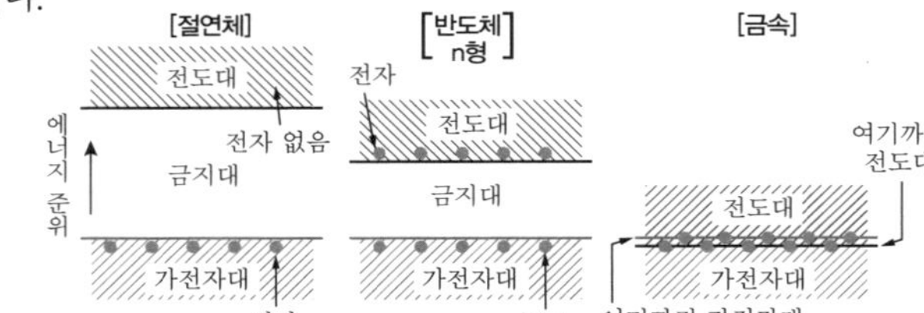

여기서, Q : 전하[C], t : 시간[sec], R : 저항[Ω], V : 전압[V]

학습 POINT

① 전선의 단면을 단위 시간에 통과하는 전기량(전하)을 전류라고 한다.

② 옴의 법칙 : 전기 회로에 흐르는 전류 I는 전압 V에 비례하고, 전기 저항 R에 반비례한다.

③ 전력 P의 기본식은 $P = VI$[W]이지만, 변형한 식도 자주 사용된다.

$$P = VI = RI^2 = \frac{V^2}{R}\,[\mathrm{W}]$$

$$\boxed{V = RI} \qquad \boxed{I = \frac{V}{R}}$$

여기서, [W]=[J/sec]

④ 전력량 W는 전력 사용 시간을 t[sec]라고 하면,

$$W = Pt = VIt = VQ\,[\mathrm{J}]$$

전력을 P[kW], 사용 시간을 T[h]라고 하면,

$$W = PT\,[\mathrm{kW \cdot h}]$$

⑤ RI^2을 t[sec] 시간 사용했을 때 발열량(줄 열) H는 다음과 같다.

$$H = RI^2 t\,[\mathrm{J}]$$

이것을 줄의 법칙이라고 한다.

⑥ 단위 기호 앞에 붙는 접두어

[표현 예] 3[MΩ]의 저항, 30[kV]의 전압, 2[mA]의 전류

〔표〕 자주 사용하는 접두어

10^{-12}	10^{-6}	10^{-3}	1	10^{3}	10^{6}	10^{9}
p (피코)	μ (마이크로)	m (밀리)	기준	k (킬로)	M (메가)	G (기가)

15

(1) 전기 저항 $R = \rho \dfrac{l}{S}$ [Ω]

(2) 온도 변화 $R_2 = R_1\{1 + \alpha_1(t_2 - t_1)\}$

여기서, ρ : 저항률[Ω·m]

S : 도체의 단면적[m²]

l : 도체의 길이[m]

R_1 : 온도 상승 전 저항[Ω], R_2 : 온도 상승 후 저항[Ω]

a_1 : t_1[K]에서 저항의 온도 계수

t_2 : 상승 후 온도[K], t_1 : 상승 전 온도[K]

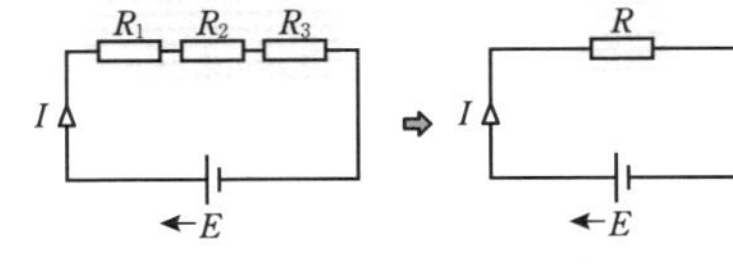

학습 POINT

① 전기 저항 R은 길이 l에 비례하고, 단면적 S에 반비례한다.

② 금속의 저항률

　㉠ 저항률이 낮은 순서로 은→동→금→알루미늄이 된다.

　㉡ 저항률 ρ의 역수는 전도율 σ[S/m]이다. (S : 지멘스)

종류	저항률 [Ω·mm²/m]
은	0.0162
연동	0.0172(**1/58**)
경동	0.0182(**1/55**)
금	0.0262
알루미늄	0.0285(**1/35**)

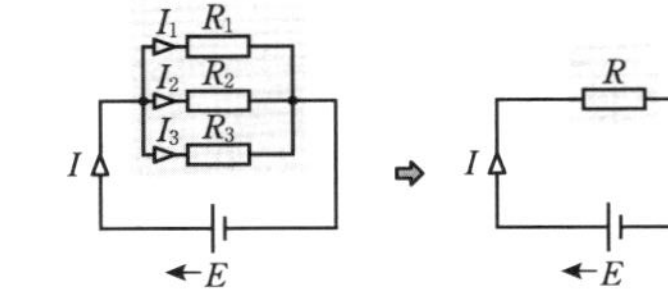

〔그림 1〕 금속의 구조

③ 도체의 단면적 S를 구하는 방법 : 반지름 r[m], 지름이 D[m]라면 단면적 S는 다음과 같이 구할 수 있다.

$$S = \pi r^2 = \pi\left(\dfrac{D}{2}\right)^2 = \dfrac{\pi}{4}D^2 \text{ [m²]}$$

④ 저항의 온도 계수 : 온도가 상승했을 때 저항값이 증가하면 정특성 온도 계수라고 하고, 반대로 온도가 상승했을 때 저항값이 감소하면 부특성 온도 계수라고 한다.

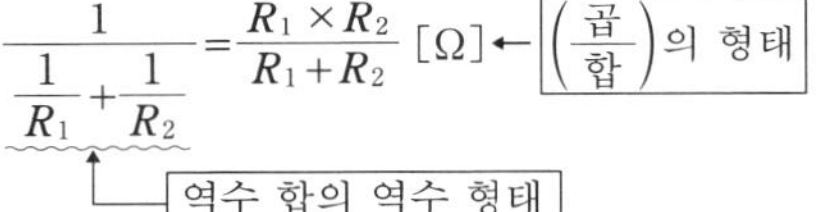

〔그림 2〕 저항의 온도 변화

---

(1) 직렬 저항

$$R = R_1 + R_2 \text{ [Ω]}$$

(2) 병렬 저항

$$R = \dfrac{R_1 \times R_2}{R_1 + R_2} \text{ [Ω]}$$

여기서, R_1, R_2 : 개별 저항[Ω]

학습 POINT

① 직렬 저항

$$R_1 I + R_2 I + R_3 I = (R_1 + R_2 + R_3)I = RI = E$$

∴ 합성 저항 $R = R_1 + R_2 + R_3$[Ω] ← 합의 형태

〔그림 1〕 직렬 저항

② 병렬 저항

$$I_1 + I_2 + I_3 = I \rightarrow \dfrac{E}{R_1} + \dfrac{E}{R_2} + \dfrac{E}{R_3} = \dfrac{E}{R}$$

∴ 합성 저항 $R = \dfrac{1}{\dfrac{1}{R_1} + \dfrac{1}{R_2} + \dfrac{1}{R_3}}$ [Ω] ← 역수 합의 역수

〔그림 2〕 병렬 저항

③ 두 병렬 저항의 간단한 계산 방법 : 저항 R_1과 R_2로 구성된 병렬 회로에서 합성 저항은 다음과 같다.

$$R = \dfrac{1}{\dfrac{1}{R_1} + \dfrac{1}{R_2}} = \dfrac{R_1 \times R_2}{R_1 + R_2} \text{ [Ω]} \leftarrow \left(\dfrac{곱}{합}\right)\text{의 형태}$$

역수 합의 역수 형태

테마 30 저항의 온도 계수

온도 1[°C]의 변화에 대한 저항값의 변화율을 저항의 온도 계수라고 한다. 금속처럼 온도 상승과 함께 저항값이 커지는 것을 정특성 온도 계수, 반도체처럼 온도 상승과 함께 저항값이 작아지는 것을 부특성 온도 계수라고 한다.

금속의 경우 자유 전자는 양이온에 부딪히며 나아가는데, 온도가 높아지면 양이온의 진동이 격해지며 자유 전자의 진행을 방해하므로 정특성 온도 계수가 된다.

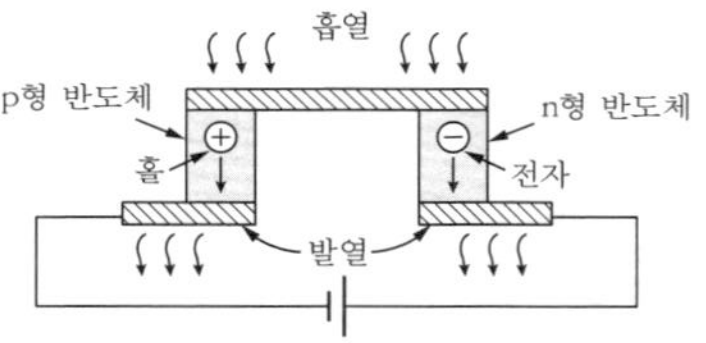

테마 31 제베크 효과

2개의 다른 금속 A, B를 접합해 폐회로를 만들고, 2개의 접합부를 다른 온도(고온과 저온)로 유지하면, 열기전력이 발생하고 열전류가 흐른다.

열에서 전기로 변환하는 기능으로 열전대(서모커플)에 의한 온도 측정 등에 이용된다.

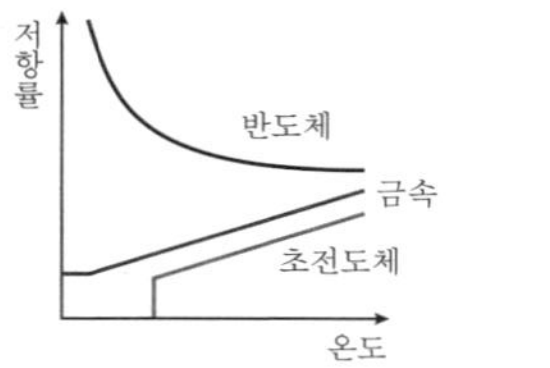

테마 32 펠티에 효과

2개의 다른 금속 A, B(반도체 포함)를 접합해 폐회로를 만들고 일정 온도 아래로 전류를 흘려보내면, 접합부에서 줄열 이외의 열 발생 또는 흡수가 일어난다. 전류의 방향을 반대로 하면 열의 발생과 흡수가 역전된다. 전기를 열로 변환하는 기능으로 전자 냉동 등에 이용된다.

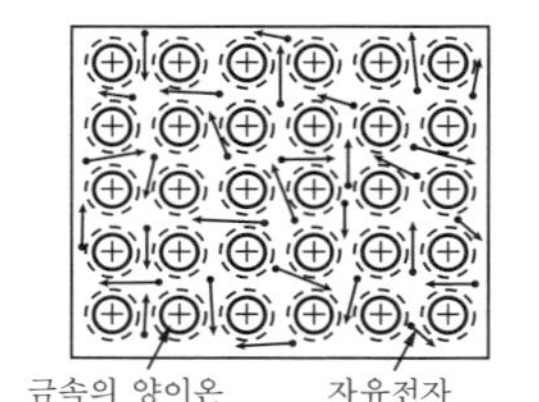

테마 33 자성체

자성체란 자석의 성질을 띨 수 있는 물체로 다음 3가지가 있다.

① 강자성체 : 철, 니켈, 코발트, 망간처럼 자계 안에 두면 자기 유도에 의해 자화되고, 자계를 제거해도 자석의 성질이 남는 것
② 상자성체 : 알루미늄이나 백금처럼 자화되는 성질이 약한 것
③ 반자성체 : 아연, 금, 수은, 동, 탄소처럼 반대로 반발하는 성질을 가진 것

비투자율 μ_s의 크기는 강자성체에서는 $\mu_s \gg 1$, 상자성체에서는 $\mu_s > 1$, 반자성체에서는 $\mu_s < 1$이다.

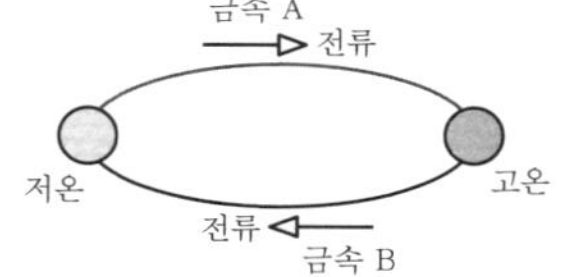

테마 34 자기 유도

아래 〔그림〕은 막대자석 양단에 못이 연속적으로 이어져 매달려 있는 상태를 나타내고 있다. 그림과 같이 막대자석의 N극에 가까운 쪽의 못의 윗부분에는 S극이 나타나고 먼 쪽의 못끝에는 N극이 나타난다.

또한, 그 다음 못에도 S극과 N극이 나타난다.

한편, 막대자석 S극에는 못의 윗부분에 N극이, 끝에 S극이 나타난다. 이하, 같은 현상이 생겨 그림과 같은 형태가 된다.

이와 같이 못에 자극이 나타나는 현상을 자기 유도라고 한다.

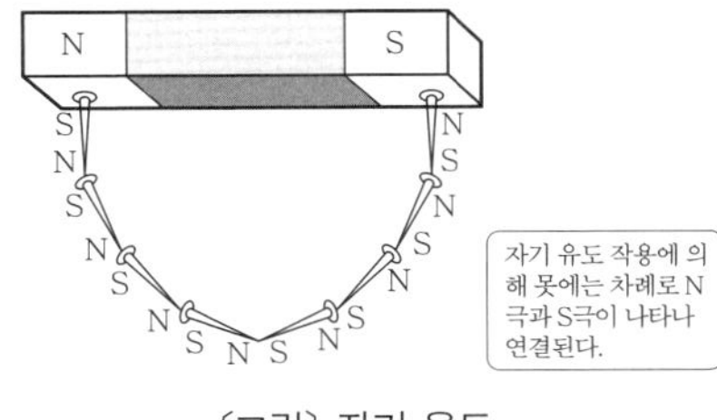

〔그림〕 자기 유도

테마 35 분자 자석

〔그림 1〕은 막대자석을 쇠톱으로 절단했을 때 새로 N극과 S극이 생기는 것을 나타내고 있다. 이와 같이 몇 개로 절단하여도 새로운 자석이 되는 것은 어떤 이유에서일까? 자석을 분할해 나가다가 더 이상 분할할 수 없을 정도로 작게 한 것을 분자 자석이라고 한다.

철 등의 강자성체는 헤아릴 수 없을 정도로 많은 분자 자석으로 되어 있고, 보통 상태에서는 분자 자석의 방향이 제각각이어서 전체적으로는 자성을 나타내지 않는다.

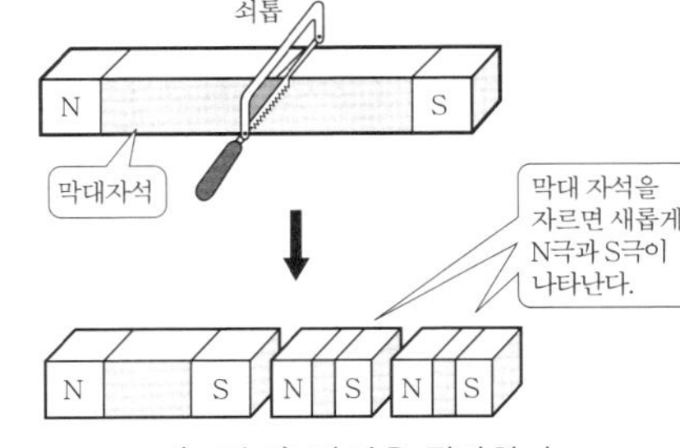

〔그림 1〕 자석을 절단한다.

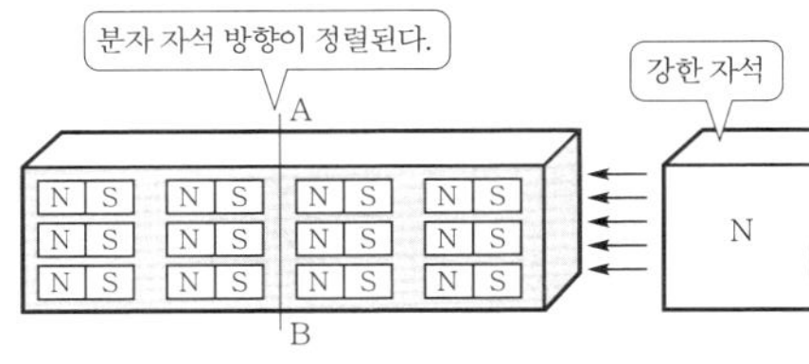

〔그림 2〕 분자 자석

〔그림 2〕는 자성체에 강력한 자석을 가까이 가져갔을 때 분자 자석의 방향이 일정한 것을 나타내고 있다.

일반적으로 자석이라고 불리는 물질은 이와 같이 분자 자석이 정렬되어 있는 상태이다. 지금 A-B면을 절단해보자. 절단면에 나타나는 자극은 왼쪽은 S극, 오른쪽은 N극이 된다. 몇 개로 절단해도 자석인 것이 이 설명으로 이해된다. 이런 사고 방식을 자기 분자설이라고 한다.

테마 36 자기력선

자계 안에 N극과 S극의 자극을 둘 때 작용하는 자계의 세기와 방향은 자력선이 관계한다.

N극에서 S극을 향해 나오는 자력선수는 주변의 투자율 μ [H/m]인 매질 속에 $\pm m_0$[Wb]인 자하가 있을 경우에는 $\frac{m_0}{\mu}$가 된다.

이때, 자계의 세기와 방향은 그림과 같고, N극에서 척력과 S극에서의 인력이 합성된 벡터로 표현되며, 자력선의 궤도는 고무를 당긴 것 같은 형태가 된다.

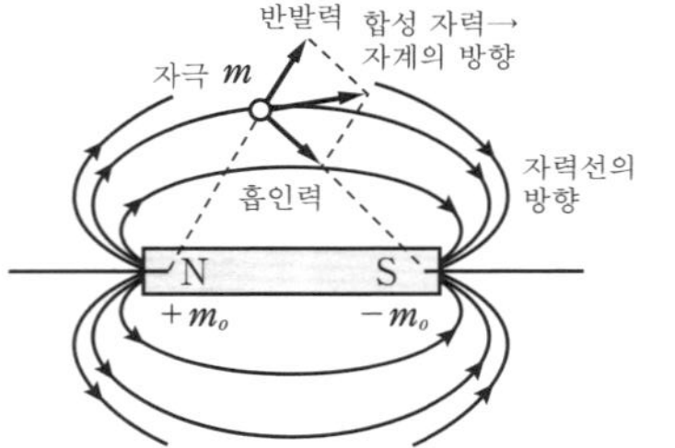

테마 37 투자율($\mu = \mu_0 \times \mu_s$)

투자율이란 자성체 내에 자기력선이 통과하기 쉬운가의 여부를 나타내는 상수(전기 회로의 도전율과 같은 개념)로, 진공 중의 투자율 μ_0와 비투자율 μ_s 또는 μ_r로 나누어진다.

진공 중의 투자율은 $4\pi \times 10^{-7}$[H/m]의 상수값을 가지며, 비투자율은 진공 상태를 기준(즉, 진공의 비투자율 μ_s=1)으로 자성체 내의 자기력선 수의 비율을 말한다.

테마 38 자속 밀도

〔그림〕에서 반경 r[m]인 구면을 생각하고 그 중심에 자극 m[Wb]을 놓는다. 이 자극에서 나오는 자속 Φ[Wb]는 $\Phi = m$[Wb]이고 구면의 면적 S는 $S = 4\pi r^2$이므로 반경 r[m]의 구면을 통과하는 자속 밀도 B는 다음 식과 같이 된다.

$$B = \frac{\Phi}{S} = \frac{\Phi}{4\pi r^2} \ [\text{Wb/m}^2]$$

자속 밀도의 단위는 [Wb/m²]이고 SI 단위는 [T](테슬러)가 사용된다. 단위 [T]는 미국 공학자 테슬러의 이름을 딴 것이다.

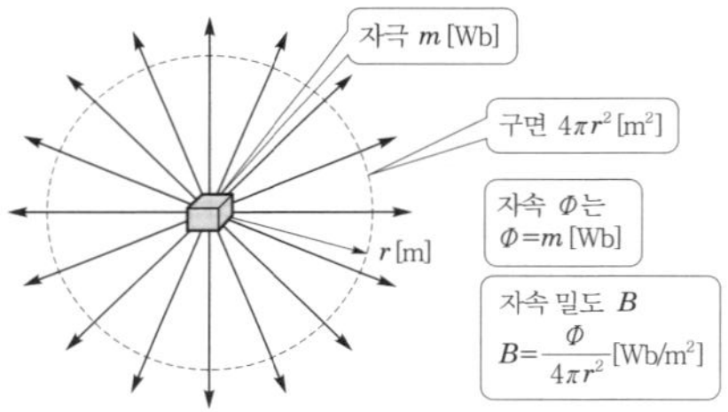

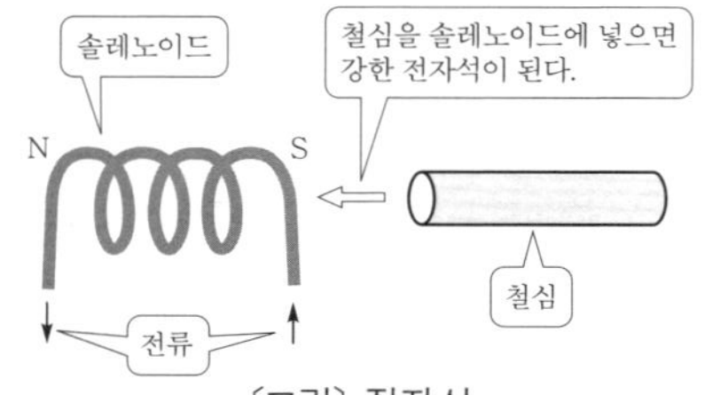

* m〔Wb〕의 자극으로부터는 m〔Wb〕의 자속이 나온다.

테마 39 전자석

〔그림〕과 같이 도선을 원통상에 감은 솔레노이드에 전류를 흘리면 자계가 발생하여 양 끝에 N극과 S극이 나타난다. 이것은 막대자석 상태와 같으며 전류를 흘림으로써 만들어진 자석을 전자석이라고 한다. 일반적으로 사용되는 전자석은 솔레노이드 안에 철심을 넣은 것이 사용된다.

전자석이 보통 자석과 다른 점은 전류를 흘렸을 때만 자석이 되고 전류의 크기를 바꾸면 자계의 세기를 바꿀 수 있는 것이다.

〔그림〕 전자석

테마 40 ▶ 암페어의 오른 나사의 법칙

〔그림 1〕은 전류의 방향과 자계의 방향의 관계를 나타낸 것이다. 〔그림 1〕과 같이 자계의 방향은 전류의 방향과 일정한 관계가 있다.

〔그림 2〕는 전류의 방향에 대해 자계가 생기는 방향을 간단히 구할 수 있는 방법을 나타내고 있다. 〔그림 2〕와 같이 나사를 돌리면 나사는 앞으로 진행하는데, 나사가 진행하는 방향을 전류의 방향으로 하면 나사를 돌리는 방향이 자계 방향과 일치한다.

이것은 암페어가 발견한 것으로, 암페어의 오른 나사의 법칙이다.

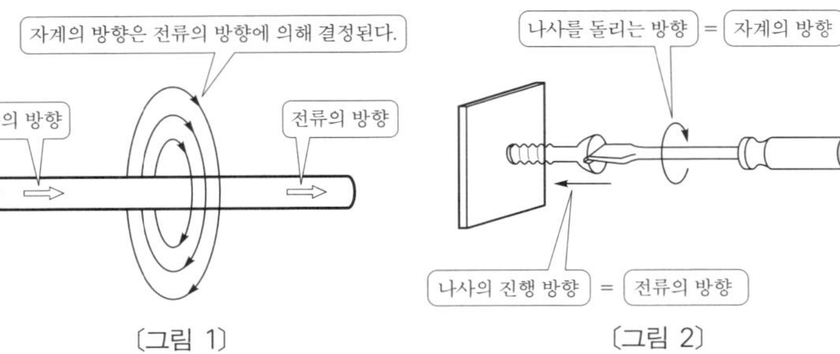

〔그림 1〕   〔그림 2〕

테마 41 ▶ 도트와 크로스

전류나 자속의 방향을 나타낼 때는 도트와 크로스 기호를 사용한다.

크로스는 지면에 수직으로 밖에서 안을 향해 들어갈 때 사용하고 ⊗ 기호로 표시한다. 도트는 지면 안쪽에서 밖을 향해 나올 때 사용하고 ⊙ 기호로 표시한다.

이 기호들은 화살촉과 날개에 비유할 수 있으며, 오른쪽 그림과 같은 상태일 때는 크로스 기호 ⊗로 나타낸다.

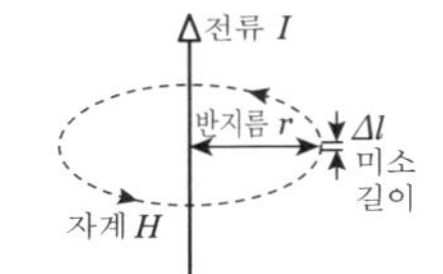

테마 42 ▶ 오른손 엄지의 법칙

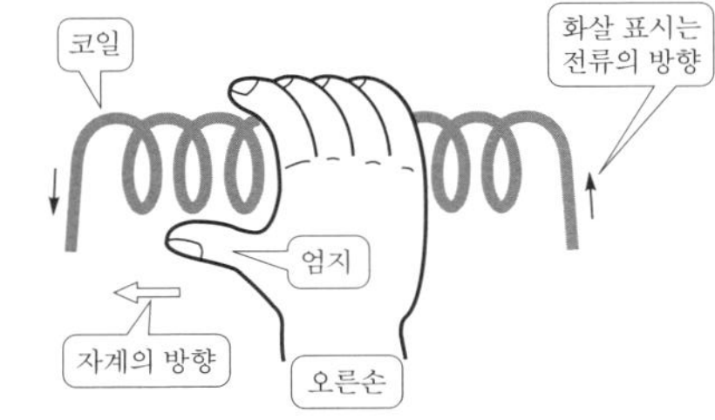

〔그림〕 오른손 엄지의 법칙

그림과 같은 코일에 전류가 흐르고 있는 경우 자계 방향을 알려면 어떻게 하면 되는가? 이 경우는 그림과 같이 4개의 손가락으로 전류가 흐르는 방향으로 코일을 잡으면 엄지 방향이 자계 방향이 된다.

이와 같은 관계를 오른손 엄지의 법칙이라고 한다.

자계 방향을 알려면 코일 하나하나에 흐르는 전류에 의한 자계를 오른 나사의 법칙으로 구하고 이것을 합성하면 되지만 실용적으로는 오른손 엄지의 법칙이 많이 사용된다.

테마 43 ▶ 암페어의 주회로 법칙

직선 도체에 전류 $I[A]$가 흐르고, 닫힌 경로로서 반지름 $r[m]$인 원을 생각하면, 경로 길이 l은 $l=2\pi r[m]$이 된다. 경로상에서 자계의 세기 $H[A/m]$는 같으므로 다음 식이 성립한다.

$$\sum H\Delta l = I \rightarrow 2\pi r \cdot H = I$$

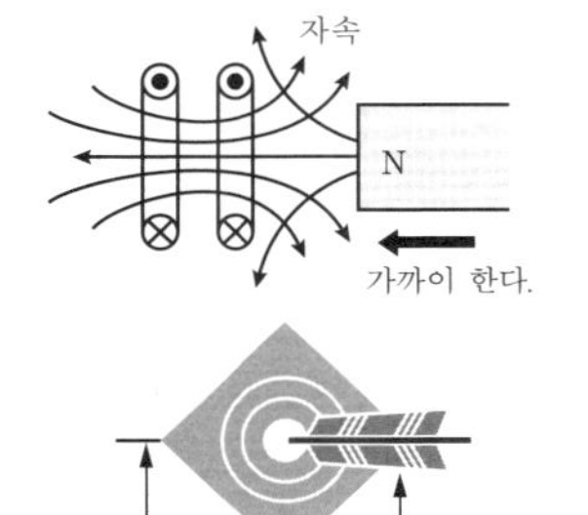

테마 44 비오-사바르의 법칙

전류 $I[A]$가 흐르는 도체의 미소 부분 $\Delta l[m]$의 전류소편 $I\Delta l$이 소편으로부터 $r[m]$ 거리에 있는 점 P에 만드는 자계의 세기 $\Delta H[A/m]$는 다음과 같이 표현할 수 있다.

$$\Delta H = \frac{I\Delta l \sin\theta}{4\pi r^2}$$

여기서, θ는 $\overline{OP}$와 점 O에서의 전류 I가 이루는 각이다.

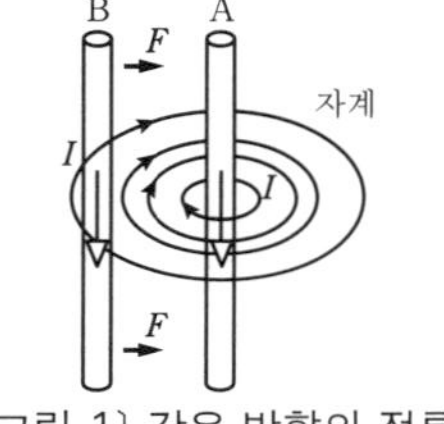

테마 45 플레밍의 법칙

① 왼손 법칙:‘도체에 흐르는 전류의 방향’, ‘자계의 방향’, ‘받는 힘의 방향’의 관계를 기억하기 쉽게 만든 것이다. 왼손의 엄지, 검지, 중지를 직각으로 벌렸을 때 중지는 전류의 방향, 검지는 자계의 방향, 엄지는 힘의 방향을 나타낸다.

② 오른손 법칙:‘자계의 방향’, ‘도체가 움직이는 방향’, ‘도체에 발생하는 기전력의 방향’을 기억하기 쉽게 한 것이다. 오른손 엄지, 검지, 중지를 직각으로 폈을 때 중지는 기전력의 방향, 검지는 자계의 방향, 엄지는 힘의 방향을 나타낸다.

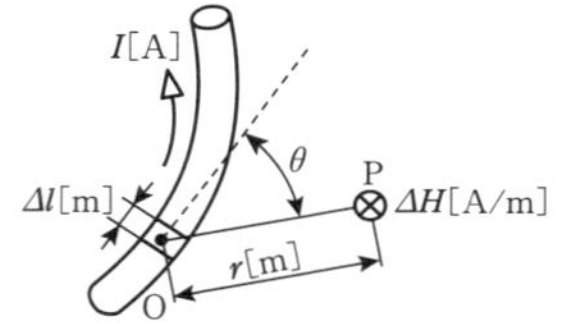

테마 46 전자력

〔그림 1〕처럼 평행으로 놓인 도체 A와 도체 B에 흐르는 전류 I가 같은 방향인 경우 도체 사이에는 인력 F가 작용한다.

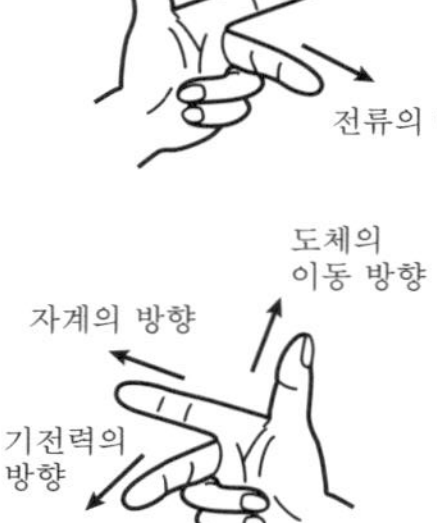

〔그림 1〕 같은 방향의 전류

〔그림 2〕처럼 평행으로 놓인 도체 A와 도체 B에 흐르는 전류 I가 역방향인 경우 도체 사이에는 척력 F가 작용한다.

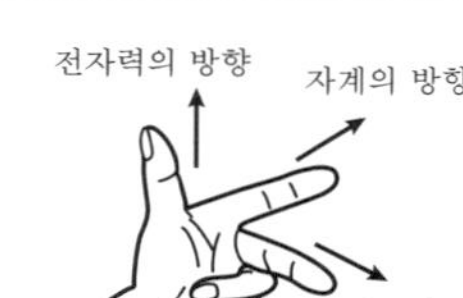

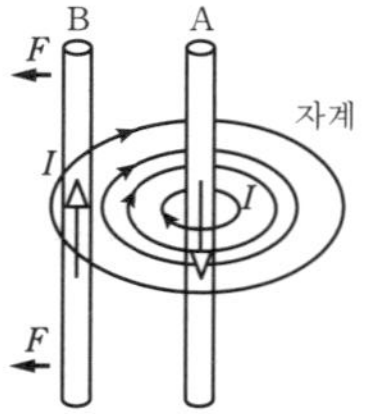

〔그림 2〕 다른 방향의 전류

이 힘들은 전자력이고, 특히 전류력이라고 한다. 도체 A에 전류가 흐르면, 암페어의 오른 나사 법칙에 의해 동심원 형태로 자계가 발생한다. 〔그림 1〕의 경우 플레밍의 왼손 법칙에서 도체 B 위치의 자계와 도체 B에 흐르는 전류에 의해 힘 F가 도체 A 방향으로 작용한다.

(1) 전계 속의 전자 에너지

$$W=eV=\frac{1}{2}mv^2[\text{J}] \quad \left(v=\sqrt{\frac{2eV}{m}}\,[\text{m/s}]\right)$$

(2) 자계 속 전자의 원운동 반지름

$$r=\frac{mv}{eB}[\text{m}]$$

여기서, e : 전자의 전하[C], V : 인가 전압[V], m : 전자의 질량[kg]

v : 전자의 속도[m/s], B : 자속 밀도[T]

학습 POINT

① 전계 속 전자 에너지 : 전계에서 받은 에너지 eV와 운동 에너지의 증가분 $\frac{1}{2}mv^2$ 사이에는 에너지 보존 법칙이 성립한다.

② 전계에 직각으로 진입한 전자의 운동 : 전계 E[V/m]에 직각으로 초속도 v_0[m/s]로 진입한 전하 e[C]인 전자는 전계의 역방향으로 $F=eE$[N]의 힘을 받아 운동한다〔그림 1〕. 전자의 질량을 m[kg], 가속도를 a[m/s²]이라고 하면 다음과 같이 된다.

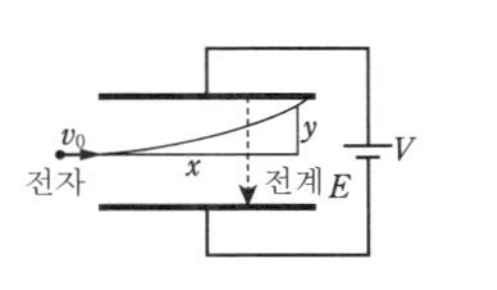

〔그림1〕 전자의 포물선 운동

$$F=ma=eE[\text{N}] \quad \therefore \ a=\frac{eE}{m}[\text{m/s}^2]$$

t[sec] 후의 전자의 위치를 (x, y)라고 하면 다음과 같이 구할 수 있다.

$$x=v_0t\,[\text{m}], \quad y=\frac{1}{2}at^2[\text{m}]$$

$$\therefore \ y=\frac{eE}{2m}\left(\frac{x}{v_0}\right)^2[\text{m}] \ \leftarrow \boxed{\text{포물선 궤적이 된다.}}$$

③ 자계 속 전자의 원운동 반지름 : 자계 속의 전자는 로렌츠력 F_m과 원심력 F_r이 같아지는 원운동을 한다〔그림 2〕.

〔그림 2〕 전자의 원운동

$$Bev=\frac{mv^2}{r}[\text{N}]$$

자기 회로에 있어서 자속이 통과하는 것을 방해하는 성질을 자기 저항이라고 한다. 릴럭턴스(reluctance)라고도 한다.

자기 저항 R_m은 그림과 같이 자기 회로의 단면적을 A[m²], 자로의 길이를 l[m]이라 하고 투자율을 μ라 하면 다음 식으로 나타낼 수 있다.

$$R_m=\frac{l}{\mu A}[\text{H}^{-1}]$$

여기서, 단위의 매 헨리는 μ단위가 헨리 매 미터[H/m]인 것에서 구할 수 있다.

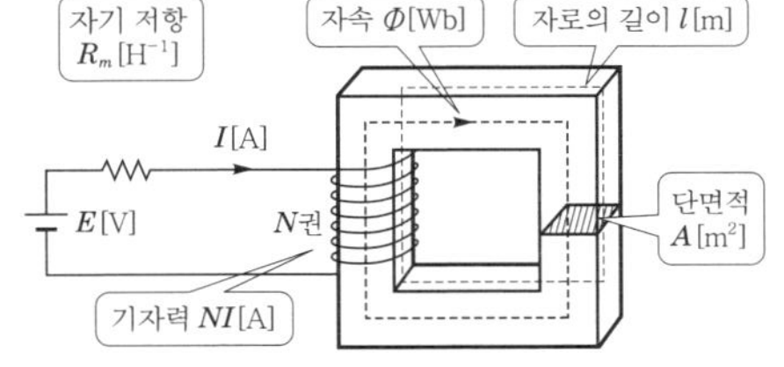

〔그림〕 자기 저항(릴럭턴스)

자기 저항 R_m과 전기 저항 R을 나타내는 식은 〔그림〕과 같이 유사하다.

$$R_m=\frac{l}{\mu S}[\text{H}^{-1}], \quad R_m=\frac{l}{KS}[\Omega]$$

여기서, μ : 투자율, σ : 도전율

이와 같이 자기 회로는 전기 회로에서 유추하면 이해하기 쉽다.

자기 저항 R_m[H⁻¹]에 자속 Φ[Wb]가 통과하면 $R_m\Phi$[A]([Wb·H⁻¹]=[A])의 자위차(磁位差)가 나타난다. 이것은 전기 회로에서의 전압 강하와 같으면 자위 강하라 한다. 전기 회로의 키르히호프의 제2법칙과 마찬가지로 자기 회로를 일주했을 때 가해진 기자력의 총합은 자위 강하의 총합과 같다고 할 수 있다.

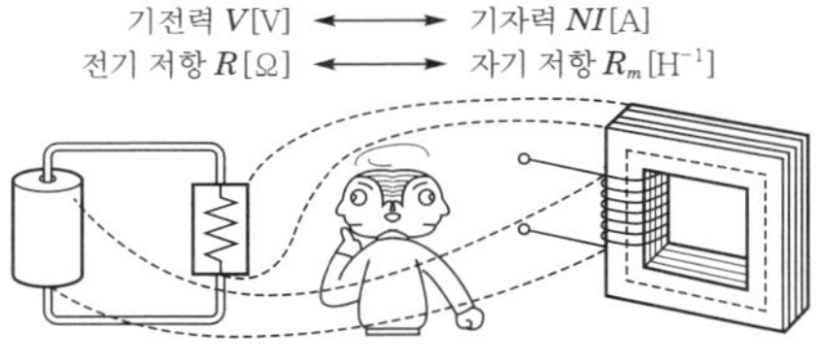

〔그림〕 전기 회로와 자기 회로

자화 곡선은 자계의 세기와 자속 밀도의 관계를 구하기 위한 실험 회로이다. 〔그림 (a)〕와 같이 환상 철심에 코일을 N회 감고 가변 저항기로 전류를 변화시키면 이때 자계의 세기 $H=\dfrac{NI}{l}$ 가 된다. 또한, 철심의 단면적을 $A[\text{m}^2]$, 발생한 자속을 $\varPhi$라 하면 자속 밀도 $B=\varPhi/A=\mu H[\text{T}]$의 관계가 있다. 이 μ은 일정한 값이 아니고 자계의 세기와 자속 밀도의 크기에 따라 변화한다. 여기서, 전류를 0부터 점차 증가시키면 자계의 세기 H도 증가한다. 이때, H에 대해서 B가 어떻게 변화하는가를 〔그림 (b)〕에 나타냈다. 이 곡선을 자화 곡선 또는 B–H 곡선이라 한다.

그림과 같이 규소 강판, 주강, 주철 등 철심으로 사용하는 재질에 따라 B–H 곡선의 형태가 다르다. 또한, H를 증가시켜 나가면 B의 증가 비율이 점차 작아지다가 H가 어느 값을 초과하면 B는 더 이상 증가하지 않는데 이 현상을 자기 포화 현상이라 한다.

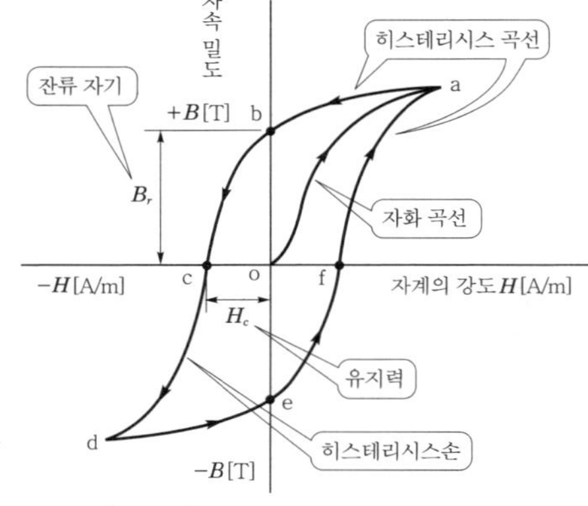

〔그림〕 자화 곡선(B-H 곡선)

〔그림 1〕에서 나타냈듯이 자계의 세기 H를 점 o로부터 점차 증가시키면 자속 밀도 B는 점 o로부터 점 a까지 변화하여 자화 곡선이 얻어진다.

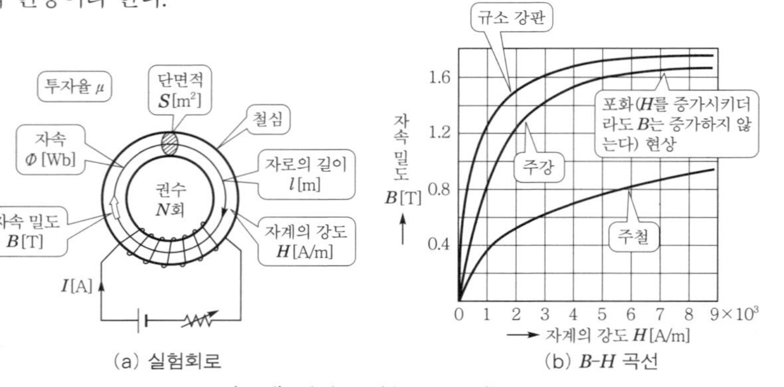

〔그림 1〕 히스테리시스 특성

여기서, 자계의 세기 H를 감소시켜 나가면 앞에서 설명한 자화 곡선 a-o로 되돌아가지 않고 곡선 a-b가 되어 자계의 세기 H가 0이 되어도 자속 밀도는 0이 아니라 B_r이 된다. 이 B_r을 잔류 자기라고 한다.

다음에 역방향으로 자계의 세기를 증가시켜 나가면 점 c에서 자속 밀도가 0이 된다. 이때의 자계의 세기는 H_c이다. 이 H_c를 유지력이라고 한다.

다시 또 자계의 세기 H를 마이너스 방향으로 크게 해 나가면 곡선 c-d가 얻어진다. 점 d에서 다시 H를 변화시키면 곡선 e-f-a가 얻어진다. 이와 같은 현상을 히스테리시스 특성이라 한다. 또한, 곡선 a-b-c-d-e-f-a를 히스테리시스 곡선 또는 히스테리시스 루프라고 한다.

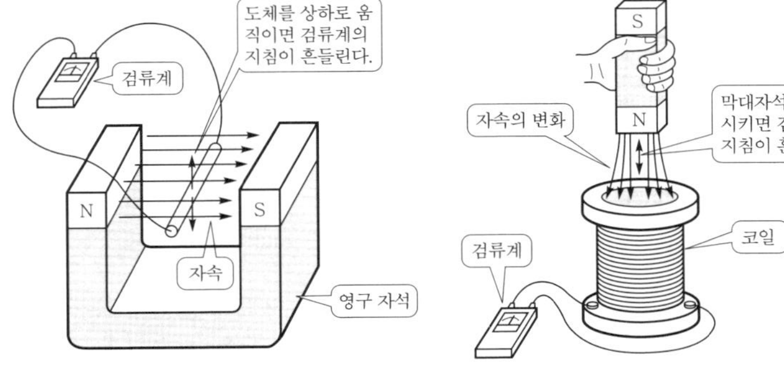

〔그림 2〕 여러 가지 히스테리시스 곡선

히스테리시스 곡선은 철심의 재료에 따라 모양이 달라진다. 〔그림 2〕는 규소 강판과 KS강(텅스텐·크롬·코발트의 합금)의 히스테리시스 곡선이다.

히스테리시스 곡선을 한 번 돌면 이 곡선 안의 면적에 비례하는 전기 에너지가 소비되어 열로 된다. 이 에너지를 히스테리시스손(損)이라고 한다.

발전기나 변압기 등의 교류 기기에는 히스테리시스손을 작게 하기 위해 유지력이 작은(면적이 작은) 규소 강판 등이 사용된다. 영구 자석에는 유지력이 큰 KS강 등이 사용된다. 또한, 〔그림 2〕의 ⓐ와 같은 히스테리시스 곡선을 나타내는 재료도 있다.

히스테리시스(hysteresis)란 이력 현상이라는 의미이다.

〔그림 1〕은 N극과 S극 간에서 도체를 상하로 움직였을 때 검류계 지침이 좌우로 흔들리고 있는 것이다. 〔그림 2〕는 코일 내에 막대자석을 넣거나 뺄 때 검류계 지침이 좌우로 흔들리고 있는 것이다.

〔그림 1〕 자계 내에서 도체를 움직이면   〔그림 2〕 코일 내에 자석을 넣으면

패러데이는 전류가 자계를 만든다는 것에서 자기에서 전기를 만들 수 있다고 생각하고 위와 같은 실험을 하여 다음과 같이 정리하였다.

① 도체가 자속을 차단하면 기전력이 생긴다.

② 코일에 교차하는 자속수가 변화하면 기전력이 생긴다.

이 현상을 전자 유도라 한다. 유도된 기전력을 유도 기전력이라 하고 흐른 전류를 유도 전류라 한다.

〔그림 1〕과 〔그림 2〕의 실험으로 도체를 상하로 빠르게 움직이거나 막대자석을 빠르게 넣었다 빼면 검류계의 지침이 크게 흔들린다.

이것에 의해 '전자 유도에 의해 코일이나 도체에 생기는 기전력의 크기는 코일이나 도체와 교차하는 자속수가 1초간에 변화하는 비율에 비례한다'는 것이 명확해졌다. 이것을 전자 유도에 관한 패러데이의 법칙이라 한다.

전자 유도에 의해 생기는 기전력에 대해서는 1개의 도체가 1초간에 1[Wb]의 자속을 차단했을 때 1[V]의 기전력이 발생한다고 한다.

일반적으로 N개의 도체가 Δt초간에 $\Delta\Phi$[Wb]의 자속을 차단했을 때 발생하는 유도 기전력의 크기 e는 다음 식으로 나타낼 수 있다.

$$e = N\frac{\Delta\Phi}{\Delta t}\,[\mathrm{V}]$$

테마 53 홀 효과

전류의 직각 방향으로 자계를 가하면, 전류와 자계의 벡터곱 방향(양자에 직각 방향)으로 전계가 생기고, 전압이 발생하는 현상이다. 이 효과를 이용한 것으로 자기 측정 센서가 있다.

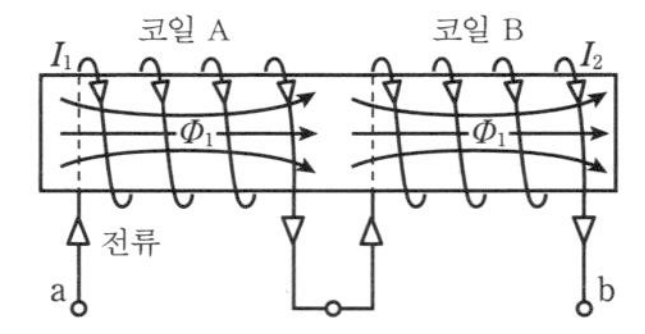

테마 54 솔레노이드

도체(전선)를 코일 모양으로 감은 것을 솔레노이드라고 한다. 솔레노이드에는 무한장 솔레노이드와 환상 솔레노이드가 있다.

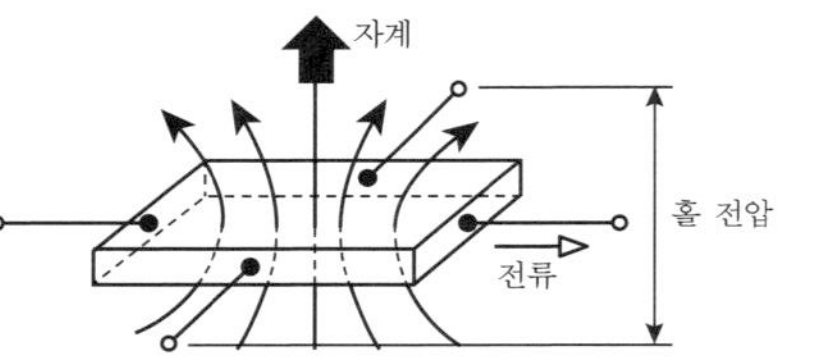

테마 55 자기 유도와 자기 인덕턴스

코일에 흐르는 전류가 시간적으로 변화$\left(\dfrac{\Delta I}{\Delta t}\right)$하면, 코일을 관통하는 자속의 변화에 따라 코일에는 기전력 e가 발생한다. 이를 자기 유도라고 하고, 이때의 비례 상수 L[H]을 자기 인덕턴스라고 한다.

$$e = -L\frac{\Delta I}{\Delta t}\,[\text{V}]$$

테마 56 상호 유도와 상호 인덕턴스

한쪽 코일에 흐르는 전류 I_1이 변화하면, 자속 Φ_1이 변화하고, 같은 자속이 관통하는 다른 방향의 코일(권수 N_2)에 기전력 e_2가 발생한다. 이를 상호 유도라고 하고, 이때의 비례 상수 M[H]을 상호 인덕턴스라고 한다. k는 결합 계수이고, $0<k\leq1$ 범위에 있다.

$$e_2 = -M\frac{\Delta I_1}{\Delta t}\,[\text{V}]$$

$$M = N_2\frac{\Phi_1}{I_1}\,[\text{H}]$$

$$M = k\sqrt{L_1 L_2}\,[\text{H}]$$

테마 57 합성 인덕턴스

① 자기 유도 기전력: 자기 인덕턴스와 전류의 시간 변화 $\dfrac{dI}{dt}$에 비례한다.

② 상호 유도 기전력: 코일 2에 유도되는 기전력 e_2는 상호 인덕턴스 M과 코일 1의 전류 시간 변화 $\dfrac{dI_1}{dt}$에 비례한다. 또한, 코일 2의 권회수 N_2와 코일 1의 자속 시간 변화 $\dfrac{d\phi}{dt}$에 비례한다.

③ 합성 인덕턴스: 상호 인덕턴스를 포함하는 회로에서는 코일에 전류를 흘렸을 때 L_1에서 자속 방향과 L_2에서의 자속 방향이 같은지, 반대인지에 따라 합성 인덕턴스 L_0가 달라진다.

가동 접속(가극성)	차동 접속(감극성)
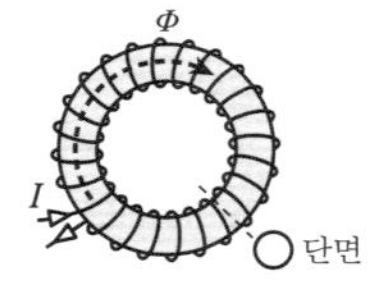	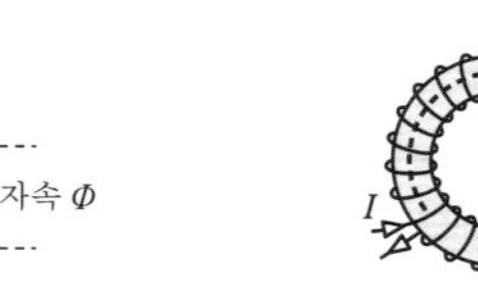
$L_0 = L_1 + L_2 + 2M\,[\text{H}]$	$L_0 = L_1 + L_2 - 2M\,[\text{H}]$

회로에 흐르는 전류가 변화했을 때 자기 유도에 의해 회로에 발생하는 기전력이다. 기전력은 렌츠의 법칙에 의해 전류 변화를 방해하는 방향으로 발생하며, 전류 변화에 필요한 기전력과 역방향이 된다.

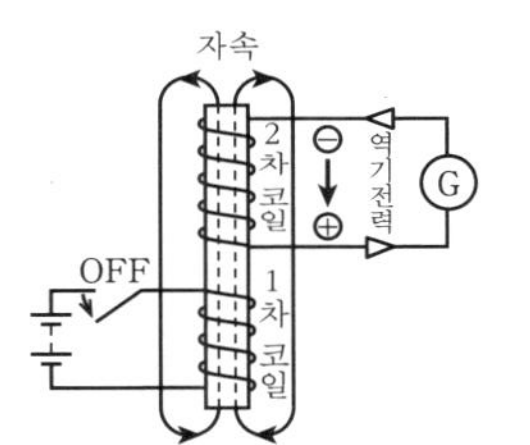

도체를 통과하는 자속이 변화할 때 전자 유도에 의해 도체 중에 흐르는 소용돌이 모양의 전류이다.

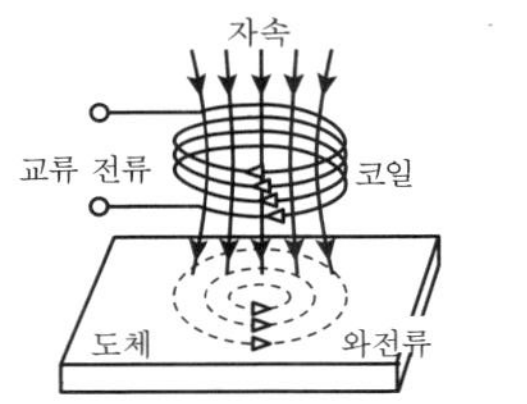

memo

36

[참!쉬움]
합격이 참 쉽다!

01 전기자기학

2020. 3. 27. 초 판 1쇄 발행
2026. 1. 7. 6차 개정증보 6판 1쇄 발행

지은이 | 오우진
펴낸이 | 이종춘
펴낸곳 | BM (주)도서출판 성안당

주소 | 04032 서울시 마포구 양화로 127 첨단빌딩 3층(출판기획 R&D 센터)
　　　 10881 경기도 파주시 문발로 112 파주 출판 문화도시(제작 및 물류)
전화 | 02) 3142-0036
　　　 031) 950-6300
팩스 | 031) 955-0510
등록 | 1973. 2. 1. 제406-2005-000046호
출판사 홈페이지 | www.cyber.co.kr
ISBN | 978-89-315-1421-6 (13560)
정가 | 22,000원

이 책을 만든 사람들
기획 | 최옥현
진행 | 박경희
교정·교열 | 김원갑
전산편집 | 이다혜
표지 디자인 | 박현정
홍보 | 김계향, 임진성, 김주승, 최정민
국제부 | 이선민, 조혜란
마케팅 | 구본철, 차정욱, 오영일, 나진호, 강호묵
마케팅 지원 | 장상범
제작 | 김유석